Acronyms

2B1Q	two-binary, one-quaternary
4B/5B	four binary, five binary
4D-PAM5	4-dimensional, 5-level pulse amplitude modulation
8B/10B	eight binary, ten binary
8B6T	eight binary, six ternary
AAL	(ATM) application adaptation layer
AAS	adaptive antenna system
ABM	asynchronous balanced mode
ABR	available bit rate
ACK	acknowledgment
ACL	asynchronous connectionless link
ADM	adaptive DM
ADPCM	adaptive DPCM
ADSL	asymmetric digital subscriber line
AES	Advanced Encryption Standard
AH	authentication header
AIMD	additive increase, multiplicative decrease
AM	amplitude modulation
AMI	alternate mark inversion
AMPS	Advanced Mobile Phone System
ANSI	American National Standards Institute
ANSNET	Advanced Networks and Services Network
AP	access point
API	application programming interface
APS	automatic protection switching
ARP	Address Resolution Protocol
ARPA	Advanced Research Projects Agency
ARPANET	Advanced Research Projects Agency Network
ARQ	automatic repeat request
AS	authentication server
AS	autonomous system
ASCII	American Standard Code for Information Interchange
ASK	amplitude shift keying
ASN.1	Abstract Syntax Notation One
ATM	Asynchronous Transfer Mode
AUI	attachment unit interface
B-frame	bidirectional frame
B8ZS	bipolar with 8-zero substitution
Bc	committed burst size
BECN	backward explicit congestion notification
BER	Basic Encoding Rules
BGP	Border Gateway Protocol
BNC	Bayone-Neill-Concelman
BOOTP	Bootstrap Protocol
BRI	basic rate interface
BSS	basic service set
CA	Certification Authority
CATV	community antenna TV
CBC	cipher-block chaining
CBR	constant bit rate
CBT	Core-Based Tree
CCITT	Consultative Committee for International Telegraphy and Telephony
CCK	complementary code keying
CDMA	code division multiple access
CDPD	cellular digital packet data
CDV	cell delay variation
CEPT	Comité Européen de Post et Telegraphie
CGI	common gateway interface
CHAP	Challenge Handshake Authentication Protocol
CIDR	Classless Interdomain Routing
CIR	committed information rate
CLP	cell loss priority
CLR	cell loss ratio
CMS	Cryptographic Message Syntax
CMTS	cable modem transmission system
CPE	customer premises equipment
CRC	cyclic redundancy check
CS	convergence sublayer
CSM	cipher stream mode
CSMA	carrier sense multiple access
CSMA/CA	carrier sense multiple access with collision avoidance
CSMA/CD	carrier sense multiple access with collision detection
CSNET	Computer Science Network
CSRC	contributing source
CSS	Cascading Style Sheets
CTS	clear to send
D-AMPS	digital AMPS
DARPA	Defense Advanced Research Projects Agency
dB	decibel
DC	direct current
DCF	distributed coordination function
DCT	discrete cosine transform
DDNS	Dynamic Domain Name System
DDS	digital data service

DE	discard eligibility		HEC	header error check
DEMUX	demultiplexer		HFC	hybrid-fiber-coaxial
DES	Data Encryption Standard		HMAC	hashed MAC (hashed message authentication code)
DHCP	Dynamic Host Configuration Protocol			
DHT	distributed hash table		HR-DSSS	high-rate direct-sequence spread spectrum
DiffServ	Differentiated Services		HTML	HyperText Markup Language
DIFS	distributed interframe space		HTTP	HyperText Transfer Protocol
DISC	disconnect		Hz	hertz
DMT	discrete multitone technique		I-frame	inter-coded frame
DNS	Domain Name System		IAB	Internet Architecture Board
DOCSIS	Data Over Cable System Interface Specification		IANA	Internet Assigned Numbers Authority
			iBGP	internal BGP
DPCM	differential PCM		ICANN	Internet Corporation for Assigned Names and Numbers
DS-n	digital signal-n			
DS	Differentiated Services		ICMP	Internet Control Message Protocol
DSL	digital subscriber line		IEEE	Institute of Electrical and Electronics Engineers
DSLAM	digital subscriber line access multiplexer			
DSS	Digital Signature Standard		IESG	Internet Engineering Steering Group
DSSS	direct sequence spread spectrum		IETF	Internet Engineering Task Force
DTE	data terminal equipment		IFDMA	interleaved FDMA
DVMRP	Distance Vector Multicast Routing Protocol		IFS	interframe space
DWDM	dense wave-division multiplexing		IGMP	Internet Group Management Protocol
EBCDIC	extended binary coded decimal interchange code		IGP	Interior Gateway Protocol
			IKE	Internet Key Exchange
eBGP	external BGP		ILEC	incumbent local exchange carrier
ECB	electronic codebook		IMAP	Internet Mail Access Protocol
EGP	Exterior Gateway Protocol		INTERNIC	Internet Network Information Center
EIA	Electronic Industries Alliance		IntServ	Integrated Services
ENQ	enquiry frame		IP	Internet Protocol
ESP	Encapsulating Security Payload		IPCP	Internetwork Protocol Control Protocol
ESS	extended service set		IPng	Internet Protocol, next generation
FA	foreign agent		IPSec	IP Security
FCC	Federal Communications Commission		IPv6	Internet Protocol, version 6
FCS	frame check sequence		IRTF	Internet Research Task Force
FDD	frequency division duplex		IS-95	Interim Standard 95
FDDI	Fiber Distributed Data Interface		ISAKMP	Internet Security Association and Key Management Protocol
FDM	frequency-division multiplexing			
FDMA	frequency division multiple access		ISDN	Integrated Services Digital Network
FEC	forward error correction		ISN	initial sequence number
FHSS	frequency-hopping spread spectrum		ISO	International Organization for Standardization
FIFO	first-in, first-out			
FM	frequency modulation		ISOC	Internet Society
FRMR	frame reject		ISP	Internet service provider
FQDN	fully qualified domain name		ITM-2000	Internet Mobile Communication 2000
FSK	frequency shift keying		ITU	International Telecommunications Union
FTP	File Transfer Protocol		ITU-T	ITU, Telecommunication Standardization Sector
GEO	geostationary Earth orbit			
GIF	graphical interchange format		IV	initial vector
GPS	Global Positioning System		JPEG	Joint Photographic Experts Group
GSM	Global System for Mobile Communication		KDC	key-distribution center
HA	home agent		L2CAP	Logical Link Control and Adaptation Protocol
HDLC	High-level Data Link Control			
HDSL	high bit rate digital subscriber line			

(Continued on back endsheets)

컴퓨터 네트워크

COMPUTER NETWORKS

A Top-Down Approach

Computer Networks, 1ˢᵗ Edition

3 4 5 6 7 8 9 10 HT 20 23

Original: Computer Networks, 1st Edition © 2012
      By Behrouz A. Forouzan, Firouz Mosharraf
      ISBN 978-0-07-352326-2

This authorized Korean translation edition is jointly published by McGraw-Hill Education Korea, Ltd. and Hantee Edu. This edition is authorized for sale in the Republic of Korea.

This book is exclusively distributed by Hantee Edu.

When ordering this title, please use ISBN 979-11-9001-723-7

Printed in Korea.

BEHROUZ A. FOROUZAN

FIROUZ MOSHARRAF

컴퓨터 네트워크

A TOP-DOWN APPROACH

COMPUTER
NETWORKS

이재광 · 추현승 · 허의남 · 홍충선 공역

McGraw Hill

(주)한티에듀

컴퓨터 네트워크

발 행 일	2012년 01월 02일 1쇄
	2017년 01월 06일 2쇄
	2023년 02월 20일 3쇄
지 은 이	Behrouz A. Forouzan, Firouz Mosharraf
옮 긴 이	이재광, 추현승, 허의남, 홍충선
펴 낸 이	김준호
펴 낸 곳	(주)한티에듀 ㅣ 서울시 마포구 동교로 23길 67 Y빌딩 3층
등 록	제2018-000145호 2018년 5월 15일
전 화	02) 332-7993~4 ㅣ 팩 스 02) 332-7995
I S B N	979-11-90017-23-7 (93560)
가 격	42,000원

마 케 팅	노호근 박재인 최상욱 김원국 김택성
편 집	김은수 유채원
관 리	김지영 문지희
인 쇄	(주)성신미디어

이 책에 대한 의견이나 잘못된 내용에 대한 수정정보는 아래의 한티미디어 홈페이지나 이메일로 알려주십시오.
독자님의 의견을 충분히 반영하도록 늘 노력하겠습니다.

홈페이지 www.hanteemedia.co.kr ㅣ **이메일** hantee@hanteemedia.co.kr

오늘날 네트워크 및 인터네트워킹에 관한 기술은 현 시대에서 아마 가장 빠르게 성장하고 있을 것이다. 매년마다 새로운 형태의 소셜 네트워킹 어플리케이션이 등장하는 것이 바로 이러한 주장을 입증하고 있다. 사람들은 매일 인터넷을 더 많이 사용하고 있다. 그들은 최신 뉴스나 날씨 등을 확인하거나 연구, 쇼핑, 항공 예약을 할 때에 인터넷을 사용한다.

이와 같이 인터넷 중심 사회에서 전문가가 되기 위해서는 인터넷의 일부 혹은 전반적인 네트워크와 연결된 인터넷을 관리하고 실행하기 위한 훈련이 필요하다. 이 책은 학생들이 일반적으로 네트워킹의 기초와 특히 인터넷에 사용되는 프로토콜을 이해하는 데 도움이 되도록 설계되었다.

특징

이 책의 주요 목표는 네트워크의 원리를 가르치고자 하며, 다음과 같은 목표를 통하여 네트워크 원리를 습득하도록 구성되었다:

프로토콜 계층

이 책은 인터넷의 프로토콜 계층 및 TCP/IP 관련 프로토콜 기술을 사용하여 네트워크의 원리를 습득하는 데 목적을 두고 있다. 네트워킹 주요 기술 중 일부는 각각의 계층에 중복되지만, 그 기술만의 특화된 내용이 있다. 이와 같이 주요 원리를 반복하면서 각 계층과 관련하여 이해하는 것이 더 효과적이기 때문에 프로토콜 계층을 사용하여 네트워크 원리를 습득하는 것이 유용하다. 예를 들어, '주소지정(*addressing*)'은 TCP/IP 관련 프로토콜 기술에서 네 가지 계층에 적용되며, 각 계층은 다른 목적을 위해 서로 다른 주소 형식을 사용한다. 게다가, '주소지정'은 각 계층에서 서로 다른 도메인을 갖는다. 또 다른 예제인 '프레임화와 패킷화(*framing and packetizing*)'는 여러 계층에서 반복되지만, 각각의 계층마다 다른 원리를 적용한다.

하향식 접근

이 책의 저자 중 한 사람은 여러 네트워크와 인터넷에 관한 서적[데이터 통신과 네트워킹, TCP/IP 프로토콜, 암호화 및 네트워크 보안, *LAN (Local Area Networks)*]을 저술했음에도 불구하고, 이 책에서 네트워킹에 접근하는 방식은 다르다. 그것은 하향식 접근 방식이다.

TCP/IP 프로토콜의 각 계층이 아래 계층에서 제공하는 서비스를 기반으로 동작되어 있음에도 불구하고, 각 레이어의 원리를 습득할 두 가지 방법이 있다. 상향식 접근 방식에서는 각각의 어플리케이션이 신호 비트와 시그널을 어떻게 활용하는지 배우기 이전에, 물리 계층에서 각각의 비트와 신호가 어떻게 이동하는지 그 방법을 배우는 것이다. 하향식 접근 방식에서는 먼저 메시지가 실제로 인터넷을 통하여 비트와 같은 물리적인 신호로 전송되는 방법을 배우기 전에 응용 계층에서 메시지를 어떻게 교환하는지 그 방법을 배우는 것이다. 이 책에서 우리는 하향식 접근 방식을 사용한다.

독자

이 책은 학생 및 전문가 모두를 위해 집필되었다. 이 책은 전문가가 자율학습을 위한 가이드로 사용할 수 있다. 그리고 학생을 위한 교과서로써, 한 학기 과정에 사용할 수 있으며, 학부 과정의 3~4학년이나 대학원 과정의 첫 번째 학기에 사용되도록 구성하였다. 각 장의 끝에 몇 가지 문제에 있어서 확률론에 대한 이해가 일부 필요하지만, 책의 내용에 대한 학습에 있어서는 대학 1학년 과정에서 가르치는 일반적인 수학 지식만으로 충분하다.

구성

이 책은 열한 개의 장과 다섯 개의 부록으로 이루어진다.
- ❑ **1장.** 개요
- ❑ **2장.** 응용 계층
- ❑ **3장.** 전송 계층
- ❑ **4장.** 네트워크 계층
- ❑ **5장.** 데이터링크 계층: 유선 네트워크
- ❑ **6장.** 무선 네트워크와 모바일 IP
- ❑ **7장.** 물리 계층과 전송 매체
- ❑ **8장.** 멀티미디어와 서비스 품질
- ❑ **9장.** 네트워크 관리
- ❑ **10장.** 네트워크 보안
- ❑ **11장.** 자바에서의 소켓 프로그래밍
- ❑ **부록.** 부록 A부터 E까지

교수법

이 교재의 다양한 교수법은 학생들이 일반적인 인터넷 상에서의 컴퓨터 일반 네트워킹을 쉽게 이해할 수 있도록 설계되었다.

시각적인 접근

이 교재는 본문과 그림을 균형 있게 배열하여 매우 기술적인 내용을 복잡한 수식 없이 전달한다. 설명과 함께 670개 이상의 그림을 통하여 내용을 직관적으로 이해할 수 있는 기회를 제공한다. 그림은 네트워킹 개념을 설명하는 데 특히 중요하다. 많은 학생이 개념을 보다 쉽게 시각적으로 파악할 수 있다.

강조 포인트

이 교재는 중요한 사항을 빨리 참고하고 확인하기 위하여 글상자에 중요한 개념을 반복했다.

예제 및 응용

이 교재는 적절한 위치에 각 장에 소개된 개념을 설명하는 예제를 제시하고 있다. 또한, 학생들에게 학습 동기를 부여하기 위해 각 장마다 몇 가지 실생활에 응용되는 사례를 추가했다.

각 장의 마무리
각 장의 마지막 부분에 다음과 같은 핵심 내용을 제시하였다.

주요 용어
각 장에서 사용되는 새로운 용어는 끝 부분에 나와 있으며, 용어의 정의는 용어집에 포함된다.

요약
각 장에서 다루는 주요 내용을 마무리 부분에 요약한다. 요약 자료는 중요한 내용을 모두 한눈에 볼 수 있게 한다.

추가 읽기
이 섹션은 각 장과 관련 있는 참고문헌에 대한 요약된 목록을 제공한다. 참고문헌은 이 교재의 끝부분에 있는 참조 섹션에서 해당 문헌을 신속하게 찾는 데 사용할 수 있다.

연습문제
각 장에서는 원리에 대한 개념을 강화하고 학생들의 적응력을 높이기 위한 연습문제를 제공한다. 연습문제는 기본, 응용, 심화 세 부분으로 구성되어 있다.

기본 연습문제
이 교재의 웹 사이트에도 게시된 기본 연습문제 개념을 빠르게 확인할 수 있다. 학생들은 개념에 대한 이해도를 확인하는 데 이 연습문제를 사용할 수 있다. 학생들의 응답에 대한 피드백이 바로 제공된다.

응용 연습문제
이 섹션에서는 교재에서 설명하는 개념에 대한 간단한 응용 연습문제가 포함되어 있다. 홀수 질문에 대한 정답은 교재의 웹 사이트에서 학생이 직접 확인할 수 있다.

심화문제
이 섹션은 각 장에서 설명한 자료의 깊은 이해를 필요로 하는 어려운 심화문제가 포함되어 있다. 저자는 학생이 어려운 문제를 모두 풀어보도록 노력하기를 강력하게 추천한다. 홀수 질문에 대한 정답도 교재의 웹 사이트에서 학생이 직접 확인할 수 있다.

시뮬레이션 실험
만약 네트워크의 동작과정을 분석할 수 있다면 네트워크 개념과 패킷의 흐름을 잘 이해할 수 있다. 대부분의 장에서 학생이 실험을 할 수 있도록 설명한 섹션을 제공한다. 이 세션은 두 개의 파트로 나누어져 있다.

애플릿
Java 애플릿은 저자에 의해 만들어져 웹 사이트에 게시된 상호작용 방식의 실험이다. 이러한 애플릿의 일부는 더 나은 몇 가지 문제에 대한 솔루션을 이해하는 데 사용되며, 다른 애플릿은 네트워크 동작 개념을 더 쉽게 이해하는 데 사용된다.

실험 과제

일부 장에서는 Wireshark 시뮬레이션 소프트웨어를 사용하는 실험 과제를 포함한다. Wireshark 을 다운로드하고 사용하는 방법에 대한 지침은 1장에서 제시한다. 다른 장에서 몇 가지 실험 과제를 통하여 수신 및 발신 패킷들의 내용을 분석하는 연습을 하게 된다.

프로그래밍 과제

일부 장에는 프로그래밍 과제를 포함한다. 프로세스 또는 프로시져에 대한 프로그램을 작성하는 것은 학생들이 미묘한 차이를 명확하게 이해하고 프로세스에 대한 개념을 이해하는 데 도움이 된다. 프로그래밍 과제는 학생들이 각자가 원하는 모든 컴퓨터 언어로 프로그램을 테스트할수 있지만, 해답은 교수용으로 사용할 수 있는 도서 웹 사이트에서 자바 언어로 제공된다.

부록

부록은 본문에서 논의된 개념을 이해하기 위해 필요한 자료를 빠르게 리뷰하거나 참조하기 위해 제공한다.

용어 및 약어

이 책은 빠르게 해당 용어를 찾기 위하여 다양한 용어와 약어의 목록이 포함되어 있다.

교육 자료

이 교재는 모든 교육 자료를 포함하여 사이트 http://www.mhhe.com/forouzan에서 다운로드 받을 수 있다. 이 사이트에는 다음 내용이 들어 있다.

강의자료

이 사이트에는 이 교재를 가르치기 위한 다채로운 애니메이션을 포함한 파워포인트 강의자료를 제공한다.

연습문제의 해답

모든 문제의 해답은 이 교재를 가르치는 교수를 위한 웹 사이트에서 제공된다.

프로그래밍 과제에 대한 해답

프로그래밍 과제에 대한 해답도 웹 사이트에서 제공된다. 2장에 대한 프로그램은 C 언어이며, 다른 장은 Java 언어이다.

이 책을 사용하는 방법

이 교재의 장들은 학습을 효과적으로 진행하기 위하여 다음과 같이 구성되어 있다.

❑ 1장에서 설명하는 내용의 대부분은 이 책의 나머지 부분을 이해하기 위해서 반드시 필요한 사항이다. 처음의 두 절은 교재 전반적으로 기술된 네트워크 레이어를 이해하는 데 있어서 매우 중요하다. 마지막 두 절인 인터넷의 역사와 인터넷 표준 및 관리는 학습 진행상 생략하거나 자율 학습 자료로 지정할 수 있다.

❑ 2장부터 6장까지는 TCP/IP 프로토콜에 있는 네 개의 상위 계층을 기반으로 한다. 이 교재의 하향식 접근 방식을 유지하기 위해 교재 순서대로 학습을 진행하는 것이 좋다. 그러나 2장의 클라이언트-서버 소켓 인터페이스, 4장의 차세대 IP, 5장의 기타 유선 네트워크와 같은 일부 절은 생략하고 학습을 진행해도 큰 무리가 없다.

❑ 7장의 물리 계층은 완전한 TCP/IP 프로토콜을 이해하기 위해 교재에 추가되었다. 교습자는 학생들이 이미 본 내용을 잘 알고 있거나 학생들이 다른 관련 과목을 통하여 이미 수강한 것으로 생각되면 생략할 수 있다.

❑ 처음 여섯 장을 학습한 후 8장, 9장, 10장은 순서 없이 자유롭게 선택하여 가르칠 수 있다. 이 곳은 교습자의 재량에 따라 부분적으로 학습할 수 있으며, 모두 배우거나 전부 생략할 수도 있다.

❑ 11장은 자바 네트워크 프로그래밍에 전념한다. 그것은 두 가지 목적을 가지고 있다. 첫 번째는 학생들이 인터넷의 전반적인 개념을 쉽게 이해하고자 서버-클라이언트 프로그래밍에 대한 이해를 높이기 위한 것이고, 두 번째는 좀더 고급 수준의 네트워크 프로그래밍이 가능한 학생들을 준비시키고자 함이다. 11장의 일부는 2장에서 C 언어로 학습된 내용과 일부 중복된다. 교습자는 그 세션을 사용하거나 네트워크 프로그래밍의 기초를 가르쳐 11장을 활용할 수 있다.

웹 사이트

이 교재에 해당하는 웹 사이트는 http://www.mhhe.com/forouzan이며, 다음과 같은 내용을 제공한다.

기본 연습문제

기본 연습문제는 웹 사이트에 게시되어 있다. 그리고 풀이 결과를 교습자에게 보낼 수 있다.

학습자 해답

홀수 번의 문제나 질문의 해답이 자신의 풀이를 확인하고 이에 대한 피드백을 얻을 수 있도록 학생들을 위하여 제공된다.

애플릿

학습자는 각 장을 위해 만들어진 애플릿을 활용하여 일부 프로토콜과 실습문제를 확인할 수 있다.

교습자 해답

모든 문제와 질문에 대한 해답이 본 과목을 진행하는 교습자를 위해 제공된다.

프로그래밍 과제

프로그래밍 과제를 위한 소스코드가 본 과목을 진행하는 교습자를 위해 제공된다.

파워포인트 강의자료

다채로운 애니메이션을 포함한 강의자료가 본 과목을 진행하는 교습자를 위해 제공된다. 강의자료는 교습자가 자신의 교습 방법에 맞도록 수정할 수 있다.

감사의 글

이 교재를 개발하기 위해서 많은 사람들의 도움이 필요한 것은 분명하다. 우리는 이 교재의 발전을 위하여 검수를 해주신 많은 분들에게 감사의 말씀을 전한다.

Zongming Fei	University of Kentucky
Fandy J. Fortier	University of Windsor
Seyed H. Hosseini	University of Wisconsin, Milwaukee
George Kesidis	Pennsylvania state University
Amin Vahdat	University of California, San Deigo
Yannis Viniotis	North Carolina State University
Bin Wang	Wright State University
Vincent Wong	University of British Columbia
Zhi-Li Zhang	University of Minnesota
Wenbing Zhao	Cleveland State University

McGraw-Hill 임직원 여러분들께 특별한 감사의 말을 전한다. 실력 있는 발행자임을 입증하신 Raghu Srinivasan씨는 불가능한 일을 가능하게 만들었다. 유능한 편집자이신 Melinda Bilecki씨는 우리가 필요할 때마다 도움을 주었다. 프로젝트 매니져이신 Jane Mohr씨는 엄청난 열정과 노력을 통해 우리가 이 일을 마칠 수 있도록 잘 이끌어 주었다. 그리고 총괄 프로젝트 매니져이신 Dheeraj Chahal과 표지 디자이너이신 Brenda A. Rolwes씨 그리고 카피에디터이신 Kathryn DiBernardo씨에게도 감사를 드린다.

Forouzan과 Mosharraf
미국 캘리포니아 로스앤젤레스

Trademarks 상표

이 교재를 통해 우리는 몇 가지 상표를 사용했다. 우리는 상표 이름을 각각 언급하면서 상표 기호를 사용하기보다는 오히려 그 권리를 침해할 의도 없이 상표 그대로 사용되었음을 인정한다. 다른 제품 이름, 상표 및 등록 상표는 해당 소유자의 자산이다.

역자소개

□ **이재광** : 한남대학교 컴퓨터공학과 교수 jklee@hnu.kr

□ **추현승** : 성균관대학교 소프트웨어학과 교수 choo@ece.skku.ac.kr

□ **허의남** : 경희대학교 컴퓨터공학과 교수 johnhuh@khu.ac.kr

□ **홍충선** : 경희대학교 컴퓨터공학과 교수 cshong@khu.ac.kr

역자서문

오늘날 스마트 사회(smart society)가 가능하도록 지원하는 컴퓨터 네트워크 또는 컴퓨터 통신 기술은 최근 가장 빠르게 발전하고 있는 기술 중 하나이다. 특히 무선 인터넷 기술과 더불어 비약적인 발전을 통하여 다양한 형태의 소셜 네트워킹(social networking) 어플리케이션이 등장하고 있다. 사람들은 언제 어디에서든 스마트 기기만 가지고 있으면 원하는 모든 일(메일 확인, 정보 검색, 최신 뉴스, 날씨 확인, 연구, 쇼핑, 기차/항공권 예약, 공연/영화 티켓 예매 등)을 할 수 있게 되었다.

현재 많은 컴퓨터 학과 및 관련분야를 공부하고 있는 사람들이 인터넷과 관련된 분야에서 보다 전문적인 지식을 가진 전문가로서 역할을 하기 위해서는 기반 기술인 컴퓨터 네트워크와 관련된 기술을 알아야 한다. 이를 위해서는 현재 서비스되고 있는 기술을 시작으로 하향식(top down)으로 공부하는 것이 매우 이해하기 쉽고 응용하기도 쉽다고 생각한다. 여기에 가장 적합한 책이 데이터통신과 네트워킹, TCP/IP 프로토콜, 암호학과 네트워크 보안 등으로 친숙한 Behrouz A. Forouzan이 쓴 "Computer Networks"라는 책이라고 생각한다. 이미 앞에서 쓴 책을 통해서 책이 갖는 장점들을 충분히 알고 있는 저로서는 기꺼이 번역하기로 마음먹고 책을 출간하게 되었다. 욕심 같아서는 이 책이 컴퓨터 네트워크를 공부하는 학생들에게 네트워킹 기초뿐만 아니라 인터넷에 사용되는 전체적인 프로토콜을 이해하는 데 도움이 되었으면 한다.

이 책은 TCP/IP 프로토콜 계층구조인 5계층을 기반으로 응용 계층, 전송 계층, 네트워크 계층, 데이터링크 계층, 물리 계층 순으로 하향식으로 되어있어서 전체적인 통신구조를 아주 이해하기 쉽게 되어 있다. 따라서, 이 책은 컴퓨터공학, 소프트웨어학과, 전자공학, 정보통신공학 관련 분야의 3, 4학년 학부 교재로 활용할 수 있으며 컴퓨터 네트워크에 대한 전반적인 지식을 얻기 위한 일반 독자와 관련분야에 종사하는 전문가들에게도 자습서로서 활용될 수 있다고 생각한다. 수강 대상과 진도에 따라서 1장부터 7장까지와 11장은 반드시 다루어야 하고 8장, 9장, 10장은 진도에 따라 적절하게 다루면 된다고 생각한다.

이 책을 번역하는 데 있어서 원서의 의미를 최대한 살리고 전문 용어를 우리말 표준 용어로 표기하는 것을 원칙으로 했으나, 의미전달상 필요한 경우에는 원어를 그대로 사용하였다. 하지만 아직은 나름대로 부족한 점이 많다고 사료되며, 앞으로 보다 좋은 책이 되도록 최대한 노력하고자 한다.

끝으로 이 책이 출간되기까지 많은 도움을 주신 분들께 진심으로 감사를 드리며, 이 책을 출간하여 주신 맥그로우힐코리아와 담당 직원들께 감사를 드린다.

2012년 1월
대표역자 이 재 광

Brief Contents 간추린 목차

Contents 목 차

2장 응용 계층 / 39

3장 전송 계층 / 155

4장 네트워크 계층 / 267

5장 데이터링크 계층: 유선 네트워크 / 411

6장 무선 네트워크와 Mobile IP / 523

7장 물리 계층과 전송 매체 / 597

8장 멀티미디어와 QoS / 665

9장 네트워크 관리 / 767

부록 D 그 밖의 정보 / 942 ■

부록 E 8B/6T 코드 / 945 ■

CHAPTER 1

개요

가장 큰 컴퓨터 네트워크인 인터넷은 십억 명 이상의 유저가 있다. 이 시스템은 유무선 전송 매체를 사용하여, 크고 작은 컴퓨터를 연결한다. 이는 유저들이 텍스트, 이미지, 오디오 및 비디오 자료를 포함하여 엄청난 양의 정보를 공유하고 서로에게 메시지를 보낼 수 있음을 말한다. 이 광대한 시스템을 탐색하는 것이 이 교제의 주요 목표이다. 1장에는 두 가지 목표가 있다. 첫 번째는 인터네트워크(네트워크 간의 네트워크)와 같은 인터넷의 개요를 확인하고 인터넷을 구성하는 구성 요소를 논의하는 것이다. 또한 첫 번째 목표의 일부로 프로토콜 계층의 소개 및 TCP/IP 프로토콜을 일목요연하게 정리하는 것도 있다. 즉 첫 번째 목표는 책의 나머지 부분을 이해하기 위하여 준비하는 것이다. 두 번째 목표는 책의 나머지 부분을 이해하기 위해 필요하지 않은 정보가 무엇인지 확인하는 것이다. 1장은 4개의 절로 나누어져 있다.

❑ 첫 번째 절에서, 근거리 통신망(LAN) 및 광역 네트워크(WAN)를 소개하고 네트워크의 두 가지 유형에 대한 간략한 정의를 학습한다. 우리는 LAN과 WAN의 조합으로 인터네트워크를 정의한다. 그리고 WAN을 이용하여 LAN에 연결된 사설 인터넷을 어떻게 만들 수 있는지 확인한다. 마지막으로, 백본네트워크와 네트워크 사업자 그리고 일반 사용자 네트워크로 만들어져 있는 글로벌 인터네트워크를 소개한다.

❑ 두 번째 절에서, 인터넷이 작은 업무로 구분되어 수행되는 프로토콜 계층의 개념을 학습한다. 따라서 5계층 프로토콜(TCP/IP)에 대하여 논의하고 각 계층의 역할과 해당 계층에 포함된 프로토콜을 소개한다. 그리고 캡슐화와 다중화에 대한 개념을 논의한다.

❑ 세 번째 절에서, 관심 있는 독자를 위하여 인터넷의 간략한 역사를 소개한다. 이 절은 책의 다른 부분과 연관성이 없으므로 생략할 수 있다.

❑ 네 번째 절에서, 인터넷의 관리 방안 및 표준화의 정의와 기한에 대해 소개한다. 이 절은 단지 여러 정보를 제공하기 위해서 구성되었으므로 책의 나머지 부분을 이해하는 데는 필요하지 않다.

1.1 인터넷의 개요

전 세계에 있는 수십억 개의 컴퓨터가 시스템적으로 연결된 인터넷을 논의하는 것이 이 책의 목표이지만, 인터넷을 하나의 네트워크가 아닌 네트워크들의 조합인 **인터네트워크(inter-network)**로 생각할 수 있다. 따라서 우선 네트워크를 정의하는 것으로 우리의 여행을 시작한다. 그리고 작은 인터네트워크를 생성하고 어떻게 네트워크에 연결할 수 있는지 학습할 것이다. 마지막으로, 다음 10개의 장들에서 인터넷에 접근하는 방법과 인터넷의 구조를 학습할 것이다.

1.1.1 네트워크

네트워크(network)는 상호 연결이 가능한 통신 장비의 집합체이다. 이 정의에서 장비는 대형 컴퓨터, 데스크탑, 노트북, 워크지국, 휴대전화 또는 보안 시스템과 같은 **호스트(host)**[또는 이를 **종단 시스템(end system)**이라고 함]가 될 수 있다. 그리고 이 정의에서 장비는 다른 네트워크에 네트워크를 연결하는 라우팅, 장비를 연결하는 스위치, 데이터의 형식을 변경하는 모뎀(변조기-복조기)과 같은 **연결 장비(connecting device)**가 될 수 있다. 네트워크에서 이러한 장비는 케이블이나 공기와 같은 유무선 전송 매체를 사용 연결되어 있다. 그래서 플러그 앤 플레이 라우팅을 사용하여 가정에서 두 컴퓨터를 연결하면, 아주 작지만 네트워크를 만들 수 있다.

근거리 통신망

근거리 통신망(LAN)은 일반적으로 사무실, 빌딩, 또는 학교에서 일부의 호스트를 사적으로 연결하여 사용된다. 해당 단체의 편의에 따라 LAN은 홈 오피스에서 두 개의 PC와 프린터를 연결하거나, 이를 오디오 및 비디오 장비를 포함한 회사 전체로 확장할 수 있다. LAN에 있는 각각의 호스트는 LAN에서 호스트를 정의하는 고유한 식별자(주소)를 갖는다. 한 호스트에서 다른 호스트로 보내지는 패킷은 소스 호스트와 목적지 호스트의 주소를 모두 가지고 다닌다.

과거에는 한 네트워크 안의 모든 호스트들이 한 공용 케이블을 통해 연결되어 있었다. 따라서 한 호스트에 다른 호스트로 전송되는 패킷이 모든 호스트들에게 수신되었다. 의도된 수신 호스트는 패킷을 유지한다; 다른 호스트들은 패킷을 드롭한다. 오늘날 대부분의 LAN들은 패킷의 목적지 주소를 인식하여 다른 모든 호스트로 전송하지 않고 해당 목적지로 패킷을 전송하는 스마트한 스위칭 기법을 사용한다. 이러한 스위칭 기법은 LAN에 트래픽을 완화하고 같은 시간에 다수의 패킷이 서로 통신을 할 수 있게 한다. 위에 있는 LAN의 정의는 LAN에 있는 호스트들의 최소 또는 최대 개수를 정의하지 않는다. 그림 1.1은 일반 케이블 또는 스위치 중 하나를 사용한 LAN의 상태를 보여준다.

> **LAN은 5장과 6장에서 자세히 설명한다.**

LAN은 다른 네트워크와 연결되지 않고 홀로 고립되어 사용되었을 때, 서로 간의 자원을 호스트 간에서 공유할 수 있도록 설계하였다. 이전에 간단하게 언급했듯이, 오늘날의 LAN은 서로 다른 네트워크와 연결되고, 더 넓은 수준에서 커뮤니케이션을 만들기 위하여 WAN(다음에 설명함)과 연결된다.

광역 네트워크

광역 네트워크(WAN)도 상호 간의 통신이 가능한 시스템이다. 그러나, LAN과 WAN 사이에는 몇 가지 차이점이 있다. LAN은 일반적으로 제한된 크기의 작은 사무실 건물 또는 캠퍼스에 사용되지만, WAN은 지리적으로 넓은 크기를 갖는 도시나 주, 국가, 또는 세계에 사용된다. LAN은 호스트들을 상호 연결하고, WAN는 스위치, 라우터 또는 모뎀과 같은 연결 장치를 상호 연결한다. LAN은 일반적으로 개인이 사적으로 활용하는 경우 사용하지만, WAN은 일반적으로 통신회사가 만들고 이를 임대하기 위한 목적으로 사용한다. 현재 사용되는 WAN의 서로 다른 두 가지 예를 살펴보겠다: 점-대-점 WAN과 교환형 WAN.

그림 1.1 | 과거와 현재의 고립된 LAN

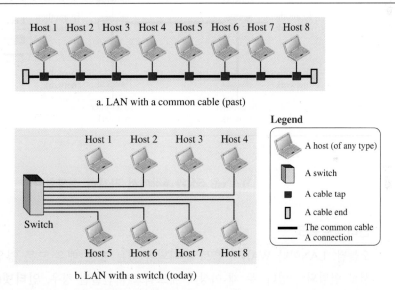

a. LAN with a common cable (past)

b. LAN with a switch (today)

점-대-점 WAN

점-대-점 WAN은 전송 매체(케이블 또는 공기)를 통해 두 통신 장치를 연결하는 네트워크이다. 서로 간의 네트워크를 어떻게 연결하는지 학습할 때 이와 같은 WAN의 사례를 살펴볼 수 있을 것이다. 그림 1.2는 점-대-점 WAN의 예를 보여준다.

그림 1.2 ┃ 점-대-점 WAN

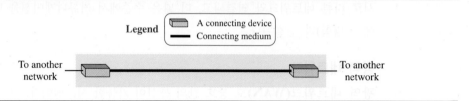

교환형 WAN

교환형 WAN은 두 개보다 더 많은 끝점을 가진 네트워크이다. 간략하게 살펴볼 교환형 WAN은 오늘날 세계적인 통신 백본망에 사용된다. 교환형 WAN은 스위치에 의해 연결된 여러 개의 점-대-점 WAN의 조합이라고 할 수 있다. 그림 1.3은 교환 WAN의 예를 보여준다.

그림 1.3 ┃ 교환형 WAN

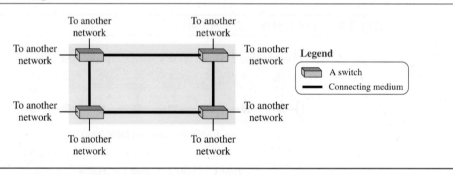

WAN은 5장과 6장에서 자세히 설명한다.

인터네트워크

오늘날, LAN이나 WAN이 홀로 분리되어 있는 것은 매우 드문 경우이며, 일반적으로 그들은 서로 연결되어 있다. 두 개 이상의 네트워크가 연결될 경우, **인터넷(Internet)** 또는 **인터네트워크(internetwork)**를 구성한다. 예를 들어, 한 기관이 하나는 동쪽 해변에 또 다른 하나는 서쪽 해변에 서로 다른 두 개의 사무실을 가지고 있다고 가정한다. 각 사무실은 사무실의 모든 직원이 서로 통신할 수 있도록 LAN을 보유하고 있다. 서로 다른 사무실에서 직원 간의 통신을 가능하도록 만들기 위하여 통신사업자와 같은 네트워크 서비스 제공 업체로부터 점-대-점 WAN을 임대하고 두 사무실의 LAN을 연결한다. 그러면 이 회사는 인터네트워크 또는 사설 인터넷을 보유하게 되었으며, 사무실 간의 통신이 가능하다. 그림 1.4는 위와 같은 경우의 인터넷을 보여주고 있다.

그림 1.4 ┃ 두 LAN과 하나의 점-대-점 WAN으로 만든 인터네트워크

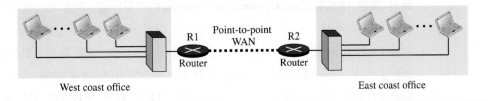

서쪽 해변의 사무실에 호스트가 같은 사무실의 다른 호스트에게 메시지를 보낼 때 라우터는 그 메시지를 차단하지만 스위치가 이 메시지를 목적지로 전송한다. 반면에 서쪽에 있는 호스트가 동쪽 해변에 있는 호스트에게 메시지를 전송할 때, 라우터 R1은 패킷을 R2에게 라우팅하여 패킷이 목적지에 도달한다.

그림 1.5는 여러 LAN과 WAN 연결된 또 하나의 인터넷을 보여준다. WAN의 하나는 네개의 스위치로 구성된 교환형 WAN이다.

그림 1.5 ┃ 4개의 WAN과 3개의 LAN으로 이루어진 혼합 네트워크

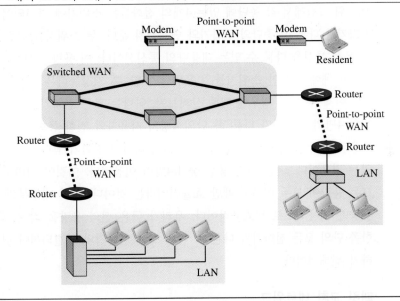

1.1.2 교환

우리는 인터넷이 링크와 이전 장에서 언급한 링크 계층 스위치와 라우팅 같은 스위치들의 조합이라는 것을 논의해 왔다. 사실 인터넷은 스위치가 둘 이상의 링크를 연결하는 **교환식 네트워크(Switched network)**이다. 스위치는 필요할 때 한쪽 링크에서 다른 쪽 링크로 데이터를 포워딩해야 한다. 교환식 네트워크의 가장 대표적인 2가지 유형은 회선 교환 네트워크와 패킷 교환 네트워크이다. 다음에서 이 두 방식에 대해 논의한다.

회선 교환 네트워크

회선 교환 네트워크(circuit-switched network)에서는 두 종단 시스템 사이에 회선(circuit)이라 불리는 전용선이 항상 이용된다. 스위치는 단지 이 회선을 활성화 또는 비활성화할 수 있다. 그림 1.6은 각 종단에 4개의 전화가 연결되어 있는 단순한 교환식 네트워크의 모습을 보여준다. 오늘날 일부 전화 네트워크는 패킷 교환 네트워크이지만, 과거 전화 네트워크는 회선 교환이 일반적이었기 때문에 우리는 종단 시스템에 컴퓨터 대신 전화기를 이용해 왔다.

그림 1.6 ▎ 회선 교환 네트워크

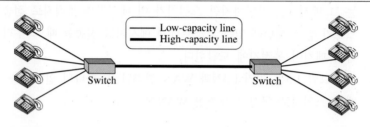

위 그림에서 각 종단에 있는 4개의 전화들은 스위치에 연결되어 있다. 스위치는 한쪽 단의 전화기를 다른 쪽 종단의 전화기와 연결시켜 준다. 두 스위치를 연결하는 굵은 선은 동시에 4개의 음성 통신을 다룰 수 있는 대용량의 통신선이다; 이 용량은 모든 전화기 쌍들에 의해 공유된다. 이 예에서 쓰인 스위치들은 포워딩만 할 뿐 저장능력은 없다.

이제 두 가지 경우에 대해 살펴보자. 하나는 모든 전화기가 사용되고 있는 경우이다; 한쪽 단의 4명의 사용자가 다른 쪽 단의 4명의 사용자와 전화 통화를 한다. 굵은 선의 용량이 모두 이용된다. 두 번째 경우는 한쪽 단의 오직 하나의 전화기가 다른 쪽 단의 한 전화기와 연결되어 있는 경우이다. 굵은 선의 용량 중 1/4만이 이용된다. 이것이 의미하는 것은 회선 교환 네트워크는 용량이 모두 이용될 때만 효율적이라는 것이다; 거의 대부분의 시간 동안 굵은 선의 일부 용량만 이용되므로 비효율적이다. 우리가 굵은 선의 용량을 각 음성 연결의 4배로 한 이유는 한쪽 단의 모든 전화기가 다른 쪽 단의 모든 전화기와 연결되어야 할 때 통신이 실패하지 않게 하기 위해서이다.

패킷 교환 네트워크

컴퓨터 네트워크에서 두 종단 사이의 통신은 **패킷(packet)**이라 불리는 데이터 블록에 의해 이루어진다. 즉 우리는 사용되고 있는 두 전화기 사이의 연속적인 통신이 아닌, 두 컴퓨터 사이의 개별적인 데이터 패킷 교환에 대해 볼 것이다. 이것은 스위치가 포워딩과 저장을 할 수 있게 해주는데, 이는 패킷이 저장된 후 나중에 포워딩될 수 있는 독립체이기 때문이다. 그림 1.7은 한쪽 단의 4대의 컴퓨터를 다른 쪽 단의 4대의 컴퓨터와 연결시켜 주는 작은 패킷 교환 네트워크의 모습을 보여주고 있다.

그림 1.7 ▌ 패킷 교환 네트워크

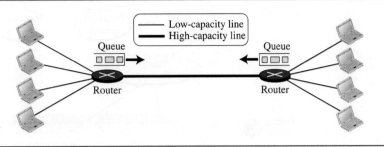

패킷 교환 네트워크에서 라우터는 패킷을 저장하고 포워딩하기 위한 큐(queue)를 갖는다. 이제 굵은 선의 용량이 컴퓨터와 라우터 사이에 있는 데이터 선의 용량보다 두 배 많다고 가정해 보자. 오직 두 컴퓨터(각 단의 하나의 컴퓨터)만이 서로 통신해야 한다면, 패킷은 기다려야 할 필요가 없다. 하지만 만약 굵은 선의 용량이 모두 사용되고 있을 때 라우터에 패킷들이 도착한다면, 이 패킷들은 저장된 후 도착한 순서대로 포워딩되어야만 한다. 이 두 가지의 단순한 예는 패킷 교환 네트워크가 회선 교환 네트워크보다 더 효율적이지만 패킷이 지연될 수 있다는 것을 보여준다.

이 책에서 우리는 주로 패킷 교환 네트워크에 대해 다룬다. 4장에서 패킷 교환 네트워크들에 대해 더 자세히 다루고 이러한 네트워크들의 성능에 대해 논의할 것이다.

1.1.3 인터넷

이미 논의했듯이 인터넷(internet, 소문자 *i*로 시작)은 서로 통신할 수 있는 둘 또는 그보다 많은 네트워크들의 집합이다. 그중 가장 대표적인 것이 **인터넷**(**Internet**, 대문자 I로 시작)으로 수천 개의 상호 연결되어 있는 네트워크들로 이루어져 있다. 그림 1.8은 인터넷의 개념적인 모습(기하학적인 모습이 아닌)을 보여준다.

그림은 여러 개의 백본, 제공자 네트워크, 그리고 사용자 네트워크들로 이루어진 인터넷의 모습을 보여준다. 최상위 레벨에서 **백본**은 Sprint, Verizon (MCI), AT&T, 그리고 NTT같은 통신 회사들이 소유하고 있는 거대한 네트워크이다. 백본 네트워크들은 **대등점**(*peering point*)이라고 불리는 복잡한 교환 시스템들에 의해 연결된다. 두 번째 레벨에는 **제공자 네트워크**라는 보다 작은 네트워크들이 있는데, 이 네트워크들은 요금을 지불하여 백본의 서비스를 이용한다. 제공자 네트워크는 백본에 연결되며, 때때로 다른 제공자 네트워크와도 연결된다. **사용자 네트워크**는 인터넷의 말단에 위치하며, 실질적으로 인터넷에서 제공자되는 서비스를 이용한다. 서비스를 이용하기 위해서 제공자 네트워크에게 요금을 지불한다.

백본과 제공자 네트워크는 **인터넷 서비스 제공자(ISP, Internet Service Provider)**라고도 불린다. 백본은 주로 국제 인터넷 서비스 제공자(international ISP)라고 불리고; 제공자 네트워크는 주로 국가 또는 지구 인터넷 서비스 제공자(national or regional ISP)라고 불린다.

그림 1.8 | 오늘날의 인터넷

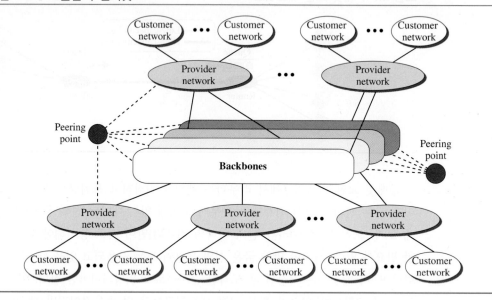

1.1.4 인터넷 접속

오늘날의 인터넷은 사용자들이 그 일부가 되게 하는 인터네트워크이다. 하지만 사용자들은 물리적으로 ISP에게 연결되어야만 한다. 이런 물리적 연결은 보통 점-대-점 WAN (point-to-point WAN)에 의해 이루어진다. 이 절에서 우리는 어떻게 이러한 연결이 일어나는지 간단하게 살펴보고, 자세한 사항은 6장과 7장으로 미루도록 한다.

전화 네트워크의 이용

오늘날 대부분의 가정과 직장은 전화 네트워크와 연결되어 전화 서비스를 이용한다. 대부분의 전화 네트워크들이 인터넷에 연결되어 있기 때문에, 가정이나 직장에서 인터넷에 연결하기 위한 한 가지 방법은 가정 또는 직장과 전화국 사이의 음성 선을 점-대-점 WAN으로 바꾸는 것이다. 이것은 두 가지 방법으로 이루어질 수 있다.

❑ **다이얼업 서비스(Dial-up service).** 첫 번째 방법은 전화선에 데이터를 음성으로 바꾸어 줄 수 있는 모뎀을 다는 것이다. 컴퓨터에 설치된 소프트웨어가 ISP를 호출하고, 전화 연결을 하는 것처럼 동작한다. 불행하게도 다이얼업 서비스는 매우 느리고, 인터넷에 연결되어 있는 동안 전화(음성) 연결을 할 수 없다. 이 서비스는 가정이나 직장에서 가끔 인터넷에 연결하려고 할 때 유용하다. 다이얼업 서비스에 대해서는 5장에서 논의한다.

❑ **DSL 서비스(DSL service).** 인터넷의 출현으로 몇몇의 전화회사들은 가정과 직장에 보다 빠른 인터넷 서비스를 제공하기 위해 그들의 전화선을 업그레이드시켰다. DSL 서비스는 전화선들이 동시에 음성 통신과 데이터 통신이 가능하도록 한다. DSL에 대해서는 5장에서 논의한다.

케이블 네트워크의 이용

지난 20여 년 동안 점점 더 많은 가정에서 TV 브로드캐스팅을 위해 안테나보다는 케이블 TV 서비스를 이용하기 시작했다. 케이블 회사들은 그들의 케이블 네트워크들을 업그레이드하여 인터넷에 연결해 왔다. 가정이나 직장에서는 이 서비스를 이용하여 인터넷에 연결될 수 있다. 이러한 서비스는 보다 빠른 연결을 제공하지만, 같은 케이블을 이용하는 이웃들의 수에 따라 속도가 변한다. 케이블 네트워크에 대해서는 5장에서 논의한다.

무선 네트워크의 이용

최근 들어 무선 연결이 더욱 대중화되고 있다. 가정과 직장에서는 무선과 유선 연결을 결합하여 인터넷에 접속할 수 있다. 무선 WAN 접속이 성장함에 따라, 가정이나 직장에서 무선 WAN을 통해 인터넷에 연결될 수 있게 되었다. 무선 접속에 대해서는 6장에서 논의한다.

인터넷에 직접 연결

큰 조직이나 회사들은 그 자체가 하나의 지역 ISP (local ISP)가 되어 인터넷에 연결될 수 있다. 이것은 조직이나 회사가 서비스를 제공 업자로부터 고속 WAN을 임대하여 스스로를 지구 ISP에 연결할 때 이루어진다. 예를 들어, 여러 개의 캠퍼스를 갖고 있는 큰 대학에서는 인터네트워크를 만들어 그것을 인터넷에 연결할 수 있다.

1.1.5 하드웨어와 소프트웨어

우리는 연결 장치들에 의해 결합된 크고 작은 네트워크들로 이루어진 인터넷의 구조에 대한 개요를 살펴보았다. 하지만, 단순히 이러한 장치들이 연결되어 있는 것만으로는 아무 일도 일어나지 않는다는 것을 알아야 한다. 통신이 이루어지기 위해서는 하드웨어와 소프트웨어가 모두 필요하다. 이것은 복잡한 계산을 수행하는 것이 하드웨어와 소프트웨어를 모두 필요로 하는 것과 같다. 다음 절에서는 이러한 하드웨어와 소프트웨어의 결합이 **프로토콜 계층화**를 통해 어떻게 서로 조화되는지에 대해 다루도록 하겠다.

1.2 프로토콜 계층화

인터넷에 대해 이야기할 때 항상 듣게 되는 단어가 프로토콜이다. **프로토콜(protocol)**은 효율적인 통신을 위해 송신자와 수신자, 그리고 그 사이의 모든 중계기들이 따라야 할 규칙이다. 통신이 단순할 때에는 하나의 단순한 프로토콜만 필요할 수도 있다. 통신이 복잡할 때에는 서로 다른 계층 사이에 작업을 나누어야 할 수도 있는데, 이 경우에는 각 계층별 프로토콜 또는 **프로토콜 계층화(protocol layering)**가 필요하다.

1.2.1 시나리오

프로토콜 계층화의 필요성을 보다 잘 이해하기 위해 두 개의 간단한 시나리오를 만들어 보자.

첫 번째 시나리오

첫 번째 시나리오에서 통신은 매우 단순하여 단 하나의 계층에서만 발생한다. 마리아와 앤은 일반적인 관념에서 이웃이라고 가정하자. 마리아와 앤 사이의 통신은 그림 1.9와 같이 단일 계층에서 일대일로 같은 언어를 통해 이루어진다.

그림 1.9 ┃ 단일 계층 프로토콜

우리는 이러한 단순한 시나리오에서 조차 규칙들이 필요하다는 것을 알 수 있다. 먼저, 마리아와 앤은 서로를 만났을 때 인사를 해야 한다는 것을 안다. 둘째, 그들은 친구 간에 사용하는 단어를 한정해야 한다. 셋째, 그들은 상대방이 이야기할 때 자신이 이야기하는 것을 참아야 한다. 넷째, 그들은 대화가 단방향이 아닌 양방향이라는 것을 안다. 두 사람 모두 이야기를 할 기회가 있어야 한다. 다섯째, 그들은 헤어질 때 적절한 말을 주고받아야 한다.

우리는 마리아와 앤 사이에 사용된 프로토콜이 강의실에서 교수와 학생들 사이의 통신과는 다르다는 것을 알 수 있다. 강의실에서의 통신은 거의 독백에 가깝다. 교수는 학생이 질문을 하기 전까지 대부분의 시간 동안 이야기를 하는데, 학생이 질문을 갖고 있을 경우 이 프로토콜은 학생이 손을 들어 질문을 해도 좋다는 허가가 떨어질 때까지 기다리도록 지시한다. 이 경우에 통신은 보통 매우 형식적이고 교육에 관한 주제로 한정된다.

두 번째 시나리오

두 번째 시나리오에서 앤은 회사에서 더 높은 직책을 맡게 되어, 마리아로부터 멀리 떨어진 도시의 지부로 옮기게 된다고 가정하자. 두 친구는 그들이 모두 퇴직하였을 때 새 사업을 시작하기 위한 새로운 프로젝트를 구상하기 위해 여전히 서로 통신하고 아이디어를 교환하기를 원한다. 그들은 우체국을 통해 편지를 이용하여 대화를 계속하기로 결정한다. 하지만 그들은 편지가 중간에 가로채어졌을 때 다른 사람들에 의해 그들의 아이디어가 유출되지 않기를 원한다. 그들은 암/복호화 기술을 사용하기로 동의한다. 편지의 송신자는 중간에 편지를 가로챈 사람이 편지의 내용을 이해하지 못하도록 편지 내용을 암호화한다. 편지의 수신자는 원래의 편지 내용을 얻기 위해 복호화한다. 암호화/복호화 방법에 대해서는 10장에서 다루겠지만, 지금은 마리아와 앤이 사용하는 기법은 복호화를 위한 키(key)가 없을 경우 복호화하기 어렵다고 가정한다. 이제 우리는 마리아와 앤 사이의 통신이 그림 1.10에서와 같이 세 계층에서 발생한다고 말할 수 있다. 앤과 마리아는 각각의 계층에서 작업을 처리하기 위한 기계(또는 로봇)를 가지고 있다고 가정한다.

그림 1.10 ┃ 3계층 프로토콜

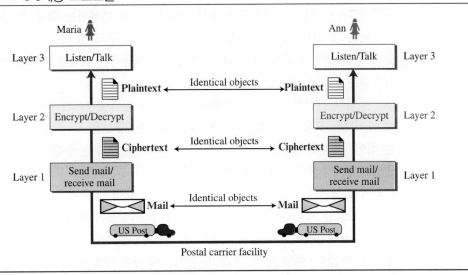

마리아가 첫 번째 편지를 앤에게 전송한다고 가정하자. 마리아는 마치 그녀의 얘기를 듣고 있는 앤에게 이야기하는 것처럼 세 번째 계층의 기계에게 이야기를 한다. 그 세 번째 계층의 기계는 마리아가 하는 말을 듣고 두 번째 계층의 기계에게 보내질 평문(영어로 작성된 편지)을 생성한다. 두 번째 계층의 기계는 그 평문을 받아 암호화하여, 첫 번째 계층의 기계에게 보낼 암호문을 만든다. 로봇이라고 추측되는 첫 번째 계층의 기계는 암호문을 받아, 봉투에 담아 송신자와 수신자의 주소를 추가하여 편지를 보낸다.

앤이 있는 곳에서 첫 번째 계층의 기계는 앤의 편지함에서 편지를 꺼내, 송신 주소로부터 마리아가 보낸 편지임을 인지한다. 기계는 봉투에서 암호문을 꺼내어 두 번째 계층의 기계에게 전달한다. 두 번째 계층의 기계는 메시지를 복호화하여 평문을 만들고, 그 평문을 세 번째 계층의 기계에게 전달한다. 세 번째 계층의 기계는 평문을 받아 마치 마리아가 말하는 것처럼 읽는다.

프로토콜 계층화는 우리가 복잡한 작업을 여러 개의 작고 단순한 작업들로 나눌 수 있게 해준다. 예를 들어 그림 1.10에서 세 개의 기계가 하는 일을 모두 할 수 있는 하나의 기계만을 이용할 수도 있다. 하지만, 만약 마리아와 앤이 그 기계에 의해서 이루어지는 암/복호화가 그들의 비밀을 보호하는 데에 충분치 못하다고 결정한다면, 그들은 그 기계 전체를 바꾸어야 한다. 하지만 현재의 상황에서는 단지 두 번째 계층의 기계만 바꾸면 된다; 나머지 두 기계는 똑같이 유지된다. 이것을 **모듈성**(*modularity*)이라고 한다. 이 경우의 모듈성은 독립된 계층들을 의미한다. 하나의 계층(모듈)은 입력과 출력을 갖고, 어떻게 입력이 출력으로 바뀌는지 신경 쓸 필요 없는 블랙박스로 정의된다. 만약 두 기계가 같은 입력에 대하여 같은 출력을 제공한다면, 서로가 서로를 대체할 수 있다. 예를 들어, 앤과 마리아가 두 번째 계층의 기계를 서로 다른 제조업자에게 살 수 있다. 두 기계가 같은 평문에 대해 같은 암호문을 만들고, 같은 암호문에 대해 같은 평문을 만드는 이상, 그 기계들은 효과가 있다.

프로토콜 계층화의 장점 중 하나는 우리가 서비스들을 구현으로부터 분리할 수 있게 해준다는 점이다. 어느 한 계층은 하위 계층으로부터 서비스를 받고, 상위 계층에게 서비스를 제공해야 한다; 우리는 그 계층이 어떻게 구현되는지에 대해서는 신경 쓸 필요가 없다. 예를 들어, 마리아는 첫 번째 계층의 기계(로봇)를 사지 않을 수도 있다; 그녀 스스로가 그 일을 할 수도 있다. 마리아가 첫 번째 계층에서 양방향으로 제공하는 작업을 스스로 처리할 수 있다면, 통신 시스템은 제대로 작동한다.

우리의 간단한 예에서는 드러나지 않지만, 인터넷에서의 프로토콜 계층화에 대해 논의할 때 드러나는 프로토콜 계층화의 또 다른 장점은, 통신은 두 종단 시스템에서만 일어나지 않는다는 점이다; 전체 계층들이 아닌 단 몇 개의 계층만을 갖는 중간 시스템들도 있다. 만약 우리가 프로토콜 계층화를 사용하지 않는다면, 우리는 각각의 중간 시스템을 종단 시스템만큼이나 복잡하게 만들어야 할 것이고, 이는 전체 시스템 비용을 증가시킬 것이다.

프로토콜 계층화의 단점은 있을까? 일부 사람들은 하나의 단순한 계층을 사용하는 것이 일을 쉽게 만든다고 주장할 수 있다. 각각의 계층은 상위 계층과 하위 계층에게 서비스를 제공할 필요가 없다. 예를 들어, 앤과 마리아는 세 가지 작업을 모두 처리하는 하나의 기계를 찾거나 만들 수 있다. 하지만 앞에서 이야기했듯이, 만약 어느 날 그들이 암호가 망가진 것을 발견한다면, 그들은 두 번째 계층의 기계만을 교체하는 것이 아닌, 전체 기계를 모두 교체해야 할 것이다.

프로토콜 계층화의 원칙

프로토콜 계층화의 원칙들에 대해 논의해 보자. 첫 번째 원칙은 만약 우리가 양방향통신을 하기를 원한다면, 각 계층이 각 방향으로 한 가지씩, 상반되는 두 가지 작업을 수행할 수 있도록 만들어야 한다는 것이다. 예를 들어, 세 번째 계층의 작업은 듣기(한쪽 방향)와 말하기(다른 쪽 방향)를 해야 한다. 두 번째 계층은 암호화와 복호화를 해야 한다. 첫 번째 계층은 편지를 주고받아야 한다.

우리가 프로토콜 계층화에서 따라야 할 두 번째 중요한 원칙은 양 사이트의 각 계층 아래에 있는 두 객체는 서로 동일해야 한다는 점이다. 예를 들어, 양 사이트의 계층 3에 있는 객체는 모두 평문이어야 한다. 양 사이트의 계층 2에 있는 객체는 모두 암호문이어야 한다. 양 사이트의 계층 1에 있는 객체는 모두 편지의 일부이어야 한다.

논리적 연결

위의 두 원칙을 따른 후에, 우리는 그림 1.11에서와 같이 각 계층 간의 논리적 연결에 대해 생각해 볼 수 있다. 이것은 우리가 계층-대-계층 통신을 갖는다는 것을 의미한다. 마리아와 앤은 각 계층에 그 계층에서 생성된 객체가 통과할 수 있는 논리적 연결이 있다고 생각할 수 있다. 우리는 논리적 연결에 대한 개념이 우리가 데이터 통신과 네트워킹에서 만나게 될 계층화 작업에 대해 보다 잘 이해할 수 있도록 돕는다는 것을 알게 될 것이다.

그림 1.11 ┃ 계층 간의 논리적 연결

Maria

Layer 3 | Talk/Listen | Plaintext ◀┈┈┈ Logical connection ┈┈┈▶ Plaintext | Listen/Talk | Layer 3

Ann

Layer 2 | Encrypt/Decrypt | Ciphertext ◀┈┈┈ Logical connection ┈┈┈▶ Ciphertext | Encrypt/Decrypt | Layer 2

Layer 1 | Send mail/ receive mail | Mail ◀┈┈┈ Logical connection ┈┈┈▶ Mail | Send mail/ receive mail | Layer 1

1.2.2 TCP/IP 프로토콜 그룹

우리는 두 번째 시나리오에서 프로토콜 계층화의 개념과 계층 간의 논리적 통신에 대해 알았으니, TCP/IP (Transmission Control Protocol/Internet Protocol)를 학습할 수 있다. TCP/IP는 현재의 인터넷에서 사용하는 프로토콜 그룹(여러 계층들에서 조직된 프로토콜 세트)이다. 그것은 상호 작용하는 모듈들로 이루어진 계층적 프로토콜인데, 각 모듈은 특정한 기능을 제공한다. 계층적(*hierarchical*)이라는 말은 각 상위 계층 프로토콜이 한 개 이상의 하위 계층 프로토콜로부터 제공되는 서비스들의 지원을 받는다는 의미이다. 원래 TCP/IP 프로토콜 그룹은 하드웨어에 설치된 네 개의 소프트웨어 계층으로 정의되었다. 하지만 현재 TCP/IP는 5계층 모델로 간주된다. 그림 1.12는 이 두 가지 형태를 보여준다.

그림 1.12 ┃ TCP/IP 프로토콜 그룹의 계층

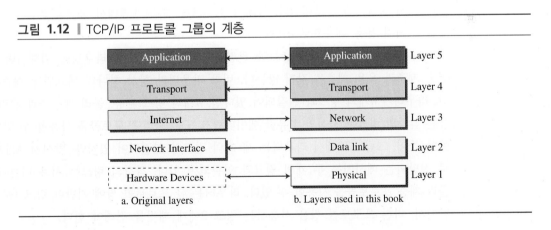

Application	◀▶	Application	Layer 5
Transport	◀▶	Transport	Layer 4
Internet	◀▶	Network	Layer 3
Network Interface	◀▶	Data link	Layer 2
Hardware Devices	◀▶	Physical	Layer 1

a. Original layers b. Layers used in this book

계층적 구조

TCP/IP 프로토콜 그룹의 계층들이 두 호스트 간의 통신에 어떻게 관련되어 있는지 보여주기 위해 우리가 링크 계층 스위치를 갖는 3개의 LAN(링크)으로 이루어진 작은 인터넷 안의 그룹을 사용한다고 가정한다. 또한 이 링크들이 그림 1.13에서처럼 하나의 라우터로 연결된다고 가정한다.

그림 1.13 ┃ 인터넷을 통한 통신

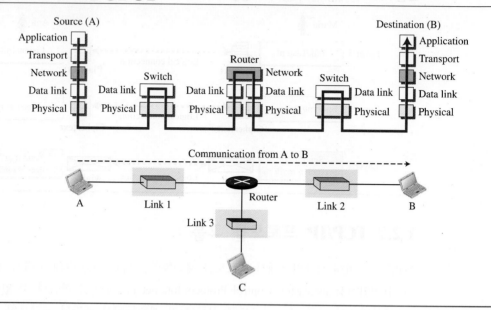

컴퓨터 A는 컴퓨터 B와 통신을 한다고 가정하자. 그림에서 보여지듯이, 우리는 이 통신에서 5개의 통신 장비를 갖는다: 발신지 호스트(컴퓨터 A), 링크 1의 링크 계층 스위치, 라우터, 링크 2의 링크 계층 스위치, 그리고 목적지 호스트(컴퓨터 B). 각 장비는 인터넷 안에서의 역할에 따라 계층들 집합과 관련된다. 두 호스트들은 5개 계층 모두와 관련이 있다. 발신지 호스트는 응용 계층에서 메시지를 생성하고 그것을 아래 계층들에게 보냄으로써 메시지가 물리적으로 목적지 호스트까지 보내진다. 목적지 호스트는 물리 계층에서 통신을 받고 그것을 다른 계층들을 거쳐 응용 계층으로 전달한다.

라우터는 단 세 개의 계층들과 관련된다; 라우터가 오직 라우팅을 위해서만 이용된다면, 전송 계층과 응용 계층을 갖지 않는다. 비록 라우터가 항상 하나의 네트워크 계층과 관련되지만, 라우터가 n개의 링크와 연결되어 있다면, n개의 링크 계층, 물리 계층들과 관련된다. 그 이유는 각각의 링크는 자신의 고유한 데이터링크 또는 물리 프로토콜을 사용할 수 있기 때문이다. 예를 들어, 그림 1.13에서 라우터는 세 개의 링크와 연결되어 있지만, 발신지 A에서 목적지 B로 전달되는 메시지는 두 개의 링크와 연관되어 있다. 각각의 링크는 서로 다른 링크 계층과 물리 계층 프로토콜을 사용할 수 있다. 라우터는 한 프로토콜 쌍에 기반한 링크 1로부터 패킷을 받아서, 다른 프로토콜 쌍을 사용하는 링크 2에게 패킷을 전해야 한다.

하지만 링크 내의 링크 계층 스위치는 단 두 개의 계층, 데이터링크 계층과 물리 계층만 포함된다. 비록 그림 1.13에서 각각의 스위치는 두 개의 다른 연결을 갖지만, 이 연결들은 동일한 링크 안에 있어서 하나의 프로토콜 집합만을 사용한다. 링크 계층 스위치는 라우터와는 달리 오직 하나의 데이터링크 계층과 하나의 물리 계층과 관련된다는 것을 의미한다.

TCP/IP 프로토콜 그룹의 계층

앞의 서론이 끝났으니, 우리는 TCP/IP 프로토콜 그룹의 계층들에 대한 기능과 의무에 대해서 간단하게 논의하겠다. 각 계층에 대해서는 다음 여섯 장에 걸쳐 자세하게 논의한다. 각 계층의 의무에 대해 보다 잘 이해하기 위해서, 우리는 계층 간의 논리적 연결에 대해서 생각해야 한다. 그림 1.14는 단순한 인터넷에서의 논리적 연결의 모습을 보여준다.

그림 1.14 ┃ TCP/IP 프로토콜 그룹 계층 간의 논리적 연결

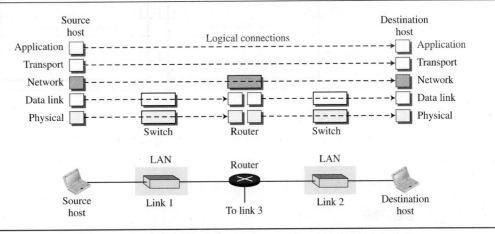

논리적 연결을 사용하는 것은 우리가 각 계층의 의무에 대해 생각하는 것을 쉽게 해준다. 그림이 보여주듯이, 응용 계층, 전송 계층, 그리고 네트워크 계층의 의무는 종단-대-종단(end-to-end)이다. 하지만, 데이터링크 계층과 물리 계층의 의무는 홉-대-홉(hop-to-hop)이며, 여기서 지점은 호스트 또는 라우터를 말한다. 다시 말해서 최상위 세 계층의 의무를 갖는 도메인은 인터넷이고, 그 아래 두 계층의 의무를 갖는 도메인은 링크이다.

논리적 연결에 대해 생각해 보기 위한 다른 방법은 각 계층에서 만들어지는 데이터 단위에 대해 생각해 보는 것이다. 최상위 세 계층에서는 데이터 단위(패킷)가 라우터나 링크 계층 스위치에 의해 변하지 말아야 한다. 그 아래 두 계층에서는 호스트에 의해 생성된 패킷이 링크 계층 스위치가 아닌 오직 라우터에 의해서만 변한다.

그림 1.15는 프로토콜 계층화에 대해 이전에 논의한 두 번째 원칙을 보여준다. 각 장치의 각 계층 아래에 있는 동일한 객체들을 보여준다.

주목할 것은 비록 네트워크 계층에서의 논리적 연결이 두 호스트 사이에 존재할지라도 우리가 이 상황에서 말할 수 있는 오직 한 가지는 두 지점 사이에 동일한 객체가 존재한다는 것이다. 왜냐하면 라우터는 네트워크 계층으로부터 받은 패킷을 단편화(fragmentation) 한 후 받은 양보다(4장의 단편화 참조) 더 많은 패킷을 전송할지도 모르기 때문이다. 또한 두 지점 사이의 링크가 그 객체를 변화시키지 않는다는 것에 주목해야 한다.

그림 1.15 ┃ TCP/IP 프로토콜 그룹 내의 동일한 객체들

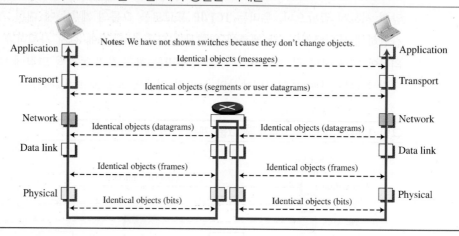

TCP/IP의 각 계층들

논리적 통신의 개념을 이해했다면 우리는 각 계층의 역할에 대해 간략하게 논의할 준비가 된 것이다. 이 장에서 각 계층에 대한 설명이 매우 간략할 수 있겠으나, 다음에 올 6개의 장들에서 각 계층에 대해 더 자세히 살펴볼 것이다.

응용 계층

그림 1.14에서 보는 바와 같이 두 계층 사이의 논리적 연결은 종단-대-종단(end-to-end)이다. 두 응용 계층은 두 계층 사이에 마치 다리라도 존재하는 것처럼 서로 메시지들을 교환한다. 그러나 우리는 그 통신이 모든 계층을 통과해서 이루어졌다는 사실을 알아야만 한다.

응용 계층의 통신은 두 **프로세스** 사이에 있다(이 계층에서 동작하는 두 개의 프로그램). 통신을 위해 하나의 프로세스는 다른 프로세스에 요청 메시지를 전송하고 응답 메시지를 수신한다. 프로세스 간의 통신(process-to-process communication)은 응용 계층의 역할이다. 인터넷의 응용 계층은 미리 정의된 많은 프로토콜들을 포함한다. 그러나 사용자 또한 두 호스트에서 동작하는 한 쌍의 프로세스를 만드는 것이 가능하다. 2장에서 우리는 이러한 경우를 살펴본다.

하이퍼텍스트 전송 프로토콜(HTTP, Hypertext Transfer Protocol)은 월드와이드 웹(WWW, Word Wide Web)에 접속하기 위한 수단이다. 단순 우편 전달 프로토콜(SMTP, Simple Mail Transfer Protocol)은 전자우편(e-mail, electronic mail) 서비스에 주로 사용되는 프로토콜이다. 파일 전송 프로토콜(FTP, File Transfer Protocol)은 하나의 호스트로부터 또 다른 호스트에의 파일을 전송하기 위해 사용되어진다. 텔넷(TELNET, Terminal Network)과 보안쉘(SSH, Secure Shell)은 사이트에 원격으로 접속하기 위해 사용된다. 단순 망 관리 프로토콜(SNMP, Simple Network Management Protocol)은 전역 또는 지역 레벨의 인터넷을 관리하기 위해 사용된다. 도메인 네임 시스템(DNS, Domain Name System)은 컴퓨터의 네트워크 계층 주소를 찾기 위해 다른 프로토콜들에 의해 사용되어진다. 인터넷 그룹 관리 프로토콜(IGMP, Internet Group Management Protocol)은 그룹 소속원을 수집하기 위해 사용되어진다. 우리는 2장과 다른 몇 개의 장에서 이 프로토콜의 대부분에 대해 논의한다.

전송 계층

전송 계층의 논리적 연결 또한 종단-대-종단이다. 발신지 호스트의 전송 계층은 응용 계층으로부터 메시지를 받아 전송 계층 패킷으로 캡슐화한 후(다른 프로토콜들에서는 세그먼트 또는 데이터그램이라 부른다), 목적지 호스트의 전송 계층에 논리적 연결(가상의)을 통해 전송한다. 다시 말해서 전송 계층은 응용 계층에 서비스를 제공하기 위한 책임이 있다. 발신지 호스트에서 동작하는 응용프로그램으로부터 메시지를 받고 그것을 목적지 호스트에 대응하는 응용프로그램에 전송한다. 이미 종단-대-종단 응용 계층을 가지고 있음에도 불구하고 왜 종단-대-종단 전송 계층을 필요로 하는지에 대해 질문하는 사람도 있을 것이다. 그 이유는 이전에 언급한 것과 같이, 작업과 역할의 분리이다. 전송 계층은 반드시 응용 계층으로부터 독립적이어야 한다. 또한, 우리는 전송 계층이 하나 이상의 프로토콜들을 가지고 있다는 것을 알게 될 것이다. 이것은 각 응용이 그것의 요구사항에 가장 부합하는 프로토콜을 사용할 수 있다는 것을 의미한다.

이와 같이 인터넷에는 여러 개의 전송 계층 프로토콜들이 존재하며, 각각은 구체적인 작업을 위해 설계되어 있다. 주로 사용되는 프로토콜인 전송 제어 프로토콜(TCP, Transmission Control Protocol)은 데이터를 전송하기 전에 먼저 두 호스트의 전송 계층 사이에 논리적 연결을 설립하는 연결 지향(connection-oriented) 프로토콜이다. 이 프로토콜은 바이트들의 스트림 전송을 위해 두 TCP 사이에 논리적 파이프를 생성한다. TCP는 흐름 제어(목적지가 전송되는 데이터의 양을 감당할 수 없는 경우를 방지하기 위해 발신지 호스트의 송신 데이터율과 목적지 호스트의 수신 데이터율을 맞춤), 오류 제어(오류 없이 목적지에 세그먼트들을 전송하고 훼손된 세그먼트들의 재전송을 보장하기 위해), 그리고 네트워크의 혼잡으로 인한 세그먼트(segment)들의 손실을 줄이기 위해 혼잡 제어를 제공한다. 또 다른 일반적인 프로토콜 중 하나인 사용자 데이터그램 프로토콜(UDP, User Datagram Protocol)은 처음에 논리적 연결을 설립하지 않고 사용자 데이터그램들을 전송하는 비연결형(connectionless) 프로토콜이다. UDP에서 각 사용자 데이터그램은 이전이나 다음 데이터그램과는 관련이 없는 독립적인 하나의 개체이다(이 용어의 의미는 비연결형임을 뜻한다). UDP는 흐름, 오류 또는 혼잡 제어를 제공하지 않는 간단한 프로토콜이다. 이러한 단순성은 적은 양의 오버헤드를 의미하며, 패킷이 훼손되거나 손실되었을 때 짧은 메시지의 전송을 필요로 하고 TCP에 관련된 패킷들의 재전송을 감당할 수 없는 응용프로그램에 매력적이다. 새로운 프로토콜인 스트림 제어 전송 프로토콜(SCTP, Stream Control Transport Protocol)은 하루가 다르게 증가하는 멀티미디어를 위한 새로운 응용프로그램들을 위해 디자인되었다. 우리는 3장에서 UDP와 TCP를 8장에서는 SCTP에 대해 논의할 것이다.

네트워크 계층

네트워크 계층은 발신지 컴퓨터와 목적지 컴퓨터 사이의 연결을 생성하기 위한 책임을 가진다. 네트워크 계층의 통신은 호스트 대 호스트(host-to-host)이다. 그러나 발신지로부터 목적지까지 여러 라우터들이 존재할 수 있기 때문에 경로상의 라우터들은 각 패킷을 위한 최선의 경로를 선택할 책임을 가진다. 네트워크 계층은 호스트 대 호스트 통신과 가능한 경로들을 통해 패킷을 라우팅하기 위한 책임을 가지고 있다고 말할 수 있겠다. 우리는 또다시 왜 네트워크 계층이 필요한지를 생각해볼 필요가 있다. 우리는 라우팅 책임을 전송 계층에 추가하고 이 계층을 버릴 수도 있었다. 이전에 언급한 것과 같이, 한 가지 이유는 서로 다른 계층들 사이에서 작업들의 분리이다. 두 번째 이유는 라우터들은 응용 계층과 전송 계층을 필요로 하지 않는다는 것이다. 작업의 분리는 우리가 라우터 상에서 더 적은 프로토콜을 사용할 수 있게 해준다.

인터넷에서 네트워크 계층은 데이터그램으로 불리는 패킷의 형식을 정의하는 인터넷 프로토콜(IP, Internet Protocol)과 같은 주요한 프로토콜을 포함한다. IP는 또한 이 계층에서 사용되는 주소의 구조와 형식을 정의한다. 그리고 IP는 패킷을 발신지로부터 목적지까지 라우팅할 책임이 있으며, 이는 해당 경로에 있는 다음 라우터에 데이터그램을 포워딩(Forwarding)하는 각 라우터에 의해 수행되어진다.

IP는 흐름 제어, 오류 제어, 혼잡 제어의 서비스들을 제공하지 않는 비연결형 프로토콜이다. 이것이 의미하는 것은 만약 하나의 응용이 이들 서비스를 필요로 한다면 그 응용은 오직 전송 계층 프로토콜을 통해 중계해야만 한다는 것이다. 네트워크 계층은 또한 일대일(unicast, one-to-one)과 일대다(multicast, one-to-many) 라우팅 프로토콜을 포함한다. 비록 라우팅 프로토콜이 라우팅에 참여하는 것은 아니지만 (라우팅 프로토콜은 IP의 책임이다) 라우팅 프로세스를 수행하는 라우터들을 돕기 위해 포워딩 테이블들을 생성한다.

네트워크 계층은 또한 IP의 운반과 라우팅 작업들을 도와주는 보조 프로토콜들을 가지고 있다. 인터넷 제어 메시지 프로토콜(ICMP, Internet Control Message Protocol)은 IP가 패킷을 라우팅할 때 생길 수 있는 몇몇 문제들을 보고하도록 도와준다. 인터넷 그룹 관리 프로토콜(IGMP, Internet Group Management Protocol)은 IP가 멀티캐스팅(multicasting)을 수행하도록 도와주는 또 다른 프로토콜이다. 동적 호스트 설정 프로토콜(DHCP, Dynamic Host Configuration Protocol)은 IP가 호스트를 위한 네트워크 계층 주소를 획득할 수 있게 해준다. 주소 변환 프로토콜(ARP, Address Resolution Protocol)은 네트워크 계층 주소가 주어졌을 때 IP가 호스트나 라우터의 링크 계층 주소를 찾는 것을 돕는 프로토콜이다. 우리는 4장에서 ICMP, IGMP, DHCP 그리고 5장에서는 ARP에 대해 논의한다.

데이터링크 계층

우리는 지금까지 인터넷이 라우터들에 의해 연결된 여러 개의 링크들(LAN과 WAN들)로 구성되어 있다는 것을 보았다. 데이터그램(datagram)이 호스트로부터 도착지까지 운반될 수 있는 중첩되는 여러 개의 링크쌍들이 존재할 수 있으며 라우터들은 최상의 링크들을 선택할 책임이 있다. 그러나 일단 전송할 다음 링크가 라우터에 의해 결정되면 데이터링크 계층은 데이터그램을 받아 그 링크 건너편으로 그것을 전송할 책임이 있다. 그 링크는 링크 계층 스위치를 가진 유선 LAN, 무선 LAN, 유선 WAN, 또는 무선 WAN이 될 수 있다. 우리는 또한 링크 유형마다 다른 프로토콜들을 가질 수 있다. 각각의 상황에서 데이터링크 계층은 그 링크를 통해 패킷을 이동시킬 책임이 있다.

TCP/IP가 데이터링크 계층을 위해 어떤 특정 프로토콜을 정의하지는 않는다. TCP/IP는 모든 표준과 적절한 프로토콜들을 지원한다. 데이터그램을 받을 수 있고 그것을 링크를 통해 운반할 수 있다면 어떤 프로토콜이라도 네트워크 계층을 위해서는 충분하다. 데이터링크 계층은 데이터그램을 받아서 **프레임**(*frame*)이라고 하는 패킷으로 캡슐화한다.

각 링크 계층 프로토콜은 각각 다른 서비스를 제공할 수도 있다. 어떤 링크 계층 프로토콜은 완벽한 오류 탐지와 교정을 제공하고, 또 어떤 프로토콜은 오직 오류 교정만을 제공한다. 우리는 5장에서 유선 링크들을, 6장에서는 무선 링크들에 대해 논의한다.

물리 계층

물리 계층은 프레임의 각 비트들을 링크 건너편으로 운반할 책임을 가지고 있다고 말할 수 있다. 비록 물리 계층이 TCP/IP 프로토콜 그룹에서 가장 낮은 단계의 계층이긴 하지만, 또 다른 숨겨진 계층인 전송 매체가 물리 계층 아래에 존재하기 때문에 물리 계층에서 두 장치들 사이의 통신은 여전히 논리적 통신이다. 두 장치들은 전송 매체(케이블 또는 공기)에 의해 연결된다. 여기서 우리는 전송 매체가 비트들을 전송하는 것이 아니라 전기 또는 광학 신호들을 전송한다는 것을 알아야 한다. 데이터링크 계층으로부터 받은 프레임의 비트들은 변환되고 전송 매체를 통해 전송되지만, 우리는 두 장치들에서 두 물리 계층들 사이의 논리적 단위가 하나의 **비트**라는 것을 생각할 수 있다. 비트를 시그널로 변형시키는 여러 개의 프로토콜들이 존재한다. 우리는 7장에서 물리 계층과 전송 매체에 대해 학습을 하며 이들을 논의한다.

캡슐화와 역캡슐화

인터넷에서 프로토콜 계층화를 할 때 중요한 개념 중 하나가 바로 캡슐화(encapsulation)/역캡슐화(decapsulation)이다. 그림 1.16은 그림 1.13의 작은 인터넷을 위한 이 개념을 보인다.

링크 계층 스위치들에서는 캡슐화/역캡슐화가 일어나지 않기 때문에 이들 장치를 위한 계층들을 보이지 않았다. 그림 1.16은 발신지 호스트에서의 캡슐화, 도착지 호스트에서의 역캡슐화, 그리고 라우터에서의 캡슐화와 역캡슐화를 보인다.

발신지 호스트에서의 캡슐화

발신지에서는 오직 캡슐화만을 수행한다.

1. 응용 계층에서 교환되는 데이터는 메시지로 불린다. 메시지는 주로 어떤 헤더(header)나 트레일러(tailer)를 포함하지는 않지만 만약 포함하게 된다면 우리는 이 전체를 메시지라고 부른다. 이 메시지는 전송 계층에 전송된다.

2. 전송 계층은 전송 계층이 반드시 처리해야 하는 짐인 페이로드(payload)로 메시지를 받는다. 전송 계층은 전송 계층 헤더를 페이로드에 붙이는데, 이것은 통신을 원하는 발신지와 도착지 응용프로그램들의 식별자들과 더불어 메시지의 종단-대-종단 전송을 위해 필요한 추가적인 정보들, 예를 들어 흐름, 오류, 또는 혼잡 제어를 위해 필요로 하는 정보를 포함한다. 이러한 과정의 결과물은 세그먼트(TCP에서) 또는 **사용자 데이터그램**(UDP에서)이라 불리는 전송 계층 패킷(transport-layer packet)이다. 후에 전송 계층은 이 패킷을 네트워크 계층에 보낸다.

3. 네트워크 계층은 전송 계층 패킷을 데이터 또는 페이로드로 받아 자신의 헤더를 페이로드

그림 1.16 | 캡슐화/역캡슐화

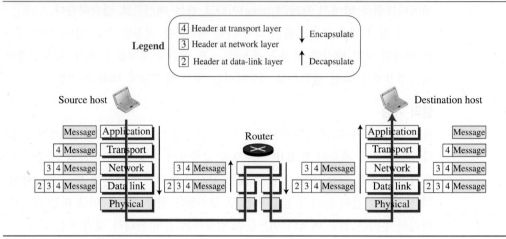

에 추가한다. 헤더는 발신지와 목적지의 주소와 헤더의 오류검사, 단편화 정보 등을 위해 사용되는 추가적인 정보들을 포함한다. 이러한 과정의 결과물은 데이터그램이라고 불리는 네트워크 계층 패킷(network-layer packet)이다. 후에 네트워크 계층은 패킷을 데이터링크 계층에 보낸다.

4. 데이터링크 계층은 네트워크 계층 패킷을 데이터 또는 페이로드로 받고, 그것을 호스트 또는 다음 지점(router)의 링크 계층 주소를 포함하는 자신의 헤더에 추가한다. 이러한 과정의 결과물은 프레임(*frame*)이라 불리는 링크 계층 패킷(link-layer packet)이다. 프레임은 전송을 위해 물리 계층에 보내어진다.

라우터에서의 역캡슐화와 캡슐화

라우터의 경우 라우터가 두 개 또는 그이상의 링크들과 연결되어 있기 때문에 역캡슐화와 캡슐화 모두 일어난다.

1. 데이터링크 계층에 일련의 비트들이 전송된 후에 이 계층은 프레임으로부터 데이터그램을 역캡슐화하고 그것을 네트워크 계층에 보낸다.

2. 네트워크 계층은 데이터그램 헤더에서 발신지와 도착지 주소만 조사하고, 데이터그램이 전송될 다음 지점을 찾기 위해 포워딩 테이블을 조사한다. 데이터그램의 내용은 만약 그것의 사이즈가 다음 지점을 통과하기에 너무 커서 데이터그램을 단편화할 필요가 생기지 않는 이상 라우터의 네트워크 계층에 의해 변경되어서는 안 된다. 후에 그 데이터그램은 다음 링크의 데이터링크 계층에 보내어진다.

3. 다음 링크의 데이터링크 계층은 프레임에서 그 데이터그램을 캡슐화하고 전송을 위해 물리 계층에 그것을 보낸다.

도착지 호스트에서의 역캡슐화

도착지 호스트에서 각 계층은 메시지가 응용 계층에 도달할 때까지 수신된 패킷을 역캡슐화하고, 페이로드를 떼어내어 그것을 한 단계 높은 프로토콜 계층에 전송하는 역할만을 수행한다. 호스트에서의 역캡슐화가 오류 검사를 포함하는 것은 반드시 필요하다고 말할 수 있다.

주소지정

인터넷에서 프로토콜 계층화에 관련된 또 다른 개념인 **주소지정**(*addressing*)에 대해 언급하는 것은 매우 가치 있는 일이다. 이전에 언급한 것과 같이, 우리는 이 모델에서 계층들의 쌍들 사이에서의 논리적 연결을 가지고 있다. 두 개의 파티를 포함하는 어떠한 통신도 다음과 같은 2개의 주소를 필요로 한다: 발신지 주소, 목적지 주소. 비록 우리가 보기엔 필요한 주소의 쌍의 개수가 한 계층에 한 쌍씩 5쌍인 것처럼 보이지만 사실 물리 계층은 주소를 필요로 하지 않기 때문에 우리는 주로 4쌍의 주소만을 가진다. 물리 계층에서의 데이터 교환의 단위는 비트이므로 이것은 절대로 주소를 가질 수 없다. 그림 1.17은 각 계층의 주소지정을 보인다.

그림 1.17 ┃ TCP/IP 프로토콜 그룹에서의 주소지정

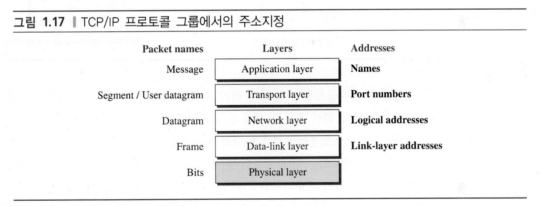

위의 그림이 보이는 것과 같이 계층, 그 계층에서의 주소, 그 계층에서의 패킷 이름 사이에는 관계가 존재한다. 응용 계층에서 우리는 *someorg.com*과 같은 서비스를 제공하는 사이트 이름, 또는 *somebody@coldmail.com*과 같은 e-mail 주소를 이용한다. 전송 계층에서의 주소들은 포트번호(port number)로 불리고 이 번호들은 발신지와 도착지의 응용들을 정의한다. 포트번호들은 동시에 동작하는 여러 개의 프로그램들을 구분하기 위한 지역 주소들(local addresses)이다. 네트워크 계층에서 주소들은 전역적이며 전체 인터넷을 범위로 가진다. 하나의 네트워크 주소는 인터넷에 접속하는 장치를 유일하게 정의하는 주소이다. 때때로 MAC 주소로 불리는 링크 계층 주소들은 지역적으로 정의된 주소이며, 이 각각의 주소는 네트워크에서의(LAN 또는 WAN) 특정 호스트 또는 라우터를 정의한다. 우리는 이들 주소들을 이후의 장들에서 다시 설명할 것이다.

다중화와 역다중화

TCP/IP 프로토콜 그룹은 몇몇의 계층들에서 여러 개의 프로토콜들을 사용하기 때문에 발신지

에서는 다중화(multiplexing) 도착지에서는 역다중화(demultiplexing)를 가진다고 말할 수 있다. 이 경우에 다중화가 의미하는 것은 한 계층의 한 프로토콜이 여러 개의 다음 상위 계층 프로토콜들로부터 오는 패킷을 캡슐화할 수 있다는 것이다(한 번에 하나씩). 역다중화가 의미하는 것은 하나의 프로토콜은 역캡슐화를 할 수 있고 패킷을 여러 개의 다음 상위 계층 프로토콜들에 전송할 수 있다는 것이다(한 번에 하나). 그림 1.18은 3개의 상위 계층들에서의 다중화와 역다중화의 개념을 보인다.

그림 1.18 ┃ 다중화와 역다중화

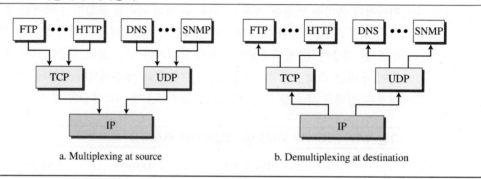

에서는

다중화와 역다중화를 가능하게 하기 위해 프로토콜은 캡슐화된 패킷이 어느 프로토콜에 속하는지 식별하기 위한 필드를 헤더에 포함해야 한다. 전송 계층에서 UDP 또는 TCP는 여러 개의 응용 계층 프로토콜들로부터 하나의 메시지를 받을 수 있다. 네트워크 계층에서 IP는 TCP로부터 세그먼트를 또는 UDP로부터 사용자 데이터그램을 받을 수 있다. IP는 또한 ICMP, IGMP 그리고 그 외의 프로토콜들로부터 패킷을 받을 수 있다. 데이터링크 계층에서 프레임은 IP 또는 ARP(5장 참조)와 같은 다른 프로토콜들로부터 오는 페이로드를 전송할 수 있다.

1.2.3 OSI 모델

비록 모든 사람들이 인터넷에 대한 이야기를 할 때 TCP/IP 프로토콜 그룹에 대해 이야기하곤 하지만 이 그룹이 유일하게 정의된 프로토콜 그룹인 것은 아니다. 1947년에 설립된 **국제표준화 기구(ISO, International Organization for Standardization)**는 세계적으로 인정받는 국제 표준을 제정하는 다국적 기관이다. 세계에 있는 나라들 중 대략 3/4이 이 ISO에 속해 있다. 네트워크 통신을 전체적으로 다루고 있는 ISO 표준은 **개방 시스템 상호연결(OSI, Open System Interconnection)** 모델이다. OSI 모델은 1970년대 후반에 처음 소개되었다.

ISO는 기구이고, OSI는 모델이다.

　　개방 시스템(*Open System*)은 기반 구조와 관계없이 서로 다른 시스템 간의 통신을 제공하는 프로토콜의 집합이다. OSI 모델은 하드웨어나 소프트웨어 기반의 논리적인 변화에 대한 요구 없이 서로 다른 시스템 간의 통신을 원활하게 하는데 그 목적이 있다. OSI 모델은 프로토콜이 아니다; 유연하고 안전하며, 상호 연동이 가능한 네트워크 구조를 이해하고 설계하기 위한 모델이다. OSI 모델은 OSI 스택에 있는 프로토콜 생성의 기초가 된다.

　　OSI 모델은 모든 종류의 컴퓨터 시스템 간 통신을 가능하게 하는 네트워크 시스템 설계를 위한 계층구조이다. 이 모델은 서로 연관된 7개의 계층으로 구성되어 있고, 각 계층에는 네트워크를 통해 정보를 전송하는 일련의 과정이 규정되어 있다(그림 1.19 참조).

그림 1.19 | OSI 모델

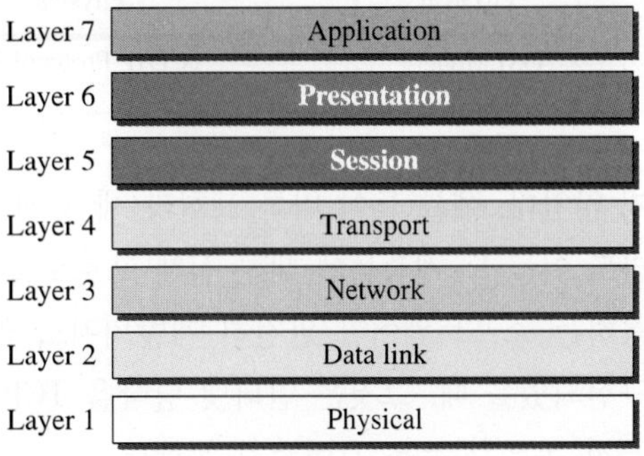

Layer 7	Application
Layer 6	Presentation
Layer 5	Session
Layer 4	Transport
Layer 3	Network
Layer 2	Data link
Layer 1	Physical

OSI 대 TCP/IP

두 모델을 비교할 때 우리는 두 개의 계층인 세션(session)과 표현(presentation)이 TCP/IP 프로토콜 그룹에 없다는 것을 알 수 있다. 이들 두 계층들은 OSI 모델의 발표 후 TCP/IP 프로토콜 그룹에 추가되지 않았다. 그림 1.20에서 보는 바와 같이 TCP/IP 그룹의 응용 계층은 OSI 모델에 있는 3개 계층들의 결합으로 여겨진다.

　　이 결정에 대해 2가지 이유가 거론되었다. 첫째, TCP/IP는 하나 이상의 전송 계층 프로토콜을 가지고 있다. 세션 계층의 몇몇 기능들은 몇몇 전송 계층 프로토콜들에서 가능하다. 둘째, 응용 계층이 단순히 소프트웨어의 한 부분인 것만은 아니다. 많은 응용들이 이 계층에서 개발되어질 수 있다. 만약 세션 그리고 표현 계층들에서 언급된 기능들 중 몇 개가 특정 응용에서 필요로 되어진다면, 그것은 소프트웨어의 한 부분의 개발로 포함될 수 있다.

OSI 모델의 실패

OSI 모델은 TCP/IP 프로토콜 그룹 이후에 나타났다. 대부분의 전문가들이 처음에는 흥분했고 OSI 모델에 의해 TCP/IP 모델은 모두 대체될 것이라 생각했다. 이러한 일이 일어나지 않은 몇 가지 이유가 있지만 우리는 이 분야의 모든 전문가들에 의해 동의된 3가지 이유만 설명한다. 첫째, OSI는 TCP/IP가 완전히 자리 잡고 많은 돈과 시간이 TCP/IP 그룹을 위해 투자되었을 때 완성되었다. 다른 모델로의 변경에는 많은 비용이 든다. 둘째, OSI 모델의 몇몇 계층들은 완전

그림 1.20 ┃ TCP/IP 및 OSI 모델

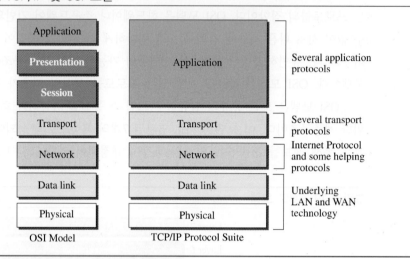

히 정의되지 않았다. 예를 들어 비록 표현과 세션 계층에 의해 제공되는 서비스들이 문서에 실렸다 하더라도 이들 두 계층들에 대한 실제 프로토콜들은 완전히 정의되거나 기술되지 않았다. 그리고 대응하는 소프트웨어가 완전히 개발되지도 않았다. 셋째, OSI가 한 협회에 의해 다른 응용에서 구현되었을 때, 그것은 인터넷 당국을 TCP/IP 프로토콜로부터 OSI 모델로 전환시킬 정도의 충분히 높은 성능을 보여주지 못했다.

1.3 인터넷 역사

지금까지 인터넷과 인터넷의 프로토콜의 개요를 살펴보았으니, 이제 간략한 인터넷의 역사를 소개하도록 하겠다. 이 간략한 역사는 어떻게 인터넷이 40년도 채 되지 않아 사설 네트워크에서 전역적 네트워크로 발전될 수 있었는지를 명확하게 알려줄 것이다.

1.3.1 초기의 역사

1960년도 이전에는 전신(telegraph)과 전화망(telephone network) 같은 몇몇 통신망들이 있었다. 그 당시에 네트워크들은 고정 비율의 통신에 적합하였다. 이것은 두 사용자 사이에 연결이 생성된 후에 부호화된 메시지(telegraphy) 또는 음성(telephony)이 교환될 수 있다는 것을 의미한다. 반면에 컴퓨터 네트워크는 버스트 데이터(*bursty* data)를 처리할 수 있어야만 한다. 이것은 다른 시간에 다양한 비율로 수신되는 데이터를 의미한다. 세계는 패킷 교환방식이 발명되기까지 기다림을 필요로 했다.

패킷 교환 네트워크의 탄생

버스트 트래픽을 위한 패킷 교환 이론은 1961년 MIT의 Leonard Kleinrock에 의해 처음 발표되었다. 같은 시기에, 두 명의 다른 연구원들인 Rand 협회의 Paul Baran과 영국 National physical 연구소의 Donald Davies는 패킷 교환 네트워크들에 대한 몇 개의 논문들을 발표했다.

ARPANET

1960년대 중반에 연구 기관들의 대형 컴퓨터들은 독립 실행형 장비였다. 제조업자가 서로 다른 컴퓨터와는 통신을 할 수 없었다. 미 국방성(DOD, Department of Defense)의 **ARPA (Advanced Research Project Agency)**는 연구원들이 비용도 줄이고, 연구 내용을 공유하여 중복 연구가 이루어지지 않도록 하기 위해 컴퓨터를 서로 연결하는 방법을 연구하는 데 관심을 갖게 되었다.

1967년 ACM (Association for Computing Machinery) 모임에서 ARPA는 컴퓨터를 연결한 소형 네트워크인 **ARPANET**에 대한 아이디어를 제안하였다. 이 아이디어는 각 호스트 컴퓨터(반드시 같은 제조업자가 아닌)를 IMP (Interface Message Processor)라는 특정 컴퓨터에 연결하는 것이었다. 그런 다음 IMP들을 서로 연결하였다. 각 IMP는 연결된 호스트뿐만 아니라 다른 IMP와 통신할 수 있는 기능을 가지고 있었다.

1969년, ARPANET은 IMP를 통하여 4개의 노드인 LA에 위치한 캘리포니아 주립대학(UCLA), 산타바바라에 위치한 캘리포니아 주립대학(UCSB), 스탠포드연구소(SRI), 그리고 유타 대학(University of Utah)을 연결하여 네트워크를 구성하였다. NCP (*Network Control Protocol*)라는 소프트웨어가 호스트들 간 통신을 제공하였다.

1.3.2 인터넷의 탄생

1972년, ARPANET 그룹의 멤버인 Vint Cerf와 Bob Kahn은 네트워크 **상호연결 프로젝트**(*Internetting Project*)에 관한 일을 하고 있었다. 이들은 어떤 네트워크에 있는 모든 호스트가 다른 네트워크 상에 있는 호스트들과 통신할 수 있도록 하기 위해서 서로 다른 네트워크를 연결하고자 하였는데, 이를 위해 다양한 패키지 크기와 인터페이스, 그리고 다양한 전송 속도뿐만 아니라 서로 다른 신뢰성 요구 등 해결해야 할 많은 문제점들이 있었다. Cerf와 Kahn은 하나의 네트워크로부터 다른 네트워크로 패킷을 전송하는 중계 하드웨어 역할을 하는 게이트웨이(gateway)라는 장비를 고안하였다.

TCP/IP

1973년 Cerf와 Kahn은 논문에서 종단-대-종단 패킷 전달을 위한 프로토콜을 제안하였다. 이 것은 NCP의 새로운 버전이었다. 이 논문에는 TCP 캡슐화, 게이트웨이 기능, 데이터그램과 같은 개념이 포함되었다. 가장 급진적인 아이디어는 오류 교정 임무를 IMP에서 호스트 머신으로 옮기는 것이었다. 이러한 ARPA 인터넷은 ARPANET에 대한 책임이 DCA (Defense Communication Agency)로 넘어간 이후부터 주요 통신 수단이 되었다.

1977년 10월에 3개의 서로 다른 네트워크(ARPANET, 패킷 라디오, 패킷 위성)로 구성된 인터넷이 성공적으로 시연되었다. 이때부터 네트워크 간 통신이 가능하게 되었다. 그런 다음, 관계자들은 TCP를 2개의 프로토콜인 TCP (Transmission Control Protocol)와 IP (Inter-networking Protocol)로 나누기로 결정하였다. TCP는 세그먼트, 재조립, 오류 검출 등과 같은 상위 수준의 기능에 대한 책임을 맡고, IP는 데이터그램 라우팅을 처리하도록 하였다. 이때부터 네트워크 간 연결 프로토콜은 TCP/IP로 알려지게 되었다.

1981년, DARPA 계약에 따라서 UC 버클리 대학은 TCP/IP를 포함시키기 위해서 유닉스 운영체제를 수정하였다. 많은 사람들이 사용하는 운영체제에 네트워크 소프트웨어를 포함시키자 네트워킹에 대한 인기가 높아지게 되었다. 버클리 유닉스의 개방형 구현(특정 제조업자에 한정되지 않은)은 모든 제조업자들에게 그들의 상품을 만들 수 있는 기본적인 작업 코드를 제공하였다.

1983년, 관계자들은 원래의 ARPANET 프로토콜을 폐지하였고, TCP/IP가 ARPANET에 대한 공식적인 프로토콜이 되었다. 다른 네트워크 상에 있는 컴퓨터에 접속하기 위하여 인터넷을 사용하는 사람은 반드시 TCP/IP를 실행시켜야 했다.

MILNET

1983년, ARPANET은 군사용을 위한 **MILNET (Military Network)**과 군사용이 아닌 ARPANET이라는 두 개의 네트워크로 나뉘어졌다.

CSNET

인터넷 역사에서 또 하나의 이정표는 1981년에 탄생한 CSNET이다. **CSNET (Computer Science Network)**은 NSF (National Science Foundation)에 의해서 지원되는 네트워크로서 네트워크 통신에 관심이 있지만 DARPA에 동참하지 않아서 ARPANET에 접속할 수 없는 대학들에 의해서 제안되었다. CSNET은 더 저렴한 네트워크였다; 여분의 링크가 거의 없고 전송 속도가 더 느렸다.

1980년대 중반 대부분의 전산학과가 있는 미국 대학들은 CSNET에 속해 있었다. 그 밖의 여러 연구소와 회사들도 자체적인 네트워크를 구성하였고, 상호 연결을 위해 TCP/IP를 사용하였다. 인터넷(*Internet*)이란 용어는 원래 정부 지원으로 연결된 네트워크로 생각되었으나, 이제는 TCP/IP 프로토콜을 사용하여 연결된 네트워크를 의미한다.

NSFNET

CSNET의 성공에 힘입어 1986년 NSF는 **NSFNET**을 지원하였는데, 이는 미국에 산재된 5개의 슈퍼컴퓨터 센터들을 연결하는 백본(backbone)이다. 지역 네트워크들은 1.544 Mbps 통신 속도를 갖는 T-1 백본으로의 접속을 허가 받았고, 이리하여 미국 전역에 대한 연결성을 제공하였다. 1990년 ARPANET은 공식적으로 없어지고 NSFNET으로 대체되었다. 1995년에 NSFNET은 원래 의도였던 연구용 네트워크로 바뀌었다.

ANSNET

1991년, 미국 정부는 NSFNET가 인터넷 트래픽의 급격한 증가를 지원할 수 없다고 판단하였다. 3개의 회사인 IBM, Merit 그리고 Verizor사는 **ANSNET (Advanced Networks and Services Network)**이라는 새로운 고속 인터넷 백본을 구축하기 위해 ANS (Advanced Network & Service) 라는 비영리 기관을 구성하여 부족한 부분을 보강하였다.

1.3.3 오늘의 인터넷

오늘날, 우리는 기반구조(infrastructure)와 새로운 응용들의 빠른 성장을 목격하고 있다. 오늘날의 인터넷은 전 세계에 서비스를 제공하는 교각 네트워크이다. 인터넷을 이렇게 유명하게 만든 것은 바로 새로운 응용들의 발명이다.

월드와이드 웹

1990년대에 월드와이드 웹(WWW: World Wide Web)의 등장은 인터넷 응용들의 폭발적인 증가를 가져온다. 웹은 CERN에 있는 Tim Berners-Lee에 의해 개발되었다. 이 발명은 상업적인 응용들을 인터넷에 추가하였다.

멀티미디어

Voice over IP (telephony), video over IP (Skype), view sharing (YouTube), 그리고 television over IP (PPLive)와 같은 멀티미디어 응용들의 최근 발전들은 사용자의 수와 각 사용자들이 네트워크에 사용하는 시간을 증가시켰다. 우리는 8장에서 멀티미디어에 대해 논의한다.

대등-대-대등 응용들

대등-대-대등(peer-to-peer) 네트워킹 또한 많은 잠재성을 가진 새로운 통신 분야이다. 우리는 2장에서 몇 개의 대등-대-대등 응용을 소개한다.

1.4 표준들과 관리조직

인터넷과 인터넷 프로토콜에 대한 논의에서 우리는 종종 표준의 인용 또는 관리단체를 볼 수 있다. 이 절에서 우리는 이들 표준과 관리조직들에 친숙하지 않은 독자들을 위해 이들을 소개한다; 만약 독자가 이들과 친숙하다면 이 절을 넘어가도 좋다.

1.4.1 인터넷 표준

인터넷 표준(Internet Standard)은 인터넷을 이용하여 작업하는 사람들에 의해 철저히 검증되어 사용되는 규격이다. 이것은 반드시 지켜야 하는 협약된 규약이다. 한 규격은 엄격한 절차에 따라 인터넷 표준이 될 수 있다. 이는 **인터넷 드래프트(Internet Draft)**로 시작된다. 인터넷 드래프트는 비공식적인 상태에서 6개월 정도의 유효기간을 갖는 작업 문서이다. 인터넷 관련 기관들로부터 받은 권고안에 따라서 드래프트는 **RFC (Request for Comment)**로 발간된다. 각 RFC는 편집되어 문서번호가 지정되고, 관심 있는 모든 사람들이 이용할 수 있도록 만들어진다. RFC는 완성 단계를 거친 후 요구 수준에 따라 분류되어진다.

완성 단계

RFC는 유효기간 동안 6개의 완성 단계(*maturity levels*) 중 한 단계에 있다. 제안 표준, 드래프트 표준, 인터넷 표준, 기록 단계, 실험 단계 그리고 정보 제공(그림 1.21 참조).

그림 1.21 ┃ RFC의 완성 단계

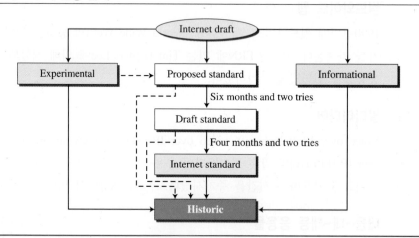

- ❑ **제안 표준.** 제안 표준(Proposed Standard)은 인터넷 공동체를 통하여 많은 노력과 충분한 논의를 거친 안정된 규격이다. 이 단계에서 규격은 여러 그룹들에 의해 시험을 거쳐서 구현되어진다.

- ❑ **드래프트 표준.** 제안 표준은 적어도 2번의 독자적인 성공과 상호 운용성이 이루어져야만 드래프트 표준(draft standard) 상태로 넘어간다. 드래프트 표준 단계에서 문제점이 발생하면 수정이 되고, 문제점이 없으면 통상적으로 인터넷 표준으로 넘어간다.

- ❑ **인터넷 표준.** 드래프트 표준에서 구현이 완전하게 이루어지면 인터넷 표준(Internet standard)이 된다.

- ❑ **기록 단계.** 기록 단계(historic) RFC는 역사적인 면에서 중요한 의미를 갖는다. 이 RFC는 최종 규격에 의해 대치되었거나, 인터넷 표준이 되기 위해 필요한 단계를 통과하지 못한 것이다.

- ❑ **실험 단계.** 실험 단계(experimental)로 분류된 RFC에는 인터넷 운영에는 영향을 주지 않고 실험적인 상황과 관련된 작업을 나타낸다. 이러한 RFC는 인터넷 서비스 기능으로 구현되지 않을 수 있다.

❏ **정보제공.** 정보제공(informational)으로 분류되는 RFC는 인터넷과 관련된 일반적이면서 역사적인 튜토리얼 정보가 들어 있다. 이것은 항상 인터넷 관련 기관이 아닌 제조업체 같은 곳에서 작성한다.

요구 단계

RFC는 5개의 요구 단계(*requirement levels*): 요구, 권고, 선택, 사용제한, 미권고로 분류된다.

❏ **요구.** 모든 인터넷 시스템에서 최소한의 적합성이 구현되면 요구(*required*) RFC가 된다. 예를 들면 IP(4장)와 ICMP(4장)가 요구되는 프로토콜들이다.

❏ **권고.** 권고(recommended) 등급의 RFC는 최소한의 적합성이 요구되지 않으며, 유용성이 있기 때문에 권고된 것이다. 예를 들면 FTP(2장)와 TELNET(2장)이 권고 프로토콜이다.

❏ **선택.** 선택(elective) 등급의 RFC는 요구되지 않고 권고되지도 않은 것이다. 그러나 시스템에 유익할 경우에는 사용할 수 있다.

❏ **사용 제한.** 사용 제한(limited use) 등급의 RFC는 제한된 상황에서만 사용될 수 있다. 대부분의 실험적인 RFC가 이 분류에 속한다.

❏ **미권고.** 미권고(not recommended) 등급의 RFC는 일반적인 용도에 적합하지 않은 것이다. 보통 기록 RFC가 이 분류에 속한다.

> **RFC는 http://www.rfc-editor.org에서 찾을 수 있다.**

1.4.2 인터넷 관리

초기 연구 영역에서 주로 이용되던 인터넷은 발전을 거듭하여 상업적인 분야에 활용되면서 많은 사용자가 생기게 되었다. 인터넷에 필요한 주요 사항을 조정하는 여러 그룹들이 인터넷 성장과 발전을 유도해가고 있다. 부록 D에는 이들 그룹의 주소와 전자우편 주소, 전화번호가 있다. 그림 1.22는 인터넷 관리를 담당하는 일반적인 조직을 나타낸다.

그림 1.22 ┃ 인터넷 관리 기관

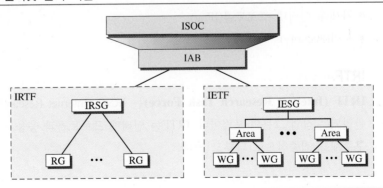

ISOC

ISOC (Internet Society)는 국제적인 비영리단체로 인터넷 표준 제정을 지원하기 위해 1992년에 결성되었다. 이를 위하여 ISOC는 IAB, IETF, IRTF, 그리고 IANA(다음에 올 절들 참조)와 같은 행정상의 다른 인터넷 단체에 대한 관리와 지원을 계속하고 있다. 또 ISOC는 인터넷과 관련된 학술적인 활동과 연구를 담당하고 있다.

IAB

IAB (Internet Architecture Board)는 ISOC을 위한 기술적인 자문위원회이다. IAB의 주요 목적은 TCP/IP 프로토콜 그룹의 지속적인 개발을 감독하는 것과 인터넷 공동체의 연구원에게 기술적인 조언을 제공하는 것이다. 이를 위하여 IAB는 IETF (Internet Engineering Task Force)와 IRTF (Internet Research Task Force)라는 조직을 통하여 이러한 작업을 수행한다. IAB의 또 다른 역할은 이 장의 앞에서 설명한 RFC에 대한 편집 관리이다. 또한 IAB는 인터넷과 다른 표준기관 및 포럼 사이의 대외적인 접촉을 담당한다.

IETF

IETF (Internet Engineering Task Force)는 IESG (Internet Engineering Steering Group)에 의해 관리되는 작업 그룹의 포럼이다. IETF는 운영상의 문제점을 파악하고, 이러한 문제점에 대한 해결책을 제공하는 책임을 맡고 있다. 또한, IETF는 인터넷 표준과 같은 계획한 규격을 개발하고 검토한다. 작업 그룹은 영역별로 나누어져 있고, 각 영역은 특정 주제를 맡아서 작업한다. 현재는 9개의 영역으로 나누어져 있는데, 각 영역은 다음과 같다.

- 응용(Application)
- 인터넷 프로토콜(Internet Protocol)
- 라우팅(Routing)
- 운영(Operations)
- 사용자 서비스(User Service)
- 네트워크 관리(Network Management)
- 전송(Transport)
- 차세대 인터넷 프로토콜(IPng)
- 보안(Security)

IRTF

IRTF (Internet Research Task Force)는 IRSG (Internet Research Steering Group)에 의해서 관리되는 작업 그룹의 포럼이다. IRTF는 인터넷 프로토콜과 응용, 구조, 기술과 관련된 장기 연구주제를 집중적으로 다루고 있다.

IANA와 ICANN

미국 정부의 지원을 받는 **IANA (Internet Assigned Numbers Authority)**는 1998년 10월까지 인터넷 도메인 네임(domain name)과 주소 관리에 대한 책임을 맡고 있었다. 그 당시에 국제 위원회에 의해서 관리된 사설 비영리 법인인 **ICANN (Internet Corporation for Assigned Names and Numbers)**은 IANA의 운영을 물려받았다.

NIC

NIC (Network Information Center)는 TCP/IP 프로토콜에 관한 정보 수집과 분배에 대한 책임을 맡고 있다.

> **인터넷 기구에 대한 웹 사이트와 주소는 부록 D에서 찾을 수 있다.**

1.5 추천 자료

1.5.1 추천 도서

이 장에서 설명된 주제에 대해서 좀더 자세한 내용은 다음의 책과 웹 사이트 그리고 RFC를 참고하기 바란다. 대괄호에 들어가 있는 항목은 책의 뒷부분의 참고문헌에 있다.

단행본과 논문

[Seg 98], [Lei *et al.* 98], [Kle 04], [Cer 89], [Jen *et al.* 86]을 포함한 여러 책들과 논문들은 인터넷 역사에 대해 아주 쉽게 잘 설명하고 있다.

RFC

특정한 두 개의 RFC들이 TCP/IP 그룹을 논의한다: RFC 791(IP)과 RFC 817(TCP). 뒷장들에서 우리는 각 계층의 각 프로토콜에 관련된 다른 RFC들을 언급한다.

1.6 중요 용어

Advanced Network Services Network
  (ANSNET)
Advanced Research Projects Agency
  (ARPA)
Advanced Research Projects Agency
  Network (ARPANET)
circuit-switched network
Computer Science Network (CSNET)
International Organization for
  Standardization (ISO)
internet
Internet
Internet Architecture Board (IAB)
Internet Assigned Numbers Authority

(IANA)

Internet Corporation for Assigned Names
and Numbers (ICANN)

Internet Engineering Task Force (IETF)

Internet Research Task Force (IRTF)

Internet Service Provider (ISP)

Internet Society (ISOC)

internetwork

local area network (LAN)

Military Network (MILNET)

National Science Foundation Network

(NSFNET)

Network Information Center (NIC)

Open Systems Interconnection
    (OSI) model

packet-switched network

protocol

protocol layering

Request for Comment (RFC)

TCP/IP protocol suite

wide area network (WAN)

1.7 요약

네트워크는 통신 장치들이 연결된 그룹이다. 컴퓨터, 프린터, 또는 네트워크 상에서의 다른 노드들에 의해 생성된 데이터를 전송하거나 수신할 수 있는 능력을 가진 어떤 장치라도 통신 장치가 될 수 있다. 오늘날 우리가 네트워크에 대해 이야기할 때 우리는 일반적으로 2개의 주요한 범주인 지역 네트워크와 광역 네트워크를 언급한다.

오늘날의 인터넷은 지국들을 스위칭하고 장치들을 연결함으로써 만들어진 광역 통신망과 근거리 통신망으로 이루어져 있다. 오늘날 인터넷을 연결하고자 하는 대부분의 종단 사용자들은 ISP(인터넷 서비스 제공자)의 서비스를 이용한다. ISP에는 백본 ISP, 지역 ISP, 로컬 ISP가 있다.

프로토콜은 데이터 통신을 제어하는 규칙의 모음이다. 프로토콜 계층화에서 우리는 양방향통신을 제공하기 위해서 두 가지 원칙을 따라야만 한다. 첫째, 각 계층은 두 가지 반대되는 작업들을 수행해야만 한다. 둘째, 양측의 각 계층에 있는 두 객체는 반드시 동일해야만 한다. TCP/IP는 5개의 계층들로 이루어진 계층적 프로토콜 그룹이다: 응용, 전송, 네트워크, 데이터링크, 그리고 물리 계층.

인터네트워크의 역사는 1960대 중반에 ARPA와 함께 시작되었다. 인터넷의 탄생은 Cerf와 Khan의 연구와 네트워크에 연결하기 위한 게이트웨이의 발명과 연관되어 있다. 인터넷 관리기관은 인터넷에 속해 있다. ISOC는 인터넷에 관련된 연구와 학술 활동을 증진시킨다. IAB는 ISOC의 기술 자문위원회이다. IETF는 운영상의 문제점을 확인하고, 이 문제점에 대한 해결책을 제안하는 책임이 있는 작업 그룹의 포럼이다. IRTF는 장기 연구주제에 중점을 둔 작업 그룹의 포럼이다. ICANN은 인터넷 도메인 네임과 주소 관리를 맡고 있다. NIC은 TCP/IP 프로토콜 정보에 대한 수집과 배분에 대한 책임을 맡고 있다.

인터넷 표준은 충분한 시험을 거친 규격이다. 인터넷 초안은 비공식적인 상태로 6개월간의 유지기간을 갖는 작업 중인 문서이다. 초안은 RFC로 발간된다. RFC들은 완성 단계를 거쳐 요구 단계에 따라 분류된다.

1.8 연습문제

1.8.1 기본 연습문제

1. 근거리 통신망(LAN)은 _____로 정의된다.
   a. 네트워크의 기하학적 크기
   b. 네크워크 상 최대 호스트의 수
   c. 네트워크의 최대 호스트의 수 그리고/또는 네트워크의 기하학적 크기
   d. 네트워크의 접속형태

2. 광역 네트워크가 포괄할 수 있는 가장 큰 지역은 _____이다.
   a. 마을   b. 주
   c. 국가   d. 세계

3. TCP/IP 프로토콜 집합은 _____개의 계층으로 구성되어 있다.
   a. 2   b. 3
   c. 5   d. 6

4. 라우터는 TCP/IP 프로토콜 집합의 _____ 계층에 속해 있다.
   a. 2   b. 3
   c. 4   d. 5

5. 링크 계층 교환기는 TCP/IP 프로토콜 집합의 _____ 계층에 속해 있다.
   a. 2   b. 3
   c. 4   d. 5

6. 다음 TCP/IP 프로토콜 집합 중 응용 계층 프로토콜은?
   a. 사용자 데이터그램 프로토콜(UDP)
   b. 인터넷 프로토콜(IP)
   c. 파일 전송 프로토콜(FTP)
   d. 전송 제어 프로토콜(TCP)

7. 다음 TCP/IP 프로토콜 집합 중 전송 계층 프로토콜은?
   a. 인터넷 제어 메시지 프로토콜(ICMP)
   b. 인터넷 프로토콜(IP)
   c. 주소 변환 프로토콜(ARP)
   d. 전송 제어 프로토콜(TCP)

8. 다음 TCP/IP 프로토콜 집합 중 네트워크 계층 프로토콜은?

a. 스트림 제어 전송 프로토콜(SCTP)
b. 보안 쉘(SSH)
c. 인터넷 프로토콜(IP)
d. 사용자 데이터그램 프로토콜(UDP)

9. TCP/IP 프로토콜 집합에서 전송 계층 패킷은 _____(이)라 불린다.
   a. 메시지
   b. 데이터그램
   c. 세그먼트 또는 사용자 데이터그램
   d. 프레임

10. TCP/IP 프로토콜 집합에서 _____ 계층은 원 지점(노드)에서 다음 지점으로의 이동 프레임에 대한 책임이 있다.
    a. 물리   b. 데이터링크
    c. 전송   d. 네트워크

11. TCP/IP 프로토콜 집합에서 물리 계층은 물리적 매체를 통해 _____의 이동에 관심이 있다.
    a. 프로그램   b. 다이얼로그
    c. 프로토콜   d. 비트

12. TCP/IP 프로토콜 집합에서 포트번호는 _____에서의 식별자이다.
    a. 응용 계층   b. 전송 계층
    c. 네트워크 계층   d. 물리 계층

13. TCP/IP 프로토콜 집합에서 논리 주소는 _____에서의 식별자이다.
    a. 네트워크 계층   b. 전송 계층
    c. 데이터링크 계층   d. 응용 계층

14. _____ 계층은 하나의 프로세스에서 다른 프로세스로의 메시지 전송에 대한 책임이 있다.
    a. 물리   b. 전송
    c. 네트워크   d. 응용

15. 인터넷 프로토콜(IP)은 _____인 프로토콜이다.
    a. 신뢰적   b. 연결 지향
    c. 신뢰적이고 연결 지향 d. 비신뢰적

16. TCP/IP 프로토콜 집합에서 응용 계층은 일반적으로

OSI 모델에서 _____ 계층의 조합으로 간주된다.

a. 응용, 표현, 세션

b. 응용, 전송, 네트워크

c. 응용, 데이터링크, 물리

d. 네트워크, 데이터링크, 물리

17. 제안된 표준은 적어도 두 개의 성공적인 시도 후 _____ 표준 상태로 올라간다.

a. 정보   **b.** 역사적인

c. 드레프트   **d.** 정답 없음

18. RFC는 모든 인터넷 시스템으로 구현되어야 한다면 _____(으)로 분류된다.

a. 요구   **b.** 선택

c. 권고   **d.** 정답 없음

19. 원래 ARPANET에서 _____은(는) 직접 서로 연결되었다.

a. 인터페이스 메시지 처리기(IMPs)

b. 호스트 컴퓨터

c. 네트워크

d. 라우터

20. _____은(는) 보안 능력이 없는 선으로 대학들을 연결하기 위해 형성되었다.

a. ARPANET   **b.** CSNET

c. NSFNET   **d.** ANSNET

21. 현재 _____은(는) 인터넷 도메인 이름과 주소의 관리에 대한 책임이 있다.

a. NIC   **b.** ICANN

c. ISOC   **d.** IEFE

22. TCP/IP에서 응용 계층에 있는 메시지는 _____ 계층의 패킷에 캡슐화된다.

a. 네트워크   **b.** 전송

c. 데이터링크   **d.** 물리

23. TCP/IP에서 전송 계층에 있는 메시지는 _____ 계층의 패킷에 캡슐화된다.

a. 네트워크   **b.** 전송

c. 데이터링크   **d.** 물리

24. TCP/IP에서 네트워크 계층에 있는 메시지는 _____ 계층의 패킷으로부터 역캡슐화된다.

a. 네트워크   **b.** 전송

c. 데이터링크   **d.** 물리

25. TCP/IP에서 전송 계층에 있는 메시지는 _____ 계층의 패킷으로부터 역캡슐화된다.

a. 네트워크   **b.** 전송

c. 데이터링크   **d.** 물리

26. TCP/IP에서 네트워크 계층에 있는 개체의 논리적 연결은 _____ 계층의 또 다른 개체와 이루어진다.

a. 네트워크   **b.** 전송

c. 데이터링크   **d.** 물리

27. TCP/IP에서 데이터링크 계층에 있는 개체의 논리적 연결은 _____ 계층의 또 다른 개체와 이루어진다.

a. 네트워크   **b.** 전송

c. 데이터링크   **d.** 물리

28. TCP/IP에서 3계층의 패킷은 _____ 계층의 데이터와 _____ 계층의 헤더를 옮긴다.

a. 3; 3   **b.** 3; 4

c. 4; 3   **d.** 4; 4

1.8.2 응용 연습문제

1. 공용 케이블을 갖는 LAN에서의 전송(그림 1.1a)은 브로드캐스트(one to many) 전송의 예인가? 그 이유를 설명하라.

2. LAN의 (그림 1.1b) 링크 계층 스위치에서 호스트 1이 호스트 3에게 메시지를 전달하려 한다. 링크 계층 스위치를 통해 통신을 하는 데 스위치는 주소를 소유할 필요가 있는가? 그 이유를 설명하라.

3. 만약 각 LAN이 다른 LAN들과 직접 통신해야만 한다면 점-대-점(point-to-point) WAN에서는 몇 개의 LAN들과 연결이 필요한가?

4. 지역 전화기를 사용하여 친구와 통화를 할 때, 우리는 회선 교환 네트워크(circuit-switched network)와 패킷 교환 네트워크(packet-switched network) 중 어느 것을 사용하는가?

5. 거주자가 dial-up 또는 DLS 서비스를 이용해 인터넷에 접속하려 할 때, 전화회사의 역할은 무엇인가?

6. 이 장에서 양방향(bidirectional)통신을 만들기 위해

필요로 하는 프로토콜 계층화에 대해 논의했던 첫 원칙은 무엇인가?

7. TCP/IP 프로토콜 중 어떤 계층들이 링크 계층 스위치에 포함되는가?

8. 한 개의 라우터가 세 개의 링크(네트워크)에 연결되어 있다. 다음 각 계층에 얼마나 많은 라우터들이 관련되어 있는가?
   a. 물리 계층   **b.** 데이터링크 계층
   c. 네트워크 계층

9. TCP/IP 프로토콜에서 응용 계층의 논리적 연결을 생각해 보았을 때 송신자와 수신자 입장에서의 이상적인 목적은 무엇인가?

10. TCP/IP 프로토콜을 사용하고 있는 호스트가 다른 호스트와 통신을 수행한다. 다음 각 계층에서 송수신된 데이터 단위는 무엇인가?
    a. 응용 계층   **b.** 네트워크 계층
    c. 데이터링크 계층

11. 다음 데이터 단위 중 어떤 것이 프레임 내 캡슐화가 된 것인가?
    a. 사용자 데이터그램   **b.** 데이터그램
    c. 세그먼트

12. 다음 데이터 단위 중 어떤 것이 사용자 다이어그램으로부터 역캡슐화가 된 것인가?
    a. 데이터그램   **b.** 세그먼트
    c. 메시지

13. 다음 데이터 단위 중 어떤 것이 4계층으로부터 헤더가 추가된 응용 계층 메시지를 가지는가?
    a. 프레임   **b.** 사용자 데이터그램
    c. 비트

14. 이 장에서 언급한 응용 계층 프로토콜을 몇 가지를 나열하여라.

15. 만약 포트번호가 16비트(2바이트)라면, TCP/IP 프로토콜의 전송 계층에서의 최소 헤더 크기는 얼마인가?

16. 다음 계층에서 사용되는 주소(식별자)의 형식은 무엇인가?
    a. 응용 계층   **b.** 네트워크 계층
    c. 데이터링크 계층

17. 전송 계층의 응용 계층에 대한 다중화(multiplex)와 역다중화(demultiplex)를 언급할 때, 전송 계층 프로토콜이 응용 계층으로부터 온 몇 개의 메시지를 한 패킷 안에 결합할 수 있음을 의미하는가? 이유를 설명하라.

18. 왜 우리가 응용 계층에 대한 다중화/역다중화 서비스를 언급되지 않았는지 설명할 수 있는가?

19. 각 호스트의 연결을 위해 두 독립된 호스트를 함께 연결하고자 한다고 가정하자. 두 호스트 사이에 링크 계층 스위치가 필요한가? 설명하라.

20. 만약 출발지 호스트와 도착지 호스트 사이에 단일 경로가 있다면, 두 호스트 사이에 라우터가 필요한가?

21. 인터넷 드레프트와 제안 표준 간의 차이를 설명하라.

22. 요구 RFC와 권고 RFC 간의 차이를 설명하라.

23. IETF와 IRTF가 갖는 의무에 대해 차이를 설명하라.

1.8.3 심화문제

1. 그림 1.10에서 Maria가 Ann에게 통신을 수행할 때 다음 질문에 답하여라.
   a. Maria 측에서 1계층에서 2계층에 제공되는 서비스는 무엇인가?
   b. Ann 측에서 1계층에서 2계층에 제공되는 서비스는 무엇인가?

2. 그림 1.10에서 Maria가 Ann에게 통신을 수행할 때 다음 질문에 답하여라.
   a. Maria 측에서 2계층에서 3계층에 제공되는 서비스는 무엇인가?
   b. Ann 측에서 2계층에서 3계층에 제공되는 서비스는 무엇인가?

3. 2010년 인터넷에 연결된 호스트의 수는 5백만 개라고 가정하자. 만약 호스트의 수가 매년마다 20%씩 증가한다면, 2020년에 호스트의 수는 몇 개인가?

4. 한 시스템에서 5가지 프로토콜 계층을 사용한다고 가정하자. 만약 응용프로그램이 100바이트의 메시지를 생성하고 각 층(5번째 계층과 1번째 계층을 포함)은

데이터 단위에 10바이트의 헤더를 추가한다면, 시스템의 효율(응용 계층 바이트 대 전송된 바이트 수의 비)은 얼마인가?

5. 패킷 교환 인터넷을 생성한다고 가정하자. TCP/IP 프로토콜을 사용하여 대용량의 파일을 전송하려고 한다. 대용량의 패킷을 전송할 때의 장점과 단점은 무엇인가?

6. 다음 보기에서 하나 이상의 TCP/IP 프로토콜 계층을 일치시켜라.
   a. 경로 결정(route determination)
   b. 전송 매체 연결
   c. 종단 사용자를 위한 서비스 제공

7. 다음 보기에서 하나 이상의 TCP/IP 프로토콜 계층을 일치시켜라.
   a. 사용자 데이터그램 생성
   b. 인접 노드 간 프레임 관리의 책임
   c. 비트의 자기 신호(electromagnetic signal) 변환

8. 그림 1.18에서 IP 프로토콜이 전송 계층 패킷을 역캡슐화할 때, UDP나 TCP 같은 상위 계층 프로토콜의 어디로 전달되어야 하는지 어떻게 알 수 있는가?

9. 개인용 인터넷이 전송 계층에서 서로 다른 세 가지 프로토콜(L1, L2, L3)을 사용한다고 가정하자. 이 가정사항을 가지고 그림 1.18을 다시 그려 보아라. 데이터링크 계층에서 출발 노드에서는 역다중화와 도착 노드에서는 다중화를 가진다고 말할 수 있는가?

10. 개인용 인터넷은 보안 목적으로 암호화 및 복호화된 응용 계층의 메시지를 요구한다고 가정하자. 암호화 및 복호화 과정에 대한 어떤 정보(과정에 사용되는 알고리즘 등)의 추가가 필요하다면, TCP/IP 프로토콜에서 어떤 계층이 추가되는 것을 의미하는 것인가? 만약 그러하다면 그림 1.12 b부분을 참조하여 TCP/IP

계층을 다시 그려 보아라.

11. 프로토콜 계층화는 항공 여행과 같이 우리 삶의 여러 측면에서 발견할 수 있다. 당신이 휴가를 맞이하여 여러 휴양지를 왕복하며 여행을 한다고 상상해 보자. 당신은 비행 출발 전 공항에서 약간의 과정을 통과하는 것이 필요할 것이며 휴양지에 도착한 후 도착지 공항을 나오면서도 약간의 과정을 통과하는 것이 필요할 것이다. 수화물 확인 및 문의, 탑승수속, 이착륙 등과 같은 부분을 몇 가지 계층을 사용하여 이 왕복 여행에 대한 프로토콜 계층화를 그려 보아라.

12. 그림 1.4를 보면 서쪽 해안 사무소의 호스트로부터 동쪽 해안 사무소까지의 단일 경로가 있음을 알 수 있다. 이 상호작용에서 왜 두 라우터가 필요한지 설명하라.

13. 오늘날 인터넷에서 데이터의 표현은 점점 중요해지고 있다. 몇몇의 사람들은 TCP/IP 프로토콜에서의 데이터 표현 관리를 수행하기 위해 새로운 계층이 추가되어야 한다고 주장한다(부록 C 참조). 만약 이 새로운 계층이 미래에 추가된다면 어떤 위치가 적절한가? 그림 1.12에 이 새로운 계층을 첨부하여 다시 그려 보아라.

14. 인터넷에서 우리가 LAN 기술을 새로운 것으로 변화시킨다. TCP/IP 프로토콜의 어떤 계층이 변화되어야 하는가?

15. 응용 계층 프로토콜은 UDP 서비스의 사용으로 쓰여진다고 가정하자. 응용 계층 프로토콜이 어떤 변화 없이 TCP 서비스를 사용할 수 있는가?

16. 그림 1.4의 인터넷을 사용하여 TCP/IP 프로토콜의 계층과 서쪽 해안과 동쪽 해안에 있는 두 호스트가 메시지를 교환할 때의 데이터 흐름을 보여라.

1.9 시뮬레이션 실험

1.9.1 애플릿(Applets)

네트워크 프로토콜을 보이기 위한 한 방법은 실제 또는 가시적으로 몇 가지 예에 대해 상호작용 애니메이션의 사용을 통한 해결책을 보이고 있다. 이 책에서는 이 장에서 논의한 주된 개념 몇 가지를 보여주기 위해 몇 가지 Java 애플릿을 만들었다. 이 애플릿은 웹 사이트에 있으므로 실제 프로토콜을 세밀하게 실험하면서 실행해 보기를 강력히 추천한다.

1.9.2 실험 과제(Lab Assignments)

네트워크와 네트워크 장비와 함께 실험은 최소 두 가지 방법을 사용할 수 있다. 첫 번째 방법으로 독립된 네트워킹 실험실을 만들고 각 장에서 논의된 주제를 실험할 소프트웨어와 네트워크 하드웨어를 사용한다. 우리는 인터넷을 생성할 수 있고 호스트 간 패킷을 송수신할 수 있다. 패킷의 흐름 관찰과 성능 측정이 가능하다. 비록 이 방법이 두 번째 방법보다 더 효과적이고 더 교육적이지만, 구현하는 데 많은 비용이 들며 모든 기관에서 이러한 광범위한 실험실을 투자할 준비가 되어 있는 것은 아니다.

두 번째 방법에서 우리는 가상의 실험실을 위해 세상에서 가장 큰 네트워크인 인터넷을 사용한다. 우리는 인터넷을 사용하여 패킷을 송수신할 수 있다. 무료이면서 다운로드 가능한 소프트웨어를 통해 우리는 패킷 교환을 실험하고 결과를 추출할 수 있다. 우리는 네트워킹의 이론적 측면들이 실제 어떻게 구현이 되는지 보기 위해 패킷을 분석할 수 있다. 비록 두 번째 방법은 우리가 인터넷이 어떻게 행해지는지 보기 위해 패킷 경로를 변경하거나 제어할 수 없으므로 첫 번째 방법만큼 효과적이지는 않지만, 구현함에 있어 더 저렴한 것은 확실하다. 오직 PC 또는 노트북을 사용하여 구현할 수 있기 때문에 물리적인 네트워킹 실험실이 필요가 없다. 요구되는 소프트웨어 또한 무료로 다운로드 가능하다.

윈도우와 유닉스 OS에서 컴퓨터와 인터넷 간 교환된 패킷을 캡쳐하고 추적하며 분석하는 것이 허용된 많은 프로그램들과 유틸리티가 있다. 이들 중 *Wireshark*와 *Ping Plotter* 같은 것들은 네트워크 승인 측의 유틸리티인 *traceroute, nslookup, dig, ipconfig, ifconfig*와 같은 그래픽 사용자 인터페이스(GUI)를 가지고 있다. 이들 프로그램이나 유틸리티들은 네트워크 관리나 교육용을 위한 유용한 툴이 될 수 있다.

이 책에서는 비록 경우에 따라 다른 툴을 사용하기도 하지만, 실험 과제를 위해 거의 모든 부분에서 Wireshark를 사용한다. Wireshark는 네트워크 인터페이스로부터 실시간으로 패킷 데이터를 추출할 수 있으며 그 패킷들을 세부적인 프로토콜 정보를 볼 수 있다. 그러나 Wireshark는 수동적인 분석기에 속한다. Wireshark는 네트워크에 패킷을 전송하는 일이 없고 다른 능동적 연산을 수행하는 등의 조절기능 없이 네트워크로부터 오는 패킷을 분석하는 일만 수행한다. Wireshark는 또한 침입 감지 툴도 아니다. 어떤 네트워크 침투에도 경고가 주어지지 않는다. 그럼에도 불구하고 네트워크 관리자들이나 네트워크 보안 공학도들에게 이 툴은 네트워크 문제점을 중재하기 위해 네트워크 내부에서 어떤 일이 벌어지고 있는지 발견하는 데 도움이 된다. 추가로 Wireshark를 사용하여 프로토콜 구현 및 디버그하는 프로토콜 개발자나 컴퓨터 네트워킹에서 실시간으로 프로토콜 동작을 세세하게 확인하며 학습하는 학생에게 필수적인 툴이다.

이 실험 과제에서 우리는 어떻게 Wireshark를 다운로드하여 설치하는지를 배운다. 다운로드와 설치법에 대한 지침은 웹 사이트의 1장 실험 문단에 있다. 또한 이 문서에는 소프트웨어 내면에 있는 일반적인 아이디어와 이 툴의 윈도우 형식 그리고 사용법에 대해 논의한다. 이 실험의 깊은 연구는 학생들이 이후 배울 내용에서 수행할 실험 과제들을 Wireshark를 통해 해결함에 준비단계가 될 것이다.

CHAPTER 2

응용 계층

인 터넷, 하드웨어 그리고 소프트웨어 모두 응용 계층에 서비스를 제공하기 위해 설계되었고 개발되었다. TCP/IP 프로토콜의 5번째 계층인 이 서비스는 인터넷 사용자들을 위해 제공된다. 다른 네 계층들은 이 서비스가 가능하도록 하기 위해 만들어진 것이다. 인터넷 기술을 학습하는 한 가지 방법은 처음에 응용 계층에서 서비스가 제공되는 것을 설명하고, 그 다음에 다른 네 계층들이 이 서비스에 대해 어떻게 지원을 하는지 보여주는 것이라 말할 수 있다. 이 책에서는 이 방법을 선택했기 때문에 응용 계층은 우리가 논의하게 될 첫 번째 계층이 될 것이다.

인터넷이 발전하는 동안 많은 응용 프로토콜들이 생성되고 사용되어 왔다. 이 응용매체의 일부는 특정한 사용을 위해 의도되었고, 표준이 되지 못했다. 일부는 중요도가 감소해 사라지고 있다. 일부는 수정 또는 교체되어 새로운 프로토콜이 되었다. 일부는 살아남아 표준이 되었다. 지금도 새로운 응용 프로토콜은 인터넷에서 지속적으로 추가되고 있다.

이 장에서는 응용 계층에 대해 5가지로 논의할 것이다.

☐ 첫 번째 절에서, 우리는 인터넷에 의해 제공되는 서비스의 특징과 응용들의 두 가지 범주를 소개한다: 클라이언트-서버 패러다임에 기반한 전통적인 것과 대등-대-대등에 기반한 새로운 것.

☐ 두 번째 절에서, 클라이언트-서버 패러다임의 개념과 이 패러다임이 인터넷 사용자들에게 어떻게 서비스를 제공하는지에 대해 소개한다.

☐ 세 번째 절에서, 클라이언트-서버 패러다임에 기반한 응용 중 미리 정의된 또는 표준 응용들에 대해 논의한다. 웹 서핑, 파일 전송, 이메일 등 대표적인 응용들을 알아본다.

☐ 네 번째 절에서, 대등-대-대등 패러다임 안의 개념과 프로토콜을 설명한다. 여기서 Chord, Pastry, Kademila 같은 프로토콜을 소개한다. 또한 이 프로토콜을 사용하는 대표적인 응용들에 대해서도 언급한다.

☐ 다섯 번째 절에서, C 언어를 이용해 두 가지 프로그램들(하나는 클라이언트, 하나는 서버)을 구현함으로써, 클라이언트-서버 패러다임에서 한 새로운 응용이 어떻게 개발될 수 있는지 보여준다. 11장에서는 Java 언어를 사용하여 클라이언트-서버 프로그램이 어떻게 구현할 수 있는지 보여준다.

2.1 개요

이 응용 계층은 사용자에게 서비스를 제공한다. 논리적 연결을 사용함으로써 통신이 제공된다. 이는 두 응용 계층이 서로 메시지를 주고받을 수 있는 가상의 직접연결이 되었다고 가정하는 것을 의미한다. 그림 2.1은 이 논리적 연결의 구성을 보여준다.

그림 2.1 ┃ 응용 계층에서의 논리적 연결

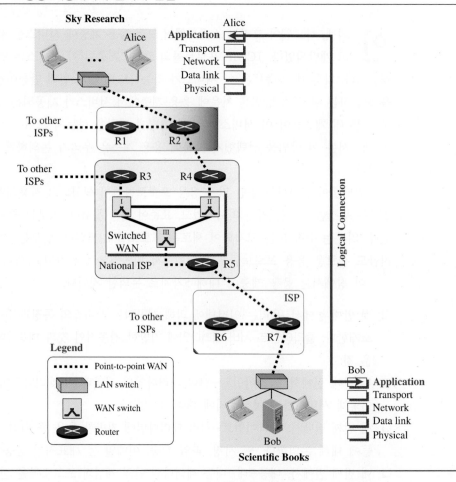

이 그림은 한 과학자가 Sky Research라는 연구전문회사에서 일을 하고 있고, Scientific Books 온라인 판매자에게 그녀의 연구와 관련된 책의 주문을 필요로 하는 시나리오를 보여준다. 논리적 연결은 Sky Research 내 한 컴퓨터의 응용 계층과 Scientific Books 내 다른 한 컴퓨터의 응용 계층 사이에서 발생한다. 처음 호스트를 앨리스라고 부르고 두 번째를 밥이라고 부르자. 응용 계층의 통신은 논리적이며 물리적이지는 않다. 앨리스와 밥 둘 간의 메시지를 주고받는 두 가지 지역 채널이 있다고 가정하자. 그러나 실제 통신은 그림과 같이 여러 개의 기기와 여러 개의 물리 채널을 통해 발생한다(앨리스, R2, R4, R5, R7, 그리고 밥).

2.1.1 서비스 제공

인터넷 이전에 시작된 모든 통신 네트워크는 네트워크 사용자들에게 서비스를 제공하기 위해 설계되었다. 그러나 이 네트워크 중 대부분은 원래 하나의 특정 서비스를 제공하기 위해 설계되었다. 예를 들면, 전화 네트워크는 본래 전 세계의 모든 사용자들을 수용하는 음성 서비스를 제공하기 위해 설계되었다. 그러나 나중에 이 네트워크는 팩스와 같은 다른 서비스들을 위해 사용되었으며, 이는 사용자들이 양 종단에 약간의 추가 장비를 추가함으로써 가능하게 되었다.

인터넷도 본래 전 세계의 사용자에게 서비스를 제공하기 위한 목적으로 설계되었다. 그러나 TCP/IP 프로토콜 집합의 계층화된 구조는 인터넷을 우편이나 전화와 같은 다른 통신 네트워크보다 더욱 유연하게 만들었다. 집합 안의 각 계층은 원래 하나 또는 그 이상의 프로토콜로 구성되었지만, 인터넷 관리기관들에 의해 새로운 프로토콜들이 추가되거나, 일부 프로토콜들이 수정되거나 삭제될 수 있었다. 그러나 만약 한 프로토콜이 각 계층에 추가된다면, 그것은 더 낮은 계층 안의 프로토콜 중 하나에 의해 제공되는 서비스를 사용하는 방법으로 설계되어야 한다. 만약 한 프로토콜이 한 계층에서 삭제된다면, 삭제된 프로토콜의 서비스를 사용하는 더 높은 다음 계층 안의 프로토콜을 수정하기 위한 관리가 이루어져야 한다.

그러나 응용 계층은 최상위 계층이라는 점에서 다른 계층들과는 약간 다르다. 이 계층의 프로토콜은 오직 전송 계층의 프로토콜로부터 서비스를 받기만 하고, 다른 어떤 프로토콜에게 서비스를 제공하지 않는다. 이것은 프로토콜들이 이 계층으로부터 쉽게 제거될 수 있음을 의미한다. 새로운 프로토콜 또한 전송 계층 프로토콜들 중 하나에 의해 제공되는 서비스를 사용할 수 있다면 이 계층에 추가될 수 있다.

응용 계층은 오직 인터넷 사용자에게 서비스를 제공하기 위한 계층이기 때문에 위에서 언급했듯이 응용 계층의 유연성은 새로운 응용 계층 프로토콜들이 인터넷에 쉽게 추가될 수 있도록 허용한다. 인터넷이 만들어졌을 때, 오직 소수의 응용 계층 프로토콜들만이 사용자들에게 사용 가능했다. 오늘날 새로운 프로토콜들이 계속해서 추가되고 있기 때문에 이 프로토콜들에 대한 수를 줄 수 없다.

표준과 비표준 프로토콜

인터넷의 원활한 동작을 제공하기 위해 TCP/IP 집합의 처음 4계층에서 사용되는 프로토콜들에 대한 표준화와 문서화가 필요하다. 이것은 윈도우 또는 유닉스와 같은 OS에 포함된 패키지의 일부가 된다. 그러나 유연성을 위해 응용 계층 프로토콜들은 표준과 비표준 모두가 될 수 있다.

표준 응용 계층 프로토콜

인터넷 관리기관들에 의해 표준화와 문서화가 된 몇 가지 응용 계층 프로토콜들이 있으며, 우리는 인터넷을 이용한 일상생활에서 이것을 사용하고 있다. 각 표준 프로토콜은 특정한 서비스를 사용자에게 제공하기 위해 사용자와 전송 계층에 상호작용을 하는 컴퓨터 프로그램들의 한 쌍이다. 우리는 이 표준 응용 계층들 중 몇 가지를 이 장에서 논의할 것이고, 다른 몇 가지는 다른 장에서 논의할 것이다. 이러한 응용 계층 프로토콜의 경우, 우리는 이 응용들과 함께 사용할 수 있는 옵션 등을 알아야 한다. 이 프로토콜들의 연구는 네트워크 매니저들이 이 프로토콜들을 사용할 때 발생할 수 있는 문제를 쉽게 해결할 수 있게 한다. 또한 이 프로토콜들이 어떻게 동작하는지에 대한 깊은 이해는 우리에게 어떻게 새로운 비표준 프로토콜들을 창조할 것인가에 대한 몇 가지 아이디어를 줄 것이다.

비표준 응용 계층 프로토콜

만약 프로그래머가 전송 계층과의 상호작용을 하여 사용자에게 서비스를 제공하는 두 프로그램을 만들 수 있다면, 그는 비표준 응용 계층 프로그램을 생성할 수 있다. 이 장의 뒷부분에서는 이러한 형식들의 프로그램들을 어떻게 만들 수 있었는지 보여준다. 개인적인 용도로 사용될 경우 인터넷 관리기관들의 승인조차 필요없는 비표준(등록) 프로토콜은 인터넷을 세계적으로 유명하게 만들고 있다. 개인 회사는 어떠한 표준 응용프로그램들도 사용하지 않고, TCP/IP 프로토콜 집합의 처음 4계층에 의해 제공되는 서비스를 사용하여 전 세계에 걸친 그 회사의 모든 사무실들과 통신하기 위한 새로운 맞춤형 응용 프로토콜을 만들 수 있다. 컴퓨터 언어들 중 하나로 프로그램을 만들기 위해 필요한 것은 전송 계층 프로토콜에 의해 제공되는 사용 가능한 서비스들을 이용하는 것이다.

2.1.2 응용 계층 패러다임

인터넷을 사용하기 위해 서로 상호작용하는 두 응용프로그램들이 필요하다는 것은 확실한 사실이다. 하나는 전 세계 속 어떤 지점에서 동작하고 있고, 다른 하나도 전 세계 속 다른 어떤 지점에서 동작하고 있다. 두 프로그램들은 인터넷을 통해 서로 간에 메시지를 전송한다. 그러나 우리는 이 프로그램들 사이에 있어야 하는 관계에 대해 논의하지 않았다. 모든 응용프로그램들이 서비스 요청과 제공을 할 수 있어야 할까? 혹은 응용프로그램들이 서비스 제공이나 서비스 요청 한 가지 일만 하면 될까? 이 질문에 대한 답을 찾기 위해 클라이언트-서버 패러다임과 대등-대-대등 패러다임이 개발되고 있다. 우리는 여기서, 이 두 패러다임을 간략하게 소개하고 세부적인 논의는 뒤 장에서 진행한다.

전통적인 패러다임: 클라이언트-서버

전통적인 패러다임은 **클라이언트-서버 패러다임(client-sever paradigm)**이라고 불린다. 이는 몇 년 전까지 가장 대중적인 패러다임이었다. 이 패러다임에서 서비스 제공자는 하나의 응용프로그램이며, 서버 프로세스라고 불린다. 서버 프로세스는 계속해서 동작하면서, 클라이언트 프로세서라 불리는 응용프로그램이 인터넷을 통해 연결을 만들거나 서비스를 요청하는 것을 기다린다. 일반적으로 특정한 형태의 서비스를 제공하는 몇 가지 서버 프로세스들이 있고, 이 서버 프로세스들 중 어떤 것들로부터 서비스를 요청하는 많은 클라이언트들이 있다. 서버 프로세스는 반드시 항상 실행되고 있어야만 하며 클라이언트 프로세스는 클라이언트가 서비스를 필요로 할 때 시작된다.

클라이언트-서버 패러다임은 인터넷 영역 밖에서 사용 가능한 몇 가지 서비스들과 비슷하다. 예를 들어 어떤 지역의 전화국은 서버처럼 간주될 수 있고, 특정 번호를 위해 연락하고 요청하는 가입자들은 클라이언트로 간주될 수 있다. 전화국은 가입자가 서비스를 필요로 할 때 그 잠깐의 기간 동안 반드시 통화가 이루어질 수 있도록 준비해야만 하고 항시 사용 가능해야 한다.

비록 클라이언트-서버 패러다임의 통신이 두 응용프로그램 사이에 있지만, 각 프로그램의 역할은 전체적으로 다르다. 다시 말하면, 우리는 클라이언트 프로그램을 서버 프로그램으로 또는 그 반대로 실행시킬 수 없다는 것이다. 이 장의 뒷부분에서 이 패러다임 안에 있는 클라이언트-서버 프로그래밍에 대해 이야기할 때, 우리는 각 서비스 형식을 위해 항상 두 응용프로그램이 쓰여야 하는 것을 보여줄 것이다. 그림 2.2는 클라이언트-서버 통신의 한 예로 세 명의 클라이언트들이 하나의 서버로부터 서비스를 제공받기 위해 통신하는 것을 보여준다.

그림 2.2 ┃ 클라이언트-서버 패러다임의 예

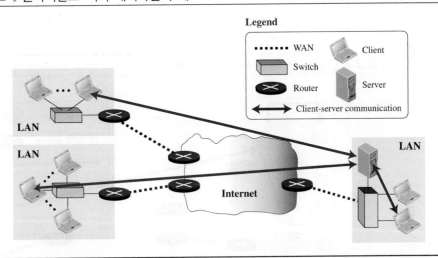

이 패러다임의 한 가지 문제점은 서버측에 통신 부담이 집중된다는 점이다. 이것은 서버가 강력한 컴퓨터여야만 한다는 것을 의미한다. 만약 강력한 컴퓨터조차도 엄청나게 많은 클라이언트들이 서버로 동시에 연결을 시도한다면 문제가 발생할 수 있다. 또 다른 문제점은 특정한 서비스를 위해 기꺼이 비용을 수용하고 강력한 서버를 만들 서비스 제공자가 있어야 한다는 것이다. 이것은 서버 구축과 같은 것을 고무시키기 위해 이 서비스가 서버를 위해 일정한 형태의 수입을 항상 보장해야 하는 것을 의미한다.

월드와이드 웹 (WWW), HTTP, FTP, SSH, 이메일 등 파일 변환 프로토콜(FTP), SSH, 이메일 등 전통적인 서비스들은 여전히 이 패러다임을 사용하고 있다. 이 프로토콜들과 응용들 중 일부를 이 장의 뒷부분에서 논의한다.

새 패러다임: 대등-대-대등

대등-대-대등 패러다임(peer-to-peer paradigm)으로 불리는 새로운 패러다임은 몇 가지 새로운 응용들의 필요에 부응하기 위해 나타났다. 이 패러다임에서 서버 프로세스는 항시 동작하면서 클라이언트 프로세스의 접속을 위해 대기해야 할 필요가 없다. 그 책임은 대등들에게로 나누어진다. 인터넷에 접속한 컴퓨터는 한순간 서비스를 제공할 수 있고, 또 다른 시간에 서비스를 제공받을 수도 있다. 심지어 한 컴퓨터는 동시에 서비스를 제공하거나 제공받는 것 또한 가능하다. 그림 2.3은 이 패러다임에서 통신이 수행되는 한 가지 예를 보여준다.

이 패러다임에 정말 적합한 분야 중 하나는 인터넷 전화이다. 전화에 의한 통신이 대등-대-대등으로 실행되고, 한 집단은 다른 집단과의 통화를 위해 영구대기를 수행할 필요가 없다. 대등-대-대등 패러다임이 적용될 수 있는 또 다른 분야는 어떤 컴퓨터들이 인터넷에 접속했을 때 각각 다른 컴퓨터들과 몇 가지를 공유하는 것이다. 예를 들어 만약 한 인터넷 사용자가 다른 인터넷 사용자들과 공유 가능한 파일을 가지고 있다면, 다른 사용자의 연결과 파일 수신을 위해 파일 홀더가 서버가 되어 서버 프로세스를 항상 실행하고 있을 필요가 없다.

그림 2.3 | 대등-대-대등 패러다임의 예

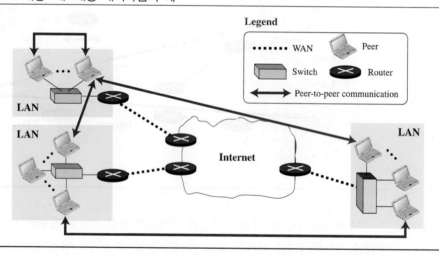

비록 대등-대-대등 패러다임이 손쉽고 안정적이며, 값비싼 서버 운용과 관리가 필요하지 않기 때문에 비용 효율적임이 증명되어 왔지만, 해결해야 할 과제는 남아 있다. 주된 해결과제 중 가장 어려운 것은 분산 서비스 사이에 안전한 통신을 보장하기 위한 보안이다. 다른 과제는 적용성이다. 일부 응용들은 새로운 패러다임을 사용할 수 없는 것으로 보인다. 예를 들어 어느 날 대등-대-대등 서비스로 웹이 구현된다면 그것에 참여할 준비가 되어 있는 인터넷 사용자는 많지 않다는 것이다.

BitTorrent, Skype, IPTV, 그리고 인터넷 전화와 같이 이 패러다임을 사용하는 새로운 응용들이 있다. 이 응용들 중 몇 가지는 이 장에서 추후 논의될 것이며 다른 몇 가지는 다른 장에서 논의될 것이다.

혼재된 패러다임

한 응용은 두 패러다임의 장점들만을 모은 조합물을 사용하기 위해 선택할 수도 있다. 예를 들면 부담이 적은 클라이언트–서버 통신은 서비스를 제공할 수 있는 대등의 주소 탐색을 위해 사용될 수 있다. 대등의 주소가 발견될 때, 대등–대–대등 패러다임을 사용함으로써 그 대등으로부터 서비스를 수신할 수 있다.

2.2 클라이언트–서버 패러다임

클라이언트–서버 패러다임에서 응용 계층의 통신은 **클라이언트** 프로세스와 서버 **프로세스**라고 불리며 실행되고 있는 두 응용프로그램들 사이에서 이루어진다. 클라이언트는 송수신을 통해 통신을 초기화하는 프로그램을 실행하고 있다. 서버는 클라이언트로부터 요청을 대기하는 또 다른 응용프로그램이다. 서버는 클라이언트로부터 수신된 요청을 다루고 결과를 준비하여 클라이언트로 회신한다. 이러한 서버에 대한 정의는 다음을 의미한다. 클라이언트의 요청 시 서버는 반드시 실행 중이어야 하지만, 클라이언트는 자신이 필요할 때만 실행하면 된다. 만약 두 대의 컴퓨터가 어떤 지역에서 서로 연결되어 있다면, 둘 중 하나를 클라이언트 프로세스로 실행할 수 있고 다른 하나를 서버 프로세스로 실행할 수 있다. 그러나 클라이언트 프로그램은 서버프로그램이 시작되기 전에 시작되지 않게 조심해야 한다. 다시 말하면 서버의 수명은 무한이다. 그것은 시작된 후 계속해서 동작하면서 클라이언트를 위해 대기해야 한다. 클라이언트의 수명은 한정적이다. 그것은 보통 유한한 숫자의 요청을 일치하는 서버로 보내고, 응답을 받은 후 멈춘다.

2.2.1 응용프로그래밍 인터페이스(API)

어떻게 클라이언트 프로세스는 서버 프로세스와 통신을 수행하는가? 컴퓨터 프로그램은 일반적으로 컴퓨터가 무슨 일을 할지 미리 정의한 명령들을 가진 컴퓨터 언어로 작성된다. 컴퓨터 언어는 수학적인 연산 명령어 집합, 문자열 조작 명령어 집합, 입/출력 접근 명령어 집합 등을 가지고 있다. 만약 우리가 한 프로세서와 다른 프로세서가 통신하는 것을 필요로 한다면, 우리는 TCP/IP 집합의 가장 낮은 4계층들에서 연결의 시작, 데이터의 송·수신, 연결의 종료를 지시하는 새로운 명령어 집합들이 필요하다. 이런 종류의 명령집합은 일반적으로 **응용프로그래밍 인터페이스(API)**로 정의된다. 프로그래밍에서 인터페이스는 두 개체들 사이에 있는 명령들의 집합이다. 이 경우 한 개체는 응용 계층에서의 프로세스이며, 다른 하나 TCP/IP 프로토콜의 처음 4계층을 암호화하는 운영체제(OS)이다. 다시 말하면 컴퓨터 제조업자들은 운영체제 안에 이 집합의 처음 4개 계층을 구축하고, API를 포함할 것을 필요로 한다. 이 응용 계층에서 동작하는 프로세서들이 인터넷을 통해 메시지를 주고받을 때 이와 같은 방법으로 운영체제와 통신할 수 있다. 몇몇 API는 통신을 위해 설계되어 왔는데 **소켓 인터페이스(socket interface), 전**

송 계층 인터페이스(TLI), 그리고 **스트림 API (Stream, API)**이 대표적이다. 이 절에서는 네트워크 통신에 대한 일반적인 개념을 알려주기 위해 응용 계층에서 가장 대표적인 **소켓 인터페이스**만 간략히 논의한다.

소켓 인터페이스는 1980년대 초 UC 버클리에서 유닉스 환경의 일부로서 시작되었다. 소켓 인터페이스는 그림 2.4와 같이 응용 계층과 운영체제 사이에 통신을 제공하는 명령들의 집합이다. 명령들의 집합은 또 다른 프로세스와 통신하려는 프로세스에 의해 사용될 수 있다.

소켓의 개념은 다른 소스들과 싱크들을 위해 프로그래밍 언어로 이미 설계된 모든 명령들의 집합을 우리가 사용할 수 있도록 허락한다. 예를 들어 C, C++, Java와 같은 대부분의 컴퓨터 언어에서 다른 소스(키보드, 파일 등)와 싱크(모니터, 파일 등)에게 데이터를 읽고 쓸 수 있는 몇 가지 명령을 말한다. 또한 소켓에 쓰거나 소켓으로부터 읽어오기 위한 명령 사용이 가능하다. 다시 말하면, 데이터를 송수신하는 방법은 변경하지 않고, 오직 새로운 소스와 싱크만을 프로그래밍 언어에 추가하면 된다. 그림 2.5는 개념을 주고 다른 소스나 싱크들을 갖는 소켓들을 비교한다.

그림 2.4 ┃ 소켓 인터페이스의 위치

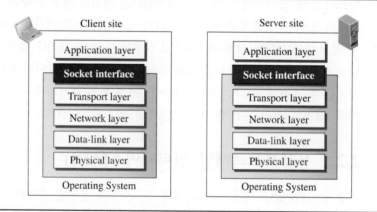

그림 2.5 ┃ 다른 소스와 싱크가 같은 방식이 사용된 소켓

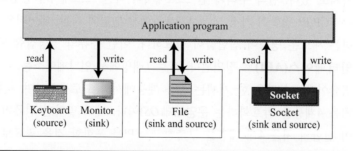

소켓

비록 소켓이 터미널이나 파일처럼 동작하도록 제안되었다 하더라도, 추상적인 개념일 뿐 물리적인 객체는 아니다. 소켓은 응용프로그램에 의해 생성되고 사용되는 데이터 구조이다.

응용 계층과 관련된 만큼 클라이언트 프로세스와 서버 프로세스 간 통신은 두 소켓 사이의 통신이며, 그림 2.6처럼 두 종단에서 생성된 것이다. 클라이언트는 소켓이 요청을 받고 응답을 하는 객체라고 생각한다. 서버는 소켓이 요청을 하고, 응답을 필요로 하는 것이라 생각한다. 만약 각 종단에서 하나씩 두 소켓이 생성되고 출발지와 목적지의 주소를 정확하게 정의한다면, 데이터 송수신 명령이 사용 가능하다. 나머지 부분은 운영체제와 내장된 TCP/IP 프로토콜의 책임에 해당된다.

그림 2.6 ▎프로세스–프로세스 통신에서 소켓의 사용

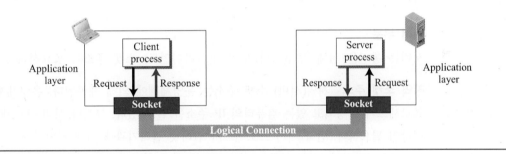

소켓 주소

클라이언트와 서버 사이의 상호동작은 양방향통신이다. 양방향통신에서는 지역(송신자)과 원격(수신자)인 한 쌍의 주소가 필요하다. 한쪽에서 지역주소는 다른 쪽에서 원격 주소에 해당하며, 원격 주소는 그 반대이다. 클라이언트–서버 패러다임에서 통신은 두 소켓 간에 이루어지므로, 통신을 위해서는 지역 소켓 주소와 원격 소켓 주소 한 쌍의 **소켓 주소(socket address)**가 필요하다. 그러나 TCP/IP 프로토콜에 사용되는 식별자의 측면에서는 소켓 주소를 정의하는 것이 필요하다.

소켓 주소는 처음에 클라이언트 또는 서버로 실행되고 있는 컴퓨터를 정의해야 한다. 4장에서 논의하는 인터넷 속 컴퓨터는 현재의 인터넷 버전으로 32비트 정수형인 자신의 IP 주소를 통해 유일하게 정의된다. 그러나 몇몇 클라이언트나 서버 프로세스들은 한 컴퓨터에서 동시에 동작할 수 있다. 이것은 우리가 통신에 포함된 클라이언트나 서버를 정의하기 위한 다른 식별자가 필요한 것을 의미한다. 3장에서 논의하는 응용프로그램은 16비트 정수형인 포트번호로 정의될 수 있다. 이 말은 소켓 주소가 IP 주소와 포트번호를 그림 2.7과 같이 결합함을 의미한다.

소켓은 통신의 종단 점을 정의하기 때문에, 우리는 한 소켓이 지역 주소와 원격 주소인 한 쌍의 소켓 주소들에 의해 식별된다고 말할 수 있다.

그림 2.7 | 소켓 주소

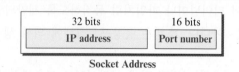

예제 2.1   우리는 전화 통신에서 2단계 주소를 발견할 수 있다. 전화번호는 기관을 정의할 수 있고, 내선은 그 기관의 특별한 연결을 정의한다. 이 경우에 전화번호는 전체 기관을 정의하는 IP 주소와 유사하고, 내선은 특정 연결을 정의하는 포트번호와 유사하다.

소켓 주소 탐색

클라이언트 또는 서버는 어떻게 통신을 위해 한 쌍의 소켓 주소를 찾을까? 그 상황은 각 부분마다 다르다.

서버 부분

서버는 통신을 위해 지역(서버)과 원격(클라이언트) 소켓 주소가 필요하다.

지역 소켓 주소   지역(서버) 소켓 주소는 운영체제에 의해 제공된다. 운영체제 시스템은 서버 프로세스가 실행되고 있는 컴퓨터의 IP 주소를 알고 있다. 그러나 서버 프로세스의 포트번호는 할당이 필요하다. 만약 서버 프로세스가 인터넷 관리기관에 의해 정의된 표준이라면, 포트번호는 이미 할당되어 있다. 예를 들어 HTTP를 위해 할당된 포트번호는 80이고, 다른 프로세서가 이 포트번호를 사용할 수 없다. 잘 알려진(Well-known) 포트번호는 3장에서 논의한다. 만약 서버 프로세스가 표준이 아니라면, 서버 프로세스의 설계자는 인터넷 관리기관에 의해 정의된 범위 내에서 포트번호를 선택하고, 프로세스에 할당할 수 있다. 서버가 동작을 시작할 때, 서버는 지역 소켓 주소를 알게 된다.

원격 소켓 주소   서버를 위한 원격 소켓 주소는 통신을 생성하는 클라이언트의 소켓 주소이다. 서버가 많은 클라이언트에게 서비스를 제공하는 것이 가능하기 때문에, 서버는 이전에 통신했던 원격 소켓 주소를 알지 못한다. 서버는 클라이언트가 서버에 접속을 시도했을 때 소켓 주소를 찾아낼 수 있다. 서버에 접속을 시도하는 요청 패킷 속에서 포함된 클라이언트 소켓 주소는 클라이언트에 응답하기 위한 원격 소켓 주소가 된다. 다시 말하면, 비록 서버를 위한 지역 소켓 주소가 고정되어 있고, 서버가 살아있는 동안 사용된다 하더라도, 원격 소켓 주소는 다른 클라이언트들과의 상호작용 속에서 변한다.

클라이언트 부분

클라이언트는 또한 지역(클라이언트)과 원격(서버) 소켓 주소를 필요로 한다.

지역 소켓 주소   지역(클라이언트) 소켓 주소 또한 운영체제 시스템에 의해 제공된다. 운영체제 시스템은 클라이언트가 실행되고 있는 컴퓨터의 IP 주소를 알고 있다. 그러나 포트번호는 프로세스가 통신을 시작하려할 때마다 클라이언트 프로세스에게 할당되는 16비트 형태의 임시 정수이다. 그러나 포트번호는 인터넷 관리기관에 의해 정의된 정수의 집합으로부터 할당되고, 일시적(임시의) 포트번호라고 불린다. 이는 추후 3장에서 논의한다. 그러나 운영체제 시스템은 새 포트번호가 다른 클라이언트 프로세스에 의해 사용되지 않도록 보장해야 한다.

원격 소켓 주소   그러나 클라이언트를 위해 원격(서버) 소켓 주소를 찾는 것은 많은 작업을 필요로 한다. 클라이언트 프로세스가 시작할 때, 접속하고자 하는 서버의 소켓 주소를 알아야 한다. 이 경우에는 다음 두 가지 상황을 갖는다.

☐ 클라이언트 프로세스를 시작하는 사용자들은 종종 서버가 실행되고 있는 컴퓨터의 서버 포트번호와 IP 주소 모두를 알고 있다. 이것은 대개 우리가 클라이언트와 서버 응용들을 만들고, 이것들을 테스트하는 상황에서 발생한다. 예를 들어, 이 장의 마지막 부분에서 우리는 간단한 클라이언트와 서버 프로그램들을 만들고 이 접근법을 사용하여 이들을 테스트하였다. 이 상황에서 프로그래머는 클라이언트 프로그램이 실행될 때 이 두 가지 정보를 제공할 수 있다.

☐ 비록 각 표준 응용이 잘 알려진(Well-known) 포트번호를 갖고 있다 하더라도 거의 대부분의 시간 동안은 IP 주소를 알지 못한다. 이것은 우리가 웹페이지에 접속하고 친구에게 이메일을 보내며, 원격지로부터 파일을 복사하는 등의 작업을 필요로 할 때와 같은 상황에서 발생한다. 이러한 상황에서 서버는 서버 프로세스를 정의할 수 있는 고유의 식별자를 정의한다. 이 식별자의 예는 www.xxx.yyy와 같은 URL이고 xxxx@yyyy.com 같은 이메일 주소이다. 클라이언트 프로세스는 이 식별자(이름)를 그에 상응하는 서버 소켓 주소에 맞게 변화시켜야 한다. 클라이언트 프로세스는 그 포트번호가 잘 알려진 포트번호이기 때문에 알고 있지만, IP 주소는 도메인 이름 시스템(DNS)으로 불리는 다른 클라이언트–서버를 통해 획득할 수 있다. DNS는 이 장의 뒤에서 논의될 것이지만 인터넷에서의 주소록으로 생각하면 충분하다. 전화번호부와 비교해 보자. 우리는 우리가 알고 있는 누군가와 통화하기를 원하고 그 누군가의 전화번호는 전화번호부를 통해 획득할 수 있다. 전화번호부가 이름과 전화번호 정보를 일치시키듯 DNS는 서버가 실행되고 있는 컴퓨터의 IP 주소와 서버명을 일치시킨다.

2.2.2 전송 계층의 서비스 사용

한 쌍의 프로세스는 인터넷 사용자에게 서비스를 제공한다. 그러나 한 쌍의 프로세스는 응용 계층에서 물리적 통신이 없기 때문에 통신은 전송 계층에서 제공된 서비스의 사용을 필요로 한다. 1장에서 간략히 언급한 것처럼 우리는 3장에서 TCP/IP 집합의 세 가지 공통된 전송 계층 프로토콜(UDP, TCP, 그리고 SCTP)에 대해 상세히 논의할 것이다. 대부분의 표준 응용매체들은 이 프로토콜 중 하나를 사용해 서비스를 제공하기 위해 설계되었다. 우리가 새 응용을 만들 때, 어떤 프로토콜을 사용할지 결정하게 된다. 전송 계층 프로토콜의 선택은 응용 프로세스의 능력에 큰 영향을 미친다. 이 장에서는 표준 응용이 왜 이 프로토콜을 사용해야 하며, 우리가 새 응용매체를 쓰려고 결정할 때 무엇이 필요한 지에 대한 이해를 돕기 위해 각 프로토콜에서 제공되는 서비스에 대해 처음으로 논의한다.

UDP 프로토콜

UDP는 무접속, 비신뢰성, 데이터그램 서비스를 제공한다. 무접속 서비스는 메시지를 교환할 때 두 종단 사이에 논리적 연결이 없음을 의미한다. 각 메시지는 **데이터그램(datagram)**이라 불리는 패킷 안에 캡슐화된 독립적인 객체이다. UDP는 같은 출발지로부터 같은 목적지로 가는 데이터그램들 사이에 어떠한 관계(접속)도 볼 수 없다.

　　UDP는 신뢰성 있는 프로토콜도 아니다. 비록 UDP가 데이터가 전송 중 오류가 발생했는지를 확인할 수도 있지만, 송신자에게 오류가 생긴 또는 손실된 데이터그램의 재송신을 요청하지 않는다. 몇 가지 응용들에 대해 UDP는 메시지 지향적이라는 측면에서 장점을 가진다. 그것은 메시지를 교환하기 위한 영역을 제공한다.

　　무접속성과 비신뢰성 서비스는 우체국에 의해 제공되는 정기 서비스와 비교할 수 있다. 두 객체들은 그들 사이에 편지들을 교환할 수 있지만, 우체국은 이 편지들 간에 어떠한 연결을 확인할 수 없다. 우체국에서 각 편지들은 송신자와 수신자로 분리된 객체이다. 만약 편지가 손실되거나 배송 도중 문제가 발생한다면, 우체국은 책임을 지지 않는다.

　　만약 한 응용프로그램이 소량의 메시지를 전송하고, 신뢰성보다 간편함과 속도가 더 중요하다면, 이것은 UDP를 사용해 설계될 수 있다. 예를 들어 몇 가지 관리와 멀티미디어 응용들은 이 범주에 적합하다.

TCP 프로토콜

TCP는 연결지향적이고 신뢰성 있는 비트-스트림 서비스를 제공한다. TCP는 두 종단이 연결설정 패킷들을 교환함으로써 그들 사이에 논리적인 연결을 먼저 만들도록 요구한다. 핸드쉐이킹이라고도 불리는 이 단계는 교환할 데이터 패킷 크기와 전체 메시지가 모두 수신될 때까지 데이터 묶음을 붙잡고 있기 위한 목적의 버퍼 크기 등을 포함한 일부 파라미터들을 두 종단 사이에 설정한다. 핸드쉐이킹 과정 후 두 종단은 각 방향의 세그먼트 속 데이터 묶음을 보낼 수 있다. 교환된 바이트를 세어 바이트의 연속성을 확인한다. 예를 들어 만약 어떤 바이트들이 손실되었거나 오류가 발생한다면, 수신자는 해당 바이트의 재송신을 요청할 수 있으며 이런 부분이 TCP를 신뢰성 있는 프로토콜로 만든다. TCP는 3장에서 확인하겠지만 흐름 제어와 혼잡 제어를 제공할 수 있다. TCP 프로토콜의 한 가지 문제점은 메시지 교환에 대한 영역을 제공하지 않는 메시지 지향적이지 않은 방식이라는 것이다.

　　비록 일부분이기는 하지만 우리는 TCP에 의해 제공되는 연결 지향적이며 신뢰성 있는 서비스를 전화회사에 의해 제공되는 서비스와 비교할 수 있다. 만약 두 집단이 우체국 대신 전화를 이용해 통신을 하기로 결정하면, 그들은 연결을 생성한 후 일정시간 동안 대화할 수 있다. 전화 서비스에서 만약 사람이 말을 이해하지 못했거나 말의 발음을 이해하지 못한다면 재차 물어볼 수 있기 때문에 어느 정도 안정적이다.

대부분의 표준 응용들은 긴 메시지의 전송을 필요로 하기 때문에 TCP 서비스의 이점인 신뢰성을 요구한다.

SCTP 프로토콜

SCTP 프로토콜은 서로 다른 두 프로토콜을 결합하는 서비스를 제공한다. TCP처럼 SCTP는 연결 지향적이며 안정적인 서비스를 제공하지만 바이트-스트림 지향적인 것은 아니다. UDP와 같은 메시지-지향적인 프로토콜이다. 추가로 SCTP는 다중 네트워크 계층 연결에 의해 멀티스트림 서비스를 제공할 수 있다.

SCTP는 일반적으로 하나의 네트워크 계층 연결 안에서 하나의 실패가 발생하더라도 연결이 유지되고, 신뢰성을 필요로 하는 특정한 응용에 적합하다.

2.3 표준 클라이언트-서버 응용매체

인터넷의 역사 속에서 몇 가지 클라이언트-서버 응용프로그램들이 개발되었다. 우리는 그 응용프로그램을 재정의 할 필요가 없지만 그 프로그램이 어떤 일을 수행하는지는 알아야 한다. 각 응용에 대해서 우리는 우리가 사용 가능한 기능을 알아야 할 필요가 있다. 이들 응용들과 그 응용프로그램들이 제공하는 다른 서비스들의 방식에 대한 연구는 미래 맞춤형의 응용들을 창조하는 것을 도울 수 있다.

이 절에서는 여섯 가지 표준 응용프로그램들을 선택했다. 인터넷 사용자의 대부분이 사용하는 HTTP와 월드와이드 웹으로 시작한다. 그리고 인터넷에서 높은 트래픽을 발생시키는 파일 변환과 전자메일 응용들에 대해 소개한다. 다음으로 원격 로그인 텔넷과 SSH 프로토콜들을 이용하여 그것이 어떻게 이뤄질 수 있는지에 대해 설명한다. 마지막으로 모든 응용프로그램에서 응용 계층 식별자와 상응하는 호스트 IP 주소를 일치하기 위해 사용되는 DNS에 대해 논의한다.

동적 호스트 구성 프로토콜(DHCP)이나 단순 네트워크 관리 프로토콜(SNMP)처럼 몇 가지 다른 응용들은 적당한 다른 장에서 논의될 것이다.

2.3.1 월드와이드 웹과 HTTP

이 절에서는 WWW (Web)에 대해 먼저 소개한다. 다음으로 웹에서 사용되는 가장 공통된 클라이언트 서버 응용프로그램인 HTTP를 논의한다.

월드와이드 웹

웹은 1989년 유럽 전역에 걸친 다른 장소에서 여러 연구원들이 서로의 연구에 접근할 수 있도록 *CERN**에 있는 핵 연구를 위한 유럽 조직단체인 Tim Berners-Lee에 의해 첫 번째로 개발되

---

* 유럽 입자물리학 연구소

었다. 상업적인 웹은 1990년 초반에 시작 되었다.

오늘날 웹은 문서들이 있는 정보의 저장소이다. 웹페이지라고 불리는 이 문서들은 전 세계적으로 퍼져 있고, 관련문서들은 서로 연결되어 있다. 웹의 인기와 성장은 위에서 언급한 두 용어인 **분산**과 **연결**에 관련된다. 분산은 웹의 성장을 가능케 한다. 전 세계에 있는 각 웹 서버는 저장소에 새로운 웹페이지를 추가할 수 있었고, 몇몇 서버들의 과부하 없이 모든 인터넷 사용자에게 알릴 수 있다. 웹페이지의 연결은 다른 곳에 있는 또 다른 서버에 저장된 웹페이지를 참조할 수 있다. 웹페이지의 연결은 인터넷의 출현보다 몇 년 앞서 소개된 **하이퍼텍스트**라는 개념을 사용하여 달성되었다. 이 아이디어는 링크가 문서에 나타난 동시에 시스템에 저장된 다른 문서를 자동적으로 검색하는 기계에 사용되었다. 웹은 이 아이디어를 전자적으로 구현하였다. 이는 링크가 사용자에 의해 클릭되었을 때 연결된 문서를 검색할 수 있도록 한다. 오늘날 연결된 텍스트 문서들을 의미하기 위해 사용되던 하이퍼텍스트라는 용어는 웹페이지가 텍스트 문서, 이미지, 오디오 또는 비디오 파일일 수 있다는 것을 보여주기 위해 하이퍼미디어로 변화되고 있다.

웹이 단순히 링크된 문서를 검색하는 시대는 지나갔다. 오늘날 웹은 전자쇼핑과 게임을 제공하기 위해 사용된다. 또한 우리는 웹을 사용해 시간에 구속받지 않고 언제나 라디오를 듣거나 텔레비전 프로그램을 시청할 수 있다.

구조

오늘날 WWW는 분산 클라이언트 서버 서비스이다. 즉 브라우저를 사용하는 클라이언트가 서버를 사용하여 서비스를 받는다. 이때 제공되는 서비스는 **사이트**라고 하는 여러 장소에 분산되어 있다. 각 사이트는 **웹페이지(web page)**라고 불리는 하나 또는 그 이상의 문서들을 유지한다. 각 웹페이지는 동일한 사이트 또는 다른 사이트에 있는 다른 웹페이지들을 링크로 포함할 수 있다. 다른 말로 웹페이지는 단일하거나 복합적일 수 있다. 단일 웹페이지는 다른 웹페이지로의 연결이 없고, 복합 웹페이지는 다른 웹페이지로 하나 혹은 그 이상의 연결을 갖는다. 각 웹페이지는 이름과 주소를 갖는 파일이다.

예제 2.2

이번에는 과학문서 하나를 검색할 필요가 있다고 가정하자. 이 문서는 또 다른 텍스트 파일과 큰 이미지에 대한 참조를 각각 포함하고 있다. 그림 2.8은 이 상황을 보여준다.

기본 문서와 이미지는 동일 사이트에서 별개의 파일들로 저장되어 있고(파일 A와 파일 B), 참조된 텍스트 파일은 다른 사이트에 저장되어 있다(파일 C). 세 개의 다른 파일을 다루어야 하기 때문에, 전체 문서를 보기 위해서 세 번의 트랜잭션이 필요하다. 첫 트랜잭션(요청/응답)은 두 번째와 세 번째 파일에 대한 참조(포인터)가 들어 있는 기본 문서(파일 A)의 복사본을 가져온다. 기본 문서의 복사본을 살펴보고, 사용자는 이미지에 대한 참조를 클릭하여 두 번째 트랜잭션을 발생시켜 이미지(파일 B)의 복사본을 가져온다. 만일 사용자가 참조된 텍스트 파일의 내용을 보기 원하면, 이의 참조(포인터)를 클릭하여 세 번째 트랜잭션을 발생시켜 파일 C의 복사본을 가져올 수 있다. 비록 파일 A와 파일 B가 동일한 사이트에 있지만 이들은 다른 이름과 주소를 갖는 독립적인 파일들이라는 점을 주의하자. 이들을 가져오기 위해서는 두 번의 트랜잭션이 필요하다.

예제 2.2의 파일 A, B, C가 독립적인 웹페이지들로서 각각 독립적인 이름과 주소를 갖는다는 것은 기억할 필요가 있는 매우 중요한 점이다. 파일 B와 C에 대한 참조가 파일 A에 포함되어 있지만, 이 파일들을 독립적으로 가져오지 못한다는 것은 아니다. 두 번째 사용자는 하나의 트랜잭션으로 파일 B를 가져올 수 있고, 세 번째 사용자는 하나의 트랜잭션으로 파일 C를 가져올 수 있다.

그림 2.8 ▍ 예제 2.2

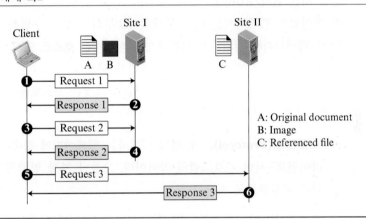

웹 클라이언트(브라우저) 여러 회사들이 웹 문서를 해석하여 표현하는 상용 **브라우저(browser)** 를 제공한다. 그리고 그들 모두는 거의 동일한 구조를 사용한다. 보통 브라우저는 제어기, 클라이언트 프로토콜 및 해석기의 세 부분으로 구성된다(그림 2.9 참조).

그림 2.9 ▍ 브라우저

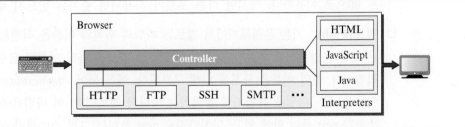

제어기는 키보드나 마우스로부터 입력을 받아 클라이언트 프로그램을 사용하여 문서에 액세스한다. 문서가 액세스된 후 제어기는 해석기 중 하나를 사용하여 문서를 화면에 표현한다. 클라이언트 프로토콜은 HTTP, FTP 또는 텔넷(이 장에서 나중에 논의된다)과 같은 앞에서 설명한 프로토콜 중 하나가 될 수 있다. 해석기는 문서의 유형에 따라 HTML 또는 자바(Java), 자바

스크립트가 될 수 있다. 문서의 유형에 따른 이 해석기들의 사용에 대해 뒤에서 설명한다. 상업적 브라우저로는 인터넷 익스플로러, 넷스케이프 네비게이터, 그리고 파이어폭스 등이 있다.

웹 서버 웹페이지는 서버에 저장된다. 클라이언트 요청이 도착할 때마다, 해당 문서가 클라이 언트로 전송된다. 효율성을 향상시키기 위해 서버는 보통 요청된 파일을 메모리의 캐시에 저장 한다. 메모리는 디스크보다 액세스할 때 빠르다. 서버는 또한 다중 스레드나 다중 프로세스를 사용하여 더욱 효율적으로 운용될 수 있다. 이 경우 서버는 한 번에 하나 이상의 요청에 응답할 수 있다. 유명한 웹 서버로 Apache와 Microsoft Internet Information Server 등이 있다.

단일 자원 위치기(URL)

한 파일로써 웹페이지는 다른 웹페이지로부터 자신을 구별하기 위한 고유의 식별자를 필요로 한다. 웹페이지를 정의하기 위한 3개의 식별자는 **호스트**, **포트**, 그리고 **경로**이다. 그러나 웹페이 지를 정의하기 전에 브라우저에게 우리가 사용하기 원하는 클라이언트 서버 응용(프로토콜이 라 불린다)이 무엇인지 말할 필요가 있다. 그것은 **프로토콜**이다. 이것은 웹페이지를 정의하기 위한 4개의 식별자가 필요한 것을 의미한다.

- **프로토콜(Protocol).** 첫 번째 식별자는 웹페이지에 접속하기 위해 우리가 필요로 하는 클 라이언트–서버 프로그램의 약어이다. 오늘날 가장 일반적인 것은 HTTP이며, FTP와 같은 다른 프로토콜도 사용한다.

- **호스트(Host).** 호스트 식별자는 서버 또는 서버에 주어진 고유한 이름의 IP 주소일 수 있 다. IP 주소는 4장(예를 들어 64.23.56.17)에서와 같이 점이 붙은 소수로 정의될 수 있다. 호스트는 예를 들어 *forouzan.com*과 같이 정보가 위치하고 있는 컴퓨터의 도메인 네임이다. DNS (Domain Name System)에 대해서는 다음에 논의한다.

- **포트(Port).** 포트는 16비트 정수이며, 일반적으로 클라이언트 서버 응용프로그램을 위해 미리 정의된다. 예를 들어, HTTP 프로토콜이 웹에 접속하기 위해 사용된다면, 잘 알려진 포 트 80으로 이용한다. 하지만 다른 포트가 사용되면 숫자는 반드시 주어져야 한다.

- **경로(Path).** 기본 운영체제에서 경로는 파일의 위치와 이름을 식별한다. 이 식별자의 형식 은 보통 운영체제에 의존한다. 유닉스에서 한 경로는 파일 이름의 앞에 오는 폴더 이름들의 집합이다. 폴더 이름은 사선에 의해 구분된다. 예를 들어, */top/next/last/myfile*은 *myfile*이라는 이름을 갖는 파일을 유일하게 정의하는 하나의 경로이다. 이 파일은 *last* 폴더(이 폴더는 스 스로가 *next* 폴더 안에 있고, 마찬가지로 next 폴더는 그것 스스로가 *top* 폴더 아래 있다) 안 에 저장된다. 다시 말해, 경로는 제일 위에 있는 폴더에서 가장 밑에 있는 폴더까지 파일 앞 에 오는 폴더들의 리스트이다.

이 4가지를 모두 결합하기 위해서 **URL (uniform resource locator)**이 제안 되었다. URL 은 다음과 같이 4개의 식별자들 사이에 3개의 다른 구분자를 사용한다.

| protocol://host/path | Used most of the time |
| protocol://host:port/path | Used when port number is needed |

예제 2.3

이 책 저자 중 한 사람과 관계된 웹페이지를 URL인 *http://www.mhhe.com/compsci/forouzan*으로 정의한다. 문자열 *www.mgge.com*은 McGraw-Hill 회사에서의 컴퓨터 이름이다(*www*는 호스트 이름의 부분이며 상업적인 호스트에 추가 된다). 경로 *compsci/forouzan/*은 디렉토리 *compsci* (computer science)에서 Forouzan's 웹페이지로 정의한다.

웹 문서

WWW에서의 문서는 정적(static), 동적(dynamic) 및 액티브(active)의 세 분류로 크게 나눌 수 있다.

정적 문서 **정적 문서(static documents 또는 고정 문서)**들은 서버에서 생성되어 저장된 고정 내용 문서이다. 클라이언트는 문서의 복사본만을 얻을 수 있다. 바꾸어 말하면, 파일의 내용은 파일이 사용될 때가 아닌 생성될 때 결정된다. 물론, 서버에 있는 내용이 변경될 수 있으나, 사용자가 이를 바꿀 수는 없다. 클라이언트가 문서를 액세스할 때, 문서의 복사본이 전송된다. 그 후 사용자는 브라우저 프로그램을 사용하여 문서를 볼 수 있다. 정적 문서들은 다음 여러 언어 중 하나를 사용하도록 준비되어 있다. HTML (*Hypertext Markup Language*), XML (*Extensible Markup Language*), XSL (*Extensible Style Language*) 그리고 XHTML (*Extensible Hypertext Markup Language*)이다. 우리는 이것들은 부록 C에서 논의하겠다.

동적 문서 **동적 문서(dynamic document)**는 브라우저가 문서를 요청할 때마다 웹 서버에 의해 생성된다. 요청이 들어오면, 웹 서버는 동적 문서를 만드는 응용프로그램이나 스크립트를 수행한다. 서버는 프로그램의 출력이나 스크립트를 그 문서를 요청한 브라우저에게 응답으로 반환한다. 각 요청에 대해 새로운 문서가 생성되기 때문에, 동적 문서의 내용은 각각의 요청마다 달라질 수 있다. 동적 문서의 매우 간단한 예는 서버로부터 날짜와 시간을 받는 것이다. 날짜와 시간은 매순간마다 변경되므로 동적인 정보의 일종이다. 클라이언트는 서버가 유닉스에서의 **달력** 같은 프로그램을 수행한 후 그 프로그램의 결과를 클라이언트에게 전송하도록 요청할 수 있다. **공통 게이트웨이 인터페이스(CGI, Common Gateway Interface)**는 동적 문서를 생성하고 처리하는 기술이다. 스크립트를 사용하여 동적 문서를 생성하는 기술에는 몇 가지가 있다. 스크립트를 위해 자바 언어를 사용하는 *JSP (Java Server Pages)*, 스크립트를 위해 비쥬얼 베이직 언어를 사용하는 마이크로소프트 제품인 *ASP (Active Server Pages)*, 그리고 HTML 문서에 SQL 데이터베이스 질의를 내장한 *ColdFusion* 등이 있다.

액티브 문서 많은 응용에 대해 우리는 클라이언트 사이트에서 수행될 프로그램 또는 스크립트를 필요로 한다. 이들을 **액티브 문서(active document)**라 부른다. 예를 들어, 우리가 화면에서 움직이는 그림들을 생성하거나 사용자와 상호작용을 하는 프로그램을 수행시키길 원한다고 상상해보라. 프로그램은 애니메이션이나 상호작용이 일어날 클라이언트 사이트에서 반드시 수행되어야 한다. 브라우저가 액티브 문서를 요청할 때, 서버는 문서의 복사본이나 스크립트를 전송한다. 그리고 문서는 클라이언트(브라우저) 사이트에서 수행된다. 액티브 문서를 만드는 한 가지 방법은 **자바 애플릿**(*Java applets*)을 사용하는 것이다. 애플릿은 서버에서 자바로 작성된 프로그램이다. 애플릿은 컴파일되어 수행될 준비가 된다. 문서는 바이트코드(바이너리) 형태 안에 있다. 다른 방법은 클라이언트 사이트에서 스크립트를 다운받거나 동작시키지 않고 자바스크립트(Java Scripts)를 사용하는 것이다.

하이퍼텍스트 전송 프로토콜

하이퍼텍스트 전송 프로토콜(HTTP, Hypertext Transfer Protocol)은 어떻게 웹으로부터 웹페이지로 상환되기 위해 사용이 가능한 클라이언트 서버 프로그램들을 정의하기 위해서 사용된다. HTTP 클라이언트가 요청을 보내면 HTTP 서버는 이에 응답한다. 서버는 포트번호 80을 사용한다. 클라이언트는 일시적인 포트번호를 사용한다. HTTP는 이전에 언급한 TCP 서비스를 사용한다. HTTP는 연결 지향적이고, 신뢰적인 프로토콜이다. 이는 클라이언트와 서버 사이 그리고 서버 사이에 어떤 처리가 일어나기 전에 연결을 필요로 한다. 이 처리가 일어난 후에 연결은 종료되어야 한다. 그러나 TCP가 신뢰적이기 때문에 클라이언트와 서버는 교환된 메시지의 오류나 어떤 메시지의 누락에 대해 걱정할 필요가 없다. 3장에서 이 문제에 대해 살펴볼 것이다.

영속적 연결 대 대조적인 비영속적 연결

앞 절에서의 의논에서 웹페이지 문서 안에 내장된 하이퍼텍스트의 개념은 몇몇의 요청과 응답을 요구한다. 웹페이지에서 서로 다른 서버에 위치해 있는 객체들을 검색한다면, 우리는 각 객체를 검색하기 위해 새로운 TCP 연결을 하는 것 외에 다른 선택을 갖지 못한다. 하지만 일부 객체들이 같은 서버에 있을 때 우리는 두 가지 선택을 가진다. 새로운 TCP 연결을 사용해 각 객체를 검색하는 것과 TCP 연결을 만들고 그들 모두를 찾는 것이다. 첫 번째 방법은 **비영속적 연결**이고, 두 번째는 **영속적 연결**이다. HTTP의 1.1 이전 버전은 비영속적 연결인 반면 1.1 버전에서는 영속적 연결이 디폴트이다. 그러나 이는 사용자에 의해 변경 가능하다.

비영속적 연결   **비영속적 연결(nonpersistent connection)**에서는 각 요청/응답에 대해 하나의 TCP 연결이 만들어진다. 이러한 체계에서의 동작 단계를 아래에 나열하였다.

1. 클라이언트가 TCP 연결을 열고 요청을 보낸다.
2. 서버는 응답을 보내고 연결을 닫는다.
3. 클라이언트는 end-of-file 표시가 나타날 때까지 데이터를 읽고, 그 후 연결을 닫는다.

이 체계에서 만약 한 파일이 다른 파일들(모두 동일한 서버에 위치한) 안에 있는 n개의 다른 그림들의 링크를 포함한다면, 연결의 시작과 종료가 $N+1$번씩 발생한다. 비영속적 연결은 서버에 큰 오버헤드를 부과하게 되는데, 그 이유는 연결이 열릴 때마다 서버가 $N+1$개의 다른 버퍼들을 필요로 하기 때문이다.

예제 2.4

그림 2.10은 비영속적 연결의 예이다. 클라이언트는 한 이미지로의 링크를 한 개 갖는 파일에 접속할 필요가 있다. 텍스트 파일과 이미지들은 동일 서버에 있다. 이 시점에 두 개의 연결이 필요하다. TCP는 각 연결을 설정하기 위해 적어도 세 번의 핸드셰이크 메시지를 요구하지만, 요청은 세 번째 메시지와 함께 보내질 수 있다. 연결이 설정된 후, 객체는 양도가 가능하다. 객체를 수신한 후, 연결을 종결하기 위해 3장에서 논의될 다른 세 개의 핸드셰이크 메시지가 필요하다. 이것은 클라이언트와 서버가 두 개의 연결 설정과 두 개의 연결 종료에 연관되어 있는 것을 의미한다. 만약 10개 또는 20개의 객체를 검색한다면, 핸드셰이크를 위한 왕복시간은 큰 오버헤드를 발생시킨다. 마지막 장에서 클라이언트-서버 프로그램에 대해 설명할 때, 우리는 클라이언트와 서버가 각 연결을 위해 추가적인 자원들(버퍼와 변수들 같은)을 할당할 필요가 있는 것을 보여줄 것이다.

그림 2.10 ∥ 예제 2.4

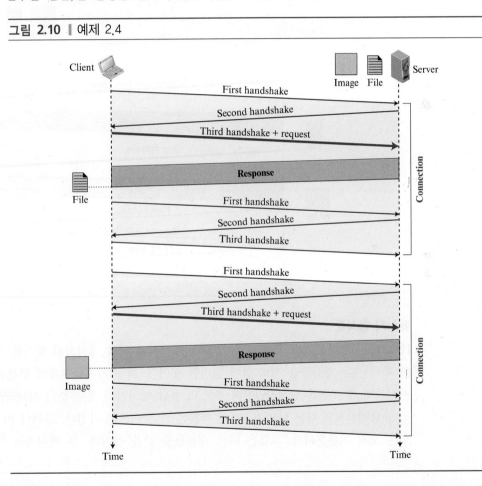

영속적 연결 HTTP 버전 1.1은 영속적 연결을 기본으로 규정한다. **영속적 연결(persistent connection)**에서 서버는 응답을 전송한 후에 차후의 요청을 위해 연결을 열어놓은 상태로 유지한다. 서버는 클라이언트의 요청이 있을 때나 타임아웃이 되면 연결을 닫을 수 있다. 서버는 보통 각 응답에 데이터의 길이를 송신한다. 하지만 송신자가 데이터의 길이를 알지 못하는 경우가 가끔 있다. 이는 문서가 동적으로 또는 액티브하게 생성되는 경우이다. 이러한 경우에 서버는 클라이언트에게 길이를 알지 못한다는 것을 알리고 데이터 전송 후 연결을 닫는데, 그 이유는 클라이언트가 데이터의 끝이 어디라는 것을 알도록 하기 위함이다. 영속 연결들을 사용할 때 시간과 자원들은 저장된다. 각 사이트에서 그 연결에 대한 설정을 할 때 오직 한 세트의 버퍼들과 변수들이 필요하다. 연결을 설정하고 종료하기 위한 왕복시간은 저장된다.

 예제 2.5   그림 2.11은 예제 2.4와 같은 시나리오이지만, 영속적 연결을 사용한다. 오직 한 연결 설립 및 연결 종료가 사용되지만, 이미지에 대한 요청은 별도로 전송된다.

그림 2.11 ┃ 예제 2.5

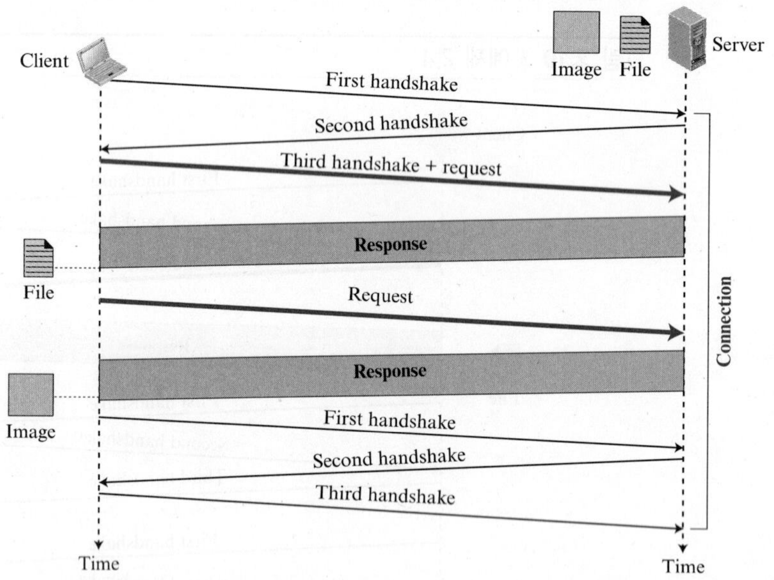

![그림 2.11 예제 2.5 - Client와 Server 간의 영속적 연결 시나리오 다이어그램. Client에서 Server로 First handshake, Second handshake, Third handshake + request가 전송되고, File에 대한 Response, Request, Image에 대한 Response가 이어지며, 마지막으로 First handshake, Second handshake, Third handshake로 연결(Connection)이 종료된다.]

메시지 형식들

HTTP 프로토콜은 그림 2.12와 같이 요청 메시지와 응답 메시지의 형식을 정의한다. 비교를 위해 우리는 두 형식들을 서로 함께 설명할 것이다. 각 메시지는 4개의 부분으로 구성된다. 요청 메시지의 첫 부분은 **요청라인**이라 부르고, 응답 메시지의 첫 부분은 **상태라인**이라 부른다. 요청과 응답메시지의 다른 나머지 3개의 부분은 같은 이름을 가진다. 그러나 이 3개 부분에서 유사성은 오직 이름뿐이다. 그들은 다른 내용들을 갖을 것이다. 두 메시지를 각각 설명하겠다.

그림 2.12 ❘ 2.12 요청 메시지와 응답 메시지의 형식

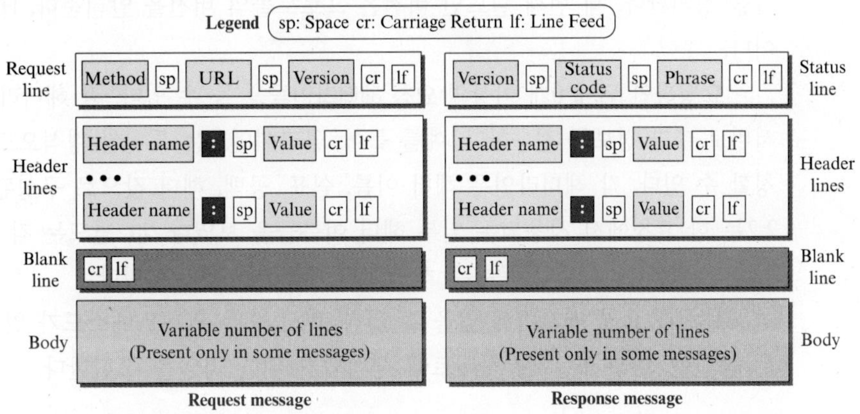

요청 메시지 요청 메시지의 첫 줄은 요청라인(request line)이라 부른다. 그림 2.12에 보이는 것처럼 이 줄에는 한 공백에 의해 분리되고 2개의 문자들(CR과 LR)에 의해 끝나는 세 개의 필드들이 있다. 이 필드들은 메소드와 URL, 버전이라 부른다.

메소드 필드는 요청의 유형(request type)을 정의한다. HTTP 버전 1.1에서 표 2.1에 보이는 것과 같이 몇몇 메소드가 정의되었다. 대부분의 시간 동안 클라이언트는 요청하기 위해 GET 메소드를 사용한다. 이 같은 경우, 메시지의 몸체는 비어 있다. 클라이언트가 서버로부터 웹페이지에 대한 일부 정보(마지막으로 수정된 시간 같은)를 필요로 할 때, HEAD 메소드가 사용된다. 또한 그것은 URL의 유효성을 테스트하기 위해 사용할 수 있다. 이 경우 응답 메시지는 헤더 부분만을 갖는다. 몸체부분은 비어 있다. PUT 메소드는 GET 메소드와는 정반대이다. PUT 메소드는 서버에(허용이 가능하다면) 새로운 웹페이지를 올리는 것을 허용한다. POST 메소드는 PUT 메소드와 유사하지만, 그것은 웹페이지가 추가되거나 수정될 때 서버에 정보를 보내기 위해 사용된다. TRACE 메소드는 디버깅을 위해 사용된다. 클라이언트는 서버가 요구를 수행하는지에 대한 검사를 하기 위한 에코 반환 요청을 서버에게 요청한다. DELETE 메소드는 클라이언트가 허용 권한을 가진다면, 그가 서버에서 웹페이지를 삭제하는 것을 허용한다. CONNECT 메소드는 예약 메소드로서 생성되었다. 마지막으로 OPTIONS 메소드는 클라이언트가 웹페이지의 속성에 대해 요청하는 것을 허용한다.

표 2.1 ❘ 메소드

Method	Action
GET	Requests a document from the server
HEAD	Requests information about a document but not the document itself
PUT	Sends a document from the client to the server
POST	Sends some information from the client to the server
TRACE	Echoes the incoming request
DELETE	Removes the web page
CONNECT	Reserved
OPTIONS	Inquires about available options

두 번째 필드인 URL은 이 장의 앞부분에서 설명하였다. 이는 해당 웹페이지의 주소와 이름을 정의한다. 세 번째 필드인 버전은 프로토콜의 버전을 알려준다. HTTP의 최신 버전은 1.1이다.

요청라인 뒤에 0개 이상의 **요청 헤더라인**들을 둘 수 있다. 각 헤더라인은 클라이언트로부터 서버로 추가 정보를 전송한다. 예를 들어, 클라이언트는 특별한 형식으로 문서가 전송되도록 요청할 수 있다. 각 헤더라인은 헤더 이름, 쉼표, 공백, 헤더 값으로 구성된다(그림 2.12 참조). 표 2.2는 한 요청에서 사용되는 일부 헤더 이름들을 보였다. 값 필드는 각 헤더 이름에 연관된 값들을 정의한다. 값들의 목록은 해당 RFC에서 찾아볼 수 있다.

몸체가 요청 메시지에 있을 수 있다. PUT 또는 POST 메소드가 있을 때, 일반적으로 그것은 송신할 설명 또는 웹 사이트에 생성되기 위한 파일을 포함한다.

표 2.2 ▌요청 헤더 이름들

Header	*Description*
User-agent	Identifies the client program
Accept	Shows the media format the client can accept
Accept-charset	Shows the character set the client can handle
Accept-encoding	Shows the encoding scheme the client can handle
Accept-language	Shows the language the client can accept
Authorization	Shows what permissions the client has
Host	Shows the host and port number of the client
Date	Shows the current date
Upgrade	Specifies the preferred communication protocol
Cookie	Returns the cookie to the server (explained later)
If-Modified-Since	If the file is modified since a specific date

응답 메시지 응답 메시지들의 형식은 그림 2.12에 보였다. 응답 메시지는 상태라인, 헤더라인, 공백라인 그리고 가끔씩 몸체도 포함된다. 응답 메시지의 첫 줄은 **상태라인**이라 부른다. 이 라인은 공백으로 구분되고 CR(Carraige Return)과 LF(Line Feed)로 종료되는 세 개의 필드가 있다. 첫 필드는 HTTP 프로토콜의 버전을 의미하고 현재 버전은 1.1이다. 상태 코드 필드는 요청 상태를 정의한다. 이는 세 자리 숫자로 구성된다. 100 범위의 코드는 단지 정보 차원인데 반하여, 200 범위의 것들은 요청이 성공적임을 나타낸다. 300 범위의 코드들은 클라이언트를 또 다른 URL로 재지정하며, 400 범위의 코드는 클라이언트 사이트에서의 오류를 나타낸다. 마지막으로 500 범위의 코드는 서버 사이트에서의 오류를 나타낸다. 상태 문구는 문자 형태로 상태코드를 설명한다.

상태라인 뒤에 0이나 **응답 헤더라인**을 더 갖을 수 있다. 각 헤더라인은 서버로부터 클라이언트까지 추가적인 정보를 전송한다. 예를 들어, 서버는 문서에 대한 추가적인 정보를 전송할 수 있다. 각 헤더라인은 헤더 이름, 콜론, 공백, 헤더 값으로 구성된다. 이 장의 끝에 있는 예제들에서 헤더라인 중 몇 가지 예를 보일 것이다. 표 2.3은 보통 응답 메시지와 함께 사용되는 헤더 이름을 보여준다.

표 2.3 ┃ 응답 헤더 이름들

Header	Description
Date	Shows the current date
Upgrade	Specifies the preferred communication protocol
Server	Gives information about the server
Set-Cookie	The server asks the client to save a cookie
Content-Encoding	Specifies the encoding scheme
Content-Language	Specifies the language
Content-Length	Shows the length of the document
Content-Type	Specifies the media type
Location	To ask the client to send the request to another site
Accept-Ranges	The server will accept the requested byte-ranges
Last-modified	Gives the date and time of the last change

몸체는 서버로부터 클라이언트로 전송되는 문서를 포함한다. 응답이 오류 메시지가 아니라면 몸체는 존재한다.

 예제 2.6 이 예제는 문서를 검색하기 위한 예제이다(그림 2.13 참조). 우리는 경로 */usr/bin/image1*를 갖는 이미지를 읽어오기 위해 GET 메소드를 사용한다. 요청라인은 메소드(GET), URL, HTTP 버전 (1.1)을 표시한다. 헤더는 두 줄을 갖는데 이들은 클라이언트가 GIF 또는 JPEG 형식으로 이미지를 수용할 수 있음을 나타낸다. 요청은 몸체를 가지고 있지 않다. 응답 메시지는 상태라인과 네 라인의 헤더를 포함한다. 헤더라인은 날짜, 서버, MIME 버전, 문서의 길이를 정의한다. 문서의 몸체는 헤더 뒤에 온다.

그림 2.13 ┃ 예제 2.6

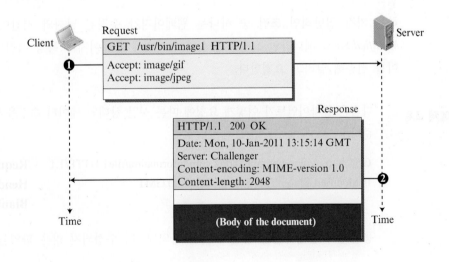

예제 2.7

이 예제에서는 클라이언트가 웹페이지를 서버에게 송신하기 원한다. 따라서 PUT 메소드를 사용한다. 요청라인은 메소드(POST), URL, HTTP 버전(1.1)을 표시한다. 네 라인의 헤더가 존재한다. 응답 메시지는 상태라인과 네 줄의 헤더를 포함한다. 요청 몸체는 웹페이지를 포함한다. 생성된 문서는 CGI 프로그램으로서 몸체에 포함된다(그림 2.14 참조).

그림 2.14 ┃ 예제 2.7

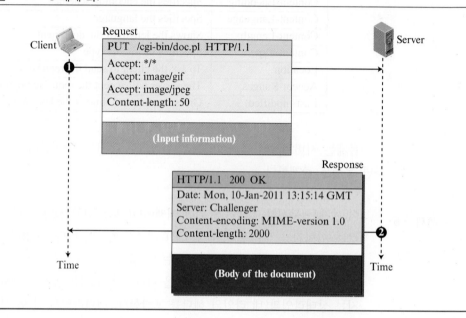

조건부 요청

클라이언트는 자신의 요청에 조건을 추가할 수 있다. 이 경우 서버는 조건이 만족되면 요청된 웹페이지를 전송할 것이나, 그렇지 않으면 클라이언트에게 이를 통보한다. 클라이언트가 요구하는 가장 일반적인 조건 중 하나는 웹페이지가 수정된 날짜와 시간이다. 클라이언트는 *If-Modified-Since* 헤더라인 요청을 송신하여 서버에게 페이지가 특정 시점 이후에 수정되었다면 이를 전송해 달라고 요청한다.

 예제 2.8

다음은 클라이언트가 어떻게 요청에 따른 시간 상태와 데이터 수정을 알리는지에 대해 보여준다.

GET http://www.commonServer.com/information/file1 HTTP/1.1	**Request line**
If-Modified-Since: Thu, Sept 04 00:00:00 GMT	**Header line**
	Blank line

응답에서 상태라인은 시간에 맞춰 정의된 후, 수정되지 않은 파일을 보여준다.

```
HTTP/1.1 304 Not Modified                          Status line
Date: Sat, Sept 06 08 16:22:46 GMT                 First header line
Server: commonServer.com                           Second header line
                                                   Blank line
(Empty Body)                                       Empty body
```

쿠키

월드와이드 웹은 원래 상태가 존재 하지 않는 개체로 설계되었다. 클라이언트는 요청을 보내고, 서버는 응답한다. 이것이 모든 전송단계이다. 월드와이드 웹의 원래 설계의 목적인 가능한 문서들을 공개적으로 검색한다는 점에서는 정확히 들어맞는다. 오늘날 웹은 다른 기능들을 갖고 있는데 몇 가지를 아래에 나열하였다.

❑ 웹 사이트가 **전자상점**으로 사용된다. 여기서 사용자들은 상점을 통해 검색하고, 원하는 상품을 선택하여, 전자카트에 담고, 최종적으로 신용카드로 결제한다.
❑ 어떤 웹 사이트는 **등록된 사용자**에게만 액세스를 허용할 필요가 있다.
❑ 어떤 웹 사이트들은 **포털**로 사용된다. 여기서 사용자들은 자신이 보길 원하는 사이트를 선택할 수 있다.
❑ 어떤 웹 사이트들은 단지 **광고**이다.

  이러한 목적을 위해 쿠키 메커니즘이 도입되었다.

쿠키의 생성과 저장 쿠키의 생성과 저장은 구현에 따라 다르지만 원리는 동일하다.

1. 서버가 클라이언트로부터 요청을 받았을 때, 클라이언트에 관한 정보를 파일이나 문자열로 저장한다. 정보에는 클라이언트의 도메인 이름, 쿠키의 내용(서버가 클라이언트에 관해 수집한 정보, 예를 들어, 이름, 등록번호 등등), 타임스탬프, 그리고 구현에 따라 다른 정보들이 포함될 수 있다.
2. 서버는 클라이언트에게 보내는 응답에 쿠키를 포함한다.
3. 클라이언트가 응답을 받으면, 브라우저는 쿠키를 도메인 서버 이름으로 정렬되는 쿠키 디렉터리에 저장한다.

쿠키 사용 클라이언트가 서버에게 요청을 보낼 때, 브라우저는 쿠키 디렉터리를 검색하여 서버가 보낸 쿠키를 찾는다. 만일 존재한다면, 쿠키를 요청에 포함시킨다. 서버가 요청을 받을 때, 서버는 클라이언트가 새로운 것이 아닌 기존 클라이언트라는 것을 알게 된다. 쿠키의 내용은 브라우저가 읽을 수 없거나 사용자에게 보이지 않는다. 이것은 서버가 **만들고** 서버가 **사용**하는 쿠키이다. 이제 앞서 언급한 네 가지 목적을 위해 쿠키가 어떻게 사용되는지를 알아보자.

❑ **전자상점**(e-commerce)은 쇼핑 고객을 위해 쿠키를 사용할 수 있다. 고객이 상품을 선택하여 카트에 담을 때, 상품번호 및 단가와 같은 상품에 관련된 정보를 포함하는 쿠키가 브라우저

로 보내진다. 만일 고객이 두 번째 상품을 선택하면, 쿠키는 새로운 선택 정보로 갱신된다. 이런 식으로 계속하여 고객이 쇼핑을 끝내고 결제하기를 원할 때, 최종 쿠키가 읽혀지고 합계가 계산된다.

❑ **등록된 사용자**에게만 액세스를 허용하는 사이트는 클라이언트가 처음 등록할 때 클라이언트에게 쿠키를 전송한다. 반복되는 액세스에 대해 적절한 쿠키를 송신하는 클라이언트만 허용된다.

❑ **웹 포털**도 쿠키를 비슷한 방법으로 사용한다. 사용자가 선호하는 페이지를 선택할 때 쿠키가 만들어지고 전송된다. 만일 동일한 사이트에 다시 접속하면, 쿠키는 서버로 전송되어 클라이언트가 무엇을 찾고 있는지를 보여준다.

❑ 쿠키는 또한 **광고회사**에 의해 사용된다. 광고회사는 사용자가 자주 방문하는 주요 웹 사이트에 배너광고를 게시할 수 있다. 광고회사는 자신의 배너가 아닌 배너 주소를 가진 URL만을 제공한다. 사용자가 웹 사이트를 방문하고 광고회사의 아이콘을 클릭하면, 이 요청은 광고회사로 전송된다. 광고회사는 배너, 예를 들어 GIF 파일을 전송하고, 또한 배너는 사용자의 ID를 포함한 쿠키를 포함한다. 향후에는 배너를 사용하게 되면, 이는 사용자의 웹 행동을 요약해 데이터베이스에 기록될 것이다. 광고회사는 사용자의 관심 분야를 수집한 정보를 다른 회사에 판매할 수 있다. 이러한 쿠키의 용도는 논의의 여지가 있다. 아마 사용자의 사생활을 보호하기 위한 새로운 규정이 나올 것으로 생각된다.

 예제 2.9 그림 2.15는 전자상점이 쿠키의 사용을 통해 이익을 얻을 수 있는 시나리오를 보여준다.

한 고객이 BestToys라는 전자상점에서 장난감을 사길 원한다고 가정하자. 고객의 브라우저(클라이언트)는 BestToys 서버로 요청을 보낸다. 서버는 클라이언트에 대해 빈 쇼핑카트(목록)를 생성하고 카트에 ID를 부여한다(예를 들어, 12343). 서버는 응답 메시지로 모든 장난감의 사진과 각 장난감을 클릭할 경우 해당 장난감에 관련된 링크를 함께 전송한다. 또한 이 응답 메시지는 값이 12343으로 되어 있는 Set-Cookie 헤더라인을 포함한다. 클라이언트는 이미지를 표시하고 BestToys라는 이름의 파일에 쿠키 값을 저장한다. 쿠키는 고객에게 보이지 않는다. 고객이 장난감 하나를 선택하여 이를 클릭한다. 클라이언트는 Cookie 헤더라인에 ID 12343을 포함하는 요청을 보낸다. 서버가 바빠서 이 고객을 잊어버린 상태라고 해도, 요청 수신 후 헤더를 검사하면 12343 쿠키 값을 찾게 된다. 서버는 고객이 이전에 방문한 고객임을 알게 되고 ID 12343을 갖는 쇼핑카트를 검색한다. 쇼핑카트(목록)를 열고 선택된 장난감을 목록에 넣는다. 서버는 이제 또 다른 응답을 고객에게 보내 가격을 알려주고 결제를 원하는지를 문의한다. 고객은 신용카드에 대한 정보를 제공하고 쿠키 값으로 ID 12343을 갖는 새로운 요청을 전송한다. 요청이 서버에 도착하면, 서버는 ID 12343을 다시 주문과 결제를 수용한 후 응답으로 확인을 전송한다. 클라이언트에 관한 다른 정보, 예를 들어 신용카드 번호와 이름, 주소 등이 서버에 저장된다. 만일 미래에 고객이 다시 한 번 그 상점을 접속하면, 클라이언트는 쿠키를 다시 전송하고, 상점은 파일을 읽어 클라이언트에 관한 모든 정보를 알게 된다.

그림 2.15 ┃ 예제 2.9

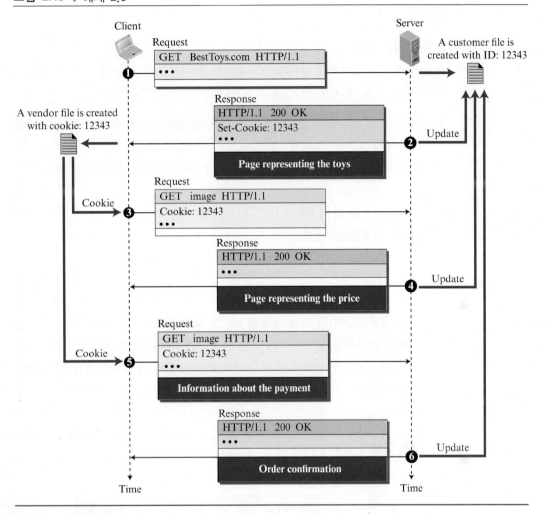

웹 캐싱: 프록시 서버

HTTP는 **프록시 서버(proxy severs)**를 지원한다. 프록시 서버는 최신 요청에 대한 응답의 복사본을 갖고 있는 컴퓨터이다. HTTP 클라이언트는 프록시 서버로 요청을 보낸다. 프록시 서버는 캐쉬를 검사한다. 만일 응답이 캐쉬에 저장되어 있지 않으면, 프록시 서버는 적절한 요청을 서버로 보낸다. 수신된 응답은 프록시 서버로 보내지고 다음 클라이언트의 요청에 대비해 저장된다.

　프록시 서버는 원래 서버의 부하를 경감시키고, 트래픽을 감소시키며, 지연을 개선한다. 하지만 프록시 서버를 사용하기 위해서 클라이언트는 대상 서버 대신 프록시를 액세스하도록 설정되어 있어야 한다.

　프록시 서버는 서버와 클라이언트 두 역할을 함께 수행한다는 점에 주의하라. 클라이언트로부터 요청을 받았을 때 응답을 갖고 있으면, 서버로 동작하여 응답을 클라이언트로 전송한다. 클라이언트로부터 요청을 받았을 때 응답을 갖고 있지 않으면, 먼저 클라이언트로 동작하여 대상 서버로 요청을 전송한다. 응답이 도착하면 다시 서버로 동작하여 클라이언트로 응답을 전송한다.

프록시 서버 위치

프록시 서버는 일반적인 클라이언트 사이트에 위치한다. 이는 우리가 아래와 같은 프록시 서버의 계층을 가질 수 있다는 것을 의미한다.

1. 클라이언트 컴퓨터는 클라이언트가 자주 생성하는 요청에 대한 응답을 저장하는 작은 용량의 프록시 서버로 사용될 수 있다.
2. 회사 내에서, 프록시 서버는 LAN에 설치되어 LAN으로 수신되고 전송되는 부하를 줄일 수 있다.
3. 많은 가입자를 갖는 ISP는 ISP 네트워크로 수신되고 전송되는 부하를 줄이기 위해 프록시 서버를 설치할 수 있다.

 예제 2.10

그림 2.16은 캠퍼스 또는 회사 안의 네트워크와 같은 로컬 네트워크 안에서 프록시 서버의 사용 예제를 보여준다. 프록시 서버는 로컬 네트워크에 설치된다. HTTP 요청이 어느 클라이언트(브라우저)에 의해 생성될 때, 그 요청은 프록시 서버에 가장 먼저 감지된다. 프록시 서버가 해당하는 웹페이지를 이미 가졌다면, 클라이언트에게 응답을 보낸다. 반면에, 프록시 서버는 클라이언트와 같이 수행하며 인터넷에 웹서버로 요청을 보낸다. 요청이 되돌아올 때 프록시 서버는 복사본을 만들고 이를 요청한 클라이언트에게 보내기 전에 캐시에 저장한다.

그림 2.16 | 프록시 서버 예제

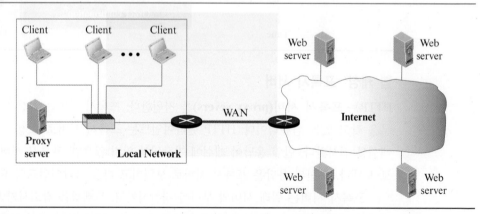

캐쉬 갱신

프록시 서버에서 응답이 삭제되고 대치되기 전에 얼마나 오랫동안 프록시 서버에 존재해야 하는가는 매우 중요한 문제이다. 여러 가지 다른 전략들이 이 목적을 위해 사용된다. 하나의 해결책은 정보를 상당 시간 동일하게 유지하는 사이트의 목록을 저장하는 것이다. 예를 들어, 뉴스 공급자는 뉴스 페이지를 매일 아침 변경한다. 이는 프록시 서버가 뉴스를 아침 일찍 받아 와서 다음날까지 유지할 수 있다는 것을 의미한다. 또 다른 권고안은 정보의 최종 수정 시간을 나타 내는 헤더를 추가하는 것이다. 프록시 서버는 이 헤더의 정보를 그 정보가 얼마나 오래 유효할 수 있는지 추정하는 데 사용할 수 있다. 웹 캐싱에 대한 더 많은 권고안들이 있지만 이는 이 분야의 전문서적들을 참고하기 바란다.

HTTP 보안

HTTP 자체는 보안을 제공하지 않는다. 하지만, 10장에서 볼 수 있듯이 HTTP는 SSL (Secure Socket Layer)에서 수행될 수 있다. 이 경우, HTTP는 HTTPS라 부른다. HTTPS는 기밀성, 클라 이언트와 서버의 인증, 데이터 무결성을 제공한다.

2.3.2 파일 전송 프로토콜

파일 전송 프로토콜(FTP, File Transfer Protocol)은 하나의 호스트에서 다른 호스트로 파 일을 복사하기 위해 TCP/IP에 의해 제공되는 표준 기능이다. 시스템 간의 파일 전송이 비록 간 단하고 수월해 보이지만, 몇 가지 문제가 우선 고려되어야 한다. 예를 들면, 두 시스템이 서로 다른 파일 이름 부여 방식을 사용할 수도 있다. 두 시스템은 서로 다른 방식으로 텍스트와 데이 터를 표현할 수도 있다. 두 시스템은 서로 다른 디렉터리 구조를 가질 수도 있다. 이러한 문제 들은 모두 매우 간단하고 편리한 방법으로 FTP에 의해 해결된다. 비록 우리가 HTTP를 통해 파일을 보낼 수 있지만, FTP는 큰 파일이나 서로 다른 형식의 파일들을 보내기 적합하다. 그림 2.17은 FTP의 기본 모델이다. 클라이언트는 세 가지 컴포넌트인 사용자 인터페이스, 클라이언 트 제어 프로세스, 클라이언트 데이터 전송 프로세스를, 서버는 두 개의 컴포넌트인 서버 제어 프로세스, 서버 데이터 전송 프로세스를 갖는다. 제어 연결은 제어 프로세스 사이에 만들어진 다. 데이터 연결은 데이터 전송 프로세스 사이에 만들어진다.

제어와 데이터 전송의 분리는 FTP를 좀더 효율적으로 사용할 수 있도록 만들어 준다. 제 어 연결은 매우 간단한 통신 규칙을 사용한다. FTP는 한 번에 한 줄의 명령이나 응답을 전송하 는 것이 필요할 뿐이다. 반면에 데이터 연결은 전송될 데이터의 종류가 여러 가지이기 때문에 좀더 복잡한 규칙을 필요로 한다.

그림 2.17 | FTP

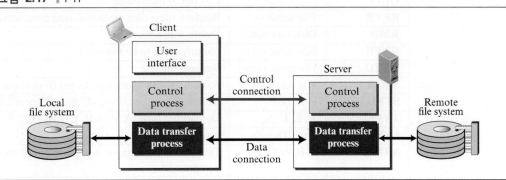

두 연결의 라이프타임

FTP에서 두 연결은 서로 다른 라이프타임을 가진다. 제어 연결은 전체 상호작용적인 FTP 세션 동안 연결된 상태로 유지된다. 데이터 연결은 전송되는 각 파일마다 열렸다 닫힌다. 이 연결은 파일 전송에 관련된 명령이 사용될 때마다 설정되고, 파일 전송이 끝나면 닫힌다. 달리 말하면, 사용자가 FTP 세션을 시작할 때, 제어 연결은 설정된다. 제어 연결이 설정되어 있는 동안 만일 여러 개의 파일이 전송된다면 데이터 연결은 여러 번 설정, 해제 과정을 거치게 된다.

　　FTP는 2개의 잘 알려진(Well-Known) TCP 포트를 사용한다. 21번 포트는 제어 연결을 위해 사용되고 20번 포트는 데이터 연결을 위해서 사용된다.

제어 연결

제어 통신을 위해 FTP는 TELNET(뒤에서 언급할)에서와 같은 접근을 사용한다. FTP는 TELNET에서 사용되는 NVT ASCII 문자집합을 사용한다. 통신은 명령과 응답을 통하여 이루어진다. 이 간단한 방법은 한 번에 하나의 명령(또는 응답)을 전송하기 때문에 제어 연결에 대해 적합하다. 각 줄은 두 글자[CR(carriage return)이나 LF(line feed)]로 된 EOL(end-of-line) 토큰으로 끝나게 된다.

　　제어 연결이 이루어지는 동안, 명령은 클라이언트에서 서버로 전송되고 응답은 서버에서 클라이언트로 전송된다. FTP 클라이언트 제어 프로세스로부터 전송되는 명령들은 ASCII 대문자로 구성된다. 가장 일반적인 몇 개의 응답 명령어들을 표 2.4에 보여준다.

표 2.4 ▌ FTP 명령어

Command	Argument(s)	Description
ABOR		Abort the previous command
CDUP		Change to parent directory
CWD	Directory name	Change to another directory
DELE	File name	Delete a file
LIST	Directory name	List subdirectories or files
MKD	Directory name	Create a new directory
PASS	User password	Password
PASV		Server chooses a port
PORT	port identifier	Client chooses a port
PWD		Display name of current directory
QUIT		Log out of the system
RETR	File name(s)	Retrieve files; files are transferred from server to client
RMD	Directory name	Delete a directory
RNFR	File name (old)	Identify a file to be renamed
RNTO	File name (new)	Rename the file
STOR	File name(s)	Store files; file(s) are transferred from client to server
STRU	**F**, **R**, or **P**	Define data organization (**F**: file, **R**: record, or **P**: page)
TYPE	**A**, **E**, **I**	Default file type (**A**: ASCII, **E**: EBCDIC, **I**: image)
USER	User ID	User information
MODE	**S**, **B**, or **C**	Define transmission mode (**S**: stream, **B**: block, or **C**: compressed

모든 FTP 명령은 적어도 하나의 응답을 생성한다. 응답은 세 자리 숫자와 텍스트 부분으로 나누어진다. 숫자 부분은 코드를 정의하고, 텍스트 부분은 필요한 매개변수나 추가 설명을 표시한다. 첫 번째 숫자는 명령의 상태를 나타낸다. 두 번째 숫자는 상태가 적용된 대상을 나타낸다. 세 번째 숫자는 추가 정보를 제공한다. 표 2.5에 가능한 응답들의 간략한 목록이 있다.

표 2.5 ∥ FTP 응답

Code	Description	Code	Description
125	Data connection open	250	Request file action OK
150	File status OK	331	User name OK; password is needed
200	Command OK	425	Cannot open data connection
220	Service ready	450	File action not taken; file not available
221	Service closing	452	Action aborted; insufficient storage
225	Data connection open	500	Syntax error; unrecognized command
226	Closing data connection	501	Syntax error in parameters or arguments
230	User login OK	530	User not logged in

데이터 연결

데이터 연결은 서버측 잘 알려진 포트 20을 사용한다. 하지만 데이터 연결의 생성은 제어 연결과는 다르다. 다음은 FTP에서 어떻게 데이터 연결이 생성되는지를 보여준다.

1. 서버가 아닌 클라이언트가 임시 포트를 사용하여 수동적 연결 설정을 시도한다. 클라이언트가 파일을 전송하는 명령을 보내기 때문에 이것은 반드시 클라이언트가 수행하여야 한다.
2. 클라이언트는 이 포트번호를 서버에 **PORT** 명령어를 사용하여 전송한다.
3. 서버는 포트번호를 수신한 후 잘 알려진 포트 20과 임시 포트번호를 사용하여 능동적 연결을 시도한다.

데이터 연결 상의 통신

데이터 연결의 목적과 구현은 제어 연결과 다르다. 우리는 데이터 연결을 통해 파일들을 전송하고자 한다. 클라이언트는 전송될 파일의 종류와 데이터의 구조, 전송 모드를 정의해야 한다. 데이터 연결로 파일을 전송하기 전에 우리는 제어 연결을 통해 전송을 준비한다. 이질성으로 인한 문제는 통신의 세 가지 속성인 파일 종류와 데이터 구조, 전송 모드를 정의함으로써 해결된다.

데이터 구조 FTP는 데이터 연결을 통해 파일을 전송할 때 데이터 구조에 대한 설명 중 하나를 사용할 수 있다. 파일 구조, 레코드 구조, 페이지 구조. **파일 구조**(기본) 형식은 특정 구조를 갖지 않는다. 이는 연속적인 바이트의 흐름이다. 레코드 구조에서 파일은 레코드들로 분할된다. 이것은 텍스트 파일에만 사용할 수 있다. 페이지 구조에서 파일은 페이지들로 분할되며, 각 페이지는 페이지 번호와 페이지 헤더를 갖는다. 페이지들은 임의로 혹은 순서적으로 저장 또는 접근될 수 있다.

파일 종류 FTP는 데이터 연결을 통해 다음의 파일 종류 중 하나를 전송할 수 있다. ASCII 파일, EBCDIC 파일, 이미지 파일이다.

전송 모드   FTP는 데이터 연결을 통해 파일을 전송할 때 다음 세 개의 전송 모드 중 하나를 사용할 수 있다. 스트림 모드, 블록 모드 또는 압축 모드이다. 스트림 모드는 기본 모드이다. 데이터는 연속된 바이트의 흐름으로 FTP에서 TCP로 전달된다. 블록 모드에서 데이터는 블록의 형태로 FTP로부터 TCP로 전달될 수 있다. 이 경우 세 바이트 헤더가 각 블록의 앞에 붙게 된다. 첫 번째 바이트는 **블록 설명자**라고 하고 다음 두 바이트는 블록의 크기를 바이트 단위로 정의한다.

파일전송   파일전송은 데이터 연결 위에서 발생하며 제어 연결 위에서 보내지는 제어명령들 하에서 이루어진다. 하지만, 우리는 FTP에서 파일전송이 세 개 중 하나임을 반드시 기억해야 한다: 파일받기(서버에서 클라이언트로), 파일저장(클라이언트에서 서버로), 디렉토리나열(서버에서 클라이언트로).

예제 2.11   그림 2.18의 디렉터리에 있는 항목들의 목록을 검색하기 위해 FTP를 사용하는 예를 보여준다. 제어 연결은 항상 열려 있지만 데이터 연결의 설정과 해제는 반복적으로 이루어진다. 파일이 6개의 섹션으로 송신된다. 모든 파일이 전송되면 서버는 제어 연결로 데이터의 전달을 응답한다. 클라이언트 제어프로세스가 가져올 파일이 없으면 QUIT 명령을 통해 서비스 연결을 닫을 수 있다.

그림 2.18 | 예제 2.11

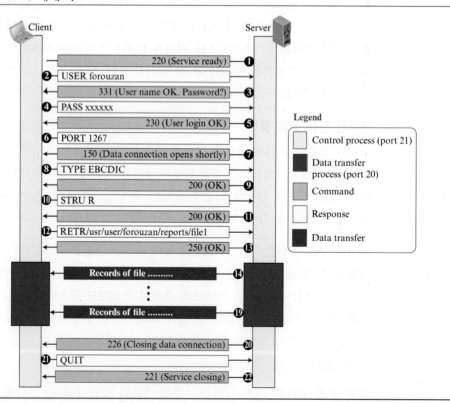

예제 2.12

이 예제는 예제 2.11을 예시로 하는 실제 FTP 세션을 보여준다. 색깔이 있는 줄들은 서버 제어 연결로부터의 응답을 보여주고, 검은색 줄들은 클라이언트에 의해 전송되는 명령어들을 보여준다. 검은색 배경에 흰색 줄들은 데이터 전송을 보여준다.

```
$ ftp voyager.deanza.fhda.edu
Connected to voyager.deanza.fhda.edu.
220 (vsFTPd 1.2.1)
530 Please login with USER and PASS.
Name (voyager.deanza.fhda.edu:forouzan): forouzan
331 Please specify the password.
Password:*********
230 Login successful.
Remote system type is UNIX.
Using binary mode to transfer files.
227 Entering Passive Mode (153,18,17,11,238,169)
150 Here comes the directory listing.
drwxr-xr-x    2    3027    411    4096    Sep 24    2002    business
drwxr-xr-x    2    3027    411    4096    Sep 24    2002    personal
drwxr-xr-x    2    3027    411    4096    Sep 24    2002    school
226 Directory send OK.
ftp> quit
221 Goodbye.
```

FTP 보안

FTP 프로토콜은 보안이 큰 문제가 되기 전에 설계되었다. 비록 FTP가 비밀번호를 요구하지만, 이 비밀번호는 평문(암호화되지 않음)으로 전송되어, 공격자가 가로채어 사용할 수 있다. 데이터 전송 연결 또한 보호되지 않는 평문으로 데이터를 전송한다. 보안을 위해서 FTP 응용 계층과 TCP 계층 사이에 보안 소켓 계층을 추가할 수 있다. 이러한 경우의 FTP를 SSL-FTP라 부른다. 또한 이후에 이 장에서 SSH를 소개할 때 몇 가지 안전한 파일 전송 응용들에 대해 탐구할 것이다.

2.3.3 전자우편(Electronic Mail)

전자우편(또는 이메일)은 사용자들에게 메시지를 교환하는 것을 제공한다. 그러나 이 응용의 본질은 지금까지 다루었던 응용들과는 다르다. 서버 프로그램은 HTTP 또는 FTP와 같은 어플리케이션에서 항상 실행되며, 클라이언트로부터 요청을 기다린다. 하지만 요청이 도착하면 서버는 서비스를 제공한다. 이와 같이 요청이 있으면 응답이 있다. 전자우편과 같은 경우 상황이 다르다. 첫째, 이메일은 단방향통신이다. 앨리스가 밥에게 메일을 보내면 그녀는 밥으로부터 응답을 기다리지만 응답을 강제적으로 하지 않아도 된다. 밥은 응답을 할 수도 있고 하지 않을 수도 있다. 만약 밥이 응답할 경우, 이는 또 다른 단방향통신이다. 둘째, 밥이 서버 프로그램을 실행하고 누군가로부터 이메일이 올 때까지 대기하는 것은 실현 가능하지도, 논리적이지도 않다. 밥이 전자우편을 사용하지 않아 컴퓨터의 전원을 끌 수 있다. 이는 클라이언트/서버 프로그래밍이 다른 방법으로 구현되어야 함을 의미한다. 어떠한 중간 컴퓨터들(서버들)을 사용한다. 사용자가 원하거나 중간 서버가 클라이언트/서버를 적용할 때 오직 사용자만 클라이언트 프로그램을 실행한다.

구조

전자우편의 구조를 설명하기 위해, 그림 2.19와 같이 일반적인 시나리오를 준비하였다. 또 다른 가능한 경우는 메일 서버에 해당하는 LAN이나 WAN 연결이 요구 없이 밥과 엘리스가 직접적으로 연결된 경우이다. 하지만 이 시나리오에서의 차이는 크게 영향이 없다.

　　일반적인 시나리오에서는 송신자인 앨리스와 수신자인 밥이 LAN 혹은 WAN을 통하여 두 개의 메일 서버에 연결되어 있다. 관리자는 각 사용자를 위해 수신된 메시지가 저장될 편지함을 하나씩 생성한다. 편지함은 서버 하드 드라이브의 일부로, 접근 제한을 갖는 특정 파일이다. 편지함의 소유자만이 이를 액세스할 수 있다. 관리자는 또한 전송되기를 기다리는 메시지 등을 저장하기 위해 큐를 생성한다.

　　엘리스에서 밥으로의 이메일은 9개의 서로 다른 단계를 거치며 다음 그림에서 이를 나타낸다. 앨리스와 밥은 각각 3개의 다른 에이전트를 사용한다. **사용자 에이전트(UA, User Agent), 메일 전송 에이전트(MTA, Mail Transfer Agent)** 그리고 **메시지 액세스 에이전트(MAA, Message Access Agent)**이다. 앨리스가 밥에게 메시지 전송을 필요로 할 때, 앨리스는 메시지를 준비하고 실행한다. 자신의 사이트에 있는 메일 서버로 메시지를 전송하기 위해 사용자 에이전트 프로그램을 앨리스 사이트의 메일 서버는 전송되기 위해 대기하는 메시지를 저장하기 위해 큐(스풀)를 사용한다. 하지만 메시지는 메시지 전송 에이전트(MTA)를 사용하여 인터넷을 통해

그림 2.19 ┃ 일반적인 시나리오

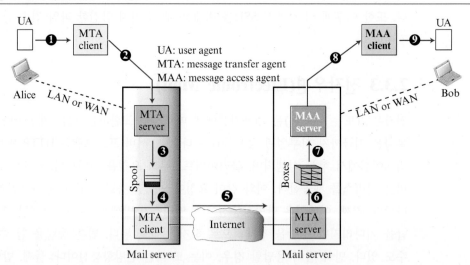

앨리스의 사이트에서 밥의 사이트로 전송될 필요가 있다. 여기에는 두 개의 메시지 전송 에이전트가 요구된다: 하나는 클라이언트와 하나의 서버. 대부분의 인터넷 클라이언트 서버 프로그램들처럼 서버는 클라이언트가 언제 연결을 요청할지 모르기 때문에 항상 수행될 필요가 있다. 반면, 클라이언트는 큐에 송신될 메시지가 있을 때 시스템에 의해 구동될 수 있다. 밥 사이트의 사용자 에이전트(UA)는 밥이 수신된 메시지를 읽을 수 있도록 허용한다. 밥은 두 번째 서버에서 동작하는 MAA 서버로부터 메시지를 가져오기 위해 이후에 MAA 클라이언트를 사용한다.

여기서 강조할 필요가 있는 중요한 점 두 가지가 있다. 첫째는 밥이 메일 서버를 지나쳐서 MTA 서버를 직접 사용할 수 없다는 점이다. MTA 서버를 직접 사용하기 위해서는 밥이 MTA 서버를 항상 수행시킬 필요가 있는데, 그 이유는 메시지가 언제 도착할지 모르기 때문이다. 이는 밥이 LAN을 통해 시스템에 연결되어 있다면, 자신의 컴퓨터를 항상 켜 두어야 한다는 것을 의미한다. 만일 그가 WAN을 통해 연결되어 있다면, 그는 연결을 항상 유지하고 있어야 한다. 이러한 두 가지 상황 모두 바람직하지 않다.

둘째로, 밥은 또 다른 클라이언트 서버 프로그램인 메시지 액세스 프로그램 한 쌍을 필요로 한다. 이는 MTA 클라이언트 서버 프로그램이 푸시(*push*) 프로그램, 즉 클라이언트가 서버로 메시지를 밀어내기 때문이다. 밥은 풀(*pull*) 프로그램을 필요로 한다. 클라이언트는 서버로부터 메시지를 당겨올 필요가 있다. MAA에 대해 간단히 알아보도록 하자.

> **전자우편 시스템은 두 개의 UA와 두 쌍의 MTA들(클라이언트와 서버),
> 한 쌍의 MAA들(클라이언트와 서버)이 필요하다.**

사용자 에이전트

전자우편 시스템의 첫 번째 요소는 **사용자 에이전트(UA, user agent)**이다. 이는 사용자가 메시지를 송수신하는 과정을 보다 쉽게 할 수 있도록 하는 서비스를 제공한다. 사용자 에이전트는 메시지를 구성하고, 읽고, 답장을 보내고, 전달하는 소프트웨어 패키지(프로그램)이다. 이는 또한 사용자 컴퓨터에서 로컬 편지함을 처리한다.

두 가지 유형의 사용자 에이전트가 있다. 이들은 명령 수행형과 GUI-기반형이다. 명령 수행형 사용자 에이전트는 전 시대의 전자우편에 속한다. 이들은 기본적인 사용자 에이전트로서 여전히 존재한다. 명령 수행형 사용자 에이전트는 보통 키보드로부터 한 문자로 된 명령을 받아 작업을 수행한다. 예를 들어, 사용자는 명령 프롬프트에 문자 *r*을 입력하여 메시지의 송신자에게 응답하거나 문자 *R*을 입력하여 송신자뿐 아니라 모든 수신자들에게 응답하도록 할 수 있다. 명령 수행형 사용자 에이전트에는 *mail, pine, elm* 등이 있다.

현대의 사용자 에이전트는 GUI-기반형이다. 이들은 사용자가 키보드와 마우스를 모두 사용하여 소프트웨어와 상호작용하는 그래픽 사용자 인터페이스(GUI) 요소를 포함한다. 이들은 서비스를 쉽게 액세스할 수 있도록 하는 아이콘과 메뉴 바, 윈도우 등과 같은 그래픽 요소들을 갖는다. GUI-기반형 사용자 에이전트로는 *Eudora*와 *Outlook*이 있다.

전자우편 송신

사용자는 UA를 통해 전자우편을 송신하기 위해 일반 편지와 비슷하게 보이는 전자우편을 생성한다. 그림 2.20에 나타낸 바와 같이 전자우편은 **봉투**(*envelope*)와 **메시지**(*message*)로 이루어진다. 봉투는 보통 송신자 주소, 수신자 주소와 그 외의 다른 정보들로 채워진다. 메시지는 헤더(*header*)와 **본문**(*body*)를 포함한다. 메시지의 헤더는 송신자, 수신자, 메시지 제목과 그 외의 다른 정보들을 규정한다. 메시지의 바디에는 수신자가 읽을 실제 정보가 들어 있다.

그림 2.20 ▌ 전자우편의 형식

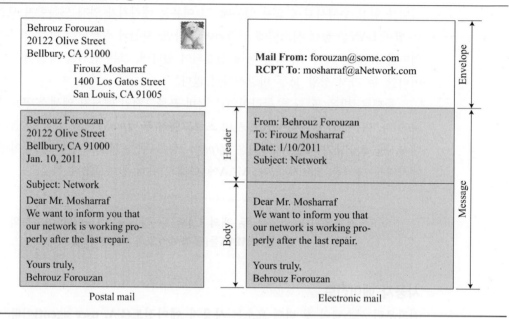

Postal mail   Electronic mail

전자우편 수신

사용자 에이전트(UA)는 사용자에(또는 타이머에) 의해 기동된다. 만일 사용자가 전자우편을 갖고 있으면, UA는 먼저 사용자에게 통보를 한다. 사용자가 전자우편을 읽을 준비가 되면, 목록이 나타나며, 목록의 각 줄에는 편지함의 각 메시지에 대한 요약 정보를 보여준다. 요약 정보는 보통 송신자의 전자우편 주소, 제목과 전자우편이 송신되었거나 수신된 시간을 포함한다. 사용자는 임의의 메시지를 선택하여, 화면 상에 그 내용을 나타내게 할 수 있다.

주소

전자우편을 배달하기 위해 전자우편 처리 시스템은 유일한 주소를 갖는 주소 체계를 사용하여야 한다. 인터넷에서 주소 체계는 @ 기호에 의해 분리된 **로컬 부분**과 **도메인 이름** 부분으로 구성된다(그림 2.21 참조).

그림 2.21 ┃ 전자우편 주소

Local part	@	Domain name
Mailbox address of the recipient		The domain name of the mail server

　　로컬 부분은 메시지 액세스 에이전트가 읽을 수 있도록 특정 사용자를 위해 수신된 모든 전자우편이 저장된 사용자 편지함이라 불리는 특정 파일의 이름을 정의한다. 주소의 두 번째 부분은 도메인 이름이다. 하나의 조직체는 보통 전자우편을 송수신하기 위해 때때로 **메일 서버** 또는 **교환기**라고 불리는 하나 또는 그 이상의 호스트를 사용한다. 각 전자우편 교환기에 할당된 도메인 이름은 DNS 데이터베이스로부터 얻어진 것이거나 또는 논리적인 이름이다(예를 들어, 조직체의 이름).

주소 목록 혹은 그룹 목록

전자우편은 여러 개의 다른 전자우편 주소를 표현하는 하나의 이름, 별칭(*alias*)을 제공한다. 이를 주소 목록이라 부른다. 메시지가 송신될 때마다, 시스템은 별칭 데이터베이스 내의 수신자 이름을 검사한다. 만일 정의된 별칭, 분리 메시지들, 목록 내 각 항목 중 하나에 대한 메일링 리스트가 있으면 반드시 준비되어 MTA에게 건네져야 한다.

메시지 전송 에이전트: SMTP

그림 2.19에서의 시나리오에 기반하여, 우리는 이메일이 그의 작업을 성취하기 위해 세 가지의 전형적인 클라이언트 서버의 사용을 요구하는 응용 중 하나라고 말할 수 있다. 우리가 이메일을 다룰 때 이러한 세 가지를 구분하는 것은 중요하다. 그림 2.22는 이러한 세 가지를 클라이언트 서버 응용을 보인다. 첫 번째와 두 번째는 MTA (Message Transfer Agent)를 언급하고, 세 번째로는 MAA를 언급한다.

그림 2.22 ┃ 전자메일에서 사용되는 프로토콜

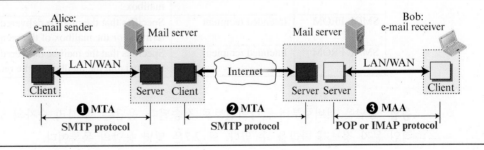

　　인터넷에서 MTA 클라이언트와 서버를 규정하는 공식적인 프로토콜이 **SMTP (Simple Mail Transfer Protocol)**이다. SMTP는 송신자와 송신자의 메일 서버 사이 그리고 두 메일 서버들 사이에서, 총 두 번 사용된다. 뒤에 살펴보겠지만, 메일 서버와 수신자 사이에 또 다른 프

로토콜이 필요하다. SMTP는 단지 명령과 응답들이 어떻게 송신되고 수신되어야 하는지를 규정한다.

명령과 응답

SMTP는 명령과 응답을 사용하여 MTA 클라이언트와 MTA 서버 사이에 메시지를 전송한다. 명령은 MTA 클라이언트에서 MTA 서버까지이고, 응답은 MTA 서버에서 MTA 클라이언트까지이다. 각 명령 또는 응답은 두 글자(CR과 LF 문자)로 된 EOL 토큰으로 끝난다.

명령 명령은 클라이언트에서 서버로 전송된다. 명령의 형식을 아래와 같이 나타내었다.

Keyword: argument(s)

이는 키워드와 뒤에 따라오는 0 또는 그 이상의 인수로 구성된다. SMTP는 표 2.6과 같이 14개의 명령을 규정하고 있으며 아래에서 자세히 설명된다.

표 2.6 ▌ SMTP 명령어

Keyword	Argument(s)	Description
HELO	Sender's host name	Identifies itself
MAIL FROM	Sender of the message	Identifies the sender of the message
RCPT TO	Intended recipient	Identifies the recipient of the message
DATA	Body of the mail	Sends the actual message
QUIT		Terminates the message
RSET		Aborts the current mail transaction
VRFY	Name of recipient	Verifies the address of the recipient
NOOP		Checks the status of the recipient
TURN		Switches the sender and the recipient
EXPN	Mailing list	Asks the recipient to expand the mailing list.
HELP	Command name	Asks the recipient to send information about the command sent as the argument
SEND FROM	Intended recipient	Specifies that the mail be delivered only to the terminal of the recipient, and not to the mailbox
SMOL FROM	Intended recipient	Specifies that the mail be delivered to the terminal *or* the mailbox of the recipient
SMAL FROM	Intended recipient	Specifies that the mail be delivered to the terminal *and* the mailbox of the recipient

응답 응답은 서버로부터 클라이언트로 전송된다. 응답은 세 자리 숫자의 코드로서 뒤에 추가적인 문자 정보가 따라올 수 있다. 표 2.7은 몇몇 응답의 목록이다.

표 2.7 ▮ 응답

Code	Description
	Positive Completion Reply
211	System status or help reply
214	Help message
220	Service ready
221	Service closing transmission channel
250	Request command completed
251	User not local; the message will be forwarded
	Positive Intermediate Reply
354	Start mail input
	Transient Negative Completion Reply
421	Service not available
450	Mailbox not available
451	Command aborted: local error
452	Command aborted; insufficient storage
	Permanent Negative Completion Reply
500	Syntax error; unrecognized command
501	Syntax error in parameters or arguments
502	Command not implemented
503	Bad sequence of commands
504	Command temporarily not implemented
550	Command is not executed; mailbox unavailable
551	User not local
552	Requested action aborted; exceeded storage location
553	Requested action not taken; mailbox name not allowed
554	Transaction failed

전자우편 전송 단계

전자우편 메시지를 전송하는 과정은 연결 설정, 전자우편 전송, 연결 종료로 구성된다.

연결 설정 클라이언트가 잘 알려진 포트 25로 TCP 연결을 만든 후, SMTP 서버는 연결 단계를 시작한다. 이 단계는 다음의 세 과정을 포함한다.

1. 서버는 코드 220(서비스 준비됨)을 보내어 클라이언트에게 전자우편을 받을 준비가 되었음을 알린다. 만일 서버가 준비되지 않았으면, 코드 421(서비스 준비 안됨)을 전송한다.

2. 클라이언트는 자신의 도메인 이름을 사용한 *HELO* 메시지를 보내어 자신이 누구임을 알린다. 이 과정은 클라이언트의 도메인 이름의 서버가 누구인지를 알리기 위해 필요하다. TCP 연결 설정 동안 **송신기와 수신기**는 그들의 IP 주소를 통해 서로를 인식한다는 것을 기억하라.

3. 서버는 코드 250(요청 메시지 완료) 또는 상황에 맞는 다른 코드를 보내어 응답한다.

메시지 전송 SMTP 클라이언트와 서버 사이에 연결이 이루어진 후, 송신자와 하나 이상의 수신자 사이에 하나의 메시지가 교환될 수 있다. 이 단계는 여덟 개의 과정을 포함한다. 하나 이상의 수신자가 있는 경우는 과정 3과 4를 반복한다.

1. 클라이언트는 MAIL FROM 메시지를 보내어 메시지의 송신자를 소개한다. 이는 송신자의 전자우편 주소(편지함과 도메인 이름)를 포함한다. 이 과정은 서버로부터 오류와 보고 메시지 수신을 위한 응답 전자우편 주소를 알려주기 위해 필요하다.

2. 서버는 코드 250이나 다른 적절한 코드를 사용하여 응답한다.

3. 클라이언트는 수신자의 전자우편 주소를 포함하는 RCPT TO(수신자) 메시지를 송신한다.

4. 서버는 코드 250이나 다른 적절한 코드를 사용하여 응답한다.

5. 클라이언트는 DATA 메시지를 보내어 메시지 전송을 초기화한다.

6. 서버는 코드 354(전자우편 입력 시작)나 다른 적절한 메시지를 사용하여 응답한다.

7. 클라이언트는 메시지 내용을 연속된 라인으로 전송한다. 각 라인은 CR이나 LF 문자로 된 두 글자의 EOL 토큰으로 끝난다. 메시지는 단 하나의 마침표만을 갖는 라인에 의해 종료된다.

8. 서버는 코드 250(OK)이나 다른 적절한 코드로 응답한다.

연결 종료 메시지가 성공적으로 전송된 후, 클라이언트는 연결을 종료한다. 이 단계는 두 과정을 포함한다.

1. 클라이언트는 QUIT 명령을 송신한다.

2. 서버는 코드 221 또는 다른 적절한 코드로 응답한다.

 예제 2.13   세 가지 메일 전송단계를 보이기 위해 우리는 위에 기술된 모든 단계를 그림 2.23에 나타내었다. 그림에서는 데이터 전송단계에서 봉투, 헤더, 바디로 메시지들을 분리하였다. 그림 안의 단계들은 이메일 전송 시 두 번 반복됨을 유의하라. 한번은 이메일 송신자로부터 로컬 메일 서버로, 한번은 로컬 메일 서버에서 원격의 메일 서버로 로컬 메일 서버는 전체 이메일 메시지를 수신한 뒤 이를 스풀(Spool)하고, 나중에 원격 메일 서버로 이를 보낸다.

메시지 액세스 에이전트: POP와 IMAP

전자우편 전달의 첫 번째와 두 번째 단계는 SMTP를 사용한다. 하지만 SMTP는 세 번째 단계에는 참여하지 않는데 그 이유는 SMTP가 푸시(*push*) 프로토콜이기 때문이다. SMTP는 메시지를 클라이언트로부터 서버로 밀어낸다. 달리 말하면, 대량 데이터(메시지)의 방향이 클라이언트로부터 서버 쪽이다. 반면에 세 번째 단계는 풀(*pull*) 프로토콜을 필요로 한다. 클라이언트는 서버로부터 메시지를 가져와야 한다. 대량 데이터의 방향이 서버로부터 클라이언트 쪽으로 가야 한다. 세 번째 단계는 메시지 액세스 에이전트를 사용한다.

현재 두 가지의 전자우편 액세스 프로토콜을 사용할 수 있다. 이 프로토콜들은 POP3 (Post Office Protocol, 버전 3)와 IMAP4 (Internet Mail Access Protocol, 버전 4)이다. 그림 2.22에 가장 일반적인 상황에서(네 번째 시나리오) 이 두 프로토콜의 위치를 보였다.

POP3

POP3 (Post Office Protocol, 버전 3)는 간단하지만, 기능상의 제약이 존재한다. 클라이언트 POP3 소프트웨어는 수신자 컴퓨터에 설치되고, 서버 POP3 소프트웨어는 메일 서버에 설치된다.

그림 2.23 | 예제 2.13

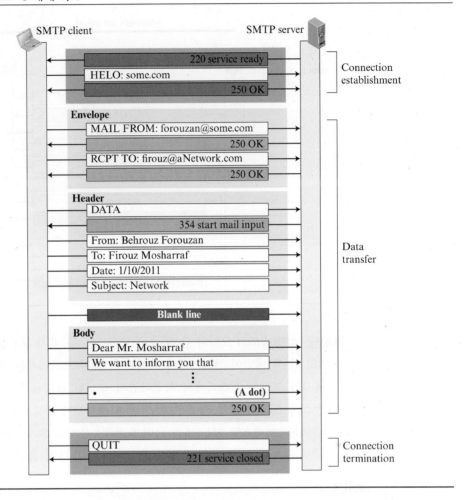

전자우편 액세스는 사용자가 메일 서버에 있는 편지함으로부터 전자우편을 내려받을 필요가 있을 때 클라이언트에서 시작한다. 클라이언트는 TCP 포트 110으로 서버와의 연결을 연다. 그리고 편지함을 액세스하기 위해 사용자 이름과 비밀번호를 송신한다. 사용자는 그 후 메일 메시지들의 목록을 보고 하나씩 받아볼 수 있다. 그림 2.24에 POP3를 사용하여 내려받기를 하는 경우의 예를 보였다. 이 장에서 다른 그림과 달리, 클라이언트를 서버 오른쪽에 두었다. 그 이유는 전자우편 수신자(밥)가 원격 메일 서버로부터 메시지를 수신하기 위한 클라이언트 프로세스를 실행하고 있기 때문이다.

그림 2.24 ‖ POP3

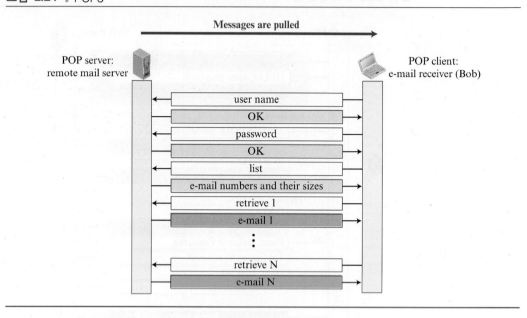

POP3는 삭제(*delete*) 모드와 유지(*keep*) 모드라는 두 가지 모드를 갖는다. 삭제 모드에서는 메일을 읽고 난 후 메일이 편지함에서 삭제된다. 유지 모드에서는 메일이 읽고 난 후에도 유지된다. 사용자가 고정된 컴퓨터에서 작업하면서 수신된 메일을 읽거나 응답한 후에 저장할 수 있을 때는 삭제 모드가 보통 사용된다. 반면에 사용자가 주로 사용하는 컴퓨터로부터 벗어나 있으면서 메일을 액세스할 때는(예를 들면 노트북) 유지 모드가 보통 사용된다. 이때는 메일을 읽고 난 후에도 나중에 다시 읽고 저장하기 위해 시스템에 유지된다.

IMAP4

또 다른 전자우편 액세스 프로토콜은 **IMAP4 (Internet Mail Access Protocol, 버전 4)**이다. IMAP4는 POP3와 비슷하나 더 많은 기능을 갖는다. IMAP4는 보다 기능이 많고 복잡하다.

POP3는 여러 방면에서 결함이 있다. 이는 사용자가 서버에서 메일을 체계적으로 정리하는 기능을 제공하지 않는다. 사용자는 서버에서 여러 폴더를 가질 수 없다. 또한 POP3는 사용자가 메일을 내려받기 전에 메일의 내용을 부분적으로 검사할 수 있도록 하는 기능도 제공하지 않는다.

IMAP4는 다음과 같은 추가적인 기능들을 제공한다.

❏ 사용자는 전자우편을 내려받기 전에 헤더를 검사할 수 있다.
❏ 사용자는 전자우편을 내려받기 전에 특정 문자열로 내용을 검색할 수 있다.
❏ 사용자는 전자우편을 부분적으로 내려받을 수 있다. 이 기능은 대역폭이 제한되어 있고 전자우편이 큰 대역폭을 필요로 하는 멀티미디어를 포함하는 경우에 특히 유용하다.
❏ 사용자는 메일 서버에서 편지함을 생성하거나, 삭제하거나, 이름을 변경할 수 있다.
❏ 사용자는 전자우편 저장을 위해 폴더 내에 편지함들을 체계적으로 생성할 수 있다.

MIME

전자우편은 간단한 구조를 갖고 있다. 그러나 기능이 단순하기 때문에 그 대가를 치른다. 이는 단지 NVT 7비트 ASCII 형식으로 된 메시지만을 전송할 수 있다. 다른 말로 하면, 이는 어느 정도 제약을 가지고 있다. 이것은 영어 외의 다른 언어(프랑스어, 독일어, 히브리어, 러시아어, 중국어, 일본어 등과 같은)를 위해 사용될 수 없다. 또한 이는 2진 파일을 송신하거나, 영상이나 음성 데이터를 전송하는 데 사용될 수 없다.

MIME (Multipurpose Internet Mail Extensions)는 전자우편을 통하여 ASCII가 아닌 데이터가 송신될 수 있도록 허용하는 부가적인 프로토콜이다. MIME는 송신 사이트에서 ASCII가 아닌 데이터를 NVT ASCII 데이터로 변환하고 이를 인터넷을 통해 송신할 클라이언트 MTA로 배달한다. 수신측의 메시지는 원래 데이터로 역변환된다.

우리는 MIME을 ASCII가 아닌 데이터를 ASCII 데이터로 변환하고 또 그 역을 수행하는 소프트웨어 기능들의 조합으로 간주할 수 있다(그림 2.25 참조).

그림 2.25 ▎ MIME

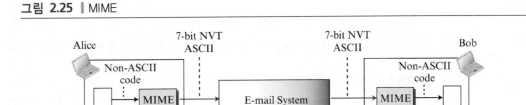

MIME 헤더

MIME은 변환 인수들을 정의하기 위해 원래의 전자우편 헤더 부분에 추가될 수 있는 5개의 헤더를 규정한다. 그림 2.26에 MIME 헤더를 나타내었다.

그림 2.26 ▎ MIME 헤더

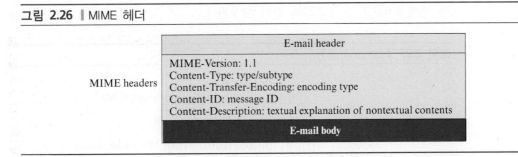

MIME 버전 이 헤더는 사용된 MIME의 버전을 규정한다. 최신 버전은 1.1이다.

내용 유형(Content–Type) 이 헤더는 메시지의 본문에서 사용되는 데이터의 종류를 규정한다. 내용 유형과 내용 서브유형을 슬래시(/)로 구분한다. 서브유형에 따라 헤더는 다른 인수들을 가질 수도 있다. 표 2.8에서처럼 MIME은 7개의 데이터 유형을 허용한다.

표 2.8 ▍ MIME 데이터 유형과 서브유형

Type	Subtype	Description
Text	Plain	Unformatted
	HTML	HTML format (see Appendix C)
Multipart	Mixed	Body contains ordered parts of different data types
	Parallel	Same as above, but no order
	Digest	Similar to Mixed, but the default is message/RFC822
	Alternative	Parts are different versions of the same message
Message	RFC822	Body is an encapsulated message
	Partial	Body is a fragment of a bigger message
	External-Body	Body is a reference to another message
Image	JPEG	Image is in JPEG format
	GIF	Image is in GIF format
Video	MPEG	Video is in MPEG format
Audio	Basic	Single channel encoding of voice at 8 KHz
Application	PostScript	Adobe PostScript
	Octet-stream	General binary data (eight-bit bytes)

내용 전달 인코딩(Content-Transfer-Encoding) 이 헤더는 전송을 위해 메시지를 0과 1로 인코딩하는 방법을 정의한다. 표 2.9에 인코딩의 다섯 가지 종류가 나열되어 있다.

표 2.9 ▍ Content-Transfer-Encoding 방법

Type	Description
7-bit	NVT ASCII characters with each line less than 1000 characters
8-bit	Non-ASCII characters with each line less than 1000 characters
Binary	Non-ASCII characters with unlimited-length lines
Base64	6-bit blocks of data encoded into 8-bit ASCII characters
Quoted-printable	Non-ASCII characters encoded as an equal sign plus an ASCII code

마지막 두 개의 인코딩 방법이 흥미롭다. Base64는 연속된 비트로 이루어진 2진 데이터를 첫 번째 6비트로 그림 2.27과 같이 형성된다.

그림 2.27 ▍ Base64 변환

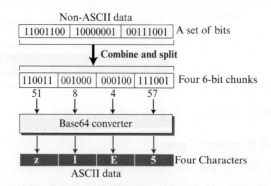

각 6비트 단락은 표 2.10에 따라 하나의 문자로 해석된다.

표 2.10 ▌ Base64 변환표

Value	Code	Value	Code	Value	Code	Value	Code	Value	Code	Value	Code
0	A	11	L	22	W	33	h	44	s	55	3
1	B	12	M	23	X	34	i	45	t	56	4
2	C	13	N	24	Y	35	j	46	u	57	5
3	D	14	O	25	Z	36	k	47	v	58	6
4	E	15	P	26	a	37	l	48	w	59	7
5	F	16	Q	27	b	38	m	49	x	60	8
6	G	17	R	28	c	39	n	50	y	61	9
7	H	18	S	29	d	40	o	51	z	62	+
8	I	19	T	30	e	41	p	52	0	63	/
9	J	20	U	31	f	42	q	53	1		
10	K	21	V	32	g	43	r	54	2		

Base64는 남는 정보를 보내는 인코딩 방식이다, 즉 매 6비트마다 한 개의 문자가 되고, 최종적으로 8비트가 전송된다. 우리는 25퍼센트의 오버헤드를 갖게 된다. 만일 데이터가 대부분의 ASCII 문자와 소수의 ASCII가 아닌 부분으로 구성되어 있다면, 우리는 quoted-printable 인코딩을 사용할 수 있다. Quoted-printable에서 ASCII 문자는 있는 그대로 전송된다. ASCII가 아닌 문자는 세 개의 문자로 인코딩되어 전송된다. 첫 번째 문자는 등호(=)이다. 그다음 두 개의 문자들은 해당 바이트의 16진수 표현이다. 그림 2.28에 예를 보였다. 세 번째 문자는 ASCII가 아니다. 그 이유는 첫 비트가 1로 시작하였기 때문이다. 이는 3개의 ASCII 문자들(=, 9, D)로 교체된 두 개의 16진수($9D_{16}$)로 해석된다.

그림 2.28 ▌ Quoted-printable

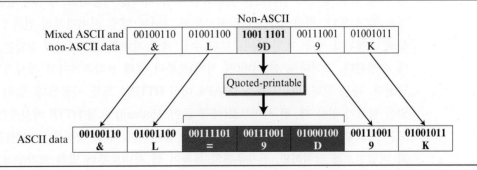

내용 Id(Content-Id) 이 헤더는 여러 개의 메시지가 있는 상황에서 전체 메시지를 유일하게 식별한다.

내용 기술(Content-Description) 이 헤더는 본문이 화상인지, 소리인지, 영상인지를 정의한다.

웹기반 전자우편

전자우편은 오늘날 몇몇 웹 사이트들이 사이트를 액세스하는 모든 이에게 이 서비스를 제공하는 아주 일반적인 응용이 되었다. 가장 잘 알려진 사이트 세 개는 Hotmail과 Yahoo, 그리고 Google이다. 개념은 아주 단순하다. 두 가지 경우를 그림 2.29에 나타내었다.

그림 2.29 ▌웹기반 전자우편, 경우 1과 경우 2

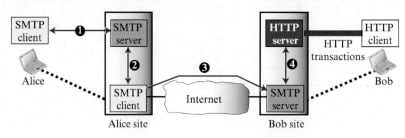

Case 1: Only receiver uses HTTP

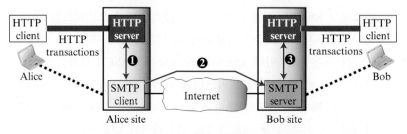

Case 2: Both sender and receiver use HTTP

경우 1

첫 번째 경우, 송신자 앨리스는 전통적인 메일 서버를 사용하고, 수신자 밥은 웹기반 서버에 계정을 갖고 있다. 앨리스의 브라우저로부터 그녀의 메일 서버까지의 전자우편 전송은 SMTP를 통해 수행된다. 송신 메일 서버로부터 수신 메일 서버까지의 메시지 전달은 여전히 SMTP를 통해 수행된다. 그러나 수신 서버(웹 서버)로부터 밥의 브라우저까지 메시지는 HTTP를 통해 전달된다. 바꿔 말해, POP3 또는 IMAP4 대신 HTTP가 보통 사용된다. 밥이 자신의 전자우편을 읽을 필요가 있을 때, 웹 사이트로(예를 들어, Hotmail) 요청 HTTP 메시지를 송신한다. 웹 사이트는 로그인 네임과 비밀번호 등을 포함한 밥이 채워 넣을 형식을 송신한다. 만일 로그인 이름과 비밀번호가 일치하면, 전자우편의 목록이 웹 서버로부터 밥의 브라우저로 HTML 형식으로 전달된다. 이제 밥은 그가 받은 전자우편을 둘러볼 수 있고, 더 많은 HTTP 트랜잭션을 사용할 수 있고, 그의 전자메일을 하나씩 받을 수 있다.

경우 2

두 번째 경우, 밥과 앨리스는 웹 서버를 사용하지만 같은 서버일 필요는 없다. 앨리스는 HTTP

트랜잭션을 사용해 웹 서버로 메시지를 보낸다. 앨리스는 밥의 메일함의 이름과 주소를 URL로 사용하여 그녀의 웹 서버에 HTTP 요청 메시지를 보낸다. 앨리스의 서버는 SMTP 클라이언트에게 메시지를 전달하고, 그것을 SMTP 프로토콜을 사용하여 밥의 사이트에 있는 서버로 전송한다. 밥은 HTTP 트랜잭션을 이용해 메시지를 수신한다. 그러나 앨리스의 서버로에서 밥의 서버로 온 메시지는 여전히 SMTP 프로토콜을 사용 중이다.

전자우편 보안

이 장에서 논의되고 있는 프로토콜은 자체적으론 어떤 보안도 제공하지 않는다. 그러나 전자우편의 교환은 전자메일 시스템을 위해 특별히 설계된 두 응용 계층의 보안성을 이용해 안전하게 할 수 있다. 기본적인 네트워크 보안을 논의한 후 *Pretty Good Privacy*(PGP)와 *Secure/MIME* (S/MIME)의 두 가지 프로토콜은 10장에서 다시 논의하겠다.

2.3.4 TELNET

서버 프로그램은 해당하는 클라이언트 프로그램에게 명확한 서비스 제공이 가능하다. 예를 들어, FTP 서버는 FTP 클라이언트가 서버 사이트에 파일을 저장하거나 가져오는게 가능하다. 그러나 우리가 필요한 각 유형별 서비스를 위한 클라이언트/서버 쌍을 갖는 것은 불가능하다. 서버의 수가 감당하기 힘들어질 것이다. 확장성은 해결책이 될 수 없다. 또 다른 해결책으로는 몇몇의 흔한 시나리오 집합을 위한 특정 클라이언트/서버 프로그램을 갖거나 클라이언트 사이트에 있는 사용자가 서버 사이트의 컴퓨터에 로그온하여 이용가능한 서비스들을 사용하기 위한 몇몇의 일반적인 클라이언트 서버 프로그램을 갖는 것이다. 예를 들어 학생이 대학교 연구실에서 자바 컴파일러 프로그램을 사용하기 원하면 자바 컴파일러 클라이언트와 자바 컴파일러 서버를 필요로 하지 않는다. 학생은 클라이언트 로깅 프로그램을 이용해 대학교 서버에 로그인하여 컴파일러 프로그램을 사용할 수 있다. 우리는 **원격 로그인** 응용프로그램과 같은 포괄적인 클라이언트/서버에 대해 알아본다.

본래의 원격 로그인 프로토콜 중 하나인 **TELNET**은 *TErminaL NETwork*의 약자이다. 비록 TELNET이 로그인 이름과 패스워드를 필요로 하지만 해킹에 취약하다. 그 이유는 평문(암호화가 아닌)에 패스워드를 포함하는 모든 데이터를 보내기 때문이다. 해커는 로그인 이름과 패스워드 정보를 가로챌 수 있다. 이러한 보안상 문제로 인해 텔넷의 사용이 줄어들고 SSH (Secure Shell)의 사용이 늘어나고 있는데 이는 다음 장에서 다룬다. 비록 TELNET이 SSH로 거의 교체되었지만, TELNET을 설명하는 두 가지 이유는 다음과 같다.

1. TELNET의 간단한 평문 구조는 원격 로깅 프로토콜로 제공될 때에, SSH에서도 사용되는 원격 로깅의 개념과 관련된 이슈와 문제점들을 설명가능하게 한다.
2. 네트워크 관리자는 종종 진단 및 디버깅 목적을 위해 TELNET을 사용한다.

로컬 로그인과 원격 로그인

우리는 그림 2.30과 같이 로컬 로그인과 원격 로그인의 개념에 대해 알아본다.

사용자가 자신의 로컬 시스템에 로그인하는 것을 **로컬 로그인**(*local login*)이라 한다. 사용자가 터미널이나 터미널 에뮬레이터가 동작하는 워크지국 상에서 입력하면 이 작업은 터미널 드라이버에 의해 받아들여지게 된다. 터미널 드라이버는 문자들을 운영체제에 전달하게 되고, 계속해서 운영체제는 문자들의 조합을 번역하여 원하는 응용프로그램이나 유틸리티가 시작되도록 한다.

하지만, 사용자가 원격 장치에 위치한 응용프로그램이나 유틸리티에 접근하고자 할 때 **원격 로그인**을 수행하여야 한다. 이 경우 TELNET 클라이언트와 서버 프로그램이 사용되게 된다. 사용자는 키 입력을 터미널 드라이버에 보내게 되며 로컬 운영체제는 문자를 받아들이기만 하고 해석하지는 않는다. 문자는 TELNET 클라이언트에 보내어지고, 여기서 NVT (*Network Virtual Terminal*) 문자라는 일반적인 문자 집합으로 바꾸어서 로컬 TCP/IP 스택으로 전달된다.

NVT 형태의 명령 혹은 텍스트는 인터넷을 통해 전달되고 원격 장치의 TCP/IP 스택으로 도착하게 된다. 여기서 문자들은 운영체제를 거쳐 TELNET 서버로 전달된다. TELNET 서버는 원격 컴퓨터에서 이해할 수 있는 해당 문자들로 변경한다. 그러나 문자들은 직접 운영체제로 전달되지는 않는데, 이는 원격 운영체제가 TELNET 서버로부터 문자들을 받아들이도록 설계되지 않았기 때문이다. 이는 터미널 드라이버로부터 문자들을 받아들이도록 되어 있다. 해결책은 문자들이 터미널로부터 들어오는 것처럼 보이게 하는 **가상터미널 드라이버**(*pseudoterminal driver*)라는 소프트웨어를 추가하는 것이다. 그러면 운영체제는 적당한 응용프로그램으로 문자들을 전달하게 된다.

그림 2.30 ┃ 로컬 로그인과 원격 로그인

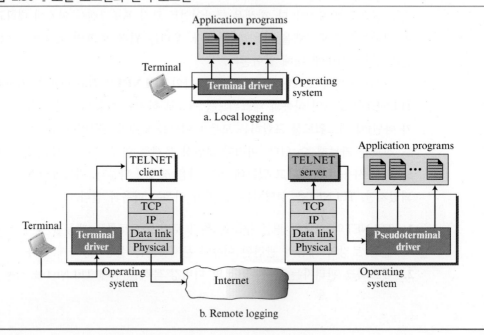

네트워크 가상터미널(NVT)

원격 컴퓨터에 접근하는 절차는 복잡하다. 이는 모든 컴퓨터와 운영체제가 특별한 문자들의 조합을 토큰으로 받아들이기 때문이다. 예를 들어, DOS 운영체제를 탑재한 컴퓨터에서 end-of-file 토큰은 Ctrl+z이나, UNIX 운영체제의 경우 Ctrl+d이다.

우리는 여러 가지 시스템을 다루고 있다. 만약 어떤 원격 컴퓨터에 접근하기 원한다면 먼저 어떤 종류의 컴퓨터가 연결되는지를 살펴보고 그 후에 그 컴퓨터에서 사용되는 특정 터미널 에뮬레이터를 설치하여야 한다. TELNET은 이 문제를 해결하기 위하여 **네트워크 가상터미널 (NVT, Network Virtual Terminal)** 문자 집합이라는 일반적 인터페이스를 정의한다. 이 인터페이스를 통해 TELNET 클라이언트는 로컬 터미널에서 NVT 형태로 들어온 문자(데이터 혹은 명령)를 번역하고 이를 네트워크로 전달한다. 반면에 TELNET 서버는 NVT 형태에서 원격 컴퓨터가 받아들일 수 있는 형태로 데이터나 명령을 번역한다. 이 개념에 대한 그림은 2.31에 나와 있다.

NVT는 두 문자 집합을 사용하는데 하나는 데이터용이고 하나는 제어용이다. 그림 2.31 참조와 같이 둘 다 8비트이다. 데이터에 대해 NVT는 주로 NVT ASCII를 사용한다. 이는 8비트 문자 집합으로 7개의 하위 비트는 US ASCII와 동일하고 최상위 비트는 0이다. 컴퓨터들 간에 (클라이언트에서 서버로 혹은 반대로) 제어문자를 보내기 위해서 NVT는 최상위 비트를 1로 설정하여 8비트 문자 집합을 사용한다.

그림 2.31 ┃ NVT의 개념

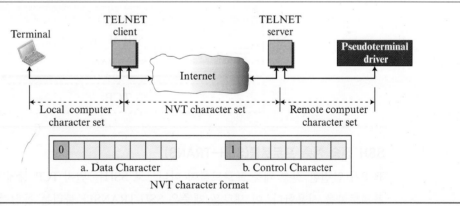

옵션

TELNET은 클라이언트와 서버가 서비스를 사용하기 전이나 사용 중에 옵션을 협상할 수 있도록 한다. 옵션은 보다 복잡한 터미널을 가진 사용자들이 이용 가능한 추가적인 기능들이다.

사용자 인터페이스

보통 운영체제(예를 들어 UNIX)가 사용자 편의적 명령을 가진 인터페이스를 정의하게 된다. 이러한 명령의 집합이 표 2.11에 나와 있다.

표 2.11 ▌ 인터페이스 명령의 예

Command	Meaning	Command	Meaning
open	Connect to a remote computer	**set**	Set the operating parameters
close	Close the connection	**status**	Display the status information
display	Show the operating parameters	**send**	Send special characters
mode	Change to line or character mode	**quit**	Exit TELNET

2.3.5 SSH

SSH (Secure Shell)는 원격로깅과 파일전송 등을 목적으로 하는 오늘날 많이 사용되는 안전한 응용프로그램이지만, 원래는 Telnet을 교체하기 위해 설계되었다. SSH에는 두 가지 버전이 있다. 각각 SSH-1과 SSH-2이며 둘은 전혀 호환되지 않는다. 처음 버전인 SSH-1은 그 자체에 결함이 있어 지금 거의 사용되지 않는다. 이 절에서는 SSH-2만을 다루기로 한다.

컴포넌트

SSH는 그림 2.32에서와 같이 4개의 컴포넌트를 가지도록 제안된 응용 계층 프로토콜이다.

그림 2.32 ▌ SSH의 컴포넌트

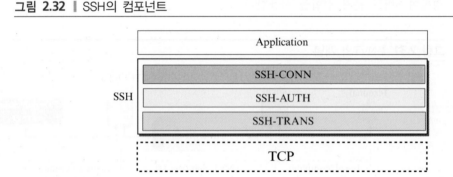

SSH 전송 계층 프로토콜(SSH-TRANS)

TCP가 안전한 전송 계층 프로토콜이 아니므로 SSH는 먼저 TCP 상에 안전한 채널을 생성하는 프로토콜을 사용한다. 이 새로운 계층은 SSH-TRANS라 불리는 독립적인 프로토콜이다. 이 프로토콜을 구현한 프로시져가 호출될 때, 클라이언트와 서버는 우선 TCP 프로토콜을 사용하여 안전하지 않은 연결을 맺는다. 그 후 TCP 상에 안전한 채널을 설정하기 위해 몇 가지 보안 변수들을 교환한다. 망 보안에 관해서는 10장에서 설명할 것이나 이 프로토콜이 제공하는 서비스들은 여기서 간단히 나열하기로 한다.

1. 교환되는 메시지의 기밀성과 비밀성
2. 데이터 무결성, 이는 클라이언트와 서버가 교환하는 메시지가 공격자에 의해 변경되지 않음을 보장함

3. 서버의 인증, 이는 클라이언트가 자신이 제대로 된 서버와 통신하고 있음을 확신할 수 있도록 함

4. 시스템의 효율을 개선하고 공격이 더 어렵도록 만드는 메시지의 압축

SSH 인증 프로토콜(SSH−AUTH)

클라이언트와 서버 간에 안전한 채널이 설정되고 클라이언트에 대해 서버 인증이 이루어진 후 SSH는 서버에 대해 클라이언트를 인증하는 소프트웨어를 호출할 수 있다. SSH의 클라이언트 인증 절차는 SSL (Secure Socket Layer)과 매우 유사하다. SSL에 대해서는 10장에서 논의한다. 클라이언트의 인증 시작은 서버에게 요구한 메시지를 보낸다. 이 요구 메시지에는 사용자 이름, 서버 이름, 인증 방법 그리고 요구한 데이터이다. 서버는 클라이언트가 인증되거나 실패된 메시지를 확인할 때 응답을 한다.

SSH 연결 프로토콜(SSH−CONN)

안전한 채널이 설정되고 서버와 클라이언트 간에 상호 인증이 이루어진 뒤 SSH는 세 번째 프로토콜인 SSH-CONN을 구현한 소프트웨어의 일부를 호출할 수 있다. SSH-CONN 프로토콜에 의해 제공되는 서비스 중의 하나는 다중화를 수행하는 것이다. SSH-CONN은 앞선 두 프로토콜에 의해 설정된 안전한 채널을 취해서 그 위에 복수의 논리 채널들을 클라이언트로 하여금 설정할 수 있게 한다. 각 채널들은 서로 다른 목적으로 사용된다. 예를 들어 원격 로그인 그리고 파일 전송 등이다.

응용프로그램들

비록 SSH가 TELNET의 대체를 위함이라고 종종 생각되지만, SSH는 사실상 클라이언트와 서버 사이의 안전한 연결을 제공하기 위한 일반적 목적의 프로토콜이다.

원격 로그인을 위한 SSH

원격 로그인을 위해 몇몇의 상업적인 응용프로그램들이 SSH를 사용한다. 응용프로그램들 중 하나가 Simon Tathm에 의한 PuTTY이다. 이는 클라이언트 SSH 프로그램으로서 원격 로그인에 사용된다. 또 다른 하나는 Tsctia이며 이는 몇몇의 플랫폼에 사용된다.

파일 전송을 위한 SSH

SSH 위에서 생성되어 파일전송을 수행하는 응용프로그램 중 하나는 SFTP (*Secure File Transfer Protocol*)이다. *Sftp* 응용프로그램은 파일을 전송하기 위해 SHH에 의해 제공되는 여러 채널 중의 하나를 사용한다. 또 다른 응용프로그램은 SCP (*Secure Copy*)이다. 이 응용프로그램은 UNIX 복사 명령어, *cp*와 같은 동일한 형식을 복사 파일에 사용한다.

포트 전달

SSH 프로토콜이 제공하는 흥미로운 서비스 중의 하나는 **포트 전달(port forwarding)**이다. 보안 서비스를 제공하지 않는 응용프로그램을 접속하기 위해 SSH에서 이용 가능한 안전한 채널을 사용할 수 있다. TELNET 및 SMTP과 같은 응용에서 SSH의 포트 전달 서비스를 사용할 수

있다. SSH 포트 전달 방법은 다른 프로토콜에 속한 메시지가 지나가는 터널을 생성하게 된다. 이런 이유로 이 방법을 때때로 SSH 터널링이라고 부른다. 그림 2.33은 포트 전달의 개념을 보여준다.

그림 2.33 | 포트 전달

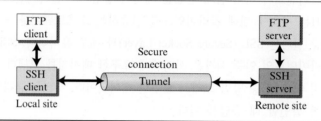

로컬상의 FTP 클라이언트는 원격상에 위치한 SSH 서버와 안전한 연결을 맺기 위해 SSH 클라이언트를 사용할 수 있다. FTP 클라이언트에서 FTP 서버로의 어떠한 요청도 SSH 클라이언트와 서버가 제공하는 터널을 통해 전달된다. FTP 서버에서 FTP 클라이언트의 어떠한 요청 또한 SSH 클라이언트와 서버가 제공하는 터널을 통해 전달된다.

SSH 패킷의 형식

그림 2.34는 SSH 프로토콜에 의해 사용되는 패킷의 형식을 보여준다.

그림 2.34 | SSH 패킷 형식

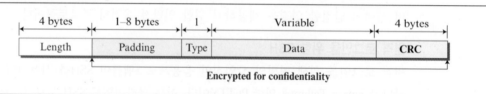

필드의 길이는 패딩을 포함하지 않는 패킷의 길이를 나타낸다. 1에서 8까지의 패딩을 패킷에 추가하여 보안에의 공격을 더 어렵게 만든다. CRC (*cyclic redundancy check*) 필드는 오류 점검을 위해 사용된다. 필드의 유형은 SSH 프로토콜에 의해 사용되는 패킷의 유형을 정의한다. 데이터 필드는 다른 프로토콜의 데이터에 의해 전송되는 데이터이다.

2.3.6 DNS

마지막으로 우리가 논의할 클라이언트–서버 응용프로그램은 다른 응용프로그램들을 돕기 위해 설계되었다. TCP/IP 프로토콜은 개체를 구분하기 위해 호스트에서 인터넷으로의 연결을 유일하게 식별하는 IP 주소를 사용한다. 그러나 사람들은 숫자로 된 주소보다는 이름 사용을 선호한다. 그러므로 인터넷은 이름과 주소를 맵핑할 수 있는 디렉토리 시스템이 필요하다. 디렉토리 시스템은 전화망과 비슷하다. 전화망은 이름이 아닌 전화번호를 사용하도록 설계되었다. 사람들은 전화번호와 관련된 이름을 맵핑하기 위한 개인적인 파일을 갖거나 이런 역할을 한다. 우리는 인터넷에서 직접적인 시스템이 이름을 IP 주소로 어떻게 맵핑하는지 논의한다.

오늘날 인터넷은 매우 광범위하기 때문에 하나의 중앙 디렉토리 시스템은 모든 맵핑을 수행할 수 없다. 게다가 만약 중앙 컴퓨터가 실패할 경우, 전체 통신 네트워크는 무너질 것이다. 더 나은 해결책으로는 정보를 전 세계의 많은 컴퓨터에 분산하는 것이다. 이 방법에서 각 호스트들은 맵핑이 필요할 경우 필요한 정보를 가진 가장 가까운 컴퓨터와 통신할 수 있다. 이 방법은 *DNS (Domain Name Systems)*에 의해 사용된다. 이 장에서 우리는 DNS (Domain Name Systems)의 기본 개념과 그 바탕이 되는 아이디어를 살펴본다. 그리고 DNS 프로토콜 자체를 설명한다.

그림 2.35는 TCP/IP에서 어떻게 DNS 클라이언트와 DNS 서버를 사용하여 이름을 주소로 맵핑하는지 보인다. 사용자는 원격 호스트에서 동작하는 파일 전송 서버에 접근하기 위하여 파일전송 클라이언트를 사용하고자 한다. 사용자는 *afilesource.com*과 같은 파일전송 서버 이름만 알고 있다. 그러나 TCP/IP 집합은 연결을 설정하기 위해 파일 전송 서버의 IP 주소를 알아야만 한다. 다음의 여섯 절차가 호스트 이름을 IP 주소로 맵핑하도록 한다.

1. 사용자는 호스트 이름을 파일 전송 클라이언트에 전달한다.
2. 파일 전송 클라이언트는 호스트 이름을 DNS 클라이언트에 전달한다.
3. 각 컴퓨터는 부팅된 후 하나의 DNS 서버주소를 안다. DNS 클라이언트는 알려진 DNS 서버의 IP 주소를 사용하여 DNS 서버에게 메시지와 파일 전송 서버의 이름을 쿼리로 전송한다.
4. DNS 서버는 원하는 파일 전송 서버의 IP 주소를 응답한다.
5. DNS 클라이언트는 IP 주소를 파일 전송 클라이언트에 전달한다.
6. 파일 전송 클라이언트는 수신한 IP 주소를 사용하여 파일 전송 서버에 접속한다.

그림 2.35 | DNS의 목적

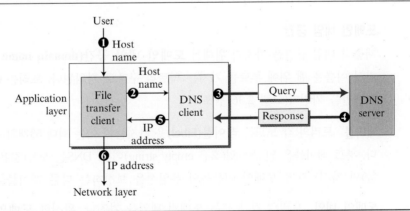

인터넷 접속의 목적이 파일 전송 클라이언트와 서버 간에 연결을 맺는 것이지만, 그 전에 일어나야 하는 것이 DNS 클라이언트와 DNS 서버 간의 연결이라는 점을 주의할 필요가 있다.

달리 말해 두 가지 연결이 필요한 것이다. 하나는 이름과 IP 주소의 맵핑을 위한 것이고 다른 하나는 이번 예의 경우 파일을 전송하기 위한 것이다. 우리는 맵핑이 하나 이상의 연결을 필요로 하는 것에 대해 논의할 것이다.

네임 공간

혼란을 피하기 위해 각 장치에 할당되는 이름들은 이름과 IP 주소 간의 맵핑을 담당하는 **네임 공간(name space)**으로부터 신중하게 선택되어야 한다. 다시 말하면, 각 IP 주소가 유일하듯이 이름도 유일하여야 한다. 각 주소를 유일한 이름에 맵핑하는 네임 공간은 두 가지 방법으로 구성된다. 하나는 단층적(flat)인 것이고 다른 하나는 계층적(hierarchical)인 것이다. 단층적 네임 공간에서 이름은 주소에 할당된다. 이 공간에서 이름은 구조적이지 않은 문자의 연속으로 나타난다. 이름은 공통부분을 가질 수도 있고 아닐 수도 있는데, 만약 가진다면 어떤 의미도 가지지 않게 된다. 단층적 네임 공간의 가장 큰 단점은 인터넷과 같은 큰 시스템에서는 사용할 수 없다는 것인데, 이는 할당되는 이름들이 중복되지 않고 명확하게 사용되기 위해서는 중앙에서 전체적으로 관리가 되어야 하기 때문이다. 계층적 네임 공간에서 각 이름은 여러 부분으로 나뉘어 구성된다. 첫 번째 부분은 조직의 성격을 나타내고 두 번째 부분은 조직의 이름, 세 번째 부분은 조직 내의 부서를 나타내는 식으로 구성된다. 이런 식으로 네임 공간을 할당하고 관리하는 중앙 기관은 조직의 유형과 조직의 이름을 정의하는 이름의 일부를 할당할 수 있다. 이름의 나머지 부분에 대한 책임은 그 조직에게 주어진다. 각 조직은 그 이름에 서픽스(또는 프리픽스)를 붙여 호스트나 자원을 정의한다. 한 조직 내의 관리자는 동일한 프리픽스나 서픽스가 다른 조직 내에서 사용되었는지에 대해 걱정할 필요가 없다. 이는 이름의 일부가 같더라도 전체 이름은 다르기 때문이다. 예를 들어 두 개의 기관이 *caesar*라고 부른다고 하자. 첫 번째 기관은 중앙 기관에서 *first.com*이라는 이름을 받고, 두 번째 기관은 *second.com*이라는 이름을 받는다. 각각의 기관들이 이미 부여받은 이름에 *ceasar*라는 이름을 더했을 때, 그 결과는 *ceasar.first.com*과 *ceasar. second. com*으로 그 이름은 유일하게 된다.

도메인 네임 공간

계층적 네임 공간을 가지기 위해서 **도메인 네임 공간(domain name space)**이 만들어졌다. 여기서 이름은 맨 위에 루트를 가지는 역트리 구조로 정의된다. 트리는 0루트에서 127까지의 128 레벨만을 가진다(그림 2.36 참조).

레이블 트리의 각 노드는 **레이블(label)**을 가지는데 이는 최대 63개의 문자로 구성되는 스트링이다. 루트 레이블은 널 스트링(혹은 empty string)이다. DNS는 노드(같은 노드로부터 파생된 노드들)의 자식노드가 도메인 이름들의 유일성을 보장하는 다른 레이블들을 갖는 것을 요구한다.

도메인 네임 트리의 각 노드는 도메인 네임을 가진다. 완전한 **도메인 네임(domain name)**은 점(.)으로 구분되는 레이블의 연속이다. 도메인 네임은 항상 노드에서 루트 방향으로 읽혀진다. 따라서 마지막 레이블은 루트의 레이블인 널이 된다. 널 스트링은 아무것도 없는 것을 말하므로

그림 2.36 ┃ 도메인 네임 공간

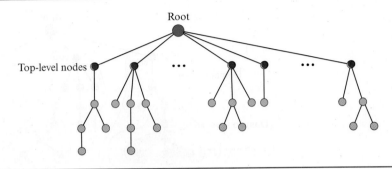

완전한 도메인 네임은 항상 점으로 끝나게 된다는 것을 말한다. 그림 2.37은 몇 가지 도메인 네임을 보여준다.

레이블이 널 스트링으로 끝나는 것을 **FQDN (Fully Qualified Domain Name)**이라 한다. 네임은 항상 널 레이블로 끝나야 하는데 이것이 아무것도 의미하지 않으므로 레이블은 항상 점으로 끝나야 한다. 만약 레이블이 널 스트링으로 끝나지 않으면 이를 **PQDN (partially qualified domain name)**이라고 한다. PQDN은 노드로부터 시작하긴 하지만 루트에 도달하지는 않는다. 이는 해석되어야 하는 이름이 클라이언트와 동일한 사이트에 속해 있을 때 사용된다. 여기서 해석기(resolver)는 FQDN을 생성하기 위해 서픽스(*suffix*)라고 불리는 빠진 부분을 제공할 수 있다.

그림 2.37 ┃ 도메인 네임과 레이블

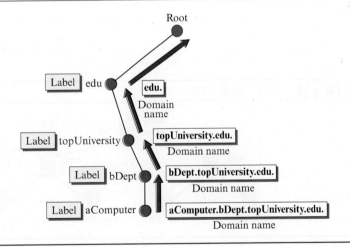

도메인

도메인은 도메인 네임 공간의 서브트리이다. 도메인의 이름은 서브트리의 맨 상위에 있는 노드의 이름이다. 그림 2.38은 몇 가지 도메인을 보여준다. 도메인은 그 자체가 다른 도메인들(또는 서브도메인들)로 나뉠 수 있다.

그림 2.38 | 도메인

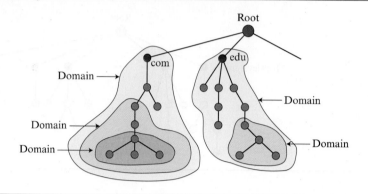

네임 공간의 분포

도메인 네임 공간에 포함된 정보는 저장되어야만 한다. 그러나 이렇게 엄청나게 많은 양의 정보를 하나의 컴퓨터에만 저장하는 것은 비효율적이고 신뢰할 수 없다. 비효율적이라는 것은 전 세계에서 오는 모든 요구들에 대한 응답은 시스템에 상당한 부하를 초래하기 때문이다. 신뢰성이 없다는 것은 어떠한 실패라도 발생하면 데이터에 접근할 수 없기 때문이다.

네임 서버의 계층 이러한 문제점의 해결책은 정보들을 **DNS 서버(DNS server)**라는 많은 컴퓨터에 분산시키는 것이다. 이렇게 하기 위한 하나의 방안은 모든 공간을 첫 번째 레벨에 기초하여 많은 도메인으로 나누는 것이다. 다른 말로 하면 루트를 독립적으로 두고, 첫 번째 레벨의 노드만큼 많은 도메인(서브트리)을 두는 것이다. 이런 식으로 만들어진 도메인은 매우 클 수 있으므로, DNS는 도메인을 더 작은 도메인(서브도메인)으로 나누게 된다. 각 서버는 더 작거나 혹은 더 큰 도메인으로 나눌 수 있는 책임과 권한을 가진다. 달리 말해 우리가 이름들의 계층을 가지는 것과 같은 방법으로 서버들의 계층도 갖는다(그림 2.39 참조).

그림 2.39 | 네임 서버의 계층

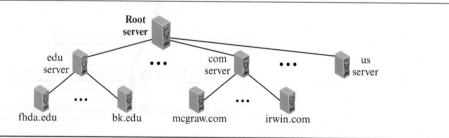

영역

전체 도메인 네임 계층을 하나의 서버에 저장할 수 없기 때문에 여러 서버에 나누게 된다. 서버가 책임을 지거나 권한을 가지는 곳을 영역 즉, zone이라 한다. 우리는 이러한 영역을 전체 트리의 연속적인 일부 부분이라고 정의할 수 있다. 서버가 도메인에 대한 책임을 수락하고 이를 더 작은 도메인으로 나누지 않는다면 도메인과 영역은 같은 것을 참조한다. 서버는 영역 파일 (zone file)이라는 데이터베이스를 가지며 그 도메인 내의 모든 노드 정보를 여기에 유지한다. 그러나 서버가 도메인을 서브도메인으로 나누고 권한의 일부를 다른 서버에게 이양하게 되면 도메인과 영역은 다른 것을 참조한다. 서브도메인에 있는 노드에 대한 정보는 더 낮은 레벨의 서버에 저장되고 원래의 서버는 더 낮은 레벨의 서버에 대한 참조 정보만 가지게 된다. 물론 원래의 서버가 전체적인 책임에서 자유롭다는 것을 말하지는 않는다. 이는 여전히 영역을 가지지만, 자세한 정보만 더 낮은 레벨의 서버에 저장된다(그림 2.40 참조).

그림 2.40 | 영역

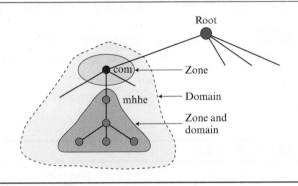

루트 서버

루트 서버는 전체 트리로 구성된 영역을 가지는 서버이다. 루트 서버는 보통 도메인에 대한 어떠한 정보도 가지지 않으나 자신의 권한을 다른 서버들에게 이양하고 자신은 이러한 서버들에 대한 참조만을 유지하게 된다. 몇 개의 루트 서버가 있으며 각각은 전체 도메인 네임 공간을 담당하고 있다. 루트 서버들은 전 세계에 분산되어 있다.

일차 및 이차 서버 DNS는 일차 및 이차 서버 두 가지를 정의한다. 일차 서버(*primary server*)는 자신이 권한을 가지는 영역에 대한 파일을 저장하는 서버이다. 이는 영역 파일에 대한 생성, 관리, 갱신에 대한 책임을 가지며 로컬 디스크에 영역 파일을 저장한다.

이차 서버(*secondary server*)는 다른 서버(일차 및 이차 서버)로부터 영역에 관한 완전한 정보를 수신하여 로컬 디스크에 파일을 저장하는 서버이다. 이차 서버는 영역 파일을 생성하지도 갱신하지도 않는다. 갱신이 필요하면 일차 서버에서 갱신 후 이차 서버로 갱신된 버전이 전달된다.

일차와 이차 서버는 모두 자신들이 서비스하는 영역에 대한 권한을 가진다. 이차 서버가 더 낮은 레벨의 권한을 가지는 것은 아니며, 하나의 서버가 실패할 경우 다른 서버가 클라이언트를 계속 서비스할 수 있도록 중복된 데이터를 유지하는 것이다. 하나의 서버는 특정 영역에 대해서는 일차 서버가 되며 다른 영역에 대해서는 이차 서버가 될 수 있다. 그러므로 서버를 일차 혹은 이차 서버로 지정할 경우 지정하는 영역에 대해 주의 깊게 살펴보아야 한다.

일차 서버는 디스크 파일로부터의 모든 정보를 저장한다.
이차 서버는 일차 서버로부터의 모든 정보를 저장한다.

인터넷에서 사용되는 DNS

DNS는 여러 다른 플랫폼에서 사용되어질 수 있는 프로토콜이다. 인터넷에서 도메인 네임 공간(트리)은 원래 3가지 다른 섹션으로 나뉜다. 일반 도메인, 국가 도메인, 인버스(inverse) 도메인이 그것이다. 그러나 인터넷의 급격한 성장 때문에 IP 주소가 주어진 상황에서 호스트 이름을 찾기 위해 사용된 인버스 도메인의 추적을 유지하기는 매우 어렵게 되었다. 인버스 도메인들은 최근 금지되었다(RFC 3425 참조). 그래서 우리는 처음 두 가지만 집중한다.

일반 도메인

일반 도메인은 그들의 일반적인 특성에 따라 등록된 호스트를 정의한다. 트리에 있는 각 노드는 도메인을 정의하며, 이는 도메인 네임 공간 데이터베이스에 대한 색인을 의미한다(그림 2.41 참조).

그림 2.41 | 일반 도메인

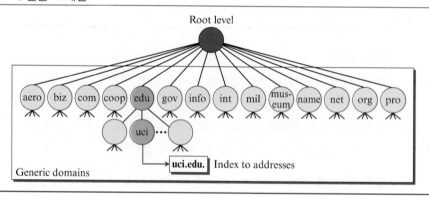

트리를 보면, 일반 도메인 섹션에 있는 첫 번째 레벨에서 14개의 레이블이 허용 가능함을 알 수 있다. 각 레이블은 표 2.12와 같이 조직의 종류를 기술한다.

표 2.12 | 일반 도메인 레이블

Label	Description	Label	Description
aero	Airlines and aerospace	**int**	International organizations
biz	Businesses or firms	**mil**	Military groups
com	Commercial organizations	**museum**	Museums
coop	Cooperative organizations	**name**	Personal names (individuals)
edu	Educational institutions	**net**	Network support centers
gov	Government institutions	**org**	Nonprofit organizations
info	Information service providers	**pro**	Professional organizations

국가 도메인

국가 도메인(country domain) 섹션은 두 문자로 국가의 약자 형태를 표시한다(예를 들면 us 는 United States를 나타냄). 두 번째 레벨의 레이블은 조직을 나타내거나 더 세부적으로는 국가 지정이 될 수도 있다. 예를 들어 United States는 us의 상세 분류로 각 주의 약자를 사용할 수 있다(예: ca.us). 그림 2.42는 국가 도메인 섹션을 보여준다. *usci.ca.us*라는 주소는 미국 California 주 Irvine university로 번역될 수 있다.

그림 2.42 | 국가 도메인

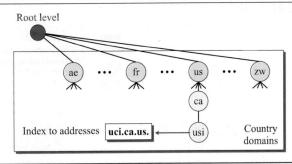

해석

이름을 주소로 맵핑하는 것을 **이름-주소 해석**(*name-address resolution*)이라 한다. DNS는 클라이언트/서버 응용으로 설계되었다. 주소를 이름으로, 혹은 이름을 주소로 맵핑하기 원하는 호스트는 **해석기(resolver)**라고 불리는 DNS 클라이언트를 호출한다. 해석기는 맵핑 요구를 보내기 위해 가장 가까운 DNS 서버에 접속한다. 만약 서버가 정보를 가지고 있으면 해석기에 대한 응답을 줄 수 있으나, 그렇지 않으면 해석기가 다른 서버를 참조하게 하거나 다른 서버가 이 정보를 제공하도록 요구한다. 해석기가 맵핑 결과를 수신한 후 제대로 온 것인지 아니면 오류가 난 것인지를 알아보기 위해 응답을 해석한 후, 최종적으로 그 결과를 요청한 프로세서에 전달한다. 해석은 귀환적 해석 또는 반복적 해석으로 가능하다.

귀환적 해석

그림 2.43은 귀환적 해석의 간단한 예를 보여준다. *some.anet.com*이라는 이름의 호스트에서 *engineering.mcgraw-hill.com*이라는 이름의 다른 호스트 IP 주소를 찾기 위해 응용프로그램이 실행되고 있다고 가정하자. 출발지 호스트는 Anet ISP에 연결되었고 목적기 호스트는 McGraw-Hill 네트워크에 연결되어 있다.

　　DNS 해석기(클라이언트)라 불리는 출발지 호스트의 응용프로그램은 목적지 호스트의 IP 주소를 찾기 위한 프로그램이다. DNS 해석기는 호스트 도착지의 IP 주소를 모르기 때문에 Anet ISP 지역에서 실행하는 로컬 DNS 서버(예를 들어, *dns.anet.com*)에 쿼리를 보낸다(이벤트 1). 이 서버 또한 목적지 호스트 IP 주소를 모른다고 가정한다. 로컬 DNS 서버는 루트 DNS 서버에게 쿼리를 보낸다. 루트 DNS 서버의 IP 주소는 로컬 DNS 서버에서 알고 있다(이벤트 2). 루트 DNS 서버들은 일반적으로 이름과 IP 주소들 간의 맵핑을 유지하지 않는다. 그러나 루트 서버는 적어도 각 최상 계층 도메인에 한 서버에 대해 알고 있다(이 경우, 서버는 *com* 도메인의 원인이 된다). 쿼리는 최상위 계층 도메인 서버에게 보내진다(이벤트 3). 최상위 계층 도메인 서버는 정확한 도착지의 이름 주소 맵핑에 대해 모르지만 Mcgraw-Hill 회사(예를 들어, dns.mcgraw-hill.com)의 로컬 DNS 서버의 IP 주소는 안다. 쿼리는 목적지 호스트의 IP 주소를 알고 있는 서버에게 보내진다(이벤트 4). IP 주소는 최상위 계층 DNS 서버에게 다시 보내지고(이벤트 5), 루트 서버에 보내지고(이벤트 6), ISP DNS 서버에 보내져 앞으로의 쿼리에 사용하기 위해 캐쉬에 저장한 후(이벤트 7) 마지막으로 출발지 호스트에게 보내진다(이벤트 8).

그림 2.43 ┃ 귀환적 해석

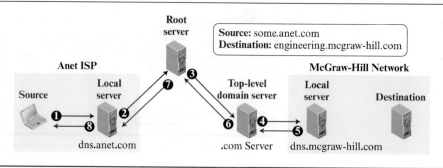

반복적 해석

반복적 해석에서 맵핑정보를 모르는 각 서버는 맵핑정보를 획득하기 위해 다음 서버의 IP 주소로 전송한다. 그림 2.44는 그림 2.43에서 보여준 것과 같은 시나리오에서의 반복적 해석의 정보 흐름을 보여준다. 일반적으로 반복적 해석은 두 개의 로컬 서버를 거친다. 본래의 해석기는 로컬 서버로부터 마지막 해답을 알 수 있다. 이벤트 2, 4 6은 같은 쿼리를 포함하는 메시지임을 유의하자. 그러나 이벤트 3에서 보인 메시지는 최상위 계층 도메인의 주소를 포함하고, 이벤트 5에서 보인 메시지는 McGraw-Hill 로컬 DNS 서버의 주소를 포함하고, 이벤트 7에서 보인 메시지는 목적지의 IP 주소를 포함하고 있다. Anet local DNS 서버가 목적지의 IP 주소를 수신했을 때 해석기에게 보낸다(이벤트 8).

그림 2.44 ┃ 반복적 해석

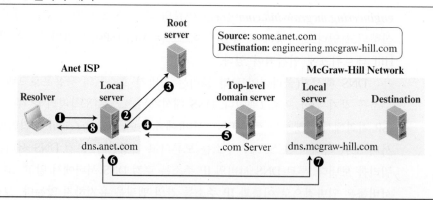

캐싱

서버는 매 시간 자신의 도메인에 있지 않은 이름에 대한 질의를 받을 때마다, 서버 IP 주소에 대한 데이터베이스 검색을 요구한다. 이 검색 시간의 감소가 효율 증가를 가져온다. DNS는 이를 관리하기 위해 **캐싱**(*caching*)이라는 메커니즘을 이용한다. 서버가 다른 서버에게 맵핑 정보를 요청하고 응답을 수신하면 이 정보를 클라이언트에게 전달하기 전 캐시 메모리에 저장한다. 동일한 혹은 다른 클라이언트가 동일한 맵핑을 문의해 오면 서버는 자신의 캐시 메모리를 검색한 후 문제를 해결한다. 그러나 클라이언트에게 지금 이 응답이 인증된 소스가 아니라 캐시 메모리에서 얻어진 것임을 알리기 위해 서버는 응답에 '**인증받지 못했다**(*unauthoritative*)'는 표시를 하여 보낸다.

캐싱은 주소 해석 속도를 높일 수 있지만 문제점도 가지고 있다. 만약 서버가 오래 동안 캐싱 정보를 가지고 있다면 클라이언트에게 오래된 맵핑 정보를 보낼 수도 있다. 이를 해결하기 위해 두 가지 기법이 사용된다. 하나는 권한 서버가 맵핑 정보에 TTL (*time-to-live*)이라는 정보를 추가하는 것이다. 이는 수신하는 서버가 정보를 캐시에 넣어 놓을 수 있는 초 단위 시간을 의미한다. 이 시간이 지나면 맵핑 정보는 무효화되고 권한 있는 서버로 다시 질의가 전송되어져야만 한다. 두 번째는 DNS가 각 서버의 캐시에 저장되어 있는 각 맵핑에 대해 TTL 카운터를 유지하도록 요구하는 것이다. 캐시 메모리는 주기적으로 검색되고 만료된 TTL을 가지는 맵핑들은 사라지게 되는 것이다.

자원 레코드(Resource Record)

서버와 관련된 영역 정보(zone information)는 자원 레코드 셋으로 구현된다. 즉 네임 서버는 자원 레코드의 데이터베이스를 저장한다. 자원 레코드는 아래와 같은 5-튜플 구조이다.

(Domain Name, Type, Class, TTL, Value)

도메인 네임(Domain Name) 필드는 자원 레코드를 식별한다. 값(value) 필드는 도메인 네임에 대한 정보를 정의한다. TTL 필드는 해당 정보가 유효한 시간을 초 단위로 정의한다. 클래스(class)는 네트워크의 유형을 정의한다; 우리는 오직 IN(Internet) 클래스에만 관심이 있다. 유형(type) 필드는 값이 어떻게 해석되는지에 대해 정의한다. 표 2.13은 공통유형들과 각 유형에 대한 해당 값들이 어떻게 해석되는지를 보여준다.

표 2.13 ▮ 유형

Type	Interpretation of value
A	A 32-bit IPv4 address (see Chapter 4)
NS	Identifies the authoritative servers for a zone
CNAME	Defines an alias for the official name of a host
SOA	Marks the beginning of a zone
MX	Redirects mail to a mail server
AAAA	An IPv6 address (see Chapter 4)

DNS 메시지(DNS messages)

호스트의 정보를 불러오기 위해서 DNS는 2가지 유형의 메시지를 사용한다; 질의(*query*)와 응답 (*response*). 그림 2.45에서처럼 두 유형 모두 같은 형식을 갖는다.

그림 2.45 ∥ DNS 메시지

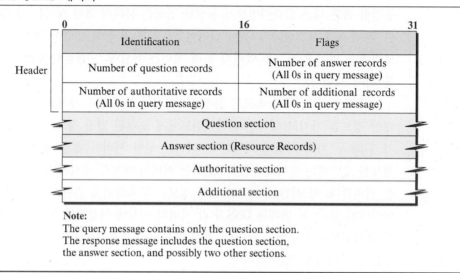

우리는 간단하게 DNS 메시지의 각 필드들에 대해 논의하겠다. 식별(Identification) 필드는 클라이언트에서 응답 메시지가 해당 질의 메시지에 매칭되는지 판별하기 위해 사용된다. 플래그(flag) 필드는 메시지가 질의인지 응답인지 정의한다. 또한 오류 상태도 포함한다. 헤더 내의 다음 4개 필드들은 메시지의 각 레코드 유형의 수를 정의한다. 질문 영역(question section)은 질문 메시지에 포함되고, 해당 응답 메시지에서도 똑같이 반복되는데, 하나 이상의 질문 레코드를 포함한다. 이것은 질문 메시지와 응답 메시지 모두에 있다. 회답 영역(answer section)은 하나 이상의 자원 레코드를 포함한다. 이것은 응답 메시지에만 있다. 권한 영역(authoritative section) 은 질의에 대해 하나 이상의 권한 서버에 대한 정보(도메인 네임)를 제공한다. 추가 정보 영역 (additional information section)은 변환기(resolver)에게 도움이 될지도 모르는 추가 정보를 제공한다.

 예제 2.14   유닉스와 윈도우에서 *nslookup* 유틸리티는 주소와 네임 맵핑을 추출하기 위해 사용된다. 다음은 도메인 네임이 주어진 경우 어떻게 주소를 추출하는지를 보여준다.

```
$nslookup www.forouzan.biz
Name:  www.forouzan.biz
Address: 198.170.240.179
```

캡슐화

DNS는 UDP 혹은 TCP를 사용한다. 어느 경우든 서버에 의해 사용되는 잘 알려진 포트는 53이다. 응답 메시지의 크기가 512바이트보다 작으면 UDP를 사용하는데 이는 최대 UDP 패키지의 크기가 512바이트로 제한되기 때문이다. 응답 메시지의 크기가 512바이트 이상이면 TCP 연결이 사용된다. 이 경우 아래 둘 중의 한 시나리오가 발생한다.

❑ 만약 해석기가 응답 메시지의 크기가 512바이트 이상이라는 사전 지식을 가지고 있다면 TCP 연결을 사용하여야 한다. 예를 들어 클라이언트로 동작하는 2차 네임 서버가 1차 서버로부터 영역전달을 요구하는 경우 TCP 연결을 사용하여야 한다. 이는 전송되는 정보의 크기가 보통 512바이트 이상이기 때문이다.

❑ 만약 해석기가 응답 메시지의 크기에 대해 알지 못하면 UDP 포트를 사용한다. 그러나 이 경우 응답 메시지의 크기가 512바이트 이상이면 서버는 메시지를 512바이트 크기로 자른 뒤 TC 비트를 1로 설정한다. 이후 해석기는 TCP 연결을 개설해 서버로부터의 완전한 응답을 요청하게 된다.

레지스트라

DNS에 새로운 도메인을 어떻게 추가할 수 있을까? 이는 레지스트라(*registrars*)라는 ICANN에 의해 인정된 상용 개체를 통해 이루어진다. 레지스트라는 먼저 요청된 도메인 이름이 유일한지를 검증하고 이를 DNS 데이터베이스에 저장하고, 이때 요금이 부과된다. 오늘날 많은 레지스트라가 존재한다. 그들의 이름 및 주소는 다음에서 찾을 수 있다.

http://www.intenic.net

등록을 위해 각 기관은 서버의 이름과 서버의 주소를 제공할 필요가 있다. 예를 들어 *wonderful*이라고 불리는 상업 기관이 *ws*라고 불리는 이름과 200.200.200.5라는 IP 주소를 가진 서버를 갖는다면 다음과 같은 정보를 레지스트라 중 하나에 전해야 한다.

Domain name: ws.wonderful.com   **IP address:** 200.200.200.5

DDNS

DNS가 설계될 때 어느 누구도 주소에 많은 변경이 가해질 것을 예측하지 못했다. DNS에 새로운 호스트를 추가 또는 제거하거나 혹은 IP 주소를 변경하거나 하는 등의 변화가 발생하면 DNS 주 파일에 변경이 이루어져야만 한다. 이러한 종류의 변경은 많은 수작업을 통한 갱신이 필요하다. 오늘날 인터넷의 크기는 이러한 수작업이 이루어지기에는 너무 방대하다.

DNS 주 파일은 자동적으로 갱신되어야 한다. 따라서 이러한 요구 조건을 만족시켜 주기 위해 **동적 도메인 네임 시스템(DDNS, Dynamic Domain Name System)**이 필요하다. DDNS에서는 이름과 주소 간의 맵핑이 필요하게 되면 주로 DHCP(4장 참조)로부터 1차 DNS 서버로 정보가 전송된다. 1차 서버는 영역을 갱신하고, 2차 서버는 능동적 혹은 수동적으로 이를 통보

받는다. 능동적 통보의 경우 1차 서버는 영역의 변경을 2차 서버로 전송하게 되고, 수동적 통보의 경우 2차 서버는 주기적으로 어떤 변경이 이루어졌는지 살펴본다. 어떤 경우에서도 변경에 대한 통보가 이루어진 후 2차 서버는 전체 영역에 대한 정보를 요청하게 된다(영역 전달).

보안을 제공하고 DNS 레코드의 인증되지 않은 변경을 방지하기 위해 DDNS는 인증 방안을 사용할 수 있다.

DNS의 보안

DNS는 인터넷 하부 망에서 가장 중요한 시스템이다. 즉 인터넷 사용자들에게 중요한 서비스를 제공한다. 웹 접속이나 이메일과 같은 응용은 DNS의 적절한 동작에 크게 의존한다. DNS는 아래와 같은 여러 방법으로 공격받을 수 있다.

1. 공격자는 사용자가 주로 접속하는 사이트의 이름이나 성질을 살피기 위해 DNS 서버의 응답을 읽어볼 수 있다. 이러한 정보 유형은 사용자의 프로파일을 찾는데 사용될 수 있다. 이러한 공격을 방지하려면 DNS 메시지의 비밀성이 보장되어야 한다(10장 참조).
2. 공격자는 DNS 서버의 응답을 중간에서 읽은 뒤 이를 변경하거나 완전히 새로운 위조 응답을 만들어 공격자가 사용자를 접속시키기 원하는 도메인이나 사이트로 가도록 할 수 있다. 이러한 공격 유형은 메시지 송신자 인증 및 메시지 무결성을 사용해 막을 수 있다(10장 참조).
3. 공격자는 DNS 서버가 붕괴되거나 압박 받도록 대량 트래픽 공격(flooding)을 할 수 있다. 이러한 공격 유형은 서비스 거절 공격에 대한 방지책을 사용하여 막을 수 있다.

DNS를 보호하기 위해 IETF는 DNSSEC(*DNS Security*)이라고 불리는 기술을 만들어 메시지 송신자 인증과 **디지털 서명**이라는 보안 서비스를 사용해 메시지 무결성을 제공한다(10장 참조). 그러나 DNSSEC은 DNS 메시지에 대한 기밀성은 제공하지 않는다. DNSSEC 규격에는 서비스 거절 공격에 대한 방지책이 없다. 그러나 캐싱 서비스를 통해 어느 정도까지 이러한 공격에 대해 상위 계층 서버를 보호하게 된다.

2.4 대등-대-대등 실례

우리는 이 장에서 클라이언트-서버 실례에 대해 논의했다. 또한 이전 절에서 표준 클라이언트-서버 응용에 대해서도 논의했다. 이 절에서는 대등-대-대등 실례(peer-to-peer paradigm)에 대해서 논의한다. 대등-대-대등 파일 공유의 첫 번째 사례는 1987년 12월 Wayne Bell이 WWIV (World War Four) 게시판 소프트웨어의 네트워크 구성요소인 *WWIVnet*을 만들었을 때로 돌아간다. 1999년 7월, Ian Clark이 강한 익명성 보호의 대등-대-대등 네트워크를 통한 언론의 자유를 제공하도록 의도된 검열 저항 분산 저장 장치인 Freenet을 설계했다.

대등-대-대등은 Shawn Fanning에 의해 개발된 온라인 음악 파일 공유 서비스인 냅스터(Napster, 1999-2001)에 의해 인기를 얻었다. 비록 사용자들에 의한 음악 파일의 무료 복제와 분배는 냅스터에 대한 저작권 위반 소송을 야기시켜, 결과적으로 서비스를 중단시켰지만, 앞으로 다가올 대등-대-대등 파일 분배 모델들을 위한 길을 열었다. 그누텔라(Gnutella)는 2000년 3월 처음으로 공개되었다. 그누텔라 이후 2001년 3월(Kazza에 의한) Fast-Track, 4월 BitTorrent, 5월 WinMX 그리고 11월 GNUnet이 각각 뒤따랐다.

2.4.1 대등-대-대등 네트워크

자신들의 자원을 공유하려는 인터넷 사용자들은 대등(peer)이 되어 네트워크를 이룬다. 네트워크 내의 한 대등이 공유할 어떠한 파일(예를 들어, 오디오 또는 비디오 파일)을 가지고 있을 때, 나머지 대등들도 그것을 이용할 수 있다. 관심이 있는 대등은 직접 그 파일이 있는 컴퓨터에 접속하여 다운로드할 수 있다. 대등이 파일을 다운로드한 후, 다른 대등들도 그 파일을 다운로드가 가능하다. 더 많은 대등들이 접속하여 파일을 다운로드함에 따라 더 많은 파일의 복사본이 그 그룹에 의해 이용될 수 있다. 대등들의 숫자가 증가 또는 감소할 수 있기 때문에 파일의 위치정보와 대등들의 기록을 어떻게 유지할지가 문제이다. 이 문제점을 해결하기 위해, 대등-대-대등 네트워크를 두 개의 범주인 중앙집중화된 네트워크와 분산화된 네트워크로 나뉜다.

중앙집중형 네트워크

중앙집중형 대등-대-대등 네트워크에서 디렉토리 시스템은 — 대등들과 그들이 제공하는 것들을 열거하는 — 클라이언트 서버 개념을 사용한다. 그러나 파일들의 저장과 다운로딩은 대등-대-대등 개념을 사용하여 처리한다. 이러한 이유로 중앙집중형 대등-대-대등 네트워크는 하이브리드 대등-대-대등 네트워크(hybrid P2P network)로 불린다. Napster는 중앙집중형 대등-대-대등의 한 예이다. 이 유형의 네트워크에서 하나의 대등은 처음에 중앙서버에 자신을 등록한다. 그다음 대등은 자신의 IP 주소들과 공유해야만 하는 파일들의 리스트를 제공한다. 시스템의 붕괴를 막기 위해서 Napster는 여러 개의 서버들을 사용하였지만 우리는 그림 2.46에서 서버만을 보여준다.

그림 2.46 ┃ 중앙집중형 네트워크

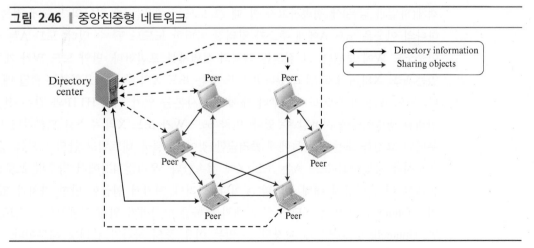

특정한 하나의 파일을 찾는 대등은 하나의 질의를 중앙서버에 보낸다. 그 서버는 그것의 디랙토리를 검색하고 그 파일의 복사본을 소유하고 있는 노드들의 주소들을 가지고 응답한다. 대등은 그 노드들 중 하나의 노드에 접속하여 그 파일을 다운로드한다. 그 디랙토리는 노드들이 참여하거나 그 대등을 떠남에 따라 지속적으로 업데이트된다.

중앙집중형 네트워크들은 디렉토리의 유지를 쉽게 하는 반면에 몇 가지 장애를 가진다. 디렉토리에의 접근은 거대한 트래픽을 생성할 수 있으며 시스템을 느리게 할 수 있다. 중앙서버들은 공격에 약하며, 만약 그들 모두가 실패한다면 전체 시스템이 중단될 것이다. 시스템의 중앙 컴포넌트는 Napster의 저작권 소송에 패한 책임을 지게 되었고 2001년 7월 결국 폐쇄하였다. Roxio는 2003년에 새로운 Napster인 Napster 버전 2를 가지고 돌아왔고 Napster 버전 2는 현재 뮤직사이트에 대가를 지불하는 합법적인 서비스이다.

분산형 네트워크

분산적 대등-대-대등 네트워크는 중앙집중형 디렉토리 시스템에 의존하지 않는다. 이 모델에서 대등들은 그들 스스로를 **오버레이 네트워크**(*overlay network*)에 할당한다. 이것은 물리네트워크의 최상위부분에 만들어진 논리적 네트워크이다. 오버레이 네트워크에서 노드들이 링크되는 방법에 따라 분산된 대등-대-대등 네트워크는 비구조적(unstructured) 또는 구조적(structured)으로 구분된다.

비구조적 네트워크

비구조적 대등-대-대등 네트워크에서 노드들은 랜덤하게 링크되어진다. 비구조적 대등-대-대등에서의 검색은 매우 효율적이지 못하다. 그 이유는 하나의 파일을 찾기 위한 질의는 반드시 네트워크를 통해 플러딩(flooding) 되어야 하기 때문이다. 이것은 상당한 트래픽을 생성함에도 불구하고 그 질의는 처리되지 않을 수 있다. 이 네트워크의 유형에 대한 2가지 예가 바로 Gnutella와 Freenet이다. 뒤에서 우리는 한 예로서 Gnutella 네트워크를 논의한다.

Gnutella Gnutella 네트워크는 분산형이나 비구조적인 대등-대-대등 네트워크의 한 예이다. 비구조적이라는 것은 디렉토리들이 노드들 사이에서 랜덤하게 분산되었다는 의미이다. 노드 A가 객체(파일과 같은)에 접속하고자 할 때 그 노드는 이웃들 중 하나의 노드에 접촉한다. 이 경우 하나의 이웃은 노드 A에게 주소가 알려진 어떠한 노드도 될 수 있다. 노드 A는 **질의** 메시지를 이웃노드 W에 보낸다. 그 질의는 객체의 식별자를 포함한다. 만약 노드 W가 개체를 소유하고 있는 노드 X의 주소를 알고 있다면 노드 W는 노드 X의 주소를 포함하는 **응답** 메시지를 전송한다. 노드 A는 이제 노드 X로부터 개체의 복사본을 얻기 위해 HTTP와 같은 전송 프로토콜에 정의된 명령어들을 사용할 수 있다. 만약 노드 W가 노드 X의 주소를 모른다면 노드 W는 A로부터의 요청을 모든 이웃들에게 **플러딩**할 것이다. 결국 네트워크 안의 노드들 중 하나는 **질의** 메시지에 응답하고 노드 A는 노드 X에 접속한다. 우리는 4장에서 라우팅 프로토콜들에 대해 논의할 때 플러딩에 대해 논의할 것이다. 그러나 여기서 언급할 만한 가치가 있는 한 가지는 비록 Gnutella에서의 플러딩이 큰 트래픽 부하를 방지하기 위해 일반적으로 컨트롤이 가능하지만, Gnuutella가 순조롭게 확장될 수 없는 이유 중의 하나가 플러딩 때문이다.

위에서 기술한 프로세스를 준하였을 때 여전히 풀리지 않은 채로 남아있는 질문들 중 하나는 노드 A가 적어도 하나의 이웃의 주소를 알고 있는지에 대한 문제이다. 이 문제는 노드가 처음에 Gnutella 소프트웨어를 설치하는 과정에서 **부트스트랩**(*bootstrap*)이 수행되는 시점에 처리된다. Gnutella 소프트웨어는 노드 A가 이웃들로서 기록할 수 있는 노드들(대등들)의 리스트를 포함한다. 노드 A는 후에 이웃이 살아 있는지 죽었는지를 판별하기 위한 *ping*과 *pong*이라 불리는 두 개의 메시지를 사용한다.

이전에 언급한 바와 같이 Gnutella 네트워크가 가진 문제들 중 하나는 플러딩으로 인한 확장성의 결여이다. 노드의 수가 증가할 때 플러딩은 적절하게 대응하지 못한다. 질의를 더욱 효율적으로 만들기 위해 새로운 버전의 Gnutella는 **울트라 노드들**(*ultra nodes*)과 **리프들**(*leaves*)로 이루어진 tiered system을 구현하였다. 라우팅에 대한 책임 없이 네트워크에 참여하는 노드는 리프이며 라우팅을 할 수 있는 노드들은 울트라 노드들로 승격된다. 이 시스템은 질의들이 더 넓게 퍼질 수 있게 해주며 효율과 확장성을 증가시킨다. Gnutella는 트래픽 오버헤드를 줄이고 검색들을 더욱 효율적으로 만들기 위해 질의 **라우팅 프로토콜**(QRP, *Query Routing Protocol*)과 **동적 질의**(DQ, *Dynamic Querying*)와 같은 다른 많은 태크닉들을 적용했다.

구조적 네트워크

구조적 네트워크는 질의가 효과적이고 효율적으로 처리될 수 있도록 노드들을 링크하기 위해 미리 정의된 룰들을 사용한다. 이 목적을 위해 사용되는 가장 공통적인 테크닉은 **분산 해시 테이블**(DHT, *Distributed Hash Table*)이다. DHT는 분산 데이터 구조(DDS, Distributed Data Structure), 콘텐츠 분산시스템들(CDS, Content Distributed Systems), 도메인 네임 시스템(DNS, Domain Name System) 그리고 대등-대-대등 파일 공유를 포함하는 많은 응용들에서 사용된다. DHT를 사용하는 하나의 유명한 대등-대-대등 파일 공유 프로토콜이 BitTorrent이다. 우리는 다음 절에서 구조적 대등-대-대등 네트워크들과 다른 시스템들 두 곳 모두에서 사용될 수 있는 테크닉으로서 DHT를 따로 논의한다.

2.4.2 분산 해시 테이블

분산 해시 테이블(DHT, Distributed Hash Table)은 몇 개의 미리 정의된 규칙들에 따라 노드들의 세트 사이에서 데이터를 분배(또는 데이터를 참조)한다. DHT 기반의 네트워크에서의 각 대등은 데이터 아이템들의 범위에 대한 책임을 가지게 된다. 비구조적 대등-대-대등 네트워크들에서 우리가 논의했던 플러딩 오버헤드 문제를 피하기 위해서 DHT 기반의 네트워크들은 각 대등의 전체 네트워크에 대한 부분적 지식을 가지게 한다. 이 지식은 데이터 아이템들에 관한 질의를 우리가 앞으로 간단하게 논의하게 될 효과적이고 확장성 있는 절차들을 사용하여 대응하는 노드들에게 라우팅하기 위한 용도로 사용되어진다.

주소 공간

DHT 기반의 네트워크에서 각 데이터 아이템과 대등은 2^m 크기의 큰 주소 중 하나의 포인트에 맵핑된다. 이 주소 공간은 모듈러 계산법을 사용하여 디자인되었다. 이것은 그림 2.47에서 보이는 바와 같이 시계방향으로 도는 2^m 개수의 포인트(0에서 2^m-1)를 가지는 하나의 원위에서 공평하게 분산된 주소 공간 안의 포인트들을 의미한다. DHT를 구현할 때는 대부분 $m = 160$을 사용한다.

그림 2.47 ▏주소 공간

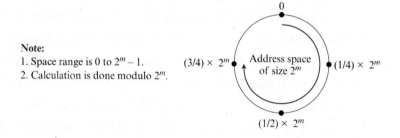

Note:
1. Space range is 0 to $2^m - 1$.
2. Calculation is done modulo 2^m.

해싱 대등 식별자

DHT 시스템을 만드는 첫 번째 단계는 모든 대등들을 주소 공간 링에 두는 것이다. 이것은 보통 대등 식별자를 m-bit 정수로 해시하는 **해시함수**를 사용하여 처리한다. 대등 식별자는 주로 IP 주소가 사용되며 해시된 m-bit 정수는 노드 *ID*라 불린다.

node ID = hash (Peer IP address)

　해시함수는 하나의 입력으로부터 하나의 출력을 만드는 수학적 함수이다. 그러나 DHT는 충돌에 강한 안전한 해시 알고리즘(SHA, Secure Hash Algorithm)과 같은 몇몇의 암호학적 해시 함수들을 사용한다. 이것은 2개의 입력이 같은 출력으로 맵핑될 확률이 매우 낮다는 것을 의미한다. 우리는 이들 해시 알고리즘을 10장에서 논의한다.

해싱 객체 식별자

공유되는 객체(예: 하나의 파일)의 이름은 또한 같은 주소 공간에서 하나의 m-bit 정수로 해시 되어진다. 이 결과는 DHT 용어 **키**(*key*)로 불린다.

key = hash (Object name)

　DHT에서 하나의 개체는 보통 키와 값의 쌍과 연관되어 있으며 키는 개체이름의 해시이며 값은 객체 또는 객체의 참조값이다.

객체 저장

객체를 저장하기 위한 두 가지 전략으로 직접적 방식과 간접적 방식이 존재한다. 직접적 방식에서 객체는 노드의 ID가 링 안의 키값과 최대한 가까운 노드에 저장된다. 가까운이라는 용어는 각 프로토콜마다 다르게 정의되어진다. 그러나 대부분의 DHT 시스템들은 효율성 때문에 간접적 방식을 사용한다. 객체를 소유하는 대등은 그 객체를 계속 가지고 있지만 객체에의 참조는 키포인트에 **가까운** ID를 가진 노드에서 만들어지고 저장된다. 다시 말해서 객체의 물리 객체와 참조는 두 개의 서로 다른 장소들에 저장된다. 직접적 방식에서 우리는 객체를 저장하는 노드 ID와 객체의 키값 사이에서의 관계를 생성한다. 반면에 간접적 방식에서 우리는 객체에의 참조(pointer)와 참조를 저장하는 노드 사이에서의 관계를 형성한다. 이들 중 하나의 상황에서 만약 객체의 이름이 주어진다면 그 관계는 객체를 찾기 위해 필요했던 것이다. 남은 절에서 우리는 간접적 방식을 사용한다.

예제 2.15 비록 통상적인 m의 값이 160이긴 하지만 증명의 목적으로 다루기 쉬운 예제를 만들기 위해 m = 5를 사용한다. 그림 2.48에서 우리는 여러 개의 대등들이 이미 그룹에 참여한 상태임을 가정한다. IP 주소 110.34.56.20을 가진 노드 N5는 그것의 대등들과 공유하기 원하는 Liberty라는 이름의 파일을 가진다. 그 노드는 key = 14를 얻기 위해 파일 이름 "Liberty"를 해시한다. key 14에 가까운 노드는 17이기 때문에 N5는 파일 이름의 참조(key)와 그것의 IP 주소, 그리고 포트번호(그리고 어쩌면 파일에 대한 몇 개의 다른 정보들)를 생성한다. 그리고 노드 N17에 저장될 이 참조를 전송한다. 다시 말해서 그 파일은 N5에 저장되고 그 파일의 key는 14인 것이다(DHT 링에서의 포인트). 그러나 그 파일의 참조는 노드 N17에 저장된다. 우리는 어떻게 다른 노드들이 먼저 N17을 찾고 그 참조를 추출한 후에 파일 Liberty에 접속하기 위해 참조를 사용하는지를 뒤에서 보게 될 것이다. 우리의 예제는 링위에서의 오직 한 개의 키만을 사용하지만 실제상황에서는 링 안에 수천만 개의 키들과 노드들이 존재한다.

그림 2.48 ┃ 예제 2.15

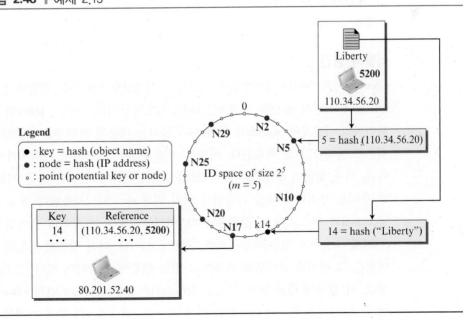

라우팅

DHT의 주요한 기능은 객체의 참조를 저장하는 책임을 가지는 노드에게 질의를 라우팅하는 것이다. 각 DHT 수행은 라우팅을 위해 각기 다른 방식을 사용하지만 모두 다음과 같은 아이디어를 따른다. 각 노드는 하나의 질의를 대응하는 노드와 closest 노드에 라우팅하기 위해 링에 대한 부분적 지식을 가져야만 한다.

노드들의 출현과 이탈

대등-대-대등 네트워크에서 각 대등은 켜지거나 꺼질 수 있는 데스크탑 또는 노트북이 될 수 있다. 하나의 컴퓨터 대등이 DHT 소프트웨어를 시작할 때 그것은 네트워크에 참여된다. 마찬가지로 컴퓨터가 꺼지거나 대등이 소프트웨어를 종료시킬 경우 이것은 네트워크와 끊긴다. DHT 수행은 노드들의 출현과 이탈 그리고 남은 대등들에 미칠 영향을 다루기 위한 명확하고 효율적인 전략을 가질 필요가 있다. 대부분의 DHT 수행들은 노드의 실패를 이탈로 간주한다.

2.4.3 Chord

DHT 시스템들을 수행하는 여러 개의 프로토콜들이 존재한다. 이 절에서 우리는 이들 프로토콜 중 3개의 프로토콜을 소개한다: Chord, pastry 그리고 Kademlia이다. 우리는 Chord 프로토콜의 단순성과 라우팅 질의들에 대한 정밀한 접근성 때문에 선택하였다. 다음으로 우리는 pastry 프로토콜을 논의한다. 그 이유는 pastry는 Chord와는 다른 접근 방법을 사용하며 BitTorrent와 같은 유명한 파일 공유 네트워크에서 대부분 사용되는 Kademlia 프로토콜 라우팅 전략에 가깝기 때문이다.

Chord는 2001년에 Stoica 등에 의해 발표되었다. 우리는 여기에서 이 알고리즘의 주요한 특징을 간단하게 논의한다.

식별자 공간

Chord에서의 데이터 아이템들과 노드들은 시계방향으로 도는 원안에 분산되어 있는 2^m개의 포인트들의 식별자 공간을 생성하는 m-bit 식별자들이다. 우리는 k(key를 위한)라 불리는 아이템 데이터의 식별자와 N(node를 위환)이라 불리는 대등의 식별자를 참조한다. 공간 안에서의 계산법은 모듈러 2^m으로 처리된다. 이것은 식별자들은 $2^m - 1$에서 다시 0까지 채워질 수 있다는 뜻이다. 비록 몇몇의 수행들은 $m = 160$을 가지는 SHA1과 같은 충돌 저항 해시함수를 사용하지만 우리는 우리의 논의를 간단하게 하기 위해 $m = 5$를 사용한다. $N \geq k$와 가까운 대등을 k의 successor라 부르고, k, v 값을 부른다. 여기에서 k는 키(데이터 아이템의 해시) 그리고 v는 값(개체를 소유하고 있는 대등서버에 대한 정보)이다. 다시 말해서 파일과 같은 하나의 데이터 아이템은 그 데이터 아이템을 소유하고 있는 대등에 저장되어 있다. 그러나 데이터 아이템의 해시값, 키, 대등에 대한 정보, 그리고 값(value)은 k의 successor 안의 k와 v의 쌍(k, v)으로 저장되어 있다. 이것은 데이터 아이템을 저장하는 대등과 k와 v의 쌍을 가지고 있는 대등들이 꼭 같을 필요는 없다는 것을 의미한다.

핑거 테이블

Chord 알고리즘에서의 한 개의 노드는 질의(주어진 키)를 처리할 수 있어야만 한다. 키가 주어졌을 때 노드는 반드시 그 키에 대한 책임이 있는 노드 식별자를 찾거나 다른 노드에게 질의를 포워딩해야만 한다. 그러나 포워딩은 각 노드가 라우팅 테이블을 가지고 있어야 한다는 것을 의미한다. Chord는 각 노드가 m successor 노드들과 하나의 predecessor 노드에 대해 알 것을 요구한다. 각 노드는 Chord에 의해 *fingertable*이라 불리는 라우팅 테이블을 생성한다. 이것은 표 2.14와 같다. row i의 타겟 키가 $N + 2^{i-1}$임을 알려준다.

　　그림 2.49는 오직 몇 개의 노드들과 키들만을 가지는 한 개의 링 successor column을 보인다. 첫 번째 열($i = 1$)은 사실 그 노드 successor를 준다는 사실을 알려주고 있다. 우리는 또한 뒤에서 알게 될 predecessor 노드 ID를 추가하였다.

표 2.14 ▌ 핑거 테이블

i	*Target Key*	*Successor of Target Key*	*Information about Successor*
1	N + 1	Successor of N + 1	IP address and port of successor
2	N + 2	Successor of N + 2	IP address and port of successor
⋮	⋮	⋮	⋮
m	$N + 2^{m-1}$	Successor of N + 2^{m-1}	IP address and port of successor

그림 2.49 ▌ 링 안에서의 Chord 예제

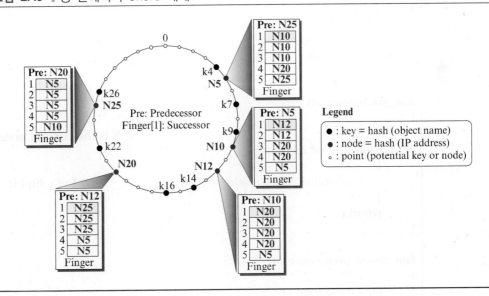

인터페이스

Chord의 실행을 위해 Chord 인터페이스라 불리는 기능들의 세트를 필요로 한다. 이 절에서 우리는 Chord 프로토콜 뒤에 숨겨져 있는 것이 무엇인가에 대한 아이디어를 보이기 위해 몇 가지의 기능들을 논의할 것이다.

검색

Chord에서 주로 사용되는 기능은 아마도 검색일 것이다. Chrod는 대등들이 그들 사이에서 이용 가능한 서비스들을 공유하도록 디자인되었다. 공유된 객체를 찾기 위해 대등은 그 객체에 대한 책임이 있는 노드(그 개체에 대한 참조를 저장하는 대등)를 알아야만 한다. Chord에서 우리가 논의했던 링에서 키들의 세트의 successor인 대등은 이 키들을 담당한다. 책임이 있는 노드를 찾는 것은 사실 키를 담당하는 노드를 찾는 것이다. 표 2.15는 검색 기능을 위한 코드를 보인다.

검색 기능은 top-down 접근방식을 사용하여 쓰여졌다. 만약 찾은 노드가 그 키에 대한 책임을 가지고 있다면 그 노드는 자신의 ID를 가지고 응답한다. 만약 그렇지 않으면 그 노드는 find_successor 함수를 호출한다. find_successor는 find_predecessor을 호출한다. 마지막 함수는 find_closest_predecessor를 호출한다. 모듈 접근방식은 우리가 그들을 재정의하는 대신에 다른 기능들에서 3개의 함수를 사용할 수 있게 한다.

표 2.15 | 검색

```
Lookup (key)
{
        if (node is responsible for the key)
                return (node's ID)
        else
                return find_succesor (key)
}

find_successor (id)
{
    x = find_ predecessor (id)
    return x.finger[1]
}

find_predecessor (id)
{
    x = N                                      // N is the current node
    while (id ∉ (x, x.finger[1]]
    {
        x = x.find_closest_predecessor (id)     // Let x find it
    }
    return x
}

find_closest_predecessor (id)
{
    for (i = m downto 1)
    {
        if (finger [i] ∈ (N, id))               //N is the current node
            return (finger [i])
    }
    return N                                     //The node itself is closest predecessor
}
```

검색 기능에 대해 좀더 자세히 살펴보도록 하자. 만약 그 노드가 그 키에 대한 책임을 가지지 않는다면 검색 기능은 파라미터로서 넣는 ID의 successor를 찾기 위한 find_successor 함수를 호출한다. successer 함수의 코딩은 만약 우리가 키의 predecessor를 먼저 찾는다면 매우 쉽게 이루어질 수 있다. predecessor 노드는 우리가 쉽게 링 안의 다음 노드를 쉽게 찾을 수 있게 도와준다. 그 이유는 첫째 predecessor 노드(finger [1])의 핑거가 우리에게 successor의 ID를 주기 때문이다. 또한 키의 predecessor를 찾는 함수를 가지는 것은 우리가 뒤에서 설명할 다른 기능들에도 유용할 수 있다.

유감스럽게도 하나의 노드는 스스로 키의 predecessor를 찾는 것이 불가능하다. 키는 아마 노드와 멀리 떨어진 곳에 위치해 있을 것이다. 우리가 이전에 언급한 바와 같이 하나의 노드는 나머지 노드들에 대한 제한적인 지식만을 가지고 있다. finger 테이블은 오직 m의 최대치에 가까운 숫자의 다른 노드들에 대해 알고 있다(finger 테이블에는 몇 가지 중복들이 존재한다). 이러한 이유로 노드는 키의 predecessor를 찾기 위해 다른 노드들의 도움을 필요로 한다. 이것은 **원격 프로시저 호출**(RPC, *Remote Procedure Call*)로 *find_closest_predecessor* 함수를 통해 처리될 수 있다. 원격 프로시저 호출은 원격 노드에서 실행되는 프로시저를 호출하고 호출한 노드로부터 결과를 돌려받는 것을 의미한다. 우리는 알고리즘에서 *x.procedure* 식을 사용한다. 알고리즘에서 *x*는 리모트 노드의 식별자이고 **프로시저**는 실행되기 위한 절차이다. 노드는 이 함수를 자신보다 가까운 predecessor 노드를 찾기 위해 사용한다. 그 후 predecessor를 찾는 역할은 다른 노드에게 넘어간다. 다시 말해서 만약 노드 A가 노드 X를 찾고자 한다면 노드 B(predecessor와 가장 가까운)를 찾고 B에 그 역할을 넘길 것이다. 이제 노드 B는 제어를 얻고 X를 찾고자 시도하거나 그 일을 또 다른 노드인 C에 넘긴다. 작업은 predecesser의 정보를 소유하고 있는 노드가 predecessor를 찾을 때까지 노드에서 노드로 포워드된다.

예제 2.16

그림 2.49에서 노드 N5는 키 k14의 책임을 갖고 있는 책임 노드를 찾는다고 가정한다. 그림 2.50은 8개의 이벤트를 순차적으로 보여준다. 이벤트 4 이후 find_closest_predecessor 함수는 N10을 돌려주고, find_ closest_predecessor 함수는 N10에 finger[1] 즉 N12를 돌려줄지를 묻는다. 그 순간 N5는 N10이 k14의 predecessor가 아니라는 것을 알게 된다. 그 후, 노드 5는 k14에 가장 가까운 predecessor를 찾기 위해 N10에게 묻고, N12(이벤트 5와 6)를 돌려준다. 노드 5는 이제 노드 12의 finger[1]인 N20을 돌려준다. 노드 N5는 이제 N12가 k14의 predecessor임을 확인한다고 볼 수 있다. 이 정보는 find_succesor 함수에 전달된다(이벤트 7). N5는 이제 노드 12의 finger[1], 즉 N20을 묻는다. 이 검색을 종료하고 N20은 k14의 successor가 된다.

그림 2.50 ▌ 예제 2.16

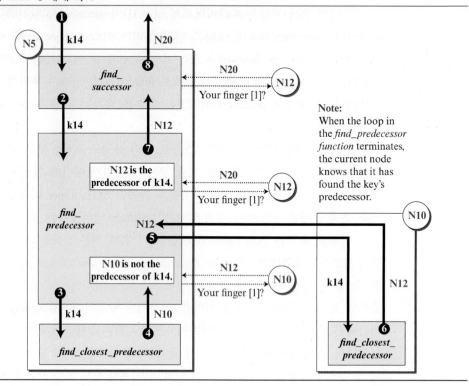

안정화

우리가 노드가 어떻게 링에 결합되고 분리되는지를 논의하기 전에 링에서의 변화는 링을 불안정하게 할 수 있다는 점을 강조해야 한다. Chord에서의 작업 중 하나가 **안정화**라고 할 수 있다. 각 노드는 주기적으로 링에서 이 작업을 사용하여 상속자에 대한 정보를 확인하고 successor가 predecessor의 정보를 확인할 수 있도록 한다. 노드 N은 finger[1] 값인 S를 사용하고, S는 전신자 P의 값을 돌려준다. 만약 이 쿼리로부터 리턴된 값 P는 N과 S 사이이며, 이 뜻은 ID를 갖은 한 노드와 N과 S 사이의 P가 같다는 것을 의미한다. 그다음 노드 N은 P를 자신의 successor로 만들고, P에게 노드 N의 전신자가 되기를 통보한다.

표 2.16 ▌ 안정화

```
Stabilize ()
{
        P = finger[1].Pre            //Ask the successor to return its predecessor
        if(P∈ (N, finger[1]))  finger[1] = P    // P is the possible successor of N
        finger[1].notify (N)         // Notify P to change its predecessor
}
Notify (x)
{
        if (Pre = null or x ∈ (Pre, N))    Pre = x
}
```

Fix_Finger

불안정은 finger 테이블의 m 노드들까지 변화될 수 있다. Chord에서 또 다른 작업은 *fix_finger* 라고 정의할 수 있다. 링에서의 각 노드는 finger 테이블의 업데이트를 유지하기 위해 주기적으로 이 함수를 호출한다. 시스템에서 트래픽을 피하기 위해서는 각 노드는 오직 한 개의 finger 테이블을 각 함수 호출에서 업데이트를 해야 한다. 이 finger는 랜덤하게 선택된다. 표 2.17은 이 작업의 코드를 보여준다.

표 2.17 | Fix_Finger

```
Fix_Finger ()
{
        Generate (i ∈ (1, m])                //Randomly generate i such as 1< i ≤  m
        finger[i] = find_successor (N + 2^(i-1))        // Find value of finger[i]

}
```

Join

대등이 링에 합류할 때 *join* 작업을 사용하여, successor 찾고 predecessor를 null로 설정하기 위해 알려진 다른 대등의 ID를 사용한다. successor를 확인하기 위해 즉시 stabilize function을 호출한다. 노드는 다음 새로운 대등이 책임질 수 있는 key 이동을 하는 *move-key* 함수를 호출 하기 위해 successor에게 묻는다. 표 2.18은 이 작업의 코드를 보여주고 있다.

표 2.18 | Join

```
Join (x)
{
        Initialize (x)
        finger[1].Move_Keys (N)
}
Initialize (x)
{
        Pre = null
        if (x = null) finger[1] = N
        else finger[1] = x. Find_Successor (N)

}

Move_Keys (x)
{
        for (each key k)
        {
                if (x ∈ [k, N)) move (k to node x)        // N is the current node

        }
}
```

이 작업 후 명백히 finger 테이블 joined 노드는 비어 있고 finger 테이블의 m predecessor까지 유효기간이 경과된다. 이 이벤트로 점차적으로 시스템을 안정화한 후 stabilize와 fix-finger 작업을 정기적으로 수행한다.

예제 2.17　우리는 그림 2.49에서 노드 17이 N5 도움으로 조인된다고 가정한다. 그림 2.51은 ring이 안정화된 후의 ring을 보여주고 있다. 다음은 그 과정을 보여준다.

1. N17은 predecessor를 null에게 successor는 N20에 설정하기 위해 초기화된 알고리즘(5)를 사용한다.

2. N17은 이들 key에 책임 때문에 그다음 N7은 k14와 k16에서 N17에 보내기 위해 N20에게 요청한다.

3. 다음 타임아웃에서 N17은 자체 successor(N20)를 확인하기 위해 stablize 작업을 사용하고 N20에게 predecessor를 N17(notify function을 사용하여)로 변화됐는지를 묻는다.

4. N12가 안정화를 진행할 때 이전 N17은 N12로 업데이트된다.

5. 마지막으로 일부 노드가 fix-finger 기능을 사용할 때 finger 테이블의 노드 N17, N10, N5 그리고 N12는 변경된다.

그림 2.51 ▎ 예제 2.17

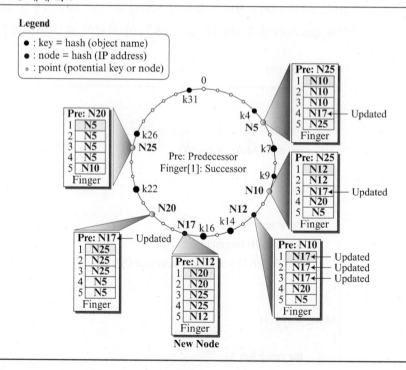

이탈 또는 실패

만약 대등이 여러 링에서 떠나거나(ring 안에 없는) 실패한다면, 링 자체를 안정화해야 하고 그렇지 않으면 링 작업은 중단된다. 각 노드는 이웃노드들과 핑과 퐁 메시지를 교환하여 노드들이 살아있는지를 찾는다. 노드가 핑 메시지 응답을 퐁 메시지에서 받지 못할 때 이웃노드가 죽은 것으로 알게 된다. **안정화** 사용과 *fix-finger*의 작업을 통해 이탈 또는 실패 후 링은 복원할 수 있지만, 노드는 문제를 즉시 감지하고 대기시간 없이 즉시 다음 작업으로 시작한다. 한 가지 중요한 문제는 동시에 여러 노드가 이탈 또는 실패를 한다면 안정화와 fix-finger 작업이 제대로 동작하지 않을 수 있다는 것이다. 이러한 이유로 chord는 각 노드가 r개의 successors(r값은 구현 따라 달라짐)를 계속 추적해야 함을 요구한다. successor가 사용 가능하지 않다면 노드는 항상 다음 successor로 건너뛰어 진행한다.

이 경우 또 다른 문제는 이탈 및 실패한 노드에 의한 데이터 관리가 불가능하다는 것이다. chord는 오직 하나의 노드가 데이터와 참조 집합들에 책임을 질 수 있도록 규정한다. 그러나 이 경우 chord는 또한 데이터와 참조가 다른 노드에 중복이 되어져야 함을 요구한다.

 예제 2.18 그림 2.51은 노드 N10인 한 노드가 링에서 떠난다고 가정한다. 그림 2.52는 안정화 후의 링을 보여준다.

그림 2.52 ┃ 예제 2.18

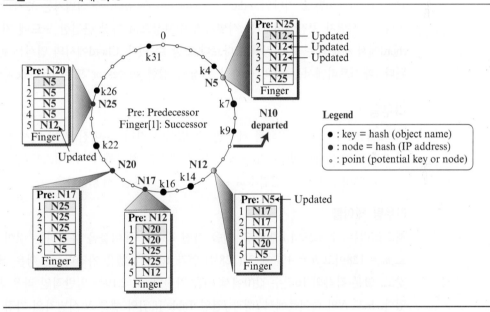

다음은 안정화 후의 링에 관한 절차 과정을 보여준다.

1. 노드 N5가 핑 메시지에 대한 퐁 메시지를 받지 못할 경우 노드 N5는 N10의 출발지를 찾는다. 노드 N5는 자신의 successor(핑거[1])를 N12(successor 리스트에서 두 번째)로 변경한다.
2. 노드 N5는 즉시 안정화 기능을 시작하고 자신의 predecessor 변경을 N12에게 요청한다.
3. N10의 책임 아래 있는 k7과 k9는 N10의 출발 전에 N12에 중복되었다.
4. 몇 번의 fix-finger 호출 후 노드 N5와 N25는 그들의 finger 테이블을 그림과 같이 업데이트 한다.

응용

Chord는 Collaborative File System (CFS), ConChord, Distributive Domain System (DDNS) 등을 포함한 다양한 응용프로그램에서 사용된다.

2.4.4 패스트리

인기있는 또 다른 대등-대-대등 패러다임 프로토콜은 Rowstron과 Druschel이 설계한 **패스트리(Pastry)**이다. 패스트리는 이전에 설명했던 DHT를 사용하지만 패스트리와 chord의 기본적인 차이점은 다음에 설명할 식별자 공간과 라우팅 프로세스이다.

식별자 공간

패스트리에서는 chord처럼 노드와 데이터 항목들이 식별된 공간을 시계방향으로 원을 2^m 포인트로 균일하게 분산하는 m-bit 식별자이다. m은 일반적으로 128의 값으로 되어 있다. 이 프로토콜은 $m = 128$과 SHA-1 해싱 알고리즘을 사용한다. 하지만 이 프로토콜에서 식별자는 일반적으로 b가 4이고 $n = (m/b)$인 2^b 기반의 n-digit 문자열로 볼 수 있다. 즉 식별자는 32자리 16진수(hexadecimal)이다. 이 식별자 공간에서 키는 식별자가 숫자상으로 가장 근접한 노드에 저장된다. 이런 전략은 chord에서 사용되는 것과 명백히 다르다고 할 수 있다. Chord에서의 열쇠는 successor 노드에 저장된다. 패스트리에서는 키의 숫자상 가장 근접한 successor 또는 predecessor에 저장된다.

라우팅

패스트리에서 노드는 질의를 해결할 수 있어야 한다. 주어진 키에 대해 노드는 다른 노드에게 키 또는 질의를 전달할 수 있도록 노드 식별자를 찾아야 한다. 패스트리에서 각 노드는 이렇게 라우팅 테이블과 리프 집합(leaf set) 두 개의 개체를 사용한다.

라우팅 테이블

패스트리는 각 노드의 n행과 2^b 열을 가진 라우팅 테이블을 유지하는 것이 요구된다. 보편적으로 $m = 128$이고 $b = 4$일 때 32(128/4) 열과 16(2^{128}) 행을 가진다. 즉 행은 식별자 각각의 digit을 갖고, 열은 각각의 16진수 값(0에서 F)을 가진다. 표 2.19는 일반적인 라우팅 테이블을 보여주고 있다. 노드 N의 테이블에서 i행과 j열인 Table $[i, j]$의 셀은 N 식별자의 가장 왼쪽에 있는 숫자와 j값을 가지고 있는 $i + 1$번째 숫자를 공유하는 노드의 식별자를 제공한다. 첫 번째 행인 0행은 공통 prefix를 갖지 않는 N의 살아있는 노드의 리스트 목록을 보여준다. 1행은 N노드 식별자의 가장 왼쪽(최상위) 숫자를 공유하며 살아있는 노드의 목록을 보여준다. 마찬가지로 31행은 노드 N과 최상위 31자리 숫자를 공유하는 살아 있는 모든 노드들의 목록을 보인다. 오직 마지막 자리 숫자만이 다르다.

표 2.19 ┃ 패스트리 내 한 노드의 라우팅 테이블

Common prefix length	0	1	2	3	4	5	6	7	8	9	A	B	C	D	E	F
0																
1																
⋮	⋮	⋮	⋮	⋮	⋮	⋮	⋮	⋮	⋮	⋮	⋮	⋮	⋮	⋮	⋮	⋮
31																

예를 들면, 만약 N = (574A234B12E374A2001B23451EEE4BCD)$_{16}$라면 Table [2, D]의 값의 노드 식별자는 (57**D..**)일 것이다. 가장 좌측 두 숫자가 57이면, N의 첫 번째 2개의 숫자는 공용이라고 할 수 있지만 다음 숫자 D는 D번째와 관련된 값이 된다.

만약 prefix 57D를 가지는 노드가 더 있다면, proximity metric(근접 메트릭)에 따라 가장 근접한 것이 선택되고 그것의 식별자는 셀에 투입된다. 근접 메트릭은 네트워크를 사용하는 응용프로그램에 의해 결정되는 근접도 측정 방법이다. 근접 메트릭은 두 노드 간 홉 수 그리고 두 노드 간 왕복시간 및 다른 메트릭을 기반으로 계산된다.

리프 집합

라우팅에서 또 다른 개체인 2^b 식별자들(라우팅 테이블에서 한 행의 크기)을 리프 집합이라 부른다. 집합의 절반은 숫자상으로 식별자의 현재 노드보다 작은 식별자들의 목록이다. 다른 절반은 숫자상으로 식별자들의 현재 노드보다 큰 식별자들의 목록이다. 다시 말하면, 링에서 현재 노드와 링의 현재 노드 이후 2^{b-1} 노드의 목록 전 리프 집합은 2^{b-1}개의 살아있는 노드를 제공한다.

예제 2.19

m = 8비트이고 b = 2라고 가정한다. 이것은 2^m = 256 식별자들을 갖고 2^b = 4 기반의 각 식별자가 m/b = 4 숫자를 가지는 것을 말한다. 그림 2.53은 살아있는 노드들과 키 간의 매핑된 상황을 보여준다. 키 k1213은 노드들로부터 같은 거리이기 때문에 2개의 노드 안에 저장된다. 만약 노드들 중 하나가 실패하면, 약간의 불필요한 중복이 발생한다. 이 그림은 또한 다음 예제에 사용할 4개의 선택 노드들에 대한 라우팅 테이블과 리프 집합을 보여주고 있다. 예를 들면 노드 N0302 라우팅 테이블에서 근접 메트릭에 따라 N0302와 가장 가까운 노드 1302를 선택하여 테이블 [0, 1]에 넣는다. 우리는 다른 항목에 대해서도 동일한 전략을 사용한다. 각 테이블 내 각 행의 한 셀은 음영되었음을 확인하라. 음영처리된 셀은 노드 식별자가 숫자를 따르기 때문이다. 어떠한 노드의 식별자도 거기에 삽입될 수 없다. 몇몇의 셀들은 또한 비어 있는데, 이는 요구조건을 만족하는 살아 있는 노드가 현 순간에 없기 때문이다. 새로운 노드들이 네트워크에 참여한다면, 그들은 이런 셀들로 삽입될 수 있다.

그림 2.53 ┃ Patry ring 예제

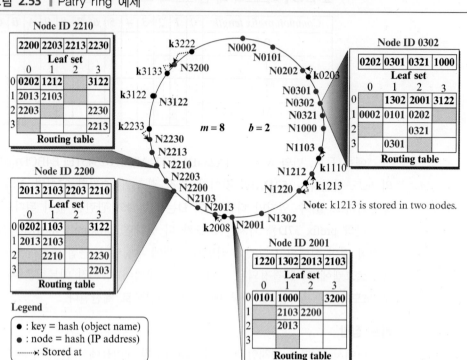

검색

앞에서 chord에 대해 설명했듯이, 패스트리에서 사용되는 작업들 중 하나가 검색(lookup)이다. 키가 주어지고, 키 또는 키 자체정보가 저장되어 있는 노드를 찾는 것이 필요하기 때문이다. 표 2.20은 검색작업을 슈도코드로 보여주고 있다. 알고리즘에서 N은 지역 노드의 식별자이고, 이 노드는 메시지를 받고 메시지에 키를 저장한 노드를 찾을 수 있어야 한다.

표 2.20 ┃ 검색

```
Lookup (key)
{
        if (key is in the range of N's leaf set)
                forward the message to the closest node in the leaf set
        else
                route (key, Table)
}
route (key, Table)
{
        p = length of shared prefix between key and N
        v = value of the digit at position p of the key        // Position starts from 0
        if (Table [p, v] exists)
                forward the message to the node in Table [p, v]
```

표 **2.20 ▮** 검색 (계속)

> **else**
>
> forward the message to a node sharing a prefix as long as the current node, but numerically closer to the key.
>
> }

예제 2.20   그림 2.53에서 노드 N2210이 키 2008을 책임지고 찾을 노드를 찾기 위해 질의를 받았다고 가정한다. 이 노드는 이 키에 대해 책임이 없기 때문에 먼저 리프 집합을 확인한다. 키 2008은 리프 집합의 범위 내에 있지 않아 이 노드는 라우팅 테이블을 사용하여야 한다. 보통 prefix의 길이가 1이기 때문에 p = 1로 표시된다. 키에서 position 1 숫자의 값인 v = 0이 된다. 노드는 Table [1, 0]에서 2013인 식별자를 검사한다. 질의는 실제 키에 대한 책임을 갖는 노드 2013에 전달된다. 이 노드는 자신의 정보를 요청하는 노드로 보낸다.

예제 2.21   그림 2.53에서 노드 N0302이 키 0203을 책임지고 찾을 노드를 찾기 위해 질의를 받았다고 가정한다. 이 노드는 이 키에 대한 책임이 없지만 그 키가 리프 집합 범위 내에 존재한다. 이 집합에서 제일 근접한 노드는 N0202이다. 질의는 실제 이 노드의 책임노드에게 보내진다. 노드 N202는 자신의 정보를 요청노드에게 보낸다.

합류

패스트리에서 링의 합류하는 과정은 chord보다 간단하고 빠르다. 새로운 노드 X는 적어도 하나의 자신과 근접한 노드 N0을 알아야 한다(근접 메트릭 기반에 의해). 이는 **근접 노드 탐색** (*Nearby Node Discovery*)이라 불리는 알고리즘을 실행하여 얻을 수 있다. 노드 X는 **합류 메시지**를 N0에게 보낸다. N0의 식별자는 노드 X의 식별자와 동일한 prefix를 갖지 않는다고 가정한다. 아래 과정은 X 노드가 어떻게 라우팅 테이블과 리프 집합을 만드는지 보여준다.

1. 노드 N0은 자신의 row 0의 내용을 노드 X에 보낸다. 이 두 노드는 동일한 prefix를 갖지 않기 때문에 노드 X는 자신의 row 0를 만들기 위해 수신한 정보 중 적절한 정보를 일부 사용한다. 노드 N0는 합류 메시지를 검색 메시지처럼 다루고 X 식별자가 키라고 가정한다. 이것은 합류 메시지를 X 노드와 근접한 N1 노드에게 전달한다.

2. 노드 N1은 자신의 row 1의 내용을 노드 X에 보낸다. 이 두 노드는 동일한 prefix를 갖지 않기 때문에 노드 X는 자신의 row 1을 만들기 위해 수신한 정보 중 적절한 정보를 일부 사용한다. 노드 N1은 합류 메시지를 검색 메시지처럼 다루고 X 식별자가 키라고 가정한다. 이것은 합류 메시지를 X 노드와 근접한 N2 노드에게 전달한다.

3. 이과정은 X 노드의 라우팅 테이블이 완성될 때까지 계속된다.

4. 이 과정에서 가장 긴 동일 prefix를 X와 함께 갖는 마지막 노드는 리프 집합을 노드 X에 보내고 그 노드도 X의 리프 집합이 된다.

5. 노드 X는 라우팅 정보 향상과 업데이트를 위한 노드들을 허락해 주기 위해 자신의 라우팅 테이블과 리프셋 안의 노드들과 정보를 교환한다.

예제 2.22 그림 2.54는 새로운 노드 X에 N2212 식별자를 그림 2.53의 4개 노드의 정보를 사용하여 초기 라우팅 테이블과 리프 집합에 링 합류과정을 어떻게 생성하는지를 보여주고 있다. 2개의 테이블에 내용은 업데이트를 해야 하는 과정과 유사하다. 이 예제에서 노드 0302는 근접 메트릭 기반으로 노드 2212와 근접해 있다고 가정한다.

그림 2.54 ┃ 예제 2.22

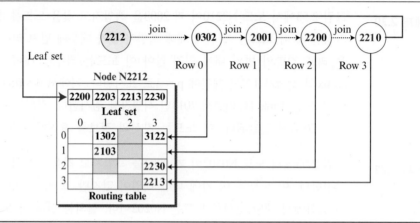

이탈 또는 실패

각 패스트리 노드는 자신의 리프 집합과 프로브 메시지에 의해 교환된 라우팅 테이블에서 살아 있는 노드를 주기적으로 테스트한다. 만일 로컬 노드가 프로브 메시지에 응답하지 않는 리프 집합에 있는 노드를 발견했다면 이 노드는 실패했거나 떨어졌다고 가정한다. 리프 집합을 교체하기 위해 로컬 노드는 리프 집합에서 가장 큰 식별자를 가진 노드에 접촉해서 자신의 리프정보를 수정한다. 근접노드의 리프 집합에서 중복되기 때문에 이 과정은 성공한 것이다.

만일 로컬 노드가 자신의 라우팅 테이블인 Table [i, j]를 찾는다면 로컬 노드는 프로브 메시지에 대해 응답하지 않고 같은 열과 요청된 그 노드의 Table [i, j]의 식별자에게 메시지를 보낸다. 이 식별자는 실패 또는 이탈 노드로 교체된다.

응용

패스트리는 PAST, 분산 파일 시스템, SCRIBE, 비집중화 공용/비공용 시스템을 포함한 여러 응용프로그램에 사용한다.

2.4.5 Kademila

또 다른 DHT 대등−대−대등 네트워크는 Maymounkov와 Mazieresrk에 의해 설계된 **Kademlia** 이다. Kademlia는 패스트리처럼 노드 간의 거리기반 메시지를 경로화하지만 아래의 설명처럼 Kademlia는 거리 메트릭의 해석에 있어서 패스트리와 다르다. 이 네트워크에서 두 식별자 간의 비트 연산자 XOR(exlusive-or)처럼 평가된다. 즉 x와 y가 2개의 식별자라면 아래와 같이 표기할 수 있다.

$$\text{distance}(x, y) = x \oplus y$$

아래 보이는 것처럼 두 개의 지점 간의 위치 거리를 사용할 시 XOR 메트릭은 4개의 특징을 가진다고 예상할 수 있다.

$x \oplus x = 0$	The distance between a node and itself is zero.
$x \oplus y > 0$ if $x \neq y$	The distance between any two distinct nodes is greater than zero.
$x \oplus y = y \oplus x$	The distance between x and y is the same as between y and x.
$x \oplus z \leq x \oplus y + y \oplus z$	Triangular relationship is satisfied.

식별자 공간

Kademlia에서 노드들과 데이터 아이템들은 이진트리의 잎에 분배된 2^m의 식별자 공간을 생성하는 m-bit 식별자들이다. 이 프로토콜은 $m = 160$으로 SHA-1 해싱 알고리즘을 사용한다.

 예제 2.23

간소성을 위해 $m = 4$로 가정하자. 이 공간에서 우리는 이진트리의 리프에 분배된 16개의 식별자를 갖는다. 그림 2.55는 오직 8개의 살아있는 노드와 5개의 키인 경우를 보여준다.

그림 2.55 ┃ 예제 2.23

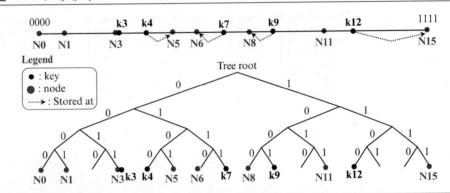

위 그림에서 키 k3는 $3 \oplus 3 = 0$ 때문에 N3에 저장된다. 키 k7이 N6과 N8에서 수치적으로 등거리같이 보일지라도 $6 \oplus 7 = 1$이기 때문에 그 키는 오직 N6에 저장되지만 $6 \oplus 8 = 14$이다. 또 다른 흥미로운 점은 키 k12가 수치적으로 N11에 근접하지만 $11 \oplus 12 = 7$이기 때문에 N15에 저장되며 그렇지만 $15 \oplus 12 = 3$이라는 것이다.

라우팅 테이블

Kademlia 각 노드를 위해 오직 한 라우팅 테이블 유지한다. 리프 세트는 없다. 네트워크에서 각 노드는 이진트리를 노드 스스로를 포함하지 않는 m 하위트리로 나눈다. 하위트리 i는 대응노드와 함께 i 제일 왼쪽의 비트(공통의 prefix)를 공유하는 노드들을 포함한다. 라우팅 테이블은 m 열에 하나의 행으로 되어 있다. 우리는 각 열은 대응 하위트리에서 노드들 중 하나의 식별자를 잡고 있지만 Kademlia가 각 열에서 k 노드까지 수락하는 것을 보여줄 것이다. 이 아이디어는 패스트리에 의해 사용된 것과 같지만 공통 prefix의 길이는 2^b에서 숫자 대신에 비트로 되어 있다. 표 2.21은 라우팅 테이블을 보여준다.

표 2.21 ┃ kademlia에서 노드를 위한 라우팅 테이블

Common prefix length	Identifiers
0	Closest node(s) in subtree with common prefix of length 0
1	Closest node(s) in subtree with common prefix of length 1
⋮	⋮
$m-1$	Closest node(s) in subtree with common prefix of length $m-1$

예제 2.24

예제 2.23을 위해 라우팅 테이블을 찾는다. 예제를 간단하게 하기 위해. 우리는 각 열은 오직 하나의 식별자만 사용한다는 가정을 한다. m = 4이기 때문에 각 노드는 라우팅 테이블에서 4개의 열에 둘러싸인 4개의 하위트리를 갖는다. 각 열에서 식별자는 대응트리에서 현재 노드에 가까운 노드를 표현한다. 그림 2.56은 모든 라우팅 테이블을 보여주고 있으며 3개의 하위트리를 나타낸다. 알맞은 그림 크기를 위해 8개의 테이블 중 3개만 선택했다.

그림 2.56 ┃ 예제 2.24

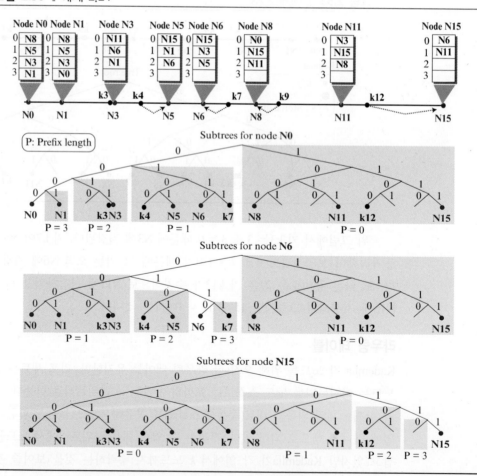

예를 들어 어떻게 우리가 대응트리를 사용하여 노드 6을 위해 라우팅 테이블을 만들었는 지 설명한다. 다른 노드들의 경우도 비슷하다.

a. 행(row) 0에서 우리는 공통 prefix 길이 $p = 0$인 하위트리의 가장 가까운 노드의 식별자를 삽입하는 것이 필요하다. 하위트리(N8, N11 그리고 N15)에서 3개의 노드가 있지만 N15는 N6 $\oplus$ N8 = 14, N6 $\oplus$ N11 = 13, 그리고 N6 $\oplus$ N15 = 0이기 때문에 N6에 가깝다. N15는 행(row) 0에 삽입된다.

b. 행(row) 1에서 우리는 공통 prefix 길이 $p = 1$인 하위트리의 가장 가까운 노드의 식별자를 삽입하는 것이 필요하다. 하위트리(N0, N1 그리고 N3)에서 3개의 노드가 있지만 N3는 N6 $\oplus$ N0 = 6, N6 $\oplus$ N1 = 7, 그리고 N6 $\oplus$ N3 = 5이기 때문에 N6에 가깝다. N3은 행(row) 1에 삽입된다.

c. 두 번째 행(row)에서 우리는 공통적인 프리픽스(prefix) 길이 $p = 2$를 가지는 하위트리에서 가장 가까운 노드의 식별자를 삽입할 필요가 있다. 이 하위트리에는 오직 1개의 노드(N5)가 존재하며 이 노드의 식별자는 그곳에 삽입된다.

d. 세 번째 행(row)에서 우리는 공통적인 프리픽스 길이 $p = 3$을 가지는 하위트리에서 가장 가까운 노드의 식별자를 삽입할 필요가 있다. 이 하위트리에는 아무 노드도 존재하지 않으므로 그 행(row)은 비어 있다.

 예제 2.25

우리는 그림 2.56에서 노드 N0 $(0000)_2$가 k12 $(1100)_2$에 대한 책임을 지닌 노드를 찾기 위한 한 개의 검색(lookup) 메시지를 수신한다고 가정한다. 두 식별자 사이에서의 공통적인 프리픽스의 길이는 0이다. 노드 N0는 그것의 라우팅 테이블의 영 번째 행(row)에 있는 노드 N8에 그 메시지를 전송한다. 따라서 노드 N8 $(1000)_2$는 k12 $(1100)_2$에 가장 가까운 노드를 찾을 필요가 있다. 두 식별자 사이에서의 공통적인 프리픽스의 길이는 1이다. 노드 N8은 그것의 라우팅 테이블의 첫 번째 행(row)에 있는 노드 N15에 그 메시지를 전송한다. N15는 k12에 대한 책임을 가지므로 이 라우팅 프로세스는 끝이 나며 이 경로는 N0 → N8 → N15 이다. 노드 N15, $(1111)_2$와 k12, $(1100)_2$는 공통적인 프리픽스 길이 2를 가지고 있으나 N15의 2번째 행(row)은 비어 있다. 이것이 주목할 만한 흥미로운 사실이다. 이것은 N15 스스로가 K12에 대한 책임을 가지고 있다는 것을 의미하기 때문이다.

 예제 2.26

그림 2.56에서 N5 $(0101)_2$가 k7 $(0111)_2$에 대한 책임을 지닌 노드를 찾기 위한 한 개의 검색 메시지를 수신한다고 가정한다. 두 식별자 사이에서의 공통적인 프리픽스의 길이는 2이다. 노드 N5는 그것의 라우팅 테이블에 있는 2번째 행(row)의 노드 N6에 그 메시지를 전송한다. 노드 N6는 k7에 대한 책임을 가지므로 라우팅 프로세스는 끝이 난다. 이 경로는 N5 → N6이다.

 예제 2.27

우리는 그림 2.56에서 노드 N11 $(1011)_2$가 k4 $(0100)_2$에 대한 책임을 지닌 노드를 찾기 위한 한 개의 검색(lookup) 메시지를 수신한다고 가정한다. 두 식별자 사이에서의 공통적인 프리픽스의 길이는 0이다. 노드 N11은 그것의 라우팅 테이블의 0번째 행(row)에 있는 노드 N3

에 그 메시지를 전송한다. 이제 노드 N3 $(0011)_2$는 k4 $(0100)_2$에 가장 가까운 노드를 찾을 필요가 있다. 두 식별자 사이에서 공통의 프리픽스의 길이는 1이다. 노드 N3는 그 라우팅 테이블의 첫 번째 행(row)에 있는 노드 N6에 그 메시지를 전송한다. 이제 노드 N6 $(0110)_2$는 k4 $(0100)_2$에 가장 가까운 노드를 찾을 필요가 있다. 두 식별자 사이에서 공통의 프리픽스의 길이는 2이다. 노드 N6 $(0110)_2$는 그 라우팅 테이블의 두 번째 행(row)에 있는 노드 N5에 그 메시지를 전송한다. N5는 k4에 대한 책임을 가지므로 이 라우팅 프로세스는 끝이 난다. 이 경로는 N11 → N3 → N6 → N5이다.

K-버킷

이전에 논의한 것처럼 우리는 라우팅 테이블에서의 각 행(row)은 해당하는 하위트리 안에 있는 오직 한 개의 노드만을 삽입한다고 가정한다. 효율성을 위해 Kademlia는 각 행(row)은 대응하는 하위트리로부터 적어도 k개의 노드들의 개수 까지는 유지할 것을 요구한다. k값은 시스템으로부터 독립적이나 실제 네트워크에서는 약 20으로 설정하도록 권유되는데, 이것은 라우팅 테이블에서의 각 행(row)은 k-bucket(k-버킷)으로 언급되기 때문이다. 각 행(row)에서 한 개 이상의 노드를 가지는 것은 한 개의 노드가 네트워크를 떠나거나 실패했을 때 대신할 노드를 사용할 수 있도록 하기 위함이다. Kademlia는 이 노드들을 오랜 시간 동안 네트워크에 접속되어 있는 한 버킷 안에서 유지한다. 접속된 상태를 장시간 동안 유지하는 노드들이 이후로도 더 장시간 동안 그 상태를 유지할 수 있을 것이라는 가정은 이미 증명되었다.

병렬 질의

한 개의 버킷에는 다수의 노드들이 존재하기 때문에 Kademlia는 α 병렬 질의(α Parallel Query)들을 k-버킷의 가장 위에 있는 α노드들에게 전송을 허락한다. 만약 한 개의 노드 실패 후 그 질의에 대답할 수 없다면 Kademlia의 질의가 전달될 노드의 수는 줄어들 것이다.

동시 갱신

Kademlia에서의 또 다른 한 가지 흥미로운 특징은 동시 갱신(Concurrent Updating)이다. 한 개의 노드가 질문 또는 응답을 수신할 때마다 그 노드는 그것의 k-버킷을 갱신한다. 만약 한 개의 노드에 전송 여러 개의 질문들이 아무런 응답을 받지 못한다면 질문을 전송한 그 노드는 대응하는 k-버킷에서 목적지 노드를 지울 수 있다.

합류

페스트리(Pastry)로서 네트워크에의 참여를 필요로 하는 한 개의 노드는 최소 한 개의 다른 노드를 알아야 한다. 참여하는 노드는 다른 노드를 발견하기 위한 키로써 노드의 식별자를 그 노드에게 전송한다. 식별자를 수신하는 응답자는 새로운 노드가 k-버킷을 만드는 것을 허락한다.

이탈 또는 실패

한 개의 노드가 네트워크를 떠나거나 실패했을 때 다른 노드들은 앞에서 설명한 동시 갱신 기능을 사용하여 그들의 k-버킷을 갱신한다.

2.4.6 유망한 대등–대–대등 네트워크: 비트토렌토

비트토렌트는 대등들의 집합 사이에서 한 개의 큰 파일을 공유하기 위해 Bram Cohen에 의해 디자인된 대등–대–대등 프로토콜이다. 그러나 여기서 말하는 **공유**라는 단어는 다른 파일 공유 프로토콜들에서의 의미와는 다르다. 한 개의 대등이 전체 파일을 다운로드 하고자 하는 또 다른 대등(pear)에게 데이터를 다운로드 하도록 허락하는 방식과는 다르게 대등들로 이루어진 한 개의 그룹이 프로세스에 참여하여 그 그룹 안에 있는 모든 대등들에게 그 파일을 복사해주는 방식이다. 파일 공유는 **토렌트**라 불리는 협력 프로세스 안에서 완료된다. 토렌트에 참여하는 각각의 대등은 그것을 가지고 있는 다른 대등들로부터 큰 파일 **덩어리**를 다운로드하고 a kind of tit-for-tat, a trading game played by kids를 가지고 있지 않은 다른 대등들에게 큰 덩어리를 업로드한다. 토렌트에 참여하는 모든 대등들의 세트를 **스웜**(*swarm*)이라고 한다. 완벽한 콘텐츠 파일을 가지고 있는 스웜 안의 한 개의 대등은 **시드**(*seed*)라고 불린다. 오직 그 파일의 조각을 가지고 있으면서 남은 부분을 다운로드 하기를 원하는 대등을 **리치**(*leech*)라고 불린다. 다시 말하자면 스웜은 시드들과 리치들의 결합이다. BitTorrent는 몇 가지 버전을 거쳐 완성되었다. 우리는 먼저 **트랙커**(*tracker*)라 불리는 한 개의 중심노드를 사용하는 최초의 버전을 살펴보고, 이 후에 어떻게 여러 개의 새로운 버전들이 DHT를 사용하여 트랙커를 제거할 수 있는지 확인한다.

트랙커를 가진 BitTorrent

초기의 BitTorrent에는 토렌트(torrent) 안에 트랙커라 불리는 또 다른 객체가 존재한다. 이것은 나중에 설명하겠지만 이름이 암시하듯 스웜의 동작을 추적한다. 그림 2.57은 시드들, 리치들 그리고 트랙커를 가지는 토렌트의 예를 보인다.

그림 2.57 ┃ 토렌트 예제

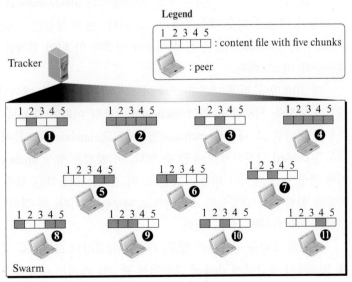

Note: Peers 2 and 4 are seeds; others are leeches.

이 그림에서 공유되는 콘텐츠 파일은 5개의 덩어리(*chunk*)로 나뉜다. 대등들 2와 4는 이미 모든 덩어리들을 가지고, 다른 대등들은 몇몇의 덩어리들을 가지고 있다. 각 대등이 가지고 있는 그 덩어리들은 공유된다. 그 조각들의 업로드와 다운로드는 계속될 것이다. 몇몇의 대등들은 토렌트를 남길 수도 있으며 몇몇 새로운 대등들은 토렌트에 참여 할 지도 모른다.

이제 하나의 새로운 대등가 같은 콘텐츠 파일을 다운로드하기를 원한다고 가정해 보자. 그 새로운 대등은 BitTorrent 서버에 콘텐츠 파일의 이름을 가지고 접근한다. 그것은 콘텐츠 파일 안에 있는 조각들과 특정한 토렌트를 조작하는 트랙커의 주소에 대한 정보를 포함하는 토렌트 파일이라는 이름의 한 개의 메타파일을 수신한다. 그 새로운 대등은 바로 그 트랙커에 접속하고 일반적으로 이웃들이라 불리는 토렌트 안의 몇몇 대등들의 주소를 수신한다. 새로운 대등은 바로 토렌트의 한 부분이 되고 콘텐츠 파일의 덩어리들을 다운로드하고 업로드할 수 있다. 그것이 모든 덩어리들을 가질 때 그 토렌트를 떠나거나 콘텐츠 파일의 모두를 얻기 위해 나중에 참여한 새로운 대등들을 포함하는 다른 대등들을 돕기 위해 남을 것이다. 대등이 모든 조각들을 가지기 전에 토렌트를 떠나고 나중에 참여하거나 다시는 참여하지 않거나 하는 행동을 막을 수 없다.

비록 토렌트를 참여 공유, 떠나는 과정이 간단해 보일지도 모르지만 BitTorrent 프로토콜은 공평성을 제공하고 다른 대등들과의 조각들을 교환하도록 장려하고 다른 대등들로부터 요청을 받는 대등의 과부하를 방지하고 더 나은 서비스를 제공하는 대등들을 찾게 도와주기 위한 정책을 지원한다.

대등의 과부하를 방지하고 공평성(fairness)을 제공하기 위해 각 대등들은 많은 이웃들의 접속을 제한할 필요가 있다. 일반적인 값은 4이다. 한 개의 대등은 이웃들을 choked 또는 unchoked 로 표시한다. 또한 interested 또는 uninterested로 표시하기도 한다.

다른 말로 하나의 대등은 자신의 이웃 대등 목록을 두 개의 서로 다른 그룹인 *unchoked* 와 *choked*로 나눈다. 그 대등은 또한 *interested*와 *uninterested*로 나눈다. unchoked 그룹은 현재의 대등과 연결된 이웃 대등들의 리스트이다. 현재 대등은 그룹에 있는 대등들을 업로드와 다운로드한다. Choked 그룹은 현재 대등과 연결이 안 되어 있지만 이후 연결 가능성이 있는 이웃 대등들의 리스트이다.

매 10초마다 현재 대등은 choked 그룹에서 더 좋은 데이터 비율을 가진 관심 있는 다른 대등의 탐색을 시도한다. 만약 unchoked 그룹의 어떠한 대등보다 더 좋은 비율을 가진 새로운 대등이 있다면 그 대등은 unchoked될 수 있고, unchoked 그룹에서의 낮은 데이터 비율을 가진 대등은 choked 그룹으로 이동할 수 있다. 이 방법은 항상 unchoked 그룹에서 조사된 대등들 사이에 가장 높은 데이터 비율을 가진다. 이 전략을 이용하는 것은 서로 호환 가능한 데이터 이동 비율과 함께 이웃 대등들을 소집단으로 나누는 것이다. 이 정책에서 위에 서술된 tit-for-tat 거래 전략의 아이디어를 볼 수 있다.

하나의 조각을 공유하지 않고, 다른 대등로부터 조각들을 받지 않고 새롭게 합류된 대등은 매 30초마다 랜덤하게 choked 그룹에서 관심을 가지는 대등을 업로드 비율이나 unchok로 표시되어 있을지라도 촉진시킨다. 이 행위를 *optimistic unchoking*이라고 한다.

BitTorrent 프로토콜은 *rarest-first*라고 불리는 기법을 이용해 순간마다 각각의 대등이 가지고 있는 조각들의 균형을 제공하려고 한다. 이 기법을 이용하여 대등은 이웃 대등들 사이에 최소한으로 중복된 카피들로 대등들의 조각들을 처음 다운로드하려고 한다. 이 방법에서 대등들은 더 빠르게 순환한다.

트랙커없는 BitTorrent

기본적인 BitTorrent 디자인에서 만약 트랙커가 실패하면, 새로운 대등들은 네트워크와 연결을 할 수 없고 업데이트를 방해한다. 중앙집중화된 트랙커들의 요구를 제거하기 위한 BitTorrent 구현들이 몇 가지 있다. 우리가 서술한 구현에서 프로토콜은 트랙커를 사용하지만, 중앙집중화가 되지는 않는다. 네트워크에서 몇몇의 노드들 사이에 트래킹 업무가 분배된다. 이 문단에서 우리는 어떻게 Kademlia DHT가 목표를 얻기 위해 사용되는지 보여준다. 그러나 구체적인 프로토콜의 세부사항은 포함하지 않는다.

중앙 트랙커가 있는 BitTorrent에서 트랙커의 일은 토렌트가 정의된 메타데이터 파일이 주어진 스웜에 대등들의 리스트를 제공하는 것이다. 만약 우리가 키 역할로 메타데이터 해시함수를 가정하고 스웜에서의 대등 리스트 해시함수를 값으로 가정한다면, 우리는 대등-대-대등 네트워크 플레이에서의 몇몇 노드들을 트랙커의 역할로 보일 수 있다. 토렌트에 참여된 대등은 메타데이터(Key) 해시함수를 대등이 알고 있는 노드에게 보낸다. 대등-대-대등 네트워크는 키의 책을 갖는 노드를 찾기 위해 kademlia 프로토콜을 사용한다. 책임을 가지는 노드는 토렌토에 있는 대등 리스트의 값과 접속하고 있는 대등에게 보낸다. 그 대등는 리스트에 있는 대등들과 파일을 공유하기 위해 BitTorrent 프로토콜들을 사용할 수 있다.

2.5 소켓 인터페이스 프로그래밍

2.2절에서 우리는 클라이언트 서버 패러다임의 이론을 논의했다. 2.3절에서 우리는 그 패러다임을 사용하는 몇몇의 기준 어플리케이션들을 논의했다. 이 절에서는 C 언어를 이용해 몇 가지 간단한 클라이언트 서버 프로그램들을 어떻게 작성하는지 보여준다. 우리는 이 절에서 C 언어를 선택한 2가지 이유가 있다. 첫 번째는 전통적으로 소켓 프로그래밍은 C 언어로 시작했다. 두 번째로 C 언어의 낮은 레벨 특성은 이와 같은 프로그래밍에서 몇몇 중요한 세부요소를 잘 드러낸다. 11장에서 우리는 이 아이디어를 연장하여 더 세밀한 버전의 Java 언어로 구현하였다. 그러나 이 절은 건너뛰어도 전체 흐름을 방해하지는 않는다.

2.5.1 C 언어에서의 소켓 인터페이스

2.2절에서 우리는 소켓 인터페이스를 논의했다. 이 절에서 우리는 C 언어로 인터페이스를 어떻게 구현하는지 보여준다. 소켓 인터페이스에서 중요한 이슈는 통신에서 소켓의 역할을 이해하는 것이다. 소켓은 보내거나 받는 데이터를 저장할 버퍼 공간이 없다. 버퍼들과 필요한 변수를 운영체제 내부에 만든다.

소켓의 자료구조

C 언어는 소켓을 하나의 구조로 정의한다. 그림 2.58과 같이 각각의 소켓 주소는 5가지 필드로 만들어져 있다. 프로그래머는 이 구조를 반드시 다시 정의할 필요는 없다는 것을 알아두길 바란다. 이 구조는 이미 헤더 파일로 정의되어 있다. 우리는 간략하게 소켓 구조에서 5개의 필드를 논의하고자 한다.

그림 2.58 ┃ 소켓 데이터 구조

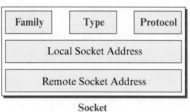
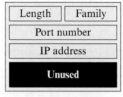

- □ **패밀리.** 이 필드는 주소들과 포트번호를 해석하는 방법과 관련된 패밀리 프로토콜을 정의한다. 가장 공통적인 값들은 현재 인터넷을 위한 PF_INET, 차세대 인터넷을 위한 PF_INET6 그리고 기타 등등이다. 우리는 이 절에서 PF_INET를 사용한다.

- □ **유형.** 이 필드는 TCP를 위한 SOCK_STREAM, UDP를 위한 SOCK_DGRAM, SCTP를 위한 SOCK_SEQPACKET, 그리고 직접적으로 IP 서비스들을 사용하는 어플리케이션들인 SOCK_RAW로써 소켓들의 4가지 유형을 정의한다.

- □ **프로토콜.** 이 필드는 패밀리에서 구체적인 프로토콜을 정의한다. TCP/IP 프로토콜 세트가 패밀리에서 유일한 프로토콜이기 때문에 0으로 세팅한다.

- □ **지역 소켓 주소.** 이 필드는 지역 소켓 주소(local socket address)를 정의한다. 소켓 주소는 길이 필드, TCP/IP 프로토콜 세트를 위해 AF-INEF를 정수로 정의한 **패밀리 필드**, 프로세스 정의를 위한 포트번호 필드, 그리고 프로세스 동작 중 호스트 정의를 담당하는 IP 주소 필드로 구성된 체계이다. 또한 이 필드는 사용되지 않는 필드도 포함되어 있다.

- □ **원격 소켓 주소.** 이 필드는 원격 소켓 주소를 정의한다. 이 필드의 구조는 지역 소켓 주소와 같다.

헤더 파일

소켓의 의미와 인터페이스서 정의된 모든 절차 및 기능의 사용이 가능하게 하기 위해선 우리는 하나의 헤더 파일 집합이 필요하다. 우리는 *headerFiles.h* 이름으로 된 파일 안에 모든 헤더 파일을 넣었다. 이 파일은 프로그램으로서 같은 디렉토리 내에 만들어질 필요가 있다. 그리고 이것의 이름은 모든 프로그램 안에 포함되어야만 한다.

```
// "headerFiles.h"
#include <stdio.h>
#include <stdlib.h>
#include <sys/types.h>
#include <sys/socket.h>
#include <netinet/in.h>
#include <netdb.h>
#include <errno.h>
#include <signal.h>
#include <unistd.h>
#include <string.h>
#include <arpa/innet.h>
#include <sys/wait.h>
```

UDP를 이용한 반복되는 통신

일찍이 우리가 논의했던 것으로서 UDP는 클라이언트가 요청을 하고 서버는 요청에 대한 답변을 보내는 비연결형 서버를 제공한다.

UDP를 위한 소켓

UDP 통신에서 클라이언트와 서버는 각각 하나의 소켓을 사용한다. 서버 측에서의 생성된 소켓은 영구적으로 지속되지만 클라이언트 측면에서 생성된 소켓은 클라이언트 프로세스가 끝나면 제거된다. 그림 2.59는 서버와 클라이언트 프로세서에서의 소켓 수명을 나타낸다. 다시 말하면, 서로 다른 클라이언트들은 다른 소켓들을 사용하지만 서버는 오직 하나의 소켓을 생성하고 새로운 클라이언트가 접속할 때마다 원격 소켓 주소를 변화시킨다. 서버는 자신의 소켓 주소를 알고 있지만 클라이언트의 접속을 기다리는 서버를 필요로 한 클라이언트의 주소를 모르기 때문에 이 변화는 논리적이다.

그림 2.59 ┃ UDP 통신을 위한 소켓

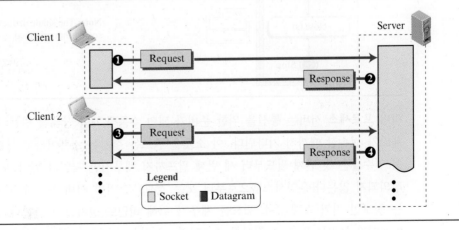

통신 다이어그램 흐름

그림 2.60은 반복적 통신을 위해 간단한 다이어그램 흐름을 보여준다. 그림에는 여러 클라이언트들이 존재하지만 서버는 오직 하나가 존재한다. 각 클라이언트는 서버에서 각각 반복되는 루프에 제공된다. 참고로 연결의 시작과 끝은 없다. 각 클라이언트 하나의 데이터그램을 보내고 받는다. 만약 하나의 클라이언트가 두 개의 데이터그램을 보내길 원한다면 서버 측은 두 개의 클라이언트로서 생각해야 한다. 두 번째 데이터그램은 자신의 차례를 기다려야 한다.

그림 2.60 ┃ 반복되는 UDP 통신을 위한 흐름 다이어그램

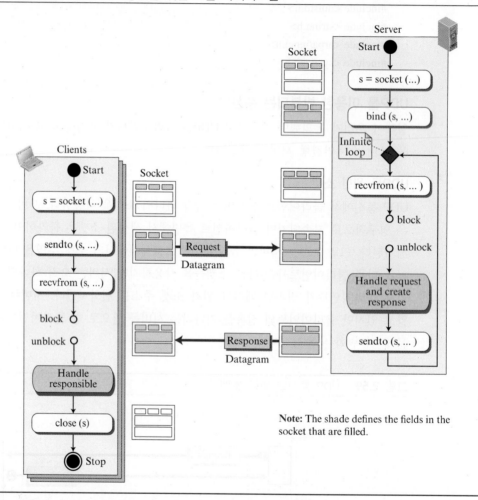

서버 프로세스 서버는 통신을 위한 준비가 되면 **수동적 개방** 상태를 만들지만 클라이언트 프로세스가 접속할 때까지 기다린다. 이 소켓을 만드는 절차는 소켓이라고 불린다. 이 호출 절차에서 인수들은 첫 번째 필드부터 세 번째 필드까지 채우지만 지역과 원격 소켓 주소 필드는 아직 정의되지 않는다(운영시스템으로부터 오는 정보). 그러면 서버 프로세스는 운영체제로부터 오는 정보인 지역 소켓 주소 필드를 채우기 위해 바인드 절차를 호출한다. 그러면 서버는 *recv-from*이라 불리는 또 다른 절차를 호출한다. 그러나 이 절차는 클라이언트의 데이터그램이 도착

할 때까지 서버 프로세스를 정지시킨다. 데이터그램이 도착하면, 서버 프로세스는 활동을 하고 데이터그램으로부터 필요한 것을 추출한다. 또한 서버는 다음 단계에서 사용될 발송자 소켓 주소를 추출한다. 요청이 진행되고 요청에 대한 응답이 준비된 후, 서버 프로세스는 수신하는 데이터그램에서 발송자 소켓 주소와 함께 무선 소켓 주소 필드를 채움으로써 소켓 구조를 완성시킨다. 그리고 데이터그램을 보낼 준비가 끝나게 된다. 이것은 *sendto*라고 불리는 또 다른 절차를 호출함으로써 완전히 끝난다. 소켓에서 모든 필드는 서버가 응답을 전송하기 전에 채워져야만 한다. 응답을 전송한 후, 서버 프로세스는 반복적으로 새롭게 또 다른 클라이언트의 접속을 기다린다. 원격 소켓 주소 필드는 새로운 클라이언트(또는 새로운 클라이언트로써 같은 요구를 하는 클라이언트)의 주소로 다시 채워질 것이다. 서버 프로세스는 무한적 프로세스, 즉 영원히 호출된다. 이 서버 소켓은 문제가 발생되지 않거나 프로세스의 필요가 실패하지 않으면 결코 없어지지 않는다.

클라이언트 프로세스   클라이언트 프로세스는 *active open*을 만든다. 다른 말로, 클라이언트 프로세스가 연결을 시작하는 것이다. 소켓을 생성하고 첫 번째 필드부터 세 번째 필드까지 채우는 과정을 *socket*이라고 불린다. 몇몇의 구현들이 클라이언트 프로세스 역시 로컬 소켓 주소를 채우기 위한 과정인 *bind* 절차를 호출하는 것이 필요할지라도 이 과정은 기본적으로 운영체제가 클라이언트를 위해 임시 포트번호를 선택함으로써 자동으로 처리된다. 그러면 클라이언트 프로세스는 *sendto* 절차를 호출하고 원격 소켓 주소에 대한 정보를 제공한다. 이 소켓 주소는 반드시 사용자 클라이언트 프로세스에 의해서 제공된다. 이후 소켓은 완성이 되고 데이터그램은 보내진다. 즉시 클라이언트 프로세스는 서버 프로세스로부터 응답을 돌아오기까지 클라이언트 서버를 막는 *recvfrom* 절차를 호출한다. 이 절차에서는 *sendto* 절차를 호출하지 않기 때문에 원격 소켓 주소를 추출할 필요가 없다. 다른 말로 서버 및 클라이언트 측에서의 *recvfrom* 절차는 다르게 호출된다. 서버 프로세스에서 *recvfrom* 절자가 먼저 호출되고 *sendto*가 다음으로 호출된다. 따라서 *sendto*를 위한 원격 소켓 주소는 *recvfrom*으로부터 얻어진다. 서버 프로세스에서 *recvfrom* 전에 *sendto*가 호출된다. 그래서 원격 주소는 어떠한 서버에 접속을 하길 원하는지 아는 프로그램 사용자에 의해서 제공되어야만 한다. 마지막으로 *close* 절차는 소켓이 제거될 때 호출한다. 클라이언트 프로세스는 유한적이다. 응답이 돌아온 후, 클라이언트 프로세스는 멈춘다. 우리가 여러 데이터그램을 전송하기 위해 클라이언트들을 루프를 사용하여 설계했더라도, 각 루프의 반복은 서버에게 새로운 클라이언트처럼 보인다.

프로그램 예제

이 절에서 우리는 UDP를 이용한 기본 에코(*echo*) 어플리케이션을 시뮬레이션하려는 클라이언트와 서버 프로그램을 작성하는지 보여준다. 클라이언트 프로그램은 캐릭터들의 하나의 짧은 스트링을 서버에게 전송한다. 그 서버 에코는 같은 스트링을 서버에게 되돌린다. 기준 어플리케이션은 컴퓨터, 즉 클라이언트에 의해서 다른 컴퓨터인 서버의 활성을 테스트하기 위해 사용된다. 우리 프로그램들은 기준에서 사용되는 것보다 더 간단하다. 우리는 간소성을 위해 세밀한 오류 검증과 디버깅을 제거했다.

에코 서버 프로그램 표 2.22는 UDP를 이용한 에코 서버 프로그램을 보여준다. 이 프로그램은 그림 2.60에서의 흐름 다이어그램을 따른다.

표 2.22 | UDP를 이용한 에코 서버 프로그램

```
1    // UDP echo server program
2    #include "headerFiles.h"
3    int main (void)
4    {
5       // Declare and define variables
6       int s;                                    // Socket descriptor (reference)
7       int len;                                  // Length of string to be echoed
8       char   buffer [256];                      // Data buffer
9       struct sockaddr_in servAddr;              // Server (local) socket address
10      struct sockaddr_in clntAddr;              // Client (remote) socket address
11      int  clntAddrLen;                         // Length of client socket address
12      // Build local (server) socket address
13      memset (&servAddr, 0, sizeof (servAddr));       // Allocate memory
14      servAddr.sin_family =   AF_INET;                // Family field
15      servAddr.sin_port = htons (SERVER_PORT)         // Default port number
16      servAddr.sin_addr.s_addr =  htonl (INADDR_ANY); // Default IP address
17      // Create socket
18      if ((s = socket (PF_INET, SOCK_DGRAM, 0) < 0);
19      {
20          perror ("Error: socket failed!");
21          exit (1);
22      }
23      // Bind socket to local address and port
24      if ((bind (s, (struct sockaddr*) &servAddr, sizeof (servAddr)) < 0);
25      {
26          perror ("Error: bind failed!");
27          exit (1);
28      }
29      for ( ; ; )        // Run forever
30      {
31          // Receive String
32          len = recvfrom (s, buffer, sizeof (buffer), 0,
33                  (struct sockaddr*)&clntAddr, &clntAddrLen);
34          // Send String
35          sendto (s, buffer, len, 0, (struct sockaddr*)&clntAddr, sizeof(clntAddr));
36      } // End of for loop
37   } // End of echo server program
```

6번째 줄부터 11번째 줄까지는 프로그램에서 사용할 변수들을 정의하고 선언한다. 13번째 줄부터 16번째 줄까지는 서버 *memset* 함수를 사용한 소켓 주소를 위해 메모리를 할당하고 전송 계층에 의해 제공되는 기본값들과 함께 소켓 주소의 필드를 채운다. 포트번호를 넣기 위해서 우리는 호스트 바이트 순서로 된 형태 값에서 네트워크 바이트 순서로 된 형태의 짧은 값으로 변환시키는 *htons* (host to network short) 함수를 사용한다. IP 주소 삽입을 위해서 우리는 htons와 같은 작용을 하는 *htonl* (host to network long)을 사용한다.

18번째 줄부터 22번째 줄까지는 오류검증을 위한 if-statement에서 소켓 함수를 호출한다. 만약 함수 호출이 실패하면 이 함수는 −1을 반납하기 때문에 프로그램들은 오류 메시지를 출력하고 종료한다. C 언어에서 *perror* 함수는 표준 오류 함수이다. 유사하게 24번째 줄부터 28번째 줄까지 소켓을 서버 소켓 주소에 묶는 바인드 함수를 호출한다. 이 함수는 if-statement에서 오류검증을 위해 또다시 호출된다.

29번째 줄부터 36번째 줄까지는 각 반복절차에서 클라이언트에게 제공할 수 있는 무한 루프를 사용한다. 32번 줄과 33번째 줄은 클라이언트에 의해서 보내진 요구를 읽기 위한 *recvfrom* 함수를 호출한다. 이 함수는 차단하기 위한 것으로, 이 함수가 차단되지 않았을 때, 함수는 같은 시간에 요구 메시지를 받고 마지막 파트의 소켓을 완료하기 위한 클라이언트 소켓 주소를 제공한다. 35번째 줄은 *recvfrom* 메시지에서 획득한 클라이언트 소켓 주소를 사용하여 같은 요구 메시지를 클라이언트에게 다시 보내지는 *sendto* 함수를 호출한다. 요구 메시지에 대해 처리되지 않고, 서버는 받은 것만을 되돌린다.

에코 클라이언트 프로그램 표 2.23은 UDP를 이용한 에코 클라이언트 프로그램을 보여준다. 이 프로그램은 그림 2.60에서의 다이어그램 흐름을 따른다.

표 2.23 ▮ UDP를 이용한 에코 클라이언트 프로그램

```
1    // UDP echo client program
2    #include "headerFiles.h"
3    int main (int argc, char* argv[ ])              // Three arguments to be checked later
4    {
5        // Declare and define variables
6        int  s;                                      // Socket descriptor
7        int  len;                                    // Length of string to be echoed
8        char* servName;                              // Server name
9        int  servPort;                               // Server port
10       char* string;                                // String to be echoed
11       char buffer[256 + 1];                        // Data buffer
12       struct sockaddr_in servAddr;                 // Server socket address
13       // Check and set program arguments
14       if (argc != 3)
15       {
16           printf ("Error: three arguments are needed!");
```

표 2.23 ┃ UDP를 이용한 에코 클라이언트 프로그램 (계속)

```
17        exit(1);
18     }
19     servName = argv[1];
20     servPort = atoi (argv[2]);
21     string = argv[3];
22     // Build server socket address
23     memset (&servAddr, 0, sizeof (servAddr));
24     servAddr.sin_family = AF_INET;
25     inet_pton (AF_INET, servName, &servAddr.sin_addr);
26     servAddr.sin_port = htons (servPort);
27     // Create socket
28     if ((s = socket (PF_INET, SOCK_DGRAM, 0) < 0);
29     {
30         perror ("Error: Socket failed!");
31         exit (1);
32     }
33     // Send echo string
34     len = sendto (s, string, strlen (string), 0, (struct sockaddr)&servAddr, sizeof (servAddr));
35     // Receive echo string
36     recvfrom (s, buffer, len, 0, NULL, NULL);
37     // Print and verify echoed string
```

6번째 줄부터 12번째 줄까지는 프로그램에서 사용되는 변수들을 정의하고 선언한다. 14번째 줄부터 21번째 줄까지는 프로그램이 실행될 때 제공되는 인수들을 정의하고 테스트한다. 첫 번째와 두 번째 인수들은 서버 이름과 서버 포트번호를 제공한다. 세 번째 인수는 에코 스트링이다. 23번째 줄부터 26번째 줄까지는 메모리를 할당하고 앞 장에서 다루어진 DNS라고 불리는 *inet_pton* 함수를 이용하여 서버 이름을 서버 IP 주소로 변환하고, 포트번호를 적절한 바이트 순서로 바꾼다. *sendto* 함수에 필요한 세 조각의 정보는 적절한 변수로 저장된다.

34번째 줄은 요구를 전송하기 위한 *sendto* 함수를 호출한다. 36번째 줄은 에코 메시지를 받기 위한 *recvfrom* 함수를 호출한다. 우리는 원격 측의 소켓 주소를 추출할 필요가 없으므로 이 메시지에서 두 인수는 NULL 값이다. 또한 이 메시지는 이미 보내어졌다.

38번째 줄부터 40번째 줄까지는 디버깅 목적의 에코 메시지를 보여주기 위한 것이다. 38번째 줄에 우리는 다음 라인에 의해서 에코 메시지를 나태내기 위해 에코 메시지 끝에 null 문자를 추가한다. 마지막으로 42번째 줄에서 소켓을 종료하고 44번째 줄에서 프로그램을 종료한다.

TCP를 이용한 통신

우리가 전에 설명했다시피, TCP는 연결형 프로토콜이다. 데이터를 보내거나 받기 전에 클라이언트와 서버 사이에서의 연결 설립이 필요하다. 연결이 된 후, 두 당사자들은 데이터를 가지고 있는 동안 서로 데이터를 보내고 받을 수 있다. TCP 통신은 반복(한 번에 클라이언트에게 제공되는)하거나 동시(한 번에 여러 클라이언트에게 제공되는)에 할 수 있다. 이 절에서 우리는 반복적인 방법만을 논의한다. 11장의 Java로 된 동시접근을 참조하라.

TCP에서 사용되어진 소켓

TCP 서버는 두 개의 다른 유형인 연결을 위한 것과 데이터 전송을 위한 소켓으로 사용된다. 우리는 각각 *listen socket*과 *socket*이라 부른다. 두 소켓을 갖는 이유는 데이터 교환 단계로부터 연결 단계를 분류하기 위해서이다. 서버는 연결을 시도하는 새로운 클라이언트와 연결하기 위해 listen socket을 사용한다. 연결이 된 후, 서버는 클라이언트와 데이터를 교환할 소켓과 연결을 제거할 소켓을 만든다. 클라이언트도 연결 설립과 데이터 교환을 위한 오직 하나의 소켓을 사용한다. 그림 2.61을 참조하라.

그림 2.61 | TCP 통신에서 사용된 소켓

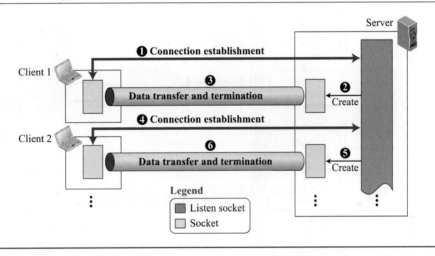

통신 흐름 다이어그램

그림 2.62는 쌍방향 통신을 위한 간단한 다이어그램 흐름이다. 여기에는 다수의 클라이언트들이 존재하지만 서버는 오직 한 개만이 존재한다. 루프의 각 반복에 각 클라이언트가 할당된다. 다이어그램 흐름은 UDP에서의 다이어그램과 유사하지만 우리가 각 사이트에 설명한 것과 차이점들이 있다.

서버 프로세스 그림 2.62의 UDP 서버 프로세스와 유사한 TCP 서버 프로세스에서는 소켓과 바인드 절차를 호출하는 반면에 이들 두 절차는 오직 연결 설립 단계를 위해서만 사용되어지는 listen 소켓을 생성한다. 서버 프로세스는 그 후에 운영체제 시스템이 클라이언트들을 수락하고 연결 단계를 완성하고 서비스를 필요로 하는 대기리스트에 그들을 삽입하는 작업을 시작할 수 있도록 *listen* 절차를 호출한다. 이 절차는 또한 연결된 클라이언트 대기리스트의 크기를 정의한다. 이것은 서버 프로세스의 복잡도에 달려 있지만 통상적인 크기는 5이다.

그림 2.62 ┃ 쌍방향 TCP 통신을 위한 흐름 다이어그램

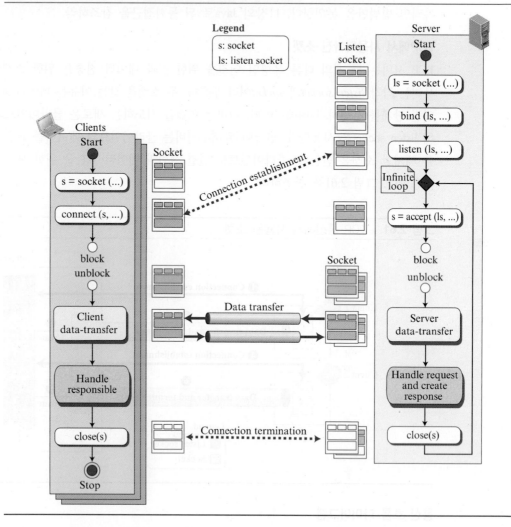

　　서버 프로세스는 이제 한 개의 루프를 시작하고 클라이언트에게 하나씩 차례대로 서비스를 제공한다. 각 상호작용에서 서버 프로세스는 서비스를 제공하기 위해 연결된 대기리스트로부터 하나의 클라이언트를 삭제하는 *accept* 절차를 호출한다. 만약 그 리스트가 비어 있다면 그 *accept* 절차는 서비스를 받고자 하는 클라이언트가 생길 때까지 차단된다. *accept* 절차가 원래의 상태로 돌아왔을 때 그것은 listen 소켓과 같은 새로운 소켓을 생성한다. listen 소켓이 백그라운드로 이동하면, 새로운 소켓은 활성화된다. 서버 프로세스는 새롭게 생성된 소켓 안의 원격 소켓 주소 필드를 채우기 위해 연결을 설립하는 동안에 획득한 클라이언트 소켓 주소들을 사용한다. 이때 클라이언트와 서버는 데이터를 교환할 수 있다. 이는 클라이언트/서버 쌍에 의존하기 때문에 데이터 전송이 일어나는 특정한 방법을 소개하지 않겠다. TCP는 클라이언트/서버 사이에서 데이터의 바이트들을 전송하기 위한 *send*와 *recv* 절차를 사용한다. 두 절차는 UDP에서 사용되는 *sendto*와 *recfrom* 절차들보다 더 간단하다. 그 이유는 연결이 이미 클라이언트와 서버

사이에 설립되어 있어 원격 소켓 주소를 사용하지 않기 때문이다. 그러나 TCP는 경계 없이 메시지들을 전송하기 위해 사용되기 때문에 각 응용은 주의해서 데이터 전송 문단을 설계할 필요가 있다. *send*와 *recv* 절차들은 많은 양의 데이터 전송을 다루기 위해 여러 번 호출될 것이다. 그림 2.62의 다이어그램 흐름은 일반적인 흐름으로 간주된다. 구체적인 목적을 위해 **서버 데이터 전송**(*server data-transfer*) 박스를 위한 다이어그램은 정의할 필요가 있다. 이 절차는 에코 클라이언트/서버 프로그램을 논의할 때 간단한 예제를 통해 다시 언급할 것이다.

클라이언트 프로세스 클라이언트 흐름 다이어그램은 클라이언트 데이터 **전송** 박스가 각 특정한 상황을 위해 정의되어야만 한다는 점을 제외하면 UDP 버전과 거의 비슷하다. 우리는 특정한 프로그램을 나중에 작성할 때 위와 같이 할 것이다.

프로그래밍 예제

이 절에서 우리는 TCP를 사용하는 표준 에코 응용을 실험하기 위한 클라이언트 서버 프로그램을 작성한다. 클라이언트 프로그램은 서버에 문자들로 이루어진 짧은 스트링을 전송한다. 서버는 같은 스트링을 클라이언트에 전송한다. 그러나 그전에 클라이언트와 서버 전송 박스들을 위한 흐름 다이어그램을 제공해야만 한다. 이는 그림 2.63에서 확인한다.

그림 2.63 | 클라이언트와 서버 데이터 전송 박스를 위한 흐름 다이어그램

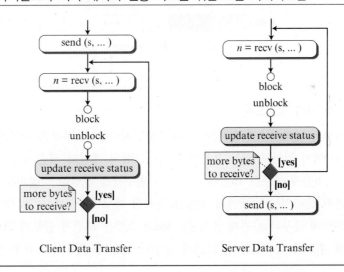

몇몇 단어들보다 작은 이러한 특별한 상황에서 전송되어지는 스트링의 크기가 작기 때문에 우리는 클라이언트에서 *send* 절차를 한 번 호출함으로써 스트링을 전송할 수 있다. 그러나 TCP가 하나의 세그먼트로 전체 메시지를 전송할 것이라는 보장은 할 수 없다. 그러므로 우리는 서버 사이트에서(루프) 전체 메시지를 수신하고 한 번에 메시지를 되돌려 보내기 위해 사용하는 버퍼에서 그들을 수집하기 위해서 *recv* 호출들의 세트를 사용해야만 한다. 서버가 에코 메시지를 되돌려 보낼 때 이 또한 위와 동일하도록 여러 개의 세그먼트를 사용할지도 모른다. 이것

은 클라이언트에서 *recv* 절차가 필요할 때마다 여러 번 호출될 수 있다는 것을 의미한다.

해결되어야 할 또 다른 문제는 각 사이트에서 데이터를 소유하고 있는 버퍼들을 설정하는 것이다. 우리는 얼마나 많은 바이트 데이터들을 받았는지 그리고 데이터의 다음 덩어리가 어디에 저장되어 있는지를 제어해야만 한다. 프로그램은 그림 2.64에서와 같이 그 상황을 컨트롤하기 위한 몇 개의 변수들을 설정한다. 각 상호작용에서 포인터(ptr)는 수신하기 위한 다음 바이트들의 포인터에 이동하고 수신된 바이트들의 길이(len)는 증가한다. 그리고 수신된 바이트들의 최대 숫자(MaxLen)는 감소된다.

위 2개의 고려사항들 후에 서버와 클라이언트 프로그램을 작성할 수 있다.

그림 2.64 ▌ 데이터를 수신하는 데 사용되는 버퍼

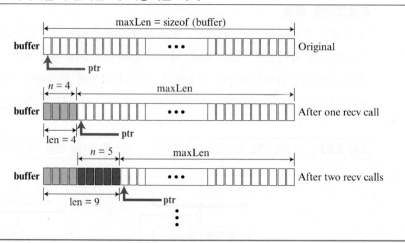

에코 서버 프로그램 표 2.24는 TCP를 사용하는 에코 서버 프로그램이다. 프로그램은 그림 2.62에서의 다이어그램 흐름을 따른다. 음영처리된 각 부분은 레이아웃에서 한 개의 명령에 대응한다. 색이 입혀져 있는 부분은 다이어그램의 데이터 전송 부분이다.

6번째 줄부터 16번째 줄까지는 변수들을 선언하고 정의하는 부분이다. 18번째 줄부터 21번째 줄까지는 UDP에서 설명한 것처럼 메모리를 할당하고 지역 소켓 주소(서버)를 설립한다. 29번째 줄부터 33번째 줄까지는 listen 소켓을 18번째 줄부터 21번째 줄에 걸쳐 설립된 서버 소켓 주소에 바인딩한다. 35번째 줄부터 39번째 줄까지는 TCP 통신에서는 새로운 것이다.

표 2.24 ▌ TCP 서비스를 사용하는 에코 서버 프로그램

```
1    // Echo server program
2    #include "headerFiles.h"
3    int main (void)
4    {
5        // Declare and define
6        int ls;                                // Listen socket descriptor (reference)
7        int s;                                 // socket descriptor (reference)
```

표 2.24 ┃ TCP 서비스를 사용하는 에코 서버 프로그램 (계속)

```
 8    char buffer [256];                              // Data buffer
 9    char* ptr = buffer;                             // Data buffer
10    int len = 0;                                    // Number of bytes to send or receive
11    int maxLen = sizeof (buffer);                   // Maximum number of bytes to receive
12    int n = 0;                                      // Number of bytes for each recv call
13    int waitSize = 16;                              // Size of waiting clients
14    struct sockaddr_in serverAddr;                  // Server address
15    struct sockaddr_in clientAddr;                  // Client address
16    int clntAddrLen;                                // Length of client address
17    // Create local (server) socket address
18    memset (&servAddr, 0, sizeof (servAddr));
19    servAddr.sin_family = AF_INET;
20    servAddr.sin_addr.s_addr = htonl (INADDR_ANY);  // Default IP address
21    servAddr.sin_port = htons (SERV_PORT);          // Default port
22    // Create listen socket
23    if (ls = socket (PF_INET, SOCK_STREAM, 0) < 0);
24    {
25        perror ("Error: Listen socket failed!");
26        exit (1);
27    }
28    // Bind listen socket to the local socket address
29    if (bind (ls, &servAddr, sizeof (servAddr)) < 0);
30    {
31        perror ("Error: binding failed!");
32        exit (1);
33    }
34    // Listen to connection requests
35    if (listen (ls, waitSize) < 0);
36    {
37        perror ("Error: listening failed!");
38        exit (1);
39    }
40    // Handle the connection
41    for ( ; ; )                                      // Run forever
42    {
43        // Accept connections from client
44        if (s = accept (ls, &clntAddr, &clntAddrLen) < 0);
45        {
46            perror ("Error: accepting failed!);
47            exit (1);
48        }
49        // Data transfer section
50        while ((n = recv (s, ptr, maxLen, 0)) > 0)
51        {
52            ptr + = n;                               // Move pointer along the buffer
```

표 2.24 ┃ TCP 서비스를 사용하는 에코 서버 프로그램 (계속)

```
53        maxLen - = n;              // Adjust maximum number of bytes to receive
54        len + = n;                 // Update number of bytes received
55      }
56      send (s, buffer, len, 0);    // Send back (echo) all bytes received
57      // Close the socket
58      close (s);
59    } // End of for loop
60  } // End of echo server program
```

listen 함수는 연결 시작 페이지 운영체제를 완료하고 클라이언트들을 대기리스트에 올리기 위해 사용된다. 44번째 줄에서 48번째 줄까지는 다음 클라이언트를 대기리스트에서 제거하고 그 클라이언트에 대한 서비스를 시작하기 위한 *accept* 함수이다. 50번째 줄에서 56번째 줄까지는 그림 2.63에서 설명한 데이터 전송 문단을 코드화한다. 에코 스트링의 길이인 최대 버퍼 크기는 그림 2.64에서 보인 것과 같다.

에코 클라이언트 프로그램 표 2.25는 TCP를 이용한 에코 클라이언트 프로그램이다. 이 프로그램은 그림 2.62의 개요를 따른다. 각 명암 처리된 문단은 다이어그램 흐름에서 하나의 명령에 해당한다. 색칠된 문단은 데이터 전송 문단에 해당한다.

TCP를 위한 클라이언트는 UDP를 위한 클라이언트와 약간의 차이만 있을 뿐 매우 유사하다. TCP는 연결지향 프로토콜이기 때문에 *connect* 함수는 서버와의 연결을 하기 위해서 36번째 줄부터 40번째 줄에서 호출된다. 데이터 전송은 그림 2.63에 묘사된 아이디어를 이용해 42번째 줄에서 48줄까지에 나타나 있다. 받아진 데이터의 길이와 포인터 이동은 그림 2.64에 나타나 있다.

표 2.25 ┃ TCP를 이용한 에코 클라이언트 프로그램

```
1   // TCP echo client program
2   #include "headerFiles.h"
3   int main (int argc, char* argv[ ])              // Three arguments to be checked later
4   {
5       // Declare and define
6       int  s;                                     // Socket descriptor
7       int  n;                                     // Number of bytes in each recv call
8       char* servName;                             // Server name
9       int servPort;                               // Server port number
10      char* string;                               // String to be echoed
11      int  len;                                   // Length of string to be echoed
12      char  buffer [256 + 1];                     // Buffer
13      char* ptr = buffer;                         // Pointer to move along the buffer
14      struct sockaddr_in serverAddr;              // Server socket address
15      // Check and set arguments
```

표 2.25 ❙ TCP를 이용한 에코 클라이언트 프로그램 (계속)

```
16    if (argc != 3)
17    {
18          printf ("Error: three arguments are needed!");
19          exit (1);
20    }
21    servName = arg [1];
22    servPort = atoi (arg [2]);
23    string = arg [3];
24    // Create remote (server) socket address
25    memset (&servAddr, 0, sizeof(servAddr);
26    serverAddr.sin_family = AF_INET;
27    inet_pton (AF_INET, servName, &serverAddr.sin_addr); // Server IP address
28    serverAddr.sin_port = htons (servPort);              // Server port number
29    // Create socket
30    if ((s = socket (PF_INET, SOCK_STREAM, 0) < 0);
31    {
32          perror ("Error: socket creation failed!");
33          exit (1);
34    }
35    // Connect  to the server
36    if (connect (sd, (struct sockaddr*)&servAddr, sizeof(servAddr)) < 0);
37    {
38          perror ("Error: connection failed!");
39          exit (1);
40    }
41    // Data transfer section
42    send (s, string, strlen(string), 0);
43    while ((n = recv (s, ptr, maxLen, 0)) > 0)
44    {
45          ptr + = n;                    // Move pointer along the buffer
46          maxLen - = n;                 // Adjust the maximum number of bytes
47          len += n;                     // Update the length of string received
48    } // End of while loop
49    // Print and verify the echoed string
50    buffer [len] = '\0';
51    printf ("Echoed string received: ");
52    fputs (buffer, stdout);
53    // Close socket
54    close (s);
55    // Stop program
56    exit (0);
57 } // End of echo client program
```

2.6 추천 자료

본 장의 주제들에 관해서 더 자세히 보기 위해 다음 단행본과 RFC를 추천한다. 대괄호에 있는 목록은 교재 끝에 있는 참고문헌을 나타낸다.

단행본

[Com 06], [Mir 07], [Ste 94], [Tan 03], [Bar et al. 05]를 포함한 몇몇 책들은 본 장에 대해여 논의되어 있다.

RFCs

HTTP는 RFC 2068과 2109에서 논의되었다. FTP는 RFC 959, 2577, 그리고 2585에서 논의되었다. TELNET은 RFC 854, 855, 856, 1041, 1091, 1372 그리고 1572에서 논의되었다. SSH는 RFC 4205, 4251, 4252, 4253, 4254 그리고 4344에서 논의되었다. DNS는 RFC 1034, 1035, 1996, 2535, 3008, 3658, 3755, 3757, 3845, 3396 그리고 3342에서 논의되었다. SMTP는 RFC 2821 그리고 2822에서 논의되었다. POP3는 RFC 1939에서 설명되었다. MIME는 RFC 2046, 2047, 2048 그리고 2049에서 논의되었다.

2.7 중요 용어

active document

application programming interface (API)

browser

Chord

client-server paradigm

cookie

country domain

Distributed Hash Table (DHT)

domain name

domain name space

Domain Name System (DNS)

dynamic document

Dynamic Domain Name System (DDNS)

File Transfer Protocol (FTP)

fully qualified domain name (FQDN)

generic domain

hypermedia

hypertext

HyperText Transfer Protocol (HTTP)

Internet Mail Access Protocol (IMAP)

iterative resolution

Kademlia

label

local login

message access agent (MAA)

message transfer agent (MTA)

Multipurpose Internet Mail Extensions (MIME)

name space

Network Virtual Terminal (NVT)

nonpersistent connection

partially qualified domain name (PQDN)

Pastry

peer-to-peer (P2P) paradigm

persistent connection

port forwarding

Post Office Protocol, version 3 (POP3)

proxy server

remote logging

resolver

root server

Secure Shell (SHH)

Simple Mail Transfer Protocol (SMTP)
socket address
socket interface
static document
STREAM
terminal network (TELNET)

Transport Layer Interface (TLI)
uniform resource locator (URL)
user agent (UA)
web page
World Wide Web (WWW)
zone

2.8 요약

인터넷에서의 응용프로그램들은 클라이언트–서버 패러다임뿐만 아니라 서로 간의 패러다임을 사용하여 설계되었다. 클라이언트–서버 패러다임에서 서버라 불리는 응용프로그램은 서비스들을 제공한다. 그리고 클라이언트라 불리는 또 다른 어플리케이션 패러다임은 서비스들을 받는다. 서버 프로그램은 끝없이 수행되는 프로그램이다. 클라이언트 프로그램은 한정적이다. 서로 간의 패러다임에서 대등은 클라이언트와 서버 둘 다 할 수 있다.

월드와이드 웹(WWW)은 전 세계 지점에 서로 연결된 정보의 저장소이다. 하이퍼텍스트와 하이퍼미디어 문서들은 포인터들을 통해 서로 연결되어 있다. HyperText Transfer Protocol (HTTP)는 월드와이드 웹(WWW)에서 데이터를 접근하는 데 사용되는 주요 프로토콜이다.

파일 변환 프로토콜(FTP)은 하나의 호스트에서 다른 파일 복사를 위한 TCP/IP 클라이언트–서버 응용프로그램이다. FTP는 데이터 전송을 위해 컨트롤 연결과 데이터 연결, 두 연결이 필요하다. FTP는 비슷하지 않은 시스템들 간의 통신을 위해 NVT ASCII를 사용한다.

전자메일은 인터넷에서 가장 일반적인 응용프로그램 중의 하나이다. 전자메일 구조는 사용자 에이전트(UA), 메인 전송 에이전트(MTA), 그리고 주요 액세스 에이전트(MAA)와 같은 여러 요소로 구성되어 있다. MTA를 구현하는 프로토콜은 SMTP라고 불린다. POP3와 IMAP4 두 프로토콜은 MAA를 구현하는 데 사용된다.

TELNET은 사용자가 원격 시스템에 대한 사용자 접근을 제공하는 원격 컴퓨터에 로그인을 허락하는 클라이언트–서버 응용프로그램이다. 사용자가 TELNET 프로세스를 경유하여 원격 시스템에 접근할 때, 시간–공유 환경을 비교한다.

DNS는 고유한 이름으로 인터넷에 각 호스트를 식별하는 클라이언트–서버 응용프로그램이다. DNS는 이름에 관련된 책임을 분산하기 위해 계층구조의 이름 공간을 구성한다.

대등–대–대등 네트워크에서 인터넷 사용자들은 대등들과 네트워크를 형성하여 자신의 자원을 공유할 준비를 한다. 중앙 대등–대–대등 네트워크에서 디렉토리 시스템은 클라이언트–서버 패러다임을 사용하지만, 파일들을 저장하고 다운로드하는 것은 대등–대–대등 패러다임을 사용한다. 분산 네트워크에서 디렉토리 시스템과 파일들의 저장, 다운로드 둘 다 모두 대등–대–대등 패러다임을 사용한다.

2.9 연습문제

2.9.1 기본 연습문제

1. 클라이언트/서버 실례에서 _____ 프로그램은 (다른) _____ 프로그램에게 서비스를 제공한다.
   - **a.** client; client
   - **b.** client; server
   - **c.** server; client
   - **d.** server; server

2. 클라이언트/서버 실례에서
   - **a.** 서버와 클라이언트는 항상 구동된다.
   - **b.** 서버와 클라이언트는 필요 시에만 구동된다.
   - **c.** 서버는 항상 구동되나 클라이언트는 필요 시에만 구동된다.
   - **d.** 클라이언트는 항상 구동되나 서버는 필요 시에만 구동된다.

3. URL 식별자의 첫 번째 섹션은 _____ 이다.
   - **a.** 프로토콜
   - **b.** 경로
   - **c.** 호스트
   - **d.** 포트

4. _____ 문서는 서버에서 생성되고 저장되는 고정 콘텐츠 문서이다. 클라이언트는 오직 그 문서의 복사본을 갖을 수 있다.
   - **a.** 정적
   - **b.** 동적
   - **c.** 능동
   - **d.** 정답 없음

5. _____은(는) 정적 문서 생성을 위한 언어이다.
   - **a.** Extensible Style Language (XSL)
   - **b.** Hypertext Markup Language (HTML)
   - **c.** Extensible Markup Language (XML)
   - **d.** 모두 맞음

6. _____ 문서는 브라우저가 그 문서를 필요로 할 때 웹 서버에의해 생성된다.
   - **a.** 정적
   - **b.** 동적
   - **c.** 능동
   - **d.** 정답 없음

7. 많은 응용들에서 우리는 클라이언트에서 실행될 프로그램 또는 스크립트가 필요하다. 이러한 것들은 _____ 문서라고 불린다.
   - **a.** 정적
   - **b.** 동적
   - **c.** 능동
   - **d.** 정답 없음

8. HTTP는_____ 서비스를 이용한다.
   - **a.** UDP
   - **b.** IP
   - **c.** TCP
   - **d.** DNS

9. HTTP에서 요청 메시지의 첫 번째 줄은 _____ 줄이라 부른다; 응답 메시지의 첫 번째 줄은 _____ 줄이라 부른다.
   - **a.** 요청; 응답
   - **b.** 상태; 응답
   - **c.** 상태; 상태
   - **d.** 정답 없음

10. _____ 연결에서 하나의 TCP 연결은 각각의 요청/응답을 위해 생성된다.
    - **a.** 영속적
    - **b.** 비영속적
    - **c.** 영속적 또는 비영속적
    - **d.** 정답 없음

11. _____ 연결에서 서버는 응답을 전송한 후에 차후의 요청을 위해 연결을 열어 놓은 상태로 유지한다.
    - **a.** 영속적
    - **b.** 비영속적
    - **c.** 영속적 또는 비영속적
    - **d.** 정답 없음

12. HTTP에서 _____ 서버는 최근 요청에 대한 응답들의 복사본을 가지고 있다.
    - **a.** 정규
    - **b.** 프록시
    - **c.** 보조
    - **d.** 원격

13. HTTP 요청 메시지는 항상 _____를 포함한다.
    - **a.** 헤더 줄과 본문
    - **b.** 요청 줄과 헤더 줄
    - **c.** 요청 줄, 헤더 줄, 그리고 본문
    - **d.** 요청 줄, 헤더 줄, 빈 줄, 그리고 본문

14. 다음 중 HTTP 요청 줄과 상태 줄에 모두 존재하는 것은?
    - **a.** 버전 넘버
    - **b.** URL
    - **c.** 상태 코드
    - **d.** 방법

15. FTP는 _____의 서비스를 사용한다.
    - **a.** UDP
    - **b.** IP
    - **c.** TCP
    - **d.** 정답 없음

16. FTP는 _____ 개의 잘 알려진 포트가(들이) 사용된다.
    - **a.** 한
    - **b.** 두

c. 세   **d.** 네

17. FTP 세션 동안 제어 연결은 _____ 열린다.
    a. 한 번   **b.** 두 번
    c. 수차례   **d.** 정답 없음

18. FTP 세션 동안 데이터 연결은 _____ 열린다.
    a. 오직 한 번   **b.** 오직 두 번
    c. 필요한 만큼   **d.** 정답 없음

19. FTP에서 파일은 레코드, 페이지, 바이트 스트림으로 구성될 수 있다. 이들은 _____이라 불리는 속성 유형이다.
    a. 파일 유형   **b.** 데이터 구조
    c. 전송 모드   **d.** 정답 없음

20. FTP에서 _____에는 세 가지 유형이 있다: 스트림, 블럭, 압축
    a. 파일 유형   **b.** 데이터 유형
    c. 전송 모드   **d.** 정답 없음

21. FTP에서 ASCII, EBCDIC, 그리고 이미지는 _____이라 불리는 속성으로 정의한다.
    a. 파일 유형   **b.** 데이터 구조
    c. 전송 모드   **d.** 정답 없음

22. FTP에서 _____할 때, 그것은 클라이언트로부터 서버로 복사된다.
    a. 파일 검색   **b.** 파일 저장
    c. 파일 열기   **d.** 정답 없음

23. 공통의 시나리오에서 전자메일 시스템은 _____가 필요하다.
    a. 두 개의 UA와 두 개의 MTA 그리고 한 개의 MAA
    b. 두 개의 UA와 두 개의 MTA 그리고 두 개의 MAA
    c. 두 개의 UA와 두 쌍의 MTA 그리고 한 쌍의 MAA
    d. 두 개의 UA와 두 쌍의 MTA 그리고 두 쌍의 MAA

24. _____는 송신 또는 수신 메시지의 처리를 쉽게 만들기 위해 사용자에게 서비스를 제공한다.
    a. MTA   **b.** MAA
    c. UA   **d.** 정답 없음

25. 전자메일 메시지는 _____와 _____을 포함하고 있다.
    a. 헤더; 봉투   **b.** 헤더; 몸체
    c. 봉투; 몸체   **d.** 정답 없음

26. 인터넷에서 전자메일 주소는 _____와 _____의

두 파트로 구성되어 있다.
    a. 로컬 부분; 도메인 이름
    b. 글로벌 부분; 도메인 이름
    c. 레이블; 도메인 이름
    d. 로컬 부분; 레이블

27. _____는 ASCII가 아닌 데이터를 전자메일을 통해 보낼 수 있게 해주는 보조 프로토콜이다.
    a. SMTP   **b.** MPEG
    c. MIME   **d.** POP

28. 인터넷에서 MTA 클라이언트 및 서버를 정의하는 공식적인 프로토콜은 _____라고 부른다.
    a. SMTP   **b.** SNMP
    c. TELNET   **d.** SSH

29. SMTP는 _____ 프로토콜이다.
    a. 당겨오기
    b. 밀어 넣기
    c. 밀어 넣기 및 당겨오기
    d. 정답 없음

30. 메시지 액세스 프로토콜은 _____ 프로토콜이다.
    a. 당겨오기
    b. 밀어 넣기
    c. 밀어 넣기 및 당겨오기
    d. 정답 없음

31. _____ 인코딩 기법에서 각 24비트는 4개의 6비트 덩어리가 되고 결국엔 32비트가 보내진다.
    a. 8 bit   **b.** binary
    c. base 64   **d.** quoted-printable

32. _____ 인코딩 기법에서 비 ASCII 문자는 3개의 문자로 보내진다.
    a. 8 bit   **b.** base 64
    c. quoted-printable **d.** binary

33. TELNET은 _____의 약어이다.
    a. terminal network
    b. telephone network
    c. telecommunication network
    d. 정답 없음

34. 사용자가 로컬 시분할 시스템에 로그인하면, 그것은 _____ 로그인이라고 부른다.
    a. 로컬   **b.** 원격

c. 로컬 또는 원격   d. 정답 없음

35. 사용자가 원격 머신에 있는 응용프로그램이나 유틸리티에 접근을 원하면, 그(그녀)는 _____ 로그인을 수행한다.

a. 로컬   b. 원격
c. 로컬 또는 원격   d. 정답 없음

36. 네트워크 가상터미널(NVT)은 두 세트의 문자를 사용한다. 하나는 _____를 위한 것이고 또 하나는 _____를 위한 것이다.

a. 송신; 수신   b. 요청; 회신
c. 데이터; 제어   d. 정답 없음

37. 데이터에 대해 NVT는 최상위 비트가 _____인 US ASCII 문자를 사용한다.

a. 1   b. 0
c. 1 또는 0   d. 정답 없음

38. 제어를 위해 NVT는 최상위 비트가 _____인 US ASCII 문자를 사용한다.

a. 1   b. 0
c. 1 또는 0   d. 정답 없음

39. _____는 로컬 문자를 NVT 문자로 변환한다.

a. 터미널 드라이버   b. TELNET 클라이언트
c. TELNET 서버   d. 가상터미널 드라이버

40. _____는 NVT 문자를 원격 운영체제에서 이용될 수 있는 폼으로 변환한다.

a. 터미널 드라이버   b. TELNET 클라이언트
c. TELNET 서버   d. 가상터미널 드라이버

41. SSH에서의 _____ 컴포넌트는 기밀성, 무결성, 인증 그리고 압축을 제공한다.

a. SSH 응용   b. SSH-AUTH
c. SSH-CONN   d. SSH-TRAN

42. 포트 전달은 _____ 이다.

a. 한 포트에서 다른 포트로 메시지를 전달하는 데 사용하는 프로토콜
b. 잘 알려진 포트로 임시 포트를 변경하는 절차
c. SSH에 의해 제공되는 보안 서비스를 제공하지 않는 응용프로그램에 대한 보안 채널을 생성하는 서비스
d. 정답 없음

43. _____ 네임 공간에서 네임은 구조가 없는 문자의 연속이다.

a. 선형   b. 수평
c. 계층적   d. 조직적

44. _____ 네임 공간에서 각각의 이름은 여러 부분으로 구성된다.

a. 선형   b. 수평
c. 계층적   d. 조직적

45. DNS에서 이름은 _____ 구조로 정의된다.

a. 선형 리스트   b. 역트리
c. 3차원   d. 정답 없음

46. DNS 트리의 루트는 _____이다.

a. 127문자의 스트링   b. 63문자의 스트링
c. 15문자의 스트링   d. 비어있는 스트링

47. 도메인 네임 공간에서 완전한 도메인 네임은 _____으로 나눠진 일련의 레이블이다.

a. 콜론   b. 세미콜론
c. 점   d. 콤마

48. 도메인 네임 공간에서 레이블이 널 스트링으로 끝난다면 이는 _____이다.

a. PQDN   b. CQDN
c. SQDN   d. 정답 없음

49. 도메인 네임 공간에서 레이블이 널 스트링으로 끝나지 않는다면 이는 _____이다.

a. FQDN   b. PQDN
c. SQDN   d. 정답 없음

50. 도메인 네임 공간에서 _____은(는) 도메인 네임 공간의 서브트리이다.

a. 레이블   b. 네임
c. 도메인   d. 정답 없음

51. 도메인 네임 공간에서 서버가 책임을 가지고 있거나 권한을 가지는 곳을 _____이라 한다.

a. 도메인   b. 레이블
c. 지역   d. 정답 없음

52. _____ 서버는 지역이 전체 트리로 구성된 서버이다.

a. 도메인   b. 지역
c. 루트   d. 일차

53. _____ 서버는 권한이 있는 영역에 대한 파일을 저장한다.

a. 1차　　　　　　b. 2차
c. 지역　　　　　　d. 루트

54. _____ 서버는 다른 서버로부터 지역에 대한 완벽한 정보를 전송한다.

a. 1차　　　　　　b. 2차
c. 지역　　　　　　d. 루트

55. 인터넷에서 국가 도메인 섹션은 _____ 나라 약어를 사용한다.

a. 2문자　　　　　b. 3문자
c. 4문자　　　　　d. 정답 없음

56. _____ 해석에서 해석기는 서버로부터 최종 응답 받기를 기대한다.

a. iterative　　　　b. recursive
c. straight　　　　d. 정답 없음

57. _____ 해석에서 서버는 질의를 해석할 수 있다고 생각하는 서버의 IP 주소를 반환한다.

a. iterative　　　　b. recursive
c. straight　　　　d. 정답 없음

58. DNS는 _____의 서비스를 사용할 수 있다.

a. UDP　　　　　　b. TCP
c. UDP 또는 TCP　d. 정답 없음

59. 등록관, 즉 _____에 의해 인가를 받은 상업 법인은 DNS 데이터베이스에 새로운 도메인을 추가하기 위한 책임이 있다.

a. NIC　　　　　　b. ICANN
c. ISOC　　　　　d. IEFE

60. 집중형 대등-대-대등 네트워크에서 디렉토리 시스템은 _____ 페러다임을 이용한다; 파일의 저장과 다운로드는 _____ 페러다임을 이용한다.

a. 클라이언트-서버; 클라이언트-서버
b. 대등-대-대등; 클라이언트-서버
c. 클라이언트-서버; 대등-대-대등
d. 대등-대-대등; 대등-대-대등

61. Napster는 _____ 대등-대-대등 네트워크의 예이다.

a. 집중형　　　　　b. 구조적-분산적
c. 비구조적-분산적　d. 정답 없음

62. Gnutella는 _____ 대등-대-대등 네트워크

의 예이다.

a. 집중형　　　　　b. 구조적-분산적
c. 비구조적-분산적　d. 정답 없음

63. BitTorrent는 _____ 대등-대-대등 네트워크의 예이다.

a. 집중형　　　　　b. 구조적-분산적
c. 비구조적-분산적　d. 정답 없음

64. 구조적-분산적 대등-대-대등 네트워크에서 _____이다.

a. 디렉토리 시스템은 중앙에서 유지된다.
b. 파일을 찾기 위한 질의는 네트워크를 통하여 전달되어야 한다.
c. 미리 정의된 규칙의 집합은 쿼리가 효과적이고 효율적으로 해결될 수 있도록 노드를 연결하는 데 사용된다.
d. 정답 없음

65. DHT기반 네트워크에서 각 단은?

a. 전체 네트워크에 대한 부분적 지식을 갖고 있다.
b. 전체 네트워크에 대한 전체 지식을 갖고 있다.
c. 그것의 뒷단에 대한 지식을 갖고 있다.
d. 정답 없음

66. Finger table은 _____에서 사용하는 라우팅 테이블이다.

a. Gnutella　　　　b. Pastry
c. Kademlia　　　　d. 정답 없음

67. 다음 중 코드 인터페이스가 아닌 것은?

a. Lookup　　　　b. Fix node
c. Stabilize　　　　d. Join

68. _____에서 키는 식별자가 숫자적으로 그 키에 가장 가까운 노드에 저장된다.

a. Chord　　　　　b. Pastry
c. Kademlia　　　　d. 정답 없음

69. 질의를 풀기 위해 _____는 라우팅 테이블과 리프 셋 두 가지 개체를 사용한다.

a. Chord　　　　　b. Pastry
c. Kademlia　　　　d. 정답 없음

70. Kademlia에서 두 식별자(노드 또는 키) 간의 거리는 그들 간의 bitwise-_____로 측정된다.

a. AND　　　　　　b. NOR

c. OR   **d.** 정답 없음

71. _____에서 노드 및 데이터 항목은 이진 트리의 잎에서 배포 2 m 지점의 식별자 공간을 만들 *m*-bit 식별자이다.

    a. Chord   **b.** Pastry

    c. Kademlia   **d.** 정답 없음

72. Kademlia에서 네트워크 상의 각 노드는 이진 트리를 _____ 하는 *m*개의 하위트리로 분할한다.

a. 그 노드 자체를 포함

b. 그 노드 자체를 미포함

c. 그 노드 자체와 다음 노드를 포함

d. 정답 없음

73. Trackerl 없는 BitTorrent는 추적 작업을 할 _____ DHT를 사용한다.

    a. Chord   **b.** Pastry

    c. Kademlia   **d.** 정답 없음

2.9.2 응용 연습문제

1. 우리가 응용프로그램 계층에 새로운 프로토콜을 추가한다고 가정하자. 다른 계층들에서 우리는 어떤 변화를 주어야 하는가?

2. 서비스를 제공하는 개체와 클라이언트-서버 패러다임에서 받는 서비스 한 가지를 설명하라.

3. 클라이언트-서버 패러다임에서 클라이언트는 필요할 때만 실행되지만 서버는 왜 매시간 실행되는지 설명하라.

4. UDP의 서비스를 사용하도록 작성한 프로그램이 TCP가 설치된 컴퓨터에서 전송 계층 프로토콜 전용인가? 설명하라.

5. 주말 동안 앨리스는 종종 그녀의 홈 노트북에서 그녀의 사무실 데스크탑에 저장된 파일을 접근할 수 있어야 한다. 지난 주 그녀는 그녀의 사무실 데스크탑에 접근하여 FTP 서버의 복사를, 그리고 집의 노트북에 FTP 클라이언트의 복사를 설치했다. 그녀는 주말 동안 그녀의 파일에 접근할 수 없어 실망했다. 무엇이 잘못된 것인가?

6. 개인용 컴퓨터에 설치되어 있는 운영체제의 대부분은 여러 클라이언트 프로세스와 함께 있지만, 일반적으로 서버 처리가 아니다. 이유를 설명하라.

7. 새로운 응용프로그램은 클라이언트-서버 패러다임을 사용하여 설계되어 있다. 만약 작은 메시지가 클라이언트와 서버 간에 메시지 손실이나 변조의 걱정 없이 메시지를 교환할 필요가 있을 때, 어떤 전송 계층 프로토콜을 추천할 수 있는가?

8. 다음 중 데이터의 소스가 될 수 있는 것은?

a. 키보드   **b.** 모니터   **c.** 소켓

9. 소스 소켓 주소는 IP 주소와 포트번호의 조합이다. 각 섹션 식별 방법을 설명하라.

10. 클라이언트 프로세스가 원격 소켓 주소에 삽입된 IP 주소와 포트번호를 발견하는 방법을 설명하라.

11. 만약 HTTP가 서버 사이트에서 프로그램을 실행할 필요가 있다고 요구하고 클라이언트 서버에 결과를 다운로드할 경우 프로그램은 ____의 예이다.

    a. static document

    b. dynamic document

    c. active document

12. 영구적인 접속을 필요로 하는 새로운 클라이언트-서버 응용프로그램 설계를 한다고 가정하자. 새로운 응용프로그램에 대한 기본 전송 계층 프로토콜로 UDP 사용이 가능한가?

13. 앨리스가 밥이 관심이 있는 비디오 클립을 가지고 있다. 밥이 가진 비디오 클립은 앨리스가 관심을 가지고 있다. 밥은 웹페이지를 제작하고 HTTP 서버를 실행한다. 앨리스는 밥의 클립을 어떻게 얻을 수 있는가? 밥은 앨리스의 클립을 어떻게 얻을 수 있는가?

14. HTTP 서버가 HTTP 클라이언트로부터 요청 메시지를 받았을 때, 서버는 모든 헤더가 언제 도착을 했고, 메시지의 내용을 어떻게 따르는지 아는가?

15. 비영구적인 HTTP 연결에서 HTTP는 어떻게 메시지의 끝에 도달된 TCP 프로토콜을 어떻게 통보하는가?

16. FTP의 제어 및 데이터 연결과 유사한 통신에서 두 개의 연결을 별도로 사용할 때, 우리의 일상적인 생

활에 비유를 찾을 수 있는가?

17. FTP는 제어 및 데이터 연결을 위한 두 개의 잘 알려진 포트번호를 사용한다. 이것은 두 개의 TCP 연결을 제어 정보와 데이터 교환을 위해 만들어진 것을 의미하는가?

18. FTP는 제어 정보와 데이터 교환을 위한 TCP의 서비스를 사용한다. FTP가 이 두 개의 연결 중 하나만 UDP 서비스를 사용할 수 있는가?

19. FTP에서 어떤 개체(클라이언트 또는 서버)가 직접적으로 컨트롤 연결을 시작하는가? 또 어느 쪽이 데이터 전송 연결을 시작하는가?

20. FTP 세션이 완료되기 전에 제어 연결이 단절될 경우 어떤 상황이 발생하는가? 데이터 연결에 어떤 영향을 주는가?

21. FTP 환경에서 만약 클라이언트가 서버 사이트로부터 하나의 파일을 검색하고, 하나의 파일을 저장할 필요가 있다면 얼마나 많은 컨트롤 연결과 데이터 전송 연결이 필요한가?

22. FTP에서 서버가 클라이언트 사이트에서 파일을 검색할 수 있는가?

23. FTP에서 서버는 클라이언트로부터 파일이나 디렉토리 리스트를 얻을 수 있는가?

24. FTP는 두 호스트 사이에서 다른 파일 형식을 가지고 다른 운영체제를 사용함으로써 파일을 전송할 수 있다. 이유가 무엇인가?

25. FTP는 제어 연결을 하는 동안 명령과 응답 교환을 위한 메시지 형식을 가지고 있는가?

26. FTP는 파일 교환 메시지 형식, 또는 파일 전송을 하는 동안 연결 디렉토리/파일의 목록을 가지고 있는가?

27. FTP에서 데이터 전송 연결 없이 제어 연결을 할 수 있는가?

28. FTP에서 제어 연결 없이 데이터 전송 연결을 할 수 있는가?

29. FTP를 사용하여 오디오를 다운로드한다고 가정하자. 명령에 어떤 파일 형식을 지정해야 하는가?

30. HTTP, FTP 둘 다 서버에서 파일을 검색할 수 있다. 파일을 다운로드하기 위해선 어느 프로토콜을 사용해야 하는가?

31. SMTP에서 HELO, MAIL FROM 명령어는 둘 다 필요한가? 왜 또는 왜 안되는지 설명하라.

32. 텍스트의 그림 2.20에서 envelope의 MAIL FROM과 header에 있는 FROM의 차이점은 무엇인가?

33. 앨리스는 이메일을 확인하지 않고 긴 여행을 다녀왔다. 그녀는 친구들이 그녀에게 전송한 일부 메일과 첨부 파일을 잃은 것을 알았다. 무엇이 문제가 될 수 있는가?

34. TELNET 클라이언트는 문자를 표현하기 위해 ASCII를 사용하지만, TELNET 서버가 문자를 표현하기 위해 EBCDIC을 사용한다고 가정한다. 문자 표현이 다른 경우 어떻게 클라이언트가 서버에 로그할 수 있는가?

35. TELNET 응용프로그램에는 FTP 또는 HTTP에선 찾을 수 있는 사용자가 파일을 전송하거나 웹페이지에 접근할 수 있는 명령이 없다. 응용프로그램을 유용하게 사용하려면 어떤 방법이 있는가?

36. 호스트는 FTP 또는 HTTP와 같은 다른 클라이언트-서버 응용프로그램에서 제공하는 서비스를 받을 수 있는 TELNET 클라이언트를 사용할 수 있는가?

37. DNS에서 다음 중 FQDNs와 PQDNs는?
    a. xxx
    b. xxx.yyy.net
    c. zzz.yyy.xxx.edu

38. DHT 기반의 네트워크에서 $m = 4$라고 가정하자. 만약 노드 ID의 해시가 18이라고 할 때, DHT 공간에서 노드의 위치는 어디인가?

39. DHT 기반의 네트워크에서 노드 4는 키 18의 파일을 가지고 있다고 가정하자. 키 18에 가장 가까운 다음 노드는 20이다. 어디에 파일이 저장되었는가?
    a. in the direct method
    b. in the indeirect method

40. Chord 네트워크에서 우리는 노드 N5와 키 k5를 가지고 있다. N5는 k5의 전임자인가? 아니면 후임자인가?

41. Kademlia 네트워크에서 ID 공간의 크기는 1024이다.

이진 트리의 높이는 몇인가? (root에서 각 leaf 사이의 거리) leaf의 개수는 몇 개인가? 각 노드를 위한 서브 트리의 개수는 몇 개인가? 각 라우팅 테이블에서 줄의 개수는 몇 개인가?

42. Kademlia에서 $m = 4$, 활성 노드는 N4, N7 그리고 N12라고 가정하자. 이 시스템에서 키 k3은 어디에 저장되는가?

2.9.3 심화문제

1. www.common.com이란 도메인 이름을 가진 서버가 있다고 가정하자.

   a. 문서를 검색할 때 HTTP 요청은 /usr/users/doc으로 표시하라. 클라이언트는 MIME 버전 1에서 GIF 또는 JPEG 이미지를 허용하지만 4일 이상 된 문서는 안 된다.

   b. 요청이 성공하려면 HTTP에서 파트 a에 대한 응답을 보여라.

2. HTTP에서 서버에 등록된 고객만 서버에 액세스할 수 있는 시나리오에서 쿠키의 응용프로그램을 그림으로 보여라.

3. HTTP에서 두 사이트를 사용하는 웹 포탈에서 쿠키의 응용프로그램을 그림으로 보여라.

4. HTTP에서 광고에 대한 쿠키를 사용하는 시나리오에서 쿠키의 응용프로그램을 그림으로 보여라. 세 개의 사이트를 사용하라.

5. 클라이언트 네트워크의 일부인 프록시 서버의 사용을 보여주는 다이어그램을 그려라.

   a. 프록시 서버에 응답을 저장했을 때 클라이언트, 프록시 서버, 그리고 타겟 서버 간 트랜잭션을 보여라.

   b. 프록시 서버에 응답을 저장하지 못했을 때, 클라이언트, 프록시 서버, 그리고 타겟 서버 간 트랜잭션을 보여라.

6. 1장에서 언급한 TCP/IP 제품군은 OSI 모델과는 달리, 표현 계층이 없다. 그러나 응용프로그램 계층 프로토콜이 필요한 경우, 계층에 정의된 기능의 일부를 포함할 수 있다. HTTP는 표현 계층 기능이 있는가?

7. HTTP 버전 1.1은 기본적인 연결로 영구적인 연결을 정의한다. RFC 2616를 사용하여 클라이언트 또는 서버가 기본 상황을 바꿀 수 있는 방법은 무엇인가?

8. 1장에서 언급한 TCP/IP 제품군은 OSI 모델과는 달리, 세션 계층이 없다. 그러나 응용프로그램 계층 프로토콜이 필요한 경우, 계층에 정의된 기능의 일부를 포함할 수 있다. HTTP는 세션 계층 기능이 있는가?

9. SMTP에서 발송자가 형식되지 않은 텍스트를 보낸다. MIME 헤더를 보여라.

10. SMTP에서

    a. 1,000바이트의 비 ASCII 메시지는 기본 64를 사용하여 인코딩된다. 인코딩된 메시지는 몇 바이트인가? 몇 바이트가 중복되는가? 전체 메시지에서 중복 바이트의 비율은 몇인가?

    b. 1,000바이트의 메시지가 인용-인쇄를 사용하여 인코딩된다. 메시지는 90%의 ASCII와 10%의 비 ASCII 문자로 구성되어 있다. 인코딩된 메시지는 몇 바이트인가? 얼마나 많은 바이트가 중복되는가? 전체 메시지에서 중복 바이트의 비율은 몇인가?

    c. 이전 두 가지 경우의 결과를 비교하라. 만약 메시지가 ASCII와 비 ASCII로 조합된다면 얼마나 효율이 향상하는가?

11. 다음 기본 64 메시지를 인코드하라.

    01010111 00001111 11110000

12. 다음 인용-인쇄 메시지를 인코드하라.

    01001111 10101111 01110001

13. RFC 1939에 따르면, POP3 세션은 다음 closed, authorization, transaction, update 4개의 상태 중 하나이다. 이 4개의 상태와 POP3가 그들 사이의 움직임을 보여주는 다이어그램을 그려라

14. POP3 프로토콜은 몇 기본 명령어가 있다(각 클라이언트/서버는 구현할 필요가 있다). RFC 1939의 정보를 보면, 다음과 같이 사용되는 기본 명령어의 의미와 사용을 찾아라.

    a. STAT   b. LIST   c. DELE 4

15. POP3 프로토콜은 선택적인 명령어가 있다(클라이언트/서버는 구현할 수 있다).

    RFC 1939의 정보를 보면, 다음과 같이 사용되는 선택적 명령어의 의미와 사용을 찾아라.

    a. UIDL   b. TOP 1 15

    c. USER   d. PASS

16. RFC 1939를 사용하여 POP3 클라이언트가 다운로드 &유지 모드에 있다고 가정하자. 클라이언트가 서버로부터 192와 300바이트의 두 메시지를 다운로드할 경우, 클라이언트와 서버 사이의 트랜잭션을 보여라.

17. FC 1939를 사용하여, POP3 클라이언트가 다운로드 &삭제 모드에 있다고 가정하자. 클라이언트가 서버로부터 230과 400바이트의 두 메시지를 다운로드할 경우, 클라이언트와 서버 사이의 트랜잭션을 보여라.

18. 1장에서 언급한 TCP/IP 제품군은 OSI 모델과는 달리, 표현 계층이 없다. 그러나 응용프로그램 계층 프로토콜이 필요한 경우, 계층에 정의된 기능의 일부를 포함할 수 있다. SMTP는 표현 계층의 특징을 가지고 있는가?

19. 1장에서 언급한 TCP/IP 제품군은 OSI 모델과는 달리, 표현 계층이 없다. 그러나 응용프로그램 계층 프로토콜이 필요한 경우, 계층에 정의된 기능의 일부를 포함할 수 있다. SMTP 또는 POP3는 세션 계층의 특징을 가지고 있는가?

20. FTP에서 John이라는 이름을 가진 클라이언트가 서버의 /top/videos/general이라는 디렉토리에 video2라는 비디오 클립을 저장한다고 가정하자. 만약 클라이언트가 임시 포트번호를 56002로 선택했을 경우 클라이언트와 서버 사이에 교환하는 명령어와 응답어를 보여라.

21. FTP에서 Jane는 임시 포트 61017을 사용하여 /usr/usrs/report 디렉토리에서 huge라는 EBCDIC 파일을 검색하길 원한다. 파일을 전송하기 전에 압축하기에는 너무 크다. 모든 명령과 응답을 보여라.

22. FTP에서 Jan은 /usr/usrs/letters 디렉토리 아래 Jan이라 불리는 새로운 디렉토리를 만들길 원한다. 모든 명령과 응답을 보여라.

23. FTP에서 Maria는 /usr/usrs/report 디렉토리에서 file1이란 파일을 /usr/usrs/letters 디렉토리로 옮기길 원한다. 이것은 이름을 바꿀 파일의 경우이다. 먼저 기존 파일의 이름을 주고 다음 새 이름을 정의해야 한다. 모든 명령과 응답을 보여라.

24. 1장에서 언급한 TCP/IP 제품군은 OSI 모델과는 달리, 표현 계층이 없다. 그러나 응용프로그램 계층 프로토콜이 필요한 경우, 계층에 정의된 기능의 일부를 포함할 수 있다. FTP는 어떤 표현 계층의 특징을 가지고 있는가?

25. 1장에서 언급한 TCP/IP 제품군은 OSI 모델과는 달리, 표현 계층이 없다. 그러나 응용프로그램 계층 프로토콜이 필요한 경우, 계층에 정의된 기능의 일부를 포함할 수 있다. FTP는 어떤 세션 계층의 특징을 가지고 있는가?

26. 코드에서 식별자 공간의 크기를 16이라고 가정한다. 활성 노드는 N3, N6, N8, 그리고 N12이다. 노드 N6에 대한 핑거 테이블(단, 타겟-키 및 후속 열)을 표시하라.

27. 코드에서 노드 N12의 후임자는 N17이라고 가정하자. 노드 N12가 다음 키 중 어떤 키의 전신인인지를 찾아라.

28. $m = 4$이고, DHT를 사용한 코드 네트워크에서 식별자 공간과 K5, K9와 K14 세 개의 키와 N3, N8, N11 그리고 N13 네 개의 주소를 가진 노드를 그려라. 노드가 각 키에 대한 책임이 있는지 확인하라. 각 노드에 대해 핑거 테이블을 만들어라.

29. $m = 4$인 코드 네트워크에서 노드 N2는 N4, N7, N10 그리고 N12의 핑거 테이블 값을 가진다. N2는 키의 전신인인 경우 각각에 대한 다음 키를 먼저 찾아라. 만약 없다면 N2가 전임자를 쉽게 찾을 수 있도록 접촉이 가능한 노드(가장 가까운 전신인)를 찾을 수 없다.
   a. k1   b. k6
   c. k9   d. k13

30. 본문의 예제 2.16에서 노드 N12가 키 k7을 위한 책임 노드를 찾아야 한다고 가정하고 다시 풀어보자. 힌트: modulo 32에서 발생하는 간격을 확인하는 것이 가능한 것을 기억하라.

31. 본문의 예제 2.16에서 노드 N5가 키 k16을 위한 책임 노드를 찾아야 한다고 가정하고 다시 풀어보자. 힌트: modulo 32에서 발생하는 간격을 확인하는 것이 가능한 것을 기억하라.

32. 패스트리에서 주소 공간이 16이고 $b = 2$라고 가정하자. 주소 공간의 수치는? 식별자의 리스트는?

33. $m = 32$, $b = 4$인 패스트리 네트워크에서 라우팅 테이블과 리프 셋의 크기는 몇인가?

34. 16과 $b=2$의 주소 공간을 가진 패스트리를 위한 라우팅 테이블의 아웃라인을 보여라. 노드 N21의 라우팅 테이블에서 각 셀에 대한 몇 가지 항목은 제공한다.

35. $m=4$, $b=2$이고, DHT를 이용한 패스트리 네트워크에서 네 개의 노드 N02, N11, N20, 그리고 N23, 그리고 세 개의 키 k00, k12 그리고 k24를 가지고 식별자 공간을 그려라. 어느 노드가 각 키에 대한 책임이 있는지 결정하라. 또한 각 노드의 리프 셋과 라우팅 테이블을 보여라. 비록 비현실적이어도, 각 두 노드의 사이에 근접적 통계가 수치적인 친밀감에 기반을 둔다고 가정한다.

36. 이전 문제에서 다음과 같은 질문에 답하라.
 a. 노드 N02가 k24에 대한 책임 노드를 찾기 위한 쿼리 응답 방법을 보여라
 b. 노드 N20이 k12에 대한 책임 노드를 찾기 위한 쿼리 응답 방법을 보여라

37. 본문의 그림 2.55에서 바이너리 트리를 이용하여 노드 N11의 서브트리를 보여라.

38. 본문의 그림 2.56에서 라우팅 테이블을 이용하여 만약 노드 N0이 K12의 책임 노드를 위한 검색 메시지를 받았을 때 경로를 보여라.

39. $m=4$인 Kademlia 네트워크에 활성 노드인 N2, N3, N7, N10, 그리고 N12가 있다. 각 활성 노드를 위한 라우팅 테이블을 찾아라(단, 하나의 열에서).

40. 본문의 그림 2.60에서 서버는 클라이언트가 서비스를 어떻게 요청받는지 어떻게 아는가?

41. 본문의 그림 2.62에서 소켓은 서버 사이트에서 전송하는 데이터를 어떻게 만드는가?

42. 표 2.25에서 문자열을 전송하고 응답을 서버에서 접수하고 처리할 수 있는 TCP 클라이언트 프로그램을 만들고 싶다고 가정하자. 방법을 보여라.

2.10 시뮬레이션 실험

2.10.1 애플릿(Applets)

우리는 이번 장에서 논의된 주요 개념들의 몇몇을 자바 애플릿으로 만들었다. 학생들이 책의 웹 사이트에서 이 애플릿을 활성화해 보고 조심스럽게 프로토콜을 조사하길 강력히 추천한다.

2.10.2 실험 과제(Lab Assignments)

1장에서 우리는 Wireshark를 다운로드하고 설치했다. 그리고 그것의 기본적인 특징을 배웠다. 이번 장에서 Wireshark를 사용하여 몇몇 어플리케이션 계층 프로토콜들을 조사하고 캡처한다. 우리는 Wireshark를 사용하여 HTTP, FTP, TELNET, SMTP, POP3 그리고 DNS 여섯 프로토콜을 시뮬레이션 한다.

1. 첫 번째 lab에서 우리는 HTTP를 이용하여 웹페이지 검색을 한다. 우리는 분석을 위해 패킷을 캡처하는 Wireshark를 사용한다. 일반적인 HTTP 메시지에 관해 배운다. 또한 메시지 응답 캡처와 그것들을 분석한다. lab 세션 동안 몇몇 HTTP 헤더들은 또한 조사하고 분석된다.

2. 두 번째 lab에서 우리는 FTP를 이용하여 몇몇 파일을 전송한다. Wireshark를 이용하여 패킷을 캡처한다. FTP를 이용하여 두 개의 분리된 연결(컨트롤 연결과 데이터 전송 연결)을 보인다. 데이터 연결은 파일 각각의 전송 행위에 대해 열리고 닫힌다. 또한 FTP가 안전하지 않은 파일 전송 프로토콜임을 보여준다. 왜냐하면 일반 텍스트 상에서 전송이 이루어지기 때문이다.

3. 세 번째 lab에서 우리는 TELNET 프로토콜에 의해 교환되는 패킷들을 Wireshark를 이용하여 캡처한다. FTP에서처럼 캡처된 패킷에서 세션 동안의 명령과

응답을 관찰할 수 있다. TELNET는 FTP와 같이 비밀번호를 포함하여 단순한 텍스트로 모든 데이터를 전송하기 때문에 해킹에 취약하다.

4. 네 번째 lab에서 우리는 SMTP 프로토콜을 조사한다. 우리는 이메일을 전송하고 Wireshark를 이용하여 클라이언트와 서버 간에 교환하는 SMTP 패킷의 형식과 콘텐츠를 조사한다. 텍스트에서 논의한 세 가지 단계가 SMTP 세션에 존재하는지 확인한다.

5. 다섯 번째 lab에서 우리는 POP3 프로토콜의 행위와 상태를 조사한다. 우리는 POP3 서버에 우리의 메일박스에 저장된 메일들을 검사하고 관찰하고 POP3의 상태를 분석하고 Wireshark를 통해 패킷을 분석함으로써 교환되는 메시지의 콘텐츠와 유형을 분석한다.

6. 여섯 번째 lab에서 우리는 DNS 프로토콜의 가동을 분석한다. Wireshark와 추가로 여러 네트워크 유틸리티로 DNS 서버에 저장되어 있는 몇 가지 정보를 찾을 수 있다. 이 실험에서 우리는 *dig* 유틸리티(*ns*검색을 교체한)를 사용한다. 또한 호스트 컴퓨터에서 캐시된 DNS 기록을 관리하는 *ipconfig*를 사용한다. 우리가 이 유틸리티를 사용했을 때, 우리는 Wireshark를 설정하여 이 유틸리티들을 통해 보내는 패킷들을 캡처한다.

2.11 프로그래밍 과제

컴퓨터 언어를 선택, 사용하여 다음과 같은 프로그램을 작성하고, 컴파일하고 테스트하라.

1. 표 2.22에 있는 UDP 서버 프로그램보다 더 일반적인 프로그램을 작성하라. 요청을 받고, 요청을 진행하고, 그리고 응답을 다시 전송하라.

2. 표 2.23에 있는 UDP 클라이언트 프로그램보다 더 일반적인 클라이언트 프로그램에서 만들어진 모든 요청을 보낼 수 있는 프로그램을 작성하라.

3. 표 2.24에 있는 TCP 서버 프로그램보다 더 일반적인 프로그램을 작성하라: 요청을 받고, 요청을 진행하고, 그리고 응답을 다시 전송하라.

CHAPTER 3

전송 계층

T CP/IP에서의 전송 계층은 응용 계층과 네트워크 계층 사이에 위치하고 있다. 전송 계층은 어플리케이션 계층에게 서비스들을 제공하고, 네트워크 계층으로부터 서비스들을 수신한다. 전송 계층은 프로세스 간의 통신에서 클라이언트 프로그램과 서버프로그램 사이의 연결과 같은 기능을 수행한다. 전송 계층은 TCP/IP 프로토콜 모음의 핵심이다. 이것은 데이터를 어느 한 지점에서 다른 인터넷으로 전송하기 위한 end-to-end의 논리적 이동수단이다. 이 장에서는 새로운 기술적 요소를 소개하고 몇몇의 이슈에 대해 논의하기 때문에 약간 긴 분량이 될 것이다. 그러나 이 장에서 다루는 내용은 꼭 필요한 내용들로 구성되어 있다. 우리는 3장을 3개의 절로 나눈다.

❑ 첫 번째 절에서는 전송 계층으로부터 요구하는 일반적인 서비스를 소개한다. 일반적인 서비스에는 프로세스 간의 통신, 주소, 다중화 그리고 역다중화, 오류, 흐름, 혼잡제어 등이 있다.

❑ 두 번째 절에서 Stop-and-Wait, Go-Back-N, Selective-Repeat 등 일반적인 전송 계층 프로토콜들에 대해 논의한다. 이러한 프로토콜들은 실제 전송 계층 프로토콜에서 제공됨으로써 흐름과 오류 제어 서비스에 집중한다. 이러한 프로토콜들의 이해를 통해 UDP와 TCP 프로토콜의 설계와 그것들이 설계된 이유를 보다 더 잘 이해할 수 있도록 도와준다.

❑ 세 번째 절은 이 장에서 다루는 두 프로토콜 중 더 간단한 프로토콜인 UDP에 대해 다룬다. UDP는 다양한 서비스를 제공하지는 못하지만 전송 계층 프로토콜에서 요구되는 프로토콜이다. 그러나 이러한 간단함은 우리가 보여주는 몇몇의 어플리케이션들에서 매우 매력적이다.

❑ 네 번째 절은 TCP에 대해 다룬다. 첫 번째로 TCP의 서비스들과 특징들을 열거한다. 그리고 어떻게 TCP가 이행 다이어그램을 사용해 연결지향적인 서비스를 제공하는지 보여준다. 마지막으로 TCP에서 abstract windows를 사용한 흐름과 오류 제어를 보인다. TCP에서의 혼잡 제어는 다음 장인 네트워크 계층에서 다시 한 번 논의한다. 또한 TCP에서 제공되는 서로 다른 서비스를 사용하기 위한 목록과 TCP timer들의 기능을 제공한다. TCP는 또한 몇 가지 옵션들을 사용하는데 이는 이 교재의 웹 사이트에 수록되어 있다.

155

3.1 개요

전송 계층은 네트워크 계층과 응용 계층 사이에 위치한다. 전송 계층은 두 응용 계층 사이에서의 프로세스-대-프로세스 통신을 제공하는데, 하나는 로컬 호스트이고 다른 하나는 원격 호스트이다. 통신은 서로 다른 부분에 위치한 것과 같이 두 개의 응용 계층에서 논리적인 연결을 이용하여 제공받는 것을 의미한다. 이는 서로 간의 메시지를 보내고 받을 수 있는 가상의 직접 연결이다. 그림 3.1은 이러한 논리적 연결의 아이디어를 보여준다.

그림 3.1 ▎전송 계층에서의 논리적 연결

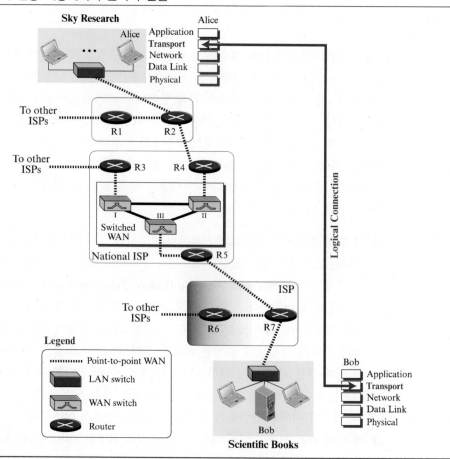

그림 3.1은 우리가 2장에서 응용 계층을 위해 사용한 그림 2.1과 같은 시나리오를 보인다. Sky Research 사에 있는 앨리스의 호스트와 Scientific Books 사에 있는 밥의 호스트 사이에는 전송 계층에서의 논리적인 연결이 만들어져 있다. 두 회사들은 전송 계층에서 그들 사이의 실제 연결을 통해 통신한다. 그림 3.1은 오직 전송 계층의 서비스를 사용하는 두 개의 시스템들(앨리스와 밥의 컴퓨터들)을 보여준다. 모든 중간에 존재하는 라우터들은 오직 처음 3개의 계층들만 이용한다.

3.1.1 전송 계층 서비스

1장에서 설명한 것과 같이 전송 계층은 네트워크 계층과 응용 계층 사이에 위치한다. 전송 계층은 응용 계층에게 서비스를 제공할 의무가 있다. 이를 위하여 전송 계층은 네트워크로부터 서비스를 제공받는다. 이 절에서는 전송 계층에서 제공하는 서비스에 대해서 살펴보고, 다음 절에서 여러 가지 전송 계층 프로토콜들을 살펴본다.

프로세스-대-프로세스 통신

전송 계층 프로토콜의 첫 번째 임무는 **프로세스-대-프로세스 통신(process-to-process communication)**을 제공하는 것이다. 프로세스는 전송 계층의 서비스를 이용하는 응용 계층 개체(즉, 구동 중인 프로그램)이다. 프로세스-대-프로세스 통신이 어떻게 제공되는지를 살펴보기 전에 먼저 호스트 대 호스트 통신과 프로세스-대-프로세스 통신의 차이에 대해서 이해할 필요가 있다.

네트워크 계층(4장에서 다룬다)은 컴퓨터 레벨에서의 통신에만 책임이 있다. 네트워크 계층 프로토콜은 목적지 컴퓨터에게만 메시지를 전송한다. 그렇지만 이것만으로 전송이 완료되었다고 할 수는 없다. 메시지는 올바른 프로세스에서 처리되어야 한다. 이것이 전송 계층 프로토콜이 수행해야 할 임무이다. 전송 계층 프로토콜은 메시지를 적절한 프로세스로 전송할 책임이 있다. 그림 3.2는 네트워크 계층과 전송 계층의 영역을 보여준다.

그림 3.2 ┃ 네트워크 계층 대 전송 계층

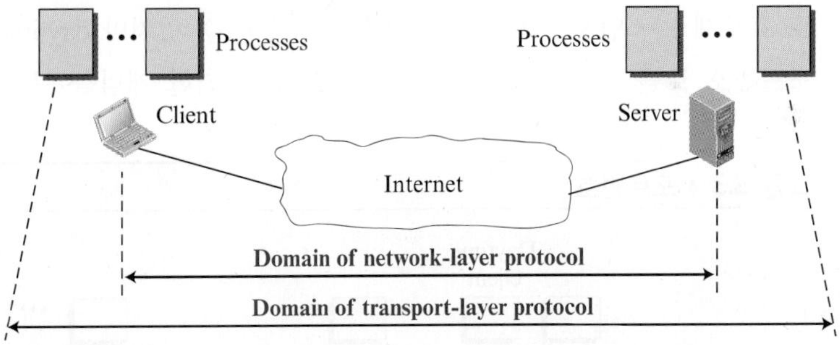

주소체계: 포트번호

프로세스-대-프로세스 통신을 수행하기 위한 여러 가지 방법이 있을 수 있지만 가장 보편적인 방법은 **클라이언트-서버 패러다임(client-sever paradigm)**(2장 참조)을 이용하는 것이다. 클라이언트라고 하는 로컬 호스트에 있는 프로세스는 보통 서버라고 하는 원격 호스트에 있는 프로세스로부터 제공되는 서비스를 필요로 한다.

두 프로세스(클라이언트와 서버)는 같은 이름을 가지고 있다. 예를 들어 원격 시스템으로부터 날짜와 시간을 얻기 위해서는 로컬 호스트에서 동작하는 daytime 클라이언트 프로세스와 원격 시스템에서 동작하는 daytime 서버 프로세스가 필요하다.

그렇지만 오늘날의 운영체제는 다중 사용자와 다중 프로그래밍 환경을 제공한다. 원격 컴퓨터는 동시에 여러 개의 서버 프로그램을 구동할 수 있으며, 마찬가지로 로컬 컴퓨터는 동시에 하나 이상의 클라이언트 프로그램을 구동할 수 있다. 따라서 통신을 위해서는 반드시 로컬 호스트, 로컬 프로세스, 원격 호스트, 그리고 원격 프로세스가 정의되어야 한다. 로컬 호스트와 원격 호스트는 IP 주소(4장에서 다룬다)를 이용하여 정의된다. 프로세스를 정의하기 위해서는 **포트번호(port number)**라고 하는 두 번째의 식별자가 필요하다. TCP/IP 프로토콜 모음에서 포트번호는 0과 65,535 사이의 정수이다(16비트).

클라이언트 프로그램은 **임시 포트번호(ephemeral port number)**라고 하는 임의의 포트번호로 자신을 지정한다. 임시(ephemeral)라는 단어는 단명하다는 것을 의미하며 이것은 클라이언트의 수명이 일반적으로 짧기 때문이다. 클라이언트/서버 프로그램이 원활히 동작하기 위해서 임시 포트번호는 1,023보다 크게 지정하도록 권장한다.

서버 프로세스도 포트번호로 자신을 정의하여야 한다. 그렇지만 서버 포트번호를 임의로 선택할 수는 없다. 만일 서버 프로세스를 수행하는 서버 측의 컴퓨터가 임의의 번호를 포트번호로 지정한다면, 이 서버의 사용을 원하는 클라이언트 측의 프로세스는 서버의 포트번호를 알 수가 없다. 물론 특정한 서버에게 특별한 패킷을 보내어 포트번호를 요청할 수도 있지만 오버헤드가 더 많아진다. TCP/IP는 서버를 위해서 범용 포트번호를 사용하기로 결정하였고, 이를 **잘 알려진 포트번호(well-known port number)**라 한다. 여기에는 몇 가지 예외가 있다. 예를 들어 잘 알려진 포트번호가 할당된 클라이언트도 있다. 모든 클라이언트 프로세스는 대응되는 서버 프로세스의 잘 알려진 포트번호를 알고 있다. 예를 들어 위에서 언급한 daytime 클라이언트 프로세스는 임시 포트번호 52,000을 사용할 수 있지만 daytime 서버 프로세스는 잘 알려진 포트번호 13을 사용하여야 한다. 그림 3.3은 이러한 개념을 보여준다.

그림 3.3 | 포트번호

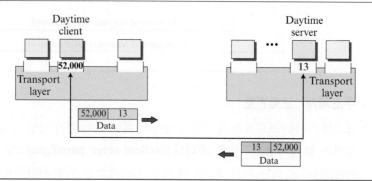

데이터의 최종 목적지를 선택함에 있어서 IP 주소와 포트번호가 담당하는 역할이 다르다는 것을 명확히 이해하여야 한다. 목적지 IP 주소는 전 세계의 호스트 중에서 특정 호스트를 정의하기 위하여 사용된다. 특정 호스트가 선택된 후에 포트번호는 이 특정 호스트 내에 있는 여러 프로세스 중에서 하나의 프로세스를 정의한다(그림 3.4 참조).

그림 3.4 ▮ IP 주소 대 포트번호

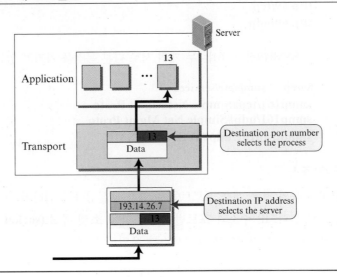

ICANN 범위

ICANN(부록 D 참조)은 그림 3.5에 나와 있는 것과 같이 포트번호를 잘 알려진, 등록된, 동적 (또는 개인)의 세 범위로 나누었다.

그림 3.5 ▮ ICANN 범위

- ☐ **잘 알려진 포트.** 0과 1,023 범위 내의 포트는 ICANN에 의해 배정되고 제어된다. 이것은 잘 알려진 포트(well-known ports)이다.

- ☐ **등록된 포트.** 1,024에서 49,151 사이의 포트는 ICANN에 의해서 배정되거나 제어되지 않는다. 그러나 중복을 피하기 위해서 ICANN에 등록(registered)될 수는 있다.

- ☐ **동적 포트(Dynamic ports).** 49,152와 65,535 사이의 포트는 제어되거나 등록되지 않는다. 이들은 임시 또는 개인 포트번호로서 사용될 수 있다. 처음에는 클라이언트를 위한 임시 포트번호는 이 영역에서 선택되도록 권고되었지만, 대부분의 시스템은 이 권고를 따르지 않고 있다.

 예제 3.1 UNIX 시스템에서 잘 알려진 포트들은 /etc/services라는 파일에 저장되어 있다. 이 파일의 각 줄에는 서버의 이름과 잘 알려진 포트번호가 있다. grep 유틸리티를 사용하여 원하는 응용에 해당하는 줄을 추출할 수 있다. 다음은 TFTP 포트를 보여준다. TFTP는 UDP나 TCP 의 69번 포트를 사용한다.

```
$grep    tftp/etc/services
tftp 69/tcp
tftp 69/udp
```

SNMP(9장 참조)는 두 개의 서로 다른 목적을 가지고 있는 포트번호(161, 162)를 사용한다.

```
$grep    snmp/etc/services
snmp161/tcp#Simple Net Mgmt Proto
snmp161/udp#Simple Net Mgmt Proto
snmptrap162/udp#Traps for SNMP
```

소켓 주소

TCP 모음의 전송 계층 프로토콜은 연결을 설정하기 위하여 각 종단마다 IP 주소와 포트번호를 필요로 한다. IP 주소와 포트번호의 조합을 **소켓 주소(socket address)**라고 한다. 클라이언트 소켓 주소는 클라이언트 프로세스를 유일하게 정의하고 서버 소켓 주소는 서버 프로세스를 유일하게 정의한다(그림 3.6 참조).

그림 3.6 ┃ 소켓 주소

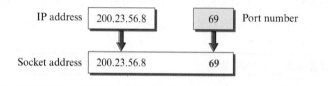

인터넷 상에서 전송 계층의 서비스를 이용하기 위해서는 클라이언트 소켓 주소와 서버 소켓 주소 등 두 개의 소켓 주소가 필요하다. 이러한 네 종류의 정보는 네트워크 계층 패킷 헤더와 전송 계층 패킷 헤더의 일부분을 구성한다. 첫 번째 헤더는 IP 주소를 포함하고 두 번째 헤더는 포트번호를 포함한다.

캡슐화와 역캡슐화

한 프로세스에서 다른 프로세스로 메시지를 전송하기 위하여 전송 계층 프로토콜은 메시지를 캡슐화(encapsulation)하고 역캡슐화(decapsulation)한다(그림 3.7 참조). 캡슐화는 전송측에서 수행된다. 전송할 메시지가 있는 프로세스는 메시지와 한 쌍의 소켓 주소, 그리고 전송 계층 프로토콜에 필요한 정보들을 전송 계층으로 보낸다. 전송 계층은 수신한 데이터에 전송 계층 헤더를 붙인다. 인터넷에서 전송 계층의 패킷을 우리가 사용하는 전송 계층 프로토콜에 따라 **사용자 데이터그램**, **세그먼트** 또는 **패킷**이라고 한다. 일반적으로 전송 계층의 페이로드를 패킷이라 한다.

역캡슐화는 수신측에서 수행된다. 메시지가 목적지 전송 계층에 도착하면, 전송 계층은 헤더를 없애고 메시지를 응용 계층에서 구동되는 프로세스로 패킷을 전달한다. 수신된 메시지에 대한 응답을 보낼 필요가 있는 경우를 대비하여 송신측 소켓 주소가 프로세스로 전달된다.

그림 3.7 ┃ 캡슐화와 역캡슐화

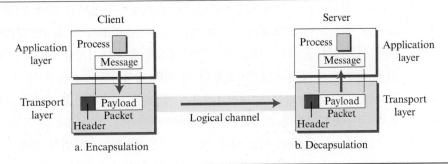

다중화와 역다중화

개체가 여러 소스로부터 정보를 수신하는 경우를 **다중화(multiplexing)**라고 하며, 개체가 여러 소스로 정보를 전달하는 경우를 **역다중화(demultiplexing)**라고 한다. 송신측 전송 계층은 다중화를 수행하며, 수신측 전송 계층은 역다중화를 수행한다(그림 3.8).

그림 3.8 ┃ 다중화와 역다중화

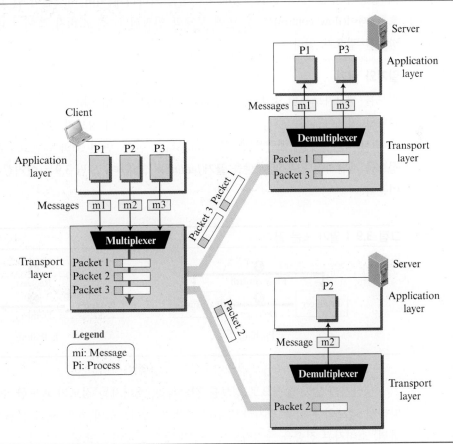

그림 3.8은 하나의 클라이언트와 두 개의 서버 간의 통신을 보여준다. P1, P2, P3라고 하는 세 개의 클라이언트 프로세스가 클라이언트 측에서 구동되고 있다. P1과 P3는 서버 측에서 구동되는 해당 서버 프로세스로 요청 메시지를 전송하고자 한다. P2 클라이언트 프로세스는 또 다른 서버에서 구동되는 해당 서버 프로세스로 요청 메시지를 전송하고자 한다. 클라이언트 측 전송 계층은 세 개의 프로세스로부터 세 개의 메시지를 수신하고 세 개의 패킷을 만든다. 이것은 **다중장치**로서 동작한다. 패킷 1과 3은 첫 번째 서버의 전송 계층에 도달하기 위하여 동일한 논리 채널을 사용한다. 이 패킷들이 서버에 도착하면, 전송 계층은 **역다중장치**의 임무를 수행하여 메시지들을 두 개의 서로 다른 프로세스로 전송한다. 두 번째 서버의 전송 계층은 패킷 2를 수신하여 해당 프로세스로 전달한다. 비록 하나의 메시지여도 역다중화는 여전히 일어나는 것을 주목해야 한다.

흐름 제어

하나의 개체가 정보를 생성하고 다른 개체가 정보를 소비할 때마다 생성률과 소비율 간에 균형이 이루어져야 한다. 만일 정보가 소비되는 속도보다 더 빨리 생성된다면, 소비 측에서는 데이터가 과도하게 수신되어 정보의 일부가 손실될 수 있다. 반면 정보가 소비되는 속도보다 더 늦게 생성되면, 소비 측에서는 정보의 수신을 기다리게 되어 시스템이 덜 효율적으로 될 것이다. 흐름 제어(flow control)는 첫 번째 문제와 연관된다. 즉 소비자 측에서 데이터 정보의 손실을 방지할 필요가 있다.

밀기와 끌기

정보를 생산자로부터 소비자로 배달하는 방법은 밀기(push)와 끌기(pull)의 두 가장 방법 중의 하나로 이루어질 수 있다. 소비자로부터의 선요구 없이 정보가 생성될 때마다 전송측에서 정보를 전달하는 경우의 배달을 밀기(*pushing*)라고 한다. 반면 소비자가 요구한 경우에만 생산자가 정보를 배달하는 경우의 배달을 끌기(*pulling*)라고 한다. 그림 3.9는 이러한 두 형태의 배달을 보여준다.

그림 3.9 ┃ 밀기 또는 끌기

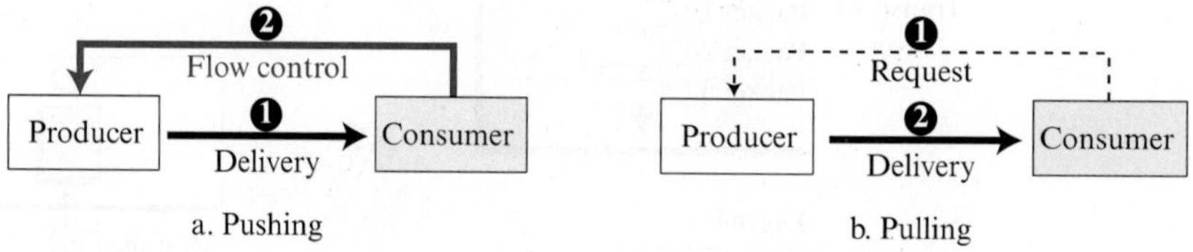

a. Pushing

b. Pulling

생산자가 **밀기** 방식으로 정보를 전달하면, 소비자는 정보의 과도한 수신에 직면할 수 있고 따라서 정보의 손실을 방지하기 위하여 반대 방향으로의 흐름 제어가 필요하게 된다. 다시 말하면, 소비자는 전송을 중지하도록 생산자에게 경고하고 또한 자신이 정보를 다시 수신할 준비

가 되면 생산자에게 알려줄 필요가 있다. 끌기 방식에서는 소비자가 수신할 준비가 되면 생산자에게 정보를 요청한다. 이 경우에 흐름 제어는 필요 없다.

전송 계층에서의 흐름 제어

전송 계층에서의 통신을 위하여 송신 프로세스, 송신 전송 계층, 수신 전송 계층, 그리고 수신 프로세스 등 네 개의 개체가 필요하다. 응용 계층에서의 송신 프로세스는 단순한 생산자이다. 송신 프로세스는 메시지를 생산하고 밀기 방식을 이용하여 전송 계층으로 전송한다. 송신 전송 계층은 소비자와 생산자의 두 가지 임무를 수행한다. 송신 전송 계층은 생산자로부터 전송된 메시지를 소비한다. 즉 송신 전송 계층은 메시지를 패킷으로 캡슐화한 후 밀기 방식을 이용하여 수신 전송 계층으로 전송한다. 수신 전송 계층도 두 가지 임무를 가지고 있다. 또한 수신 전송 계층은 송신측으로부터 전송된 패킷을 소비한다. 수신 전송 계층은 또한 생산자의 역할을 수행하고, 메시지를 역캡슐화하고 응용 계층으로 전송한다. 그렇지만 마지막 전송 방법은 끌기(pulling) 방식으로 이루어진다. 즉 전송 계층은 응용 계층 프로세스가 메시지를 요청하기 전까지는 기다린다.

그림 3.10는 송신 전송 계층으로부터 송신 응용 계층으로, 그리고 수신 전송 계층으로부터 송신 전송 계층으로의 두 가지 경우에 흐름 제어가 필요하다는 것을 보여준다.

그림 3.10 | 전송 계층에서의 흐름 제어

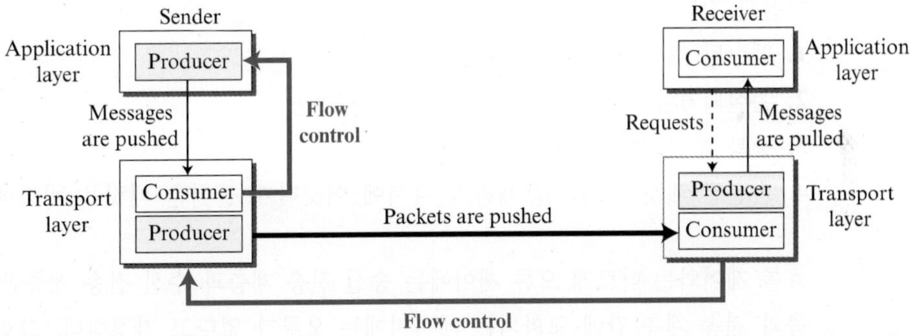

버퍼

비록 여러 가지 방법으로 흐름 제어가 구현될 수 있지만, 한 가지 방법은 일반적으로 송신 전송 계층에 하나, 그리고 수신 전송 계층에 또 다른 하나 등 두 개의 버퍼(*buffer*)를 이용하는 것이다. 버퍼는 송신측과 수신측에서 패킷을 저장할 수 있는 일련의 메모리 영역이다. 소비자로부터 생산자로 신호를 전송하는 경우에 흐름 제어 기반의 통신이 발생한다.

송신 전송 계층의 버퍼가 가득 차면, 송신 전송 계층은 메시지의 경유를 멈추도록 응용 계측에게 알린다. 버퍼에 긴 공간이 생기면, 송신 전송 계층은 응용 계층에게 메시지가 다시 지나갈 수 있다고 알린다.

수신 전송 계층의 버퍼가 가득 차면, 수신 전송 계층은 패킷의 전송을 멈추도록 송신 전송 계층에게 알린다. 버퍼에 빈 공간이 생기면, 수신 전송 계층은 송신 전송 계층에게 패킷을 다시 전송해도 된다고 알린다.

예제 3.2

앞에서 언급한 내용들은 버퍼가 다 차거나 또는 버퍼에 빈 공간이 생기는 경우의 두 가지 경우에 소비자와 생산자 간에 통신이 필요하다는 것을 의미한다. 만일 두 개체가 단지 한 슬롯의 버퍼를 이용하는 경우의 통신은 비교적 쉽다. 각각의 전송 계층이 패킷을 저장하기 위하여 하나의 단일 메모리 영역을 사용한다고 가정해 보자. 송신 전송 계층의 단일 슬롯이 비게 되면, 송신 전송 계층은 다음 메시지를 전송하라는 신호를 응용 계층에서 전송한다. 반면 수신 전송 계층에서 이러한 단일 슬롯이 비게 되면, 수신 전송 계층은 다음 패킷의 전송을 위하여 송신 전송 계층에게 확인응답(acknowledgement)을 보낸다. 뒷부분에서 살펴보겠지만, 송신측과 수신측에서 단일-슬롯 버퍼를 이용하는 이러한 종류의 흐름 제어는 비효율적이다.

오류 제어

인터넷에서는 송신 전송 계층으로부터 수신 전송 계층으로 패킷을 전달할 책임이 있는 하부의 네트워크 계층(즉, IP)이 신뢰성을 제공하지 않기 때문에 응용 계층에서 신뢰성을 요구하는 경우에는 전송 계층에서 신뢰성을 제공할 수 있어야 한다. 신뢰성은 전송 계층에 오류 제어(error control) 서비스를 추가함으로서 제공할 수 있다. 전송 계층의 오류 제어에서 제공하는 기능은 다음과 같다.

1. 훼손된 패킷의 감지 및 폐기
2. 손실되거나 제거된 패킷을 추적하고 재전송
3. 중복 수신 패킷을 확인하고 폐기
4. 손실된 패킷이 도착할 때까지 순서에 어긋나게 들어온 패킷을 버퍼에 저장

흐름 제어와는 다르게 오류 제어에는 송신 전송 계층과 수신 전송 계층만이 관여한다. 응용 계층과 전송 계층 간에 교환되는 메시지에는 오류가 없다고 가정한다. 그림 3.11은 송신과 수신 전송 계층 간의 오류 제어를 보여준다. 흐름 제어와 마찬가지로 수신 전송 계층은 문제점에 대해서 송신 전송 계층에 알림으로써 오류 제어를 수행한다.

그림 3.11 ▎ 전송 계층에서의 오류 제어

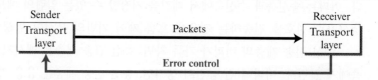

순서 번호

오류 제어가 수행되기 위해서 송신 전송 계층은 어떤 패킷이 재전송되어야 하는지를 알아야 하며, 또한 수신 전송 계층은 어떤 패킷이 중복되었는지 또는 어떤 패킷이 순서에 어긋나게 도착했는지를 알아야 한다. 이는 패킷이 번호를 가지고 있으면 가능하다. 패킷의 **순서 번호(sequence number)**를 저장할 수 있도록 전송 계층 패킷에 한 필드를 추가하는 것이다. 만일 패킷이 훼손되거나 손실되었으면, 수신 전송 계층은 어떻게 해서든지 송신 전송 계층에게 순서 번호를 가진 해당 패킷을 재전송하도록 알려줄 수 있다. 또한 수신한 두 개의 패킷이 동일한 순서 번호를 가지고 있는 경우에는 수신 전송 계층은 패킷의 중복 수신을 감지할 수 있다. 순서 번호의 간격을 관찰함으로써 패킷이 순서에 어긋나게 들어왔는지도 확인할 수 있다.

패킷에는 일련번호가 매겨진다. 그렇지만 헤더 안에 각 패킷의 순서 번호를 포함하기 위해서는 최대값이 설정되어야 한다. 만일 패킷의 헤더에 순서 번호를 위해서 m비트가 설정된다면, 순서 번호는 0에서 2^m-1 값의 범위를 가진다. 예를 들어 $m = 4$인 경우에는 순서 번호는 0에서 15 사이의 값이 된다. 그렇지만 순서 번호는 모듈러 기반으로 증가하기 때문에 번호가 겹쳐지는 현상이 발생할 수 있다. 즉 이 경우에 순서 번호는 다음과 같다.

> 0, 1, 2, 3, 4, 5, 6, 7, 8, 9, 10, 11, 12, 13, 14, 15, 0, 1, 2, 3, 4, 5, 6, 7, 8, 9, 10, 11, ...

다시 말하면 순서 번호는 modulo 2^m이다.

> **오류 제어에서 순서 번호는 modulo 2^m이며,**
> **여기에서 m은 순서 번호의 크기를 비트로 표현한 값이다.**

확인응답

오류 제어를 위하여 긍정과 부정 신호 모두를 사용할 수 있다. 그러나 우리는 전송 계층에서 공통적으로 사용되는 신호에 대해서 다룬다. 수신측에서는 오류 없이 잘 수신된 패킷들에 대해서 확인응답(ACK)를 전송할 수 있다. 수신측은 훼손된 패킷을 단순히 버린다. 송신측에서 타이머를 사용하는 경우에는 패킷의 손실을 감지할 수 있다. 패킷을 전송한 후 송신측은 타이머를 구동하고, 타이머가 만료되기 전까지 ACK가 도착하지 않으면 송신측은 패킷을 재전송한다. 수신측에서는 중복 수신된 패킷을 조용히 폐기한다. 순서에 어긋나게 들어온 패킷은 폐기되거나 (송신측에서는 손실 패킷으로 간주함) 또는 손실된 패킷이 도착하기 전까지 버퍼에 저장된다.

흐름과 오류 제어의 결합

앞에서 흐름 제어를 수행하기 위해서는 송신측에 하나 그리고 수신측에 또 다른 하나 등 두 개의 버퍼가 필요하다고 언급하였다. 이제는 오류 제어가 양쪽에서 순서 번호와 확인응답 번호를 어떻게 사용하는지를 살펴보고자 한다. 송신측에 하나 그리고 수신측에 하나 등 두 개의 버퍼에 번호가 매겨지면 위의 두 제어 기능이 결합될 수 있다.

전송할 패킷이 있는 송신측은 패킷의 순서 번호로서 버퍼 내의 비어있는 영역의 제일 앞

부분의 번호인 x를 사용한다. 패킷이 전송되면 패킷의 복사본은 메모리 영역 x에 저장되며 상대 방으로부터의 확인응답을 기다린다. 전송된 패킷에 대한 확인응답이 도착하면, 패킷은 제거되고 메모리 영역은 비워진다.

수신측에 순서 번호 y를 갖는 패킷이 도착하면, 수신측은 응용 계층에서 수신할 준비가 되기 전까지는 수신된 패킷을 메모리 영역 y에 저장한다. 그리고 패킷 y의 도착을 알리기 위하여 확인응답이 전송된다.

슬라이딩 윈도우

순서 번호가 modulo 2^m을 사용하기 때문에 0부터 2^m-1까지의 순서 번호를 원형으로 표현할 수 있다(그림 3.12 참조). 버퍼는 **슬라이딩 윈도우(sliding window)**라고 하는 일련의 조각으로 표현되며, 각 조각들은 언제나 원형의 일부분을 점유한다. 송신측에서 패킷이 전송되면 관련 조각이 마크된다. 모든 조각이 마크된다는 것은 버퍼가 다 차서 더 이상의 메시지를 응용 계층으로부터 수신할 수 없다는 것을 의미한다. 확인응답이 수신되면 해당 조각의 마크는 해제된다. 윈도우의 시작부터 몇 개의 연속적인 조각의 마크가 해제되면, 윈도우의 끝에서 좀더 많은 빈 조각을 허용하기 위하여 윈도우를 관련 순서 번호의 범위를 미끄러지듯이 돌린다. 그림 3.12는 송신측의 슬라이딩 윈도우를 보여준다. 순서 번호는 modulo 16($m = 4$)이며 윈도우의 크기는 7이다. 슬라이딩 윈도우는 단지 함축된 개념만을 나타내는 것임을 알아야 한다. 실제의 구현에서은 전송되고자 하는 다음 패킷의 순서 번호와 마지막으로 전송된 패킷의 순서 번호를 저장하기 위해서 컴퓨터의 변수가 사용된다.

그림 3.12 ┃ 원형 형태의 슬라이딩 윈도우

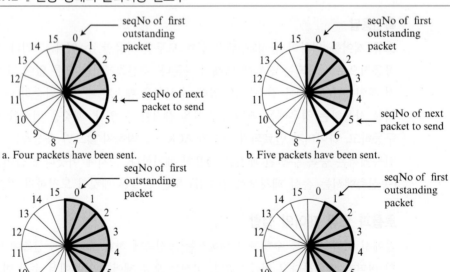

a. Four packets have been sent.

b. Five packets have been sent.

c. Seven packets have been sent; window is full.

d. Packet 0 has been acknowledged; window slides.

대부분의 프로토콜에서는 선형 표현 방식을 이용하여 슬라이딩 윈도우를 보여준다. 이 아이디어는 좀더 적은 공간을 이용하여 슬라이딩 윈도우를 동일하게 표현할 수 있다. 그림 3.13은 이러한 표현 방식을 보여준다. 어떤 표현 방식이던 동작 방식은 동일하다. 만일 그림 3.13의 각 부분의 양쪽 끝을 잡고 평평하게 만들면 그림 3.12와 동일하게 슬라이딩 윈도우를 표현할 수 있다.

그림 3.13 ┃ 선형 형태의 슬라이딩 윈도우

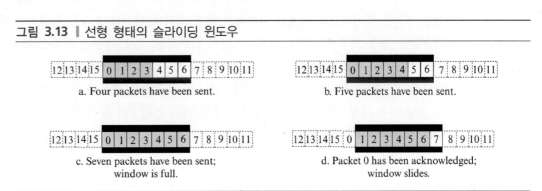

a. Four packets have been sent.

b. Five packets have been sent.

c. Seven packets have been sent; window is full.

d. Packet 0 has been acknowledged; window slides.

혼잡 제어

혼잡(congestion)은 인터넷과 같은 패킷 교환 네트워크에서 중요한 문제이다. 네트워크로 전송되는 패킷의 수를 나타내는 네트워크의 **부하**가 네트워크에서 처리할 수 있는 패킷의 수를 나타내는 네트워크의 **용량**을 초과하는 경우에 혼잡이 발생한다. **혼잡 제어(congestion control)**는 혼잡을 제어하고 로드가 용량보다 작도록 하기 위한 메커니즘과 기술들을 언급한다.

혼잡은 왜 발생하는가? 혼잡은 대기(waiting)를 포함하는 어떠한 시스템에서도 발생한다. 예를 들어 혼잡 시간 동안에 사고와 같은 비정상적인 상황으로 인하여 정체가 발생하는 고속도로에서도 혼잡은 발생한다.

네트워크나 인터넷에서의 혼잡은 라우터나 스위치가 패킷을 저장하기 위한 버퍼인 큐를 가지고 있기 때문에 발생한다. 예를 들어, 라우터는 각각의 인터페이스에 입출력 큐를 가지고 있다. 만약 라우터에 도착하는 패킷들을 처리할 수 없으면 큐는 과부하가 되며 혼잡이 발생한다. 전송 계층에서의 혼잡은 실제 네트워크 계층의 혼잡을 초래한다. 네트워크 계층에서의 혼잡과 이로 인해 발생하는 문제는 4장에서 다룬다. 이번 장의 마지막에서는 어떻게 네트워크 계층에서의 혼잡 제어가 없는 TCP에서 어떻게 혼잡 제어 메커니즘을 구현할 수 있는지 보인다.

비연결형과 연결 지향 서비스

네트워크 계층 프로토콜과 마찬가지로 전송 계층 프로토콜도 비연결형(connectionless)과 연결 지향(connection-oriented)의 두 가지 형태의 서비스를 제공한다. 그렇지만 전송 계층에서의 이러한 서비스는 네트워크 계층의 것과는 본질적으로 다르다. 네트워크 계층에서의 비연결형 서비스는 동일한 메시지에 속하는 서로 다른 데이터그램이 서로 다른 경로를 거칠 수 있다는 것을 의미한다. 전송 계층에서는 패킷의 물리 경로에 대해서는 관여하지 않는다(두 전송 계층 사이에 논리

연결이 있다고 가정). 전송 계층에서의 비연결형 서비스는 패킷 간의 독립성을 의미하며, 연결 지향은 종속성을 의미한다. 이 두 가지 서비스에 대해서 좀더 자세히 살펴보도록 하자.

비연결형 서비스

비연결형 서비스에서 발신지 프로세스(응용프로그램)는 메시지를 전송 계층에서 수신 가능한 크기의 여러 개의 데이터 조각으로 나눈 후 데이터 조각들을 하나씩 전송 계층으로 전달한다. 전송 계층은 데이터들의 관계를 고려하지 않고 각각의 데이터 조각을 독립적인 하나의 단위로 간주한다. 응용 계층으로부터 하나의 조각이 들어오면, 전송 계층은 조각을 패킷으로 캡슐화한 후에 전송한다. 패킷의 독립성을 보기 위하여 클라이언트 프로세스가 서버 프로세스로 세 개의 메시지 조각을 전송하는 경우를 생각해 보자. 이 조각들은 순서에 맞게 비연결형 전송 계층으로 전달된다. 그렇지만 전송 계층에서는 패킷 간의 연관성이 없기 때문에 패킷의 순서가 어긋나게 목적지에 도착할 수 있으며, 따라서 서버 프로세스에도 순서에 어긋나서 도착할 것이다 (그림 3.14).

그림 3.14 ┃ 비연결형 서비스

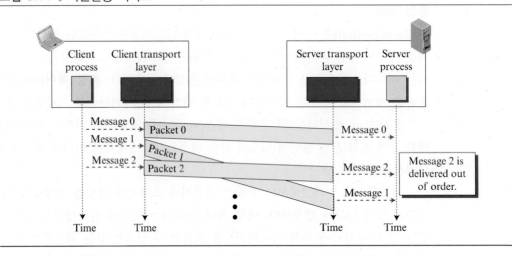

그림 3.14에서 시간 축을 사용해 패킷들의 이동을 보여준다. 그러나 전송 계층과 그 반대에게 패킷을 전송하는 프로세스는 동시에 일어난다고 가정한다. 그림은 클라이언트에서 세 개의 메시지들이 클라이언트의 전송 계층에게 순서대로 전송되는 것을 보여준다(0, 1, 2). 두 번째 패킷 전송에서의 추가적인 지연 때문에 서버에 도착하는 메시지들은 순차적이지 못하다(0, 2, 1). 만약, 이러한 세 개의 데이터들이 같은 메시지에 속해 있다면 서버 프로세스는 이상한 메시지를 받게 되는 것이다.

이러한 상황은 패킷 중의 하나라도 손실되는 경우에는 더욱 악화되게 된다. 패킷에는 순서 번호가 없기 때문에 수신 전송 계층은 메시지 중의 하나가 손실되었는지를 알 수 없게 되고, 단지 두 개의 데이터 조각을 서버 프로세스로 전달한다.

앞의 두 가지 문제점은 두 개의 전송 계층이 서로 협력하지 않는다는 사실 때문에 발생한다. 수신 전송 계층은 첫 번째 패킷이 언제 도착할지 또는 모든 패킷이 다 도착했는지에 대해서 알 수 없다.

비연결형 서비스에서는 흐름 제어나 오류 제어 또는 혼잡 제어가 구현될 필요가 없다.

연결 지향 서비스

연결 지향 서비스에서 클라이언트와 서버는 먼저 그들 간에 논리적인 연결을 설정한다. 데이터 교환은 연결이 설정된 이후에나 가능하다. 데이터의 교환이 완료된 후에는 연결은 해지된다(그림 3.15).

그림 3.15 | 연결 지향 서비스

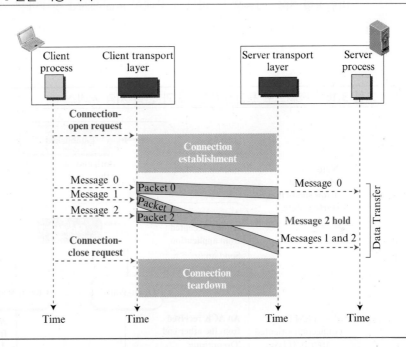

앞에서 언급한 것과 같이 전송 계층에서의 연결 지향 서비스는 네트워크 계층에서 제공하는 연결–지향 서비스와 다르다. 네트워크 계층에서 연결 지향 서비스는 두 개의 종단 호스트와 그 사이에 있는 모든 라우터들 간의 협력을 의미한다. 전송 계층에서 연결 지향 서비스는 단지 두 개의 종단 호스트만을 포함하며, 서비스는 종단에서만 이루어진다. 즉 이것은 비연결형 또는 연결 지향 서비스 위에서 연결 지향 프로토콜을 구현할 수 있어야 한다는 것을 의미한다. 그림 3.15는 전송 계층에서의 연결 설정, 데이터 전송, 그리고 연결 해지 단계를 보인다.

연결 설정 프로토콜에서는 흐름 제어, 오류 제어, 그리고 혼잡 제어 등이 구현될 수 있다.

유한 상태 기기

비연결형과 연결 지향 프로토콜을 제공하는 전송 계층 프로토콜의 동작은 **유한 상태 기기**

(FSM, Finite State Machine)에 의해서 잘 설명될 수 있다. 그림 3.16은 FSM을 이용하여 어떻게 전송 계층이 동작하는지를 보여준다. 이 방법을 이용하면(송신측 또는 수신측의) 각각의 전송 계층은 유한 개수의 상태를 가지는 하나의 기기로 표현될 수 있다. 기기는 **이벤트**가 발생하기 전까지는 하나의 상태에 머무르게 된다. 각각의 이벤트는 (1) 수행해야 할 액션 리스트(가능한 한 비어 있는)를 정의하고 (2) 다음 상태(현재의 상태와 비슷한)를 결정하는 등의 두 개의 반작용과 관련되어 있다. 상태 중의 하나는 스위치가 켜져서 기기가 처음 시작하는 상태인 초기 상태로 정의되어 있어야 한다. 이 그림에서는 상태를 타원으로 표시하였고, 이벤트를 컬러 문장으로 표시하였으며, 액션을 흑백 문자로 표시하였다. 초기 상태는 다른 상태로부터의 입력 화살표를 가진다. 수평선은 이벤트와 액션을 구분하기 위하여 사용된다. 하지만 앞으로는 수평선 대신에 슬래시(/)로 바뀌어서 설명할 것이다. 화살표는 다음 상태로의 이동을 나타낸다.

비연결형 전송 계층은 단 하나의 상태인 established 상태만을 가지는 FSM으로 표현된다. 한 끝(클라이언트와 서버)의 기기는 항상 established 상태에 있으며 전송 계층 패킷을 송수신할 준비가 되어 있다.

그림 3.16 ┃ FSM으로 표현된 비연결형과 연결 지향 서비스

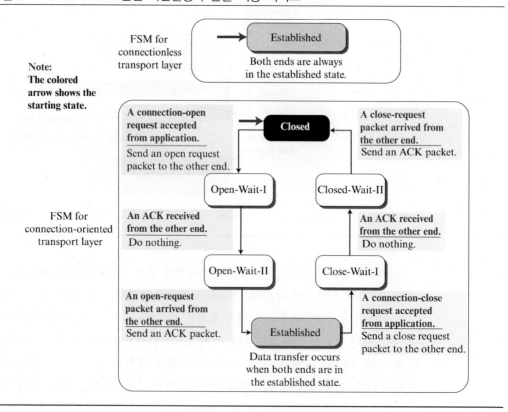

다른 한편으로, 연결 지향 전송 계층에서의 FSM은 세 개의 상태를 경유해서 established 상태에 도달하게 되며, 또한 연결을 종료하기 전에 세 개의 상태를 경유한다. 설정되어 있는 연

결이 없는 기기는 Closed 상태에 있으며, 로컬 프로세스로부터 연결 설정 요청이 들어오기 전까지는 이 상태에 머무른다. 로컬 프로세스로부터 연결 설정 요청을 수신한 기기는 원격 전송 계층에게 개설 요청 패킷을 전송하고 *open-wait-I* 상태로 진행한다. 상대방으로부터 확인응답을 받은 로컬 FSM은 *open-wait-II* 상태로 진행한다. 기기가 이 상태에 있는 동안에는 단방향 연결이 설정된다. 그렇지만 양방향 연결이 설정되기 위해서는 상대방으로부터 연결 요청을 수신하기 전까지는 이 상태에서 기다려야 한다. 상대방으로부터 연결 요청을 수신한 기기는 확인응답을 전송하고 *established* 상태로 진행한다.

Established 상태에 있는 양 종단 간에 데이터와 확인응답이 교환될 수 있다. 그렇지만 비연결형과 연결 지향 전송 계층에서의 established 상태는 다음 절인 전송 계층 프로토콜에서 볼 수 있듯이 일련의 데이터 전송 상태를 포함한다.

연결을 종료하기 위하여 응용 계층은 자신의 로컬 전송 계층에게 닫기(close) 요청 메시지를 전송한다. 전송 계층은 상대방 전송 계층에게 닫기–요청(close-request) 패킷을 전송하고 *close-wait-I* 상태로 진행한다. 상대방으로부터 확인응답을 수신한 전송 계층은 *close-wait-II* 상태로 진행한 후 상대방으로부터 닫기–요청 패킷을 수신하기를 기다린다. 이 패킷이 도착하면 전송 계층은 확인응답을 전송하고 *closed* 상태로 진행한다.

연결 지향 FSM에 있는 여러 가지 변종을 뒤에서 설명할 것이다. 또한 우리는 FSM이 어떻게 요약되고 확장되는지, 그리고 상태의 이름이 어떻게 바뀌는지를 살펴볼 것이다.

3.2 전송 계층 프로토콜

이 절에서는 앞 절에서 설명한 일련의 서비스들을 결합함으로써 전송 계층 프로토콜이 어떻게 만들어지는지를 살펴보고자 한다. 이러한 프로토콜들의 동작을 좀더 잘 이해할 수 있도록 하기 위하여 먼저 가장 간단한 프로토콜부터 시작하여 점진적으로 더 복잡한 기능을 추가하도록 한다. TCP/IP 프로토콜은 이러한 프로토콜들을 수정하거나 결합한 전송 계층 프로토콜을 이용한다. 이 절에서 이러한 일반 프로토콜을 설명하는 이유는 다음 세 개의 장에서 설명되는 복잡한 프로토콜들을 쉽게 이해할 수 있도록 하기 위한 것이다. 프로토콜들을 쉽게 설명할 수 있도록 먼저 데이터 패킷이 한방향으로만 전송되는 단방향성 프로토콜 기반으로 이러한 프로토콜들을 설명할 것이다. 이 장의 뒷부분에서는 데이터가 양방향(즉, 전이중 방식)으로 전송될 수 있도록 프로토콜들이 어떻게 수정되는지를 살펴볼 것이다.

3.2.1 단순 프로토콜

첫 번째 프로토콜은 흐름 제어나 오류 제어가 없는 단순(simple) 비연결형 프로토콜이다. 이 프로토콜에서 수신측은 수신한 패킷을 즉시 처리할 수 있다고 가정한다. 다시 말하면 수신측에서는 과도한 패킷의 수신으로 인한 버퍼 초과가 발생하지 않는다. 그림 3.17은 이 프로토콜의 간략한 동작을 보여준다.

그림 3.17 ┃ 단순 프로토콜

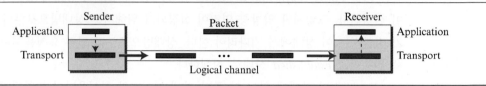

자신의 응용 계층으로부터 전달된 메시지를 수신한 전송 계층은 메시지를 패킷으로 만든 후 이 패킷을 전송한다. 수신측 전송 계층은 자신의 네트워크 계층을 통하여 들어온 패킷을 수신한 후, 이 패킷으로부터 메시지를 추출하고, 이 메시지를 자신의 응용 계층으로 전달한다. 송신측과 수신측 전송 계층은 모두 자신들의 응용 계층을 위한 통신 서비스 기능을 제공한다.

FSM

응용 계층이 전송할 메시지가 없으면, 송신측은 패킷을 전송할 수가 없다. 또한 패킷이 도착하기 전까지는 수신측은 메시지를 자신의 응용 계층에게 전달할 수 없다. 이러한 내용은 두 개의 FSM을 이용하여 표현할 수 있다. 각각의 FSM은 *ready* 상태라고 하는 단지 하나의 상태만을 가지고 있다. 송신기기는 응용 계층의 프로세스로부터 메시지 전달 요청이 들어오기 전까지는 ready 상태에 머무른다. 메시지 전달 요청 이벤트가 발생하면, 송신기기는 메시지를 패킷으로 캡슐화한 후 패킷을 수신 기기로 전송한다. 수신기기는 송신 기기로부터 전송된 패킷이 들어오기 전까지는 ready 상태에 머무른다. 패킷 수신 이벤트가 발생하면, 수신기기는 패킷으로부터 메시지를 추출(즉, 역캡슐화)한 후 메시지를 응용 계층에 있는 프로세스로 전달한다. 그림 3.18은 단순 프로토콜의 FSM을 보여준다. UDP 프로토콜은 이 프로토콜을 약간 수정한 형태라는 것을 볼 수 있다.

그림 3.18 ┃ 단순 프로토콜의 FSM

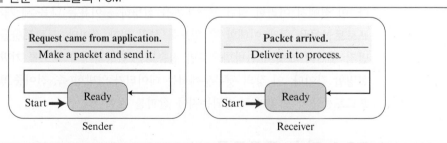

예제 3.3   그림 3.19는 이 프로토콜을 이용한 통신의 예를 보여준다. 이 그림에서 볼 수 있듯이 동작은 매우 간단하다. 송신측은 수신측을 고려하지 않고 하나씩 패킷을 전송한다.

그림 3.19 ┃ 예제 3.3의 흐름도

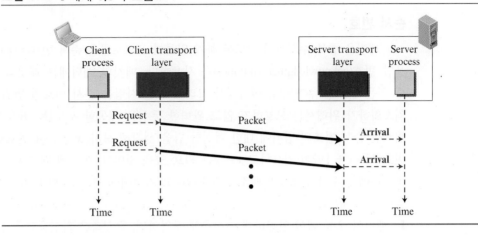

3.2.2 Stop-and-Wait 프로토콜

두 번째 프로토콜은 흐름 제어와 오류 제어를 모두 사용하는 **Stop-and-Wait 프로토콜**이라고 하는 연결 지향 프로토콜이다. 송신측과 수신측은 모두 크기가 1인 슬라이딩 윈도우를 사용한다. 송신측은 한 번에 하나의 패킷을 전송하고 확인응답이 들어오기 전까지는 다음 패킷을 전송하지 않는다. 패킷이 훼손되었는지를 검사하기 위하여 각각의 데이터 패킷에 검사합 (checksum)을 추가한다. 패킷을 수신한 수신측은 패킷을 검사하여 만일 패킷의 검사합이 틀리면 패킷이 훼손되었다고 간주하고 조용히 버린다. 여기에서 수신측에서 "조용"이라는 단어는 송신측에게 패킷이 훼손되었거나 손실되었다는 것을 알리는(무언의) 신호를 의미한다. 송신측은 패킷을 전송할 때마다 타이머를 구동한다. 타이머가 만료되기 전에 확인응답이 도착하면, 타이머는 정지되고(만일 보낼 패킷이 있으면) 송신측은 다음 패킷을 전송한다. 만일 타이머가 만료되면, 송신측은 패킷이 손실되거나 훼손되었다고 간주하고 패킷을 재전송한다. 이를 위해서 송신측은 확인응답이 도착하기 전까지는 전송한 패킷의 사본을 가지고 있어야 한다. 그림 3.20 은 전송 대기 프로토콜의 개괄적인 동작을 보여준다. 채널에는 한 번에 하나의 패킷과 하나의 확인응답만이 전송될 수 있다.

그림 3.20 ┃ Stop-and-Wait 프로토콜

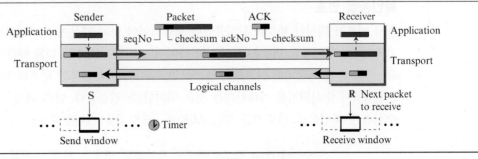

Stop-and-Wait 프로토콜은 흐름 제어와 오류 제어를 제공하는 연결 지향 프로토콜이다.

순서 번호

패킷을 중복 수신하지 않도록 하기 위하여 프로토콜은 순서 번호(sequence number)와 확인 응답 번호(acknowledgment number)를 사용한다. 패킷의 헤더에는 패킷의 순서 번호를 표시할 수 있는 필드가 추가된다. 여기에서 고려해야 할 사항은 순서 번호의 범위이다. 패킷의 크기를 최소화하기 위해서는 모호하지 않고 완벽한 통신을 제공할 수 있는 최소 범위를 찾아야 한다. 필요한 순서 번호의 범위에 대한 확실한 답을 생각해 보자. x를 순서 번호로 사용하면, 그 다음 번호로는 $x + 1$만이 필요하고 $x + 2$는 필요 없을 것이다. 이것에 대한 이유를 살펴보기 위하여 송신측에서 순서 번호 x의 패킷을 전송했다고 가정해 보자. 그러면 다음과 같은 세 가지 경우가 발생할 수 있다.

1. 패킷이 오류 없이 안전하게 수신측에 도착하면, 수신측은 확인응답을 전송한다. 확인응답이 송신측에 도착하면, 송신측은 $x + 1$의 순서 번호를 갖는 다음 패킷을 전송할 것이다.

2. 패킷이 훼손되어 수신측에 도착하지 않으면, 송신측은 타임-아웃 후에(x의 순서 번호를 갖는) 패킷을 재전송한다. 이 패킷을 수신한 수신측은 확인응답으로 회신한다.

3. 패킷이 오류 없이 안전하게 수신측에 도착하면, 수신측은 확인응답을 전송한다. 그런데 이 확인응답이 훼손되거나 손실되었다면 송신측은 타임-아웃 후에(x의 순서 번호는 갖는) 패킷을 재전송한다. 이렇게 재전송된 패킷은 중복 패킷이다. $x + 1$ 순서 번호를 갖는 패킷의 수신을 기대했는데 대신에 x 순서 번호를 갖는 패킷을 수신한 수신측은 이 패킷이 중복 패킷이라는 사실을 알 수 있다.

수신측에서 앞의 첫 번째 경우와 세 번째 경우를 구분하기 위해서는 x와 $x + 1$의 순서 번호가 필요하지만 패킷이 $x + 2$ 순서 번호를 가질 필요는 없다는 것을 알 수 있다. 첫 번째 경우에서 x와 $x + 1$의 순서 번호를 갖는 패킷들이 모두 확인응답되면, 그 다음 패킷은 다시 x의 순서 번호를 갖더라도 양쪽에서 명확하게 구분할 수 있을 것이다. 두 번째와 세 번째의 경우에서 새 패킷의 순서 번호는 $x + 2$가 아닌 $x + 1$이다. 따라서 단지 x와 $x + 1$만이 필요하다면 $x = 0$으로 하고 또한 $x + 1 = 1$로 할 수 있을 것이다. 이것은 0, 1, 0, 1, 0, 1의 순서를 갖는다는 것을 의미하며 다시 말하면 모듈러(modulo) 2연산을 따른다.

확인응답 번호

순서 번호가 데이터 패킷과 확인응답에 포함되어야 하기 때문에 여기에서는 다음과 같이 정의하고자 한다. 확인응답 번호는 항상 수신측에서 받기를 기대하는 다음 패킷의 순서 번호를 나타낸다. 예를 들어 패킷 0이 안전하게 들어오면, 수신측은 확인응답 번호로 1을 갖는 ACK(즉, 패킷 1이 다음에 수신되기를 기대한다는 것을 의미함)를 전송한다. 만일 패킷 1이 안전하게 도착하면, 수신측은 확인응답 번호 0을 갖는 ACK(즉, 패킷 0을 기대한다는 것을 의미)를 전송한다.

> **Stop-and-Wait** 프로토콜에서 확인응답 번호는 항상 수신하고자 하는
> 다음 패킷의 순서 번호를 **modulo-2** 연산 방식으로 계산된 값을 표시한다.

송신측은 S(송신자)라고 하는 송신 윈도우의 수신측은 R(수신자)라고 하는 수신 윈도우의 한 슬롯을 지시하는 제어 변수를 가지고 있다.

FSM

그림 3.21은 Stop-and-Wait 프로토콜의 FSM을 보여준다. 프로토콜이 연결 지향 프로토콜이기 때문에 양 끝단은 데이터 패킷을 교환하기 전에 먼저 *established* 상태에 있어야 한다. 여기에서 설명하는 상태들은 실제로 *established* 상태 내에 있는 것들이다.

그림 3.21 | Stop-and-Wait 프로토콜의 FSM

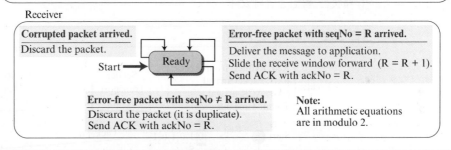

송신측

송신측은 초기에 ready 상태에 있으며 이후에는 ready 상태와 blocking 상태 사이에 서로 이동할 수 있다. 변수 S는 0으로 초기화된다.

❑ **Ready 상태.** 이 상태에 있는 송신측은 단지 하나의 이벤트가 발생하기만을 기다린다. 응용 계층으로부터 요청이 들어오면 송신측은 순서 번호를 S로 설정한 패킷을 만들고 패킷의 사본을 저장한 후에 패킷을 전송한다. 그런 다음 송신측은 타이머를 구동하고 blocking 상태로 이동한다.

❑ **Blocking 상태.** 이 상태에 있는 송신측에서는 다음과 같은 세 가지의 경우가 발생할 수 있다.

a. 다음에 전송할 패킷에 관련된 확인응답 번호[즉, 확인응답 번호 = (S + 1) modulo 2]를 가지는 오류 없는 ACK가 도착하면 타이머는 중단된다. 윈도우 슬라이드는 S = (S + 1) modulo 2이다. 마지막으로 송신측은 ready 상태로 이동한다.

b. 수신된 ACK가 훼손됐거나 또는 오류는 없지만 확인응답 번호가 (S + 1) modulo 2가 아닌 경우에는 ACK를 폐기한다.

c. 타임-아웃이 발생하면, 송신측은 패킷을 재전송하고 타이머를 재구동한다.

수신측

수신측은 항상 *ready* 상태에 있다. 다음의 세 가지 경우가 발생할 수 있다.

a. 순서 번호가 R로 설정된 오류 없는 패킷이 도착하면, 패킷 내의 메시지는 응용 계층으로 전달된다. 그런 다음 윈도우는 R = (R + 1) modulo 2로 이동한다. 마지막으로 확인응답 번호 R로 설정된 ACK가 전송된다.

b. 순서 번호가 R이 아닌 오류 없는 패킷이 도착하면, 패킷은 폐기되고 확인응답 번호 R로 설정된 ACK가 전송된다.

c. 만약 훼손된 패킷이 도착하면 수신된 패킷은 폐기된다.

 예제 3.4

그림 3.22는 Stop-and-Wait 프로토콜의 예를 보여준다. 패킷 0이 전송되고 확인응답되었다. 패킷 1은 손실되고 타임-아웃 후에 재전송되었다. 재전송된 패킷 1은 확인응답되고 타이머는 중단되었다. 패킷 0은 전송되고 확인응답되었으나 ACK가 손실되었다. 송신측은 패킷 또는 ACK가 손실되었는지를 알 수 없기 때문에 타임-아웃 후에 패킷 0을 재전송하였고, 이 패킷은 확인응답되었다.

그림 3.22 ┃ 예제 3.4의 흐름도

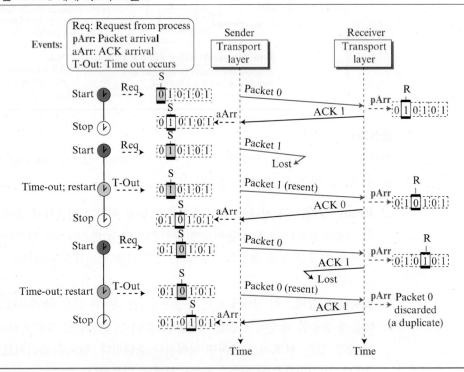

효율

Stop-and-Wait 프로토콜은 채널이 두껍고 긴 경우에는 상당히 비효율적이다. 여기에서 "두껍다"는 단어는 채널이 큰 대역폭(즉, 고속)을 가지고 있는 것을 의미하고, "길다"는 단어는 왕복 지연시간이 길다는 것을 의미한다. 이 두 항목을 곱한 것을 **대역폭-지연 곱(bandwidth-delay product)**이라고 한다. 채널을 파이프라고 생각해 보자. 대역폭-지연 곱은 비트로 표현된 파이프의 용량이라 할 수 있다. 파이프의 용량은 동일하다. 파이프의 용량을 모두 이용하지 않는 것은 비효율적이라 할 수 있다. 대역폭-지연 곱은 수신측으로부터의 확인응답을 기다리면서 송신측에 파이프를 통하여 전송할 수 있는 비트의 수이다.

 예제 3.5 전송 대기 시스템에서 선로의 대역폭이 1 Mbps이고 1비트가 왕복하는 데 20 msec가 걸린다고 가정하자. 대역폭-지연 곱은 얼마인가? 시스템의 데이터 패킷 길이가 1,000비트이면, 선로의 이용률은 얼마인가?

해답

대역폭-지연 곱은 $(1 \times 10^6) \times (20 \times 10^{-3}) = 20,000$비트이다. 즉 시스템은 송신측에서 수신측으로 데이터가 전송되고 그 반대의 방향으로 확인응답이 돌아오는 시간 동안 20,000비트를 전송할 수 있다. 그런데 이 시간 동안 시스템은 1,000비트만 전송할 수 있다. 따라서 선로의 이용률은 1,000/20,000 또는 5%라고 할 수 있다. 이러한 이유로 인하여 고속 또는 긴 지연을 갖는 선로에서 Stop-and-Wait 프로토콜을 사용하는 것은 선로의 용량을 낭비하는 것이다.

 예제 3.6 예제 3.5에서 확인응답에 대한 고려 없이 최대 15개의 패킷을 전송할 수 있는 프로토콜을 이용하면 선로의 이용률은 얼마인가?

해답

대역폭-지연 곱은 여전히 20,000비트이다. 시스템은 왕복시간 동안 15개의 패킷인 15,000비트를 전송할 수 있다. 이것은 이용률이 15,000/20,000 또는 75%라는 것을 의미한다. 물론 훼손된 패킷이 있는 경우에는 패킷의 재전송으로 인하여 이용률은 상당히 낮아질 것이다.

파이프라인

네트워크와 다른 분야에서 이전 업무가 완료되기 전에 새로운 업무가 시작되는 경우가 있는데 이것을 **파이프라인(pipeline)**이라고 한다. Stop-and-Wait 프로토콜에서는 송신측에서 패킷이 목적지에 도착하고 확인응답되기 전에는 다음 패킷을 전송할 수 없기 때문에 파이프라인의 기능을 제공하지 못한다. 그렇지만 다음의 두 프로토콜들은 송신측에서 앞서 전송한 패킷에 대한 피드백을 수신하기 전에 추가적인 패킷을 전송할 수 있기 때문에 파이프라인이 적용된다고 할 수 있다. 파이프라인은 대역폭-지연 곱의 관점에서 전송 중인 비트의 수가 많은 경우에는 전송 효율을 향상시킨다.

3.2.3 Go-Back-N 프로토콜

전송 효율을 향상시키기 위해서(즉, 파이프를 채우기 위해서는) 송신측은 확인응답을 기다리는 동안에 여러 개의 패킷을 전송할 수 있어야 한다. 다시 말하면, 선로를 사용 중인 상태로 만들기 위해서는 확인응답이 도착하기 전에 송신측에서 여러 개의 패킷을 전송할 수 있어야 한다. 이 절에서는 이러한 목적을 달성할 수 있는 한 가지 프로토콜에 대해서 다루고, 다음 절에서 또 다른 프로토콜에 대해서 다루고자 한다. 우선 한 가지 프로토콜은 **Go-Back-N (GBN)**이라고 한다(이 용어에 대해서는 추후에 설명할 예정이다). Go-Back-N에서 중요한 점은 확인응답을 수신하기 전에 여러 개의 패킷을 전송할 수 있다는 것이다. 그렇지만 수신측은 단지 하나의 패킷을 버퍼에 저장할 수 있다. 송신측에서는 확인응답이 도착하기 전에 전송된 패킷들에 대한 사본을 가지고 있어야 한다. 그림 3.23은 이 프로토콜의 간략한 동작을 보여준다. 이 그림은 여러 개의 데이터 패킷과 확인응답이 채널에 동시에 있는 것을 보여준다.

그림 3.23 | Go-Back-N 프로토콜

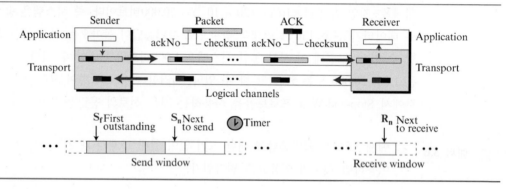

순서 번호

앞에서 언급한 것과 같이 순서 번호는 modulo $2m$이며, m은 순서 번호 필드의 비트 수이다.

확인응답 번호

이 프로토콜에서 확인응답 번호는 누적 값이며 수신하기를 기대하는 다음 패킷의 순서 번호를 나타낸다. 예를 들어, 확인응답 번호(ackNo)가 7이라는 것은 1번부터 6번까지의 순서 번호를 갖는 패킷 모두가 안전하게 도착했고 수신측은 순서 번호 7을 갖는 패킷의 수신을 기다리고 있다는 것을 의미한다.

> **Go-Back-N 프로토콜에서 확인응답 번호는 누적 값이며**
> **수신되기를 기대하는 다음 패킷의 순서 번호를 의미한다.**

송신 윈도우

송신 윈도우는 전송 중이거나 전송될 데이터 패킷의 순서 번호를 포함하는 가상의 상자를 나타낸다. 각 윈도우의 위치에서 어떤 순서 번호들은 이미 전송된 패킷을 나타내고, 또 다른 순서 번호들은 전송되고자 하는 패킷을 나타낸다. 윈도우의 최대 크기는 $2^m - 1$이며, 이것에 대한 이유는 뒷부분에서 설명할 예정이다. 이 장에서는 윈도우의 최대 크기는 고정되어 있고 또한 최대값으로 설정되어 있다고 하겠지만 뒷장에서는 가변 윈도우 크기를 사용하는 프로토콜이 있다는 것을 보게 될 것이다. 그림 3.24는 Go-Back-N 프로토콜에서 크기 7(즉, $m = 3$)의 슬라이딩 윈도우를 보여준다.

그림 3.24 | Go-Back-N에서의 송신 윈도우

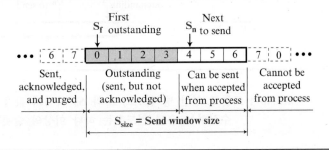

송신 윈도우를 구성하는 순서 번호는 네 개의 영역으로 나누어진다. 윈도우의 왼쪽 부분인 첫 번째 영역은 이미 확인응답된 패킷에 속하는 순서 번호를 나타낸다. 송신측에서는 이러한 패킷의 전송이 이미 완료되었다고 간주하고 패킷의 사본도 보관하지 않는다. 색이 표시된 두 번째 영역은 이미 전송은 되었지만 아직까지 확인응답되지 않은 패킷에 속하는 순서 번호를 포함한다. 송신측은 이러한 패킷들이 수신측에서 수신되었는지 아니면 손실되었는지를 확인하기 위하여 기다린다. 이러한 패킷들을 미해결(*outstanding*) 패킷이라고 한다. 그림에서 흰색으로 표시된 세 번째 영역은 전송할 수는 있지만 해당하는 데이터가 아직까지 응용 계층으로부터 수신되지 못한 패킷의 순서 번호의 범위를 나타낸다. 마지막으로 윈도우의 오른쪽 부분인 네 번째 영역은 윈도우가 이동하기 전까지는 비록 프로세스로부터 데이터를 수신하더라도 패킷을 전송할 수 없는 순서 번호를 나타낸다.

윈도우 자체는 추상적인 개념이다. 세 개의 변수가 윈도우의 크기와 위치를 정의한다. 이 변수들은 각각 S_f(송신 윈도우, 첫 번째 미해결 패킷), S_n(송신 윈도우, 전송할 다음 패킷), 그리고 S_{size}(송신 윈도우, 크기)이다. S_f 변수는 첫 번째(가장 오래된) 미해결 패킷의 순서 번호를 나타낸다. S_n 변수는 전송할 다음 패킷에 설정될 순서 번호를 나타낸다. 마지막으로 S_{size} 변수는 이 프로토콜에서 고정값을 가지는 윈도우의 크기를 나타낸다.

> 송신 윈도우는 S_f, S_n 그리고 S_{size} 등 세 개의 변수를 가지고
> 최대값이 $2^m - 1$인 가상 상자를 나타내는 추상적인 개념이다.

그림 3.25는 상대방으로부터 확인응답을 수신하는 경우에 어떻게 송신 윈도우가 오른쪽으로 하나 이상의 슬롯을 이동하는지를 보여준다. 이 그림에서 ackNo = 6인 확인응답이 도착하였다. 이것은 수신측에서 순서 번호 6의 패킷을 기다리고 있다는 것을 의미한다.

그림 3.25 ┃ 송신 윈도우의 이동

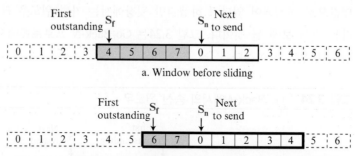

a. Window before sliding

b. Window after sliding (an ACK with ackNo = 6 has arrived)

> **ackNo가(모듈로 연산 방식으로)** S_f**와** S_n **사이의 값을 갖는 오류 없는 ACK를 수신하는 송신 윈도우는 하나 이상의 슬롯을 이동한다.**

수신 윈도우

수신 윈도우는 올바른 데이터 패킷을 수신하고 또한 올바른 확인응답이 전송될 수 있도록 한다. Go-Back-*N*에서 수신 윈도우의 크기는 항상 1이다. 수신측은 항상 특정한 패킷을 기다린다. 순서에 어긋나게 도착한 패킷은 폐기되며 재전송될 것이다. 그림 3.26는 수신 윈도우를 보여준다. 수신 윈도우라는 추상적인 개념을 표시하기 위해서는 변수 *Rn*(수신 윈도우, 수신하고자 하는 다음 패킷) 하나만이 필요하다. 윈도우의 왼쪽 부분에 위치한 순서 번호들은 이미 수신하였고 또한 확인응답된 패킷에 속하는 번호들이다. 윈도우의 오른쪽 부분에 속하는 번호들은 수신될 수 없는 패킷들을 나타낸다. 이 두 영역에 속하는 순서 번호를 가지는 어떠한 패킷도 폐기된다. 단지 순서 번호가 R_n으로 설정된 패킷만이 수신되며 확인응답된다. 수신 윈도우도 역시 이동하지만 한 번에 한 슬롯만큼만 이동한다. 올바른 패킷이 수신되면, 윈도우는 $R_n = (R_n + 1)$ modulo 2^m으로 이동한다.

그림 3.26 ┃ Go-Back-*N*에서 수신 윈도우

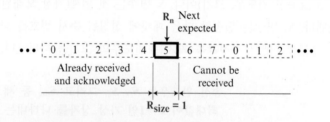

수신 윈도우는 단지 하나의 변수 R_n을 갖는 크기 1인 가상 상자를 나타내는 추상적인 개념이다. 윈도우는 올바른 패킷이 도착하는 경우에 이동하며, 이동은 한 번에 한 슬롯만 이동한다.

타이머

전송된 각각의 패킷에 대한 타이머가 있지만, 여기에서는 단지 하나의 타이머만 사용한다고 가정한다. 그 이유는 첫 번째 미해결 패킷을 위한 타이머는 항상 먼저 만료되기 때문이다. 이 타이머가 만료되면 모든 미해결 패킷은 재전송된다.

패킷 재전송

타이머가 만료되면 송신측은 모든 미해결 패킷들을 재전송한다. 예를 들어 송신측에서 이미 패킷 6(S_n = 7)을 전송하였지만 타이머가 만료되었다고 가정해 보자. 만일 S_f = 3이면, 패킷 3, 패킷 4, 패킷 5, 그리고 패킷 6, 네 개의 패킷이 오지 않는다. 타이머가 만료되면 송신측은 패킷 3부터 패킷 6까지 네 개의 패킷을 재전송한다. 이것이 프로토콜을 Go-Back-N라고 하는 이유이다. 타임-아웃이 발생하면 기기는 N 위치만큼 후퇴하며 모든 패킷을 재전송한다.

FSM

그림 3.27은 Go-Back-N 프로토콜의 FSM을 보여준다.

그림 3.27 | Go-Back-N 프로토콜의 FSM

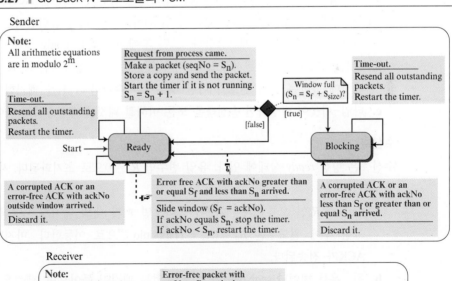

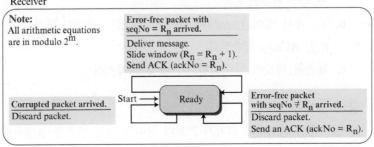

송신측

송신측은 ready 상태에서 시작하지만 이후에는 *ready*와 *blocking*의 두 상태 중의 하나에 있을 수 있다. 일반적으로 S_f와 S_n의 두 변수는 0으로 초기화된다. 그렇지만 뒷장에서 TCP/IP 프로토콜의 일부 프로토콜들은 서로 다른 초기값을 사용하는 확인할 수 있다.

☐ **Ready 상태.** 송신측이 ready 상태에 있는 경우에는 다음 네 개의 이벤트가 발생할 수 있다.

   a. 응용 계층으로부터 요청이 들어오면, 송신측은 순서 번호를 S_n으로 설정한 패킷을 만든다. 이 패킷은 사본이 저장된 후에 전송된다. 송신측은 타이머가 구동되어 있지 않은 경우에는 타이머를 구동한다. 이제 S_n 값은 $S_n = (S_n + 1) \bmod 2^m$으로 증가한다. S_n 값이 $(S_f + S_{size})$ modulo 2^m 값과 같게 되면 윈도우는 다 차게 되고, 송신측은 blocking 상태가 된다.

   b. 미해결 패킷 중의 하나에 해당하는 ackNo를 가진 오류 없는 ACK가 들어오면, 송신측은 윈도우를 이동(즉, S_f = ackNo으로 설정)하고 타이머를 중단한다. 아직까지 미해결 패킷이 있으면 타이머를 재구동한다.

   c. 수신한 ACK가 훼손됐거나 또는 비록 훼손은 되지 않았지만 ACK 내의 ackNo가 미해결 패킷에 속하는 순서 번호가 아닌 경우에는 수신한 ACK를 폐기한다.

   d. 타임-아웃이 발생하면 송신측은 모든 미해결 패킷을 재전송하고 타이머를 다시 구동한다.

☐ **Blocking 상태.** 다음의 세 가지 이벤트가 발생할 수 있다.

   a. 미해결 패킷 중의 하나에 해당하는 ackNo를 가진 오류 없는 ACK를 수신하면, 송신측은 윈도우를 이동(즉, S_f = ackNo으로 설정)하고 타이머를 중단한다. 아직까지 미해결 패킷이 있으면 타이머를 재구동한다. 그런 후에 송신측은 ready 상태로 이동한다.

   b. 수신한 ACK가 훼손됐거나 또는 비록 훼손은 되지 않았지만 ACK 내의 ackNo가 미해결 패킷에 속하는 순서 번호가 아닌 경우에는 수신한 ACK를 폐기한다.

   c. 타임-아웃이 발생하면 송신측은 모든 미해결 패킷을 재전송하고 타이머를 다시 구동한다.

수신측

수신측은 항상 *ready* 상태에 있다. 유일 변수인 R_n은 0으로 초기화된다. 세 가지 이벤트가 발생할 수 있다.

   a. seqNo = R_n인 오류 없는 패킷이 들어오면 패킷 내의 메시지는 응용 계층으로 전달된다. 그런 후에 윈도우는 $R_n = (R_n + 1) \bmod 2^m$으로 이동한다. 마지막으로 ackNo = R_n인 ACK가 전송된다.

   b. 윈도우를 벗어난 seqNo를 가진 오류 없는 패킷이 들어오면, 패킷은 폐기되지만 ackNo = R_n인 ACK는 전송된다.

   c. 훼손된 패킷이 들어오면, 이 패킷은 폐기된다.

송신 윈도우 크기

이제는 송신 윈도우의 크기가 2^m보다 작아야 하는 이유를 설명하려고 한다. 예를 들어 $m = 2$라고 하면, 윈도우의 크기는 $2^m - 1$, 즉 3이 된다. 그림 3.28은 윈도우의 크기가 3인 경우와 4인 경우를 비교하여 보여준다. 만일 윈도우의 크기가 3(즉, 2^m보다 작은 값)이고 세 개의 확인응답이 모두 손실된다면, 타이머가 만료된 후에 세 개의 패킷 모두는 재전송된다. 여기에서 수신측은 패킷 0이 아닌 패킷 3의 수신을 기대하며, 따라서 중복되어 수신된 패킷들은 올바르게 폐기된다. 반면에 윈도우의 크기가 4(즉, 2^2와 같은 값)이고 확인응답이 모두 손실된다면, 송신측은 패킷 0의 복사본을 전송할 것이다. 그런데 수신측은(다음 사이클의) 패킷 0의 수신을 기대하며, 따라서 수신측은 패킷 0을 복사본이 아닌 다음 사이클의 첫 번째 패킷으로 간주하고 받아들인다. 이것은 명백한 오류를 유발한다. 이것은 송신 윈도우의 크기가 2^m보다 작아야 하는 이유를 보여준다.

> **Go-Back–프로토콜에서 송신 윈도우의 크기는 2^m보다 작아야 한다.**
> **반면 수신 윈도우의 크기는 항상 1이다.**

그림 3.28 │ Go-Back-N에서 송신 윈도우 크기

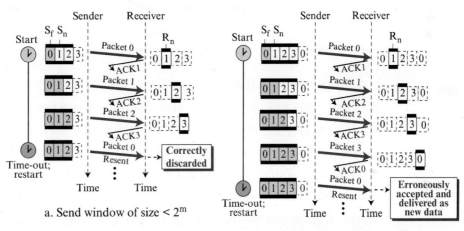

a. Send window of size $< 2^m$

b. Send window of size $= 2^m$

예제 3.7

그림 3.29는 Go-Back-N의 예를 보여준다. 여기에서는 포워드 채널은 신뢰성이 있지만 백워드 채널은 그렇지 않다고 가정한다. 즉 데이터 패킷은 손실되지 않지만, ACK의 일부는 지연되거나 손실된다. 이 그림은 또한 누적 확인응답이 지연되거나 손실되는 경우에 어떻게 해결하는지를 보여준다.

초기화 이후에 송신측 이벤트가 발생하였다. Request 이벤트는 응용 계층으로부터 메시지 전송 요청에 의하여 발생하며, arrival 이벤트는 네트워크 계층으로부터 수신된 ACK에 의해서 발생한다. 여기에서는 타이머가 만료되기 전에 미해결 패킷이 모두 확인응답되었기 때문에 타임-아웃 이벤트는 발생하지 않는다. 비록 ACK 2는 손실되었지만, ACK 3는 누적이며 따라서 ACK 2와 ACK 3를 모두 포함한다. 수신측에는 네 개의 이벤트가 있다.

그림 3.29 | 예제 3.7의 흐름도

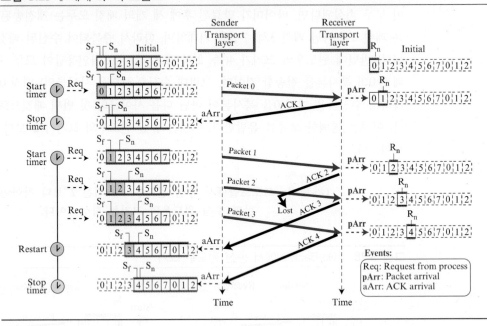

예제 3.8

그림 3.30는 패킷이 손실된 경우를 보여준다. 패킷 0, 1, 2, 그리고 3이 전송된다. 그런데 패킷 1이 손실되었다. 수신측에서는 패킷 2와 3을 수신하였지만, 수신된 패킷이 모두 순서에 어긋나게 들어왔기 때문에(수신측은 패킷 1의 수신을 기대) 수신측은 수신한 패킷을 모두 폐기한다. 수신측에서 패킷 2와 3을 수신하면, 수신측은 자신이 패킷 1의 수신을 기다리고 있다는 것을 알리기 위하여 ACK 1을 전송한다. 그렇지만 이러한 ACK는 송신측에서는 쓸모가 없다. 왜냐하면 ackNo는 S_f값과 동일하기 때문이다. 즉 송신측은 수신한 ACK를 폐기한다. 타임-아웃이 발생하면, 송신측은 패킷 1, 2 그리고 3을 재전송하고, 이 패킷들은 확인응답된다.

Go-Back-*N*와 Stop-and-Wait 비교

Go-Back-*N* 프로토콜과 Stop-and-Wait 프로토콜과는 유사한 면이 있다는 것을 발견할 수 있을 것이다. Stop-and-Wait 프로토콜은 실제로 순서 번호가 0과 1의 단지 두 번호만 가지며 송신 윈도우의 크기가 1인 Go-Back-*N* 프로토콜이다. 다시 말하면, $m = 1$이고 $2^m - 1 = 1$이다. Go-Back-*N*에서는 modulo 2^m의 연산 방식을 사용한다. Stop-and-Wait에서 연산 방식은 modulo 2이며, 이것은 $m = 1$인 경우의 2^m의 값과 동일하다.

그림 3.30 | 예제 3.8의 흐름도

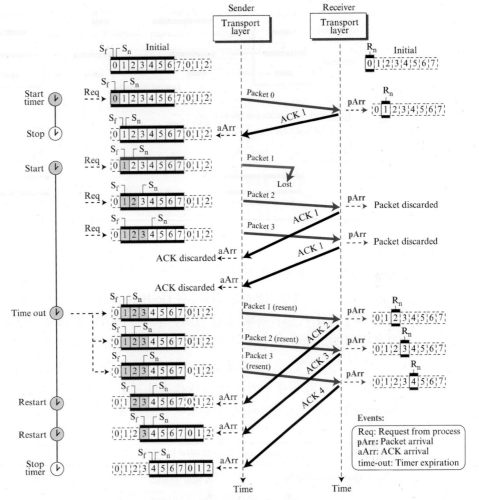

3.2.4 Selective-Repeat 프로토콜

Go-Back-N 프로토콜은 수신측 프로세스를 간단히 한다. 수신측은 단지 하나의 변수만 관리하고 순서에 맞지 않게 들어온 패킷을 버퍼에 저장할 필요 없이 단순히 폐기하면 된다. 그렇지만 이 프로토콜은 많은 패킷이 손실되는 경우 하부 네트워크 프로토콜에서 비효율적이다. 하나의 패킷이 손실되거나 훼손될 때마다, 비록 여러 개의 패킷이 오류 없이 순서에 맞지 않게 수신측에 도착했다 하더라도 송신측은 모든 패킷들을 재전송한다. 만일 네트워크 계층에서 네트워크의 혼잡으로 인해 많은 패킷이 손실된다면, 패킷의 재전송으로 인해 혼잡은 더 심해지게 되고 결과적으로 더 많은 패킷이 손실된다. 따라서 눈사태같이 네트워크 전체의 붕괴를 낳게 되는 결과를 유발하게 된다.

Selective-Repeat (SR) 프로토콜에서는 이름에서 알 수 있듯이 실제로 손실된 패킷만 선택적으로 재전송한다. 그림 3.31은 이 프로토콜의 동작을 간략히 보여준다.

그림 3.31 ┃ Selective-Repeat의 동작

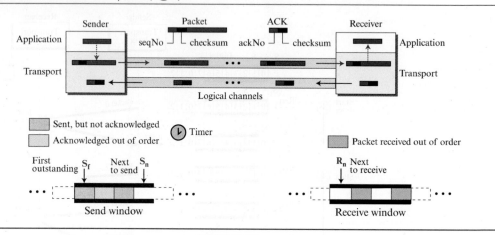

윈도우

Selective-Repeat 프로토콜 역시 송신 윈도우와 수신 윈도우, 두 개의 윈도우를 사용한다. 그렇지만 이 프로토콜에서 사용하는 윈도우와 Go-Back-N 프로토콜에서 사용하는 윈도우는 여러 가지 면에서 차이가 있다. 첫째, 송신 윈도우의 최대 크기는 $2^{m}-1$로 상당히 작다. 그 이유는 뒷부분에서 설명할 것이다. 둘째, 수신 윈도우는 송신 윈도우와 같은 크기를 갖는다.

송신 윈도우의 크기의 최대값은 2^{m-1}이다. 예를 들어 $m=4$이면, 순서 번호는 0에서 15까지이지만, 윈도우의 최대 크기는 8(Go-Back-N의 경우 최대 윈도우 크기는 15)이다. 그림 3.32는 Selective-Repeat 프로토콜의 송신 윈도우 크기를 보여준다.

그림 3.32 ┃ Selective-Repeat 프로토콜에서 송신 윈도우

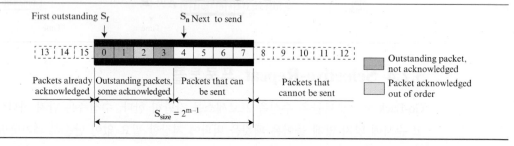

Selective-Repeat에서 수신 윈도우는 Go-Back-N 프로토콜에서와는 완전히 다르다. 수신 윈도우의 크기는 송신 윈도우의 크기(최대 2^{m-1})와 같다. Selective-Repeat 프로토콜에서는 수신 윈도우의 크기만큼 많은 패킷들이 순서에 맞지 않게 도착한다면 이런 패킷들은 버퍼에 저장되며, 순서에 맞는 패킷만이 응용 계층으로 전달된다. 송신 윈도우와 수신 윈도우의 크기가 동일하기 때문에 송신 윈도우에 있는 모든 패킷들이 순서에 맞지 않게 도착할 수 있고, 또한 전송된 패킷들은 응용 계층으로 전달되지 않고 버퍼에 저장된다. 단, 신뢰성 있는 프로토콜에서는 수신측은 응용 계층으로 불규칙적으로 도착한 패킷을 보내면 안 된다는 것이 강조된다. 그림 3.33은

Selective-Repeat에서의 수신 윈도우를 보여준다. 윈도우 내에서 음영으로 표시된 슬롯들은 순서에 맞지 않게 응용 계층으로 전달되기 전에 먼저 전송된 패킷이 도착하기를 기다리는 패킷이다.

그림 3.33 ┃ Selective-Repeat 프로토콜에서 수신 윈도우

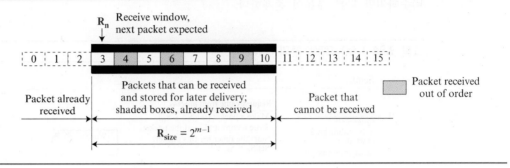

타이머

이론적으로 Selective-Repeat 프로토콜에서는 아직 처리되지 않은 각각의 패킷마다 하나의 타이머를 사용한다. 타이머가 만료되면 해당 패킷이 재전송된다. 다시 말하면, Go-Back-*N* 프로토콜에서는 아직 처리되지 않은 패킷들을 하나의 그룹으로 처리하지만, Selective-Repeat 프로토콜에서는 아직 처리되지 않은 패킷들을 독립적으로 처리한다. 하지만 Selective-Repeat를 구현하는 대부분의 전송 계층 프로토콜은 단지 하나의 단일 타이머만을 사용한다. 따라서 이 책에서도 하나의 타이머만을 사용한다.

확인응답

두 프로토콜 사이에는 또 다른 차이점은 다음과 같다. Go-Back-*N* 프로토콜에서 ackNo는 누적을 나타낸다. 즉 ackNo는 수신하기를 기대하는 다음 패킷의 순서 번호를 나타내며, 이 번호 이전의 모든 패킷들은 이상없이 도착했음을 의미한다. Selective-Repeat 프로토콜에서 확인응답의 의미는 다르다. Selective-Repeat에서 ackNo는 오류 없이 수신된 하나의 패킷 순서 번호를 나타내며 다른 패킷들에 대한 어떤 피드백도 제공하지 않는다.

> **Selective-Repeat 프로토콜에서 확인응답 번호는 오류 없이 수신된 패킷의 순서 번호를 나타낸다.**

 예제 3.9   송신측에서 패킷 0, 1, 2, 3, 4, 5의 6개의 패킷을 전송한다고 가정해 보자. 송신측이 ackNo = 3의 ACK를 수신하였다. 시스템이 GBN 또는 SR을 사용하는 경우에 ACK 수신은 각각 무엇을 의미하는가?

해답

GBN을 이용하는 시스템에서는 패킷 0, 1, 2가 훼손되지 않고 잘 수신되었다는 것과 수신측에서 패킷 3의 수신을 기다리고 있다는 것을 의미한다. SR을 이용하는 시스템에서는 패킷 3이 훼

손되지 않고 잘 도착했다는 것을 의미하며, 다른 패킷에 대한 정보는 없다.

FSM

그림 3.34는 Selective-Repeat 프로토콜의 FSM을 보여준다. FSM은 GBN의 FSM과 전반적으로 비슷하지만 다른 부분이 존재한다.

그림 3.34 ┃ SR 프로토콜의 FSM

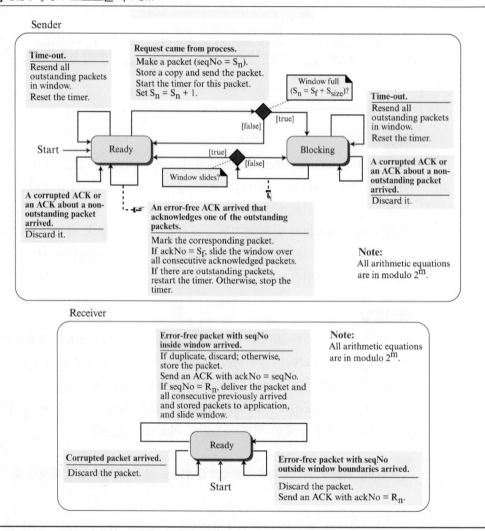

송신측

송신측은 *ready* 상태에서 시작하지만, 이후에는 *ready*와 *blocking*의 두 상태 중 하나의 상태이다. 다음은 각 상태의 이벤트와 관련된 수행을 보여준다.

❏ **Ready 상태.** 이 경우에는 네 개의 이벤트가 발생할 수 있다.

   a. 응용 계층으로부터 요청이 들어오면, 송신측은 순서 번호를 S_n으로 설정된 패킷을 만들고

패킷의 복사본을 저장한 후에 전송한다. 송신측은 구동 중인 타이머가 없는 경우에 타이머를 구동한다. S_n 값은 $S_n = (S_n + 1)$ modulo 2^m으로 증가한다. 만일 윈도우가 가득 차면 [즉, $S_n = (S_f + S_{size})$ modulo 2^m], 송신측은 blocking 상태로 전환된다.

b. 아직 처리되지 않은 패킷 중 ackNo를 가진 오류 없는 ACK가 수신되면, 해당 패킷은 확인응답으로 표시된다. 만일 ackNo = S_f이면, 윈도우는 S_f가 첫 번째 미확인응답된 패킷을 지시하는 곳까지 오른쪽으로 이동한다(연속적으로 확인응답된 모든 패킷들은 윈도우의 바깥쪽에 있다). 아직까지 처리되지 않은 패킷이 있으면 타이머를 구동하고 그렇지 않으면 타이머를 중단한다.

c. 수신한 ACK가 훼손되거나 또는 오류가 없고 처리되지 않은 패킷과 관련된 ackNo를 갖지 않은 경우에는 수신한 ACK를 폐기한다.

d. 타임-아웃이 발생하면, 송신측은 윈도우 내의 미확인응답된 패킷들을 모두 재전송하고 타이머를 재구동한다.

☐ **Blocking 상태.** 이 경우에는 세 개의 이벤트가 발생할 수 있다.

a. 아직 처리되지 않은 패킷 중 ackNo를 가진 오류 없는 ACK가 수신되면, 해당 패킷은 확인응답으로 표시된다. 만일 ackNo = S_f이면, 윈도우는 S_f가 첫 번째 미확인응답된 패킷을 지시하는 곳까지 오른쪽으로 이동한다(이제 모든 연속적인 확인응답된 패킷들은 윈도우의 바깥쪽에 있다). 윈도우가 오른쪽으로 이동하면, 송신측은 ready 상태로 전환한다.

b. 수신한 ACK가 훼손되거나 또는 오류는 없지만 처리되지 않은 패킷과 관련된 ackNo를 갖지 않은 경우에는 수신한 ACK를 폐기한다.

c. 타임-아웃이 발생하면, 송신측은 윈도우 내의 미확인응답된 패킷들을 모두 재전송하고 타이머를 재구동한다.

수신측

수신측은 항상 *ready* 상태에 있다. 다음의 세 가지 이벤트가 발생할 수 있다.

a. 윈도우 내의 seqNo를 오류 없이 도착한 패킷은 저장되며, ackNo = seqNo를 갖은 ACK가 전송된다. 그리고 seqNo = R_n이면, 이 패킷과 이전에 도착된 연속적인 패킷들은 응용 계층으로 전달되며 윈도우는 R_n이 첫 번째 빈 슬롯을 지시하는 곳까지 이동한다.

b. 오류는 없지만 윈도우 바깥의 seqNo를 갖진 패킷은 폐기된다. 하지만 ackNo = R_n을 갖는 ACK는 송신측에게로 전송된다. 이것은 seqNo < R_n을 갖는 패킷과 관련된 ACK가 손실된 경우에 송신측에서 윈도우를 이동하기 위해 필요하다.

c. 수신된 패킷이 훼손되었다면 이 패킷을 폐기한다.

예제 3.10

본 예제는 패킷 1이 손실된 예제 3.8(그림 3.30)의 경우와 유사하다. 이 경우에 Selective-Repeat이 어떻게 동작하는지 살펴본다. 그림 3.35는 다음의 상황을 보여준다.

송신측에서 패킷 0이 수신측에게 전송되고 확인응답되었다. 패킷 1은 손실되었다. 패킷 2와 3은 순서가 맞지 않게 도착하였고 확인응답되었다. 타이머가 만료되면, 패킷 1(확인응답되지 않은 패킷)은 재전송되고 또한 확인응답되었다. 이제 송신 윈도우는 이동한다.

수신측에서는 패킷의 수신과 수신된 패킷의 응용 계층으로의 전달을 구분해야 한다. 두 번째 도착에서 패킷 2는 도착한 후 저장되고 확인(음영 슬롯으로)되었지만 패킷 1의 응용 계층에 전달될 수 없다. 다음 도착에서 패킷 3이 도착한 후 저장되고 확인(음영 슬롯으로) 되었지만, 여전히 어떤 패킷도 응용 계층으로 전달될 수 없다. 패킷 1에 대한 사본이 도착했을 때 비로소 패킷 1과 2, 그리고 3이 응용 계층으로 전달될 수 있다. 응용 계층으로 패킷을 전달하는 데에는 두 가지 조건이 있다. 첫 번째는 연속적인 패킷이 도착해야 하고, 두 번째는 수신한 패킷 집합이 윈도우의 처음 부분부터 시작되어야 한다는 것이다. 처음 도착 후에는 하나의 패킷만이 있으며 이 패킷은 윈도우의 처음 부분부터 시작된다. 마지막 도착 이후에는 세 개의 패킷이 있으며, 처음 패킷은 윈도우의 처음 부분부터 시작된다. 신뢰성 있는 전송 계층에서는 순서에 맞는 패킷 전송을 약속하는 것이 중요하다.

그림 3.35 ▌ 예제 3.10의 흐름도

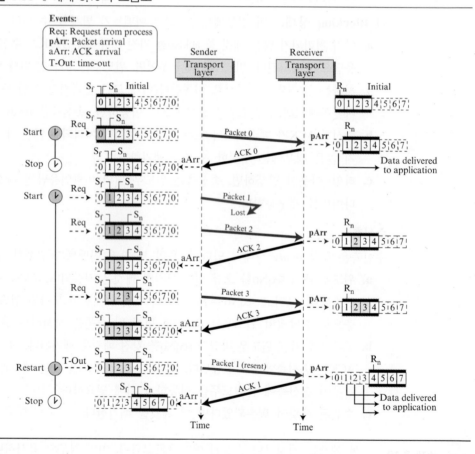

윈도우 크기

송신 윈도우와 수신 윈도우의 크기가 2^m의 반밖에 되지 않는 이유를 살펴보자. 예를 들어 $m = 2$라면 윈도우의 크기는 $2^m/2 = 2$가 된다. 그림 3.36에서는 윈도우 크기 2와 윈도우 크기 3을 비교한다.

그림 3.36 ┃ Selective-Repeat에서의 윈도우 크기

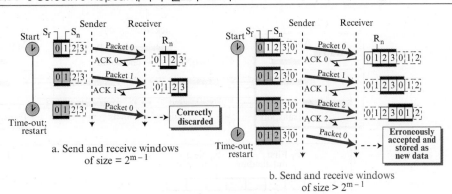

원도우의 크기가 2이고 모든 확인응답이 손실되면, 패킷 0에 대한 타이머는 만료되어 패킷 0이 재전송된다. 그렇지만 수신측 원도우는 패킷 0이 아닌 패킷 2를 수신하기를 기대하고 중복 수신된 패킷은 폐기된다(순서 번호 0은 윈도우 내의 번호가 아니다). 원도우의 크기가 3이고 모든 확인응답이 손실되면, 송신측은 패킷 0의 복사본을 전송한다. 그렇지만 수신측 윈도우는 패킷 0(0은 윈도우의 일부분)의 수신을 기대하고 있으며, 따라서 수신측은 패킷 0을 본사본이 아닌 다음 사이클에 속하는 패킷으로 간주하고 받아들인다. 이것은 분명한 오류이다.

> **Selective-Repeat에서 송신 윈도우와 수신 윈도우의 크기는 2^m의 반이다.**

3.2.5 양방향 프로토콜: 피기배킹

이 절에서 앞서 설명한 네 개의 프로토콜은 모두 단방향이다. 즉 데이터 패킷은 한방향으로 전송되며 확인응답은 반대 방향으로 전송된다. 실제 환경에서 일반적으로 데이터 패킷은 클라이언트로부터 서버로 그리고 서버로부터 클라이언트로의 양쪽 방향 모두로 전송된다. 이것은 확인응답 역시 양방향으로 전송될 필요가 있다는 것을 의미한다. **피기배킹(piggybacking)** 기술은 양방향통신의 효율을 향상시키기 위해 사용된다. 패킷이 A부터 B까지 전송될 때, B로부터 수신한 패킷에 관한 확인응답 피드백도 같이 전달할 수 있다. 마찬가지로 A부터 B까지 패킷이 전송될 때 A로부터 수신한 패킷에 관한 확인응답 피드백도 전송할 수 있다.

그림 3.37은 피기배킹을 이용하여 양방향통신이 가능한 GBN의 개략적인 동작을 보여준다. 클라이언트와 서버는 각각 송신 윈도우와 수신 윈도우 두 개의 독립적인 윈도우를 갖는다.

그림 3.37 ┃ Go-Back-*N*에서 피기배킹의 설계

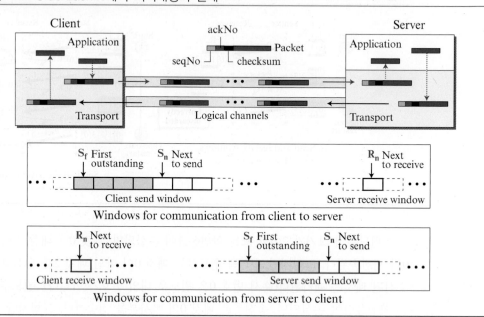

3.2.6 인터넷 전송 계층 프로토콜

전송 계층의 일반적인 원칙을 논의한 후, 다음 두 절에서는 인터넷에서의 전송 프로토콜에 대해 다룬다. 비록 인터넷 사용자들이 다수의 전송 계층 프로토콜을 사용할지라도 이 장에서는 그림 3.38에 나와 있는 두 가지 프로토콜에 대해 논의한다.

그림 3.38은 TCP/IP 프로토콜과 다른 프로토콜, 그리고 전송 계층 프로토콜인 UDP와 TCP 프로토콜과의 관계를 보여준다. 이러한 프로토콜들은 네트워크와 응용 계층 사이에 위치하며, 응용프로그램들과 네트워크 작업 사이에서 중재자 같은 역할을 한다.

UDP는 신뢰성 없는 비연결형 전송 계층 프로토콜로 응용 계층 프로세스에 의해 오류 제어를 제공할 수 있는 어플리케이션에서 간단하고 효과적으로 사용된다. TCP는 신뢰성 있는 연결지향적 프로토콜로 신뢰성이 중요한 모든 어플리케이션에서 사용된다. SCTP와 같은 전송 계층 프로토콜은 다른 장에서 다룬다.

앞서 논의된 것처럼 일반적으로 전송 계층 프로토콜은 여러 가지 책임이 있다. 그중 하나는 프로세스 간 통신을 만드는 것이다. 이러한 프로토콜은 프로세스 간 통신을 완료하기 위해 표 3.1과 같은 포트번호를 사용한다.

그림 3.38 ┃ TCP/IP 프로토콜 모음에서의 전송 계층 프로토콜들의 위치

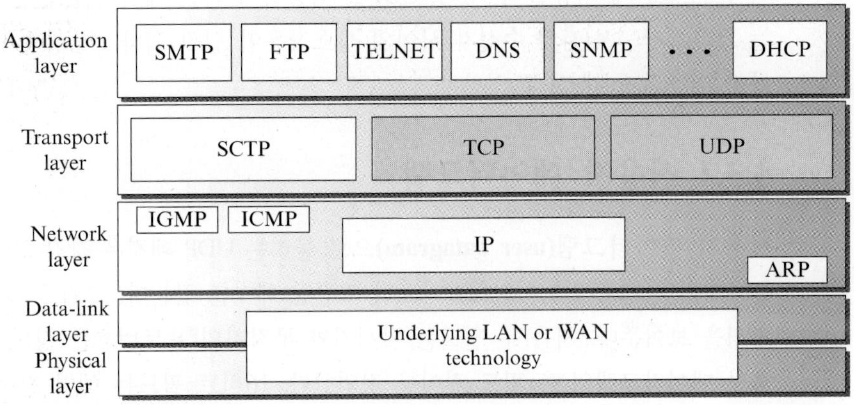

표 3.1 ┃ UDP와 TCP에서 사용되는 잘 알려진 포트번호

Port	Protocol	UDP	TCP	Description
7	Echo	√		Echoes back a received datagram
9	Discard	√		Discards any datagram that is received
11	Users	√	√	Active users
13	Daytime	√	√	Returns the date and the time
17	Quote	√	√	Returns a quote of the day
19	Chargen	√	√	Returns a string of characters
20, 21	FTP		√	File Transfer Protocol
23	TELNET		√	Terminal Network
25	SMTP		√	Simple Mail Transfer Protocol
53	DNS	√	√	Domain Name Service
67	DHCP	√	√	Dynamic Host Configuration Protocol
69	TFTP	√		Trivial File Transfer Protocol
80	HTTP		√	Hypertext Transfer Protocol
111	RPC	√	√	Remote Procedure Call
123	NTP	√	√	Network Time Protocol
161, 162	SNMP		√	Simple Network Management Protocol

3.3 UDP

UDP (USER DATAGRAM PROTOCOL)는 비연결형, 비신뢰성 전송 프로토콜이다. 호스트 대 호스트의 통신 대신 프로세스–대–프로세스 통신을 제공하는 것 이외에는 IP 서비스에 추가되는 기능이 아무 것도 없다. UDP에서 추가되는 기능이 없는데 프로세스가 UDP를 사용하는 이유가 무엇일까? 단점이 때론 장점이 되기도 하는 법이다. UDP는 최소한의 오버헤드만 사용

하는 매우 간단한 프로토콜이다. UDP는 프로세스가 작은 메시지를 보내거나 신뢰성을 크게 고려하지 않을 때 사용될 수 있다. UDP를 이용하여 작은 메시지를 전송하는 것이 TCP를 사용하는 경우보다 송신자와 수신자 사이의 상호작용이 훨씬 적다. 이 장의 마지막에서는 UDP의 몇 가지 어플리케이션을 논의한다.

3.3.1 사용자 데이터그램

사용자 데이터그램(user datagram)으로 불리는 UDP 패킷은 각각 2바이트(16비트) 크기를 갖는 4개의 필드로 만들어진 8바이트의 고정된 헤더를 갖는다. 그림 3.39는 사용자 데이터그램의 형식을 보여준다. 처음 두 필드는 발신지와 목적지의 포트번호를 정의한다. 세 번째 필드는 사용자 데이터그램의 총 필드 길이를 정의한다. 16비트 필드는 헤더 길이와 데이터 길이를 합한 사용자 데이터그램의 전체 길이를 정의한다. 16비트는 0에서 65,535 사이의 전체 길이를 정의할 수 있다. 그러나 사용자 데이터그램은 총 길이가 65,535바이트인 IP 데이터그램에 저장되기 때문에 실제 총 길이는 훨씬 작다. 마지막 필드는 검사합과 같은 추가적인 옵션이 포함될 수 있다(이 부분은 추후에 설명한다).

그림 3.39 ┃ 사용자 데이터그램 형식

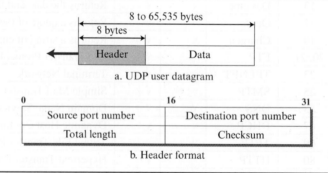

a. UDP user datagram

b. Header format

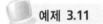 **예제 3.11**   다음은 16진수의 형식으로 UDP 헤더를 나타낸 것이다.

CB84000D001C001C

a. 발신지 포트번호는?

b. 목적지 포트번호는?

c. 사용자 데이터그램의 총 길이는?

d. 데이터의 길이는?

e. 데이터의 전송 방향이 클라이언트로부터 서버 쪽으로인가 아니면 반대의 방향인가?

f. 클라이언트 프로세스는 무엇인가?

해답

a. 발신지 포트번호는 처음 네 개의 16진수($CB84_{16}$)이며, 십진수로 표현하면 52,100이다.

b. 목적지 포트번호는 두 번째 네 개의 16진수(000D$_{16}$)이며, 십진수로 표현하면 13이다.

c. 세 번째 네 개의 16진수(000D$_{16}$)는 UDP 패킷의 전체 길이를 나타내며, 28바이트이다.

d. 데이터의 길이는 패킷의 전체 길이에서 헤더의 길이를 뺀 것으로 28 − 8 = 20바이트이다.

e. 목적지 포트번호가 13(잘 알려진 포트)이므로, 클라이언트로부터 서버로 패킷이 전송되었다.

f. 클라이언트 프로세스는 데이타임(표 3.1 참조)이다.

3.3.2 UDP 서비스

앞서 전송 계층 프로토콜에서 제공되는 일반적인 서비스에 대해 살펴보았다. 이 절에는 이러한 일반적인 서비스 중에서 어떤 서비스가 UDP에 의해 제공되는지 살펴본다.

프로세스-대-프로세스 통신

UDP는 IP 주소와 포트번호로 구성된 소켓을 이용하여 프로세스-대-프로세스 통신을 제공한다.

비연결형 서비스

앞서 언급한 바와 같이 UDP는 비연결형 서비스를 제공한다. 이것은 UDP에 의해 전송되는 각각의 사용자 데이터그램은 서로 독립적이라는 것을 의미한다. 여러 개의 데이터그램이 동일한 발신지 프로세서로부터 동일한 목적지 프로그램으로 전송되어도 서로 다른 사용자 데이터그램 사이에는 아무런 연관 관계가 없다. 사용자 데이터그램에는 번호가 붙지 않고, TCP 프로토콜과 다르게 연결 설정(connection establishment)과 연결 종료(connection termination)가 없다. 이것은 각 사용자 데이터그램이 다른 경로를 통하여 전달될 수 있다는 것을 의미한다.

비연결형 서비스 영향 중 하나는 UDP를 사용하는 프로세스가 UDP에 하나의 긴 데이터 스트림을 보내고 UDP가 이 스트림을 서로 연관된 사용자 데이터그램들로 나누기를 기대할 수 없다는 것이다. 대신 하나의 사용자 데이터그램에 들어갈 수 있도록 충분히 작은 크기를 요청해야 한다. 65,507바이트(65,535 − UDP 헤더의 8바이트 − IP 헤더의 20바이트)보다 작은 메시지를 보내는 프로세스만이 UDP를 사용할 수 있다.

흐름 제어

UDP는 매우 간단한 프로토콜이다. 흐름 제어 기능이 없어 윈도우 메커니즘도 없다. 수신측에서 받는 메시지로 인한 오버플로우가 발생할 수 있다. 흐름 제어가 없다는 것은 UDP를 이용하는 프로세스에서 필요한 경우에는 자체적으로 이러한 서비스를 제공해야 한다는 것을 의미한다.

오류 제어

UDP에는 검사합을 제외한 오류 제어 메커니즘이 없다. 이것은 메시지 손실 및 중복을 송신자가 알 수 없다는 것이다. 수신자가 검사합을 사용하여 오류를 감지하면 사용자 데이터그램을 폐기한다. 오류 제어가 없는 UDP를 이용하는 프로세스에서 필요한 경우에는 자체적으로 이러한 서비스를 제공해야 한다.

검사합

5장의 IP에서 검사합의 개념과 계산하는 방법에 대해 기술하였다. UDP 검사합 계산은 의사헤더(*pseudoheader*), UDP 헤더, 응용 계층으로부터 온 데이터의 세 부분을 포함한다. 의사헤더는 사용자 데이터그램이 캡슐화되는 IP 패킷 헤더의 일부분(4장에서 논의되었음)이며, 몇 개의 필드의 값은 0으로 설정한다(그림 3.40 참조).

그림 3.40 │ 검사합 계산을 위한 의사헤더

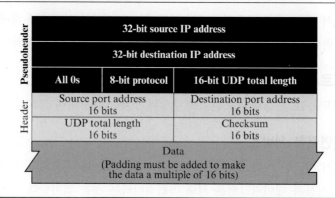

만약 검사합이 의사헤더를 포함하지 않는다면 사용자 데이터그램은 안전하고 정상적으로 도착할 수 있다. 그러나 IP 헤더에 오류가 발생하면 잘못된 호스트로 전달될 수 있다.

패킷이 TCP에 속하지 않고 UDP에 속함을 확인하기 위해 프로토콜 필드가 추가되었다. 나중에 알 수 있겠지만 만약 프로세스가 UDP나 TCP를 사용할 수 있다면 목적지 포트번호는 같을 수 있다. UDP의 경우 프로토콜 필드 값은 17이다. 만약 이 값이 전송 도중 변하면 수신측에서의 검사합 계산은 변화된 값을 발견할 것이고 UDP는 이 패킷을 폐기할 것이다. 이러한 패킷은 잘못된 프로토콜로 전달되지 않을 것이다.

검사합의 옵션 포함 사항

UDP 패킷의 송신자는 검사합 계산을 선택하지 않을 수도 있다. 이 경우에 전송 전 검사합 필드는 0이 된다. 송신자가 검사합을 계산하기로 결정한 경우에는 검사합의 결과값이 모두 0이면 검사합 필드 값은 모두 1로 변경된 후 전송된다. 다시 말하면, 송신자는 결과값에 두 번 과금을 취한다. 일반적인 상황에서 검사합 값은 모두 1이 될 수 없기 때문에 혼란이 발생할 일은 없다 (다음 예제 참조).

 예제 3.12   다음의 가상 상황에서 검사합으로 어떤 값이 전송되는가?

  a. 송신자는 검사합을 포함하지 않기로 결정한다.

  b. 송신자는 검사합을 포함하기로 결정했지만, 검사합의 값이 모두 1이다.

  c. 송신자는 검사합을 포함하기로 결정했지만, 검사합의 값이 모두 0이다.

해답

   a. 검사합이 계산되지 않았다는 것을 알리기 위해 검사합 필드의 값은 모두 0으로 설정된다.

   b. 송신자가 합에 보수를 취한 결과가 모두 0이면, 송신자를 전송하기 전에 결과값에 다시 보수를 취한다. 즉 검사합으로 전송되는 값은 모두 1이다. 두 번째 보수 연산은 a의 경우와의 혼돈을 피하기 위해 필요하다.

   c. 합의 계산에 포함되는 모든 항목의 값이 0인 상황은 결코 일어날 수 없는 불가능한 경우이다. 의사헤더의 필드들은 0이 아닌 값을 가지고 있다.

혼잡 제어

UDP는 비연결형 프로토콜이기 때문에 혼잡 제어를 제공하지 않는다. UDP에서는 패킷은 작고 산발적으로 전송된다고 가정한다. 이러한 가정은 사실이 될 수 있지만 그렇지 않을 수도 있다. 그 이유는 UDP가 오디오나 비디오와 같은 실시간 트래픽을 전송하기 위해 사용되기 때문이다.

캡슐화와 역캡슐화

한 프로세스에서 다른 프로세스로 메시지를 보내기 위해 UDP 프로토콜은 메시지를 캡슐화하고 역캡슐화한다.

큐잉

지금까지는 실제적인 구현에 대한 설명 없이 포트에 대해서만 언급하였다. UDP에서 큐(queue)는 포트와 관련이 있다.

   클라이언트 측에서 프로세스가 시작되면 클라이언트는 운영체제에게 포트번호를 요청한다. 몇몇 구현에서는 각 프로세스에 연계된 입력 큐와 출력 큐가 같이 생성된다. 또 다른 구현에서는 프로세스에 연계된 입력 큐만 생성한다.

다중화와 역다중화

TCP/IP 프로토콜을 수행하고 있는 호스트에서 UDP는 하나지만 UDP 서비스를 사용하기를 원하는 프로세스는 UDP를 여러 개 가질 수 있다. 이러한 상황을 처리해주기 위해 UDP는 다중화와 역다중화를 사용한다.

UDP와 일반 단순 프로토콜과의 비교

앞서 언급한 비연결형 단순 프로토콜과 UDP를 비교해 보자. 한 가지 차이점은 UDP는 수신측에서 훼손된 패킷을 감지하기 위해 부가적인 검사합을 사용한다는 점이다. 검사합이 패킷에 포함되면, 수신 UDP는 패킷을 검사하고 패킷이 훼손되었다면 폐기한다. 그렇지만 어떠한 피드백도 송신측으로 전송되지 않는다.

> **UDP는 비연결형 단순 프로토콜의 한 예이며, 오류 감지를 위해서 부가적인**
> **검사합을 패킷에 포함하는 것만 차이가 있다.**

3.3.3 UDP 응용

비록 UDP가 신뢰성 있는 전송 계층 프로토콜을 위한 어떤 기준도 만족하지 않지만, UDP를 선호하는 응용도 있다. 그 이유는 어떤 서비스들은 신뢰성 서비스를 받아들이지 않거나 선호하지 않기 때문이다. 응용 설계자는 최적을 얻기 위해 타협해야 할 때도 있다. 예를 들어, 물품을 하루 만에 배송하는 데 드는 비용이 삼일 동안 배송되는 데 드는 비용보다 더 비싸다. 비록 시간과 비용이 물품의 배달에서 둘 다 중요한 요소이지만 그 사이에는 충돌이 발생하며, 그 가운데 최적을 선택해야 한다.

이 절에서는 응용프로그램을 설계할 때 고려된 UDP의 특징에 대해 살펴보고, 이러한 특징을 이용하는 대표적인 응용에 대해서 살펴보고자 한다.

UDP 특징

UDP의 특색과 특색에 따른 장점과 단점에 대해 살펴본다.

비연결형 서비스

앞서 언급한 바와 같이 UDP는 비연결형 프로토콜이다. UDP 패킷은 동일한 응용프로그램으로부터 전송되는 다른 패킷들과는 독립적이다. 이 특징은 응용프로그램의 요구 사항에 따라 장점이 될 수도 있고 단점이 될 수도 있다. 예를 들어, 클라이언트 응용이 서버에게 짧은 요청을 전송하고 짧은 응답을 수신하고자 하는 경우에는 장점이 된다. 요청과 응답 각각이 하나의 단일 사용자 다이어그램으로 만들어질 수 있다면 비연결형 서비스가 훨씬 바람직하다. 이 경우에 연결을 설정하고 종료하기 위한 오버헤드가 상당히 클 수 있다. 연결 지향 서비스에서는 이러한 목표를 달성하기 위해 최소한 9개의 패킷이 클라이언트와 서버 간에 교환되어야 하지만, 비연결형 서비스에서는 단지 두 패킷만이 교환될 뿐이다. 비연결형 서비스는 더 적은 지연을 제공하는데 비해 연결 지향 서비스는 지연이 좀더 크다. 응용에서 지연이 중요한 문제라면 비연결형 서비스가 바람직하다.

예제 3.13   DNS(2장 참조)와 같은 클라이언트 서버 응용은 클라이언트가 짧은 요청을 서버에게 전송하고 서버로부터 빠른 응답 수신을 원하기 때문에 UDP 서비스를 이용한다. 요청과 응답은 각각 하나의 사용자 데이터그램에 들어갈 수 있다. 각각의 방향으로 단지 하나의 메시지만 교환되기 때문에 비연결형 특징은 문제가 되지 않는다. 클라이언트나 서버는 메시지가 순서에 맞지 않게 전달되는 것을 고려하지 않는다.

예제 3.14   전자메일에서 사용되는 SMTP(2장 참조)와 같은 클라이언트 서버 응용은 사용자가 멀티미디어(즉, 이미지, 음성, 영상)를 포함하는 긴 e-mail 메시지를 전송할 수 있기 때문에 UDP의 서비스를 이용하지 않는다. 만일 응용이 UDP를 사용하고 메시지가 하나의 단일 사용자 데이터그램에 들어가지 않으면, 응용은 메시지를 여러 개의 사용자 데이터그램으로 쪼개야 한다. 여기에서 비연결형 서비스는 문제를 야기할 수 있다. 사용자 데이터그램은 순서에 맞

지 않게 수신자에 도착해서 전송될 수 있다. 수신측의 응용은 조각의 재배열을 할 수 없다. 이것은 긴 메시지를 전송하는 응용프로그램에게는 비연결형이 단점이 될 수 있다는 것을 의미한다. SMTP에서 메시지를 전송할 때, 그 메시지에 대한 빠른 응답을 기대하지 않는다 (어떤 경우에는 응답이 요구되지 않는다). 즉 SMTP에서 연결 지향 서비스 고유의 긴 지연은 중요한 문제가 아니다.

오류 제어의 결함

UDP는 오류 제어를 제공하지 않아 비신뢰성 서비스를 제공한다. 대부분의 응용들은 전송 계층 프로토콜로부터 신뢰성 있는 서비스를 기대한다. 비록 신뢰성 서비스가 바람직해도 어떤 응용에서는 적합하지 못해 단점이 된다. 신뢰성 서비스를 제공하는 전송 계층은 손실되거나 훼손된 메시지를 재전송해야 한다. 이것은 수신측 전송 계층이 손실되거나 훼손된 메시지를 즉시 응용에게 전송하지 못함을 의미한다. 응용 계층으로 전달되는 메시지 사이에 불규칙적인 지연이 생기게 된다. 어떤 응용들은 불규칙적인 지연을 인식하지 못하는 경우도 있지만, 다른 응용들에게 불규칙적인 지연은 매우 심각한 문제이다.

예제 3.15

매우 큰 문서 파일을 인터넷을 통해 다운받고 있다고 가정해 보자. 이 경우엔 신뢰성 서비스를 제공하는 전송 계층을 사용해야 한다. 파일을 열었을 때 파일의 일부분이 손실되거나 훼손되는 것을 원하지 않기 때문이다. 파일 전달 사이에 발생하는 지연은 중요한 문제가 아니다. 단지 파일을 보기 전에 전체 파일이 구성되기를 기다린다. 이 경우에 UDP는 적합한 전송 계층이 아니다.

예제 3.16

스카이프와 같은 실시간 상호작용을 하는 응용프로그램을 사용한다고 가정해 보자. 소리와 영상이 프레임으로 나누어져 있고 한 프레임을 전송 후 다른 프레임을 보낸다. 만일 전송 계층에서 훼손되거나 손실된 프레임을 재전송하게 되면 전체 전송의 동기가 맞지 않게 된다. 이럴 경우에 시청자는 갑자기 빈 화면만 볼 것이고 두 번째 프레임이 도착하기 전까지 기다려야 한다. 이는 용납될 수 없는 문제이다. 그렇지만 화면의 작은 부분이 하나의 단일 사용자 데이터그램으로 전송된다면, 수신 UDP는 훼손되거나 손실된 패킷을 무시하고 나머지 패킷을 응용프로그램으로 전달한다. 짧은 시간 동안 화면의 일부분이 공백으로 표시되겠지만, 대부분의 시청자들은 인식하지 못한다. 그렇지만 영상은 순차적으로 재생되어야 하기 때문에 UDP 상에서 동작하는 스트리밍 오디오, 영상 그리고 음성 응용들 중 순서가 바뀐 프레임들을 다시 순서화하거나 버려야 한다.

혼잡 제어의 결함

UDP는 혼잡 제어를 제공하지 않는다. 하지만 UDP는 오류가 발생할 수 있는 네트워크에서 추가적인 트래픽을 생성하지 않는다. TCP는 패킷을 여러 번 재전송하여 혼잡을 유발하거나 혼잡 상태를 더 악화시킨다. 따라서 혼잡이 큰 문제인 경우 UDP에서 오류 제어를 제공하지 않는 것은 장점이 된다.

대표적인 응용

다음은 TCP보다 UDP의 서비스를 이용하는 것이 더 효율적인 응용들을 보여준다.

❑ UDP는 단순한 요청-응답 통신을 필요로 하고 흐름 제어와 오류 제어에 큰 관련이 없는 프로세스에 적절하다. FTP와 같이 대량의 데이터를 보내야 하는 프로세스에서는 일반적으로 사용되지 않는다(2장 참조).

❑ UDP는 내부에 흐름 제어와 오류 제어 메커니즘을 가지고 있는 프로세스에 적절하다. 예를 들어 TFTP (Trivial File Transfer Protocol) 프로세스는 흐름 제어와 오류 제어를 포함한다. 그러므로 TFTP는 UDP를 쉽게 사용할 수 있다.

❑ UDP는 멀티캐스팅(multicasting)에 적합한 전송 프로토콜이다. 멀티캐스팅 기능은 UDP 소프트웨어에 내장되어 있지만 TCP 소프트웨어는 내장되어 있지 않다.

❑ UDP는 SNMP와 같은 관리 프로세스에 사용된다(9장 참조).

❑ UDP는 라우팅 정보 프로토콜(RIP, Routing Information Protocol)과 같은 경로 갱신 프로토콜에 사용된다(4장 참조).

❑ UDP는 수신된 메시지 조각들 간의 지연이 동일해야 하는 실시간 응용들에 의해 일반적으로 사용된다(8장 참조).

3.4 TCP

TCP (Transmission Control Protocol)는 연결 지향적인 신뢰성 있는 프로토콜이다. TCP는 연결지향적 서비스를 제공하기 위해 연결 지향, 데이터 전송, 연결해제 단계로 정의된다. TCP는 신뢰성을 제공하기 위해 GBN과 SR 프로토콜 조합을 사용한다. 이러한 목표를 달성하기 위해 TCP는 검사합(오류 검출을 위한), 오류 및 손실된 패킷의 재전송, 응답의 누락과 선택, 그리고 타이머를 사용한다. 이 절에서는 첫 번째로 TCP에서 제공되는 서비스에 대해 논의하고, TCP의 특징을 보다 자세히 살펴본다. TCP는 인터넷에서 가장 공통적인 전송 계층 프로토콜이다.

3.4.1 TCP 서비스

TCP를 자세히 설명하기 전에 TCP가 응용 계층에 있는 프로세스에 제공하는 서비스에 대해 먼저 살펴보기로 하자.

프로세스-대-프로세스 통신

UDP와 같이 TCP는 포트번호를 이용하여 프로세스-대-프로세스 통신을 제공한다. 이전 절의 표 3.1에서 TCP에서 사용하는 잘 알려진(well-known) 포트번호를 살펴보았다.

스트림 배달 서비스

UDP와는 다르게 TCP는 스트림 기반의 프로토콜이다. UDP에서 프로세스는 UDP에게 미리 정해진 크기 이내의 메시지를 전송한다. UDP는 이러한 메시지의 각각에 자신의 헤더를 붙인 후, 전송을 위해 특정 IP로 전달한다. 프로세스로부터 전달되는 각 메시지를 **사용자 데이터그램**이라고 하며, 궁극적으로는 하나의 IP 데이터그램이 된다. IP나 UDP 어느 것도 데이터그램들 간의 연관성을 따지지 않는다.

반면 TCP에서 송신 프로세스는 바이트 스트림의 형태로 데이터를 전송할 수 있으며, 수신 프로세스도 바이트 스트림의 형태로 데이터를 수신할 수 있다. TCP에서는 두 개의 프로세스가 가상의 "튜브"로 연결되어 있어서, 이 튜브를 통해 인터넷 상에서 데이터를 전송하는 것 같은 환경을 제공한다. 그림 3.41은 이러한 가상의 환경을 보여준다. 송신 프로세스는 바이트 스트림을 생성(즉, 쓰기)하고, 수신 프로세스는 바이트 스트림을 소비(즉, 읽기)한다.

그림 3.41 ∥ 스트림 배달

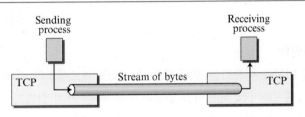

송신 버퍼와 수신 버퍼

송신 및 수신 프로세스가 동일한 속도로 데이터를 생성하거나 소비하지 않을 수 있기 때문에 TCP의 경우에 데이터를 저장하기 위한 버퍼가 필요하다. TCP에는 각 방향마다 송신 버퍼와 수신 버퍼의 두 개의 버퍼가 있다. 이 버퍼들은 뒷부분에서 설명되는 것과 같이 흐름 및 오류 제어 메커니즘에서도 사용된다. 버퍼를 구현하는 한 가지 방법은 그림 3.42에 나와 있는 것과 같이 1바이트 단위 위치의 순환 집합체이다. 이 그림에서는 각각 20바이트를 저장할 수 있는 두 개의 버퍼를 보여준다. 그렇지만 각 버퍼는 구현에 따라 일반적으로 수백 또는 수천 바이트를 저장할 수 있다. 또한 이 그림에서는 버퍼의 크기가 동일하지만, 항상 크기가 동일한 것은 아니다.

그림 3.42는 한방향으로의 데이터 이동을 보여준다. 송신측에 있는 버퍼는 세 유형으로 이루어져 있다. 하얀 부분은 빈 공간을 나타내며 송신 프로세스(즉, 생산자)에 의해서 채워질 수 있다. 컬러 부분은 전송되었지만 아직 확인응답이 되지 않은 바이트를 나타낸다. TCP는 확인응답을 수신하기 전까지 이러한 바이트를 버퍼에 계속 보관한다. 회색 부분은 송신 TCP가 전송할 바이트를 나타낸다. 이 장의 뒷부분에서 언급되겠지만, 수신 프로세스가 느리게 데이터를 소비하거나 또는 망에 혼잡이 발생하는 경우에 TCP는 이러한 회색 부분에 있는 바이트 중 일부만을 전송할 수 있다. 또한 컬러 부분에 있는 바이트가 확인응답되면, 그 공간은 비워져서 송신 프로세스에 의해 사용될 수 있다. 이것이 순환 버퍼이다.

그림 3.42 ┃ 송신 버퍼와 수신 버퍼

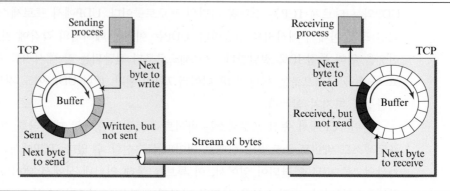

수신측에서의 버퍼의 동작은 간단하다. 순환 버퍼는 하얀 부분과 컬러 부분의 두 부분으로 나누어진다. 하얀 부분은 빈 공간을 나타내며, 망으로부터 수신되는 바이트에 의해서 채워진다. 컬러 부분은 수신은 되었지만, 아직 수신 프로세스가 읽지 않은 바이트를 나타낸다. 수신 프로세스가 바이트를 읽게 되면, 그 부분은 빈 공간에 더해져서 재사용된다.

세그먼트

비록 버퍼를 이용하는 것이 생산(즉, 송신) 프로세스와 소비(즉, 수신) 프로세스 간 속도의 불일치를 해결하지만, 데이터를 전송하기 위해 한 가지 단계가 더 필요하다. TCP에 대한 서비스 제공자로서의 IP는 바이트 스트림의 형태가 아닌 패킷의 형태로 데이터를 전달한다. TCP는 일련의 바이트를 세그먼트라고 하는 패킷으로 그룹화한다. TCP는 각각의 세그먼트에(제어를 목적으로) 헤더를 붙이고, 전송을 위하여 IP 계층에 세그먼트를 전송한다. 이 세그먼트는 IP 데이터그램으로 캡슐화되어 전송된다. 전반적인 동작은 수신 프로세스에서 투명하게 이루어진다. 이 장의 뒷부분에서는 세그먼트가 순서에 맞지 않게 수신되거나, 손실 및 훼손 그리고 재전송되는 것을 볼 수 있다. 이러한 모든 일들은 TCP에서 처리되기 때문에 수신 프로세스는 TCP의 동작에 대해서 알 필요가 없다. 그림 3.43은 버퍼에 있는 바이트로부터 세그먼트가 어떻게 만들어지는지를 보여준다.

그림 3.43 ┃ TCP 세그먼트

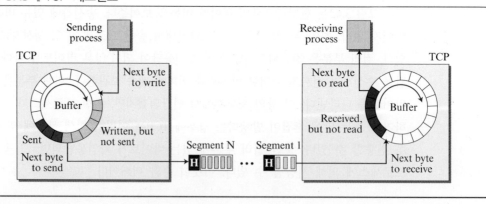

물론 TCP 세그먼트가 동일한 크기일 필요는 없다. 이 그림에서는 간략히 3바이트를 포함하는 하나의 세그먼트와 5바이트를 포함하는 또 하나의 세그먼트를 보여준다. 실제로 세그먼트는 수백 바이트를 전달한다.

전이중 통신

TCP는 전이중(*full-duplex*) 서비스를 제공한다. 즉 데이터를 동시에 양방향으로 전송할 수 있다. 각 TCP는 송신 버퍼와 수신 버퍼를 갖고 있으며, 세그먼트는 양방향으로 전송된다.

다중화와 역다중화

UDP와 같이 TCP도 송신측에서 다중화를 수행하고 수신측에서 역다중화를 수행한다. 그렇지만 TCP는 연결 지향 프로토콜이기 때문에 해당 프로세스들 간에 연결이 설정되어야 한다.

연결 지향 서비스

TCP는 UDP와는 다르게 연결 지향 프로토콜이다. A 측면의 프로세스가 B 측면에 있는 프로세스와 데이터를 주고받고자 하는 경우에는 다음과 같은 세 개의 단계가 발생한다.
1. 두 TCP 간의 가상 연결이 설정된다.
2. 양방향으로 데이터가 교환된다.
3. 연결이 종료된다.

여기에서 TCP 간의 연결은 실제의 물리적인 연결이 아니라 가상의 연결이다. TCP 세그먼트는 IP 데이터그램으로 캡슐화되어 순서에 맞지 않게 전송되거나 손실 및 훼손되고 재전송될 수 있다. 또한 각각의 세그먼트는 서로 다른 경로를 거쳐 목적지에 도달할 수 있다. 즉 실제로 물리적인 연결은 없다. 그렇지만 TCP는 스트림 기반의 환경을 제공하여 상대방에게 순서에 맞게 바이트를 전달할 책임이 있다.

신뢰성 있는 서비스

TCP는 신뢰성 있는 전송 프로토콜이다. TCP는 데이터가 안전하고 오류 없이 도착했는지 확인하기 위해 확인응답 메커니즘을 이용한다. 이것은 오류 제어를 설명하는 절에서 자세히 살펴볼 것이다.

3.4.2 TCP의 특징

앞 절에서 언급한 서비스를 제공하기 위해 이번 절에서는 TCP에서 가지고 있는 특징에 대해 간략히 살펴보고, 뒷부분에서 자세히 설명할 것이다.

번호화 시스템

TCP 소프트웨어는 어떤 세그먼트를 전송 또는 수신했는지를 기억하지만, 세그먼트 헤더에는 세그먼트 번호 값을 위한 필드가 없다. 대신에 순서 번호와 확인응답 번호의 두 개의 필드가 존재한다. 이 두 개의 필드는 세그먼트 번호가 아닌 바이트의 번호와 관련이 있다.

바이트 번호

TCP는 한 연결에서 전송되는 모든 데이터 바이트에 번호를 매긴다. 이러한 번호는 각 방향에서 서로 독립적으로 매겨진다. TCP가 프로세스로부터 데이터 바이트를 수신하여 송신 버퍼에 보관하면, TCP는 각 바이트마다 번호를 매긴다. 0부터 번호를 매길 필요는 없다. 대신에 TCP는 0에서 $2^{32} - 1$ 사이의 임의값을 선택하여 이를 처음 바이트 번호로 설정한다. 예를 들어, 임의의 값이 1,057이고 전송하고자 하는 총 데이터가 6,000바이트라면, 각각 전송되는 바이트에 1,057부터 7,056까지의 번호가 매겨진다. 바이트 순서화는 흐름 및 오류 제어에서 사용된다.

> 각 방향으로 전송되는 데이터 바이트는 TCP에 의해 번호가 매겨진다.
> 번호는 임의로 생성된 값에서부터 시작한다.

순서 번호

바이트 번호가 매겨지면, TCP는 전송하고자 하는 세그먼트에 하나의 순서 번호를 할당한다. 각 방향에서 순서 번호는 아래와 같이 정의된다.

1. 첫 번째 세그먼트의 순서 번호는 임의의 숫자인 ISN (Initial Sequence Number)이다.
2. 다른 세그먼트의 순서 번호는 이전 세그먼트의 순서 번호에 이전 세그먼트가 운반한 바이트(실제 또는 가상)를 더한 것이다.

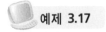

예제 3.17   TCP 연결이 5,000바이트의 파일을 전송한다고 가정하자. 첫 번째 바이트는 10,001의 번호를 가지고 있다. 만일 각각이 1,000바이트를 가지는 5개의 세그먼트에 의해 데이터가 전달된다면, 각 세그먼트의 순서 번호는 어떻게 되는가?

해답

다음은 각 세그먼트의 순서 번호를 보여준다.

Segment 1	→	Sequence Number:	10,001	**Range:**	10,001	to	11,000
Segment 2	→	Sequence Number:	11,001	**Range:**	11,001	to	12,000
Segment 3	→	Sequence Number:	12,001	**Range:**	12,001	to	13,000
Segment 4	→	Sequence Number:	13,001	**Range:**	13,001	to	14,000
Segment 5	→	Sequence Number:	14,001	**Range:**	14,001	to	15,000

> 세그먼트 내의 순서 번호 필드의 값은 그 세그먼트에 포함되는
> 첫 번째 데이터 바이트의 번호를 나타낸다.

데이터와 제어 정보(피기배킹) 조합을 운반하는 세그먼트는 순서 번호를 사용한다. 사용자 데이터를 전달하지 않는다면 세그먼트는 논리적으로는 순서 번호를 가질 필요는 없다. 필드는 있지만 값은 유효하지 않다. 그렇지만 단지 제어 정보만을 포함하는 특별한 세그먼트는 순서 번호를 필요로 하며 수신측으로부터 확인응답된다. 이러한 세그먼트는 연결 설정, 해지, 또는 중단을 위해 사용된다. 각각의 세그먼트는 실제의 데이터가 없지만, 마치 하나의 바이트를 전달하는 것과 같이 하나의 순서 번호를 소비한다. 이 문제는 TCP 연결에서 좀더 자세히 다룰 예정이다.

확인응답 번호

앞에서 언급한 것과 같이 TCP에서의 통신은 양방향으로 이루어진다. 즉 연결이 설정되면 양측은 동시에 데이터를 송수신할 수 있다. 각각의 TCP는 서로 다른 시작 번호를 이용하여 바이트에 순서를 매긴다. 각 방향으로 전송되는 세그먼트에 있는 순서 번호는 그 세그먼트에 의해 운반되는 첫 번째 바이트의 번호를 보여준다. 또한 각 TCP는 자신이 바이트를 수신하였다는 것을 확인하기 위해 확인응답 번호를 이용한다. 확인응답 번호는 자신이 수신하기를 기대하는 다음 바이트의 번호를 나타낸다. 또한 확인응답 번호는 **누적**(*cumulative*)이다. 즉 한쪽 편에서는 수신 성공한 마지막 바이트의 번호에 1을 더한 값을 확인응답 번호로 전송한다. 여기에서 누적이라는 단어의 의미는 예를 들어 확인응답 번호로서 5,643을 사용했다면, 처음부터 5,642까지의 모든 바이트를 수신했다는 것을 의미한다. 물론 이것이 5,642바이트를 수신했다는 것을 의미하지는 않는다. 왜냐하면 첫 번째 바이트의 번호가 0부터 시작되지 않기 때문이다.

> 세그먼트 내의 확인응답 번호의 값은 수신하기를 기대하는
> 다음 바이트의 번호를 나타낸다. 확인응답 번호는 누적이다.

3.4.3 세그먼트

TCP를 자세히 살펴보기 전에 TCP 패킷 자체에 대해 살펴보기로 하자. TCP에서의 패킷은 **세그먼트(segment)**라 한다.

형식

세그먼트의 형식은 그림 3.44에 나와 있다. 세그먼트는 20에서 60바이트의 헤더와 응용프로그램으로부터 생성되는 데이터로 구성되어 있다. 헤더는 옵션이 없는 경우에는 20바이트이고, 옵션을 포함하는 경우 최대 60바이트로 구성된다. 이 절에서는 헤더 필드에 대해서 다루고자 한다. 헤더의 각 필드의 의미와 목적은 이 절을 진행함에 따라 좀더 자세히 알게 될 것이다.

- ❏ **발신지 포트 주소(Source port address).** 이 필드는 세그먼트를 전송하는 호스트에 있는 응용프로그램의 포트번호를 정의하는 16비트 필드이다.

- ❏ **목적지 포트 주소(Destination port address).** 이 필드는 세그먼트를 수신하는 호스트에 있는 응용프로그램의 포트번호를 정의하는 16비트 필드이다.

- ❏ **순서 번호(Sequence number).** 이 32비트 필드는 세그먼트에 포함된 데이터의 첫 번째 바이트에 부여된 번호를 나타낸다. 이전에 언급한 것과 같이 TCP는 스트림 전송 프로토콜이다. TCP는 신뢰성 있는 연결을 보장하기 위하여 전달되는 각 바이트마다 번호를 부여한다. 순서 번호는 목적지 TCP에게 세그먼트의 첫 번째 바이트가 이 번호에 해당하는 바이트라는 것을 알려준다. 연결 설정 단계 동안 각 TCP에서는 난수 발생기를 이용하여 **초기 순서 번호(ISN, Initial Sequence Number)**를 만들며, 이때 사용되는 ISN은 일반적으로 각 방향에 따라 다른 번호가 사용된다.

그림 3.44 ▌ TCP 세그먼트 형식

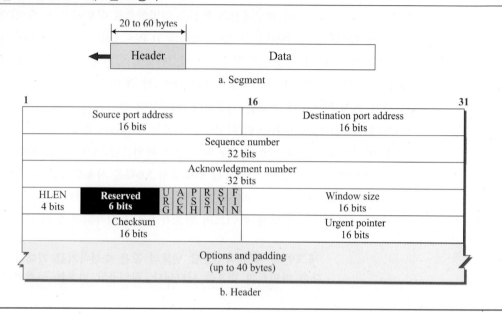

□ **확인응답 번호(Acknowledgement number).** 이 32비트는 세그먼트를 수신한 수신 노드가 상대편 노드로부터 수신하고자 하는 바이트의 번호를 정의한다. 만일 세그먼트를 수신한 수신 노드가 상대 노드로부터 바이트 번호 x를 성공적으로 수신했다면, 수신자는 확인응답 번호로 $x + 1$을 정의한다. 앞에서 언급한 것과 같이 확인응답과 데이터는 피기백(piggyback)될 수 있다.

□ **헤더 길이.** 이 4비트 필드는 TCP 헤더의 길이를 4바이트 워드 개수로 나타낸다. 헤더의 길이는 20에서 60바이트가 될 수 있다. 따라서 이 필드의 값은 5 ($5 \times 4 = 20$)에서 15 ($15 \times 4 = 60$) 사이의 값이 될 수 있다.

□ **제어.** 이 필드는 그림 3.45에 나타나 있는 것과 같이 6개의 서로 다른 제어 비트 또는 플래그를 나타낸다. 동시에 여러 개의 비트가 1로 설정될 수 있다. 이 비트들은 흐름 제어, 연결 설정 및 종료, 연결 리셋, 그리고 TCP에서의 데이터 전송 모드를 위해서 사용된다. 각 비트에 대한 간략한 설명은 그림에 나와 있고, 이 장의 뒷부분에서 TCP의 동작을 자세히 설명할 때 다시 살펴보기로 한다.

그림 3.45 ▌ 제어 필드

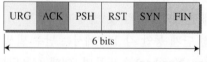

URG: Urgent pointer is valid
ACK: Acknowledgment is valid
PSH: Request for push
RST: Reset the connection
SYN: Synchronize sequence numbers
FIN: Terminate the connection

❑ **윈도우 크기.** 이 필드는 바이트 형태의 송신 TCP의 윈도우를 나타낸다. 이 필드의 길이가 16비트이기 때문에 윈도우의 최대 크기는 65,535바이트이다. 윈도우 크기는 수신 윈도우 (rwnd, receiving window)라고 하며 수신측에 의해서 결정된다. 이 경우 송신측은 수신측의 지시에 따라야 한다.

❑ **검사합.** 이 16비트 필드는 검사합을 포함한다. TCP에서의 검사합의 계산은 UDP 부분에서 언급한 것과 동일한 절차를 따른다. 그렇지만 UDP 데이터그램에서의 검사합의 포함은 옵션인 반면, TCP에서의 검사합의 포함은 필수 사항이다. UDP에서와 같은 동일한 목적을 수행하기 위하여 동일한 의사헤더가 검사합 계산을 위하여 세그먼트에 추가된다. TCP 의사헤더의 프로토콜 필드의 값은 6이다. 의사헤더는 그림 3.46에 나와 있다.

그림 3.46 | TCP 데이터그램에 추가되는 의사헤더

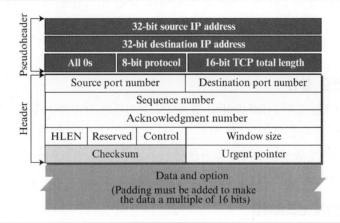

TCP에서의 검사합의 포함은 필수 사항이다.

❑ **긴급 포인터.** 긴급 플래그(urgent 플래그)가 1로 설정되어 있는 경우에만 유효한 이 16비트 필드는 세그먼트가 긴급 데이터를 포함하고 있을 때 사용된다. 이 필드에 있는 값과 순서 번호를 더하면 세그먼트의 데이터 부분에 있는 마지막 긴급 바이트의 번호를 알 수 있다. 긴급 포인터는 이 장의 뒷부분에서 설명될 것이다.

❑ **옵션.** TCP는 최대 40바이트까지의 옵션 정보가 있을 수 있다. 이 절의 뒷부분에서 TCP 헤더에서 현재 사용되고 있는 여러 가지 옵션에 대해서 살펴보기로 한다.

캡슐화

TCP 세그먼트는 응용 계층으로부터 들어온 데이터를 캡슐화한다. TCP 세그먼트는 IP 데이터그램에 캡슐화되며, IP 데이터그램은 또 다시 데이터링크 계층의 프레임에 캡슐화된다.

3.4.4 TCP 연결

TCP는 연결 지향 프로토콜이다. 연결 지향 전송 프로토콜은 발신지와 목적지 간에 가상경로를 설정한다. 하나의 메시지에 속하는 모든 세그먼트들은 이러한 가상경로를 통하여 전송된다. 전체 메시지를 하나의 단일 가상경로를 이용하여 전송함으로써, 손상되거나 손실된 프레임의 재전송뿐만 아니라 확인응답 등의 처리도 가능하게 된다. 비연결형 프로토콜인 IP 서비스를 이용하는 TCP가 어떻게 연결 지향을 제공할 수 있는지 궁금할 것이다. 요점은 TCP 연결은 실제가 아닌 가상이라는 것이다. TCP는 상위 단계에서 동작한다. TCP는 수신측에게 각각의 세그먼트를 전송하기 위하여 IP의 서비스를 이용하지만, TCP 자체에서 연결을 제어한다. 손실되거나 훼손된 세그먼트는 재전송된다. TCP와는 다르게 IP는 이와 같은 재전송을 알지 못한다. 만일 세그먼트가 순서에 맞지 않게 도착하면, 미처 도착하지 않은 세그먼트가 도착할 때까지 TCP는 기존에 수신한 세그먼트를 보관하며, IP는 이러한 순서의 재정렬에 대해서는 알지 못한다.

TCP에서 연결 지향 전송은 연결 설정과, 데이터 전송, 그리고 연결 종료의 세 가지 단계를 통하여 이루어진다.

연결 설정

TCP는 전이중(full-duplex) 방식으로 데이터를 전송한다. 두 기기에 있는 두 개의 TCP가 연결되면, 동시에 세그먼트를 서로 주고받을 수 있다. 이것은 데이터의 교환이 이루어지기 전에 한 편에서는 통신을 개시하고 다른 편에서는 통신 개시의 요구에 대한 승인이 먼저 이루어져야 한다는 것을 의미한다.

3단계 핸드쉐이킹

TCP에서의 연결 설정은 **3단계 핸드쉐이킹(three-way handshaking)**이라고 한다. 예를 들어 클라이언트라고 하는 응용프로그램은 서버라고 하는 또 다른 응용프로그램과 전송 계층 프로토콜인 TCP를 이용하여 연결을 설정하고자 한다.

3단계 핸드쉐이킹 절차는 서버에서부터 시작한다. 서버 프로그램은 자신의 TCP에게 연결을 수락할 ready가 되어 있다는 것을 알린다. 이러한 요청을 **수동 개방**(*passive open*)이라고 한다. 서버 TCP가 다른 시스템으로부터 연결을 수락할 수 있지만, 자신이 먼저 연결을 개설할 수는 없다.

클라이언트 프로그램은 **능동 개방**(*active open*)을 위한 요청을 실행한다. 개방되어 있는 서버와 연결을 설정하고자 하는 클라이언트는 자신의 TCP에게 특정한 서버와 연결을 설정할 것을 알린다. TCP는 이제 그림 3.47에 나와 있는 것과 같은 3단계 핸드쉐이킹 절차를 시작한다.

그림 3.47 ┃ 3단계 핸드쉐이킹를 이용한 연결 설정

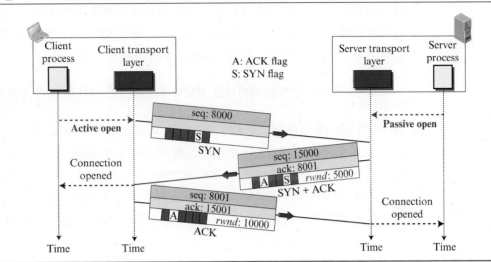

이 절차를 설명하기 위해 시간 축을 사용한다. 각 세그먼트에는 헤더 필드와 또한 필요한 몇 개의 옵션 필드 값이 있다. 그렇지만 여기에서는 각 단계를 설명하기 위하여 순서 번호, 확인응답 번호(설정되는), 제어 플래그와 윈도우 크기 등과 같이 각 단계를 이해하기 위하여 필요한 몇 개의 필드만을 보여준다. 즉 순서 번호, 확인응답 번호, 그리고(1로 설정된) 제어 플래그와 윈도우 크기 등에 대한 내용이 표시된다. 3단계 핸드쉐이킹 절차는 다음과 같다.

1. 클라이언트는 첫 번째 세그먼트로서 SYN 플래그가 1로 설정된 SYN 세그먼트를 전송한다. 이 세그먼트는 순서 번호의 동기화가 목적이다. 예제에서 클라이언트는 임의의 값을 첫 번째 순서 번호로 선택한 후 이 번호를 서버로 전송한다. 이 순서 번호를 초기 순서 번호(ISN, initial sequence number)라고 한다. 이 세그먼트에는 확인응답 번호가 포함되지 않는다. 또한 이 세그먼트에는 윈도우 크기도 정의되지 않는다. 윈도우 크기 필드에 있는 값은 세그먼트가 확인응답 번호를 포함하는 경우에만 의미가 있다. 세그먼트에는 뒤에서 설명할 몇 가지 옵션들이 포함될 수 있다. SYN 세그먼트는 단지 하나의 제어 세그먼트이며 어떠한 데이터도 전달하지 않는다. 그렇지만 이 세그먼트는 하나의 순서 번호를 소비한다. 데이터 전송이 시작되면 순서 번호는 1만큼 증가한다. 즉 SYN 세그먼트는 실제 데이터를 전달하지 않지만 하나의 가상 바이트를 포함하고 있다고 생각할 수 있다.

> **SYN 세그먼트는 데이터를 전달하지는 않지만 하나의 순서 번호를 소비한다.**

2. 서버는 두 번째 세그먼트로서 SYN와 ACK 플래그 비트가 각각 1로 설정된 SYN+ACK 세그먼트를 전송한다. 이 세그먼트는 두 가지 목적을 갖고 있다. 첫 번째로, 이 세그먼트는 반대 방향으로의 통신을 위한 SYN 세그먼트이다. 서버는 서버로부터 클라이언트로 전송되는 바이트의 순서화를 위한 순서 번호를 초기화하기 위해 이 세그먼트를 사용한다. 서버는 또한 ACK 플래그를 1로 설정하고 클라이언트로부터 수신하기를 기대하는 다음 순서 번호를

표시함으로써 클라이언트로부터의 SYN 세그먼트 수신을 확인응답한다. 이 세그먼트는 확인응답 번호를 포함하고 있으며, 흐름 제어 절에서 살펴볼 수신 윈도우 크기인 *rwnd*(클라이언트에 의해서 사용되는)를 포함한다. 이 세그먼트는 SYN 세그먼터의 역할을 수행하기 때문에 응답을 필요로 한다. 따라서 하나의 순서 번호를 소비한다.

SYN + ACK 세그먼트는 데이터를 전달하지는 않지만 하나의 순서 번호를 소비한다.

3. 클라이언트는 세 번째 세그먼트를 전송한다. 이것은 단순히 ACK 세그먼트이다. 이 세그먼트는 ACK 플래그와 확인응답 번호 필드를 이용하여 두 번째 세그먼트의 수신을 확인한다. 이 세그먼트에 있는 순서 번호는 SYN 세그먼트에 있는 것과 동일한 값으로 설정된다. 왜냐하면 ACK 세그먼트는 어떤 순서 번호도 소비하지 않기 때문이다. 또한 클라이언트는 서버의 윈도우 크기를 결정해야 한다. 어떤 구현에서는 연결 단계에 있는 세 번째 세그먼트에 클라이언트로부터 들어온 데이터들을 포함하여 전달할 수 있다. 이 경우, 세 번째 세그먼트는 데이터 첫 번째 바이트의 바이트 번호를 나타내는 새로운 순서 번호를 갖고 있어야 한다.

ACK 세그먼트는 데이터를 전달하지 않는 경우에 순서 번호를 소비하지 않는다.

SYN 플러딩 공격

TCP의 연결 설정 과정은 **SYN 플러딩 공격(SYN flooding attack)**이라는 중요한 보안 문제에 노출되어 있다. 이 공격은 악의에 찬 공격자가 데이터그램의 발신지 IP 주소를 위조함으로써 서로 다른 클라이언트로 가장한 후에 많은 수의 SYN 세그먼트를 하나의 서버에 전송하는 경우에 발생한다. 서버는 클라이언트가 능동 개방을 요청했다고 가정하고(이 장의 뒷부분에서 설명함), TCP 테이블을 만들고 타이머를 설정하는 등의 필요한 자원을 할당한다. 그런 다음 TCP 서버는 위조된 클라이언트에게 SYN + ACK 세그먼트를 전송하며, 이 세그먼트는 없어질 것이다. 그렇지만 TCP 서버가 핸드쉐이킹의 세 번째 단계를 기다리는 동안에 자원들은 사용되지 않는 상태로 할당되어 있을 것이다. 이 짧은 시간 동안 전송되는 SYN 세그먼트의 수가 많으면, 서버는 궁극적으로 자원을 모두 소비하게 되어 유효한 클라이언트로부터 들어오는 연결 요청을 받아들이지 못할 것이다. 이러한 SYN 플러딩 공격은 **서비스 거부 공격(denial of service attack)**이라고 하는 보안 공격의 일종이며, 공격자가 시스템에서 많은 서비스 요구를 전송함으로써 시스템에 과부하가 걸리고 따라서 유효한 요청에 대해서 서비스를 거부하도록 함으로써 시스템을 독점한다.

　　TCP에서는 SYN 공격의 영향을 경감하기 위하여 몇 가지 방법을 사용하기도 한다. 즉 미리 정해진 시간 동안 들어오는 연결 요구의 수를 제한하는 방법을 사용하기도 하고, 또한 원하지 않는 발신지 주소로부터 들어오는 데이터그램을 여과해서 제거하는 방법도 있다. 최근에 사용되는 한 가지 방법은 **쿠키(cookie)**라고 하는 것을 이용해서 전체 연결이 설정되기 전까지는 자원의 할당을 연기하는 것이다. 뒷장에서 논의될 새로운 전송 계층 프로토콜인 SCTP는 이러한 전략을 사용한다.

데이터 전송

연결이 설정된 후에는 양방향으로 데이터가 전송될 수 있다. 클라이언트와 서버는 양방향으로 데이터와 확인응답을 전송할 수 있다. 이 장의 뒷부분에서 확인응답 방법에 대해서 살펴볼 것이다. 동일한방향으로 전송되는 데이터와 확인응답은 하나의 세그먼트로 전달될 수 있다. 즉 확인응답에 데이터가 피기백(piggyback)된다. 데이터 전송의 예는 그림 3.48에 나와 있다.

이 예제에서 연결이 설정된 후에 클라이언트는 2개의 세그먼트를 이용하여 2,000바이트의 데이터를 전송한다. 그런 다음에 서버는 하나의 세그먼트를 이용해서 2,000바이트의 데이터를 전송한다. 클라이언트는 또 하나의 세그먼트를 전송한다. 처음 3개의 세그먼트는 데이터와 확인응답을 동시에 전달하지만, 마지막 세그먼트는 더 이상 보낼 데이터가 없기 때문에 확인응답만을 전송한다. 이 그림에서 순서 번호와 확인응답 번호의 값이 어떻게 설정되는지를 이해하는 것이 필요하다. 클라이언트로부터 전송되는 데이터 세그먼트에는 PSH(푸시, push) 플래그가 1로 설정되어 있는데, 이는 서버 TCP로 하여금 세그먼트가 도착하는 대로 서버 프로세스로 배달될 수 있도록 알려준다. 이 플래그의 사용은 뒷부분에서 좀더 자세히 살펴볼 예정이다. 반면, 서버로부터 전송되는 세그먼트는 푸시(push) 플래그가 설정되지 않는다. 대부분의 TCP 구현에는 이 플래그를 설정하거나 설정하지 않는 것에 관한 옵션이 있다.

그림 3.48 ▎데이터 전송

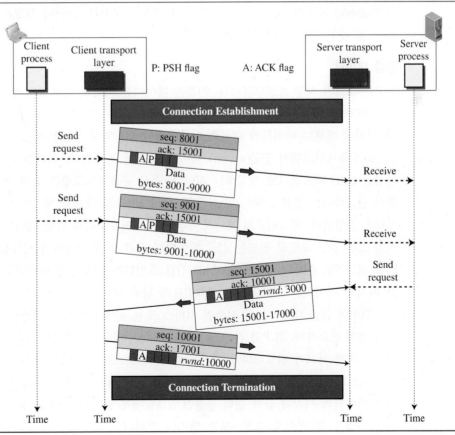

푸싱 데이터

송신 TCP는 송신 응용프로그램으로부터 들어오는 데이터 스트림을 저장하기 위하여 버퍼를 이용한다. 송신 TCP는 세그먼트의 크기를 선택할 수 있다. 수신 TCP 역시 수신한 데이터를 저장하기 위한 버퍼를 갖고 있으며, 응용프로그램이 수신할 ready가 되어 있을 때 데이터를 응용프로그램으로 전달한다. 이러한 종류의 유연성이 TCP의 효율을 향상시킨다.

그러나 때때로 이러한 유연성이 편리하지 않은 응용프로그램이 있다. 예를 들어, 다른 편에 있는 응용프로그램과 대화 방식으로 통신하는 한 응용프로그램을 고려해 보자. 한쪽에 있는 응용프로그램은 다른 쪽에 있는 응용프로그램에게 키보드를 통하여 입력된 문자를 전송하고 전송한 문자에 대한 확인응답을 즉시 수신하고자 한다. 이러한 응용프로그램에서는 (송신 TCP에서 네트워크로의) 데이터의 전송을 지연하거나 (수신 TCP에서 수신 응용프로그램으로의) 데이터의 전달을 지연하는 것은 받아들일 수 없을 것이다.

TCP에서는 이러한 상황을 처리할 수 있다. 전송측에 있는 응용프로그램은 푸시 동작을 요구할 수 있다. 이것은 송신 TCP가 윈도우가 다 찰 때까지 기다리지 않는다는 것을 의미한다. 송신 TCP는 세그먼트를 만들어서 즉시 전송해야 한다. 송신 TCP는 또한 푸시 비트를 1로 설정하여 수신 TCP에게 세그먼트가 가능한 한 빨리 수신 응용프로그램으로 전달되어야 하는 데이터를 포함하고 있다는 것을 알려주고, 따라서 수신 TCP가 더 이상의 데이터가 오기를 기다리지 않고 바로 수신 응용프로그램으로 전달할 수 있도록 한다. 이것은 바이트 지향적인 TCP에서 청크(chunk) 기반의 TCP로 변경하기 위한 것을 의미한다. 그러나 TCP는 이러한 동작을 할 것인가 말 것인가를 선택할 수 있다.

긴급 데이터

TCP는 스트림 지향 프로토콜이다. 이것은 데이터는 바이트 스트림의 형태로 응용프로그램으로부터 TCP로 전달된다는 것을 의미한다. 데이터의 각 바이트는 스트림 내에서 위치를 갖고 있다. 그러나 때로는 바이트가 수신측 어플리케이션에 의해 특별한 방법으로 처리하는 것이 필요할 때 응용프로그램이 긴급(*urgent*) 바이트 전송이 필요하다. 이러한 긴급 데이터를 처리하는 방법은 URG 비트를 1로 설정하는 것이다. 송신 응용프로그램은 송신 TCP에게 데이터의 일부분이 긴급하다는 것을 알린다. 송신 TCP는 세그먼트를 만들고 세그먼트의 시작부분에 긴급 데이터를 삽입한다. 세그먼트의 나머지 부분에는 버퍼로부터의 일반 데이터가 포함될 수 있다. 헤더에 있는 긴급 포인터 필드는 긴급 데이터의 끝과 일반 데이터의 시작을 표시한다. 예를 들어 만일 세그먼트 순서 번호가 15000이고 긴급 포인터는 200, 긴급 데이터의 첫 바이트는 15000이고 마지막 바이트는 15200이다. 세그먼트에 남은 바이트는 긴급하지 않다.

TCP의 긴급 데이터는 우선순위 서비스 또는 신속 데이터 서비스를 제공하는 것이 아님을 아는 것이 중요하다. TCP의 긴급 모드는 송신측의 응용프로그램이 수신측의 응용프로그램으로부터 특별한 처리가 필요하다고 판단될 때 바이트 스트림의 일부 부분에 표시를 하는 서비스이다. 수신 TCP는 명령에 따라 응용프로그램에 바이트(긴급 혹은 긴급하지 않은)를 배달하지만 긴급 데이터의 시작과 끝에 관해 응용프로그램에게 알린다. 이것은 응용프로그램이 긴급 데이터로 무엇을 할 것인지 결정하도록 맡기는 것이다.

연결 종료

데이터를 교환하는(클라이언트와 서버) 어느쪽도 연결을 종료할 수 있지만, 일반적으로는 클라이언트에서 종료를 시작한다. 현재의 대부분 구현에서는 연결 종료를 위하여 3단계 핸드쉐이킹과 Half-close 옵션을 갖는 4단계 핸드쉐이킹의 2가지 옵션이 사용된다.

3단계 핸드쉐이킹

오늘날의 대부분의 구현에서는 그림 3.49처럼 연결 종료를 위해 3단계 핸드쉐이킹 방법을 사용한다.

그림 3.49 | 3단계 핸드쉐이킹을 이용한 연결 종료

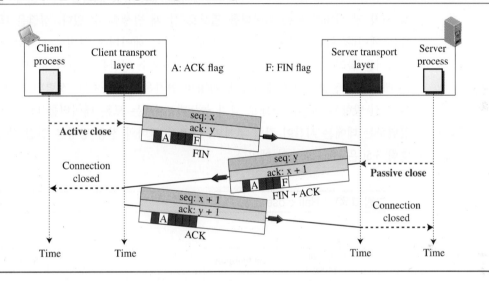

1. 클라이언트 프로세스로부터 close 명령어를 수신한 클라이언트 TCP는 첫 번째 세그먼트의 FIN 플래그를 1로 설정한 후 세그먼트를 전송한다. 이러한 FIN 세그먼트는 클라이언트로부터 전송되는 데이터의 마지막 청크를 포함할 수 있으며, 그림 3.49와 같이 제어 세그먼트일 수도 있다. FIN 세그먼트가 제어 세그먼트로 동작하는 경우에는 확인응답이 필요하기 때문에 하나의 순서 번호를 소비한다.

데이터를 포함하지 않는 FIN 세그먼트는 하나의 순서 번호를 소비한다.

2. FIN 세그먼트를 수신한 서버 TCP는 서버 프로세스에게 연결 종료 상황을 알려준다. 그리고 서버 TCP는 클라이언트 TCP로부터의 수신을 확인하고 동시에 다른 방향으로의 연결 종료를 알려주기 위하여 두 번째 세그먼트인 FIN + ACK 세그먼트를 전송한다. 이 세그먼트는 서버로부터 수신한 데이터를 포함할 수 있다. 이 세그먼트가 데이터를 포함하지 않는 경우에는 이 세그먼트는 하나의 순서 번호를 소비한다.

데이터를 포함하지 않는 FIN + ACK 세그먼트는 하나의 순서 번호를 소비한다.

3. 클라이언트 TCP는 서버 TCP로부터의 FIN 세그먼트 수신을 확인하기 위하여 마지막 세그먼트인 ACK 세그먼트를 전송한다. 이 세그먼트에는 서버로부터 수신한 FIN 세그먼트에 있는 순서 번호에 1을 더한 값으로 설정되는 확인응답 번호가 포함된다. 이 세그먼트는 데이터를 전달하지 않으며 순서 번호를 소비하지도 않는다.

Half-close

TCP에서는 한쪽에서 데이터를 수신하면서 데이터 전송을 종료할 수 있다. 이것을 **Half-close** 라고 한다. 서버나 클라이언트 어느 쪽에서도 Half-close 요청을 시작할 수 있다. 이것은 프로세싱 시작 전 서버가 모든 데이터를 필요로 할 때 발생할 수 있다. 정렬은 Half-close의 한 가지 좋은 예이다. 클라이언트가 정렬을 필요로 하는 데이터를 서버로 보내는 경우에 서버는 모든 데이터를 클라이언트로부터 수신한 후에야 비로소 정렬을 시작할 것이다. 즉 클라이언트는 모든 데이터를 전송한 이후에는 전송 방향의 연결을 종료하지만, 정렬된 데이터를 수신하기 위하여 수신 방향은 개방된 상태로 남겨 놓는다. 서버는 모든 데이터를 다 수신하더라도 데이터를 정렬하는 데에는 시간이 걸릴 것이며, 따라서 서버의 전송 방향은 연결 상태를 유지해야 한다. 그림 3.50은 Half-close의 예이다.

그림 3.50 ▮ Half-close

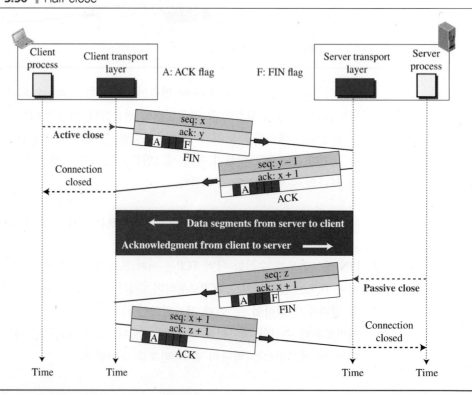

클라이언트로부터 서버로의 데이터 전달은 정지되었다. 클라이언트는 FIN 세그먼트를 전송함으로써 연결을 Half-close한다. 서버는 ACK 세그먼트를 전송함으로써 Half-close를 수락한다. 하지만 서버는 여전히 데이터를 전송할 수 있다. 서버가 처리된 모든 데이터를 전송한 후에는 FIN 세그먼트를 전송할 것이며, 이 세그먼트는 클라이언트로부터 전송되는 ACK에 의해 확인응답될 것이다.

연결의 Half-close 이후에 데이터는 서버로부터 클라이언트로 전달되며, 확인응답은 클라이언트로부터 서버로 전달된다. 클라이언트는 더 이상의 데이터를 서버로 전송할 수 없다.

연결 리셋

한쪽 편에 있는 TCP는 연결 요청을 거절하거나, 연결 중단 그리고 휴지 상태에 있는 연결을 종료할 수 있다. 이것은 모두 RST(reset) 플래그에 의해 수행된다.

3.4.5 상태 천이 다이어그램

연결 설정, 연결 종료 그리고 데이터 전송 기간 동안 발생하는 여러 가지의 이벤트들을 관리하기 위하여 TCP 소프트웨어는 그림 3.51에서 볼 수 있듯이 유한 상태 기기(FSM, Finite State Machine)를 이용하여 구현된다.

그림 3.51 | 상태 천이 다이어그램

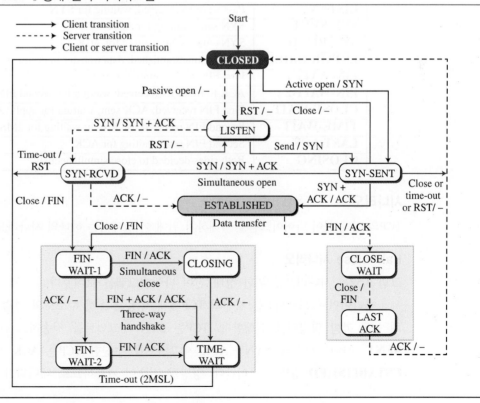

그림 3.51은 TCP 클라이언트와 서버를 위한 두 개의 FSM이 하나의 다이어그램에 포함되어 있는 것을 보여준다. 타원은 상태(state)를 나타낸다. 한 상태에서 다른 상태로의 천이는 지시선으로 표시되어 있다. 각 선에는 사선으로 나누어지는 두 개의 문자열이 있다. 첫 번째 문자열은 TCP가 수신하는 입력을 나타내고, 두 번째 문자열은 TCP가 전송하는 출력을 나타낸다. 이 그림에서 까만색의 점선은 서버의 천이를 보여준다. 또한 검정색 실선은 클라이언트의 천이를 보여준다. 그렇지만 어떤 경우에는 서버가 실선 방향으로 천이를 하거나 클라이언트가 점선 방향으로 천이를 하기도 한다. 컬러 선은 비정상적인 상황을 나타낸다. ESTABLISHED로 표시된 타원은 사실 클라이언트를 위한 조합과 서버를 위한 조합의 두 조합의 상태이며 뒤에서 설명할 흐름 제어와 오류 제어를 위하여 사용된다. 여기에서는 그림 3.51을 기반으로 해서 여러 가지 시나리오를 설명하고 또한 각각의 경우에 그림의 일부분을 보여줄 것이다.

FSM 내의 ESTABLISHED로 표시된 상태는 사실 두 개의 서로 다른 조합의 상태이며, 각각은 클라이언트와 서버의 데이터 전송을 위한 것이다.

표 3.2는 TCP의 상태의 리스트를 보여준다.

표 3.2 ▌ TCP의 상태

State	Description
CLOSED	No connection exists
LISTEN	Passive open received; waiting for SYN
SYN-SENT	SYN sent; waiting for ACK
SYN-RCVD	SYN+ACK sent; waiting for ACK
ESTABLISHED	Connection established; data transfer in progress
FIN-WAIT-1	First FIN sent; waiting for ACK
FIN-WAIT-2	ACK to first FIN received; waiting for second FIN
CLOSE-WAIT	First FIN received, ACK sent; waiting for application to close
TIME-WAIT	Second FIN received, ACK sent; waiting for 2MSL time-out
LAST-ACK	Second FIN sent; waiting for ACK
CLOSING	Both sides decided to close simultaneously

시나리오

TCP의 상태 천이 다이어그램을 이해하기 위해 이 절에서는 하나의 시나리오를 살펴보고자 한다.

Half-close 시나리오

그림 3.52는 시나리오를 위한 상태 천이 다이어그램을 보여준다.

클라이언트 프로세스는 자신의 TCP에게 특정한 소켓 주소로의 연결 설정을 요청하기 위해 능동 개방 명령어를 실행한다. TCP는 SYN 세그먼트를 전송하고 자신의 상태를 **SYN-SENT** 상태로 바꾼다. SYN + ACK 세그먼트를 수신한 TCP는 ACK 세그먼트를 전송하고 **ESTABLISHED** 상태로 들어간다. 양방향 전송이 가능하므로 데이터가 전송되고 이에 대한

그림 3.52 ┃ 연결 설정과 Half-close의 천이 다이어그램

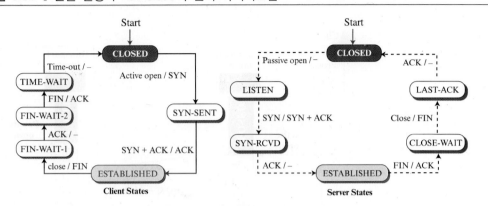

확인응답을 한다. 더 이상 전송할 데이터가 없는 경우에는 클라이언트 프로세스는 **능동 닫기** 명령을 실행한다. 클라이언트 TCP는 FIN 세그먼트를 전송하고 **FIN-WAIT-1** 상태로 전환한다. 전송한 FIN에 대한 ACK를 수신한 클라이언트 TCP는 **FIN-WAIT-2** 상태로 전환한다. 클라이언트가 FIN 세그먼트를 수신하면 ACK 세그먼트를 보내고 **TIME-WAIT** 상태가 된다. 클라이언트는 TIME-WAIT 상태로 2 MSL 초(이 장의 마지막에서 TCP 타이머를 다룬다) 동안 남아 있다. 타이머가 만료되면 클라이언트는 **CLOSED** 상태가 된다.

서버 프로세스는 **수동 개방** 명령을 실행한다. 서버 TCP는 **LISTEN** 상태에 들어가서 클라이언트로부터 SYN 세그먼트를 수신하기 전까지 그 상태에 수동적으로 머무른다. SYN 세그먼트를 수신한 서버 TCP는 SYN + ACK 세그먼트를 전송하고 **SYN-RCVD** 상태로 전환되어 클라이언트가 ACK 세그먼트를 전송하기를 기다린다. ACK 세그먼트를 수신한 서버 TCP는 자신의 상태를 **ESTABLISHED** 상태로 바꾸고 클라이언트와 데이터를 교환한다. 서버 TCP는 더 이상 전송할 데이터가 없어 연결 종료를 원하는 FIN 세그먼트를 수신하기 전까지 ESTABLISHED 상태에서 머무른다. FIN 세그먼트를 수신한 서버는 연결이 종료될 것이라 판단해 모든 큐에 저장된 데이터를 연결 종료를 알리는 가상 EOF 마커와 함께 서버에게 전송한다. 서버 TCP는 클라이언트에게 ACK 세그먼트를 전송하고 **CLOSE-WAIT** 상태로 전환한다. 하지만 프로세스로부터 수동 종료를 수신하기까지 클라이언트로부터 수신된 FIN 세그먼트에 대한 확인 요청은 지연된다. 수동 **종료** 명령을 받으면, 서버 TCP는 자신도 역시 연결을 종료한다는 것을 클라이언트에 알리기 위하여 FIN을 전송하고 **LAST-ACK** 상태로 진행한다. 서버 TCP는 이 상태에서 계속 머무르고 있다가 마지막 ACK를 수신하면 **CLOSED** 상태로 들어간다. 그림 3.53은 시간축으로 표현된 동일한 시나리오를 보여준다.

그림 3.53 ┃ 일반적인 시나리오의 시간축 다이어그램

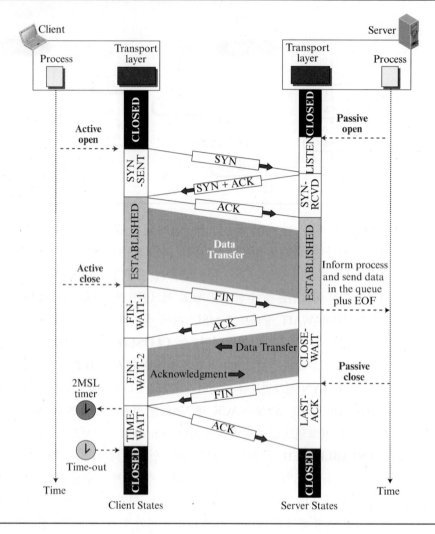

3.4.6 TCP 윈도우

TCP에서의 데이터 전송과 흐름 제어, 오류 제어, 그리고 혼잡 제어와 같은 문제를 다루기 전에 우선 TCP에서 사용되는 윈도우에 대해 살펴보고자 한다. TCP는 데이터 전송을 위한 각 방향에 대해서 두 개의 윈도우(송신 윈도우와 수신 윈도우)를 사용하며 따라서 양방향통신을 위하여 네 개의 윈도우가 필요하다. 하지만 간단한 설명을 위해 통신이 단방향(클라이언트로부터 서버로)으로 이루어지는 상황을 고려한다. 양방향통신은 두 개의 단방향통신과 피기배킹을 이용하면 유추할 수 있다.

송신 윈도우

그림 3.54는 송신 윈도우의 예를 보여준다. 여기에서 사용하는 윈도우의 크기는 100바이트이지

만 뒷부분에서 송신 윈도우의 크기는 수신자(흐름 제어)와 하부 네트워크의 혼잡(혼잡 제어)에 의해서 조절되는 것을 볼 수 있다. 그림에서는 어떻게 송신 윈도우가 **열리고**(*open*), 닫히고 (*close*), **축소**(*shrink*)되는지 보여준다.

그림 3.54 ┃ TCP의 송신 윈도우

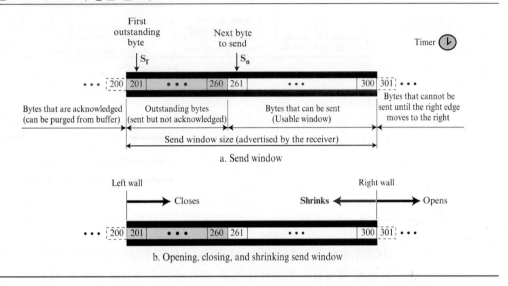

a. Send window

b. Opening, closing, and shrinking send window

TCP의 송신 윈도우는 Selective-Repeat 프로토콜에서 사용하는 것과 유사하지만 다음과 같은 차이점이 있다.

1. 하나의 차이점은 윈도우와 관련된 개체 자체의 차이이다. Selective-Repeat에서의 윈도우는 패킷의 번호를 나타내지만, TCP의 윈도우는 바이트의 번호를 나타낸다. 비록 TCP에서는 세그먼트 단위의 전송이 이루어지지만, 윈도우를 제어하는 변수는 바이트로 표현된다.

2. 두 번째 차이점은 어떤 구현에서는 TCP는 프로세스로부터 데이터를 수신하고 추후에 그것들을 전송하지만, 여기에서는 송신 TCP가 프로세스로부터 데이터를 수신하자마자 데이터에 대한 세그먼트를 전송할 수 있다고 가정하였다.

3. 또 다른 차이점은 타이머의 개수이다. 이론적으로 Selective-Repeat은 전송되는 패킷마다 각각의 타이머를 사용하지만, TCP 프로토콜은 단지 하나의 타이머만 사용한다. 오류 제어에서 이러한 타이머를 어떻게 사용하는지에 대해 설명할 예정이다.

수신 윈도우

그림 3.55는 수신 윈도우의 예를 보여준다. 여기에서 사용하는 윈도우의 크기는 100바이트이다. 이 그림에서는 수신 윈도우가 어떻게 열리고 닫히는지를 보여준다. 수신 윈도우에서 축소되는 경우는 결코 일어날 수 없다.

그림 3.55 ┃ TCP의 수신 윈도우

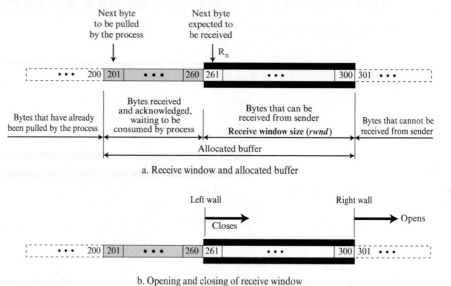

a. Receive window and allocated buffer

b. Opening and closing of receive window

TCP의 수신 윈도우와 Selective-Repeat에서 사용되는 윈도우는 다음 두 가지의 차이점이 있다.

1. 첫 번째 차이점은 TCP에서 응용 프로세스가 자신의 속도로 데이터를 읽어갈 수 있다. 즉 수신측에 할당된 버퍼의 일부분은 수신되고 확인응답된 데이터로 채워져 있지만 수신 프로세스에서 읽기 전까지 이러한 데이터는 버퍼에 저장되어 있어야 한다. 그림 3.55와 같이 수신 윈도우의 크기는 항상 버퍼의 크기보다 작거나 같다. 수신 윈도우의 크기는 수신 윈도우가 송신측으로부터 넘치지 않고(흐름 제어) 수신할 수 있는 바이트의 개수를 결정한다. 다시 말하면, 수신 윈도우 크기인 *rwnd*는 다음과 같이 결정될 수 있다.

$$rwnd = 버퍼크기 - 가져오기를\ 대기하는\ 바이트\ 수$$

2. 두 번째 차이점은 TCP 프로토콜에서 사용되는 확인응답 방법이다. Selective-Repeat에서의 확인응답은 선택적이며 따라서 훼손되지 않고 수신된 패킷만을 정의함을 기억한다. TCP에서 주된 확인응답 메커니즘은 수신받기를 기대하는 다음 바이트를 알려주는 누적 확인응답 방법이다(즉 TCP는 Go-Back-*N* 방법과 비슷하다). 그렇지만 TCP의 새로운 버전은 누적과 선택적 확인응답을 모두 사용하며, 이 책의 웹 사이트에서 이들의 옵션에 대해 설명한다.

3.4.7 흐름 제어

이전에 설명한 것과 같이 **흐름 제어**는 생산자가 데이터를 만드는 속도와 소비자가 데이터를 사용하는 속도의 균형을 맞추는 것이다. TCP는 흐름 제어와 오류 제어를 구분한다. 이 절에서는 오류 제어를 무시하고 흐름 제어에 대해 설명한다. 송신과 수신 TCP 사이에 설정된 논리 채널은 오류가 없다고 가정한다.

그림 3.56은 송신측과 수신측 사이의 단방향 데이터 전송의 경우를 보여주며, 양방향 데이터 전송은 단방향의 경우로부터 유추될 수 있다.

그림 3.56 | TCP에서의 데이터 흐름과 흐름 제어 피드백

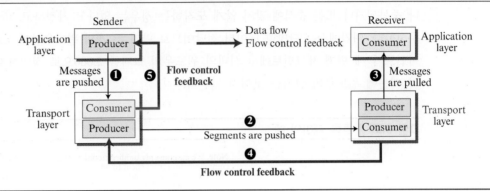

이 그림에서는 송신 프로세스로부터 송신 TCP로, 송신 TCP에서 수신 TCP로, 그리고 수신 TCP에서 수신 프로세스로 데이터가 이동하는 것을 볼 수 있다(경로 1, 2, 3). 그렇지만 흐름 제어 피드백은 수신 TCP에서 송신 TCP로, 그리고 송신 TCP에서 송신 프로세스로 이동한다(경로 4, 5). 대부분의 TCP 구현에서는 수신 프로세스로부터 수신 TCP로의 흐름 제어 피드백은 제공하지 않고 수신 프로세스가 수신할 ready가 되어 있을 때마다 수선 버퍼로부터 데이터를 읽어 간다. 다시 말하면 수신 TCP는 송신 TCP를 제어하고, 송신 TCP는 송신 프로세스를 제어한다.

송신 TCP로부터 송신 프로세스로의(경로 5) 흐름 제어 피드백은 송신 TCP 윈도우가 다 차면 송신 TCP에 의한 데이터의 간단한 거부로 획득된다. 단순히 데이터의 수신을 거부함으로써 이루어질 수 있다. 즉 여기에서 흐름 제어에 대한 설명은 수신 TCP로부터 송신 TCP로(경로 4) 전송되는 피드백에 대해서만 집중하면 된다는 것을 의미한다.

윈도우 열기와 닫기

연결이 설정될 때 버퍼의 크기는 고정되지만, 흐름 제어를 수행하기 위하여 TCP는 송신측과 수신측으로 하여금 자신의 윈도우의 크기를 조정하도록 한다. 송신측으로부터 여러 바이트가 들어오면 수신 윈도우는 닫힌다(왼쪽 벽이 오른쪽으로 이동한다). 또한 프로세스에 의해 여러 바이트가 수신되면 수신 윈도우는 열린다(오른쪽 벽이 오른쪽으로 이동한다). 여기에서는 축소되는 경우는 고려하지 않는다(오른쪽 벽이 왼쪽으로 이동하지 않는다).

송신 윈도우의 열기, 닫기, 그리고 축소는 수신측에 의해서 조절된다. 송신 윈도우는 새로운 확인응답이 도착하는 경우에는 닫힌다(왼쪽 벽이 오른쪽으로 이동한다). 송신 윈도우는 수신측으로부터 광고되는 수신 윈도우 크기($rwnd$)에 의해서 열린다[(오른쪽 벽이 오른쪽으로 이동한다), (new ackNO + new $rwnd$ > last ackNO + last $rwnd$)]. 송신 윈도우는 때때로 축소되지만, 여기에서는 송신 윈도우가 축소되는 경우는 발생하지 않는다고 가정한다.

시나리오

여기에서는 송신과 수신 윈도우가 연결 설정 단계에서 어떻게 설정되고 데이터가 교환될 동안에 송신과 수신 윈도우가 어떻게 변하는지 살펴보고자 한다. 그림 3.57은 (클라이언트로부터 서버로) 단방향 데이터 이동의 간략한 예를 보여준다. 당분간은 세그먼트가 훼손되거나 손실되거나 중복되거나 또는 순서에 맞지 않게 도착하는 경우는 없다고 가정하고, 따라서 오류 제어는 무시한다. 여기에서는 단방향 데이터 전달이므로 단지 두 개의 윈도우만이 표시된다. 비록 클라이언트가 세 번째 세그먼트에서 서버의 윈도우의 크기를 2,000으로 정의하지만 단방향통신이기 때문에 윈도우의 크기를 보이지 않는다.

그림 3.57 ┃ 흐름 제어의 예

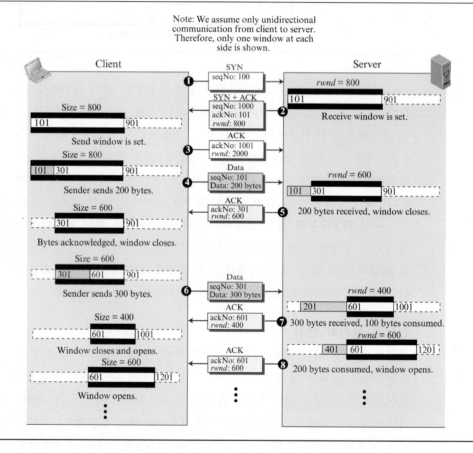

8개의 세그먼트가 클라이언트와 서버 간에 교환된다.

1. 세그먼트는 연결을 요청하기 위해 클라이언트로부터 서버로 첫 번째 세그먼트(SYN 세그먼트)가 전송된다. 클라이언트는 자신의 seqNo = 100을 알린다. 이 세그먼트가 서버에 도착하면, 서버는 (예를 들어) 800바이트 크기의 버퍼를 할당하고 전체 버퍼를 포함하기 위해 자신의 윈도우(rwnd = 800)를 설정한다. 여기에서 도착할 다음 바이트의 번호는 101이다.

2. 두 번째 세그먼트는 서버로부터 클라이언트로 전송된다. 이 세그먼트는 ACK + SYN 세그먼트이다. 세그먼트에는 서버가 101로 시작되는 바이트 수신을 기대함을 나타내기 위하여 ackNo = 101을 사용한다. 또한 클라이언트는 버퍼 크기를 800바이트로 설정할 수 있음을 알린다.

3. 세 번째 세그먼트는 클라이언트로부터 서버로 전송되는 ACK 세그먼트이다. 클라이언트의 *rwnd*는 2000 크기로 정의되지만, 단방향통신이기 때문에 여기선 사용하지 않는다.

4. 서버로부터 클라이언트의 윈도우 크기(800)가 설정되고 프로세스는 데이터의 200바이트를 내보낸다. 클라이언트 TCP는 이 바이트들에게 101부터 300번까지 번호를 매긴다. 그리고 세그먼트를 만들어 서버로 세그먼트를 전송한다. 세그먼트는 101과 같이 시작 바이트를 보여주고 200바이트 세그먼트를 전송한다. 클라이언트의 윈도우는 200바이트의 데이터가 전송되고 확인응답을 기다리고 있다는 것을 표시하기 위하여 조정된다. 이 세그먼트를 수신한 서버는 바이트를 저장하고 윈도우를 닫음으로 수신하기를 기대하는 다음 바이트 번호가 301이라는 것을 나타낸다. 버퍼에는 200바이트의 데이터가 저장된다.

5. 다섯 번째 세그먼트는 서버에서 클라이언트로 전달되는 피드백이다. 서버는 300번까지의 바이트를 확인응답(바이트 301의 수신을 기대)한다. 세그먼트는 감소된 후의 수신 윈도우의 크기(600) 정보도 운반한다. 이 세그먼트를 수신한 클라이언트는 윈도우에서 확인응답된 패킷을 제거하고 전송할 다음 바이트가 301이 되도록 윈도우를 닫는다. 하지만 윈도우 크기는 600바이트로 감소된다. 할당된 버퍼가 800바이트를 저장할 수 있더라도, 수신측에서 허용하지 않기 때문에 윈도우를 열 수는(오른쪽 벽을 오른쪽으로 이동) 없다.

6. 세그먼트 6은 프로세스가 300바이트를 내보낸 후 클라이언트에 의해 전송된다. 세그먼트는 seqNO를 301로 정의하고 300바이트를 포함한다. 이 세그먼트가 서버에 도착하면, 서버는 데이터를 저장하고 윈도우 크기를 줄여야 한다. 수신 프로세스가 100바이트를 읽어간 후, 서버는 윈도우를 300바이트만큼 왼쪽으로 닫지만 또한 100바이트만큼 오른쪽으로 연다. 결과적으로 수신 윈도우의 크기는 단지 200바이트만 줄어든다. 이제 수신 윈도우 크기는 400바이트이다.

7. 세그먼트 7에서 서버는 데이터의 수신을 확인응답하고 또한 자신의 윈도우 크기가 400임을 알린다. 세그먼트가 클라이언트에 도착하면, 클라이언트는 자신의 윈도우를 다시 줄여야 하며 윈도우의 크기를 서버가 광고한 값인 *rwnd* = 400으로 설정한다. 송신 윈도우는 왼쪽에서 300바이트 닫히고, 오른쪽에서 100바이트 열린다.

8. 세그먼트 8은 수신 프로세스가 추가적인 200바이트를 읽은 후에 서버로부터 전송된다. 이 경우에 수신 윈도우 크기는 증가한다. 새로운 *rwnd* 값은 600바이트가 된다. 세그먼트는 서버가 바이트 601을 계속 기대하고 있지만 서버 윈도우 크기가 600으로 확장됨을 클라이언트에게 알린다. 여기에서 세그먼트을 전송할 것인지는 구현 시 적용되는 정책에 따라 다르다. 어떤 구현에서는 *rwnd* 광고를 하지 않고 프로세스로부터 데이터를 수신한 후에야 이 값을 광고할 수 있다. 이 세그먼트가 클라이언트에 도착하면, 클라이언트는 자신의 윈도우를 닫힘없이 200바이트만큼 연다. 이 결과로 송신 윈도우의 크기는 600바이트로 증가한다.

윈도우 축소

앞에서 언급한 것과 같이 수신 윈도우는 축소될 수 없다. 그렇지만 수신측에서 윈도우의 축소를 야기하는 *rwnd* 값을 통보하는 경우에 송신 윈도우는 축소될 수 있다. 어떤 구현은 송신 윈도우가 축소되는 것을 허용하지 않는다. 여기서 고려되어야 할 사항은 송신 윈도우의 오른쪽 벽이 왼쪽으로는 이동하지 못한다는 것이다. 다시 말하면, 수신측은 송신 윈도우의 축소를 방지하기 위하여 다음과 같이 마지막과 새로운 확인응답 값 그리고 마지막과 새로운 *rwnd* 값 사이의 관계를 유지하여야 한다.

$$\text{new ackNo} + \text{new } rwnd \quad \geq \quad \text{last ackNo} + \text{last } rwnd$$

위의 부등식의 왼쪽 부분은 순서 번호 공간의 관점에서 오른쪽 벽의 새로운 위치를 나타내며, 오른쪽 부분은 오른쪽 벽의 이전 위치를 나타낸다. 이 관계식을 보면 오른쪽 벽은 왼쪽으로 이동할 수 없다는 것을 알 수 있다. 이 부등식은 수신측에서 자신의 광고를 검증하는 데 필수적이다. 그렇지만 이러한 부등식은 $S_f < S_n$인 경우에만 유효하고 모든 계산은 modulo 2^{32}로 이루어진다는 것을 기억해 두자.

 예제 3.18   그림 3.58은 필수사항에 대한 이유를 보여준다.

그림 3.58 ┃ 예제 3.18

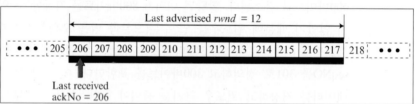

a. The window after the last advertisement

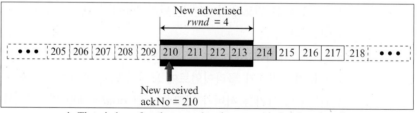

b. The window after the new advertisement; window has shrunk

그림의 a부분은 마지막 확인응답과 *rwnd* 값을 보여준다. 그림 b부분은 송신측에서 206에서 214까지의 바이트를 전송한 경우를 보여준다. 206~209바이트는 확인응답되었고 제거되었다. 그렇지만 *rwnd*가 새로운 값인 4로 광고되었다. 즉 210 + 4 < 206 + 12가 된다. 송신 윈도우가 축소될 때 문제가 발생한다. 이미 전송된 바이트 214는 윈도우의 외부에 있다. 수신측에서는 바이트 210부터 바이트 217 중에서 이미 전송된 것이 어떤 것인지 알 수 없기 때문에 앞에서 언급한 관계식은 수신측에서 윈도우의 오른쪽 벽을 유지할 수 있도록

한다. 이러한 상황을 방지하기 위한 한 가지 방법은 수신측에서 윈도우 내에 충분한 버퍼 공간이 있기 전까지는 피드백의 전송을 연기하는 것이다. 다시 말하면, 위에서 언급한 관계식을 충족하도록 하기 위해 수신측에서는 수신 프로세스가 좀더 많은 바이트를 소비하기 전까지 기다리는 것이다.

윈도우 폐쇄

오른쪽 벽을 왼쪽으로 이동함으로써 윈도우를 축소하는 것은 일반적으로 허용되지 않는다. 그렇지만 다음과 같이 하나의 예외가 있다. 수신측은 *rwnd* 값을 0으로 하여 일시적으로 윈도우를 폐쇄할 수 있다. 수신측에서 잠시 동안 송신측으로부터 데이터 수신을 원하지 않을 때 발생한다. 이 경우 송신측은 실제로는 윈도우의 크기를 축소하지 않지만 새로운 광고가 도착하기 전까지는 데이터 전송을 중단한다. 뒤에서 살펴보겠지만, 수신측의 명령에 의해서 윈도우가 폐쇄되었지만, 송신측에서는 한 바이트 데이터를 포함하는 세그먼트를 항상 보낼 수 있다. 이것은 탐침(probing)이라고 하며, 교착상태를 방지하기 위해서 사용된다(이것은 TCP 타이머 절에서 살펴볼 것이다).

어리석은 윈도우 신드롬

슬라이딩 윈도우 동작에서는 전송 응용프로그램이 데이터를 천천히 발생하거나, 또는 수신 응용프로그램이 데이터를 천천히 소비하는 경우에 심각한 문제가 발생한다. 이 경우에는 아주 적은 수의 데이터를 포함하는 세그먼트의 전송으로 인하여 동작의 효율은 감소한다. 예를 들어 TCP가 단지 1바이트의 데이터를 포함하는 세그먼트를 전송하는 경우에는 단지 1바이트를 전달하기 위해서 41바이트의 데이터그램(20바이트의 TCP 헤더와 20바이트의 IP 헤더)이 전송되어야 한다. 즉 오버헤드는 41/1이 되고, 네트워크의 용량은 상당히 비효율적으로 사용된다. 이러한 비효율성은 데이터링크 계층과 물리 계층의 오버헤드를 고려한다면 더욱 나빠질 것이다. 이러한 문제를 **어리석은 윈도우 신드롬(silly window syndrome)**이라고 한다. 각 측면에서 어떻게 문제가 발생하는지 살펴보고, 문제를 해결하기 위한 방안을 살펴보기로 한다.

송신측에서 발생하는 신드롬

송신 TCP가 한 번에 한 바이트씩 데이터를 천천히 발생하는 응용프로그램을 다루는 경우에 어리석은 윈도우 신드롬이 발생한다. 응용프로그램이 송신 TCP의 버퍼에 한 번에 한 바이트씩 쓰는 경우를 생각해 보자. 송신 TCP에 어떤 특별한 지시 사항이 없는 경우, 송신 TCP는 한 바이트의 데이터를 포함하는 세그먼트를 만들게 되고, 41바이트 크기의 세그먼트가 인터넷을 통해서 전달된다.

이러한 문제를 해결하는 한 가지 방법은 송신 TCP가 한 바이트 단위의 데이터 전송을 예방하는 것이다. 전송 TCP는 데이터를 취합하여 가능한 한 큰 블록으로 데이터를 전송해야 한다. 이 경우에는 충분한 데이터가 버퍼에 쌓이도록 전송 TCP가 일정 시간 기다려야 하는데, 얼마의 기간을 전송 TCP가 기다려야 하는가? 만일 이 기간이 너무 길면 프로세스에서의 지연이 생기게 된다. 만일 이 기간이 충분히 길지 않으면 적은 데이터를 포함하는 세그먼트가 전송될 것이다. Nagle은 이러한 문제를 해결하기 위하여 다음과 같은 훌륭한 해결책을 제시하였다. **Nagle 알고리즘(Nagle's algorithm)**은 매우 간단하다.

1. 송신 TCP는 단지 한 바이트일지라도 송신 응용프로그램으로부터 수신하는 첫 데이터를 세그먼트로 만든 후 전송한다.

2. 첫 번째 세그먼트를 전송한 후에 송신 TCP은 수신 TCP로부터 확인응답을 수신하거나 또는 최대 크기의 세그먼트를 구성할 수 있을 정도로 충분한 데이터가 출력 버퍼에 저장되기 전까지 기다린다. 위의 두 가지 경우 중 하나가 발생되면, 송신 TCP는 세그먼트를 전송한다.

3. 나머지 전송 기간 동안 2번째 단계를 반복한다. 즉 세그먼트 2에 대한 확인응답이 수신되거나 최대 크기의 세그먼트를 채울 수 있을 정도로 충분한 데이터가 저장되었을 경우에는 세그먼트 3이 전송된다.

　　Nagle 알고리즘의 장점은 매우 간단하다는 것과 데이터를 발생하는 응용프로그램의 속도와 네트워크의 데이터 전달 속도를 고려하였다는 것이다. 만일 응용프로그램이 네트워크보다 빠르면 세그먼트는 (최대 크기의 세그먼트로) 커지게 된다. 만일 응용프로그램이 네트워크보다 느리면 세그먼트는 (최대 크기의 세그먼트보다 작은 크기로) 작아지게 된다.

수신측에 의한 신드롬 발생

수신 TCP가 한 번에 한 바이트와 같이 천천히 데이터를 소비하는 응용프로그램에 서비스를 제공하는 경우에는 수신 TCP에 어리석은 윈도우 신드롬 현상이 발생하게 된다. 송신 응용프로그램으로부터 1킬로바이트 블록의 데이터가 발생되지만, 수신 응용프로그램이 한 번에 한 바이트씩 소비한다고 가정해 보자. 그리고 수신 TCP의 입력 버퍼는 4킬로바이트라고 하자. 처음에 송신측에서 4킬로바이트의 데이터를 전송하면, 수신측에서는 수신된 데이터를 버퍼에 저장하고 수신 버퍼는 데이터로 꽉 차게 된다. 수신 버퍼가 모두 차면, 수신 TCP는 윈도우 크기를 0으로 설정하여 통보하고, 이 정보를 수신한 송신측에서는 데이터 전송을 멈춘다. 수신 응용프로그램이 수신 TCP의 입력 버퍼로부터 첫 번째 바이트의 데이터를 읽으면 입력 버퍼에 한 바이트 정도의 공간이 생기게 된다. 수신 TCP는 한 바이트의 윈도우 크기를 송신 TCP로 통보하며, 데이터의 전송을 기다리던 송신 TCP는 이 통보를 좋은 소식으로 간주하고 한 바이트의 데이터를 포함하는 세그먼트를 전송하고, 이 절차가 계속된다. 다시 말하면, 한 바이트의 데이터가 수신 응용프로그램으로부터 소비되고 한 바이트를 전달하는 세그먼트가 송신 TCP로부터 전송된다. 따라서 효율성의 문제와 어리석은 윈도우 신드롬 문제가 다시 발생하게 된다.

　　도착하는 속도보다 데이터를 천천히 소비하는 응용프로그램에 의해서 발생되는 어리석은 윈도우 신드롬 현상을 예방하기 위해서 다음의 두 가지 방법이 제시되었다. **Clark의 해결 방안(Clark's solution)**은 데이터가 도착하자마자 확인응답을 전송하지만, 수신 버퍼에 최대 크기의 세그먼트를 수용할 수 있는 충분한 공간이 있거나 적어도 수신 버퍼가 반 이상 비어 있기 전까지는 윈도우 크기를 0으로 통보하는 것이다. 두 번째 방법은 확인응답의 전송을 지연하는 것이다. 즉 세그먼트는 도착하더라도 즉시 확인응답하지 않는다. 수신측에서는 세그먼트가 도착하자마자 즉시 세그먼트에 대한 확인응답을 전송하는 대신 수신 버퍼에 충분한 공간이 있을 때까지 도착한 세그먼트의 확인응답을 보류한다. 지연된 확인응답(delayed acknowledgement)은 송신 TCP로 하여금 자신의 윈도우를 진행하지 못하도록 한다. 즉 송신 TCP는 윈도우만큼의 데이터 전송 후에는 전송을 멈춘다. 이 방법을 이용하여 신드롬을 없앨 수 있다.

확인응답의 지연을 이용하면 다음과 같은 또 다른 장점을 얻을 수 있다. 수신측에서는 각 세그먼트에 대해서 확인응답을 전송할 필요가 없기 때문에 수신측에서 발생하는 트래픽이 감소되는 반면, 확인응답의 지연은 송신측에서 확인응답을 받지 못한 세그먼트를 재전송할 단점도 있다.

TCP 프로토콜은 이러한 장점과 단점의 균형을 맞춘다. 즉 TCP에서는 확인응답이 0.5초 이상 지연되지 않도록 정의되어 있다.

3.4.8 오류 제어

TCP는 신뢰성 있는 전송 계층 프로토콜이다. 즉 데이터 스트림을 TCP로 전달하는 응용프로그램은 TCP가 전체 스트림을 순서에 맞고 오류 없이, 또한 부분적인 손실이나 중복 없이 상대편에 있는 응용프로그램에게 전달함을 확신하는 것을 의미한다.

TCP는 오류 제어를 이용하여 신뢰성을 제공한다. 오류 제어는 훼손된 세그먼트의 감지 및 재전송, 손실 세그먼트의 재전송, 분실된 세그먼트가 도착하기 전까지 순서가 맞지 않는 세그먼트를 저장하고 중복 세그먼트의 감지 및 폐기를 위한 메커니즘을 포함한다. TCP에서의 오류 제어는 간단한 세 가지 도구인 검사합, 확인응답 그리고 타임-아웃 등을 통해 수행된다.

검사합

각 세그먼트에는 검사합 필드가 있으며, 이 필드는 세그먼트가 훼손되었는지를 검사하기 위해 사용된다. 만일 세그먼트가 무효한 검사합으로 인해 훼손되면, 목적지 TCP는 손상되었다고 판명된 세그먼트를 폐기하고 손실로 간주한다. TCP는 모든 세그먼트에 필수 사항인 16비트 검사합을 이용한다. 이 장의 앞 부분에서 이미 검사합의 계산법을 설명하였다.

확인응답

TCP에서 데이터 세그먼트의 수신을 확인해 주기 위하여 확인응답을 사용한다. 데이터를 포함하지는 않지만 하나의 순서 번호를 소비하는 제어 세그먼트도 역시 확인응답된다. ACK 세그먼트는 결코 확인응답되지 않는다.

> **ACK 세그먼트는 순서 번호를 소비하지 않으며 확인응답되지도 않는다.**

확인응답 유형

과거의 TCP는 확인응답의 한 가지 유형인 누적 확인응답만을 사용하였다. 현재에 구현되는 TCP에선 선택적 확인응답도 같이 사용된다.

누적 확인응답(ACK) 본래 TCP는 세그먼트의 수신을 누적하여 확인응답할 수 있도록 설계되었다. 수신측은 순서에 맞지 않게 도착하고 저장된 모든 세그먼트들을 무시하고 수신하고자 하는 다음 바이트를 광고한다. 일반적으로 **긍정 누적 확인응답** 또는 ACK라고 한다. "긍정"이라는 단어는 수신측에서 세그먼트가 폐기되거나, 손실 혹은 중복 수신되었을 때 이에 대한 어떠한 피드백도 제공하지 않는다는 것을 의미한다. TCP 헤더에 있는 32비트의 ACK 필드가 누적 확인응답(ACK, Accumulative Acknowledgment)을 위하여 사용되며, 이 필드는 ACK 플래그 비트가 1로 설정된 경우에만 유효하다.

선택 확인응답(SACK) 선택 확인응답(*SACK, Selective ACKnowledgment*) 또는 SACK라고 하는 새로운 유형의 확인응답이 점차적으로 많은 구현에 추가되고 있다. SACK는 ACK를 대치하는 것이 아니라 송신측에게 부가 정보를 알려주기 위해 사용된다. SACK는 순서에 맞지 않게 들어온 데이터 블록과 중복 세그먼트 블록을 알려준다. 하지만 TCP 헤더에는 이러한 유형의 정보를 추가할 수 있는 여분의 공간이 없기 때문에 SACK는 TCP 헤더 끝에 옵션의 형태로 구현된다. 이것의 새로운 특징은 이 책의 웹 사이트 TCP 옵션 부분에서 다루고자 한다.

확인응답의 전송

수신측은 언제 확인응답을 전송할 것인가? TCP가 개선되면서 다음과 같은 몇 가지 규칙이 정의되었으며 구현에 사용되었다. 여기서는 가장 일반적인 규칙들을 나열하였다. 규칙의 순서가 중요도를 나타내지는 않는다.

1. 한쪽에서 다른 쪽으로 데이터 세그먼트를 전송할 경우에는 수신하고자 하는 다음 순서 번호인 확인응답 번호(피기배킹)가 세그먼트에 포함되어야 한다. 이 규칙은 필요한 세그먼트의 수를 줄임으로써 트래픽을 감소시킨다.

2. 수신측에서 더 이상 보낼 데이터가 없고 (기대한 순서 번호를 가진) 순서에 맞는 세그먼트를 수신했으며 이전에 수신한 세그먼트가 이미 확인응답된 경우에는 수신측은 또 다른 세그먼트가 도착하거나 시간(일반적으로 500 ms의)이 지나기까지는 ACK 세그먼트의 전송을 보류한다. 다시 말하면, 수신측은 단지 하나의 (확인응답을 전송하지 않은) 순서에 맞는 세그먼트만을 수신하였다면 ACK 세그먼트의 전송을 보류할 필요가 있다. 이 규칙은 ACK 세그먼트 전송으로 인해 별도의 트래픽이 발생하는 것을 방지하기 위한 것이다.

3. 수신측에서 기대한 순서 번호를 갖는 세그먼트가 도착하고 또한 이전에 수신한 순서에 맞는 세그먼트가 아직까지 확인응답되지 않았다면, 수신측은 즉시 ACK 세그먼트를 전송한다. 다시 말하면, 수신측은 순서에 맞는 세그먼트를 세 개 이상 확인응답하지 않은 상태로 갖고 있지 않도록 한다. 이것은 망의 혼잡을 야기할 수 있는 불필요한 세그먼트 재전송을 방지한다.

4. 기대한 것보다 더 큰 순서 번호(즉, 순서에 맞지 않는)를 갖는 세그먼트가 도착하면, 수신측은 ACK 세그먼트를 즉시 전송함으로써 자신이 수신하기를 기대하는 세그먼트의 순서 번호를 알린다. 이것은 뒤에서 살펴볼 시나리오인 누락된 세그먼트의 **빠른 재전송**을 위한 것이다.

5. 누락된 세그먼트가 도착하면, 수신측은 수신하고자 하는 다음 순서 번호를 알리기 위하여

ACK 세그먼트를 전송한다. 이것은 누락으로 간주된 세그먼트를 수신하였다는 것을 알려주기 위하여 사용된다.

6. 중복 세그먼트가 도착하면, 수신측은 세그먼트를 폐기하고, 순서에 맞게 수신하고자 하는 다음 세그먼트를 알리기 위하여 즉시 확인응답을 전송한다. 이것은 ACK 세그먼트 자체가 손실되는 문제를 해결한다.

재전송

오류 제어 메커니즘의 핵심은 세그먼트의 재전송이다. 전송된 세그먼트는 확인응답되기 전까지 버퍼에 저장된다. 재전송 타이머가 만료되거나 송신측 버퍼에 있는 첫 번째 세그먼트에 대한 3개의 중복 ACK를 수신하는 경우에는 세그먼트가 재전송된다.

RTO 이후의 재전송

송신 TCP는 각각의 연결을 위해 하나의 **재전송 타임-아웃(RTO, Retransmission Time-Out)**을 유지한다. 타이머를 구동한다. 타이머가 만료되어 타임-아웃이 발생하면, TCP는 버퍼 앞에 있는 세그먼트(즉 가장 작은 순서 번호를 갖는 세그먼트)를 전송하고 타이머를 재구동한다. 여기에서는 $S_f < S_n$을 가정한다. 뒤에서 살펴보겠지만, TCP에서 RTO의 값은 가변적이며 세그먼트의 왕복시간(RTT, Round Trip Time)을 기반으로 업데이트된다. RTT는 세그먼트를 목적지로 전송하고 그 세그먼트에 대한 확인응답을 수신하는 데 걸리는 시간을 나타낸다.

세 개의 중복 ACK 세그먼트 이후에 재전송

RTO 값이 크지 않은 경우에는 앞에서 언급한 규칙을 이용하여 세그먼트를 재전송해도 충분하다. 송신측에서 타임-아웃을 기다리는 것보다 좀더 빨리 재전송하여 인터넷에서의 처리율 향상을 위해 근래에 구현된 대부분의 TCP들은 세 개의 중복 ACK 규칙을 따르며 손실로 간주된 세그먼트를 즉시 재전송한다. 이러한 특징을 **빠른 재전송(fast retransmission)**이라고 한다. 이러한 TCP에서 만일 하나의 세그먼트에 대한 세 개의 확인응답(즉 원래의 ACK와 세 개의 정확하게 일치하는 사본)이 수신되면, 타임-아웃을 기다리지 않고 다음 세그먼트가 즉시 재전송된다. 이 특징들에 대해서 이 장의 마지막에 다시 논의할 것이다.

순서에 맞지 않는 세그먼트

현재의 TCP에서는 순서에 맞지 않게 들어오는 세그먼트를 버리지 않고, 그 세그먼트를 일시적으로 저장하며, 손실된 세그먼트가 도착하기 전까지는 이 세그먼트를 순서에 맞지 않는 세그먼트로 표시한다. 그렇지만 순서에 맞지 않는 세그먼트를 프로세스로 전달하지는 않는다. TCP는 데이터가 순서에 맞게 프로세스에 전달되도록 한다.

데이터는 순서에 맞지 않게 도착할 수 있고 또한 수신 TCP에서 일시적으로 보관할 수 있다. 그렇지만 TCP는 세그먼트가 순서에 맞지 않게 프로세스로 전달되지 않도록 한다.

TCP에서 데이터 전송을 위한 FSM

TCP에서의 데이터 전송은 Go-Back-N(GBN)와 유사한 면이 있지만 Selective-Repeat(SR) 프로토콜에 더 비슷하다. TCP는 순서에 어긋난 세그먼트를 수신하기 때문에 Selective-Repeat 프로토콜과 유사하게 동작한다고 간주할 수 있지만, 고유의 확인응답은 누적이기 때문에 Go-Back-N처럼 보인다. 그렇지만 SACK를 이용하는 TCP는 Selective-Repeat에 더 가깝다.

> **TCP는 Selective-Repeat 프로토콜의 최상의 모델이다.**

송신측 FSM

여기에서는 TCP 송신측의 FSM을 앞서 언급한 Selective-Repeat 프로토콜과 유사하지만, TCP의 특성을 고려하여 간단하게 변형된 형태로 보여준다. 통신은 단방향으로 이루어지고 세그먼트는 ACK 세그먼트를 이용하여 확인응답된다고 가정한다. 또한 당분간은 선택적 확인응답과 혼잡 제어를 무시한다. 그림 3.59는 송신측의 단순화된 FSM을 보여준다. 이 FSM은 가장 기본적이며, 어리석은 윈도우 신드롬(Nagle 알고리즘)이나 윈도우 폐쇄와 같은 문제를 포함하지 않는다. 또한 양방향통신에 영향을 미치는 모든 문제를 무시하고 단방향통신만을 고려한다.

그림 3.59에서 설명하는 FSM과 앞서 논의한 Selective-Repeat 프로토콜은 약간의 차이가 있다. 한 가지 차이점은 빠른 전송(세 개의 중복 ACK)이다. 또 다른 차이점은 *rwnd* 값을 기반으로 윈도우의 크기를 조절하는 것이다(혼잡 제어는 잠시 무시).

그림 3.59 ┃ TCP 송신측의 단순화된 FSM

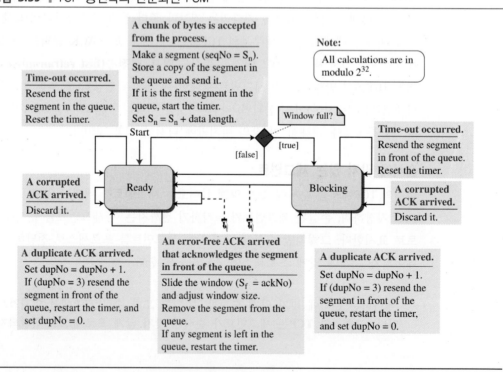

수신측 FSM

TCP 수신측 FSM은 앞서 언급한 Selective-Repeat 프로토콜과 유사하지만, TCP의 특성을 고려하여 간단하게 변형된 형태로 보여준다. 통신은 단방향으로 이루어지고 세그먼트는 ACK 세그먼트를 이용하여 확인응답된다고 가정한다. 또한 선택적 확인응답과 혼잡 제어는 잠시 무시한다. 그림 3.60은 수신측의 단순화된 FSM을 보여준다. 여기에서는 어리석은 윈도우 신드롬(Clark 해결 방법)이나 윈도우 폐쇄(뒤에서 언급할 예정)와 같은 문제를 무시한다.

그림 3.60 ┃ TCP 수신측의 단순화된 FSM

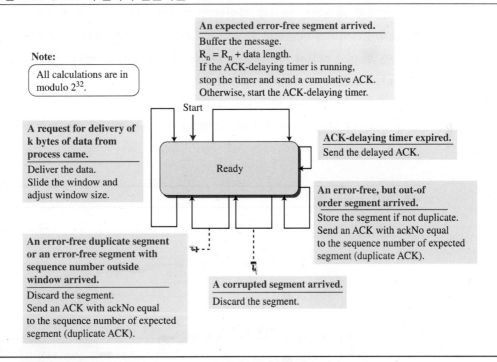

FSM과 앞서 논의한 Selective-Repeat 프로토콜은 약간의 차이가 있다. 한 가지 차이점은 단방향에서 ACK를 지연하는 것이다. 또 다른 차이점은 송신자가 빠른 전송 정책을 구현할 수 있도록 하기 위해 중복 ACK를 전송하는 것이다.

　수신측을 위한 양방향통신을 위한 FSM은 Selective-Repeat의 경우처럼 단순하지 않다. 수신측에서 전송할 데이터가 있으면 ACK를 즉시 전송하는 것과 같은 정책이 고려되어야 한다.

몇 가지 시나리오

이 절에서는 오류 제어 문제만을 고려하여 TCP가 동작하는 동안에 발생할 수 있는 몇 가지 경우의 시나리오를 살펴보도록 한다. 이 시나리오에서 세그먼트는 직사각형으로 표시된다. 데이터를 전달하는 세그먼트의 경우에는 바이트 번호의 범위와 확인응답 필드의 값이 표시된다. 확인응답만을 전달하는 세그먼트에는 작은 상자 내에 확인응답 번호만을 표시한다.

정상 동작

첫 번째 시나리오는 그림 3.61과 같이 데이터가 두 시스템 간에 양방향으로 교환되는 경우이다. 클라이언트 TCP는 하나의 세그먼트를 전송하며 서버 클라이언트는 세 개의 세그먼트를 전송한다. 이 그림에는 각 확인응답에 어떤 규칙이 적용되는지가 나타나 있다. 클라이언트의 처음 세그먼트와 서버의 3 세그먼트에 모두 규칙 1이 적용된다. 이러한 세그먼트들에는 전송되는 데이터 바이트의 순서 번호와 이 세그먼트를 전송한 측에서 수신하고자 하는 다음 바이트 번호가 표시되어 있다. 클라이언트가 서버로부터 처음 세그먼트를 수신하였을 때에는 클라이언트는 더 이상 전송할 데이터가 없으므로 ACK 세그먼트를 전송한다. 그렇지만 규칙 2에 의해서 혹시 추가로 도착할 세그먼트 여부를 확인하기 위하여 500 ms 동안 확인응답의 전송을 보류하고, ACK-지연 타이머가 만료되면 확인응답을 전송한다. 클라이언트는 또 다른 세그먼트가 전송 중인지 알 수 없기 때문에 확인응답의 전송을 계속 유보할 수 없다. 그다음 세그먼트가 도착하면 또 하나의 ACK-지연 타이머가 설정된다. 그렇지만 이 타이머가 만료되기 전에 세 번째 세그먼트가 도착하며, 규칙 3에 의거하여 하나의 확인응답이 전송된다. 여기에서는 어떠한 세그먼트도 손실되거나 지연되지 않았기 때문에 RTO 타이머를 표시하지 않고 단지 자신의 임무를 수행한다고 가정하였다.

그림 3.61 ▎ 정상 동작

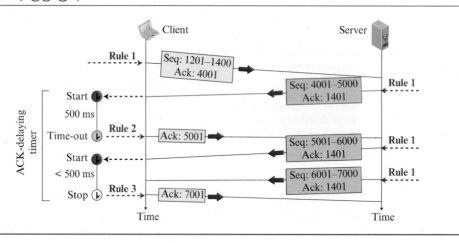

손실 세그먼트

이 시나리오는 세그먼트가 손실되거나 훼손되는 경우를 보여준다. 수신측에서는 손실되거나 훼손된 세그먼트를 동일한 방법으로 처리한다. 손실 세그먼트라는 것은 네트워크 내의 어딘가에서 폐기되는 것이고, 훼손 세그먼트라는 것은 수신자에 의해서 폐기되는 것이다. 두 가지 세그먼트 모두 손실로 간주된다. 그림 3.62는 세그먼트가 손실되는 상황을 보여준다(혼잡의 이유로 네트워크 내의 라우터에 의해서 폐기된다).

그림 3.62 | 손실 세그먼트

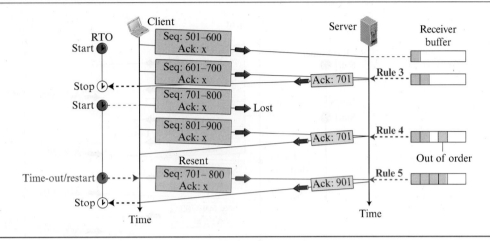

이 그림에서는 한쪽에서 전송하고 다른 쪽에서는 수신하는 단방향의 데이터 전송을 가정하였다. 이 시나리오에서 송신자는 첫 번째와 두 번째 세그먼트를 전송하고 (규칙 3에 의거하여) ACK에 의해서 즉시 확인응답되었다. 세 번째 세그먼트는 손실되었다. 수신자는 네 번째 세그먼트를 수신하였지만, 이 세그먼트는 순서가 맞지 않는 세그먼트이다. 수신자는 이 세그먼트를 버퍼에 저장하지만, 데이터가 연속적이지 않다는 것을 나타내기 위해 빈 공간을 남겨놓는다. 그런 다음 수신자는 (규칙 4에 의거하여) 수신하고자 하는 다음 바이트를 나타내는 확인응답을 송신자에게 즉시 전송한다. 수신자는 801에서 900번까지의 바이트를 저장하지만, 빈 공간이 다 채워지기 전까지는 이 바이트들을 절대로 응용 프로세스에게로 전달하지 않는다.

> **수신 TCP는 순서에 맞는 데이터만을 프로세스에게로 전달한다.**

송신 TCP에서는 전체 연결 기간 동안 하나의 RTO 타이머를 유지한다. 세 번째 세그먼트에 대한 타임-아웃이 발생하면, 송신 TCP는 세 번째 세그먼트를 재전송할 것이고, 이 세그먼트가 시간 내에 도착하면 (규칙 5에 의거하여) 적절히 확인응답될 것이다.

빠른 재전송

이 시나리오에서는 **빠른 재전송**의 경우를 보고자 한다. 이 시나리오는 RTO 값이 좀더 크다는 것을 제외하면 두 번째 시나리오와 동일하다(그림 3.63 참조).

이 시나리오에서 수신측은 네 번째, 다섯 번째와 여섯 번째 세그먼트 각각을 수신할 때 마다 (규칙 4) 확인응답을 전송한다. 송신측은 동일한 값을 갖는 네 개의 확인응답(3개의 중복응답)을 수신한다. 비록 세 번째 세그먼트에 대한 타이머가 만료되지 않았지만, 빠른 재전송을 위한 규칙에 의거하여, 송신측은 확인응답이 기대하는 세그먼트인 세 번째 세그먼트를 즉시 재전송한다. 이 세그먼트가 재전송된 후에 타이머는 재구동된다.

그림 3.63 ┃ 빠른 재전송

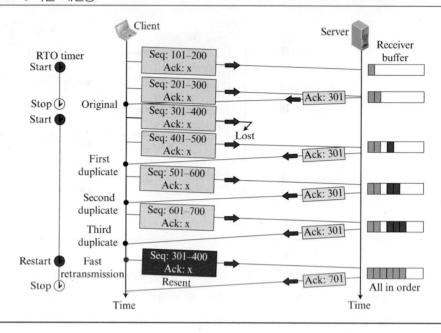

지연 세그먼트

네 번째 시나리오는 지연 세그먼트의 경우이다. TCP는 비연결형 프로토콜인 IP의 서비스를 이용한다. TCP 세그먼트를 캡슐화하는 IP 데이터그램은 서로 다른 지연을 갖으며 서로 다른 경로를 통해 최종 목적지에 도달한다. 따라서 TCP 세그먼트도 지연될 수 있다. 지연 세그먼트는 때로 타임-아웃된다. 재전송된 후에 도착된 지연 세그먼트는 중복 세그먼트로 간주되어 폐기된다.

중복 세그먼트

중복 세그먼트는 예를 들어, 세그먼트가 지연되어 수신측에 의해 손실로 처리되는 경우에 송신 TCP에 의해 만들어질 수 있다. 중복 세그먼트를 처리하는 것은 목적지 TCP에서 매우 간단한 작업이다. 목적지 TCP는 바이트가 (순서에 맞게) 연속해서 들어오기를 기대한다. 이미 수신되고 저장된 세그먼트와 동일한 순서 번호를 포함하는 세그먼트가 들어오면, 목적지 TCP는 그 세그먼트를 버린다. 그리고 기대하는 세그먼트를 나타내는 ackNo를 갖는 ACK가 전송된다.

자동으로 교정되는 ACK의 손실

이 시나리오에서는 누적 확인응답을 이용하는 주요 장점인 손실된 확인응답 정보가 다음 확인응답에 포함되는 상황을 보여준다. 그림 3.64는 데이터의 수신자에 의해 전송된 확인응답이 손실되는 경우를 보여준다. TCP 확인응답 메커니즘에서는 발신지 TCP가 확인응답이 손실되었는지를 알아채지 못할 수도 있다. TCP는 누적 확인응답 시스템을 이용한다. 즉 다음의 확인응답은 자동으로 이전 확인응답의 손실을 보정하는 것이라 할 수 있다.

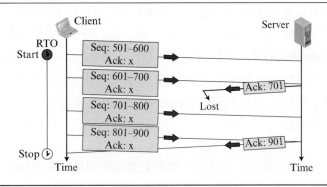

그림 3.64 ┃ 확인응답의 손실

세그먼트를 재전송함으로써 교정되는 확인응답의 손실

그림 3.65는 확인응답이 손실되는 상황을 보여준다.

그림 3.65 ┃ 세그먼트를 재전송함으로써 교정되는 확인응답의 손실

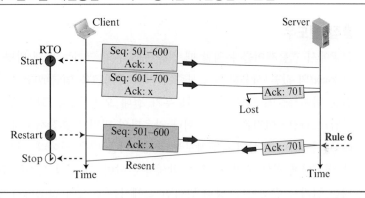

　　마지막 확인응답이 오랜 시간 동안 지연되고 더 이상의 확인응답이 없는 경우에는(즉 손실된 확인응답이 마지막으로 전송된 것이라면), RTO 타이머에 의해 교정이 이루어진다. 이 결과로 중복 세그먼트가 전송된다. 중복 세그먼트를 수신한 수신측은 그 세그먼트를 버리지만, 세그먼트가 안전하게 도착해 있는 것을 송신측에 알려주기 위하여 마지막 ACK를 즉시 전송한다.

　　비록 두 개의 세그먼트가 확인응답되지 않았지만, 단지 하나의 세그먼트만이 재전송된다. 재전송된 ACK를 수신한 송신측은 확인응답이 누적이기 때문에 두 개의 세그먼트 모두 안전하게 전송되었다는 것을 알 수 있다.

확인응답의 손실로 인해 발생하는 교착상태

확인응답이 손실됨으로 인해 시스템이 교착상태에 빠질 수 있는 상황이 생길 수 있다. 이것은 수신자가 rwnd 값이 0으로 설정된 확인응답을 전송함으로써 송신자로 하여금 일시적으로 윈도우를 폐쇄하도록 요청하는 경우이다. 얼마 후에 수신측은 이러한 제한을 없애고자 한다. 그렇지만 만일 전송할 데이터가 없는 경우에, 수신측은 이러한 제한을 없애기 위하여 0이 아닌 rwnd

값을 가지는 ACK 세그먼트를 전송한다. 하지만 문제는 이러한 확인응답이 손실되는 경우에 발생한다. 송신측에서는 0이 아닌 *rwnd* 값을 알리는 확인응답을 기다리고 있다. 수신측에서는 송신측이 이 확인응답을 수신했다고 생각하고 데이터의 수신을 기다린다. 이러한 상황을 **교착상태(deadlock)**라고 한다. 즉 양쪽 끝은 상대방으로부터의 응답을 기다리고, 결과적으로는 어떠한 데이터도 교환되지 못한다. 또한 재전송 타이머도 설정되지 않는다. 이와 같은 교착상태를 막기 위하여 영속 타이머(persistence timer)가 설계되었으며 이 장의 뒷부분에서 다시 살펴볼 예정이다.

> **확인응답이 손실되는 경우에 적절히 처리되지 못하면 교착상태에 빠질 수 있다.**

3.4.9 TCP 혼잡 제어

TCP는 네트워크에서 혼잡 제어를 위해 다른 정책들을 사용한다. 이 절에서는 3가지 정책에 대해 다룬다.

혼잡 윈도우

TCP에서 흐름제어를 논의할 때 전송 윈도우의 크기는 반대 방향에서 각 세그먼트 전송을 알리는 *rwnd*의 값을 사용하는 수신측에 의해 제어됨을 언급했다. 이러한 전략을 사용하는 것은 수신한 바이트들에 의해 수신 윈도우가 절대 오버플로우 되지 않는 것을 보장한다(최종 혼잡이 아님). 그러나 이것은 중간 버퍼나 라우터의 버퍼가 혼잡해지지 않는 것을 의미하는 것은 아니다. 라우터는 하나 이상의 송신자로부터 데이터를 받을 것이다. 라우터의 버퍼가 얼마나 크든지 간에 데이터에 의한 오버플러우가 발생할 것이며, 그 결과 특정한 TCP가 보낸 세그먼트들이 손실되는 결과가 발생한다. 달리 말하면 끝에서는 혼잡이 발생하지 않을 수 있지만 중간에서는 혼잡이 발생할 수 있다. TCP는 많은 세그먼트들의 손실이 심각한 오류 제어를 초래하기 때문에 중간에서 일어나는 혼잡을 고려해야 한다. 더 많은 세그먼트의 손실은 세그먼트의 재전송의 증가를 의미하고, 혼잡을 악화시켜 결국 통신에 충돌을 초래한다.

　　TCP는 IP 서비스를 사용하는 종단 대 종단(end-to-end) 프로토콜이다. 라우터에서의 혼잡은 IP 영역에 있으며 IP에 의해 처리된다. 그러나 이것은 4장에서 논의할 내용으로 IP는 단순한 프로토콜이며 혼잡 제어를 제공하지 않는다. 따라서 TCP 스스로 문제에 대한 책임을 져야 한다.

　　TCP는 네트워크에서의 혼잡을 무시할 수 없으며, 적극적으로 네트워크에 세그먼트를 보낼 수 없다. 이전에 언급한 바와 같이 공격적인 결과는 TCP 스스로 해를 입힐 수 있다. TCP는 네트워크에서 사용 가능한 대역폭을 활용할 수 없기 때문에 각 시간간격마다 세그먼트의 적은 수 전송을 하거나 매우 신중해질 수 없다. TCP는 혼잡이 감지되면 전송 속도를 줄이고, 혼잡이 없을 경우에는 전송 속도를 빠르게 하는 정책을 정의해야 한다.

　　전송되는 세그먼트들의 개수를 제어하기 위해 TCP는 네트워크 혼잡 상황에서 윈도우 혼잡 윈도우 *cwnd* 변수를 사용한다(이후 간단하게 설명할 것이다). *cwnd* 변수와 *rwnd* 변수는 TCP에서 함께 전송 윈도우의 크기를 정의한다. 첫 번째는 중간 네트워크에서의 혼잡에 관련된 것이고, 두 번째는 끝단에서의 혼잡에 관한 것이다. 실제 윈도우의 크기는 두 값이 최소값이다.

$$\text{Actual window size} = \text{minimum } (rwnd, cwnd)$$

혼잡 감지

cwnd 값을 설정하고 변경하는 것을 다루기 전에 어떻게 TCP 송신자가 네트워크의 혼잡 가능성을 감지할 수 있는지에 대해 설명한다. TCP 송신자는 네트워크에서 타임-아웃과 세 개의 중복 ACK의 두 가지 이벤트 발생을 사용한다.

첫 번째는 타임-아웃이다. 만일 TCP 송신자가 타임-아웃이 발생하기 전 세그먼트 또는 세그먼트들의 ACK를 받지 못할 경우, 이것은 세그먼트가 혼잡에 의해 손실되었다고 가정한다.

다른 이벤트는 세 개의 중복 ACK의 수신이다(같은 응답 번호와 4개의 ACK). TCP 수신자가 중복된 ACK를 응답하면, 이것은 세그먼트가 지연되었다는 신호이다. 그러나 세 개의 중복 ACK를 보내는 것은 네트워크에서 혼잡 때문에 세그먼트가 손실된 것이다. 그러나 혼잡은 세 개의 중복 ACK의 경우 타임-아웃보다 덜 심각할 수 있다. 수신측이 3개의 중복 ACK들을 보낼 때, 이것은 3개의 세그먼트들은 받아졌으나, 1개의 세그먼트의 손실을 의미하고 네트워크는 조금 혼잡하거나 혼잡으로부터 회복되었다.

우리는 TCP의 이전 버전으로 타임-아웃과 세 개 중복 ACK를 유사하게 다루는 Taho TCP와 초기 두 가지를 다르게 다루는 이후 버전인 Reno TCP에 대해 살펴볼 것이다.

TCP 혼잡에서 매우 흥미로운 점은 TCP 송신자측이 혼잡을 감지하기 위하여 다른 방향으로부터 오직 하나의 피드백을 사용하는 것이다. 즉 규칙적이고 시의적절한 ACK의 결여는 타임-아웃을 초래하고 강한 혼잡을 나타낸다. 3개의 중복된 ACK의 수신은 네트워크의 약한 혼잡을 나타낸다.

혼합 정책

혼잡을 통제하기 위한 TCP의 전반적인 정책은 3가지 알고리즘에 바탕을 둔다. 느린 시작, 혼잡 회피, 그리고 빠른 복구이다. 먼저 우리는 TCP가 어떻게 한 연결에서 다른 연결로 전환하는지를 보여주기 전에 각각 알고리즘에 대해 토론하겠다.

느린 시작: 지수 증가

느린 시작(slow start) 알고리즘에서 혼잡 윈도우(*cwnd*)의 크기는 최대 세그먼트 크기(MSS, maximum segment size)에서부터 시작한다. MSS는 연결 설정 과정 동안 동일한 이름의 옵션을 이용하여 협상된다.

이 알고리즘의 이름은 오해의 소지가 있다. 알고리즘은 천천히 시작되지만, 기하급수적으로 성장한다. 알고리즘을 이해하기 위하여 그림 3.66을 살펴보도록 하자. *rwnd*는 *cwnd*보다 훨씬 크다고 가정하고 송신자의 윈도우 크기는 *cwnd*와 같다. 또한 동일 크기의 세그먼트와 MSS 바이트를 운반한다고 가정한다. 설명을 간단하게 하기 위하여 지연-ACK 정책을 무시하였으며 각각

그림 3.66 ┃ 느린 시작 지수 증가

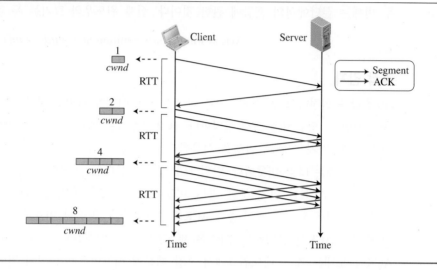

의 세그먼트는 개별적으로 확인응답된다고 가정하였다.

송신자는 *cwnd* = 1로 시작한다. 즉 송신자는 단지 하나의 세그먼트를 전송할 수 있다. 첫 번째 ACK가 도착하면 확인응답 세그먼트는 윈도우에 의해 제거되는데, 이것은 윈도우 안에 하나의 빈 세그먼트가 존재 한다는 것이다. 혼잡 윈도우의 크기는 1만큼 증가하는데, 그 이유는 확인응답의 도착은 네트워크 안에 혼잡이 없다는 신호이기 때문이다. 따라서 *cwnd*는 2가 된다. 이제부터는 최대 두 개의 세그먼트가 전송될 수 있다. 두 개의 ACK가 도착하면, 확인응답된 세그먼트마다 윈도우 크기가 1 MSS만큼 증가하며, 결과적으로 *cwnd*의 값은 4가 된다. 바꾸어 말하면, 이 알고리즘에 혼잡 윈도우의 크기는 도착한 ACK들 수의 기능과 아래와 같이 결정될 수 있다.

만약 ACK가 도착한다면 *cwnd* = *cwnd* + 1이다.

왕복시간의 관점에서 *cwnd*의 크기를 살펴보면 다음과 같이 비율이 지수적으로 증가한다는 것을 알 수 있다.

Start	$\rightarrow$	$cwnd = 1 \rightarrow 2^0$
After 1 RTT	$\rightarrow$	$cwnd = cwnd + 1 = 1 + 1 = 2 \rightarrow 2^1$
After 2 RTT	$\rightarrow$	$cwnd = cwnd + 2 = 2 + 2 = 4 \rightarrow 2^2$
After 3 RTT	$\rightarrow$	$cwnd = cwnd + 4 = 4 + 4 = 8 \rightarrow 2^3$

느린 시작이 무한정 계속될 수는 없다. 이 단계를 중지할 임계치가 반드시 있어야 한다. 송신자는 *ssthresh*(느린 시작 임계치: slow start *threshold*)라는 변수를 관리한다. 바이트 단위 윈도우 크기가 임계치에 도달하면 느린 시작은 중지되고 다음 단계가 시작된다.

느린 시작 알고리즘에서 혼잡 윈도우의 크기는 임계치에 도달하기 전까지는 지수적으로 증가한다.

그렇지만 지연 응답의 경우에 느린 시작 정책은 느려진다. 각각의 ACK에 대해서 *cwnd*는 단지 1 MSS만큼 증가함을 기억해야 한다. 따라서 만일 세 개의 세그먼트가 누적되어 확인응답되면, *cwnd*의 크기는 2가 아니라 1만큼 증가한다. 역시 지수적으로 값이 증가하지만 2의 승수(power)의 형태로 증가하지는 않는다. 두 개의 세그먼트마다 하나의 ACK가 전송된다면 승수는 1.5에 가깝다.

혼잡 회피: 가산증가

느린 시작 알고리즘에서 혼잡 윈도우의 크기는 지수적으로 증가한다. 혼잡이 발생 전 미리 혼잡을 예방하기 위해서는 지수 형태로 증가하는 속도를 낮춰야 한다. TCP는 *cwnd*가 지수적이 아닌 가산적으로 증가하는 **혼잡 회피(congestion avoidance)** 알고리즘을 정의한다. 혼잡 윈도우의 크기가 *cwnd* = 1인 경우 느린 시작 임계치에 도달할 때, 느린 시작 단계는 종료되고 가산 단계가 시작된다. 이 알고리즘에서 전체 윈도우만큼의 세그먼트가 확인응답될 때마다 혼잡 윈도우의 값은 1씩 증가한다. 윈도우는 RTT 동안 전송된 세그먼트의 수이다. 그림 3.67에서 아이디어를 보여준다.

그림 3.67 ┃ 혼잡 회피, 가산증가

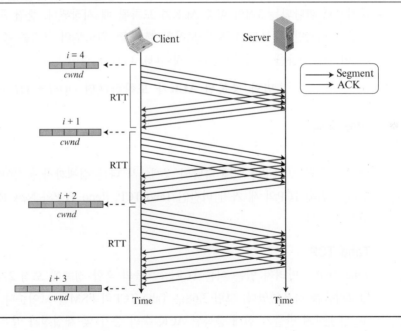

송신자는 *cwnd* = 4로 시작한다. 이것은 송신자가 오직 네 개의 세그먼트만 보낼 수 있다는 것이다. 네 개의 ACK가 도착한 후에 확인응답 세그먼트들은 윈도우로부터 제거된다. 그것은 지금 윈도우에 한 개의 빈 세그먼트 슬롯이 있음을 의미한다. 혼잡 윈도우의 크기도 1로 증가하게 된다. 지금 윈도우의 크기는 5이다. 다섯 개의 세그먼트를 전송하고, 5개의 세그먼트를 받고 5개의 확인응답을 받은 후에 혼잡 윈도우의 크기는 6이 된다. 바꾸어 말하면, 이 알고리즘에 혼잡 윈도우의 크기는 도착한 ACK들 수의 옵션과 아래의 수식으로 결정될 수 있다.

만약 ACK가 도착한다면 *cwnd* + (1/*cwnd*)이다.

즉, 윈도우의 크기는 오직 MSS(바이트 안의)의 1/*cwnd* 부분을 증가시킨다. 또한 이전 윈도우의 모든 세그먼트들은 윈도우 1 MSS 바이트를 증가시키기 위해 확인응답을 해야 한다.

만약 우리들이 왕복시간(RTT)의 관점에서 *cwnd*의 크기를 보면, 우리들은 각각의 왕복시간의 관점에서 직선 그래프 모양의 성장률을 알 수 있고, 그것은 느린 시작 접근보다 훨씬 더 적다.

Start	→	*cwnd* = *i*
After 1 RTT	→	*cwnd* = *i* + 1
After 2 RTT	→	*cwnd* = *i* + 2
After 3 RTT	→	*cwnd* = *i* + 3

혼잡 회피 알고리즘에서 혼잡이 감지되기 전까지 혼잡 윈도우의 크기는 가산적으로 증가한다.

빠른 회복 **빠른 회복(fast recovery)** 알고리즘은 TCP에 선택 사항이다. 이전 버전의 TCP는 사용하지 않았지만, 새로운 버전들은 빠른 회복를 사용하려고 한다. 이것은 네트워크의 가벼운 혼잡으로 판단되는 3개의 이중 ACK가 도착될 때 시작된다. 혼잡 회피처럼, 이 알고리즘은 가산증가 하지만, 중복된 ACK가 도착할 때 혼잡 윈도우의 크기를 증가시킨다(3개의 이중 ACK가 이 알고리즘을 시작하게 하는 것이다). 다음과 같이 말할 수 있다.

만약 중복된 ACK가 도착한다면 *cwnd* + (1/*cwnd*)이다.

전송 정책

우리들은 TCP에서 세 개의 혼합 정책에 대하여 토론하였다. 지금부터의 문제는 각각의 정책이 언제 사용되고, TCP가 언제 하나의 정책에서 다른 정책까지 움직이냐는 것이다. 이 질문에 대답하기 위해 TCP의 세 가지 버전인 Taho TCP, Reno TCP와 New Reno TCP에 대하여 언급할 필요가 있다.

Taho TCP

Taho TCP로 알려져 있는 이른 TCP는 그들의 혼합 정책에 오직 2가지, 느린 시작과 혼잡 회피 알고리즘을 사용하였다. 그림 3.68은 Taho TCP의 FSM을 보여준다. 그러나 FSM을 덜 혼잡하고, 단순하게 만들기 위해 중복된 ACK 수의 증가 및 재설정과 같은 몇몇의 전송 행동을 제거했음을 언급해야 한다.

Taho TCP는 혼잡 발견, 타임-아웃, 그리고 세 개의 중복된 ACK을 발견하기 위해 두 개의 신호을 이용한다. 이 버전에서 연결이 설립될 때, TCP는 느린 출발 알고리즘을 시작하고 *ssthresh* 변수를 pre-agreed value(MSS의 일반적 배수)로 설정하고, 1개의 MSS에 *cwnd*를 둔다. 이 상태에서는 우리가 전에 말했듯이 ACK가 도착할 때마다 혼잡 윈도우의 크기는 1씩 증가한다. 우리들은

그림 3.68 ▌ Taho TCP의 FSM

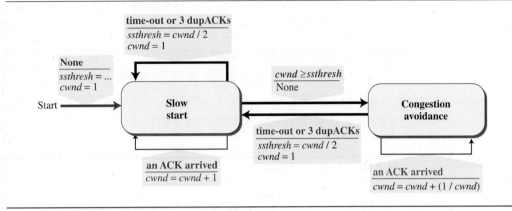

이 정책이 매우 적극적이고 전형으로 윈도우의 크기를 증가시킨다는 것을 알고 있지만, 이것은 혼잡을 초래할지도 모른다.

만약 혼잡이 감지된다면(타임-아웃의 발생이나 세 개 중복된 ACK가 도착) TCP는 즉시 이 공격적인 증가를 가로막고 재시작하여 새로운 슬롯은 제한된 임계치에 의해 현재 *cwnd*를 중단하기 위해 알고리즘을 시작하고 현재 혼잡 윈도우를 1로 재설정한다. 다시 말하면 TCP는 스크래치(scratch)에서만 재시작되는 것이 아니라 임계치를 어떻게 조절할 것인지 또한 배우게 된다.

만약 임계치까지 혼잡이 감지되지 않으면, TCP는 자신이 원하는 선에 도착함을 알게 된다. 이것은 이 속도로 이어지지 않아야 한다. 혼잡 회피 상태로 움직이고 이 상태는 계속된다. 혼잡 회피 상태에서 혼잡 윈도우의 크기는 ACK의 크기가 현재 윈도우 크기와 같아 질 때마다 1씩 증가되어 회부된다. 예를 들어 만약 윈도우 크기가 지금 5 MSS이면, 윈도우 크기가 6 MSS가 되기 전에 5개의 ACK를 더 수신해야 한다. 이 상태에서 혼잡 윈도우 크기의 상한이 없을 때 혼잡이 탐지되지 않는 한 혼잡 윈도우의 가산증가는 데이터 전송 단계의 끝에서 계속된다. 만약 이 상태에서 혼잡이 탐지되면, TCP는 다시 *ssthresh*의 값을 현재 *cwnd* 값의 반으로 재설정하고, 다시 느린 출발 상태로 전환한다.

비록, 이 버전의 TCP에서 *ssthresh*의 크기가 지속적으로 혼잡 탐지에서 조정될지라도 이것은 반드시 전 값보다 더 낮게 설정됨을 의미하지 않는다. 예를 들어, 만약 원래 *ssthresh* 값이 8 MSS이고, TCP가 혼잡 회피 상태이고 *cwnd*의 값이 20일 때 혼잡이 탐지되면, *ssthresh*의 새로운 값은 10으로 증가되었음을 알 수 있다.

예제 3.19   그림 3.69는 Taho TCP에서의 혼잡 제어를 보여준다. TCP는 데이터 전송을 시작하고, *ssthresh* 변수를 16 MSS로 정한다. TCP는 *cwnd* = 1에서 느린 출발(SS, slow-start)을 시작한다. 혼잡 윈도우는 기하급수적으로 증가하지만 타임-아웃은 3번째 RTT(임계치에 도달하기 전에) 후에 발생한다. TCP는 네트워크에 혼잡이 있다고 가정한다. 즉시 새로운 *ssthresh*를 4 MSS(현재 8로 설정된 *cwnd*의 반)로 설정한 다음 *cwnd* = 1로 설정된 새로운 출발을 시작한다. 혼잡은 기하급수적으로 새로 설정된 임계치까지 증가하게 된다. TCP는 이제 혼잡 회피(CA) 상태로 변하고, 혼잡 윈도우는 추가적으로 *cwnd* = 12 MSS에 도달할 때까지 증가한다. 그 순간 3개의 중복된 ACK가 도착하고, 또 다른 혼잡이 암시된다. TCP는 *ssthresh* 값을 반인 6 MSS로 줄이고, 느린 시작상태가 된다. *cwnd*의 지수적 증가는 계속된다. RTT 15인 후에 *cwnd* 크기의 크기는 4이다. 4개의 세그먼트를 보내고 오직 두 ACK를 받은 후에 윈도우 크기가 *ssthresh*(6)에 도달한 TCP는 혼잡 회피 상태에 들어간다. 연결이 RTT 20 후에 끊어질때까지 데이터 전송은 현재 혼잡 회피(CA) 상태에서 계속된다.

그림 3.69 ┃ Taho TCP의 예제

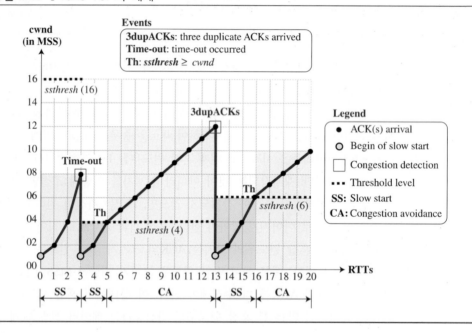

Reno TCP

TCP의 새로운 버전인 Reno TCP는 혼잡 제어 FSM에 빠른 회복이라는 상태를 추가한 것이다. 이 버전은 혼잡한 2개 신호를 다룬다. 타임-아웃과 각각 다르게 도착하는 3개의 중복된 ACK이다. 이 버전에서 만약 타임-아웃이 일어나면, TCP는 느린 시작 상태(이미 이 상태에 있다면 새로운 라운드를 시작한다)로 들어간다. 또 한편으로는 만약 3개의 중복된 ACK가 도착하면, TCP는 빠른 회복 상태로 전환하고, 더 중복된 ACK들이 도착하는 한 같은 상태를 유지한다. 빠른 회복 상태는 느린 시작 상태와 혼잡 회피 상태의 중간 형태이다. 이것은 *cwnd*가 지수적으로 증가하는 느린 출발처럼 행동한다. 그러나 *cwnd*는 *ssthresh*에 3 MSS(1 대신에)을 더한 값에서 시작한다. TCP가 빠른 회복 상태에 돌입할 때, 3가지의 주요 이벤트가 발생할 것이다. 만약 중복 ACK가 계속 도착하게 되면, TCP는 이 상태에서 머무르지만 *cwnd*는 지수적으로 증가하게 된다. 만약 타임-아웃이 발생하면, TCP는 네트워크에 실재적인 혼잡이 있다고 가정하고, 느린 시작 상태로 돌입한다. 만약 새로운 ACK(중복되지 않은)가 도착하면, TCP는 혼잡 회피 상태로 돌입하고, 마치 3개의 중복 ACK들이 나타나지 않았던 것처럼 *ssthresh* 값으로 *cwnd*의 크기를 줄여 느린 시작 상태에서 혼잡 회피상태로 전환한다. 그림 3.70은 Reno TCP를 위한 간단한 FSM을 보여준다. 이번에도 수치와 검토를 단순화하기 위해 몇몇 과정을 제거하였다.

그림 3.70 ┃ Reno TCP의 FSM

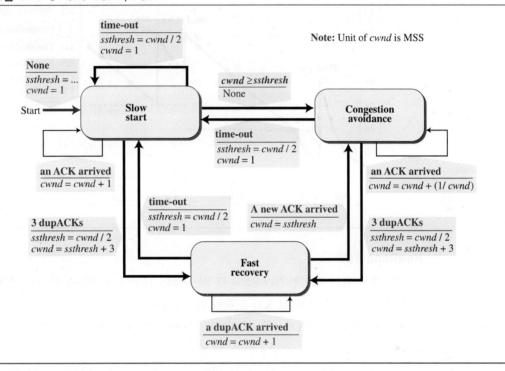

 예제 3.20

그림 3.71은 그림 3.69와 같은 상황을 보여주고 있지만 Reno TCP에 관한 내용이다. 3개의 중복 ACK들이 도착할 때 혼잡 윈도우의 변화는 RTT 13까지 동일하다. 그 순간, Reno TCP 는 *ssthresh*를 6 MSS(Taho TCP로서 동일한 것)로 감소하지만, 대신 *cwnd*를 1 MSS보다 높은 값(*ssthresh* + 3 = 9 MSS)으로 설정한다. Reno TCP는 빠른 회복 상태로 전환한다. 우리는 추가적으로 2개의 중복 ACK가 RTT 15까지 도착하고 *cwnd*가 지수적으로 증가한다고 가정하고 있다. 그 순간 잃어버린 새로운 세그먼트를 알리기 위해 새로운 ACK(중복되지 않은)가 도착한다. Reno TCP는 혼잡 회피 상태로 전환하게 된다. 하지만 첫 번째로 빠른 회복 상태를 무시하고 혼잡 윈도우를 이전 트랙 뒤로 움직이는 것과 같이 6 MSS로 줄인다.

그림 3.71 ┃ Reno TCP의 예제

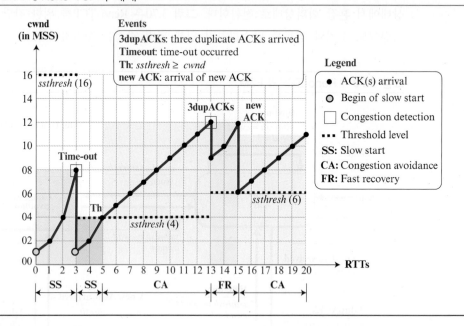

NewReno TCP

TCP의 가장 최신 버전인 NewReno TCP는 Reno TCP에 최적화를 추가한 것이다. 이 버전에서는 TCP에서 3개의 중복 ACK가 도착할 때, 현재 1개 이상의 세그먼트를 잃었는지에 대해 조사한다. 만약 새로운 ACK가 윈도우의 끝을 정의한 후 혼잡을 감지한다면, 오직 하나의 세그먼트만 잃었다고 확신한다. 그러나 만약 ACK 수가 재전송 세그먼트와 윈도우의 끝 사이에 정의된다면, ACK로 정의된 세그먼트 또한 잃었을 가능성이 있다. NewReno TCP는 세그먼트 재전송을 피하기 위해 점점 더 중복된 ACK를 받는다.

가산증가, 지수감소

TCP의 세 가지 버전은 중에 Reno 버전은 오늘날 가장 일반적이다. 이 버전에서는 세 개의 중복 ACK에 의해 혼잡이 감지되는 것을 발견할 수 있다. 비록 몇몇 타임-아웃 이벤트가 있을지라도, TCP는 적극적인 지수적 증가에 의해 복구된다. 다시 말하면 만약 오래 지속된 TCP 연결에 빠른 회복 동안의 짧은 지수적 증가와 느린 시작 상태를 무시하면 ACK가 도착할 때 TCP 혼잡 윈도우는 $cwnd = cwnd + (1/cwnd)$이고, 혼잡이 감지될 때 $cwnd = cwnd/2$, 마치 SS가 그렇지 않는 것처럼 존재한다. 그리고 FR의 길이는 0으로 감소된다. 첫 번째는 **가산증가**(*additive increase*)라고 하고, 두 번째는 **지수감소**(*multiplicative decrease*)라고 한다. 이것은 초기의 느린 시작 상태가 지난 후 혼잡 윈도우 크기가 그림 3.72에서 보이는 것과 같이 가산증가, 지수감소라 불리는 패턴을 따르게 된다.

그림 3.72 | Additive increase, multiplicative decrease (AIMD)

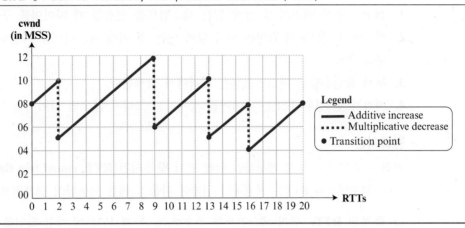

TCP 처리량

만약 함수 RTT의 *cwnd*가 상수(평행선)이면 혼잡 윈도우 적용에 바탕을 둔 TCP를 위한 처리량은 쉽게 발견될 수 있다. 비현실적인 가정을 둔 처리량 throughput = *cwnd* / RTT이다. 이 가정에 TCP는 *cwnd* 바이트의 데이터를 보내고 RTT 시간에 ACK를 받았다. 그림 3.72에서 보여지는 TCP의 활동은 평행선이 아니라 많은 최상점과 최저점을 가진 톱니 모양이다. 만약 톱니가 정확히 똑같다면 우리는 처리량이 throughput = [(maximum + minimum) / 2] / RTT라고 할 수 있다. 그러나 각각의 혼잡 감지에서 *cwnd*의 값이 이전 값 절반으로 설정되기 때문에 최대값과 최소값이 두 배인 것을 알 수 있다. 그래서 처리량은 다음과 같이 계산할 수 있다.

$$\text{Throughput} = (0.75) \, W_{max} / \text{RTT}$$

W_{max}는 혼잡이 일어날 때의 윈도우 크기의 평균이다.

예제 3.21

만약 그림 3.72와 같이 MSS = 10 kb이고, RTT = 100 ms이면, 아래와 같이 처리량을 계산할 수 있다.

$W_{max} = (10 + 12 + 10 + 8 + 8) / 5 = 9.6$ MSS
Throughput = $(0.75 \, W_{max} / \text{RTT}) = 0.75 \times 960$ kbps / 100 ms = 7.2 Mbps

3.4.10 TCP 타이머

TCP의 동작을 순조롭게 수행하기 위하여 대부분의 TCP 구현은 적어도 4개의 타이머를 이용한다: 재전송(retransmission), 지속(persistence), 살아있는(keepalive), 시간-기다림(TIME-WAIT).

재전송 타이머

손실된 세그먼트의 재전송을 위하여 TCP는 한 세그먼트에 대한 확인응답을 기다리는 시간인 재전송 타임-아웃(RTO, retransmission time-out) 값으로 설정되는 하나의 재전송 타이머를 갖고 있다. 전송 타이머에 대해서 다음과 같은 규칙을 정의할 수 있다.

1. TCP가 송신 버퍼의 맨 앞에 있는 세그먼트를 전송할 때 타이머를 구동한다.
2. 타이머가 만료되면 TCP는 버퍼 앞에 있는 첫 번째 세그먼트를 재전송하며 타이머를 다시 구동한다.
3. 누적 확인응답된 세그먼트들은 버퍼에서 삭제된다.
4. 버퍼가 빈 경우 TCP는 타이머를 정지하고 그렇지 않으면 타이머를 다시 구동한다.

왕복시간

재전송 시간 초과 값을 계산하기 위해 먼저 **왕복시간(RTT, round-trip time)**을 계산할 필요가 있다. TCP에서의 RTT를 계산하기 위하여 다음의 예를 이용하여 단계적으로 설명하고자 한다.

☐ **측정된 RTT.** 먼저 세그먼트를 전송하고, 그 세그먼트에 대한 확인응답을 수신하는 데 얼마나 오랜 시간이 걸리는지 측정할 필요가 있다. 이것을 측정된 RTT라고 한다. 여기에서 고려되어야 할 것은 세그먼트와 확인응답은 1대1의 관계를 갖지 않으며 여러 개의 세그먼트가 한 번에 확인응답될 수도 있다는 것이다. 한 세그먼트의 측정된 RTT는 세그먼트가 목적지에 도달해서 확인응답되는 데 걸리는 시간이다. 물론 여러 세그먼트가 한 번에 확인응답될 수도 있다. TCP에서 RTT는 어느 한 순간에는 오직 하나의 계산만이 진행될 수 있다. 즉 일단 RTT 측정이 시작되면, RTT의 계산이 종료되기 전까지 더 이상 다른 측정은 시작되지 않는다. 여기에서는 측정된 RTT를 RTT_M으로 표시한다.

TCP에서는 어느 한순간에 오직 하나의 RTT 측정만이 진행된다.

☐ **순조로운 RTT.** 측정된 RTT인 RTT_M은 왕복시간마다 변한다. 오늘날의 인터넷에서는 RTT_M의 변동이 심해 재전송 타임-아웃의 목적으로는 사용할 수 없다. 대부분의 구현에서는 아래에 나타나 것과 같이 RTT_S라고 하는 순조로운 RTT를 사용하는데, 이것은 RTT_M과 이전 RTT_S의 가중평균이다.

Initially	$\rightarrow$	**No value**
After first measurement	$\rightarrow$	$\mathbf{RTT_S = RTT_M}$
After each measurement	$\rightarrow$	$\mathbf{RTT_S = (1 - \alpha)\,RTT_S + \alpha \times RTT_M}$

α의 값은 구현에 따라 다르지만 일반적으로는 1/8로 설정된다. 다시 말하면 새 RTT_S 값은 이전의 RTT_S의 7/8과 RTT_M의 1/8의 합으로 계산된다.

☐ **RTT 편차.** 대부분의 구현에서는 RTT_S만을 사용하지 않고, 다음의 공식을 이용하여 RTT_S와 RTT_M을 기반으로 RTT_D라고 하는 RTT 편차 또한 계산하여 사용한다. β값은 구현에 따라 다르지만 일반적으로 1/4로 설정된다.

Initially	$\rightarrow$	No value
After first measurement	$\rightarrow$	$RTT_D = RTT_M / 2$
After each measurement	$\rightarrow$	$RTT_D = (1 - \beta) RTT_D + \beta \times | RTT_S - RTT_M |$

재전송 타임-아웃(RTO) RTO의 값은 순조로운 왕복시간과 표준편차를 기반으로 한다. 대부분의 구현에서는 RTO를 계산하기 위하여 다음과 같은 공식을 이용한다.

| Original | $\rightarrow$ | Initial value |
| After any measurement | $\rightarrow$ | $RTO = RTT_S + 4 \times RTT_D$ |

다시 말하면 RTO의 값은 최근의 RTT_S 값에(일반적으로 작은 값인) RTT_D 값을 4배한 값을 더한다.

 예제 3.22
그림 3.73은 연결의 일부분을 보여준다. 그림에서는 연결 설정과 데이터 전송 단계의 일부분을 보여준다.

1. SYN 세그먼트가 전송될 때에는 RTT_M, RTT_S, 그리고 RTT_D 값은 설정되지 않는다. RTO의 값은(초기값인) 6.00초로 설정된다. 다음은 각 변수의 값들을 보여준다.

   RTO = 6

그림 3.73 | 예제 3.22

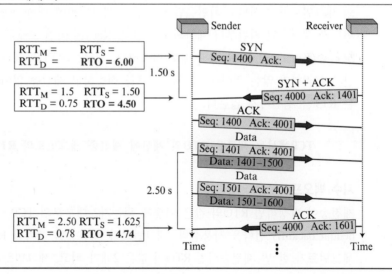

2. SYN + ACK 세그먼트가 도착하면 RTT_M이 측정되며 1.5초의 값을 가진다. 다음은 각 변수들의 값을 보여준다.

   $RTT_M = 1.5$
   $RTT_S = 1.5$
   $RTT_D = (1.5)/2 = 0.75$
   $RTO = 1.5 + 4 \times 0.75 = 4.5$

3. 첫 번째 데이터 세그먼트가 전송될 때 새로운 RTT 측정이 시작된다. 송신자가 ACK 세그먼트를 전송할 때에는 RTT 측정을 하지 않는다. 왜냐하면 ACK 세그먼트는 순서 번호를 소비하지 않으며 또한 타임-아웃 타이머도 설정되지 않기 때문이다. 이미 측정이 진행 중이기 때문에 두 번째 데이터 세그먼트에 대해서도 RTT 측정을 하지 않는다. ACK 세그먼트가 도착하면 그다음 RTT_M을 계산한다. 비록 ACK 세그먼트의 수신이 두 개의 세그먼트를 누적해서 확인응답하지만, 이 세그먼트가 도착하면 첫 번째 세그먼트에 대한 RTT_M 값을 계산한다. 각 변수들의 값은 다음과 같이 계산된다.

$$RTT_M = 2.5$$
$$RTT_S = (7/8) \times (1.5) + (1/8) \times (2.5) = 1.625$$
$$RTT_D = (3/4) \times (0.75) + (1/4) \times |1.625 - 2.5| = 0.78$$
$$RTO = 1.625 + 4 \times (0.78) = 4.74$$

Karn 알고리즘

하나의 세그먼트가 재전송 타임-아웃 기간 동안 확인응답되지 못하고 재전송되었다고 가정해 보자. 송신 TCP에서 이 세그먼트에 대한 확인응답을 수신하였다면, 송신 TCP는 이 확인응답이 원래의 세그먼트에 대한 확인응답인지 아니면 재전송 세그먼트에 대한 확인응답인지를 알 수가 없다. 새로운 RTT의 값은 세그먼트의 출발을 기본으로 계산되어야 한다. 그런데 만일 원래의 세그먼트가 손실되고 확인응답이 재전송 세그먼트에 대한 확인이면, 현재 RTT의 값은 세그먼트가 재전송된 시간부터 계산되어야 한다. Karn은 이런 모호한 부분을 해결하였다. **Karn 알고리즘(Karn's algorithm)**은 매우 단순하다. 새로운 RTT의 계산에 재전송 세그먼트의 왕복시간은 고려하지 않는 것이다. 즉 세그먼트를 전송하고 재전송 없이 확인응답을 수신하기 전까지는 RTT를 갱신하지 않는다.

TCP에서는 새로운 RTO의 계산에 재전송 세그먼트의 RTT는 고려하지 않는다.

지수 백오프

재전송이 발생하면 RTO의 값은 어떻게 되는가? 대부분의 TCP 구현에서는 지수 백오프(exponential backoff) 전략을 사용한다. 세그먼트가 재전송될 때마다 RTO의 값은 두 배가 된다. 즉 세그먼트가 한 번 재전송되면 RTO의 값은 2배가 되고, 세그먼트가 또 다시 재전송되면(즉, 두 번 재전송되면), RTO의 값은 4배가 된다.

 예제 3.23   그림 3.74에서는 앞선 예제의 연속으로 세그먼트가 재전송되어서 Karn 알고리즘이 적용된 예를 보여준다.

이 그림에서 첫 번째 세그먼트는 전송 도중 손실되었다. RTO 타이머는 4.74초 이후에 만료된다. 세그먼트는 재전송되고, RTO 타이머는 앞선 RTO 값의 두 배인 9.48초로 설정된다. 시간 초과가 발생하기 전에 ACK를 수신하였다(Karn 알고리즘에 의거하여). 새로운 RTO 값을 계산하기 위해서는 새 세그먼트를 전송하고 ACK를 수신할 때까지 기다려야 한다.

그림 3.74 ┃ 예제 3.23

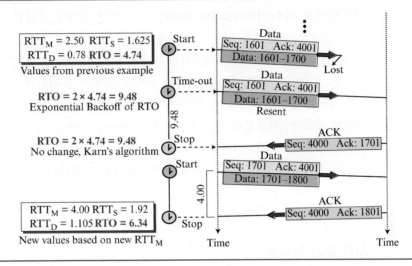

영속 타이머

0의 윈도우 크기를 통보하는 경우를 처리하기 위해 TCP에는 또 다른 타이머가 필요하다. 수신 TCP가 윈도우 크기를 0으로 통보하였다고 가정해 보자. 그러면 송신 TCP는 수신 TCP로부터 0이 아닌 윈도우 크기를 알리는 확인응답을 수신하기 전까지 세그먼트의 전송을 유보하게 된다. 이러한 확인응답은 손실될 수 있다. TCP에서 ACK 세그먼트는 확인응답되지 않고 또한 재전송되지도 않는다는 것을 기억해 두자. 만일 이러한 확인응답이 손실되면, 수신 TCP는 자신의 임무를 다했다고 간주하고 송신 TCP가 세그먼트를 전송하기를 기다린다. 확인응답만을 포함하는 세그먼트에 대해서는 재전송 타이머가 구동되지 않는다. 송신 TCP는 확인응답을 수신하지 못하고 수신 TCP가 윈도우 크기를 알리는 확인응답을 전송하기만을 기다린다. 즉 모든 TCP는 서로 기다리기를 계속한다(교착상태).

　이러한 교착상태(deadlock)를 해결하기 위해 TCP는 각 연결마다 하나의 **영속 타이머(persistence timer)**를 사용한다. 송신 TCP가 0의 윈도우 크기를 갖는 확인응답을 수신하면, 송신 TCP는 영속 타이머를 구동한다. 영속 타이머가 만료되면, 송신 TCP는 프로브(*probe*)라고 하는 특수한 세그먼트를 전송한다. 이 세그먼트에는 단지 한 바이트의 데이터가 포함되어 있다. 이 세그먼트는 순서 번호를 갖고 있지만, 이러한 순서 번호는 확인응답되지 않고, 데이터의 순서 번호 계산에서도 무시된다. 이 프로브는 수신 TCP에게 확인응답이 손실되었고 따라서 확인응답을 재전송하도록 알려준다.

　영속 타이머의 값은 재전송 시간의 값으로 설정된다. 그러나 수신측으로부터 확인응답을 수신하지 못하면, 또 다른 프로브 세그먼트가 전송되며 영속 타이머의 값은 두 배가 되고 초기화된다. 송신측은 프로브 세그먼트의 전송과 영속 타이머 값을 두 배로 하고 초기화하는 과정을 타이머의 값이 임계치(보통 60초)에 다다를 때까지 계속한다. 그 이후에는 윈도우가 다시 개시될 때까지 매 60초마다 하나의 프로브 세그먼트를 전송한다.

킵얼라이브 타이머

킵얼라이브 타이머(keepalive timer)는 두 TCP 사이에 설정된 연결이 오랜 기간 동안 휴지(idle) 상태에 있는 것을 방지하기 위해 사용된다. 한 클라이언트가 서버로 TCP 연결을 설정하고 데이터 전송 후, 더 이상 데이터를 전송하지 않는 경우를 생각해 보자. 클라이언트에 이상이 발생한 경우에는 TCP 연결은 연결된 상태를 영원히 유지하게 될 것이다.

이러한 상황을 해결하기 위하여 대부분의 서버에는 킵얼라이브 타이머가 구현되어 있다. 서버가 클라이언트로부터 세그먼트를 받을 때마다, 서버는 이 타이머를 초기화한다. 타임-아웃 기간은 일반적으로 2시간이다. 만일 서버가 2시간이 지나도록 클라이언트로부터 어떠한 세그먼트로 수신하지 못하면, 서버는 프로브 세그먼트를 전송한다. 각각 75초의 시간간격으로 10개의 프로브를 전송하였는데도 어떠한 응답도 수신하지 못하였을 경우에 서버는 클라이언트가 다운되었다고 간주하고 연결을 종료한다.

시간 대기 타이머

시간 대기(2MSL) 타이머는 연결 종료 동안에 사용된다. 최대 세그먼트 생존 기간(MSL)은 어떠한 세그먼트가 버려지기 전에 네트워크에 존재할 수 있는 시간이다. 수행은 MSL을 위해 값을 선택할 필요가 있다. 일반적인 가치들은 30초, 1분 또는 심지어 2분이다. TCP가 활동적인 닫기를 수행하고 마지막 ACK를 보낼 때 2 MSL 스톱워치가 사용된다. ACK가 손실되는 경우에 대비하여 연결은 2 MSL 시간에 TCP가 마지막 ACK를 되돌려 보낼 때까지 머물러야 한다. 다른 방향의 시간에 RTO 스톱워치를 끝내고, 새로운 FIN과 ACK 세그먼트를 요구한다.

3.4.11 옵션

TCP 헤더에는 최대 40바이트의 옵션 정보가 있을 수 있다. 이러한 옵션 정보들은 목적지에게 부가 정보를 전달하거나 또는 다른 옵션의 정렬을 맞추기 위하여 사용된다. 이 옵션은 다른 참조를 위해 책 웹 사이트에 포함된다.

TCP 옵션은 책 웹 사이트에 설명되어 있다.

3.5 추천 자료

이 장에서는 주제에 대한 더 많은 세부 내용을 토론한다. 다음 열거된 책들과 RFC를 추천한다.

단행본

몇몇의 책은 전송 계층 프로토콜에 관한 정보를 준다. 꺽쇠 안에 있는 것은 책 뒷부분의 참조목록이다. 특별히 다음 참조를 추천한다: [Com 06], [Pet & Dav 03], [Gar & Wid 04], [Far 04], [Tan 03], and [Sta 04].

RFC

UDP와 관련된 주요 RFC는 RFC 768이다. 몇몇의 RFC는 TCP 프로토콜에 관해 논의한다. RFC 793, RFC 813, RFC 879, RFC 889, RFC 896, RFC 1122, RFC 1975, RFC 1987, RFC 1988, RFC 1993, RFC 2018, RFC 2581, RFC 3168, 그리고 RFC 3782.

3.6 중요 용어

acknowledgment number
additive increase, multiplicative decrease
   (AIMD)
bandwidth-delay product
Clark's solution
congestion
congestion control
cookie
deadlock
demultiplexing
denial of service attack
ephemeral port number
fast retransmission
finite state machine (FSM)
Go-Back-N protocol
initial sequence number
Karn's algorithm
keepalive timer
multiplexing
Nagle's algorithm
persistence timer

piggybacking
pipelining
process-to-process communication
retransmission time-out (RTO)
round-trip time (RTT)
segment
Selective-Repeat (SR) protocol
sequence number
silly window syndrome
sliding window
slow start
socket address
Stop-and-Wait protocol
SYN flooding attack
three-way handshaking
Transmission Control Protocol (TCP)
user datagram
User Datagram Protocol (UDP)
well-known port number

3.7 요약

전송 계층 프로토콜의 중요한 의무는 프로세스 간 통신을 마련하는 것이다. 과정을 정의 내리기 위해 포트번호가 필요하다. 클라이언트 프로그램은 수명이 짧은 포트번호를 갖고 자신의 정의를 내린다. 서버는 잘 알려진 포트번호를 갖고 자신의 정의를 내린다. 과정에서 다른 하나까지 메시지를 보내기 위하여 전송 계층 프로토콜은 메시지를 캡슐화 및 역캡슐화한다. 소스에 있는 전송 계층은 다중화를 수행하고 목적지의 전송 계층은 디멀티플렉싱을 수행한다. 흐름 제어는 생산자와 소비자 사이에 데이터 교환의 균형을 잡는다. 전송 계층은 2가지 유형의 서비스를 제공할 수 있다: 비연결형과 연결 지향. 비열결형 서비스에서 송신자는 어떠한 연결 설정없이 수신자에게 패킷을 보내고, 연결지향 서비스에서 클라이언트와 서버 사이의 연결을 처음에 필요로 한다.

우리들은 이 장에 일반적인 몇몇 전송 계층 프로토콜에 관하여 토론하였다. Stop-and-Wait 프로토콜은 흐름과 오류를 제어하지만 효과적이지 못하다. Go-Back-*N* 프로토콜은 Stop-and-Wait 프로토콜에 비해 더 효율적인 버전이고 파이프라인에 유리하다. Selective-Repeat 프로토콜은 Go-Back-N 프로토콜을 수정한 것이고, 패킷 손실을 다루는 데 적합하다. 이 모든 프로토콜들은 양방향으로 피기백킹 방식을 이용하여 사용할 수 있다.

UDP는 프로세스-대-프로세스 간 통신을 만드는 프로토콜이다. UDP는 신뢰할 수 없고, 작은 오버헤드와 빠른 전송을 제안하는 비연결형 프로토콜이다. UDP 패킷은 사용자 데이터그램이라고 한다.

전송 제어 프로토콜(TCP)은 TCP/IP 프로토콜에 적합한 또 다른 전송 계층 프로토콜이다. TCP는 프로세스-대-프로세스, 전이중, 그리고 연결지향 서비스를 제공한다. TCP 소프트웨어를 사용하는 2개의 장치 사이에 자료 전송 부분은 세그먼트라고 불린다. TCP 연결은 3단계로 이루어져 있다: 연결 확립, 자료 옮김 그리고 접속 단말 처리. TCP 소프트웨어는 유한상태 기계(FSM)로 일반적으로 필요한 권한을 받는다.

3.8 연습문제

3.8.1 기본 연습문제

1. 전송 계층의 주요 임무 중의 하나는 _____ 통신이다.
   - **a.** 노드 대 노드
   - **b.** 호스트 대 호스트
   - **c.** 프로세스-대-프로세스
   - **d.** 정답 없음

2. 일반적으로 클라이언트 프로그램은 _____ 포트번호를 이용한다. 일반적으로 서버 프로그램은 _____ 포트번호를 이용한다.
   - **a.** 잘 알려진; 임시
   - **b.** 임시; 잘 알려진
   - **c.** 사설; 잘 알려진
   - **d.** 정답 없음

3. 소켓 주소는 _____이 결합된 것이다.
   - **a.** MAC 주소와 논리주소
   - **b.** MAC 주소와 포트번호
   - **c.** 사용자-지정 주소와 논리주소
   - **d.** 정답 없음

4. _____는 하나 이상의 소스로부터 정보를 수신하는 것을 의미한다. _____는 하나 이상의 소스로 정보를 전달하는 것을 의미한다.
   - **a.** 역다중화; 다중화
   - **b.** 다중화; 역다중화
   - **c.** 캡슐화; 역캡슐화
   - **d.** 끌기; 밀기

5. _____는 생산자가 생산한 정보를 전달하는 것을 의미한다. _____는 소비자가 받을 준비가 된 경우에 정보를 수신하는 것이다.
   - **a.** 끌기; 밀기
   - **b.** 밀기; 끌기
   - **c.** 발송; 접수
   - **d.** 정답 없음

6. Stop-and-Wait 프로토콜에서 송신 윈도우의 최대 크기는 _____이고 수신 윈도우의 최대 크기는 _____이다. 여기에서 m은 순서 번호에 사용되는 비트의 수이다.

   a. 1; 1
   b. $2m$; ? 1
   c. 1; $2m$
   d. $2m$; $2m$

7. Go-Back-N 프로토콜에서 송신 윈도우의 최대 크기는 _____이고 수신 윈도우의 최대 크기는 _____이다. 여기에서 m은 순서 번호에 사용되는 비트의 수이다.

   a. 1; 1
   b. 1; $2m$
   c. $2m$? 1; 1
   d. $2m$? 1; $2m$? 1

8. Selective-Repeat 프로토콜에서 송신 윈도우의 최대 크기는 _____이고 수신 윈도우의 최대 크기는 _____이다. 여기에서 m은 순서 번호에 사용되는 비트의 수이다.

   a. 1; 1
   b. 1; $2m$? 1
   c. $2m$? 1; 1
   d. $2m$? 1; $2m$? 1

9. UDP는 _____ 전송 프로토콜이라고 한다.

   a. 비연결형, 신뢰성 있는
   b. 연결 지향, 비신뢰성의
   c. 비연결형, 비신뢰성의
   d. 정답 없음

10. UDP는 _____의 약자이다.

    a. User Delivery Protocol
    b. User Datagram Procedure
    c. User Datagram Protocol
    d. 정답 없음

11. 전송 계층에서 프로세스를 정의하기 위해 _____라 불리는 두 개의 식별자가 필요하다.

    a. 논리주소
    b. 물리주소
    c. 포트주소
    d. 정답 없음

12. 0에서 1,023까지의 범위를 갖는 포트는 _____ 포트라 불린다. 1,024에서 49,151 사이의 범위를 갖는 포트를 _____ 포트라 한다. 49,152에서 65,535 사이의 범위를 갖는 포트는 _____ 포트라 불린다.

    a. 잘 알려진; 등록된; 동적 또는 개인
    b. 등록된; 동적 또는 개인; 잘 알려진
    c. 동적 또는 개인; 잘 알려진; 등록된
    d. 동적 또는 개인; 등록된; 잘 알려진

13. UDP와 TCP는 _____ 계층 프로토콜이다.

    a. 데이터링크
    b. 네트워크
    c. 전송
    d. 응용

14. 다음 중 UDP가 수행하는 기능은 어떤 것인가?

    a. 프로세스–대–프로세스 통신
    b. 호스트 대 호스트 통신
    c. 노드 대 노드 통신
    d. 정답 없음

15. 포트 넘버는 _____ 비트 길이이다.

    a. 8
    b. 16
    c. 32
    d. 64

16. 다음 중 UDP가 제공하는 기능은?

    a. 흐름 제어
    b. 연결 지향 배달
    c. 오류 제어
    d. 정답 없음

17. UDP 사용자 데이터그램 헤더의 발신지 포트주소는 _____를 나타낸다.

    a. 송신 컴퓨터
    b. 수신 컴퓨터
    c. 송신 컴퓨터에서 구동되는 프로세스
    d. 정답 없음

18. UDP 서비스를 이용하기 위해서 _____개의 소켓 주소가 필요하다.

    a. 4
    b. 2
    c. 3
    d. 정답 없음

19. UDP 패킷을 _____라고 한다.

    a. 사용자 데이터그램
    b. 세그먼트
    c. 프레임
    d. 정답 없음

20. UDP 패킷은 _____ 바이트의 고정 크기 헤더를 갖는다.

    a. 16
    b. 8
    c. 40
    d. 32

21. TCP는 _____ 프로토콜이다.

    a. 바이트 중심
    b. 메시지 중심
    c. 블록 중심
    d. 정답 없음

22. TCP는 _____라고 하는 패킷으로 바이트 열을 그룹화한다.

    a. 사용자 데이터그램
    b. 세그먼트
    c. 데이터그램
    d. 정답 없음

23. TCP는 _____ 프로토콜이다.

a. 연결 중심   **b.** 비연결형
c. 연결 중심과 비연결형 **d.** 정답 없음

24. TCP는 _____ 전송 프로토콜이다.
  a. 비신뢰성   **b.** 최선 배달
  c. 신뢰성   **d.** 정답 없음

25. TCP는 데이터가 오류 없이 안전하게 도착했는지를
검사하기 위하여 _____를 이용한다.
  a. 확인응답 메커니즘 **b.** 대역외 신호
  c. 다른 프로토콜 서비스 **d.** 정답 없음

26. 각 연결에서 전송되는 데이터 바이트들은 TCP에 의
해서 번호가 매겨진다. 번호는 _____부터 시작
된다.
  a. 0   **b.** 1
  c. 임의로 발생한 번호 **d.** 정답 없음

27. TCP에서 각 세그먼트의 순서 번호는 그 세그먼트로
전달되는 _____ 바이트의 번호이다.
  a. 첫 번째   **b.** 마지막
  c. 중간   **d.** 정답 없음

28. TCP 통신은 _____이다.
  a. 단방향   **b.** 반이중
  c. 전이중   **d.** 정답 없음

29. TCP에서 세그먼트의 확인응답 필드의 값은 수신측
에서 수신하기를 기대하는 _____바이트와 관
련된 순서 번호를 나타낸다.
  a. 첫 번째   **b.** 마지막
  c. 다음   **d.** 정답 없음

30. TCP 세그먼트에서 검사합의 포함은 _____
이다.
  a. 옵션   **b.** 필수
  c. 데이터 유형에 따라 다름 **d.** 정답 없음

31. TCP에서 SYN 세그먼트는 _____개의 순서 번호
를 소비한다.
  a. 0   **b.** 1
  c. 2   **d.** 정답 없음

32. TCP에서 SYN + ACK 세그먼트는 _____개의
순서 번호를 소비한다.
  a. 0   **b.** 3
  c. 2   **d.** 1

33. TCP에서 ACK 세그먼트는 데이터를 전달하지 않을 때
에는 _____개의 순서 번호를 소비한다.
  a. 0   **b.** 1
  c. 2   **d.** 정답 없음

34. TCP의 연결 설정 절차는 _____ 공격이라고
하는 심각한 보안 문제에 노출되어 있다.
  a. ACK 플러딩   **b.** FIN 플러딩
  c. SYN 플러딩   **d.** 정답 없음

35. SYN 플러딩 공격은 _____ 공격이라고 하는
집단의 보안 공격에 속한다.
  a. 서비스 거부   **b.** 재생
  c. 중간자   **d.** 정답 없음

36. FIN 세그먼트는 데이터를 전달하지 않으면 _____
개의 순서 번호를 소비한다.
  a. 2   **b.** 3
  c. 0   **d.** 1

37. FIN + ACK 세그먼트는 데이터를 전달하지 않으면
_____개의 순서 번호를 소비한다.
  a. 2   **b.** 3
  c. 1   **d.** 0

38. TCP에서 한쪽 끝은 데이터를 수신하면서 데이터 전
송을 종료할 수 있다. 이것을 _____라고 한다.
  a. Half-close   **b.** 반 개방
  c. full-close   **d.** 정답 없음

39. TCP의 슬라이딩 윈도우는 _____ 기반이다.
  a. 패킷   **b.** 세그먼트
  c. 바이트   **d.** 정답 없음

40. TCP에서 윈도우의 크기는 *rwnd*와 *cwnd*의 _____
이다.
  a. 최대값   **b.** 합
  c. 최소값   **d.** 정답 없음

41. TCP에서 윈도우는 _____될 수 없다.
  a. 열림   **b.** 닫힘
  c. 축소   **d.** 슬라이드

42. TCP에서 수신측은 일시적으로 윈도우를 폐쇄할 수
있다. 그렇지만 윈도우가 폐쇄된 이후에 송신자는
_____바이트를 포함하는 세그먼트를 항상 보낼
수 있다.

a. 10   b. 0
c. 1   d. 정답 없음

43. 송신 응용프로그램에서 데이터를 천천히 발생하거나 수신 응용프로그램에서 데이터를 천천히 소비하는 경우에 슬라이딩 윈도우 동작에 심각한 문제가 발생할 수 있다. 이러한 문제를 _____라고 한다.
   a. 어리석은 윈도우 신드롬
   b. 기대하지 않은 신드롬
   c. 윈도우 버그
   d. 정답 없음

44. Nagle 알고리즘은 _____에서 발생하는 어리석은 윈도우 신드롬을 해결할 수 있다.
   a. 송신측   b. 수신측
   c. 송신측과 수신측 모두   d. 정답 없음

45. Clark 해결책은 _____에서 발생하는 어리석은 윈도우 신드롬을 해결할 수 있다.
   a. 송신측   b. 수신측
   c. 송신측과 수신측 모두   d. 정답 없음

46. 지연 확인응답은 _____에서 발생하는 어리석은 윈도우 신드롬을 해결할 수 있다.
   a. 송신측   b. 수신측
   c. 송신측과 수신측 모두   d. 정답 없음

47. TCP에서 데이터를 가지고 있지 않은 ACK 세그먼트는 _____개의 순서 번호를 소비한다.
   a. 0   b. 1
   c. 2   d. 정답 없음

48. 요새 구현된 TCP에서는 재전송 타이머가 만료되거나 _____개의 중복 ACK 세그먼트가 도착하면 재전송이 일어난다.
   a. 1   b. 2
   c. 3   d. 정답 없음

49. TCP에서는 ACK 세그먼트를 위하여 _____ 재전송 타이머가 설정된다.
   a. 한 개의   b. 이전의
   c. 0개의   d. 정답 없음

50. TCP에서는 어느 한순간에는 _____의 RTT 측정이 이루어질 수 있다.
   a. 두 개   b. 단지 한 개
   c. 여러 개   d. 정답 없음

51. TCP 헤더의 바이트의 총수를 구하기 위하여 헤더 길이 필드에 _____를 곱한다.
   a. 2   b. 4
   c. 6   d. 정답 없음

52. TCP에서 긴급 데이터는 긴급 포인터 필드뿐만 아니라 _____ 내의 URG 비트도 필요로 한다.
   a. 제어   b. 오프셋
   c. 순서 번호   d. 정답 없음

53. TCP에서 ACK 값이 200이라면, 바이트 _____이 성공적으로 수신되었다.
   a. 199   b. 200
   c. 201   d. 정답 없음

54. TCP에서 _____ 타이머는 두 TCP 간의 긴 휴지 연결을 방지한다.
   a. 재전송   b. 영속
   c. 킵얼라이브   d. 정답 없음

55. TCP에서 _____ 타이머는 0의 윈도우-크기 알림을 처리하기 위하여 필요하다.
   a. 재전송   b. 영속
   c. 킵얼라이브   d. 정답 없음

56. TCP에서 Karn 알고리즘은 _____ 타이머 계산에 사용된다.
   a. 재전송   b. 영속
   c. 킵얼라이브   d. 정답 없음

57. TCP에서 _____ 타이머가 만료되면 전송 TCP는 프로브라고 하는 특별한 세그먼트를 전송한다.
   a. 재전송   b. 영속
   c. 킵얼라이브   d. 정답 없음

58. _____ 제어는 용량 아래의 로드를 유지하기 위한 메커니즘과 기술을 말한다.
   a. 흐름   b. 오류
   c. 혼잡   d. 정답 없음

59. TCP의 _____ 알고리즘에서 혼잡 윈도우의 크기는 임계치에 도달하기 전까지는 기하급수로 증가한다.
   a. 혼잡 회의   b. 혼잡 감지
   c. 느린 시작   d. 정답 없음

60. TCP의 _____ 알고리즘에서 혼잡이 감지되기

전까지는 혼잡 윈도우의 크기는 가산적으로 증가한다.

- **a.** 혼잡 회의
- **b.** 혼잡 감지
- **c.** 느린 시작
- **d.** 정답 없음

61. _____는 동일한 방식으로 혼잡 탐지, 시간 초과와 three duplicate ACK의 두 신호를 취급한다.

- **a.** Taho TCP
- **b.** Reno TCP
- **c.** new Reno TCP
- **d.** 정답 없음

62. _____에서 연결이 설정되면, TCP는 느린 시작 알고리즘을 시작하고 ssthresh 변수를 사전 합의 값(일반적으로 64 또는 128킬로바이트)으로, cwnd 변수를 1 MSS로 설정한다.

- **a.** Taho TCP
- **b.** Reno TCP
- **c.** new Reno TCP
- **d.** 정답 없음

63. _____는 빠른 회복 상태라고 불리는 새로운 상태를 혼잡 제어 FSM에 추가하였다.

- **a.** Taho TCP
- **b.** Reno TCP
- **c.** new Reno TCP
- **d.** 정답 없음

64. _____는 혼잡, 시간 초과와 three duplicate ACK 도착의 두 신호를 다르게 취급한다.

- **a.** Taho TCP
- **b.** Reno TCP
- **c.** new Reno TCP
- **d.** 정답 없음

65. Reno TCP의 _____는 느린 시작과 혼잡 회피 상태 사이의 상태이다.

- **a.** 혼잡 회의
- **b.** 혼잡 감지
- **c.** 느린 시작
- **d.** 정답 없음

66. Reno TCP에서 TCP가 빠른 회복에 들어갈 때, 중복 ACK가 계속해서 도착한다면, TCP는

- **a.** 계속 같은 상태로 머물고, cwnd는 가산적으로 증가한다.
- **b.** 계속 같은 상태로 머물고, cwnd는 지수적으로 증가한다.
- **c.** 느린 시작 상태가 된다.
- **d.** 혼잡 회피 상태가 되고, cwnd를 ssthresh 값으로 줄인다.

67. Reno TCP에서 TCP가 빠른 회복에 들어갈 때, 시관 초과가 발생하면, TCP는

- **a.** 계속 같은 상태로 머물고, cwnd는 가산적으로 증가한다.
- **b.** 계속 같은 상태로 머물고, cwnd는 지수적으로 증가한다.
- **c.** 느린 시작 상태가 된다.
- **d.** 혼잡 회피 상태가 되고, cwnd를 ssthresh 값으로 줄인다.

68. Reno TCP에서 TCP가 빠른 회복에 들어갈 때, 새로운(중복 아닌) ACK가 도착하면, TCP는

- **a.** 계속 같은 상태로 머물고, cwnd는 가산적으로 증가한다.
- **b.** 계속 같은 상태로 머물고, cwnd는 지수적으로 증가한다.
- **c.** 느린 시작 상태가 된다.
- **d.** 혼잡 회피 상태가 되고, cwnd를 ssthresh 값으로 줄인다.

69. TCP의 최근 버전인 _____ TCP는 _____ TCP 상에 또 다른 최적화를 마련했다.

- **a.** New Reno; Reno
- **b.** New Taho; Taho
- **c.** New Reno; Taho
- **d.** New Taho; Reno

70. 느린 시작 알고리즘에서 혼잡 윈도우의 크기는 _____으로 _____ 때까지 증가한다.

- **a.** 지수적; 임계치에 도달할
- **b.** 지수적; 혼잡이 탐지될
- **c.** 가산적; 임계치에 도달할
- **d.** 가산적; 혼잡이 탐지될

71. 혼잡 회피 알고리즘에서 혼잡 윈도우의 크기는 _____으로 _____ 때까지 증가한다.

- **a.** 지수적; 임계치에 도달할
- **b.** 지수적; 혼잡이 탐지될
- **c.** 가산적; 임계치에 도달할
- **d.** 가산적; 혼잡이 탐지될

72. 초기 느린 시작 상태를 끝낸 후, 혼잡 윈도우의 크기는 _____의 톱니 모양을 따른다.

- **a.** 지수적 증가, 가산적 증가
- **b.** 가산적 증가, 지수적 증가
- **c.** 승산적 증가, 가산적 증가
- **d.** 가산적 증가, 승산적 증가

3.8.2 응용 연습문제

1. 우리가 단지 하나의 작업을 수행하도록 설계된 시스템을 컴퓨터에 설정한다고 가정하자. 호스트 대 호스트 및 프로세스-대-프로세스 간 소통과 두 가지 수준의 주소지정이 필요한가?

2. 운영체제는 모든 실행 중인 응용프로그램에 프로세스 번호를 할당한다. 이 프로세스 번호들이 포트번호 대신에 사용할 수 없는 이유를 설명할 수 있는가?

3. 당신이 집에서 두 가지 호스트에 클라이언트-서버 응용프로그램을 작성하고 테스트한다고 가정하자.
   a. 당신이 클라이언트 프로그램을 위해 선택할 수 있는 포트번호의 범위는?
   b. 당신이 서버 프로그램을 위해 선택할 수 있는 포트번호의 범위는?
   c. 두 포트번호는 같을 수 있는가?

4. 새로운 기관이 새로운 서버 프로세스를 만들고 구매자가 기관의 사이트에 접근하는 것을 허락한다고 가정하자. 어떻게 서버 프로세스의 포트번호가 선택되어야 하는가?

5. 네트워크에서 수신 윈도우의 크기는 1패킷이다. 다음 프로토콜 중, 네트워크에서 사용되는 것은?
   a. Stop-and-Wait   b. Go-Back-N
   c. Selective-Repeat

6. 네트워크에서 송신 윈도우의 크기는 20패킷이다. 다음 프로토콜 중, 네트워크에서 사용되는 것은?
   a. Stop-and-Wait   b. Go-Back-N
   c. Selective-Repeat

7. $m > 1$ 값이 고정된 네트워크에서 우리는 Go-Back-N 뿐만 아니라 Selective-Repeat 프로토콜도 사용한다. 각각 사용했을 때의 장점과 단점을 설명하라. 이러한 프로토콜 중 하나를 선택할 수 있도록 고려되는 다른 네트워크의 기준은 무엇인가?

8. 패킷의 순서 번호를 저장하는 필드의 크기는 제한되어 있기 때문에 프로토콜의 순서 번호는 순환한 후 다시 쓰이게 된다. 이는 두 패킷이 같은 순서 번호를 갖을 수 있다는 것을 의미한다. 프로토콜에서 순서 필드가 갖는 크기는 m비트이고, 한 패킷은 순서 번호가 x라면 같은 순서 번호 x를 갖는 패킷을 전송하기 위해 얼마나 많은 패킷을 전송해야 하는가? 각각의

패킷은 하나의 순서 번호를 갖는다고 가정한다.

9. 이전 질문에서 우리가 설명한 주변에 둘러진 상황은 네트워크에서 어떠한 문제를 만들 수 있는가?

10. 인터넷에서 몇 전송 계층 패킷들이 순서가 바뀌어 수신되는 이유를 설명할 수 있는가?

11. 인터넷에서 몇 전송 계층 패킷들이 손실되는 이유를 설명할 수 있는가?

12. 인터넷에서 몇 전송 계층 패킷들이 중복되는 이유를 설명할 수 있는가?

13. Go-Back-N 프로토콜에서 송신 윈도우의 크기는 $2^m - 1$ 이라고 할 수 있다. 반면에 수신 윈도우의 크기는 오직 1이다. 송수신 윈도우의 크기 사이에서 큰 차이가 있을 때 흐름 제어가 얼마나 완료될 수 있는가?

14. Selective-Repeat 프로토콜에서 송수신 윈도우의 크기는 같다. 이는 전송되는 패킷들이 없다는 것을 의미하는가?

15. 몇몇 응용프로그램은 두 전송 계층 프로토콜(UDP 또는 TCP)의 서비스를 사용할 수 있다. 목적지에 패킷이 도착했을 때, 전송 계층이 들어간 컴퓨터를 어떻게 찾을 수 있는가?

16. IP 주소 122.45.12.7의 호스트가 있는 클라이언트가 IP 주소 200.112.45.90의 호스트가 있는 서버에 메시지를 전송한다. 만약 잘 알려진 포트가 161이고 순간 포트가 51000일 경우, 이 통신에서 사용되는 소켓 주소들의 페어는 무엇인가?

17. UDP는 메시지-지향 프로토콜이다. TCP는 바이트-지향 프로토콜이다. 만약 응용프로그램이 프로토콜에서 사용되는 메시지의 경계를 보호할 필요가 있을 때 프로토콜은 UDP나 TCP 중 어느 것을 사용해야 하는가?

18. 2장에서 우리는 클라이언트-서버 통신을 제공하는 소켓 인터페이스, TLI 그리고 STREAM처럼 다른 응용프로그램 프로그래밍 인터페이스(API)를 가질 수 있다. 이것은 각각의 API를 지원하는 다른 UDP 또는 TCP 프로토콜을 갖는다는 의미인가? 설명하라.

19. 호스트와 점-대-점으로 통신하는 개인 인터넷이 어떠한 라우팅도 필요로 하지 않고, 완전히 네트워크

계층의 용도를 제거하였다고 가정했을 때, 이 인터넷은 여전히 UDP 또는 TCP의 서비스로부터 이익을 얻을 수 있는가? 다시 말하자면, 사용자들은 데이터그램들 또는 세그먼트들을 이더넷 프레임들에 캡슐화할 수 있는가?

20. 개인 인터넷이 TCP/IP 프로토콜 그룹으로부터 프로토콜 수트를 완전히 다르게 사용한다고 가정하자. 이 인터넷은 여전히 UDP 또는 TCP의 서비스를 메시지 통신의 end-to-end를 접한 수송 수단으로 사용할 수 있는가?

21. 당신은 왜 우리들이 TCP에 접속 단말 처리를 위해 4개의(또는 3개) 세그먼트를 필요로 하는지를 설명할 수 있는가?

22. TCP에서 몇몇 세그먼트 유형은 오직 제어를 위하여 사용될 수 있다. 그것들은 데이터를 운반하기 위하여 동시에 사용될 수 없다. 당신은 이 몇몇 세그먼트들의 정의 내릴 수 있는가?

23. TCP에서 우리는 어떻게 세그먼트(각각의 방향에)의 순서 번호를 규정짓는가? 2개의 사례를 고려하시오: 첫 번째 세그먼트와 다른 세그먼트.

24. TCP에서 우리들은 2개의 연속적인 세그먼트를 가지고 있다. 첫 번째 세그먼트의 순서 번호가 101이라고 생각하고, 다음 경우의 각각에 다음 부분의 순서 번호는 무엇인가?

    a. 첫 번째 세그먼트는 어떠한 순서 번호도 사용하지 않았다.

    b. 첫 번째 세그먼트는 10 순서 번호를 사용하였다.

25. TCP에서 다음의 각각 세그먼트들은 얼마나 많은 순서 번호를 사용하게 되는가?

    a. SYN   **b.** ACK

    c. SYN + ACK   **d.** 데이터

26. 당신은 설명할 수 있는가? TCP에서 SYN, SYN + ACK는 그리고 FIN 세그먼트는 각각 순서 번호를 사용한다. 그러나 어떤 데이터도 운반하지 않는 ACK 세그먼트는 왜 순서 번호를 다 사용하지 않는지?

27. TCP 헤더(그림 3.44)를 보았을 때, 윈도우 크기는 16비트인 반면, 순서 번호가 32비트인 것을 발견할 수 있다. 이것은 TCP가 Go-Back-N 또는 Selective-Repeat 프로토콜에 더 가까움을 의미하는가?

28. TCP의 최대 윈도우 크기는 원래 64 KB(64 × 1024 = 65,536 또는 65,535)로 설계되었다. 당신은 이것이 무엇 때문이라고 생각하는가?

29. TCP 헤더의 가장 큰 크기와 가장 작은 크기는 몇인가?

30. TCP에서 SYN 세그먼트는 단방향과 양방향 중 어느 것으로 연결을 시작하는가?

31. TCP에서 FIN 세그먼트는 단방향과 양방향 중 어느 것으로 연결을 끊는가?

32. TCP에서 어떠한 종류의 플래그가 양방향으로 완전히 연결을 끊을 수 있는가?

33. 대부분의 플래그들은 세그먼트 상에서 같이 사용될 수 있다. 완벽히 규정되지 않은 2개의 플래그가 동시에 사용될 수 없는 상황을 예를 들어라.

34. 클라이언트가 SYN 세그먼트를 서버로 전송하였다. 서버가 잘 알려진 포트번호를 확인했을 때, 해당 포트번호에서 정의된 어떠한 프로세도 작동되지 않고 있다는 것을 알게 된다. 이 경우 서버는 무엇을 해야 하는가?

35. IP가 불안정한 서비스를 제공함에도 TCP가 어떻게 안정적인 통신을 제공할 수 있는지 설명해 보라.

36. TCP는 어플리케이션과 프로그램 사이의 연결 지향 서비스를 제공한다. 이때 연결은 하나의 연결을 다른 것들과 구별하는 연결 식별자를 필요로 한다. 이 상황에서 유일한 연결 식별자에 대해 어떻게 생각하는가?

37. 앨리스가 그녀의 브라우져를 사용하여 2개의 연결을 HTTP가 동작하고 있는 밥의 서버에 연결하였다. 이 경우 TCP가 어떻게 2개의 연결을 구별할 수 있는가?

38. 수동 열림과 능동 열림이라는 표현을 연결 지향 통신을 사용하는 TCP를 논의하는 데 사용한다. 앨리스와 밥이 전화통화를 하고 있다고 생각해 보자. 전화 통화가 연결 지향 통신의 한 예이고, 앨리스가 밥에게 전화를 걸었다고 가정해 보자. 이 경우 누가 수동 열림 연결을 하고, 누가 능동 열림 연결을 하였는가?

39. TCP에서 송신측은 윈도우를 작게, 크게 할 수 있는가? 아니면 수신측의 윈도우 크기와 같은가?

40. 하나 또는 조합의 TCP 세그먼트가 완료할 수 있는 몇 가지 일을 말해 보라.

41. TCP 세그먼트에서 순서 번호가 무엇을 나타내는가?

42. TCP 세그먼트에서 확인응답 번호가 무엇을 나타내는가?

43. 오류 방지를 위해 검사합을 이용하는 것은 의무인가 선택인가?
  a. UDP? **b.** TCP?

44. TCP 클라이언트가 byte 2001을 받는다고 가정하자. 그러나 순서 번호가 2200인 세그먼트를 받았다. 위의 경우가 발생했을 때, TCP 클라이언트는 어떠한 반응을 하는가? 그 반응을 정당화할 수 있는가?

45. TCP 클라이언트가 byte 2001을 받는다고 가정하자. 그러나 순서 번호가 1201인 세그먼트를 받았다. 위의 경우가 발생했을 때, TCP 클라이언트는 어떠한 반응을 하는가? 그 반응을 정당화할 수 있는가?

46. TCP 서버가 byte 2001에서 byte 3000까지 잃어버렸다고 가정하자. 서버는 400바이트를 가지고 있는 순서 번호가 2001인 세그먼트를 받았다. 위의 경우가 발생했을 때, TCP 서버는 어떠한 반응을 하는가? 그 반응을 정당화할 수 있는가?

47. TCP 서버가 byte 2401을 받는다고 가정하자. 서버는 500바이트를 가지고 있는 순서 번호가 2401인 세그먼트를 받았다. 만약 서버가 세그먼트를 받을 당시 어떠한 데이터도 가지고 있지 않고, 그 전의 세그먼트에 대한 ACK가 없다면, TCP 서버는 어떠한 반응을 하는가? 그 반응을 정당화할 수 있는가?

48. TCP 클라이언트가 byte 3001을 받는다고 가정하자. 클라이언트는 400바이트를 가지고 있는 순서 번호가 3001인 세그먼트를 받았다. 만약 클라이언트가 세그먼트를 받을 당시 보낼 데이터가 없고, 그 전의 세그먼트에 대한 ACK가 없다면, TCP 클라이언트는 어떠한 반응을 하는가? 그 반응을 정당화할 수 있는가?

49. TCP 서버가 byte 6001을 받는다고 가정하자. 서버는 2000바이트를 가지고 있는 순서 번호가 6001인 세그먼트를 받았다. 만약 서버가 byte 4001에서 5000까지만 보낼 데이터가 있다면, TCP 클라이언트는 어떠한 반응을 하는가? 그 반응을 정당화할 수 있는가?

50. TCP를 위한 ACKs를 생성하는 첫 번째 규칙이 그림 3.59 또는 3.60에 보여지지 않는다. 이것을 설명해보라.

51. 서버가 SYN 세그먼트를 클라이언트로부터 받을 때, ACK 생산을 위한 6개의 규칙 중 어떠한 것을 적용할 수 있는가?

52. 클라이언트가 SYN + ACK 세그먼트를 서버로부터 받을 때, ACK 생산을 위한 6개의 규칙 중 어떠한 것을 적용할 수 있는가?

53. 클라이언트 또는 서버가 FIN 세그먼트를 다른 것으로부터 받을 때, ACK 생산을 위한 6개의 규칙 중 어떠한 것을 적용할 수 있는가?

3.8.3 심화문제

1. 16-bit 주소의 범위(0에서 65,535)와 32-bit IP 주소의 범위(0에서 4,294,967,295)를 비교하라. 왜 연관된 작은 범위의 포트번호들이 아닌 넓은 범위의 IP 주소가 필요한가?

2. ICANN은 왜 포트번호들을 3그룹(well-known, registered, and dynamic)으로 나누었는가?

3. Sender가 5비트 순서 번호로 이루어진 연속된 패킷을 같은 목적지에 보냈다. 만약, 순서 번호가 0부터 시작된다면 100번째 패킷의 번호는 무엇인가?

4. 아래의 프로토콜에서 얼마나 많은 패킷들이 wraparound가 발생하기 전에 독립적인 순서 번호를 가질 수 있는가?
  a. Stop-and-Wait
  b. Go-Back-N with $m = 8$
  c. Select-Repeat with $m = 8$

5. 아래의 프로토콜에서 5비트 순서 번호를 사용하였을 때, 보내고 받는 윈도우의 최대 크기는 각각 몇인가?
  a. Stop-and-Wait **b.** Go-Back-N
  c. Selective-Repeat

6. 가상의 기계를 위한 FSM를 3가지 state로 보여라. A (시작 state), B 및 C; 그리고 4가지의 events: 1, 2, 3 및 4 다음은 machine의 행동을 나타낸다.
  a. state A일 때, 2가지의 event가 발생할 수 있다. event

1과 event 2. 만약 event 1이 발생하면, machine은 action1을 취한 후 state B로 이동한다. 만약 event 2가 발생하면, 어떠한 행동도 취하지 않고 state C로 이동한다.

b. state B일 때, 2가지의 상황이 발생 할 수 있다. event 3과 event 4. 만약 event 3가 발생하면, machine은 action 2를 취하며 state B에 남는다. 만약 event 4가 발생하면, machine은 단지 state C로 이동한다.

c. state C일 때, machine은 이 state에 영원히 남는다.

7. 어떠한 네트워크가 절대로 패킷을 손상 또는 손실하거나, 복제하지 않고, flow control만 주의하면 된다고 가정하자. Sender가 receiver에게 넘치는 패킷을 전송하기를 원치 않는다고 할 때, FSM이 receiver가 패킷을 받을 준비가 되어 있을 시에만 sender가 패킷을 전송할 수 있게 디자인하라. 만약 receiver가 패킷을 받을 준비가 되면, receiver는 ACK를 보낸다. Sender가 충분치 않은 ACK를 받는다는 뜻은 receiver가 아직 더 많은 패킷을 받을 준비가 안되어 있다는 것을 뜻한다.

8. 어떠한 네트워크가 언젠가 패킷을 손상시킬 수 있지만, 패킷의 손실 또는 복제는 절대로 발생시키지 않고, flow control만 주의 하면 된다고 가정하자. Sender가 receiver에게 넘치는 패킷을 전송하기를 원치 않는다고 할 때, 새로운 프로토콜의 FSM이 이러한 기능을 하도록 설계하라.

9. Stop-and-Wait 프로토콜에서 receiver가 복제된 유효하지 않은 패킷을 받을 수 있는 상황을 설명하라. 힌트: delayed ACK를 생각하라. 위의 상황이 발생할 경우 receiver가 취하는 행동은 무엇인가?

10. Stop-and-Wait 프로토콜을 바꿔 NAK 패킷을 시스템에 추가한다고 가정하자. 손상된 패킷이 receiver에 도착하면, receiver가 해당 패킷을 무시하고 손상된 패킷의 seqNo를 파악하기 위한 nakNO와 NAK를 보냄으로써, sender는 타임-아웃하기 전에 손실된 패킷을 다시 보낼 수 있다. 그림 3.21에 나오는 FSM을 어떻게 바꿔야 하는지 설명하고, 새로운 프로토콜에 실행과정을 time-line 다이어그램으로 보여라.

11. 그림 3.19의 그림을 5개의 패킷(0, 1, 2, 3, 4)을 바꿔 다시 그려 보아라. 패킷 2는 손실되었고, 패킷 3은 패킷 4 이후에 도착한다.

12. Sender가 3개의 패킷을 보내는 그림 3.22와 비슷한 시나리오를 만들어 보아라. 첫 번째와 두 번째 패킷이 도착하였고, 받았다는 답신을 보낸다. 3번째 패킷은 지연되어 다시 보내진다. 중복된 패킷은 본래의 패킷이 보내졌다는 신호를 보낸 후 받는다.

13. Sender가 2개의 패킷을 보내는 그림 3.22와 비슷한 시나리오를 만들어 보아라. 첫 번째 패킷은 받아졌고, 받았다는 답신을 보낸다. 그러나 패킷을 받았다는 답신이 손실되었다. Sender는 타임-아웃되어 패킷을 다시 보낸다. 2번째 패킷은 손상되었고, 다시 보내진다.

14. Sender가 5개의 패킷(0, 1, 2, 3, 4)을 보낼 때 그림 3.29의 그림을 다시 그려 보아라. 패킷 0, 1, 2는 보내졌고, 모든 패킷이 전송된 후에 하나의 ACK를 통해 패킷이 도착했다는 신호를 전송한다. 패킷 3은 도착하였고, 하나의 ACK를 통해 도착했다는 신호를 보냈다. 패킷 4는 손실되었고 다시 보내졌다.

15. 만약 sender가 5개(0, 1, 2, 3, 4)의 패킷을 보냈을 때 그림 3.35의 그림을 다시 그려 보아라. 패킷 0, 1, 2는 차례대로 받아졌고, 패킷 하나씩 받았다는 신호를 보냈다. 패킷 3은 지연되어 패킷 4를 받은 후 받아졌다.

16. Stop-and-Wait 프로토콜을 위한 FSM과 관련된 아래의 질문에 답하여라.

a. Sending machine이 ready 상태이고, $S = 0$이다. 다음 전송될 패킷의 순서 번호는 무엇인가?

b. Sending machine 이 blocking 상태이고, $S = 1$이다. 만약 타임-아웃이 발생 하였을 경우, 다음 전송될 패킷의 순서 번호는 무엇인가?

c. Receiving machine이 ready 상태이고, $R = 1$이다. 패킷이 순서 번호 1을 가지고 도착하였다면, 어떠한 반응을 보이는가?

d. Receiving machine이 ready 상태이고, $R = 1$이다. 패킷이 순서 번호 0을 가지고 도착하였다면, 어떠한 반응을 보이는가?

17. $m = 6$비트인 Go-Back-N 프로토콜을 위한 FSM과 관련된 아래의 질문에 답하여라.

a. Sending machine이 ready 상태이고, $S_f = 10$, $S_n = 15$이다. 다음에 보내질 패킷의 순서 번호는 무엇인가?

b. Sending machine이 ready 상태이고, $S_f = 10$, $S_n = 15$이다. 타임-아웃이 발생하였다. 얼마나 많은 패

킷이 다시 보내질 것인가? 패킷들의 순서 번호는 무엇인가?

c. Sending machine이 ready 상태이고, $S_f = 10$, $S_n = 15$이다. ackNo = 13인 ACK가 도착하였다. S_f와 S_n의 다음 값은 무엇인가?

d. Sending machine이 blocking 상태이고, $S_f = 14$, $S_n = 21$이다. 윈도우의 크기는 몇인가?

e. Sending machine이 blocking 상태이고, $S_f = 14$, $S_n = 21$이다. ackNo = 18인 ACK가 도착하였다. S_f와 S_n의 다음 값은 무엇인가? Sending machine의 상태는 무엇인가?

f. Receiving machine이 ready 상태이고, $R_n = 16$이다. 순서 번호가 16인 패킷이 도착하였다. R_n의 다음 값은 무엇인가? Machine은 해당 event에 어떠한 반응을 보이는가?

18. $m = 7$ 비트인 Selective-Repeat 프로토콜을 위한 FSM과 관련된 아래의 질문에 답하여라. 윈도우의 크기는 64라고 가정한다(그림 3.34).

a. Sending machine이 ready 상태이고, $S_f = 10$, $S_n = 15$이다. 다음에 보내질 패킷의 순서 번호는 무엇인가?

b. Sending machine이 ready 상태이고, $S_f = 10$, $S_n = 15$이다. Timer 패킷 10이 타임-아웃 되었다. 얼마나 많은 패킷이 다시 보내질 것인가? 패킷들의 순서 번호는 무엇인가?

c. Sending machine이 ready 상태이고, $S_f = 10$, $S_n = 15$이다. ackNo = 13인 ACK가 도착하였다. S_f와 S_n의 다음 값은 무엇인가? 해당 event에 대한 반응은 무엇인가?

d. Sending machine이 blocking 상태이고, $S_f = 14$, $S_n = 21$이다. 윈도우의 크기는 몇인가?

e. Sending machine이 blocking 상태이고, $S_f = 14$, $S_n = 21$이다. ackNo = 14인 ACK가 도착하였다. 패킷 15와 16은 이미 도착되었다고 보고를 하였다. S_f와 S_n의 다음 값은 무엇인가? Sending machine의 상태는 무엇인가?

f. Receiving machine이 ready 상태이고, $R_n = 16$ 이다. 윈도우의 크기는 8이다. 순서 번호가 16인 패킷이 도착하였을 때, R_n의 다음 값은 무엇인가? Machine은 해당 event에 어떠한 반응을 보이는가?

19. Round-trip time(RTT) 동안 파이프 안에 있을 수 있는 패킷들의 숫자로 네트워크의 bandwidth-delay pro-duct를 결정할 수 있다. 아래의 예제 상황에서 bandwidth-delay product는 무엇인가?

a. 대역폭: 1 Mbps, RTT: 20 ms, packet size: 1000 bits

b. 대역폭: 10 Mbps, RTT: 20 ms, packet size: 2000 bits

c. 대역폭: 1 Gbps, RTT: 4 ms, packet size: 10,000 bits

20. 대역폭이 100 Mbps이고, sender와 receiver의 평균 거리가 10,000 Km인 네트워크를 위한 Go-Back-N 슬라이딩 윈도우를 설계해야 한다고 가정하자. 평균 패킷의 크기는 100,000비트이고, 매체에서 전파속도는 2×10^8 m/s로 가정하라. send와 receive 윈도우의 최대 크기를 찾고, 순서 번호 필드(m)의 비트 수와 타이머의 적절한 타임-아웃 값을 구하여라.

21. 대역폭이 1 Gbps이고, sender와 receiver의 평균 거리가 5,000 Km인 네트워크를 위한 Selective-Repeat 슬라이딩 윈도우를 설계해야 한다고 가정하자. 평균 패킷의 크기는 50,000비트이고, 미디어에서 전파속도는 2×10^8 m/s로 가정하라. send와 receive의 최대 윈도우 크기를 찾고, 순서 번호 필드(m)의 비트 수와 타이머의 적절한 타임-아웃 값을 구하라.

22. Go-Back-N 프로토콜에 있는 확인응답 번호는 다음에 올 예상 패킷을 결정한다. 그러나 Selective-Repeat 프로토콜에 있는 확인응답 번호는 확인응답 패킷의 순서 번호를 결정한다. 이유를 설명하라.

23. $m = 3$, 슬라이딩 윈도우의 크기는 7, $S_f = 62$, $S_n = 66$, $R_n = 64$인 Go-Back-N 프로토콜을 사용하는 네트워크가 있다. 네트워크가 패킷을 중복시키거나 순서를 바꾸지 않는다고 가정할 때 아래의 질문에 답하여라.

a. Transit에서 데이터 패킷의 순서 번호는 무엇인가?

b. Transit에서 ACK 패킷의 확인응답 번호는 무엇인가?

24. $m = 4$, sending window of size = 8, $S_f = 62$, $S_n = 67$, $R_n = 64$인 Selective-Repeat 프로토콜을 사용하는 네트워크가 있다. 패킷 65는 이미 확인응답 메시지를 sender 편에서 전송했다. 패킷 65와 66은 receiver 편에서 순서대로 받아지지 않았다. 네트워크가 패킷을 중복시키거나 순서를 바꾸지 않는 다고 가정할 때 아래의 질문에 답하여라

a. 대기 중인 데이터 패킷의 순서 번호는 무엇인가? (transit, corrupted, or lost)

b. 대기 중인 ACK 패킷의 확인응답 번호는 무엇인가? (transit, corrupted, or lost)

25. 다음의 질문에 답하여라.
    a. UDP 사용자 데이티그램의 최대 크기는 몇인가?
    b. UDP 사용자 데이터그램의 최소 크기는 몇인가?
    c. UDP 사용자 데이터그램 안에 캡슐화될 수 있는 응용 계층 payload 데이터의 최대 크기는 몇인가?
    d. UDP 사용자 데이터그램 안에 캡슐화될 수 있는 응용 계층 payload 데이터의 최소 크기는 몇인가?

26. 사용자는 UDP를 이용하여 데이터를 서버로 보낸다. 데이터의 길이는 16바이트이다. UDP 레벨에서의 transmission 효율을 계산하여라.

27. 아래는 UDP 헤더 덤프를 16진수로 나타낸 것이다.

    0045DF0000580000

    a. source 포트번호는 무엇인가?
    b. destination 포트번호는 무엇인가?
    c. 사용자 데이터그램의 총 길이는 몇인가?
    d. 데이터의 길이는 몇인가?
    e. 패킷은 사용자에서 서버로 이동하는가? 아니면 그 반대인가?
    f. 응용 계층 프로토콜은 무엇인가?
    g. sender는 이 패킷에 대한 검사합을 계산 하였는가?

28. TCP 헤더와 UDP 헤더를 비교하라. UDP 헤더에는 포함되지 않은 TCP 헤더의 필드를 나열하라. 포함되어 있지 않은 필드에 대한 이유를 각각 설명하여라.

29. TCP에서 만약 HLEN의 값이 0111이라면, 얼마나 많은 선택 byte가 세그먼트에 존재하는가?

30. 아래의 control field 값을 가지고 있는 TCP 세그먼트에 대하여 어떻게 말할 수 있는가?
    a. 000000   **b.** 000001
    c. 010001   **d.** 000100
    e. 000010   **f.** 010010

31. TCP 세그먼트의 control field 값이 6비트이고, 64개의 서로 다른 bit 조합이 가능하다. 보통 사용될 것 같은 몇 개의 조합들을 나열해 보아라.

32. 아래는 TCP 헤더 덤프의 일정 부분을 16진수로 나타낸 것이다.

    E293 0017 00000001 00000000 5002 07FF...

    a. source 포트번호는 무엇인가?
    b. destination 포트번호는 무엇인가?
    c. 순서 번호는 무엇인가?
    d. 확인응답 번호는 무엇인가?
    e. 헤더의 길이는 몇인가?
    f. 세그먼트의 유형은 무엇인가?
    g. 윈도우의 크기는 몇인가?

33. Three-handshake 연결이 수립되는 과정을 좀더 잘 이해하기 위하여 시나리오로 예를 들어보겠다. 앨리스와 밥은 다음 회의 장소를 결정하는 데 전화나 인터넷을 사용할 수 없다고 가정한다.
    a. 앨리스가 밥에게 다음 회의에 날짜와 시간을 적어 편지를 보냈다고 가정한다. 앨리스는 밥이 올 것을 확신하고 약속 장소에 갈 수 있는가?
    b. 밥이 앨리스에게 날짜와 시간을 확정한 편지를 회신하였다. 밥은 앨리스가 올 것을 확신하고 약속 장소에 갈 수 있는가?
    c. 앨리스가 밥의 답장에 회신하고 같은 날짜와 시간임을 확인하였다. 두 명 모두 다른 한 명이 올 것을 확신하고 약속 장소에 갈 수 있는가?

34. 최초의 순서 번호를 random number로 생성하려면, 대부분의 system은 bootstrap 과정에서 1부터 카운트를 시작하여 0.5초마다 64,000까지 증가시킨다. 얼마나 많은 시간이 걸리는가?

35. TCP 연결에서 최초의 순서 번호가 사용자 site에서 2,171이었다. 클라이언트는 접속하여 3개의 세그먼트를 전송하고 접속을 끊었는데, 2번째 세그먼트는 1,000바이트의 데이터를 가지고 있었다. 클라이언트가 보낸 각 세그먼트들의 순서 번호의 값은 무엇인가?
    a. The SYN segment   **b.** The data segment
    c. The FIN segment

36. 접속상태에서 *cwnd*의 값은 3000이고 *rwnd*의 값은 5000이다. 호스트는 2,000바이트를 보냈고, 확인응답이 오지 않았다. 얼마나 더 많은 byte를 보낼 수 있는가?

37. 클라이언트가 TCP를 사용하여 데이터를 서버에 전송하였고, 데이터는 16바이트를 포함하고 있다. 해당 transmission의 효율을 TCP level에서 계산하여라(전체 byte에서 유용한 byte의 비율).

38. TCP는 1메가바이트의 데이터를 1초에 보낸다. 만약 순서 번호가 7000으로 시작한다면, 순서 번호가 0으

로 돌아가기 전까지 얼마만큼의 시간이 걸리는가?

39. HTTP 클라이언트가 59,100의 ephemeral port number 와 14,534의 최초 순서 번호(ISN)를 사용하여 TCP 접속을 하였다. 서버는 21,732의 ISN으로 접속하였다. 만약, 클라이언트가 *rwnd*를 4000으로 설정하고 서버가 *rwnd*를 5,000으로 설정하여 접속이 시도되었을 때의 3개의 TCP 세그먼트를 보여라. 검사합 field 의 계산은 생략한다.

40. HTTP 클라이언트가 전 단계에서 100바이트의 요청을 보냈다고 가정하자. 서버는 1,200바이트의 세그먼트를 보내왔다. 클라이언트와 sender사이에서 전달되는 2개의 세그먼트의 내용을 보여라. 확인응답은 클라이언트가 나중에 처리한다고 가정하라(검사합 field 의 계산은 생략한다).

41. HTTP 클라이언트가 전 단계에서 접속을 끊음과 동시에, 서버의 응답에 대한 확인응답을 하였다. 클라이언트가 보낸 FIN 세그먼트를 받은 후에, 서버 또한 다른 방향에 대한 접속을 끊었다. Connection termination phase를 보여라.

42. 타임-아웃 event와 three-duplicate-ACKs event를 구분하여라. 둘 중 어떤 것이 네트워크 혼잡 상황에서 더 강한 명령인가? 왜 그러한가?

43. 그림 3.52는 일반적인 상황에서 클라이언트와 서버를 four-handshake closing을 이용한, transition 다이어그램으로 보여주고 있다. Three-handshake를 이용하여 다이어그램을 바꾸어 보아라.

44. Eve라는 침입자는 앨리스의 IP를 이용하여 SYN 세그먼트를 밥의 서버로 전송하였다. Eve는 앨리스를 사칭하여 밥과 TCP 접속을 맺을 수 있는가? 밥은 서로 다른 ISN을 사용하고 있다고 가정한다.

45. Eve라는 침입자는 앨리스의 IP를 이용하여 SYN 세그먼트를 밥의 서버로 전송하였다. 앨리스를 사칭한 Eve는 밥에 응답을 받을 수 있는가?

46. 클라이언트인 앨리스가 밥의 서버로 접속하여 서로 데이터를 주고받은 후 접속을 끊었다. 앨리스는 밥에게 새로운 SYN 세그먼트를 전송하며 접속을 시도하였다. 밥은 해당 SYN 세그먼트에 응답하기 전에, 앨리스가 보낸 예전 SYN 세그먼트를 복제하였다. 이 세그먼트가 앨리스의 컴퓨터에서 보낸 새로운 SYN

세그먼트라고 잘못 여겨질 수 있는가?

47. 클라이언트인 앨리스가 밥의 서버로 접속하여 서로 데이터를 주고받은 후 접속을 끊었다. 앨리스는 밥에게 새로운 SYN 세그먼트를 전송하며 접속을 시도하였다. 서버는 SYN + ACK로 응답하였다. 그러나 밥이 ACK를 앨리스에게 받기 전, 앨리스가 밥의 site에 도착하였을 때 받은 예전 ACK 세그먼트를 복제하였다. 밥이 예전 ACK를, 앨리스에게 받을 ACK 세그먼트와 혼동할 수 있는가?

48. 그림 3.56을 사용하여, TCP 안에 sender site에서 어떻게 Flow control을 할 수 있는지 설명하라(sending TCP에서 sending application). 그림으로 표현하라.

49. 그림 3.56을 사용하여, TCP 안에 receiver site에서 어떻게 Flow control을 할 수 있는지 설명하라(sending TCP에서 sending application).

50. 클라이언트가 100바이트의 데이터를 보내려고 한다고 가정하자. 클라이언트는 10 ms마다 10바이트의 데이터를 생성하여 전송 계층으로 전송한다. 서버는 각각의 세그먼트의 대하여 즉시 또는 50 ms가 지나 타임-아웃이 되면 확인응답을 한다. Nagle의 알고리즘을 이용하여 최대 세그먼트의 크기를 30으로 향상시켰을 경우 세그먼트와 각 세그먼트가 얼마의 바이트를 가지고 있는지 보여라. 그러나 sender time은 100 ms로 고정된다. 최대의 세그먼트 크기를 가지고 있는 세그먼트가 있는가? Nagle의 알고리즘이 정말로 효과가 있는가? 이유를 설명하라.

51. Nagle의 알고리즘을 자세히 알기 위하여, 50번 문제를 다시 살펴보도록 하자. 그러나 서버의 전송 계층에서 확인응답이 아직 되지 않은 전의 세그먼트가 있거나 타이머가 60 ms일 때 타임-아웃이 되면 확인응답을 한다고 하자. 이 시나리오에 대한 time line을 보여라.

52. 본문에 설명이 되었듯이, 새로운 SACK option을 사용하지 않을 때의 TCP sliding window는 Go-Back-N 과 Selective-Repaet 프로토콜을 조합한 것이다. TCP sliding window이 Go-Back-N과 가까이 있을 때의 양상과 Selective-Repeat 프로토콜과 가까이 있을 때의 양상을 설명하라.

53. 새로운 TCP 구현이 ACK 옵션을 사용하여 바이트의

순서가 뒤바뀌거나, 바이트가 복제되었을 경우 보고한다. 이전의 구현에서는 어떻게 바이트의 순서가 뒤바뀌거나, 복제되었는지 판별하는가?

54. 우리는 책 웹 사이트 TCP에 활용하는 새로운 SACKs 옵션에 대하여 알아보았다. 그러나 8바이트 NAK옵션을 2개의 32비트 순서 번호를 가질 수 있는 TCP세그먼트 끝에 추가하였다고 가정하자. 8바이트 NAK를 바이트의 뒤바뀜 혹은 바이트의 복제를 판별하는데 어떻게 사용할 수 있는지 보여라.

55. TCP 연결에서 최대 세그먼트의(MSS) 크기가 1000바이트라고 가정하자. 클라이언트 프로세스가 서버 프로세스로 보낼 응답을 받지 않는 5400바이트(단방향 통신)의 데이터를 가지고 있다. TCP 서버는 본문에서 논의한 조건으로 ACKs를 생성한다. Slow start phase 중 Transaction의 타임라인을 보여라. 초기의 cwnd 값과, 변화가 있을 때의 값을 나타내라. 각각의 세그먼트 헤더는 오직 20바이트라고 가정한다.

56. Taho TCP 지국의 ssthresh 값은 6 MSS로 고정된다. 지국이 slow-start 상태에 놓여 있고 cwnd = 5 MSS ssthresh = 8 MSS이다. cwnd, sstresh 그리고 현재와 지국의 다음 상태의 값을 아래의 각각의 event에 대하여 보여라. Event: 4개의 연속적으로 복제되지 않은 ACK가 도착하였을 때, 타임-아웃 뒤에 일어났을 경우, 3개의 복제되지 않은 ACK가 도착한 뒤에.

57. Reno TCP 지국의 ssthresh 값은 8 MSS로 고정된다. 지국이 slow-start 상태에 놓여있고 cwnd = 5 MSS ssthresh = 8 MSS이다. cwnd, sstresh 그리고 현재와 지국의 다음 상태의 값을 아래의 각각의 event의 대하여 보여라. Event: 3개의 연속적인 복제되지 않은 ACK가 도착하였을 경우, 5개의 복제된 ACK가 도착한 뒤에, 2개의 복제되지 않은 ACK가 도착한 뒤에, 타임아웃이 일어난 뒤에.

58. TCP 연결에서 윈도우의 크기는 60,000바이트와 30,000 바이트 사이에서 변동된다. 만약 RTT의 평균값이 30 ms 일 때, connection의 throughput은 몇인가?

59. 만약 기존의 RRTs = 14 ms이고 α는 0.2이다. 새로운 RTTs의 값을 다음의 event에 대하여 계산하여라.
Event1: 00 ms 세그먼트 1이 보내졌다.
Event2: 06 ms 세그먼트 2가 보내졌다.
Event3: 16 ms 세그먼트 1이 타임-아웃되어 다시 보내졌다.
Event4: 21 ms 세그먼트 1이 확인응답 되었다.
Event5: 23 ms 세그먼트 2가 확인응답 되었다.

60. 접속에서 예전의 RTT_D = 7 ms라고 가정하자. 만약 새로운 RTT_S = 17, RTT_M = 20일 때, 새로운 RTT_D의 값은 무엇인가? β = 0.25이다.

3.9 시뮬레이션 실험

3.9.1 애플릿(Applets)

우리는 이번 장에서 다룰 중요 개념을 설명하기 위하여 몇 가지 Java 애플릿을 만들었다. 웹 사이트에 방문하여 이 애플릿들을 활성화시켜 보기를 추천하며, 프로토콜의 동작을 면밀히 시험해보기를 바란다.

3.9.2 실험 과제(Lab Assignments)

이번 장에서는 Wireshark를 사용해 몇 개의 전송 계층 패킷들을 포착하여 조사하고, UDP와 TCP 2개의 프로토콜 또한 시뮬레이션한다.

1. 처음 Lab에서는 Wireshark를 사용하여 활동하는 UDP 패킷을 포착한다. 각각의 필드에 대한 값과 UDP의 검사합이 계산되었는지를 확인한다.

2. 2번째 Lab에서는 Wireshark를 사용하여 포착하고, TCP패킷의 많은 기능들을 자세히 공부한다. 이 기능들은 정확성과 복잡도 제어, 흐름 제어를 포함하고 있다. Wireshark는 TCP가 어떻게 순서와 세그먼트의 확인응답 번호를 활용하여 안정성 있게 데이터를 전송하는지를 보여준다. 또한, TCP의 복잡도 알고리즘 (slow start, congestion avoidance and fast recovery)이 동작하는 과정도 관찰할 수 있다. 다른 기능은 TCP의 흐름 제어이다. receiver에서 sender 방향의 flow에서 어떻게 TCP가 cwnd 값을 이용하여 receiver에게 응답할 수 있는지도 볼 수 있다.

3.10 프로그래밍 과제

소스코드를 작성하고, 컴파일하여 아래의 프로그램들을 시험하라. 프로그래밍 언어는 자율 선택이다.

1. Sender site의 Simple 프로토콜을 위한 FSM을 시뮬레이션하는 프로그램을 만들어 보아라(그림 3.18).

2. Sender site의 Stop-and-Wait 프로토콜을 위한 FSM을 시뮬레이션하는 프로그램을 만들어 보아라(그림 3.21).

3. Sender site의 Go-Back-N 프로토콜을 위한 FSM을 시뮬레이션하는 프로그램을 만들어 보아라(그림 3.27).

4. Sender site의 Selective Repeat 프로토콜을 위한 FSM을 시뮬레이션하는 프로그램을 만들어 보아라(그림 3.34).

네트워크 계층

T CP/IP에서 네트워크 계층은 호스트 간 메시지 전송을 담당한다. 이 전송에는 인터넷에 연결된 호스트를 유일하게 구분해줄 논리 주소를 설계하는 것도 포함되어 있다. 또한 네트워크 계층의 패킷이 발신지에서 목적지까지 갈 수 있도록 경로를 찾아줄 라우팅 프로토콜도 필요하다. 이 장에서는 네트워크 계층의 이해를 위해 이와 관련된 내용을 설명한다. 여기서는 네트워크 계층을 5개의 절로 나누어 설명한다.

❑ 첫 번째 절에서, 네트워크 계층의 일반적인 개념과 내용을 소개한다. 우선 네트워크 계층에서 제공되는 패킷화, 라우팅, 포워딩에 대한 설명을 한다. 그리고 네트워크 계층에서 사용하는 패킷 교환을 소개한다. 또한 네트워크 계층의 성능, 네트워크 계층의 혼잡, 그리고 라우터의 구조를 설명한다.

❑ 두 번째 절에서는 TCP/IP의 네트워크 계층에 대한 설명을 주로 하고 IPv4 (Internet Protocol version 4)와 ICMPv4 (Internet Control Message Protocol version 4)를 포함한 버전 4에서 사용되는 프로토콜의 내용을 다룬다. 그리고 IPv4의 주소할당 및 그와 관련된 이슈도 설명한다.

❑ 세 번째 절에서는 유니캐스트 라우팅과 유니캐스트 라우팅 프로토콜을 설명한다. 그리고 최근 인터넷에서 도메인 내부와 도메인간 라우팅 프로토콜이 어떻게 사용되는지 살펴본다.

❑ 네 번째 절에서는 멀티캐스팅과 멀티캐스트 라우팅 프로토콜을 살펴보고 도메인 내부 유니캐스트 라우팅 프로토콜을 어떻게 멀티캐스트 라우팅 프로토콜로 확장되는지 설명한다. 또한 새로운 멀티캐스트 프로토콜을 설명하고 도메인 간 멀티캐스트 라우팅 프로토콜을 간략히 소개한다.

❑ 다섯 번째 절에서는 IPv6와 ICMPv6, 그리고 여기에 사용되는 주소할당 방법을 포함한 차세대 네트워크 계층 프로토콜을 소개한다. 독자들이 나머지 내용에 구애받지 않고 건너뛸 수 있도록 이 내용을 가장 마지막 절에 설명한다. 저자는 이 프로토콜들이 완전히 구현되어 사용되려면 앞으로 몇 년은 더 걸릴 것으로 예상한다.

4.1 개요

그림 4.1은 네트워크 계층에서 앨리스와 밥이 통신하는 것을 보여준다. 이는 2장의 응용 계층과 3장의 전송 계층의 통신을 설명할 때와 같은 시나리오이다.

그림 4.1 ┃ 네트워크 계층에서 통신

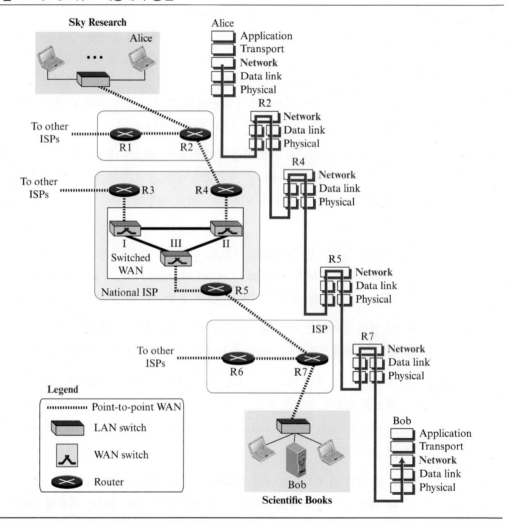

그림에서 보듯이 인터넷은 많은 네트워크(혹은 링크)들이 연결 장치를 통해 서로 연결되어 구성되어 있다. 즉 인터넷은 LAN과 WAN의 조합인 네트워크 간(internetwork)의 연결이다. 네트워크 계층(네트워크 간의 계층)의 역할을 보다 쉽게 이해하기 위해 LAN과 WAN을 연결해주는 연결 장치(라우터나 스위치)를 알아야 한다.

　그림에서와 같이 네트워크 계층은 발신지 호스트와 목적지 호스트 그리고 경로상의 모든 라우터(R2, R4, R5 및 R7)에서 실행된다. 목적지 호스트(앨리스)에서 네트워크 계층은 전송 계층으로부터 패킷을 받아 데이터그램으로 패킷을 캡슐화하고 데이터링크 계층으로 전달한다. 목적지 호스트(밥)에서는 데이터그램이 역캡슐화되고 패킷이 추출되어 상응하는 전송 계층으로 전달된다. 발신지와 목적지의 호스트에서는 TCP/IP의 모든 계층이 통신에 관여하지만 라우터 상에서는 라우팅 패킷일 경우 3개의 계층만 관여한다. 그러나 제어 목적의 패킷일 경우 응용 계층과 전송 계층이 필요할 수도 있다. 보통 경로상의 라우터는 한 네트워크로부터 패킷을 수신하고 다른 네트워크로 패킷을 전달하기 때문에 두 개의 데이터링크 계층과 두 개의 물리 계층을 가진다.

4.1.1 네트워크 계층 서비스

최근 인터넷의 네트워크 계층을 살펴보기 전에, 네트워크 프로토콜에서 제공하는 네트워크 서비스를 살펴보기로 하자.

패킷화

네트워크 계층의 첫 번째 역할은 **패킷화(packtizing)**이다. 발신지에서는 상위 계층에서 받은 데이터인 페이로드를 네트워크 계층의 패킷으로 캡슐화하고 목적지에서는 네트워크 계층의 패킷을 역캡슐화한다. 즉 네트워크 계층의 주요 역할은 발신지에서 목적지까지 페이로드를 사용하거나 변경하지 않고 전달하는 것이다. 네트워크 계층은 물품을 송신자로부터 수신자까지 내용물을 변경하거나 사용하지 않고 전달하는 우체국과 같은 서비스를 수행한다.

발신지 호스트는 상위 계층 프로토콜로부터 페이로드를 수신하여 발신지와 목적지 주소를 포함한 헤더와 네트워크 계층에 필요한 다른 정보(차후 설명)를 더하여 패킷을 데이터링크 계층으로 전달한다. 발신지는 페이로드 상의 정보가 전송하기에 너무 커 단편화가 필요한 경우를 제외하고는 변경을 허용하지 않는다.

목적지 호스트는 데이터링크 계층으로부터 네트워크 계층 패킷을 수신하고 패킷을 역캡슐화한 뒤 페이로드를 상응하는 전송 계층 프로토콜로 전달한다. 만약 패킷이 발신지 호스트나 경로상의 라우터에서 단편화된 경우, 네트워크 계층은 모든 단편화된 패킷을 수신한 뒤 그것을 재조립하여 상위 계층 프로토콜로 전달한다.

경로상의 라우터는 패킷을 단편화하지 않는 한 수신한 패킷을 역캡슐화할 수 없다. 또한 라우터는 발신지와 목적지 주소를 변경할 수 없다. 단지 경로상의 다음 네트워크로 패킷을 전달하기 위해 주소를 검사할 뿐이다. 그러나 만약 패킷이 단편화되어 있다면 모든 단편화된 패킷에 헤더가 복사되어야 하므로 약간의 수정이 필요하다. 이는 차후 자세히 설명한다.

라우팅

네트워크 계층에서 처음 역할만큼 중요한 또 다른 역할은 라우팅(routing)이다. 네트워크 계층은 패킷이 발신지에서 목적지까지 갈 수 있도록 경로를 라우팅해야 한다. 물리적인 네트워크는 네트워크(LAN과 WAN)와 네트워크를 연결하는 라우터의 조합이다. 이는 발신지에서 목적지까지 적어도 하나 이상의 라우터가 있다는 의미이다. 네트워크 계층은 가능한 모든 경로 중 가장 좋은 경로를 찾는 역할도 수행한다. 따라서 네트워크 계층은 가장 좋은 경로를 정의하는 구체적인 규칙이 필요하다. 요즘 인터넷에서는 **라우팅 프로토콜**(*routing protocol*)을 통해 라우터가 이웃에 관한 정보를 일관된 테이블에 유지하여 패킷이 도착하였을 때 사용할 수 있도록 한다. 다음 장에서 설명할 라우팅 프로토콜은 통신이 이루어지기 전 수행되어야 한다.

포워딩

각 라우터의 의사결정 테이블을 만들기 위해 라우팅에 규칙을 적용하고 라우팅 프로토콜을 실행할 때 **포워딩**(*forwarding*)은 라우터 상의 하나의 인터페이스로 패킷이 도착했을 때 라우터가 취하는 행동으로 정의할 수 있다. 이런 행동을 취하기 위해 라우터가 일반적으로 사용하는 의사결정 테이블은 **포워딩 테이블**(*forwarding table*)이나 **라우팅 테이블**(*routing table*)이라 불리기도 한다. 라우터가 하나의 네트워크로부터 패킷을 수신하면(유니캐스트 라우팅의 경우) 해당 패킷을 다른 하나의 네트워크로 포워딩하거나(멀티캐스트 라우팅의 경우) 여러 네트워크로 포워딩한다. 이런 결정을 위해 라우터는 패킷 헤더에 있는 목적지 주소나 레이블(label) 정보를 사용하여 포워딩 테이블에서 상응하는 출력 인터페이스 번호를 찾는다. 그림 4.2는 라우터 상에서 포워딩 과정을 보여준다.

그림 4.2 │ 포워딩 과정

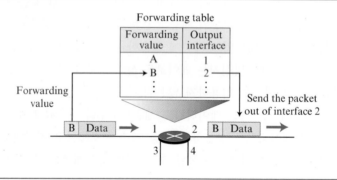

오류 제어

3장에서 전송 계층의 오류 제어(error control) 기법을 설명하였다. 5장에서는 데이터링크 계층의 오류 제어를 설명할 것이다. 오류 제어는 네트워크 계층에서 구현될 수 있지만 인터넷 네트워크 계층을 설계할 때 네트워크 계층이 전달하는 데이터를 보호하기 위한 오류 제어를 고려하지 않았다. 이는 각 라우터에서 패킷이 단편화될 때마다 네트워크 계층에서 오류를 검사하는 것이 비효율적이라 여겨졌기 때문이다.

　　그러나 네트워크 계층을 설계할 때 전체 데이터그램이 아닌 헤더의 훼손을 방지하기 위한 검사합 필드를 추가하였다. 이 검사합은 두 홉간 및 단대단 간의 데이터 전송 시 데이터그램의 헤더가 변경되거나 훼손되는 것을 방지해 준다.

인터넷 상의 네트워크 계층이 직접적으로 오류 제어 서비스를 제공해 주지는 않지만, 데이터그램이 폐기되거나 헤더 상에 알 수 없는 정보가 있을 때 오류 제어를 할 수 있는 보조 프로토콜인 ICMP를 제공한다. ICMP는 나중에 설명한다.

흐름 제어

흐름 제어(Flow control)는 송신자가 수신자가 허용할 수 있을 만큼의 데이터만 보내도록 조절해 준다. 송신자 측의 상위 계층에서 수신자 측의 상위 계층이 처리할 수 있는 양보다 더 많은 데이터를 전송할 경우 수신측에서는 데이터를 감당할 수 없게 된다. 데이터의 흐름을 제어하기 위해 수신자는 자신이 데이터를 감당할 수 없는 것을 알리기 위한 피드백을 전송해야 한다.

그러나 인터넷의 네트워크 계층은 직접적으로 흐름 제어를 제공하지 않는다. 수신측의 준비와는 상관없이 송신측에서 데이터그램이 준비되면 바로 전송한다.

네트워크 계층에 흐름 제어가 포함되지 않은 것에는 몇 가지 이유가 있다. 첫째, 네트워크 계층에 오류 제어가 없기 때문에 수신측의 네트워크 계층 역할이 간단해지고 이는 곧 네트워크 계층이 더 많은 데이터를 처리할 수 있도록 해주기 때문이다. 둘째, 네트워크 계층의 상위 계층이 데이터를 수신하는 즉시 바로 처리하지 않고 버퍼를 두어 네트워크 계층에서 전달되는 데이터를 보관할 수 있기 때문이다. 셋째, 흐름 제어는 네트워크 계층을 사용하는 대부분의 상위 계층에서 제공되므로 네트워크 계층에서의 추가적인 흐름 제어를 수행하는 것은 네트워크 계층을 더욱 복잡하게 만들고 전체 시스템을 비효율적으로 만들기 때문이다.

혼잡 제어

네트워크 계층의 또 다른 이슈는 혼잡 제어(congestion control)이다. 네트워크 계층에서 혼잡은 인터넷의 공간에 너무 많은 데이터그램이 존재하는 경우이다. 송신자가 보낸 데이터그램이 네트워크나 라우터의 처리 성능을 넘어설 경우 혼잡이 발생한다. 이 경우 몇몇 라우터는 데이터그램 중 일부를 놓칠 수도 있다. 그러나 데이터그램을 처리하지 못할수록 상위 계층의 오류 제어 기술 때문에 송신자는 손실된 패킷의 복사본을 계속 보내게 되어 상황을 더욱 악화시키게 된다. 혼잡이 지속되면 때때로 시스템이 다운되고 데이터그램이 하나도 전달되지 못하는 지경에 이를 수 있다. 혼잡 제어는 현재 인터넷에 구현되어 있지는 않지만 이 장의 뒷부분에서 네트워크 계층의 혼잡 제어를 설명하고자 한다.

서비스 품질

인터넷에서 멀티미디어 통신(특히 음성과 비디오의 실시간 전송)과 같은 새로운 어플리케이션을 사용 가능하기 때문에 서비스의 품질이 더욱 중요하게 되었다. 인터넷은 이런 어플리케이션을 지원하기 위해 보다 나은 서비스 품질(quality of service)을 제공하며 발전하였다. 그러나 네트워크 계층을 그대로 두기 위해, 이런 기능의 대부분은 상위 계층에 구현되어야 한다. 멀티미디어 통신을 더 많이 사용할수록 서비스 품질에 대한 문제가 드러나기 때문에 이 사항은 8장에서 설명한다.

보안

네트워크 계층에서 통신의 또 다른 이슈는 보안(security)이다. 인터넷을 설계하던 당시 적은 수의 대학 측 사용자들이 연구 목적으로 사용할 용도로 설계하였기 때문에 보안은 고려대상이 아니었다(다른 사람들은 인터넷에 접속할 수 없었다). 네트워크 계층은 보안에 대한 준비 없이 설계되었다. 그러나 요즘, 보안은 큰 관심사이다. 비연결형 네트워크 계층에 보안성을 제공하기 위해, 비연결형 서비스를 연결 지향형 서비스로 변경할 수 있는 다른 가상의 단계가 필요하다. IPSec으로 불리는 이 가상의 단계는 10장에서 설명한다.

4.1.2 패킷 교환

앞 절에서 설명한 라우팅과 포워딩에서 네트워크 계층에서 **교환**(*switching*)과 같은 기능이 수행된다는 것을 살펴보았다. 사실, 라우터는 전기 스위치가 입력단의 전기를 출력단으로 연결하는 것과 같이 입력 포트와 출력 포트(혹은 다수의 출력 포트) 사이의 연결을 만드는 교환기이다.

비록 데이터 통신의 교환 기법이 회선 교환과 패킷 교환방식으로 구분되지만, 네트워크 계층에서 사용되는 데이터는 패킷이기 때문에 패킷 교환만 사용된다. 앞서 언급한 전기 스위치와 같은 회선 교환은 물리 계층에서 주로 사용된다.

네트워크 계층에서 상위 계층에서 온 메시지는 처리할 수 있는 크기의 패킷들로 단편화되고 각 단편은 네트워크를 통해 전송된다. 메시지의 발신지에서는 패킷을 차례차례 보내고 메시지의 목적지에서 하나씩 수신한다. 목적지에서는 상위 계층에 메시지를 전달하기 전 단편화된 메시지의 패킷이 모두 도착할 때까지 기다린다. 패킷 교환 네트워크의 연결 장치는 패킷을 최종 목적지로 어떻게 보낼지 결정해야 한다. 오늘날 패킷 교환 네트워크에서 패킷의 경로를 찾기 위해 **데이터그램** 방식과 **가상 회선** 방식의 두 가지 방식을 사용한다. 다음 절에서 두 가지 방식 모두를 설명한다.

데이터그램 방식: 비연결형 서비스

인터넷이 처음 만들어질 때 네트워크 계층의 간소화를 위해 모든 패킷을 독립적으로 처리하는 비연결형 서비스를 제공하도록 설계되었다. 네트워크 계층의 기본 개념은 발신지에서 목적지로 패킷을 전달하는 것이었다. 이 방식에서는 메시지의 패킷들이 목적지까지 같은 경로나 혹은 다른 경로로 전달될 수 있다. 그림 4.3은 이런 경우들을 보여준다.

네트워크 계층에서 비연결형 서비스를 제공할 때 인터넷 상의 모든 패킷은 각각 독립적인 개체였다. 같은 메시지에 속한 패킷이더라도 서로 연관성이 없었다. 이런 네트워크 형태의 교환기를 라우터라 하였다. 한 메시지에 속한 패킷은 같은 메시지에 속한 패킷 다음에 갈 수도 있고 다른 발신지에서 전송된 다른 메시지에 속한 패킷 다음에 갈 수도 있다.

각 패킷은 패킷의 헤더에 포함된 발신지 주소와 목적지 주소 정보를 기반으로 라우팅된다. 발신지 주소는 패킷이 어디서부터 왔는지를 알려주고 목적지 주소는 패킷이 갈 곳을 알려준다. 이 경우 라우터는 목적지 주소만 참조하여 경로를 라우팅한다. 발신지 주소는 패킷이 폐

그림 4.3 | 비연결형 패킷 교환 네트워크

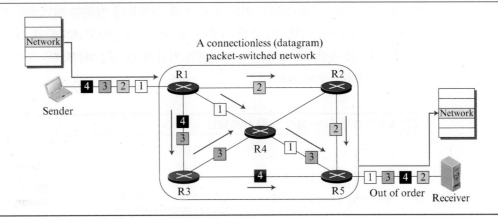

기될 때 오류 메시지를 전송하기 위해 사용된다. 그림 4.4에서 이런 경우의 포워딩 과정을 볼 수 있다. 여기서는 A와 B 같은 형태의 주소를 사용하였다.

그림 4.4 | 비연결형 네트워크에서 사용되는 라우터 내의 포워딩 과정

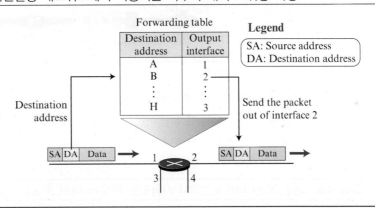

데이터그램 방식에서 포워딩 결정은 패킷의 목적지 주소에 의해 결정된다.

가상 회선 방식: 연결 지향형 서비스

연결 지향형 서비스(또는 가상 회선 방식)에서는 한 메시지에 속한 모든 패킷은 연관성이 있다. 메시지의 모든 데이터그램이 전송되기 전에 데이터그램을 위한 가상의 경로가 설정된다. 연결이 설정된 뒤, 데이터그램을 모두 같은 경로로 전송할 수 있다. 이런 종류의 서비스에서는 패킷은 발신지와 목적지 주소뿐만이 아니라 패킷이 지나가야 하는 가상 경로를 정의하는 가상 회선 인식자와 같은 흐름 레이블을 포함해야 한다. 간단히, 여기서는 패킷이 흐름 레이블을 포함하는 것으로 가정하고 이런 흐름 레이블이 어떻게 정해지는지 설명한다. 이런 레이블의 사용으로 전송 단계 중에 발신지와 목적지의 주소가 불필요하게 생각될 수도 있지만, 네트워크 계층에서 여전히 이 주소들이 필요하다. 이는 경로 중의 일부분이 여전히 비연결형 서비스를 사용하고 있을 수도 있기 때문이다. 또 다른 이유는 네트워크 계층의 프로토콜이 이런 주소를 사용하도록 설계되었고 이런 프로토콜이 변경되려면 시간이 걸리기 때문이다. 그림 4.5는 연결 지향형 서비스의 개념을 보여준다.

그림 4.5 | 가상 회선 패킷 교환 네트워크

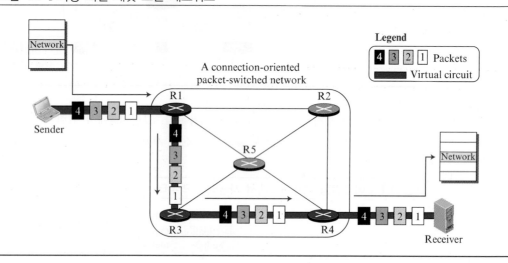

각 패킷은 패킷의 레이블에 따라 전달된다. 인터넷에서 연결 지향형 설계의 방식을 따르기 위해 라우터에 도착하는 패킷에 레이블이 있다고 가정한다. 그림 4.6은 이런 개념을 보여준다. 이 경우, 포워딩 결정은 레이블의 값 혹은 가상 회선 확인자로 불리는 것에 의해 결정된다.

그림 4.6 | 가상 회선 네트워크에서 사용되는 라우터 내의 포워딩 과정

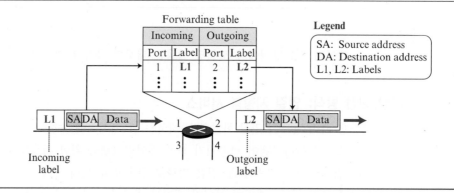

연결 지향형 서비스를 만들기 위해 설정, 데이터 전송, 연결 해제의 3단계 과정이 사용된다. 설정 단계에서는 연결 지향형 서비스를 위해 송신자와 수신자의 발신지와 목적지 주소로

테이블 항목을 생성한다. 연결 해제 단계에서는 라우터 상의 해당 테이블 항목을 삭제한다. 이 두 단계 사이에 데이터 전송을 한다.

가상 회선 방식에서 포워딩은 패킷의 레이블에 의해 결정된다.

설정 단계

설정 단계(setup phase)에서는 가상 회선을 위한 항목을 라우터가 생성한다. 예를 들어, 발신지 A가 목적지 B로 가상 회선을 생성한다고 하자. 송신측과 수신측은 요청 패킷과 확인응답 패킷의 두 개의 보조 패킷을 교환한다.

요청 패킷 요청 패킷(request packet)은 발신지가 목적지로 전송한다. 이 보조 패킷은 발신지와 목적지 주소 정보를 가지고 있다. 그림 4.7은 이 과정을 보여준다.

그림 4.7 ┃ 가상 회선 네트워크에서 요청 패킷 전송

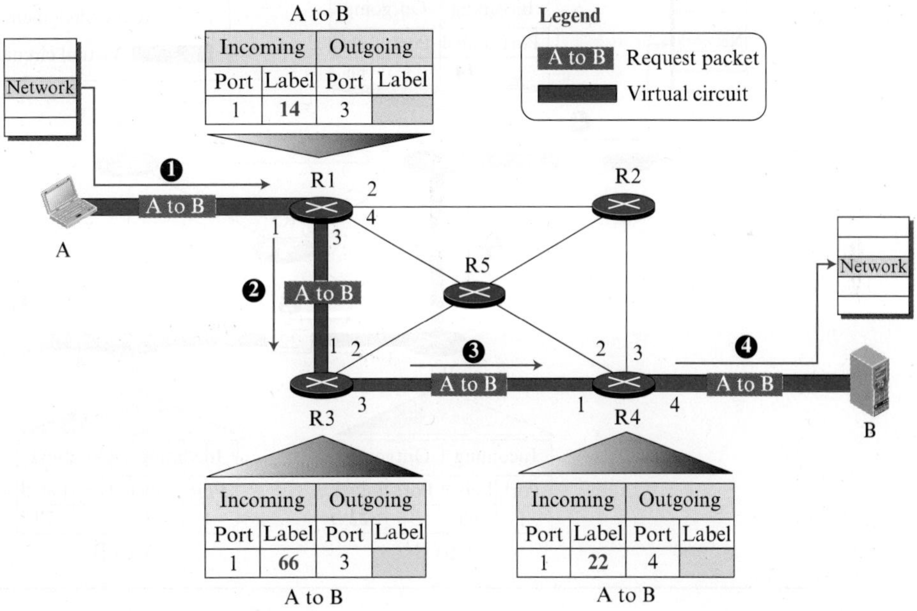

1. 발신지 A가 요청 패킷을 라우터 R1으로 보낸다.
2. 라우터 R1은 요청 패킷을 받는다. R1은 A에서 B로 향하는 패킷을 3번 포트로 보내야 하는 것을 이미 알고 있다. 라우터가 어떻게 이 정보를 얻는지는 나중에 설명한다. 여기서는 라우터가 이미 알고 있다고 가정하자. 라우터는 해당 가상 회선을 위해 내부의 테이블에 항목을 생성한다. 이때 라우터는 총 4개의 열중 3개만 채울 수 있다. 라우터는 입력 포트(1)와 사용 가능한 입력 레이블(14) 그리고 출력 포트(3)를 할당한다. 아직까지 출력 레이블은 알 수 없

다. 출력 레이블은 확인응답 과정에서 알게 된다. 그 뒤, 라우터는 패킷을 3번 포트를 통해 라우터 R3로 전달한다.

3. 라우터 R3은 설정 요청 패킷을 수신한다. 그리고 라우터 R1과 같이 테이블에서 입력 포트 (1), 입력 레이블(66) 그리고 출력 포트(3)를 채우는 과정을 여기서도 수행한다.

4. 라우터 R4는 설정 요청 패킷을 수신한다. 마찬가지로 입력 포트(1), 입력 레이블(22) 그리고 출력 포트(4)를 채운다.

5. 목적지 B는 설정 패킷을 수신하고 A로부터 패킷을 수신할 준비가 되면 그림 4.8과 같이 여기서는 77인 레이블을 할당한다. 이 레이블은 패킷이 다른 발신지가 아닌 A로부터 오는 것을 목적지가 알게 해준다.

확인응답 패킷 확인응답 패킷(acknowledgment packet)으로 불리는 이 특별한 패킷은 교환 테이블 내의 항목을 완성시킨다. 그림 4.8은 이 과정을 보여준다.

그림 4.8 | 가상 회선 네트워크에서 확인응답 전송

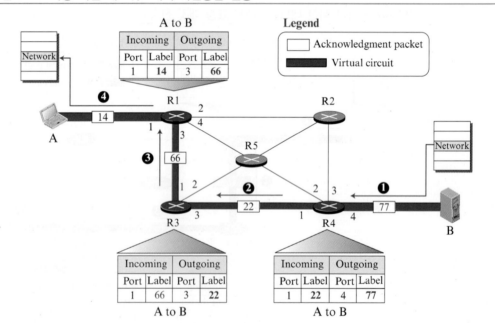

1. 목적지는 라우터 R4로 확인응답을 보낸다. 확인응답에는 발신지와 목적지의 글로벌 주소를 포함하기 때문에 라우터는 테이블의 어떤 항목을 완성해야 할지 알 수 있다. 목적지가 A로부터 오는 패킷에 입력 레이블로 77을 선택하여 패킷은 77레이블 정보를 가지고 있다. 라우터 R4는 이 레이블을 사용하여 해당 항목의 출력 레이블 열의 값을 채운다. 여기서 주의할 점은 77은 목적지 B에게는 입력 레이블이지만 라우터 R4에게는 출력 레이블이라는 것이다.

2. 라우터 R4는 라우터 R3에게 설정 단계에서 선택된 자신의 입력 레이블을 포함한 확인응답을 보낸다. 라우터 R3는 이 값을 테이블의 출력 레이블로 사용한다.

3. 라우터 R3는 라우터 R1에게 설정 단계에서 선택된 자신의 입력 레이블을 포함한 확인응답을 보낸다. 라우터 R1은 이 값을 테이블의 출력 레이블로 사용한다.

4. 최종적으로 라우터 R1은 발신지 A에게 설정 단계에서 선택된 자신의 입력 레이블을 포함한 확인응답을 보낸다.

5. 발신지는 이 값을 목적지 B로 보낼 데이터 패킷의 출력 레이블로 사용한다.

데이터 전송 단계

두 번째 단계는 데이터 전송 단계(data transfer phase)이다. 모든 라우터가 특정 가상 회선을 위한 포워딩 테이블을 완성하면 하나의 메시지에 속한 네트워크 계층 패킷들을 순서대로 전송할 수 있다. 그림 4.9에서는 단일 패킷의 예만 보여주고 있지만 하나의 패킷이든 100여 개의 패킷이든 그 과정은 동일하다. 발신지 컴퓨터는 설정 단계에서 라우터 R1으로부터 받은 레이블 14를 사용한다. 라우터 R1은 패킷의 레이블을 66으로 변경하여 라우터 R3로 전달한다. 라우터 R3는 패킷의 레이블을 22로 변경하여 라우터 R4로 전달한다. 마지막으로 라우터 R4는 패킷의 레이블을 77로 변경하고 최종목적지로 전달한다. 메시지의 모든 패킷은 같은 순서로 레이블을 부여 받으며 목적지까지 순서대로 도착한다.

그림 4.9 | 설정된 가상 회선 상의 한 패킷의 흐름

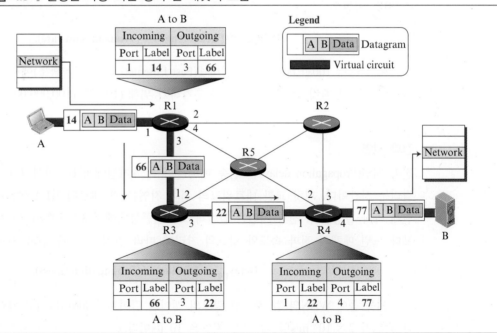

연결 해제 단계

연결 해제(teardown) 단계에서는 발신지 A가 목적지 B로 모든 패킷을 보내고 난 뒤, 연결 해제 패킷으로 불리는 특수 패킷을 전송한다. 목적지 B는 확인 패킷으로 회신한다. 모든 라우터는 테이블 내에 상응하는 항목을 삭제한다.

4.1.3 네트워크 계층 성능

네트워크 계층을 사용하는 상위 계층 프로토콜은 이상적인 서비스를 원하지만 네트워크 계층은 완벽하지 않다. 네트워크의 성능은 **지연, 처리량, 패킷 손실률**로 측정 가능하다. 우선 패킷 교환 네트워크 상에서 이 세 용어를 정의하고 성능에 항목들이 미치는 영향을 설명한다.

지연

대부분 네트워크가 즉각 반응하길 원하지만 패킷이 발신지에서 목적지까지 전송될 때 필연적으로 지연(delay)이 발생한다. 네트워크 상의 지연은 전송 지연, 전파 지연, 처리 지연, 그리고 큐 내부의 지연의 네 가지 형태로 분류된다. 먼저 이 지연의 종류를 설명하고 발신지에서 목적지까지의 패킷 지연을 어떻게 계산하는지 살펴보자.

전송 지연

발신지 호스트나 라우터는 패킷을 즉시 보낼 수 없다. 송신자는 전송해야 할 패킷에 하나하나 비트 정보들을 추가해야 한다. 만약 전송해야 할 패킷에 첫 번째 비트가 t_1에 추가되고 마지막 비트가 t_2에 추가된다면 패킷의 전송 지연(transmission delay)은 (t_2-t_1)이 된다. 따라서 큰 패킷의 길이가 길수록 전송 지연도 길어지며 송신자가 빨리 보낼 수 있으면 전송 지연은 짧아진다. 즉 전송 지연은

$$\text{Delay}_{tr} = (\text{Packet length}) / (\text{Transmission rate}).$$

예를 들어 100만 bps의 고속 이더넷(Fast Ethernet) LAN(5장 참조)에서 10,000 비트의 패킷을 전송하려면 패킷 상에 모든 비트를 추가하기 위해 (10,000)/(100,000,000), 혹은 100 μs의 시간이 걸린다.

전파 지연

전파 지연(Propagation delay)은 전송 매체를 통해 A지점에서 B지점까지 1비트가 전달되는 데 걸리는 시간이다. 패킷 교환 네트워크의 전파 지연은 각 네트워크(LAN이나 WAN)의 전파 지연에 따라 결정된다. 전파 지연은 일반적으로 진공상태에서 3×10^8 m/s이고 유선 상에서는 이보다 느린 매체의 전파 속도와 링크의 거리에 따라 결정된다. 즉 전파 지연은

$$\text{Delay}_{pg} = (\text{Distance}) / (\text{Propagation speed}).$$

예를 들어 WAN의 점-대-점 링크의 케이블 길이가 2,000미터이고 케이블에서 비트의 전파 속도가 2×10^8 m/s일 때 전파 지연은 10 μs이다.

처리 지연

처리 지연(processing delay)은 라우터나 목적지 호스트가 입력 포트로 패킷을 받고, 헤더를 제거하고, 오류 탐지를 수행한 뒤, 출력 포트로 패킷을 보내거나(라우터의 경우) 상위 계층 프로토콜로 패킷을 전달(목적지 호스트의 경우)하는 데 걸리는 시간을 말한다. 처리 지연은 각 패킷

마다 다르지만 보통 평균으로 계산된다.

$$\text{Delay}_{pr} = \text{Time required to process a packet in a router or a destination host}$$

큐 내부의 지연

일반적으로 큐 내부의 지연(queuing delay)은 라우터에서 발생한다. 다음 장에서 설명하겠지만, 라우터는 각 입력 포트에 처리할 패킷을 보관할 큐와 출력 포트에 전송할 패킷을 보관할 큐를 각각 가지고 있다. 큐 내부의 지연은 라우터의 입력 큐와 출력 큐에서 패킷이 대기하는 시간을 측정하여 구한다. 이는 공항의 상황에 비교될 수 있다. 착륙을 할 때 착륙 활주로를 확보하기 위해 기다릴 수도 있고(입력 지연) 이륙 시에는 이륙 활주로를 확보하기 위해 기다릴 수도 있다 (출력 지연).

$$\text{Delay}_{qu} = \text{The time a packet waits in input and output queues in a router}$$

전체 지연

전체 경로상의 라우터의 개수 n을 알고 송신자, 라우터, 수신측이 각각 같은 지연을 가지고 있다고 가정할 때 패킷에 발생할 전체 지연(발신지에서 목적지까지)은 다음과 같다.

$$\text{Total delay} = (n + 1)\,(\text{Delay}_{tr} + \text{Delay}_{pg} + \text{Delay}_{pr}) + (n)\,(\text{Delay}_{qu})$$

여기서 n개의 라우터가 있다면 $(n + 1)$개의 링크가 존재한다. 따라서 n개의 라우터와 발신지와 관련하여 $(n + 1)$개의 전송 지연이 발생하고, $(n + 1)$개의 링크와 관련하여 $(n + 1)$개의 전파 지연이 발생하며, n개의 라우터와 목적지와 연관하여 $(n + 1)$개의 처리 지연이 발생하고, n개의 라우터에서 n개의 큐 내부의 지연이 발생한다.

처리량

처리량(throughput)은 초당 한 지점을 지나는 비트의 수로 정의되는 것으로 해당 지점의 실질적인 전송률이다. 발신지에서 목적지까지의 경로에서 패킷은 서로 다른 전송률을 가진 다수의 링크(네트워크)를 통과할 수 있다. 이 경우 전체 처리량을 어떻게 정의할 수 있을까? 이런 상황을 이해하기 위해 그림 4.10과 같이 각기 다른 전송률을 가진 세 개의 링크가 있다고 가정해 보자.

그림 4.10 ▌ 세 개의 연속된 링크로 구성된 경로의 처리량

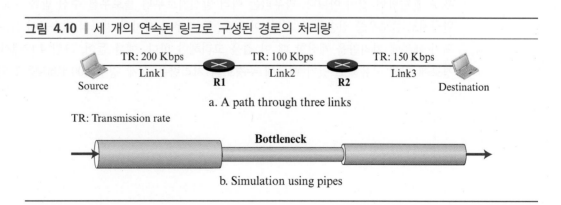

a. A path through three links

TR: Transmission rate

b. Simulation using pipes

이 그림에서 링크 1에서는 200 Kbps의 속도로 데이터가 전송된다. 그러나 데이터가 라우터 R1에 도착하면 이 속도로 라우터를 통과할 수 없다. 데이터는 라우터의 큐에 저장되고 100 Kbps의 속도로 전송된다. 데이터가 라우터 R2에 도착하면 150 Kbps의 속도로 전송될 수 있지만 해당 속도로 전송할 만큼의 데이터가 R1로부터 전송되지 않는다. 즉 링크 3의 평균 전송률도 100 Kbps가 된다. 여기서 경로의 평균 전송률이 3개의 다른 전송률 중 제일 작은 100 Kbps가 되는 것을 알 수 있다. 그림에서 보듯이 이는 서로 다른 크기의 파이프에 비유될 수 있다. 평균 전송량은 가장 작은 반경을 가진 병목지점의 파이프에 의해 결정된다. 일반적으로 연속된 n 경로에서

$$\text{Throughput} = \text{minimum } \{TR_1, TR_2, \ldots TR_n\}.$$

그림 4.10에서 다수의 링크를 데이터가 통과할 때 처리량을 계산하는 것을 확인하였지만 인터넷 상에서 일반적으로 데이터가 통과하는 실제 경우는 그림 4.11과 같이 두 개의 다른 액세스 네트워크와 인터넷 백본을 지나는 경우이다.

그림 4.11 ▌ 인터넷 백본을 통한 경로

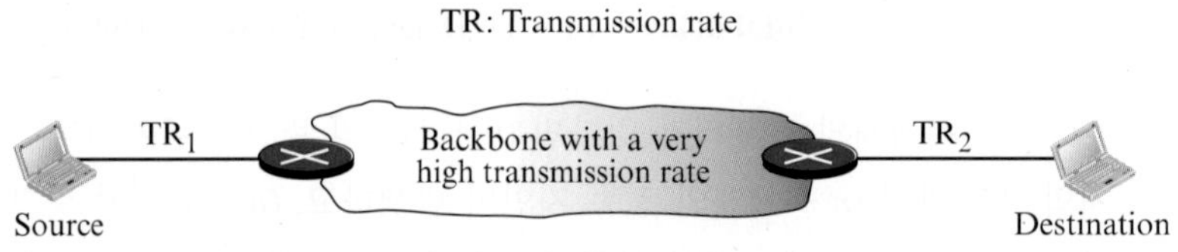

인터넷 백본은 기가 bps 단위의 매우 높은 전송률을 가지고 있다. 이는 곧 전체 처리량을 좌우하는 최소 전송률은 발신지와 목적지를 백본에 연결하는 액세스 네트워크에서 결정된다. 그림 4.11에서 처리량은 TR_1과 TR_2 중 작은 값이 된다. 예를 들어, 백본에 100 Mbps의 빠른 이더넷 LAN으로 연결된 서버로부터 사용자가 40 Kbps의 전화선을 통해 연결하여 파일을 다운로드할 경우 처리량은 40 Kbps가 된다. 전화선에서 병목현상이 발생하는 것이다.

처리량을 고려하기 위해 다른 상황도 생각해봐야 한다. 두 라우터 사이의 링크가 항상 플로우 A에 할당된 것이 아니다. 라우터는 여러 발신지로부터 플로우를 수신 받을 수도 있고 여러 발신지로 플로우를 전송할 수 있다. 이 경우, 두 라우터 사이의 링크의 전송률이 플로우 간 공유되기 때문에 처리량을 계산할 때 이 점을 고려해야 한다. 예를 들어, 그림 4.12에서 링크가 세 경로에 의해 공유되고 있기 때문에 주경로의 처리량은 실제 경우 200 Kbps밖에 되지 않는다.

그림 4.12 | 공유된 링크에서의 처리량의 영향

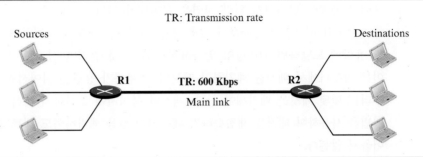

패킷 손실

통신의 성능에 큰 영향을 미치는 다른 요소 중 하나는 전송 중 손실되는 패킷의 수이다. 라우터가 다른 패킷을 처리하는 동안 수신되는 패킷은 자신의 차례가 순서가 될 때까지 입력 버퍼에서 대기해야 한다. 그러나 라우터는 한정된 버퍼를 가지고 있다. 따라서 버퍼가 가득 찰 경우 패킷을 수신하지 못하고 폐기하게 된다. 인터넷의 네트워크 계층에서 패킷 손실이 발생하면 해당 패킷을 재전송하는 데 이 경우 더 많은 오버플로우와 패킷손실을 일으킬 수 있다. 패킷 손실과 큐의 오버플로우를 막기 위해 큐잉 이론에서 많은 연구가 이루어졌다.

4.1.4 네트워크 계층의 혼잡

3장에서 네트워크 계층의 혼잡을 설명하였다. 인터넷 모델에서 네트워크 계층의 혼잡을 명시적으로 다루지는 않지만, 네트워크 계층의 혼잡을 공부하는 것이 전송 계층의 혼잡이 발생하는 이유와 네트워크 계층에 사용 가능한 해결책을 찾는 데 도움이 될 수 있다. 네트워크 계층의 혼잡은 앞서 언급된 처리량과 지연의 두 가지 사항과 관련이 있다.

그림 4.13은 부하에 따른 지연과 처리량의 성능을 보여주고 있다.

그림 4.13 | 부하에 따른 패킷 지연과 처리량

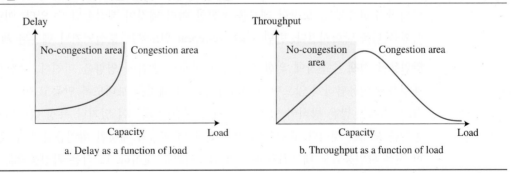

부하가 네트워크의 용량보다 훨씬 적을 경우 **지연(delay)**은 최소화된다. 이 최소 지연은 무시해도 좋은 전파 지연과 처리 지연으로 이루어져 있다. 그러나 부하가 네트워크 용량에 도달하면 전체 지연에 큐 내부의 지연이 더해지기 때문에 지연이 급격하게 높아진다. 부하가 네트워크 용량을 넘어서게 되면 지연은 무한대가 된다.

부하가 네트워크 용량보다 낮을 경우 처리량은 **부하**에 비례하여 증가한다. 부하가 네트워크 용량에 도달하면 처리량이 일정하게 유지될 것 같지만 실제로 처리량은 급격히 감소한다. 이는 라우터에서 패킷을 폐기하기 때문이다. 부하가 용량을 넘어서면 큐는 가득 차게 되고 라우터는 몇몇 패킷을 폐기해야 한다. 패킷이 목적지에 도달하지 못하면 발신지에서 타임-아웃 기법을 사용하여 패킷을 재전송하기 때문에 패킷을 폐기하여도 네트워크 상의 패킷의 수는 줄어들지 않는다.

혼잡 제어

3장에서 설명하였듯이 혼잡 제어(congestion control)는 혼잡이 발생하기 전에 그것을 방지하거나 혼잡이 발생한 후 그것을 없애주는 역할을 하는 기술이다. 일반적으로 혼잡 제어는 혼잡을 방지하기 위한 **open-loop 혼잡 제어(open-loop congestion control)**와 혼잡을 제거하기 위한 **closed-loop 혼잡 제어(closed-loop congestion control)**로 나누어진다.

Open-Loop 혼잡 제어

open-loop 혼잡 제어는 혼잡이 발생하기 전 그것을 방지하기 위한 정책을 수행한다. 이 기술에서 혼잡 제어는 발신지나 목적지에서 수행된다. 다음은 혼잡을 방지할 수 있는 정책의 간단한 예시이다.

재전송 정책   때때로 재전송은 불가피하다. 송신자가 송신한 패킷이 손실되거나 훼손된 것을 인식하면 패킷은 재전송되어야 한다. 일반적으로 재전송은 네트워크 내의 혼잡을 증가시킨다. 그러나 좋은 재전송 정책은 혼잡을 방지할 수 있다. 재전송 정책과 재전송 타이머는 혼잡을 방지하면서 가장 효율적이도록 설계되어야 한다.

윈도우 정책   송신측의 윈도우 종류는 혼잡에 영향을 미친다. 혼잡 제어에서 Selective-repeat 윈도우는 Go-Back-N 윈도우보다 나은 성능을 보인다. Go-Back-N 윈도우에서 패킷의 타이머가 만료되면 수신측에 잘 도착한 패킷을 포함한 여러 패킷이 재전송될 수 있다. 이런 중복이 혼잡한 상황을 더욱 악화시킨다. 반면 Selective-repeat 윈도우는 분실되거나 훼손된 패킷만 재전송한다.

확인응답 정책   수신자에 의한 확인응답 정책도 혼잡에 영향을 미친다. 수신자가 수신한 모든 패킷을 확인응답하지 않으면 송신자가 천천히 패킷을 보내도록 만들고 이는 혼잡을 줄이게 된다. 여기에는 많은 방식이 있다. 수신자는 전송할 패킷이 있거나 특정 타이머가 만료되면 확인응답을 보내는 것이다. 혹은 수신자는 한 번에 N개의 패킷만 확인응답할 수 있다. 여기서 중요한 것은 확인응답도 네트워크 부하의 일종이라는 것이다. 더 작은 확인응답을 보내면 네트워크의 부하를 줄일 수 있다.

폐기 정책   라우터에서 좋은 폐기 정책은 혼잡을 방지하면서 전송되는 것에 영향을 주지 않는다. 예를 들어, 오디오 전송 시, 혼잡이 발생하려고 할 때 덜 민감한 패킷을 폐기하도록 정책이 수행되면 오디오의 질은 유지되면서 혼잡을 방지하거나 낮출 수 있다.

수락 정책 서비스 품질 기술(8장에서 설명)인 수락 정책은 가상 회선 네트워크에서 혼잡을 방지할 수 있다. 교환기는 플로우를 네트워크로 허가하기 전에 플로우가 요구하는 서비스 품질을 검사한다. 네트워크 상에 혼잡이 있거나 혼잡 발생이 예상될 경우, 라우터는 가상 회선 연결 설정을 거부할 수 있다.

Closed-Loop 혼잡 제어

closed-loop 혼잡 제어는 혼잡이 발생한 뒤 혼잡을 줄이기 위한 기술이다. 여러 프로토콜에서 많은 기술이 사용되고 있다. 여기서는 그중 몇 가지만 다룬다.

Backpressure *backpressure* 기법은 수신 노드가 데이터를 전송하는 발신 노드(들)로부터 수신을 중단하는 것이다. 이는 발신 노드(들)를 혼잡에 빠지게 할 수 있으며, 발신 노드들도 차례로 데이터의 상위 발신노드로부터의 데이터 수신을 거부하게 한다. Backpressure 기법은 노드 간 혼잡 제어 기술로 발신지를 향해 데이터의 흐름과 역방향으로 전파된다. Backpressure 기법은 노드가 데이터의 플로우를 전송하는 노드를 알고 있는 가상 회선 네트워크에만 적용이 가능하다. 그림 4.14는 backpressure의 원리를 보여준다.

그림 4.14 ▮ 혼잡을 완화하기 위한 Backpressure 기법

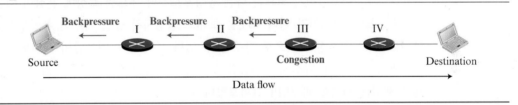

그림의 노드 III은 자신이 처리할 수 있는 양보다 많은 입력 데이터가 있다. 따라서 입력 버퍼에 있는 몇몇 패킷을 폐기하고 노드 II에게 천천히 보낼 것을 요청한다. 차례로 노드 II는 출력단의 데이터 흐름을 늦추기 때문에 혼잡해질 수 있다. 만약 노드 II가 혼잡해지면 노드 I에게 천천히 보낼 것을 요청한다. 이 경우 차례로 노드 I이 혼잡해질 수 있다. 만약 노드 I이 혼잡해지면 노드 I은 발신지에게 데이터를 천천히 전송할 것을 요청한다. 이렇게 하여 혼잡을 줄이는 것이다. 여기서 중요한 것은 혼잡을 줄이기 위해 노드 III의 혼잡이 역방향으로 발신지를 향해 전달되는 것이다.

여기서 중요한 것은 이런 형태의 혼잡 제어 기법은 가상 회선 네트워크에만 구현이 가능하다는 점이다. 이 기술은 상위 라우터에 대한 최소의 정보가 없는 데이터그램 네트워크에는 구현이 불가능하다.

초크 패킷 초크 패킷(**choke packet**)은 혼잡을 알리기 위해 노드에서 발신지로 전송되는 패킷이다. 이때, 초크 패킷 방식과 backpressure 방식의 차이점을 알아야 한다. backpressure에서는 경고 메시지가 자신의 상위 라우터로 전달되어 결국 발신지 노드로 도착하게 된다. 그러나 초크 패킷 방식은 혼잡이 발생한 라우터에서 발신지로 직접 전송된다. 패킷이 거쳐가는 중간 노드는 경고를 받지 않는다. ICMP(추후 설명)에서 이러한 제어 방식의 예를 볼 수 있다. 인터넷 상의 라우터가 IP 데이터그램을 처리하지 못할 경우, 패킷 중 일부분을 폐기하고 발신지 호스트에게 ICMP quench 메시지를 전송하여 혼잡을 알린다. 이 메시지는 중간 노드에서 아무런 처리를 거치지 않고 발신지 노드로 직접 전달된다. 그림 4.15는 초크 패킷의 원리를 보여준다.

그림 4.15 ▎초크 패킷

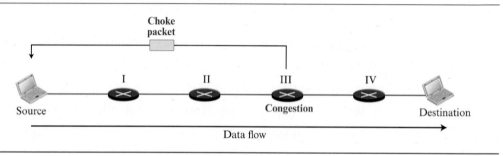

암묵적인 신호 암묵적인 신호 방식(implicit signaling)에서는 혼잡 노드와 발신지 간에 신호를 주고받지 않는다. 발신지 노드는 다른 증상으로부터 네트워크 상에 혼잡이 있는 것으로 추측한다. 예를 들어, 발신지가 여러 패킷을 보내고 일정시간 동안 아무런 확인응답을 수신하지 못하면, 네트워크가 혼잡한 것으로 간주할 수 있다. 수신한 확인응답의 지연도 네트워크의 혼잡을 나타낼 수 있으므로 발신지는 전송을 늦추어야 한다. 이런 종류의 혼잡 제어는 3장에서 TCP의 혼잡 제어를 설명할 때 이미 살펴보았다.

명시적인 신호 방식 혼잡을 경험하는 노드는 발신지 또는 목적지 노드에 신호를 명시적으로 보낼 수 있다. 명시적 신호 방식(explicit signaling)은 초크 패킷 방식과 다르다. 초크 패킷 방식에서 개별 패킷 혼잡 제어를 위해 사용된다. 그러나 명시적인 신호 방식은 데이터를 전송하는 패킷 내에 신호를 포함한다. 명시적인 신호 방식은 순방향 또는 역방향에서 발생한다. 이 같은 형식의 혼잡 제어에 대한 것은 5장의 ATM을 네트워크를 통해 설명할 것이다.

4.1.5 라우터의 구조

포워딩과 라우팅의 설명에서 입력 포트(인터페이스)로부터 패킷을 입력받아 포워딩 테이블을 사용하여 패킷이 전달되어야 할 출력 포트를 찾고 이 출력 포트로 패킷을 전달하는 일종의 블랙박스로 표현하였다. 그러나 이 설명은 자세하지 못하다. 라우터만 다루는 많은 책이 있다. 여기서는 독자들을 위해 라우터에 대한 전체적인 설명만 한다.

컴포넌트

라우터는 그림 4.16과 같이 입력 포트, 출력 포트, 라우팅 프로세서, 스위칭 패브릭의 네 가지로 구성되어 있다.

그림 4.16 ┃ 라우터 구조

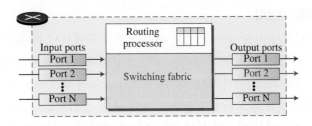

입력 포트

그림 4.17은 입력 포트(input port)의 다이어그램 기본동작을 보여준다.

그림 4.17 ┃ 입력 포트

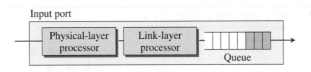

입력 포트는 라우터의 물리 계층과 링크 계층의 기능을 담당한다. 수신된 신호로부터 비트가 생성된다. 프레임을 역캡슐화하여 패킷을 추출하고 오류를 검사하며 훼손된 경우 이를 폐기한다. 이 과정을 마치면 패킷은 네트워크 계층에서 처리된다. 물리 계층 프로세서와 링크 계층 프로세서 외에 입력포트는 스위칭 패브릭에 직접 전달되기 전 패킷을 보관하기 위한 버퍼(큐)를 가지고 있다.

출력 포트

출력 포트(output port)는 입력 포트와 같은 기능을 수행하지만 이를 역순으로 수행한다. 출력될 패킷이 큐에 들어오면 각 패킷은 프레임으로 캡슐화가 되고 최종적으로 물리 계층에서 프레임을 전기적 신호로 생성하여 전송한다. 그림 4.18은 출력 포트의 다이어그램 개략도를 보여준다.

그림 4.18 ┃ 출력 포트

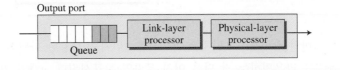

라우팅 프로세서

라우팅 프로세서는 네트워크 계층의 기능을 수행한다. 패킷을 전송할 출력 포트번호와 다음 홉 주소를 찾기 위해 패킷의 목적지 주소를 참조한다. 라우팅 프로세서가 포워딩 테이블에서 검색하기 때문에 이런 동작은 테이블 검색으로도 알려져 있다. 최신 라우터에서는 라우팅 프로세서의 이런 기능을 입력 포트에서 작동하도록 하여 더 신속하게 처리하도록 하고 있다.

스위칭 패브릭

라우터에서 가장 어려운 일은 패킷을 입력 큐에서 출력 큐로 전달하는 것이다. 이 작업의 수행 속도고 입력/출력 큐의 크기와 패킷 전달의 전체 지연에 영향을 준다. 과거 라우터가 고정된 컴퓨터였을 때, 컴퓨터의 메모리나 버스가 스위칭 패브릭(Switching Fabric)으로 사용되었다. 입력 큐가 패킷을 메모리에 저장하고 출력 큐가 메모리로부터 패킷을 읽어오는 방식이었다. 요즘에는 라우터에서 다양한 방법으로 스위칭 패브릭을 사용한다. 여기서는 이 중 몇 가지를 설명하기로 한다.

크로스바 스위치 가장 단순한 형태의 스위칭 패브릭은 그림 4.19와 같은 크로스바 스위치이다. **크로스바 스위치(crossbar switch)**는 각 **교환점(crosspoint)**에서 전기적인 마이크로스위치를 사용하여 그리드 형태로 n개의 입력과 n개의 출력을 연결한다.

그림 4.19 ┃ 크로스바 스위치

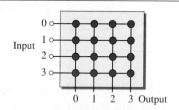

반얀 스위치 크로스바 스위치보다 현실적인 것은 그림 4.20과 같은 **반얀 스위치(banyan switch,** 반얀 나무에서 지음)이다.

그림 4.20 ┃ 반얀 스위치

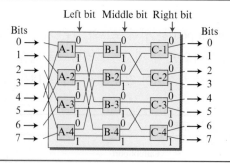

반얀(Banyan) 스위치는 마이크로스위치를 사용한 다단식 스위치로 출력 포트를 기반으로 패킷을 라우팅하는 각 단은 이진 문자열로 표시된다. n개의 입력과 n개의 출력에 대하여 여기

서는 $\log_2(n)$개의 단과 각 단에 $n/2$개의 마이크로스위치를 가지고 있다. 첫 번째 단에서는 비트 문자열 중 가장 높은 순서의 비트에 따라 패킷을 라우팅한다. 두 번째 단에서는 비트 문자열에서 두 번째로 높은 비트에 따라 패킷을 라우팅한다. 그림 4.21은 8개의 입력과 8개의 출력이 있는 반얀 스위치를 보여준다. 스테이지의 총수는 $\log_2(8)$로 3개이다. 1번 입력 포트에 도착한 패킷이 6번 출력 포트(2진수로 110)로 전달되어야 한다고 가정해 보자. 첫 번째 마이크로스위치(A-2)는 패킷의 첫 번째 비트(1)로 라우팅한다. 두 번째 마이크로스위치(B-4)는 패킷의 두 번째 비트(1)로 라우팅한다. 세 번째 마이크로스위치(C-4)는 패킷의 세 번째 비트(0)로 라우팅한다. b에서는 5번 입력 포트에 도착한 패킷이 2번 출력 포트(2진수로 010)로 전달되어야 한다. 첫 번째 마이크로스위치(A-2)는 패킷의 첫 번째 비트(0)로 라우팅한다. 두 번째 마이크로스위치(B-2)는 패킷의 두 번째 비트(1)로 라우팅한다. 세 번째 마이크로스위치(C-2)는 패킷의 세 번째 비트(0)로 라우팅한다.

그림 4.21 ┃ 반얀 스위치 내의 라우팅 예시

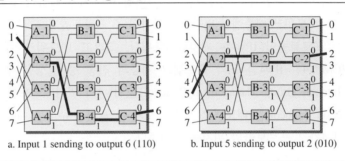

a. Input 1 sending to output 6 (110)   b. Input 5 sending to output 2 (010)

배처–반얀 스위치 반얀 스위치의 문제점은 두 개의 패킷이 같은 출력 포트로 전달되지 않을 때 충돌이 발생할 수 있다는 것이다. 이 문제는 도착한 패킷을 목적지 포트별로 정렬하여 해결할 수 있다. K. E. 배처는 반얀 스위치 앞에 사용되는 스위치를 설계하여 들어오는 패킷을 최종 목적지별로 정렬하도록 하였다. 두 스위치의 조합을 **배처–반얀 스위치(Bacher-Bayan-Switch)** (그림 4.22 참조)라 한다.

그림 4.22 ┃ 배처–반얀 스위치

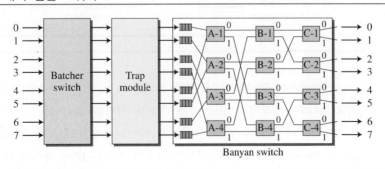

정렬 스위치는 통합 하드웨어 기술을 사용하였지만 여기서 자세히 다루지는 않는다. 보통 **트랩**으로 불리는 다른 하드웨어 모듈이 반얀 스위치와 배처 스위치 사이에 추가된다. 트랩 모듈은 같은 목적지로 향하는 중복된 패킷이 연속적으로 반얀 스위치에 입력되는 것을 방지해 준다. 하나의 틱에는 각각 다른 목적지로 전송되는 패킷만 허용한다. 만약 같은 목적지로 향하는 패킷이 둘 이상이라면 다음 틱을 기다려야 한다.

4.2 네트워크 계층 프로토콜

이 장의 첫 번째 절에서 네트워크 계층에 관련된 일반적인 이슈를 설명하였다. 이 절에서는 TCP/IP에 네트워크 계층이 어떻게 구현되어 있는지 설명한다. 네트워크 계층의 프로토콜은 여러 버전을 거쳐 왔으며 이 절에서는 현재 사용되고 있는 버전 4에 집중하고 이 장의 마지막 절에서 아직 구현되지 않았지만 곧 실현될 버전 6에 대하여 간단히 설명한다.

네트워크 계층에서 버전 4는 하나의 주 프로토콜과 3개의 보조 프로토콜로 생각할 수 있다. 주 프로토콜인 IPv4는 패킷화, 포워딩, 그리고 네트워크 계층에서 패킷 전달을 수행한다. ICMPv4는 IPv4를 도와 네트워크 계층의 전송 중 발생할 수 있는 오류를 제어한다. IGMP (Internet Group Management Protocol)는 IPv4의 멀티캐스트를 도와준다. ARP (Address Resolution Protocol)는 네트워크 계층 주소와 링크 계층 주소를 매핑시킨다. 그림 4.23은 TCP/IP에서 위 4가지 프로토콜의 위치를 보여준다.

그림 4.23 | TCP/IP 프로토콜에서 IP와 다른 네트워크 계층 프로토콜의 위치

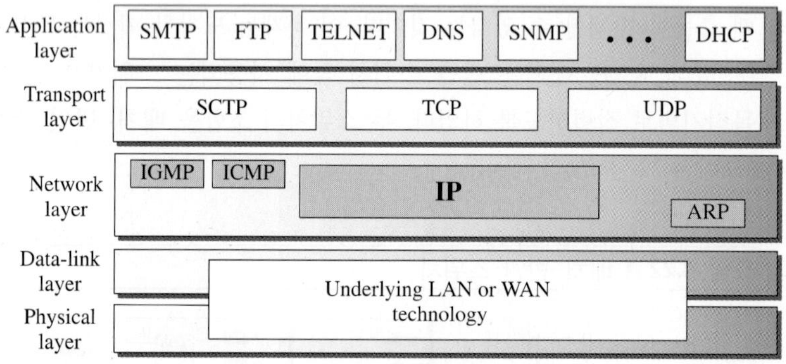

이 절에서는 IPv4와 ICMPv4를 설명한다. IGMP는 라우팅 프로토콜을 설명할 때 함께 설명한다. ARP는 5장에서 링크 계층 주소를 설명할 때 이야기하도록 한다.

IPv4는 비신뢰적이고 비연결형의 데이터그램 프로토콜로 **최선형 전송 서비스**(*best-effort delivery service*)이다. 여기서 최선형 전송의 의미는 IPv4 패킷이 훼손되거나 손실, 순서에 맞지 않게 도착, 지연되어 도착 그리고 네트워크에 혼잡을 발생시킬 수 있는 것을 뜻한다. 만약 신뢰

성이 중요하다면 IPv4는 TCP처럼 신뢰성 있는 전송 계층 프로토콜과 함께 사용되어야 한다. 최선형 전송 서비스의 가장 일반적인 예는 우체국이다. 우체국은 일반 편지를 전달하기 위해 최선을 다하지만 항상 성공하는 것은 아니다. 만약 등록되지 않은 편지가 분실되면 분실된 편지를 찾고 문제를 해결해야 할 책임은 송신자나 수취인이 된다. 우체국은 모든 편지를 관리할 수 없으며 분실이나 훼손을 송신자에게 알릴 수 없다.

IPv4 또한 데이터그램 방식의 패킷 교환 네트워크에서 비연결형 프로토콜이다. 이는 각 데이터그램이 독립적으로 전송되며 각 데이터그램이 목적지로 갈 때 서로 다른 경로로 전달될 수 있음을 의미한다. 이로 인해 같은 발신지에서 목적지로 향하는 데이터그램이 순서에 맞지 않게 전송될 수 있다. 또한 몇몇 패킷은 전송 중 훼손되거나 분실될 수 있다. 마찬가지로 IPv4도 이러한 모든 문제를 상위 계층에서 책임지도록 하고 있다.

이 절에서는 먼저 IPv4에서 제공하는 패킷화를 설명한다. IPv4가 상위 계층의 데이터를 어떻게 캡슐화하여 패킷 형식으로 정의하는지 설명한다. 그 뒤 IPv4의 주소를 설명하고 마지막으로 IPv4 패킷과 ICMP의 라우팅과 포워딩을 설명한다,

4.2.1 IPv4 데이터그램 형식

IP가 사용하는 패킷을 데이터그램(*datagram*)이라 한다. 그림 4.24는 IPv4의 데이터그램 형식을 보여준다. 데이터그램은 가변 길이의 패킷으로 헤더와 페이로드(데이터)로 이루어져 있다. 헤더는 20에서 60 바이트의 길이이며 라우팅과 전송에 필수적인 정보를 가지고 있다. TCP/IP에서는 헤더를 4바이트 부분으로 표현하는 것이 일반적이다.

IPv4의 동작을 이해하기 위해 각 필드의 역할을 설명하고자 한다. 다음은 순서대로 각 필드에 대한 간단한 설명이다.

그림 4.24 ∥ IP 데이터그램

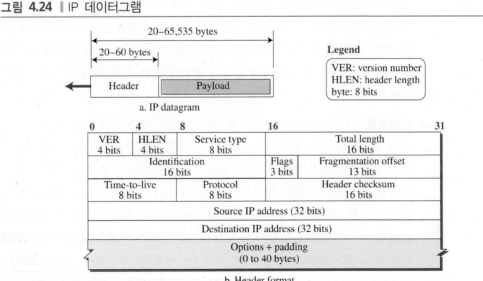

❑ **버전 숫자.** 4비트의 버전 숫자(VER) 필드는 IP 프로토콜의 버전을 정의한다. IPv4는 4의 값을 가진다.

❑ **헤더 길이.** 4비트 길이의 헤더 길이(HLEN) 필드는 데이터그램 헤더의 전체 길이를 4 바이트 워드로 표현한다. IPv4 데이터그램은 가변의 헤더를 가진다. 송신자가 데이터그램을 수신하면 헤더가 어디서 끝나고 패킷에 캡슐화된 데이터가 어디서 시작하는지 알아야 한다. 그러나 헤더 길이 값을 4비트 길이의 헤더 필드에 전체 헤더 길이가 4바이트의 워드 형태로 계산되어야 한다. 전체 길이를 4로 나누고 그 값을 해당 필드에 입력한다. 수신자는 전체 길이를 확인하기 위해 필드의 값에 4를 곱한다.

❑ **서비스 유형.** IP 헤더의 원안에서 이 필드는 데이터그램을 어떻게 처리할지를 정의하는 서비스의 유형(TOS)을 나타냈다. 1990년대 말 IETF는 이 필드를 서비스 구분(*DiffServ*)을 위한 것으로 재정의 하였다. 8장에서 서비스 구분을 설명할 때 이 필드의 비트들에 대해 설명하도록 한다.

❑ **전체 길이.** 이 16비트의 필드는 IP 데이터그램의 전체 바이트 수를 정의한다. 16비트의 숫자는 65,535(모든 비트가 1일 때)까지의 길이를 나타낼 수 있다. 그러나 일반적으로 데이터그램의 크기는 이보다 작다. 이 필드를 통해 수신자는 언제 패킷이 완전히 도착했는지 알 수 있다.

❑ **식별자, 플래그, 분할 오프셋.** 이 세 필드는 데이터그램의 크기가 기반 네트워크가 처리할 수 있는 크기보다 클 경우 필요한 IP 데이터그램의 분할과 관련이 있다. 다음 절에서 분할에 관해 설명할 때 이 필드의 중요성과 내용을 이야기하도록 한다.

❑ **TTL** (*Time-to-live*). 라우팅 프로토콜의 몇몇 잘못된 동작(차후 설명) 때문에 데이터그램이 목적지에 도착하지 못하고 몇몇 네트워크에 순차적으로 계속 전송될 수 있다. 이는 인터넷 상에 추가적인 트래픽을 생성하게 된다. TTL 필드는 데이터그램이 방문할 수 있는 최대 라우터의 수를 정의한다. 발신지 호스트가 데이터그램을 전송할 때 이 필드에 값을 저장한다. 이 값은 보통 일반 호스트 사이의 라우터의 수의 약 두 배로 정의된다. 데이터그램을 전달하는 각 라우터는 이 값을 1씩 감소시킨다. 감소한 결과 이 값이 0이 되면 라우터는 데이터그램을 폐기한다.

❑ **프로토콜.** TCP/IP에서 페이로드로 불리는 패킷의 데이터 부분은 다른 **프로토콜**의 전체 패킷을 전송한다. 예를 들어, 데이터그램은 UDP나 TCP 같은 전송 계층 프로토콜의 패킷을 전송할 수 있다. 또한 데이터그램은 라우팅 프로토콜이나 보조 프로토콜과 같이 직접 IP를 사용하는 다른 프로토콜의 패킷을 전송할 수 있다. 인터넷 기관은 IP를 사용하는 프로토콜에게 프로토콜 필드에 입력될 8비트의 유일한 숫자를 부여한다. 발신지 IP에서 페이로드가 캡슐화될 때, 이 필드에 상응하는 프로토콜의 번호가 추가된다. 데이터그램이 목적지에 도착하면 어느 프로토콜로 페이로드가 전달되어야 할지 알려준다. 즉 이 필드는 그림 4.25와 같이 발신지에서 다중화를 하고 목적지에서는 역다중화를 수행한다. 네트워크 계층의 프로토

콜 필드는 전송 계층의 포트번호처럼 작동한다. 그러나 전송 계층에서는 발신지와 목적지의 포트번호가 다르기 때문에 두 개의 포트번호가 필요하지만 네트워크 계층에서는 발신지와 목적지의 프로토콜 번호가 같기 때문에 하나의 프로토콜 필드만 있으면 된다.

그림 4.25 ┃ 프로토콜 필드의 값을 사용한 다중화와 역다중화

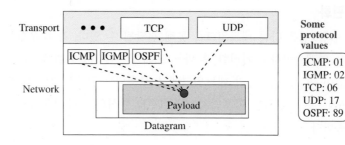

□ **헤더 검사합.** IP는 비신뢰성 프로토콜로 데이터그램이 전송한 페이로드가 전송 중 훼손되었는지 확인하지 않는다. UDP나 TCP와 같이 페이로드를 소유한 프로토콜이 오류를 검사하도록 한다. 그러나 데이터그램의 헤더는 IP가 추가한 것으로 IP는 헤더에 대한 오류 검사를 해야 한다. IP 헤더에 오류가 있을 경우 큰 문제가 생긴다. 예를 들어 목적지 IP 주소가 훼손될 경우 패킷이 잘못된 호스트로 전달될 수 있다. 프로토콜 필드가 훼손되면 페이로드는 잘못된 프로토콜로 전달된다. 분할에 관련된 필드가 훼손되면 목적지 호스트는 분할된 패킷을 재조립할 수 없다. 이러한 이유로, IP는 헤더를 검사하기 위한 검사합 필드를 추가한다. 이 검사합 필드는 페이로드 부분을 검사하진 않는다. 여기서 중요한 것은 TTL이나 분할에 관련된 필드의 값을 경우 라우터를 경유하며 값이 변경되기 때문에 각각의 라우터에서 검사합의 값은 다시 계산되어야 한다. 3장에서 살펴보았듯이, 일반적으로 인터넷에서는 1의 보수 연산을 사용하여 다른 필드의 합의 보수를 취하는 16비트 필드의 검사합을 사용한다. 오류 검출을 설명하는 5장에서 검사합 계산을 설명하기로 한다.

□ **발신지와 목적지 주소.** 32비트의 발신지와 목적지 주소는 각각 발신지와 목적지의 IP 주소를 나타낸다. 발신지 호스트는 자신의 IP 주소를 알고 있다. 목적지 IP 주소는 IP 서비스를 사용하는 프로토콜이나 2장에서 설명한 DNS를 통해 알 수 있다. 이 IP 주소는 발신지 호스트에서 목적지 호스트까지 IP 데이터그램이 전송되는 동안 변경되어서는 안 된다. IP 주소에 관한 더 자세한 설명은 이 장의 뒷부분에서 다루기로 한다.

□ **옵션.** 데이터그램 헤더는 40바이트까지의 옵션을 가질 수 있다. 옵션은 네트워크 테스트와 디버깅에 사용된다. 옵션이 IP 헤더에 필수적인 것이 아니지만 옵션을 처리하기 위해서는 옵션 처리를 위한 IP 소프트웨어가 필요하다. 따라서 헤더에 옵션이 있다면 옵션을 처리할 수 있어야 한다. 옵션의 존재는 데이터그램을 처리하는 것에 더 많은 부하를 준다. 이는 몇 몇 옵션이 전송 중 라우터에 의해 변경될 수 있고 이는 라우터가 검사합 값을 다시 검사하게 만들기 때문이다. 옵션에는 단일 바이트와 다중 바이트의 종류가 있는데 이는 4장의 추

가적인 설명을 위해 책자 웹 사이트에 자세하게 설명되어 있다.

❏ **페이로드.** 페이로드 혹은 데이터는 데이터그램을 만드는 중요한 이유이다. 페이로드는 IP를 사용하는 다른 프로토콜로부터 오는 패킷이다. IP를 우체국 수하물에 비교하면, 페이로드는 수하물의 내용물이고 헤더는 수하물 상에 기재된 정보이다.

단편화

데이터그램은 다른 네트워크를 통해 전달될 수 있다. 각 라우터는 수신한 프레임에서 데이터그램을 역캡슐화하고 처리한 후 다른 프레임으로 캡슐화한다. 수신한 프레임의 형식과 크기는 프레임이 막 통과한 물리 네트워크에서 사용되는 프로토콜에 따라 다르다. 예를 들어, LAN에서 WAN으로 연결하는 라우터의 경우 LAN 형식의 프레임을 수신하여 WAN 형식의 프레임으로 전송한다.

최대 전송 단위(MTU)

각 링크 계층 프로토콜(5장 참조)는 각각 프레임 형식을 가지고 있다. 각 형식마다 갖는 하나의 특징은 캡슐화 가능한 페이로드의 최대크기이다. 즉 데이터그램이 프레임으로 캡슐화될 때 데이터그램의 전체 크기는 네트워크에서 사용되는 하드웨어와 소프트웨어에서 지정한 이 최대크기보다 작아야 한다(그림 4.26 참조).

그림 4.26 ┃ 최대 전송 단위(MTU)

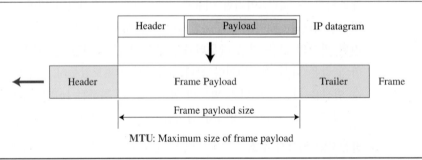

MTU(Maximum Transfer Unit)의 크기는 각 물리적인 네트워크 프로토콜마다 다르다. 예를 들어, 일반적으로 LAN은 1,500이지만 WAN은 이보다 크거나 작을 수 있다.

IP 프로토콜을 물리 네트워크와 독립적으로 만들기 위해 IP 데이터그램의 최대크기를 동일하게 65,536바이트로 하였다. 이는 언젠가 링크 계층 프로토콜에서 MTU로 이 크기를 사용할 때 전송을 보다 효율적으로 할 수 있게 해준다. 그러나 다른 물리 네트워크에서는 데이터그램을 전송하기 위해 분할해야 한다. 이를 **단편화(fragmentation)**라 한다.

데이터그램을 단편화할 때 각 단편은 몇몇이 변경되고 대부분의 필드가 반복되는 단편의 헤더를 가지고 있다. 단편화된 데이터그램은 더 작은 MTU를 가진 네트워크에서 다시 단편화될 수 있다. 즉 데이터그램은 목적지에 도착하기 전 여러 번 단편화될 수 있다.

데이터그램은 발신지 호스트나 경로상의 라우터에서 단편화될 수 있다. 그러나 각 데이터그램이 독립적인 데이터그램으로 분할되기 때문에 오직 목적지 호스트 상에서만 데이터그램의 **재조립**을 수행한다. 하나의 데이터그램에서 분할된 단편이 최종적으로 목적지 호스트에 도착하겠지만 어느 라우터가 단편화된 데이터그램을 처리하게 제어하거나 단편화된 데이터그램이 어느 경로로 전송될지 알 수 없다. 따라서 최종 목적지에서 재조립을 하는 것이 논리적이다. 전송 중 패킷을 재조립하는 것은 효율성의 저하를 초래할 수 있다.

단편화를 설명할 때 IP 데이터그램의 페이로드가 단편화된 것을 의미한다. 그러나 몇몇 옵션을 제외한 헤더의 대부분은 모든 단편에 복사되어야 한다. 데이터그램을 단편화하는 호스트나 라우터는 플래그, 단편화 오프셋, 전체 길이의 세 가지 필드의 값을 변경할 수 있어야 한다. 물론, 단편화와는 별도로 검사합의 값은 다시 계산되어야 한다.

단편화에 관련된 필드

IP 데이터그램에서 단편화와 관련된 **식별자**(*identification*), **플래그**(*flags*), 그리고 **단편화 오프셋** (*fragmentation offset*)의 세 개의 필드가 있는 것을 설명하였다. 이 필드에 대해서 알아보자.

16비트의 식별자 필드는 데이터그램이 전송된 발신지 호스트를 구분한다. 식별자와 IP 주소의 조합으로 데이터그램을 전송한 발신지 호스트를 유일하게 구분할 수 있다. 유일함을 보장하기 위해 IP 프로토콜은 데이터그램에 표기하기 위해 카운터를 사용한다. 카운터는 양수로 초기화되어 있다. IP 프로토콜이 데이터그램을 전송할 때 현재 카운터 값을 식별자 필드에 복사하고 카운터를 1증가시킨다. 카운터가 주 메모리에 보관되는 동안 유일성은 보장된다. 데이터그램이 단편화될 때 식별자 필드의 값이 모든 단편에 동일하게 복사된다. 같은 식별자 값을 가진 모든 단편은 하나의 데이터그램으로 조립되어야 한다.

3비트의 플래그 필드는 세 가지 플래그를 정의한다. 가장 왼쪽 1비트는 예약된 비트로 사용되지 않는다. 두 번째 1비트(D비트)는 **단편화 금지**(*do not fragment*) 필드이다. 만약 이 값이 1이라면 데이터그램을 단편화해서는 안 된다. 만약 해당 데이터그램을 어느 물리 네트워크로도 전송할 수 없을 경우, 데이터그램을 폐기하고 ICMP 오류 메시지를 발신지 호스트로 전송한다(나중에 설명). 만약 값이 0이라면, 필요할 경우 데이터그램은 단편화 가능하다. 세 번째 비트(M비트)는 **추가 단편화 비트**(*more fragment bit*)이다. 만약 이 값이 1이라면, 데이터그램은 마지막 단편이 아니고 다른 단편이 더 있음을 의미한다. 만약 이 값이 0이라면, 이 단편이 마지막 단편이거나 오직 하나의 단편임을 의미한다.

13비트의 단편화 오프셋 필드는 전체 데이터그램에서 해당 단편의 상대적인 위치를 나타낸다. 원래 데이터그램에서 데이터 오프셋으로 8바이트 단위로 측정된 것이다. 그림 4.27은 4,000 바이트 크기의 데이터그램이 3개의 단편으로 단편화된 것을 보여준다. 원래 데이터그램의 데이터는 0에서 3,999으로 나타낼 수 있다. 첫 번째 단편은 0에서 1,399까지 포함한다. 데이터그램의 오프셋은 0/8 = 0이다. 두 번째 단편은 1,400에서 2,799까지 포함한다. 이 단편의 오프셋 값은 1,400/8 = 175이다. 마지막으로 세 번째 단편은 2,800에서 3,999까지 포함한다. 이 단편의 오프셋 값은 2,800/8 = 350이다.

그림 4.27 │ 단편화 예제

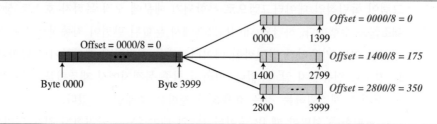

여기서 기억해야 할 것은 오프셋의 값은 8바이트 단위로 측정되는 것이다. 왜냐하면 오프셋 필드가 13비트의 길이이고 8,191바이트보다 큰 값은 표기할 수 없기 때문이다. 이는 데이터 그램을 단편화하는 호스트나 라우터가 각 단편의 첫 번째 크기를 선택하게 함으로써 첫 번째 바이트 숫자가 8로 나누어질 수 있게 한다.

그림 4.28은 앞의 그림에서 확장된 단편을 보여준다. 원래 패킷은 클라이언트에서 출발하고 단편은 서버에서 재조립된다. 마지막 단편을 제외한 모든 단편은 플래그 필드에서 추가적인

그림 4.28 │ 단편화의 구체적인 예제

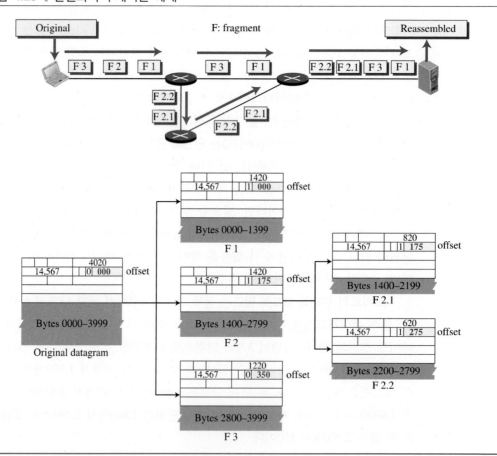

비트로 같은 식별자 필드의 값을 가진다. 또한 각 단편의 오프셋 필드의 값도 확인할 수 있다. 목적지에 단편이 순서에 맞지 않게 도착하더라도 단편을 바르게 재조립할 수 있다.

그림에서는 단편이 다시 단편화되는 경우도 보여주고 있다. 이 경우, 오프셋의 값은 원래 데이터그램에서 위치를 상대적으로 나타낸다. 예를 들어, 그림에서 두 번째 단편은 나중에 800바이트와 600바이트의 두 단편으로 다시 단편화되지만, 오프셋은 원래 데이터에서 단편의 상대적인 위치를 보여준다.

다음 순서를 따라 최종 목적지는 다른 경로를 통해 전송되고 순서에 맞지 않게 도착한 단편들을(누락된 것이 없을 경우) 원래 데이터그램으로 재조립할 수 있다.

a. 첫 번째 단편은 0의 오프셋 값을 가진다.
b. 첫 번째 단편의 길이를 8로 나눈다. 두 번째 단편은 그 값과 같은 오프셋의 값을 가진다.
c. 첫 번째와 두 번째 단편의 전체 길이를 8로 나눈다. 세 번째 단편은 그 값과 같은 오프셋 값을 가진다.
d. 이 과정을 계속 수행한다. 마지막 단편은 0으로 설정된 M비트를 가진다.

IPv4 데이터그램의 보안

전체 인터넷에 사용되는 IPv4 프로토콜은 인터넷 상의 각 사용자가 서로를 신뢰할 때 시작되었다. IPv4 프로토콜에는 보안성이 없었다. 그러나 요즘, 상황은 달라졌고 인터넷은 전혀 안전하지 않다. 10장에서 일반적인 네트워크 보안과 IP 보안을 설명하겠지만, 여기서 간단한 IP 프로토콜에서의 보안 이슈와 그 해결책을 설명한다. IP 프로토콜에 적용 가능한 세 가지 보안 이슈가 있다. 패킷 도청, 패킷 변조 그리고 IP 스푸핑이다.

패킷 도청

공격자가 IP 패킷을 가로채어 그것의 복사본을 만들 수 있다. 패킷 도청(sniffing)은 간접적인 공격으로 공격자가 패킷의 내용을 변경하지 않는다. 이런 종류의 공격은 송신자나 수신자가 패킷이 복사된 것을 알 수 없기 때문에 탐지가 매우 어렵다. 패킷 도청을 멈출 수는 없지만, 패킷의 암호화로 공격자의 노력을 수포로 돌릴 수 있다. 공격자는 여전히 패킷을 도청하지만 내용을 확인할 수 없다.

패킷 변조

두 번째 공격유형은 패킷 변조(modify)이다. 공격자가 패킷을 가로채어 내용을 변경한 뒤 수신자에게 새로운 패킷을 전송할 수 있다. 수신자는 원래 송신자가 패킷을 보낸 것으로 알고 있다. 이 유형의 공격은 데이터 무결성 기술을 사용하여 탐지 가능하다. 수신측에서 메시지를 열어 내용을 읽기 전에 패킷이 전송 중 변경되지 않았는지 검사하기 위해 이 기술을 사용할 수 있다. 패킷 무결성은 10장에서 설명한다.

IP 스푸핑

공격자는 다른 사용자로 가장하고 IP 패킷에 다른 컴퓨터의 발신지 주소를 입력하여 생성할 수 있다. 공격자는 은행으로 고객인 척하며 IP 패킷을 보낼 수 있다. 이 유형의 공격은 발신지 인증 기법(10장 참조)을 사용하여 방지할 수 있다.

IPSec

IPSec (IP Security)를 사용하여 앞서 언급된 공격들로부터 IP 패킷을 보호할 수 있다. 이 프로토콜은 IP 프로토콜과 결합하여 사용되는 것으로 두 개체가 앞서 언급된 세 가지 공격을 걱정할 필요 없이 안전하게 IP 패킷을 교환하도록 해준다. 10장에서 IPSec에 대해서 자세히 설명하고 여기서는 IPSec가 제공하는 다음 네 가지 서비스만 설명한다.

☐ **알고리즘과 키 정의.** 서로 안전한 채널을 생성하려는 두 개체는 보안의 목적으로 사용될 알고리즘과 키를 합의할 수 있다.

☐ **패킷 암호화.** 첫 번째 단계에서 합의된 공유키와 알고리즘으로 두 개체가 교환하는 패킷은 암호화될 수 있다. 이는 패킷 도청 공격을 방지한다.

☐ **데이터 무결성.** 데이터 무결성은 패킷이 전송 중 변조되지 않았음을 보장한다. 수신한 패킷이 데이터 무결성 검사를 통과하지 못하면 폐기된다. 이는 앞서 언급한 두 번째 공격인 패킷 변조 공격을 방지한다.

☐ **발신지 인증.** IPSec는 패킷의 발신지를 인증하여 패킷이 다른 공격자에 의해 생성된 것이 아님을 보장해 준다. 이는 앞서 언급된 IP 스푸핑 공격을 방지한다.

4.2.2 IPv4 주소

TCP/IP에서 각 장치가 인터넷으로의 연결을 확인하는 IP 계층에서 사용되는 식별자를 IP 주소의 인터넷 주소라고 한다. IPv4 주소는 32비트 주소로 라우터나 호스트의 인터넷 연결을 범용적이고 유일하게 만들어준다. IP 주소는 장치가 다른 네트워크로 이동 시 변경되기 때문에 라우터나 호스트가 아닌 연결의 주소이다.

　　IPv4 주소는 각 인터넷으로의 연결을 하나씩 유일하게 정의한다. 만약 하나의 장치가 두 네트워크를 통해 인터넷으로 두 개의 연결을 가지고 있을 경우, 두 개의 IPv4 주소를 가지게 된다. IPv4 주소는 인터넷에 연결하는 어느 장치에서도 사용 가능한 범용적인 주소이다.

주소 공간

주소를 정의하는 IPv4와 같은 프로토콜은 주소 공간을 가진다. 주소 공간은 프로토콜에서 사용 가능한 전체 주소의 수이다. 만약 프로토콜이 주소를 정의하기 위해 b비트를 사용한다면, 각 비트가 다른 두 값(0, 1)을 가지기 때문에 주소 공간은 2^b가 된다. IPv4는 32비트의 주소를 사용하므로 주소 공간은 2^{32} 혹은 4,294,967,296(40억 이상)이 된다. 제한이 없었다면 40억 이상의 장치가 인터넷에 연결될 수 있다.

표기법

IPv4 주소를 나타내기 위해 2진수 표기법, 점 10진수 표기법, 16진수 표기법의 3가지 표기법을 사용할 수 있다. 2진수 표기법에서는 IPv4 주소는 32비트로 표시된다. 주소를 더 읽기 쉽게 하기 위해 각 8비트 사이에 하나 혹은 그 이상의 공간이 삽입된다. 각 8비트는 바이트로 나타나기도 한다. IPv4 주소를 더 간단하고 읽기 쉽게 하기 위해 바이트를 구분하는 점과 함께 10진수로 나타내기도 한다. 이 형식을 점 10진수 표기법이라 한다. 각 바이트가 8비트이기 때문에 10진수 표기법에서 각 숫자는 0에서 255 사이의 값을 가진다. IPv4 주소는 16진수 표기법으로도 나타난다. 각 16진수 숫자는 4비트이다. 이는 32비트의 주소가 8개의 16진수 숫자로 표현될 수 있음을 의미한다. 이 표기법은 네트워크 프로그래밍에서 주로 사용된다. 그림 4.29는 앞서 설명한 표기법으로 나타낸 IP 주소이다.

그림 4.29 ┃ IPv4 주소할당의 세 가지 다른 표기법

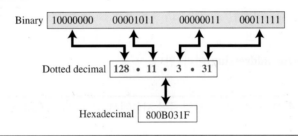

계층적 주소

전화망이나 우편 네트워크와 같이 전송에 연계된 통신 네트워크에서는 주소 시스템이 계층적이다. 우편 네트워크에서 우편 주소는 국가, 주, 도시, 거리, 집 번호와 수취인 이름이 포함되어 있다. 유사하게, 전화번호는 국가번호, 지역번호, 사내망 교환 그리고 연결로 구성되어 있다.

32비트의 IPv4 주소는 두 부분으로 구분되는 계층적 구조이다. 주소의 첫 번째 부분은 프리픽스(*prefix*)로 네트워크를 정의하고 주소의 두 번째 부분은 서픽스(*suffix*)로 노드(장치의 인터넷으로 연결)를 정의한다. 그림 4.30은 32비트 IPv4 주소에서 프리픽스와 서픽스를 보여준다. 프리픽스의 길이는 n비트이고 서픽스의 길이는 $(32-n)$ 비트이다.

프리픽스는 고정되거나 가변의 길이를 가진다. 처음에 IPv4에서 네트워크 식별자는 고정된 길이의 프리픽스로 설계되었다. 더 이상 사용되지 않는 이 기술은 클래스 기반의 주소지정으로 알려져 있다. 클래스 없는 주소지정으로 알려진 새로운 기술은 가변의 프리픽스를 가진다. 우선 클래스 기반의 주소지정을 간단히 살펴보고 클래스 없는 주소지정을 자세히 설명한다.

그림 4.30 ┃ 수직적인 주소지정

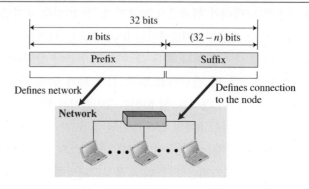

클래스 기반의 주소지정

인터넷이 시작될 당시 IPv4 주소는 소규모 및 대규모 네트워크를 지원하기 위해 한가지가 아닌 세 가지의 고정된 프리픽스($n = 8$, $n = 16$, $n = 24$)로 설계되었다. 전체 주소 공간은 그림 4.31 과 같이 5개의 클래스(클래스 A, B, C, D, E)로 구분된다. 이 기술을 **클래스 기반 주소지정 (classful addressing)**이라 한다.

그림 4.31 ┃ 클래스 기반의 주소지정에서 각 주소 공간의 점유율

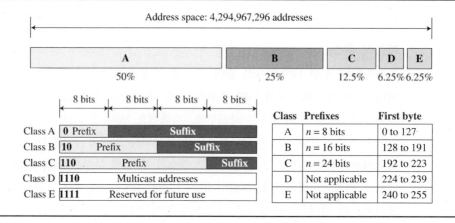

　　클래스 A에서 네트워크 길이는 8비트이지만 0으로 고정된 첫 번째 비트가 클래스를 지정 하기 때문에 네트워크 식별자로 7비트만 사용 가능하다. 이는 세계에서 오직 $2^7 = 128$개의 네 트워크만 클래스 A 주소를 가질 수 있음을 의미한다.

　　클래스 B에서 네트워크 길이는 16비트이지만$(10)_2$로 고정된 처음 두 비트가 클래스를 지 정하기 때문에 네트워크 식별자로 14비트만 사용 가능하다. 이는 세계에서 오직 $2^{14} = 16,384$개 의 네트워크만 클래스 B 주소를 가질 수 있음을 의미한다.

　　$(110)_2$로 시작하는 모든 주소는 클래스 C이다. 클래스 C에서 네트워크 길이는 24비트이지

만 처음 3비트가 클래스를 지정하기 때문에 네트워크 식별자로 21비트만 사용 가능하다. 이는 세계에서 오직 2^{21} = 2,097,152개의 네트워크만 클래스 C 주소를 가질 수 있음을 의미한다.

클래스 D는 프리픽스와 서픽스로 구분되지 않고 멀티캐스트 주소로 사용된다. 2진수로 1111로 시작하는 모든 주소는 클래스 E에 포함된다. 클래스 D와 마찬가지로 클래스 E도 프리픽스와 서픽스로 구분되지 않으며 예약된 주소이다.

주소 고갈

클래스 기반의 주소가 더 이상 사용되지 않는 이유는 주소 고갈 때문이다. 주소가 적절히 분배되지 않았기 때문에 인터넷에 연결을 하려는 기관이나 개인이 사용할 주소가 더 이상 남지 않게 되는 문제에 직면하게 되었다. 문제를 이해하기 위해 클래스 A에 대해서 생각해 보자. 이 클래스는 세계에서 128개의 기관에만 할당이 가능하며 각 기관은 단일 네트워크(나머지 인터넷에서 보기에는)에 16,777,216개의 노드(이 단일 네트워크 내의 컴퓨터)를 가지는 구조가 된다. 이런 크기의 기관이 세계에 몇 없기에 이 클래스의 주소 대부분은 낭비된다. 클래스 B는 중간 크기의 기관을 위해 설계되었지만 이 클래스의 주소 대부분도 사용되지 않는다. 클래스 C 주소는 설계상 완전히 별개의 문제점을 가지고 있다. 각 네트워크(256)에서 사용 가능한 주소가 너무 적어 대부분의 회사가 이 클래스의 주소를 사용하는 데 불편함을 겪고 있다. 클래스 E 주소는 거의 사용되지 않고 전체 클래스가 낭비되고 있다.

서브네팅과 수퍼네팅

주소 고갈을 완화하기 위해 수퍼네팅(subnetting)과 서브네팅(supernetting)의 두 가지 기술이 제안되었다. 서브네팅에서 클래스 A나 클래스 B는 여러 개의 서브넷으로 분리된다. 각 서브넷은 원래 네트워크보다 더 큰 크기의 프리픽스를 가진다. 예를 들어, 클래스 A의 네트워크가 네 개의 서브넷으로 분리되면, 각 서브넷은 n_{sub} = 10의 프리픽스를 가지게 된다. 동시에 네트워크 내의 모든 주소가 사용되지 않았을 경우 서브네팅을 통해 주소를 여러 기관으로 분배할 수도 있다. 이 기법은 대부분의 큰 기관이 자신의 주소를 나누어 사용하지 않는 주소를 작은 기관에 분배하는 것에 불만이 많아 적용되지 않았다.

서브네팅이 큰 구조를 작은 것으로 나누기 위해 고안되었다면 수퍼네팅은 여러 클래스 C를 하나의 큰 구조로 묶어 클래스 C 주소에서 256개보다 더 많은 주소를 사용하려는 기관들을 위해 고안되었다. 그러나 이 기법 또한 패킷의 라우팅을 복잡하게 하여 사용되지 않았다.

클래스 기반 주소지정의 장점

클래스 기반 주소지정에 많은 문제점이 있지만, 주소가 주어지면 각 클래스의 프리픽스가 고정되어 있기 때문에 주소의 클래스를 쉽게 찾고, 프리픽스의 길이를 즉시 알 수 있는 하나의 장점이 있다. 즉 클래스 기반 주소지정에서 프리픽스의 길이는 주소에 포함되어 있어 프리픽스와 서픽스를 추출하기 위해 추가적인 정보가 필요하지 않다.

클래스 없는 주소지정

클래스 기반 주소지정에서 서브네팅과 수퍼네팅은 실제로 주소 고갈문제를 해결하지 못하였다. 인터넷의 성장에 따라, 장기적인 관점에서 해결책으로 더 큰 주소 공간이 필요했다. 그러나 더 큰 주소 공간은 IP 패킷 형식의 편화가 필요한 IP 주소 길이의 증가가 필요하다. 이미 장기적인 관점의 해결책으로 IPv6(나중에 설명)가 고안되었지만, 단기적인 관점에서 같은 주소를 사용하며 각 기관별로 주소를 공평하게 분배하기 위한 방법도 고안되었다. 단기적인 관점의 해결책에서는 **클래스 없는 주소지정** 방식의 IPv4 주소가 사용된다. 즉 주소 고갈을 해결하기 위해 클래스 권한이 제거되었다.

클래스 없는 주소지정에는 또 다른 동기가 있다. 1990년대에 인터넷 서비스 제공자(ISP)가 중요해졌다. ISP는 개인이나 작은 사업장, 인터넷 사이트를 개설하지 않고 (전자메일과 같은) 인터넷 서비스를 고용자들에게 제공하려는 중견 크기의 기관에 인터넷 접속을 제공해 주는 기관이다. ISP는 이런 서비스를 제공할 수 있다. ISP는 큰 범위의 주소를 여러 크기의 (1, 2, 4, 8, 16 등의 그룹)으로 다시 분할하여 이 주소를 가정이나 작은 사업장에 제공하였다. 고객들은 다이얼 업 모뎀이나 DSL, 케이블 모뎀으로 ISP에 연결하였다. 그러나 각 고객들은 IPv4 주소가 필요하다.

1996년에 인터넷협회는 **클래스 없는 주소지정(classless addressing)** 아키텍쳐를 공표하였다. 클래스 없는 주소지정에서는 클래스에 속하지 않는 가변 길이의 블록이 사용된다. 1 주소, 2 주소, 4 주소, 128 주소, 혹은 그 이상의 주소 블록을 사용할 수 있다.

클래스 없는 주소지정에서 전체 주소 공간은 가변 길이의 블록으로 나누어진다. 주소의 프리픽스는 블록(네트워크)을 지정하고 서픽스는 노드(장치)를 지정한다. 이론적으로 2^0, 2^1, 2^2, ..., 2^{32} 주소의 블록을 사용할 수 있다. 나중에 설명한 한 가지 제한은 블록에 사용되는 숫자가 2의 제곱 승으로 사용되어야 한다는 것이다. 기관은 주소의 블록을 사용할 수 있다. 그림 4.32는 전체 주소 공간을 중복 없이 분류한 것을 보여준다.

그림 4.32 ┃ 클래스 없는 주소지정에서 가변 길이의 블록

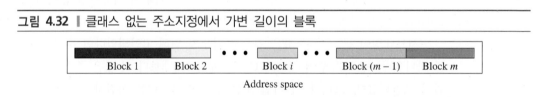

클래스 기반 주소지정과는 다르게 클래스 없는 주소지정의 프리픽스는 가변적이다. 0에서 32 사이의 프리픽스 길이를 지정할 수 있다. 네트워크의 크기는 프리픽스 길이에 반비례한다. 작은 프리픽스는 큰 네트워크를 의미하고 큰 프리픽스는 작은 네트워크를 의미한다.

여기서 중요한 것은 클래스 없는 주소지정이 클래스 기반 주소지정에 쉽게 적용 가능하다는 것이다. 클래스 A의 주소는 프리픽스의 길이가 8인 클래스 없는 주소로 생각할 수 있다. 클래스 B의 주소는 프리픽스의 길이가 16인 클래스 없는 주소로 생각할 수 있다. 즉 클래스 기반의 주소지정은 클래스 없는 주소지정에서 특별한 경우들이다.

프리픽스 길이: 슬래쉬 표기법

클래스 없는 주소지정에서 한 가지 의문은 주소가 주어졌을 때 어떻게 프리픽스의 길이를 찾는 가이다. 프리픽스의 길이가 주소에 포함되어 있지 않기 때문에 프리픽스의 길이를 따로 주어야 한다. 이 경우 프리픽스의 길이 n은 슬래쉬로 구분하여 주소에 추가된다. 이 표기법은 비공식적으로 슬래쉬 표기법으로 불리고 공식적으로 클래스 없는 **도메인간 라우팅(classless inter-domain routing)** 혹은 **CIDR (classless interdomain routing)**이라 한다. 클래스 없는 주소지정에서 주소는 그림 4.33과 같이 나타난다.

그림 4.33 ▏슬래쉬 표기법(CIDR)

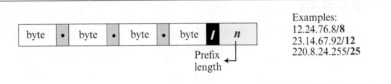

즉 클래스 없는 주소지정에서 주소 그 자체로는 주소가 소속되는 블록이나 네트워크를 정의한다. 여기에 프리픽스 길이도 주어져야 한다.

주소에서 정보추출

블록의 어느 주소라도 주어지면, 주소가 소속된 블록에 대한 주소의 수, 블록의 첫 번째 주소, 마지막 주소의 세 가지 정보를 알아야 한다. 프리픽스의 길이 n이 주어지기 때문에 그림 4.34와 같이 이 세 가지 정보를 쉽게 알 수 있다.

그림 4.34 ▏클래스 없는 주소지정에서 정보 추출

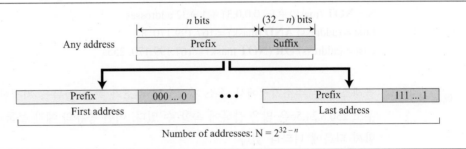

1. 블록 내의 주소 수 $N = 2^{32-n}$으로 알 수 있다.
2. 첫 번째 주소를 찾기 위해 제일 왼쪽의 n개의 비트는 유지하고 제일 오른쪽의 $(32-n)$개의 비트는 0으로 설정한다.
3. 마지막 주소를 찾기 위해 제일 왼쪽의 n개의 비트는 유지하고 제일 오른쪽의 $(32-n)$개의 비트는 1로 설정한다.

예제 4.1

167.199.170.82/27이 클래스 없는 주소로 주어졌다. 위에서 언급한 세 가지 정보를 아래와 같이 찾을 수 있다. 네트워크 내의 주소 수는 $2^{32-n} = 2^5 = 32$이다.

첫 번째 주소는 처음 27개의 비트를 유지하고 나머지 비트를 0으로 바꾸어 찾을 수 있다.

Address: 167.199.170.82/**27**   10100111 11000111 10101010 01010010
First address: 167.199.170.64/**27** 10100111 11000111 10101010 01000000

마지막 주소는 처음 27개의 비트를 유지하고 나머지 비트를 1로 바꾸어 찾을 수 있다.

Address: 167.199.170.82/**27**   10100111 11000111 10101010 01011111
Last address: 167.199.170.95/**27** 10100111 11000111 10101010 01011111

주소 마스크

블록 내의 주소에서 첫 번째 주소와 마지막 주소를 찾는 다른 방법은 주소 마스크를 사용하는 것이다. 주소 마스크는 32비트의 숫자로 처음 n개의 비트는 1로 설정되고 나머지 $(32 - n)$개의 비트는 0으로 설정된다. 컴퓨터는 $(2^{32-n} - 1)$의 보수이기 때문에 주소 마스크를 쉽게 찾을 수 있다. 이런 식으로 마스크를 정의하는 이유는 NOT, AND, OR의 세 가지 비트 기반 연산을 통해 컴퓨터 프로그램을 사용하여 블록에서 정보를 쉽게 추출할 수 있기 때문이다.

1. 블록 내의 주소 수는 N = **NOT** (Mask) + 1이다.
2. 블록 내의 첫 번째 주소는(Any addressed in the block) **AND** (Mask)이다.
3. 블록 내의 마지막 주소는(Any addressed in the block) **OR** [**NOT** (Mask)]이다.

예제 4.2

마스크를 이용하여 예제 4.1을 반복한다. 점 10진수 표기법에서 마스크는 256.256.256.224 이다. AND, OR, NOT 연산은 계산기나 책자의 웹 사이트의 애플릿을 통해 각 바이트별로 연산 가능하다.

N = **NOT** (mask) + 1 = 0.0.0.31 + 1 = 32 addresses
First = (address) **AND** (mask) = 167.199.170. 82
Last = (address) **OR** (**NOT** mask) = 167.199.170. 255

예제 4.3

클래스 없는 주소지정에서 주소 자체로는 주소가 속한 블록을 지정할 수 없다. 예를 들어, 주소 230.8.24.56은 많은 블록에 속할 수 있다. 이런 종류의 예가 블록과 관련된 프리픽스와 함께 다음에 나타나 있다

Prefix length:16	→	Block:	230.8.0.0	to	230.8.255.255
Prefix length:20	→	Block:	230.8.16.0	to	230.8.31.255
Prefix length:26	→	Block:	230.8.24.0	to	230.8.24.63
Prefix length:27	→	Block:	230.8.24.32	to	230.8.24.63
Prefix length:29	→	Block:	230.8.24.56	to	230.8.24.63
Prefix length:31	→	Block:	230.8.24.56	to	230.8.24.57

네트워크 주소

위의 예는 주어진 어느 주소에서도 블록에 관한 정보를 찾을 수 있는 것을 보여준다. **네트워크 주소(network address)**인 첫 번째 주소는 패킷을 목적지로 라우팅하는 것에 사용되기 때문에 특히 중요하다. 여기서, 라우터가 m개의 인터페이스가 있고 인터넷이 m개의 네트워크로 구성되어 있다고 가정해 보자. 아무 발신지 호스트에서 라우터로 패킷이 도착하면 어느 인터페이스를 통해 패킷을 전송해야 하는지 라우터는 알아야 한다. 패킷이 네트워크에 도착할 때 나중에 설명한 다른 방법을 통해 패킷은 목적지 호스트에 도착한다. 그림 4.35는 이런 개념을 보여준다. 네트워크 주소를 알고 나면 라우터는 포워딩 테이블을 참조하여 패킷이 전송될 인터페이스를 찾는다. 네트워크 주소는 실질적으로 네트워크의 식별자로 각 네트워크는 네트워크 식별자로 구분된다.

그림 4.35 ┃ 네트워크 주소

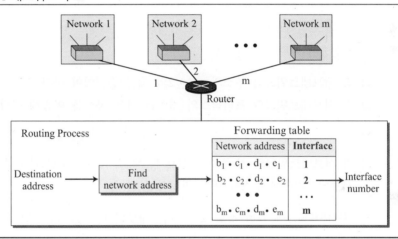

블록 할당

클래스 없는 주소지정에서 다음 이슈는 블록 할당이다. 어떻게 블록을 할당할까? 블록 할당은 ICANN (Internet Corporation for Assigned Names and Numbers)이 결정한다. 그러나 일반적으로 ICANN은 개인 인터넷 사용자에게 주소를 할당하지 않는다. 큰 주소의 블록을 ISP(혹은 큰 기관)에 할당한다. CIDR의 바람직한 동작을 위해 블록 할당에 두 가지 제한사항이 있다.

1. 요청된 주소 수 N은 2의 제곱 승이어야 한다. 이유는 $N = 2^{32-n}$ 혹은 $n = 32 - \log_2 N$이기 때문이다. 만약 N이 2의 제곱 승이 아니라면, 정수의 n을 가질 수 없다.

2. 블록 내에는 연속된 숫자의 이용 가능한 주소 공간이 있어야 한다. 그러나 블록에서 첫 번째 주소를 선택하는 것에 제한이 있다. 첫 번째 주소는 블록 내의 주소로 나누어져야 한다. 이는 첫 번째 주소가 프리픽스와 $(32-n)$개의 0으로 이루어지기 때문이다. 따라서 첫 번째 주소의 10진수는

$$\text{first address} = (\text{prefix in decimal}) \times 2^{32-n} = (\text{prefix in decimal}) \times N.$$

예제 4.4

ISP가 1,000개의 주소를 요청하였다. 1,000은 2의 제곱 승이 아니기 때문에 1,024개의 주소가 할당된다. 프리픽스의 길이 $n = 32 - \log_2 1{,}024 = 22$로 계산된다. 18.14.12.0/**22**의 사용 가능한 블록이 ISP에 할당된다. 첫 번째 주소의 10진수는 1,024로 나누어지는 302,910,464 이다.

서브네팅

서브네팅을 사용하여 더 많은 계층을 만들 수 있다. 일정 범위의 주소를 가진 기관(혹은 ISP)은 범위를 부 범위로 나누고 이를 서브네트워크(혹은 서브넷)에 할당할 수 있다. 중요한 것은 기관이 주소를 나누는 것을 제지할 방법은 없다는 것이다. 서브네트워크는 다시 여러 개의 서브-서브네트워크로 나눌 수 있다.

서브넷 설계   네트워크의 서브네트워크는 패킷의 라우팅을 위해 신중히 설계해야 한다. 기관에 할당된 전체 주소의 수를 N, 프리픽스의 길이를 n, 각 서브넷에 할당된 주소의 수를 N_{sub}, 각 서브넷의 프리픽스의 길이를 n_{sub}로 가정하자. 서브네트워크의 올바른 작동을 위해서는 다음 단계를 신중히 따라야 한다.

☐ 각 서브네트워크의 주소의 수는 2의 제곱 승이어야 한다.
☐ 각 서브네트워크의 프리픽스의 길이는 다음 공식을 이용해 구할 수 있다.

$$n_{sub} = 32 - \log_2 N_{sub}$$

☐ 각 서브네트워크의 첫 주소는 서브네트워크의 주소 수로 나눌 수 있어야 한다. 이는 더 큰 서브네트워크에 주소를 먼저 할당하면 된다.

각 서브네트워크에 관한 정보 찾기   서브네트워크를 설계하고 난 뒤 첫 번째와 마지막 주소와 같은 각 서브네트워크에 관련된 정보는 인터넷의 각 네트워크의 정보를 찾을 때 설명한 방법을 통해 찾을 수 있다.

예제 4.5

14.24.74.0/24로 시작하고 14.24.74.255/24로 끝나는 주소 블록을 할당받은 기관이 있다. 기관은 세 개의 서브넷을 사용하여 주소를 각각 10개, 60개, 120개의 서브블록으로 나누려고 한다. 서브블록을 설계하라.

해답

이 블록에는 $2^{32-24} = 256$개의 주소가 있다. 첫 번째 주소는 14.24.74.255/24이고 마지막 주소는 14.24.74.255/24이다. 세 번째 조건을 만족하기 위해 서브블록을 지정할 때 가장 큰 것을 먼저 하고 작은 것을 나중에 하도록 한다.

a. 가장 큰 서브블록의 주소 수인 120은 2의 제곱 승이 아니다. 따라서 128개의 주소를 할당해야 한다. 이 서브넷의 서브넷 마스크는 $n_1 = 32 - \log_2 128 = 25$로 구할 수 있다. 이 블록의 첫 번째 주소는 14.24.74.0/25이고 마지막 주소는 14.24.74.127/25이다.

b. 두 번째로 큰 서브블록의 주소 수는 60이지만 이 역시 2의 제곱 승이 아니다. 따라서 64개의 주소를 할당한다. 이 서브넷의 서브넷 마스크는 $n_2 = 32 - \log_2 64 = 26$으로 구할 수 있다. 이 블록의 첫 번째 주소는 14.24.74.128/26이고 마지막 주소는 14.24.74.191/26이다.

c. 가장 작은 서브블록의 주소 수는 10이지만 이는 2의 제곱 승이 아니다. 따라서 16개의 주소를 할당한다. 이 서브넷의 서브넷 마스크는 $n_3 = 32 - \log_2 16 = 28$로 구할 수 있다. 이 블록의 첫 번째 주소는 14.24.74.192/28이고 마지막 주소는 14.24.74.207/28이다.

만약 앞의 서브블록에 모든 주소를 더하면 208개의 주소가 되고 전체 중 48개의 주소가 남게 된다. 이 범위에서 첫 번째 주소는 14.24.74.208이다. 마지막 주소는 14.24.74.255이다. 아직 프리픽스의 길이는 모른다. 그림 4.36은 블록의 구성을 보여준다. 각 블록의 첫 번째 주소도 표시하였다.

그림 4.36 ┃ 예제 4.5의 정답

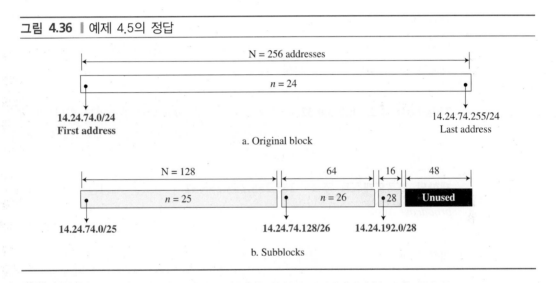

a. Original block

b. Subblocks

주소 집단화

CIDR 기법의 장점은 **주소 집단화(Address Aggregation)**(때때로 주소 요약 혹은 경로 요약이라고도 함)이다. 주소의 블록을 더 큰 블록으로 만들기 위해 조합할 때 더 큰 블록의 프리픽스를 통해 라우팅이 수행될 수 있다. ICANN은 ISP에게 큰 블록의 주소를 할당하였다. 각 ISP는 할당받은 주소를 더 작은 서브블록으로 나누고 이를 고객들에게 제공해 준다.

 예제 4.6

그림 4.37은 ISP가 어떻게 네 개의 작은 블록을 네 개의 기관에 할당하는지 보여준다. ISP는 이 네 개의 블록을 하나의 큰 블록으로 합치고 이를 다른 네트워크에게 알린다. 이 큰 블록을 향해 오는 모든 패킷은 이 ISP로 전달된다. ISP는 패킷을 적합한 기관으로 전달해야 한다. 이는 우체국에서 찾을 수 있는 라우팅과 유사하다. 해외에서 오는 모든 수하물은 우선 수도로 모인 다음 각 목적지로 분배된다.

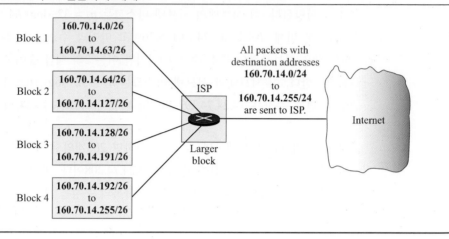

그림 4.37 │ 주소 집단화의 예제

특수 주소

IPv4의 주소에 대한 설명을 마치기 전, 특별한 목적으로 사용되는 *this-host* 주소, 제한된 브로드캐스트 주소, 루프백 주소, 사설 주소, 멀티캐스트 주소의 다섯 가지 특수 주소를 설명한다.

This-host 주소   **0.0.0.0/32** 블록에 있는 주소는 *this-host* 주소라고 한다. 이 주소는 호스트가 IP 데이터그램을 보내려고 하지만 발신지 주소인 자신의 주소를 모를 때 사용한다. 다음 절에서 이에 대한 예제를 살펴보기로 하자.

제한된 브로드캐스트 주소   **255.255.255.255/32**의 주소는 제한된 브로드캐스트 주소(*Limited-broadcast* Address)이다. 이 주소는 호스트나 라우터가 네트워크 상의 모든 장치로 데이터그램을 보낼 때 사용된다. 그러나 네트워크 상의 라우터가 이런 패킷을 차단하기 때문에 네트워크 외부로 패킷을 보낼 수 없다.

루프백 주소 **127.0.0.0/8**의 블록은 루프백 주소(*Loopback* Address)이다. 이 블록 내의 주소를 가진 패킷은 호스트를 벗어나지 않고 호스트에 남게 된다. 블록 내의 주소는 소프트웨어의 테스트 목적으로 사용된다. 예를 들어, 클라이언트와 서버 프로그램을 만들고 이 블록 내의 주소로 서버를 지정할 수 있다. 다른 컴퓨터 상에 프로그램을 실행하기 전 같은 호스트 상에서 프로그램을 테스트할 수 있다.

사설 주소   10.0.0.0/8, 172.16.0.0/**12**, 192.168.0.0/**16**, 169.254.0.0/**16**의 네 개의 블록이 사설 주소(Private Addresses)로 지정되어 있다. 이장의 나중에서 NAT를 설명할 때 사설 주소의 기능을 이야기하도록 한다.

멀티캐스트 주소   224.0.0.0/**4**는 멀티캐스트 주소(Multicast Addresses)로 예약된 블록이다. 이 주소에 대해서는 이 장의 뒤에서 설명하도록 한다.

DHCP

큰 기관이나 IPS는 ICANN으로부터 직접 주소의 블록을 할당받고 작은 기관은 ISP로부터 주소의 블록을 할당받을 수 있다. 주소의 블록이 기관에 할당되고 나면, 네트워크 관리자가 개개의 스트나 라우터에 수동으로 주소를 할당한다. 그러나 **DHCP (Dynamic Host Configuration Protocol)**를 사용하여 기관 내의 주소지정을 자동으로 할 수 있다. DHCP는 서버-클라이언트 패러다임을 사용하는 응용 계층의 프로그램으로 실질적으로는 TCP/IP의 네트워크 계층을 보조한다.

DHCP는 인터넷에 널리 사용되고 있으며 종종 플러그-앤-플레이 프로토콜(*plug-and-play protocol*)이라 불린다. DHCP는 다양한 경우에 사용 가능하다. 네트워크 관리자는 호스트나 라우터에 고정적인 IP를 할당하도록 설정할 수 있다. DHCP는 호스트가 요청할 때 일시적으로 사용할 수 있는 IP를 할당하도록 설정될 수도 있다. 또한 여행객이 호텔에 머무르는 동안 자신의 랩톱(Lap top) 인터넷에 접속하도록 임시 IP 주소를 할당할 수도 있다. 전체 고객 중 1/4 이상의 수가 동시에 인터넷을 사용하지 않을 경우 ISP는 1,000개의 주소로 4,000 가구에 서비스를 제공할 수 있다.

컴퓨터는 IP 주소와 더불어 네트워크 프리픽스(혹은 주소 마스크)를 알아야 한다. 대부분의 컴퓨터는 다른 네트워크와 통신을 하기 위한 기본 라우터의 주소와 2장에서 설명한 주소 대신 이름을 사용하기 위한 DNS의 주소와 같은 두 정보가 필요하다. 즉 일반적으로 컴퓨터 주소, 프리픽스, 라우터 주소, DNS의 IP 주소와 같이 네 가지 정보가 필요하다. DHCP는 호스트에 이런 정보를 제공하기 위해 사용될 수 있다.

DHCP 메시지 형식

DHCP는 클라이언트가 요청 메시지를 보내고 서버가 응답 메시지로 응답하는 서버-클라이언트 프로토콜이다. DHCP의 동작을 설명하기 전에 그림 4.38을 통해 DHCP 메시지의 일반적인 형식을 살펴보자. 대부분의 필드에 대한 설명이 그림에 있지만 DHCP에서 매우 중요한 역할을 하는 옵션 필드에 대해 설명을 하도록 한다.

그림 4.38 | DHCP 메시지 형식

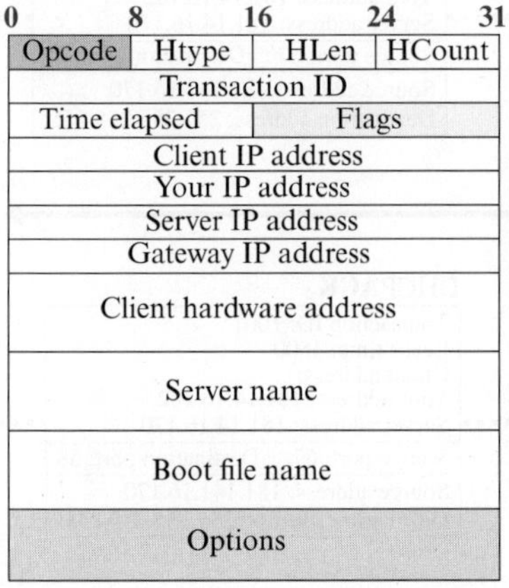

Fields:
Opcode: Operation code, request (1) or reply (2)
Htype: Hardware type (Ethernet, ...)
HLen: Length of hardware address
HCount: Maximum number of hops the packet can travel
Transaction ID: An integer set by client and repeated by the server
Time elapsed: The number of seconds since the client started to boot
Flags: First bit defines unicast (0) or multicast (1); other 15 bits not used
Client IP address: Set to 0 if the client does not know it
Your IP address: The client IP address sent by the server
Server IP address: A broadcast IP address if client does not know it
Gateway IP address: The address of default router
Server name: A 64-byte domain name of the server
Boot file name: A 128-byte file name holding extra information
Options: A 64-byte field with dual purpose described in text

64바이트의 옵션 필드는 두 가지 목적이 있다. 옵션 필드는 추가적인 정보나 특정 벤더의 정보를 포함할 수 있다. 서버는 IP 주소에 **매직 쿠키(magic cookie)**로 불리는 99.130.83.99의 값을 사용한다. 클라이언트가 메시지를 모두 읽으면 이 매직 쿠키 값을 찾는다. 만약 이 값이 존재하면 다음 60바이트는 옵션이다. 옵션은 1바이트의 태그 필드, 1바이트의 길이 필드, 그리고 가변의 값을 가지는 필드의 세 부분으로 구성된다. 벤더가 주로 사용하는 여러 개의 태그 필드가 있다. 태그 필드가 53이면, 값을 가지는 필드는 그림 4.39에 있는 8개의 메시지 유형 중 하나를 뜻하게 된다. DHCP에서 이런 메시지 유형이 어떻게 사용되는지 설명한다.

그림 4.39 ┃ 옵션 형식

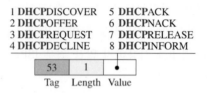

DHCP 동작

그림 4.40은 간단한 시나리오를 보여준다.

그림 4.40 ┃ DHCP의 동작

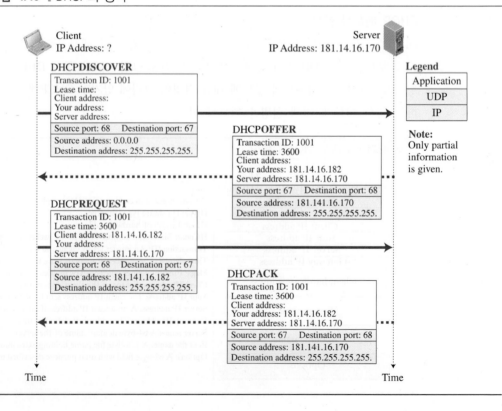

1. 새롭게 참가하는 호스트는 처리-ID 필드가 임의의 숫자로 지정된 **DHCP**DISCOVER 메지시를 생성한다. 이 메시지는 발신지 포트가 68이고 목적지 포트가 67인 UDP 데이터그램으로 캡슐화된다. 두 알려진 포트번호를 사용하는 이유는 나중에 설명할 것이다. 사용자 데이터그램은 발신지 주소가 **0.0.0.0**("이 호스트"), 목적지 주소가 **255.255.255.255**(브로드캐스트 주소)로 IP 데이터그램으로 캡슐화된다. 그 이유는 참가하는 호스트는 자신의 주소도 서버의 주소도 모르기 때문이다.

2. DHCP 서버(혹은 복수의 서버)는 your-IP-address 필드는 참가하는 호스트를 위해 제안된 IP 주소로 지정하고 server-IP-address 필드는 서버의 IP 주소를 지정하는 **DHCP**OFFER 메시지로 응답한다. 이 메시지는 호스트가 해당 IP를 사용할 수 있는 시간도 명시하고 있다. 이 메시지는 같은 포트번호지만 발신지와 목적지를 바꾸어 사용자 데이터그램으로 캡슐화된다. 그리고 사용자 데이터그램은 서버 주소로 발신지 주소를 입력하고 목적지 주소는 다른 DHCP 서버가 이 메시지를 수신하고 가능할 경우 더 나은 제안을 할 수 있도록 브로드캐스트로 지정한 데이터그램으로 캡슐화된다.

3. 참가하는 호스트는 하나 혹은 그 이상의 제안을 받고 그중 가장 좋은 것을 고른다. 그리고 참가하는 호스트는 **DHCP**REQUEST 메시지를 가장 좋은 제안을 보내온 서버로 전송한다. 알려진 값의 필드는 채워져 있다. 메시지는 처음 메시지와 같이 포트번호와 함께 사용자 데이터그램으로 캡슐화된다. 사용자 데이터그램은 새로운 클라이언트 주소로 발신지 주소를 설정하고 목적지 주소는 브로드캐스트로 하여 다른 서버가 자신들의 제안이 받아들여지지 않았음을 알리도록 설정하여 IP 데이터그램으로 캡슐화된다.

4. 마지막으로 선택된 서버는 클라이언트가 요청한 IP 주소가 유효할 경우 **DHCP**ACK 메시지로 클라이언트에게 응답한다. 만약 서버가 그 주소를 받아들일 수 없다면(예를 들어, 그 주소가 동시에 다른 호스트에게 제안된 경우) 서버는 **DHCP**NACK 메시지를 전송하여 클라이언트가 이 과정을 반복하도록 한다. 이 메시지 역시 브로드캐스트하여 다른 서버가 클라이언트의 요청이 수락되었는지 거절되었는지 확인하도록 해준다.

두 개의 잘 알려진 포트

DHCP는 하나의 잘 알려진(Well-Known) 포트번호와 임시 포트번호의 조합 대신 68번과 67번의 알려진 포트번호를 사용하는 것을 설명하였다. 클라이언트가 임시 포트번호 대신 잘 알려진 포트번호인 68번을 사용하는 것은 서버에서 클라이언트로 전달되는 메시지가 브로드캐스트 메시지이기 때문이다. 제한된 브로드캐스트 메시지의 IP 데이터그램이 네트워크 상의 모든 호스트에게 전달될 수 있다. 예를 들어, DHCP 클라이언트와 DAYTIME 클라이언트가 상응하는 서버로부터 메시지를 기다리는데 두 클라이언트가 같은 임시 포트번호(예를 들어 56017)을 사용한다고 가정해 보자. 두 호스트는 DHCP 서버로부터 응답 메시지를 수신하고 그 메시지를 클라이언트로 전달한다. DHCP 클라이언트는 메시지를 처리하지만 DAYTIME 클라이언트는 이상한 메시지를 수신하고 혼란스러워할 수 있다. 잘 알려진 포트번호를 사용하면 이런 문제를 방지해 준다. DHCP 서버로부터 응답 메시지는 68번이 아닌 56017번 포트에서 실행 중인 DAYTIME 클라이언트에게 전달되지 않는다. 임시 포트번호는 잘 알려진 포트번호와 다른 범위에서 선택된다.

만약 두 개의 DHCP 클라이언트가 동시에 실행되면 어떻게 되냐고 질문할 수도 있다. 이런 경우는 정전 이후 전원이 복구되었을 때 일어날 수 있다. 이 경우 메시지는 처리 ID 값으로 구분되어 각 응답을 서로 구분하게 해준다.

FTP 사용

클라이언트가 네트워크에 가입하기 위한 모든 정보를 서버가 보내지 않을 수도 있다. **DHCPACK** 메시지에는 클라이언트가 DNS 서버 주소와 같이 완전한 정보를 찾을 수 있는 파일의 경로 이름을 서버가 저장하고 있다. 그 뒤 클라이언트는 파일 전송 프로토콜을 사용하여 나머지 필요한 정보를 얻을 수 있다.

오류 제어

DHCP는 비신뢰적인 서비스인 UDP 서비스를 사용한다. 오류 제어를 위해 DHCP는 두 가지 방법을 사용한다. 첫 번째로 DHCP는 UDP가 사용하는 검사합을 필요로 한다. 3장에서 보았듯이, UDP에서 검사합의 사용은 선택사항이다. 두 번째로 DHCP 클라이언트는 요청에 대한 DHCP 응답을 받지 못할 경우 타이머와 재전송 정책을 사용한다. 그러나 여러 호스트가 재전송을 요청(예를 들어, 정전 후와 같은 경우)하는 트래픽 혼잡을 방지하기 위해 DHCP는 클라이언트가 임의의 수로 타이머를 설정하도록 하고 있다.

천이 상태

앞서 설명한 DHCP의 작동 시나리오는 매우 간단한 것이다. 동적인 주소지정을 위해 DHCP 클라이언트는 송신하거나 수신한 메시지에 따라 상태를 천이하는 상태 기계처럼 작동한다. 그림 4.41은 주 상태와 함께 천이 다이어그램을 보여준다.

그림 4.41 | DHCP 클라이언트의 FSM

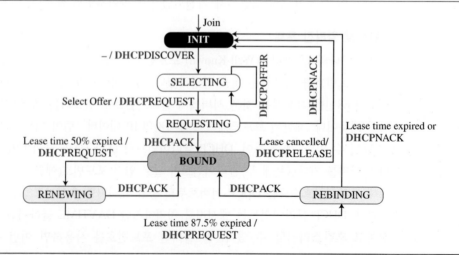

먼저 DHCP 클라이언트가 시작되면 INIT(초기화) 상태에 있게 된다. 클라이언트는 디스커버리 메시지를 브로드캐스트한다. 클라이언트가 서버로부터 제안을 받으면 클라이언트는 SELECTING 상태로 이동한다. 이 상태에 머무르는 동안 클라이언트는 제안을 더 받을 수도 있다. 제안을 선택한 뒤, 요청 메시지를 전송하고 REQUESTING 상태로 이동한다. 클라이언트가 이 상태에 있는 동안 ACK가 도착하면 BOUND 상태로 이동하여 IP 주소를 사용한다. 주소 임대의 50%가 만료되면, 클라이언트는 RENEWING 상태로 이동하여 주소를 갱신한다. 서버가 주소 임대를 갱신하면 클라이언트는 다시 BOUND 상태로 이동한다. 주소 임대가 갱신되지 않고 75%가 만료되면, 클라이언트는 REBINDING 상태로 이동한다. 만약 서버가 주소 임대에 동의하면(ACK 메시지가 도착하면) 클라이언트는 BOUNDING 상태로 이동하여 해당 IP를 계속 사용하지만 그렇지 않을 경우, 클라이언트는 INIT 상태로 이동하여 다른 IP 주소를 요청한다. 여기서 주의할 점은 클라이언트는 BOUND, RENEWING, REBINDING 상태에서만 IP 주소를 사용할 수 있다는 것이다. 위의 과정은 클라이언트가 **갱신**(*renewal*) 타이머(임대 시간의 50%), **재바인딩**(*rebinding*) 타이머(임대 시간의 75%), **시간만료**(*expiration*) 타이머(임대 시간으로 설정)의 3개의 타이머를 사용해야 가능하다.

NAT

ISP를 통한 IP 주소의 분배로 인해 새로운 문제가 발생하였다. ISP가 작은 사업장이나 가정을 위해 작은 범위의 주소만을 할당받았다고 가정해 보자. 사업이 성장하거나 가정에서 더 큰 범위의 주소가 필요하게 될 경우 ISP는 해당 주소의 앞, 뒤 주소가 이미 다른 네트워크에 할당되었기 때문에 해당 요청을 수용할 수 없다. 그러나 대부분의 경우 작은 네트워크에서 일부분의 컴퓨터만이 인터넷에 동시에 접속한다. 이는 곧 할당된 주소의 수와 네트워크 내의 컴퓨터 수가 일치할 필요가 없는 것을 의미한다. 예를 들어, 20개의 컴퓨터를 가진 사업장에서 동시에 인터넷에 접속하는 컴퓨터가 최대 4대라고 가정해 보자. 대부분의 컴퓨터가 인터넷 접속이 필요하지 않은 작업을 수행하거나 서로 통신을 하고 있다. 이 작은 사업장은 내부와 외부 통신에 모두 TCP/IP 프로토콜을 사용할 수 있다. 사업장은 내부 통신을 위해 사설망 블록의 주소에서 20(혹은 25)개의 주소를 사용하고 5개의 주소만이 외부 통신을 위해 ISP로부터 할당받을 수 있다.

10장에서 설명할 NAT (network address translation)는 사설 주소와 범용 주소의 매핑을 제공하고 동시에 가상 사설 네트워크를 지원하는 기술이다. 이 기술은 한곳에서 내부 통신을 위해 사설 주소를 사용하고 다른 네트워크와 통신에는 범용 인터넷 주소를 사용할 수 있도록 해준다. 이 작업장의 인터넷 연결은 NAT 소프트웨어를 실행하는 NAT 기능이 있는 라우터를 통해 글로벌 인터넷으로 연결되어야 한다. 그림 4.42는 NAT의 간단한 구성을 보여준다.

그림 4.42 | NAT

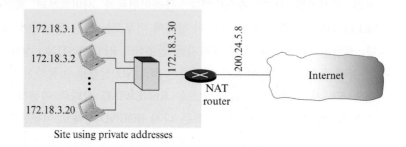

그림에서 보듯이 사설 네트워크는 사설 주소를 사용한다. 네트워크를 글로벌 주소로 연결하는 라우터는 하나의 사설 주소와 하나의 범용 주소를 사용한다. 사설 네트워크는 다른 네트워크에서 볼 수 없고 다른 네트워크는 오직 200.24.5.8의 주소를 사용하는 NAT 라우터만 확인 가능하다.

주소 변환

NAT 라우터를 통해 모든 나가는 패킷은 발신지 주소를 범용 NAT 주소로 변환한다. NAT 라우터를 통과하는 모든 들어오는 패킷은 목적지 주소(NAT 라우터의 범용 주소)를 적절한 사설 주소로 변환한다. 그림 4.43은 주소 변환의 예를 보여준다.

그림 4.43 | 주소 변환

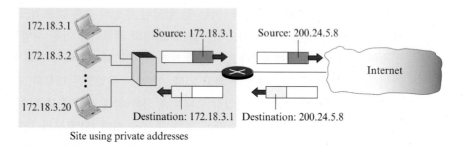

변환 테이블

나가는 패킷의 발신지 주소를 변경하는 것은 쉽게 이해할 수 있다. 그러나 인터넷에서 오는 패킷의 목적지를 NAT 라우터는 어떻게 아는 것일까? 특정 호스트에 속한 수천만의 사설 IP가 있을 수도 있다. 이런 문제는 NAT 라우터에 변환 테이블로 해결 가능하다.

하나의 IP 주소 사용 가장 간단한 형태로 변환 테이블은 단지 사설 주소와 외부 주소(패킷의 목적지 주소) 두 개의 열만 가지는 것이다. 나가는 패킷의 목적지 주소를 변경할 때 라우터는 패킷이 어디로 가는지 목적지 주소를 표기해 둔다. 목적지로부터 응답이 도착하면 라우터는 패킷의 발신지 주소를 사용하여 패킷의 사설 주소를 찾는다. 그림 4.44에서 이 과정을 확인할 수 있다.

그림 4.44 | 변환

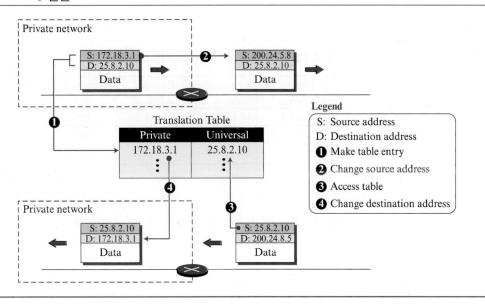

이 방법에서 통신은 반듯이 사설 네트워크에서 초기화해야 한다. 앞서 설명한 NAT 기법은 사설 네트워크가 통신을 시작해야 한다. 곧 살펴보겠지만, NAT는 하나의 주소를 고객에게 할당하는 ISP에서 가장 많이 사용한다. 그러나 고객은 많은 사설 주소를 가지고 있는 사설 네트워크의 구성원일 수도 있다. 이런 경우, 클라이언트의 HTTP, TELNET 혹은 FTP와 같은 프로그램을 사용하여 서버에 접속을 하려는 경우 인터넷으로 연결은 항상 클라이언트 측에서 시작해야 한다. 예를 들어, 외부 네트워크에서 전송된 이메일은 ISP의 이메일 서버에 저장되고 POP와 같은 프로토콜에서 호출하기 전까지 고객의 우편함에 저장되어 있다.

IP 주소의 풀 사용   NAT 라우터가 하나의 범용 주소만 사용한다면 하나의 외부 호스트에 하나의 사설 네트워크 호스트만 접속할 수 있다. 이런 제한을 제거하기 위해 NAT 라우터는 범용 주소의 풀을 사용할 수 있다. 예를 들어, 하나의 범용 주소(200.24.5.8)를 사용하는 대신, 네 개의 주소(200.24.5.8, 200.24.5.9, 200.24.5.10, 200.24.5.11)를 사용하는 것이다. 이 경우, 각 주소의 쌍으로 연결을 구분할 수 있기 때문에 네 개의 사설 네트워크 호스트가 같은 외부 호스트와 동시에 통신을 할 수 있다. 그러나 이 방법에는 여전히 단점이 있다. 하나의 목적지로 네 개 이상의 연결을 할 수 없다. 사설 네트워크 호스트는 두 개의 외부 서버 프로그램(HTTP와 TELNET)으로 동시에 접속할 수 없다. 유사하게 두 개의 사설 네트워크 호스트는 하나의 외부 서버 프로그램(HTTP나 TELNET)으로 동시에 접속할 수 없다.

IP 주소와 포트 주소 사용   외부 서버 프로그램과 사설 네트워크의 호스트 간에 다중 연결을 설정하기 위해서는 변환 테이블에 더 많은 정보가 필요하다. 예를 들어, 사설 네트워크 내부의 주소가 각각 172.18.3.1과 172.18.3.2인 두 호스트가 외부의 25.8.3.2의 HTTP 서버에 접속한다고 생각해 보자. 변환 테이블에 두 개 대신 다섯 개의 열이 있다면 발신지와 수신지의 포트 주소와 전송 계층 프로토콜을 포함하여 모호성을 제거할 수 있다. 표 4.1은 이런 테이블의 예를 보여준다.

표 4.1 ┃ 다섯 개의 열을 가진 변환 테이블

Private address	Private port	External address	External port	Transport protocol
172.18.3.1	1400	25.8.3.2	80	TCP
172.18.3.2	1401	25.8.3.2	80	TCP
⋮	⋮	⋮	⋮	⋮

　　HTTP에서 응답이 올 때 발신지 주소(25.8.3.2)와 목적지 포트 주소(1401)을 조합하여 패킷을 수신할 사설 네트워크의 호스트를 알 수 있다. 이런 작업에서는 임시 포트 주소는 유일해야 한다.

4.2.3 IP 패킷의 포워딩

이 장의 앞 부분에서 네트워크 계층에서 포워딩의 개념을 설명하였다. 이 절에서는 포워딩에서 IP 주소의 역할에 대해 설명하도록 한다. 앞서 설명하였듯이, 포워딩은 패킷이 목적지로 향하도록 패킷을 배치하는 것이다. 요즘 인터넷은 링크(네트워크)의 조합으로 구성되기 때문에 포워딩은 패킷을 다음 홉(최종 목적지나 중간 연결 장치)으로 전달하는 것을 의미한다. IP 프로토콜은 비연결형 프로토콜이지만 요즘 경향은 이를 연결 지향형 프로토콜로 변경하는 것이다. 두 가지 경우를 설명한다.

　　IP가 비연결형 프로토콜로 사용될 때 포워딩은 IP 데이터그램의 목적지 주소에 기반하고 IP가 연결 지향형 프로토콜로 사용될 때 포워딩은 IP 데이터그램에 있는 레이블에 기반을 두고 포워딩을 수행한다.

목적지 주소에 기반을 둔 포워딩

우선 목적지 주소에 기반을 둔 포워딩을 설명한다. 이는 일반적으로 사용되고 있는 방식이다. 이 경우, 포워딩을 위해 포워딩 테이블을 가진 호스트나 라우터가 필요하다. 호스트가 전송할 패킷이 있거나 라우터가 포워딩할 패킷을 수신한 경우 포워딩 테이블을 참조하여 패킷을 전달할 다음 홉을 찾는다.

　　클래스 없는 주소지정에서 모든 주소 공간은 클래스가 없는 하나의 개체이다. 이것은 패킷을 포워딩할 때 관련된 블록에서 정보 테이블의 한 행이 필요하다는 것을 의미한다. 테이블은 블록에서 처음 주소인 네트워크 주소를 기반으로 검색하기 위해 필요하다. 불행하게도, 패킷에서 목적지 주소는 네트워크 주소에 대한 아무런 단서를 제공하지 않는다. 이러한 문제를 해결하기 위해 테이블에 마스크(/n)을 포함시켰다. 다시 말해 클래스 없는 전달 테이블은 마스크, 네트워크 주소, 인터페이스 번호, 다음 라우터에 대한 IP 주소의 네 부분의 정보를 포함해야만 한다(다음 홉의 링크 계층 주소를 찾는 것은 5장에서 다루기로 한다). 그러나 종종 다른 문헌에서 처음 두 조각이 결합되어 있는 것을 볼 수 있다. 예를 들어, 만약 n이 26이고 네트워크 주소가 180.70.65.192일 때 180.70.65.192/**26**과 같이 두 개의 정보를 하나로 나타내는 것을 말한다. 그림 4.45는 세 가지 인터페이스를 사용하는 라우터에서 간단한 포워딩 모듈과 포워딩 테이블을 보여준다.

그림 4.45 ∥ 클래스 없는 주소지정에서 간단한 포워딩 모듈

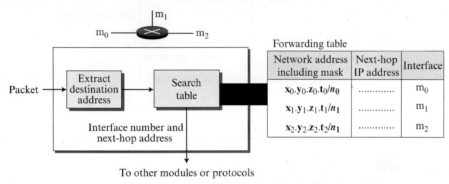

Forwarding table		
Network address including mask	Next-hop IP address	Interface
$x_0.y_0.z_0.t_0/n_0$	....	m_0
$x_1.y_1.z_1.t_1/n_1$	....	m_1
$x_2.y_2.z_2.t_2/n_1$	....	m_2

포워딩 모듈의 작업은 테이블을 행 단위로 검색하는 것이다. 각각의 행에서 목적지 주소(프리픽스)의 제일 왼쪽 n개의 비트를 고정하고, 나머지 비트(서픽스)는 0으로 만든다. 만약 네트워크 주소에서 호출된 결과 주소와 첫 번째 열에 있는 주소가 일치하면, 검색을 계속하기 위해 다음 두 열에 있는 정보를 추출한다. 일반적으로 그림에서 보이지는 않지만, 마지막 행은 이전 행과 맞지 않는 모든 목적지 주소를 나타내는 첫 번째 열의 기본값을 갖는다.

때때로, 다른 문헌에서 목적지 주소의 제일 왼쪽 n개의 비트와 제일 왼쪽 n개의 비트의 값을 맞추는 것을 볼 수 있다. 콘셉트는 같으나 표현하는 방법이 다를 뿐이다. 예를 들어, 180.70.65.192/**26**과 같이 주소와 마스크가 결합된 표현 대신에 제일 왼쪽 26비트를 아래와 같이 표현할 수 있다.

$$10110100 \quad 01000110 \quad 01000001 \quad 11$$

프리픽스를 검색하는 알고리즘을 사용해야만 하고 그것을 비트 패턴과 비교해야만 하는 것을 기억하라. 다시 말해 알고리즘이 필요하지만, 표현하는 방식이 다르다. 우리는 단지 연습 문제에서 더 작은 주소 공간을 사용할 때 우리의 포워딩 테이블에 이러한 서식을 사용하였다.

예제 4.7 그림 4.46의 구성을 이용하여 라우터 R1의 포워딩 테이블을 작성하라.

그림 4.46 ┃ 예제 4.7을 위한 구성도

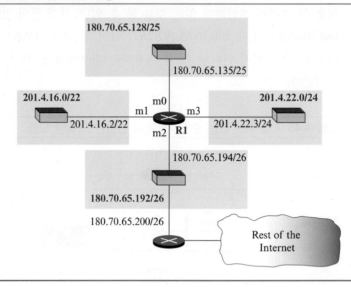

해답

표 4.2는 예제의 해답을 나타낸다.

표 4.2 ┃ 그림 4.46에서 라우터 R1의 포워딩 테이블

Network address/mask	Next hop	Interface
180.70.65.192**/26**	—	m2
180.70.65.128**/25**	—	m0
201.4.22.0**/24**	—	m3
201.4.16.0**/22**	—	m1
Default	180.70.65.200	m2

  예제 4.8   표 4.2 대신에 표 4.3에 네트워크 주소와 마스크를 비트로 표현하였다.

표 4.3 ┃ 그림 4.46에서 프리픽스 비트를 사용한 라우터 R1의 포워딩 테이블

Leftmost bits in the destination address	Next hop	Interface
10110100 01000110 01000001 11	—	m2
10110100 01000110 01000001 1	—	m0
11001001 00000100 00011100	—	m3
11001001 00000100 000100	—	m1
Default	180.70.65.200	m2

목적지 주소에서 제일 왼쪽 26개의 비트가 첫 행의 비트와 맞는 패킷이 도착하면, 패킷은 m2 인터페이스로부터 전송된다. 두 번째 행의 비트와 주소에서 제일 왼쪽 25개의 비트가 맞는 패킷이 도착하면, 패킷은 m0로부터 전송된다. 테이블은 첫 번째 행이 가장 긴 프리픽스를 가지

고 있고, 네 번째 행이 가장 짧은 프리픽스를 가지고 있는 것을 보여준다. 프리픽스가 더 길다는 의미는 주소 범위가 더 좁다는 것을 위미하고, 프리픽스 길이가 짧다는 것은 주소의 범위가 길다는 것을 의미한다.

 예제 4.9   만약 그림 4.46에서 패킷이 180.70.65.140의 목적지 주소를 가지고 R1에 도착할 때 포워딩 프로세스를 보여라.

해답
다음과 같은 과정을 통해 라우터는 동작한다.

1. 처음 마스크(/26)는 목적지 주소에 적용된다. 결과는 180.70.65.128로, 해당하는 네트워크 주소와 맞지 않는다.

2. 두 번째 마스크(/25)의 목적지 주소에 적용한다. 결과는 180.70.65.128로 해당하는 네트워크 주소와 매치된다. 다음 홉 주소와 인터페이스 번호 m0은 5장에서 보게 될 패킷 전송을 위해 추출된다.

주소 집단화

클래스 기반 주소지정을 사용할 때 조직 외부의 사이트를 위한 포워딩 테이블에는 하나의 엔트리가 있다. 엔트리는 해당 사이트가 서브넷일지라도 해당 사이트를 정의한다. 패킷이 라우터에 도착할 때 라우터는 해당 엔트리와 포워딩 패킷을 검사한다. 클래스 없는 주소지정을 사용할 때 포워딩 테이블 에트리의 번호가 증가할 가능성이 높아진다. 이것은 클래스 없는 주소지정이 모든 주소 공간을 관리 가능한 블록으로 나누기 때문이다. 테이블의 크기가 증가하면, 테이블을

그림 4.47 | 주소 집단화

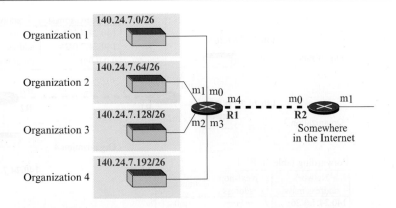

검색하기 위한 시간이 증가한다. 이러한 문제를 완화하기 위해 주소 집단화 기법이 설계되었다. 그림 4.47은 두 개의 라우터에서의 주소 집단화를 보여준다.

R1은 각각 64개의 주소를 사용하는 네 개의 조직에 연결되어 있다. R2는 R1에서 먼 곳에 위치한다. 패킷이 적절한 조직에 올바르게 라우팅되어야 하므로 R1의 라우팅 테이블은 길어지게 된다. 반면 R2는 짧은 라우팅 테이블을 가질 수 있다. R2에서는 목적지 주소가 140.24.7.0과 140.24.7.255 사이에 있는 패킷은 이 패킷이 어느 조직으로 가는 것일지라도 m0 인터페이스를 통하여 송신된다. 네 조직의 주소 블록들이 한 개의 큰 블록으로 집단화되므로 주소 집단화라 불린다. 각 조직들이 한 개의 블록으로 집단화될 수 없는 주소들을 가지고 있다면 R2의 라우팅 테이블은 길어지게 될 것이다.

가장 긴 마스크 매칭

만약 앞의 그림에서 한 조직이 다른 세 조직과 지리적으로 가깝지 않다면 어떤 일이 발생하는 가? 예를 들어 조직 4가 라우터 R1에 연결될 수 없을 경우에도 주소 집단화의 개념을 사용하고 조직 4에 140.24.7.192/26 블록을 할당할 수 있는가? 클래스 없는 주소체계에서의 라우팅은 가 장 긴 마스크 매칭(*longest mask matching*)이라는 다른 원리를 사용하므로 가능하다. 이 원리는 라우팅 테이블이 가장 긴 마스크에서 가장 짧은 마스크의 순으로 정렬되어 있다는 것을 의미한 다. 다시 설명하면 /27, /26, /24의 세 마스크가 있다면 /27이 첫 번째 엔트리이고 /24가 마지막 엔트리가 된다. 조직 4가 나머지 세 조직과 떨어져 있는 경우에도 이 원리가 어떻게 문제를 해 결하는지 살펴보자. 그림 4.48은 해당 상황을 나타낸다.

그림 4.48 ┃ 가장 긴 마스크 매칭

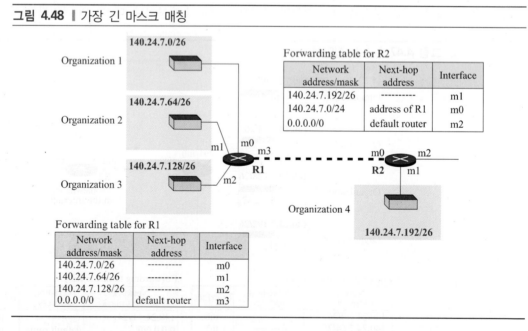

목적지 주소 140.24.7.200을 가지고 조직 4로 가는 패킷이 도착한 경우를 가정하자. 라우터 R2에서 첫 번째 마스크가 적용되어 네트워크 주소 140.24.7.192가 나온다. 패킷은 인터페이스

m1을 통하여 라우팅되고 조직 4에 전달되게 된다. 그러나 라우팅 테이블이 가장 긴 프리픽스부터 정렬되어 저장되어 있지 않다면 /24 마스크가 적용된 경우 패킷은 라우터 R1로 잘못 전달될 수 있다.

계층적 라우팅(Hierarchical Routing)

라우팅 테이블이 커지는 문제를 해결하기 위하여 라우팅 테이블에 계층구조를 도입할 수 있다. 1장에서 오늘날의 인터넷은 계층구조를 가지고 있다고 하였다. 인터넷은 백본, 지역 ISP (regional ISP) 그리고 로컬 ISP로 나뉜다고 설명하였다. 라우팅 테이블이 인터넷 구조와 같이 계층구조의 개념을 가지고 있다면 라우팅 테이블의 크기는 감소될 수 있다.

로컬 ISP의 예를 들어 보자. 이 로컬 ISP에는 한 개의 큰 주소 블록이 할당될 수 있다. 로컬 ISP는 이 블록을 다른 크기의 작은 블록으로 나누어 개인 사용자나 크고 작은 조직들에 할당할 수 있다. 로컬 ISP에 할당된 블록이 a.b.c.d/n이라면 ISP는 e.f.g.h/m의 블록들을 생성할 수 있다. 여기서 m은 고객별로 크기가 다를 것이나 n보다는 크다.

어떻게 이것이 라우팅 테이블의 크기를 줄일 수 있는가? 인터넷의 다른 부분들은 이렇게 분할된 것을 알 필요가 없다. 나머지 인터넷에는 이 로컬 ISP 내의 모든 고객들이 a.b.c.d/n으로 정의되어 있다. 이 큰 블록 내의 주소로 향하는 패킷은 로컬 ISP로 전달된다. 이 모든 고객들에 대해 나머지 인터넷의 라우터들에는 한 개의 엔트리만 필요하다. 이 고객들은 모두 한 그룹에 속한다. 물론 로컬 ISP 내부에서는 라우터들이 서브블록들을 인식하고 패킷을 목적지 고객에게 전달하여야 한다. 만약 고객 중의 하나가 매우 큰 조직이라면 서브넷팅을 사용하여 자신에 할당된 서브블록을 더 작은 서브블록으로 나누어 다른 레벨의 계층구조를 만들 수 있다. 클래스가 없는 라우팅에서는 클래스 없는 주소체계의 규칙만 따르는 한 계층구조의 레벨은 제한되지 않는다.

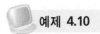
예제 4.10

계층적 라우팅의 한 예로 그림 4.49를 고려하자. 지역 ISP는 120.14.64.0부터 시작하는 16,384개의 주소를 부여받았다. 지역적 ISP는 이 블록을 각각의 크기가 4,094 주소인 네 개의 서브블록으로 나누기로 결정하였다. 이 중 세 개의 서브블록은 세 개의 로컬 ISP에게 할당되고 두 번째의 블록은 장래 목적으로 유보해 놓았다. 각 블록의 마스크는 /20임을 주목하라. 이것은 마스크가 /18인 원래의 블록이 넷으로 분할되었기 때문이다.

첫 로컬 ISP는 부여받은 서브블록을 다시 8개의 더 작은 블록으로 나누어 각각의 더 작은 로컬 ISP에 부여하였다. 각 작은 ISP는(H001부터 H128까지의) 128 가정에 서비스를 제공하고 각 가정은 4개의 주소를 사용한다. 마스크가 /20인 블록이 8개로 분할되었으므로 작은 ISP의 마스크는 /23이다. 각 가정은 4개($2^{32-30} = 4$이다)의 주소만을 가지게 되므로 각 가정에서의 마스크는 /30이다. 두 번째 로컬 ISP는 자신의 블록을 4개로 분할하여(LOrg01부터 LOrg04까지) 네 개의 큰 조직에 할당하였다. 각 조직은 1,024개의 주소를 가지고 마스크는 /22이다.

세 번째 로컬 ISP는 자신의 블록을 16개로 분할하여 각 블록을(SOrg01부터 SOrg16까지

그림 4.49 | ISP들에서의 계층적 라우팅

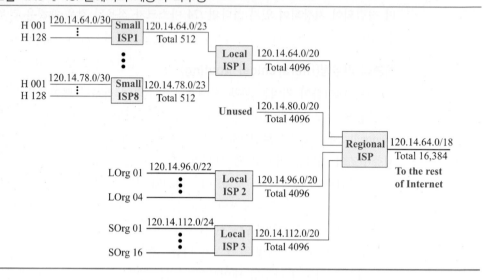

의) 작은 조직에 할당하였다. 각 작은 조직은 256개의 주소를 가지고 마스크는 /24이다. 이 구성에는 계층구조의 개념이 있다. 인터넷 내의 모든 라우터는 목적지 주소가 120.14.64.0부터 120.14.127.255 사이에 있는 패킷을 지역 ISP에 전달한다. 지역 ISP는 목적지 주소가 120.14. 64.0부터 120.14.79.255 사이에 있는 패킷을 로컬 ISP1에 전달한다. 로컬 ISP1은 목적지 주소가 120.14.64.0부터 120.14.64.3 사이에 있는 패킷을 H001에 전달한다.

지리적 라우팅

포워딩 테이블의 크기를 더욱 축소하기 위해 지리적 라우팅(geographical routing)을 포함하여 계층적 라우팅의 개념을 확장한다. 먼저 전체 주소 공간을 작은 수의 큰 블록들로 나누어야 한다. 다음 아메리카, 유럽, 아시아, 아프리카 등에 각각 한 개의 블록을 할당한다. 유럽 외부 ISP의 라우터들은 라우팅 테이블에 유럽으로 가는 패킷을 위하여 한 개의 엔트리만 가지고 있으면 된다. 아메리카 외부 ISP의 라우터들은 라우팅 테이블에 아메리카로 가는 패킷을 위하여 한 개의 엔트리만 가지고 있으면 된다.

포워딩 테이블 검색 알고리즘

클래스 없는 주소체계에서는 목적지 주소 내에 네트워크 정보가 없다. 비록 가장 효율적이지는 못하지만 가장 간단한 방법은 이미 앞에서 설명한 가장 긴 매칭(longest prefix match) 방법이다. 라우팅 테이블은 각 프리픽스 별로 한 개씩 정의된 여러 개의 버킷으로 나뉠 수 있다. 라우터는 먼저 가장 긴 프리픽스를 시도한다. 만약 목적지 주소가 이 버킷 내에서 발견되면 탐색은 종료된다. 만약 주소를 찾을 수 없으면 다음 프리픽스를 탐색한다. 이 과정을 계속 수행한다. 이러한 탐색은 시간이 많이 걸린다.

해결책은 탐색을 위한 자료구조를 변경하는 것이다. 리스트를 사용하는 대신에 트리나 이진(binary) 트리와 같은 다른 자료구조를 사용할 수 있다. 후보 중의 하나는 트리의 특별한 종류인 trie이다. 그러나 이 책의 범위를 벗어나므로 더 자세히 설명하지 않는다.

레이블 기반 포워딩

1980년대에 라우팅을 교환(switching)으로 대치하여 IP를 연결 지향 프로토콜처럼 동작하도록 하고자 하는 시도가 시작되었다. 4장의 초반에 설명하였듯이 비연결형 네트워크(데이터그램 방법)에서 라우터는 패킷 헤더 내의 목적지 주소를 기반으로 패킷을 포워딩한다. 반면 연결 지향 네트워크(가상 회로 방법)에서 교환기는 패킷에 부착된 레이블을 기반으로 패킷을 포워딩한다. 라우팅은 기본적으로 테이블 내용에 대한 탐색을 기반으로 하는 반면 교환은 인덱스를 사용한 테이블 접근방식에 의해 수행된다. 즉 라우팅은 탐색작업이 필요하지만 교환은 지정된 인덱스에 따라 테이블의 내용을 접근(accessing)하여 읽어 오는 방식으로 수행된다.

 그림 4.50은 가장 긴 마스크 알고리즘을 사용한 포워딩 테이블 검색의 한 예이다. 더 효율적인 알고리즘이 있지만 기본 원리는 마찬가지이다.

　포워딩 알고리즘이 패킷의 목적지 주소를 받으면 마스크 열을 찾아보게 된다. 각 엔트리에 대해 마스크를 적용하여 목적지 네트워크 주소를 찾는다. 매칭되는 엔트리를 찾을 때까지 테이블 내의 네트워크 주소를 검사한다. 라우터는 데이터링크 계층으로 전달하기 위해 다음 홉 주소와 인터페이스 번호를 추출한다.

그림 4.50 ▌ 예제 4.11 목적지 주소 기반 포워딩

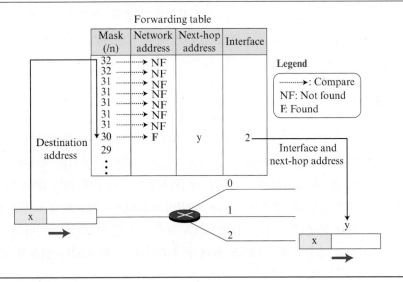

 그림 4.51은 스위칭 테이블에 접속하기 위한 레이블을 사용한 예를 보여준다. 테이블에서 레이블이 인덱스로 사용되므로 테이블 내에서 정보를 신속하게 찾을 수 있다.

그림 4.51 ▌ 예제 4.12 레이블 기반 포워딩

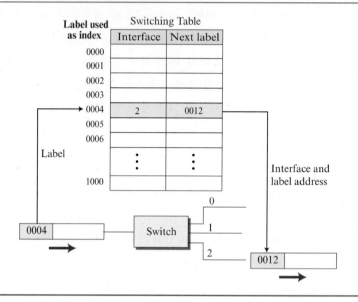

MPLS

1980년대에 몇 기업들이 교환 기술을 구현한 라우터를 개발하였다. 이후 IETF는 MPLS (Multi-Protocol Label Switching)라고 불리는 표준을 승인하였다. 이 표준에서는 라우터와 교환기로 동작하는 MPLS 라우터가 인터넷 내의 전통적인 라우터를 대치할 수 있게 되었다. MPLS는 라우터로 목적지 주소에 기반하여 패킷을 포워드하고 교환기로 동작할 때는 레이블에 기반하여 패킷을 포워딩한다.

새로운 헤더

IP와 같은 프로토콜을 사용하여 연결 지향 교환을 시뮬레이션하기 위해 가장 먼저 필요한 일은 차후에 설명된 레이블을 포함할 수 있는 새로운 필드를 패킷에 추가하는 것이다(뒤 절에서 살펴 볼 수 있듯이 이러한 필드가 IPv6에서는 제공되지만). IPv4 패킷에서는 이러한 확장이 가능하지 않았다. 해결책은 IPv4 패킷(마치 MPLS가 데이터링크 계층과 네트워크 계층 사이에 존재하는 계층인 것과 같이)을 MPLS 패킷으로 캡슐화하는 것이다. IP 패킷이 MPLS 패킷의 페이로드로 캡슐화되고 MPLS 헤더가 추가된다. 그림 4.52는 캡슐화 과정을 보여준다.

그림 4.52 ▌ IP 패킷에 추가된 MPLS 헤더

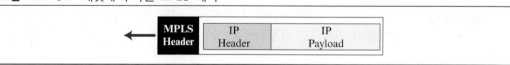

　　MPLS 헤더는 실제로 곧 설명될 다중 레벨 계층적 교환에서 사용되는 서브헤더 스택에 해당한다. 그림 4.53은 각 서브헤더의 길이가 32비트(4바이트)인 MPLS 헤더의 형식을 보여준다.

그림 4.53 ┃ 레이블의 스택으로 구성된 MPLS 헤더

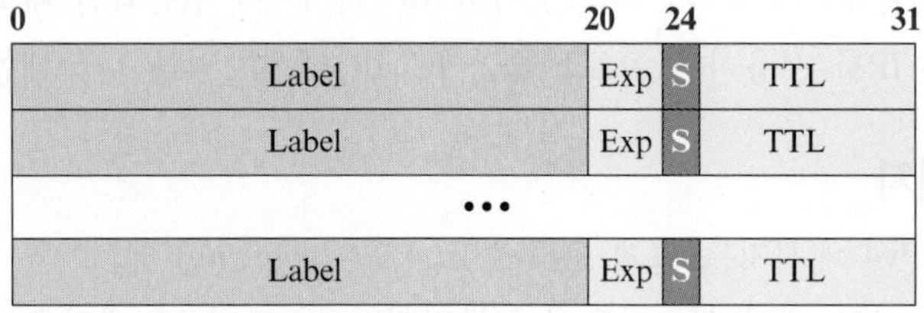

0	20	24	31
Label	Exp	S	TTL
Label	Exp	S	TTL
•••			
Label	Exp	S	TTL

다음은 각 필드에 대한 간단한 설명이다.

❑ **레이블.** 20비트 필드로서 라우터 내의 라우팅 테이블을 인덱스하기 위하여 사용되는 레이블을 정의한다.

❑ *Exp.* 3비트 필드로서 실험 목적으로 예약되어 있다.

❑ *S.* 1비트 스택 필드로서 스택 내의 서브헤더의 상황을 정의한다. 값이 1인 경우 헤더가 스택 내에서 가장 마지막임을 의미한다.

❑ *TTL.* 8비트 필드로서 IP 데이터그램의 TTL 필드와 유사하다. 방문된 라우터는 이 필드의 값을 1 감소시킨다. 이 값이 0이 되면, 루핑(looping)을 방지하기 위하여 패킷은 폐기된다.

계층적 교환

MPLS 내의 레이블 스택은 계층적 교환을 가능하게 한다. 이것은 전통적인 계층적 라우팅과 유사하다. 예를 들어, 패킷이 두 개의 레이블을 가진 경우 상위 레이블은 조직 외부의 교환기를 통하여 패킷을 포워드하기 위해 사용하고 하위 레이블은 조직 내에서 패킷을 목적지 서브넷까지 전달하기 위하여 사용할 수 있다.

4.2.4 ICMPv4

IP 프로토콜은 오류 보고와 오류 수정 기능이 없다. 만약 무엇인가 잘못이 일어나면 어떻게 되는가? 최종 목적지를 향한 라우터를 찾을 수 없거나 수명 필드가 0이 되어 라우터가 데이터그램을 폐기하면 어떻게 되는가? 주어진 시간 내에 모든 단편을 수신하지 못하여 최종 목적지 호스트가 데이터그램의 모든 단편을 폐기하여야 한다면 어떻게 되는가? 이들은 오류가 일어났는데도 불구하고 IP 프로토콜은 원래의 호스트에게 통보할 메커니즘이 없는 경우들의 예이다.

IP 프로토콜은 호스트와 관리 질의를 위한 메커니즘도 없다. 호스트는 간혹 라우터나 다른 호스트가 동작하고 있는지 알 필요가 있다. 그리고 간혹 네트워크 관리자는 다른 호스트나 라우터로부터 정보를 획득할 필요가 있다.

인터넷 제어 메시지 프로토콜 버전 4(ICMP, Internet Control Message Protocol version 4) 는 위의 두 가지 단점을 보완하기 위해서 설계되었다. ICMP는 IP 프로토콜의 동반 프로토콜이다. ICMP는 네트워크 계층의 프로토콜이다. 하지만 메시지는 예상했던 것과는 달리 직접 데이터

계층으로 전달되지 않는다. 대신에 먼저 메시지는 더 낮은 계층으로 전달되기 전에 IP 데이터그램에 캡슐화된다. IP 데이터그램이 ICMP 메시지에 캡슐화될 때 IP 데이터그램에서 프로토콜 필드의 값은 IP를 사용하는 프로토콜이 ICMP 메시지임을 나타내는 1로 세트된다.

메시지

ICMPv4 메시지는 크게 **오류 보고**(*error-reporting*) 메시지와 **질의**(*query*) 메시지로 나눌 수 있다. 오류 보고 메시지는 라우터나(목적지) 호스트가 IP 패킷을 처리하는 도중 탐지하는 문제를 보고한다. 질의 메시지는 쌍으로 생성되는데 호스트나 네트워크 관리자가 라우터나 다른 호스트로부터 특정 정보를 획득하기 위해 사용한다. 예를 들어 노드는 이웃들을 발견할 수 있다. 호스트는 같은 네트워크 상의 라우터를 발견하고 라우터는 노드가 메시지를 다른 곳으로 보내는 것을 도울 수 있다.

메시지 형식

ICMPv4 메시지는 8바이트의 헤더와 가변 길이의 데이터 부분을 가지고 있다. 헤더의 일반 형식은 각 메시지별로 다르지만 처음 4바이트는 전부 공통이다. 그림 4.54에서 보듯이 첫 번째 필드인 ICMP 유형(type)은 메시지의 유형을 나타낸다. 코드(code) 필드는 특정 메시지 유형의 이유를 지정한다. 마지막 공통 필드는 검사합 필드이다. 헤더의 나머지 부분은 각 메시지 별로 다르다. 오류 메시지에서 데이터 섹션은 오류를 가지고 있는 원본 패킷을 찾을 동안 정보를 나른다. 질의 메시지에서 데이터 섹션은 질의의 유형(type)을 기반으로 하는 별도의 정보를 나른다.

그림 4.54 ┃ 일반적인 형식의 ICMP 메시지

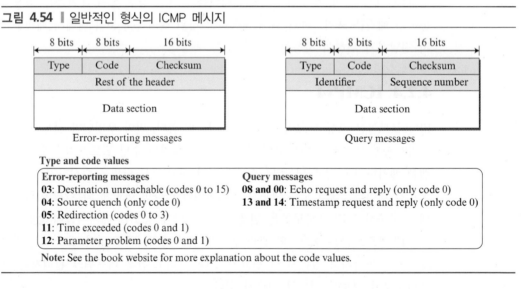

Note: See the book website for more explanation about the code values.

오류 보고 메시지

IP가 신뢰성 없는 프로토콜이기 때문에 ICMP의 주임무 중 하나는 IP 데이터그램의 프로세싱 동안 발생하는 오류를 보고하는 것이다. 그러나 ICMP는 오류를 수정하는 것이 아니고 단지 보고를 할 뿐이다. 오류 수정은 상위 계층 프로토콜에 맡긴다. 오류 메시지는 언제나 최초의 발신

지에 보내진다. 왜냐하면 데이터그램으로부터 알 수 있는 경로에 대한 정보는 발신지와 목적지 IP 주소뿐이기 때문이다. ICMP는 발신지 IP 주소를 사용하여 오류 메시지를 데이터그램의 발신지로 보낸다. 오류 보고 과정을 단순화하기 위해 ICMP는 보고 메시지에서 다음과 같은 규칙을 따르고 있다. 첫째, **호스트** 또는 **루프백**과 같은 특별한 주소나 멀티캐스트 주소를 가지는 데이터그램에 대해서는 오류 메시지를 만들지 않는다. 둘째, ICMP 오류 메시지를 전달하는 데이터그램에 대해서는 ICMP 오류 메시지가 생성되지 않는다. 셋째, 처음 단편이 아닌 단편화된 데이터그램에 대해서는 ICMP 오류 메시지가 생성되지 않는다.

모든 오류 메시지의 데이터 부분에는 원래 데이터그램의 IP 헤더와 이 데이터그램의 데이터 중 처음 8바이트가 포함되어 있는 것에 주목하라. 원래 데이터그램의 헤더는 오류 메시지를 받는 원래 발신지에게 데이터그램 자체에 대한 정보를 제공하기 위해 포함되었다. 데이터 부분의 처음 8바이트는(TCP와 UDP의) 포트번호와(TCP의) 순서 번호(sequence number)에 대한 정보를 제공한다. 이 정보는 발신지가 TCP나 UDP와 같은 프로토콜에게 오류 상황에 대해 알리기 위해 필요하다.

가장 널리 사용되는 오류 메시지는 **목적지 도달 불가**(*destination unreachable*) (type 3)이다. 이 메시지는 오류메시지의 종류를 정의하고, 왜 데이터그램이 최종 목적지에 도착하지 못하였는지에 대한 이유에 대해 정의하기 위해 0부터 15까지의 다른 코드를 사용한다. 예를 들어, 코드 0은 호스트가 도달하지 못한 발신지라는 의미이다. 예를 들어 사용자가 웹페이지에 접속하기 위해 HTTP 프로토콜을 사용할 때 하지만 서버가 꺼져 있다면 이러한 코드가 발생된다. 목적지 호스트에 도달할 수 없다는 메시지는 생성된 후 발신지로 전달된다.

다른 오류 메시지는 **발신지 억제**(*source quench*) 메시지(type 4)이다. 이 메시지는 송신자에게 네트워크에 충돌이 발생해서 데이터그램이 폐기되었음을 알리는 메시지이다. 이 메시지를 전달받은 발신지는 데이터그램을 송신하는 과정을 천천히(또는 억제) 한다. 다시 말해, ICMP는 이러한 메시지를 통해 IP 프로토콜에 혼잡 제어 메커니즘을 추가한다.

재지정(*redirection*) 메시지(type 5)는 발신자가 메시지를 전송하기 위해 잘못된 라우터를 사용할 때 사용되는 메시지이다. 라우터는 적절한 라우터에게 메시지를 전달하도록 재지정되지만, 라우터는 발신자에게 향후 디폴트 라우터로 변경해야만 한다고 알린다. 메시지 안에 디폴트 라우터의 IP 주소가 포함된다.

우리는 IP 데이터그램에서 TTL(*Time-To-Live*) 필드의 목적에 대해 설명하였다. 그리고 TTL이 데이터그램이 아무런 목적 없이 인터넷 안에서 도는 것을 방지할 수 있다고 설명하였다. TTL 값이 0이 되면, 데이터그램은 방문한 라우터에 의해 폐기된다. 그리고 코드 0을 사용하는 **시간경과 메시지**(*time exceeded message*) (type 11)를 데이터그램이 폐기되었다는 것을 알리기 위해 발신지에게 전송한다. 모든 데이터그램의 조각들이 예상된 주기 시간에 도착하지 않았을 때 코드 1을 사용하는 시간경과 메시지를 전송한다.

마지막으로 **매개변수 문제**(*parameter problem*) 메시지(type 12)는 데이터그램의 헤더에 문제가 있거나(코드 0) 어떤 옵션이 없거나 옵션의 의미를 알 수 없는 경우(코드 1)에 전송될 수 있다.

질의 메시지

흥미롭게도 ICMP에서의 질의 메시지는 IP 데이터그램과의 연관성 없이 독립적으로 사용할 수 있다. 물론 질의 메시지는 데이터그램 안에 캐리어로써 캡슐화되어야 한다. 질의 메시지는 인터넷에서 호스트나 라우터가 활성화되었는지를 알아보거나, 두 장치 사이의 IP 데이터그램이 단방향 시간인지 아니면 왕복시간인지를 찾는다. 또는 두 장치의 클럭이 동기화되었는지 여부를 확인한다. 질의 메시지는 요청과 응답의 한 쌍으로 동작한다.

에코 요청(*echo request*) 메시지(type 8)와 에코 응답(*echo reply*) 메시지(type 0)의 쌍은 다른 호스트나 라우터가 활성화되었는지 여부를 테스트하기 위해 호스트나 라우터가 사용한다. 호스트 또는 라우터는 에코 요청 메시지를 다른 호스트나 라우터에 전달한다. 에코 요청 메시지를 전달받은 호스트나 라우터가 살아있다면, 에코 응답 메시지들로 응답한다. *ping*(핑)과 *tracerroute*와 같은 디버깅 툴에서 에코 요청과 에코 응답 메시지 쌍을 확인할 수 있다.

타임스탬프 요청(*timestamp request*) 메시지(type 13)와 타임스탬프 응답(*timestamp reply*) 메시지(type 14) 메시지 쌍은 두 장치 사이의 왕복시간을 확인할 때나 두 장치 사이의 클럭이 동기화되었는지 확인할 때 사용된다. 타임스탬프 요청 메시지는 시간이 정의되어 있는 32비트 메시지로 전송된다. 타임스탬프 응답 메시지는 기존의 32비트 메시지와 추가로 요청을 전달받은 시간과 응답한 시간이 나타나 있는 새로운 32비트 번호를 포함한다. 만약 모든 타임스탬프가 유니버셜 시간을 나타낸다면, 송신자는 단방향 시간과 왕복시간을 계산할 수 있다.

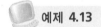 예제 4.13

호스트가 다른 호스트가 살아있는지 여부를 확인할 수 있는 장치들 중의 하나를 **핑(ping)** 프로그램이라 한다. *ping* 프로그램은 ICMP의 에코 요청과 에코 응답 메시지를 이용한다. 호스트는 에코 요청(type 8, 코드 0) 메시지를 다른 호스트에게 전소할 수 있다. 만약 이를 전송 받은 호스트가 살아있다면, 에코 응답(type 0, 코드 0) 메시지로 응답할 수 있다. 또한 핑 프로그램은 어느 정도 요청–응답 메시지를 보냄으로써 두 호스트 사이에서 신뢰성과 라우터의 혼잡을 측정할 수 있다.

다음은 어떻게 핑 메시지를 auniversity.edu 사이트에 전송하는지를 보여준다. 에코 요청과 에코 응답 메시지의 식별자 필드를 설정하고, 시퀀스 번호를 0에서부터 시작하도록 했다. 시퀀스 번호는 각 시간에 새로운 메시지가 전송되면 하나씩 증가하게 된다. 핑은 왕복시간으로 계산할 수 있는 것에 주목하라. 왕복시간에는 메시지의 데이터 섹션에서 전송 시간이 포함되어 있다. 패킷이 도착하면 **왕복시간(RTT)**에서 얻을 수 있는 출발시간으로부터 도착시간을 뺀다.

```
$ ping auniversity.edu
PING auniversity.edu (152.181.8.3)   56 (84)  bytes of data.
64 bytes from auniversity.edu (152.181.8.3): icmp_seq=0    ttl=62    time=1.91 ms
```

```
64 bytes from auniversity.edu (152.181.8.3): icmp_seq=1    ttl=62    time=2.04 ms
64 bytes from auniversity.edu (152.181.8.3): icmp_seq=2    ttl=62    time=1.90 ms
64 bytes from auniversity.edu (152.181.8.3): icmp_seq=3    ttl=62    time=1.97 ms
64 bytes from auniversity.edu (152.181.8.3): icmp_seq=4    ttl=62    time=1.93 ms
64 bytes from auniversity.edu (152.181.8.3): icmp_seq=5    ttl=62    time=2.00 ms
--- auniversity.edu statistics ---
6 packets transmitted, 6 received, 0% packet loss
rtt min/avg/max = 1.90/1.95/2.04 ms
```

 예제 4.14

유닉스에서 *traceroute* 프로그램 또는 윈도우즈에서 *tracert*는 발신자에서 목적지까지의 패킷의 경로를 추적할 수 있다. 경로를 지나는 동안 방문하게 되는 모든 라우터들의 IP 주소를 찾을 수 있다. 프로그램은 항상 방문하는 최대 30홉(라우터)에 대해 확인하도록 설정된다. 인터넷에서 홉 수는 일반적으로 이것보다 적다. *traceroute* 프로그램은 핑 프로그램과 다르다. 핑 프로그램은 두 개의 질의 메시지로부터 정보를 얻는 반면에 *traceroute* 프로그램은 시간 초과와 목적지 도달불가의 두 **오류 보고** 메시지로부터 정보를 얻는다. *traceroute*은 응용 계층의 프로그램이다. 하지만 클라이언트 프로그램이 목적지 호스트에서 응용 계층에 도착하지 못하기 때문에 오직 클라이언트 프로그램에서 필요하다. 다시 말하자면, 서버 프로그램은 *traceroute* 프로그램이 없다. *traceroute* 어플리케이션 프로그램은 UDP 사용자 데이터그램에 캡슐화된다. 그러나 *traceroute* 프로그램은 일부러 목적지에서 사용하지 않는 포트번호를 사용한다. 만약 *n*개의 라우터가 경로상에 있다면, *traceroute* 프로그램은 (*n* + 1)개의 메시지를 전달한다. 첫 번째 *n* 메시지는 각 라우터에서 하나씩 *n*개의 라우터에 의해 폐기되고, 마지막 메시지는 목적지 호스트에서 폐기된다. *traceroute* 클라이언트 프로그램은 라우터 사이의 경로를 찾기 위해 전달받은 (*n* + 1)의 ICMP 오류 보고 메시지를 사용한다. *traceroute* 프로그램은 *n*의 값을 알지 못해도 자동적으로 찾아진다. 그림 4.55는 *n*이 3일 경우의 예를 보여준다.

첫 번째 *traceroute* 메시지는 TTL 값이 1로 설정되어 전달된다. 메시지는 첫 번째 라우터에서 폐기되며, 시간 초과 ICMP 오류 메시지가 전송되고 *traceroute* 프로그램은 처음 라우터의 IP 주소(오류 메시지의 발신지 IP 주소)와 메시지의 데이터 섹션에서 라우터 이름을 검색할 수 있다. 두 번째 *traceroute* 메시지는 TTL이 2로 설정되어서 전송된다. 이것은 두 번째 라우터의 이름과 IP 주소를 찾을 수 있다. 앞의 두 메시지와 마찬가지로, 세 번째 메시지는 라우터 3의 정보를 찾을 수 있다. 그러나 네 번째 메시지는 목적지 주소에 전달된다. 이 호스트는 다른 이유로 메시지를 폐기한다. 목적지 호스트는 UDP 사용자 데이터그램에서 특정한 포트번호를 찾을 수 없다. ICMP는 포트번호를 찾을 수 없다는 코드 3을 가진 목적지 접근불가 메시지를 전송하게 된다. 다른 ICMP 메시지를 전송받은 후, *traceroute* 프로그램은 최종 목적지에 도착했다는 것을 알 수 있다. 최종 목적지의 이름과 IP 주소를 찾기 위해 전달받은 메시지에서 정보를 사용한다. *traceroute* 프로그램은 또한 각 라우터와 목적지에 대해 왕복시간을 찾기 위한 타이머로써

그림 4.55 | traceroute 프로그램의 예

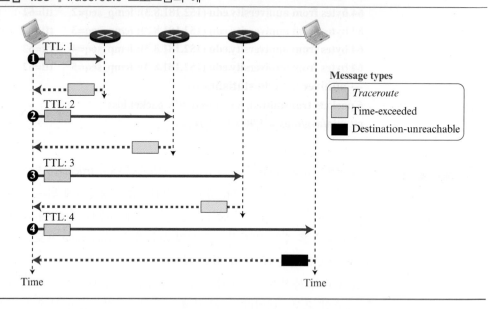

동작한다. 대부분의 *traceroute* 프로그램은 각 장치에 더 좋은 왕복시간을 측정하기 위해 같은
TTL 값을 가진 세 가지 메시지를 전달한다. 다음은 각 장치에 대해 세 가지 측정 결과를 받는
traceroute 프로그램의 한 예로 세 가지 RTT 값을 얻었다.

$ *traceroute* printers.com				
traceroute to printers.com (13.1.69.93), 30 hops max, 38 byte packets				
1 route.front.edu	(153.18.31.254)	0.622 ms	0.891 ms	0.875 ms
2 ceneric.net	(137.164.32.140)	3.069 ms	2.875 ms	2.930 ms
3 satire.net	(132.16.132.20)	3.071 ms	2.876 ms	2.929 ms
4 alpha.printers.com	(13.1.69.93)	5.922 ms	5.048 ms	4.922 ms

여기에서 발신지와 목적지 사이에는 세 개의 홉이 있다는 것을 알 수 있다. 어떤 왕복시간
은 다른 왕복시간에 비해 다른 것을 주목하라. 이것은 라우터가 너무 바빠 패킷 프로세스를 즉
시 수행하지 못하였기 때문에 발생한다.

4.3 유니캐스트 라우팅

인터넷에서 네트워크 계층의 목적은 발신지에서부터 목적지 또는 목적지들까지 데이터그램을
전송하는 것이다. 만약 데이터그램이 단지 하나의 목적지(일대일 전송)를 가지면, 이것을 유니
캐스트 라우팅(*unicast routing*)이라 한다. 만약 데이터그램이 몇 개의 목적지(일대다 전송)을 하
면 이것을 멀티캐스트 라우팅(*multicast routing*)이라 한다. 마지막으로 만약 데이터그램이 인터

넷의 모든 호스트에게 전송한다면, 이것을 **브로드캐스트 라우팅**(*broadcast routing*)이라 한다. 이 절과 다음 절에서는 단지 유니캐스트 라우팅만을 다룬다. 멀티캐스트 라우팅 그리고 브로드캐스트는 다음 장에서 논의하기로 한다.

많은 수의 라우터와 거대한 수의 호스트들을 가진 인터넷에서 유니캐스트 라우팅은 다른 라우팅 알고리즘을 사용하는 몇 개의 단계를 통한 라우팅 방식인 계층적 라우팅 방식을 사용한다. 이번 절에서 처음에는 라우터들에 의해 연결된 네트워크를 만드는 인터넷 작업이 수행되는 인터넷에서 유니캐스트 라우팅의 기본 콘셉트에 대해 설명한다. 라우팅의 원리를 설명한 후에 알고리즘에 대해 설명하고, 계층적 라우팅을 사용하는 인터넷에 어떻게 유니캐스트 라우팅을 적용시키는지에 대해 설명한다.

4.3.1 일반적인 아이디어

유니캐스트 라우팅에서 패킷은 포워딩 테이블의 참조하여 발신지에서 목적지까지 홉 단위로 전달된다. 발신지 호스트는 포워딩 테이블이 필요 없다. 그 이유는 발신지 호스트는 자신의 패킷을 로컬 네트워크의 기본 라우터에 전달하면 되기 때문이다. 목적지 호스트 역시 로컬 네트워크에서 목적지 호스트의 기본 라우터로부터 패킷을 전송받으면 되기 때문에 포워딩 테이블이 필요하지 않다. 이것은 인터넷에서 네트워크에 있는 라우터만 포워딩 테이블이 필요하다는 것을 의미한다. 위에서 설명한 것처럼 발신지에서 목적지까지 패킷을 전송하는 것은 발신지 호스트의 기본 라우터인 **발신지 라우터**에서부터 목적지 호스트의 기본 라우터인 **목적지 라우터**까지 패킷을 전송하는 것을 의미한다. 비록 패킷이 발신지와 목적지 라우터를 방문해야 할지라도 질문은 패킷이 방문해야 하는 라우터가 무엇이냐는 것이다. 다시 말해 패킷이 발신지에서 목적지까지 전송되는 동안 경로에 있는 라우터들 중에서 어떤 라우터를 방문해야 하는지를 결정해야만 하는가를 의미한다.

그래프로 표현한 인터넷

최적 경로를 찾기 위해 인터넷은 **그래프**를 이용하여 모델링하였다. 컴퓨터과학에서 그래프는 노드와 연결된 선과 노드의 집합으로 표현된다. 그림을 이용하여 인터넷 모델을 만들기 위해 각 라우터를 노드로 하고, 라우터 사이의 네트워크를 선으로 표현한다. 실제로 인터넷은 각 선 사이에 비용을 연관지어 **가중치 그래프**를 이용하여 모델링되었다. 만약 가중치 그래프가 지리적 위치를 나타내기 위해 사용되었다면, 노드들은 도시들을 의미하고 선들은 도시로 연결된 길을 의미한다. 이 경우에 가중치는 도시들 사이의 거리를 의미한다. 그러나 라우팅에서 선의 비용은 나중 절에서 설명할 다른 라우팅 프로토콜에서는 서로 다르게 해석된다. 우선, 각 선과 비용이 연관되어 있다고 가정한다. 만약 노드 사이에 선이 없다면, 이것은 무한대이다. 그림 4.56은 어떻게 그래프를 사용하여 인터넷을 모델링하는지를 보여준다.

최소비용 라우팅

가중치 그래프로 인터넷이 모델링될 때 발신지 라우터부터 목적지 라우터까지의 **최적의 경로**를 표현하는 방법 중 하나는 두 라우터 사이의 **최소비용**을 찾는 것이다. 다시 말해, 발신지 라우터는 목적지 라우터까지의 모든 가능한 경로 중에 비용의 합이 가장 적은 비용을 가진 경로를 선택한다. 그림 4.56은 A와 E사이의 가장 최선의 경로가 비용 6을 가지는 A–B–E임을 나타낸다. 이것은 각 라우터는 자신과 모든 다른 라우터들 사이의 최소비용 경로를 찾아야한다는 의미이다.

그림 4.56 | 그래프로 표현한 인터넷

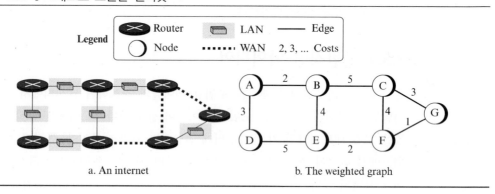

a. An internet   b. The weighted graph

최소비용 트리

만약 인터넷에 N개의 라우터들이 있다면, 각 라우터에서 다른 라우터로의 $(N-1)$의 최소비용 경로가 존재한다. 이것은 모든 인터넷에 대해 $N \times (N-1)$ 최소비용 경로가 필요하다는 의미이다. 만약 인터넷에 10개의 라우터만이 존재한다면, 90개의 최소비용 경로가 존재한다. 모든 이러한 경로들을 살펴보는 더 좋은 방법은 **최소비용 트리(least-cost tree)**로 경로들을 합치는 것이다. 최소비용 트리는 루트와 다른 노드 사이의 가장 짧은 경로를 사용하여 모든 다른 노드들을 방문하는 루트로서 발신지 라우터를 사용하는 트리이다. 이 방법은 각 노드에 대한 최단 거리를 갖는다. 인터넷 전체에 대해 최소비용 트리 N을 가질 수 있다. 이 절의 뒷부분에서 각 노드에서 최소비용 트리를 작성하는지 설명할 것이다. 그림 4.57은 그림 4.56의 인터넷이 갖는 최소비용 트리 7을 보여준다.

만약 최소비용 트리가 일관된 기준을 이용하여 만들어졌다면, 가중치 그래프를 이용한 최소비용 트리는 몇 가지 속성을 가질 수 있다.

1. X의 트리에서 X에서 Y까지의 최소비용 경로는 Y의 트리에서 Y에서 X까지의 최소비용 경로의 역방향이다. 양방향에 대한 비용이 같기 때문이다. 예를 들어, 그림 4.57 A의 트리에서 A에서 F까지의 경로는 (A → B → E → F)이다. 하지만, F의 트리에서 F에서 A까지의 경로는 (F → E → B → A)이다. 이것은 첫 번째 경로(A에서 F까지)의 역방향이다. 각 경우에 비용은 8이다.

2. X의 트리에서 X에서 Z까지 도는 것 대신에 X의 트리를 이용하여 X에서 Y까지 돌 수 있고,

Y의 트리를 이용하여 Y에서 Z까지의 경로를 계속 진행할 수 있다. 그림 4.57에서 A의 트리를 이용하여 A에서 G까지의 경로(A → B → E → F → G)로 이동할 수 있다. 또한 A의 트리를 통해 A에서 E까지(A → B → E)로 이동한 후 E의 트리를 이용하여 (E → F → G)의 경로를 이용할 수 있다. 두 번째 경우, 두 경로의 조합은 첫 번째 경우의 경로와 같다. 비용 역시첫 번째 경우는 9이며, 두 번째 경우 또한 9(6 + 3)이다.

그림 4.57 | 그림 4.56의 인터넷에서 노드가 갖는 최소비용 트리

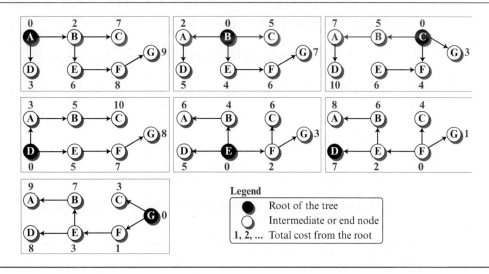

4.3.2 라우팅 알고리즘

최소비용 트리를 설명하기 전에 인터넷의 일반적인 개념과 이러한 메커니즘을 이용하여 만든포워딩 테이블에 대해 설명하였다. 이제부터는 라우팅 알고리즘에 초점을 맞추자. 몇 개의 라우팅 알고리즘은 과거에 설계되었다. 이러한 방법들 사이의 차이점은 최소비용과 각 노드에서 최소비용 트리를 만드는 방법을 표현하는 방법이다. 이 절에서는 일반적인 알고리즘에 대해 설명하고 나중에 인터넷에서 라우팅 프로토콜이 어떻게 이러한 알고리즘들을 구현하였는지에 대해보인다.

거리 벡터 라우팅

거리 벡터 라우팅(distance vector routing)은 최선의 경로를 찾기 위해 소개했던 방법을 사용한다. 거리 벡터 라우팅에서 제일 처음으로 각 노드가 만드는 것은 인접한 이웃들의 기초 정보를 이용하여 작성된 자신의 최소비용 트리이다. 인접한 노드들 사이의 불완전한 트리는 모든인터넷을 나타내기 위해서 더욱 완성된 트리가 되도록 수정된다. 거리 벡터 라우팅에서 라우터는 자신의 모든 이웃들에게 자신이 가지고 있는 인터넷에 대한 정보가 불완전하더라도 자신이알고 있는 네트워크 정보를 끊임없이 알려준다.

불완전한 최소비용 트리가 어떻게 완전한 트리로 작성되는지 보이기 전에 Bellman-Ford 알고리즘과 거리 벡터 개념의 두 가지 중요한 토픽에 대해 설명하도록 한다.

Bellman-Ford 알고리즘

Bellman-Ford 알고리즘은 거리 벡터 라우팅의 핵심 아이디어로 유명하다. 이 알고리즘은 발신지에서 중계 노드 사이의 비용과 중계 노드와 목적지 노드까지의 최소비용으로 주어졌을 때 중계 노드(**a, b, c, ...**)를 통과하는 발신지 노드 x와 목적지 노드 y 사이의 경로에서 최소비용(최소 거리)을 찾기 위해 사용한다. 다음은 D_{ij}가 최소 거리이고 c_{ij}가 노드 I와 j 사이의 비용으로 주어질 때의 일반적인 케이스를 보여준다.

$$D_{xy} = \min \{ (c_{xa} + D_{ay}), (c_{xb} + D_{by}), (c_{xc} + D_{cy}), \ldots \}$$

거리 벡터 라우팅에서 만약 z를 통과하는 거리가 더 짧다면, 일반적으로 인접한 노드를 통과하는 최소비용으로 존재하는 최소 비용을 이용하여 업데이트한다. 이 경우 방정식은 다음에 보이는 것과 같이 단순해진다.

$$D_{xy} = \min \{ D_{xy}, (c_{xz} + D_{zy}) \}$$

그림 4.58은 두 경우에 대한 아이디어를 그림을 이용하여 보여준다.

그림 4.58 | 그래프로 표현한 Bellman-Ford 알고리즘

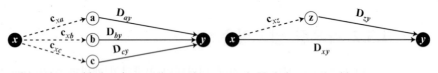

a. General case with three intermediate nodes   b. Updating a path with a new route

Bellman-Ford 알고리즘은 이전에 소개했던 최소비용 경로로부터 새로운 최소비용 경로를 작성할 수 있게 한다. 그림 4.58 이전에 작성한 최소비용 경로로써 $(a \rightarrow y)$, $(b \rightarrow y)$와 $(c \rightarrow y)$로의 경로를 고려하고, $(x \rightarrow y)$의 경로를 새로운 최소비용 경로로 생각하자. 만약 Bellman-Ford 알고리즘을 반복적으로 사용하면, 이전에 작성한 최소비용 트리로부터 새로운 최소비용 트리를 작성할 수 있다. 다시 말해, 거리 벡터 라우팅에서 이 알고리즘을 사용하는 것은 이 방법 또한 최소비용 트리를 사용한다는 것을 증명한다. 하지만 이 알고리즘은 백그라운드에서 동작될 것이다.

다음은 거리 벡터 라우팅에서 각 노드에서 최소비용 경로를 만들기 위해 Bellman-Ford 알고리즘과 거리 벡터의 개념을 어떻게 사용할 것인지에 대해 설명한다. 하지만 먼저 거리 벡터의 개념을 설명하도록 한다.

거리 벡터

거리 벡터(distance vector)의 개념은 왜 거리 벡터 라우팅이라 이름이 붙여졌는지를 보여준다. 최소비용 트리는 트리의 루트에서부터 모든 목적지까지의 최서 비용 경로와 결합되어 있다. 이러한 경로는 트리를 구성하기 위해 함께 묶여 있다. 거리 벡터 라우팅은 이러한 경로들을 묶지 않고, 트리를 나타내는 일차원 배열을 이용하여 거리 벡터를 생성한다. 그림 4.59는 네트워크에서 그림 4.56에서 보여준 노드 A에 대한 트리와 이를 거리 벡터로 수정한 것을 나타낸다.

그림 4.59 ┃ 거리 벡터로 수정된 트리

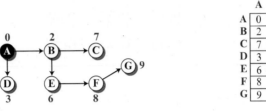

a. Tree for node A   b. Distance vector for node A

루트로부터 거리 벡터의 **이름**(*name*)이 결정되고, **인덱스**(*index*)는 목적지에서 정의하고, 루트로부터 목적지까지의 최소비용으로부터 각 셀의 **값**(*value*)이 결정된다는 것을 주목하자. 거리 벡터는 최소비용 트리에서처럼 목적지까지의 경로를 제공하지는 않는다. 거리 벡터는 단지 목적지까지의 최소비용만을 제공한다. 나중에 어떻게 거리 벡터를 포워딩 테이블로 바꿀 수 있는지에 대해 소개하겠다. 하지만 먼저 인터넷에서 모든 거리 벡터를 찾아야만 한다.

거리 벡터는 최소비용 트리에서 최소비용 경로 나타낼 수 있다는 것을 알았다. 하지만, 어떻게 네트워크의 각 노드에서 해당하는 벡터를 만들 수 있는지가 의문으로 남는다. 인터넷에서 각 노드는 각 노드가 부팅될 때 노드의 이웃으로부터 얻을 수 있는 최소 정보를 사용하여 매우 기본적인 거리 벡터를 만든다. 노드는 어떤 인사 메시지를 노드의 인터페이스 밖으로 전송하여 인접 노드의 정보와 자신과 이웃 사이의 거리에 대한 정보를 검색한다. 그리고 나서 노드는 찾아낸 거리를 통해 해당하는 셀에 간단한 거리 벡터를 작성한다. 그리고 다른 셀을 채우는 작업을 무한하게 수행한다. 이러한 거리 벡터가 최소비용 경로를 나타낼 수 있는가? 노드가 제한된 정보를 가지고 있다고 생각할 때 대답은 '그렇다.'이다. 단지 두 노드 사이의 거리를 알 수 있다면, 그것이 최소비용이다. 그림 4.60은 네트워크에서 모든 거리 벡터를 나타낸다. 그러나 해당 노드가 부팅될 때 그림에서 나타낸 모든 벡터들이 동기화되어 작성되었다는 것을 의미하는 것은 아니기 때문에 거리 벡터는 비동기적으로 작성될 수 있다.

이런 기초적인 벡터들은 인터넷이 효율적으로 패킷을 전송하도록 돕지 못 한다. 예를 들어, 대응하는 셀이 무한대의 최소비용을 나타내고 있기 때문에 노드 A는 노드 G와 연결되었다고 여기지 않는다. 이러한 벡터들의 효율성을 향상시키기 위해서 네트워크에서 노드들은 다른 노드들과 정보를 교환한다. 모든 노드가 벡터를 작성한 후, 인접한 모든 노드들에게 작성된 벡

그림 4.60 ┃ 네트워크 대한 첫 번째 거리 벡터

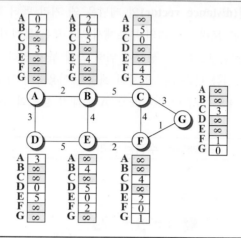

터의 정보를 전송한다. 노드는 이웃으로부터 거리 벡터를 전달받은 후, Bellman-Ford 알고리즘 (두 번째 케이스)을 이용하여 자신의 거리 벡터를 업데이트한다. 그러나 하나의 최소비용만이 아니라 인터넷에 있는 모든 노드 N개의 최소비용을 업데이트해야만 한다는 것을 고려해야한다. 만약 프로그램을 사용한다면, 루프를 이용하여 해결할 수 있다. 종이를 통해 이 개념을 설명한 다면, 모든 벡터 대신에 N개로 나뉜 방정식을 통해 설명할 수 있다. 그림 4.61은 각 업데이트에 대한 모든 벡터 대신에 7개의 방정식을 보여준다. 그림은 어떠한 시간 동안 연이어 발생하는 두 개의 비동기 이벤트를 보여준다. 처음 이벤트에서 노드 A는 자신의 벡터를 노드 B에게 전송 한다. 노드 B는 비용 $c_{BA} = 2$를 이용하여 노드 B의 벡터를 업데이트한다. 두 번째 이벤트에 서는 노드 E는 자신의 벡터를 노드 B에게 전송한다. 노드 B는 비용 $c_{EA} = 4$를 사용하여 자신의 벡터를 업데이트한다.

그림 4.61 ┃ 거리 벡터 업데이트 하기

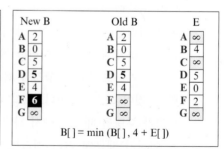

a. First event: B receives a copy of A's vector.   b. Second event: B receives a copy of E's vector.

Note:
X[ ]: the whole vector

처음 이벤트 후에 노드 B는 자신의 벡터를 개선시킨다. 노드 D에 해당하는 최소비용을 노드 A를 통해 무한대에서 5로 변경한다. 두 번째 이벤트 후에 노드 B는 F에 해당하는 값을 노드 E를 통해 전달받은 벡터를 통해 6으로 변경한다. 벡터를 교환하는 것은 결국 시스템을 안정화하고 모든 노드가 자신과 다른 노드 사이의 궁극적인 최소비용을 찾을 수 있다. 노드를 업데이트한 후에 즉시 노드는 업데이트된 벡터를 모든 이웃들에게 전송한다는 것을 기억하자. 이전의 벡터를 노드의 이웃들이 전달 받았더라도, 업데이트된 벡터는 더욱 효율을 높일 수 있다.

거리 벡터 라우팅 알고리즘

이제 표 4.4는 거리 벡터 라우팅 알고리즘의 간단한 의사코드를 나타낸다. 알고리즘에서 노드들은 비동기적이고 독립적으로 동작한다.

표 4.4 ▌노드 A에서 거리 벡터 라우팅 알고리즘

```
1    Distance_Vector_Routing ( )
2    {
3        // Initialize (create initial vectors for the node)
4        D[myself] = 0
5        for (y = 1 to N)
6        {
7            if (y is a neighbor)
8                D[y] = c[myself][y]
9            else
10               D[y] = ∞
11       }
12       send vector {D[1], D[2], …, D[N]} to all neighbors
13       // Update (improve the vector with the vector received from a neighbor)
14       repeat (forever)
15       {
16           wait (for a vector D_w from a neighbor w or any change in the link)
17           for (y = 1 to N)
18           {
19               D[y] = min [D[y], (c[myself][w] + D_w[y])]        // Bellman-Ford equation
20           }
21           if (any change in the vector)
22               send vector {D[1], D[2], …, D[N]} to all neighbors
23       }
24   } // End of Distance Vector
```

4번째 줄에서 11번째 줄은 벡터를 초기화시킨다. 14번째 줄에서 23번째 줄까지는 근접한 이웃 노드로부터 벡터를 전달받은 후에 어떻게 벡터를 업데이트하는지를 보여준다. 17번째 줄에서 20번째 줄의 *for* 루프는 새로운 벡터를 전달받은 후에 벡터에서 각 셀을 업데이트한다. 12

번째 줄에서 노드는 초기화된 이후에 벡터를 전송하는 것과 22번째 줄에서 벡터가 업데이트된 이후에 벡터를 전송하는 것에 주목하자.

무한대로의 카운트

거리 벡터 라우팅에서의 문제점은 비용 감소와 같은 좋은 소식은 빠르게 퍼지나 비용 증가와 같은 나쁜 소식은 천천히 퍼진다는 것이다. 라우팅 프로토콜이 잘 동작하기 위해서는 링크가 고장 나서 비용이 무한대로 바뀌었을 때 모든 다른 라우터들이 이를 즉시 인식할 수 있어야 하는데 거리 벡터 라우팅에서는 이에 시간이 소요된다. 이 문제를 **무한대로의 카운트**(*count to infinity*)라고 부른다. 고장 난 링크에 대한 비용이 모든 라우터에서 무한대로 기록되기까지 몇 차례의 갱신이 수행되어야 한다.

두 노드 루프

무한대로의 카운트의 한 예가 두 노드 루프 문제이다. 이 문제를 이해하기 위해 그림 4.62에 있는 시나리오를 살펴보도록 하자.

그림 4.62 ┃ 두 노드 불안정성

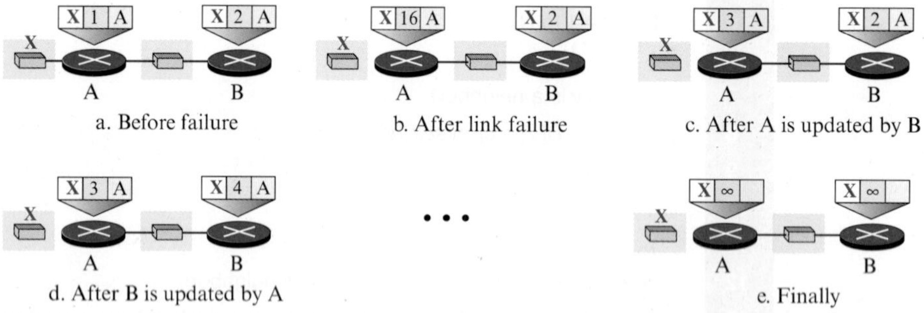
X 1 A
X 2 A
X
A
B
a. Before failure
X 16 A
X 2 A
X
A
B
b. After link failure
X 3 A
X 2 A
X
A
B
c. After A is updated by B
X 3 A
X 4 A
X
A
B
d. After B is updated by A
• • •
X ∞
X ∞
X
A
B
e. Finally

그림은 세 노드를 가지는 시스템을 보여준다. 논의를 위해 필요한 라우팅 테이블의 일부만을 보여주고 있다. 초기에 노드 A와 B는 노드 X에 도달하는 방법을 알고 있다. 그러나 갑자기 A와 X 사이의 링크가 실패했다고 하면 노드 A는 자신의 테이블을 변경한다. 만약 노드 A가 즉각적으로 B에게 테이블을 전송하면 문제가 없다. 그러나 만약 B가 라우팅 테이블을 A로부터 받기 전에 자신의 라우팅 테이블을 보내게 되면 시스템이 불안정해진다. 노드 A는 갱신을 수신하면 B가 X로 가는 길을 찾았다고 가정하고 즉각 자신의 라우팅 테이블을 갱신한다. A는 새로운 갱신을 B에게 보낸다. 이제 B는 A에 무슨 변화가 있다고 생각하고 자신의 라우팅 테이블을 변경한다. X에 도달하는 비용이 점점 증가하게 되어 최종적으로 무한대가 된다. 이때가 되어야 노드 A와 B 모두 X가 도달 가능하지 않음을 알게 된다. 그러나 이 순간까지 시스템은 불안정하게 되는 것이다. 노드 A는 생각하기를 X까지의 경로는 B를 통하면 될 것이라 하고 노드 B는 A를 통하면 될 것이라 생각한다. 만약 A가 X로 향하는 패킷을 수신하게 되면 이는 B로 보내어지고 그 후 다시 A로 돌아오게 된다. 마찬가지로 B도 X로 가는 패킷을 수신하면 A로 보내게 되고 그 후 다시 B로 되돌아오게 된다. 패킷은 A와 B를 오가게 되고 두 노드 루프 문제가 발생한다. 이런 종류의 불안정 문제를 위해 몇 가지 해결책이 제안되었다.

수평 분할 해결 방안 중 하나는 **수평 분할**(*split horizon*)이라고 불린다. 이 정책에서는 각 인터페이스를 통해 테이블을 플러딩(flooding)하는 대신에 각 인터페이스를 통해 자신 테이블의 일부만을 전송한다. 앞서 살펴본 테이블에서 노드 B가 X에 도달하는 최적의 경로가 A를 거치는 것이라는 것을 안다면 이 정보를 A에게로 다시 광고해 알릴 필요가 없다. 이 정보는 A로부터 온 것이므로 이미 A는 알고 있기 때문이다. A로부터 정보를 받아 이를 수정한 후 다시 A에게로 보내는 것이 혼란을 발생시킬 수 있다. 우리 시나리오에서 노드 B는 A에게로 보내기 전에 라우팅 테이블에서 마지막 라인을 제거하게 된다. 이 경우 노드 A는 X까지의 거리를 무한대로 유지하게 된다. 나중에 노드 A가 자신의 라우팅 테이블을 B에게 전송하면 노드 B도 자신의 라우팅 테이블을 수정하게 된다. 따라서 처음 갱신 이후 시스템은 안정적으로 되고 노드 A와 B 모두 X로의 경로가 도달 가능하지 않음을 알게 된다.

포이즌 리버스 수평 분할 정책을 사용하는 것은 하나의 단점을 가진다. 보통 거리 벡터 프로토콜은 타이머를 사용하고 만약 경로상에 새로운 소식이 없으면 테이블에서 이 경로를 제거한다. 이전 시나리오에서 노드 B가 A로 보내는 광고에 X로의 경로를 제거해 버리면 노드 A는 이것이 수평 분할 정책 때문에 그런 것인지 아니면 B가 최근에 X에 관한 소식을 받지 못해서인지 예측할 수 없다. 수평 분할 정책은 포이즌 리버스(poisoned reverse) 정책과 조합되어질 수 있다. 노드 B는 여전히 X에 대한 값을 광고하되 만약 정보의 송신자가 A인 경우 거리 값을 무한대로 설정해서 "이 값을 사용하지 마시오. 내가 아는 것은 당신으로부터 정보를 받았기 때문입니다"라고 경고한다.

세 노드 불안정성

두 노드 불안정성 문제는 포이즌 리버스와 조합된 수평 분할을 사용하여 해결될 수 있다. 그러나 불안정성이 세 노드 간에 발생하면 이 문제의 해결은 보장되지 않는다.

링크 상태 라우팅

최소비용 트리와 포워딩 테이블을 작성하기 위해 다음에 설명할 라우팅 알고리즘은 **링크 상태 라우팅**(**link-state routing**)이다. 이 방법은 인터넷에서 네트워크를 나타내는 링크의 특성을 결정하기 위해 **링크 상태**를 사용한다. 이 알고리즘에서 비용은 링크의 상태를 정의한 엣지로 구성된다. 만약 링크의 비용이 무한대라면, 더 낮은 비용의 링크와 높은 비용을 가지고 있는 링크가 선호된다. 링크 상태가 무한대라는 의미는 링크가 존재하지 않거나, 깨져 있다는 것을 의미한다.

링크 상태 데이터베이스

링크 상태 라우팅을 사용하여 최소비용 트리를 작성하기 위해 각 노드는 각 링크의 상태를 알아야 하기 때문에 네트워크의 완전한 맵(*map*)이 필요하다. 링크의 상태 집합을 **링크 상태 데이터베이스**(**LSDB, link-state database**)라 부른다. 모든 인터넷에 대해 LSDB는 하나만 존재한다. 각 노드는 최소비용 트리를 작성하기 위해 이것의 복사본을 가지고 있어야 한다. 그림

4.63은 그림 4.56의 LSDB의 예를 나타낸다. LSDB는 2차원 배열로 나타낼 수 있다. LSDB의 각 셀의 값은 대응하는 링크의 비용으로 결정된다.

그림 4.63 ┃ 링크 상태 데이터베이스의 예

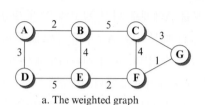

a. The weighted graph

	A	B	C	D	E	F	G
A	0	2	∞	3	∞	∞	∞
B	2	0	5	∞	4	∞	∞
C	∞	5	0	∞	∞	4	3
D	3	∞	∞	0	5	∞	∞
E	∞	4	∞	5	0	2	∞
F	∞	∞	4	∞	2	0	1
G	∞	∞	3	∞	∞	1	0

b. Link state database

이제 어떻게 각 노드가 모든 인터넷에 대한 정보가 포함된 이런 LSDB를 만들 수 있는지 살펴본다. **플러딩(flooding)**이라 불리는 과정을 통해 가능하다. 각 노드는 인사 메시지를 서로 직접 연결된 인접한 이웃들에게 노드의 정보와 링크의 비용 정보의 두 가지 정보를 모으기 위해 전송한다. 이 두 가지 정보의 조합을 LS 패킷(*LSP*)이라 부른다. LSP는 그림 4.56에서 구성된 인터넷에 대해 그림 4.64에서 볼 수 있는 것처럼 각 인터페이스 밖으로 전송된다. 노드가 LSP를 인터페이스의 하나로부터 전송받을 때 LSP와 이미 가지고 있던 복사본을 비교한다. 만약 새로 도착된 LSP가 시퀀스 번호를 검색하여 기존의 것보다 오래되었다면, 새로 받은 LSP를 차단한다. 만약 LSP가 더 새롭거나 처음 도착했다면, 노드는 기존에 가지고 있던 오래된 LSP를 폐기한다. 그리고 새로 전달받은 것을 보관한다. 그런 다음 LSP의 복사본을 그 LSP를 보낸 노드를 제외하고 각 인터페이스의 외부로 전송한다. 이것은 네트워크의 어딘가에서 플러딩을 멈추는 것을 보장한다. 모든 새로운 LSP들이 도착한 후에 각 노드들은 종합적인 LSDB를 그림 4.64에서 보인 것처럼 작성한다. 각각의 노드는 같은 LSDB를 가지고, 인터넷의 전체 지도를 보여준다. 다시 말해 노드는 LSDB를 이용하여 전체 지도를 작성할 수 있다.

그림 4.64 ┃ 각 노드로부터 LSDB를 만들기 위해 만들어지고 전달되는 LSP

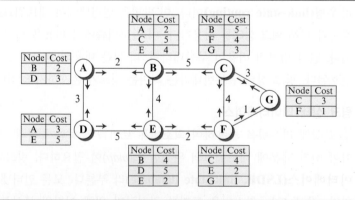

우리는 링크 상태 라우팅 알고리즘과 거리 벡터 라우팅 알고리즘을 비교하였다. 거리 벡터 라우팅 알고리즘에서 각 라우터는 자신의 이웃들에게 자신이 전체 네트워크에 대해 무엇을 아는지를 알려준다. 반면에 링크 상태 라우팅 알고리즘에서는 각 라우터는 전체 인터넷에게 라우터가 자신의 이웃에 대해 무엇을 알고 있는지를 알린다.

최소비용 트리의 형성

공유된 LSDB를 사용하여 최소비용 트리를 작성하기 위해서, 각 노드는 **다이크스트라(Dijkstra) 알고리즘**을 사용해야만 한다. 이 상호작용 알고리즘은 다음과 같은 단계를 사용한다.

1. 노드는 하나의 노드를 사용하는 트리를 작성하기 위해 자기 자신을 트리의 루트로 선택하고, LSDB의 정보를 기반으로 하여 각 노드의 전체 비용을 계산한다.
2. 노드는 트리에 속하지 않는 모든 노드들 중에서 루트와 가장 근접한 하나의 노드를 선택하고, 이것을 트리에 추가한다. 트리에 노드를 추가한 다음 경로가 변경되었기 때문에 트리에 속해 있지 않는 모든 트리의 비용은 업데이트되어야 한다.
3. 노드는 트리에 모든 노드가 추가될 때까지 두 번째 단계를 반복한다.

위에서 설명한 세 가지 단계를 이용하여 최종적으로 최소비용 트리를 작성하게 된다. 표 4.5는 다이크스트라 알고리즘의 단순화 버전을 보여준다.

표 4.5 ▌ 다이크스트라 알고리즘

```
1   Dijkstra's Algorithm ( )
2   {
3       // Initialization
4       Tree = {root}                 // Tree is made only of the root
5       for (y = 1 to N)              // N is the number of nodes
6       {
7           if (y is the root)
8               D[y] = 0              // D[y] is shortest distance from root to node y
9           else if (y is a neighbor)
10              D[y] = c[root][y]     // c[x][y] is cost between nodes x and y in LSDB
11          else
12              D[y] = ∞
13      }
14      // Calculation
15      repeat
16      {
17          find a node w, with D[w] minimum among all nodes not in the Tree
18          Tree = Tree ∪ {w}         // Add w to tree
19          // Update distances for all neighbor of w
20          for (every node x, which is neighbor of w and not in the Tree)
```

표 4.5 ▌다이크스트라 알고리즘 (계속)

21	{
22	D[x] = min{D[x], (D[w] + c[w][x])}
23	}
24	} **until** (all nodes included in the Tree)
25	} // **End of Dijkstra**

4번째 줄에서 13번째 줄은 알고리즘에서 첫 번째 단계를 나타낸다. 16번째 줄에서 23번째 줄까지는 알고리즘에서 두 번째 단계를 나타낸다. 두 번째 단계는 모든 노드가 트리에 추가될 때까지 반복된다.

그림 4.65는 그림 4.63의 그래프에 다이크스트라 알고리즘을 적용하여 최소비용을 형성하는 방법을 보여준다. 그림에서는 이를 위해 초기화 과정과 최단 트리를 찾기 위한 6번의 반복 과정이 필요하다.

그림 **4.65** ▌최소비용 트리

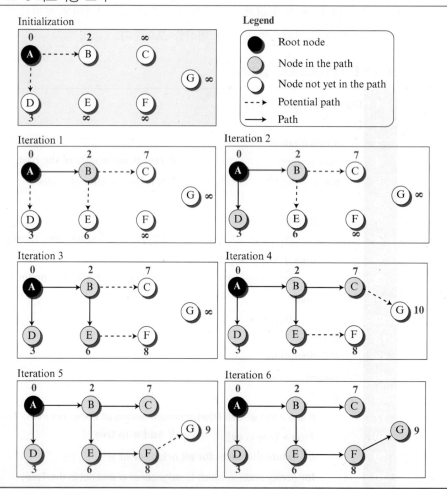

경로 벡터 라우팅

링크 상태와 거리 벡터 라우팅은 최소비용을 이루는 것을 목표로 한다. 하지만, 이러한 목표가 최우선이 아닌 경우도 있다. 예를 들어, 인터넷에 발신자가 자신의 패킷이 통과하는 것을 금지하고 싶은 어떤 라우터들이 있다고 가정하자. 예를 들자면, 라우터가 충분한 보안성을 제공하지 못하는 조직에 속해 있거나, 발신자가 정보를 얻기 위해 패킷을 검색하였을 때 상업적으로 발신자와 경쟁상대에 속해 있을 때를 말할 수 있다. 최소비용 라우팅은 최소비용 경로상에 특정 지역이 있을 때 패킷이 그 지역을 통과하지 못하도록 할 수 없다. 다시 말해, LS나 DV 라우팅이 적용된 최소비용 목표는 발신자가 패킷이 지나가는 라우터에게 특정한 규칙을 적용시킬 수 없다. 안전성과 보안성으로부터 라우팅의 단순한 목표는 패킷이 경로에 비용 할당 없이 더 효율적으로 목표에 도달할 수 있도록 하는 도달성을 다음 절에서 설명한다.

이러한 요구사항을 만족시키기 위해서 **경로 벡터(PV, path-vector)**라 불리는 세 번째 라우팅 알고리즘이 설계되었다. 경로 벡터 라우팅(Path-vector routing)은 최소비용 라우팅 기반 알고리즘이 아니기 때문에 위에서 설명한 LS나 DV 라우팅에서의 단점을 가지고 있지 않다. 최선의 경로는 발신자가 경로에 적용한 규칙을 사용하여 결정된다. 다시 말해, 발신자는 경로를 조절할 수 있다는 것이다. 비록 경로 벡터 라우팅이 실제로 인터넷을 사용하지 않는다고 할지라도, 경로 벡터 라우팅은 ISP 사이에 패킷을 전송하기 위해 설계되었다. 이 절에서 이 방법의 원칙을 어떻게 인터넷에 적용시키는지에 대해 설명한다. 다음 절에서는 인터넷에서 어떻게 이 방법을 사용하는지에 대해 보여준다.

스패닝 트리

경로 벡터 라우팅에서는 소스에서 모든 목적지까지의 경로는 스패닝 트리(spanning tree)에 의해 결정된다. 하지만, 스패닝 트리는 최소비용 트리가 아니다. 이것은 스패닝 트리 고유의 규칙을 적용시켜 발신지에서부터 작성되는 트리이다. 만약 목적지까지 하나 이상의 경로가 있다면, 발신지는 가장 최선의 규칙을 사용하는 경로를 선택할 수 있다. 발신지는 동시에 여러 규칙을 적용시킬 수 있다. 일반 규칙들 중 하나는 최소비용과 비슷하게 방문 노드의 수를 최소화시키는 것이다.

그림 4.66은 5개의 노드로 이루어진 작은 네트워크를 보여준다. 각 발신지는 고유의 규칙을 이용하는 스패닝 트리를 가지고 있다. 모든 발신지로부터 적용된 규칙은 목적지에 도착하기 위한 노드의 수를 최소화시키기 위한 것이다. A와 E로부터 선택된 스패닝 트리는 중계 노드로 D를 거치지 않도록 통신할 수 있다. 이와 유사하게 B로부터 선택된 스패닝 트리는 중계 노드로 C를 거치지 않고 통신하도록 할 수 있다.

그림 4.66 | 경로 벡터 라우팅에서 스패닝 트리

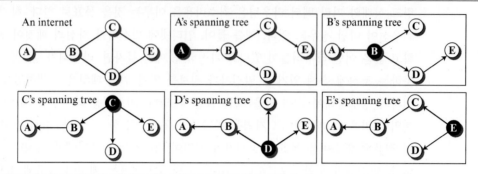

스패닝 트리 생성

거리 벡터 라우팅과 같이 경로 벡터 라우팅은 비동기 방식이고, 분산 라우팅 알고리즘이다. 스패닝 트리는 각 노드에서 점진적이고 비동기적으로 만들어진다. 노드가 부팅될 때 이웃으로부터 얻게 되는 정보를 기반으로 **경로 벡터**를 작성한다. 노드는 인사 메시지를 이웃에 대한 정보를 수집하기 위해 자신의 근접 이웃들에게 전송한다. 그림 4.67은 그림 4.66의 네트워크에서 이러한 경로 벡터의 모든 것을 보여준다. 그러나 이것이 모든 테이블들이 동시에 작성되었다는 것을 의미하는 것은 아니다. 테이블들은 각 노드들이 부팅될 때 작성된다. 그림 4.67은 또한 이러한 경로 벡터들이 작성된 이후에 어떻게 인접한 이웃 노드에게 전달되는지를 보여준다.

처음 경로 벡터의 작성 후에 각 노드들은 모든 경로를 자신의 인접 노드들에게 전송한다. 자신의 이웃으로부터 경로를 전달받은 각 노드는 자신의 경로 벡터를 Bellman-Ford와 비슷한 방정식을 사용하여 업데이트한다. 하지만 최소비용을 찾는 것 대신에 자신의 고유 규칙을 적용시킨다. 다음과 같이 정의된 방정식

$$\text{Path}(x, y) = \text{best } \{\text{Path}(x, y), [(x + \text{Path}(v, y)]\} \qquad \text{for all } v\text{'s in the internet.}$$

이 방정식에서 (+) 연산자는 x를 경로의 시작에 추가하는 것을 의미한다. 또한 빈 경로는 존재하지 않다는 것을 의미하기 때문에 빈 경로에 노드를 추가하지 않도록 조심해야 한다.

규칙은 다중 경로 중 가장 좋은 경로를 선택하도록 정의된다. 경로 벡터 라우팅은 또한 이 방정식을 통해 하나의 조건을 추가한다. 만약 경로(v, y)가 x를 나타낸다면, 그 경로는 경로에서 루프를 회피하기 위해 차단된다. 다시 말해 y로의 경로를 선택할 때 x는 자기 자신을 다시 방문하지 않아도 된다는 것을 의미한다.

그림 4.68은 두 개의 이벤트 이후 노드 C의 경로 벡터를 나타낸다. 첫 번째 이벤트에서 노드 C가 B의 벡터의 복사본을 전달받는다. 두 번째 이벤트에서 노드 C는 자신의 벡터를 바꾸지 않은 D의 벡터의 복사본을 전달받는다. 첫 번째 이벤트 후 노드 C에 대한 벡터는 안정화되고, 포워딩 테이블로서 동작하게 된다.

그림 4.67 ┃ 부팅 시간에 만들어지는 경로 벡터

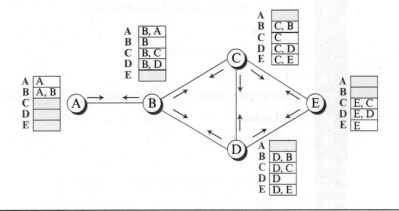

그림 4.68 ┃ 경로 벡터 업데이트

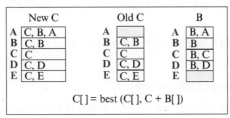

C[ ] = best (C[ ], C + B[ ])

Event 1: C receives a copy of B's vector

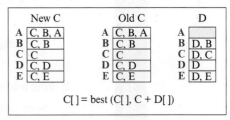

C[ ] = best (C[ ], C + D[ ])

Event 2: C receives a copy of D's vector

Note:
X [ ]: vector X
Y: node Y

경로 벡터 알고리즘

이웃들로부터 경로 벡터를 전달받은 후에 초기화 과정과 각 포워딩 테이블을 업데이트시키는 방정식을 기반으로 하여 표 4.6은 경로 벡터 알고리즘을 간략하게 설명한 것이다.

표 4.6 ┃ 노드에 대한 경로 벡터 알고리즘

```
1    Path_Vector_Routing ( )
2    {
3        // Initialization
4        for (y = 1 to N)
5        {
6            if (y is myself)
7                Path[y] = myself
8            else if (y is a neighbor)
```

표 4.6 ▌ 노드에 대한 경로 벡터 알고리즘 (계속)

9	Path[y] = myself + neighbor node
10	**else**
11	Path[y] = empty
12	}
13	Send vector {Path[1], Path[2], ..., Path[y]} to all neighbors
14	**// Update**
15	**repeat** (forever)
16	{
17	**wait** (for a vector Path$_w$ from a neighbor w)
18	**for** (y = 1 to N)
19	{
20	**if** (Path$_w$ includes myself)
21	discard the path **// Avoid any loop**
22	**else**
23	Path[y] = **best** {Path[y], (myself + Path$_w$[y])}
24	}
25	**If** (there is a change in the vector)
26	**Send** vector {Path[1], Path[2], ..., Path[y]} to all neighbors
27	}
28	} **// End of Path Vector**

4번째와 12번째 줄은 노드 초기화를 보여준다. 17번째 줄과 24번째 줄은 노드가 이웃 노드로부터 벡터를 전달받은 후에 자신의 벡터를 어떻게 업데이트하는지를 보여준다. 업데이트 과정은 계속 반복된다. DV 알고리즘과 이 경로 벡터 알고리즘 사이의 유사성을 볼 수 있다.

4.3.3 유니캐스트 라우팅 프로토콜

앞 절에서 유니캐스트 알고리즘을 설명하였다. 이번 절에서는 네트워크에서 유니캐스트 라우팅 프로토콜의 사용에 대해 설명하기로 한다. 비록 세 프로토콜에 우리가 이전에 논의하였던 상응하는 알고리즘을 기반으로 할지라도, 프로토콜은 알고리즘의 확장버전이다. 프로토콜은 동작할 수 있는 도메인과 메시지 교환, 라우터 간의 통신과 다른 도메인에서의 상호작용에 대해 정의되어야 한다.

우리는 네트워크에서 사용하는 거리 벡터 알고리즘을 기반으로 하는 RIP (Routing Information Protocol)와 링크 상태 알고리즘을 기반으로 하는 OSP (Shortest Path First) 그리고 경로 벡터 알고리즘을 기반으로 하는 BGP (Border Gateway Protocol)의 일반적인 세 프로토콜에 대해 살펴본다.

인터넷 구조

유니캐스트 라우팅 프로토콜에 대해 설명하기 전에 오늘날 인터넷 구조에 대한 이해가 필요하다. 인터넷은 하나의 백본을 사용하는 트리와 같은 구조에서 서로 다른 개인회사의 다중 백본 구조로 변경되고 있다. 비록 인터넷의 일반적인 구조를 보여주는 것은 어려울지라도, 오늘날의 인터넷 구조는 그림 4.69에서 보여주는 구조와 유사한 구조로 되어있다고할 수 있다.

그림 4.69 ┃ 인터넷 구조

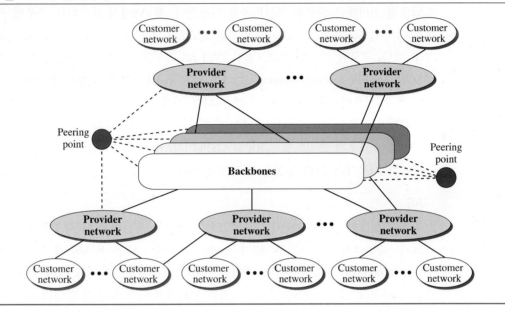

개인 통신회사에 의해 글로벌 연결성을 제공하는 여러 개의 **백본망**(*backbones*)이 있다. 이러한 백본들은 백본들 사이에 연결할 수 있도록 허락된 어떠한 **접속 지점**(*peering points*)을 이용하여 서로 연결되어 있다. 더 낮은 단계에서는 글로벌 연결성을 위해 사용되는 어떤 **제공된 네트워크들**(*provider networks*)이 있지만, 서비스는 인터넷 사용자들에게 제공한다. 네트워크 제공자들로부터 제공받는 서비스를 이용하는 **사용자 네트워크**(*consumer networks*)도 있다. 이러한 세 가지 개체(백본, 제공자 네트워크 또는 이용자 네트워크)는 인터넷 서비스 제공자(ISP)라 불린다. 그들은 서비스를 제공하지만 서로 다른 레이어에서 서비스를 제공한다.

계층적 라우팅

오늘날 인터넷은 거대한 수의 네트워크와 서로를 연결하는 라우터들로 이루어져 있다. 확장성 이슈와 운용상의 이슈(administrative issue)의 두 가지 이유 때문에 인터넷에서의 라우팅은 하나의 싱글 프로토콜을 사용할 수 없다. **확장성 문제**(*Scalability problem*)는 포워딩 테이블의 크기가 거대화되고, 포워딩 테이블에서 목적지를 검색하는 것에 시간이 소모되며, 업데이트 시 엄청난 양의 트래픽을 발생시킨다는 의미이다. 운용상의 이슈(*administrative issue*)는 그림 4.69에서 설명한 인터넷 구조와 연관되어 있다. 그림에서 보여준 것처럼 각 ISP는 운용관리자에 의해 운용된다. 관리자는 그 시스템을 관리할 수 있어야 한다. 기관은 많은 서브넷과 라우터들을 조직이 필요한 수만큼 사용할 수 있어야만 한다. 그리고 조직은 특정 업체로부터 라우터를 요청할 수 있어야하며, 조직의 필요로 사용하는 특정 라우팅 알고리즘을 사용할 수 있어야한다. 그리고 조직은 ISP를 통과하는 트래픽에 규칙을 적용할 수 있어야만 한다.

계층적 라우팅은 한 개의 **AS (Autonomous System)**로 각 ISP를 취급한다는 의미이다. 각 AS는 필요로 하는 라우팅 프로토콜을 수행할 수 있다. 하지만 모든 AS를 서로 연결하기 위해 글로벌 인터넷은 글로벌 프로토콜을 사용한다. 각 AS에서 동작하는 라우팅 프로토콜은 **인트라 AS 라우팅 프로토콜, 인터도메인 라우팅 프로토콜** 또는 *IGP (interior gateway protocol)*로 나타낼 수 있다. 글로벌 라우팅 프로토콜은 **인터 AS 라우팅 프로토콜, 인터도메인 라우팅 프로토콜** 또는 *EGP (exterior gateway protocol)*로 나타낸다. 우리는 몇 개의 인트라도메인 라우팅 프로토콜을 가질 수 있으며, 각 AS는 자유롭게 하나를 선택할 수 있다. 하지만 AS는 이러한 개체 사이에 라우팅을 다루는 하나의 인터도메인 라우팅 프로토콜을 가져야만 한다. 두 개의 일반적인 인트라도메인 라우팅 프로토콜은 RIP와 OSPF이다. BGP는 인터도메인 라우팅 프로토콜이다. 만약 IPv6를 사용하게 되면 상황은 달라지게 된다.

AS

위에서 설명한 것처럼 ISP가 네트워크와 라우터들을 관리할 때 각 ISP는 AS로 동작한다. 작은 크기, 중간크기, 큰 크기의 AS가 있기는 하지만, AS는 ICANN으로부터 ASN (autonomous system number)가 할당받는다. 각각의 ASN은 AS에서 고유하게 정의된 16비트 unsigned 정수 값을 가진다. 그러나 AS는 AS의 크기를 정확하게 구별해 놓지 않았다. AS들은 자신들이 접속한 다른 AS에 따라서 구별된다. AS의 종류는 stub AS, 다중홈(multihomed) AS, transient AS가 있다. 나중에 살펴볼 AS의 종류는 AS와 연관되어 있는 인터도메인 라우팅 프로토콜의 동작에 영향을 미친다.

❑ *Stub AS.* stub AS는 오직 다른 AS 하나와만 연결할 수 있다. 데이터 트래픽은 stub AS에서 파괴되거나 초기화된다. 데이터는 stub AS를 지나가지 못한다. stub AS의 좋은 예는 발신지 또는 데이터의 싱크로 이용되는 사용자 네트워크이다.

❑ **다중홈 *AS.*** 다중홈 AS는 다른 AS들과 하나 이상의 연결 상태를 가질 수 있다. 하지만 다중홈 AS도 데이터 트래픽이 지나갈 수 없다. 다중홈 AS의 좋은 예는 다른 하나 이상의 기업체 네트워크의 서비스를 이용하고 있는 사용자 AS이다. 하지만, AS들이 정한 규칙은 데이터가 AS를 지나도록 허락하지 않는다.

❑ *Transient AS.* transient AS는 하나 이상의 AS와 연결되어 있고, 데이터가 그들을 통과하도록 허락한다. 제공자 네트워크와 백본 네트워크가 좋은 예이다.

RIP (Routing Information Protocol)

RIP는 가장 널리 사용되는 거리 벡터 라우팅 기반 인트라도메인 라우팅 프로토콜이다. RIP는 제록스 네트워크 시스템(XNS)에서 시작되었다. 하지만 유닉스의 BSD (Berkeley Software Distribution) 버전이 RIP를 널리 사용될 수 있게 만들었다.

홉 카운트

표 4.4에서 보인 것처럼 이 프로토콜에서 기본적으로 라우터는 거리 벡터 라우팅 알고리즘이 포함되어 있다. 하지만 알고리즘은 아래에 설명한 것처럼 수정되었다. 첫째, AS에서 라우터는 AS에서 어떻게 다른 네트워크(서브넷)으로 전달할 것인지를 알아야 하기 때문에 RIP 라우터들은 이론적인 그래프처럼 다른 노드에 도달하는 대신, 다른 네트워크에 도달하는 비용을 전달한다. 다시 말해, 라우터와 네트워크 사이에 정의된 비용은 목적지 호스트의 위치에 달려있다. 둘째, 지연, 대역폭 등과 같은 링크와 라우터의 성능 요소에서 독립적으로 비용을 더 심플하게 만들기 위해 비용은 네트워크(서브넷)의 수를 위미하는 홉 수로써 정의된다. 패킷은 발신지 라우터에서 최종 목적지로 전달되어야 한다. 발신지 호스트가 연결된 네트워크는 발신지 호스트는 포워딩 테이블에서 사용되지 않기 때문에 계산되지 않는 것에 주목하자. 디폴트 라우터에서 패킷은 전송된다. 그림 4.70은 발신지 호스트에서 목적지 호스트까지의 세 라우터로부터 전송되는 홉 카운트 콘셉트를 보여준다. RIP에서 경로의 최대 비용은 15이다. 이것은 16은 무한대(연결 없음)로 생각한다는 의미이다. 이러한 이유로, RIP는 AS에서 사용된다. AS는 15홉 이내의 반경을 가지게 된다.

그림 4.70 | RIP에서의 홉 카운트

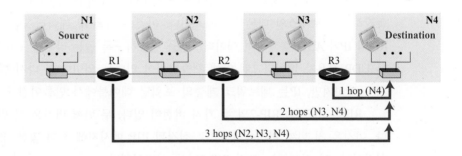

포워딩 테이블

비록 이전 절에서 설명한 거리 벡터 알고리즘 이웃 노드들과의 거리 벡터를 교환하는 데 영향을 주긴 하지만, AS에서 라우터는 그들의 목적지 네트워크에게 패킷을 전송하기 위해 포워딩 테이블을 유지해야 할 필요가 있다. RIP에서 포워딩 테이블은 세 개의 세로줄을 가지는 테이블이다. 각각의 세로 단은 첫 번째 세로줄은 목적지 네트워크의 주소를 나타내며, 두 번째 줄은 패킷이 전송되어야 할 다음 라우터의 주소를 나타낸다. 그리고 세 번째 줄은 목적지 네트워크에 도달하기 위한 홉 수로 나타내는 비용을 의미한다. 그림 4.71은 그림 4.70의 라우터에 대한 세 가지 포워딩 테이블을 보여준다. 첫 번째와 세 번째 세로줄이 거리 벡터로써 같은 정보를 전달하고 있는 것에 주목하자. 하지만, 비용은 목적지 네트워크까지의 홉 수를 의미한다.

그림 4.71 | 포워딩 테이블

Forwarding table for R1

Destination network	Next router	Cost in hops
N1	——	1
N2	——	1
N3	R2	2
N4	R2	3

Forwarding table for R2

Destination network	Next router	Cost in hops
N1	R1	2
N2	——	1
N3	——	1
N4	R3	2

Forwarding table for R3

Destination network	Next router	Cost in hops
N1	R2	3
N2	R2	2
N3	——	1
N4	——	1

비록 RIP에서 포워딩 테이블에서 두 번째 줄이 다음 라우터를 정의하고 있지만, 이것은 트리의 두 번째 속성을 기반으로 하는 최소비용 트리의 전체 정보를 제공한다. 예를 들어, R1은 N4로 가는 경로에서 다음 라우터를 R2로 정의한다. R2는 N4로 가는 다음 라우터를 R3로 정의하고, R3는 경로에 더 이상의 라우터가 없다고 정의한다. 트리는 R1 → R2 → R3 → R4이다.

세 번째 줄은 패킷을 전송하는 데 필요하지는 않지만, 경로에서 변경이 일어났을 때 포워딩 테이블을 업데이트를 하기 위해 필요하다.

RIP 수행

RIP는 잘 알려진 포트번호 520에서 UDP의 서비스를 사용하는 프로세스로서 수행된다. BSD에서는 RIP는 *routed* (*route daemon*의 약어로, *route-dee*라고 발음된다)라 불리는 백그라운드에서 동작하는 프로세스인 데몬 프로세스이다. 이것은 비록 IP 데이터그램 안에 차례로 캡슐화되는 RIP가 IP가 AS를 통과하여 데이터그램을 전송하도록 돕는 라우팅 프로토콜이지만, RIP 메시지는 UDP 사용자 데이터그램 안에 캡슐화되어 있다는 의미이다. 다시 말해, RIP는 응용 계층에서 동작하지만, IP는 네트워크 계층의 포워딩 테이블에서 만들어진다.

RIP는 RIP-1과 RIP-2의 두 가지 버전이 있다. 두 번째 버전은 첫 번째 버전과 하위호환 된다. 이것은 첫 번째 버전에서 0으로 설정된 RIP 메시지에서 더 많은 정보를 사용할 수 있도록 허락한다. 이 절에서는 오직 RIP-2만을 설명하였다.

RIP 메시지 다른 프로세스들과 같이 클라이언트 RIP 프로세스와 서버 RIP 프로세스는 메시지 교환이 필요하다. RIP-2는 그림 4.72에서처럼 메시지 형식을 정의하였다. 우리가 엔트리라고 하는 메시지의 한 부분은 메시지에서 필요로 하는 만큼 반복될 수 있다. 각 엔트리는 메시지를 전송하는 라우터의 포워딩 테이블에서 첫 번째 줄과 연관된 정보들을 포함한다.

그림 4.72 ┃ RIP 메시지 형식

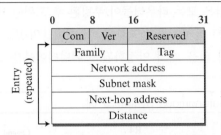

Fields

Com: Command, request (1), response (2)
Ver: Version, current version is 2
Family: Family of protocol, for TCP/IP value is 2
Tag: Information about autonomous system
Network address: Destination address
Subnet mask: Prefix length
Next-hop address: Address length
Distance: Number of hops to the destination

RIP는 요청과 응답의 두 가지 형태의 메시지가 있다. 요청 메시지는 전송만 하는 라우터에서 보내지거나 타임-아웃 엔트리를 가지는 라우터에 의해 전송된다. 요청 메시지는 특정한 엔트리 또는 모든 엔트리에 대해 문의할 수 있다. 응답은 요청되거나 그렇지 않을 수 있다. 요청된 응답은 요청에 대한 응답으로만 보내어진다. 이는 해당 요청에서 지정된 목적지에 대한 정보를 포함한다. 반면에 요청되지 않은 응답은 30초 주기로 전송되며 모든 라우팅 테이블을 다루는 정보를 포함한다.

RIP 알고리즘 RIP는 앞 절에서 설명한 거리 벡터 라우팅 알고리즘과 동일한 알고리즘을 사용한다. 그러나 라우터에게 포워딩 테이블의 갱신을 허용하기 위해 다음과 같은 알고리즘이 추가될 필요가 있다.

❏ 거리 벡터를 보내는 것 대신, 라우터는 응답 메시지에 포워딩 테이블의 모든 내용을 전송해야만 한다.

❏ 수신자는 각 비용에 하나의 홉을 더하고 다음 라우터 필드를 전송 라우터의 주소로 변경한다. 수정된 포워딩 테이블 상의 각 경로를 수신된 경로(*received route*)라 부르며 이전 포워딩 테이블의 경로를 이전 경로(*old route*)라 한다. 수신된 라우터는 아래 세 가지 경우를 제외하고 오래된 경로를 새로운 경로로 선택한다.

1. 수신된 경로가 이전 포워딩 테이블에 존재하지 않는 경우 수신된 경로는 경로에 추가되어야 한다.

2. 수신된 경로의 비용이 이전 것보다 낮은 경우, 수신된 경로는 새로운 경로로 선택된다.

3. 수신된 경로의 비용이 이전 것보다 높으면서 다음 라우터의 값이 동일한 경우, 수신된 경로는 새로운 경로로 선택된다. 이는 동일한 라우터였지만 현재 상황이 달라진 라우터에 의해 알려진 경우에 해당하는 경로이다. 예를 들어, 이웃이 과거 목적지로의 경로의 비용이 3이라고 알렸지만 현재 해당 이웃을 통해 목적지로 가는 경로가 없다고 알리는 경우가 있을 수 있다. 이 경우 이웃은 목적지로 가는 비용이 무한대(RIP에서 16)으로 알린다. 수신하는 라우터는 이전 경로가 같은 목적지로 더 낮은 비용을 가지고 있다고 할지라도 이 값을 무시해서는 안 된다.

❏ 새로운 포워딩 테이블은 목적지 경로에 따라 저장되어야 한다(대부분 가장 긴 프리픽스를 우선 사용).

예제 4.15 예제 4.15 그림 4.73은 AS (Autonomous System)에서 RIP의 동작에 대한 좀 더 현실적인 예제를 보여준다. 첫 번째 그림은 모든 라우터들이 부팅된 후 포워딩 테이블의 상태를 보여준다. 두 번째 그림은 업데이트 메시지들이 교환될 때, 테이블의 변화된 상태를 보여준다. 마지막 그림은 메시지 교환이 없을 때의 안정화된 포워딩테이블을 보여준다.

그림 4.73 | RIP를 사용하는 Autonomous System의 예

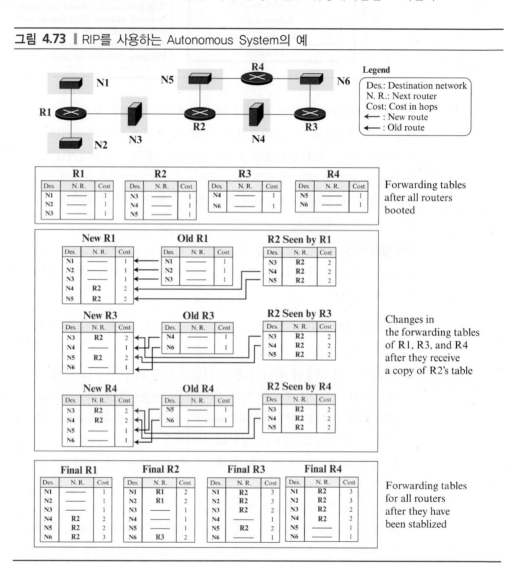

RIP 타이머 RIP는 동작을 돕기 위해 세 가지 타이머를 사용한다. 주기적 타이머(*periodic timer*)는 정규 갱신 메시지의 통보를 제어한다. 각 라우터는 25에서 35초 사이의 임의의 값으로 지정되는 주기적 타이머를 가진다. 이는 동기화될지도 모르는 상황을 막아 라우터들이 동시에 갱신하고자 하는 경우에 발생할 수 있는 과부하 상태를 방지하기 위함이다. 이 값이 줄어들게 되어 0이 되면 갱신 메시지가 전송되며 타이머는 다시 설정되게 된다. 만료 타이머(*expiration timer*)는 경로의 유효성을 관리한다. 라우터가 경로에 대한 갱신 메시지를 수신하게 되면 해당 경로

에 대한 만료 타이머를 180초로 지정한다. 해당 경로에 대한 신규 갱신을 수신할 때마다 타이머는 재설정된다. 보통의 경우 이는 30초마다 일어난다. 그러나 인터넷에 문제가 발생하고 갱신 메시지가 할당된 180초 내에 도착하지 못하면 경로는 해제되어야 한다고 판단하고 홉 수를 16으로 설정한다. 이는 목적지에 도달할 수 없음을 나타낸다. 각 경로는 자신만의 만료 타이머를 가지게 된다. 폐경로 수집 타이머(*garbage collection timer*)는 포워딩 테이블로부터 경로를 삭제하기 위해 사용된다. 경로에 대한 정보가 무효화되면 라우터는 즉각적으로 라우팅 테이블에서 삭제하지는 않는다. 대신에 경로의 메트릭 값을 16으로 하여 통보를 시작한다. 동시에 폐경로 수집 타이머를 해당 경로에 대해 120초로 설정한다. 이 값이 0으로 되면 표에서 삭제하게 된다. 이 타이머는 삭제 전에 이웃들에게 경로가 유효하지 않음을 알리기 위해서 사용된다.

성능
이번 절을 끝마치기 전에 간단하게 RIP의 성능(performance)에 대해 알아보자.

☐ **업데이트 메시지.** RIP에서 업데이트 메시지는 매유 간단한 형식이며, 같은 지역에 있는 이웃들에게만 전달된다. 업데이트 메시지는 라우터가 동시에 업데이트 메시지를 전송하는 것을 회피하려고 하기 때문에 보통은 네트워크에서 만들어지지 않는다.

☐ **포워딩 테이블의 통합(*Convergence of Forwarding Tables*).** RIP는 만약 도메인이 크다면, 천천히 통합하는 거리 벡터 알고리즘을 사용한다. 하지만, RIP가 도메인에서 오직 15홉(16은 무한대를 의미한다)만을 허용하기 때문에 통합에 아무런 문제가 없다. 통합이 늦어질 수 있는 문제점은 count-to-infinity와 도메인 안에서 루프가 발생하는 것이다. RIP에 추가로 poison-reverse나 split-horizon 전략을 사용하는 것은 이러한 상황을 완화시킬 수 있다.

☐ *Robustness.* 전에 설명한 것처럼 거리 벡터 라우팅은 각 라우터가 자신의 이웃들에게 전체 도메인에 대해 아는 정보를 전달하는 콘셉트를 기반으로 한다. 이것은 포워딩 테이블의 계산은 이웃 노드들로부터 전달받은 정보에 의존한다는 것을 의미한다. 만약 하나의 라우터에서 실패나 변형이 발생한다면, 모든 라우터들에게 이런 문제점이 전달되며, 각 라우터에게 영향을 미칠 것이다.

OSPF
OSPF (Open Shortest Path First)는 RIP와 같은 인트라도메인 라우팅 프로토콜이다. 하지만 OSPF는 이 장의 초반에 설명한 링크−상태 라우팅 프로토콜을 기반으로 한다. OSPF는 개방형 프로토콜로 사양이 공개되어 있다는 의미이다.

메트릭
RIP처럼 OSPF에서 호스트로부터 목적지까지 도달하는 비용은 발신지 라우터에서부터 목적지 네트워크까지로 계산된다. 그러나 각 링크(네트워크)는 처리량, 왕복시간, 신뢰성 등을 기반으로 가중치를 할당 받을 수 있다. 관리자는 비용에 홉 수를 사용할 수도 있다. OPSPF에서 비용에 대해 흥미 있는 점은 TOSs (different service types)가 네트워크에 대한 비용으로 서로 다른 가중치를 가질 수 있다는 점이다. 그림 4.74는 라우터에서 목적지 호스트 네트워크까지의 비용을 나타낸다. RIP에서의 비용을 나타낸 그림 4.70과 비교할 수 있다.

그림 4.74 | OSPF에서 메트릭

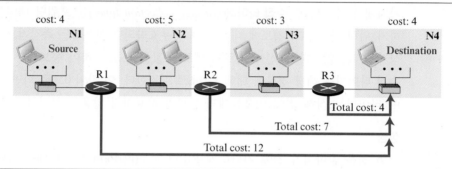

포워딩 테이블

각 OSPF 라우터는 자신과 목적지 사이에서 이 장 초반에 설명한 다이크스트라 알고리즘을 사용하여 최단경로 트리를 찾은 후에 포워딩 테이블을 작성한다. 그림 4.75는 그림4.74의 간단한 AS에 대한 포워딩 테이블을 보여준다. 같은 AS에서 RIP와 OSPF의 포워딩 테이블을 비교하면, 비용 값만이 서로 다르다는 것을 알 수 있다. 다시 말해, 만약 OSPF에서 홉 수를 사용한다면, 테이블은 서로 똑 같게 된다. 이유는 두 프로토콜이 발신자에서 목적지로의 제일 좋은 경로를 정의하는 최단경로 트리를 사용하기 때문이다.

그림 4.75 | OSPF에서 포워딩 테이블

Forwarding table for R1			Forwarding table for R2			Forwarding table for R3		
Destination network	Next router	Cost	Destination network	Next router	Cost	Destination network	Next router	Cost
N1	——	4	**N1**	R1	9	**N1**	R2	12
N2	——	5	**N2**	——	5	**N2**	R2	8
N3	R2	8	**N3**	——	3	**N3**	——	3
N4	R2	12	**N4**	R3	7	**N4**	——	4

지역

작은 AS에서 사용되는 RIP와 비교하여 OSPF는 작거나 큰 AS에서 라우팅을 처리할 수 있게 설계되었다. 그러나 OSPF에서 최단경로 트리 방식은 모든 라우터에게 글로벌 LSDB를 유지시켜 주기 위해 LSP들을 모든 AS에게 플러딩할 것을 요구한다. 비록 이러한 방식이 작은 AS에서는 문제가 안 되지만, 이것은 큰 규모의 AS에서 커다란 트래픽을 유발시키게 된다. 이러한 문제를 대응하기 위해 AS는 **지역**(*area*)이라고 불리는 작은 부분으로 나눠진다. 각 지역은 LSP들의 플러딩을 위해 작은 독립적인 도메인으로서 동작하게 된다. 다시 말해, OSPF는 라우팅에서 계층레벨 구조를 사용한다. 첫 번째 레벨은 AS이고 두 번째 레벨은 지역이다.

그러나 지역에서 각 라우터는 자신의 지역뿐만이 아니라, 다른 지역의 링크 상태에 대한 정보를 알아야만 한다. 이러한 이유로 AS에서 하나의 지역은 지역을 통합하여 책임지는 백본 지역으로서 설계되었다. 백본 지역에서 라우터는 각 지역에서 수집된 정보를 다른 모든 지역에게 전달한다. 이러한 방법으로 지역에서 라우터는 다른 지역에서 만들어진 모든 LSP들을 전달받을 수 있다. 통신의 목적으로 각 지역은 지역 ID를 가지고 있다. 백본의 지역 ID는 0이다. 그림 4.76은 AS시스템과 그것의 지역을 나타낸다.

그림 4.76 ▎AS에서의 지역

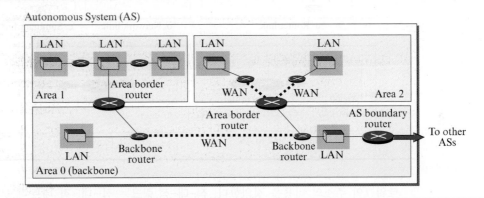

링크상태 광고(Link-State Advertisement)

OSPF는 라우터가 LSDB의 형식으로써 각 링크의 상태를 모든 이웃들에게 알리는 것을 요청하는 링크상태 라우팅 알고리즘을 기반으로 한다. 링크상태 알고리즘을 설명할 때 그래프 이론을 사용하고, 각 라우터는 노드로, 두 개의 라우터 사이의 네트워크를 연결선으로써 가정하였다. 하지만 현실세계와는 맞지 않기 때문에 노드의 역할을 할 현실에서 사용하는 다른 개체들과 노드와 노드의 이웃을 연결시켜 주는 다른 종류의 링크들과, 각 링크와 연결된 다른 종류의 비용들이 필요하다. 이것은 다른 상황에 대해 알릴 수 있는 다른 유형의 광고가 필요하다는 것을 의미한다.

라우터 링크, 네트워크 링크, 네트워크의 요약 링크, AS의 요약 링크, 외부 링크의 다섯 가지 종류의 링크상태 광고가 있다. 그림 4.77은 다섯 가지의 광고들과 그것의 사용에 대해 설명하고 있다.

❑ **라우터 링크(Router link).** 라우터 링크는 존재하는 라우터를 노드로써 알린다. 어나운싱 라우터의 주소를 제공하는 것과 함께 **라우터 링크**는 하나 이상의 광고 라우터와 다른 개체를 연결하는 링크를 정의할 수 있다. 일시적인 링크는 하나 이상의 라우터와 접속하고 있는 일시적인 네트워크에게 링크에 대해 알린다.

이러한 광고의 종류는 일시적인 네트워크의 주소와 링크의 비용에 대해 정의한다. 스터브 (*stub*) 링크는 네트워크를 지나지 않는 스터브 네트워크에게 링크를 알린다. 다시 광고는 네

그림 4.77 | 다섯 가지의 LSP

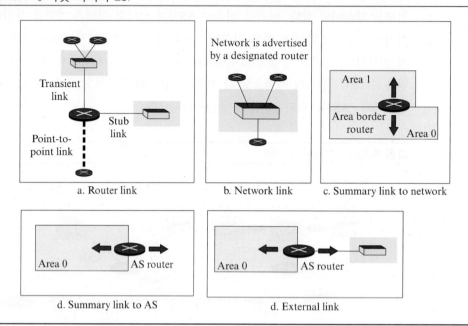

a. Router link   b. Network link   c. Summary link to network

d. Summary link to AS   d. External link

트워크의 주소와 비용을 정의한다. **점-대-점 링크**는 점-대-점 네트워크의 끝 라우터의 주소를 정의하고 라우터에서 비용을 얻는다.

❑ **네트워크 링크(Network link).** 네트워크 링크는 네트워크를 노드로 사용한다. 그러나 네트워크는 네트워크가 수동 개체임으로 자기 자신을 알릴 수 없기 때문에 하나의 라우터를 광고를 위한 지정된 라우터로 할당한다. 지정된 라우터의 주소와 함께, 이러한 종류의 LSP는 라우터로서 지정된 라우터를 포함한 모든 라우터의 IP 주소를 알린다. 하지만 라우터 링크 광고를 전송할 때 각 라우터들이 네트워크에 비용을 알리기 때문에 광고에 대한 비용은 없다.

❑ **네트워크의 요약 링크(Summary link to network).** 이것은 지역 경계 라우터에 의해 동작된다. 이 링크는 백본에서 수집된 링크의 요약을 지역에게 광고하거나 지역에서 수집된 링크의 요약을 백본에게 전파한다. 일찍이 설명한 것처럼 이러한 정보 교환의 종류는 지역을 함께 묶기 위해 필요하다.

❑ **_AS의 요약링크(Summary link to AS)._** 다른 AS에서부터 현재 AS의 백본 영역까지 요약 링크를 전파하는 AS 라우터에 의해 동작한다. 그것들은 다른 AS의 네트워크에 대한 정보를 알게 될 수 있도록 나중에 다른 지역들에 전파한다. 이러한 종류의 정보 교환은 인터 AS 라우팅(BGP)을 설명할 때 이해를 돕기 위해 필요하다.

❑ **외부 링크(_External link_).** 이 링크는 지역 외부에서 지역 안으로 전파하기 위해 백본 지역에게 AS 외부의 네트워크의 존재를 알리는 AS 라우터에 의해 동작한다.

OSPF 구현

OSPF는 IP를 전달하기 위한 서비스를 사용하는 네트워크 계층에서 프로그램으로 구현된다. OSPF로부터 메시지를 나르는 IP 데이터그램은 프로토콜 필드의 값을 89로 설정한다. 이것은 비록 OSPF는 AS 안에서 IP가 데이터그램을 전송하는 것을 보조하는 라우팅 프로토콜일지라도. OSPF는 메시지는 데이터그램 안에 캡슐화된다. OSPF는 버전 1, 2의 두 가지 버전을 가지고 있다. 버전 2를 이용하여 주로 구현한다.

OSPF 메시지 OSPF는 매우 복잡한 프로토콜이다. OPF는 다섯 개의 다른 종류의 메시지를 사용한다. 그림 4.78에서 첫 번째로 모든 메시지 안에서 사용되는 OSPF 공동 헤더와 어떤 메시지에서만 사용되는 링크상태 일반 헤더의 형식을 볼 수 있다. OSPF는 다섯 가지의 메시지 형식을 사용한다. *hello* 메시지(type 1)는 자신을 자신의 이웃들에게 소개하거나 이미 알고 있는 이웃들에게 알리기 위해 라우터에서 사용한다. 데이터베이스 기술(*database description*) 메시지(type 2)는 일반적으로 새롭게 참가한 라우터가 모든 LSDB를 얻을 수 있도록 하기 위해 hello 메시지의 응답으로 보내진다. 링크상태 요청(*link-tate request*) 메시지(type 3)는 특별한 LS에 대한 정보가 필요한 라우터가 사용한다. 링크상태 업데이트(*link-state update*) 메시지(type 4)는 LSDB를 만들기 위해 사용하는 메인 OSPF 메시지이다. 이 메시지는 앞서 설명한 것처럼 라우터 링크, 네트워크 링크, 네트워크 요약 링크, AS 경계 라우터 요약 링크와 위부 링크의 다섯 가지 다른 버전을 가지고 있다. 링크상태 확인응답(*link-sate acknowledgment*) 메시지(type 5)는 OSPF의 신뢰성을 향상시키는 데 사용한다. 링크상태 업데이트 메시지를 전달받는 각 라우터는 응답 확인을 위해 이 메시지를 사용한다.

인증(Authentication) 그림 4.78에서 OSPF common 헤더는 메시지 발신자의 인증에 대한 조항이다. 10장에서 논의할 것처럼, 이것은 전송된 OSPF 메시지에서 라우터까지 악의적인 개체를 막고 실제로 라우팅 시스템에 속해 있지 않는 라우터가 시스템에 속해 있는 것처럼 동작하는 것을 막는다.

OSPF 알고리즘 OSPF는 앞 절에서 설명한 것처럼 링크상태 알고리즘을 수행한다. 하지만, 다음과 같은 내용들이 변하거나 알고리즘에 추가되었다.

❑ 각 라우터가 최단경로 트리를 작성한 후에 알고리즘은 지정된 라우팅 알고리즘을 만들기 위해 최단경로 트리를 사용해야만 한다.

❑ 알고리즘은 모든 다섯 종류의 메시지를 전송하고 전달받을 수 있도록 확장되어야 한다.

그림 4.78 ┃ OSPF 메시지 형식

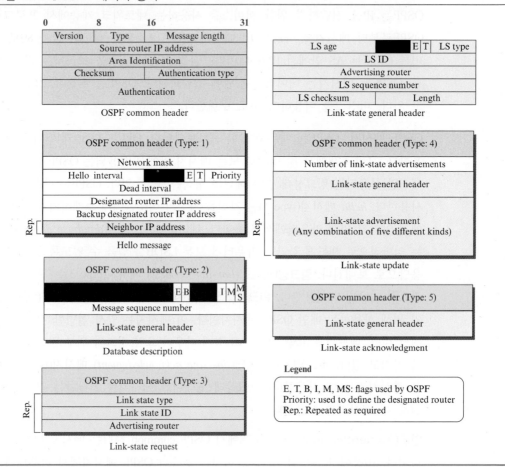

성능

이번 절을 마치기 전에 간단하게 OSPF의 성능에 대해 설명하도록 한다.

❑ **업데이트 메시지.** OSPF에서 링크상태 메시지는 약간 복잡한 형식을 가지고 있다. 이것들은 또한 모든 지역으로 전달된다. 만약 지역이 크다면, 이 메시지들은 네트워크에 혼잡을 가져오며, 많은 대역폭을 소비할 것이다.

❑ **포워딩 테이블의 통합.** LSP의 전달이 완료되면, 각 라우터는 자신의 최단경로 트리와 포워딩 테이블을 작성할 수 있다. 통합은 빠르게 이루어진다. 하지만, 각 라우터는 다이크스트라 알고리즘을 수행하여야 하기 때문에 계산을 위한 시간이 소모된다.

❑ **안정성 *Robustness.*** OSPF 프로토콜은 완료된 LSDB를 전달받은 후에 각 라우터는 지역 안의 다른 라우터들을 의존하지 않고, 독립적으로 동작하기 때문에 RIP보다 강력하다. 어떠한 라우터에서의 충돌 또는 실패가 RIP와 대조적으로 다른 라우터에게 영향을 미치지 않는다.

BGP4 (Border Gateway Protocol Version 4)

BGP4는 현재 인터넷에서 사용하고 있는 유일한 인트라도메인 라우팅 프로토콜이다. BGP4는 경로 벡터 알고리즘을 기반으로 하고 있지만, 인터넷에서 네트워크의 접근성에 대한 정보를 제공하기에 알맞다.

개요

BGP, 특히 BGP4는 복잡한 프로토콜이다. 이번 절에서는 기본 BGP와 BGP와 RIP와 OSPF와 같은 인트라도메인 라우팅 프로토콜과의 관계에 대해 소개하도록 한다. 그림 4.79는 4개의 AS를 가지는 인터넷의 예제를 보여준다. AS2, AS3와 AS4는 스터브 AS이고 AS1은 임시 AS이다. 예제에서 AS2, AS3, AS4 사이에서 데이터 교환은 AS1을 통해 이뤄진다.

그림 4.79 ▌ 네 개의 AS를 갖는 인터넷 예

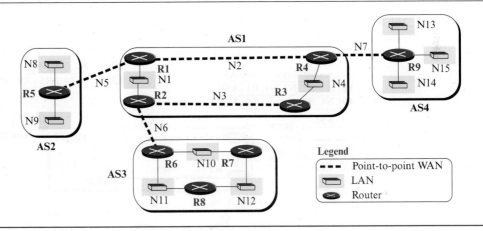

이 그림에서 각 AS는 RIP 또는 OSPF의 두 개의 일반 인트라도메인 프로토콜 중 하나를 사용한다. 각 AS에서 라우터는 자신의 AS에서 어떻게 네트워크에 도달할 수 있는지를 알고 있다. 하지만 다른 AS에 있는 네트워크에 어떻게 도달할지는 모른다.

각 라우터가 인터넷에서 네트워크에게 패킷을 전송할 수 있도록 하기 위해 첫 번째로 *eBGP (external BGP)*라 불리는 BGP4의 변형을 다른 AS의 라우터에 접속하는 각 AS의 경계 중 하나를 나타내는 각 **경계 라우터**에게 설치한다. 그런 다음 *iBGP (internal BGP)*라 불리는 두 번째 BGP의 변형을 모든 라우터에 설치한다. 이것은 경계 라우터들이 인트라도메인, eBGP, iBGP의 세 개의 라우팅 프로토콜을 이용하여 동작하지만, 다른 라우터들은 인트라도메인과 iBGP를 사용하여 동작한다는 것을 의미한다. 개별적으로 각각의 BGP의 특징에 대해 알아보도록 하자.

eBGP의 동작 BGP 프로토콜은 점–대–점 프로토콜이다. 두 라우터에 소프트웨어가 설치될 때 라우터들은 잘 알려진 포트번호 179를 사용하여 TCP 연결을 작성하려고 한다. 다시 말해, 한

쌍의 클라이언트와 서버 프로세스가 연속적으로 메시지를 교환하기 위해 서로 통신을 한다. BGP 프로세스가 동작하는 두 라우터들은 *BGP* 대등(*peer*) 또는 *BGP* 스피커(*speaker*)라 불린다. 두 대등 사이에서 교환되는 다른 종류의 메시지들에 대해 설명하기 전에 잠시 동안 각 AS에서 네트워크의 접근성을 알리는 나중에 설명할 업데이트 메시지를 살펴보도록 한다.

BGP의 변화의 한 종류인 eBGP는 서로 다른 AS에서 eBGP 스피커들의 쌍을 만들기 위해 물리적으로 연결된 두 개의 경계 라우터들을 허용하고 메시지를 교환한다. 라우터는 그림 4.79 의 예에서처럼 R1-R4, R2-R6, R4-R9의 세 개의 쌍을 가지고 있다. 이런 라우터 쌍들 사이의 연결은 N5, N6, N7의 세 개의 물리적인 WAN에 의해 이루어진다. 하지만 논리적인 TCP 연결을 위해 정보의 교환이 가능하게 만드는 물리적인 연결이 필요하다. BGP에서 각 논리적 연결은 세션으로 불린다. 이것은 그림 4.80에서 보인 것처럼 세 가지 세션이 필요하다는 것을 의미한다.

그림 4.80 ▎ eBGP 동작

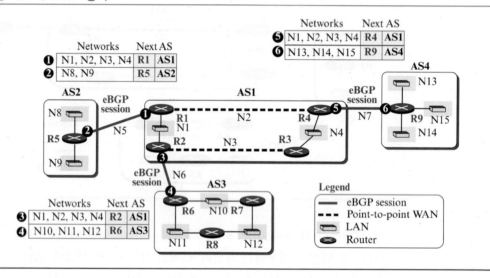

그림은 eBGP 세션에 포함된 라우터로부터 전송된 간단한 업데이트 메시지를 보여준다. 그림에서 원 안에 있는 숫자는 각 경우에서 전송 라우터를 정의한다. 예를 들어, 메시지 번호 1은 라우터 R1로부터 전송된 것이고 라우터 R5는 N1, N2, N3과 N4가 R1을 통해 도달할 수 있다는 것을 통보한다(R1은 이러한 정보를 지정된 인트라도메인 포워딩 테이블로부터 얻을 수 있다). 이제 라우터 R5는 자신의 포워딩 테이블 마지막에 이러한 정보들을 추가한다. R5가 이러한 네 개의 네트워크들에게 전달될 어떠한 패킷을 전달받으면, R5는 포워딩 테이블을 사용해 다음 라우터가 R1인 것을 알 수 있다.

세 eBGP 세션 동안 교환된 메시지가 라우터가 인터넷에서 다른 네트워크로 패킷을 전달하는 것을 도울 수 있다는 것에 주목하자. 하지만 접근성 정보는 완벽하지 않다. 따라서 다음 두 가지 해결해야 할 문제들이 있다.

1. 어떤 경계 라우터들은 이웃이 없는 AS에게 전달될 패킷을 어떻게 전달할지 모른다. 예를 들어, R5는 AS3와 AS4의 네트워크에게 전달될 패킷을 어떻게 전송해야 하는지 모른다. 라우터 R6와 R9은 R5와 같은 상황이다. R6는 AS4의 네트워크에 대해 알지 못한다. R9은 AS3의 네트워크에 대해 알지 못한다.

2. 비경계 라우터들은 다른 AS의 네트워크로 전달될 패킷을 어떻게 전송해야 할지 알 수 없다.

이러한 두 가지 문제를 해결하기 위해 경계 라우터와 비경계 라우터들을 포함한 모든 라우터 쌍들은 BGP 프로토콜의 두 번째 변형모델인 iBGP를 사용할 수 있도록 해야 한다.

iBGP (Internal BGP)의 동작 iBGP 프로토콜은 eBGP 프로토콜과 잘 알려진 포트번호 179를 사용하여 TCP 서비스를 이용한다는 점에서 유사하다. 하지만 AS의 가능한 라우터 쌍 사이에 세션을 만든다. 그러나 어떤 면에서는 확실해야 한다. 첫째, 만약 AS가 하나의 라우터를 가지고 있다면, iBGP 세션을 만들 수 없다. 예를 들어, AS2 또는 AS4 내부에 iBGP 세션을 만들 수 없다. 둘째, 만약 n개의 라우터가 전부 메쉬 형태로 연결된 AS 내부에 있다면, 시스템 안에 루프가 발생하는 것을 막기 위해 $[n \times (n-1)/2]$개의 iBGP 세션을 만들 수 있다. 다시 말해, 각 라우터는 다른 세션의 대등으로부터 전달받은 패킷들을 플러딩하는 것 대신에 대등에게 접근성 정보에 대해 알려야만 한다. 그림 4.81은 네트워크에서 eBGP와 IBGP 세션의 조합을 보여준다.

그림 4.81 | 인터넷에서의 eBGP와 iBGP의 조합

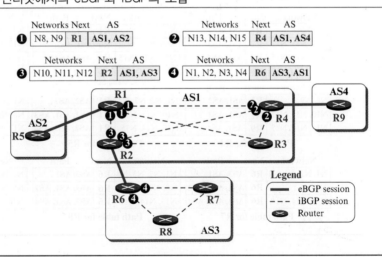

세션이 인트라도메인 라우팅 프로토콜을 사용하는 라우터로부터 결정된 하나 이상의 물리적 네트워크에 걸쳐 있는 오버레이 네트워크 위에서 만들어지기 때문에 AS 내부의 물리적 네트워크를 설명하지 않았다는 것을 주목하라.

또한 이 단계에서는 오직 네 개의 메시지만 교환되었다는 것을 주목하라. 첫 번째 메시지 (번호 1)은 네트워크 N8과 N9에 경로 AS1-AS2를 지난 도착할 수 있다고 알리는 라우터 R1에

의해 전송된다. 하지만 다음 라우터는 R1이다. 이 메시지는 R2, R3, R4에게 분산된 세션을 통해 전송된다. 라우터 R2, R4 R6는 다른 목적지에게 다른 메시지를 이용하여 같은 내용을 전송한다. 흥미로운 점은 이 단계에서는 R3, R7, R8이 그들의 대등에 세션을 만들었으나 라우터들은 보낼 메시지가 없다는 것이다.

업데이트 과정은 여기서 멈추지 않는다. 예를 들어, 라우터 R1이 R2로부터 업데이트 메시지를 전달받은 후, 이미 알고 있었던 AS1에 대한 접근성 정보와 AS3의 접근성 정보를 합한다. 그리고 새로운 업데이트 메시지를 R5에게 전송한다. 이제, R5는 AS1과 AS3의 네트워크에 어떻게 도달할 수 있는지를 알게 된다. 프로세스는 R1이 R4로부터 업데이트 메시지를 전송받을 때까지 계속된다. 요점은 어떠한 곳은 이전 업데이트에서 변화가 없고 모든 정보는 모든 AS를 통과하여 전파된다는 것이다. 이때 각 라우터는 eBGp와 iBGP로부터 전달받은 정보를 조합하고, 나중에 설명할 라우팅 정책을 포함하는 최상의 경로를 찾는 기준을 적용한 후에 경로 테이블이라 부르는 테이블을 작성한다. 이것을 입증하기 위해 그림 4.79의 라우터들에 대한 경로 테이블을 그림 4.82에 보였다. 예를 들어, 라우터 R1은 네트워크 N8 또는 N9으로 전달될 패킷은 AS1과 AS2를 지나가며, 패킷을 전달하기 위한 다음 라우터는 라우터 R5인 것을 알고 있다. 이와 유사하게, 라우터 R4는 네트워크 N10, N11 또는 N12에 전달될 패킷은 AS1과 AS3를 통과하고, 패킷을 전달하기 위한 다음 라우터는 라우터 R1이라는 것을 알고 있다.

그림 4.82 ┃ BGP 경로 테이블의 마무리

Networks	Next	Path
N8, N9	R5	AS1, AS2
N10, N11, N12	R2	AS1, AS3
N13, N14, N15	R4	AS1, AS4

Path table for R1

Networks	Next	Path
N8, N9	R1	AS1, AS2
N10, N11, N12	R6	AS1, AS3
N13, N14, N15	R1	AS1, AS4

Path table for R2

Networks	Next	Path
N8, N9	R2	AS1, AS2
N10, N11, N12	R2	AS1, AS3
N13, N14, N15	R4	AS1, AS4

Path table for R3

Networks	Next	Path
N8, N9	R1	AS1, AS2
N10, N11, N12	R1	AS1, AS3
N13, N14, N15	R9	AS1, AS4

Path table for R4

Networks	Next	Path
N1, N2, N3, N4	R1	AS2, AS1
N10, N11, N12	R1	AS2, AS1, AS3
N13, N14, N15	R1	AS2, AS1, AS4

Path table for R5

Networks	Next	Path
N1, N2, N3, N4	R2	AS3, AS1
N8, N9	R2	AS3, AS1, AS2
N13, N14, N15	R2	AS3, AS1, AS4

Path table for R6

Networks	Next	Path
N1, N2, N3, N4	R6	AS3, AS1
N8, N9	R6	AS3, AS1, AS2
N13, N14, N15	R6	AS3, AS1, AS4

Path table for R7

Networks	Next	Path
N1, N2, N3, N4	R6	AS3, AS1
N8, N9	R6	AS3, AS1, AS2
N13, N14, N15	R6	AS3, AS1, AS4

Path table for R8

Networks	Next	Path
N1, N2, N3, N4	R4	AS4, AS1
N8, N9	R4	AS4, AS1, AS2
N10, N11, N12	R4	AS4, AS1, AS3

Path table for R9

인트라도메인 라우팅에 정보 삽입   BGP와 같은 인터도메인 라우팅의 규칙은 AS 안의 라우터들이 자신의 라우팅 정보를 늘리는 것을 돕는 것이다. 다시 말하자면, BGP로부터 수집되고 조직된 경로 테이블은 자체를 라우팅 패킷으로 사용하지 않는다는 것이다. 경로 테이블은 RIP 또는 OSPF의 인트라도메인 포워딩 테이블 안에 라우팅 패킷으로 삽입된다. 이것은 AS의 종류에 따라 결정되는 몇 가지 방법을 통해 수행된다.

스터브 AS의 경우에는 지역 경계 라우터는 초기 엔트리를 자신의 포워딩 테이블의 마지막에 추가하고, BGP 연결의 마지막에 있는 스피커 라우터를 다음 라우터로 설정한다. 그림 4.79에서 AS2의 R5는 N8과 N9 이외의 모든 네트워크을 위한 디폴트 라우터로써 라우터 R1을 설정한다. 이러한 상황은 디폴트 라우터 R4에 대해 AS4의 라우터 R9에서도 동일하게 발생한다. AS3에서 R6는 R2를 디폴트 라우터로 설정하였으나 R7과 R8는 그들의 디폴트 라우터로 R6로 설정하였다. 이러한 설정은 그림 4.82에서 설명한 것과 같이 경로 테이블에 따른다. 다시 말해, 경로 테이블은 오직 하나의 초기 엔트리를 추가함으로써 인트라 포워딩 도메인에 삽입된다.

일시적인 AS의 경우에 상황은 더욱 복잡해진다. AS1에서 R1은 그림 4.82에서 경로 테이블의 모든 내용을 삽입해야만 한다. R2, R3, R4에서도 상황은 똑 같다.

이러한 문제점을 해결하기 위한 하나의 방법은 비용 값(cost value)이다. RIP와 OSPF는 서로 다른 메트릭을 사용한다. 매우 일반적인 하나의 해결책은 외부 네트워크에 도달하기 위한 비용 값으로 경로상의 첫 번째 AS에 도달하는 데 필요한 비용 값을 설정하는 것이다. 예를 들어, R5가 다른 AS에 속해 있는 네트워크에 도달하기 위한 비용은 N5에 도달하기 위한 비용으로 설정하는 것이다. R1이 네트워크 N10, N11과 N12에 도달하기 위한 비용은 N6에 도착하기 위한 비용과 같다는 뜻이다. RIP 또는 OSPF에서 비용은 인트라도메인 포워딩 테이블로부터 제공받는다.

그림 4.83은 인터도메인 포워딩 테이블을 나타낸다. 간단하게 모든 AS는 인트라도메인 라우팅 프로토콜로 RIP를 사용한다고 가정하였다. 칠해진 영역들은 BGP 프로토콜로부터 삽입된 추가부분이며 디폴트 목적지는 0(zero)으로 나타낸다.

그림 4.83 ▌ BGP로부터 삽입된 후 포워딩 테이블

Des.	Next	Cost
N1	—	1
N4	R4	2
N8	R5	1
N9	R5	1
N10	R2	2
N11	R2	2
N12	R2	2
N13	R4	2
N14	R4	2
N15	R4	2

Table for R1

Des.	Next	Cost
N1	—	1
N4	R3	2
N8	R1	2
N9	R1	2
N10	R6	1
N11	R6	1
N12	R6	1
N13	R3	3
N14	R3	3
N15	R3	3

Table for R2

Des.	Next	Cost
N1	R2	2
N4	—	1
N8	R2	3
N9	R2	3
N10	R2	2
N11	R2	2
N12	R2	2
N13	R4	2
N14	R4	2
N15	R4	2

Table for R3

Des.	Next	Cost
N1	R1	2
N4	—	1
N8	R1	2
N9	R1	2
N10	R3	3
N11	R3	3
N12	R3	3
N13	R9	1
N14	R9	1
N15	R9	1

Table for R4

Des.	Next	Cost
N8	—	1
N9	—	1
0	R1	1

Table for R5

Des.	Next	Cost
N10	—	1
N11	—	1
N12	R7	2
0	R2	1

Table for R6

Des.	Next	Cost
N10	—	1
N11	R6	2
N12	—	1
0	R6	2

Table for R7

Des.	Next	Cost
N10	R6	2
N11	—	1
N12	—	1
0	R6	2

Table for R8

Des.	Next	Cost
N13	—	1
N14	—	1
N15	—	1
0	R4	1

Table for R9

주소 집단화 BGP4 프로토콜의 도움으로 얻을 수 있는 인트라도메인 포워딩 테이블은 많은 목적지 네트워크가 포워딩 테이블에 포함되어 있기 때문에 글로벌 인터넷의 경우처럼 거대화될 것이라는 점을 알아야 한다. 다행스럽게도, BGP4는 목적지 ID로서 프리픽스를 사용하고, 이 장

의 초반에 설명한 것처럼 이러한 프리픽스의 집합을 만든다. 예를 들어, 프리픽스 14.18.20.0/26, 14.18.20.64/26, 14.18.20.128/26과 14.18.20.192/26은 만약 모든 네 개의 서브넷이 하나의 경로를 통과한다면, 14.18.20.0/24로 통합될 수 있다. 하나 또는 두 개의 주소 집합의 프리픽스가 독립적인 경로가 필요하더라도, 앞서 설명한 최장 프리픽스 원칙은 주소 집합을 만들 수 있도록 허용한다.

경로 속성

RIP와 OSPF와 같은 인트라도메인 라우팅 프로토콜에서 목적지는 보통 다음 홉과 비용과 같은 정보와 연관되어 있다. 다음 홉은 패킷을 전송하기 위해 다음 라우터의 주소를 보여준다. 비용은 목적지까지의 비용을 의미한다. 인터도메인 라우팅은 어떻게 최종 목적지에 도착할 것인지에 대한 더 많은 정보가 필요하며 이를 포함하고 있다. BGP에서 이러한 정보들은 **경로 속성 (path attribute)**이라 불린다. BGP는 7개의 경로 속성을 목적지에게 허용한다. 경로 속성은 크게 잘 알려진 속성과 선택적인 속성으로 나눠진다. 모든 라우터들은 잘 알려진 속성을 알고 있어야한다. 하지만 옵션 속성은 모든 라우터에서 인식될 필요는 없다. 잘 알려진 속성은 BGP 업데이트 메시지에 반드시 포함되어 있어야 하는 것을 의미하는 필수적인 것과 반드시 메시지 안에 포함되어야 할 필요는 없다는 것을 의미하는 임의적인 속성으로 나뉜다. 옵션 속성은 다음 AS를 지나갈 수 있다는 의미인 천이와 지나갈 수 없다는 의미인 비천이로 구분된다. 모든 속성은 업데이트 메시지에서 나중에 설명할 지정된 목적지 프리픽스 뒤에 삽입된다. 속성의 형식은 그림 4.84에 나타난 것과 같다.

그림 4.84 ▌ 경로 속성의 형식

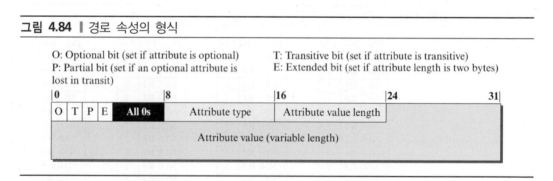

각 속성에서 첫 번째 바이트는 그림처럼 네 개의 속성 플래그를 정의한다. 다음 바이트는 (다음에 설명하는 것처럼 7가지 종류가 할당되어 있는) ICANN으로부터 할당된 속성의 종류를 정의한다. 속성값의 길이는 모든 속성 부분의 길이가 아니라 속성값 필드의 길이를 정의한다. 다음은 각 속성의 간단한 설명이다.

❑ **ORIGIN (type 1).** 이것은 잘 알려진 임의적인 속성이다. ORIGIN은 라우팅 정보의 발신지를 정의한다. 이 속성은 1, 2, 3의 세 가지 값들에 의해 정의된다. 값 1은 경로에 대한 정보를 RIP 또는 OSPF와 같은 인트라도메인 프로토콜로부터 얻는다는 의미이다. 값 2는 BGP로부

터 정보를 수집한다는 의미이며, 값 3은 모르는 발신지로부터 정보를 얻었다는 의미이다.

❑ **AS-PATH (type 2).** 이것은 잘 알려진 임의적인 속성이다. 이 속성은 도착해야만 하는 목적지를 지나는 AS의 목록을 정의한다. 우리는 예제에서 이 속성을 사용했다. AS-PATH 속성은 마지막 절에서 경로 벡터 라우팅에서 설명한 것처럼, 루프가 발생하는 것을 막는다. 경로로써 현재의 AS 목록을 작성하는 라우터에 업데이트 메시지가 도착할 때마다 라우터는 경로를 차단한다. AS-PATH는 라우터를 선택하기 위해 사용한다.

❑ **NEXT-HOP (type 3).** 이것은 데이터 패킷이 전송될 다음 라우터를 정의하는 잘 알려진 임의적인 속성이다. 우리는 예제에서 이 속성을 사용하였다. 앞서 살펴본 것처럼, 이 속성은 RIP 또는 OSPF와 같은 인트라도메인 라우팅 프로토콜에서 eBG와 iBGP의 수행을 통해 수집한 경로 정보를 삽입하는 것을 돕는다.

❑ **MULT-EXIT-DISC (type 4).** 다중 종료 식별자(Multiple-exit discriminator)는 선택적인 비천이 속성으로 목적지까지 다중 종료 경로를 식별한다. 4바이트의 unsigned integer의 크기를 갖는 속성값은 지정된 인트라도메인 프로토콜의 메트릭을 통해 결정된다. 예를 들어, 만약 라우터가 목적지까지 이러한 속성과 연관된 다른 값을 가지는 다중 경로를 가지고 있다면, 가장 낮은 값을 가지고 있는 경로가 선택된다. 이 속성은 하나의 AS에서 다른 AS로 전이가 되지 않는다는 의미인 비천이 속성인 점에 주목하자.

❑ **LOCAL-PREF (type 5).** 지역 선호 속성은 잘 알려진 임의적인 속성이다. 이것은 보통 관리자가 조직의 규칙을 기반으로 설정한다. 관리자가 선호하는 경로는 더 높은 지역 선호 값을 가지게 된다(속성값은 4바이트의 unsigned integer이다). 예를 들어, 5개의 AS를 가지고 있는 인터넷에서 AS1의 관리자는 경로 AS1-AS2-AS5의 지역 선호 값을 400으로 경로 AS1-AS3,AS5는 300으로 AS1-AS4-AS5는 50으로 경로 선호 값을 설정할 수 있다. 이것은 관리자는 첫 번째 경로를 두 번째 경로보다 선호하고, 두 번째 경로를 세 번째 경로보다 선호한다는 것을 의미한다. 이것은 AS1의 관리자에게는 AS2가 가장 안전하고 AS4가 가장 취약한 경우를 나타낸다. 마지막 경로는 만약 다른 두 경로를 사용할 수 없을 경우에 선택된다.

❑ **ATOMIC-AGGREGATE (type 6).** 이것은 집합과 같지 않은 목적지 프리픽스를 정의하는 잘 알려진 임의적인 속성이다. 이것은 오직 하나의 목적지 네트워크를 정의한다. 이 속성은 속성값 필드가 없다. 이것은 속성값의 길이 필드가 0이라는 의미이다.

❑ **AGGREGATOR (type 7).** 이것은 선택적인 천이 속성으로 목적지 프리픽스를 하나의 집합으로 사용한다. 속성값은 마지막 AS의 번호로 주어지며, 이것은 라우터의 IP 주소를 따르는 집합이라는 것을 나타낸다.

경로 선택

이번 절에서는 지금까지 간단한 예제들은 목적지까지 하나의 라우터만 가지고 있었기 때문에 BGP 라우터가 어떻게 경로를 선택하는지에 대해 언급하지 않았다. 목적지로 가는 다중 라우터가 있는 경우에는 BGP는 여러 라우터 중 하나를 선택해야만 한다. BGP에서 경로 선택 과정은 최단경로 트리를 기반으로 하는 인트라도메인 라우팅 프로토콜에서 하나의 경로를 선택하는 것은 쉽지 않다. BGP의 경로는 eBGP 세션이나 iBGP 세션으로부터 제공된 속성들을 가지고 있다. 그림 4.85는 일반적인 수행과정을 나타낸 플로차트를 보여준다.

   라우터는 각 단계에서 정해진 규칙을 사용하여 경로들을 얻는다. 만약 단지 하나의 경로를 얻게 된다면, 라우터는 그것을 선택하고 프로세스를 멈춘다. 이와 반대로 프로세스는 다음 단계로 진행된다. 첫 번째 선택이 LOCAL-PREF 속성과 연관 있는 것에 주목하자. 이것은 경로에 관리를 위해 규칙을 시행한 것이 반영된 것이다.

그림 4.85 | 경로 선택을 위한 흐름도

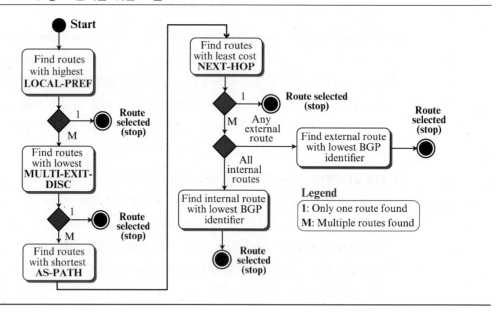

메시지

BGP는 AS의 BGP 스피커와 AS 내부 사이의 통신을 위한 네 가지 종류의 메시지를 사용한다. 메시지는 그림 4.86에서 보는 것처럼 open, update, keepalive와 notification의 네 가지이다. 모든 BGP 패킷은 같은 헤더를 공유한다.

❑ *Open Message.* 이웃과 관계를 맺기 위해 BGP에서 동작하는 라우터는 이웃과 TCP 연결을 개방하고 *open* 메시지를 전송한다.

❑ **업데이트(*update*) 메시지.** 업데이트 메시지는 BGP 프로토콜의 핵심이다. 이 메시지는 라우터가 이미 알고 있는 목적지를 제거하거나 새로운 목적지까지의 경로를 알리기 위해 사용된다. 또는 두 기능을 동시에 수행한다. BGP는 이미 알고 있는 복수의 목적지를 제거할 수 있으나 업데이트 메시지에서 단 하나의 목적지(또는 동일한 속성을 가진 다중 목적지)만을 알릴 수 있는 특징이 있다.

- **킵얼라이브**(*keepalieve*) **메시지.** 킵얼라이브 메시지를 교환하는 BGP 사용자들은 주기적으로(대기시간이 만료되기 전까지) 서로의 생존 여부를 확인한다.

- **알림**(*notification*). 라우터가 오류 상태를 감지하거나, 세션을 종료하고자 할 때 알림 메시지를 전송한다.

그림 4.86 ▍ BGP 메세지

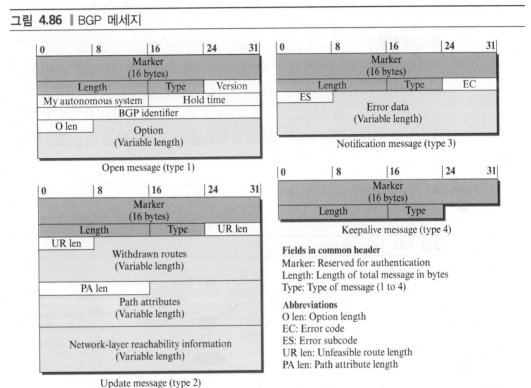

Open message (type 1)

Update message (type 2)

Notification message (type 3)

Keepalive message (type 4)

Fields in common header
Marker: Reserved for authentication
Length: Length of total message in bytes
Type: Type of message (1 to 4)

Abbreviations
O len: Option length
EC: Error code
ES: Error subcode
UR len: Unfeasible route length
PA len: Path attribute length

성능

BGP의 성능은 RIP와 비교된다. BGP는 포워딩 테이블을 생성하기 위해 많은 수의 메시지를 교환하지만 루프에 빠지거나 무한 순환에 빠지지 않는다. 그러나 BGP 또한 RIP가 가진 오류 확산이나 오염과 같은 문제점이 존재한다.

4.4 멀티캐스트 라우팅

오늘날 인터넷 통신에서는 유니캐스트만 제공하지 않고 빠르게 성장한 멀티캐스트도 함께 쓰인다. 이번 절에서는 유니캐스트와 멀티캐스트 그리고 브로드캐스트의 기본 개념을 설명한다. 또한 멀티캐스트 라우팅에 대한 기본 개념을 다룬다. 마지막으로 인터넷에서의 멀티캐스트 라우팅 프로토콜을 설명한다.

4.4.1 개요

앞 설에서 라우터의 데이터그램 포워딩은 내개 목적지 호스트가 연결된 네드워크를 정의하는 데이터그램이 가진 목적지 주소의 프리픽스를 기반으로 한다는 것을 설명하였다. 이와 같은 포워딩 원리를 이해한 후 유니캐스트, 멀티캐스트, 브로드캐스트를 이해할 수 있다. 이것들이 인터넷과 관계가 있는 만큼 사전 지식을 확실히 이해하여야 한다.

유니캐스팅

유니캐스팅에는 하나의 발신지 네트워크와 목적지 네트워크가 있다. 발신지 네트워크와 목적지 네트워크의 관계는 1대1이다. 데이터그램의 경로에 있는 각 라우터는 하나의 인터페이스로 패킷을 전달한다. 그림 4.87은 발신지 컴퓨터로부터 N6에 위치한 목적지 컴퓨터까지 유니캐스트 패킷을 전달하는 작은 규모의 인터넷을 나타낸다. 라우터 R1은 오직 인터페이스 3을 통해 패킷을 전달하며, R4는 인터페이스 2를 통하여 패킷을 전달한다. 패킷이 N6에 도착하면, 모든 호스트들에게 브로드캐스트하거나 이더넷 스위치가 목적지 호스트에게만 전달하는 방식으로 패킷이 전달된다.

그림 4.87 ▌ 유니캐스팅

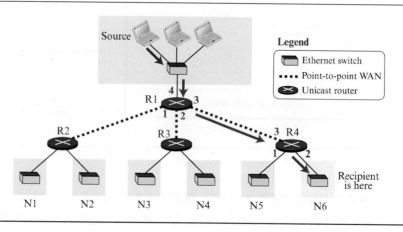

멀티캐스팅

멀티캐스팅에는 하나의 발신지와 목적지 그룹이 존재한다. 둘의 관계는 1대 다수의 관계이다. 이런 유형의 통신에서는 발신지 주소는 유니캐스트 주소이지만 목적지 주소는 하나 이상의 목적지 주소로 이루어진 그룹 형태이다. 목적지 주소의 그룹은 멀티캐스트 데이터그램을 수신하기 원하는 멤버가 최소 하나 이상 존재한다. 그림 4.88은 그림 4.87과 같은 소규모 인터넷을 보여준다. 하지만 그림 4.87의 라우터들이 멀티캐스트 라우터로 변경되거나 두 가지 유형의 작업을 수행할 수 있도록 구성되어야 한다.

멀티캐스팅에서 멀티캐스트 라우터는 하나 이상의 인터페이스를 통해 동일한 데이터그램의 복사본을 전달할 수 있다. 그림 4.88에서 라우터 R1은 인터페이스 2와 3을 통해 데이터그램을 전달한다. 유사하게, 라우터 R4는 라우터가 가진 두 개의 인터페이스를 통해 데이터그램을 전달한다. 그러나 라우터 R3는 인터페이스 2로 연결된 네트워크 상에 그룹 멤버가 없는 것을 알고 있기 때문에 인터페이스 1을 통해 데이터그램을 전송한다.

그림 4.88 ▌ 멀티캐스팅

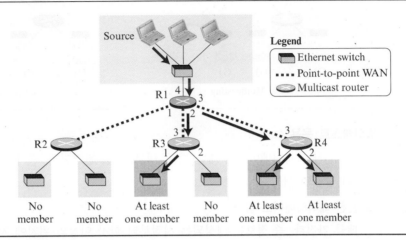

멀티캐스팅 대 다중 유니캐스팅

먼저 멀티캐스팅과 다중 유니캐스팅를 구분해야 한다.

　멀티캐스팅은 발신지에서 출발한 패킷의 복사본들 중 하나에서 시작한다. 각 패킷의 대상 주소는 모든 복사본이 동일하다. 하나의 패킷 복사본은 두 라우터들 사이를 이동한다.

　다중 유니캐스팅에서 각각의 패킷은 발신지에서부터 출발한다. 하나의 예로, 만약 발신지에서 각각 다른 유니캐스트 주소를 가진 3개의 패킷을 3곳의 목적지로 보낸다면 두 라우터들 사이에 여러 복사본이 이동한다. 예를 들어 한 사람이 여러 사람들에게 이메일을 전송하는 것은 다중 유니캐스팅이다. 이메일 응용프로그램 소프트웨어는 메시지의 복사본을 생성하고, 각각의 다른 대상 주소로 하나씩 보낸다.

유니캐스팅을 활용한 멀티캐스팅의 에뮬레이션

유니캐스팅을 통해 멀티캐스트가 에뮬레이션 가능하다면 왜 멀티캐스팅을 위한 메커니즘을 구분하야 하는지 의문이 들 수 있다. 이에 다음 두 가지의 이유를 들 수 있다.

1. 멀티캐스팅은 다중 유니캐스팅보다 더 효과적이다. 그림 4.89에서는 멀티캐스팅이 다중 유니캐스팅보다 적은 대역폭을 요구하는 방법이라는 것을 알 수 있다. 다중 유니캐스팅의 링크 중 일부는 여러 복사본으로 처리하기 때문이다.

2. 다중 유니캐스팅에서 패킷은 발신지에서 생성될 때 상대적인 지연을 가지게 된다. 만약 1,000개의 대상들이 있다면, 첫 패킷과 마지막 패킷 사이에는 허용치 이상의 지연이 발생할 수 있다. 하지만 멀티캐스팅에서는 발신지가 오직 하나의 패킷만을 생성하기 때문에 지연이 발생하지 않는다.

그림 4.89 | 멀티캐스팅 대 다중 유니캐스팅

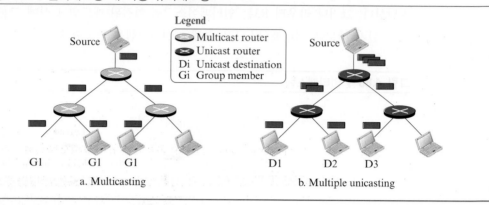

a. Multicasting   b. Multiple unicasting

멀티캐스트 응용

오늘날 분산 데이터베이스에 대한 접근, 정보 보급, 원격회의, 원거리 교육과 같은 많은 멀티캐스팅의 응용이 나왔다.

❑ **분산 데이터베이스 접근.** 오늘날 대부분의 대규모 데이터베이스는 분산 데이터베이스의 형태를 가진다. 즉 정보는 생성되는 시점부터 한곳 이상의 위치에 저장된다. 그러므로 데이터베이스에 접근하길 원하는 사용자는 정보의 정확한 위치를 알 수 없다. 만약 사용자가 특정 정보를 요청하면 분산되어 있는 모든 데이터베이스에 멀티캐스트하여 해당 정보가 있는 위치가 응답한다.

❑ **정보보급.** 기업은 자신의 고객에게 정보를 자주 보내야 한다. 만약 모든 고객들에게 전송할 정보가 같다면 해당 정보를 멀티캐스트할 수 있다. 이런 방식으로 기업은 많은 고객에게 하나의 메시지를 보낼 수 있다. 예를 들어, 특정 소프트웨어 패키지를 구매한 구매자들에게 소프트웨어 업데이트를 한 번에 전송할 수 있다. 비슷한 방식으로 뉴스는 멀티캐스팅을 통해 전달할 수 있다.

❑ **원격회의.** 원격회의는 멀티캐스팅을 사용한다. 원격회의에 참여하는 모든 사람들은 동시에 같은 정보를 받아야 한다. 이러한 목적을 위해 임시 또는 영구적으로 그룹을 형성한다.

❑ **원거리 교육.** 멀티캐스팅을 이용하는 서비스 중 하나의 성장 분야로 원거리 교육이 있다. 한 교수가 진행하는 수업을 특정 그룹의 학생들이 들을 수 있다. 캠퍼스에서 수업에 참여하기 힘든 학생들에게 매우 편리한 방법이다.

브로드캐스팅

브로드캐스팅은 하나의 호스트가 인터넷의 모든 호스트에게 패킷을 보내는 1대 전체 통신을 의미한다. 브로드캐스팅은 거대한 양의 트래픽을 발생시키며 많은 양의 대역폭을 사용하기 때문에 인터넷에서 서비스를 제한하고 있다. 하지만 부분적 브로드캐스팅은 인터넷에서 사용할 수 있다. 예를 들어, 몇몇의 P2P 응용프로그램은 모든 대등에 접근하기 위해 브로드캐스팅을 사용한다. 제한된 브로드캐스팅은 멀티캐스팅을 만들기 위한 단계로서 도메인(지역이나 자치 시스

템)에서도 사용할 수 있다. 이후 멀티캐스트 프로토콜을 설명할 때 제한된 브로드캐스팅의 종류에 대해 설명한다.

4.4.2 멀티캐스팅의 기본사항

인터넷에서의 멀티캐스트 라우팅 프로토콜을 설명하기 전에 멀티캐스트 주소, 멀티캐스트 그룹에 대한 정보 수집 그리고 멀티캐스트 최적 트리와 같은 멀티캐스트의 기본요소에 대하여 설명한다.

멀티캐스트 주소

목적지로 유니캐스트 패킷을 전송할 때 패킷의 발신지 주소는 발신자를 정의하며, 패킷의 목적지 주소는 패킷의 수신자를 정의한다. 멀티캐스트 통신에는 발신자는 하나이며 수신자는 다수이다. 때때로 수신자는 전 세계에 수천 또는 수백만이 될 수도 있다. 하지만 패킷에 모든 수신자의 주소를 포함할 수는 없다. 인터넷 프로토콜(IP)에 정의된 패킷의 대상 주소는 하나이다. 이러한 이유에서 멀티캐스트 주소가 필요하다. 멀티캐스트 주소는 그룹을 구분하기 위한 식별자이다. 만약 유효한 회원들로 구성된 새로운 그룹이 생성되면, 중앙 관리자가 해당 그룹을 정의하기 위해 사용 가능한 멀티캐스트 주소를 할당한다. 이는 멀티캐스트 통신에서 패킷의 발신지 주소가 발신자에 의해 정의되는 유니캐스트 주소이지만 목적지 주소는 그룹에 의해 정의되는 멀티캐스트 주소이기 때문이다. 이런 방식으로 실제로 n 그룹의 구성원인 호스트는 $(n + 1)$개의 주소를 가진다. $(n + 1)$개의 주소는 유니캐스트 통신에서 발신지나 목적지 주소를 위해 사용되는 한 개의 유니캐스트 주소와 그룹으로 전송되는 메시지를 수신하기 위한 목적지 주소에 사용되는 n개의 멀티캐스트 주소를 의미한다. 그림 4.90은 이러한 개념을 보여준다.

그림 4.90 ┃ 멀티캐스트 주소가 필요한 예

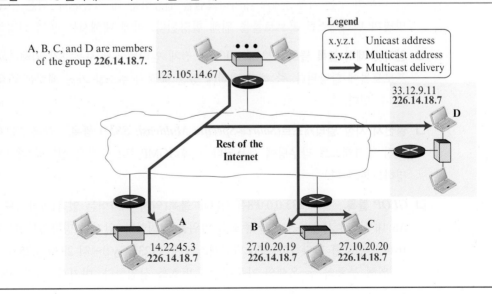

IPv4에서의 멀티캐스트 주소

라우터나 목적지 호스트는 유니캐스트와 멀티캐스트 데이터그램을 구별해야 한다. 이러한 목적을 위해 각각의 IPv4와 IPv6는 주소에 제한을 둔다. 이 절에서는 IPv4 멀티캐스트 주소를 설명하며 다음 절에서 IPv6 멀티캐스트 주소를 설명한다. IPv4의 멀티캐스트 주소는 이러한 목적을 위해 특별히 설계된 많은 주소의 집합이다. 클래스 기반의 주소지정에서 클래스 D는 이런 주소들로 구성되어 있다. 클래스 없는 주소지정에는 같은 블록을 사용하지만 블록 224.0.0.0./**4**로 제한되어 있다. 그림 4.91은 2진으로 나타낸 블록을 보여준다. 4비트는 블록을 정의하며 나머지 비트는 그룹을 위한 식별자로 사용된다.

그림 4.91 ┃ 2진 형식으로 표현한 멀티캐스트 주소

멀티캐스트 블록의 주소의 개수는 최대 (2^{28})개이다. 여러 개인그룹을 가질 수 없지만 블록은 여러 개의 보조블록으로 나뉠 수 있으며 각 서브블록은 특정한 멀티캐스트 응용에 사용된다. 다음은 일반적인 서브블록을 설명한다.

❑ **로컬 네트워크 제어 블록.** 서브블록 224.0.0.0/4는 네트워크 내부에서 사용하기 위한 멀티캐스트 라우팅 프로토콜에 할당된다. 이 범위의 목적지 주소를 가진 패킷은 라우터에 의해 전달되지 않는다. 이러한 서브블록에서 주소 224.0.0.0은 남겨 두고, 224.0.0.1은 네트워크 내부의 모든 호스트와 라우터로 데이터그램을 보내는 데 사용된다. 그리고 224.0.0.2는 네트워크 내부의 모든 라우들에게 데이터그램을 전송하는 데 사용된다. 남은 주소는 통신을 위한 몇몇의 멀티캐스트 프로토콜을 위해 할당된다. 이에 대해서는 후에 설명하도록 한다.

❑ **인터넷 제어 블록 블록.** 224.0.1.0/24는 전체 인터넷에서 사용하기 위해 멀티캐스트 라우팅 프로토콜에 할당된다. 즉 해당 범위에 있는 목적지 주소를 가진 패킷은 라우터에 의해 전달될 수 있다.

❑ **발신지 지정 멀티캐스트**(*Source-Specific Multicast, SSM*) **블록.** 블록 232.0.0.0/8은 발신지 지정 멀티캐스트 라우팅에 사용된다. 이후 IGMP 프로토콜을 설명할 때 SSM 라우팅을 설명하도록 한다.

❑ *GLOP* **블록.** 블록 233.0.0.0/8은 GLOP 블록(약자나 약어는 없음)이라고도 한다. 이 블록은 AS 내부에서 사용하기 위한 주소의 범위를 정의한다. 앞서 설명하였듯이, 각 독립 시스템은 16비트 번호를 할당한다. 256 멀티캐스트 주소(233.x.y.0에서 233.x.y.255)의 범위를 생성하기 위해 블록의 두 옥텟의 가운데 AS 번호를 삽입한다. 여기서 x.y가 AS 번호이다.

❑ **관리 범위 블록.** 블록 239.0.0.0/8는 관리 범위 블록이라 한다. 이 블록의 주소는 인터넷의 특정한 범위에서 사용된다. 이 범위에 존재하는 목적지 주소를 가진 패킷은 지역을 벗어날 수 없다. 즉 이 범위의 주소는 관리 기관에 제한되어 있다.

멀티캐스트 주소 선택

그룹에 할당하기 위한 멀티캐스트 주소를 선택하는 것은 어려운 일이다. 주소의 선택은 어플리케이션의 종류에 따라 다르다. 몇몇의 경우에 대해서 설명하도록 한다.

❑ **제한된 그룹.** 관리자는 AS 번호 $(x \cdot y)_{256}$를 사용하여 239.x.y.0와 239.x.y.255 사이의 주소를 선택한다. 이 주소는 특정 그룹을 위한 멀티캐스트 주소로서 다른 그룹은 사용할 수 없다. 예를 들어, 대학 교수가 학생들과의 통신을 위해 그룹 주소를 생성하여야 한다고 가정하자. 대학에 속한 AS 번호는 23452에 속해 있고 $(91.156)_{256}$으로 쓰여진다면 주어진 대학의 256 주소의 범위는 233.91.156.0에서 233.91.156.255까지이다. 대학 관리자는 각 교수에게 해당 범위 안의 주소 중 하나를 부여한다. 그리고 이것은 교수가 학생에게 멀티캐스트 통신을 보내는 데 사용하는 그룹 주소가 된다. 하지만 패킷은 대학의 AS 영역을 벗어날 수 없다.

❑ **대형그룹.** 그룹이 AS 영역 밖으로 벗어나는 경우 이전의 방법은 사용할 수 없다. 그룹이 SSM 블록(232.0.0.8)에서 주소를 선택하고자 할 때 허가를 받지 않아도 된다. 왜냐하면, 발신지 지정 멀티캐스트의 패킷은 그룹만의 발신지 주소를 기반으로 라우팅을 하기 때문이다.

그룹에 대한 정보 수집

유니캐스트와 멀티캐스트에서의 포워딩 테이블을 생성하기 위해서는 2단계가 필요하다.

1. 라우터는 목적지의 연결 여부를 알고 있어야 한다.
2. 각 라우터는 각자 다른 라우터의 목적지가 연결되어 있는지 알 수 있도록 하기 위해 첫 번째 단계에서 습득한 정보를 다른 모든 라우터들에게 전달한다.

유니캐스트 라우팅에서 첫 번째 단계의 정보 수집은 자동으로 이루어진다. 라우터가 필요한 것은(CIDR에서) 네트워크의 프리픽스이며 각 라우터는 어느 네트워크에 연결되어 있는지 알 수 있다. 이전 절에서 설명한 라우팅 프로토콜에서 각 라우터는 자신이 수집한 정보들을 인터넷에 존재하는 다른 라우터들에게 전달해야 한다.

멀티캐스트 라우팅에서 정보를 수집하는 첫 번째 단계는 다음 두 가지 이유 때문에 자동적으로 수행되지 않는다. 첫째, 라우터는 특정 그룹의 회원인 호스트가 네트워크에 존재하는지를 알 수 없다. 또한 그룹의 회원은 네트워크와 관련된 어떠한 프리픽스도 가지고 있지 않다. 만약 호스트가 그룹의 회원이라면 호스트는 해당 그룹과 관련된 별도의 멀티캐스트 주소를 가지고 있다는 것을 알 수 있다. 둘째, 그룹의 멤버는 호스트의 고정된 속성이 아니다. 호스트는 짧은 시간에도 몇몇의 새로운 그룹들에 참여할 수 있으며 그룹으로부터 떠날 수 있다. 이러한 이유로 라우터는 각 인터페이스의 어느 그룹이 활성화되어 있는지 알 수 있도록 도와야 한다.

정보를 수집한 뒤 라우터는 차후 설명할 멀티캐스트 라우팅 프로토콜을 사용하여 다른 라우터에게 정보를 전달한다. 그림 4.92는 첫 번째 단계에서의 유니캐스트와 멀티캐스트의 차이점을 보여준다. 유니캐스트를 할 때 라우터는 도움이 필요하지 않지만 멀티캐스트 시에는 나중에 설명한 다른 프로토콜의 도움이 필요하다.

그림 4.92 ▎유니캐스트와 멀티캐스트의 비교

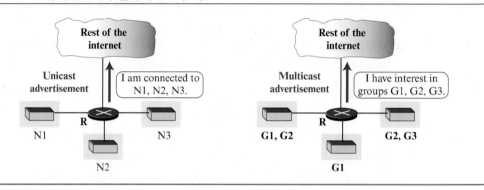

유니캐스트의 경우 라우터 R은 프리픽스 N1, N2, N3를 가진 호스트가 자신의 인터페이스에 연결되어 있는 것을 알 수 있으며 이 정보를 나머지 인터넷 영역으로 전파한다. 멀티캐스트의 경우 라우터 R은 자신의 인터페이스에 연결된 네트워크에 속한 G1, G2, G3 그룹에 적어도 하나의 고정 멤버가 있는 것을 알아야 한다. 즉 유니캐스트 라우팅을 위해 라우터 링크에 대한 정보를 전파하기 위해 각 도메인 내부의 정보만 알면 되지만, 멀티캐스트의 경우 이런 정보를 수집하고 전파하기 위한 두 가지 프로토콜이 필요하다. 두 번째 단계에 관련된 프로토콜을 설명하기 전에 첫 번째 단계에 관련된 프로토콜을 설명한다.

IGMP

최근 인터넷의 그룹 멤버십 정보를 수집하기 위해 사용되는 프로토콜은 **IGMP (Internet Group Management Protocol)**이다. IGMP는 네트워크 계층에 정의되어 있으며 ICMP와 같이 IP의 보조 프로토콜이다. ICMP 메시지와 같은 IGMP 메시지는 IP 데이터그램에 캡슐화된다. 그림 4.93과 같이 IGMP 버전 3에는 질의와 보고 메시지와 같은 두 가지 형태의 메시지를 가진다.

그림 4.93 ▎IGMP 동작

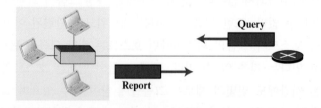

❏ **질의 메시지.** 질의 메시지는 라우터가 그룹들의 회원 가입에 대한 호스트들의 관심을 알아 보기 위해 자신이 가진 모든 호스트들에게 주기적으로 보내는 메시지이다. IGMPv3에서 질 의 메시지는 다음과 같은 세 가지 형태 중 하나를 선택할 수 있다.

    a. 일반 질의 메시지는 특정 그룹의 회원가입에 대한 정보를 가진 메시지이다. 이것은 목 적지 주소 224.0.0.1(모든 호스트와 라우터)을 가진 데이터그램에 캡슐화되어 전송된다. 같은 네트워크에 속한 모든 라우터가 이 메시지를 수신하면 이 메시지가 이미 전송된 것을 인지하고 재전송하지 않는다.

    b. 그룹 특정 질의 메시지는 라우터가 특정 그룹에 관련된 멤버십에 대해 질의하는 메시지 이다. 이것은 라우터가 특정 그룹에 대한 응답을 받지 못하고 그들이 네트워크의 해당 그룹의 활동하지 않는 회원임을 확실히 하기 위해 보내는 메시지이다. 그룹 식별자(멀 티캐스트 주소)는 메시지에 포함되어 있다. 메시지는 목적지 주소를 그에 상응하는 멀 티캐스트 주소로 설정하고 데이터그램에 캡슐화되어 전송된다. 이 메시지와 관련 없는 호스트가 이를 수신할 경우 해당 패킷은 폐기된다.

    c. 발신지와 그룹 특정 질의 메시지는 라우터가 특정 발신지 또는 발신지들로부터 메시지 가 수신되었을 때 특정 그룹에 관련된 멤버십에 대해 질의하는 메시지를 보내는 것이 다. 메시지는 라우터가 특정 호스트 또는 호스트들과 관련이 있는 특정 그룹에 대해 알 지 못한다면 다시 전송된다. 메시지는 멀티캐스트 주소에 상응하는 대상 주소 집합이 포함된 데이터그램에 캡슐화되어 전송된다. 이 메시지와 관련 없는 호스트가 이를 수신 할 경우 해당 패킷은 폐기된다.

❏ **보고 메시지.** 보고 메시지는 질의 메시지에 응답을 위해 호스트가 전송하는 메시지이다. 이 메시지는 상응하는 그룹에 대한 식별자(멀티캐스트 주소)와 호스트가 메시지를 받기를 원하 는 모든 발신지 주소 기록 리스트를 가지고 있다. 또한 호스트가 수신하길 원하지 않는 그 룹 메시지의 발신지 주소도 포함한다. 이 메시지는 멀티캐스트 주소 224.0.0.22(IGMPv3에 할당된 멀티캐스트 주소)와 함께 데이터그램에 캡슐화된다.

IGPMv3에서 호스트가 그룹에 가입하기를 원하면, 호스트는 질의 메시지를 수신할 때까지 대 기한 후 보고 메시지를 보낸다. 그리고 호스트가 그룹에서 탈퇴하기를 원하면, 호스트는 질의 메시지에 응답하지 않는다. 만약 그룹의 어떠한 노드도 메시지에 응답하지 않으면 해당 그룹은 라우터 데이터베이스에서 삭제된다.

멀티캐스트 포워딩

멀티캐스트의 또 다른 이슈는 멀티캐스트 패킷을 전송하기 위해 필요한 라우터를 선택하는 것이 다. 유니캐스트와 멀티캐스트 통신에서의 포워딩은 두 가지 관점에서 다르다.

1. 유니캐스트 통신에서 패킷의 목적지 주소는 하나의 목적지로 정의된다. 그러므로 패킷은 최 소비용으로 목적지에 도착하는 최단경로 트리의 지점인 하나의 인터페이스로 보내진다. 멀 티캐스트 통신에서 패킷의 목적지는 네트워크에 하나 이상의 회원을 가진 그룹으로 정의된

다. 모든 목적지에 도달하기 위하여 라우터는 하나 이상의 인터페이스로 패킷을 보낸다. 그림 4.94는 이러한 개념을 보여준다. 유니캐스트의 대상 네트워크 N1은 인터넷의 한 지역이고 멀티캐스트의 그룹 G1은 적어도 인터넷의 한 지역 이상의 지역에 회원을 가지고 있다.

그림 4.94 ▎유니캐스팅과 멀티캐스팅에서 목적지

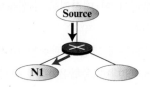
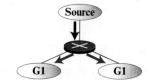

a. Destination in unicasting is one   b. Destination in mulicasting is more than one

2. 유니캐스트 통신에서의 포워딩은 패킷의 목적지 주소를 사용하여 결정한다. 그러나 멀티캐스트 통신에서의 포워딩은 목적지와 발신지 주소로 결정한다. 즉 유니캐스트에서의 포워딩은 패킷이 도착해야 할 위치를 기반으로 하지만 멀티캐스팅에서의 포워딩은 패킷이 출발하는 위치와 도착하는 위치를 기반으로 한다. 그림 4.95는 이와 같은 개념을 보여준다. 그림의 A 부분을 보면 발신지는 그룹의 회원이 아니고, B 부분에서는 발신지가 그룹의 회원이다. 그러므로 A 부분에서의 라우터는 두 개의 인터페이스로 패킷을 전송해야 하지만 B 부분에서는 패킷을 수신 받은 인터페이스로 다시 패킷을 보내지 않기 위해 오직 하나의 인터페이스로 패킷을 전송한다. 다시 말하자면, 그림의 B부분에서 그룹 G1의 회원이나 회원들은 패킷이 라우터에 도착했을 때 이미 패킷의 복사본을 수신한 상태이다. 이것은 멀티캐스트 통신에서의 포워딩이 발신지와 대상 주소 모두에게 의존한다는 것을 의미한다.

그림 4.95 ▎포워딩은 목적지와 발신지에 의존

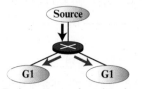

a. Packet sent out of two interfaces   b. Packet sent out of one interface

멀티캐스팅을 위한 두 가지 접근법

유니캐스트 라우팅과 같은 멀티캐스트 라우팅에서는 패킷들의 출발지에서 도착지까지의 최적 경로를 위한 라우팅 트리를 생성해야 한다. 하지만 이전에 언급한 것과 같이 각 라우터의 멀티캐스트 라우팅 결정은 패킷의 목적지 주소뿐만 아니라 발신지 주소를 고려해야 한다. 라우팅 과정에서 발신지의 관여는 멀티캐스트 라우팅을 유니캐스트 라우팅보다 훨씬 더 복잡하게 만든다. 이러한 이유로 멀티캐스트 라우팅에서의 두 가지 방법이 고안되었다. 발신지기반 트리 방법과 그룹-공유 방법이다.

발신지기반 트리

멀티캐스트를 위한 발신지기반 트리에서 각 라우터는 각각의 발신지-그룹 조합을 위해 별도의 트리를 생성하여야 한다. 즉 만약 인터넷 상에 m개의 그룹들과 n개의 발신지가 있다면 라우터는 $(m \times n)$개의 라우팅 트리를 생성해야 한다. 각 트리에서 발신지는 출발점이며 그룹의 회원들은 마지막 노드이다. 그리고 라우터는 트리의 상단 부분에 위치한다. 각 라우터의 유니캐스트 라우팅이 자신이 출발지로서 포함된 단 하나의 트리를 필요로 하는 것과 인터넷 상의 모든 네트워크들을 트리의 구성원을 필요로 하는 것을 비교할 수 있다. 또한 각 라우터들은 그들의 트리에 대한 엄청난 양의 정보를 저장하고 생성할 필요가 있다는 것을 나타낸다. 오늘날 인터넷 상에서 이 방법을 사용하는 두 가지 프로토콜이 있다. 이에 관한 내용은 이후에 설명하도록 한다. 그러한 프로토콜은 복잡한 연산을 완화하기 위해 몇 가지 방법을 이용한다.

그룹-공유 트리

그룹-공유 트리에서 각 그룹에 거짓 발신지 역할을 수행할 라우터를 정해야 한다. **핵심** 라우터 혹은 **집결 지점** 라우터라 불리는 지정된 라우터는 그룹의 대리인 역할을 수행한다. 그룹의 회원에게 보낼 패킷을 가진 출발지는 해당 패킷을 핵심 지점(유니캐스트 통신을 이용)으로 전송하고 핵심 지점은 멀티캐스트해야 한다. 핵심 지점은 자신을 출발지로 가지는 라우팅 트리 하나를 생성하고 그룹 내부의 활동 중인 회원을 포함한 다른 라우터들은 트리의 구성원 역할을 한다. 만약 m개의 라우터들(각 그룹에 하나씩)이 존재하고 각 라우터는 하나의 라우팅 트리를 가진다면, 라우팅 트리의 수는 발신지기반 트리 접근법의 $(m \times n)$보다 적다. 여기서의 m은 위에서 가정한 라우터 수이다. 여기서 발신지에서 모든 그룹 멤버로의 멀티캐스트 전송을 두 개의 전송으로 나눈 것을 알 수 있다. 하나는 출발지에서 핵심 지점으로 전송될 유니캐스트 전송이며 두 번째로는 핵심 지점에서 모든 그룹 회원들에게 전송되는 것이다. 첫 번째 전송은 터널링을 이용하여 완료할 수 있다. 출발지에 의해 생성된 멀티캐스트 패킷은 캡슐화되어 유니캐스트 패킷에 포함되어 핵심 지점에 전송된다. 핵심 지점은 유니캐스트 패킷을 역캡슐화하여 멀티캐스트 패킷을 추출하여 그룹의 회원들에게 전송한다. 비록 이 방법의 트리 수의 감소가 매우 유용해 보이지만 모든 라우터들 사이에서 핵심 라우터의 역할을 수행할 라우터를 선택하는 알고리즘을 사용해야 한다는 단점이 있다.

4.4.3 인트라도메인 라우팅 프로토콜

지난 몇 십년간 여러 도메인 내부 라우팅 프로토콜이 등장했다. 이번 절에서는 그중 3가지 프로토콜에 대해 설명한다. 그중 두 가지는 발신지기반 트리 기법을 사용한 유니캐스트 라우팅 프로토콜(RIP와 OSPF)를 확장한 것이고, 세 번째 프로토콜은 점점 더 인기를 끌고 있는 독립적인 프로토콜이다. 이것은 발신지기반 트리 기법이나 공유-그룹 트리 기법의 두 가지 유형이 사용 가능하다.

DVMRP

거리 벡터 멀티캐스트 라우팅 프로토콜(DVMRP, Distance Vector Multicast Routing Protocol)는 유니캐스트 라우팅에 사용되는 라우팅 정보 프로토콜(RIP)를 확장한 것이다. 이는 멀티캐스팅의 발신지기반 트리 기법을 사용한다. 멀티캐스트 패킷을 수신할 각 라우터는 먼저 다음과 같은 세 가지 단계를 거쳐 발신지기반 멀티캐스트 트리를 생성해야 한다.

1. 라우터는 **역경로 전송**(*Reverse Pass Forwarding*, RPF) 알고리즘을 이용하여 출발지와 자신 사이의 최적의 발신지기반 트리를 생성하는 시뮬레이션을 한다.

2. 라우터는 **역경로 브로트캐스팅**(*Reverse Pass Broadcasting*, RPB)를 사용하여 출발지가 자신이며 트리의 구성원은 인터넷 상의 모든 네트워크인 브로드캐스트(스패닝) 트리를 생성한다.

3. 라우터는 **역경로 멀티캐스팅**(RPM)을 사용하여 그룹의 회원이 없는 네트워크의 끝부분(트리의 구성원 부분)을 잘라냄으로써 멀티캐스트 트리를 생성한다.

RPF

첫 알고리즘인 **역경로 전송(RPF, Reverse Path Forwarding)**은 출발지에서 라우터로 가는 최단경로를 통과하기 위한 인터페이스로부터의 멀티캐스트 패킷을 전송하기 위한 라우터에 중점을 둔다. 만약 라우터가 출발지를 루트로 한 최단경로를 알 수 없을 때 어떻게 최단경로를 위한 인터페이스를 찾을 수 있을까? 라우터는 유니캐스트 라우팅에서 언급한 A에서 B까지의 최단경로가 B에서 A까지의 최단경로와 일치한다는 최단경로의 첫 번째 특징을 이용한다. 그러므로 라우터가 출발지로부터 자신까지의 최단경로를 알지 못하더라도 자신으로부터 출발지까지의 최단경로(역경로)를 탐색하여 자신이 가야 할 다음 라우터를 찾을 수 있다. 라우터는 출발지로 패킷을 보내기를 원하는 것처럼 하여 유니캐스트 전송 테이블을 참조하여 검색한다. 전송 테이블을 통해 탐색한 역경로로 전송하기 위한 패킷에 다음 라우터와 인터페이스에 대한 정보를 알 수 있다. 라우터는 오직 해당 인터페이스로부터 들어오는 멀티캐스트 패킷을 받기 위해 이러한 정보를 사용한다. 멀티캐스트에서 패킷은 그것을 보낸 라우터와 동일한 라우터에 도착하므로 루프를 방지하기 위해 필요하다. 만약 라우터가 이미 수신된 패킷과 같은 패킷들을 삭제하지 않으면 패킷의 여러 복사본들은 인터넷을 떠돌게 된다. 물론, 라우터가 패킷을 처음 수신했을 때 태그를 더하고 이후에 같은 태그의 패킷을 삭제할 수 있지만 RPF 전략은 간단해야 하므로 이를 사용할 수 없다.

RPB

역경로 브로드캐스트(RPB, *Reverse Path Broadcast*) 알고리즘은 라우터가 출발지로부터 수신한 복사본들 중 단 하나의 복사본만을 전송하고 나머지는 삭제하는 알고리즘이다. 그러나 두 번째 단계에서 브로드캐스트를 해야 한다면 목적지는 인터넷 상의 모든 네트워크(LAN)임을 생각해야 한다. 효율적으로 수행하기 위해 각 네트워크가 하나 이상의 패킷 복사본을 수신하지 않도록 해야 한다.

만약 하나의 네트워크가 하나 이상의 라우터와 연결되어 있으면, 네트워크는 각각의 라우터들로부터 복사된 패킷을 받을 것이다. 여기서 네트워크에 RPF 알고리즘의 적용이 불가능하므로 RPF의 도움을 받을 수 없다. 따라서 네트워크에 연결된 하나의 라우터만 패킷을 네트워크로 전달하도록 해야 한다. 이를 위한 하나의 방법으로 단 하나의 라우터를 네트워크의 특정 발신지와 관련된 **부모라우터**로 지정하는 것이다. 담당 네트워크의 부모라우터가 아닌 라우터가 멀티캐스트 패킷을 수신하면, 패킷을 폐기할 것이다. 특정 네트워크와 관련된 부모라우터들을 지정하는 다양한 방법이 있다. 하나의 방법은 발신지에서 최단경로를 가진 라우터를 선택하는 것이다(유니캐스트 전송 테이블, 이용하거나, 재 역방향 전송). 동일한 경우가 있을 경우, 더 작은 IP 주소의 라우터가 선택될 것이다. 독자들은 RPB가 실질적으로 RPF 알고리즘으로부터 생성된 그래프로부터 브로드캐스트 트리를 생성하는 것을 주목해야 한다. RPB는 이러한 트리의 그래프에서 순환의 원인이 되는 링크를 삭제한다. 만약 부모라우터 선택을 위하여 최단경로를 기준으로 사용할 경우, 사실상 최단경로 브로드캐스트 트리가 생성된다. 즉 이러한 단계를 거치면 발신지는 루트, 네트워크(LAN)들 각각은 리프(leaves)가 되는 최단경로 트리를 가지게 된다. 목적지로부터 출발된 모든 패킷들은 최단경로로 이동하여 인터넷의 모든 네트워크들에 도달하게 된다. 그림 4.96은 어떻게 RPB가 네트워크 내에서 네트워크 N의 지정 부모라우터 R1을 지정하고 중복 수신을 방지하는 것을 보여준다.

그림 4.96 ┃ RPF와 RPB

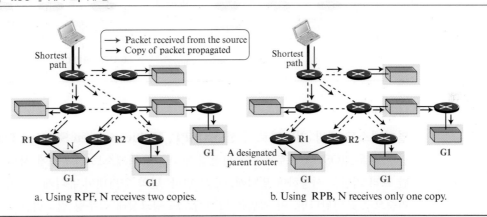

a. Using RPF, N receives two copies.

b. Using RPB, N receives only one copy.

RPM

이미 아는 바와 같이 역경로 멀티캐스팅은 패킷을 멀티캐스트하지 않으며, 브로드캐스트한다. 이것은 효율적이지 않다. 효율성을 증대시키기 위해 멀티캐스트 패킷은 현재 활성화된 멤버를 가진 특정 그룹의 네트워크로만 전달되어야 한다. 이를 **역경로 멀티캐스팅(RPM, Reverse Path Multicasting)**라고 한다. 브로드캐스트 최단경로 트리를 멀티캐스트 최단경로 트리로 변환하기 위하여, 각 라우터는 특정한 발신지 그룹 조합에 상응하는 유효한 멤버가 있는 네트워크에 연결되지 않는 인터페이스를 제거하는 것이 필요하다. 이러한 과정은 하단에서부터 상단으로 말단 노드로부터 최상위 노드로 수행된다. 말단 노드 레벨에서 라우터들은 이전에 논의한

IGMP 프로토콜을 이용하여 구성원들의 정보를 수집한 네트워크의 연결을 실행한다. 네트워크의 부모라우터는 발신지 라우터로부터 얻어진 역 최단경로 트리를 이용하여 이러한 정보를 상단 방향으로 퍼트린다. 같은 방법으로 거리 벡터 메시지는 하나의 이웃으로부터 다른 이웃에게 전달된다. 라우터가 그룹 구성원들에 관련된 모든 정보를 수신하면, 어느 인터페이스가 제거되어야 할지 알 수 있다. 물론, 정기적으로 전송하는 패킷 때문에 새로운 구성원이 네트워크에 추가되면, 모든 라우터들은 정보를 받을 수 있으며 상황에 맞춰 인터페이스 상태를 변경한다. 가입과 탈퇴에도 이 방식이 적용 가능하다. 그림 4.97은 멤버와 함께 네트워크로 향하는 경로상에 있지 않는 한 RPM에서 노드 제거가 멤버를 가진 네트워크만 패킷의 사본을 수신할 수 있게 해주는지 보여준다.

그림 4.97 ▍ RPB와 RPM

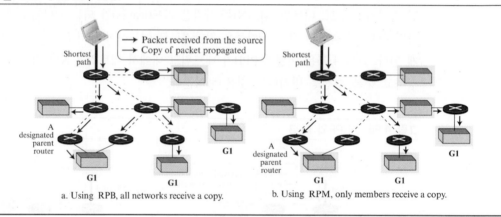

a. Using RPB, all networks receive a copy.   b. Using RPM, only members receive a copy.

MOSPF

멀티캐스트 개방 최단경로 우선(MOSPF, Multicast Open Shortest Path First)은 개방 최단경로 우선(OSPF) 프로토콜의 확장형태이며, 유니캐스트 라우팅에 사용된다. 또한 발신지기반 트리 기법을 사용하여 멀티캐스트를 한다. 만약 인터넷이 유니캐스트 링크상태 라우팅 알고리즘으로 운영된다면, 이 기법은 멀티캐스트 링크상태 라우팅 알고리즘을 제공하는 형태로 확장 가능하다. 유니캐스트 링크상태 라우팅에서 인터넷의 각 라우터는 최단경로 트리를 생성하기 위한 링크상태 데이터베이스(LSDB)를 가진다. 유니캐스트를 멀티캐스트로 확장하기 위하여, 유니캐스트 거리 벡터 라우팅 기법처럼, 각각의 라우터는 또 다른 어느 인터페이스가 특정 그룹에서 유효한 구성원인지 보여주는 데이터베이스를 가지는 것이 필요하다. 현재 라우터는 다음과 같은 과정을 통하여 발신지 S로부터 수신하는 멀티캐스트 패킷을 전달하고, 목적지 G까지 전송한다(그룹 내의 수신자).

1. 라우터는 다이크스트라 알고리즘으로 최상위 노드로부터 최단 거리 경로 트리를 S에서 생성하고, 인터넷 내의 모든 목적지들은 말단 노드(leave)로 사용된다. 이 최단경로 트리는 일반적인 라우터가 유니캐스트 포워딩을 위해 사용하는 트리의 최상위 노드가 라우터 자신인

트리와는 다르다. 이러한 경우 트리의 루트는 패킷의 발신지 주소 내에 정의된 패킷의 발신지가 된다. 라우터는 이러한 트리를 생성하는 것이 가능하다. 그 이유는 인터넷 전체 토폴로지 정보를 가진 LSDB를 가지고 있기 때문이다. 다이크스트라 알고리즘은 트리의 모든 루트 상에서 생성 가능하고, 라우터는 이러한 것을 사용하는 데 문제가 없게 된다. 이러한 점을 바탕으로 생각해 보면 최단경로 트리는 특정한 발신지에 의존하는 방법으로 생성되는 것을 알 수 있다. 각 발신지에 대해 각각 다른 트리를 생성해야 한다.

2. 라우터는 첫 번째 단계에서 생성된 최단경로 트리에서 자기 자신을 찾는다. 즉 라우터는 자기 자신을 서브트리의 루트로서 최단경로 서브트리에 생성한다.

3. 최단경로 서브트리에서 라우터는 서브트리의 루트로서 브로드캐스트를 하고, 모든 네트워크는 리프(leave)가 된다. 라우터는 DVMRP에서 설명한 것과 유사하게 브로드캐스트 트리의 노드를 제거하여 멀티캐스트 트리로 변경한다. IGMP 프로토콜은 리프레벨의 정보를 찾기 위해 사용된다. MOSPF는 멤버로부터 모든 라우터에게 전송되는 새로운 종류의 링크상태 갱신 패킷을 추가하였다. 라우터는 이러한 방법으로 정보를 전송 받고 정보를 사용 가능하며 브로드캐스트 트리를 변경하여 멀티캐스트 트리를 생성할 수 있다.

4. 라우터는 멀티캐스트 트리의 브렌치(branche)에 해당하는 인터페이스로부터 전달받은 패킷을 전송 가능하다. 멀티캐스트 패킷의 사본은 활성화된 멤버를 가진 그룹을 가진 모든 네트워크에 도달해야 하며 그렇지 않은 네트워크에는 도달해서는 안 된다.

그림 4.98은 멀티캐스트 트리의 그래프가 바뀌는 과정을 예를 들어 보여준다. 간단하게 표시하기 위하여 네트워크를 보여주지 않고, 각 라우터에 그룹을 추가하였다. 그림은 어떻게 발신지기반의 트리가 루트로서 발신지가 만들어지고 현재 라우터가 멀티캐스트 서브트리로 바뀌는지 보여준다.

그림 4.98 | MOSPF 트리 형성의 예

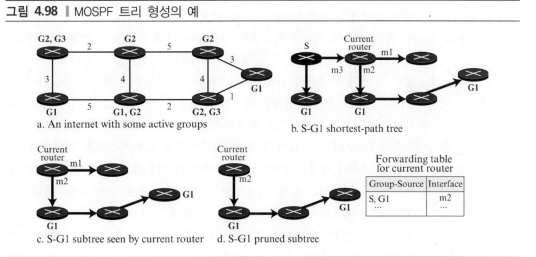

a. An internet with some active groups

b. S-G1 shortest-path tree

c. S-G1 subtree seen by current router

d. S-G1 pruned subtree

Forwarding table for current router

Group-Source	Interface
S, G1	m2
...	...

PIM

프로토콜에 독립적인 멀티캐스트(PIM, Protocol Independent Multicast)는 동작을 위해 거리 벡터 프로토콜이나 링크상태 프로토콜의 유니캐스트 라우팅 프로토콜이 필요한 일반 프로토콜을 부르는 명칭이다. 다시 말해서 PIM은 목적지까지의 경로 내의 다음 라우터를 찾기 위해 유니캐스트 라우팅 프로토콜의 테이블을 사용해야 하지만 포워딩 테이블이 어떻게 생성되는지는 신경 쓰지 않는다. PIM은 *dense* 모드와 *parse* 모드의 2개의 다른 방식을 사용할 수 있는 또 다른 흥미로운 특징을 가지고 있다. *Dense*는 인터넷의 그룹에 활성화된 멤버의 수가 큰 것을 의미하는 것으로 이는 라우터가 그룹 내에 멤버를 가질 확률이 높은 것을 뜻한다. 이러한 상황은 구성원이 많은 멤버를 가진 인기 있는 원격회의가 그 예이다. 다른 한편으로 *parse*의 용어는 인터넷 내의 오직 몇 개의 라우터만이 그룹 내의 활성화 구성원을 가진 것을 뜻하는 것으로 이는 라우터가 그룹 내의 구성원을 가질 확률이 낮다는 것을 의미한다. 예를 들어 구성원들이 인터넷의 어딘가에 퍼져 있는 매우 기술적인 원격회의를 들 수 있다. dense 모드로 프로토콜이 동작되면 PIM-DM으로 나타나게 된다. parse 모드로 동작하게 되면, PIM-SM으로 나타나게 된다. 다음에 이 프로토콜을 설명할 것이다.

PIM-DM

구성원들이 많은 라우터가 인터넷 내의 많은 라우터들과 연관이 있을 때 PIM은 dense 모드로 동작하고 이것을 **프로토콜 독립 멀티캐스트 밀집 모드(PIM-DM, *Protocol Independent Multicast-Dense Mode*)**라 부른다. 이 방식은 프로토콜이 발신지기반 트리 기법을 이용하며, DBMRP와 비슷하며 단순하다. PIM-DM은 DVMRP의 RPF와 RPM, 두 가지 기술을 사용한다. 그러나 DVMRP와는 다르게 첫 번째 서브트리를 제거할 때까지 패킷을 전송하는 것을 지연시키지 않는다. 명확히 하기 위해 PIM-DM이 사용하는 2가지 단계를 설명한다.

1. 발신지 S로부터 그룹 G로 향하는 멀티캐스트 패킷을 수신한 라우터는 패킷의 중복 수신을 방지하기 위하여 RPF 기술을 사용한다. 만약 발신지 S(역방향의)에게 메시지 전송을 원할 경우, 유니캐스트 프로토콜이 다른 라우터를 찾기 위해 사용하는 포워딩 테이블을 참조한다. 만약 패킷이 역방향 전송에서 다음 라우터에 도달하지 못한다면, 패킷은 폐기되며, S와 G에 관련된 패킷을 수신하지 않기 위해 제거 메시지를 전송한다.

2. 만약 첫 번째 단계에서 역방향으로 다음 라우터로부터 패킷을 수신한다면, 이를 수신한 라우터는 해당 패킷을 전달해온 라우터로 연결된 인터페이스와 이미 (S, G)와 관련된 제거 메시지를 수신한 인터페이스를 제외한 모든 인터페이스로 해당 패킷을 전달한다. 만약 패킷이 목적지 S로부터 그룹 G의 첫 번째 패킷이라면, 멀티캐스트를 대신하여 브로드캐스트가 사용된다. 그러나 패킷을 말단으로 전달하는 각 라우터 중 원하지 않는 패킷을 수신한 라우터는 반대 방향으로 삭제 메시지를 전달하여 브로드캐스트를 멀티캐스트로 변경한다. DVMRP는 제거되지 않은 인터페이스를 통해 어떤 메시지를 보내기 전에 제거 메시지(DV 패킷의 일부인)가 도착하여 트리가 간소화되는 과정이 필요하다. PIM-DM은 이런 작업에 대하여 신경 쓰지 않는다. 그 이유는 그룹 내의 대부분의 라우터가 그룹에 관심이 있다고 가정하기 때문이다(dense 모드의 작동 원리).

그림 4.99는 PIM-DM의 원리를 보여준다. 첫 번째 패킷은 멤버의 유무에 관계없이 모든 네트워크로 브로드캐스트된다. 멤버가 없는 라우터로부터 제거 메시지가 도착하면 두 번째 패킷은 멀티캐스트가 된다.

그림 4.99 | PIM-DM 아이디어

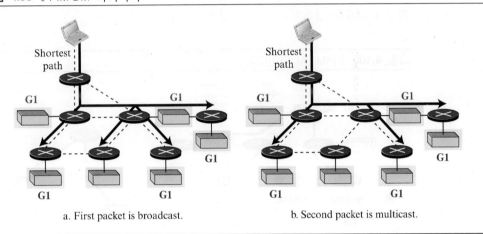

a. First packet is broadcast. b. Second packet is multicast.

PIM-SM

속한 멤버를 가진 라우터의 수가 전체 인터넷의 라우터의 수보다 상대적으로 적을 때 PIM은 sparse 모드로 작동하며 이를 **프로토콜 독립 멀티캐스트 성긴 모드**(PIM-SM, *Protocol Independent Multicast-Sparse Mode*)이라 한다. 이 환경에서 트리가 간소화되기 전까지 패킷을 브로드캐스트하는 프로토콜을 사용하는 것은 적절하지 않기 때문에 PIM-SM은 멀티캐스트를 위해 그룹 간 공유한 트리 기법을 사용한다. PIM-SM에서 코어라우터를 랑데부 포인트(RP)라고 한다. 멀티캐스트 통신은 두 가지 단계를 통해 수행된다. 멀티캐스트 패킷을 목적지 그룹으로 전송하는 라우터는 우선 멀티캐스트 패킷을 유니캐스트 패킷에 캡슐화하고 캡슐화된 패킷을 RP로 전송한다. 그리고 RP는 유니캐스트 패킷을 역캡슐화하고 멀티캐스트 패킷을 목적지로 전송한다.

PIM-SM은 특정한 그룹을 위해 인터넷 내의 모든 라우터들 중에서 하나의 RP 라우터를 선택하는 데 복잡한 알고리즘을 사용한다. 비록 라우터가 하나 이상의 그룹에 연결되어 있더라도, 만약 m개의 활성화된 그룹을 가지고 있다고 가정하면, m개의 RP가 필요하다는 것을 의미한다. 각각의 그룹에서 RP를 선택하고 난 후, 각각의 라우터는 데이터베이스를 만들고 그룹 멀티캐스트 패킷을 터널링하기 위해 RP의 IP 주소와 아이디를 저장한다.

PIM-SM은 각 활성화된 멤버가 속한 네트워크가 연결된 라우터를 목적지로 하는 리프와 RP를 루트로 하는 스패닝 멀티캐스트 트리를 사용한다. PIM-SM의 매우 흥미로운 점은 그룹을 위한 멀티캐스트 트리의 형태이다. 각각의 라우터가 트리 생성을 도와주는 것이 핵심이다. 라우터는 목적지 그룹(DVMRP의 RPF로 생성된)으로 향하는 멀티캐스트 패킷을 어느 특정 인터페이스로 수신하는지 알아야 한다. 또한 라우터는 목적지 그룹(DVMRP의 RPF로 생성된)으로 향하는 멀티캐스트 패킷을 어느 인터페이스로 전송해야 하는지도 알아야 한다. 복수의 라우터

(DVMRP의 RPB로 생성된)를 통해 같은 패킷의 사본이 같은 네트워크로 하나 이상 전송되는 것을 방지하기 위해 PIM-SM에서는 라우터가 오직 PIM-SM 메시지만 보내야 한다.

　　RP를 루트로 하는 멀티캐스트 트리를 생성하기 위해 PIM-SM은 **참가**(*join*)와 **간소화**(*prune*) 메시지를 사용한다. 그림 4.100은 PIM-SM에서 참가와 간소화 메시지의 동작을 보여준다. 우선 세 개의 네트워크가 그룹 G1에 참가하고 멀티캐스트 트리를 형성한다. 그 후, 그중 하나의 네트워크가 그룹을 탈퇴하고 트리는 간소화된다.

그림 4.100 ┃ PIM-SM 아이디어

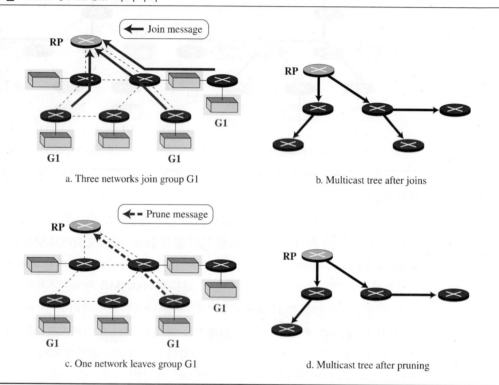

a. Three networks join group G1

b. Multicast tree after joins

c. One network leaves group G1

d. Multicast tree after pruning

　　참가 메시지는 트리에 새로운 브랜치를 추가하기 위해 사용되며 간소화 메시지는 필요치 않은 브랜치를 제거하기 위해 사용된다. 목적지 라우터가 네트워크의 상응하는 그룹(IGMP를 통해)에 새로운 멤버가 존재하는 것을 발견하면, RP를 향해 참가 메시지를 유니캐스트한다. 패킷은 최단경로 트리를 통해 유니캐스트되어 RP로 전달된다. 경로상에서 패킷을 수신하고 전달하는 모든 라우터는 자신의 멀티캐스트 포워딩 테이블에 두 가지 정보를 추가한다. 참가 메시지가 도착한 인터페이스 번호는 표시가 되며(아직 표시가 되지 않은 경우에만) 이를 통해 향후 멀티캐스트 패킷이 그룹으로 전송될 때 해당 인터페이스로도 전달되도록 한다. 또한 라우터는 자신이 세고 있는 조인 메시지의 수에 1을 더한다. 참가 메시지가 RP를 향해 참가 메시지를 전송한 인터페이스의 번호는 같은 그룹으로 향하는 멀티캐스트 패킷이 수신되어야 할 인터페이스임을 알리기 위해 표시된다. 이를 통해 목적지 라우터에서 처음으로 전송되어온 참가 메시지가 RP로부터 그룹 멤버를 가진 네트워크 중 하나로 향하는 경로를 생성한다.

멤버가 없는 네트워크로 멀티캐스트 패킷이 전송되는 것을 방지하기 위해 PIM-SM은 간소화 메시지를 사용한다. 각 목적지 라우터는(IGMP를 통해) 해당 네트워크에 활성화된 멤버가 없음을 알리기 위한 간소화 메시지를 RP로 전송한다. 라우터가 간소화 메시지를 수신하면, 인터페이스에 대한 참여 수(join count)를 감소시키고 다음 라우터에게 간소화 메시지를 전송한다. 인터페이스에 대한 참여 수가 0이 되면 인터페이스는 더 이상 멀티캐스트 트리에 속하지 않는다.

4.4.4 도메인간 라우팅 프로토콜

앞에서 자율 시스템 내에서 멀티캐스트 통신을 제공하기 위해 설계된 DVMRP, MOSPF, PIM 멀티캐스트 라우팅 프로토콜에 대하여 살펴보았다. 그런데 그룹의 구성원이 다른 도메인(자율 시스템)에 있는 경우에는 도메인간 멀티캐스트 라우팅 프로토콜이 필요하다.

도메인간 멀티캐스트 라우팅을 위한 가장 일반적인 프로토콜은 **멀티캐스트 경계 게이트웨이 프로토콜**(MBGP, *Multicast Border Gateway Protocol*)이다. 이것은 도메인간 유니캐스트 라우팅에서 설명한 BGP 프로토콜의 확장된 개념이다. MBGP는 자율 시스템들에게 유니캐스트와 멀티캐스트 두 가지 경로를 제공한다. 멀티캐스트에 대한 정보는 다른 자율 시스템에 있는 경계 라우터들끼리 서로 교환한다. 즉 MBGP는 각각의 자율 시스템에 있는 하나의 라우터를 랑데부 포인트(RP)로 선택하는 공유-그룹 멀티캐스트 라우팅 프로토콜이다.

MBGP 프로토콜의 문제점은 RP에게 다른 자율 시스템에 있는 그룹의 발신지에 대해 알리는 것이 어려운 점이다. 그래서 모든 RP에게 발신지의 존재를 알리기 위해 각각의 자율 시스템에서 발신지를 대표하는 라우터를 할당하는 멀티캐스트 발신지 검색 프로토콜(MSDP, Multicast Source Discovery Protocol)이 새롭게 제안되었다.

MBGP를 대체 가능한 또 다른 프로토콜로는 경계 게이트웨이 멀티캐스트 프로토콜(BGMP, Border Gateway Multicast Protocol)이 있다. 여기서는 AS들 중 하나를 단일 루트로 하는 그룹 공유 트리의 생성이 가능하다. 즉 각 그룹에는 다른 AS에 존재하는 말단 노드를 가졌지만 루트는 자율 시스템 중 한 곳에 위치하는 오직 하나의 공유 트리만 존재한다. 물론 이 프로토콜은 어떻게 AS 트리의 루트로 지정할지, 어떻게 모든 발신지를 알리는지에 대한 두 가지 문제점을 가지고 있다.

4.5 차세대 IP

이 장의 마지막 절에서는 차세대 IP인 IPv6에 대해서 설명한다. 1990년대 초 IPv4의 주소 고갈과 단점들로 인해 IP 프로토콜의 새 버전이 등장하였다. IPv4의 주소 공간에 대한 논의, IP 패킷의 형태 변경, ICMP와 같은 몇몇 보조 프로토콜의 수정을 위해 **IPv6 (Internet Protocol version 6)** 또는 **IPng (IP new generation)**라 불리는 새로운 버전이 제안되었다. OSI 모델을 기반으로 하는 IPv5 역시 제안되었지만 구체화되지 않았다. 다음은 IPv6 프로토콜의 주요 변화에 대한 설명이다.

❑ **많은 주소 공간.**   IPv6 주소는 128비트 길이이다. IPv4의 32-비트 주소와 비교하면 이것은 주소 공간의 엄청난 증가(2^{96}배)이다.

❑ **더 좋은 헤더 형식.**   IPv6는 선택사항이 기본 헤더에서 분리되어서, 필요한 경우에 기본 헤더와 상위 계층 데이터 사이에 삽입되는 새로운 헤더 형식을 사용한다. 이 방식은 대부분의 선택사항이 라우터에 의해 검사되어야 할 필요가 없기 때문에 경로지정 과정을 간단하게 하며 빠르게 해준다.

❑ **새로운 선택사항.**   IPv6는 추가적인 기능을 위한 새로운 선택사항을 가지고 있다.

❑ **확장 허용.**   IPv6는 새로운 기술이나 어플리케이션에서 필요하다면 프로토콜의 확장이 가능하도록 설계되었다.

❑ **자원 할당을 위한 지원**   IPv6에서 서비스 유형 필드는 제외되었으나 발신지가 패킷의 특별한 처리를 요청 가능하게 만드는 새로운 2가지 필드(트래픽 분류, 흐름 레이블)가 추가되었다. 이 방식은 실시간 오디오나 비디오와 같은 트래픽을 지원하는 데 사용될 수 있다.

❑ **더 높은 보완을 위한 지원.**   IPv6의 암호화와 인증 선택사항은 패킷의 기밀성과 무결성을 제공한다.

IPv6의 적용은 느리게 진행되고 있다. 이는 IPv6의 개발의 원래의 동기였던 IPv4의 주소의 부족이 클래스 없는 주소지정, 동적 할당을 위한 DHCP 사용, NAT와 같은 단기간의 방안에 의해 해결되어 왔기 때문이다. 그러나 인터넷의 급격한 확산과 이동 IP, IP 전화, IP 기반 이동전화와 같은 새로운 서비스가 궁극적으로는 IPv4를 IPv6로 완전히 대치할 수도 있다. 전 세계 모든 호스트들이 2010년이 되면 모두 IPv6를 사용할 것이라 예상했었지만 예상은 빗나갔다. 최근에는 2020년으로 예상하고 있다.

이 절에서 먼저 IPv6 패킷 형식에 대해서 살펴볼 것이다. 이후 버전 4 구조와는 조금 다른 구조를 가지는 IPv6의 주소체계를 살펴볼 것이다. 그런 다음 이전 버전에서 새 버전으로 천이하는 데 있어 발생하는 문제를 해결하기 위한 방안을 살펴보고 어떻게 해결 가능한지 설명한다. 마지막으로 네트워크 계층의 유일한 보조 프로토콜인 ICMPv6를 설명한다.

4.5.1 패킷 형식

그림 4.101은 IPv6 패킷을 보여준다. 각 패킷은 필수적인 기본 헤더와 페이로드로 구성된다. 기본 헤더는 40바이트를 차지하며 확장 헤더와 상위 계층 데이터는 65,535바이트까지의 정보를 포함할 수 있다.

그림 4.101 ▎IPv6 데이터그램

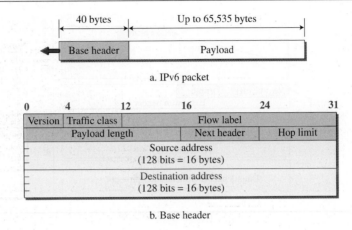

a. IPv6 packet

b. Base header

아래는 각각의 필드들에 대한 설명이다.

❑ **버전.** 4비트의 버전 필드는 IP의 버전 번호를 정의한다. IPv6에서는 값이 6이다.

❑ **트래픽 분류.** 8비트의 트래픽 분류 필드는 IPv4의 서비스 유형 필드와 유사하다.

❑ **흐름 표지.** 흐름 표지 필드는 20비트 필드로서 데이터의 특정한 흐름을 위한 특별한 처리를 제공하기 위해 설계되었다. 이 필드는 나중에 설명한다.

❑ **페이로드 길이.** 2바이트의 페이로드 길이 필드는 기본 헤더를 제외한 IP 데이터그램의 길이를 정의한다. IPv4에서는 헤더 길이 필드와 총 길이 필드 두 개의 필드가 길이와 관련이 있다는 것에 주목하라. IPv6에서는 기본 헤더의 길이는 고정(40바이트)되어 있다. 오직 페이로드의 길이만 정의되면 된다.

❑ **다음 헤더.** 다음 헤더는 8비트 필드로서 첫 확장 헤더의 종류(존재 한다면)를 정의하거나 데이터그램의 기본 헤더를 뒤따르는 헤더를 정의한다. 이 필드는 IPv4의 프로토콜 필드와 유사하다. 자세한 내용은 뒤에서 페이로드에 대해서 설명할 때 다룬다.

❑ **홉 제한.** 8비트의 홉 제한 필드는 IPv4의 TTL 필드와 같은 목적으로 사용된다.

❑ **발신지 주소와 목적지 주소.** 발신지 주소 필드는 데이터그램의 원 발신지를 식별하게 하는 16바이트(128비트) 인터넷 주소이다. 목적지 주소는 보통 데이터그램의 최종 목적지를 식별하기 위한 16바이트(128비트) 인터넷 주소이다.

❑ **페이로드.** IPv4와 비교했을 때 IPv6의 페이로드 필드는 그림 4.102에서 볼 수 있듯이 다른 형태와 의미를 가지고 있다.

그림 4.102 | IPv6 데이터그램의 페이로드

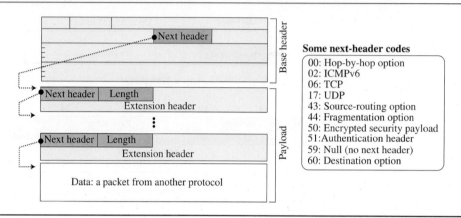

IPv6에서 페이로드는 없거나 하나 이상의 확장 헤더(선택사항)와 다른 프로토콜(UDP, TCP 등)에서 온 데이터의 조합을 의미한다. IPv6에서 IPv4 헤더에 있던 선택사항은 확장 헤더로 설계되었다. 페이로드는 상황에 따라 많은 확장 헤더를 가질 수 있다. 각각의 확장 헤더는 다음 헤더와 길이의 두 개의 필수적인 필드를 가지며, 특정 선택사항에 관련된 정보가 그 뒤에 첨부된다. 각각의 다음 헤더 필드 값(코드)은 다음 헤더의 종류(매 홉 선택사항, 목적지 라우팅 선택사항, …)를 결정하는 것을 주의하라. 마지막 다음 헤더 필드는 데이터그램이 전송하는 프로토콜(UDP, TCP, …)을 정의한다.

IPv6의 흐름과 우선순위 개념

IP는 원래 비연결형 프로토콜로 설계되었다. 그러나 IP 프로토콜을 연결-지향형 프로토콜로 사용하려는 경향이 있다. 앞서 언급된 MPLS 기술은 레이블 필드를 이용하여 IPv4 패킷을 MPLS 헤더에 캡슐화하였다. 버전 6에서 IPv6를 연결-지향 프로토콜로 사용하기 위해 흐름 레이블이 IPv6 데이터그램의 형식에 직접 추가되었다.

라우터에 대해서 흐름은 같은 경로를 경유하고 같은 자원을 사용하며 같은 수준의 보안성을 가지는 등의 동일한 특성을 공유하는 일련의 패킷이다. 흐름 레이블을 지원하는 라우터는 흐름 레이블 테이블을 가지고 있다. 이 테이블에는 각 활성화된 흐름 레이블 하나마다 항목 하나를 가지며 각 항목은 해당 흐름 레이블이 필요로 하는 서비스를 정의한다. 패킷을 수신할 때 라우터는 패킷에 정의된 흐름 레이블 값에 해당하는 항목을 흐름 레이블 테이블에서 찾는다. 그런 다음 그 항목에서 언급된 서비스를 패킷에 제공한다. 그러나 흐름 레이블 자체가 흐름 레이블 테이블의 항목을 위한 정보를 제공하지 않는다는 것에 주의하라. 이 정보는 매 홉 선택사항이나 다른 프로토콜과 같은 다른 수단을 통해 제공된다.

가장 간단한 형태로 흐름 레이블은 라우터에 의한 패킷 처리를 가속시키는 데 사용할 수 있다. 라우터가 패킷을 수신하였을 때 경로지정 테이블을 참조하고 다음 홉의 주소를 찾기 위해 경로지정 알고리즘을 거치는 대신 다음 홉을 흐름 레이블 테이블에서 쉽게 찾을 수 있다.

   조금 더 복잡한 형태로 흐름 레이블은 실시간 오디오와 비디오 전송을 지원하는 곳에 사용될 수 있다. 특히 디지털 형태의 실시간 오디오나 비디오는 고대역폭, 대용량 버퍼와 긴 처리시간 등과 같은 자원을 필요로 한다. 실시간 데이터가 자원 부족 때문에 지연되지 않는 것을 보장하기 위해 프로세스는 사전에 자원을 예약할 수 있다. 실시간 데이터의 사용과 자원의 예약은 IPv6에 실시간 전송 프로토콜(RTP, Real-Time Transport Protocol)과 자원 예약 프로토콜(RSVP, Resource Reservation Protocol)과 같은 다른 프로토콜을 추가해야 한다(8장에서 살펴볼 것이다.).

단편화와 재조립

IPv6 프로토콜 역시 데이터그램의 단편화와 재조립이 존재하지만 큰 차이점이 존재한다. IPv6에서 데이터그램은 발신지에서만 단편화를 할 수 있고 라우터에 의해서는 불가능하며 재조립은 목적지에서 이루어진다. 라우터에서의 패킷의 단편화는 라우터의 패킷 처리 속도를 지연시킨다. 이는 라우터에서의 패킷 단편화에 많은 처리 과정이 필요하기 때문이다. 패킷이 단편화되면 단편화와 관련된 모든 필드들이 다시 계산되어야 한다. IPv6에서 발신지는 패킷의 크기를 검사하고 패킷을 단편화할지를 결정한다. 라우터는 패킷을 받으면 패킷의 크기를 검사하고 네트워크의 MTU보다 크기가 큰 경우 패킷을 폐기한다. 이후 라우터는 발신지에게 알리기 위해 ICMPv6 너무 큰 패킷 오류 메시지(나중에 살펴볼 것이다)를 전송한다.

확장 헤더

확장 헤더는 IPv6에서 중요하고 필수적인 역할을 한다. 특히 3가지 확장 헤더(단편화, 인증, 확장된 보안 페이로드)는 몇몇 패킷에 존재한다. 확장 헤더에 대한 자세한 설명은 책자 웹 사이트 4장 추가 자료에서 다루고 있다.

4.5.2 IPv6 주소

IPv4에서 IPv6로 이동한 주된 원인은 IPv4의 부족한 주소 공간 때문이었다. 이 절에서는 IPv6의 거대한 주소 공간이 미래의 주소 고갈 문제를 어떻게 해결하는지 살펴본다. 또한 새로운 주소가 기존 IPv4 주소 메커니즘이 가지고 있는 문제를 어떻게 대처하는지 살펴본다. IPv6 주소는 128비트 또는 16바이트(옥텟) 길이로 IPv4 주소 길이의 4배이다.

   컴퓨터는 보통 주소를 이진수로 저장한다. 그러나 사람이 이진수 128비트를 다루는 것은 쉬운 일이 아니다. 따라서 사람이 다룰 수 있도록 IPv6를 표현하기 위해서 몇 가지 표기법이 제안되었다. 다음은 2가지 표기법(이진수, 16진수 콜론 표기법)을 보여준다.

Binary	1111111011110110 … 1111111100000000
Colon Hexadecimal	FEF6:BA98:7654:3210:ADEF:BBFF:2922:FF00

   이진수 표기법은 주소가 컴퓨터에 저장될 때 사용된다. 16진수 콜론 표기법은 주소를 8부분으로 나눈다. 각각은 콜론에 의해 분리된 4개의 16진수로 구성된다.

   16진수 형식으로 표현된 IPv6 주소는 매우 길기는 하지만, 많은 수의 0을 포함하고 있다.

이런 경우 주소를 간단히 축약할 수 있다. 섹션의 앞에 있는 0들은 생략이 가능하다. 이러한 축약형 표현을 사용함으로써 0074는 74, 000F는 F, 0000은 0으로 표현할 수 있다. 여기서 3210은 축약할 수 없음을 주의하라. 연속되는 섹션이 0으로만 구성되었다면 더욱 많은 축약이 가능하다. 이 축약을 종종 0압축이라 부른다. 이것은 0을 모두 제거하고 더블콜론으로 대체한다.

FDEC:0:0:0:0:BBFF:0:FFFF   →   **FDEC::BBFF:0:FFFF**

이 축약은 주소당 한 번만 가능하다는 것에 유의하라. 만일 0만을 포함하고 있는 섹션들이 두 부분 이상 존재한다면 그들 중 단지 한 부분만 축약이 가능하다.

IPv6 주소는 16진수 콜론 표기법과 점-10진 표기법을 혼합한 표현법을 사용하기도 한다. 천이기간 동안 IPv4 주소를 IPv6의 주소에 내장(오른쪽 32비트로)하는 방법은 필요하다. 따라서 이 표현법은 16진수 콜론 표기법을 왼쪽 여섯 섹션에서 사용하고 오른쪽 두 섹션 대신에 4바이트 점-10진 표기법을 사용한다. 이때 모든 또는 거의 대부분의 IPv6 주소의 왼쪽 섹션이 0인 경우가 발생할 수 있다. 예를 들어, 주소(**::130.24.24.18**)는 0압축으로 주소의 모든 96 왼쪽 비트들이 0이라는 것이 보여주는 IPv6에 적합한 주소이다.

또한 IPv6는 계층적 주소체계를 사용한다. 이러한 이유로 IPv6는 슬래쉬 표기법과 CIDR 표기법을 허용한다. 예를 들어 다음은 CIDR을 사용하여 어떻게 60비트의 접두사를 정의하는지를 보여준다. IPv6의 주소를 어떻게 접두사와 접미사로 나눌 수 있는지에 대해서는 나중에 살펴본다.

FDEC::BBFF:0:FFFF/60

주소 공간

IPv6는 2^{128}개의 주소 공간을 갖는다. 이것은 IPv4보다 2^{96}배 많은 것이다. 다음은 IPv6의 주소 공간 크기를 보여준다.

340, 282, 366, 920, 938, 463, 374, 607, 431, 768, 211, 456.

IPv6의 주소 공간은 오직 1/64 주소(거의 2%)만이 사람들에게 할당될 것이다. 나머지는 특별한 목적을 위해 남겨둔다. 또한 전 세계 인구는 곧 2^{34}(160억 이상)이 될 것이라고 예상한다면 각각의 사람들은 2^{88} 주소를 사용할 수 있다. 주소 고갈 문제가 일어나기란 불가능해 보인다.

세 가지 주소 유형

IPv6에서 목적지 주소는 유니캐스트, 애니캐스트, 멀티캐스트 3가지 범주에 속하는 유니캐스트 주소는 단일 인터페이스(컴퓨터, 라우터)를 정의한다. 유니캐스트로 전송된 패킷은 특정한 컴퓨터에게만 전달된다.

애니캐스트 주소는 모두 단일 주소를 공유하는 컴퓨터들의 집합으로 정의된다. 애니캐스트 주소로 결정된 패킷은 가장 가까이 있는 애니캐스트 그룹의 구성원에게만 전송된다(가장 짧은 경로를 가지는). 예를 들어 애니캐스트 통신은 여러 개의 서버들이 질문에 응답하는 데 사용된다. 요청은 하나의 가장 도달이 가능한 서버에게로 전송된다. 하드웨어와 소프트웨어는 오직 하나의 요청 복사본만을 생성하고 생성된 복사본은 여러 개의 서버 중 하나의 서버에게 전송된다. IPv6는 애니캐스트를 위한 블록을 할당하지 않았다. 주소는 유니캐스트 블록으로부터 할당된다.

멀티캐스트 주소는 컴퓨터의 그룹을 정의한다. 그러나 멀티캐스트와 애니캐스트에는 차이점이 있다. 애니캐스트에서는 패킷의 복사본이 그룹 중 하나의 컴퓨터에 전송되지만 멀티캐스트에서는 그룹의 각 컴퓨터가 복사본을 수신한다. 간단히 살펴보겠지만 IPv6는 그룹의 멤버에게 같은 주소가 지정되는 멀티캐스트를 위한 주소 블록을 지정하고 있다.

한 가지 흥미로운 사실은 IPv6는 제한된 버전에서도 브로드캐스트를 지원하지 않는 점이다. 차후 살펴보겠지만, IPv6는 브로드캐스트를 멀티캐스트의 특수한 경우로 처리한다.

주소 공간 할당

IPv4의 주소 공간과 같이 IPv6 주소 공간은 다양한 크기의 여러 공간으로 나누고 있으며 각 블록은 특수한 목적에 사용된다. 대부분의 블록은 아직 할당되지 않았으며 차후 사용을 위해 남겨둔 상태이다. 표 4.7은 할당된 블록을 보여준다. 이 표에서 마지막 열은 각 블록이 전체 주소 공간에서 차지한 부분을 보여준다.

표 4.7 ▌ 할당된 IPv6 주소를 위한 프리픽스

Block prefix	CIDR	Block assignment	Fraction
0000 0000	0000::/8	Special addresses	1/256
001	**2000::/3**	**Global unicast**	**1/8**
1111 110	FC00::/7	Unique local unicast	1/128
1111 1110 10	FE80::/10	Link local addresses	1/1024
1111 1111	FF00::/8	Multicast addresses	1/256

범용 유니캐스트 주소

인터넷의 두 호스트 간 유니캐스트(일대일) 통신에 사용되는 주소 공간의 블록을 **범용 유니캐스트 주소 블록**이라 한다. 이 블록의 CIDR은 처음 세 비트가 001로 모두 동일한 2000::**/3**이다. 이 블록의 크기는 2^{125}비트로 앞으로 수년간의 인터넷 성장에도 충분할 크기이다. 이 블록의 주소는 그림 4.103과 같이 **글로벌 라우팅 프리픽스**(n비트), **서브넷 식별자**(m비트), 그리고 **인터페이스 식별자**(q비트)의 세 부분으로 구분된다. 그림을 통해 각 부분의 권장되는 길이도 알 수 있다.

글로벌 라우팅 프리픽스는 패킷을 인터넷을 통해 해당 블록을 소유한 ISP와 같은 기관으로 라우팅하기 위해 사용된다. 이 부분의 처음 세 비트가 001로 고정되어 있기 때문에 나머지 45비트를 통해 2^{45}개의 사업자 혹은 ISP를 정의할 수 있다. 인터넷의 글로벌 라우터는 패킷을 n의 값에 따라 목적지 사업자까지 라우팅한다. 다음 m비트(16비트의 길이로 권장)는 기관 내의 서브넷을 정의한다. 이는 해당 기관이 최대 $2^{16} = 65,536$개의 서브넷을 가질 수 있는 것을 의미한다.

그림 4.103 | 글로벌 유니캐스트 주소

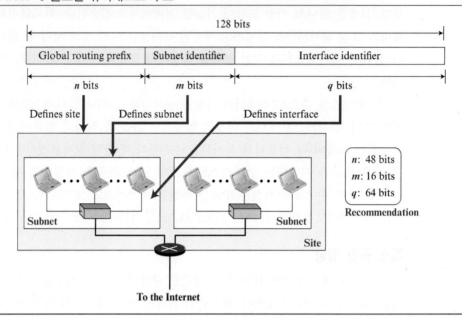

마지막 q비트(64비트의 길이로 권장)는 인터페이스 식별자를 정의한다. 인터페이스 식별자는 IPv4에서 hostid와 유사하지만 앞서 설명하였듯이, 호스트 식별자가 실제로 호스트가 아닌 인터페이스를 정의하기 때문에 인터페이스 식별자라는 용어의 사용이 더 적절하다. 호스트가 사용하는 인터페이스를 변경하는 경우, IP 주소도 변경되어야 한다.

IPv4 주소지정에서는 일반적으로 링크 계층 주소가 hostid보다 훨씬 길기 때문에(IP 레벨의) hostid와 (데이터링크 계층의) 링크 계층 주소 사이에 연관이 없었다. IPv6 주소지정에서는 연관이 있다. 길이가 64비트 이하인 링크 계층 주소는 인터페이스 식별자에 전체 혹은 일부분이 포함되어 매핑 과정을 제거할 수 있다. IEEE에서 정의한 64비트 길이의 확장된 유일한 식별자(EUI-64)와 이더넷에서 정의한 48비트 길이의 링크 계층 주소의 두 가지 일반적인 링크 계층 주소가 이런 목적으로 사용 가능하다.

특별 주소

글로벌 유니캐스트 블록을 설명하고 난 뒤, 표 4.7의 첫 번째 행에 할당되고 예약된 블록의 특징과 목적을 설명한다. (**0000::/8**)의 프리픽스를 사용하는 주소는 예약된 주소이지만 이 주소 중 일부는 특별한 주소를 지정하기 위해 사용된다. 그림 4.104는 이 블록에서 할당된 주소를 보여준다.

그림 4.104 | 특별 주소

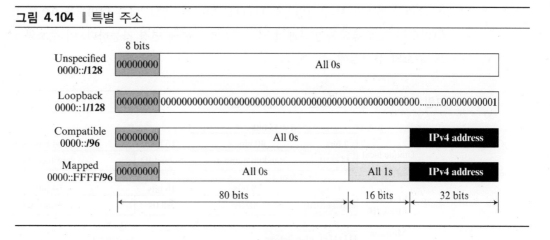

분류되지 않은 주소는 단일 주소를 포함하는 서브블록으로 부팅되는 동안 호스트가 자신의 주소를 모르고 주소를 찾기 위해 메시지를 보낼 때(DHCP 참조) 사용되는 주소이다.

루프백 주소는 하나의 단일 주소이다. IPv4의 루프백 주소는 이미 설명하였다. IPv4에서 블록은 주소의 범위를 갖지만 IPv6에서는 블록은 단일 주소이다.

나중에 설명하겠지만 IPv4에서 IPv6로 이동하는 동안 호스트는 IPv4 주소를 IPv6에 포함시켜 사용할 수 있다. 이를 위해 호환되는 방법과 매핑의 두 가지 방법의 형식이 제안되었다. **호환되는 주소(compatible address)**는 32비트의 IPv4 주소 다음에 96비트의 0이 이어지는 것이다. 이 형식은 IPv6를 사용하는 컴퓨터가 다른 IPv6를 사용하는 컴퓨터로 메시지를 전송할 때 사용된다. **매핑된 주소(mapped address)**는 IPv6를 사용하는 컴퓨터가 IPv4를 사용하는 컴퓨터에 메시지를 보낼 때 사용된다. 매핑된 주소와 호환되는 주소의 한 가지 흥미로운 점은 검사합을 계산할 때 여분의 16배수의 0이나 1은 검사합 계산에 영향을 주지 않기 때문에 포함된 주소나 전체 주소를 사용할 수 있다. 이는 검사합 계산에 의사헤더를 사용하는 UDP와 TCP에 매우 중요한데 이는 검사합 계산에 패킷의 주소가 라우터에서 IPv6에서 IPv4로 변경되어도 영향일 끼치지 않기 때문이다.

다른 할당된 블록

IPv6는 그림 4.105와 같이 사설 주소지정과 멀티캐스팅에 두 개의 큰 블록을 사용한다. 고유의 로컬 유니캐스트 블록의 서브블록은 한 지점에서 임의로 생성하여 사용할 수 있다. 이런 유형의 주소를 목적지 주소로 포함하는 패킷은 라우팅되지 않는다. 이런 유형의 주소는 식별자인 1111 110에 다음 비트가 1이나 0이 될 수 있는 식별자를 가지고 주소가 어떻게 선택되었는지(기관에 의해서인지 아니면 로컬하게) 정의한다. 다음 40비트는 주소를 사용하는 측에서 임의로 생성한 40비트 길이의 숫자를 사용한다. 이는 전체 48비트가 범용 유니캐스트 주소처럼 보이도록 서브블록을 정의하는 것이다. 40비트의 임의의 수는 주소가 중복될 확률을 극도로 줄여준다. 이 주소와 글로벌 유니캐스트 주소 사이의 유사성에 주목하자. 사설 주소를 위한 두 번째 블록은 링크 로컬 블록이다. 이 블록의 서브블록은 네트워크 내의 사설 주소로 사용 가능하다.

이 유형의 주소는 블록 식별자로 1111111010을 가진다. 다음 54비트는 0으로 설정된다. 마지막 64비트는 각 컴퓨터의 인터페이스를 정의하기 위해 변경 가능하다. 이 주소와 글로벌 유니캐스트 주소의 유사성에 주의하자.

그림 4.105 ┃ 고유한 로컬 유니캐스트 블록

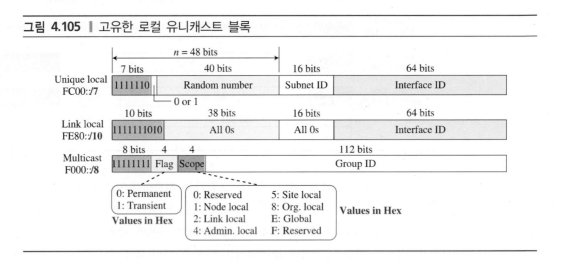

이 장의 앞 부분에서 IPv4의 멀티캐스트 주소를 설명하였다. 멀티캐스트 주소는 하나 대신 호스트 그룹을 정의하기 위해 사용된다. IPv6에서는 주소의 큰 블록이 멀티캐스트용으로 할당 되어 있다. 이 모든 주소들은 프리픽스로 11111111을 사용한다. 두 번째 필드는 그룹 주소가 영구적인건지 일시적인 것인지를 정의하는 플래그이다. 영구적인 그룹 주소는 인터넷협회에서 정의하며 언제든 접근 가능하다. 반면 일시적인 그룹 주소는 임시로만 사용된다. 예를 들어, 원 격회의를 하려는 시스템은 일시적인 그룹 주소를 사용할 수 있다. 세 번째 필드는 그룹 주소의 범위를 정의한다. 그림에서 볼 수 있듯이 많은 다른 종류의 범위가 정의되어 있다.

4.5.3 IPv4에서 IPv6로 변환

비록 새 버전의 IP 프로토콜이 있지만 어떻게 IPv4를 그만 사용하도록 하고 IPv6를 사용하도록 할까? 첫 번째 해답은 모든 호스트나 라우터가 옛 버전을 그만 사용하고 새 버전을 사용하는 변환의 날을 지정하는 것이다. 그러나 인터넷 상의 수많은 시스템이 갑자기 IPv4에서 IPv6로 변경할 수 없기 때문에 이는 실용적이지 못하다. 인터넷 상의 모든 시스템이 IPv4에서 IPv6로 변환하기 위해서는 상당히 많은 시간이 소요될 것이다. IPv4와 IPv6 시스템 사이에 문제가 없 도록 프로토콜 버전의 변경은 매끄럽게 진행되어야 한다. IETF에서 이런 변환을 돕기 위해 이 중 스택, 터널링, 그리고 헤더 번역의 세 가지 방안을 제시하였다.

이중 스택

프로토콜이 변경되는 동안 모든 호스트가 버전 6으로 완전히 이동하기 전에 이중 스택의 프로 토콜을 탑재할 것을 권고하고 있다. 즉 모든 인터넷이 IPv6를 사용하기 전에 시스템은 IPv4와

IPv6를 동시에 지원해야 하는 것이다. 그림 4.106은 이중 스택 설정의 레이아웃을 보여준다.

목적지로 패킷을 보내기 위해 어느 버전을 사용할지 결정하기 전, 발신지 호스트는 DNS에 확인을 한다. DNS가 IPv4 주소를 반환하면 발신지 호스트는 IPv4 패킷을 전송한다. DNS가 IPv6 주소를 반환하면 발신지 호스트는 IPv6 패킷을 전송한다.

그림 4.106 ▮ 이중 스택

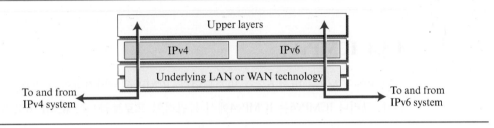

터널링

터널링은 IPv6를 사용하는 두 호스트가 통신을 할 때 패킷이 IPv4를 사용하는 지역을 지나는 경우 사용 가능한 방법이다. 이 지역을 지나기 위해 패킷은 IPv4 주소가 필요하다. 따라서 이 지역에 들어서면 IPv6 패킷은 IPv4 패킷으로 캡슐화되고 이 지역을 벗어날 때 역캡슐화된다. 이는 마치 IPv6 패킷이 터널의 한쪽 끝으로 들어가서 다른 쪽 끝으로 나오는 것처럼 보인다. IPv4 패킷이 IPv6 패킷을 데이터로 포함하는 것을 알리기 위해 프로토콜 번호는 41로 설정된다. 그림 4.107은 터널링을 보여준다.

그림 4.107 ▮ 터널링 전략

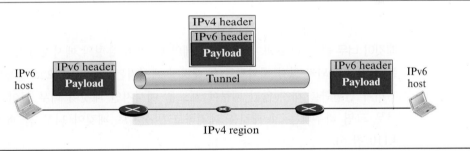

헤더 변환

헤더 변환은 인터넷의 대부분이 IPv6로 변경되고 일부분만이 IPv4를 사용할 때 필요한 방법이다. 송신자는 IPv6를 사용하고 싶지만 수신자는 IPv4를 사용한다. 수신자가 IPv4의 패킷을 수신해야 하기 때문에 터널링을 사용할 수 없다. 이 경우, 헤더 변환을 통해 헤더의 형태가 완전히 변경되어야 한다. IPv6 패킷의 헤더는 IPv4의 헤더로 변환된다(그림 4.108 참조).

그림 **4.108** ┃ 헤더 변환 전략

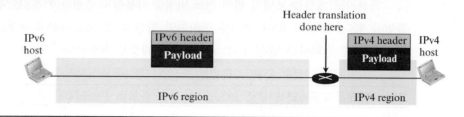

4.5.4 ICMPv6

TCP/IP의 ICMP도 버전 6으로 변경되었다. ICMPv6는 버전 4의 목적과 그 방법을 동일하게 따른다. 그러나 ICMPv6는 ICMPv4에서 독립적인 프로토콜들이 ICMPv6로 포함되고 유용성을 위해 새로운 메시지들이 추가되어 더 복잡해졌다. 그림 4.109는 네트워크 계층의 버전 4와 6을 비교해 보여주고 있다. 버전 4의 ARP(5장에서 설명)와 IGMP는 ICMPv6로 포함되었다.

그림 **4.109** ┃ ICMPv4와 ICMPv6에서 네트워크계층의 비교

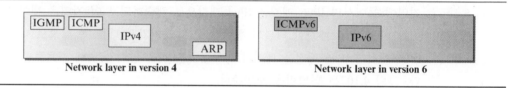

ICMPv6의 메시지는 오류 보고 메시지, 정보 메시지, 이웃 탐지 메시지, 그룹–멤버십 메시지의 네 가지로 구분된다.

오류 보고 메시지는 버전 4와 동일한 역할을 한다. 오류 보고 메시지에는 **목적지 도달 불가**, **패킷이 너무 큼**, **시간 초과**, **파라미터 문제**의 네 가지 유형의 메시지가 있다. 발신지 억제 메시지는 거의 사용되지 않아 제외되었다. 재지정 메시지는 다른 유형으로 분류되었다. 버전 6에서 라우터가 단편화를 하지 않기 때문에 새로운 메시지인 패킷이 너무 큼이 추가되었다. 메시지가 너무 크면 라우터는 그 패킷을 폐기하고 발신지로 패킷이 너무 큼 메시지를 전송한다(그림 4.110 참조).

버전 6의 정보 메시지는 버전 4의 질의 메시지와 같은 역할을 한다. 이 그룹에는 에코 요청과 에코 응답 메시지가 있다. 버전 4의 이 그룹에서 타임스탬프 요청과 타임스탬프 응답 메시지는 거의 사용되지 않아 제외되었다.

이웃 탐색 메시지의 새 그룹이 버전 6에 추가되었다. 이 그룹의 메시지는 이웃 라우터와 이웃 호스트의 링크 계층 주소와 이웃의 IPv6 주소와 재지정 메시지를 찾을 수 있다. 즉 이 그룹의 메시지는 네 개의 부그룹으로 구분할 수 있다. 라우터 모집(*solicitation*) 메시지와 라우터 광고(*advertisement*) 메시지는 호스트가 패킷을 전달할 기본 라우터를 찾는 것을 보조한다. 버전 4의 DHCP 프로토콜이 이 역할을 수행하였다. 이웃 모집과 이웃 광고 메시지는 IPv6 주소가 주

그림 4.110 ▎ICMPv6 메시지

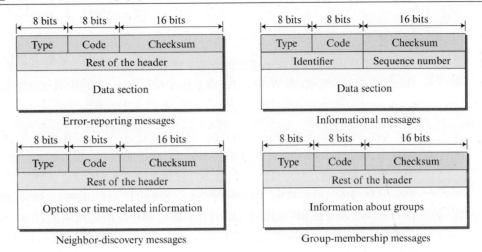

Type and code values

Error-reporting messages
01: Destination unreachable (codes 0 to 6)
02: Packet too big (code 0)
03: Time exceeded (codes 0 and 1)
04: Parameter problem (codes 0 to 2)

Neighbor-discovery messages
133 and 134: Router solicitation and advertisement (code 0)
135 and 136: Neighbor solicitation and advertisement (code 0)
137: Redirection (codes 0 to 3)
141 and 142: Inverse neighbor solicitation and advertisement (code 0)

Informational messages
128 and 129: Echo request and reply (code 0)
Group-membership messages
130: Membership query (code 0)
131: Membership report

Note: See the book website for more explanation about messages.

어졌을 때 호스트나 라우터의 링크 계층 주소를 검색한다. 5장에서 설명하겠지만, 이 역할은 버전 4의 ARP가 수행하였다. 재지정 메시지는 버전 4의 재지정 메시지와 같은 역할을 수행한다. 역 이웃 모집과 역 이웃 광고 메시지는 링크 계층 주소가 주어졌을 때 호스트나 라우터의 IPv6 주소를 검색한다.

다른 새로운 그룹인 그룹 멤버십 메시지는 멀티캐스팅에 사용되는 멤버십 질의와 멤버십 보고의 두 가지 메시지를 가진다. 이 장의 앞 부분에서 설명한 IGMP와 동일한 역할을 수행한다.

ICMPv6에 관련된 보다 자세한 사항은 책자의 웹 사이트에서 4장의 추가 자료를 참조하기 바란다.

4.6 추천 자료

단행본

이 장에서 토론한 주제들과 관련된 여러 훌륭한 다음과 같은 서적들을 추천한다. [Com 06], [Tan 03], [Koz 05], [Ste 95], [G & W 04], [Per 00], [Kes 02], [Moy 98], [W & Z 01], [Los 04]

RFC

RFC 917, 927, 930, 932, 940, 950, 1122와 1519에서 IPv4 주소지정에 대해 설명하고 있다. RFC 1812, 1971과 1980에서 라우팅에 대한 설명이 나와있다. RFC 3031, 3032, 3036과 3212는 MPLS에 대해 설명하고 있다. RFC 791, 815, 1122, 2474와 2475은 IPv4 프로토콜에 대해 논한다. ICMP는 RFC 792, 950, 956, 957, 1016, 1122, 1256, 1305와 1987에서 설명된다. RFC 1058과 2453은 RIP에 대해 설명한다. OSPF에 대한 내용은 RFC 1583과 2328에서 다룬다. BGP는 RFC 1654, 1771, 1773, 1997, 2439, 2918과 3392에서 설명한다. 멀티캐스팅은 RFC1075, 1585, 2189, 2362과 3376에서 논의한다. IPv6 주소지정은 RFC 2375, 2526, 3513, 3587, 3789와 4291에서 설명한다. IPv6 프로토콜은 RFC 2460, 2461과 2462에서 논한다. RFC 2461, 2894, 3122, 3810, 4443과 4620은 ICMPv6를 설명하고 있다.

4.7 중요 용어

address aggregation

address space

anycast address

autonomous system (AS)

banyan switch

Bellman-Ford

Border Gateway Protocol (BGP)

classful addressing

classless addressing

Classless Interdomain Routing (CIDR)

compatible address

crossbar switch

Dijkstra's algorithm

direct broadcast address

Distance Vector Multicast Routing
   Protocol (DVMRP)

distance vector routing

Internet Control Message Protocol
   (ICMP)

Internet Group Management Protocol
   (IGMP)

link-state routing

longest mask matching

maximum transfer unit (MTU)

Multicast Open Shortest Path First
   (MOSPF)

network address

Network Address Translation (NAT)

Open Shortest Path First (OSPF)

path vector routing

poison reverse

Protocol Independent Multicast (PIM)

reverse path broadcasting (RPB)

reverse path forwarding (RPF)

reverse path multicasting (RPM)

Routing Information Protocol (RIP)

split horizon

4.8 요약

인터넷은 라우터나 교환기 같은 연결 장치들을 통해 연결된 많은 네트워크(또는 링크)들로 이루어져 있다. 전통적으로 네트워크 안에서 교환기는 회선 교환과 패킷 교환의 두 가지 방법이 사용되었다. 네트워크 계층은 패킷 교환 네트워크로 설계되었다.

네트워크 계층은 기본 물리적 네트워크에서 패킷의 처리를 담당한다. 패킷의 전달은 직접적이거나 간접적일 수 있다. 포워딩은 IP 데이터그램의 목적지 주소를 기반으로 한 포워딩과 IP 데이터그램에 부착된 레이블을 기반으로 한 포워딩의 두 가지 범주로 정의된다.

IPv4는 발신지-대-목적지 배달을 책임지는 신뢰성이 없는 비연결형 프로토콜이다. IP 계층의 패킷들은 데이터그램이라고 한다. TCP/IP 프로토콜의 IP 계층에서 사용되는 식별자는 IP 주소라고 한다. IPv4 주소는 길이가 32비트이고 프리픽스와 서픽스의 두 부분으로 나누어져 있다. 블록 안의 모든 주소들은 같은 프리픽스를 가지고 각 주소는 서로 다른 서픽스를 가진다.

인터넷 제어 메시지 프로토콜(ICMP)은 신뢰성 없는 비연결형 인터넷 프로토콜을 지원한다.

패킷의 경로지정을 위해 라우터는 포워딩 테이블이 필요하다. 라우팅 프로토콜은 포워딩 테이블을 업데이트하는 특정 프로그램을 지칭한다.

멀티캐스트는 동시에 하나 이상의 수신기에 같은 메시지를 보내는 것이다. 인터넷 그룹 메시지 프로토콜(IGMP)은 로컬 회원 그룹 정보 수집에 관련되어 있다.

인터넷 프로토콜의 최근 버전인 IPv6는 128비트 주소 공간을 가진다. IPv6는 사용 가능한 약어 방법과 함께 16진수 콜론 표현법을 사용한다.

4.9 연습문제

4.9.1 기본 연습문제

1. 네트워크 계층에서 패킷화의 내용으로 올바른 것은?
   a. 발신지에서 페이로드의 캡슐화
   b. 발신지와 목적지 정보가 포함된 헤더 추가
   c. 목적지에서 페이로드 역캡슐화
   d. 모두 정답

2. 경로상의 라우터는 _____(을/를) 할 수 없다.
   a. 수신한 패킷을 단편화
   b. 패킷의 역캡슐화
   c. 발신지나 목적지 주소 변경
   d. 모두 정답

3. 인터넷의 네트워크 계층은 _____을(를) 제공한다.
   a. 전체적인 오류 및 흐름 제어
   b. 흐름 제어를 제외한 제한적인 오류 제어
   c. 전체적인 오류 제어와 제한적인 흐름 제어
   d. 모두 정답

4. 가상 회선 방식에서 포워딩의 결정은 패킷 헤더의 _____의 값에 기반하여 정해진다.
   a. 발신지 주소   b. 목적지 주소
   c. 레이블   d. 정답 없음

5. 데이터그램 방식에서 포워딩의 결정은 패킷 헤더의 _____의 값에 기반하여 정해진다.
   a. 발신지 주소   b. 목적지 주소
   c. 레이블   d. 정답 없음

6. 네트워크의 성능은 _____으로 측정할 수 있다.
   a. 지연(delay)   b. 처리량
   c. 패킷 손실   d. 모두 정답

7. 전송 지연(시간)은 _____의 비율이다.
   a. 패킷 길이와 전송률   b. 거리와 전송률
   c. 전송률과 패킷 길이   d. 전송률과 처리 시간

8. 전파 지연(시간)은 _____의 비율이다.

a. 전송률과 전파 속도   b. 전파 속도와 거리
c. 패킷 길이와 전파 속도 d. 거리와 전파 속도

9. 네트워크의 부하가 네트워크 용량에 도달하면, 패킷 지연은 _____하고 네트워크 처리량이 된다.
   a. 급격히 증가, 최소화   b. 급격히 증가, 최대화
   c. 급격히 감소, 최소화   d. 급격히 감소, 최대화

10. Open-loop 혼잡 제어에서 정책은 _____을 위해 적용된다.
    a. 혼잡이 발생하기 전 방지하기 위해
    b. 혼잡이 발생한 후 완화하기 위해
    c. 혼잡이 발생하기 전 방지하거나 혼잡이 발생한 후 완화하기 위해
    d. 정답 없음

11. _____은 Open-loop 혼잡 제어 기술 중 하나이다.
    a. backpressure   b. 초크 패킷
    c. 암묵적인 신호   d. 정답 없음

12. _____은 Closed-loop 혼잡 제어 기술 중 하나이다.
    a. 확인응답 정책   b. 초크 패킷
    c. 폐기 정책   d. 정답 없음

13. IP는 _____프로토콜이다.
    a. 연결 지향형의 비신뢰적인
    b. 연결 지향형의 신뢰적인
    c. 비연결형의 비신뢰적인
    d. 비연결형의 신뢰적인

14. 십진수 10의 HLEN 값은 _____을 뜻한다.
    a. 10바이트의 옵션이 존재
    b. 헤더의 크기가 10바이트
    c. 40바이트의 옵션이 존재
    d. 헤더의 크기가 40바이트

15. 단편의 오프셋의 값이 100이라면 _____을 뜻한다.
    a. 데이터그램이 단편화되지 않음
    b. 데이터그램의 100바이트 크기임
    c. 데이터그램의 첫 번째 바이트가 800임
    d. 정답 없음

16. 단편의 마지막 바이트를 결정하기 위해 무엇이 필요한가?
    a. 오프셋 숫자
    b. 전체 길이
    c. 오프셋 숫자와 전체 길이 둘 다

d. 정답 없음

17. IP 헤더의 크기는 _____바이트이다.
    a. 20에서 60   b. 20
    c. 60   d. 정답 없음

18. IP 계층의 패킷을 _____이라 한다.
    a. 세그먼트   b. 데이터그램
    c. 프레임   d. 정답 없음

19. 전체 길이 필드는 _____데이터그램의 전체 길이를 나타낸다.
    a. 헤더를 포함한   b. 헤더를 제외한
    c. 옵션 길이를 제외한   d. 정답 없음

20. 데이터그램이 프레임으로 캡슐화될 때 데이터그램의 전체 크기는 _____보다 작아야 한다.
    a. MUT   b. MAT
    c. MTU   d. 정답 없음

21. IPv4 주소는 일반적으로 _____진수 기반의 dotted-decimal 표기법으로 표현된다.
    a. 16   b. 256
    c. 10   d. 정답 없음

22. 클래스 기반의 주소지정에서 IPv4 주소 공간은 _____의 클래스로 분류된다.
    a. 3   b. 4
    c. 5   d. 정답 없음

23. 클래스 없는 주소지정에서 기관에 할당되는 주소의 수는 _____
    a. 아무 숫자나 가능하다   b. 256의 배수여야 한다
    c. 2의 제곱승이어야 한다   d. 정답 없음

24. 클래스 없는 주소지정에서 기관에 할당되는 첫 번째 주소는 _____
    a. 기관에 할당된 주소의 숫자로 나누어질 수 있어야 한다.
    b. 128로 나누어져야 한다.
    c. A, B, C 클래스 중 하나에 속해야 한다.
    d. 정답 없음

25. 서브네팅에서 각 서브넷의 주소의 수는 _____
    a. 2의 제곱승이다   b. 128의 배수이다
    c. 128로 나누어진다   d. 정답 없음

26. CIDR 표기법에서 클래스 A 주소의 기본 프리픽스

길이는 무엇인가?

a. 9   b. 8

c. 16   d. 정답 없음

27. CIDR 표기법에서 클래스 B 주소의 기본 프리픽스 길이는 무엇인가?

a. 9   b. 8

c. 16   d. 정답 없음

28. CIDR 표기법에서 클래스 C 주소의 기본 프리픽스 길이는 무엇인가?

a. 24   b. 8

c. 16   d. 정답 없음

29. DHCP는 _____ 계층 프로토콜이다.

a. 어플리케이션   b. 전송

c. 네트워크   d. 데이터링크

30. DHCP에서 클라이언트는 _____ 포트를 사용하고 서버는 _____ 포트를 사용한다.

a. 임시, 알려진   b. 잘 알려진, 알려진

c. 잘 알려진, 임시   d. 정답 없음

31. DHCP는 _____ 서비스를 사용한다.

a. UDP   b. TCP

c. IP   d. 정답 없음

32. _____은 내부 통신에는 사설 주소를 사용하고 외부와의 통신에는 범용의 인터넷 주소를 사용할 수 있게 해준다.

a. DHCP   b. NAT

c. IMCP   d. 정답 없음

33. 주소 집합의 개념은 _____ 주소지정을 사용할 때 라우팅 테이블의 엔트리가 증가하는 것을 완화시키기 위해 설계되었다.

a. 클래스 기반의

b. 클래스 없는

c. 클래스 기반의 혹은 클래스 없는

d. 정답 없음

34. 라우팅 테이블에서 계층의 사용은 라우팅 테이블의 크기를 _____

a. 줄여준다

b. 증가시킨다

c. 줄여주거나 증가시키지 않는다

d. 정답 없음

35. ICMP는 _____ 계층 프로토콜이다.

a. 네트워크 계층의 TCP/IP를 도와주는 어플리케이션 계층의 프로토콜

b. 네트워크 계층의 TCP/IP를 도와주는 전송 계층의 프로토콜

c. 네트워크 계층 프로토콜

d. 네트워크 계층의 TCP/IP를 도와주는 데이터링크 프로토콜

36. 다음 중 ICMP 메시지의 설명 중 바른 것은?

a. ICMP 오류 메시지는 ICMP 오류 메시지를 위해 생성된다.

b. ICMP 오류 메시지는 단편화된 데이터그램을 위해 생성된다.

c. ICMP 오류 메시지는 멀티캐스트 데이터그램을 위해 생성된다.

d. 정답 없음

37. 자율 시스템 내의 라우팅은 _____ 라우팅이라 한다.

a. 도메인간   b. 도메인 내부

c. 도메인 외   d. 정답 없음

38. 자율 시스템 간의 라우팅은 _____ 라우팅이라 한다.

a. 도메인간   b. 도메인 내부

c. 도메인 외   d. 정답 없음

39. _____ 라우팅에서 두 노드 간 최소비용 경로는 최소 거리를 가진 경로이다.

a. 경로 벡터   b. 거리 벡터

c. 링크상태   d. 정답 없음

40. _____에서 각 노드는 모든 노드로의 최소 거리 정보의 벡터(테이블)를 유지한다.

a. 경로 벡터   b. 거리 벡터

c. 링크상태   d. 정답 없음

41. 거리 벡터 라우팅에서 각 노드는 _____과 주기적으로나 변화가 있을 때마다 라우팅 테이블을 공유한다.

a. 모든 다른 노드   b. 모든 이웃 노드

c. 하나의 이웃 노드   d. 정답 없음

42. 라우팅 정보 프로토콜(RIP)은 _____ 라우팅에 기반한 도메인 내부 라우팅이다.

a. 거리 벡터   b. 링크상태
c. 경로 벡터   d. 정답 없음

43. _____에서 사용하는 측정단위는 홉 카운트이다.
   a. OSPF   b. RIP
   c. BGP   d. 정답 없음

44. RIP에서 _____ 타이머는 일반적인 업데이트 메시지를 보내는 것을 제어한다.
   a. 가비지 콜렉션(garbage collection)
   b. 만료
   c. 주기적인
   d. 정답 없음

45. RIP에서 _____ 타이머는 테이블에서 비정상적인 경로를 제거하기 위해 사용된다.
   a. 가비지 콜렉션(garbage collection)
   b. 만료
   c. 주기적인
   d. 정답 없음

46. RIP에서 _____ 타이머는 경로의 유효성을 제어한다.
   a. 가비지 콜렉션(garbage collection)
   b. 만료
   c. 주기적인
   d. 정답 없음

47. RIP는 _____ 서비스를 사용한다.
   a. TCP   b. UDP
   c. IP   d. 정답 없음

48. _____ 라우팅은 다이크스트라 알고리즘을 사용하여 라우팅 테이블을 생성한다.
   a. 거리 벡터   b. 링크상태
   c. 경로 벡터   d. 정답 없음

49. 개방된 최단경로 우선(OSPF) 프로토콜은 _____ 라우팅에 기반한 도메인 내부 라우팅 프로토콜이다.
   a. 거리 벡터   b. 링크상태
   c. 경로 벡터   d. 정답 없음

50. _____ 프로토콜은 관리자가 각 경로의 메트릭으로 알려진 비용을 할당하도록 해준다.
   a. OSPF   b. RIP
   c. BGP   d. 정답 없음

51. OSPF에서 _____ 링크는 둘 사이에 다른 호스트나 라우터없이 두 라우터를 연결한다.
   a. 점-대-점   b. 일시적인
   c. 스터브(stub)   d. 정답 없음

52. OSPF에서 _____ 링크는 다수의 라우터가 연결된 네트워크이다.
   a. 점-대-점   b. 일시적인
   c. 스터브(stub)   d. 정답 없음

53. OSPF에서 _____ 링크는 하나의 라우터에만 연결된 네트워크이다.
   a. 점-대-점   b. 일시적인
   c. 스터브(stub)   d. 정답 없음

54. OSPF에서 _____는 네트워크의 링크를 정의한다.
   a. 네트워크 링크   b. 라우터 링크
   c. 네트워크의 요약 링크   d. 정답 없음

55. _____는 경로 벡터 라우팅을 사용하는 도메인 간 라우팅 프로토콜이다.
   a. BGP   b. RIP
   c. OSPF   d. 정답 없음

56. 하나의 발신지와 네트워크의 모든 호스트 간의 통신인 일 대 모두 통신은 _____ 통신으로 분류된다.
   a. 유니캐스트   b. 멀티캐스트
   c. 브로드캐스트   d. 정답 없음

57. 하나의 발신지와 네트워크 상의 특정 호스트 그룹 간의 일 대 다 통신은 _____ 통신으로 분류된다.
   a. 유니캐스트   b. 멀티캐스트
   c. 브로드캐스트   d. 정답 없음

58. 하나의 발신지와 하나의 목적지 간의 일 대 일 통신은 _____ 통신으로 분류된다.
   a. 유니캐스트   b. 멀티캐스트
   c. 브로드캐스트   d. 정답 없음

59. _____에서 라우터는 수신한 패킷을 자신의 인터페이스 중 하나로 전달한다.
   a. 유니캐스팅   b. 멀티캐스팅
   c. 브로드캐스팅   d. 정답 없음

60. 멀티캐스트 라우팅에서 각 라우터는 각 그룹별로 _____경로 트리를 생성해야 한다.
   a. 평균   b. 최장거리

c. 최단 거리   **d.** 정답 없음

61. _____ 트리기법의 멀티캐스트에서 각 라우터는 각 발신지 그룹별로 구분된 트리를 생성해야 한다.
a. 그룹 공유   **b.** 발신지기반
c. 목적지 기반   **d.** 정답 없음

62. 멀티캐스트 개방 최단경로 우선(MOSPF) 라우팅은 _____ 트리 기법을 사용한다.
a. 발신지기반   **b.** 그룹 공유
c. 발신지 공유   **d.** 정답 없음

63. 멀티캐스트 개방 최단경로 우선(MOSPF) 프로토콜은 발신지기반의 트리를 생성하기 위해 멀티캐스트 라우팅을 사용하는 OSPF 프로토콜의 확장 버전이다. 프로토콜은 _____ 라우팅을 기반으로 한다.
a. 거리 벡터   **b.** 링크상태
c. 경로 벡터   **d.** 정답 없음

64. RPF에서 라우터는 발신지에서 라우터로 _____ 경로를 통해 전달된 것의 복사본을 전달한다.
a. 최단 거리   **b.** 최장 거리
c. 평균   **d.** 정답 없음

65. RPF는 플러딩 과정에서 _____을 제거하였다.
a. 포워딩   **b.** 백워딩
c. 플러딩   **d.** 정답 없음

66. RPB는 발신지에서 각 목적지로의 최단경로 _____ 트리를 생성한다.
a. 유니캐스트   **b.** 멀티캐스트
c. 브로드캐스트   **d.** 정답 없음

67. RPB는 목적지가 패킷의 _____을 수신하도록 해준다.
a. 하나의 사본   **b.** 없음
c. 복수의 사본   **d.** 정답 없음

68. _____에서 멀티캐스트 패킷은 특정 그룹에 활성화된 멤버가 있는 네트워크로만 전달된다.
a. RPF   **b.** RPB
c. RPM   **d.** 정답 없음

69. _____은 _____에 노드 추가(pruning)와 노드 제거(grafting)를 가능하게 하여 동적인 멤버십 변경을 위한 멀티캐스트 최단경로 트리를 생성할 수 있게 하였다.

a. RPM, RPB   **b.** RPB, RPM
c. RPF, RPM   **d.** 정답 없음

70. _____은 멀티캐스트 거리 벡터 라우팅의 구현이다. RIP 기반의 발신지기반 라우팅 프로토콜이다.
a. MOSPF   **b.** DVMRP
c. CBT   **d.** 정답 없음

71. DVMRP는 RIP에 기반한 _____ 라우팅 프로토콜이다.
a. 발신지기반   **b.** 그룹 공유
c. 목적지 기반   **d.** 정답 없음

72. 노드 제거(pruning)x 노드 추가(grafting)는 _____에서 사용되는 방법이다.
a. RPF   **b.** RPB
c. RPM   **d.** 정답 없음

73. PIM-DM은 속한 멤버가 있는 라우터의 수가 인터넷의 라우터에 비해 비교적 _____ 사용된다.
a. 많을 때   **b.** 적을 때
c. 보통일 때   **d.** 정답 없음

74. PIM-DM은 속한 멤버가 있는 라우터의 수가 인터넷의 라우터에 비해 비교적 _____ 사용된다.
a. 많을 때   **b.** 적을 때
c. 보통일 때   **d.** 정답 없음

75. IPv6 주소는 _____비트 길이이다.
a. 32   **b.** 64
c. 128   **d.** 256

76. IPv6 주소는 _____바이트로 구성되어 있다
a. 4   **b.** 8
c. 16   **d.** 정답 없음

77. 16진수 콜론 표기법에서 128비트 주소는 _____ 부분으로 분류되며 각 _____개의 16진수 숫자를 가진다.
a. 8, 2   **b.** 8, 3
c. 8, 4   **d.** 정답 없음

78. IPv6 주소는 최대 _____개의 16진수 숫자를 가질 수 있다.
a. 16   **b.** 32
c. 8   **d.** 정답 없음

79. IPv6에서 기본 헤더의 _____ 필드는 데이터그

램의 수명을 제한한다.

a. 버전　　　　　　　　b. 우선순위

c. 홉 제한　　　　　　　d. 정답 없음

80. IPv6의 _____은(는) 특정 데이터의 흐름을 특별히 다루기 위해 설계되었다.

a. 흐름 레이블　　　　　b. 다음 헤더

c. 홉 제한　　　　　　　d. 정답 없음

81. 두 IPv6를 사용하는 컴퓨터가 통신을 할 때 패킷이 IPv4 지역을 반드시 통과해야 한다면 어떤 번역 기법을 사용할 수 있는가?

a. 터널링　　　　　　　b. 헤더 번역

c. 터널링이나 헤더 번역 d. 정답 없음

82. 대부분의 인터넷이 IPv6로 이동하고 일부가 IPv4를 사용할 때 어떤 번역 기법을 사용할 수 있는가?

a. 터털링　　　　　　　b. 헤더 번역

c. 터널링이나 헤더 번역 d. 정답 없음

83. 버전 4의 _____ 프로토콜은 하나의 ICMPv6 프로토콜로 통합되었다.

a. ARP와 IGMP　　　　b. ICMP와 IGMP

c. ICMP, ARP와 IGMP　d. 정답 없음

4.9.2 응용 연습문제

1. 네트워크 계층의 프로토콜은 전송 계층에게 패킷화 서비스를 제공하는 것이 필요한가? 왜 전송 계층은 데이터그램에서 세그먼트들을 캡슐화하지 않고 전송할 수 없는가?

2. 네트워크 계층의 책임은 라우팅인가? 다른 말로 왜 전송 계층이나 데이터링크 계층에서 라우팅할 수 없는 이유는 무엇입니까?

3. 발신지에서 목적지까지 라우팅 패킷의 프로세스와 각각의 라우터에서의 전송 패킷의 프로세스를 구별하라.

4. 환기에서 포워딩 결정 시에 만들어지는 패킷의 정보의 조각은 다음 방법들 중 무엇인가?

a. 데이터그램 방식　　　b. 가상 회선 방식

5. 약 연결 지향 서비스의 이름표가 8비트라면 동시에 얼마나 많은 가상 회선을 개설할 수 있는가?

6. 환기에서 가상 회선 방식의 세 가지 단계를 나열하라.

7. 우리가 TCP/IP의 네트워크 계층에서 다음과 같은 서비스를 해야 하는가? 만약 아니라면 왜 그런가?

a. 흐름 제어　　　b. 오류 제어　　　c. 혼잡 제어

8. 패킷 교환 네트워크에서의 지연의 네 가지 유형을 나열하라.

9. 그림 4.10에서 R1과 R2 사이의 링크가 170 Kbps로 업그레이드되고, 발신 호스트와 R1 사이의 링크가 140 Kbps로 지금 다운그레이드되었다고 가정하자. 이 변경 후에 발신지와 목적지 사이의 처리율은 어떻게 되는가? 어떤 링크가 지금 병목현상인가?

10. IPv4 패킷의 헤더 길이 필드가 5보다 적은 값일 수 있는가? 언제 정확히 5가 되는가?

11. 호스트가 100개의 데이터그램을 다른 호스트에게 전송했다. 만약 첫 번째 데이터그램의 식별 숫자가 1024이면 마지막 식별 숫자는 무엇인가?

12. 오프셋 값이 100인 IP 조각이 도착했다. 원래 이 조각의 데이터 이전에 발신지에서 전송한 데이터는 몇 바이트 인가?

13. 클래스 없는 주소지정에서 블록의 첫 번째와 마지막 주소를 알고 있다. 프리픽스 길이를 찾을 수 있는가? 만약 그렇다면 과정을 보여라.

14. 클래스 없는 주소지정에서 블록의 첫 번째 주소와 주소들의 개수를 알고 있다. 프리픽스 길이를 찾을 수 있는가? 만약 그렇다면 과정을 보여라.

15. 클래스 없는 주소지정에서 두 개의 다른 블록이 같은 프리픽스 길이를 가질 수 있는가? 설명하라.

16. 클래스 없는 주소지정에서 블록의 첫 번째 주소와 주소들 중 하나를 알고 있다(반드시 마지막 주소는 아님). 프리픽스 주소를 찾을 수 있는가? 설명하라.

17. ISP가 1,024개 주소들의 블록을 가지고 있다. 1,024명의 고객들 간에 주소들을 나누어야 한다. 서브네팅이 필요한가? 당신의 답을 설명하라.

18. IPv4 프로토콜을 지원하기 위해 설계된 TCP/IP 슈트의 네트워크 계층의 세 가지의 보조 프로토콜들을 언급하라.

19. IPv4 데이터그램에서 헤더 길이 필드 값이 $(6)_{16}$이다. 패킷에 추가된 옵션은 몇 바이트인가?

20. 다음 주어진 값들이 데이터그램의 TTL 값이 될 수 있을까? 당신의 답을 설명하라.
   a. 23   **b.** 0
   c. 1   **d.** 301

21. 네트워크 계층의 프로토콜 필드와 전송 계층에의 포트번호를 비교하고 대조하라. 그들의 공통적인 목적은 무엇인가? 왜 하나의 프로토콜 필드가 아닌 두 개의 포트번호 필드가 필요한가? 왜 프로토콜 필드의 크기는 각 포트번호 크기의 절반인가?

22. 원래의 데이터그램에 속하는 모든 조각들을 결합하는 역할을 하는 데이터그램의 필드는 무엇인가?

23. 목적지 컴퓨터가 발신지로부터 여러 패킷을 수신한다고 가정하자. 한 데이터그램에 속한 조각들이 다른 데이터그램의 조각들과 섞이지 않는다고 어떻게 확신할 수 있는가?

24. MPLS가 TCP/IP 프로토콜 슈트에 새로운 계층을 추가하는 의미를 설명하라. 이 계층은 어디에 위치해 있는가?

25. 인터넷이 ICMP 메시지를 전달하는 IP 데이터그램의 오류를 보고하는 보고 메시지를 생성하지 않는 이유는 무엇인가?

26. 라우터에 의해 보고된 ICMP 메시지를 전달하는 데이터그램의 발신지와 도착지 IP 주소들은 무엇인가?

27. 그래프에서 만약 노드 A부터 G까지의 최소 경로를 알고 있다면($A \rightarrow B \rightarrow E \rightarrow G$), 노드 G부터 A까지의 최소경로는 무엇인가?

28. 그래프에서 노드 A부터 H까지의 최소 경로를 $A \rightarrow B \rightarrow H$라고 가정하자. 또한 노드 H부터 N까지의 최소 경로를 $H \rightarrow G \rightarrow N$이라고 가정하자. 노드 A부터 N까지의 최소 경로는 무엇인가?

29. 링크상태 라우팅을 사용하는 라우터는 그들의 전송 테이블을 생성하고 사용하기 전에 모든 LSDB를 받아야 하는 이유를 설명하라. 다른 말로, 왜 라우터는 부분적으로 수신된 LSDB를 가지고 전송 테이블을 생성할 수 없는가?

30. 경로 벡터 라우팅 알고리즘은 거리 벡터 라우팅 알고리즘 또는 링크상태 라우팅 알고리즘과 가까운가? 설명하라.

31. 본문에서 묘사된 자율 시스템의 세 가지 유형을 나열하고, 그것들을 비교하라.

32. RIP의 홉 수의 개념을 설명하라. 그림 4.70에서 N1과 R1 사이에 왜 홉 수가 없는지 설명할 수 있는가?

33. RIP가 작동하는 고립된 자율 시스템을 가지고 있다고 가정하자. 자율 시스템의 데이터그램 트래픽의 종류를 적어도 두 가지는 말할 수 있다. 첫 번째 종류는 호스트들 사이에 교환된 메시지를 전달한다. 두 번째는 RIP에 속하는 메시지를 전달한다. 발신지와 목적지 IP 주소들을 생각할 때 트래픽의 두 가지 종류 사이의 차이는 무엇인가? 이는 또한 라우터가 IP 주소들이 필요함을 보여주는가?

34. 라우터 A가 바로 인접해 있는 B와 C 두 개의 라우터들에게 두 개의 RIP 메시지를 전송한다. 메시지를 전달하는 두 개의 데이터그램은 같은 수신지 IP 주소를 가지는가? 두 개의 데이터그램은 같은 목적지 IP 주소를 가지는가?

35. 어느 순간 RIP 메시지가 라우팅 프로토콜 같은 RIP가 동작하는 라우터에 도착할 것이다. 이것은 RIP 프로세스가 항상 동작해야 한다는 뜻인가?

36. 왜 RIP는 TCP 대신 UDP를 사용한다고 생각하는가?

37. 왜 OSPF는 계층적 인트라도메인 프로토콜이고 RIP는 아닌가? 이 문장 뒤의 이유는 무엇인가?

38. OSPF를 사용하는 매우 작은 자율 시스템에서 오직 하나의 지역(백본) 또는 여러 지역들을 사용하는 것이 더 효율적인가?

39. 왜 여러 개의 OSPF 갱신 메시지가 아닌 오직 하나의 RIP 갱신 메시지가 필요한가?

40. OSPF 메시지들은 라우터들 간에 교환된다. 이는 OSPF 메시지가 도착했을 때 그 메시지를 받기 위해 항상 동작하는 OSPF 프로세스들이 필요하다는 뜻인가?

41. OSPF 메시지들과 ICMP 메시지들은 IP 데이터그램에서 직접 캡슐화된다. 만약 IP 데이터그램을 가로챈다면 페이로드에 OSPF가 속해 있는지 ICMP가 속해

있는지 어떻게 알 수 있는가?

42. 다음과 같은 경우 각각 알려진 OSPF 링크상태의 유형을 설명하라.

a. 라우터는 점-대-점 링크 끝의 다른 라우터의 존재를 광고해야 한다.

b. 라우터는 두 개의 스텁 네트워크와 하나의 일시적 네트워크의 존재를 광고해야 한다.

c. 지정된 라우터는 노드와 같은 네트워크를 광고한다.

43. 라우터가 하나의 단일 링크상태 갱신에서 링크와 네트워크의 광고를 결합할 수 있는가?

44. 다른 자율 시스템들 안에서 다른 인트라도메인 라우팅 프로토콜을 가질 수 있지만 전체 인터넷에서 오직 하나의 인터도메인 라우팅 프로토콜이 필요한 이유를 설명하라.

45. 왜 BGP는 UDP 대신 TCP의 서비스를 사용하는지를 설명할 수 있는가?

46. 정책 라우팅이 왜 인터도메인 라우팅에서는 구현될 수 있지만 인트라 라우팅에서는 구현될 수 없는지를 설명하라.

47. 다음과 같은 속성들이 각각 BGP에서 사용될 수 있는지를 설명하라.

a. 지역-PREF

b. 자율 시스템 경로

c. 다음 홉

48. 멀티캐스트와 다중 유니캐스트를 구별하라.

49. 다수의 수신자들에게 이메일을 전송할 때 멀티캐스팅 또는 다중 유니캐스팅을 사용하는가? 당신의 답의 이유를 제시하라.

50. 다음 주소들 중 어느 것이 멀티캐스트 주소들인지 정의하라.

a. 224.8.70.14   **b.** 226.17.3.53   **c.** 240.3.6.25

51. 다음과 같은 멀티캐스트 주소들의 그룹을 정의하라(지역 네트워크 제어 블록, 네트워크 간 제어 블록, SSM 블록, 그룹 블록 또는 관리상 정의한 범위의 블록).

a. 224.0.1.7   **b.** 232.7.14.8   **c.** 239.14.10.12

52. 하나의 호스트가 하나 이상의 멀티캐스트 주소를 가질 수 있는가? 설명하라.

53. 하나의 멀티캐스트 라우터가 네 개의 네트워크들에게 연결되어 있다. 각 네트워크의 관심은 아래와 같다면 라우터에 의해 광고되어야 하는 그룹 리스트는 무엇인가?

a. N1: {G1, G2, G3}   **b.** N2: {G1, G3}

c. N3: {G1, G4}   **d.** N4: {G1, G3}

54. 유니캐스팅과 멀티캐스팅 모두 스패닝 트리가 필요한 것은 명백하다. 각각의 경우에 전송에 포함된 트리의 잎들은 얼마나 많은가?

a. 유니캐스트 전송   **b.** 멀티캐스트 전송

55. 작은 자율 시스템에 스무 개의 호스들을 가지고 있다고 가정하자. 자율 시스템에는 오직 네 가지 그룹들만 있다. 다음과 같은 경우에 각각의 스패닝 트리의 개수를 찾아라.

a. 발신지기반 트리   **b.** 그룹 공유 트리

56. DVMRP의 라우터는 수요만 있으면 최단경로 트리를 생성한다고 말한다. 이 말의 의미는 무엇인가? 오직 수요가 있을 때만 최소 경로 트리를 생성하는 것의 이점은 무엇인가?

57. DVMRP 라우터가 발신지기반 트리를 생성하기 위해 사용하는 세 가지 단계를 나열하라. 발신지로부터 현재 라우터까지 트리의 부분을 생성하는 역할을 하는 것은 어떤 것인가? 루트처럼 라우터를 가지고 브로드캐스트 트리를 생성하는 역할을 하는 것은 무엇인가? 브로드캐스트 트리에서 멀티캐스트 트리로 변경하는 역할을 하는 것은 무엇인가?

58. 왜 MOSPF 라우터는 루트와 같은 발신지를 가지고 한 단계만에 최단경로를 생성하지만 DVMRP는 세 단계가 필요한지 설명하라.

59. 왜 PIM을 프로토콜 독립 멀티캐스트라 하는가?

60. DVMRP의 첫 번째와 세 번째 단계를 사용하는 PIM의 버전은 무엇인가? 이것의 두 번째 단계는 무엇인가?

61. 왜 첫 번째 또는 처음 몇 개의 메시지를 브로드캐스트하는 것은 PIM-DM에서 중요하지 않지만 PIM-SM에서 중요한지 설명하라.

62. IPv4와 비교했을 때 IPv6의 장점을 설명하라.

63. IPv6에서 흐름 필드의 사용을 설명하라. 이 필드의

잠재적인 응용은 무엇인가?

64. 호환된 주소와 대응된 주소를 구별하고 그들의 응용을 설명하라.

65. IPv6에서 단일의 프로토콜로 결합된 IPv4 네트워크

계층의 세 가지 프로토콜을 나열하라.

66. 오류 보고 ICMP 메시지들에서 IP 헤더와 데이터그램의 처음 8바이트를 포함하는 것의 목적은 무엇인가?

4.9.3 심화문제

1. IPv4 데이터그램에서 전체 길이 필드의 값이 $(00A0)_{16}$이고, 헤더 길이의 값은 $(5)_{16}$이다. 데이터그램에 의해 전달되는 페이로드는 몇 바이트인가? 이 데이터그램의 효율(전체 길이에서 페이로드 길이의 비율)은 얼마인가?

2. IP 데이터그램이 다음과 같이 헤더의 일부의 정보가 도착했다(16진법).

```
45000054 00030000 2006...
```

a. 헤더의 크기는?
b. 패킷 안에 다른 옵션들이 있는가?
c. 데이터의 크기는?
d. 패킷은 단편화되었는가?
e. 패킷은 얼마나 많은 라우터들을 더 통과할 수 있는가?
f. 패킷에 의해 전달된 페이로드의 프로토콜 개수는 얼마인가?

3. IPv4 메인 헤더의 어느 필드가 라우터에서부터 라우터로 변경되는가?

4. 만약 데이터그램이 다음과 같은 정보를 가질 때 첫 번째 단편인지 중간 단편인지 마지막 단편인지 단지 하나의 단편(단편화가 안됨)인지 확인하라.
a. M비트가 1이고 오프셋 필드의 값이 0이다.
b. M비트가 1이고 오프셋 필드의 값이 0이 아니다.

5. 다음과 같은 보안 공격을 무력화시키는 방법을 간단히 기술하라.
a. 패킷 스니핑 **b.** 패킷 수정 **c.** IP 스푸핑

6. 다음 각 시스템의 주소 공간의 크기는 얼마인가?
a. 각 주소가 16비트인 시스템
b. 각 주소가 여섯 개의 16진수 숫자로 이루어 진 시스템
c. 각 주소가 네 개의 10진수 숫자로 이루어 진 시스템

7. 다음 IP 주소들을 2진 표기를 사용하여 나타내어라.
a. 110.11.5.88 **b.** 12.74.16.18 **c.** 201.24.44.32

8. 다음 IP 주소들을 점-10진 표기를 사용하여 나타내라.
a. 01011110 10110000 01110101 00010101
b. 10001001 10001110 11010000 00110001
c. 01010111 10000100 00110111 00001111

9. 다음 중 클래스 기반 IP 주소들을 찾아라.
a. 130.34.54.12 **b.** 200.34.2.1 **c.** 245.34.2.8

10. 다음 중 클래스 기반 IP 주소들을 찾아라.
a. 01110111 11110011 10000111 11011101
b. 11101111 11000000 11110000 00011101
c. 11011111 10110000 00011111 01011101

11. 클래스 없는 주소지정에서 CIDR 표기를 사용하여 하나의 단일 블록 같은 전체의 주소들을 보여라.

12. 클래스 없는 주소지정에서 만약 프리픽스 길이가 (n)이라면 블록의 크기가 (N)인 것은 다음 중 어느 것인가?
a. $n=0$ **b.** $n=14$ **c.** $n=32$

13. 클래스 없는 주소지정에서 만약 블록의 크기가 (N)이라면 프리픽스 길이가 (n)인 것은 다음 중 어느 것인가?
a. $N=1$ **b.** $N=1024$ **c.** $N=2^{32}$

14. 다음 프리픽스의 길이를 각각 점-10진 표기의 마스크로 변환하라.
a. $n=0$ **b.** $n=14$ **c.** $n=30$

15. 다음 마스크를 프리픽스 길이로 변환하라.
a. 255.224.0.0
b. 255.240.0.0
c. 255.255.255.128

16. 다음 중 CIDR에서 마스크가 될 수 없는 것은 무엇인가?
a. 255.255.0.0

   b. 255.192.0.0

   c. 255.255.255.6

17. 다음 각 주소들은 블록에 속해 있다. 각 블록의 첫 번째와 마지막 주소를 찾아라.

   a. 14.12.72.8/24

   b. 200.107.16.17/18

   c. 70.110.19.17/16

18. 다음과 같이 전송 테이블에서 사용될 수 있는 네트워크 주소/마스크의 가장 왼쪽의 n개의 비트를 보여라 (그림 4.45 참조).

   a. 170.40.11.0/24

   b. 110.40.240.0/22

   c. 70.14.0.0/18

19. 기구에 할당된 블록의 크기가 기구의 호스트들의 개수보다 적을 때 DHCP를 어떻게 사용하는지를 설명하라.

20. NAT와 DHCP를 비교하라. 둘 다 주소의 부족 문제를 해결하지만 서로 다른 전략을 사용한다.

21. 8비트의 주소 공간의 인터넷을 가진다고 가정하자. 주소들은 네 개의 네트워크(N_0부터 N_3까지) 사이에 똑같이 나누어져 있다. 네트워크 간 통신은 네 개의 인터페이스(m_0부터 m_3까지)를 가진 라우터를 통해 완료된다. 네트워크에 연결된 오직 라우터를 위한 인터넷의 윤곽과 전송 테이블(2진의 프리픽스와 인터페이스 숫자, 2개의 열을 가짐)을 보여라. 각각의 네트워크에 네트워크 주소를 할당하라.

22. 12비트의 주소 공간의 인터넷을 가진다고 가정하자. 주소들은 여덟 개의 네트워크(N_0부터 N_7까지) 사이에 똑같이 나누어져 있다. 네트워크 간 통신은 여덟 개의 인터페이스(m_0부터 m_7까지)를 가진 라우터를 통해 완료된다. 네트워크에 연결된 오직 라우터를 위한 인터넷의 윤곽과 전송 테이블(2진의 프리픽스와 인터페이스 숫자, 2개의 열을 가짐)을 보여라. 각각의 네트워크에 네트워크 주소를 할당하라.

23. 9비트의 주소 공간의 인터넷을 가진다고 가정하자. 64개, 192개, 256개의 주소들은 제각기 세 개의 네트워크(N_0부터 N_2까지) 사이에 나누어져 있다. 네트워크 간 통신은 세 개의 인터페이스(m_0부터 m_2까지)를 가진 라우터를 통해 완료된다. 네트워크에 연결된 오직

라우터를 위한 인터넷의 윤곽과 전송 테이블(2진의 프리픽스와 인터페이스 숫자, 2개의 열을 가짐)을 보여라. 각각의 네트워크에 네트워크 주소를 할당하라.

24. 다음 세 개의 주소의 블록들을 하나의 단일 블록으로 합쳐라.

   a. 16.27.24.0/26

   b. 16.27.24.64/26

   c. 16.27.24.128/25

25. 큰 블록의 주소들(12.44.184.0/21)을 가진 큰 기구는 블록 주소(12.44.184.0/22)를 사용하는 하나의 중간 크기의 회사와 두 개의 작은 기구들로 나뉘어 있다. 만약 첫 번째 작은 회사가 블록(12.44.188.0/23)을 사용하면 두 번째 작은 회사가 사용할 수 있는 남은 블록은 무엇인가? 만약 그들의 블록들이 여전히 원래 회사의 부분일 때 두 개의 작은 회사들로 향하는 데이터그램이 어떻게 정확히 그들의 회사로 경로지정될 수 있는지 설명하라.

26. ISP가 16.12.64.0/20 블록을 부여한다. ISP는 여덟 개의 기구에 각각 256개의 주소들을 할당해 주길 원한다.
   a. ISP 블록의 주소들의 개수와 범위를 찾아라.
   b. 각 기구의 주소들의 범위와 할당되지 않은 주소들의 범위를 찾아라.
   c. 주소분포와 전송 테이블의 윤곽을 보여라.

27. ISP가 80.70.56.0/21 블록을 부여한다. ISP는 두 개의 기구에 각각 500개, 두 개의 기구에 각각 250개, 그리고 세 개의 기구에 각각 50개의 주소들을 할당해 주길 원한다.
   a. ISP 블록의 주소들의 개수와 범위를 찾아라.
   b. 각 기구의 주소들의 범위와 할당되지 않은 주소들의 범위를 찾아라.
   c. 주소분포와 전송 테이블의 윤곽을 보여라.

28. ISP가 130.56.0.0/16 블록을 부여한다. 관리자는 1,024개의 서브넷이 생성되길 원한다.
   a. ISP 블록의 주소들의 개수와 범위를 찾아라.
   b. 서브넷 프리픽스를 찾아라.
   c. 첫 번째 서브넷의 첫 번째 주소와 마지막 주소를 찾아라.
   d. 마지막 서브넷의 첫 번째 주소와 마지막 주소를 찾아라.

29. 그림 4.48의 라우터 R1은 목적지 주소가 140.24.7.194

인 패킷을 받을 수 있는가? 만약 이 일이 발생한다면 어떠한 일이 벌어지겠는가?

30. 그림 4.48의 라우터 R2가 목적지 주소가 140.24.7.42인 패킷을 받는다고 가정하자. 이 패킷은 최종 목적지까지 어떻게 경로지정 되겠는가?

31. 노드들 *a*, *b*, *c*, *d*와 노드 *y* 사이의 최소 거리와 노드 *x*로부터 노드들 *a*, *b*, *c*, *d* 사이의 비용이 아래와 같이 주어진다고 가정하자.

$$D_{ay} = 5 \qquad D_{by} = 6$$
$$c_{xa} = 2 \qquad c_{xb} = 1$$

$$D_{cy} = 4 \qquad D_{dy} = 3$$
$$c_{xc} = 3 \qquad c_{xd} = 1$$

벨만–포드 방정식에 따라 노드 *x*와 노드 *y* 사이의 거리, D_{xy}의 최소 거리는 어떻게 되는가?

32. RIP를 사용하는 라우터가 시간 t_1에 전송 테이블의 10개의 항목을 가진다고 가정하자. 이 항목들 중 6개는 시간 t_2에 여전히 유효하다. 이 항목들 중 4개는 시간 t_2가 되기 전에 각각 70초, 90초, 110초, 210초에 만료되었다. 시간 t_1, t_2에 동작하는 정기 타이머, 만료 타이머, 쓰레기 수거 타이머의 개수를 구하라.

33. OSPF 라우터는 다음과 같은 메시지를 각각 언제 보내는가?
   a. 헬로우
   b. 데이터 기술
   c. 링크상태 요청
   d. 링크상태 갱신
   e. 링크상태 알림

34. 표 4.4에서 거리 벡터 알고리즘이 어떻게 동작하는지 이해하고, 이것을 그림 4.111에서 보이는 네 개의 노드 인터넷에 적용하라. 모든 노드들이 처음 초기화되었다고 가정하자. 또한 알고리즘이 동시에 각각의 노드(A, B, C, D)에 적용되었다고 가정하자. 그 수렴 과

정과 모든 노드들이 그들의 안정된 거리 벡터를 가질 것임을 보여라.

그림 4.111 │ 문제 34

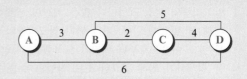

35. 거리 벡터 라우팅에서 좋은 정보(링크 통계의 감소)는 빠르게 전달한다. 다른 말로, 만약 링크 거리가 감소한다면 모든 노드들은 빠르게 그에 대해 알고 그들의 벡터를 갱신한다. 그림 4.112에서 안정된 네 개의 노드 인터넷이 있지만 현재 6인 노드 A와 D 사이의 거리가 갑자기 1이 감소했다고 가정하자(아마 링크의 질이 조금 개선되었기 때문일 것이다). 이 좋은 정보가 어떻게 전달되는지 보이고 각 노드가 안정화된 이후의 새로운 거리 벡터를 찾아라.

36. 거리 벡터 라우팅에서 나쁜 정보(링크 통계의 감소)는 느리게 전달한다. 다른 말로, 만약 링크 거리가 증가한다면 때때로 모든 노드들은 긴 시간을 통해 그 나쁜 소식에 대해 안다. 그림 4.112에서(이전 문제 참조) 안정화된 네 개의 노드 인터넷이 있지만 현재 2인 노드 B와 C 사이의 거리가 갑자기 무한대(링크 실패)로 증가했다고 가정하자. 이 나쁜 정보가 어떻게 전달되는지 보이고 각 노드가 안정화된 이후의 새로운 거리 벡터를 찾아라. 그 실행이 이웃에게 정보를 갱신시키기 위해 정기 타이머를 사용한다고 가정하자(변화가 있을 때 더 이상 정보를 갱신시키지 않는다). 또한 만약 노드가 같은 이전 이웃으로부터 높은 비용을 받는다면 오래된 정보는 더 이상 유효하지 않

그림 4.112 │ 문제 35

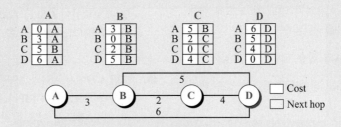

기 때문에 새로운 비용을 사용한다고 가정하자. 또한 빠르게 안정화하기 위해 그 실행은 다음 홉이 접속 가능하지 않을 때 경로를 일시 중지 한다.

37. 컴퓨터 과학에서 하나의 알고리즘을 접했을 때 종종 알고리즘의 복잡도(얼마나 많은 계산이 필요한가)에 대해 알 필요가 있다. 거리 벡터 알고리즘의 복잡도를 찾고 이웃으로부터 벡터가 도착했을 때 알고리즘을 실행하기 위해 필요한 노드 작업의 수를 찾아라.

38. 그림 4.113에서 네트워크가 다음과 같이 각 노드에서 보이는 테이블을 가진 거리 벡터 라우팅을 사용한다고 가정하자. 만약 각 노드가 정기적으로 이웃에게 역 포이즌 전략을 사용해 그들의 벡터를 알린다면 해당 구간에 전달되는 거리 벡터는 무엇인가?
   a. A부터 B까지   **b.** C부터 D까지
   c. D부터 B까지   **d.** C부터 A까지

그림 4.113 ▌ 문제 38

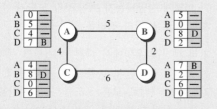

39. 그림 4.113에서(이전 문제) 네트워크가 다음과 같이 각 노드에서 보이는 테이블을 가진 거리 벡터 라우팅을 사용한다고 가정하자. 만약 각 노드가 정기적으로 이웃에게 수평 분할 전략을 사용해 그들의 벡터를 알린다면 해당 구간에 전달되는 거리 벡터는 무엇인가?
   a. A부터 B까지   **b.** C부터 D까지
   c. D부터 B까지   **d.** C부터 A까지

40. 그림 4.113(문제 4-38)에 있는 네트워크가 각 노드에 보여진 것처럼 포워딩 테이블을 이용하여 거리 벡터 라우팅을 이용한다고 가정하자. 만약 노드 E가 노드 D에 비용 1의 링크와 함께 네트워크에 더해진다면 거리벡터 알고리즘을 이용하지 않고 각 노드에 대해 새로운 포워딩 테이블을 찾을 수 있는가?

41. 그림 4.65에서 노드 A의 전송 테이블을 작성하라.

42. 그림 4.63에서 노드 G의 최단경로 트리와 전송 테이블을 작성하라.

43. 그림 4.63에서 노드 B의 최단경로 트리와 전송 테이블을 작성하라.

44. 그림 4.114에서 노드 A의 최단경로 트리와 전송 테이블을 찾기 위해 다이크스트라 알고리즘을 사용하라.

그림 4.114 ▌ 문제 44

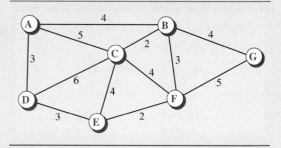

45. 컴퓨터 과학에서 하나의 알고리즘을 접했을 때 종종 알고리즘의 복잡도(얼마나 많은 계산이 필요한가)에 대해 알 필요가 있다. 다이크스트라 알고리즘의 복잡도를 찾고 노드의 개수가 n일 때 단일 노드를 위한 최단경로를 찾기 위한 검색 수를 찾아라.

46. 그림 4.115에서 A, B, C, D, E는 자율 시스템들이다. 표 4.6의 알고리즘을 사용하여 각 자율 시스템(AS)의 경로 벡터를 찾아라. 이 경우 최적의 경로는 AS의 짧은 리스트를 통해 지나는 경로라고 가정하자. 또한 각 AS들의 알고리즘이 처음으로 초기화되고 동시에 각 노드(A, B, C, D, E)에 적용되었다고 가정하자. 이 과정이 수렴하고 모든 AS들이 그들의 안정된 경로 벡터들을 가질 것임을 보여라.

그림 4.115 ▌ 문제 46

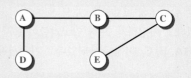

47. 그림 4.79에서 AS1에서 자율 시스템 간 사용된 라우팅 프로토콜이 OSPF, AS2는 RIP라고 가정하자. R5가 N4까지의 패킷 경로를 어떻게 찾을 수 있는지 설명하라.

48. 그림 4.79에서 AS4와 AS3에서 자율 시스템 간 사용된 라우팅 프로토콜이 RIP라고 가정하자. R8이 N13까지의 패킷 경로를 어떻게 찾을 수 있는지 설명하라.

49. 그림 4.116에서 라우터 R3가 세 개의 인터페이스 m0, m1, m2를 통해 발신지 S로부터 같은 패킷의 세 개의 사본을 받았다고 가정하자. 만약 라우터 R3가 RPF 전략을 사용한다면 어떤 패킷이 인터페이스 m3를 통해 네트워크의 나머지 부분으로 전달되어야만 하는가?

그림 4.116 | 문제 49

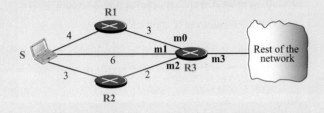

50. *m*이 *n*보다 훨씬 작고 라우터 R이 그룹 G와 연관된 패킷을 받는 것에 관심이 있는 *m*개의 네트워크 안의 *n*개의 네트워크와 연결되어 있다고 가정하자. 라우터 R은 그룹 G와 연관된 네트워크에게 패킷의 사본을 보내는 것을 어떻게 관리하는가?

51. 그림 4.117의 네트워크에서 두 가지 경우에 라우터 R의 최단경로 트리를 찾아라. 첫 번째 네트워크는 OSPF를 두 번째 네트워크는 S라고 표기된 라우터에 연결된 발신지를 가진 MOSPF를 사용한다. 모든 라우터가 해당 멀티캐스트 그룹에 관심을 가진다고 가정하자.

그림 4.117 | 문제 51

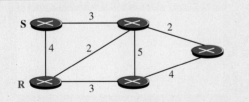

52. 오직 하나의 네트워크에게만 전달되는 RIP 메시지의 크기는 얼마인가? *n*개의 네트워크에게 전달되는 RIP 메시지의 크기는 얼마인가?

53. RIP를 사용하는 라우터가 다음과 같은 전송 테이블을 가진다. 이 라우터가 보내는 RIP 갱신 메시지를 보여라.

Destination	Cost	Next Router
Net1	4	B
Net2	2	C
Net3	1	F
Net4	5	G

54. IPv4 헤더와 IPv6 헤더를 비교 대조하라. 각 필드를 비교한 테이블을 작성하라.

55. 다음 IPv6 주소들의 생략되지 않은 콜론 16진 표기법을 보여라.
a. 64개의 0과 뒤에 32개의 두 개의 비트(01)를 가지는 주소
b. 64개의 0과 뒤에 32개의 두 개의 비트(10)를 가지는 주소
c. 64개의 두 개의 비트(01)를 가지는 주소
d. 32개의 네 개의 비트(0111)를 가지는 주소

56. 다음 주소들의 축약형을 보여라.
a. 0000:FFFF:FFFF:0000:0000:0000:0000:0000
b. 1234:2346:3456:0000:0000:0000:0000:FFFF
c. 0000:0001:0000:0000:0000:FFFF:1200:1000
d. 0000:0000:0000:0000:FFFF:FFFF:24.123.12.6

57. 다음 주소들을 풀고 완벽한 생략되지 않은 IPv6 주소로 나타내어라.
a. ::2222] **b.** 1111:: **c.** B:A:CC::1234:A

58. 다음 IPv6 주소들을 원래의 형태(생략되지 않은)로 나타내어라.
a. ::2 **b.** 0:23::0 **c.** 0:A::3

59. 표 4.7에 기반하여 다음 각각의 IPv6 주소들에 해당하는 블록이나 서브블록은 무엇인가?
a. FE80::12/**10** **b.** FD23::/**7** **c.** 32::/**3**

60. 한 기구에 2000:1234:1423/48 블록이 할당되었다. 이 기구의 첫 번째와 두 번째 서브넷의 블록의 CIDR은 무엇인가?

4.10 시뮬레이션 실험

4.10.1 애플릿(Applets)

이번 장에서 논의된 여러 주요 개념을 보이기 위해 몇 개의 자바 애플릿을 작성하였다. 이는 학생들이 이 책의 웹 사이트에서 이 애플릿을 활성화하고 프로토콜의 동작에 대해 주의 깊게 조사하는 것을 강력하게 권고한다.

4.10.2 실험 과제(Lab Assignments)

이번 장에서는 네트워크 계층에서 교환된 여러 개의 패킷을 캡처 및 조사하기 위해 Wireshark를 이용한다. Wireshark와 여러 개의 다른 네트워크 관리 도구들을 사용한다. 랩 과제에 대해 자세한 사항을 위해 책의 웹 사이트를 보라.

1. 첫 번째 연구에서는 IP 데이터그램을 캡처하고 공부하면서 IP protocol에 대해 조사한다.

2. 두 번째 연구에서는 ping과 tracerout 프로그램 같은 다른 도구 프로그램들이 생성한 ICMP 패킷들을 캡처하고 공부하라.

4.11 프로그래밍 과제

하나의 프로그램 언어를 선택하여 다음과 같은 프로그램의 소스 코드를 작성하고 컴파일하고 테스트하라.

1. 거리 벡터 알고리즘(표 4.4)을 시뮬레이션하는 프로그램을 작성하라.

2. 링크상태 알고리즘(표 4.5)을 시뮬레이션하는 프로그램을 작성하라.

3. 경로 벡터 알고리즘(표 4.6)을 시뮬레이션하는 프로그램을 작성하라.

CHAPTER 5

데이터링크 계층: 유선 네트워크

2 장과 4장에서 응용 계층, 전송 계층과 네트워크 계층에 대해 살펴보았다. 이 장에서는 데이터링크 계층에 대해 알아본다. TCP/IP는 데이터링크 계층이나 물리 계층에 어떤 프로토콜도 정의하지 않았다. 이 두 개의 계층은 인터넷에 연결될 때, 만들어지는 네트워크 영역이다. 1장에서 설명한 것처럼 유/무선 네트워크는 TCP/IP에 맞는 상위 세 개의 계층에 서비스를 제공한다. 이것은 오늘날 시장에서 몇 개의 표준 프로토콜의 힌트를 제공한다. 이러한 이유로, 두 개의 장에서 데이터링크 계층을 설명하도록 한다. 이 장에서 일반적이 데이터링크 계층의 개념과 유선 네트워크에 대해 설명한다. 다음 장에서는 무선 네트워크에 대해 설명한다. 이 장은 다음과 같이 7개의 절로 나뉘어진다.

❏ 첫 번째 절에서는 노드와 링크의 개념과 링크의 종류에 대해 소개한다. 그리고 어떻게 데이터링크 계층이 데이터링크 제어와 매체 접근 제어(MAC)라는 두 개의 부계층으로 분리되는지를 설명할 것이다.

❏ 두 번째 절에서는 데이터링크 계층의 데이터링크 제어를 설명하고 이 계층을 통해 제공되는 프레임 짜기, 흐름과 오류 제어 그리고 오류 검출과 같은 서비스에 대해 알아본다.

❏ 세 번째 절에서는 데이터링크 계층의 부계층인 MAC에 대해 살펴본다. 임의접근과 제어접근 그리고 채널화와 같은 서로 다른 접근방법을 통해 MAC에 대해 설명할 것이다.

❏ 네 번째 절에서는 링크 계층의 주소에 대해 설명하고, 어떻게 노드의 링크 계층 주소가 ARP (Address Resolution Protocol)를 사용하여 찾을 수 있는지에 대해 알아본다.

❏ 다섯 번째 절에서는 유선 LAN과 특별히 오늘날 널리 사용되는 이더넷에 대해 살펴본다. 이더넷의 다른 버전들을 알아보고 어떻게 발전되었는지를 살펴본다.

❏ 여섯 번째 절에서는 오늘날 인터넷에서 만나게 되는 점-대-점 네트워크와 스위치 네트워크와 같은 다른 유선 네트워크에 대해 알아본다.

❏ 일곱 번째 절에서는 허브, 링크 계층 스위치, 라우터들과 같은 TCP/IP 프로토콜의 하위 계층에서 이용되는 연결 장치에 대해 알아본다.

5.1 개요

4장에서 네트워크 계층의 통신이 호스트–대–호스트라는 것을 알 수 있었다. 비록 통신이 조각화와 재조립을 통해 이뤄지더라도, 데이터그램은 세계의 어떤 곳에 있는 호스트로부터 다른 호스까지 전송된 데이터 단위이다. 하지만 인터넷은 라우터나 스위치와 같은 접속 장치들로써 함께 구성된 네트워크의 조합이다. 만약 데이터그램이 호스트에서 다른 호스트로 전달된다면, 데이터는 이러한 네트워크들을 지나야만 한다.

그림 5.1은 이전 세 장에서 보여준 같은 시나리오를 사용한 앨리스와 밥 사이의 통신을 나타낸다. 하지만 데이터링크 계층에서 통신은 데이터링크 계층들 사이에서 다섯 개로 나뉜 논리적 연결을 통해 만들어진다.

그림 5.1 ▌ 데이터링크 계층의 통신

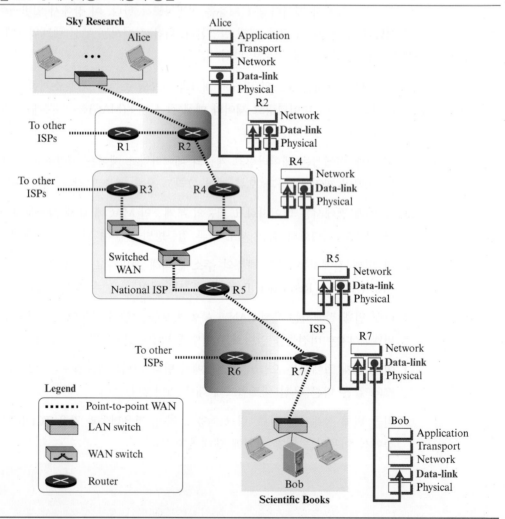

앨리스의 컴퓨터에서 데이터링크 계층은 라우터 R2의 데이터링크 계층과 통신한다. 라우터 R2에서 데이터링크 계층은 라우터 R4의 데이터링크 계층과 통신한다. 이러한 과정을 통해 마지막으로 라우터 R7의 데이터링크 계층은 밥의 컴퓨터의 데이터링크 계층과 통신하게 된다. 단지 하나의 데이터링크 계층만이 발신지와 목적지를 포함하고 있다. 그러나 두 개의 데이터링크 계층은 각각의 라우터를 포함한다. 이유는 앨리스와 밥의 컴퓨터들은 각 라우터를 통해 단일 네트워크에 접속한다. 하지만 하나의 네트워크로부터 입력을 받아, 다른 네트워크로 출력을 전달한다.

5.1.1 노드와 링크

비록 응용 계층, 전송 계층, 네트워크 계층의 통신이 종단-대-종단을 통해 이뤄진다해도 데이터링크 계층에서의 통신은 노드-대-노드(nod-to-nod)에서 이뤄진다. 앞 절에서 살펴본 것처럼 인터넷에서 한 지점에서의 데이터 단위는 LAN과 WAN과 같은 많은 네트워크를 지나야만 한다. LAN과 WAN은 라우터와 연결된다. 이것은 두 종단 호스트와 **노드(node)**로서의 라우터와 **링크(link)**로서의 네트워크를 참조한다. 다음은 데이터 단위의 경로가 단지 6개의 노드일 때 간단한 링크와 노드를 나타낸다(그림 5.2 참조).

그림 5.2 ┃ 노드와 링크

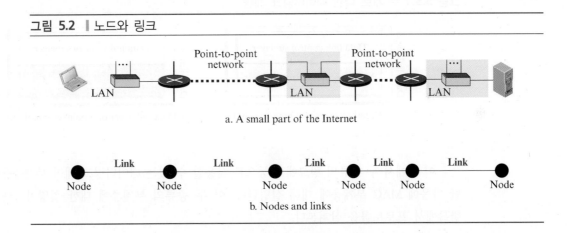

a. A small part of the Internet

b. Nodes and links

첫 번째 노드는 발신지 호스트이고 마지막 노드는 목적지 호스트이다. 다른 네 개의 노드는 네 개의 라우터를 나타낸다. 우선 세 번째와 다섯 번째 링크는 세 개의 LAN을 나타내며, 두 번째와 네 번째 링크는 두 개의 WAN을 나타낸다.

5.1.2 두 종류의 링크

비록 두 개의 노드가 물리적으로 선이나 공기와 같은 전송 매체를 통해 접속되었다고 해도 데이터링크 계층은 어떻게 매체를 사용할지를 제어할 수 있다는 점을 기억해야만 한다. 모든 매체의 성능을 사용하는 데이터링크 계층을 가질 수 있다. 또한 링크 성능의 일부분을 사용하는 데이터링크 계층을 가질 수 있다. 다시 말해 **점-대-점 링크**(*point-to-point link*) 또는 **브로드캐스트 링크**를 가질 수 있다는 것을 의미한다. 점-대-점 링크에서 링크는 두 장치에 집중하는 반면, 브로드캐스팅 링크에서는 링크는 몇 개의 장치들 사이에서 분배된다. 예를 들자면, 두 친구들이 전통적인 전화를 사용할 때, 그들은 점-대-점 링크를 사용한다. 이와 똑같이 두 친구들이 자신의 휴대폰을 사용한다면, 그들은 브로드캐스트 링크를 사용하게 된다(현재 우리가 살아가고 있는 공간은 많은 휴대폰 사용자들이 공유하여 사용되고 있다).

5.1.3 두 부계층

링크 계층의 성능과 제공하는 서비스들에 대해 더 쉽게 이해하기 위해서, 데이터링크 계층을 **데이터링크 제어**(*DLC, data link control*)와 **매체 접근 제어**(*MAC, media access control*)의 두 개의 부계층으로 나눌 수 있다. 이번 장과 다음 장에서 볼 수 있는 것처럼 LAN 프로토콜은 같은 전략을 사용하기 때문에 이것은 항상 나눌 수 있지는 않다. 데이터링크 제어 부계층은 모든 점-대-점과 브로드캐스트 링크 모두를 제어한다. MAC 부계층은 브로드캐스트 링크를 다룬다. 다시 말해 그림 5.3에서처럼 데이터링크 계층은 두 개의 서브링크로 나뉘어진다.

그림 5.3 ┃ 두 개로 나뉜 데이터링크 계층

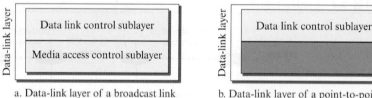

a. Data-link layer of a broadcast link

b. Data-link layer of a point-to-point link

이 장에서 두 종류의 링크에 공동으로 사용할 수 있는 데이터링크 제어 부계층을 설명하고 난 다음에 MAC 부계층에 대해 설명한다. 이 두 종류의 부계층에 대한 설명이 끝난 후에 각 항목에서 프로토콜을 살펴본다.

5.2 데이터링크 제어

데이터링크 제어는 링크가 전용인지 브로드캐스트인지 상관없는 두 인접한 노드들 사이의 통신을 위한 절차를 다루는 노드-대-노드 통신을 다룬다. **데이터링크 제어(DLC, Data Link Control)** 기능은 프레임 짜기, 흐름 및 오류 제어와 오류 검출과 수정이다. 이 절에서는 우선 프레임 짜기 즉 물리 계층에 의해 전송되는 비트들을 어떻게 조직하느냐 하는 것을 본다. 그 이후에 흐름 및 오류 제어를 논의한다. 이 주제에 속한 오류 검출과 정정 기술은 이 절의 끝에서 설명하기로 한다.

5.2.1 프레임 짜기

물리 계층에서의 데이터 전송은 발신지로부터 목적지로 데이터를 신호의 형태로 이송하는 것을 의미한다. 물리 계층은 송신자와 수신자가 동일한 비트 기간과 시간을 사용하게 하기 위해 비트 동기화를 제공한다(7장 참조).

반면에 데이터링크 계층은 비트들을 프레임 안에 만들어 넣어 각 프레임이 다른 프레임과 구분되도록 해야 한다. 우편 시스템은 일종의 프레임 짜기의 예를 수행한다고 할 수 있다. 봉투에 편지를 넣는 간단한 행위로 인해 봉투가 분리 기능을 함으로써 서로 다른 정보가 뒤섞이지 않도록 하는 것이다. 추가적으로 우편 시스템은 다자간 전송 기능을 하므로 각 봉투는 송신자와 수신자의 주소를 규정한다.

데이터링크 계층의 **프레임 구성**으로 인해 송신자와 수신자의 주소를 넣음으로 인해 발신지로부터 목적지로의 메시지를 다른 목적지로 가야 하는 메시지로부터 분리한다. 목적지 주소는 패킷이 가야 할 곳을 규정하여 송신자는 수신자로 하여금 받았다는 것을 응답할 수 있도록 도와준다.

전체 메시지를 한 개의 프레임에 다 끼워 넣을 수도 있지만 보통은 그렇지 않다. 그 이유 중 하나는 프레임이 매우 커지게 되면 흐름 제어와 오류 제어가 매우 비효율적이 되기 때문이다. 메시지가 매우 큰 프레임 하나에 실려 보내지면 비트 하나에만 오류가 생겨도 전체 메시지를 재전송해야만 하게 된다. 메시지를 여러 개의 작은 프레임으로 나누면 단일 비트 오류는 해당 프레임에만 영향을 미친다.

프레임 크기

프레임은 일정 크기가 될 수도 있고 가변 크기가 될 수도 있다. **고정 크기의 프레임**에서는 프레임의 경계가 필요 없는데 이는 크기 자체가 경계 역할을 하기 때문이다. 이 예에는 ATM 광역 네트워크를 들 수 있으며 ATM에서는 셀(*cell*)이라 불리는 고정 크기의 프레임을 사용한다. 나중에 ATM에 대해 논의한다.

이 장의 주요 논의는 **가변 크기의 프레임** 짜기에 관한 것으로서 주로 LAN에 관련된 것이다. 가변 크기 프레임 짜기에서는 프레임이 끝나는 곳과 다음 프레임이 시작하는 곳을 정의해야 한다. 역사적으로 문자 중심과 비트 중심의 두 가지 방법이 사용되어 왔다.

문자 중심 프로토콜

문자 중심 프로토콜에서는 전달될 데이터는 ASCII(부록 A 참조)와 같은 코딩 시스템으로부터의 8비트 문자이다. 보통 발신지와 목적지 주소와 다른 제어 정보를 담고 있는 헤더와 오류 검출 또는 정정을 위한 중복 비트를 담고 있는 트레일러 또한 8비트의 정수배로 되어 있다. 프레임을 다음 프레임으로부터 분리하기 위해서는 8비트 **플래그(flag)**가 프레임의 시작점과 마지막에 추가된다. 프로토콜에 의해 좌우되는 특별 문자로 구성된 플래그는 프레임의 시작이나 마지막을 알린다. 그림 5.4에 문자 중심 프로토콜의 프레임 형식이 있다.

그림 5.4 ┃ 문장 중심 프로토콜의 프레임

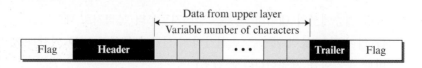

문자 중심 프레임 짜기는 데이터링크 계층에서 오직 문자열들만 교환되었을 때에 인기가 있었다. 문자열 통신에 사용하지 않는 임의의 문자를 플래그로 사용할 수 있었다. 그러나 요즘은 그래프, 오디오 및 비디오와 같은 다른 종류의 데이터도 전송한다. 플래그로 사용하는 어떤 패턴도 정보 자체에 들어 있을 수 있다. 이러한 일이 생기면 수신자는 이러한 패턴을 보게 되면 프레임의 마지막으로 오인한다. 이 문제를 해결하기 위해 바이트 채워 넣기 전략을 문자 중심 프레임 짜기에 추가하였다. **바이트 채워 넣기(byte-stuffing)**(또는 문자 채워 넣기)에서는 데이터 내부에 플래그와 동일한 패턴의 데이터가 생기면 특별한 바이트를 더해 넣는다. 데이터 부위가 추가 바이트로 채워지는 것이다. 이러한 바이트를 보통 **탈출 문자**(*ESC, escape character*)라고 하며 미리 정해진 비트 패턴을 갖는다. 수신자는 ESC 문자를 보게 되면, 데이터 부위에서 그 문자를 제거하고 다음 문자를 플래그가 아닌 데이터로 취급하는 것이다.

탈출 문자를 사용하는 바이트 채워 넣기를 하면 프레임의 데이터 부위에 플래그와 같은 패턴의 데이터가 있어도 되지만, 이는 또 다른 문제를 낳는다. 문자열 속에 한 개나 그 이상의 탈출 문자가 있고 그 뒤에 플래그가 오게 되면 어떻게 되겠는가? 수신자는 탈출 문자는 제거하지만 플래그를 데이터로 오인할 것이다. 이 문제를 해결하기 위해 문자열의 일부가 되는 탈출 문자 자신을 다른 탈출 문자를 사용하여 표시한다. 다시 말하면 탈출 문자가 문자열의 일부인 경우에는 탈출 문자를 하나 더 추가하여 두 번째 탈출 문자는 문자열의 일부라는 것을 표시한다. 그림 5.5는 그러한 상황을 보여준다.

그림 5.5 ┃ 바이트 채우기와 빼기

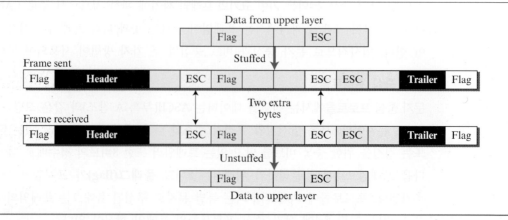

> **바이트 채우기(byte stuffing)는 텍스트에 플래그나 탈출 문자가 있을 때마다 여분의 1문자를 추가하는 처리이다.**

　문자 중심 프로토콜에는 통신상 다른 문제도 야기한다. 오늘날 사용하는 유니코드와 같은 범용 코드는 16비트나 32비트 워드를 사용하므로 8비트 문자와는 상충한다. 일반적으로 다음에 논의할 비트 중심 프로토콜로 옮겨가는 추세라고 할 수 있다.

비트 중심 프로토콜

비트 중심 프로토콜에서는 프레임의 데이터 부위는 상위 계층에서 문자열, 그래픽, 오디오, 화상 등등의 데이터 중 하나로 인식되도록 되어 있는 단지 비트열일 뿐이다. 그러나 헤더(그리고 트레일러) 이외에도 프레임들을 구분할 경계가 필요하다. 대부분의 프로토콜은 01111110의 8비트 패턴의 플래그를 그림 5.6에 있는 것처럼 프레임의 경계로 삼고 있다.

그림 5.6 ┃ 비트 중심 프로토콜의 프레임

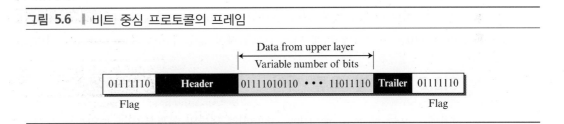

　이 플래그는 앞에서 본 것과 동일한 문제를 일으킬 수 있다. 즉 플래그 패턴이 데이터 속에 나타나면 수신자로 하여금 그것이 프레임의 끝이 아니라는 것을 알릴 필요가 있는 것이다. 우리는 이를 1개의 단일 비트(1바이트 대신에)를 채워 넣어서 그 패턴이 플래그처럼 보이지 않도록 만든다. 이 전략을 **비트 채워 넣기(bit stuffing)**라고 한다. 비트 채워 넣기에서는 0과 그 뒤로 연속하는 다섯 개의 1을 만나게 되면 추가로 0을 더해 넣는다. 이 추가로 채워 넣어진 비트는 궁극에는 수신자가 데이터에서 제거한다. 여기에서 0 뒤에 다섯 개의 1이 연속되면 그 뒤의 비트 값에 무관하게 0비트를 채워 넣는다는 것에 유의하라. 이렇게 하면 플래그 패턴은 데이터 속에서는 나타나지 않는다는 것을 보장한다.

> **비트 채워 넣기는 0 뒤에 연속하는 다섯 개의 1이 있게 되면 0을 추가로 채워 넣는 과정이며, 따라서 수신자는 데이터 속의 0111110을 플래그로 오인할 수 없도록 한 것이다.**

　그림 5.7은 송신자가 비트 채워 넣기를 하는 것과 수신자가 그것을 제거하는 것을 보여준다. 연속하는 다섯 개의 1 뒤에 0이 오는 경우에도 무조건 0을 채워 넣는 것에 유의하라. 이 0은 수신자가 제거할 것이다.

그림 5.7 ┃ 비트 채우기와 빼기

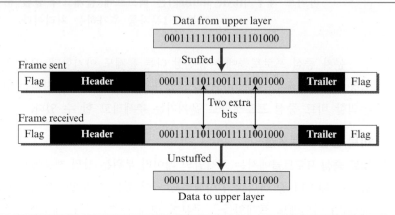

이는 플래그 같은 패턴인 01111110이 데이터 속에 나타나면 011111010으로 바뀌는 것을 말하며 따라서 수신자에 의해 플래그로 잘못 보이지 않는다는 것을 말한다. 진짜 플래그 01111110은 송신자에 의해 비트가 채워지지 않으며 수신자는 플래그로 알아보게 된다.

5.2.2 흐름 및 오류 제어

3장에서 흐름 및 오류 제어(flow control)에 대하여 살펴보았다. 데이터링크 계층에서 데이터링크 제어 서브계층의 한 가지 주요 역할은 흐름 및 오류 제어이다.

흐름 제어

전송 계층(3장)에서 살펴보았듯이, 흐름 제어(flow control)는 확인응답(acknowledgment)을 받기 전까지 보낼 데이터의 양을 조절한다. 흐름 제어는 데이터링크 계층에서 데이터링크 제어 서브계층의 역할 중 하나이다. 데이터링크 계층에서 흐름 제어는 전송 계층에서 설명한 원리와 동일하다. 전송 계층의 흐름 제어는 종 대 종(호스트 대 호스트)인 반면, 데이터링크 계층의 흐름 제어는 링크상의 노드-대-노드를 대상으로 한다.

오류 제어

오류 제어는 오류 검출과 정정이다. 수신자는 이로 인해 송신자에게 프레임이 전송 도중에 손상되었거나 유실된 것을 알릴 수 있으며 송신자로 하여금 해당 프레임을 재전송할 수 있도록 한다. 데이터링크 계층에서 **오류 제어(error control)**란 기본적으로 오류를 검출하여 재전송하는 것을 말한다. 데이터링크 계층에서의 오류 제어는 종종 단순하게 구현된다. 오류가 확인된 순간 해당 프레임을 재전송하는 것이다. 그러나 전송 계층에서의 오류 제어는 종 대 종이지만 데이터링크 계층에서의 오류 제어는 링크 상의 노드-대-노드를 대상으로 한다. 다시 말해 매번 프레임이 링크를 통과할 때마다 프레임에 오류가 없는 것을 확실히 하는 것이다.

5.2.3 오류 검출 및 정정

데이터링크 계층에서 프레임이 노드 사이의 링크에서 훼손될 경우, 다른 노드로 전달되기 전에 정정되어야 한다. 그러나 대부분의 링크 계층 프로토콜은 단순히 훼손된 프레임을 폐기하고 상위 계층에서 프레임을 재전송을 담당하도록 한다. 그러나 몇몇 무선 프로토콜에서는 훼손된 프레임을 정정하기도 한다.

개요

오류 검출 및 오류 정정에 직/간접적으로 판단된 사항들에 대해 먼저 살펴본다.

오류의 종류

전자기신호가 한 지점에서 다른 지점으로 흐를 때 열, 자기장 및 여러 형태의 전기로부터 예측할 수 없는 **간섭(interference)**을 받기 쉽다. 이 간섭은 신호의 형태나 타이밍(timing)을 바꿀 수 있다. **단일비트 오류(*single-bit error*)**에서는 0이 1로 변화되거나 1이 0으로 변화된다. **폭주 오류(*burst error*)**는 데이터 단위에서 두 개 이상의 비트가 1에서 0, 혹은 0에서 1로 변경된 것을 의미한다. 그림 5.8은 데이터 단위에서 단일 비트 오류와 폭발 오류의 영향을 보여준다.

그림 5.8 ┃ 단일비트 오류와 폭주 오류

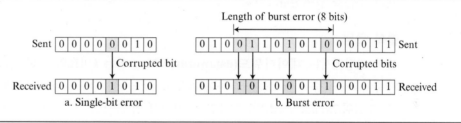

a. Single-bit error   b. Burst error

폭주 오류는 단일비트 오류보다는 일어날 가능성이 높다. 보통 잡음의 지속기간이 한 비트의 지속기간보다 긴데, 잡음이 데이터에 영향을 미칠 때 비트 집합에 영향을 미침을 의미한다. 영향을 받는 비트의 수는 데이터 전송률과 잡음의 지속기간에 달려 있다. 예를 들어, 1 kbps로 데이터를 전송한다면 1/100초의 잡음은 10개 비트에 영향을 미칠 수 있다. 만약 1 Mbps로 데이터를 전송한다면, 같은 지속기간의 잡음은 10,000개의 비트에 영향을 미칠 수 있다.

중복

오류를 검출하거나 정정하는 것의 중심 개념은 **중복(*redundancy*)**이다. 오류를 검출하거나 정정할 수 있기 위해서는 데이터 이외에 추가 비트들을 보내야 한다. 이 중복 비트들은 송신자에 의해 첨가되며 수신자가 제거한다. 중복 비트들로 인해 수신자는 오류를 찾아내거나 정정할 수 있다.

검출 대 정정

오류를 정정하는 것은 검출하는 것보다 상당히 어렵다. **오류 검출(*error detection*)**에서는 오류가 생겼는지 알아내면 된다. 간단히 오류가 있느냐 없느냐만 답하면 된다. 오류가 몇 개인지 조차 알 필요가 없는 것이다. 단일비트 오류나 폭주 오류나 마찬가지이다. **오류 정정**(*error correction*)에 있어서는 정확하게 몇 비트가 잘못 되었는지 알아야 하며 더욱이 어디가 잘못 되었는지를 알아야 한다. 오류의 개수와 메시지의 크기가 중요한 요소가 된다. 8비트 데이터에 있는 단일비트 오류를 정정하는 것이라면 8개의 가능한 오류 위치를 고려하면 되지만 같은 크기의 데이터에 있을 수 있는 2비트 오류를 정정하기 위해서는 28개의 가능한 위치를 고려해야 하는 것이다. 이렇게 보면 수신자가 1,000비트 데이터에 있는 10개의 오류를 찾는 것이 어려울 것이라는 것을 알 수 있다. 오류 검출에 비해 오류 수정은 더욱 어렵다. 그러나 이것은 나중에 8장에서 설명하기로 한다.

코딩

중복은 여러 코딩 방법을 사용하여 달성된다. 송신자는 중복 비트와 실제 데이터 비트들 사이에 어떤 관련을 짓게 하는 과정을 통해 중복 비트들을 보낸다. 수신자는 이 두 종류의 비트들 사이의 관계를 확인하여 오류를 검출하거나 정정한다. 데이터 비트에 대한 중복 비트의 개수의 비율이나 처리 과정의 안정도가 코딩 기법의 주요 요소가 된다.

코딩 방법을 **블록 코딩**(*block coding*)과 **콘벌루션 코딩**(*convolution coding*)의 두 가지 영역으로 나눌 수 있다. 본 교재에서는 블록 코딩만 고려한다. 콘벌루션 코딩은 더욱 복잡하며 본 교재의 수준을 넘어선다.

블록 코딩

블록 코딩에서는 **데이터워드(datawords)**라고 불리는 k비트의 블록으로 메시지를 나눈다. 각 블록에 r개의 중복 비트들을 더하여 길이 $n = k + r$이 되도록 한다. 결과로 얻는 n비트 블록들은 **코드워드(codewords)**라고 불린다. 어떻게 이 r비트들을 구하거나 계산하느냐를 알아본다. 일단 일련의 각각 k비트로 된 데이터워드와 n비트로 된 코드워드를 갖는다는 것을 아는 것이 중요하다. k개 비트를 사용하여 2^k개의 데이터워드를 만들 수 있고 n개 비트를 사용해서는 2^n개의 코드워드를 만들 수 있다. $n > k$이므로 가능한 코드워드의 개수가 데이터워드의 개수보다 많다. 블록 코딩 기법은 일대일이다. 즉 동일한 데이터워드는 동일한 코드워드로 부호화된다. 이는 $2^n - 2^k$개의 코드워드는 사용되지 않는다는 것을 말한다. 이러한 코드워드를 무효 또는 불법하다고 부른다. 블록 코딩에서 이런 속임수는 이런 무효 코드들이 존재하게 만든다. 만약 수신자가 무효화 코드를 수신한다면, 이것은 전송 중에 데이터가 변형되었다는 것을 의미한다.

오류 검출

블록 코딩을 사용하여 어떻게 오류를 찾아낼 수 있을까? 다음 두 조건이 맞는다면 수신자는 원래 코드워드가 바뀐 것을 알 수 있다.

1. 수신자는 유효 코드워드들을 찾아내거나 그 리스트를 가지고 있다.
2. 원래의 코드워드가 무효 코드워드로 바뀌었다.

그림 5.9는 오류 검출에 있어서의 블록 코딩의 역할을 보여준다.

그림 5.9 ▎블록 코딩의 오류 검색 과정

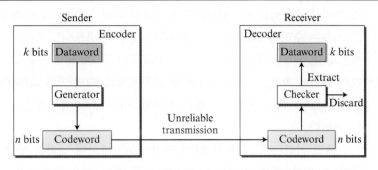

송신자는 뒤에서 논의할 부호화 규칙과 절차에 따라 데이터워드로부터 코드워드를 생성한다. 수신자에게 전송된 각 코드워드는 변형될 수 있다. 수신된 코드워드가 유효 코드워드와 같으면 용인되어 코드워드로부터 데이터워드를 추출한다. 수신된 코드워드가 유효하지 않으면 버려진다. 그러나 전송 도중 코드워드가 손상되었으나 수신된 코드워드가 여전히 유효 코드워드 중 하나라면 오류는 검출되지 않은 상태로 남는다. 이런 종류의 코딩은 오직 단일비트 오류만 잡아낸다. 두 개 이상의 오류는 잡아내지 못한다.

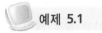 **예제 5.1**　$k = 2$이고 $n = 3$이라고 하자. 표 5.1에 데이터워드와 코드워드가 있다. 나중에 데이터워드로부터 어떻게 코드워드를 만들어 내는지 논의한다.

표 5.1 ▎예제 5.1에서 오류 검색을 위한 코드

Datawords	Codewords	Datawords	Codewords
00	000	10	101
01	011	11	110

송신자가 데이터워드 01을 011로 코딩하여 수신자에게 보낸다고 하자. 다음 경우를 생각하라.

1. 수신자가 011을 수신한다. 이는 유효 코드이다. 수신자는 이로부터 데이터워드 01을 추출한다.
2. 코드워드가 전송 도중 손상되어 111이 수신되었다(맨 왼쪽 비트가 깨졌다). 이는 유효 코드가 아니므로 버려진다.
3. 코드워드가 전송 도중 손상되어 000이 수신되었다(오른쪽 두 비트가 깨졌다). 이는 유효 코드이다. 수신자는 이로부터 부정확한 데이터워드인 00을 추출한다. 두 개 비트가 손상되어 오류를 찾지 못한다.

오류 검출 코드는 찾도록 설계된 오류만을 찾아낸다. 다른 오류는 검출되지 못한다.

해밍 거리

오류 제어의 중심 개념 중 하나는 해밍 거리(*Hamming distance*)이다. 두 같은 크기의 워드 사이의 해밍 거리는 서로 차이가 나는 해당 .비트들의 개수이다. 이제부터 두 워드 x와 y 사이의 해밍 거리를 $d(x, y)$로 표시한다. 여기서 해밍 거리가 왜 오류 탐지에서 중요한지 궁금할 것이다. 그 이유는 수신된 코드워드(codeword)와 전송된 코드워드 사이의 해밍 거리가 전송 중 훼손된 비트의 숫자이기 때문이다. 예를 들어 코드워드 00000이 전송되었고 01101이 수신되었다면, 3개의 비트에 오류가 있는 것이며 두 코드워드의 해밍 거리 d(00000, 01101)는 3이 된다. 즉 전송된 코드워드와 수신된 코드워드의 해밍 거리가 0이 아니라면 코드워드가 전송 중 훼손되었다는 것이다.

해밍 거리는 두 워드에 XOR 연산($\oplus$)을 행하여 결과로 얻은 값의 1의 개수를 더해 쉽게 구할 수 있다. 해밍 거리는 항상 0보다 큰 값인 것을 유의하라.

> **두 워드 사이의 해밍 거리는 차이가 나는 해당 비트들의 개수이다.**

예제 5.2   두 워드들 사이의 해밍 거리를 알아보자.
1. d(000, 011)은 2인데 이는 000 $\oplus$ 011은 011(두 개의 1)이기 때문이다.
2. d(10101, 11110)은 3인데 10101 $\oplus$ 11110은 01011(3개의 1)이기 때문이다.

오류 탐지를 위한 최소 해밍 거리

코드워드의 집합에서 최소 해밍 거리는 가능한 모든 코드워드 쌍 조합에서 가장 작은 해밍 거리이다. 여기서 s개의 오류를 탐지하기 위해 필요한 최소 해밍 거리를 구해본다. 만약 전송 중 s개의 오류가 발생한다면, 전송된 코드워드와 수신된 코드워드 사이의 해밍 거리는 s이다. 시스템이 s개의 오류를 탐지한다면 정상적인 코드 간의 최소 거리는 $(s + 1)$이 되어야 수신된 코드워드가 정상 코드워드와 일치하지 않게 된다. 즉 만약 모든 정상 코드워드 간의 최소 거리가 $(s +1)$이라면, 수신된 코드워드가 우연히 다른 코드워드로 변경될 수 없게 되고 오류를 탐지할 수 있게 된다. 여기서 분명히 할 것은 비록 최소 해밍 거리 $d_{min} = s + 1$일 때, 몇몇 특수한 경우에 s개 이상의 오류를 탐지할 수도 있지만, s개나 혹은 그 이하의 오류를 정확히 탐지하는 것을 보장하는 것이다.

> **모든 경우의 수에서 s개의 오류를 탐지하는 것을 보장하기 위해서는 블록 코드에서 최소 해밍 거리가 $d_{min} = s + 1$이어야 한다.**

위 내용은 기하학적으로 생각할 수 있다. 전송된 코드워드 x가 반경이 s인 원의 중심이라고 가정해 보자. 0개에서 s개의 오류가 생성된 모든 수신된 코드워드는 원의 내부나 원의 가장자리에 위치하게 된다. 그림 5.10에서처럼 다른 모든 정상 코드워드의 경우 원의 바깥에 존재하게 된다. 이는 d_{min}이 s나 $d_{min} = s + 1$보다 큰 정수임을 의미한다.

그림 5.10 | 오류 검색에서 d_{min}을 구하기 위한 기하학적 개념

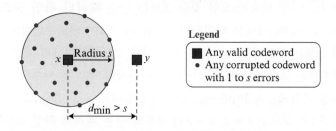

예제 5.3

우리의 첫 번째 코드 기법(표 5.1)의 최소 해밍 거리는 2이다. 이 코드는 오직 단일비트 오류를 검출할 수 있다. 예를 들면 세 번째 코드(101)가 전송되었는데 한 비트 오류가 발생했다면 수신된 코드는 그 어떤 유효 코드가 일치하지 않는다. 그러나 두 개의 오류가 발생했다면 수신된 코드워드는 다른 유효 코드와 일치할 수 있으므로 오류를 알아낼 수 없다.

예제 5.4

코드 기술(code scheme)이 해밍 거리 $d_{min} = 4$이다. 이 코드는 3개까지의 오류를 탐지하는 것을 보장한다($d = s + 1$ 즉 $s = 3$).

선형 블록 코드

오늘날 사용되는 대부분의 블록 코드는 **선형 블록 코드**(*linear block codes*) 중 하나이다. 비선형 블록 코드는 오류 검출이나 정정에 널리 쓰이지 않는데 그 구조가 이론적으로 복잡하고 구현하기 힘들기 때문이다. 우리는 선형 블록 코드에 초점을 두기로 한다. 선형 블록 코드에 대해 정식으로 알기 위해서는 추상 선형 대수학(구체적으로 갈로 필드)에 대해 알아야 하는데 이는 이 책의 범위를 넘어선다. 따라서 약식으로 설명하자. 여기서는 선형 블록 코드는 두 유효한 코드워드에 대해 XOR 연산을 가하면 다른 유효한 코드워드가 생성되는 코드라고 설명토록 한다.

예제 5.5

표 5.1의 코드는 서로 간의 XOR 연산의 결과가 모두 정상 코드워드이기 때문에 선형 블록 코드이다. 예를 들면, 두 번째 코드워드와 세 번째 코드워드의 XOR 연산의 결과는 네 번째 것이 된다.

선형 블록 코드의 최소 거리

선형 블록 코드의 최소 해밍 거리는 쉽게 알 수 있다. 최소 해밍 거리는 0이 아닌 가장 적은 수의 1을 가지고 있는 코드워드의 1의 개수이다.

예제 5.6

표 5.1의 코드에서는 0이 아닌 코드워드의 1의 개수는 각각 2, 2 및 2이다. 그러므로 최소 해밍 거리 $d_{min} = 2$이다.

패리티 확인 코드

아마도 가장 익숙한 오류 검출 코드는 단순 **패리티 확인 코드(parity-check code)**일 것이다. 이 코드에서는 k비트 데이터워드를 $n = k + 1$이 되도록 n비트 코드워드로 바꾸는 것이다. 추가된 비트는 패리티 비트라고 불리며 전체 코드워드의 1의 개수가 짝수가 되도록 선정된다. 어떤 경우에는 홀수가 되도록 선정되기도 하지만 우리는 짝수의 경우를 사용한다. 이 코드의 최소 해밍 거리 $d_{min} = 2$이며 이는 코드는 단일비트 오류 검출 코드가 되며 오류를 정정할 수는 없다. 표 5.1의 코드는 $k = 2$, $n = 3$인 경우의 단순 패리티 확인 코드이다. 표 5.2의 코드 또한 $k = 4$, $n = 5$인 경우의 패리티 확인 코드이다.

표 5.2 | 간단한 패리티 검사 코드(5, 4)

Datawords	**Codewords**	*Datawords*	**Codewords**
0000	**00000**	1000	**10001**
0001	**00011**	1001	**10010**
0010	**00101**	1010	**10100**
0011	**00110**	1011	**10111**
0100	**01001**	1100	**11000**
0101	**01010**	1101	**11011**
0110	**01100**	1110	**11101**
0111	**01111**	1111	**11110**

그림 5.11은 가능한 부호화기(송신자)와 복호기(수신자)의 그림이다.

그림 5.11 | 간단한 페리티 검사 코드의 부호화기와 복호화기

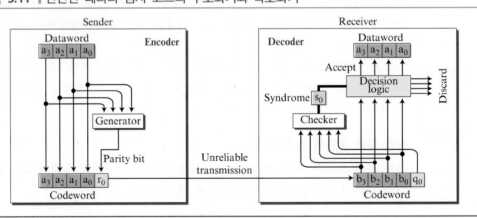

부호화기는 4비트 데이터워드(a_0, a_1, a_2 및 a_3)의 사본을 받아 패리티 비트 r_0를 생성한다. 데이터워드 비트와 패리티 비트는 5비트 코드워드를 만들어 낸다. 추가된 패리티 비트는 전체 코드워드의 1의 개수를 짝수로 만든다. 이는 보통 데이터워드의 4비트를 모듈로-2 연산으로 더해서 찾는다. 그 결과값이 패리티 비트이다. 다시 말하면

$$r_0 = a_3 + a_2 + a_1 + a_0 \quad \text{(modulo-2)}$$

1의 개수가 짝수이면 결과는 0이고 홀수이면 결과는 1이다. 두 경우 모두 코드워드의 전체 1의 개수는 짝수이다.

송신자는 전송 도중 손상된 코드워드를 보낼 수 있다. 수신자는 5비트 워드를 받는다. 수신자 쪽의 확인기가 한 가지만 예외일 뿐 송신자 쪽의 생성기와 동일한 일을 한다. 이번에는 5비트에 대해 덧셈을 하는 것이다. 그 결과를 **증상(syndrome)**이라고 부르는데 1비트 값이다. 수신된 워드의 1의 개수가 짝수이면 증상은 0이고 아니면 1이다.

$$s_0 = b_3 + b_2 + b_1 + b_0 + q_0 \quad \text{(modulo-2)}$$

증상은 결정 논리 분석기로 보내진다. 증상이 0이면 수신된 코드에는 오류가 없는 것이고 데이터 부분이 데이터워드로서 받아들여진다. 증상이 1이면 데이터 부위를 버리게 된다. 데이터워드가 손상된 것이기 때문이다.

예제 5.7   어떤 전송 시나리오를 상정하자. 송신자는 1011의 데이터워드를 보낸다고 하자. 이 데이터워드로부터 생성된 코드워드는 10111이며 이것이 수신자에게 보내진다. 다섯 가지 경우에 대해 조사해 보자.

1. 오류가 발생하지 않았다. 수신된 코드워드는 10111이다. 증상은 0이다. 데이터워드 1011이 만들어진다.

2. a_1 비트에 손상이 생겨 한 비트가 바뀌었다. 수신된 코드워드는 10**0**11이다. 증상은 1이다. 데이터워드는 만들어지지 않았다.

3. r_0 비트에 손상이 생겨 한 비트가 바뀌었다. 수신된 코드워드는 1011**0**이다. 증상은 1이다. 데이터워드는 만들어지지 않았다. 데이터비트는 손상되지 않았지만 코드가 어디가 손상되었는지 알려주지 못하므로 데이터워드를 만들지 못했다.

4. r_0와 a_3 비트에 오류가 생겨 해당 비트를 바꾸었다. 수신된 코드워드는 **0**011**0**이다. 증상은 0이다. 데이터워드 0011이 수신자에 의해 만들어졌다. 잘못된 증상 값 때문에 잘못된 데이터워드가 만들어졌다는 것에 유의하라. 단순 패리티 확인 코드는 짝수 개의 오류가 발생하면 검출해 내지 못한다. 오류가 서로를 상쇄해서 증상 값이 0이 된다.

5. a_3, a_2, a_1의 세 비트가 오류가 발생하여 값이 바뀌었다. 수신된 코드워드는 **010**11이다. 증상은 1이다. 데이터워드는 생성되지 않았다. 이는 단일비트 오류를 검출토록 보장된 단순 패리티 확인 코드는 홀수 개의 오류도 검출해 내는 것을 보여준다.

> **단순 패리티 확인 코드는 홀수 개의 오류를 검출한다.**

순환 코드

순환 코드는 하나의 특별한 성질이 있는 선형 블록 코드이다. **순환 코드(cyclic code)**에서는 코드워드를 순환시키면 다른 코드워드를 얻는다. 예를 들면 만일 1011000이 코드워드이면 한 비트를 왼쪽으로 이동시켜 얻은 코드워드 0110001도 코드워드이다. 이 경우에는 만일 첫 번째 코드워드의 각 비트를 a_0부터 a_6라고 하고 두 번째 코드워드의 비트를 b_0부터 b_6라고 하면 다음의 관계를 얻는다.

$$b_1 = a_0 \qquad b_2 = a_1 \qquad b_3 = a_2 \qquad b_4 = a_3 \qquad b_5 = a_4 \qquad b_6 = a_5 \qquad b_0 = a_6$$

맨 오른쪽 등식에서는 첫 번째 워드의 마지막 비트가 두 번째 워드의 첫 번째 비트가 된다.

순환 중복 확인

오류를 정정하기 위한 순환 코드를 만들 수 있다. 그러나 그 이해를 위한 이론적 배경은 이 교재의 범주를 벗어난다. 이 절에서는 LAN이나 WAN에서 널리 사용되는 **순환 중복 확인(CRC, cyclic redundancy check)**라고 부르는 순환 코드의 한 범주에 대해 논의한다.

표 5.3은 CRC 코드의 한 예이다. 이 코드의 선형적이고 순환적인 성질 모두를 볼 수 있다.

표 5.3 ▌ CRC 코드 C(7, 4)

Dataword	Codeword	Dataword	Codeword
0000	0000000	1000	1000101
0001	0001011	1001	1001110
0010	0010110	1010	1010011
0011	0011101	1011	1011000
0100	0100111	1100	1100010
0101	0101100	1101	1101001
0110	0110001	1110	1110100
0111	0111010	1111	1111111

그림 5.12는 부호화기와 복호화기의 한 설계 예이다.

그림 5.12 ▌ CRC 부호화기와 복호화기

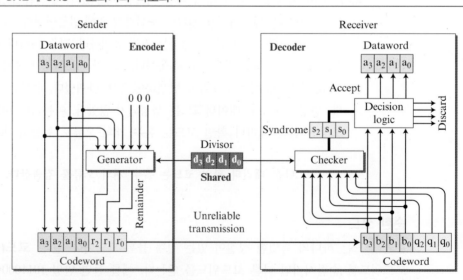

부호화기에서는 데이터워드는 k비트(여기서는 4비트)이며, 코드워드는 n비트(여기서는 7 비트)이다. 데이터워드의 크기는 $n - k$(여기서는 3비트)개의 0을 워드의 오른편에 더해서 키워 진다. 이 n비트 결과값이 생성기로 보내진다. 생성기는 미리 정해진 크기 $n - k + 1$의 나누기 장치를 사용한다. 생성기는 확장된 데이터워드를 나누기 장치(모듈로-2 나누기)로 나눈다. 나눗 셈의 결과로 얻는 몫은 버려지고 나머지($r_2r_1r_0$)를 데이터워드에 덧붙여 코드워드를 만든다.

복호화기는 손상되었을지 모르는 코드워드를 수신한다. 수신된 n비트의 사본이 확인기에 보내지는데 이 확인기는 코드 생성기와 동일하다. 확인기에 의해 만들어진 나머지가 $n - k$(여 기서는 3비트)비트의 증상이 되며 이 증상이 결정 논리 분석기에 보내진다. 분석기는 간단한 기 능을 한다. 증상 비트가 모두 0이면 코드워드의 왼편 4개 비트를 데이터워드로서 받아들이며 그렇지 않은 경우에는 4개 비트는 버려진다(오류 발생).

부호화기 부호화기를 자세히 들여다보자. 부호화기는 데이터워드를 받아 $n - k$개의 0을 덧붙 인다. 그 이후 그림 5.13처럼 나누기 장치로 확장된 데이터워드를 나눈다.

그림 5.13 ┃ CRC 부호화기의 나눗셈

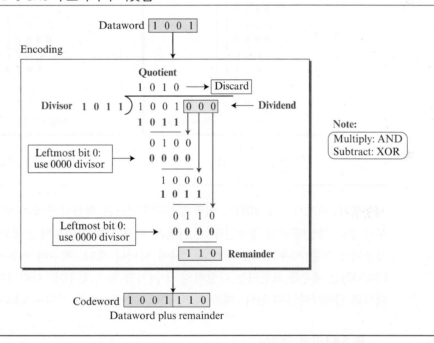

모듈로-2 이진 나눗셈 과정은 십진수의 나눗셈 과정과 동일하다. 그러나 이 장의 앞에서 언급한 것처럼 덧셈과 뺄셈의 결과는 같다. 두 가지 연산 모두 XOR을 사용한다.

십진수의 나눗셈과 마찬가지로 그 과정은 한 단계씩 이루어진다. 각 단계마다 제수의 사본 이 피제수의 4비트와 XOR된다. XOR 연산의 결과(나머지)는 3비트(이 경우에)인데 다음 1비트 를 가져와 4비트를 만든 후에 다음 단계에서 다시 사용된다. 이러한 종류의 나눗셈을 할 때 주 의해야 할 것이 있다. 피제수의 맨 왼편의 값이 0이면 원래의 제수를 사용하는 대신에 모두 0인

제수를 사용해야 한다.

더 이상 사용할 비트가 없게 되면 그것이 결과값이다. 이 3비트 나머지가 확인 비트(r_2, r_1, r_0)가 된다. 이 결과를 데이터워드의 뒤에 붙인다.

복호화기 코드워드는 전송 도중 바뀔 수 있다. 복호화기는 부호화기와 동일한 나눗셈 연산을 수행한다. 그 나머지가 증상이 된다. 증상이 모두 0이면 오류가 없는 것이고 데이터워드는 코드 워드로부터 분리되어 채택된다. 그렇지 않으면 전체 워드를 버리게 된다. 그림 5.14는 두 가지 경우를 보여주는데 왼편 그림은 오류가 없을 때의 증상의 값이 000인 것을 보여준다. 그림의 오른편은 오류가 하나 있는 경우의 증상 값을 보여준다. 증상은 0이 아닌 011이다.

그림 5.14 ▌ 두 가지 경우의 CRC 복호화기의 나눗셈

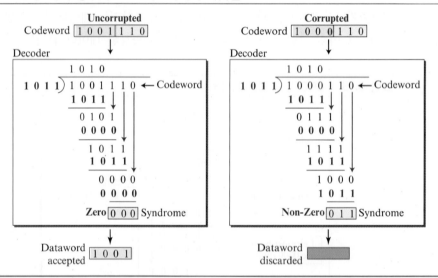

나눗셈기 여기서 제수 1011이 어떻게 선택되었는지 확인할 필요가 있다. 이는 우리가 코드로 부터 얻은 예상에 따라 정해진다. 이 내용은 책자의 웹 사이트에 설명되어 있다. 통신 분야에서 사용되는 표준 제수 중 몇 개가 표 5.4에 나타나 있다. 제수의 이름에 있는 숫자(예를 들어 CRC-32)는 제수를 표현하는 다항식의 급수(가장 높은 단위)를 나타낸다. 비트의 수는 항상 다 항식의 급수보다 1이 높다. 예를 들면, CRC-8은 9비트를 가지며 CRC-32는 33비트를 가진다.

표 5.4 ▌ 표준 다항식

Name	Binary	Application
CRC-8	100000111	ATM header
CRC-10	11000110101	ATM AAL
CRC-16	10001000000100001	HDLC
CRC-32	100000010011000001000111011011011011111	LANs

다항식

순환 코드를 보다 더 이해하고 분석하기 위해 다항식으로 표기할 수 있다. 다항식에 대한 설명은 책자의 웹 사이트에서 확인할 수 있다.

요구사항

비트 패턴이 제수가 되기 위해서는 적어도 두 가지 특징을 만족해야 하는 것을 수학적으로 중명할 수 있다.

1. 패턴은 적어도 두 개의 비트로 이루어져야 한다.
2. 가장 좌측과 우측의 비트는 모두 1이 되어야 한다.

성능

CRC의 성능을 아래와 같이 수학적으로 증명할 수 있다.

❑ **단일 오류.** 검증된 모든 제수는 모든 단일비트 오류를 탐지할 수 있다.

❑ **홀수 개의 오류.** 만약 제수가 모듈로 2 연산에서 이진 나눗셈으로 $(11)_2$로 나누어 떨어질 경우 검증된 모든 제수는 모든 홀수 개의 오류를 탐지할 수 있다. 나누어 떨어지지 않을 경우, 모든 홀수 개의 오류를 탐지할 수 없다.

❑ **폭주 오류.** 만약 폭주 오류가 L비트이고 r이 나머지 비트의 길이라고 가정한다면(r은 제수에서 1을 뺀 길이이며 또한 제수의 다항식 표기에서 가장 높은 급수의 값이다.)

    a. 폭주 오류 L의 크기가 r보다 작을 경우 모두 탐지가 가능하다.
    b. 폭주 오류 L의 크기가 $r+1$일 때 $1-(0.5)^{r-1}$의 확률로 탐지 가능하다.
    c. 폭주 오류 L의 크기가 $r+1$보다 클 경우 $1-(0.5)^r$의 확률로 탐지가 가능하다.

순환 코드의 장점

순환 코드는 하드웨어나 소프트웨어로 쉽게 구현 가능하다. 특히 하드웨어로 구현할 경우 속도가 빠르기 때문에 많은 네트워크에 적용 가능한 기술로 주목받고 있다. 이 책자의 웹 사이트에서 노드의 하드웨어 상에 구현되어 있는 쉬프트 레지스터를 이용하여 나눗셈을 수행하는 것을 확인할 수 있다.

검사합

검사합(checksum)은 어떠한 길이의 메시지에도 적용 가능한 오류 탐지 기법이다. 인터넷에서는 데이터링크 계층보다 네트워크 계층과 전송 계층에서 검사합 기법이 주로 사용된다. 그러나 오류 탐지 기술을 모두 설명하기 위해 이 장에서 검사합의 설명을 하기로 한다.

    송신측에서 메시지는 m비트 단위로 나뉘어진다. 그리고 **검사합**으로 불리는 추가적인 m비트를 생성하여 메시지와 함께 전송한다. 수신측에서는 검사기(checker)에서 수신된 메시지와 검사합을 사용하여 새로운 검사합을 생성한다. 새롭게 만들어진 검사합이 모두 0일 경우, 메시지는 정상적으로 수신된 것이다. 그렇지 않을 경우, 메시지는 폐기된다(그림 5.15). 실제 구현 시, 검사합이 반드시 메시지의 끝에 추가되지 않고 메시지의 중간에 삽입될 수도 있다.

그림 5.15 | 검사합

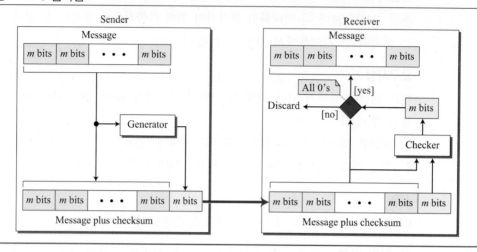

개념

전통적인 검사합의 원리는 간단하다. 여기서는 간단한 예제를 통해 이를 설명한다.

 예제 5.8

목적지에 보내는 메시지가 5개의 4비트 숫자라고 가정한다. 추가적으로 이 메시지를 보낼 때, 숫자의 합도 함께 보낸다. 예를 들어, 숫자가 (7, 11, 12, 0, 6)일 경우 원래 숫자의 합인 36을 더해 (7, 11, 12, 0, 6, **36**)을 보낸다. 수신측에서는 다섯 개의 숫자를 합하여 결과를 수신한 합과 비교한다. 만약 두 숫자가 같다면 오류가 없는 것으로 간주하고 메시지를 정상적으로 수신하고 숫자의 합은 폐기한다. 그렇지 않은 경우, 메시지에 오류가 있는 것으로 해당 메시지를 받아들이지 않는다.

1의 보수 합 앞의 예제는 한 가지 큰 단점이 있다. 각각의 숫자는 15 이하의 4비트 단어(15 이하)로 작성이 가능하지만 합은 그렇지 않다. 이를 해결하기 위한 한가지 방법이 **1의 보수 (one's complement)** 연산이다. 이 연산에서 m비트를 사용하여 0과 2^m-1사이의 부호 없는 숫자를 나타낼 수 있다. 만약 숫자가 m비트 이상의 크기를 가지면 가장 왼쪽의 비트를 가장 우측의 m비트에 더하여 나타낼 수 있다(덮어쓰기).

 예제 5.9

앞의 예제에서 10진수 36은 2진수로 $(100100)_2$이다. 이 숫자를 4비트의 숫자로 변경하기 위해 아래와 같이 여분의 가장 왼쪽 비트를 오른쪽의 4비트에 더하였다.

$$(10)_2 + (0100)_2 = (0110)_2 \rightarrow (6)_{10}$$

숫자의 합으로 36을 전송하는 대신 (7, 11, 12, 0, 6, **6**)의 합으로 6을 전송할 수 있다. 수신자는 처음 5개의 숫자를 1의 보수 연산으로 합한다. 만약 결과가 6이라면 해당 숫자들을 정상적으로 수신한다. 그렇지 않은 경우에는 폐기한다.

검사합 검사합을 합의 보수로 보낼 경우 수신측에서 더 쉽게 검사를 할 수 있다. 1의 보수 연산에서 보수는 모든 비트의 역을 취해 구한다(모든 1은 0으로, 모든 0은 1로 변환). 이는 2^m-1에서 해당 숫자를 배는 것과 같은 연산이다. 1의 보수 연산에서 0은 양수의 0과 음수의 0이 있다. 음수의 0은 모든 비트를 1로 변환한다. 만약 특정 수와 그 수의 보수를 더할 경우, 음수의 0이 구해진다(모든 비트가 1인 숫자). 수신측에서 검사합을 포함한 5개의 모든 숫자를 합하면, 음수의 0을 구할 수 있다. 수신측에서는 양수의 0을 구하기 위해 결과의 역을 취할 수 있다.

 **예제 5.10**

예제 5.9의 검사합을 이용한 예를 살펴본다. 송신자는 검사합인 6을 얻기 위해 5개의 숫자를 모두 더하고 1의 보수 연산을 한다. 그리고 그 결과를 보수화하여 검사합의 값인 9(15 − 6)를 구한다. 여기서 6은 $(0110)_2$이고 9는 $(1001)_2$로 서로 보수이다. 송신자는 5개의 데이터 숫자와 검사합 (7, 11, 12, 0, 6, **9**)를 보낸다. 전송 중 오류가 없다면 수신자는 (7, 11, 12, 0, 6, **9**)를 수신하고 이를 모두 더하여 1의 보수를 취하여 15를 얻게 된다. 송신자는 15를 보수화하여 0을 얻는다. 이는 데이터가 중간에 훼손되지 않은 것을 나타낸다. 그림 5.16은 이 과정을 나타내고 있다.

그림 5.16 ▮ 예제 5.10

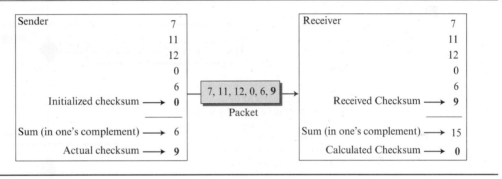

인터넷 검사합

전통적으로 인터넷은 16비트의 검사합을 사용해왔다. 송신자와 수신자는 표 5.5의 단계에 따라 검사합을 수행한다. 송신자나 수신자는 5단계를 사용한다.

표 5.5 ▮ 전통적인 검사합 계산 과정

Sender	*Receiver*
1. The message is divided into 16-bit words.	1. The message and the checksum is received.
2. The value of the checksum word is initially set to zero.	2. The message is divided into 16-bit words.
3. All words including the checksum are added using one's complement addition.	3. All words are added using one's complement addition.
4. The sum is complemented and becomes the checksum.	4. The sum is complemented and becomes the new checksum.
5. The checksum is sent with the data.	5. If the value of the checksum is 0, the message is accepted; otherwise, it is rejected.

알고리즘

그림 5.17의 다이어그램은 검사합의 계산 알고리즘을 나타낸다. 이 알고리즘을 바탕으로 쉽게 프로그램 작성이 가능하다. 중요한 것은 첫 번째 루프에서 데이터의 합을 2의 보수 연산으로 구하고 두 번째 루프에서 2의 보수 계산에서 발생한 여분의 비트를 제거하여 1의 보수 계산을 시뮬레이션하는 것이다. 이 같은 절차는 요즘 대부분의 컴퓨터가 2의 보수 계산을 수행하기 때문에 필요하다.

그림 5.17 | 전통적인 검사합을 계산하기 위한 알고리즘

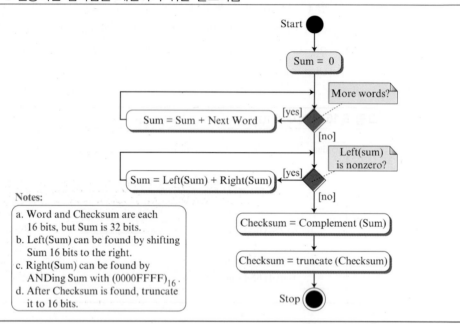

Notes:
a. Word and Checksum are each 16 bits, but Sum is 32 bits.
b. Left(Sum) can be found by shifting Sum 16 bits to the right.
c. Right(Sum) can be found by ANDing Sum with $(0000FFFF)_{16}$
d. After Checksum is found, truncate it to 16 bits.

성능   기존 검사합은 16비트의 작은 숫자만 사용하여 모든 크기(때론 수천 비트)의 메시지의 오류를 검사하였다. 그러나 그 성능은 CRC 오류 검사만큼 정확하지 못하다. 예를 들어, 한 단어의 값이 증가하고 동시에 다른 단어의 값이 감소할 경우 합과 검사합의 값이 변하지 않기 때문에 두 오류는 검출되지 않는다. 또한 합과 검사합이 변화지 않으면서 여러 단어의 값이 증가할 경우, 이런 오류도 검출되지 않는다. Fletcher와 Adler는 첫 번째 문제점을 해결하기 위해 가중치 기반의 검사합 기법을 제안하였다. 그러나 인터넷 분야에서 특히 새로운 프로토콜을 설계하는 경우, 검사합을 CRC로 대체하는 경향이다.

다른 검사합 방법

앞서 언급하였듯이 기존 검사합 계산법에는 큰 문제점이 있다. 두 개의 16비트 메시지가 전송 중 순서가 바뀌었을 때 검사합은 오류를 탐지하지 못한다. 이는 기존 검사합이 가중치를 두지 않고 각각의 데이터를 모두 똑같이 다루기 때문이다. 즉 데이터의 순서는 계산에 반영되지 않는다. 이 문제를 해결하기 위해 많은 방법들이 제안되었다. 여기서는 Fletcher와 Adler의 두 가지 경우를 설명한다.

Fletcher 검사합 Fletcher 검사합은 위치에 따라 데이터에 각기 다른 가중치를 주도록 고안되었다. Fletcher는 8비트와 16비트의 두 가지 알고리즘을 제안하였다. 첫 번째로, 8비트 Fletcher는 8비트 데이터를 연산하여 16비트의 검사합을 생성한다. 두 번째로, 16비트 Fletcher는 16비트 데이터를 연산하여 32비트 검사합을 생성한다.

8비트 Fletcher는 바이트 데이터로 연산하며 16비트 검사합을 생성한다. 여기서는 중간값들을 256으로 나누고 나머지를 취하는 모듈로 $256(2^8)$ 연산을 실행한다. 이 알고리즘은 L과 R의 두 개의 누산기를 사용한다. 첫 번째에서는 간단하게 데이터를 모두 더한다. 두 번째에서는 연산에 가중치를 더한다. 8비트 Fletcher에는 많은 변종이 있다. 그림 5.18은 간단한 예제를 보여준다.

16비트 Fletcher 검사합은 8비트 Fletcher 검사합과 유사하지만 16비트 데이터를 연산하여 32비트 검사합을 생성하는 것이 다르다. 연산은 모듈로 65,536을 수행한다.

그림 5.18 ┃ 8비트 Fletcher 검사합을 계산하기 위한 알고리즘

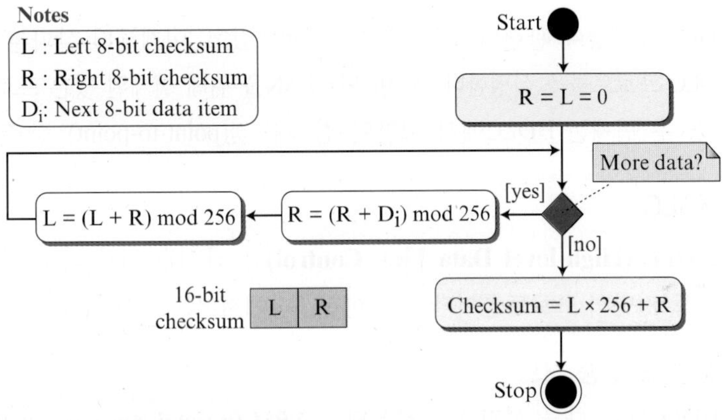

Adler 검사합 Adler 검사합은 32비트 검사합이다. 그림 5.19에서는 플로우차트 형태의 간단한 알고리즘을 보여준다. 16비트 Fletcher와 유사하지만 3가지 다른 부분이 있다. 첫 번째로 한 번에 2바이트가 아닌 단일비트 상에서 연산이 이루어진다. 두 번째로 모듈로 연산에 65,536 대신 65,521의 소수가 사용된다. 세 번째로 L은 0 대신 1로 초기화되어 있다. 몇몇 데이터 조합에서 소수를 이용한 모듈로가 더 나은 성능을 보여주는 것은 이미 증명되어 있다.

그림 5.19 ┃ Alder 검사합을 계산하기 위한 알고리즘

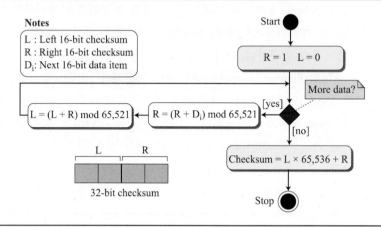

5.2.4 두 가지 DLC 프로토콜

DLC 부계층에 관련된 모든 사안을 살펴보았고, 이제부터 살펴본 것들이 실제로 구현된 두 가지 DLC 프로토콜을 설명한다. 첫 번째는 LAN을 위해 설계된 많은 프로토콜들의 바탕이 되는 HDLC이다. 두 번째는 HDLC에서 고안된 점−대−점(point-to-point) 링크에서 사용되는 점−대−점이다.

HDLC

HDLC (High-level Data Link Control)은 점−대−점과 다중 점 링크를 통해 통신을 하기위한 비트 기반의 프로토콜이다. 여기에는 3장에서 설명한 Stop-and-Wait 프로토콜이 포함되어 있다.

설정 및 전송 모드

HDLC에는 다른 설정으로 사용되는 *NRM (normal response mode)*과 *ABM (asynchronous balanced mode)*의 두 가지 전송모드가 있다. NRM에서 지국 설정은 불균형적이다. 여기서는 하나의 주 지국이 있고 여러 개의 부 지국이 있다. 주 지국은 명령을 전송할 수 있고 부 지국은 그에

그림 5.20 ┃ NRM

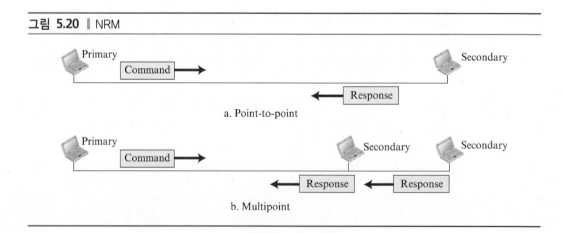

대한 응답만이 가능하다. NRM은 그림 5.20에서와 같이 점-대-점 통신과 다중 점 통신 모두 사용이 가능하다.

ABM에서 지국 설정은 균형적이다. 그림 5.21과 같이 링크는 점-대-점이며 각 지국은 주 지국과 부 지국으로 동작 가능하다. 이 모드는 최근 널리 사용되는 방법이다.

그림 5.21 ┃ ABM

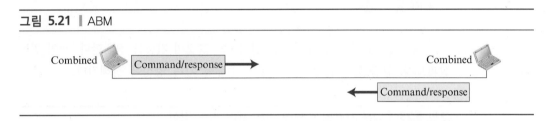

프레임

앞서 설명한 각 모드와 설정에서 사용 가능한 모든 옵션을 지원하기 위해 HDLC는 *I*-프레임(*information frame*), *S*-프레임(*supervisory frame*), *U*-프레임(*unnumbered frame*)의 세 가지의 프레임을 제공한다. 각 유형의 프레임은 다른 종류의 메시지를 전송하기 위해 사용된다. I-프레임은 사용자 데이터의 제어 정보(piggybacking)나 사용자 데이터를 전송하기 위해 사용된다. S-프레임은 제어 정보만을 전송하기 위해 사용된다. U-프레임은 시스템 관리를 위해 예약된 프레임이다. U-프레임으로 전송되는 정보는 링크를 관리하기 위한 정보이다.

HDLC의 각 프레임은 그림 5.22와 같이 시작 플래그 필드, 주소 필드, 제어 필드, 정보 필드, 프레임 검사 순서(FCS) 필드, 종료 플래그 필드의 6개의 필드를 포함하고 있다. 다중 프레임 전송에서는 한 프레임의 종료 플래그가 다음 프레임의 시작 플래그로 사용된다.

그림 5.22 ┃ HDLC 프레임

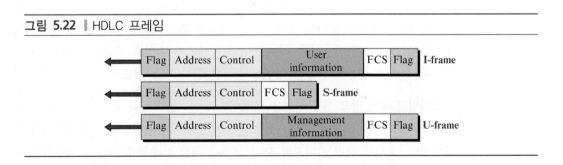

여기서 다른 종류의 프레임에서 각 필드가 어떻게 사용되는지 살펴보자.

❑ **플래그 필드.** 이 필드는 프레임의 시작과 종료를 나타내는 동기화 패턴 01111110을 포함한다.

❑ **주소 필드.** 이 필드는 부 지국의 주소를 포함한다. 주 지국이 프레임을 생성할 때, 수신측의 주소를 포함한다. 부 지국이 프레임을 생성할 때, **송식측**의 주소를 포함한다. 주소 필드는 네트워크의 요구에 따라 하나의 바이트에서 여러 바이트로 구성된다.

❑ **제어 필드.** 제어 필드는 하나 혹은 두 개의 바이트로 오류와 흐름 제어를 위해 사용된다.

각 비트의 의미는 나중에 설명한다.

❑ **정보 필드.** 정보 필드는 네트워크 계층에서 온 사용자의 데이터나 관리 정보를 포함한다. 정보 필드의 길이는 네트워크에 따라 다양하다.

❑ *FCS* **필드.** 프레임 검사 순서는 HDLC의 오류 검사 필드이다. 이 필드는 2 혹은 4바이트의 CRC를 가진다.

제어 필드는 프레임의 종류를 결정하고 그것의 기능을 정의한다. 제어 필드를 보다 상세히 살펴보자. 그림 5.23과 같이 프레임의 종류에 따라 양식이 정해진다.

그림 5.23 ▌ 다른 프레임 종류에 따른 제어 필드 양식

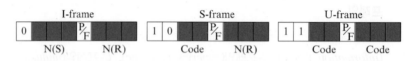

I-프레임의 제어 필드 I-프레임은 네트워크 계층에서 온 사용자 데이터를 전송하기 위해 설계되었다. 그리고 I-프레임은 흐름 및 오류 제어 정보(piggybacking, 피기백킹)도 전송할 수 있다. 제어 필드의 부 영역에서 이런 기능을 정의한다. 첫 번째 비트는 종류를 정의한다. 제어 필드의 첫 번째 비트가 0이면 이는 프레임이 I-프레임임을 의미한다. $N(S)$로 불리는 다음 세 비트는 프레임의 순차 번호를 의미한다. 3비트로 0에서 7 사이의 숫자를 정의할 수 있다. $N(R)$로 불리는 마지막 세 비트는 피기백킹 시의 응답 번호를 나타낸다.

$N(S)$와 $N(R)$ 사이의 단일비트는 P/F 비트다. P/F 필드는 두 가지 목적의 단일비트이다. P/F 필드가 1로 설정되었을 때만 의미가 있으며 poll 혹은 final을 의미한다. 주 지국에서 부 지국으로 프레임을 전송할 때 *poll*을 의미한다(주소 필드가 수신측 주소로 설정). 반대로 부 지국에서 주 지국으로 프레임을 전송할 때 *final*을 의미한다(주소 필드가 송신측 주소로 설정).

S-프레임의 제어 필드 S-프레임은 피기백킹이 불가능하거나 부적합한 경우 흐름 및 오류 제어를 위해 사용된다. S-프레임에는 정보 필드가 없다. 제어 필드의 처음 2비트가 10일 경우 S-프레임이다. $N(R)$로 불리는 마지막 3비트는 S-프레임의 종류에 따라서 상응하는 확인응답(ACK) 번호 이거나 부정적인 확인응답(NAK) 번호이다. **코드**(*code*)로 불리는 마지막 두 비트는 S-프레임의 종류를 정의한다. 두 비트를 사용하여 아래와 같이 네 종류의 S-프레임을 나타낼 수 있다.

❑ *Receive Ready(RR).* 코드의 부영역이 00이면, RR S-프레임이다. 이 종류의 프레임은 안전하게 수신한 단일 프레임이나 여러 프레임의 확인응답을 나타낸다. 이 경우 $N(R)$ 필드는 확인응답 번호를 나타낸다.

❑ *Receive not Ready (RNR).* 코드의 부영역이 10이면, RNR S-프레임이다. 이 종류의 프레임은 RR 프레임에 추가적인 기능이 있는 프레임이다. 안전하게 수신한 단일 프레임이나 여러

프레임의 확인응답을 나타내며 동시에 수신측이 현재 프레임을 더 수신할 수 없음을 나타 낸다. 이는 송신측에 천천히 보낼 것을 요청하는 혼잡 제어 기술처럼 작동한다. $N(R)$ 필드는 확인응답 번호를 나타낸다.

❏ *Reject (REJ).* 코드의 부영역이 01이면 REJ S-프레임이다. 이 종류의 프레임은 NAK 프레 임이지만 Selective-repeat ARQ에서 사용되는 것과는 조금 다르다. Go-Back-*N* ARQ에서 NAK가 송신측에 타이머가 만료되기 전에 마지막 프레임이 훼손되거나 분실된 것을 알림으 로써 처리 효율을 올리는 것과 같다. $N(R)$ 필드는 부정적인 확인응답 번호를 나타낸다.

❏ *Selective reject (SREJ).* 코드의 부영역이 11이면, SREJ S-프레임이다. 이 종류의 프레임은 Se-lective-repeat ARQ에서 사용되는 NAK 프레임이다. HDLC 프로토콜에서는 *Selective-repeat*이 아닌 *selective reject*라는 용어를 사용함을 주의해야 한다. $N(R)$ 필드는 부정적인 확인응답 번호를 나타낸다.

U-프레임을 위한 제어 필드 U-프레임은 연결된 장치와 세션 관리 및 제어 정보를 주고받는데 사용된다. S-프레임과는 다르게 U-프레임은 사용자 데이터용이 아닌 시스템 관리 정보를 위한 정보 필드를 가지고 있다. 그러나 S-프레임처럼 제어 프레임이 주로 나르는 데이터는 제어 필드 에 속해 있는 코드부분에 있다. U-프레임의 코드는 P/F 비트 앞부분인 2비트의 프리픽스와 P/F 비트의 뒷부분인 3비트의 서픽스이다. 이 두 부분(총 5비트)을 동시에 사용하여 32가지의 다른 형태의 U-프레임을 만들 수 있다.

점–대–점 프로토콜

최근 점–대–점 접근에서 가장 흔한 프로토콜은 **점–대–점 프로토콜(PPP, Point-to-Point Protocol)**이다. 수백만의 인터넷 사용자는 가정의 컴퓨터를 인터넷 상의 서비스 제공자에 접속하 기 위해 PPP를 사용한다. 이런 사용자의 대부분은 전통적인 모뎀을 사용한다. 이런 모뎀은 물리 계층의 서비스로 전화선을 이용하여 인터넷에 접속한다. 그러나 데이터 전송을 관리하고 제어하기 위해 데이터링크 계층에 점-대-점 프로토콜이 필요하다. PPP는 가장 흔히 쓰이는 종류이다.

서비스

PPP를 설계할 때 점–대–점 프로토콜에 적합하도록 많은 서비스를 포함시켰지만 간단화를 위 해 몇몇 기존 서비스는 제외하였다.

PPP가 제공하는 서비스 PPP는 장치간 주고받는 메시지의 형식을 정의하고 있다. 그리고 두 장치가 어떻게 세션을 맺고 데이터를 교환할지도 정의하고 있다. PPP는 IP를 포함한 다양한 네 트워크 계층에서 페이로드를 받을 수 있게 설계되어 있다. 인증 서비스도 선택적으로 제공된다. PPP의 새 버전인 **다중링크** *PPP*는 다중링크를 통한 연결 서비스도 제공한다. PPP의 한 가지 흥 미로운 서비스는 네트워크 주소 구성 서비스이다. 이 서비스는 홈 사용자가 임시 네트워크 주 소를 사용하여 인터넷에 접속할 때 유용하다.

PPP가 제공하지 않는 서비스 PPP는 흐름 제어를 제공하지 않는다. 송신자는 수신측의 상황을 고려하지 않고 연속적으로 여러 프레임을 보낼 수 있다. PPP는 매우 간단한 오류 제어 기술을 제공한다. CRC 필드를 사용하여 오류를 탐지한다. 만약 프레임이 훼손되었다면 단순히 폐기한다. 따라서 상위 계층에서 이 문제를 해결해야 한다. 오류 제어와 순차 번호가 없기 때문에 패킷이 순서에 맞지 않게 도착할 수 있다. PPP는 다중점 구성에서 프레임을 처리할 만큼 정교한 주소 기법을 제공하지 않는다.

프레임 구성

PPP는 문자 기반(혹은 바이트 기반)의 프레임을 사용한다. 그림 5.24는 PPP 프레임의 형식을 보여준다. 각 필드의 설명은 다음과 같다.

그림 5.24 | PPP 프레임 양식

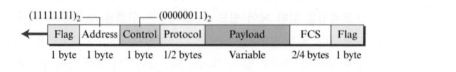

- ❏ **플래그.** PPP 프레임은 01111110의 비트 패턴을 가진 1바이트의 플래그로 시작되고 끝난다.

- ❏ **주소.** PPP에서 주소 필드는 고정 값으로 11111111로 설정된다(브로드캐스트 주소).

- ❏ **제어.** 이 필드는 고정된 값 00000011로 설정된다(HDLC의 U-프레임과 유사). 나중에 살펴보겠지만 PPP는 흐름 제어를 제공하지 않는다. 오류 제어 또한 오류 탐지로만 한정된다.

- ❏ **프로토콜.** 프로토콜 필드는 데이터 필드의 데이터가 사용자 데이터인지 아니면 다른 데이터인지를 정의한다. 이 필드는 기본적으로 2바이트 길이지만 양측이 합의하여 1바이트만 사용 가능하다.

- ❏ **페이로드 필드.** 이 필드는 사용자 데이터나 차후 간단히 살펴볼 다른 정보를 저장한다. 데이터 필드는 기본으로 최대 1,500 바이트의 데이터이다. 그러나 최대 바이트 크기는 초기 협상 때 변경 가능하다. 플래그 바이트 패턴이 이 필드에 있을 경우 데이터 필드는 바이트로 채워져 있다. 데이터 필드의 크기를 지정하는 필드가 없기 때문에 협상 중 지정된 최대 크기나 기본 최대 크기보다 크기가 작을 경우 패딩이 필요하다.

- ❏ *FCS.* 프레임 검사 순서(FCS, frame check sequence)는 2바이트 혹은 4바이트의 간단한 표준 CRC이다.

바이트 채우기(stuffing). PPP는 바이트 기반의 프로토콜이기 때문에 프레임의 데이터 영역에 플래그 바이트가 나타날 때마다 탈출이 필요하다. 탈출 바이트는 01111101로 데이터에서 플래그와 같은 패턴이 나타는 것은 수신측에 다음 바이트가 플래그가 아님을 알리기 위해 추가된 것이다. 명백히 탈출 바이트는 다른 탈출 바이트로 채워져야 한다.

천이 단계

PPP 연결은 그림 5.25의 천이 단계 다이어그램에 나타난 것과 같이 단계를 거친다. 천이 다이어 그램은 *dead* 상태에서 시작한다. 이 상태에서는 물리 계층에 활성화된 운송자(carrier)는 없으며 회선에는 전송되는 데이터가 없다. 두 노드 중 하나의 노드가 통신을 시작하면 연결은 **설정** (*establish*) 상태로 들어가게 된다. 이 상태에서는 양측에서 선택사항들이 결정된다. 두 종단이 인증하면 시스템은 **인증** 상태로 들어간다. 그렇지 않은 경우 시스템은 **네트워크** 상태로 간다. 간 단히 언급되었던 링크 제어 프로토콜 패킷이 여기에 사용된다. 여기서 몇몇 패킷이 교환된다. 데이터 전송은 *open* 상태에서 이루어진다. 연결이 이 상태에 이르게 되면 데이터 패킷의 교환 이 시작된다. 하나의 단말이 연결을 종료할 때까지 연결은 이 상태에서 머무른다. 하나의 단말 이 연결을 종료할 경우, 연결은 *terminate* 상태로 이동한다. 시스템은 운송자(물리 계층의 신호) 가 사라질 때까지 이 상태에 머무른다. 신호가 사라지면 시스템은 다시 *dead* 상태로 이동한다.

그림 5.25 ┃ 천이 단계

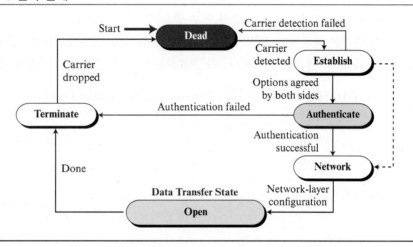

다중화

PPP가 링크 계층 프로토콜이지만 링크를 설정하고 참여 중인 사용자를 인증하고 네트워크 계 층 데이터를 전송하기 위해 다른 프로토콜들을 사용한다. PPP의 기능을 강화하기 위해 LCP (Link Control Protocol), 두 개의 AP (Authentication Protocols), 그리고 몇몇의 NCP (Network Control Protocol)의 세 가지 조합이 정의되어 있다. 그림 5.26에 나타난 것처럼 PPP는 어느 순 간에도 이 프로토콜 중 하나의 데이터를 PPP의 데이터 필드에 넣어 전송할 수 있다. 중요한 것 은 하나의 LCP와 두 개의 AP, 그리고 다수의 NCP가 있다는 것이다. 다수의 다른 네트워크 계 층에서 데이터가 전송될 수도 있다.

그림 5.26 ┃ PPP에서의 다중화

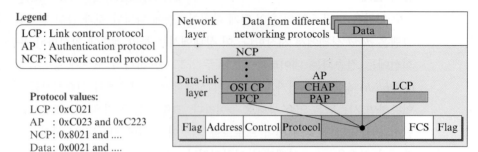

링크 제어 프로토콜 LCP(LCP, Link Control Protocol)은 링크를 설립하고, 유지하며, 구성하고 종료하는 역할을 한다. 또한 두 단말이 선택사항을 협상하도록 해준다. 링크가 설립되기 전에 두 단말은 선택사항들을 반드시 결정해야 한다.

인증 프로토콜 PPP는 사용자의 신원을 인증하는 것이 필수적인 다이얼-업 링크에서 사용되도록 설계되었기 때문에 인증이 매우 중요하다. **인증**이란 자원에 접근이 필요한 사용자의 신원을 확인하는 과정이다. PPP는 인증을 위해 암호 인증 프로토콜과 Challenge Handshake 인증 프로토콜의 두 가지를 사용한다. 이 프로토콜은 인증 단계에서 사용된다.

❏ **PAP(암호 인증 프로토콜, Password Authentication Protocol).** 암호 인증 프로토콜은 두 단계로 이루어진 간단한 인증 과정이다.

   a. 시스템에 접근을 원하는 사용자는 인증 확인(일반적으로 사용자 이름)과 암호를 전송한다.

   b. 시스템은 인증 확인과 암호의 유효성을 검사하고 연결을 수락하거나 거부한다.

❏ **CHAP.** *Challenge Handshake* 인증 프로토콜은 3단계 핸드셰이크 인증 프로토콜로 PAP보다 더 강한 보안성을 제공한다. 이 방법에서는 암호는 온라인 상으로 전송되지 않고 비밀로 유지된다.

   a. 시스템은 사용자에게 challenge 값이 포함된 몇 바이트 크기의 challenge 패킷을 전송한다.

   b. 사용자는 미리 정의된 함수를 통해 수신한 challenge 값과 자신의 암호를 연산하여 결과를 만든다. 그리고 사용자는 시스템으로 결과값을 포함한 응답 패킷을 전송한다.

   c. 시스템은 똑 같은 작업을 수행한다. 시스템이 이미 알고 있는 사용자의 암호와 challenge 값을 미리 정의된 함수로 연산하여 결과를 생성한다. 사용자가 보내온 응답 패킷의 결과와 연산의 결과가 일치하면 접근이 허용된다. 그렇지 않을 경우 접근은 거부된다. 특히 시스템이 계속 challenge 값을 변경할 경우 CHAP는 PAP보다 안전하다. 공격자가 challenge 값과 결과를 알게 되더라도 암호는 여전히 안전하다.

네트워크 제어 프로토콜 PPP는 다중 네트워크 계층 프로토콜이다. PPP는 인터넷, OSI, Xerox, DECnet, AppleTalk, Novel 등의 네트워크 계층의 데이터를 전송할 수 있다. 이를 위해 PPP는 각 네트워크 프로토콜별로 특화된 NCP를 정의하고 있다. 예를 들어, **ICPC (IPCP, Internet**

Protocol Control Protocol)는 IP 데이터 패킷을 전송하기 위해 구성된다. Xerox CP는 Xerox 프로토콜을 위해 다른 형태로 구성된다. 중요한 것은 NCP 패킷은 네트워크 계층 데이터를 전송하지 않는다. 단지 들어오는 데이터를 위한 링크를 구성할 뿐이다. 하나의 예시가 IPCP이다. 이 프로토콜은 인터넷에서 IP 패킷을 전송하기 위해 링크를 구성한다. IPCP는 특히 흥미로운 프로토콜이다.

네트워크 계층으로부터의 데이터 하나의 NCP에 의해 네트워크 계층의 구성이 끝나면 사용자는 네트워크 계층에서 데이터를 교환할 수 있다. 여기서 다시, 다른 네트워크 계층을 위해서는 서로 다른 프로토콜 필드가 존재한다. 예를 들어, PPP가 IP 네트워크 계층의 데이터를 전송한다면, 해당 필드의 값은 $(0021)_{16}$이 된다. 만약 PPP가 OSI 네트워크 계층의 데이터를 전송한다면 프로토콜 필드의 값은 $(0023)_{16}$이 되는 식이다.

다중링크 PPP

PPP는 단일 채널 점-대-점 물리적 링크를 위해 설계되었다. 단일 점-대-점 링크에 다중 채널이 존재할 수 있기 때문에 다중링크 PPP가 제안되었다. 이 경우, 논리적인 PPP 프레임이 다수의 실제 PPP 프레임으로 분할된다. 그림 5.27과 같이 논리적인 프레임의 일부분은 실제 PPP 프레임의 페이로드로 전송된다. 실제 PPP 프레임이 논리적 PPP 프레임의 일부분을 전송하는 것을 확인하기 위해 프로토콜 필드는 $(003d)_{16}$로 설정된다. 그러나 이 방법은 복잡성을 증가시킨다. 예를 들어, 논리적 프레임에서 부분의 위치를 표시하기 위해 실제 PPP 프레임에 순차 번호가 추가되어야 한다.

그림 5.27 | 다중링크 PPP

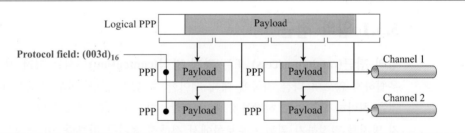

5.3 다중 접근 프로토콜

데이터링크 계층이 DLC와 MAC의 두 개의 부계층으로 구분되는 것을 앞서 언급했다. 앞의 절에서 DLC에 관한 설명을 하였고 이 절에서는 MAC에 대한 설명을 한다. 전화선을 이용한 다이얼-업과 같이 전용 링크를 사용할 때 두 단말의 데이터 전송을 관리해줄 PPP와 같은 데이터링크 제어 프로토콜만 필요하다. 반면 다른 사용자와 매체, 유선망, 무선망을 공유할 때 공유를 처리할 프로토콜이 필요하며 그 다음이 데이터 전송이다. 예를 들어, 이동전화를 사용하여 다른 사용자의 이동전화에 연결할 때, 이동통신 회사에 할당된 채널은 전용이 아니다. 우리 바로 옆의 사람이 다른 사람과 통화를 위해 같은 채널을 사용할 수도 있다.

노드나 지국들이 다중점 또는 방송 링크라고 불리는 공유 링크를 사용할 때는 링크에 접근하는 것을 조율하기 위한 다중 접근 프로토콜이 필요하다. 매체에 접근하는 것을 제어하는 문제는 국회에서 발언하는 것과 유사하다. 절차를 따라 발언권이 주어지며 동시에 두 사람이 발언하지 않고 또한 서로 방해하지 않으며 토론을 독점하지 않는 것 등이다. 다중점 네트워크에서도 상황은 비슷하다. 각 노드가 링크에 접속할 수 있도록 해야만 한다. 첫 번째 목표는 노드들 사이에 충돌이 발생하는 것을 막는 것이다. 만약 어느 곳에서 충돌이 발생되면, 두 번째 목표는 충돌을 제어하는 것이다.

공유 링크에 접근하기 위한 많은 포로토콜들이 만들어졌다. 이들을 세 가지 영역으로 나눌 수 있다. 그림 5.28에 각 그룹의 프로토콜들이 있다.

그림 5.28 | 이 장에 논의된 다중 접근 프로토콜

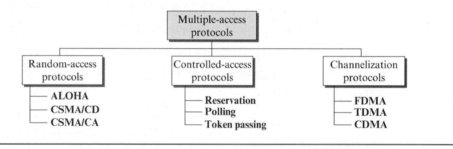

5.3.1 임의 접근

임의 접근(random-access) 또는 **경쟁 방식(contention)**에서는 어떤 지국이고 다른 지국보다 우월하지 않으며 다른 지국에 대해 제어할 수 있지 않다. 아무 지국도 다른 지국이 전송하는 것을 허락하지도 않고 허락하지 않지도 않는다. 매 순간 전송할 데이터가 있는 지국은 전송할지 말지를 결정하기 위해 프로토콜에서 정해진 절차를 따른다. 이 결정은 매체의 상태(휴지 상태이냐 사용 상태냐)에 좌우된다. 다시 말하면 각 지국은 매체의 상태를 확인하는 것을 포함한 미리 정해진 절차를 따라서 매체 상태에 따라 자신이 전송하고자 할 때 전송할 수 있다.

두 가지 특징 때문에 이 방식에 대한 이름이 붙여졌다. 우선 지국이 전송하기 위한 시간표가 없다. 전송은 지국 사이에서 임의로 벌어진다. 이것이 이 방식이 **임의 접근**이라 불리는 이유이다. 두 번째로 어느 지국이 다음번에 전송해야 하는지 아무 규칙이 없다. 지국들은 매체에 접근하기 위해 서로 경쟁한다. 이것이 이 방식을 **경쟁 방식**이라고 부르는 이유이다.

임의 접근 방식에서는 각 지국은 다른 지국의 간섭을 받지 않고 매체에 접근할 권한이 있다. 그러나 두 개 이상의 지국이 동시에 전송하려고 하면 접근에 대한 갈등— 충돌 —이 벌어지며 프레임은 손상되거나 변형될 것이다. 이러한 접근 갈등을 없애고 그와 같은 충돌이 생겼을

때 해소하기 위해서 각 지국은 다음 질문에 답하는 정차를 따른다.

❑ 지국이 언제 매체에 접근할 수 있는가?
❑ 매체가 바쁘면 지국은 무엇을 할 수 있는가?
❑ 지국은 어떻게 전송이 성공하거나 실패했는지 알 수 있는가?
❑ 접근 갈등이 있을 때 지국은 무엇을 할 수 있는가?

　이 장에서 공부할 임의 접근 방식들은 *ALOHA*라고 하는 매우 흥미로운 프로토콜에서부터 출발하였는데 이 프로토콜은 **다중 접근**(*MA, multiple access*)이라고 하는 아주 간단한 절차를 사용한다. 이 방식은 후에 매체에 접근하기 전에 매체가 사용 중인지 확인하는 절차를 추가하여 성능을 개선했다. 이를 반송파 감지 다중 접근이라고 한다. 이 방식은 나중에 **충돌 검출 반송파 감지 다중 접근**(*CSMA/CD, carrier sense multiple access with collision detection*)과 **충돌 회피 반송파 감지 다중 접근**(*CSMA/CA, carrier sense multiple access with collision avoidance*)의 두 가지 방식으로 발전하였다. CSMA/CD는 충돌이 생겼을 때 지국이 무엇을 해야 하는지를 규정한다. CSMA/CA는 충돌을 피하려고 노력한다.

ALOHA

가장 오래된 임의 매체 접근 방법인 **ALOHA**는 70년대 초반에 하와이 대학에서 개발되었다. 무선 라디오 LAN을 위해 설계되었으나 다른 공유 매체에도 적용할 수 있다.

　이 방식에는 원천적으로 충돌이 생길 수 있다는 것은 자명하다. 지국들은 매체를 공유한다. 지국이 데이터를 전송할 때 동시에 다른 지국도 같은 시도를 할 수 있다. 두 지국으로부터의 데이터는 서로 충돌하여 서로 망가질 수 있다.

순수 ALOHA

원래의 ALOHA 프로토콜은 **순수 ALOHA (pure ALOHA)**라고 불린다. 이는 간단하지만 근사한 프로토콜이다. 각 지국은 지국이 전송할 프레임이 있으면 언제든지 전송한다는 것이 아이디어다. 그러나 오직 하나의 채널만이 있으므로 서로 다른 지국에서 전송한 프레임 간에 충돌이 있을 수 있다. 그림 5.29는 순수 ALOHA에서 프레임이 충돌하는 예이다.

그림 5.29 ┃ 순수 ALOHA 네트워크의 프레임

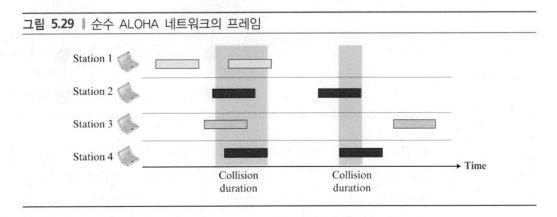

모두 네 개의 지국(비현실적인 가정)이 공유하는 채널을 차지하려고 서로 다툰다. 그림에서는 각 지국이 두 개의 프레임을 전송하여 모두 여덟 개의 프레임이 공유 매체 상에 있다. 이 중 어떤 프레임들은 공유 매체를 서로 차지하려고 다투게 되어 충돌이 생기게 된다. 그림 5.29에는 1번 지국에서 보낸 프레임과 3번 지국이 보낸 프레임의 오직 두 개의 프레임만이 살아남는 예를 보여주고 있다. 비록 한 프레임의 한 비트만이 다른 프레임의 오직 한 비트하고만 충돌이 생긴다 해도 두 프레임 모두 못 쓰게 된다는 것을 말할 필요가 있다.

전송 도중 망가진 프레임은 다시 전송해야 한다는 것은 당연하다. 순수 ALOHA 프로토콜은 수신자가 잘 받았다는 응답을 하는 것에 의존하고 있다. 지국이 프레임을 전송할 때는 송신자는 수신자가 받았다는 응답을 해줄 것을 기대한다. 응답이 타임–아웃 시간이 지날 때까지 오지 않으면 지국은 프레임(또는 응답)이 전송 도중 망가진 것으로 간주하여 다시 전송한다.

충돌에는 두 개 이상의 지국이 연루된다. 이 지국들이 타임–아웃이 지난 다음에 즉시 다시 전송하려 한다면 프레임은 다시 충돌할 것이다. 순수 ALOHA에서는 충돌이 발생하면 각 지국은 임의 시간을 기다리고 난 후에 재전송을 시도하도록 되어 있다. 이 임의 대기시간으로 인해 더 이상의 충돌이 생기지 않도록 돕는다. 이 시간을 대기시간 T_B (*Back-off time*)이라고 한다.

순수 ALOHA는 재전송된 프레임들로 채널이 막히는 것을 방지하는 두 번째 장치가 있다. 정해진 최대 재전송 횟수 K_{max}가 지나면 지국은 전송하는 것을 포기하고 나중에 다시 해야 한다. 그림 5.30에 상기 전략에 기초하는 순수 ALOHA의 절차가 있다.

그림 5.30 ┃ 순수 ALOHA 프로토콜의 절차

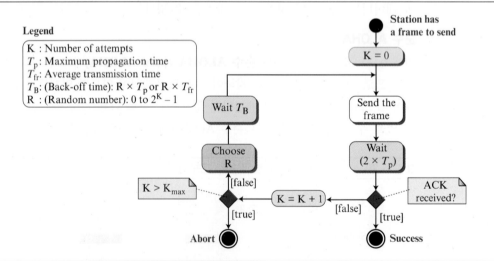

타임–아웃 시간은 최대 가능 왕복 전파 지연과 같은데 이는 서로 가장 멀리 떨어져 있는 두 지국 사이에서 프레임을 전송하는 데 소요되는 시간의 두 배($2 \times T_p$)가 된다. 대기시간 T_B는 보통 K(실패한 전송 시도 횟수)에 좌우된다. T_B의 식은 구현에 따라 다르다. 널리 사용되는 수식 중 하나는 2진 지수 대기시간(*binary exponential back-off*)이다. 이 방식에서는 매 전송마다

0 부터 $2^K - 1$ 사이의 숫자가 임의로 선택되어 T_p(최대 전파 소요 시간) 또는 T_{fr}(프레임을 전송하는 데 소요되는 평균 시간)에 곱한 값을 T_B로 사용한다. 이 과정에서 난수의 범위가 충돌이 생길 때마다 늘어난다는 것에 유의하라. K_{max}는 흔히 15로 정해진다.

 예제 5.11 무선 ALOHA 네트워크 상의 지국은 최대 600 km 거리에 있다. 신호 전파 속도가 3×10^8 m/s일 때, $Tp = (600 \times 10^3) / (3 \times 10^8) = 2$ ms임을 알 수 있다. $K = 2$일 때, R의 거리는 {0, 1, 2, 3}이다. 이는 랜덤 변수 R의 결과에 기반하여 T_B가 0, 2, 4 또는 6 ms가 될 수 있음을 의미한다.

취약 시간(Vulnerable Time) 충돌의 위험이 있는 취약 시간에 대해 알아보자. 각 지국은 고정 크기의 프레임을 보내며 그 소요 전송 시간은 T_{fr}이라고 가정한다. 그림 5.31에 지국 A의 취약 시간이 그려져 있다.

그림 5.31 ▌ 순수 ALOHA에서의 취약 시간

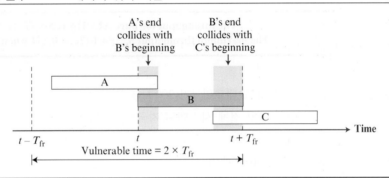

지국 B가 시간 t에 프레임을 전송한다. 지국 A가 시간 $t - T_{fr}$과 t 사이에 이미 프레임을 전송했다고 하자. 이는 지국 B와 A가 전송한 프레임 사이에 충돌이 생기게 된다. B의 프레임의 뒷부분이 B의 프레임의 앞 부분과 충돌하게 된다. 반면에 지국 C가 시간 t와 $t + T_{fr}$ 사이에 프레임을 전송한다고 가정하자. 여기서도 지국 B와 C의 프레임들 사이에 충돌이 생기게 된다. C의 프레임의 앞 부분이 B의 프레임의 뒷부분과 충돌하는 것이다.

그림 5.31을 보면 순수 ALOHA에서 충돌이 일어날 수 있는 취약 시간은 프레임 전송 시간의 두 배인 것을 알 수 있다.

$$\text{Pure ALOHA vulnerable time} = 2 \times T_{fr}$$

 예제 5.12 순수 ALOHA 네트워크는 200비트 프레임을 공유하는 200 kbps 채널을 사용하여 전송한다. 충돌이 안 생기게 하기 위한 조건은 무엇인가?

해답

평균 프레임 전송 시간 T_{fr}은 200 bits / 200 kbps 즉, 1 ms이다. 취약 시간은 2×1 ms = 2 ms이다. 이는 특정 지국이 프레임을 전송하기 1 ms 이전부터는 아무 지국도 전송을 해서는 안 되며 또한 이 특정 지국이 프레임을 전송하기 시작한 이후 1 ms가 지나기 전에는 다른 지국은 전송을 해서는 안 된다는 것을 말한다.

처리율(Throughput) 한 프레임 전송 시간 동안에 시스템 전체에서 생성되는 프레임의 평균 개수를 G라고 하자. 순수 ALOHA에서 성공적으로 전송되는 프레임의 평균 개수 $S = G \times e^{-2G}$라는 것을 증명할 수 있다. 따라서 최대 처리율 S_{max}는 $G = 1/2$일 때, 0.184이다. 다시 말하면 한 프레임 전송 시간 동안 프레임 1/2개가 전체 시스템에서 평균적으로 생성되는 경우(즉 두 프레임 전송 시간 동안에 한 개의 프레임이 만들어진다면)에 생성된 프레임의 18.4%가 전송에 성공한다는 것이다. 이 값은 예상대로인데 취약 시간이 전송 시간의 두 배가 되기 때문이다. 그러므로 이 취약 시간 동안 오직 하나의 지국만이 프레임을 전송한다면 이 프레임은 전송에 성공할 것이다.

The throughput for pure ALOHA is $S = G \times e^{-2G}$.
The maximum throughput $S_{max} = 1/(2e) = 0.184$ when $G = (1/2)$.

 예제 5.13 어떤 순수 ALOHA 네트워크가 200 kbps의 공유 채널을 사용하여 200비트의 프레임을 전송한다고 한다. 만일 전체 시스템의 지국들이 다음의 프레임을 생성한다고 하면 처리율은 얼마가 되겠는가?

    a. 매초 1,000 프레임

    b. 매초 500 프레임

    c. 매초 250 프레임

해답

프레임 전송 시간은 200/200 kbps 즉 1 ms이다.

a. 시스템이 매초 1,000개의 프레임을 만들어 낸다면 이는 매 1 ms마다 1개의 프레임이다. 부하는 1이다. 이 경우에는 $S = G \times e^{-2G}$ 즉 $S = 0.135(13.5\%)$이다. 이는 처리율은 $1,000 \times 0.135 = 135$ 프레임이다. 1,000개 중에 135개만 전송에 성공한다.

b. 시스템이 매초 500개의 프레임을 만들어 낸다면 이는 매 1 ms마다 1/2개의 프레임이다. 부하는 1/2이다. 이 경우에는 $S = G \times e^{-2G}$ 즉 $S = 0.184(18.4\%)$이다. 이는 처리율은 $500 \times 0.184 = 92$ 프레임이다. 500개 중에 92개만 전송에 성공한다. 퍼센트로 보았을 때 이 경우가 최대 처리율의 경우라는 것에 유의하라.

c. 시스템이 매초 250개의 프레임을 만들어 낸다면 이는 매 1 ms마다 1/4개의 프레임이다. 부하는 1/4이다. 이 경우에는 $S = G \times e^{-2G}$ 즉 $S = 0.152(15.2\%)$이다. 이는 처리율은 $250 \times 0.152 = 38$ 프레임이다. 250개 중에 38개만 전송에 성공한다.

틈새 ALOHA

순수 ALOHA는 $2 \times T_{fr}$의 취약 시간을 갖는다. 이는 언제 지국이 전송할 수 있는지를 규정하는 규칙이 없기 때문에 그렇다. 한 지국이 전송하자마자 다른 지국이 전송하거나 한 지국이 전송을 마치기 직전에 다른 지국이 전송할 수 있기 때문이다. 틈새 ALOHA는 순수 ALOHA의 효율을 높이기 위해 발명되었다.

틈새(slotted) ALOHA에서는 시간을 T_{fr}의 틈새로 나누어 지국은 매시간 틈새가 시작할 때에 전송하도록 규제한다. 그림 5.32는 틈새 ALOHA에서의 충돌을 보여준다.

그림 5.32 ▎5.32 틈새 ALOHA 네트워크의 프레임

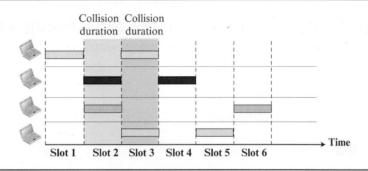

지국은 오직 동기화된 시간 틈새가 시작될 때에만 프레임을 전송할 수 있으므로 그 순간을 놓치면 다음 틈새가 시작될 때까지 기다려야 한다. 이는 이 시간 틈새에 이미 전송을 시작한 지국은 프레임 전송을 마친다는 것을 의미한다. 물론 두 개의 지국이 동시에 같은 시간 틈새에 전송을 시도하면 충돌이 여전히 생긴다. 그러나 취약 시간은 절반으로 줄어들어서 T_{fr}이 된다. 그림 5.33이 그러한 상황을 보여주고 있다.

그림 5.33 ▎틈새 ALOHA 프로토콜의 취약 시간

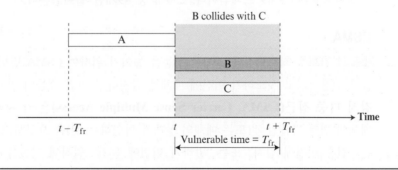

Slotted ALOHA vulnerable time = $T_{\mathbf{fr}}$

처리율(Thoughput) Slotted ALOHA의 성공적인 전송의 평균 개수는 $S = G \times e^{-G}$인 것을 증명할 수 있다. 최대 처리율 S_{max}는 G가 1일 때로서 0.368이다. 다시 말하면 한 프레임 전송 시간 동안에 평균적으로 한 개의 프레임이 생성된다면 36.8%의 프레임이 목적지까지 성공적으로 도달한다는 것이다. 이 결과는 예상할 수 있는데 취약 시간이 전송 시간과 동일하기 때문이다. 그러므로 이 취약 시간 동안 오직 하나의 지국만이 프레임을 생성하면 이 프레임은 성공적으로 목적지에 도달할 수 있다.

> **The throughput for slotted ALOHA is $S = G \times e^{-G}$.**
> **The maximum throughput $S_{max} = 0.368$ when $G = 1$.**

예제 5.14 어떤 틈새 ALOHA 네트워크가 대역폭 200 kbps의 채널을 공유하여 200비트 프레임을 전송한다고 한다. 시스템 전체에서 다음과 같이 프레임을 생성할 때 그 처리율을 구하라.

a. 매초 1,000 프레임

b. 매초 500 프레임

c. 매초 250 프레임

해답

이 상황은 순수 ALOHA 대신에 틈새 ALOHA를 사용한다는 것을 제외하고는 앞의 예제와 유사하다. 프레임 전송 시간은 200/200 kbps, 즉 1 ms이다.

a. 이 경우에는 G는 1이다. 그러므로 $S = G \times e^{-G}$ 즉, $S = 0.368(36.8\%)$이다. 이는 처리율은 $1,000 \times 0.0368 = 368$ 프레임이다. 1,000개 중 368개만 살아남는다. 이 경우가 퍼센트로 보았을 때 최대 처리율의 경우라는 것에 유의하라.

b. 이 경우에는 G는 1/2이다. 그러므로 $S = G \times e^{-G}$ 즉, $S = 0.303(30.3\%)$이다. 이는 처리율은 $500 \times 0.0303 = 151$ 프레임이다. 500개 중 151개만 살아남는다.

c. 이 경우에는 G는 1/4이다. 그러므로 $S = G \times e^{-G}$ 즉, $S = 0.195(19.5\%)$이다. 이는 처리율은 $250 \times 0.195 = 49$ 프레임이다. 250개 중 49개만 살아남는다.

CSMA

충돌의 기회를 최소화하여 그래서 성능을 높이기 위하여 CSMA 방법이 개발되었다. 지국이 매체를 사용하려고 시도하기 이전에 매체를 감지하게 되면 충돌의 기회를 줄일 수 있다. **반송파 감지 다중 접근(CSMA, Carrier Sense Multiple Access)**은 각 지국이 전송하기 이전에 먼저 매체에 귀를 기울일 것(또는 매체의 상태를 확인하는 것)을 요구하고 있다. 다시 말하면 CSMA는 "전송 이전에 감지" 또는 "말하기 이전에 듣기" 원칙에 기반을 두고 있다.

CSMA는 충돌의 가능성을 줄일 수는 있으나 완전히 없앨 수는 없다. 그 이유가 CSMA 네트워크의 시공간 모델인 그림 5.34에 있다. 지국들은 흔히 공유 매체에 연결되어 있다.

전파 지연 때문에 충돌의 위험은 여전히 있다. 지국이 프레임을 전송할 때는 그 프레임의 첫 번째 비트가 모든 지국들에 도착하여 각 지국들이 감지하기까지는 아무리 짧아도 시간이 걸린다. 다시 말하면 지국이 매체를 감지하여 매체가 사용되지 않고 있다고 감지한다 해도 다른 지국이 전송한 프레임의 첫 번째 비트가 아직 도달 중일 수 있는 것이다.

시간 t_1에서 지국 B가 매체를 감지하여 매체가 휴지 상태에 있다고 판단하여 프레임을 전송한다. 시간 $t_2(t_2 > t_1)$에서 지국 C가 매체를 감지하여 휴지 상태에 있다고 판단하는데 이는 이 시각에 B가 보낸 프레임의 첫 번째 비트가 아직 C에게 도달하지 않았기 때문이다. 지국 C 또한 프레임을 전송한다. 두 신호는 충돌하여 두 프레임 모두 손상된다.

그림 5.34 ▌ CSMA에서의 충돌에 대한 시공간 모델

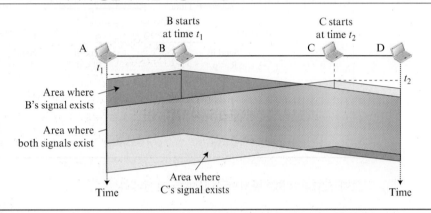

취약 시간

CSMA의 취약 시간은 전파 시간 T_p이다. 이 시간은 신호가 매체의 한 끝에서 다른 끝으로 전파되는 데 소요되는 시간이다. 지국이 프레임을 전송할 때 다른 지국이 이 시간 동안에 전송을 시도하게 되면 충돌이 생긴다. 그러나 프레임의 첫 번째 비트가 매체의 다른 끝에 도달하게 된다면 각 지국은 이미 이 비트를 감지했을 것이어서 전송하지 않을 것이다. 그림 5.35는 최악의 경우를 보여준다. 맨 왼편의 지국 A가 t_1 시각에 프레임을 전송하고 이 프레임은 맨 오른편의 지국 D에 시각 $t_1 + T_p$에 도달한다. 회색으로 표시된 부위가 시간과 공간상의 취약 지역이다.

그림 5.35 ▌ CSMA의 취약 시간

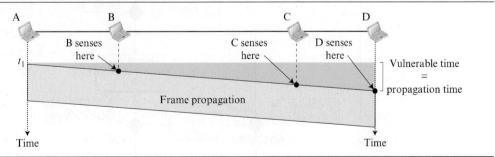

지속 방식

채널이 사용 중이면 지국은 무엇을 해야 할까? 채널이 휴지 상태이면 무엇을 해야 할까? 이 질

문에 답하기 위해 **1-지속 방식(1-persistent method), 비지속 방식(nonpersistent method)** 및 *p*-**지속 방식(*p*-persistent method)**의 세 가지 방법이 고안되었다. 그림 5.36은 지국이 채널이 사용 중인 것을 감지했을 때 세 가지 방식의 행태를 보여준다.

그림 5.36 ┃ 세 가지 지속 방식의 형태

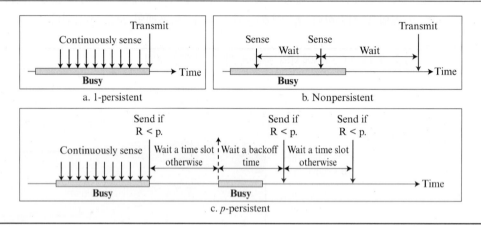

그림 5.37은 다음 방식의 흐름도를 보여준다.

그림 5.37 ┃ 세 가지 지속 방식의 흐름도

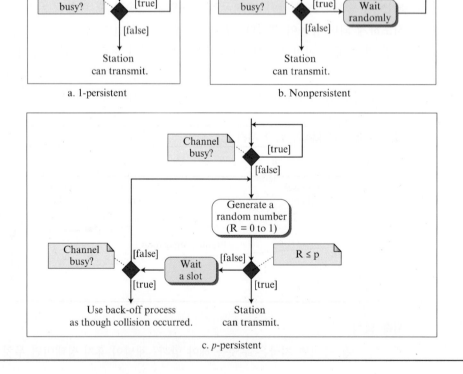

1-지속(1-Persistent) 방식 1-지속 방식은 간단하고 직선적이다. 이 방식에서는 지국이 회선이 휴지 상태인 것을 감지하게 되면 즉각 프레임을 전송한다(확률 1을 가지고). 이 방식은 두 개 이상의 지국이 회선이 휴지 상태인 것을 감지할 것이고 그런 경우에 모두 즉각 프레임을 전송하기 때문에 가장 높은 충돌 위험을 유발한다. 차후에 이더넷이 이 방식을 사용하는 것을 보게 될 것이다.

비지속(Nonpersistent) 방식 비지속 방식에서는 전송할 프레임이 있는 지국이 회선을 감지한다. 회선이 휴지 상태에 있으면 즉각 프레임을 보낸다. 만일 회선이 휴지 상태에 있지 않으면 임의 시간을 대기하고 있다가 다시 회선을 감지한다. 비지속 방식은 두 개 이상의 지국이 같은 시간을 대기하고 있다가 동시에 전송할 확률이 낮기 때문에 충돌의 위험을 낮춘다. 그러나 이 방식은 전송할 프레임이 있는 지국이 있음에도 불구하고 회선이 휴지 상태에 있을 수 있기 때문에 회선의 효율이 낮아진다.

***p*-지속 방식(p-persistent)** *p*-지속 방식은 채널이 최대 전파 지연 시간과 같거나 그보다 큰 시간 틈새를 사용하는 경우에 채택된다. *p*-지속 방식은 위의 두 가지 방식의 장점을 합한 것이다. 충돌의 위험을 줄이면서 효율을 높인다. 이 방식에서는 회선이 휴지 상태에 있는 것을 감지하면 다음의 두 단계를 거친다.

1. 확률 p를 가지고 프레임을 전송한다.
2. 확률 $q = 1 - p$를 가지고 지국은 다음 틈새 시작까지 기다리다가 회선을 다시 감지한다.
   a. 만일 회선이 휴지 상태이면 1번 단계로 간다.
   b. 만일 회선이 사용 중이면 충돌이 생긴 것으로 간주하고 대기 절차에 들어간다.

CSMA/CD

CSMA 방법은 충돌 뒤에 따라야 하는 절차에 대해 말하고 있지 않다. 충돌 검출을 하는 CSMA, 즉 **CSMA/CD (Carrier sense multiple access with collision detection)**는 충돌을 처리하는 절차를 더한 것이다.

이 방법에서는 지국은 프레임을 전송한 뒤에 전송이 성공적인지 매체를 관찰한다. 성공적이면 지국은 소임을 다 한 것이다. 그렇지 않다면 충돌이 생긴 것이며 프레임은 다시 전송된다.

CSMA/CD를 더 잘 이해하기 위해서 충돌에 연루된 두 지국들에 의해 전송된 첫 번째 비트를 들여다보자. 비록 각 지국은 충돌을 감지할 때까지 프레임에 있는 비트들을 계속 보내겠지만 여기서는 첫 번째 비트가 충돌할 때 무슨 일이 벌어지는지를 본다. 그림 5.38에는 지국 A와 C에서 충돌이 발생하였다.

시각 t_1에서 지국 A는 자신의 지속 절차에 따라 자신의 프레임의 비트들을 전송하기 시작한다. 시각 t_2에서 지국 C는 A가 보낸 프레임의 첫 번째 비트를 아직 감지하지 못한다. 지국 C는 자신의 지속 절차를 수행하여 자신의 프레임의 비트들을 전송하는데 그 비트는 왼편과 오른편으로 전파된다. 충돌을 시각 t_2 이후 언젠가 발생한다. 지국 C는 시각 t_3에 A가 보낸 프레임의 첫 번째 비트를 수신하게 되어 충돌을 감지한다. 지국 C는 즉각(또는 잠시 뒤가 될 수 있으나 즉각 한다고 가정한다) 전송하는 것을 멈춘다. 지국 A는 C의 프레임의 첫 번째 비트를 수신한 시각 t_4에서 충돌을 알게 되어 자신도 즉각 전송하던 것을 멈춘다. 그림을 보면 지국 A는 $t_4 - t_1$ 동안 전송하며 C는 $t_3 - t_2$ 동안 전송한다.

그림 5.38 | CSMA/CD에서의 첫 번째 비트의 충돌

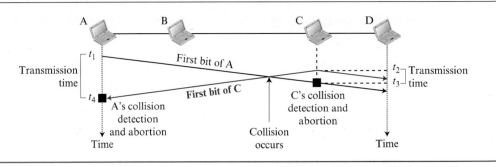

이제 이 두 전송에 대한 시간 구간에 대해 알게 되었으므로 그림 5.39에 좀더 완전한 그림 을 볼 수 있게 되었다.

그림 5.39 | CSMA/CD에서의 충돌과 폐기

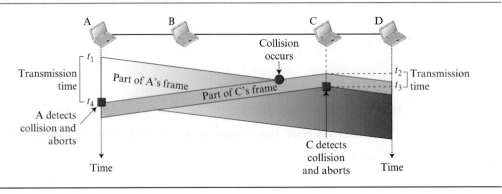

최소 프레임 크기

CSMA/CD가 동작하기 위해서는 프레임 크기에 제한을 두어야 한다. 프레임의 마지막 비트를 보내기를 마치기 전에 송신 지국이 충돌을 감지하면 전송을 멈추어야 한다. 이는 지국이 전체 프레임을 보내고 나면 프레임의 사본을 가지고 있지 않으며 회선을 관찰하여 충돌이 생겼는지 확인하지 않기 때문이다. 그러므로 프레임 전송 시간 T_{fr}은 최소한 최대 전파 시간 T_p의 2배가 되어야 한다. 그 이유를 이해하기 위해 최악 경우의 시나리오를 생각하자. 충돌에 관하여 두 지국이 서로 떨어질 수 있는 최대 거리만큼 떨어져 있다고 하면 첫 번 지국으로부터의 신호는 두 번째 지국에 도달하기까지 T_p만큼 걸리며, 충돌의 효과는 다시 T_p만큼 더 걸려 첫 번째 지국에 도달한다. 따라서 첫 번째 지국은 $2T_p$ 이후에도 계속 전송을 하고 있어야만 한다.

예제 5.15

어느 CSMA/CD를 사용하는 네트워크의 대역폭이 10 Mbps이다. 최대 전파 시간(장치에서의 지연 시간을 포함하되 충돌을 알리는 데 걸리는 시간을 무시)은 25.6 μs이다. 최소 프레임의 크기는?

해답

프레임 전송 시간은 $T_{fr} = 2 \times T_p = 51.2$ μs. 이는 최악의 경우에는 지국이 전송하면서 충돌 여부를 확인하기 위해서는 최소 51.2 μs 동안 기다려야 한다는 것을 의미한다. 프레임의 최소 크기는 10 Mbps × 51.2 ms = 512비트, 즉 64바이트이다. 이는 이 장의 뒷부분에서 보겠지만 실제로 표준 이더넷 프레임의 최소 크기이다.

절차

이제 그림 5.40의 CSMA/CD 흐름도를 보자. ALOHA 프로토콜과 유사하지만 차이가 있다.

그림 5.40 | CSMA/CD의 흐름도

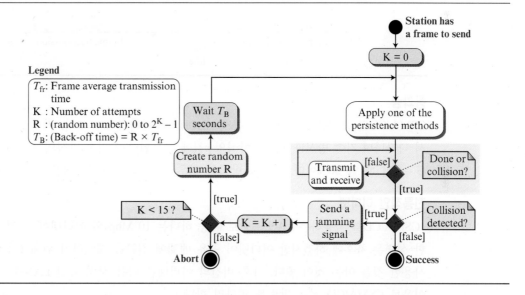

첫 번째 차이는 지속 과정이 더해진 것이다. 앞에서 논의한 지속 과정(비지속, 1-지속, p-지속) 중 하나를 사용하여 프레임을 전송하기 전에 채널을 감지해야 한다. 해당 네모 칸을 그림 5.37에 있는 지속 과정 중 하나로 대체할 수 있다.

두 번째 차이는 프레임 전송이다. ALOHA에서는 전체 프레임을 보내고 나서 응답을 기다린다. CSMA/CD에서는 프레임 전송과 충돌 감지는 연속된 과정이다. 전체 프레임을 보내고 난 후에 충돌했는지 찾는 것이 아니다. 지국은 보내는 것과 받는 것을 연속적으로 동시에 수행한다(두 개의 다른 포트를 사용하여). 루프를 사용하여 전송이 연속되는 과정인 것을 보였다. 또한 전송이 종료되었는지 아니면 충돌이 생겼는지를 탐지하기 위해 연속적으로 지켜본다. 두 가지 이변 중 하나가 생기면 전송이 종료되는 것이다. 루프를 나와서 충돌이 생기지 않았으면 전송이 완료된 것을 의미하여 전체 프레임이 전송된 것이다. 그렇지 못하면 충돌이 생긴 것이다.

　세 번째 차이는 충돌이 생겼을 때 다른 지국이 아직 충돌을 감지하지 못했을 것을 대비하여 짧은 **충돌 신호**(*jamming signal*)를 보내어 충돌 사실을 알리는 것이다.

에너지 준위

채널의 에너지 준위는 0, 정상, 비정상의 세 가지가 된다고 할 수 있다. 0 준위에서는 채널은 휴지 상태인 것이다. 정상 준위에서는 지국은 채널을 성공적으로 확보하여 프레임을 보낸다. 비정상 준위에서는 충돌이 생긴 것이며 에너지 준위는 정상 준위의 두 배가 된다. 전송할 프레임이 있거나 프레임을 전송하는 지국은 채널이 사용 중인지 휴지 상태인지 또는 충돌이 벌어졌는지 결정해야 한다. 그림 5.41은 그와 같은 상황을 보여준다.

그림 5.41 ▌ 전송, 휴지기, 충돌의 에너지 준위

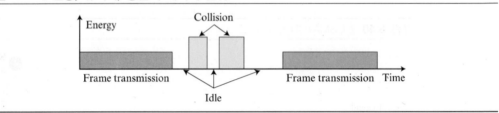

통과량

CSMA/CD의 통과량은 순수 또는 틈새 ALOHA의 통과량보다 크다. 최대 통과량은 다른 G값에서 나타나며 지속 방식과 p-지속 방식의 p값에 좌우된다. 1-지속 방식의 경우에는 최대 통과량은 $G = 1$일 때 약 50%이다. 비지속 방식의 경우에는 G값이 3에서 8인 경우에 90%에 육박한다.

전통적인 이더넷

　CSMA/CD를 사용하는 LAN 프로토콜 중 하나는 10 Mbps의 이더넷이다. 이더넷에 대한 자세한 설명은 차후에 하겠지만 이더넷이 공유 매체에 접근을 제어하기 위해 1가지 공정된 방법을 사용한 것을 아는 것이 좋다. 차후 버전의 이더넷은 다음 장의 유선 LAN을 설명할 때 나오는 이유로 CSMA/CD 접근 방법을 피하려 한다.

CSMA/CA

CSMA의 변종인 **CSMA/CA (Carrier Sense Multiple Access with Collision Avoidance)**는 무선 LAN에 사용되는 기법이다. 이 내용은 6장에서 다루기로 한다.

5.3.2 제어 접근

제어 접근(controlled access)에서는 지국들은 서로 상의하여 어느 지국이 전송할 권리를 갖는지 찾는다. 지국은 다른 지국들에 의해 권리를 인정받을 때까지는 전송할 수 없다. 세 개의 널리 사용되는 제어 접근 방식을 논의한다.

예약

예약(reservation) 방식에서는 지국은 데이터를 전송하기 전에 예약을 해야 한다. 시간은 구간들로 나뉘게 된다. 각 구간마다 예약 프레임이 그 구간에 전송되는 데이터 프레임의 앞에 놓인다.

모두 *N*개의 지국이 있다면 예약 프레임에는 정확히 *N*개의 예약 미니슬롯이 있다. 각 미니슬롯은 한 지국에 속한다. 어떤 지국이 데이터 프레임을 보내려고 하면 자신의 미니슬롯에 예약을 한다. 예약을 할 수 있게 된 지국은 해당 예약 프레임의 뒤에 자신의 데이터 프레임을 전송할 수 있다.

그림 5.42는 다섯 개의 지국과 다섯 개의 미니슬롯 예약 프레임을 보여주고 있다. 첫 번째 구간에서는 1, 3, 4번 지국이 예약을 하였다. 두 번째 구간에서는 1번 지국이 예약을 하였다.

그림 5.42 ┃ 예약 접근 방법

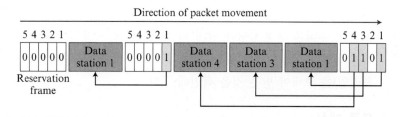

폴링

폴링(polling)은 하나의 장치가 주 지국으로 지정되고 다른 장치가 부 지국으로 지정된 토폴로지에서 작동한다. 최종 목적지가 부 지국일지라도 모든 데이터는 주 지국을 통해 교환이 이루어져야 한다. 주 지국이 링크를 제어하고 부 지국은 그 지시를 따른다. 주어진 시간에 어느 지국이 채널을 사용할지 주 지국이 결정한다. 따라서 주 지국은 그림 5.43과 같이 항상 세션의 초기화를 담당한다. 이 방법에서는 충돌을 방지하기 위해 폴과 선택(selection)을 사용한다. 그러나 주 지국이 멈출 경우 전체 시스템이 작동할 수 없는 단점이 있다.

그림 5.43 ┃ 폴링 접근 방법에서의 선택과 폴

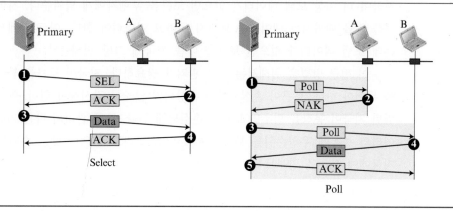

선택

선택(*select*) 기능은 주국이 무언가를 보낼 것이 있을 때마다 수행된다. 주국이 링크를 제어한다는 것을 기억하라. 주국이 전송하지도 않고 수신하지도 않으면 주국은 링크가 사용 가능하다는 것을 안다. 보낼 것이 있으면 주국은 그것을 보낸다. 그러나 주국이 모르는 것은 목적 장치가 수신 준비가 되어 있느냐하는 것이다. 그래서 주국은 종국이 곧 있을 전송에 대해 알고 있도록 하는 것이고 종국이 수신 준비가 되어 있는지 그 응답을 받는 것이다. 데이터를 전송하기 이전에 주국은 선택(SEL) 프레임을 만들어서 전송하며, 그 프레임의 필드 중 하나가 보내려고 의도하는 종국의 주소를 포함한다.

폴

폴(*poll*) 기능은 주국이 종국들로부터 전송할 데이터를 모을 때 수행한다. 주국이 데이터를 수신할 준비가 되어 있으면 각 장치들에게 차례로 보낼 것이 있는지 물어보아야 한다. 첫 번째 종국에 접근하였을 때, 보낼 것이 없다면 부정 응답을 보내거나 보낼 것이 있으면 데이터를 그냥 보낸다. 주국은 부정 응답을 받게 되면 데이터를 보낼 종국을 찾을 때까지 다음 종국에게 동일하게 묻는다. 응답이 긍정일 때(데이터 프레임이 올 때) 주국은 프레임을 읽어들이고 응답(ACK 프레임)을 보내어 받은 것을 확인해 준다.

토큰 패싱

토큰 패싱(token passing) 방식에서는 네트워크 안의 지국들은 지역 고리 형태로 구성된다. 다시 말하면 각 지국에는 **선행자**와 **후행자**가 있다. 선행자는 고리 형상에 있어서 논리적으로 앞에 있는 지국이며 후행자는 고리의 바로 뒤에 있는 지국이다. 현행 지국은 채널을 접근 중에 있는 지국이다. 이렇게 접근할 권리는 선행자로부터 현행 지국으로 전해진 것이다. 현행 지국이 전송할 데이터가 없게 되면 후행자에게 넘겨질 것이다.

그러나 채널 접근 권한이 어떻게 한 지국으로부터 다른 지국으로 전해지는가? 이 방식에서는 **토큰**이라 불리는 특별한 패킷이 고리를 따라서 돌아다닌다. 토큰을 붙잡게 되는 지국은 채널 접근 권한을 갖게 되고 데이터를 전송하게 된다. 지국이 보낼 데이터가 생기면 지국은 선행자로부터 토큰을 받을 때까지 기다린다. 이후에 토큰을 넘겨받아 데이터를 보낼 수 있게 된다. 지국이 더 이상 보낼 데이터가 없으면 토큰을 후행자에게 넘겨준다. 지국은 다음 회전에서 토큰을 받을 때까지는 데이터를 보내지 못하고 기다려야 한다. 이 과정에서 지국이 토큰을 받았는데 보낼 데이터가 없으면 토큰을 다음 지국에 그냥 전해준다.

이 접근 방법을 위해서는 토큰 관리가 필요하다. 지국이 토큰을 붙들고 있는 시간에 제한을 두어야 한다. 토큰이 손실되거나 손상되지 않도록 감시해야 한다. 예를 들면 토큰을 붙들고 있던 지국이 동작을 멈추면 토큰이 손실되게 된다. 토큰 관리의 다른 기능은 지국과 전송할 데이터의 종류에 우선순위를 부여하는 것이다. 그리고 끝으로 낮은 순위의 지국이 상위 순위의 지국에게 토큰을 양보토록 하는 것이다.

논리적 고리

토큰 패싱 네트워크에서 각 지국이 물리적으로 고리에 연결될 필요는 없고 고리는 논리적으로 형성되면 된다. 그림 5.44에 한 개의 논리적인 고리를 형성하는 네 개의 다른 물리적 형상이 있다.

그림 5.44 ▌ 토큰 패싱 접근 방법에서의 논리적 고리와 물리적 형상

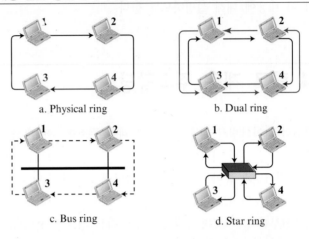

물리적 고리 형상에서는 지국이 후행자에게 토큰을 전할 때 다른 지국들은 토큰을 볼 수 없다. 후행자는 선상에 있는 다음 지국이다. 이는 토큰은 다음 후행자의 주소를 가질 필요가 없다는 것을 말한다. 이 형상에서의 문제는 링크 중 하나라도 끊어지면 전체 시스템이 동작을 멈춘다.

이중 고리 형상은 중심 고리의 반대 방향으로 운영되는 이차 고리를 가진다. 이차 고리는 비상상태에서만 사용한다. 중심 고리의 링크가 망가지면 시스템은 자동으로 두 고리를 합하여 새로운 임시 고리를 형성한다. 망가진 링크가 복구되면 이차 고리는 다시 휴면 상태에 든다. 이 형상이 동작하려면 각 지국은 두 개씩의 송신 및 수신 포트가 필요하다는 것에 유의하라. FDDI 라고 불리는 고속 토큰 고리 네트워크와 CDDI가 이 형상을 사용한다.

버스 고리 형상은 토큰 버스라고도 불리는데, 지국들은 버스라고 불리는 공유 케이블에 연결된다. 그러나 논리적으로는 고리 구조를 만들게 되는데 이는 각 지국은 자신들의 후행자의 주소를(또한 토큰 관리 목적으로 인해 선행자의 주소도) 알고 있기 때문이다. 지국이 데이터 전송을 마치면 토큰을 놓고 토큰 속에 후행자의 주소를 삽입한다. 토큰의 목적지 주소와 일치하는 주소를 가진 지국이 공유 매체에 접근할 권리를 갖는다. IEEE에 의해 표준으로 채택된 토큰 버스 LAN은 이러한 형상을 사용한다.

별 모양 형상에서는 물리적 형상은 별 모양이다. 그러나 허브가 연결 장치 역할을 한다. 허브 내부의 연결로 인해 고리 모양을 만든다. 지국은 두 개의 회선을 통해 이 고리에 연결된다. 이 형상은 네트워크가 잘 망가지지 않게 해 주는데 링크가 망가지면 허브는 망가진 링크는 그냥 무시하고 나머지 하고만 통신하기 때문이다. 이 형상의 고리에서 지국을 더하거나 제거하는 것 또한 용이하다. 이 형상은 IBM에 의해 설계된 토큰 고리 LAN에서 아직도 사용한다.

5.3.3 채널화

때때로 채널 분할이라 불리는 **채널화(Channelization)**는 다중 접속 방법이다. 이것은 서로 다른 지국에서 사용 가능한 링크 대역폭이 동시에 주파수 또는 코드들을 사용하여 동시에 분배된다는 것을 의미한다. 일반적으로 무선 네트워크에서 이러한 방법들을 사용하기 때문에 다음 장에서 이 내용에 대해 설명하도록 한다.

5.4 링크 계층 주소할당

이제부터 데이터링크 계층에서 링크 계층 주소할당에 대해 설명한다. 4장에서 출발지와 목적지 호스트들이 연결된 인터넷에서 지점들을 정의한 네트워크 계층의 식별자로서 IP를 설명하였다. 하지만 인터넷과 같이 연결이 없는 인터넷 동작에서 단지 IP 주소들만을 사용하여 목적지에 데이터그램이 도달하도록 만들 수 없다. 그 이유는 인터넷에서 각 데이터그램이 같은 출발지 호스트에서부터 같은 도착지 호스트까지 다른 경로를 선택할 수 있기 때문이다. 출발지와 목적지 IP 주소들은 두 개의 끝단을 정의한다. 하지만 데이터그램이 지나가야만 하는 경로들은 정의할 수 없다.

데이터그램 안의 IP 주소는 변경되지 않아야 한다. 만일 데이터그램 안의 목적지 IP 주소가 바뀐다면, 패킷은 절대 목적지에 도착하지 못하게 된다. 만일 데이터그램 안의 출발지 IP 주소가 바뀐다면, 만일에 반대로 응답을 출발지로 전송해야 할 필요가 있거나 출발지로 오류가 보고되어야 할 필요가 있을 때, 4장에서 설명한 ICMP의 경우처럼 목적지 호스트 또는 라우터는 절대 출발지와 통신을 할 수 없다.

위의 설명한 것처럼 연결 없는 인터넷 동작에서 두 노드의 링크 계층 주소와 같은 다른 주소지정 기법이 필요하다. 링크 계층 주소는 때때로 **링크 주소**로 불리고, **물리 주소** 그리고 MAC **주소**로 불린다. 이 책에서 이 용어들을 바꿔가면서 사용한다.

데이터링크 계층에서 링크는 조절되기 때문에 주소들은 데이터링크 계층에 속할 필요가 있다. 데이터그램이 네트워크 계층에서부터 데이터링크 계층으로 지나갈 때, 프레임 내에서 데이터그램은 캡슐화된다. 그리고 두 데이터링크 주소들은 프레임 헤더에 추가된다. 이 두 개의 주소들은 한 링크로부터 또 다른 링크로 프레임이 이동할 때마다 변화된다. 그림 5.45는 작은 인터넷에서의 개념을 설명한다.

그림 5.45의 인터넷에는 3개의 링크와 2개의 라우터가 존재한다. 그리고 단지 두 개의 호스트들(앨리스-출발지, 밥-목적지)을 가지고 있다. 각 호스트들에 대해, 연결된 라우터 링크들의 개수와 같은 수의 IP 주소(N)와 링크 계층 주소(L)의 두 개의 주소들을 보인다. 주소들의 많은 쌍을 라우터가 갖고 있다는 점을 주목하자. 각 링크 안에 프레임을 하나씩 가지고 있기 때문에 그림에는 3개의 프레임이 있다. 각 프레임은 같은 출발지와 목적지 주소(**N1**과 **N8**)를

갖진 같은 데이터그램을 전송한다, 하지만 프레임의 링크 계층 주소들은 링크에서 링크로 바뀐다. 링크 1에서 링크 계층 주소들은 L_1과 L_2이다.

그림 5.45 ┃ 작은 인터넷에서 IP 주소와 링크 계층 주소

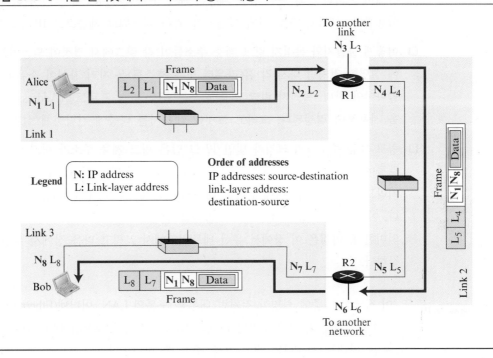

링크 2에서 L_4와 L_5 그리고 링크 3에서 L_7과 L_8이다. IP 주소들과 링크 계층 주소들은 같은 순서가 아님을 주목하라. IP 주소들에 대해서 출발지 주소는 목적지 주소 전에 위치한다. 이것은 링크 계층 주소들에 대해서 목적지 주소는 출발지 주소 전에 위치한다는 것을 의미한다. 데이터그램과 프레임들은 이 방법으로 설계되었다. 그리고 이 책에서도 설계를 따라 설명한다. 우리는 몇 가지 질문들을 제기한다.

❑ 만일 라우터의 IP 주소가 출발지로부터 목적지까지 보내는 어떠한 데이터그램에도 나타나지 않는다면, 왜 라우터로 IP 주소들을 할당해야 할 필요가 있는가? 답은 어떤 프로토콜들 내에서 하나의 라우터가 데이터그램의 송신자 또는 수신자와 같이 행동하는 것이다. 예를 들면, 4장의 라우팅 프로토콜에서 라우터가 메시지의 송신자 혹은 수신자라는 것을 설명하였다. 이 프로토콜들에서 통신은 라우터들 사이에서 이뤄진다.

❑ 왜 라우터 안에 하나 이상의 IP 주소(각 인터페이스에는 하나의 주소가 할당된다)가 필요로 하는가? 답은 어떤 프로토콜에서는 인터페이스는 링크와 라우터의 연결이다. IP 주소가 장치가 연결된 인터넷의 한 지점으로 정의되었다고 설명하였다. n개의 인터페이스들을 갖는 하나의 라우터는 n개의 지점들에서 인터넷으로 연결되어 있다. 이것은 해당하는 거리와 관

련된 주소를 가지는 두 개의 문을 갖는 거리 모퉁이에 위치한 집의 상황과 같은 샘이다.

❑ 어떻게 패킷 내의 출발지와 목적지 IP 주소들이 결정되는가? 답은 호스트가 자기 자신이 가진 IP 주소를 알아야만 하는 것이다. 그리고 그것은 패킷 안에서 출발지 IP 주소가 된다. 2장에서 논의한 바와 같이 응용 계층은 패킷의 목적지 주소를 찾기 위하여 DNS 서비스들을 이용한다. 그리고 패킷 내에 삽입하기 위해 네트워크 계층으로 IP 주소를 통과시킨다.

❑ 어떻게 출발지와 목적지 링크 계층 주소들이 각 링크에서 결정이 되는가? 이 장안에서 나중에 설명할 것처럼 다시 각 홉(라우터 또는 호스트)은 자기 자신이 소유한 링크 계층 주소를 알아야만 한다. 목적지 링크 계층 주소는 주소 결정 프로토콜(Address Resolution Protocol)을 사용하여 결정된다. 그리고 그것에 대해서는 나중에 간략하게 설명할 것이다.

❑ 링크 계층 주소들의 크기가 몇인가? 그 답은 링크 계층 주소가 링크에 의해 사용되는 프로토콜에 의해 결정된다. 비록 전체 인터넷에 대해서 단지 하나의 IP 프로토콜을 갖는다고 할지라도, 다른 링크들 내에서 다른 데이터링크 프로토콜들(data-link protocols)을 사용할 것이다. 이것은 다른 링크 계층 프로토콜들을 설명할 때, 주소의 크기를 정의할 수 있다는 것을 의미한다. 이것은 이 장에서 유선 네트워크에서 그리고 다음 장에서 무선 네트워크에서 동작한다.

 예제 5.16 이 장에서 나중에 설명할 것처럼 대부분 보통의 LAN, 이더넷(Ethernet) 내에서 링크 계층 주소들은 콜론에 의해 분리된 12개의 16진법 숫자로 표현된 48비트(6바이트)이다. 예를 들자면, 아래는 컴퓨터의 링크 계층 주소 중 하나이다.

A2:34:45:11:92:F1

ARP

송신 노드가 링크 상의 다른 노드로 보내기 위한 하나의 IP 데이터그램을 갖고 있을 때 수신 노드의 IP 주소를 갖고 있다. 송신 노드는 기본(default) 라우터의 IP 주소를 알고 있다. 라우팅 경로상의 마지막 라우터를 제외한 각 라우터는 포워딩 테이블의 다음 홉 열(next hop column)을 사용하여 다음 라우터의 주소를 얻는다. 마지막 라우터는 목적지 호스트의 IP 주소를 알고 있다. 하지만 다음 노드의 IP 주소는 링크를 통해 움직이는 프레임에 도움을 주지 않는다. 이것은 다음 노드의 링크 계층 주소가 필요하다는 것을 의미한다. 이를 위해 **주소 결정 프로토콜(ARP, Address Resolution Protocol)**이 필요하다. ARP 프로토콜은 그림 5.46에서 보이는 바와 같이 네트워크 계층에서 정의된 보조 프로토콜 중 하나이다. ARP 프로토콜은 네트워크 계층에 속한다. 하지만 ARP 프로토콜은 논리적인 링크 주소로서 IP 주소를 사용한다. ARP는 IP 프로토콜로 부터 IP 주소를 수용한다. 그리고 그 IP 주소는 대응하는 링크 계층 주소에 주소를 매핑한 후 데이터링크 계층으로 그 주소를 보낸다.

그림 5.46 ▌ TCP/IP 프로토콜에서 ARP의 위치

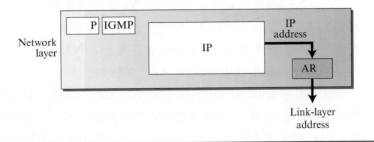

항상 호스트나 라우터는 또 다른 호스트나 라우터의 링크 계층 주소를 찾는 것이 필요하기 때문에 ARP 요청(request) 패킷을 보낸다. 패킷은 링크 계층과 송신자의 IP 주소들 그리고 수신자의 IP 주소를 포함한다. 왜냐하면 송신자는 수신자의 링크 계층 주소를 알지 못하며, 질의는 링크 계층 브로드캐스트 주소를 사용하여 링크를 넘어 브로드캐스트된다. 각 프로토콜에 대해서 추후에 논의하도록 한다(그림 5.47 참조).

그림 5.47 ▌ ARP 동작

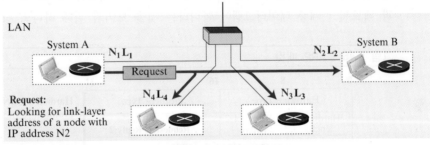

a. ARP request is broadcast

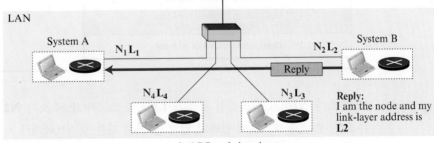

b. ARP reply is unicast

네트워크 위의 모든 호스트 또는 라우터는 ARP 요청(request) 패킷을 수신하거나 처리한다. 하지만 오직 정해진 수신자만이 그들의 IP 주소를 인식하고 ARP 응답(responce) 패킷을 전송한다. 응답 패킷에는 수신자의 IP 주소와 링크 계층 주소들이 포함되어 있다. 패킷은 질의 패

킷을 송신한 물리적 주소를 사용하는 질의자에게 직접 유니캐스트한다.

그림 5.47a에서 좌측의 A 시스템은 **N2** IP 주소를 통해 다른 시스템인 B로 전달이 필요한 패킷을 갖고 있다. 시스템 A는 패킷의 실질적인 전달을 위해 데이터링크 계층으로 보낼 필요가 있지만 수신자의 물리적인 주소는 알지 못한다. **N2**의 IP 주소를 갖는 시스템의 물리적 주소를 알아내기 위해서 브로드캐스트 ARP 요청 패킷을 발송한다.

이 패킷은 물리적인 네트워크 상에 있는 모든 시스템들에 의해 수신되지만, 그림 5.47b에서 보이는 바와 같이 시스템 B만 응답한다. 시스템 B는 자신의 물리적 주소를 포함한 응답 패킷을 전송한다. 이제 시스템 A는 수신한 물리 주소를 사용하여 모든 패킷을 송신할 수 있게 된다.

패킷 형식

그림 5.48은 ARP 패킷의 형식을 나타낸다. 각 필드는 다음과 같다. 하드웨어 유형(*Hardware type*)는 링크 계층 프로토콜의 유형으로 정의한다. 예를 들어 이더넷의 하드웨어 유형은 1이다. **프로토콜 유형**(*Protocol type*)은 네트워크 계층 프로토콜의 유형을 정의한다. 예를 들어 IPv4에 대한 이 필드의 값은 $(0800)_{16}$이다. 송신자 하드웨어 주소와 송신자 프로토콜 주소는 송신자의 링크 계층과 네트워크 계층 주소들을 정의하는 가변길이 필드이다. 목적지 하드웨어 주소와 목적지 프로토콜 주소 필드는 수신자의 링크 계층과 네트워크 계층 주소를 정의한다. ARP 패킷은 데이터링크 프레임에 직접적으로 캡슐화된다. 프레임은 페이로드가 ARP에 속해 있다는 것과 네트워크 계층 데이터그램이 아니라는 것을 보이기 위해 하나의 필드를 가져야만 한다.

그림 5.48 ┃ ARP 패킷

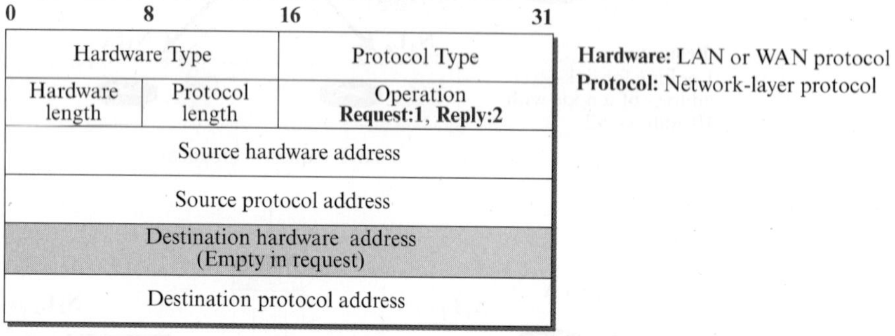

0	8	16	31
Hardware Type		Protocol Type	
Hardware length	Protocol length	Operation **Request:1, Reply:2**	
Source hardware address			
Source protocol address			
Destination hardware address (Empty in request)			
Destination protocol address			

Hardware: LAN or WAN protocol
Protocol: Network-layer protocol

예제 5.17   IP 주소가 **N1**이고 물리적인 주소가 **L1**인 호스트가 IP 주소가 **N2**이며, 물리 주소 **L2**(이 주소는 첫 번째 호스트에 알려져 있지 않다)인 다른 호스트에게로 보낼 패킷을 가지고 있다. 두 호스트는 모두 같은 이더넷 네트워크에 있다. 이더넷 프레임으로 캡슐화된 ARP 요청과 ARP 응답 패킷을 보여라(그림 5.55 참조).

해답

그림 5.49와 같이 ARP 요청 메시지와 응답 메시지를 보이고 있다. 이러한 경우 ARP 데이터 필드는 28바이트이며, 개별 주소들은 4바이트 경계와 맞지 않는다는 것을 유의하라.

그림 5.49 | 예제 5.17

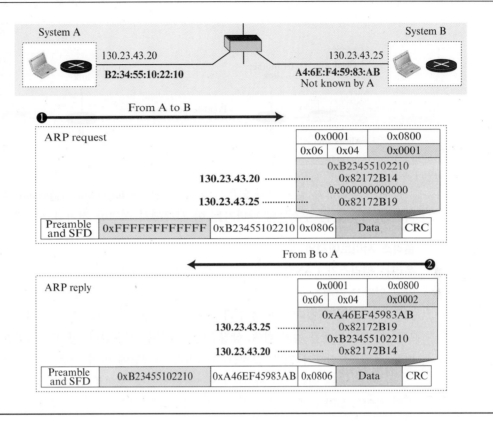

이것이 이 주소들에 대한 4바이트 경계를 보이지 않는 이유이다. IP 주소를 제외한 모든 필드를 16진수로 사용하는 것에 유의하자.

사례

우리는 TCP/IP 프로토콜의 4개 상위 계층들에서의 주소지정을 논의하였다. 물리 계층에서는 통신의 단위가 비트(bit) 단위이기 때문에 주소지정이 없다. 그리고 물리 계층은 주소를 고정할 수 없다. 물리 계층에서 비트(bits)는 송신자에 의해 보내지고 송신자에 연결된 어떤 수신자에 의해 수신된다(브로트개트스 방식). 이제 단일 처리(single transaction)을 예를 들어 주소들의 연관성을 강조하여 모든 주소에 대해 설명하도록 한다. 또한 어떻게 모든 주소들이 실제적으로 시스템에 의해 만들어지게 되는지를 설명한다. 처리(transaction)에서 필요한 것은 단지 사용자가 연결하기 위해 필요로 하는 사이트의 이름이다. 그림 5.50은 앨리스와 밥이 연결되어 있는 한 인터넷을 보여준다. 앨리스는 밥에게서 제공되는 상품들의 리스트로 접속하기를 원하는 사용자이다. 밥은 *bob.biz*라고 불리는 작은 사업을 하고 있다. 그리고 상품들의 리스트와 상품들의 규격서는 *products*라 불리는 문서 안에 저장되어 있다.

그림 5.50 ┃ 사례를 위한 인터넷

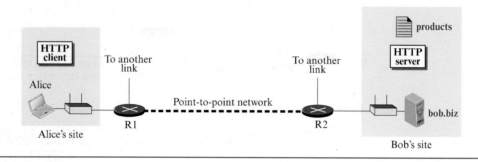

단지 앨리스가 알 필요가 있는 식별자는 사이트 *http://bob.biz/product*의 URL이다. 출발지와 목적지와 같은 주소들의 나머지는 이 사례에서 설명한 것처럼 시스템에 의해 작성된다.

앨리스 사이트에서의 활동

우리는 앨리스가 LAN으로 연결되어 있고 그녀의 컴퓨터는 IP 주소 그리고 링크 계층 주소를 알고 있다고 가정한다. 밥의 서버 또한 LAN으로 연결되어 있고 그의 컴퓨터는 IP 주소와 링크 계층 주소를 알고 있다. 인터넷의 라우터들 또한 IP 주소 그리고 링크 계층 주소들을 알고 있다. 그림에 대한 이해를 돕기 위해, 상징적인 주소들을 사용한다. 하지만 앨리스는 이 주소들의 어떠한 것도 알 필요가 없다. 그것들은 처리가 진행됨에 따라 자동적으로 만들어지게 된다.

그림 5.51은 앨리스의 사이트에서 발생한 것을 보여준다. 브라우저를 사용하는 앨리스는 밥의 사이트 URL을 입력한다. 앨리스의 컴퓨터는 앨리스의 요청에 응답하기 위해 HTTP 클라이언트를 사용한다. 하지만 HTTP 클라이언트는 밥의 IP 주소를 알지 못한다. 클라이언트는 DNS에게 도움을 요청한다. DNS 클라이언트는 DNS 서버로 요청을 보내고 밥의 컴퓨터(N_B)의 IP 주소를 찾는다. 그리고 IP 주소는 전송 계층으로 지나가게 된다.

이제 전송 계층은 HTTP 서버의 잘 알려진(Well-Known) 포트번호($P_B = 80$) 그리고 HTTP 클라이언트를 위한 작동 시스템으로부터 받게 된 임시 포트번호(P_A)를 사용하여 세그먼트를 만든다. 이제 전송 계층은 세그먼트를 만들 수 있고 이전 단계에서 포함한 밥의 컴퓨터(N_B) IP 주소와 함께 네트워크 계층으로 그것을 지나게 한다. 물론, 발생하는 모든 hand-shaking 과정들을 보여주지 못한다. 그림에서 연결이 만들어지고 단지 하나의 세그먼트만이 교환된다고 가정한다.

네트워크 계층은 세그먼트와 N_B를 수신한다. 하지만 이것은 링크 계층 주소를 찾는 것이 필요하다. 네트워크 계층은 그것의 라우팅 테이블을 찾아보고 라우터가 목적지 N_B에 대해 다음(이 경우에서 디폴트 라우터)을 찾기를 시도한다. 라우팅 테이블은 N_1을 준다. 하지만 네트워크 계층은 라우터 R1의 링크 계층 주소를 찾는 것이 필요하다. 이것은 링크 계층 주소 L_1을 찾기 위해 자신의 ARP 클라이언트를 사용한다. 이제 네트워크 계층은 링크 계층 주소를 갖는 데이터그램을 데이터링크 계층으로 지나게 할 수 있다.

데이터링크 계층은 그것이 가지고 있는 링크 계층 주소 L_A를 안다. 이것은 프레임을 만들고 물리 계층으로 그것을 지나게 한다. 그리고 여기서 주소가 신호들로 변환하고 매개체를 통해 그것을 전송한다.

그림 5.51 | 앨리스 컴퓨터에서의 패킷의 흐름

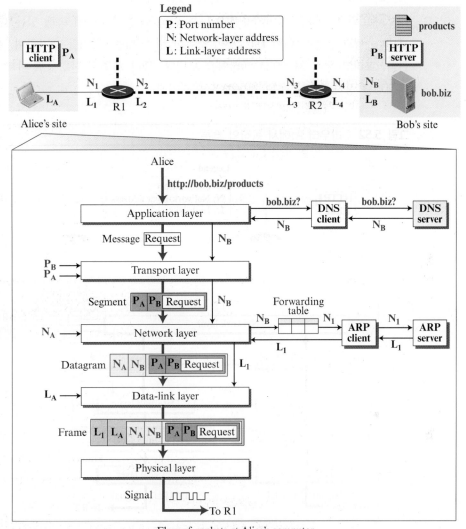

Flow of packets at Alice's computer

라우터 R1에서 동작

이제부터 라우터 R1에서 발생하는 것에 대해 알아보자. 알다시피 라우터 R1은 단지 세 개의 하위 계층들을 갖는다. 수신된 패킷은 이 세 개 계층을 통해 올라가고 내려가는 것이 필요하다. 그림 5.52는 이러한 활동들을 보인다. 도착에서 왼쪽 링크의 물리 계층은 프레임을 만들고 그것을 데이터링크 계층으로 보낸다. 데이터링크는 데이터그램의 캡슐화를 해제하고 그것을 네트워크 계층으로 보낸다. 네트워크 계층은 데이터그램의 네트워크 주소를 검사하고 데이터그램이 IP 주소 N_B를 사용하는 디바이스로 데이터그램을 전송할 필요가 있는지 여부를 검색한다. 네트워크 계층은 N_B로의 경로에서 다음 노드(라우터)가 어디인지를 찾기 위해 그것의 라우팅 테이블을 찾아본다. 포워딩 데이블은 N_3를 돌려보낸다. 라우터 R2의 IP 주소는 R1을 사용하는 같은 링크를 사용한다. 이제 네트워크 계층은 이 라우터의 링크 계층 주소를 찾기 위해 ARP 클라이언트와 서버를 사용한다. 그리고 그것은 **L₃**가 된다.

네트워크 계층은 데이터그램과 **L₃**를 왼쪽 면에서 링크에 속해 있는 데이터링크 계층으로 보낸다. 링크 계층은 **L₃**와 **L₂**(그것이 소유한 링크 계층 주소)를 추가하여 데이터그램을 캡슐화한다. 그리고 물리 계층으로 프레임을 보낸다. 물리 계층은 신호들로 비트를 부호화하고 R2로 매개체를 통해서 그것들을 전송한다.

그림 5.52 | 라우터 R1에서 동작의 흐름

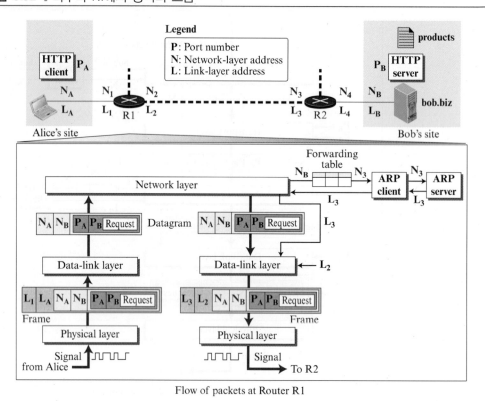

Flow of packets at Router R1

라우터 R2에서 동작

이 라우터에서 활동들은 같은 주소들이 교환되는 것을 제외하고, 라우터 R1에서의 작동과 같다. 그래서 우리는 여기서 이것을 다시 반복하지 않는다.

밥의 사이트에서 동작

이제 밥의 사이트에서 발생하는 것을 살펴보자. 그림 5.53은 어떻게 밥의 사이트에서 신호들이 HTTP 서버 프로그램에 대해 메시지로 바뀌게 되는지를 보여준다. 밥의 사이트에서 더 필요한 주소와 매핑은 없다.

그림 5.53 ▎밥의 사이트에서 동작

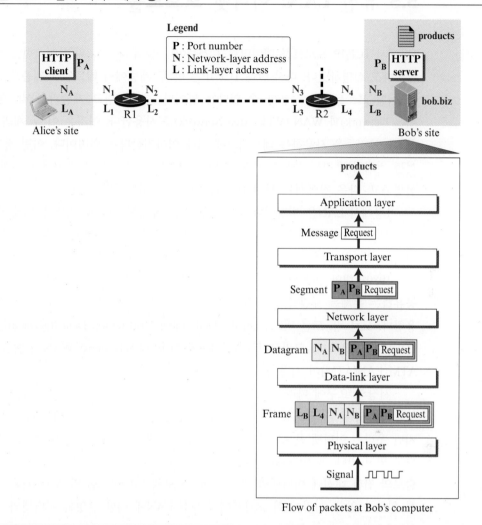

Flow of packets at Bob's computer

링크로부터 수신된 신호는 프레임으로 교환된다. 프레임은 데이터링크 계층으로 보내지게 되고, 데이터링크 계층은 데이터그램의 캡슐화를 해제하고 네트워크 계층으로 보낸다. 네트워크 계층은 메시지의 캡슐화를 해제하고 전송 계층으로 보낸다. 전송 계층은 세그먼트의 캡슐화를 해제하고 포트 P_B(80)으로 보낸다. HTTP 서버는 메시지를 수신하고 HTML 문서의 형태로 되어진 상품 파일의 사본을 준비한다. 그리고 같은 흐름(하지만 반대의 순서)을 사용하여 앨리스에게로 사본을 되돌려 전송한다. 되돌아간 메시지는 앨리스에게 도착하기 위해 아마도 같은 라우터를 통해서 전송될 것이다.

5.5 유선 LAN: 이더넷 프로토콜

1장에서 TCP/IP 프로토콜 데이터링크 계층이나 물리 계층을 위한 어떠한 프로토콜도 정의하지 않았다고 설명하였다. 다시 말해 TCP/IP는 이 두 계층에서 네트워크 계층으로 서비스를 제공하는 어떤 프로토콜도 수용할 수 있다는 말이다. 데이터링크 계층과 물리 계층은 LAN (Local Area Network)과 WAN (Wide Area Network)를 사용한다. 이것은 이 두 개의 계층에 대해 설명할 때, 그것들을 사용하는 네트워크에 대해 이야기한다는 의미이다. 이번 장과 다음 장에서 살펴볼 것처럼 우리는 유무선 네트워크를 사용하고 있다. 이번 장에서는 유선 네트워크에 대해 설명하고, 다음 장에서는 무선 네트워크에 대해 설명한다.

1장에서 LAN은 빌딩이나 캠퍼스와 같은 제한된 지리적 영역을 위해 설계되었다고 배웠다. 비록 LAN이 자원의 분배라는 유일한 목적을 위해 기관에서 컴퓨터에 접속하기 위한 제한된 네트워크를 사용할지라도, 오늘날 대부분 LAN은 WAN 또는 인터넷에 접속되어 있다.

1980년대와 1990년대에 몇 가지 다른 형태의 LAN이 사용되었다. 이 LAN들은 미디어를 공유하는 문제를 해결하기 위해 미디어 접속 방법을 사용한다. 이더넷은 CSMA/CD 접근을 사용한다. 토큰 링, 토큰 버스 그리고 FDDI (Fiber Distribution Data Interface)는 token-passing 접근방법을 사용한다. 그리고 또 다른 LAN 기술인 high speed WAN 기술을 사용하여 개발된 ATM LAN(ATM)이 시장에 등장하였다.

시장의 요구에 따라 시의적절하게 대응하여 새로운 규격을 만들어온 이더넷을 제외한 대부분의 LAN은 사라졌다. 이러한 성공의 몇 가지 이유는 다른 문서를 통해 확인할 수 있다. 하지만 우리는 이더넷 프로토콜이 더 높은 전송률에 대한 요구사항에 맞춰 진화하도록 설계되었다고 믿고 있다. 과거와 현재 이더넷을 사용하고 있는 조직들이 비용이 많이 들어가는 다른 기술로의 전환 대신에 이더넷의 새로운 버전으로의 업데이트를 통해 더 빠른 전송률을 제공받기를 원하고 있다. 이것이 이 교과서에서 유선 LAN에 대한 설명을 이더넷의 설명으로 제한시키는 이유이다.

이더넷 LAN은 1970년대에 Robert Metcalfe와 David Boggs에 의해 개발되었다. 그 이후로, 이더넷은 **표준 이더넷(Standard Ethernet)**(10 Mbps), **고속 이더넷(Fast Ethernet)**(100 Mbps), **기가비트 이더넷(Gigabit Ethernet)**(1 Gbps) 그리고 **10기가비트 이더넷(10 Gigabit Ethernet)**(10 Gbps)의 네 가지 버전을 가지고 있다.

5.5.1 IEEE 프로젝트 802

이더넷 프로토콜과 모든 이더넷 프로토콜의 버전에 대해 설명하기 전에 간단히 실제 생활에서 또는 문서로 접할 수 있는 IEEE 표준에 대해 소개한다. 1985년에 IEEE 컴퓨터분회(Computer Society)에서는 다양한 제조업자의 장치들 사이의 상호연결이 가능하도록 하는 표준을 만들기 위해 **프로젝트(Project) 802**라고 부르는 프로젝트를 시작했다. 프로젝트 802는 OSI나 TCP/IP

프로토콜의 어떤 부분을 교체하려는 의도는 없었다. 다만, 주요 LAN 프로토콜의 물리 계층과 데이터링크 계층의 기능을 규격화하였다.

802 표준과 TCP/IP 프로토콜 사이의 관계가 그림 5.54에 있다. IEEE는 데이터링크 계층을 **논리적 연결 제어(LLC, logical link control)**와 **매체 접속 제어(MAC, media access control)**의 2개의 부계층으로 나누었다. IEEE는 또한 서로 다른 LAN 프로토콜을 위해 여러 물리 계층에 대한 표준도 만들었다.

그림 5.54 ┃ LAN을 위한 IEEE 표준

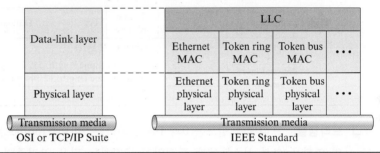

논리적 연결 제어(LLC)

앞에서 데이터링크 제어는 프레임 생성과 흐름 제어, 오류 제어를 다룬다고 설명하였다. IEEE 802 프로젝트에서는 흐름 제어 오류 제어와 프레임 생성 일부분에 대한 역할을 논리적 연결 제어라는 하나의 부계층에서 처리한다. 즉 프레임 생성은 LLC 부계층과 MAC 부계층 양쪽에서 모두 처리된다.

LLC는 모든 IEEE LAN들을 위해 하나의 데이터 링크 제어 프로토콜을 제공한다. 이것은 하나의 LLC 프로토콜이 서로 다른 LAN들 사이에 연결성을 제공할 수 있는 것을 의미하는데 그 이유는 LLC가 MAC 부계층을 투명하게 만들기 때문이다.

매체 접근 제어

앞에서 우리는 임의적 접근, 통제적 접근, 채널화 방법의 다중화 접속 방식을 살펴봤다. IEEE 프로젝트 802는 각각의 LAN을 위해 특별한 접근 방법인 매체 접근 제어라 불리는 부계층을 만들었다. 예를 들어, 이더넷 LAN을 위한 매체 접근 방식으로 CSMA/CD을 정의하였고, 토큰 링이나 토큰 버스 LAN을 위해 토큰 전달 방식을 정의하였다. 이전 절에서 설명하였듯이 프레임을 만드는 기능의 일부도 MAC 계층에서 다루어진다.

5.5.2 표준 이더넷

우리는 10 Mbps의 데이터 율을 가지는 이더넷 기술을 표준 이더넷이라고 부른다. 비록 대부분의 구현은 이더넷의 발전으로 인해 다른 이더넷 기술들로 옮겨지고 있지만, 이더넷의 발전에도 불구하고 여전히 변하지 않는 표준 이더넷의 몇 가지 특징들이 있다. 따라서 이 절에서는 표준 버전에 대해 설명하고 표준 버전을 제외한 다른 3가지 기술들의 이해를 돕고자 한다.

프레임 형식

이더넷 프레임은 그림 5.55와 같이 7개의 필드로 구성된다.

그림 5.55 | 이더넷 프레임

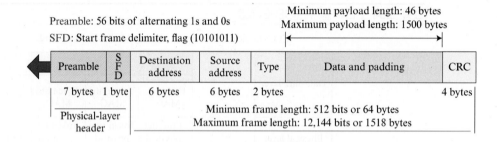

□ **프리앰블.** 프리앰블 필드는 0과 1을 반복하는 7바이트(56비트)의 크기를 지닌다. 프리앰블의 역할은 수신 시스템에게 프레임이 도착하는 것을 알려주며 입력 타이밍에 수신 시스템이 동기화할 수 있도록 만든다. 즉 프리앰블의 패턴은 오직 경고와 타이밍 펄스만을 제공한다. 56비트의 패턴은 지국들에게 프레임의 시작점에서 어느 정도의 비트의 손실을 허용한다. 프리앰블은 실제로 물리 계층에 추가됐고(공식적으로는) 프레임의 일부분은 아니다.

□ **시작 프레임 지시기(SFD).** SFD 필드(1바이트: 10101011)는 프레임의 시작을 알린다. SFD는 지국들에게 동기를 위한 마지막 기회라는 것을 알린다. 마지막 2비트는 $(11)_2$이며 수신자에게 이 다음 필드가 목적지 주소임을 알려준다. 이 필드는 프레임의 시작을 정의하는 플래그이다. 이더넷 프레임은 가변적 길이를 갖기 때문에 프레임의 시작을 정의하는 플래그가 필요하다. SFD 필드 또한 물리 계층에 추가된다.

□ **목적지 주소(DA).** DA 필드는 6바이트이고 목적지 지국이나 패킷을 수신하는 지국들의 링크 계층 주소를 가지고 있다. 목적지 주소에 대해서는 나중에 상세히 설명할 것이다. 수신자는 자신의 링크 계층 주소 또는 수신자가 속한 그룹을 위한 멀티캐스트 주소 또는 브로드캐스트 주소를 볼 경우, 프레임으로부터 데이터를 역캡슐화하고 데이터를 종류 필드의 값에 따라 정의된 상위 부계층 프로토콜로 보낸다.

□ **발신지 주소(SA).** SA 필드도 6바이트이고 패킷을 전송하는 송신자의 링크 계층 주소를 가지고 있다. 발신자 주소에 대해서는 나중에 자세히 설명할 것이다.

□ **유형.** 유형 필드는 프레임에 캡슐화된 패킷의 상위 계층 프로토콜을 정의한다. 이 프로토콜은 IP, ARP, OSPF 등이 될 수 있다. 즉 이 필드는 데이터그램의 프로토콜 필드와 세그먼트 또는 사용자 데이터그램의 포트번호와 같은 목적으로 사용된다. 이 필드는 다중화와 역다중화에 사용된다.

❑ **데이터.** 이 필드는 상위 계층의 프로토콜로부터 캡슐화된 데이터를 운반한다. 데이터 필드는 최소 46에서 최대 1,500바이트의 크기를 가지고 있다. 간단하게 최대값과 최소값에 대한 이유를 설명한다. 예를 들어 상위 계층으로부터 받은 데이터가 1,500바이트를 초과하면 데이터는 하나 이상의 프레임으로 조각나고 캡슐화되어야 한다. 반면에 상위 계층으로부터 받은 데이터가 46바이트 미만이면, 추가적인 0비트의 패딩이 필요하다. 패딩된 데이터 프레임은 상위 계층 프로토콜로 그대로(패딩 제거 없이) 전달된다. 즉 상위 계층이 패딩을 제거하거나 추가해야 하는 책임을 가지고 있다는 것을 의미한다. 그러므로 상위 계층 프로토콜은 데이터의 길이를 알아야 한다. 예를 들어, 데이터그램은 데이터의 길이를 정의하는 필드를 가지고 있다.

❑ *CRC.* 마지막 필드에는 CRC-32 형태의 오류 검출 정보가 들어 있다. CRC는 주소, 종류, 데이터 필드를 계산한다. 만약 수신자가 CRC를 계산하고 0이 아닌 것을 발견하면(전송에서의 손상), 해당 프레임을 버린다.

비연결 서비스와 비신뢰성 서비스

이더넷은 비연결 서비스를 제공한다. 이것은 각각의 프레임이 이전 또는 다음 프레임과는 독립적으로 전송되는 것을 의미한다. 이더넷은 연결 설정 또는 연결 종료 단계를 가지지 않는다. 송신자는 언제든지 하나씩 프레임을 전송한다. 이때 수신자는 해당 프레임을 받을 준비가 되어 있을 수도 그렇지 않을 수도 있다. 송신자가 감당이 안될 정도의 프레임을 수신자에게 전송하면 수신자는 프레임을 폐기한다. 만약 프레임이 폐기될 경우 송신자는 프레임의 폐기에 대하여 알지 못한다. 이더넷 서비스를 사용하는 IP 또한 비연결이기 때문에 IP 역시 프레임의 폐기를 모른다. 전송 계층이 만약 UDP와 같은 비연결 프로토콜일 경우 프레임은 손실되고 오직 응용 계층이 복구를 한다. 그러나 전송 계층이 TCP일 경우 수신측 TCP는 프레임의 세그먼트에 대한 확인응답을 받지 못하므로 다시 전송하게 된다.

이더넷은 또한 IP와 UDP처럼 비신뢰성을 가진다. 만약 프레임이 전송되는 동안 손상되거나 CRC-32보다 높은 단계의 가능성을 가진 수신자가 손상을 발견할 경우, 수신자는 프레임을 폐기한다. 손상에 대한 발견은 상위 단계 프로토콜의 의무이다.

프레임 길이

이더넷은 프레임의 최소와 최대 길이가 제한되어 있다. 최소값 제한은 CSMA/CD의 정확한 동작을 위해 요구된다. 이더넷 프레임은 최소 길이가 512비트, 즉 64바이트를 가져야만 한다. 이 길이 중 일부분은 헤더와 트레일러이다. 예를 들어, 헤더와 트레일러가 6바이트의 발신지 주소, 6바이트의 목적지 주소, 2바이트의 종류, 4바이트의 CRC로 총 18바이트를 구성할 경우, 상위 계층으로부터 전달받은 데이터의 최소 길이는 64 - 18 = 46바이트가 된다.

표준에서는 프레임의 최대 길이를 1,518바이트로 정의한다(프리앰블이나 SFD 필드 제외). 만약, 18바이트의 헤더와 트레일러를 빼면 페이로드의 최대 길이는 1,500바이트이다. 최대 길이 제한은 두 가지 역사적 사실에 기인한다. 첫 번째 사실은 이더넷이 설계되었을 때의 메모리

가격은 매우 높았다는 점이다. 최대 길이 제한을 통해 버퍼 크기를 줄임으로써 메모리 사용을 줄일 수 있었다. 두 번째로 최대 길이 제한은 하나의 지국이 너무 오랫동안 데이터를 송신함으로써 송신할 데이터를 가진 다른 지국을 방해하는 공유 매체의 독점을 방지할 수 있다.

최소 프레임 길이: **64바이트**	최대 데이터 길이: **46바이트**
최대 프레임 길이: **1,518바이트**	최대 데이터 길이: **1,500바이트**

주소지정

이더넷 네트워크에 있는 각 지국(PC나 워크지국, 프린터 같은)은 자신의 **네트워크 인터페이스 카드(NIC, network interface card)**를 가지고 있다. 각 NIC는 지국 내부에 설치되어 있고 링크 계층 주소를 지국에게 제공한다. 이더넷 주소는 6바이트(48비트)이며, 일반적으로 각 바이트를 콜론으로 구별한 16진법 표기법으로 쓰인다. 예를 들어, 이더넷 MAC 주소는 아래와 같이 나타낸다.

4A:30:10:21:10:1A

주소 비트의 전송

주소들이 온라인에서 전송되는 방법은 16진수 표시법으로 쓰여진 방법에 의해 달라진다. 전송은 왼쪽에서 오른쪽 바이트 순으로 전송된다. 그러나 각각의 바이트에서 마지막 비트(LSB)가 먼저 전송되고 MSB가 마지막에 전송된다. 이것은 유니캐스트 또는 멀티캐스트 주소로 정의된 비트가 목적지에서는 먼저 도착한다는 것을 의미한다.

 예제 5.18   주소 47:20:1B:2E:08:EE는 온라인에서 어떻게 전송되는지 보여라.

해답

주소는 왼쪽에서 오른쪽으로 바이트별로 전송된다. 각 바이트에서는 아래에서 보는 바와 같이 오른쪽에서 왼쪽으로 비트별로 전송된다.

Hexadecimal	47	20	1B	2E	08	EE
Binarys	01000111	00100000	00011011	00101110	00001000	11101110
Transmitted ←	11100010	00000100	11011000	01110100	00010000	01110111

유니캐스트, 멀티캐스트, 브로드캐스트 주소

발신지 주소는 항상 유니캐스트 주소이며 이것은 프레임이 오직 하나의 지국에서부터 송신됨을 의미한다. 그러나 목적지 주소는 유니캐스트, 멀티캐스트, 브로드캐스트가 될 수 있다. 그림 5.56은 어떻게 멀티캐스트 주소에서 유니캐스트 주소를 구분하는지를 보여준다. 만약 목적지 주소에 있는 첫 번째 바이트의 마지막 비트(LSB)가 0이라면 이는 유니캐스트 주소를 의미하고 1이라면 멀티캐스트 주소를 의미한다.

그림 5.56 | 유니캐스트와 멀티캐스트 주소

유니캐스트 또는 멀티캐스트 비트는 송신 또는 수신되는 첫 번째 비트이다. 브로드캐스트 주소는 멀티캐스트의 특별한 경우인데 수신자는 네트워크에 있는 모든 지국이다. 목적지 브로드캐스트 주소는 48비트 모두 1의 값으로 구성된다.

 예제 5.19 아래의 목적지 주소의 형태를 정의하라

   a. 4A:30:10:21:10:1A

   b. 47:20:1B:2E:08:EE

   c. FF:FF:FF:FF:FF:FF

해답

주소의 형태를 찾기 위해 왼쪽으로부터 두 번째 16진수 자릿수를 주목할 필요가 있다. 만약 그 주소가 짝수이면 유니캐스트이고 그 주소가 홀수이면 멀티캐스트 주소이다. 그리고 모든 자릿수가 F이면, 이 주소는 브로드캐스트이다. 따라서 풀이는 다음과 같다.

a. 값 A를 2진수로 풀면 1010(짝수)이므로 이 주소는 유니캐스트이다.

b. 값 7을 2진수로 풀면 0111(홀수)이므로 이 주소는 멀티캐스트이다.

c. 모든 자릿수가 F이므로 이 주소는 브로드캐스트이다.

유니캐스트, 멀티캐스트, 브로드캐스트 전송 사이의 구별

표준 이더넷은 그림 5.57과 같이 동축 케이블(버스 토폴로지) 또는 허브와 함께 꼬임 쌍선 케이블의 집합을 사용한다.

표준 이더넷에서의 전송은 유니캐스트, 멀티캐스트, 브로드캐스트 의도에 상관없이 항상 브로드캐스트로 전송한다. 버스 토폴로지에서 지국 A가 지국 B로 프레임을 전송할 때는 모든 지국들이 프레임을 받는다. 반면 스타 토폴로지에서는 지국 A가 지국 B로 프레임을 전송할 경우 허브에서 프레임을 받는다. 허브는 수동적인 요소이기 때문에 프레임의 목적지 주소를 검사하지는 않는다. 대신 비트를 재생(프레임이 손상된 경우)시키고 프레임을 지국 A를 제외한 모든 지국들에게 전송한다. 이것은 네트워크를 프레임들로 폭주하게 만든다.

그림 5.57 | 표준 이더넷의 구현

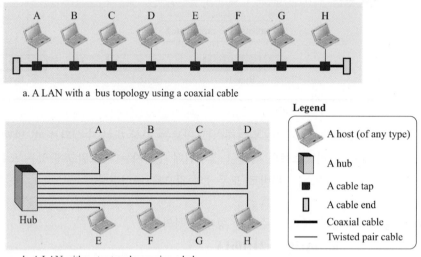

a. A LAN with a bus topology using a coaxial cable

b. A LAN with a star topology using a hub

Legend

A host (of any type)

A hub

A cable tap

A cable end

Coaxial cable

Twisted pair cable

그렇다면 어떻게 실제로 유니캐스트, 멀티캐스트, 브로드캐스트 전송을 서로 구별할 수 있을까? 해답은 프레임을 유지시키거나 폐기시키는 방법이다.

❑ 유니캐스트 전송의 경우 모든 지국은 프레임을 받은 뒤 의도된 수신자만 프레임을 유지, 관리하고 나머지 지국은 프레임을 폐기한다.

❑ 멀티캐스트 전송에서는 모든 지국은 프레임을 받은 뒤 그룹에 속한 지국들만 프레임을 유지, 관리하고 나머지 지국은 프레임을 폐기한다.

❑ 브로트캐스트 전송의 경우 송신자를 제외한 모든 지국은 프레임을 받은 뒤 송신자를 제외한 모든 지국들은 프레임을 유지, 관리한다.

접속 방법

표준 이더넷 프로토콜을 사용하는 네트워크는 브로드캐스트 네트워크이기 때문에 전송 매체를 공유하기 위해서는 접근을 제어하는 접근 방법을 사용해야 한다. 표준 이더넷은 앞서 그림 5.37부터 그림 5.40까지에서 설명한 1-지속 방식의 CSMA/CD를 사용한다. 어떻게 이 방법이 이더넷 프로토콜에서 사용되는지 시나리오를 통해서 살펴본다.

❑ 그림 5.57에 있는 지국 A가 지국 D로 프레임을 보낸다고 가정하자. 지국 A는 먼저 어떤 다른 지국이 전송 중인지(반송파 검사)를 검사해야 한다. 지국 A는 전송 매체의 에너지 준위를 측정한다(보통 100 μs보다 짧은 시간의 주기 동안). 매체에 신호 에너지가 없다는 것은 현재 전송 중인 지국이 없다는 것을 의미한다(또는 신호가 지국 A에 도달하지 않았음을 의미). 지국 A는 이 상황을 전송 매체의 유휴 상태로 판단하고 프레임 전송을 시작한다. 반면,

신호 에너지 준위가 0이 아니라는 것은 전송 매체가 다른 지국에 의해 사용 중이라는 것을 의미한다. 지국 A는 100 μs마다 전송 매체를 유휴 상태가 될 때까지 지속적으로 관찰한다. 그리고 나서 프레임을 전송한다. 한편 지국 A는 충돌이 없다는 것을 확신할 때까지 버퍼에 프레임 사본을 저장해야 한다. 지국 A가 충돌이 없다는 것을 확신한 이후에 발생하는 일에 대해서는 뒤에서 살펴볼 것이다.

□ 매체 감지는 지국 A가 프레임을 전송한 이후에도 계속 이루어진다. 이것은 지국 A가 지속적으로 송수신을 해야 하는 것을 의미한다. 이에 대하여 두 가지 경우가 발생 할 수 있다.

a. 지국 A는 512비트를 전송하고 충돌이 없음을 감지한 경우이다(에너지의 준위가 평상시의 에너지 준위보다 높지 않음). 그러면 지국은 프레임이 그대로 통과할 것이라 확신하고 전송 매체의 감지를 멈춘다. 이더넷 전송률을 10 Mbps라 하면, 지국이 512비트를 전송하기 위해서는 지국에서 512/(10 Mbps) = 51.2 μs를 가지고 있어야 한다. 이 경우 케이블에서의 전파 속도(2×10^8미터)로 첫 비트는 10,240미터(편도) 또는 5,120미터(왕복)를 이동한다. 이때 케이블의 마지막 지국으로부터 비트에 충돌이 발생하면 비트는 다시 돌아가야 한다. 즉 송신자가 512비트(최악의 상황)를 보낼 때쯤에 충돌이 발생하면 첫 비트는 5,120미터를 왕복해야 한다. 충돌이 케이블의 끝이 아니라 중간지점에서 발생하면 지국 A는 충돌은 빠르게 듣고 전송을 중단한다. 또 다른 문제에 대해서 생각해 보자. 위에서의 가정은 케이블의 길이가 5,120미터라는 것이다. 그러나 표준 이더넷의 설계자들은 실제로 케이블의 길이를 2,500미터로 제한하고 있다. 그 이유는 이동하는 동안 발생하는 지연을 고려하기 때문이다. 이것은 설계자들이 최악의 상황을 고려했다는 것을 의미한다. 지국 A가 512비트를 모두 전송하기 전까지 충돌을 감지하지 못한다면 전송 시간 동안 충돌이 없다는 뜻이므로 첫 비트는 매체의 끝에 도달했고 모든 다른 지국은 지국 A가 전송 중에 있으므로 전송을 하면 안 되는 것을 인지하고 있다고 생각한다. 즉 문제는 다른 지국이(예를 들어 마지막 지국) A 지국의 첫 비트가 도착하기 전에 전송을 할 경우에 문제가 발생한다. 다른 지국은 첫 비트가 아직 도착하지 않았기 때문에 전송 매체를 아무도 사용하고 있지 않다고 잘못 생각한다. 512비트의 제한은 실제로 전송 지국을 돕는다. 전송 지국은 첫 512비트 동안 충돌에 대한 소식을 듣지 않으면 충돌이 발생하지 않았다는 것을 확신한다. 그래서 프레임의 사본을 버퍼에서 폐기한다.

b. 지국 A가 512비트를 모두 전송하기 전에 충돌을 감지하는 경우이다. 이는 먼저 전송한 비트가 다른 지국에서 전송하는 비트와 충돌했다는 것을 의미한다. 이 경우 두 지국 모두 전송을 중지하고 재전송을 하기 위해 전송이 다시 가능해질 때까지 프레임을 버퍼에 저장한다. 다른 지국들에게 네트워크에서 충돌이 일어난 것을 알리기 위해서는 해당 지국에서 48비트의 충돌 신호를 전송해야 한다. 충돌 신호는 다른 지국들에게 충돌에 대하여 충분하게 경보하는 신호(비록 충돌이 얼마 지나지 않아 발생한다 하더라도)이다. 충돌 신호를 전송한 후에는 지국은 K(시도의 횟수) 값을 증가시킨다. K = 15인 경우는 네트워크가 혼잡하다는 것을 의미한다. 따라서 지국은 전송하려는 노력을 잠시 중단하

고 나중에 다시 시도한다. K < 15인 경우 지국은 대기시간(그림 5.40의 T_B)만큼을 기다리고 절차를 다시 수행한다. 그림 5.40에서 보면 지국은 0과 $2^k - 1$ 사이의 임의의 수를 생성한다. 이것은 충돌이 발생할 때마다 임의의 수 범위가 지수적으로 증가하는 것을 의미한다. 예를 들어 첫 번째 충돌(K = 1) 후 임의의 수는 (0, 1)의 범위를 가지고 두 번째 충돌(K = 2) 후 임의의 수는 (0, 1, 2, 3)의 범위를 가진다. 또한 세 번째 충돌(K = 3) 후 임의의 수는 (0, 1, 2, 3, 4, 5, 6, 7)의 범위를 가진다. 그러므로 충돌 후 대기시간이 길어질 확률은 증가한다. 실제로 충돌이 3번 또는 4번 발생하면 네트워크가 실제로 바쁘다는 것을 의미하기 때문에 긴 대기시간이 필요하다.

표준 이더넷의 효율

이더넷의 효율은 데이터를 전송하는 지국에 의해 사용되는 시간과 지국에 의해 점유되는 매체의 시간 비로 정의한다. 표준 이더넷의 실질적인 효율은 다음과 같이 측정된다.

$$효율 = 1/(1 + 6.4 \times a)$$

여기서 파라미터 "a"는 전송 매체에 맞춰진 프레임의 수이다. a = (전파 지연)/(전송 지연)으로 계산될 수 있다. 여기서 전송 지연은 평균 크기의 프레임이 전송되는 데 걸리는 시간이고, 전파 지연은 매체의 끝에 도달하는 데 걸리는 시간이다. 주목할 점은 파라미터 a의 값이 감소함에 따라 효율은 증가한다는 점이다. 이것은 매체의 길이가 짧아지거나 프레임의 크기가 커지면 효율이 증가한다는 것을 의미한다. 이상적인 경우 a = 0이고 이때 효율은 1이다. 효율성과 관련된 문제들은 5장 마지막 부분에서 확인 가능하다.

 예제 5.20

10 Mbps의 전송률을 가지는 표준 이더넷에서 전송 매체의 길이가 2,500 m이고 프레임의 크기가 512비트라고 가정하자. 케이블에서 신호의 전파 속도는 보통 2×10^8 m/s이다.

Propagation delay = $2500/(2 \times 10^8)$ = 12.5 μs   Transmission delay = $512/(10^7)$ = 51.2 μs
a = 12.5/51.2 = 0.24   Efficiency = 39%

예제에서 a = 0.24이다. 이것은 오직 한 프레임의 0.24 길이가 전체 전송 매체를 차지하고 있다는 것을 의미한다. 효율은 39%는 일반적인 값이다. 이것은 오직 61% 시간이 지국에 의해 사용되는 것이 아니라 매체에 의해 점유되는 것을 의미한다.

구현

표준 이더넷에 대한 구현 방법은 여러 가지이다. 하지만 1980년대 이후로는 주로 4가지 구현을 사용한다. 표 5.6은 표준 이더넷 구현을 요약한 것이다.

표 5.6 ▌표준 이더넷 구현의 요약

Implementation	Medium	Medium Length	Encoding
10Base5	Thick coax	500 m	Manchester
10Base2	Thin coax	185 m	Manchester
10Base-T	2 UTP	100 m	Manchester
10Base-F	2 Fiber	2000	Manchester

10BaseX 표기에서 숫자는 전송률(10 Mbps)을 정의한다. Base는 기저대역(디지털) 신호를 의미한다. X는 케이블의 최대 길이가 대략 100미터(예를 들어 5는 500미터, 2는 185미터)라는 것 또는 케이블의 종류(T는 비차폐 꼬임 쌍선 케이블, F는 광섬유)를 의미한다. 표준 이더넷은 기저대역 신호를 사용한다. 이것은 비트들이 디지털 신호로 변화되어 직접적으로 선을 통해서 전송되는 것을 의미한다. 모든 구현은 맨체스터 부호화를 사용한다. 자세한 내용은 7장에서 살펴볼 것이다.

5.5.3 고속 이더넷

1990년대 FDDI나 광섬유 채널과 같이 전송률이 10 Mbps보다 높은 몇몇 LAN 기술들이 시장에 등장했다. 이더넷이 시장에서 지속적으로 사용되기 위해서는 이러한 기술들과 경쟁해야 필요했다. 따라서 이더넷은 전송률을 100 Mbps로 향상하고 이 기술을 고속 이더넷이라고 이름지었다. 고속 이더넷은 표준 이더넷과의 하위 호환성을 갖는다. MAC 부계층은 그대로 유지되었다. 이것은 프레임 형식과 최소 프레임 최대 프레임 길이가 그대로 유지되는 것을 의미한다. 전송률의 증가로 전송률에 대한 표준 이더넷의 특징인 접근 방법과 구현은 다시 고려되어야 한다.

접근 방법

앞에서 우리는 적절한 CSMA/CD 동작은 전송률, 최소 프레임의 크기, 최대 네트워크 길이에 의존한다고 배웠다. 만약 최소 프레임의 크기가 유지하기를 원한다면, 네트워크의 최대 길이는 변해야만 한다. 즉 고속 이더넷에서 최소 프레임 크기가 여전히 512비트이면 10배 빠르게 전송되고 충돌 탐지가 10배 빠르게 이루어져야 한다. 이것은 네트워크의 최대 길이가 10배 짧아져야 하는 것을 의미한다(전파 속도가 변하지 않는다면). 고속 이더넷은 두 가지 해결책을 제시한다(고속 이더넷은 두 가지 중 하나의 해결책으로 동작한다).

1. 하나의 해결책은 버스 토폴로지를 완전히 폐기하고 수동적인 허브와 스타 토폴로지를 사용하는 것이다. 그러나 네트워크의 최대 길이는 표준 이더넷의 2,500미터 대신에 250미터이어야 한다. 이러한 접근은 표준 이더넷과의 호환성을 유지한다.

2. 두 번째 해결책은 프레임들을 저장할 버퍼를 가진 링크 계층 스위치(이 장의 뒷부분에서 설명할 것이다)와 각각의 호스트들이 독립적으로 전송 매체를 이용하는 전이중 연결을 사용하는 것이다. 이 경우 호스트들은 서로 다른 호스트들과 경쟁을 하지 않기 때문에 CSMA/CD가 필요하지 않다. 링크 계층 스위치는 발신지 호스트로부터 프레임을 받고 처리를 기다리

는 동안 버퍼(큐)에 저장한다. 이후 목적지 주소를 검사하고 프레임을 이에 상응하는 인터페이스로 보낸다. 스위치의 연결이 전이중이기 때문에 목적지 주소는 자신이 받은 프레임을 같은 시간에 다른 지국으로 보낼 수 있다. 즉 하나의 공유 링크는 경쟁이 필요 없는 많은 점-대-점 연결로 변화되어야 한다.

자동협상

고속 이더넷에서 추가된 새로운 특징은 **자동협상**(*autonegotiation*)이다. 이것은 지국 또는 허브에게 단일능력이 아닌 어느 정도 범위의 능력을 허용한다. 자동협상은 두 개의 장비들이 동작 모드 또는 데이터율을 협상할 수 있게 해준다. 특히 비호환 장비들을 서로 연결시키기 위한 목적으로 설계되었다. 예를 들어 100 Mbps의 최대 전송용량을 가지고 낮은 속도로 동작하는 장비가 10 Mbps로 설계된 장비와 통신할 수 있도록 한다.

구현

물리 계층에서의 고속 이더넷은 2선이나 4선 구현으로 분류될 수 있다. 2선 구현은 STP (100Base-TX)나 광섬유 케이블(100Base-FX)이 될 수 있고, 4선 구현은 오직 UTP (100Base-T4)만으로 설계되었다. 표 5.7은 고속이더넷 구현을 요약한 것이다. 부호화(encoding)에 대해서는 7장에서 살펴볼 것이다.

표 5.7 ┃ 고속 이더넷 구현의 요약

Implementation	Medium	Medium Length	Wires	Encoding
100Base-TX	STP	100 m	2	4B5B + MLT-3
100Base-FX	Fiber	185 m	2	4B5B + NRZ-I
100Base-T4	UTP	100 m	4	Two 8B/6T

5.5.4 기가비트 이더넷

매우 높은 데이터율의 요구에 대한 결과로써 기가비트 이더넷 프로토콜(1000 Mbps)이 설계되었다. IEEE 위원회에서는 802.3z 표준으로 부른다. 기가비트 이더넷 설계의 목표는 데이터 전송률의 1 Gbps 상향, 동일한 주소 길이 유지, 동일한 프레임 형식 유지, 동일한 최소와 최대 프레임 길이 유지이다.

MAC 부계층

이더넷의 발전에서 중요한 개념은 MAC 부계층을 그대로 유지하는 것이었다. 그러나 1 Gbps의 속도로 전송할 때 이것은 더 이상 가능하지 않게 되었다. 기가비트 이더넷은 매체 접속을 위해 두 가지 서로 구별되는 방식을 가지고 있는데 그것은 반이중과 전이중이다. 기가비트 이더넷의 거의 모든 구현은 전이중 모드를 따른다. 전이중 모드에서 중앙 스위치는 모든 컴퓨터 또는 다른 스위치들에 연결되어 있다. 이 모드에서 각 스위치는 입력 포트에 전송될 때까지 데이터를 저장하는 버퍼를 가지고 있다. 스위치는 프레임의 목적지 주소를 사용하고 특정 목적지와 연결된 포트로 프레임을 전송하기 때문에 충돌이 없다. 이것은 CSMA/CD가 필요하지 않음을 의미한다. 충돌 감지 절차가 필요하지 않기 때문에 케이블의 최대 길이가 충돌 케이블의 신호 감쇠에 의해서만 결정된다.

구현

표 5.8은 기가비트 이더넷 구현을 요약한 것이다. S-W와 L-W는 짧은 파장과 긴 파장을 각각 의미한다. 부호화(encoding)에 대해서는 7장에서 살펴볼 것이다.

표 5.8 | 기가비트 이더넷 구현의 요약

Implementation	Medium	Medium Length	Wires	Encoding
1000Base-SX	Fiber S-W	550 m	2	8B/10B + NRZ
1000Base-LX	Fiber L-W	5000 m	2	8B/10B + NRZ
1000Base-CX	STP	25 m	2	8B/10B + NRZ
1000Base-T4	UTP	100 m	4	4D-PAM5

5.5.5 10기가비트 이더넷

최근 몇 년간 도심 지역에서 이더넷 사용에 대한 새로운 관점이 발생하고 있다. 관점의 주된 내용은 기술, 전송률, 이더넷을 LAN과 도시통신망(MAN)처럼 사용하기 위한 범위를 확장하는 것이다. IEEE 위원회에서는 10-기가비트를 만들었고 이것을 802.3ae 표준이라 불렀다. 10기가비트 이더넷 설계의 목표는 데이터 전송률의 10 Gbps 상향, 동일한 프레임 크기 및 형식 사용, MAN이나 광역통신망(WAN)으로부터 LAN으로의 내부 연결 허용으로 요약할 수 있다. 표준은 물리 계층을 LAN PHY와 WAN PHY 두가지 물리 계층으로 정의하였다. LAN PHY는 기존의 LAN을 지원하기 위해 설계되었다. WAN PHY는 실제로 SONET OC-192를 통해 연결되는 WAN을 정의한다(차후 설명).

구현

10-기가비트 이더넷은 경합이 필요 없는 전이중 모드로만 동작한다. 즉 10-기가비트 이더넷은 CSMA/CD가 필요 없다. 10GBase-SR, 10GBase-LR, 10GBase-EW, 10GBase-X4 4가지 구현이 가장 일반적이다. 표 5.9는 10-기가비트 이더넷 구현을 요약한 것이다. 부호화(encoding)에 대해서는 7장에서 살펴볼 것이다.

표 5.9 | 10-기가비트 이더넷 구현의 요약

Implementation	Medium	Medium Length	Number of wires	Encoding
10GBase-SR	Fiber 850 nm	300 m	2	64B66B
10GBase-LR	Fiber 1310 nm	10 Km	2	64B66B
10GBase-EW	Fiber 1350 nm	40 Km	2	SONET
10GBase-X4	Fiber 1310 nm	300 m to 10 Km	2	8B10B

5.5.6 가상 LAN

만약 한 지국이 물리적으로 하나의 LAN에 연결되어 있으면 그 지국은 이 LAN의 일부로 간주된다. 소속 여부의 평가는 지리적인 것이다. 만약 두 개의 서로 다른 물리적인 LAN에 의해 속해 있는 두 지국 사이에 가상 연결이 필요하게 되면 어떻게 되는가? 우리는 대략적으로 **가상 LAN (VLAN, virtual local area network)**을 물리적인 선에 의한 것이 아닌 소프트웨어에 의해 구성된 근거리 네트워크로 정의할 수 있다.

이 정의를 좀더 설명하기 위해 예를 들어보자. 그림 5.58은 9개의 지국이 하나의 스위치로 연결된 3개의 LAN으로 그룹화된 어느 기술 회사의 스위치 LAN을 보이고 있다.

그림 5.58 ┃ 세개의 LAN을 연결한 스위치

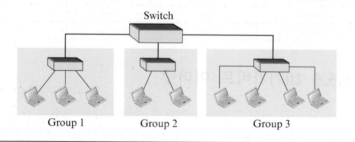

처음 첫 번째 그룹에는 세 명의 엔지니어들이 함께 일을 하며, 다음 두 번째 그룹에는 두 명의 엔지니어들이 함께 일을 한다. 마지막으로 세 번째 그룹에는 네 명의 엔지니어들이 함께 일을 한다. LAN은 이렇게 그룹으로 일을 할 수 있도록 구성된다.

그러나 만약 관리자가 세 번째 그룹의 일을 빨리 끝내기 위해 첫 번째 그룹의 두 명의 엔지니어를 세 번째 그룹으로 옮긴다면 무슨 일이 발생할까? LAN 환경은 변화가 필요할 것이며, 네트워크 기술자는 이를 재구성하여야 할 것이다. 이 재구성 문제는 다음 주에 옮겨졌던 두 기술자들이 원래 그룹으로 되돌아갈 때 또다시 발생하게 될 것이다. 이렇듯 스위치 LAN에서는 그룹의 변화는 네트워크 구성의 물리적 변화가 필요함을 의미한다.

그림 5.59는 그림 5.58의 스위치 LAN 그룹 상황을 VLAN으로 나눈 그림을 나타낸다. VLAN은 LAN을 물리적 세그먼트로 나누는 것이 아닌 몇 개의 논리적 세그먼트로 분리하는 기술이다. 하나의 LAN은 여러 개의 논리적인 LAN으로 분리될 수 있는데, 이 논리적인 LAN을 VLAN이라고 한다. 각 VLAN은 조직 내의 작업그룹이다. 만약 한 사람이 한 그룹에서 다른 그룹으로 이동하더라도 물리적인 구성을 바꿀 필요가 없다. VLAN의 그룹 소속원 자격은 하드웨어가 아닌 소프트웨어로 정의된다. 어느 지국도 다른 VLAN으로 논리적인 이동을 할 수 있다. 하나의 VLAN에 속하는 모든 소속원은 이 특정한 VLAN으로 전송된 브로드캐스트 메시지를 수신할 수 있다. 이것은 만약 한 지국이 VLAN 1에서 VLAN 2로 이동하면, 이 지국은 VLAN 2로 전송된 브로드캐스트 메시지를 수신하고 더 이상 VLAN으로 전송된 브로드캐스트 메시지

그림 5.59 ▌ VLAN 소프트웨어를 사용하는 스위치

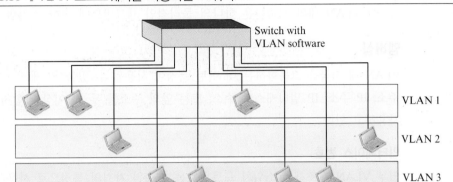

를 수신할 수 없다는 것을 의미한다.

앞에 보인 예제의 문제점은 VLAN을 사용하여 쉽게 해결될 수 있다는 것은 분명하다. 소프트웨어를 통해 엔지니어를 한 그룹에서 다른 그룹으로 이동하는 것은 물리적인 네트워크 구성을 변경하는 것보다 간단하다.

VLAN 기술은 하나의 VLAN에 서로 다른 스위치에 연결된 지국들을 그룹으로 만드는 것도 허용한다. 그림 5.60은 2개의 스위치와 3개의 VLAN을 가진 백본 근거리통신망을 보이고 있다. 스위치 A와 B에 연결된 지국들이 각 VLAN에 속해 있다.

그림 5.60 ▌ VLAN 소프트웨어를 사용하는 백본에서의 두 스위치

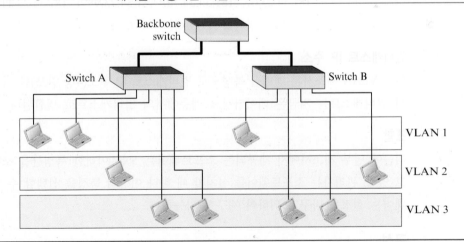

이것은 서로 떨어져 있는 두 건물을 가진 회사로서는 좋은 구성이다. 각 건물은 백본에 연결된 별도의 스위치 LAN을 가진다. 첫 건물에 있는 사람들과 두 번째 건물에 있는 사람들이 서로 다른 물리적인 LAN에 연결되어 있지만 같은 그룹에 소속할 수 있다.

앞의 세 가지 예제로부터 VLAN은 브로드캐스트 영역을 정의할 수 있다는 것을 살펴보았

다. VLAN은 하나 이상의 물리적인 LAN에 속하는 지국들을 브로드캐스트 영역으로 그룹화한다. 한 VLAN 내의 지국들은 하나의 물리적인 세그먼트에 속한 것처럼 서로 통신한다.

멤버십

VLAN 내 지국을 그룹화하는 데 어떤 특징이 사용될 수 있을까? 제조사들은 포트 주소, MAC 주소, IP 주소, IP 멀티캐스트 주소, 또는 앞의 주소를 두 개 이상 조합하여 서로 다른 특징을 사용하고 있다.

인터페이스 번호

일부 VLAN 제조사는 스위치 포트번호를 소속원 자격의 특징으로 사용하고 있다. 예를 들면, 관리자는 포트 1, 2, 3과 7에 연결하는 지국들을 VLAN 1에 속하는 것으로 정의할 수 있으며, 포트 4, 10과 12에 연결하는 지국들을 VLAN 1에 속하는 것으로 정의할 수 있으며, 포트 4, 10과 12에 연결하는 지국들을 VLAN 2에 속하는 것으로 정의할 수 있다.

MAC 주소

일부 VLAN 제조사는 멤버십 특성으로 48비트 MAC 주소를 사용한다. 예를 들면, 관리자는 MAC 주소 E2:13:42:A1:23:34와 F2:A1:23:BC:D3:41을 가진 지국들은 VALN 1에 속하는 것을 정의할 수 있다.

IP 주소

일부 VLAN 제조사는 멤버십 특성으로 48비트 MAC 주소(4장 참조)를 사용한다. 예를 들면, 관리자는 IP 주소 181.34.23.67, 181.34.23.72, 181.34.23.98과 181.34.23.112를 가진 지국들은 VLAN 1에 속하는 것으로 정의할 수 있다.

멀티캐스트 IP 주소

일부 VLAN 제조사는 멤버십 특성으로 멀티캐스트 IP 주소(4장 참조)를 사용하였다. IP 계층에서 멀티캐스트는 지금은 데이터링크 계층에서의 멀티캐스트로 변환된다.

조합

최근에 일부 제조사에서 제공되는 소프트웨어는 모든 이러한 특징들을 조합하는 것을 허용하고 있다. 관리자는 소프트웨어를 설치할 때 하나 이상의 특징을 선택할 수 있다. 추가로 소프트웨어는 설정을 바꾸기 위하여 재구성 가능하다.

구성

지국들은 어떻게 서로 다른 VLAN으로 그룹화하는가? 지국들은 수동식, 반자동식과 자동식의 세 가지 가운데 하나로 구성된다.

수동식 구성

수동식 구성에서는 네트워크 관리자가 설치 단계에서 VLAN 소프트웨어를 사용하여 지국들을 서로 다른 VLAN에 수동으로 할당한다. 이 후에 한 VLAN에서 다른 VLAN으로 이동하는 것도 역시 수동으로 수행된다. 이 일은 물리적인 구성이 아닌 논리적인 구성이라는 점에 주목해야 한다. 여기서 **수동적**이라는 말은 관리자가 포트번호, IP 주소나 다른 특징들을 VLAN 소프트웨어를 이용하여 직접 입력한다는 것을 의미한다.

자동식 구성

자동식 구성에서는 지국들이 관리자에 의해 정의된 평가기준을 이용하여 VLAN으로부터 자동적으로 연결되거나 분리된다. 예를 들면, 관리자는 한 그룹의 소속원이 되기 위한 평가기준으로 프로젝트 번호를 정의할 수 있다. 사용자가 프로젝트를 변경하면 사용자는 새로운 VLAN으로 자동이동하게 된다.

반자동식 구성

반자동식 구성은 수동식 구성과 자동식 구성 사이에 존재한다. 보통 초기화는 수동으로 하고 이동은 자동으로 한다.

스위치 간 통신

다중스위치 백본에서 각 스위치는 어떤 VLAN에 어떤 지국이 속해 있는가를 알아야 하고 동시에 다른 스위치들에 연결된 지국들의 소속원 자격을 알아야 한다. 예를 들면, 그림 5.60에서 스위치 A는 스위치 B에 연결된 지국의 멤버십 상태를 알아야만 하며, 스위치 B는 스위치 A에 대하여 같은 정보를 알아야 한다. 이런 목적으로 테이블 유지, 프레임 태깅, 시분할 다중화 세 가지 방법이 만들어졌다.

테이블 유지

이 방법에서는 한 지국이 브로드캐스트 프레임을 그룹 소속원에게 전송할 때, 스위치가 테이블에 항목을 새로 만들고 지국의 멤버십을 기록한다. 스위치들은 갱신하기 위하여 테이블들을 주기적으로 서로 주고받는다.

프레임 태깅

이 방법에서는 프레임이 스위치 사이에서 이동할 때 목적지 VLAN을 정의하는 별도의 헤더가 MAC 헤더에 추가된다. 프레임 태그는 수신 스위치가 브로드캐스트 메시지를 수신하는 VLAN을 결정하기 위하여 사용한다.

시분할 다중화(TDM: Time-Division Multiplexing)

이 방법에서는 스위치 사이의 연결(트렁크)이 시분할 채널로 나눠진다(7장 TDM 참조). 예를 들면, 백본의 총 VLAN 수가 다섯일 때, 각 트렁크는 다섯 개의 채널로 분할된다. VLAN 1으로 향하는 트래픽은 채널 1로 이동하며, VLAN 2로 향하는 트래픽은 채널 2로 이동하는 등 차례로 각 채널을 통해 이동한다. 수신 스위치는 프레임이 도착하는 채널을 조사하여 목적지 VLAN을 결정한다.

IEEE 표준

1996년 IEEE 802.1 부위원회는 프레임 태깅을 위한 프레임 형식을 정의하는 802.1Q 표준을 통과시켰다. 이 표준은 다중스위치 백본에서 사용되는 형식을 정의하고 VLAN에서 여러 제조사의 장비를 사용 가능하도록 하였다. IEEE 802.1Q는 VLAN과 관련된 다른 문제들을 계속 표준화할 수 있는 길을 열었다. 대부분의 제조사들은 이미 이 표준을 받아들이고 있다.

장점

VLAN을 사용하면 여러 가지 장점이 있다.

경비와 시간 절약

VLAN은 한 그룹에서 다른 그룹으로 이동하는 경비일 수 있다. 물리적인 재구성은 시간이 걸리며 경비도 많이 든다. 한 지국을 다른 세그먼트나 스위치로 물리적으로 이동하는 것보다 소프트웨어를 이용하여 이동하는 것이 훨씬 쉽고 빠르다.

가상 작업그룹의 생성

VLAN은 가상 작업그룹을 만드는 데 사용할 수 있다. 예를 들어 학교 환경에서 같은 프로젝트에서 일하는 교수들은 같은 과에 속하지 않더라도 서로 브로드캐스트 메시지를 주고받을 수 있다. 만약 IP의 멀티캐스트 기능이 이전에 사용되었다면 VLAN은 트래픽을 감소시킬 수 있다.

보안

VLAN은 특별한 보안 기법을 제공한다. 같은 그룹에 속하는 사람들은 다른 그룹의 사용자들이 메시지를 수신하지 못하는 확실한 보장 하에 브로드캐스트 메시지를 송신할 수 있다.

5.6 다른 유선 네트워크

1장에서 설명했듯이 우리가 인터넷에서 접하는 네트워크는 LAN이나 또는 WAN이다. 그러나 때때로 이런 용어들은 분쟁 하에 놓여 있다. 예를 들어 어떤 사람들은 다이얼 접속이나 케이블 연결과 같은 접근 네트워크를 WAN이라 불으며 또 다른 사람들은 MAN (Metropolitan Area Networks)이라고 부른다. 이번 장에서는 간접적으로든 비간접적으로든 인터넷에서 통상적으로 불리는 MAN 혹은 WAN 네트워크에 대해서 논의한다. 그리고 여기서 MAN이나 WAN은 간단하게 네트워크라고 하겠다.

5.6.1 점-대-점 네트워크

다이얼 접속, DSL 그리고 케이블과 같은 점-대-점 네트워크는 전체 인터넷 사용자가 인터넷에 접근할 수 있도록 하기 위해 사용된다. 이런 네트워크는 두 장비 간에 전용 연결을 사용하기 때문에 매체 접근 제어(MAC)을 할 수 없다. 따라서 예전에 논의했듯이 점-대-점 프로토콜(PPP)이 필요된다.

다이얼 접속(Dial-up)

다이얼 접속 네트워크나 연결은 데이터를 전송하기 위해 전화 네트워크에 제공되는 서비스를 이용한다. 다이얼 접속은 1800년대 후반에 시작되었다. **보통 전통 전화 시스템**(*POST, plain old telephone system*)로 불리는 전체 네트워크는 원래는 음성을 전송하는 아날로그 신호를 사용하는 아날로그 시스템이었다. 컴퓨터 시대가 도래하면서 1980년대에 들어서 네트워크는 음성과 함께 데이터를 전송하기 시작했다. 지난 10년 동안에 전화 네트워크는 많은 기술적인 변화를 거쳤다. 사실 현재 대부분의 전화 네트워크는 디지털이다. 오직 가입자와 전화 네트워크를 연결하는 회선만이 아날로그이다. 결국 디지털 데이터의 통신을 위해서 다이얼 접속 모뎀이 개발되었다.

모뎀(**modem**)이라는 용어는 신호 변조기와 복조기라는 모뎀 장치를 구성하는 두 가지 기능의 혼합어이다. **변조기**(**modulator**)는 2진 데이터로부터 아날로그 신호를 생성한다. **복조기**(**demodulator**)는 변조된 신호로부터 2진 데이터를 복구해 낸다. 이런 연결은 오직 한 부분이 디지털 신호를 사용하고 있는 중에만(인터넷 제공자와 같은 것을 통해서) 연결이 사용 가능하다. 그림 5.61과 같이 업로드 속도(PC에서 인터넷 제공자 방향의 흐름)가 최대 33.6 kbps일 때 다운로드 속도는 최대 56 kbps이므로 두 속도는 서로 비대칭이다.

그림 5.61 ┃ 인터넷 접속을 제공하기 위한 다이얼 접속 네트워크

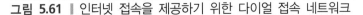
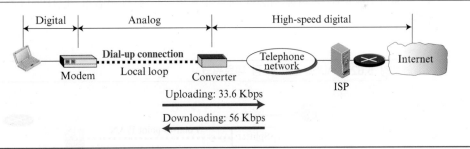

업로드(*uploading*)할 때 아날로그 신호는 고속 디지털 전화 네트워크로 들어가기 전까지 표본상태로 있어야 한다. 이러한 이유로 신호에 양자화 노이즈(7장에서 소개)가 발생하여 속도를 33.6 kbps까지 감소시킨다. 하지만 다운로드할 때에는 표본화를 하지 않으므로 신호는 양자화 노이즈에 영향을 받지 않는다. 인터넷을 사용하는 각각의 사용자는 대게 업로드보다 **다운로드**(*downloading*)에서 빠른 속도를 요구한다. 예를 들어, 사용자가 자료를 업로드하는 경우보다 대용량의 자료를 다운로드하는 경우가 빈번히 일어난다면, 두 경우의 비대칭 속도는 사용자에게 불편을 야기하지 않는다. 하지만 전화선을 동시에 인터넷 접속과 음성 통화에 사용할 수는 없다.

56 kbps의 속도로 자료를 전송하기 위하여 전화 회사들은 각 표본당 8비트씩 초당 8,000번

샘플화한다. 각 표본의 1비트는 제어 목적으로 사용되므로 실제 표본은 7비트이다. 그러므로 속도는 8,000 × 7이므로 56,000 bps 즉 56 kbps이다.

디지털 가입자 회선(DSL)

기존 모뎀들의 데이터 속도가 최대치에 도달하게 되자, 전화 회사들은 인터넷에 고속접속을 제공하기 위한 새로운 기술, DSL을 개발하였다. **디지털 가입자 회선(DSL)** 기술은 기존의 전화를 사용하는 고속 디지털 통신을 지원하기 위한 기술 중 가장 전망이 좋은 기술이다. DSL 기술은 각각의 다른 기술들(ADSL, VDSL, HDSL 그리고 SDSL)의 첫 글자 집합이다. 집합은 흔히 *x*DSL로 불리기도 하며, *x*는 A, V, H, 또는 S로 대체된다. 이 교제는 ADSL만을 언급한다. ADSL 기술은 비대칭 *DSL*로서 56 k 모뎀처럼 업스트림 방향(거주자에서 인터넷 방향)보다 다운스트림 방향(인터넷에서 거주자 방향)에서 더 높은 속도를 제공한다. 이러한 이유로 ADSL을 비대칭이라 부른다. 56 k 모뎀에서의 비대칭과는 달리, ADSL의 설계자들은 고객들을 위해 사용가능한 대역폭을 불균등하게 나누었다.

기존의 로컬 루프 사용

ADSL이 기존의 전화선(로컬 루프)를 사용한다. 하지만 ADSL은 어떻게 기존의 모뎀이 도달할 수 없는 데이터 속도까지 도달할 수 있을까? 왜냐하면 전화선에 트위스트 페어 케이블을 사용하여 실제로 1.1 MHz 대역폭까지 처리할 수 있지만, 각 로컬 루프가 끝나는 전화 회사의 단국에 필터를 설치하여 대역폭을 4 kHz(음성 통화에 충분)로 제한하기 때문이다. 하지만 필터를 제거한다면 전체 1.1 MHz를 데이터와 음성 통화에 사용할 수 있다. 그림 5.62와 같이 일반적으로 1.104 MHz의 사용 가능한 대역폭은 업스트림 채널(음성 채널)과 다운스트림 채널로 나뉘어진다.

그림 5.62 | ADSL 점-대-점 네트워크

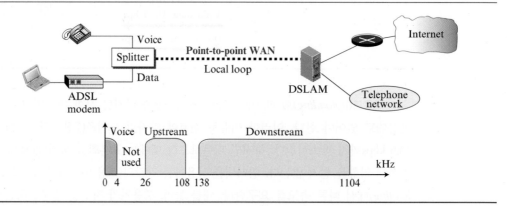

ADSL은 가입자가 동시에 음성 채널과 데이터 채널을 사용할 수 있다. 업스트림을 위한 속도는 1.44 Mbps까지 도달한다. 하지만 데이터 속도는 채널의 노이즈 때문에 보통 500 kbps 이

하이다. 다운스트림 속도는 13.4 Mbps까지 도달할 수 있다. 그렇지만 데이터 속도는 채널의 노이즈 때문에 보통 8 Mbps 이하이다. 이러한 경우 전화 회사는 ISP의 역할을 하므로, 인터넷 접속의 이메일 같은 서비스를 제공한다.

케이블

케이블 네트워크는 본래 산과 같은 자연 방해 때문에 수신을 받을 수 없는 가입자를 위한 TV 프로그램 접속을 제공하기 위해 만들어졌다. 이후 케이블 네트워크는 더 나은 신호를 원하는 사용자들에게 인기를 얻었다. 또한 케이블 네트워크는 마이크로웨이브의 연결을 통한 원거리 방송사에 대한 접속을 가능케 했다. 케이블 TV 또한 본래 비디오를 위한 채널 중 일부를 사용하여 인터넷 접속을 제공하게 되었다. 이어서 케이블 네트워크의 기본 구조에 대해 알아본 후, 케이블 모뎀이 인터넷에 고격 연결을 제공하는 방법에 대해 설명한다.

전통적인 케이블 네트워크

케이블 텔레비전은 1940년대 후반부터 신호가 없거나 약한 지역에 비디오 신호를 배포하기 시작했다. 이는 높은 언덕이나 건물의 상단의 안테나가 TV 방송국으로부터 신호를 수신하고 그를 동축 케이블을 통해 지역사회에 배포하기 때문에 **공동 안테나 TV (CATV, community antenna TV)**라 불린다. 그림 5.63은 전통적인 케이블 TV 네트워크의 구조도를 나타낸다.

그림 5.63 | 전통적인 케이블 TV 네트워크

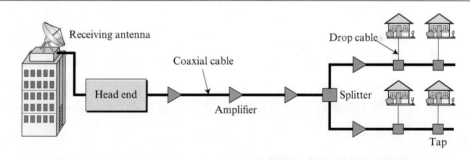

전파 중계소(*head end*)라고 하는 케이블 TV 기관은 방송국에서 비디오 신호를 수신하고 동축 케이블로 전달한다. 신호는 거리와 함께 점점 약해지기 때문에 증폭기는 신호를 증폭하기 위해 네트워크에 설치된다. 전파 중계소와 가입자 사이에 최대 35개의 증폭기가 존재할 수 있다. 반대편의 분배기는 케이블을 분리하고, 탭과 드롭 케이블은 가입자 자택 내에 연결을 생성한다.

전통 케이블 TV 시스템은 동축 케이블을 사용한다. 신호의 감쇠와 다수의 증폭기 사용으로 인해 기본 네트워크에서의 통신은 단방향통신이 되었기 때문이다. 비디오 신호는 전파 중계소에서 가입자 자택 내까지 다운스트림을 전송한다.

하이브리드 광섬유 동축(HFC) 네트워크

하이브리드 광섬유 동축(HFC, hybrid fiber-coaxial) 네트워크(network)는 케이블 네트워크의 두 번째 세대이다. 그리고 네트워크는 광섬유와 동축 케이블이 결합하여 사용한다. 케이블 TV 사무국에서 광섬유 노드까지의 전송 매체는 광섬유이며 광섬유 노드에서 이웃을 통해 집안까지의 전송 매체는 동축 케이블이다. 그림 5.64는 HFC 네트워크의 구조도를 보여준다.

그림 5.64 ▌ HFC 네트워크

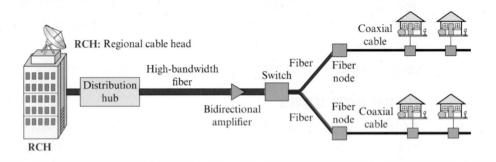

지역 케이블 책임국(*RCH*)은 일반적으로 400,000명의 가입자에게 서비스를 제공할 수 있다. 또한 RCH는 각각 40,000명의 가입자까지 서비스하는 유통 허브를 제공한다. 이러한 유통 허브는 새로운 네트워크 구조에서 중요한 역할을 한다. 유통 허브에서 신호의 변조 및 분배가 이루어지며, 신호는 광섬유 케이블을 통해 광섬유 노드로 전달한다. 광섬유 노드는 아날로그 신호를 분배하고 같은 신호는 각각의 동축 케이블로 보내진다. 각각의 동축 케이블은 1,000명의 가입자에게 서비스를 제공할 수 있다. 동축 케이블의 사용으로 증폭기의 필요를 여덟 개 이하로 줄여준다.

케이블 네트워크를 양방향으로 만들 수 있기 때문에 기본 구조에서 하이브리드 구조로 변화하고 있다.

데이터 전송을 위한 케이블 TV

케이블 회사들은 고속 데이터 전송을 원하는 주거 고객을 위해 전화회사와 경쟁하고 있다. DSL 로컬 루프를 통해 주거 가입자를 위한 고속 데이터 통신의 연결을 제공한다. 하지만 간섭에 매우 예민한 기존의 비차폐 쌍케이블을 사용한다. 이러한 특징은 데이터 속도에 대한 상한선을 부과한다. 이러한 단점을 보완하기 위한 대응책으로는 케이블 TV 네트워크를 사용하는 것이다. 이번 부문에서 이러한 기술에 대해 설명한다.

HFC 시스템에서 광섬유 노드에서 가입자 주택의 구내까지인 네트워크의 마지막 부분은 아직 동축 케이블을 사용한다. 동축 케이블은 5에서 750 MHz까지의 대역폭을 가진다. 그림 5.65와 같이 케이블 회사는 인터넷 접속을 제공하기 위해, 대역폭을 비디오 대역, 다운스트림 데이터 대역, 업스트림 데이터 대역으로 나눈다.

그림 5.65 | CATV에 의해 나뉜 동축 케이블 대역폭

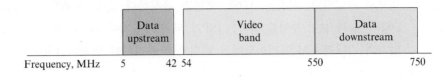

비디오 대역은 54에서 550 MHz까지의 주파수를 사용한다. 각 TV 채널은 6 MHz를 사용하기 때문에 80개 이상의 채널을 사용할 수 있다. 다운스트림 데이터(인터넷에서 가입자 가내까지)는 550에서 750 MHz까지의 상위 대역을 사용한다. 해당 대역 또한 6 MHz 채널로 나뉜다.

업스트림 데이터(가입자 가내에서 인터넷까지)는 5에서 42 MHz까지의 하위 대역을 사용한다. 또한 해당 대역은 6 MHz 채널로 나뉜다. QPSK에서 2비트/밴드이다. 표준은 이론적으로 업스트림 데이터를 12 Mbps(2비트/Hz × 6 MHz)씩 보낼 수 있도록 각 대역에 1 Hz를 지정한다. 하지만 데이터 속도는 대게 12 Mbps보다 느리다.

공유

업스트림과 다운스트림 대역은 가입자에 의해 공유된다. 업스트림 데이터의 대역폭은 37 MHz이다. 이것은 업스트림 방향에서 사용할 수 있는 6개의 6 MHz 채널이 있다는 것을 의미한다. 사용자는 업스트림 방향에서 데이터를 전송하기 위해 하나의 채널을 사용할 필요가 있다. 하지만 어떻게 1,000명, 2,000명 심지어 100,000명의 가입자가 6개의 채널을 공유할 수 있는가 하는 문제가 있다. 그 해결책으로는 시간 공유가 있다. 대역은 채널로 나뉘며, 이러한 채널은 같은 이웃의 가입자 사이에 공유되어야 한다. 만약 가입자가 데이터를 보내길 원하면, 가입자는 접근하길 원하는 다른 사용자와 경쟁을 하여야 하며 가입자는 채널이 사용 가능한 상태가 될 때까지 대기해야 한다.

다운스트림 방향에서도 유사한 상황을 가지고 있다. 다운스트림은 6 MHz의 33개 채널을 가지고 있다. 케이블 공급자는 대체로 33명 이상의 가입자를 가지고 있으므로 각각의 채널은 가입자의 그룹 사이에 공유되어야 한다. 다운스트림 방향에는 다중전송 상황을 가진다. 만약 그룹 내의 사용자를 위한 데이터가 있다면, 데이터는 해당 채널로 전송된다. 각 가입자는 데이터를 전송받는다. 그러나 각 가입자 또한 공급자가 등록된 주소를 가지고 있으므로 그룹을 위한 케이블 모뎀은 데이터와 함께 전송된 주소와 공급자의 의해 지정된 주소를 서로 비교한다. 만약 두 주소가 일치한다면, 데이터를 보관하며 그렇지 않으면 데이터는 삭제된다.

CM과 CMTS

데이터를 전송에 케이블 네트워크를 사용하기 위해서 두 가지 핵심 장치가 필요하다. 그 두 가지 장치는 **케이블 모뎀(CM, cable modem)**과 **케이블 모뎀 전송 시스템(CMTS, cable modem transmission system)**이다. 케이블 모뎀은 사용자 가내에 설치되며, **케이블 모뎀 전송 시스템(cable modem transmission system)**은 케이블 회사 내부에 설치된다. CMTS는 인터넷

으로부터 데이터를 수신하여 가입자에게 전송한다. 또한 가입자로부터 데이터를 수신하여 인터넷으로 전달한다. 이것은 ADSL 모뎀과 유사하다. 그림 5.66은 두 장치의 위치를 나타낸다. DSL 기술과 같이 케이블 회사는 ISP가 되어 가입자에게 인터넷 서비스를 제공하여야 한다. 가입자의 가내의 CM은 데이터에서 비디오를 분리하여 텔레비전이나 컴퓨터로 전송한다.

그림 5.66 ▮ 케이블 모뎀 전송 시스템(CMTS)

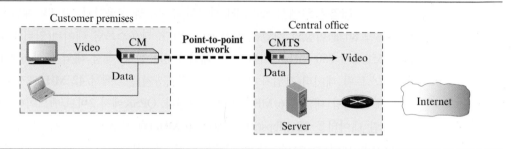

5.6.2 SONET

이번 절에서는 다른 네트워크의 부하를 덜어 주기 위한 고속 네트워크인 SONET을 소개한다. 먼저 프로토콜로서의 SONET을 소개하고, 다음으로 프로토콜에 정의된 표준에 따라 SONET 네트워크를 구성하는 방법을 보일 것이다.

광섬유 케이블의 높은 대역폭은 오늘날의 고속 데이터 통신 기술들(화상회의와 같은)과 동시에 일어나는 다수의 저속 데이터 통신 기술들의 전송에 적합하다. 이러한 이유로, 광섬유의 중요성은 고속 데이터 통신 또는 전송을 위한 넓은 대역폭을 필요로 하는 기술의 개발과 함께 높아졌다. 이러한 두각은 표준화의 필요를 야기한다. 미합중국(ANSI)과 유럽(ITU-T)은 근본적으로는 유사하며 궁극적으로는 대립되는 각각 독립된 표준을 정의하였다. ANSI 표준은 여기서 설명한 **동기식 광통신망(SONET, Synchronous Optical Network)**으로 불린다.

구조

SONET은 동기식 TDM 다중화기를 사용하는 동기식 네트워크이다. 시스템의 모든 클럭는 마스터 클럭으로 고정된다. 먼저 SONET 시스템의 구조로서 신호, 장치 그리고 통신을 설명한다.

신호

SONET은 **동기 전송신호(STS, synchronous transport signal)**라 불리는 전기 신호 계층의 구조를 정의한다. 각각의 STS 계층(STS-1부터 STS-192)은 초당 메가비트의 지정된 특정 데이터 속도를 지원한다(표 5.10 참조). 해당 광학 신호는 **광학 송신기(OC, optical carrier)**라 한다.

표 5.10을 통해 흥미로운 점을 발견할 수 있다. 첫째로 이 계층에서 가장 낮은 단계는 51.840 Mbps 데이터 전송 속도를 가지고 있다. 이것은 7장에 설명할 DS-3 서비스가 가지는 44.736 Mbps의 전송 속도보다 더 빠르다. 실제로 STS-1은 DS-3와 동등한 데이터 전송률을 수용하게

디자인되었다. 용량에서의 차이는 광 시스템의 오버헤드를 처리하기 위하여 제공된다. 두 번째로는 STS-3 데이터 전송률은 STS-1 데이터 전송률의 정확히 3배이고, STS-9 데이터 전송률은 STS-18 데이터 전송률의 정확하게 절반이다. 이런 관계는 18개의 STS-1 채널이 하나의 STS-18에 다중화될 수 있으며, 6개의 STS-3 채널이 하나의 STS-18 채널에 다중화될 수 있다는 것을 의미한다.

표 5.10 | SONET 전송 속도

STS	OC	Rate (Mbps)	STS	OC	Rate (Mbps)
STS-1	OC-1	51.840	STS-24	OC-24	1244.160
STS-3	OC-3	155.520	STS-36	OC-36	1866.230
STS-9	OC-9	466.560	STS-48	OC-48	2488.320
STS-12	OC-12	622.080	STS-96	OC-96	4976.640
STS-18	OC-18	933.120	STS-192	OC-192	9953.280

SONET 장치

그림 5.67은 SONET 장치들을 사용한 간단한 링크를 보여주고 있다. SONET 전송은 STS 다중화기/역다중화기, 재생기, 추가/삭제 다중화기와 단말들의 3가지 기이 장치들에 의존한다.

그림 5.67 | SONET 장비를 사용한 간단한 네트워크

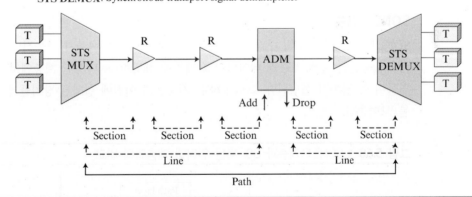

STS 다중화기/역다중화기 STS 다중화기/역다중화기는 SONET 링크의 시작점과 끝점을 나타낸다. 이들은 전기적인 종속망과 광 네트워크 사이의 인터페이스를 제공한다. *STS 다중화기*는 여러 개의 전기적인 발신지에서 온 신호를 다중화하여 해당하는 OC 신호를 만들어 낸다. *STS 역다중화기*는 광 OC 신호를 해당하는 전기 신호들로 역다중화한다.

재생기 재생기(regenerator)는 링크의 길이를 확장한다. 재생기는 나중에 설명할 중계기로부터 수신된 광신호(OC-n)를 받아서 전기 신호로 재생한 다음, 이 전기 신호를 해당 OC-n 신호로 변조한다. SONET 재생기는 현재 들어있는 오버헤드 정보를 일부 새 정보로 대치한다.

추가/삭제 다중화기 추가/삭제 다중화기는 신호의 삽입과 추출을 허용한다. 추가/삭제 다중화기 (ADM)는 다른 발신지로부터 들어온 STS들을 주어진 경로에 추가할 수 있다. 또한 경로에서 필요한 신호를 제거하여 전체 신호를 역다중화하지 않고도 새로운 방향으로 재설정할 수 있다. 타이밍이나 비트 위치에 의존하는 대신에 추가/삭제 다중화기는 각 스트림들을 구별하기 위해 주소와 포인터(described later in this section)와 같은 헤더정보를 이용한다.

단말기 단밀기는 SONET 네트워크 서비스를 사용하는 장치이다. 예를 들어, 인터넷에서 단말 기로 SONET 네트워크의 건너편에 있는 다른 라우터에 패킷을 보내기 원하는 라우터가 될 수 있다.

연결 앞 절에서 정의한 장치들은 **구간**(section), **회선**(line)과 **경로**(path)로 연결되어 있다.

구간

구간은 두 개의 이웃 장치들을 다중화기에서 다중화기, 다중화기에서 재생기, 혹은 재생기에서 재생기로 연결하는 광 링크이다.

회선

회선은 두 다중화기들 사이 네트워크의 일부분이다.

경로

경로는 두 개의 STS 다중화기들 사이의 종단-대-종단 네트워크 부분이다. 두 개의 다중화기들 이 서로 직접 연결된 간단한 SONET에서는 구간, 회선과 경로가 모두 같다.

SONET 계층

SONET 표준은 광학층, 구간층, 회선층 그리고 경로층의 4가지 기능적인 계층을 포함하고 있 다. 이 층들은 물리 계층과 데이터링크 계층에 해당한다. 다양한 계층에서 프레임에 추가된 헤 더들이 이 장에서 설명된다. 그림 5.68은 계층들과 이전에 설명된 장치들과 계층들 사이의 관계 를 보여준다.

그림 5.68 ▌ SONET 계층과 OSI 혹은 인터넷 계층과의 비교

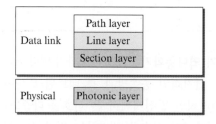

경로층

경로층은 광 발신지에서 광 목적지까지 신호를 이동하는 책임을 가진다. 광 발신지에서 신호는 전기적인 형태에서 광 형태로 변환되며 다른 신호들과 다중화되고 하나의 프레임으로 캡슐화

된다. 광 목적지에서 수신된 프레임은 역다중화되고 각각의 광신호들은 원래 전기적인 형태로 다시 변환된다. 경로층 오버헤드는 이 계층에서 추가된다. STS 다중화기들은 경로층 기능을 제공한다.

회선층

회선층은 물리적인 회선을 건너 신호가 이동하는 것을 책임진다. 회선층 오버헤드가 이 층에서 헤더에 추가된다. STS 다중화기와 추가/삭제 다중화기가 회선층 기능을 제공한다.

섹션층

섹션층은 물리구간을 건너 신호가 이동하는 것을 책임진다. 구간층은 프레이밍, 신호 변환, 오류 제어를 다룬다. 섹션층 오버헤드는 이 계층의 프레임에 추가된다.

광학층

광학층은 물리 계층에 대응한다. 광학층은 섬유 채널, 수신기의 감도, 다중화 기능등을 위해서 물리적 사양들을 포함한다. SONET은 빛이 있는 경우 1을 나타내고 빛이 없는 경우 0을 나타내는 NRZ 부호화를(7장 참조) 사용한다.

SONET 프레임

각 동기전송 신호 STS-n은 800 프레임으로 구성된다. 각각의 프레임은 9행과 $90 \times n$열을 가진 2차원 바이트 행렬이다. 예를 들어, STS-1 프레임은 9행과 90열이며, STS-3는 9행과 270열이다. 그림 5.69는 STS-1과 STS-n의 일반적인 형식을 보여준다.

그림 5.69 | STS-1과 STS-n의 프레임

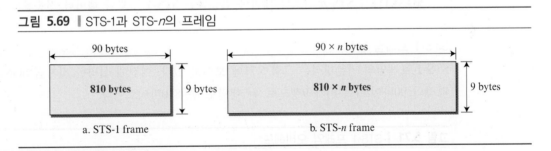

프레임, 바이트와 비트 전송

SONET에 대한 흥미로운 점 중 하나는 각 STS-n 신호가 초당 8,000 프레임의 고정된 비율로 전송된다는 것이다. 이것은 디지털화된 음성에서의 비율이다(7장 참조). 각각의 프레임의 바이트들은 왼쪽에서 오른쪽으로, 맨 위쪽에서 맨 아래쪽으로 전송된다. 각 바이트들의 비트들은 각자 상위 비트에서 가장 하위 비트 순서(왼쪽에서 오른쪽으로)로 전송된다. 그림 5.70은 프레임과 바이트 전송의 순서를 보여주고 있다.

그림 5.70 | 전송 중인 STS-1 프레임

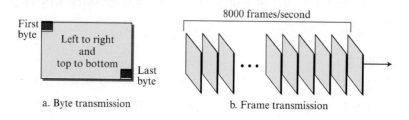

a. Byte transmission   b. Frame transmission

SONET STS-*n* 신호는 초당 8,000 프레임으로 전송된다.

만약 음성신호를 샘플링하고, 각 샘플당 8비트(바이트)를 사용한다면, SONET 프레임의 각 각의 바이트가 디지털화된 음성 채널 하나에서 온 정보를 운반할 수 있다고 말할 수 있다. 다시 말해 STS-1 신호 하나는 동시에 774 음성채널(810에서 오버헤드에 필요한 바이트)을 운반할 수 있다.

SONET 프레임에서 각 바이트는 디지털화된 음성 채널을 운반할 수 있다.

SONET에서 다른 STS 신호의 데이터 전송률 사이에 또 다른 연관성이 있는 것에 주목하자. STS-1의 데이터 전송률을 사용하는 STS-3의 데이터 전송률을 찾을 수 있다.

SONET에서 STS-*n* 신호의 데이터 전송률은 STS-1 신호의 데이터 전송률의 *n*배이다.

STS-1 프레임 형식

STS-1 프레임의 기본형식은 그림 5.71에 보이고 있다. 이전에 설명한 것처럼 SONET 프레임은 각각의 90바이트(옥텟)가 9행으로 된 행렬로 총 810바이트이다.

그림 5.71 | STS-1 프레임 오버헤드

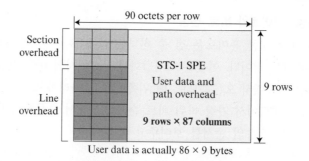

STS 다중화

SONET에서 낮은 전송률의 프레임들은 보다 높은 전송률의 프레임으로 동기적으로 시분할 다중화될 수 있다. 예를 들어, 3개의 STS-1 신호들(채널들)는 STS-3의 신호(채널)로 결합될 수 있고, 네 개의 STS-3들은 STS-12로 다중화될 수 있다.

다중화는 동기적인 TDM이며, 네트워크 내의 모든 클록이 동기화를 달성하기 위하여 하나의 마스터 클록에 맞춰져 있다.

SONET에서 네트워크의 모든 클록은 하나의 마스터 클록에 맞춰져 있다.

다중화는 보다 높은 전송률에서도 일어날 수 있다는 것을 언급할 필요가 있다. 예를 들어 네 개의 STS-3 신호들이 하나의 STS-12 신호로 다중화될 수 있다. 그러나 STS-3 신호들은 먼저 12개의 STS-1 신호로 역다중화되어야 하며 그런 다음에 이 열두 개의 신호들이 하나의 STS-12 신호로 다중화된다. 이 추가적인 작업하는 이유는 바이트 끼워넣기(byte interleaveing)을 설명하는 것으로 명확하게 된다.

추가/삭제 다중화기

여러 STS-1 신호를 STS-n 신호로 다중화하는 것은 STS 다중화기(경로층에서) 이루어지며, STS-n 신호를 STS-1 성분으로 역다중화하는 것은 역다중화기에서 이뤄진다. 그러나 이 사이에서 SONET은 신호를 다른 신호로 대치할 수 있는 추가/삭제 다중화기를 사용한다. 이는 기존 개념의 다중화/역다중화가 아니라는 것을 알아야 한다. 추가/삭제 다중화기는 구간층에서 동작한다. 추가삭제 다중화기는 구간, 회선이나 경로의 오버헤드를 만들지 않는다. 이것은 STS-1 신호 하나를 제거하고 다른 신호를 추가하는 교환기처럼 동작을 한다. 추가/삭제 다중화기의 입력과 출력의 신호 종류는 동일하다. 예를 들어, 둘 다 STS-3이거나 STS-12이다. 추가/삭제 다중화기(ADM)은 단지 구간과 오버헤드에 있는 바이트들 포함한 해당 바이트를 제거하고 새 바이트들로 대치한다.

SONET 네트워크

SONET 장비를 사용하여 SONT 네트워크을 만들 수 있고, 이 네트워크는 ATM이나 IP와 같은 다른 네트워크으로부터 전송된 데이터를 운반하는 고속 백본으로 사용될 수 있다. SONET망은 대략 선형 네트워크, 링 네트워크, 메쉬 네트워크의 3가지로 나눌 수 있다.

선형 네트워크

선형 네트워크(linear network)는 그림 5.72와 같이 일반적으로 STS 다중화기와 역다중화기, 몇 개의 추가/삭제 다중화기, 몇 개의 생성기에 의해 만들어진다.

그림 5.72 ┃ 선형 SONET 네트워크

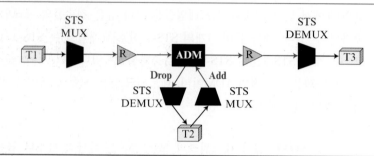

링 네트워크

ADM들은 SONET 링 네트워크를 구성 가능할 수 있다. SONET 링은 단방향이나 양방향 구성을 사용할 수 있다. 각각의 경우, 네트워크에 회선 고장에서 자체적인 회복능력을 제공하기 위해 별도의 링을 추가할 수 있다. 그림 5.73은 링망을 보여준다.

비록 그림에서는 하나의 송신기와 세 개의 수신기를 가지도록 선택했지만, 많은 다른 구성이 가능하다. 송신기는 동시에 양쪽 링에 데이터를 보내기 위해 양방향 연결을 사용한다. 수신기는 좋은 신호 품질을 가진 링을 선택하기 위해 선택 스위치를 사용한다. 경로층에서 동작하는 노드를 강조하기 위해 하나의 STS 다중화기와 세 STS 역다중화기를 사용하였다.

그림 5.73 ┃ 단방향 회선 교환 링

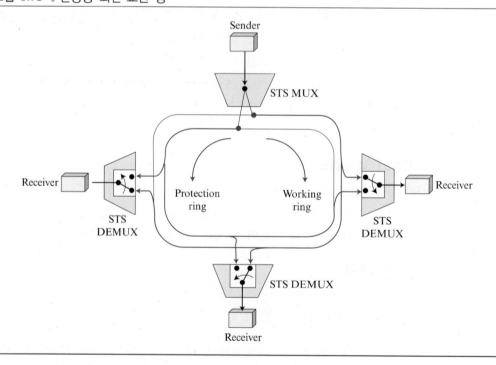

메쉬 네트워크

링망의 문제점 중 하나는 확장성이 부족하다는 것이다. 링의 트래픽이 증가할 때는 회선을 갱신할 뿐만 아니라 ADM들의 갱신도 필요하다. 이러한 상황에서 스위치를 가진 메쉬 네트워크가 더 높은 성능을 준다. 메쉬 네트워크의 스위치는 교차연결이라고 한다. 입력 포트에서 스위치는 OC-n 신호를 받아들여, STS-n 신호로 변환하고, 대응하는 STS-1 신호로 역다중화하여 각 STS-1 신호를 적절한 출력 포트로 보낸다. 출력 포트는 S서로 다른 입력 포트로 받아들여진 STS-1신호들을 하나의 STS-n 신호로 다중화하고, 전송을 위해 OC-n 신호를 생성한다. 그림 5.74는 매쉬 SONET 망과 스위치의 구조를 보여준다.

그림 5.74 ┃ 매쉬 SONET 망

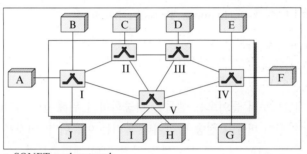
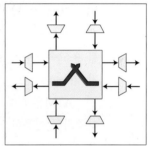

a. SONET mesh network b. Cross-connect switch

가상 지류(Virtual Tributaries)

SONET은 광대역 페이로드를 운반하도록 설계되었다. 현재의 디지털 계층구조 데이터 전송률(DS-1부터 DS-3)은 STS-1보다 낮다. SONET을 현재의 계층구조와 거꾸로 호환성이 있도록 만들기 위해, 프레임 설계에 **가상 지류(VT, virtual tributary)**(그림 5.75) 시스템이 포함된다. 가상 지류는 STS-1에 삽입 가능하도록 프레임을 채우기 위해 다른 부분 페이로드와 결합될 수 있는 부분 페이로드이다. 한 발신지에서 온 데이터를 한 STS-1 프레임의 86개 페이로드 열을 다 사용하는 대신에 SPE를 세분할 수 있으며 그 각각을 VT라고 한다.

그림 5.75 ┃ 가상 지류

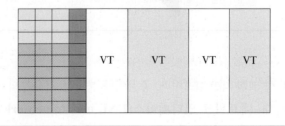

존재하는 디지털 계층구조를 수용하기 위해 네 가지 종류의 VT들이 정의되었다. 각각의 VT에 허용된 열의 수는 종류 식별번호의 두 배로 결정된다는 것을 주목해야 한다(VT1.5는 세 개의 열을 가지며 VT2는 네 개의 열을 갖는다). VT1.5는 미국 DS-1 서비스(1.544 Mbps)를 수용한다. VT2는 유럽식 CEPT-1 서비스(2.048 Mbps)를 수용한다. VT3는 DS-1C 서비스(단편의 DS-1 서비스 3.152 Mbps)를 수용한다. VT6은 DS-2 서비스(6.312 Mbps)를 수용한다.

둘 또는 그 이상의 지류가 신호 STS-1 프레임 하나에 삽입될 때에는 열 단위로 끼워 넣는다. SONET은 각각의 VT을 식별하고 전체 열을 역다중화하지 않고도 분리할 수 있는 기법을 제공한다. 이 기법과 기법에 관련된 제어문제는 이 책의 범주를 벗어나므로 논외한다.

5.6.3 교환망: ATM

비동기 전송 방식(ATM, Asynchronous Transfer Mode)은 ATM 포럼에 의해 설계된 셀 중계 프로토콜이며 ITU-T에 의해 채택되었다. SATM과 SONET의 조합으로 전 세계의 네트워크를 초고속으로 상호 연결할 수 있게 될 것이다. 사실 ATM은 정보 초고속도로의 고속도로로 생각 가능하다.

ATM은 다른 채널로부터 들어오는 셀들을 다중화하기 위해 통계적인(비동기적인) 시분할 다중화를 이용한다. 이것이 비동기 전송 방식이라 불리는 이유이다. 이것은 고정된 크기의 슬롯을 이용한다(셀의 크기). ATM 다중화기는 셀을 가진 입력 채널로부터 온 셀로 슬롯을 채운다. 이것은 어떤 채널도 보낼 셀을 가지고 있지 않다는 의미이다. 그림 5.76은 세 입력으로부터 온 셀들이 어떻게 다중화되는지 보여준다. 첫 번째 클릭이 시작될 때, 채널 2는 셀을 가지고 있지 않다(빈 입력 슬롯). 그래서 다중화기는 세 번째 채널로부터 온 셀로 슬롯을 채우게 된다. 모든 채널의 셀이 다중화되면 출력 채널은 빈 상태가 된다.

그림 5.76 ┃ ATM 다중화기

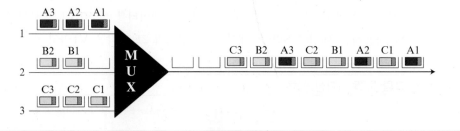

구조

ATM은 셀 교환 네트워크이다. 종점이라 불리는 사용자의 접근장치는 네트워크 내의 교환기에 **사용자–대–네트워크 인터페이스(UNI, user-to-network interface)**를 통하여 연결된다. 교환기들 사이는 **네트워크–대–네트워크 인터페이스(NNIs, network-to-network interfaces)**를 통해 연결된다. 그림 5.77은 ATM 망의 한 예를 보여주고 있다.

그림 5.77 | ATM 망의 구조

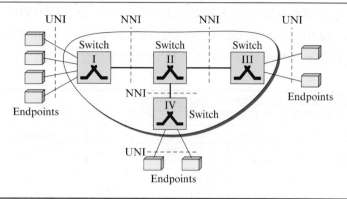

가상 연결

두 종단 간의 연결은 전송경로(TP), 가상경로(VP) 그리고 가상회선(VC)를 통해 달성된다. **전송경로(TP, transmission path)**는 두 종단과 교환기 혹은 두 교환기 간의 물리적 연결(전선, 케이블, 위성 등)이다. 두 교환기를 도시라고 생각하자. 전송 경로는 두 도시를 직접 연결하는 모든 고속도로의 집합을 의미한다.

전송경로는 여러 가상경로로 나누어진다. **가상경로(VPs, virtual path)**는 두 교환기 사이에 하나의 연결이나 연결들의 한 집합을 제공한다. 가상경로를 두 도시를 연결하는 하나의 고속도로라고 생각해 보자. 각각의 고속도로는 가상경로이고 모든 고속도로의 세트는 전송 경로이다.

셀 망은 **가상회선(VC, virtual circuits)**을 기반으로 하고 있다. 하나의 메시지에 속하는 모든 셀은 같은 가상회선을 따라 움직이고 이들이 목적지에 도달할 때까지 이들의 원래 순서는 그대로 유지된다. 가상회선을 한 고속도로(가상경로의) 한 차선이라고 생각해 보자. 그림 5.78은 전송경로(물리적 연결), 가상경로(경로가 같기 때문에 함께 묶이는 가상회선들의 조합)와 논리적으로 두 점을 연결하는 가상회선을 보여주고 있다.

그림 5.78 | TP, VP와 VC

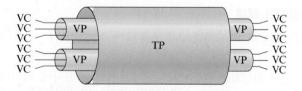

식별자 가상회선 네트워크에서 한 종점에서 다른 종점으로 데이터의 경로를 전송하기 위해 가상 연결을 식별하는 것이 필요하다. 이러한 목적으로 ATM은 가상경로 식별자(VPI)와 가상회선 식별자(VCI)의 두 레벨을 가지는 계층적 식별자로 만들어지도록 설계되었다. VPI는 특정한 VP를 정의하고, VCI는 VP 내의 특정한 VC를 정의한다. VPI는 하나의 VP로 묶여 있는 논리적으로 모든 가상회선에 대하여 같다.

　　UNI와 NNI를 위한 VPI의 길이는 다르다. UNI에서 VPI는 8비트인 반면에, NNI에서 VPI
는 12비트이다. 두 인터페이스에서 VCI의 길이는 같다(16비트). 따라서 가상회선은 UNI에서
24비트로 NNI에서 28비트로 식별 가능하다(그림 5.79).

그림 5.79 ▎UNI와 NNI의 가상연결 식별

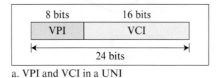
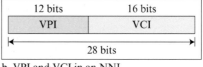

가상회선 식별자를 두 부분으로 나누는 아이디어는 계층적인 경로 지정을 허용하기 위해
서이다. 일반적인 ATM의 대부분의 교환기는 VPI를 이용하여 라우팅을 하게 된다. 종단 장치와
직접 상호작용하는 네트워크의 경계의 교환기들은 VPI와 VCI 둘 다 사용한다.

셀 ATM 망에서 기본적인 데이터 단위를 셀이라 부른다. 하나의 셀은 53바이트로 구성되며,
5바이트는 헤더에 할당되고 48바이트는 페이로드(사용자 데이터는 48바이트보다 적을 수 있다)
를 운반한다. 대부분의 헤더는 VPI와 VCI로 채워지며, VPI와 VCI는 종점에서 교환기까지 또는
교환기에서 또 다른 교환기까지 셀이 이동하는 가상연결을 정의한다. 그림 5.80은 셀의 구조를
보여준다.

그림 5.80 ▎하나의 ATM 셀

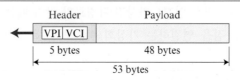

연결 설정과 해제

ATM은 PVC와 SVC의 2가지 종류의 연결이 있다.

PVC 영구 가상회선 연결(PVC)은 네트워크 제공자에 의하여 두 종단 사이에 설정된다. VPI와
VCI는 영구연결을 위해 정의되고 그 값은 각 교환기의 테이블에 입력된다.

SVC 교환 가상회선 연결(SVC)은 각각의 시간에서 한 종단이 다른 종단으로 연결을 맺기 원할
때, 새로운 가상회선이 반드시 설정되어야 한다. ATM은 자체적으로 이런 작업을 수행할 수 없
고, IP와 같은 다른 프로토콜의 네트워크 계층 주소와 서비스를 필요로 한다. 다른 프로토콜의
신호방식 메커니즘은 두 종단의 네트워크 계층 주소를 이용하여 연결요청을 만든다. 실제 메커
니즘은 네트워크 계층 프로토콜에 따라 다르다.

교환

ATM은 발신지 종단에서 목적지 종단까지 셀의 경로를 지정하는 데 교환기를 이용한다. 교환기는 BPI와 BCI를 이용하여 셀의 경로를 지정한다. 경로 지정에는 전체 식별자를 요구한다. 그림 5.81은 PVC 교환기가 셀의 경로 설정을 어떻게 하는지 보여준다. 153번의 VPI와 67번의 VCI를 가진 셀이 교환기 인터페이스(포트) 1에 도착한다. 교환기는 교환기 테이블을 확인하고, 교환 테이블은 각 행에 도착 인터페이스 번호, 입력 VPI, 입력 VCI, 해당 출력 인터페이스 번호, 새 VPI, 새 VCI의 6가지 정보를 저장하고 있다. 교환기는 인터페이스 1, VPI 153 그리고 VCI 67를 항목 테이블에서 찾고, 이에 대응하는 출력 인터페이스 3, VPI 140, VPI 92를 찾는다. 셀 헤더에 VPI와 VIC를 140과 92로 각각 교환하고 인터페이스 3을 통하여 셀을 전송한다.

그림 5.81 ┃ 한 개의 스위치와의 경로

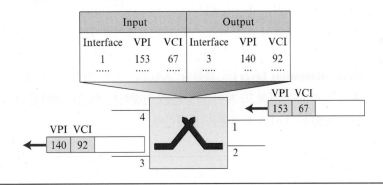

ATM 계층

ATM은 표준은 3개의 계층으로 정의되었다. 이 계층은 상위에서 하위로 보면 응용 적응 계층, ATM 계층, 물리 계층으로 정의된다(그림 5.82 참조). 교환기에서는 아래의 두 계층만을 사용하는 반면, 종단에서는 세 계층 모두 사용한다.

그림 5.82 ┃ ATM 계층들

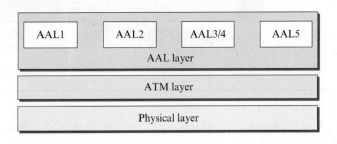

AAL 계층   응용 적응 계층(AAL, application adaptation layer)은 ATM의 두 가지 개념을 가능하게 하기 위하여 설계되었다. 첫 번째로 ATM은 반드시 데이터 프레임과 비트 스트림과

같은 종류의 페이로드를 받아들여야 한다. 데이터 프레임은 ATM과 같은 전송 네트워크에 보내지는 프레임을 정의하고 만드는 상위 계층 프로토콜로부터 전송될 수 있다. 좋은 예가 인터넷이다. 멀티미디어 페이로드는 ATM을 통해 운반된다. 그것은 계속해서 비트 흐름을 받아들일 수 있다. ATM은 셀로 캡슐화하기 위해 페이로드를 덩어리로 나눈다. AAL은 2개의 부계층들을 사용하여 동작한다.

데이터가 데이터 프레임 혹은 비트 스트림이더라도 페이로드는 반드시 48바이트 세그먼트로 분할되어, 한 개의 셀에 의해 운반된다. 목적지에서는 이러한 세그먼트들은 재조립되어 본래 페이로드로 만들어져야만 한다. AAL은 부계층을 정의하며, **분할 및 재조립(SAR, segment and reassembly)** 계층으로 불리어진다. 분할은 목적지에서는 발신지에서 혹은 재조립된다.

데이터가 SAR에 의해 분할되어지기 전에 그것들은 완전한 상태를 보장하기 위해 준비되어야만 한다. **CS (convergence sublayer)**로 불리는 부계층 한 개에 의해 수행된다.

ATM은 *AAL1*, *AAL2*, *AAL3/4* 그리고 *AAL5*의 AAL의 4가지 버전을 정의한다. 이 절에서는 오늘날 인터넷에서 사용되는 AAL5에 관해서만 알아보기로 한다.

인터넷 어플리케이션에는 ALL5 부계층은 설계되었다. 그것은 **SEAL (simple and efficient adaptation layer)**로 불린다. AAL5는 모든 셀들이 한 개의 메시지의 주기적인 전송에 속해져 있다고 가정하고, 제어 기능들은 전송하는 어플리케이션의 상위 계층들에 포함되어 있다. 그림 5.83은 AAL5 부계층을 보여준다.

그림 5.83 | AAL5

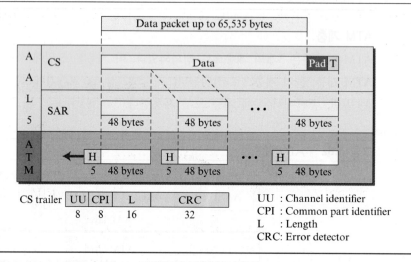

CS 계층에 잇는 패킷은 4가지 필드와 함께 트레일러로 사용된다. UU는 사용자–대–사용자 식별자이다. CPI는 공동 부분 식별자이다. L 필드는 원본 데이터의 길이를 정의한다. CRC 필드는 2개 바이트 오류를 전체 데이터에 대한 2바이트 오류 확인 필드이다.

ATM 계층 ATM 계층은 경로, 트래픽 관리, 스위치 그리고 멀티플렉싱 서비스를 제공한다. AAL

부계층들로부터 48바이트 세그먼트들을 받아들여 외부 트래픽으로 진행하며, 5바이트 헤더를 추가하여 53바이트 셀로 그것을 변화시킨다.

물리적인 계층 이더넷과 무선 LAN과 같이 ATM 셀들은 어떠한 물리적 계층 운반에 의해 운반된다.

혼잡조절 및 서비스의 품질

ATM은 매우 좋은 혼잡조절 및 QOS를 제공한다.

5.7 연결 장치

호스트들과 네트워크들은 단독으로는 정상적으로 동작되지 않는다. 연결 장치들을 네트워크를 만들기 위해 호스트들을 연결하거나 혹은 인터넷을 만들기 위해 네트워크를 연결하기 위해 사용한다. 연결 장치들은 인터넷 모델의 다른 계층들에서 동작할 수 있다. 리피터(혹은 허브), 링크 계층 스위치(혹은 2계층의 스위치), 그리고 라우터(또는 3계층 스위치)와 같은 **연결 장치**의 3가지 종류에 대해 소개한다. 리피터와 허브는 인터넷 모델의 첫 2개 계층에서 작동한다. 라우터과 3개 계층 스위치은 첫 3개 계층에서 작동 한다.

5.7.1 리피터 또는 허브

한 개의 **리피터(repeater)**는 물리적 계층 상에서만 동작되는 장치이다. 네트워크 안에서 정보를 운반하는 신호들은 데이터의 상태가 쇠약하여 위태롭게 되기 전에 고정된 거리를 돌아다닐 수 있다. 리피터는 데이터가 너무 약하거나 상실되기 전에 신호를 수신하고, 원래 비트 패턴을 다시 **발생** 시키며 시간 **재설정**한다. 예전에는 이더넷 LAN이 버스 토폴로지를 사용할 때, 리피터는 동축 케이블의 길이 제한을 뛰어넘기 위해 LAN의 2개 세그먼트를 연결하여 사용했다. 그러나 오늘날 이더넷 LAN는 스타 형태를 사용한다. 스타 형태에서 리피터는 가끔 **허브**라 불리우는 멀티포트 장치이다. 이것은 연결 점으로서의 기능을 제공하는 것과 동시에 리피터로서의 기능을 제공한다. 그림 5.84는 패킷이 지국 A에서 지국 B로 허브로 도달할 때, 프레임을 대표하는 신호가 발생되어져 가능한 다른 상실 소음을 제거한다. 그러나 그 허브는 전달받은 신호들 중 하나만을 제외하고 모든 출력 포트들로부터 패킷을 전달한다. 다시 말해 그 프레임은 브로드캐스트된다. LAN에 있는 모든 지국들은 프레임을 수신하며, 오직 지국 B만이 그것을 보관한다. 지국들의 나머지는 프레임을 폐기한다. 그림 5.84는 리피터의 규칙 혹은 스위치된 LAN의 허브를 보여준다.

　그림은 하나의 허브가 필터링 능력을 가지고 있지 않다는 것을 보여준다. 그것은 어떤 포트에서 프레임이 출력되는지를 찾기 위한 기능을 가지고 있지 않다.

그림 5.84 | 리피터와 허브

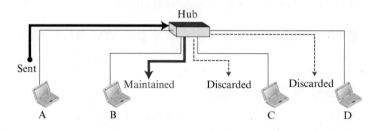

리피터는 필터링 능력을 가지고 있지 않는다.

하나의 허브 혹은 하나의 리피터는 물리적인 계층 장치이다. 그들은 링크 계층 주소를 가지고 있지 않으며, 그들은 수신된 프레임의 링크 계층 주소를 확인하지 않는다. 그들은 단지 상실된 비트들을 재생성하며, 그것들을 포트로부터 밖으로 전송한다.

5.7.2 링크 계층 스위치

하나의 **링크 계층 스위치**는 물리적, 데이터링크 계층들 둘 다에서 작동한다. 물리적인 계층 장치로서, 그것은 신호를 재생성하며, 그것을 수신한다. 링크 계층 장치로서, 링크 계층 스위치는 프레임에 포함된(발신지와 목적지) MAC 주소를 확인할 수 있다.

필터링

링크 계층 스위치와 허브 사이에서 무엇이 기능상으로 다른 것인지 물어볼 수 있다. 링크 계층 스위치는 **필터링** 기능을 가지고 있다. 이것은 프레임의 목적지 주소를 확인할 수 있으며, 프레임이 전송하는 출력 포트를 결정할 수 있다.

링크 계층 스위치는 필터링 결정이 사용된 테이블이 있다.

예제를 살펴보자. 그림 5.85에는 링크 계층 스위치로 연결되어 있는 4개 지국을 사용하는 LAN이 있다. 만약 지국 71:2B:13:45:61:42로 정의된 프레임이 포트 1에 도착하면, 링크 계층 스위치는 출발 포트를 찾기 위해 테이블을 참조한다.

그림 5.85 | 링크 계층 스위치

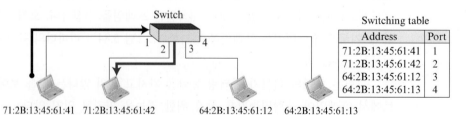

테이블에 따라 71:2B:13:45:61:42에 대한 프레임들은 포트 2를 통해 밖으로 전달된다. 따라서 다른 포트들을 통해 프레임을 보낼 필요가 없다.

> **링크 계층 스위치는 프레임에 있는 링크 계층(MAC) 주소를 변경하지 않는다.**

Transparent 스위치

Transparent 스위치는 지국들이 스위치의 존재를 인지하지 못하는 스위치이다. 만약 스위치가 시스템에서 추가되거나 삭제되어도, 지국들의 재구성은 불필요하다. IEEE 802.1d 규격에 따르면, Transparent 스위치가 장착된 시스템은 다음 3가지 기준을 충족해야 한다.

❑ 프레임들은 반드시 지국에서 다른 지국으로 보내져야 한다.
❑ 포워딩 테이블은 자동적으로 네트워크 위에서 프레임 이동을 통한 학습에 의해 만들어진다.
❑ 시스템에서 루프가 발생하는 것을 막아야 한다.

포워딩(Forwarding)

이전 섹션에서 설명했던 바와 같이 Transparent 스위치는 정확하게 프레임을 전송해야 한다.

학습

최초의 스위치들은 정적인 스위칭 테이블들을 가지고 있었다. 시스템 관리자는 수동으로 스위치 설정 시에 각 테이블 입력 값을 입력하였다. 프로세스는 단순했지만, 현실적이지는 못하였다. 만약 지국이 추가되거나 삭제되었다면, 테이블은 수동으로 수정되어야 했다. 만약 지국의 MAC 주소가 변경되었다면, 똑같이 테이블을 입력하였다, 예를 들어, 신규 네트워크 카드에 입력하는 것은 새로운 MAC 주소를 의미한다.

정적 테이블보다 더 좋은 해결책은 동적인 테이블이며, 자동으로 포트 주소를(인터페이스) 연계시킨다. 테이블을 동적으로 만들기 위해, 점차적으로 프레임 이동으로부터 학습하는 스위치가 필요하다. 이것을 수행하기 위해서는 스위치가 목적지와 발신지 주소를 검사한다. 목적지 주소는 포워딩 결정(테이블 색인)용으로 사용한다. 발신지 주소는 엔트리를 테이블에 추가하고 업데이트한다. 그림 5.86을 이용하여 이 프로세스를 더 자세히 설명한다.

1. 지국 A가 프레임을 지국 D로 전송할 때, 스위치는 D 혹은 A를 위한 엔트리가 없다. 프레임이 모든 3개 포트들로부터 벗어난다. 프레임은 네트워크로 플러딩된다. 그러나 발신지 주소를 지켜보는 것을 통해, 스위치는 지국 A가 반드시 포트 1과 연결되어져야 한다는 것을 배운다. 이것은 향후, A로 정해진 프레임들이 포트 1을 거쳐서 내보내져야 한다는 것을 의미한다. 스위치는 이 엔트리를 자신의 테이블에 추가한다. 테이블은 첫 번째 엔트리를 가지게 된다.

2. 지국 D가 프레임을 지국 B로 보낼 때, 스위치는 B에 대한 엔트리를 가지고 있지 않기 때문에 프레임을 네트워크로 플러딩한다. 하지만 그것은 하나 이상의 엔트리를 지국 D와 관련된

그림 5.86 ▎ 스위치 학습

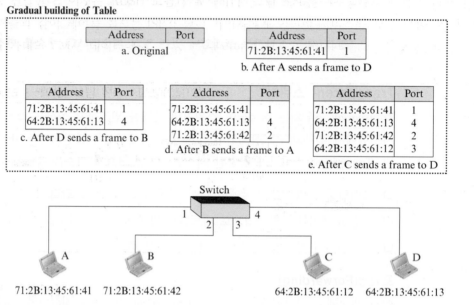

Gradual building of Table

Address	Port
a. Original	

Address	Port
71:2B:13:45:61:41	1

b. After A sends a frame to D

Address	Port
71:2B:13:45:61:41	1
64:2B:13:45:61:13	4

c. After D sends a frame to B

Address	Port
71:2B:13:45:61:41	1
64:2B:13:45:61:13	4
71:2B:13:45:61:42	2

d. After B sends a frame to A

Address	Port
71:2B:13:45:61:41	1
64:2B:13:45:61:13	4
71:2B:13:45:61:42	2
64:2B:13:45:61:12	3

e. After C sends a frame to D

Switch
1   2   3   4

A   B   C   D
71:2B:13:45:61:41   71:2B:13:45:61:42   64:2B:13:45:61:12   64:2B:13:45:61:13

테이블로 추가한다.

3. 학습 프로세스는 테이블이 모든 포트에 대해 정보를 가질 때까지 계속된다.

그렇지만 학습 프로세스는 오랜 시간이 걸리는 것을 주목하라. 예를 들어, 만약 지국이 프레임을 내보내지 않는다면 지국은 테이블에 엔트리를 절대로 가질 수 없다.

5.7.3 라우터

4장에서 라우터에 대해서 소개했다. 이 장에서 라우터와 2계층 스위치와 허브를 비교하기 위해 라우터들에 대해 알아본다. 라우터(*router*)는 3계층 장치이다. 라우터는 물리적, 데이터링크 및 네트워크 계층들에서 동작한다. 물리적 계층 장치로서 라우터는 수신 받는 신호를 재생성한다. 링크 계층 장치로서 라우터는 패킷에 포함된 물리적 주소(발신지 및 목적지)를 확인한다. 네트워크 계층 장치로서 라우터는 네크워크 계층 주소를 확인한다.

> **하나의 라우터는 물리, 데이터링크 및 네트워크 계층의 장치이다.**

라우터는 네트워크들과 연결할 수 있다. 다시 말해 라우터는 인터넷워킹(internetworking) 장치이다. 그것은 인터넷워크를 형성하기 위해 독립적인 네트워크에 연결한다. 이 정의에 따라서 라우터에 의해 연결된 2개 네트워크들은 인터넷워크 또는 인터넷이 된다.

하나의 라우터와 리피터 혹은 스위치 사이에는 3개의 중요한 차이점들이 있다.

1. 라우터는 그것의 인터페이스용으로 각기 물리적, 논리적(IP) 주소를 가지고 있다.

2. 라우터는 그들의 패킷 위에서만 동작하며 링크 계층 목적지 주소는 패킷이 도착한 인터페이스의 주소와 일치한다.

3. 라우터는 패킷을 보냈을 때 발신지와 목적지 패킷의 링크 계층 주소를 변경한다.

예를 들어보면 그림 5.87에서 두 개의 별도 빌딩을 각 빌딩에 설치된 기가비트 이더넷 LAN이 있는 조직을 가정하자.

그림 5.87 ▌라우팅 예

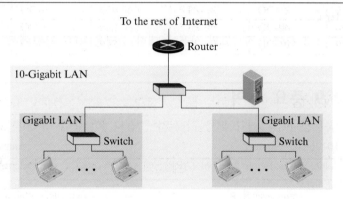

그 조직은 각 LAN 안의 스위치들을 사용한다. 두 개의 LAN들은 이더넷과 조직 서버로의 연결 속도를 높이는 10기가바이트 이더넷 기술을 이용하여 더 큰 LAN을 구축할 수 있다. 라우터는 전체 시스템을 인터넷으로 연결할 수 있다.

　　4장에서 봤던 것과 같이 라우터는 전달받은 MAC 주소를 변경할 것이다. 왜냐하면 MAC 주소는 오직 로컬 지역을 관할하기 때문이다.

하나의 라우터는 하나의 패킷 안에서 링크 계층 주소를 변경한다.

5.8 추천 자료

이 장에서 토론한 주제에 대한 더 많은 상세 설명을 위해, 아래와 같은 서적들을 추천한다. 괄호 안의 내용 [. . .]을 통해 책의 후반부에 있는 참고문헌 리스트를 참고하여라.

단행본

여러 훌륭한 서적들이 링크 계층 이슈들에 대해 설명하고 있다 그것들 중에 우리는 [Ham 80], [Zar 02], [Ror 96], [Tan 03], [GW 02], [For 03], [KMK 04], [Sta 04], [Kes 02], [PD 03], [Kei 02], [Spu 00], [KCK 98], [Sau 98], [Izz 00]. [Per 00], 그리고 [WV 00]을 권장한다.

RFC

인터넷 상에서 검사합의 사용에 대한 설명은 RFC 1141에서 찾을 수 있다.

5.9 중요 용어

10-Gigabit Ethernet

Address Resolution Protocol (ARP)

ALOHA

application adaptation layer (AAL)

asynchronous balanced mode (ABM)

Asynchronous Transfer Mode (ATM)

bit stuffing

burst error

byte stuffing

carrier sense multiple access (CSMA)

carrier sense multiple access with
    collision avoidance (CSMA/CA)

carrier sense multiple access with
    collision detection (CSMA/CD)

Challenge Handshake Authentication
    Protocol (CHAP)

channelization

codeword

Community Antenna TV (CATV)

contention

controlled access

convergence sublayer (CS)

cyclic redundancy check (CRC)

data link control (DLC)

dataword

demodulator

digital subscriber line (DSL)

Fast Ethernet

Gigabit Ethernet

Hamming distance

High-level Data Link Control (HDLC)

hybrid-fiber coaxial (HFC) network

Internet Protocol Control Protocol (IPCP)

Link Control Protocol (LCP)

logical link control (LLC)

media access control (MAC)

modem

modulator

network interface card (NIC)

network-to-network interface (NNI)

one's complement

optical carrier (OC)

parity-check code

Point-to-Point Protocol (PPP)

polling

Project 802

pure ALOHA

random access

repeater

segmentation and reassembly (SAR)

simple and efficient adaptation layer (SEAL)

single-bit error

slotted ALOHA

Standard Ethernet

switch

Synchronous Optical Network (SONET)

synchronous transport signal (STS)

syndrome

time-division multiple access (TDMA)

token passing

transmission path (TP)

user-to-network interface (UNI)

virtual circuit (VC)

virtual local area network (VLAN)

virtual path (VP)

virtual tributaries (VT)

5.10 요약

2개의 부계층으로써 데이터링크 계층들을 살펴보았다. 상위 부계층은 데이터링크 컨트롤에 대해 책임이 있으며, 하위 부계층은 공유된 미디어로 접속을 하도록 하는 책임을 맡고 있다. 데이터링크 컨트롤 (DLC)은 2개의 인접한 노드들 사이의 커뮤니케이션에 대한 설계 및 절차를 담당한다. 이러한 부계층은 프레임 짜기 및 오류 제어에 대해 책임이 있다. 오류 제어는 전송 중에 데이터 손실을 다룬다. 이 장에서 HDLC 및 PPP의 두 개의 링크 계층 프로토콜을 소개하였다. HDLC는 노드-대-노드(mode-to-mode) 및 다중점 링크에서 통신하기 위한 비트 중심 프로토콜이다. 그렇지만 점-대-점(point-to-point) 접속을 위한 대부분의 보통 프로토콜은 PPP이며, 바이트 중심 프로토콜이다.

많은 프로토콜들은 공유된 링크로 접근하도록 고안되어왔다. 그것들을 입의 접근 프로토콜, 제어 접근 프로토콜, 그리고 채널화 프로토콜의 3그룹으로 구분하였다. 임의 접근 또는 컨텐션 방법에서는 지국이 없는 것이 다른 지국보다 우월하며, 그 제어를 다른 방법을 통해 할당받는다. 제어 접근의 경우에는 지국들이 어떤 지국이 보내기에 적당한지 찾기 위해 다른 하나를 검색한다. 채널화는 다중 접근 방법이다. 이것은 사용 가능한 링크의 대역폭이 다른 지국 사이에서 동시에 주파수 또는 코드를 공유하는 것을 의미한다.

데이터링크 계층에서 링크 계층 주소할당을 사용한다. 이 시스템은 일반적으로 ARP를 사용하여 다음 노드의 링크 계층 주소를 찾는다.

이더넷은 가장 폭 넓게 사용되는 로컬 지역 네트워크 프로토콜이다. 이더넷의 데이터링크 계층은 LLC 부계층과 MAC 부계층으로 구성되어 있다. MAC 부계층은 CSMA/CD 접근 방법 및 프레임 짜기의 동작에 대해 책임이 있다. 이더넷 네트워크의 각 지국은 네트워크 인터페이스 카드(NIC)에서 출력된 유일한 48비트 주소를 가지고 있다. 가상 로컬 지역 네트워크(VLAN)는 소프트웨어에 의해 구성되어지며, 물리적 와이어링에 의해 구성되지 않는다. VLAN의 회원은 포트 숫자들의 기본이 될 수 있으며, MAC 주소, IP 주소, IP 멀티캐스트 주소, 혹은 이러한 것들의 조합이 있다. VLAN들은 비용 및 시간 효율이 있으며, 네트워크 트래픽을 줄일 수 있고, 보안의 외부 측정기준을 제공한다.

다이얼 업 모뎀의 발명에 의한 결과로 디지털 데이터의 교환을 필요로 하게 되었다. 다운로딩과 업로딩의 빠른 속도에 대한 수요 때문에 전화 회사들은 DSL (*digital subscriber line*)이라는 새로운 기술을 접목시켰다. 케이블 네트워크는 원래 TV 프로그램에 더 잘 접속되어 제공되도록 탄생되었다. 케이블 TV는 또한 비디오로 설계된 원래 채널 중에 몇몇을 사용하여 인터넷을 제공하는 시장을 개발하였다. SONET (Synchronous Optical Network)는 fiber-optic 네트워크를 위한 ANSI에 의해 개발된 표준이다. ATM (Asynchronous Transfer Mode)는 SONET을 이용하여 조합되는 셀 릴레이 프로토콜이며, 빠른 속도의 연결성을 제공한다. 셀은 작고, 고정된 크기의 정보 블록이다. ATM 데이터 패킷은 53바이트가 조합된 셀이다. ATM 표준은 AAL, ATM 계층 및 물리적 계층의 3개 계층들을 정의하였다

리피터는 인터넷 모델의 물리 계층에서 동작하는 연결 장치이다. 스위치는 인터넷 모델의 물리 계층과 데이터링크 계층에서 동작하는 연결 장치이다. Transparent 스위치는 프레임을 자동적으로 전송하거나 필터링할 수 있으며, 포워딩 테이블을 만들 수 있다. 라우터는 TCP/IP의 처음 3개 계층 안에서 동작하는 연결 장치이다.

5.11 연습문제

5.11.1 기본 연습문제

1. 데이터링크 계층에서 통신은 _____ 이다.
   a. 단 대 단   **b.** 노드-대-노드
   c. 프로세스 대 프로세스 **d.** 정답 없음

2. 다음 설명 중 단일비트 오류에 대해 가장 잘 설명한 것은 무엇인가?
   a. 단일비트가 역순이다.
   b. 전송당 단일비트가 역순이다.
   c. 데이터 단위당 단일비트가 역순이다.
   d. 정답 없음

3. 다음 오류 검출 방법 중 1의 보수 계산을 사용하는 검출 방법은 무엇인가?
   a. 간단한 패리티 검사 **b.** 검사합
   c. 2차원 패리티 검사   **d.** CRC

4. 다음 오류 검출 방법 중 데이터 단위당 단지 하나의 중복 비트로 구성되는 오류 검출 방법은 무엇인가?
   a. 2차원 패리티 검사 **b.** CRC
   c. 간단한 패리티 검사 **d.** 검사합

5. 다음 오류 검출 방법 중 다항식을 포함하는 방법은 무엇인가?
   a. CRC   **b.** 간단한 패리티 검사
   c. 2차원 패리티 검사 **d.** 검사합

6. 만약 ASCII 문자 G가 전송된 후, ASCII 문자 D를 전달받았다면, 이것은 어떤 종류의 오류인가?
   a. 단일비트 오류   **b.** 다중 비트 오류
   c. 폭주 오류   **d.** 회복가능 오류

7. 만약 ASCII 문자 H가 전송된 후, ASCII 문자 L를 전달받았다면, 이것은 어떤 종류의 오류인가?
   a. 폭주 오류   **b.** 회복가능 오류

   c. 단일비트 오류   **d.** 다중 비트 오류

8. 순환 중복 검사에서 검사 비트는 어떤 형태인가?
   a. 나머지   **b.** 제수
   c. 몫   **d.** 피제수

9. CRC에서 만약 데이터워드가 111111, 제수가 1010, 그리고 나머지가 110이면, 수신측의 코드워드는 무엇인가?
   a. 111111011   **b.** 1010110
   c. 111111110   **d.** 110111111

10. CRC에서 만약 데이터워드가 111111, 제수가 1010이면, 송신측의 피제수는 얼마인가?
    a. 1111110000   **b.** 111111000
    c. 111111   **d.** 1111111010

11. CRC 생성기에서 _____는 코드워드를 만들기 위한 나눗셈 과정 후에 데이터워드에 추가된다.
    a. 0   **b.** 1
    c. 나머지 2   **d.** 제수

12. 만약 오류가 없다면, 수신자의 검사합과 데이터의 합은 _____ 이다.
    a. −0   **b.** +0
    c. 검사합의 보수   **d.** 데이터워드의 보수

13. CRC에서 송신자의 몫은 _____.
    a. 수신자의 피제수가 된다. **b.** 수신자의 제수가 된다.
    c. 나머지이다.   **d.** 버려진다.

14. CRC 검사기에서 _____는 데이터워드가 손상을 받았다는 것을 의미한다.
    a. 1와 0들이 교차된 문자열

b. 0이 없는 나머지

c. 0으로 이루어진 문자열

d. 정답 없음

15. HDLC는 _____의 머리글자이다.

  a. High-Duplex Line Communication

  b. Half-Duplex Link Combination

  c. High-Level Data Link Control

  d. Host Double-Level Circuit

16. HDLC 프로토콜에서 가장 짧은 프레임은 항상 _____ 프레임이다.

  a. information   **b.** management

  c. supervisory   **d.** 정답 없음

17. HDLC 프로토콜에서 프레임의 주소 필드는 _____ 지국의 주소를 포함한다.

  a. primary   **b.** secondary

  c. tertiary   **d.** primary or secondary

18. HDLC _____ 필드는 프레임의 처음과 끝을 의미한다.

  a. 제어   **b.** 플래그

  c. FCS   **d.** 정답 없음

19. 모든 HDLC 제어 필드에서 존재하는 것은 무엇인가?

  a. N(R)   **b.** N(S)

  c. 코드 비트   **d.** P/F 비트

20. PPP 천이 단계 다이어그램에 따르면 옵션들은 _____ 상태에서 선택된다.

  a. 네트워킹   **b.** 종료

  c. 설립   **d.** 인증

21. PPP 천이 단계 다이어그램에 따르면 사용자 식별의 검증은 _____ 상태에서 발생한다.

  a. 네트워킹   **b.** 종료

  c. 설립   **d.** 인증

22. PPP 프레임에서 _____ 필드는 데이터 필드의 콘텐츠를 정의한다.

  a. FCS   **b.** 플래그

  c. 제어   **d.** 프로토콜

23. PPP 프레임에서 ____ 필드는 HDLC의 U-프레임과 유사하다.

  a. 플래그   **b.** 프로토콜

  c. FCS   **d.** 제어

24. PPP 프레임에서 ____ 필드는 HDLC의 브로드캐스트 주소를 나타내기 위해 11111111의 값을 가진다.

  a. 프로토콜   **b.** 주소

  c. 제어   **d.** FCS

25. PPP 프레임에서 LCP 패킷의 목적은 무엇인가?

  a. 구성   **b.** 종료

  c. 옵션 협상   **d.** 정답 없음

26. PPP 프레임에서 ____ 필드는 오류 제어를 담당한다.

  a. FCS   **b.** 플래그

  c. 제어   **d.** 프로토콜

27. CHAP. 인증에서 사용자는 결과를 만들어 시스템에게 전달하기 위해 시스템의 _____와 자신의 _____를 사용한다.

  a. 인증 식별자; 비밀번호 **b.** 비밀번호; 인증 식별자

  c. challenge 값; 비밀번호 **d.** 비밀번호; challenge 값

28. _____ 임의 접근 방법에서 충돌은 회피되어야만 한다.

  a. CSMA/CD   **b.** CSMA/CA

  c. ALOHA   **d.** 토큰 패싱

29. 1-지속 접근에서 지국이 유휴 라인을 발견하면, 그것은 _____.

  a. 그 즉시 전송한다.

  b. 전송하기 전에 0.1초를 기다린다.

  c. 전송하기 전에 1초를 기다린다.

  d. 전송하기 전에 (1-p)초의 시간을 기다린다.

30. _____ 하나의 primary 지국과 하나 또는 그 이상의 secondary 지국을 필요로 한다.

  a. 토큰 링   **b.** 예약

  c. 폴링   **d.** CSMA

31. P-지속 접근에서 지국이 유휴 라인을 발견하면, 그것은 _____.

  a. 즉시 전송한다.

  b. 전송하기 전에 1초 기다린다.

  c. 1-p의 확률로 전송한다.

  d. p의 확률로 전송한다.

32. 1-지속 접근은 p를 _____로 하는 p 지속 접근의 특별한 케이스를 지원할 수 있다.

  a. 1.0   **b.** 2.0

  c. 0.1   **d.** 0.5

33. 예약 접근 방법에서 만약 10개의 지국이 네트워크에 있다면, 예약 프레임에 _____개의 예약 미니슬롯이 있다.
    a. 10　　　　　　　　**b.** 11
    c. 5　　　　　　　　**d.** 9

34. _____는 제어 접근 프로토콜이다.
    a. FDMA　　　　　　**b.** TDMA
    c. CSMA　　　　　　**d.** 예약

35. _____는 채널화 프로토콜이다.
    a. FDMA　　　　　　**b.** TDMA
    c. CDMA　　　　　　**d.** 모두 정답

36. _____ 임의 접근 방법에서 지국은 매체를 감지하지 못한다.
    a. CSMA/CA　　　　**b.** ALOHA
    c. CSMA/CD　　　　**d.** 이더넷

37. _____는 로컬 주소이다. 그 관할 범위는 로컬 네트워크이다.
    a. 링크 계층 주소　　**b.** 논리적 주소
    c. 포트번호　　　　　**d.** 정답 없음

38. 만약 송신자가 호스트이고 같은 네트워크에 있는 다른 호스트에게 패킷을 전송하고자 하면, 물리적 주소와 매핑된 논리적 주소는 _____.
    a. 데이터그램 헤더에 있는 목적지 IP 주소이다.
    b. 라우팅 테이블에 있는 라우터의 IP 주소이다.
    c. 소스 IP 주소이다.
    d. 정답 없음

39. 만약 송신자가 호스트이고, 다른 네트워크에 있는 다른 호스트에게 패킷을 전송하고자 할 때, 물리적 주소와 매핑된 논리적 주소는 _____.
    a. 데이터그램 헤더에 있는 목적지 IP 주소이다.
    b. 라우팅 테이블에 있는 라우터의 IP 주소이다.
    c. 소스 IP 주소이다.
    d. 정답 없음

40. 송신자가 다른 네트워크에 있는 호스트를 목적지로 하는 데이터그램을 전송받은 라우터이다. 물리적 주소와 매핑된 논리적 주소는 _____.
    a. 데이터그램 헤더에 있는 목적지 IP 주소이다.
    b. 라우팅 테이블에 있는 라우터의 IP 주소이다.
    c. 소스 IP 주소이다.

d. 정답 없음

41. 송신자가 같은 네트워크에 있는 호스트를 목적지로 하는 데이터그램을 전송받은 라우터이다. 물리적 주소와 매핑된 논리적 주소는 _____.
    a. 데이터그램 헤더에 있는 목적지 IP 주소이다.
    b. 라우팅 테이블에 있는 라우터의 IP 주소이다.
    c. 소스 IP 주소이다.
    d. 정답 없음

42. ARP 응답은 일반적으로 _____이다.
    a. 브로드캐스트　　　**b.** 멀티캐스트
    c. 유니캐스트　　　　**d.** 정답 없음

43. ARP 요청은 일반적으로 _____이다.
    a. 브로드캐스트　　　**b.** 멀티캐스트
    c. 유니캐스트　　　　**d.** 정답 없음

44. 이더넷 주소가 2진수로 01011010 00010001 01010101 00011000 10101010 00001111로 주어졌을 때, 16진수로 이더넷 주소를 변경하면 무엇이 되는가?
    a. 5A:88:AA:18:55:F0　　**b.** 5A:81:BA:81:AA:0F
    c. 5A:18:5A:18:55:0F　　**d.** 5A:11:55:18:AA:0F

45. 만약 이더넷 목적지 주소가 07:01:02:03:04:05이면, 이것은 _____ 주소이다.
    a. 유니캐스트　　　　**b.** 멀티캐스트
    c. 브로드캐스트　　　**d.** 정답 없음

46. 만약 이더넷 목적지 주소가 08:07:06:05:44:33이면, 이것은 _____ 주소이다.
    a. 유니캐스트　　　　**b.** 멀티캐스트
    c. 브로드캐스트　　　**d.** 정답 없음

47. 다음 선택지들 중에서 이더넷 멀티캐스트 목적지 주소가 아닌 것은?
    a. 43:7B:6C:DE:10:00　　**b.** 44:AA:C1:23:45:32
    c. 46:56:21:1A:DE:F4　　**d.** 48:32:21:21:4D:34

48. 다음 선택지들 중에서 이더넷 유니캐스트 목적지 주소가 아닌 것은?
    a. B7:7B:6C:DE:10:00　　**b.** 7B:AA:C1:23:45:32
    c. 7C:56:21:1A:DE:F4　　**d.** 83:32:21:21:4D:34

49. 이더넷의 _____ 계층은 LLC 부계층과 MAC 부계층으로 구성되어 있다.
    a. 데이터링크　　　　**b.** 물리
    c. 네트워크　　　　　**d.** 정답 없음

50. _____ 부계층은 CSMA 접속 방법과 프레임 구성의 동작에 대한 책임을 가지고 있다.
   a. LLC
   b. MII
   c. MAC
   d. 정답 없음

51. 이더넷 네트워크의 각 지국은 그것의 네트워크 인터페이스 카드(NIC)가 각인된 고유한 _____ 주소를 가지고 있다.
   a. 16비트
   b. 32비트
   c. 64비트
   d. 정답 없음

52. 이더넷에서 최소 프레임 길이는 _____바이트 이다.
   a. 32
   b. 80
   c. 128
   d. 정답 없음

53. 고속 이더넷은 _____ Mbps의 데이터 전송률을 가진다.
   a. 10
   b. 100
   c. 1,000
   d. 10,000

54. _____에서 자동교섭은 두 장치 사이의 동작 모드나 동작 전송률을 결정할 수 있도록 한다.
   a. 표준
   b. 고속 이더넷
   c. 기가비트 이더넷
   d. 10-기가비트 이더넷

55. 기가비트 이더넷은 _____ Mbps의 전송률을 가진다.
   a. 10
   b. 100
   c. 1,000
   d. 10,000

56. 이더넷 주소지정에서 만약 첫 번째 바이트의 최하위 비트가 0이면, 이 주소는 _____이다.
   a. 유니캐스트
   b. 멀티캐스트
   c. 브로드캐스트
   d. 정답 없음

57. 이더넷 주소지정에서 만약 첫 번째 바이트의 최하위 비트가 1이면, 이 주소는 _____이다.
   a. 유니캐스트
   b. 멀티캐스트
   c. 브로드캐스트
   d. 정답 없음

58. 이더넷 주소지정에서 만약 모든 비트가 1이면 이 주소는 _____이다.
   a. 유니캐스트
   b. 멀티캐스트
   c. 브로드캐스트
   d. 정답 없음

59. 이더넷에서 _____ 필드는 실제로는 물리 계층에 추가되며 프레임의 일부분이 아니다.
   a. CRC
   b. 프리앰블
   c. 주소
   d. SFD

60. 이더넷 프레임에서 _____ 필드는 오류 검출 정보를 포함한다.
   a. CRC
   b. 프리앰블
   c. 주소
   d. SFD

61. 근거리 통신망에서 VLAN은 _____로 구성된다.
   a. 소프트웨어
   b. 물리적인 유선연결
   c. 소프트웨어와 물리적인 유선연결
   d. 정답 없음

62. ADSL 대역폭 중 가장 많은 부분을 차지하고 있는 것은 _____이다.
   a. 음성 통신
   b. upstream 데이터
   c. downstream 데이터
   d. 제어 데이터

63. 케이블 TV 사무실을 위한 다른 이름은 _____이다.
   a. 스플리터
   b. fiber 노드
   c. combiner
   d. 전파 중계소

64. 전통적인 케이블 TV 네트워크는 신호를 _____로 전송한다.
   a. upstream
   b. downstream
   c. upstream과 downstream
   d. 정답 없음

65. POTS (Plain Old Telephone System) 등의 전화통신망은 _____ 시스템이다.
   a. 디지털
   b. 아날로그
   c. 디지털과 아날로그
   d. 정답 없음

66. 전통적인 케이블 TV 시스템은 _____을 사용한다.
   a. 두 가닥으로 꼰 동축 케이블
   b. 동축 케이블
   c. 광섬유
   d. 동축 케이블과 광섬유의 혼합 형태

67. 2세대 케이블 네트워크는 _____ 네트워크라 한다.
   a. HFC
   b. HCF
   c. CFH
   d. 정답 없음

68. HFC 네트워크는 _____를 사용한다.
   a. 두 가닥으로 꼰 동축 케이블
   b. 동축 케이블
   c. 광섬유
   d. 동축 케이블과 광섬유의 혼합 형태

69. 데이터 전송을 위해 케이블 네트워크를 사용할 때,

우리는 두 가지 핵심장치인 ____와 ____가 필요하다.

a. CM; CMS **b.** CT; CMTS

c. CM; CMTS **d.** 정답 없음

70. ____ 신호는 전기 신호 레벨 STS-N의 시각신호에 해당한다.

a. OC-*n* **b.** TDM-*n*

c. FDM-*n* **d.** 정답 없음

71. SONET은 ____ TDM 다중화 방식을 사용한다.

a. 비동기화 **b.** 동기화

c. 정적 **d.** 정답 없음

72. SONET 시스템은 ____을 사용할 수 있다.

a. STS 다중화기 **b.** 재생기

c. 추가/삭제 다중화기 **d.** 모든 선택지가 정답이다.

73. SONET은 매초 ____ 프레임을 전송할 수 있다.

a. 1,000 **b.** 2,000

c. 4,000 **d.** 8,000

74. SONET에서 ____은 리피터이다.

a. 재생기

b. ADM

c. STS 다중화기/역다중화기

d. 정답 없음

75. SONET에서 ____는 신호의 삽입과 추출을 담당한다.

a. 재생기

b. ADM

c. STS 다중화기/역다중화기

d. 정답 없음

76. SONET에서 각 바이트에 대해, 비트는 _____ 전송된다.

a. 최소비트에서부터 최대비트까지

b. 최대비트에서부터 최소비트까지

c. 한 번에 두 개씩

d. 한 번에 세 개씩

77. ____는 포럼에서 설계되고, ITU-T에서 채택된 셀 중계 프로토콜이다.

a. SONET **b.** ADM

c. ATM **d.** 정답 없음

78. ATM 표준은 ____개의 계층으로 정의되었다.

a. 두 **b.** 세

c. 네 **d.** 다섯

79. ATM 데이터 단위는 ____바이트로 구성된 셀이다.

a. 40 **b.** 50

c. 52 **d.** 53

80. ATM에서 ____는 사용자와 ATM 스위치 사이의 인터페이스이다.

a. UNI **b.** NNI

c. NUI **d.** 정답 없음

81. ATM에서 ____는 두 ATM 스위치 사이의 인터페이스이다.

a. UNI **b.** NNI

c. NUI **d.** 정답 없음

82. ATM에서 ____ 계층은 상위 계층 서비스로부터의 전송을 허용하고, 셀에 매핑시킨다.

a. 물리 **b.** ATM

c. AAL **d.** 정답 없음

83. ATM에서 ____ 계층은 라우팅, 트래픽 관리, 스위칭과 다중화 서비스를 제공한다.

a. 물리 **b.** ATM

c. AAL **d.** 정답 없음

84. 리피터는 ____ 계층에서 동작하는 접속 장치이다.

a. 물리

b. 물리와 데이터링크

c. 데이터링크와 네트워크

d. 물리, 데이터링크와 네트워크

85. 링크 계층 스위치는 ____ 계층에서 동작하는 접속 장치이다.

a. 물리

b. 물리와 데이터링크

c. 데이터링크와 네트워크

d. 물리, 데이터링크와 네트워크

86. 라우터는 ____ 계층에서 동작하는 접속 장치이다.

a. 물리

b. 물리와 데이터링크

c. 데이터링크와 네트워크

d. 물리, 데이터링크와 네트워크

87. ____는 필터링 성능이 없다.

a. 재생기 **b.** 링크 계층 스위치

c. 라우터　　　　　d. 정답 없음

a. 재생기　　　　b. 링크 계층 스위치

c. 라우터　　　　d. 정답 없음

88. 3계층 스위치는 ＿＿＿이다.

5.11.2 응용 연습문제

1. 네트워크 계층에서의 통신과 데이터링크 계층에서의 통신을 구분하라.

2. 점-대-점 링크와 브로드캐스트 링크를 구분하라.

3. 우리가 여러 크기 프레임을 사용할 때 왜 플래그가 필요한지 설명하라.

4. 왜 우리는 문자-중심-프레임 구성에서 비트스터프 할 수 없으며, 문장에서 플래그 바이트 등장을 변경할 수 없는지 설명하라.

5. 버스트 오류와 한 개 비트 오류는 어떻게 다른가?

6. 선형 블록 코드의 정의는 무엇인가?

7. 블럭 코드에서 데이터워드는 20비트이며 대응하는 코드워드는 25비트이다. 문장에서의 정의에 따라서 K, r 및 n의 값은 무엇인가? 얼마나 많은 여분의 비트가 각 데이터워드에 추가되어 지는가?

8. 코드워드에서 각 8비트 테이터워드에 두 개의 여분의 비트를 추가한다. 각각의 코드워드의 수를 찾아라.

　　a. 유효 코드워드　　　b. 무효 코드워드

9. 최소 해밍 거리는 무엇인가?

10. 만약 우리가 2비트 오류들 검출할 수 있는 것을 원한다면 최소 해밍 거리는 무엇이 되어야 하는가?

11. 오류 검출(그리고 교정하기) 코드의 카테고리는 해밍 코드라고 불리며, $d_{min}=3$ 안에 있는 하나의 코드이다. 이 코드는 2개 오류를 검출할 수 있다(혹은 하나를 싱글 오류로 교정한다). 이 코드에서는 n, k 및 r의 값은 $n=2^r-1$ 및 $k=n-r$에 연계된다. r이 3이라면 데이터워드와 코드워드에서 비트의 수를 찾아라.

12. CRC에서 만약 데이터워드가 5비트이고 코드워드가 8비트라면, 얼마나 많은 0이 데이터워드에 추가되어야 하나? 나머지의 크기는 얼마인가? 제수의 크기는 무엇인가?

13. CRC에서 아래 생성기(제수) 중에서 어느 것이 단일 비트 오류의 검출을 보증할 것인가?

　　a. 101　　　b. 100　　　c. 1

14. CRC에서 아래 생성기(제수) 중에서 어느 것이 오류의 상식을 벗어난 번호의 검출을 보증할 것인가?

　　a. 10111　　　b. 101101　　　c. 111

15. CRC에서 생성기 110010101이 선택되었다면, 폭주 오류가 검출될 확률은 무엇인가?

　　a. 5?　　　b. 7?　　　c. 10?

16. 16비트 길이의 데이터 아이템을 전송한다고 가정해 보자. 만약 2개의 데이터 아이템이 전송 동안 교체되었다면, 전통적인 검사합이 이 오류를 검출할 수 있는가? 설명하라.

17. 전통적인 검사합의 값이 모두 0이 될 수 있는가? (바이너리 내에서)

18. 플레쳐 알고리즘(그림 5.18)이 검사합을 계산할 때 어떻게 데이터에 가중치를 부여하는지 보여라.

19. 왜 HDLC 프레임에서 오직 하나의 주소 필드만이 있는가?

20. 다음 중 어느 것이 임의 접근 프로토콜인가?

　　a. CSMA/CD　　　b. Polling(폴링)　　　c. TDMA

21. 순수한 네트워크 상에 있는 지국들은 크기 1,000비트의 프레임을 1 Mbps의 비율로 송부한다. 이 네트워크에서 취약시간은 무엇인가?

22. $G=1/2$을 사용하는 순수 ALOHA 네트워크에서 다음 경우로부터 영향을 받는 작업량은 얼마인가?

　　a. G가 1로 증가될 때　　　b. G가 1/4로 감소될 때

23. 그림 5.40에서 k의 사용법을 이해하기 위해, 다음의 경우에서 지국이 즉시 전송할 수 있는 확률을 찾아라.

　　a. 한 번의 실패 후에　　　b. 세 번의 실패 후

24. 그림 5.30을 기본으로 우리는 ALOHA 네트워크에서 성공을 어떻게 해명할 것인가?

25. 브로드캐스트 네트워크에서 전달 지연시간을 5 μs, 프레임 전송시간을 10 μs로 가정하자.
    a. 첫 번째 비트가 목적지까지 도달하는 시간은 얼마인가?
    b. 첫 비트가 도착한 이후에 마지막 비트가 목적지까지 도달하는 시간은 얼마인가?
    c. 이 프레임과 연관된(충돌에 취약한) 네트워크의 전달 시간은 얼마인가?

26. 브로드캐스트 네트워크에서 전달 지연이 3 μs이고 프레임 전송 시간이 5 μs일 때를 가정해 보아라. 어디에서 발생하든지 그 충돌을 검출할 수 있는가?

27. 두 개의 다른 네트워크에서 두 개의 호스트가 같은 링크 계층 주소를 가질 수 있는가?

28. 왜 충돌이 임의 접근 프로토콜에서 이슈가 되고 제어 접근 혹은 채널화 프로토콜은 왜 안 되는지 설명하라.

29. 우리가 인터넷에 접속하기 위해 전화 회사에 의해 제공된 DSL 서비스를 사용할 때, 다중 액세스 프로토콜이 필요한가? 그 이유가 무엇인가?

30. 고정된 ARP 패킷의 크기는 얼마인가? 설명하라.

31. 프로토콜이 IPv4이고 하드웨어가 이더넷일 때 ARP 패킷의 크기가 무엇인가?

32. 크기가 28바이트의 ARP 패킷을 운반하는 이더넷 프레임의 크기는 얼마인가?

33. 이더넷 프레임에서 그 프레임들 필드는 SFD 필드와 얼마나 다른가?

34. NIC의 목적은 무엇인가?

35. 전 이중 이더넷 랜에서 CSMA/CD는 왜 필요 없는가?

36. 표준 이더넷, 고속 이더넷, 기가바이트 이더넷 및 10-기가바이트 이더넷에 대해서 데이터 속도를 비교하라.

37. 보통 표준 이더넷 구현은 무엇을 의미하는가?

38. 보통 기가바이트 이더넷 구현은 무엇을 의미하는가?

39. 다이얼업 모뎀 기술은 무엇인가? 이 장에서 논의되었던 보통 모뎀 표준의 몇 가지를 열거하고 그것들의 데이터 속도를 말해 보라.

40. 광등록 혼합 네트워크와 함께 전통적인 케이블 네트워크를 비교하고 대조하라.

41. 네 개의 지국들은 전통적인 이더넷 네트워크에서는 하나의 허브와 연결된다. 그 허브와 지국 간의 거리는 각각 300미터, 400미터, 500미터 및 700미터이다. T_p를 계산하는 것이 필요할 때 이 네트워크의 길이는 얼마인가?

42. 우리가 링크 계층 스위치가 트래픽을 필터링할 수 있다고 말할 때 그 의미는 무엇인가? 왜 필터링이 중요한가?

43. VLAN이 회사의 시간과 돈을 얼마나 절약할 수 있는가?

44. VLAN이 네트워크 트래픽을 얼마나 줄일까?

45. 왜 동기 네트워크가 왜 SONET라고 불릴까?

46. 각각의 SONET 계층의 기능을 논하라.

47. ATM에서 TPs, VPs와 VCs 사이의 관계는 무엇인가?

5.11.3 심화문제

1. 바이트-스터프 다음 프레임 페이로드 안에는 E는 탈출 바이트이며, F는 플래그 바이트 그리고 D는 탈출 혹은 플래그 문자보다 데이터 바이트이다.

D	E	D	D	F	D	D	E	E	D	F	D

2. 비트스터프 다음 프레임 페이로드:

```
00011111110011110100011111111110000111
```

3. 다음 효율에서 전달된 데이터의 2 ms 노이즈 버스트의 최대 효율은 무엇인가?
   a. 1,500 bps   b. 12 kbps
   c. 100 kbps   d. 100 Mbps

4. 전송 중 데이터 단위의 비트가 손상되는 확률을 p라고 가정한다. 다음과 같은 경우 각각에 대해 비트의 x번호가 n비트 데이터 단위로 손상되는 확률을 찾아라.
   a. $n = 8$, $x = 1$, $p = 0.2$
   b. $n = 16$, $x = 3$, $p = 0.3$

c. $n = 32$, $x = 10$, $p = 0.4$

5. Exclusive-OR (XOR)은 코드워드 계산에 가장 많이 사용되는 방법 중 하나이다. 다음 패턴에 대한 Exclusive-OR 연산을 수행하고 그 결과를 해석하라.

   a. $(10001) \oplus (10001)$

   b. $(11100) \oplus (00000)$

   c. $(10011) \oplus (11111)$

6. 표 5.1에서 송신자는 데이터워드 10을 전송한다. 3비트 폭주 오류로 인해 코드워드에 손상이 생겼다. 수신자는 오류를 검출할 수 있는가? 설명하라.

7. 표 5.2의 코드를 사용하여 다음의 코드워드를 수신했을 때의 데이터워드는 무엇인가?

   a. 01011   **b.** 11111

   c. 00000   **d.** 11011

8. 다음의 코드워드로 표시된 코드가 선형이 아닌 것을 증명하라. 선형성을 위반하는 경우 하나만 찾으면 된다.

   {(00000), (01011), (10111), (11111)}

9. 다음 코드워드의 해밍 거리는 얼마인가?

   a. d (10000, 00000)   **b.** d (10101, 10000)

   c. d (00000, 11111)   **d.** d (00000, 00000)

10. 표 5.3의 코드가 선형임과 동시에 순환 코드임을 수학적으로 증명할 수 있지만 그 사실을 다음의 두 시험내용을 통해 확인하라.

    a. 코드워드 0101100의 순환 성질을 시험하라.

    b. 코드워드 0010110과 1111111의 선형 성질을 시험하라.

11. 표 5.4의 CRC-8을 참조하여 다음 질문에 답하라.

    a. 단일비트 오류를 검출하는가? 설명하라.

    b. 크기 6인 폭주 오류를 검출하는가? 설명하라.

c. 크기 9인 폭주 오류를 검출할 확률은 얼마인가?

d. 크기 15인 폭주 오류를 검출할 확률은 얼마인가?

12. 짝수 패리티를 가정하여 다음 데이터들의 패리티 비트를 구하라.

    a. 1001011   **b.** 0001100

    c. 1000000   **d.** 1110111

13. 일반적으로 워드의 ASCII 문자를 바이트로 바꾸는 7비트의 끝에 추가되는 단순 패리티 확인 비트는 짝수개의 오류들은 검출할 수 없다. 예를 들면, 2, 4, 6, 또는 8개의 오류들은 이 방법으로는 검출할 수 없다. 더 나은 방법으로는 테이블의 문자를 구성하고 행과 열의 패리티들을 생성하는 것이다. 행 패리티에 있는 비트는 바이트로 전송되고, 열 패리티는 별도의 바이트로 전송된다(그림 5.88).

    다음의 오류들이 어떻게 검출될 수 있는지를 보여라.

    a. (R3, C3)의 오류

    b. (R3, C4)와 (R3, C6), 두 개의 오류

    c. (R2, C4), (R2, C5), (R3, C4) 세 개의 오류

    d. (R1, C2), (R1, C6), (R3, C2), (R3, C6) 네 개의 오류

14. 데이터워드 101001111과 제수 10111을 사용하여 송신자 사이트에서 CRC 코드워드의 생성을 보여라(2진 나눗셈을 사용하라).

15. 패킷은 오직 16비트의 워드들 네 개 (A7A2)$_{16}$, (CABF)$_{16}$, (903A)$_{16}$, (A123)$_{16}$를 사용하여 만든다고 가정하자. 그림 5.17의 알고리즘을 수작업으로 시뮬레이션하여 검사합을 구하라.

16. 전통적으로 검사합 계산은 1의 보수 연산이 필요하다. 오늘날 컴퓨터와 계산기는 2의 보수 연산의 계산을 할 수 있도록 설계되어 있다. 전통적인 검사합을 계산하는 한 가지 방법은 2의 보수 연산의 숫자를 추가, 그 결과를 2^{16}으로 나눈 몫과 나머지를 찾고, 1의

그림 5.88 | 문제 13

	C1	C2	C3	C4	C5	C6	C7	
R1	1	1	0	0	1	1	1	1
R2	1	0	1	1	1	0	1	1
R3	0	1	1	1	0	0	1	0
R4	0	1	0	1	0	0	1	1
	0	1	0	1	0	1	0	1

Row parities

Column parities

R*n*: Row *n*
C*m*: Column *m*

보수의 합을 구하기 위해 몫과 나머지를 합하는 것이다. 검사합 값은 $2^{16}-1$에서 합을 뺌으로써 구할 수 있다. 이 방법을 사용하여 다음 네 숫자들의 검사합을 구하라: 43,689, 64,463, 45,112, 59,683.

17. 이 문제는 검사합의 특별한 경우를 보여준다. 송신자는 두 개의 데이터를 전송했다: $(4567)_{16}$, $(BA98)_{16}$ 검사합의 값은 얼마인가?

18. 다음 값을 Fletcher 알고리즘(그림 5.18)을 수작업으로 시뮬레이션하여 다음의 바이트들의 검사합 값을 구하라: $(2B)_{16}$, $(3F)_{16}$, $(6A)_{16}$, $(AF)_{16}$. 또한 그 결과가 가중 검사합임을 보여라.

19. 다음 값을 Adler 알고리즘(그림 5.19)을 수작업으로 시뮬레이션하여 다음의 워드들의 검사합 값을 구하라: $(FBFF)_{16}$, $(EFAA)_{16}$. 또한 그 결과가 가중 검사합임을 보여라.

20. 실질적인 예를 들어 그림 5.89의 작은 데이터그램의 검사합 필드 값을 찾아라. IP 데이터그램에 대한 검사합은 오직 헤더의 값에 의해 계산되어짐으로 우리는 해당 필드의 값만을 보여준다.

21. 그림 5.90의 그림과 같은 헤더의 데이터그램이 도착하였다고 가정하자. 그림과 같이 검사합의 값은 65,270이다. 전환 과정에서 헤더가 손상되었는지 확인하라.

22. 가중 검사합에 대한 예제 중 하나로 책 커버의 뒷부분에 프린트된 ISBN-10 코드를 들 수 있다. ISBN-10에는 나라, 저자, 책을 나타내는 9개의 10진수 숫자가 있다. 10번째 숫자(오른쪽 끝)는 검사합을 나타내는

숫자이다. 코드 $D_1D_2D_3D_4D_5D_6D_7D_8D_9C$는 다음 사항을 만족한다.

$[(10 \times D_1) + (9 \times D_2) + (8 \times D_3) + ... + (2 \times D_9) + (1 \times C)] \bmod 11 = 0$

다시 말해 가중치는 10, 9, ..., 1이다. 만약 계산된 C의 값이 10이라면, 문자 X 대신 하나를 사용한다. 각 가중치 w와 modulo 11 연산($11 - w$)에서의 보수들을 대체하여 검사 숫자는 아래와 같이 계산하여 구할 수 있다.

$C = [(1 \times D_1) + (2 \times D_2) + (3 \times D_3) + ... + (9 \times D_9)] \bmod 11$

ISBN-10의 검사 숫자: **0-07-296775-C**를 계산하라.

23. ISBN-10의 새로운 버전인 ISBN-13 코드는 13개의 숫자를 사용한 가중 검사합의 다른 예 중에 하나이다. 13자리 숫자는 책을 나타내는 12개의 10진수 숫자와 검사합 숫자를 나타내는 마지막 숫자로 이루어져 있다. 코드 $D_1D_2D_3D_4D_5D_6D_7D_8D_9D_{10}D_{11}D_{12}C$ 다음 사항을 만족한다.

$[(1 \times D_1) + (3 \times D_2) + (1 \times D_3) + ... + (3 \times D_{12}) + (1 \times C)] \bmod 10 = 0$

다시 말해 가중치는 1 또는 3이다. 위 설명대로 ISBN-13의 검사 숫자: **978-0-07-296775-C**를 계산하라.

24. 다중접근 네트워크의 성능을 공식화하기 위해서는 수학적 모델이 필요하다. 네트워크 안의 지국의 수가 매우 클 경우, 포와송 분포(Poisson distribution), $p[x] = (e^{-\lambda} \times \lambda^x)/(x!)$이 사용된다. 이 식에서 $p[x]$는 일정 기간 동안 프레임 x번호를 생성하는 확률과 λ는 같

그림 5.89 ┃ 문제 20

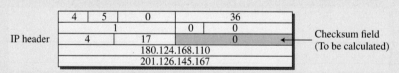

그림 5.90 ┃ 문제 21

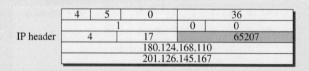

그림 5.91 | 문제 43

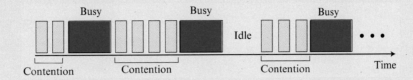

돌 주기는 충돌 슬롯으로 만들어졌다고 가정한다. 각 슬롯의 시작 부분에서 지국은 채널을 감지한다. 만약 채널이 사용 중이지 않으면 지국은 프레임을 전송한다. 만약 채널이 사용 중이면, 지국은 전송을 멈추고 다음 슬롯이 시작할 때까지 기다린다. 다시 말해 그림 5.91과 같이 지국은 프레임을 전송하기 전 평균적으로 k슬롯을 기다린다. 지국이 전송할 프레임이 없을 때에 채널은 충돌 상태, 전송 상태 또는 유휴 상태에 있다. 그러나 N이 매우 큰 수라면, 유휴 상태는 실제로는 사라질 것이다.

a. 지국의 수가 N이고 각 지국이 확률 p로 프레임을 전송한다면 사용하지 않는 슬롯(P_{free})의 확률을 구하라.

b. N이 매우 큰 수일 때 이 확률의 최대값을 구하라.

c. j번째 슬롯이 사용 가능할 확률을 구하라.

d. 지국이 프리슬롯을 얻기 전에 기다려야 하는 슬롯의 평균 숫자 k를 구하라.

e. N(지국의 수)이 매우 클 때 k의 값을 구하라.

44. 비록 CDMA/CD의 처리량 계산이 복잡할지라도, 이전 문제에서 설명된 규격서를 통해 slotted CDMA/CD의 최대 처리량을 계산할 수 있다. 지국이 기다릴 필요가 있는 충돌 슬롯의 평균 개수가 $k = e$ 슬롯임을 알았다. 이 가정을 통해 slotted CDMA/CD의 처리량은 아래와 같다.

$$S = (T_{fr})/(한 프레임 전송시간)$$

프레임이 채널을 사용하는 시간은 슬롯이 사용 가능할 때까지 기다리는 시간 더하기 프레임을 전송하는 데 소요되는 시간 더하기 충돌이 없다는 정보를 받기 위해 소요되는 종합 지연 시간이다. 충돌 슬롯 시간을 $2 \times (T_p)$와 $a = (T_p)/(T_{fr})$이라고 가정 하자. 매개변수 a는 전송 매체가 차지하는 프레임의 번호이다. 매개변수 a의 조건에 맞는 slotted CDMA/CD의 처리량을 구하라.

45. 데이터 속도가 10 Mbps인 순수 ALOHA 네트워크가 있다. 이 네트워크에서 성공적으로 전송할 수 있는 1000비트 프레임의 최대 개수를 구하라.

46. 데이터 속도가 10 Mbps인 CDMA/CD 네트워크에서 프레임의 최소 크기는 충돌 탐지 프로세스의 올바른 동작을 위해 512비트이여야 한다고 한다. 각각 다음과 같이 데이터 속도를 증가시키면 최소 프레임 크기는 어떻게 되는가?

a. 100 Mbps? **b.** 1 Gbps? **c.** 10 Gbps?

47. 아래의 이더넷 주소를 16진수로 표현하라.

```
01011010 00010001 01010101
00011000 10101010 00001111
```

48. 이더넷 주소 1A:2B:3C:4D:5E:6F를 2진수로 어떻게 표현하는가?

49. 이더넷 목적지 주소가 07:01:02:03:04:05이면, 이 주소는 유니캐스트, 멀티캐스트, 브로드캐스트 중 어떤 형식의 주소인가?

50. CSMA/CD 네트워크에 A와 B 두 개의 지국이 있다. 지국 A와 B가 각각 p_1과 p_2의 확률로 충돌 간격($2 \times t_p$)에서 전송할 프레임을 갖고 있다고 가정하자. $p_1 = 0.3$, $p_2 = 0.4$라고 하고 다음의 질문에 답하라.

a. 지국 A에 대한 성공 확률은?

b. 지국 B에 대한 성공 확률은?

c. 프레임에 대한 성공 확률은?

51. IPv4 주소 125.45.23.12와 이더넷 주소 23:45:AB:4F:67:CD의 라우터는 IP 주소가 125.11.78.10인 목적지 호스트에게서 패킷을 받았다. 라우터에 의해 보내진 ARP 패킷의 항목을 보여라. 또한 이더넷 프레임의 패킷을 캡슐화하라.

52. 그림 5.50에서 밥에게서 앨리스에게로 응답이 전송될 때 밥의 사이트의 동작을 보여라.

53. 이더넷 MAC 부계층이 상위 계층으로부터 42바이트의 데이터를 수신한다. 얼마나 많은 추가 바이트들이 더해져야 하는가?

54. 가장 작은 이더넷 프레임에서 전체 패킷에게 유용한 데이터율은 얼마인가?

55. 길이가 2,500 m인 10 Base5 케이블이 있다. 만약 굵은 이더넷 케이블에서 전달 속도가 200,000,000 m/s라면 네트워크의 처음에서 끝까지 비트가 전송되는 시간은 얼마나 걸리는가? 장비의 지연은 10 μs로 간주한다.

56. 데이터 전송을 목적으로 DSL 모뎀을 사용하는 지역의 고객에 의해 사용되는 토폴로지의 유형은 무엇인가? 설명하라.

57. 링크 계층의 스위치는 필터링 테이블을 사용하고, 라우터는 포워딩 테이블을 사용한다. 그 차이에 대하여 설명하라.

5.12 시뮬레이션 실험

5.12.1 애플릿(Applets)

우리는 이 장에서 설명하는 주요 개념의 일부를 보여주는 Java 애플릿을 만들었다. 학생들은 책의 웹 사이트에 있는 애플릿들을 실행하고 프로토콜의 동작을 확인하는 것을 권장한다.

5.12.2 실험 과제(Lab Assignments)

이 절에서는 Wireshark를 이용하여 이더넷과 ARP 두 프로토콜에 대한 시뮬레이션을 한다. 랩 과제에 대한 설명은 책의 웹 사이트에 있다.

1. 이번 실험에서 데이터링크 계층에서 보낸 프레임의 내용을 확인해야 한다. 발신지 및 목적지의 MAC 주소, CRC의 값, 프레임에 의해 운반되는 페이로드 등을 보여주는 프로토콜 필드의 값들과 같은 다양한 필드의 값을 확인하라.

2. 이번 실험을 통해 ARP 패킷에 대한 내용을 확인한다. ARP 요청 및 ARP 응답 패킷을 캡쳐하고 각 패킷에서 사용되어진 발신지와 목적지의 주소의 유형을 확인하라.

5.13 프로그래밍 과제

다음과 같은 과제 각각에 대하여 알고 있는 프로그래밍 언어로 프로그램을 작성하라.

1. 그림 5.5에서와 같이 바이트 채우기와 빼기를 시뮬레이션하는 프로그램을 작성하고 테스트하라.

2. 그림 5.7에서와 같이 비트 채우기와 빼기를 시뮬레이션하는 프로그램을 작성하고 테스트하라.

3. 그림 5.17에서와 같은 플로우 다이어그램을 시뮬레이션하는 프로그램을 작성하고 테스트하라.

4. 그림 5.18에서와 같은 플로우 다이어그램을 시뮬레이션하는 프로그램을 작성하고 테스트하라.

5. 그림 5.19에서와 같은 플로우 다이어그램을 시뮬레이션하는 프로그램을 작성하고 테스트하라.

CHAPTER 6

무선 네트워크와 Mobile IP

5 장에서 유선 네트워크에 대해서 논의하였다. 이 장에서는 무선 네트워크에 대해 소개한다. 무선 LAN과 다양한 휴대전화, 위성, 무선 접속 네트워크와 같은 다른 무선 네트워크를 포함한 몇 가지 무선 기술에 대해 논의한다.

이 장을 통하여 무선 LAN의 본질은 유선 LAN과 다르다는 것을 볼 수 있다. 인터넷에서의 휴대전화와 위성과 같은 무선 네트워크의 사용이 증가되었다. 무선 기술 분야에서 휴대전화와 위성에 대해 논의한다. 또한 이 장의 한 부분은 이동 호스트에서 IP 프로토콜 사용에 대한 Mobile IP에 대해 논의한다.

사실 무선 기술은 TCP/IP 그룹의 데이터링크와 물리 계층을 포함한다. 이 장에서는 데이터 링크 계층에 관련된 이슈에 집중하며, 물리 계층에 관련된 이슈는 7장에서 살펴보기로 한다.

이 장은 3개의 부분으로 나뉘어져 있다:

❑ 첫 번째 부분은 무선 LAN을 소개하고 5장에서 논의한 유선 LAN과 비교한다. 그리고 무선 LAN에서 지배적인 표준인 IEEE 프로젝트 802.11에 대해 논의한다. 그 후 많은 응용에서 독립형 LAN으로 사용되고 있는 블루투스 LAN에 대해 살펴본다. 마지막으로 DSL과 케이블과 같은 유선 네트워크에 대응되는 WiMAX 기술에 대해 논의한다.

❑ 두 번째 부분은 무선 LAN나 무선 광대역 네트워크와 같이 분류할 수 있는 다른 무선 네트워크에 대해 논의한다. 먼저 휴대전화에서 사용하는 채널화 접속 방법에 대해 논의한 후 휴대전화에 대해 논의한다. 또한 인터넷 접속을 위한 통합적인 위성에 대해 논의한다.

❑ 세 번째 부분은 Mobile IP로 인터넷으로의 이동 접근을 제공한다. 먼저 이동 네트워킹에서의 주소지정 및 큰 이슈에 대해 논의한다. 그 후 이동 접근의 3단계에 대해 논의한다. 마지막으로 IP mobile에서의 비효율성에 대해 언급한다.

6.1 무선 LAN

무선 통신은 빠르게 성장하는 기술 중 하나이다. 케이블 없이 연결되는 장치에 대한 필요성은 어디에서나 증가하고 있다. 무선 LAN은 대학교나 사무실 빌딩, 공공장소에서 사용된다.

6.1.1 개요

무선 LAN에 관련된 특정 프로토콜에 대해 논하기 전에 일반적인 내용에 대해 이야기한다.

구조적 비교

첫째로 무선 LAN에 대해 무엇을 공부해야 하는지 보기 위해 유선 LAN과 무선 LAN의 구조를 비교한다.

매체

유선 LAN과 무선 LAN의 첫 번째 차이점으로 볼 수 있는 것은 매체이다. 유선 LAN에서는 호스트에 연결하기 위해 선을 사용한다. 5장에서 이더넷의 세대를 통하여 다중 접근부터 점 대 점 접근으로 움직임을 살펴보았다. 링크 계층 스위치가 있는 교환 LAN에서의 호스트 간 통신은 점 대 점이고 전이중(양방향)이다. 무선 LAN에서는 매체는 공기이며, 신호는 일반적으로 브로드캐스팅이다. 무선 LAN에 있는 호스트들이 서로 통신할 때에는 같은 매체를 공유하는 것(다중 접속)이다. 매우 제한된 대역폭과 두 방향의 안테나를 이용하여 두 무선 호스트 간의 점 대 점 통신을 생성하는 것이 가능하나 이는 매우 드문 경우이다. 이 장에서 논할 내용은 다중 접속 매체에 대한 것이며, MAC 프로토콜을 사용하는 것이 필요하다는 의미이다.

호스트

유선 LAN에서 호스트는 언제나 네트워크 인터페이스 카드(NIC)와 관련된 고정된 링크 계층 주소 지점의 네트워크로 연결된다. 물론 호스트는 인터넷의 한 지점에서 다른 지점으로 이동할 수 있다. 이 경우에 호스트의 링크 계층의 주소는 똑같이 남겨지지만, 우리가 나중에 보게 될 것처럼 네트워크 계층의 주소는 변경된다. 그러나 호스트가 인터넷 서비스를 이용하기 위해서는 먼저 물리적으로 인터넷에 연결되어 있어야 한다. 무선 LAN에서 호스트는 물리적으로 네트워크에 접속될 필요가 없다. 자유롭게 이동할 수 있고 제공된 네트워크를 통하여 서비스를 이용할 수 있다. 그러므로 유선 네트워크의 이동성과 무선 네트워크는 전적으로 다른 이슈이며, 이 장에서 분류하려고 한다.

고립 LAN (Isolated LAN)

유선 고립 LAN (isolated LAN)의 개념 역시 무선 고립 LAN과 다르다. 유선 고립 LAN은 하나의 호스트 그룹이 링크 계층 스위치(최근은 이더넷)를 통하여 연결된 것이다. 무선 고립 LAN은 무선 LAN 용어에서 **에드 혹 네트워크(ad hoc network)**라고 불리며 서로에게 자유롭게 통신하는 하나의 호스트 그룹이다. 무선 LAN에는 링크 계층 스위치의 개념이 존재하지 않는다. 그림 6.1은 유선과 무선의 고립 LAN을 보여준다.

그림 6.1 ┃ 고립 LAN: 유선과 무선

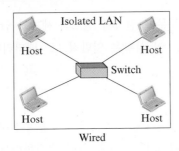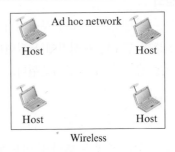

다른 네트워크로의 연결

유선 LAN은 라우터를 이용한 인터넷과 같은 다른 네트워크나 인터네트워크에 접속할 수 있다. 무선 LAN은 유선 기반구조 네트워크, 무선 기반구조 네트워크 또는 다른 무선 LAN에 접속할 수 있다. 첫 번째 상황은 무선 LAN으로부터 유선 기반구조로의 연결이다. 그림 6.2는 유·무선 네트워크 두 환경을 보여준다.

그림 6.2 ┃ 유선 LAN과 무선 LAN에서 다른 네트워크로의 연결

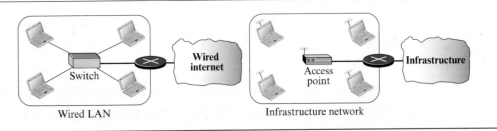

이 경우에 무선 LAN은 기반구조 네트워크(*infrastructure network*)를 참조하게 되며, **AP (access point)**라고 하는 장치를 통하여 인터넷과 같은 유선 기반구조로 연결이 된다. 참고로 AP의 역할은 유선 환경에서의 링크 계층 스위치의 역할과 완전히 다르다. AP는 유선과 무선의 서로 다른 두 환경을 연결한다. AP와 무선 호스트 간의 통신은 무선 환경에서 일어나며, AP와 기반구조 간의 통신은 유선 환경에서 일어난다.

환경 간의 이동(Moving between environment)

이전의 장에서 무엇을 배웠는지 논하기 전에 확인해보자. 유선이나 무선 LAN은 TCP/IP 프로토콜 모음의 하위 두 개 계층에서만 운용되는 것을 배웠다. 이것은 빌딩에서 유선 LAN이 라우터나 모뎀을 통해 인터넷에 연결되어 있다면 유선 환경에서 무선 환경으로 이동하기 위하여 네트워크 인터페이스 카드(NIC) 또한 유선 NIC에서 무선 NIC으로 이동되어야 한다는 것을 의미한다.

특성

무선 LAN에는 유선 LAN에는 적용할 수 없거나, 사소하거나, 무시할 수 있는 몇 가지 특성이 있다. 무선 LAN 프로토콜을 논하기 위해 이와 같은 특성에 대해 논한다.

감쇠

모든 방향으로 신호가 분산되기 때문에 전자기 신호의 세기가 급격히 감소된다. 이로 인하여 신호의 일부만 수신기에 도달한다. 이 상황은 일반적으로 배터리나 적은 파워 공급을 가지는 이동 송신기에서 더 악화된다.

간섭

또 다른 이슈는 수신기가 의도된 송신기에서 보낸 신호만을 수신하는 것이 아니라 다른 송신기에서 같은 주파수 대역을 이용하여 보낸 신호를 같이 수신한다는 것이다.

다중경로 전파

전자기파는 벽이나 지면, 사물과 같은 장애물에 반사될 수 있기 때문에 수신기는 같은 송신기로부터 하나 이상의 신호를 수신할 수 있다. 그 결과 수신기는 다른 단계에 다른 신호를 수신하게 된다. 그 이유는 신호들은 다른 경로를 통해 전파되기 때문이다. 이는 신호를 알아보기 힘들게 만든다.

오류

위의 무선 네트워크의 특성뿐 아니라 오류라고 하는 특성이 있다. 오류 탐지는 유선 네트워크에서보다 무선 네트워크에서 더 심각한 이슈가 되고 있다. **SNR (signal to noise ratio)**의 측정과 같은 오류 레벨을 생각해본다면, 왜 오류 탐지와 오류 정정, 재전송이 무선 네트워크에서 더 중요한지 이해하기 좋다. 7장에서 SNR에 대해 더 자세히 논의할 것이지만 좋은 것에서 나쁜 것(신호에서 잡음)으로의 비율을 측정하는 것이라고 말하는 것이면 충분하다. SNR이 높으면 잡음(원하지 않는 신호)보다 신호의 세기가 센 것을 의미하며, 신호를 실제 데이터로 변환할 수 있을 것이다. 반면 SNR이 낮다는 것은 신호가 잡음에 의해 변형되어 데이터를 복구할 수 없음을 의미한다.

접근 제어

무선 LAN에서 논하여야 할 가장 중요한 이슈는 호스트가 어떻게 매체(공기)를 공유하여 접근할 수 있는지에 대한 접근 제어이다. 5장에서 표준 이더넷은 CSMA/CD 알고리즘을 이용한다고 이야기하였다. 이 방법에서는 각 호스트는 매체에 접근하기 위하여 경쟁을 하며, 매체가 유휴 상태임을 확인하면 프레임을 송신한다. 충돌이 발생하면, 이를 탐지하고 프레임을 다시 보내게 된다. CSMA/CD의 충돌 탐지는 두 가지 목적을 제공한다. 충돌이 탐지되었을 때, 이는 프레임이 수신되지 않았으며 다시 전송하여야 한다는 것을 의미한다. 충돌이 탐지되지 않았을 때에는 확인응답과 같은 프레임이 수신되어야 한다. CSMA/CD는 다음 세 가지 이유 때문에 무선 LAN에서 구현될 수 없다.

1. 충돌 검출을 위하여 지국은 동시에 데이터 송신과 충돌 신호를 수신할 수 있어야만 하며 이는 호스트가 전이중 모드로 동작하여야 한다는 것을 의미한다. 무선 호스트는 전원 공급을 배터리로 하여 충분한 파워를 가지고 있지 않다는 것을 의미한다. 무선 호스트는 한 번에 송신 또는 수신만을 수행할 수 있다.

2. 어떤 지국은 장애물이나 범위 문제 때문에 다른 지국의 전송을 알지 못하는 등의 숨겨진 지국 문제로 인하여, 충돌이 발생하여도 탐지되지 않을 수 있다. 그림 6.3은 숨겨진 지국 문제의 예를 보여주고 있다. 지국 B는 왼쪽의 타원만큼의 전송 범위를 가지고 있으며, 그 범위 안에 위치한 모든 지국은 지국 B에 의해 송신되는 신호를 수신할 수 있다. 지국 C는 오른쪽 타원만큼의 전송 범위를 가지고 있으며 그 범위 안에 위치한 모든 지국은 지국 C에 의해 송신되는 신호를 수신할 수 있다. 지국 C는 지국 B의 전송 범위 밖에 위치하고 있으며 지국 B는 지국 C의 전송 범위 밖에 위치하고 있다. 지국 A는 지국 B와 지국 C의 전송 범위에 모두 위치하고 있어 지국 B와 지국 C가 송신하는 신호를 모두 수신할 수 있다. 그림은 장애물로 인하여 발생한 숨겨진 지국 문제도 보여주고 있다.

   지국 B가 지국 A로 데이터를 송신하고 있다고 가정하자. 이러한 전송 가운데 지국 C 역시 지국 A로 전송할 데이터를 가지고 있다. 그러나 지국 C는 지국 B의 전송 범위 밖에 있어 지국 B가 송신한 신호가 도달하지 못했다. 그러므로 C는 매체가 유휴상태라고 생각할 것이다. 지국 C는 A에게 데이터를 보내나 그 결과 B와 C로부터 동시에 데이터를 수신하게 되는 지국 A에서 충돌이 나게 된다. 이 경우를 지국 B와 C가 A에 대해 서로에게 숨겨졌다고 이야기한다. 숨겨진 지국은 충돌 가능성 때문에 네트워크의 용량을 감소시킬 수 있다.

3. 무선 LAN에서 지국 간 거리는 매우 클 수 있다. 그로 인한 신호 감쇠현상 때문에 한쪽 끝 지국은 다른 쪽 끝에서 발생한 충돌을 들을 수 없게 될 수도 있다.

위와 같은 세 가지 문제를 극복하기 위하여, 무선 LAN을 위한 충돌 회피 반송파 감지 다중 접속 CSMA/CA (Carrier Sense Multiple Access with Collision Avoidance)이 발명되었다. 나중에 이에 대해 논의한다.

그림 6.3 | 숨겨진 지국 문제

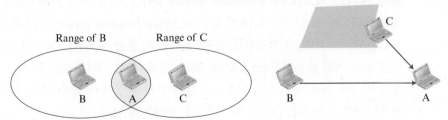

a. Stations B and C are not in each other's range.

b. Stations B and C are hidden from each other.

6.1.2 IEEE 802.11

IEEE에서는 IEEE 802.11이라 불리는 무선 LAN에 대한 명세사항을 정의했는데, 이는 물리 계층과 데이터링크 계층을 포함하는 것이다. 미국을 포함한 몇몇의 나라에서는 짧은 거리 무선통신을 위한 WiFi가 무선 LAN과 같은 의미로 사용되고 있다. 그러나 WiFi는 무선 LAN의 성장을 촉진하는데 헌신하는 300개가 넘는 회원사로 이루어진 세계적 비영리 산업단체에 의해 공인된 무선 LAN을 말한다.

구조

표준안에는 두 가지 종류의 서비스를 정의하고 있다. 하나는 기본 서비스 세트(BSS, basic service set)이고 다른 하나는 확장 서비스 세트(ESS, extended service set)이다.

기본 서비스 세트

IEEE 802.11은 무선 LAN의 기본 블록으로써 **기본 서비스 세트(BSS, basic service set)**를 정의하고 있다. 기본 서비스 세트는 고정 또는 이동하는 무선국과 접근점(AP, access point)이라는 중앙 기지국으로 구성되어 있다. 그림 6.4는 이 표준안의 두 세트를 보여주고 있다.

　　AP가 없는 BSS는 단독 네트워크이며 다른 BSS로 데이터를 송신할 수 없다. 이것을 에드혹(*ad hoc*)구조라고 한다. 이 구조에서 지국은 AP 없이 네트워크를 구성할 수 있다. AP를 가진 BSS는 때때로 기반구조 네트워크라고 불린다.

그림 6.4 ┃ 기본 서비스 세트(BSS)

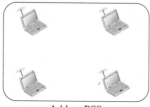

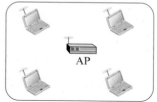

Ad hoc BSS　　　　　　　　Infrastructure BSS

확장 서비스 세트

확장 서비스 세트(ESS, extended service set)는 AP를 가진 2개 이상의 BSS로 구성된다. 이 경우 BSS들은 보통 유선 LAN인 분산 시스템(*distribution system*)을 통해 연결된다. 이 분산 시스템은 BSS의 AP들을 연결한다. IEEE 802.11은 분산 시스템을 제한하고 있지 않다. 이것은 이더넷 같은 어떤 종류의 IEEE LAN이 될 수 있다. 확장 서비스 세트는 이동 또는 고정의 두 가지 형태 지국을 사용하고 있다. 이동국은 BSS 안의 통상적인 지국이다. 고정국은 유선 LAN의 한 부분인 AP 지국이다. 그림 6.5는 ESS를 보여주고 있다.

　　BSS들이 서로 연결될 때 기반구조 네트워크를 갖게 된다. 이 네트워크에서 도달 범위 내에 있는 지국들은 서로 AP 없이 통신할 수 있다. 그러나 서로 다른 BSS 안에 있는 지국간의 통신은 AP를 통해서 이루어진다. 이 개념은 각 BSS를 하나의 셀로, AP를 기지국으로 바꿔 생각하면 셀 방식의 네트워크에서의 통신과 유사하다. 이동국은 동시에 하나 이상의 BSS에 속할 수 있음을 유념하라.

그림 6.5 ▌확장 서비스 세트(ESS)

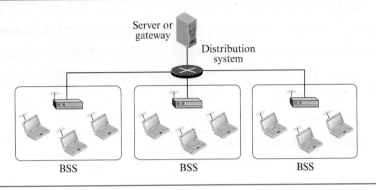

지국 유형

IEEE 802.11에서는 무선 LAN에서 이동성을 기반으로 하여 무전이, *BSS* 전이, *ESS* 전이의 세 가지 유형의 지국을 정의하고 있다. 무전이 이동성을 가진 지국은 고정되어 있거나 오직 하나의 BSS 안에서만 움직이는 경우이다. BSS 전이 이동성을 가진 지국은 한 BSS에서 다른 BSS로 이동할 수 있지만, ESS 안으로 움직임이 한정된다. ESS 전이 이동성을 가진 지국은 ESS에서 다른 ESS로 이동할 수 있다. 그러나 IEEE 802.11에서는 움직이는 동안 연속적인 통신을 보장하지 않는다.

MAC 부계층

IEEE 802.11은 분산 조정함수(DCF, distributed coordination function)와 포인트 조정함수(PCF, point coordination function)의 두 가지 MAC 부계층을 정의한다. 그림 6.6에 두 개의 MAC 부계층과 LLC 부계층, 그리고 물리 계층의 관계를 보여준다. 물리 계층 구현에 대해서는 이 장의 후반에 설명하며 여기에서는 MAC 부계층에 대해서 자세히 설명한다.

그림 6.6 ▌IEEE 802.11 표준안에서의 MAC 계층

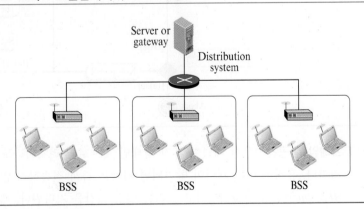

분산 조정함수

IEEE에 의해 정의된 MAC 부계층의 2개 프로토콜 중 하나는 **분산 조정함수(DCF, distributed coordination function)**이다. DCF는 매체 접속에 CSMA/CA를 사용한다.

CSMA/CA 무선 네트워크에서는 유선 네트워크와 달리 충돌을 감지할 수 없으므로 충돌을 회피해야 한다. 충돌 회피를 하는 반송파 감지 다중 접근(CSMA/CA, carrier sense multiple access with collision avoidance)은 이러한 네트워크를 위해 고안되었다. 충돌은 그림 6.7에 보인 프레임 간 공간과 다툼 구간 및 응답이라는 CSMA/CA의 세 가지 전략에 의해 회피된다. 추후에 RTS와 CTS에 대해 논의한다.

그림 6.7 ┃ CSMA/CA 순서도

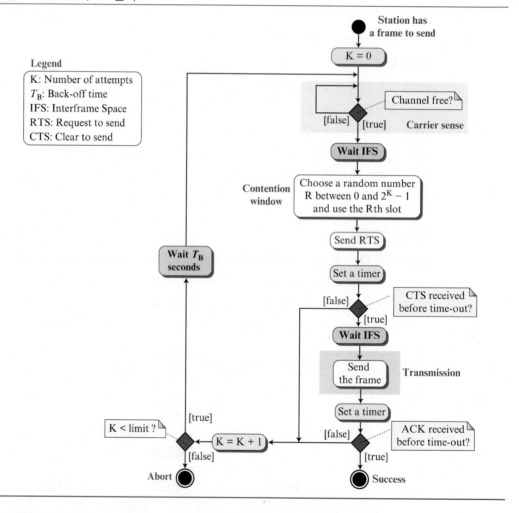

□ **프레임 간 공간:** 우선 채널이 휴지 상태인 것으로 알려지더라도 전송을 늦추어서 충돌을 회피한다. 휴지 상태의 채널이 발견되면 지국은 즉시 전송하지 않는다. 지국은 **프레임 간 공간** (*IFS, Interframe Space*)이라고 불리는 일정 시간을 기다린다. 채널을 감지했을 때 채널이 휴

지 상태인 것처럼 보일지라도 멀리 떨어진 지국이 이미 전송을 시작했을지 모르는 것이다. 멀리 떨어진 그와 같은 지국의 신호가 아직 도달하지 않은 것이다. IFS시간으로 인해 멀리 떨어진 지국이 보낸 신호의 앞부분이 도달할 수 있도록 여유를 두는 것이다. IFS시간 동안 에도 휴지 상태이면 지국은 보낼 수 있지만 아직 다툼 구간(다음에 설명함)이라 불리는 시 간 동안 기다린다. IFS시간은 지국이나 프레임의 우선순위를 매기는 데에도 사용할 수 있 다. 예를 들면 더 짧은 IFS시간을 갖도록 허락된 지국은 다른 지국에 비해 높은 우선순위를 갖는 셈이다.

❑ **경쟁 구간.** 경쟁 구간(*contention window*)은 시간 틈새로 나뉘어져 있는 일정 시간이다. 전송 할 준비가 되어 있는 지국은 임의의 수를 선택하여 그만큼 기다린다. 이 구간의 틈새의 수 는 지수 대기 전략에 따라 달라질 수 있다. 이는 처음에는 한 개 틈새로 시작하다가 매번 휴지 채널을 발견하지 못할 때마다 두 배씩 틈새를 늘려가는 것을 말한다. 이는 임의의 수 만큼 기다린다는 것 이외에 *p*-지속 방식과 유사하다. 경쟁 구간에 대한 흥미로운 것 하나는 지국이 매 시간 틈새 뒤에 채널을 감지해야 한다는 것이다. 그러나 채널이 사용 중인 것을 지국이 감지하면 지국은 이 과정을 다시 시작하는 것이 아니라 단지 타이머를 멈추고 채널 이 휴지 상태인 것이 감지되면 그 때 다시 타이머를 작동한다. 이로 인해 가장 오래 기다린 지국이 우선순위를 갖게 된다(그림 6.8 참조).

그림 6.8 ▎ 다툼 구간

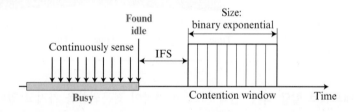

❑ **확인응답(*Acknowledgement*).** 이와 같이 조심하더라도 충돌이 생겨서 데이터가 손상될 수 있다. 더욱이 전송 도중에 데이터가 손상될 수도 있다. 확인응답과 타임아웃을 사용하여 수 신자가 프레임을 수신 받았다는 것을 보장할 수 있다.

프레임 교환 시간선 그림 6.9에서는 시간축에서 데이터 프레임과 컨트롤 프레임을 교환하는 것을 보여주고 있다.

1. 프레임을 보내기 전에 발신 지국은 반송 주파수의 에너지 레벨을 검사함으로써 매체를 감시 한다.
   a. 채널이 유휴상태일 때까지 백오프(backoff) 값으로 지속성 전략을 사용한다.
   b. 지국은 채널이 사용되지 않는다는 것을 알게 된 후, **DIFS (distribute interframe space)**이 라 부르는 시간 동안 기다린 후, *RTS* (*request to send*)이라 불리는 제어 프레임을 보낸다.

2. RTS 프레임을 수신한 후, **SIFS (short interframe space)**라고 부르는 짧은 시간 동안 기다렸다가, 목적 지국은 *CTS (clear to send)*라고 불리는 제어 프레임을 발신 지국에 전송한다. 이 제어 프레임은 목적 지국이 데이터를 받을 준비가 되었다는 것을 알려준다.

3. 발신 지국은 SIFS와 동일한 시간을 기다린 후 데이터를 보낸다.

4. SIFS와 동일한 시간을 기다린 후, 목적 지국은 프레임을 잘 받았다는 것을 알려주는 확인응답을 보낸다. 이 프로토콜에서 확인응답이 반드시 필요하며, 그 이유는 발신 지국에서 목적 지국에 데이터가 잘 도착했는지 알 수 있는 수단이 없기 때문이다. 반면에 CSMA/CD에서는 충돌이 없다는 것이 데이터가 잘 도착했다는 것을 발신지에 알려주는 일종의 표시가 된다.

그림 6.9 | CSMA/CA와 NAV

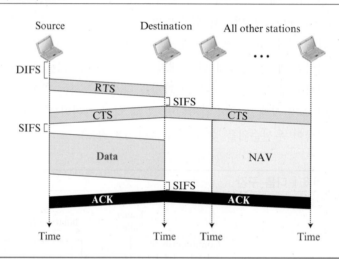

네트워크 할당 벡터 만약 어느 한 지국이 접근권한을 가지고 있다면 어떻게 다른 지국은 자신이 보낼 데이터를 뒤로 미루고 있을까? 즉, 이 프로토콜의 **충돌 회피**가 어떻게 이루어질까? 그 핵심은 NAV라고 하는 특징에 있다.

한 지국이 RTS 프레임을 보낼 때, 프레임은 채널 점유에 필요한 시간을 포함하고 있다. 이 전송에 의해 영향을 받는 지국은 **네트워크 할당 벡터(NAV, network allocation vector)**라고 불리는 타이머를 만든다. 이것은 다른 지국이 채널이 사용 중인지 확인하기 전에 얼마만큼 시간을 보내야 하는지를 알려준다. 매번 지국이 시스템에 접근하고 RTS를 보낼 때마다, 다른 지국은 NAV를 시작한다. 다시 말해, 각 지국은 채널이 사용 중인지 확인하기 위해 물리매체를 감지하기 전에 우선 자신의 NAV 타이머가 끝났는지를 검사한다. 그림 6.9에서는 NAV의 개념을 보여주고 있다.

핸드쉐이킹 동안의 충돌 종종 핸드쉐이킹 기간이라고 불리는 RTS 또는 CTS 제어 프레임이 전이되는 시간 동안에 충돌이 발생하면 어떤 일이 생길까? 동시에 두 개 이상의 지국에서 RTS 프레임을 보내려고 할지도 모른다. 이 때 이 제어 프레임은 충돌할 것이다. 그러나 충돌을 감지할 수 있는 수단이 없기 때문에 수신자로부터 CTS 프레임을 못하면, 송신자는 충돌이 발생했다고 가정한다. 백오프 전략이 사용되며, 송신자는 재전송을 시도한다.

숨겨진 지국 문제 숨겨진 지국 문제의 해결은 앞서 언급한 RTS와 CTS 같은 핸드쉐이크 프레임을 사용하는 것이다. 그림 6.3은 B로부터 A로는 전송되지만 C로는 전송되지 않는 RTS 프레임을 보여준다. 그러나 B와 C 모두 A의 영역 안에 있기 때문에, B로부터 A로 전송되는 데이터의 기간을 포함한 CTS 메시지는 C까지 미친다. 지국 C는 채널을 사용 중인 숨겨진 지국이 있음을 알고 전송기간이 끝날 때까지 전송을 미룬다.

포인트 조정함수

포인트 조정함수(PCF, point coordination function)는 에드 혹 네트워크가 아닌 기반구조 네트워크에 구현되어 있는 선택적인 접근 방법이다. 이것은 DCF의 상위에 구현되어 있으며 시간에 민감한 전송에 일반적으로 사용된다.

PCF는 중앙집중적이고 충돌 없는 폴링 접근 방법이다. AP는 폴드될 수 있는 지국을 위해 폴링을 수행한다. 지국은 하나씩 폴드며, AP에게 데이터를 전송한다.

DCF보다 먼저 PCF가 우선권을 얻기 위해, PIFS와 SIFS라는 또 다른 인터프레임 간격이 정의되었다. SIFS는 DCF에서와 같지만 PIFS (PCF IFS)는 DIFS보다 짧다. 이것은 동시에 지국이 오직 DCF를 사용하고, AP가 PCF를 사용할 때, AP가 우선권이 있다는 것을 의미한다.

DCF보다 PCF가 우선권이 있기 때문에, DCF만을 사용하는 지국은 매체에 접근할 권리를 얻지 못할지도 모른다. 이를 피하기 위해, 충돌 없는 PCF와 충돌기반의 DCF 트래픽 모두를 포함하는 반복되는 간격이 설계되었다. 계속적으로 반복되는 이 반복구간은 **비콘 프레임(beacon frame)**이라는 특별한 제어 프레임에 의해 시작한다. 지국이 비콘 프레임을 감지하면, 반복구간의 충돌 없는 기간을 위하여 NAV를 시작한다. 그림 6.10은 반복구간의 예를 보여준다.

그림 6.10 ┃ 반복구간의 예

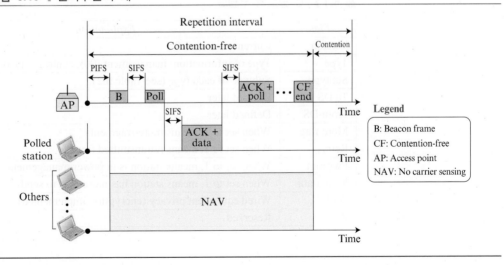

반복구간 중, PC(포인트 제어자)는 폴 프레임을 보내거나, 데이터를 받거나, ACK를 보내거나, ACK를 받거나, 또는 이러한 일들을 조합한 작업을 수행한다(802.11은 피기백킹을 한다). 충돌 없는 기간이 끝나면, PC는 충돌 없는 기간이 끝남을 의미하는 CF 종료 프레임을 송신하고, 충돌기반 지국이 매체를 사용할 수 있도록 한다.

단편화

무선 환경은 아주 잡음이 많다. 손상된 프레임은 재전송되어야만 한다. 그러므로 프로토콜에서는 큰 프레임을 작은 프레임으로 나누는 단편화를 권고하고 있다. 큰 프레임보다는 작은 프레임으로 대치하는 것이 보다 효율적이기 때문이다.

프레임 형식

MAC 계층 프레임은 그림 6.11에서 보이는 것처럼 9개의 필드로 구성되어 있다.

그림 6.11 ┃ 프레임 형식

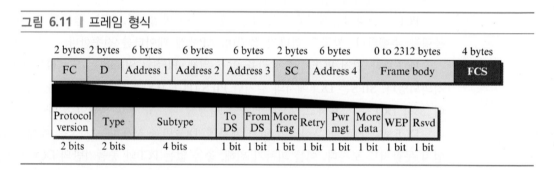

□   **프레임 제어(FC, frame control).**   FC 필드는 2바이트의 길이를 가지고 있으며 프레임의 종류 및 일부 제어 정보를 정의하고 있다. 표 6.1에서는 부필드를 기술하고 있다. 이 장의 뒷부분에서 각 프레임 종류에 대해 설명할 것이다.

표 6.1 ┃ FC 필드의 부필드

Field	Explanation
Version	Current version is 0
Type	Type of information: management (00), control (01), or data (10)
Subtype	Subtype of each type (see Table 6.2)
To DS	Defined later
From DS	Defined later
More flag	When set to 1, means more fragments
Retry	When set to 1, means retransmitted frame
Pwr mgt	When set to 1, means station is in power management mode
More data	When set to 1, means station has more data to send
WEP	Wired equivalent privacy (encryption implemented)
Rsvd	Reserved

- **기간(D, duration).** 한 유형만 제외하고, 이 필드는 NAV의 값을 설정할 때 사용되는 전송 기간을 정의한다. 제어 프레임 안에서 이 필드는 프레임의 ID를 정의한다.

- **주소** 각각 6바이트 길이의 4개의 주소 필드가 있다. 각 주소들은 *To DS*와 *From DS* 부필드의 값에 따라 의미하는 것이 달라진다. 이 부분은 나중에 설명한다.

- **순서 제어(SC, sequence control).** 필드는 흐름 제어에 사용되는 프레임의 순서 번호를 정의한다.

- **프레임 몸체(Frame body).** 0에서 2,312바이트의 길이를 갖는 이 필드는 FC 필드에서 유형과 부유형에서 정의한 정보를 포함하고 있다.

- *FCS.* FCS 필드는 4바이트의 길이를 가지고 있으며 CRC-32 오류 검출 순서를 포함하고 있다.

프레임 종류

IEEE 802.11에 정의된 무선 LAN은 관리 프레임, 제어 프레임과 데이터 프레임의 세 가지로 프레임을 분류하고 있다.

관리 프레임(Management frame) 관리 프레임은 지국과 AP와의 통신 초기에 사용된다.

제어 프레임(Control frame) 제어 프레임은 채널에 접근할 때와 확인응답 프레임을 위하여 사용된다. 그림 6.12에서 프레임 형식을 보여주고 있다.

그림 6.12 ∥ 제어 프레임

제어 프레임의 유형 필드의 값은 01이다. 앞에서 설명한 프레임의 부유형 필드의 값은 표 6.2에서 보여주고 있다.

표 6.2 ∥ 제어 프레임에서 부유형 필드의 값

Subtype	Meaning
1011	Request to send (RTS)
1100	Clear to send (CTS)
1101	Acknowledgment (ACK)

데이터 프레임(Data Frame) 데이터 프레임은 데이터 및 제어 정보를 전송할 때 사용된다.

주소 체계

IEEE 802.11 주소 체계는 FC 필드의 *To DS*와 *From DS*의 2개의 플래그 값에 따라 4가지 경우가 정의된다. 각 플래그의 값이 0이거나 1이므로 4가지 다른 상황을 정의할 수 있다. MAC 프레임에서 4가지 주소(주소 1에서부터 주소 4까지)의 해석은 표 6.3에서 보여지는 것처럼 이 두 개의 플래그의 값에 달려 있다.

표 6.3 ▌ 주소

To DS	From DS	Address 1	Address 2	Address 3	Address 4
0	0	Destination	Source	BSS ID	N/A
0	1	Destination	Sending AP	Source	N/A
1	0	Receiving AP	Source	Destination	N/A
1	1	Receiving AP	Sending AP	Destination	Source

주소 1은 항상 다음 장비의 주소인 것을 유의하자. 주소 2는 항상 이전 장비의 주소이다. 주소 1에 의해 정의되어 있지 않다면, 주소 3은 최종 목적 지국의 주소이다. 주소 4는 주소 2와 같지 않다면 원래 발신 지국의 주소이다.

❑ **Case 1:00** 이 경우에는 *To DS*와 *From DS*는 0이다. 이것은 프레임이 분산 시스템으로 나가지 않는다는 것(*To DS* = 0)을 의미하고, 또한 분산 시스템으로부터 들어오지 않는다(*From DS* = 0)라는 것을 의미한다. 프레임은 분산 시스템을 거치는 것 없이 BSS 안의 한 지국에서 다른 지국으로 보내진다. ACK 프레임은 원래 송신기에게 보내져야만 한다. 주소는 그림 6.13과 같다.

❑ **Case 2:01** 두 번째 경우에 *To DS*는 0이며 *From DS*는 1이다. 이것은 분산 시스템으로부터 프레임이 오는 상황(*From DS* = 1)을 의미한다. 프레임은 AP로부터 와서 지국으로 전송된다. ACK는 AP로 보내진다. 그림 6.13에서 주소를 보여주고 있다. 주소 3이 프레임을 보낸 다른 BSS에서의 원래의 송신기를 포함한다는 것에 유념하라.

❑ **Case 3:10** 세 번째 경우에 *To DS*는 1이며 *From DS*는 0이다. 이것은 프레임이 분산 시스템으로 나가는 상황(*To DS* = 1)을 의미한다. 프레임은 지국으로부터 AP로 나간다. ACK는 원래 지국으로 보내진다. 그림 6.13에서 주소를 보여주고 있다. 주소 3은 다른 BSS가 있는 프레임의 최종 목적지를 포함한다.

❑ **Case 4:11** 마지막 경우는 *To DS*와 *From DS*는 모두 1이다. 이것은 분산 시스템 또한 무선인 경우이다. 프레임은 무선의 분산 시스템에서 한 AP에서 다른 AP로 나가는 것이다. 분산 시스템이 유선 LAN이라면 주소를 정의할 필요가 없다. 왜냐하면 이 경우의 프레임은 이더넷과 같은 유선 LAN 프레임 형식을 가지고 있기 때문이다. 여기에서 원래 송신자, 최종 목적지와 두 중간의 AP를 정의하기 위한 4개의 주소가 필요하다. 그림 6.13에서 이 상황을 보여준다.

그림 6.13 ❙ 주소 체계

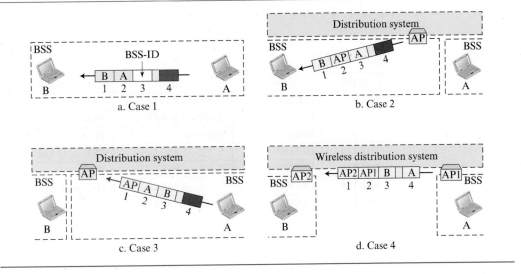

BSS
BSS-ID
B A
1 2 3 4
B
A
a. Case 1
Distribution system
AP
BSS
B AP A
1 2 3 4
B
BSS
A
b. Case 2
Distribution system
AP
BSS
AP A B
1 2 3 4
B
BSS
A
c. Case 3
Wireless distribution system
AP2
AP2 AP1 B A
1 2 3 4
AP1
BSS
B
BSS
A
d. Case 4

노출된 지국 문제

어떻게 숨겨진 지국 문제를 해결할 수 있을지 논의하여 보자. 비슷한 문제로 노출된 지국 문제라고 말한다. 이 문제에서 지국은 실제 사용할 수 있는 채널의 사용을 자제한다. 그림 6.14에서 지국 A는 지국 B에 전송 중이고, 지국 C는 A와 B사이의 전송을 방해하지 않고 전송할 수 있는, 지국 D에 보낼 데이터를 가지고 있다. 그러나 지국 C는 A로부터의 전송에 노출되어 있다. A가 전송한 것을 감지하고 따라서 송신을 자제한다. 달리 말하면, C는 너무 신중하고 채널의 전송 용량을 낭비한다.

그림 6.14 ❙ 노출된 지국 문제

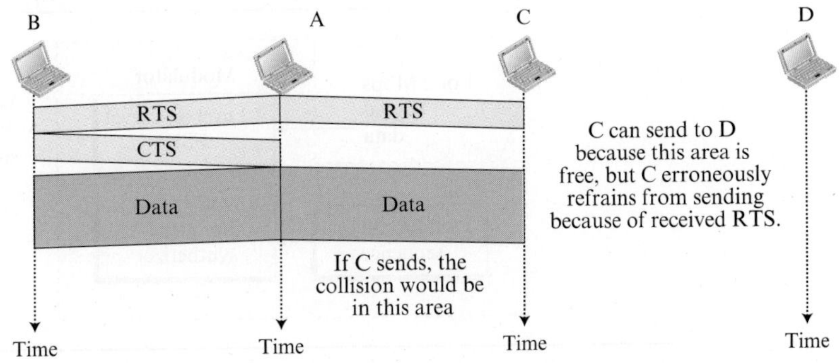

B
A
C
D
RTS
RTS
CTS
Data
Data
C can send to D because this area is free, but C erroneously refrains from sending because of received RTS.
If C sends, the collision would be in this area
Time
Time
Time
Time

RTS와 CTS 메시지 교환도 이 경우에는 도움이 안 된다. 지국 C는 C와 D간의 통신이 A와 C의 영역에서 충돌을 일으키게 되므로 A의 RTS는 수신하고 데이터 송신을 자제한다. 지국 C는 A의 전송이 C와 D간 전송 영역에 영향을 주지 않는다는 것을 알지 못하기 때문이다.

물리 계층

표 6.4와 같이 여섯 가지 명세서를 설명한다.

표 6.4 명세서

IEEE	Technique	Band	Modulation	Rate (Mbps)
802.11	FHSS	2.400~4.835 GHz	FSK	1 and 2
	DSSS	2.400~4.835 GHz	PSK	1 and 2
	None	Infrared	PPM	1 and 2
802.11a	OFDM	5.725~5.850 GHz	PSK or QAM	6 to 54
802.11b	DSSS	2.400~4.835 GHz	PSK	5.5 and 11
802.11g	OFDM	2.400~4.835 GHz	Different	22 and 54
802.11n	OFDM	5.725~5.850 GHz	Different	600

적외선을 제외한 모든 구현들은 산업, 과학 및 의료(*ISM, industrial, scientific and medical*)를 위한 대역을 사용하며 이것은 902~928 MHz, 2.400~4.835 GHz, 5.725~5.850 GHz의 3 영역 3개의 무면허 대역으로 정의되어 있다.

IEEE 802.11 FHSS

IEEE 802.11 FHSS는 7장에서 설명할 주파수 도약 확산 스펙트럼(FHSS, frequency-hopping spread spectrum) 방법을 사용한다. FHSS는 2.4-GHz 대역을 사용한다. 이 대역은 1 MHz(와 약간의 보호대역)의 대역폭으로 79개 부대역으로 나뉜다. 의사난수생성기(PRNG, pseudorandom number generator)가 도약 순서를 선택한다. 이 명세에서 변조 기술은 1 또는 2 bits/baud를 가진 2-레벨 FSK 또는 4-레벨 FSK이며, 그림 6.15와 같이 1 또는 2 Mbps의 데이터율을 갖는다.

그림 6.15 | IEEE 802.11 FHSS의 물리 계층

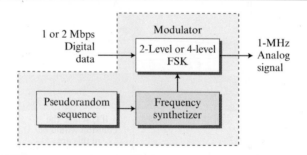

IEEE 802.11 DSSS

IEEE 802.11 **DSSS**는 7장에서 설명할 직접 순서 확산 스펙트럼(DSSS, direct sequence spread spectrum) 방법을 사용한다. FHSS는 2.4 GHz ISM 대역을 이용한다. 이 명세에서의 변조 기술은 1 Mbaud/s에서 PSK이다. 시스템은 1 또는 2 bits/baud (BPSK 또는 QPSK)를 허용하여, 그림 6.16과 같이 1 또는 2 Mbps의 데이터율을 갖는다.

그림 6.16 | IEEE 802.11 DSSS의 물리 계층

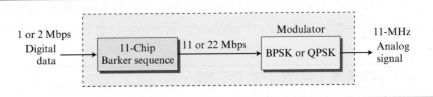

IEEE 802.11 적외선

IEEE 802.11 적외선은 800에서 950 nm의 적외선 파장을 사용한다. 변조 기술은 **파동 위치 변조(PPM, pulse position modulation)**라 부른다. 1 Mbps 데이터 전송률에는 4비트 순서가 오직 하나의 비트가 1로 설정되어 있고 나머지는 0으로 설정되어 있는 16비트 순서로 처음에 매핑된다. 2 Mbps 데이터 전송률에는 2비트 순서가 오직 하나의 비트가 1로 설정되어 있고 나머지는 0으로 설정되어 있는 4비트 순서로 처음에 매핑된다. 매핑된 순서들은 그림 6.17과 같이 빛 부분은 1, 어두운 부분은 0인 광신호로 변환된다.

그림 6.17 | IEEE 802.11 적외선의 물리 계층

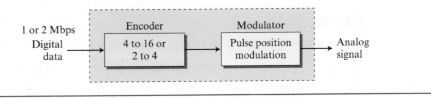

IEEE 802.11a OFDM

IEEE 802.11a OFDM은 5 GHz ISM 대역에서 신호 생성을 위해 **직교 주파수 분할 다중화(OFDM, orthogonal frequency-division multiplexing)** 방식을 기술하고 있다. 7장에서 설명할 OFDM은 FDM과 같지만 한 가지 중요한 차이점이 있다. 모든 부대역은 주어진 시간 동안 한 송신자에 의해 사용된다는 것이다. 송신자는 접근을 위해 데이터링크 계층에서 다른 송신자와 경쟁한다. 대역은 52개의 부대역으로 나뉘는데, 48개의 부대역은 48개의 비트 그룹을 송신하기 위해서 사용되고, 4개의 부대역은 제어 정보를 송신하기 위해 사용된다. 한 대역을 부대역으로 나누는 것은 간섭 효과를 줄인다. 부대역이 임의적으로 사용된다면, 보안성 또한 증가될 수 있다. OFDM은 변조를 위해 PSK와 QAM을 사용한다. 일반적인 데이터율은 PSK에서 18 Mbps, QAM에서는 54 Mbps이다.

IEEE 802.11b DSSS

IEEE 802.11b DSSS는 2.4 GHz ISM 대역에서 신호 생성을 위해 **고속 DSSS (HR-DSSS; high-rate DSSS)** 방법을 기술하고 있다. HR-DSSS는 **CCK (complementary code keying)**라는 부호화 방법을 제외하고는 DSSS와 유사하다. CCK는 4 또는 8비트를 하나의 CCK 심볼로 부호화한다. DSSS와 하위호환이 될 수 있도록, HR-DSSS는 1, 2, 5.5, 11 Mbps의 4가지 데이터율을 정의한다.

첫 두 개는 DSSS와 같은 변조방식을 사용한다. 5.5 Mbps에서는 BPSK를 사용하며, 4비트 CCK 부호화를 사용하여 1.375 Mbaud/s로 전송한다. 11 Mbps에서는 QPSK를 사용하며, 8비트 CCK 부호화를 사용하여 1.375 Mbaud/s로 전송한다. 그림 6.18은 이 표준의 변조 기술을 보여준다.

그림 6.18 ┃ IEEE802.11b 물리 계층

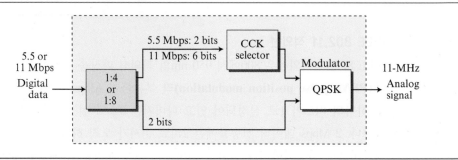

IEEE 802.11g

이 새로운 명제는 오류 정정과 2.4 GHz ISM 대역을 사용하는 OFDM으로 정의된다. 변조 기술은 22나 54 Mbps 전송률을 이루었다. 802.11b와 하위호환이지만, 변조 기술은 OFDM이다.

IEEE 802.11n

개선된 802.11 프로젝트를 802.11n(차세대 무선 LAN)이라고 한다. 802.11n의 목표는 802.11 무선 LAN의 처리량을 증가시키는 것이다. 새 표준은 높은 비트율 뿐만 아니라 필요하지 않은 오버헤드를 제거한 것까지 강조되었다. 표준은 무선 LAN에서 잡음 문제를 극복하기 위하여 **MIMO (Multiple-input multiple-output)**를 이용하였다. 이는 다중 출력 신호를 보내고 다중 입력 신호를 수신할 수 있다면 잡음을 제거하는 데 더 유리하다는 발상에서 시작되었다. 이 프로젝트의 몇몇의 구현은 600 Mbps의 데이터율까지 도달하였다.

6.1.3 블루투스

블루투스(bluetooth)는 전화기, 노트북, 컴퓨터(데스크탑과 랩탑), 카메라, 프린터, 커피메이커 등과 같은 서로 다른 기능을 가진 장치를 연결하기 위해 설계된 무선 LAN 기술이다. 블루투스 LAN은 네트워크가 자발적으로 형성되는 애드 혹 네트워크이다. 때때로 간단한 장치라고 불리는 이 장비들은 서로를 발견하여 피코넷(piconet)이라는 네트워크를 만든다. 블루투스 LAN에서 이 장치 중 하나가 연결 기능이 있다면 인터넷에 연결될 수 있다. 본래 블루투스 LAN은 크지 않다. 따라서 연결하려는 장치들이 많으면 혼란상태가 된다.

블루투스 기술은 몇 가지 응용을 가진다. 컴퓨터의 주변 장치들은 이 기술을 통해서 컴퓨터와 통신할 수 있다(무선 마우스 또는 키보드). 작은 규모의 보건소에서 감시 장치는 감지(sensor) 장비들과 통신할 수 있다. 가정 내 보안 장치에서는 이 기술을 사용하여 다른 센서와 연결해 메인 보안 제어기와 통신할 수도 있다. 또한 회의장에서 회의 참석자들은 자신들의 노

트북 컴퓨터들을 동기화할 수 있다.

블루투스는 본래 Ericsson 회사에 의해 프로젝트로 시작했다. 이것은 덴마크와 노르웨이를 통일했던 덴마크의 왕 Harald Blaatand(940~981)에서 이름을 가져왔다. *Blaatand*가 영어로 *Bluetooth*라고 번역된 것이다.

현재, 블루투스 기술은 IEEE 802.15 표준안으로 정의된 프로토콜의 구현이다. 표준안은 방이나 거실 규모의 지역에서 동작하는 무선의 개인 영역 네트워크(PAN, personal-area network)로 정의하고 있다.

구조

블루투스는 피코넷(piconet)과 스캐터넷(scatternet)의 두 가지 네트워크 유형을 정의하고 있다.

피코넷

블루투스 네트워크는 **피코넷(piconet)** 또는 작은 망이라고 불린다. 피코넷은 지국을 8개까지 가질 수 있으며, 그 중 하나는 **주국**(*primary*)[1]이라고 하며, 나머지는 **종국**(*secondaries*)이라고 부른다. 모든 종국은 클럭과 도약 주파수를 주국과 동기시킨다. 피코넷은 오직 하나의 주국만 가질 수 있다는 것에 유의하자. 주국과 종국과의 통신은 일-대-일 또는 일-대-다로 이루어질 수 있다. 그림 6.19는 피코넷을 보여준다.

그림 6.19 | 피코넷(piconet)

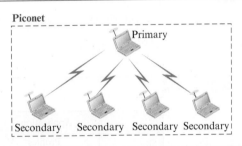

비록 피코넷이 최대 7개의 종국을 가지고 있을지라도, 추가적으로 8개의 종국이 **머무르는 상태**(*parked state*)에 있을 수 있다. 머무르는 상태에 있는 종국은 주국과 동기화되지만, 머무르는 상태에서 움직일 때까지 통신에 참여할 수는 없다. 왜냐하면 오직 8개의 지국만이 피코넷에서 활동할 수 있으며, 머무르는 상태에서 활동하려는 지국이 있다면 활동 중인 지국은 반드시 머무르는 상태로 가야 하기 때문이다.

스캐터넷

피코넷은 **스캐터넷(scatternet)**이라는 것을 형성하기 위해 합쳐질 수 있다. 한 피코넷 안에 있는 종국 지국은 다른 피코넷에서 주국이 될 수 있다. 이 지국은 첫 번째 피코넷에서 종국으로서

---

[1] 이 기술법은 때때로 primary와 secondary 대신에 master와 slave를 사용한다.

주국으로부터 메시지를 받을 수 있으며, 두 번째 피코넷에서는 주국으로 동작함으로써 종국에게 그 메시지를 전달할 수 있다. 한 지국은 두 피코넷에 참가할 수 있다. 그림 6.20은 스캐터넷을 보여주고 있다.

그림 6.20 ▌ 스캐터넷(scatternet)

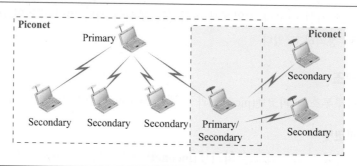

블루투스 장치

블루투스 장치는 내부에 장착된 짧은 영역을 가진 무선 전송기를 가지고 있다. 현재 데이터율은 2.4 GHz 대역에서 1 Mbps이다. 이것은 IEEE 802.11b 무선 LAN과 블루투스 LAN 사이에 간섭이 생길 가능성이 있다는 것을 의미한다.

블루투스 계층

블루투스는 몇 개의 층을 가지고 있으며 이 책에서 정의한 인터넷 모델과 정확하게 맞지 않는다. 그림 6.21은 이 층을 보여주고 있다.

그림 6.21 ▌ 블루투스 계층

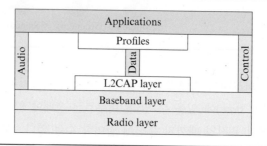

L2CAP

논리적 링크 제어 및 적응 프로토콜(logical link control and adaptation protocol) 또는 **L2CAP** (L2는 LL을 의미한다)은 LAN에서 LLC 부계층과 대략적으로 유사하다. 이것은 ACL 링크에서 데이터를 교환하는 데 사용된다. SCO 채널은 L2CAP를 사용하지 않는다. 그림 6.22는 이 레벨에서의 데이터 패킷의 형식을 보여주고 있다.

그림 6.22 | L2CAP 데이터 패킷 형식

2 bytes	2 bytes	0 to 65,535 bytes
Length	Channel ID	Data and control

16비트짜리 길이 필드는 상위층에서 넘어오는 데이터의 크기를 바이트 단위로 정의한다. 데이터는 최대 65,536바이트가 될 수 있다. 채널 ID (CID)는 이 레벨에서 가상 채널을 만들기 위한 유일무이한 식별자를 정의한다(그림 6.22 참조).

L2CAP는 다중화, 분할 및 재조립, 서비스 품질과 그룹관리 같은 여러 가지 기능을 가지고 있다.

다중화 L2CAP는 다중화를 할 수 있다. 송신자측에서는 상위 계층 프로토콜 중 하나로부터 데이터를 받아들인 후 프레임 형태로 만들고, 전달을 위해 기저대역 계층으로 보낸다. 수신자측에서는 기저대역으로부터 프레임을 받아들여 데이터를 추출하고, 적합한 프로토콜 계층으로 보낸다. 이것은 가상 채널의 한 종류를 만드는데, 상위 레벨 프로토콜을 설명하는 뒷장에서 설명할 것이다.

분할 및 재조립(Segmentation and Reassembly) 기저대역의 페이로드 필드의 최대크기는 2774비트 또는 343바이트이다. 이것은 패킷과 패킷 길이를 정의하기 위한 4바이트를 가진다. 그러므로 상위 계층으로부터 넘어오는 패킷의 크기는 오직 339바이트이다. 그러나 응용 계층에서는 때때로 인터넷 패킷과 같은 65,535바이트 크기의 데이터 패킷을 보낼 수 있다. L2CAP는 이 큰 패킷을 조각으로 나누어 원래 패킷에서 조각의 위치를 정의하기 위한 별도의 정보를 추가한다. 이 L2CAP는 패킷을 발신지에서 분할하고 목적지에서 재조립한다.

서비스 품질(QoS) 블루투스는 지국의 서비스 품질 레벨을 정의하도록 허용하고 있다. 서비스 품질은 8장에서 설명한다. 만약, 서비스 품질 레벨이 정의되어 있지 않다면, 블루투스는 상황에 따라 최선을 다하는 **최선 노력 서비스**를 기본으로 한다는 것을 아는 것으로 충분하다.

그룹 관리(Group Management) L2CAP의 다른 기능은 장치들 간에 일종의 논리적인 주소지정을 하도록 허용하는 것이다. 이것은 멀티캐스팅과 유사하다. 예를 들어 두 개 또는 세 개의 종국 장치는 주국으로부터 데이터를 받기 위해 멀티캐스트 그룹이 될 수 있다.

기저대역 계층

기저대역 계층은 LAN에서의 MAC 부계층과 대략 비슷하다. 접근 방식은 TDMA(나중에 논함)이다. 주국과 종국은 서로 타임 슬롯(time slot)을 사용하여 통신한다. 타임 슬롯의 길이는 정확하게 거주시간, 625 μs와 같다. 이것은 한 주파수를 사용하는 시간 동안 송신자는 슬레이브에 프레임을 전송하거나 슬레이브가 마스터에 프레임을 전송한다는 것을 의미한다. 통신은 오직 주국과 종국 사이에만 이루어진다는 것에 유의하자. 종국은 다른 종국과 직접 통신할 수 없다.

TDMA 블루투스는 **TDD-TDMA (TDMA, time division duplex)**라고 불리는 TDMA 종류를 사용한다. TDD-TDMA는 종국에서 반이중 양방향 통신의 한 종류로써 송신자와 수신자가 데이터를 송신하고 수신할 수 있지만, 동시에 이루지지 않는다(반이중). 그러나 각 방향에 대한 통신은 서로 다른 도약을 사용한다. 이것은 다른 반송 주파수를 사용하는 워키토키와 유사하다.

☐ **단일 종국 통신** 만약 피코넷에 하나의 종국만 있다면, TDMA는 매우 단순하게 동작한다. 시간을 625 μs의 슬롯으로 나누어, 주국은 짝수 슬롯(0, 2, 4, ...)을 사용하고 종국은 홀수 슬롯(1, 3, 5, ...)을 사용한다. TDD-TDMA는 주국과 종국이 반이중 방식으로 통신하도록 한다. 슬롯 0에서 주국이 전송하고 종국은 수신한다. 슬롯 1에서는 종국이 전송하고 주국이 수신한다. 이 주기가 반복된다. 그림 6.23에서 이 개념을 보여주고 있다.

그림 6.23 ┃ 단일 종국 통신

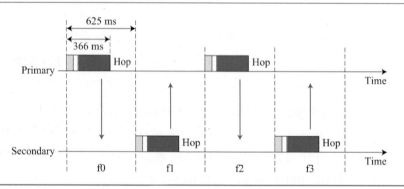

☐ **다중 종국 통신** 피코넷에 하나 이상의 종국이 있는 경우 조금 더 복잡해진다. 앞에서처럼, 주국은 짝수 슬롯을 사용하지만, 한 종국이 이전 슬롯(주국이 보낸 슬롯)의 패킷에 의해 지정되었다면, 그 종국이 다음 홀수 슬롯에 전송한다. 모든 종국은 짝수 슬롯을 수신할 수 있지만, 오직 한 종국만 이 홀수 슬롯에 전송할 수 있다. 그림 6.24에서 이 시나리오를 보여준다.

그림 6.24에 있는 내용을 자세히 살펴보자.

1. 슬롯 0에서 주국은 종국 1에 프레임을 송신한다.
2. 슬롯 1에서 오직 종국 1만 주국으로 프레임을 송신한다. 왜냐하면 이전 프레임에 종국 1이 지정되었기 때문이며, 다른 종국은 기다린다.
3. 슬롯 2에서 주국은 종국 2에 프레임을 송신한다.
4. 슬롯 3에서 이전 프레임에서 종국 2를 지정했기 때문에 오직 종국 2만 주국에 프레임을 보내고, 다른 종국은 기다린다.
5. 이 주기가 계속된다.

그림 6.24 ┃ 다중 종국 통신

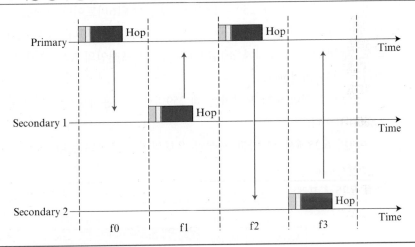

이 접근 방식이 예약 기능이 있는 폴/선택(poll/select)과 유사하다는 것을 알 수 있다. 주국이 종국을 선택했을 때, 주국은 종국을 폴링한다. 다음 타임 슬롯은 이전에 폴링된 지국이 프레임을 보낼 수 있도록 예약된다. 만약 폴링된 슬레이브가 전송할 프레임이 없다면 채널은 사용하지 않는 상태가 된다.

물리 링크   주국과 종국 간에 SCO 링크와 ACL 링크의 2가지 종류가 만들어질 수 있다.

❑ *SCO* **동기 연결 지향(SCO, synchronous connection-oriented)** 링크는 대기 시간(데이터 전송시의 지연)을 피하는 것이 무결성(오류 없는 전송)보다 중요할 때 사용된다. SCO에서 물리 링크는 주국과 종국 간에 규칙적인 간격에서 특정한 슬롯을 예약하는 것으로 만들어진다. 연결의 기본 단위는 각 방향당 한 개씩, 두 개의 슬롯이다. SCO에서 패킷이 손상되면, 결코 재전송하지 않는다. SCO는 지연을 피하는 것이 가장 중요한 실시간 오디오에 사용된다. 종국은 주국과 최대 3개의 SCO 링크를 만들 수 있으며, 각 링크당 64 Kbps의 디지털화된 오디오(PCM)를 보낼 수 있다.

❑ *ACL* **비동기 무연결 링크(ACL, asynchronous connectionless link)**는 데이터 무결성이 지연을 피하는 것보다 중요할 때 사용된다. 이 링크 유형은 프레임에 캡슐화된 페이로드가 손상되면 프레임을 재전송한다. 종국은 이전 슬롯에 지정되었을 경우에만 가용한 홀수 슬롯에 ACL 프레임을 반환한다. ACL 프레임은 한 개나 세 개, 또는 그 이상의 슬롯을 사용할 수 있고 데이터율은 최대 721 Kbps까지 이를 수 있다.

프레임 형식   기저대역 계층에서의 프레임은 1슬롯, 3슬롯, 또는 5슬롯 중 하나의 형태를 가진다. 이전에 말한 것처럼 한 슬롯은 625 μs이다. 그러나 1슬롯 프레임 교환에는 도약과 제어 절차를 위해 259 μs가 필요하다. 이것은 1슬롯 프레임은 625 − 259, 즉 366 μs만큼 지속될 수 있다는 것을 의미한다. 1 MHz의 대역폭과 1 bit/Hz를 가진다면, 1슬롯의 크기는 366비트이다.

3슬롯 프레임은 세 개의 슬롯을 차지한다. 그러나 259 μs가 도약에 사용되기 때문에, 프레임의 길이는 3 × 625 − 259 = 1,616 μs 또는 1,616비트이다. 3슬롯 프레임을 사용하는 장치는 세 개의 슬롯 동안 같은 반송 주파수에 머물러 있어야 한다. 단지 하나의 도약 숫자가 사용되더라도, 세 개의 도약 숫자가 소비된다. 이는 각 프레임의 도약 숫자가 프레임의 첫 번째 슬롯과 같다는 것을 의미한다.

5슬롯 프레임 또한 도약하는 데 259비트를 사용하므로 프레임의 길이는 5 × 625 − 259 = 2,866비트이다.

그림 6.25에서 세 가지 프레임 유형의 형식을 보여준다.

그림 6.25 ┃ 프레임 유형의 형식

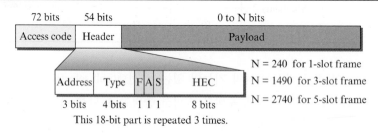

각 필드의 세부적인 내용은 다음과 같다.

- ❏ **접근 코드(Access code).** 이 72비트의 필드는 일반적으로 동기 비트와 한 피코넷의 프레임을 다른 피코넷과 구별하기 위한 주국의 식별자를 포함한다.

- ❏ **헤더(Header).** 이 54비트의 필드는 18비트의 형태가 반복된다. 각 형태는 아래의 부필드를 가지고 있다.

    a. **주소(Address).** 3비트의 주소 부필드는 7개(1~7)까지의 종국을 정의할 수 있다. 주소값이 0인 경우, 브로드캐스트 통신, 즉 주국에서 모든 종국으로 전송하는 경우에 사용된다.

    b. **유형(Type)** 이 4비트의 부필드는 상위 계층에서 넘어오는 데이터의 유형을 정의한다. 이 유형은 나중에 설명한다.

    c. ***F.*** 이 1비트의 부필드는 흐름 제어를 위한 것이다. 1로 설정되면, 이것은 장치가 더 이상 프레임을 수신할 수 없다(버퍼가 꽉 찬 경우)는 것을 나타낸다.

    d. ***A.*** 이 1비트의 부필드는 확인응답을 위한 것이다. 블루투스는 Stop-dan-wait ARQ를 사용하기 때문에 확인응답을 위해서 1비트로 충분하다.

    e. ***S.*** 이 1비트의 부필드는 순서 번호를 가지고 있다. 블루투스는 Stop-dan-wait ARQ를 사용하기 때문에 순서번호를 붙이는 데 1비트로 충분하다.

    f. ***HEC.*** 8비트의 헤더 오류 정정 부필드는 각 18비트의 헤더영역에 대한 오류 검출을 위한 검사합이다. 헤더는 동일한 세 개의 18비트의 영역을 가지고 있다. 수신자는 이 세

개의 영역을 비트 대 비트로 비교한다. 만약 각 세 개의 비트(각 영역별 같은 위치의 비트)가 일치하면, 그 비트는 받아들이고, 그렇지 않다면 같은 값이 가진 비트가 많은 쪽을 받아들인다. 이것은 헤더만을 위한 전방향 오류 정정(FEC, forward error correction)의 한 형태이다. 이런 이중의 오류 제어는 공중을 통한 통신 자체가 아주 잡음이 많기 때문에 필요하다. 이 부계층에서 재전송이 없음에 유의하자.

❑ **페이로드**(*Payload*). 이 부필드는 0~2,740비트의 길이를 갖는다. 여기에는 상위 계층에서 넘어오는 데이터나 제어 정보가 포함된다.

무선 계층

무선 계층은 대략 인터넷 모델의 물리 계층과 비슷하다. 블루투스 장치는 적은 전력을 사용하며 10 m의 반경 범위를 가지고 있다.

대역 블루투스는 79개의 채널로 나뉘어진 2.4 GHz ISM 대역을 사용하며, 한 채널당 1 MHz 씩이다.

FHSS 블루투스는 다른 장치나 네트워크로부터의 간섭을 피하기 위해 물리 계층의 **주파수 도약 확산 스펙트럼(FHSS, frequency-hopping spread spectrum)** 방식을 사용한다. 블루투스는 초당 1,600번 도약을 하는데, 이것은 각 장치들이 초당 1,600번 변조 주파수를 바꾼다는 것을 의미한다. 어느 한 장치가 다른 주파수로 도약하기 전에 오직 625 µs (1/1600 s) 동안 한 주파수를 사용면 거주시간은 625 µs이다.

변조 비트를 신호로 바꾸기 위해, 블루투스는 GFSK(가우시안 대역폭 필터를 가진 FSK, 이 주제의 설명은 책의 범위를 넘는 것으로 제외한다)라고 부르는 복잡한 FSK를 사용한다. FSK는 반송 주파수를 가지고 있다. 비트 1은 반송 주파수보다 높은 값으로 표현되며, 비트 0은 반송 주파수보다 낮은 값으로 표현된다. MHz 단위의 반송 주파수는 각 채널에서 아래의 식으로 표현된다.

$$f_c = 2402 + n \text{ MHz} \qquad n = 0, 1, 2, 3, \dots, 78$$

예를 들어, 첫 번째 채널은 2,402 MHz (2.402 GHz)의 반송 주파수를 사용하며, 두 번째 채널에서는 2,403 MHz (2.403 GHz)의 반송 주파수를 사용한다.

6.1.4 WiMAX

Worldwide Interoperability for Microwave Access (WiMAX)는 IEEE 표준 802.16(고정된 무선)과 802.16e(이동 무선)로 케이블 모뎀, 전화 DSL 서비스의 "최종 단계"의 브로드밴드 무선 접근 대안으로 제공하기 위한 목적이다. WiMAX는 두 지점 간에 장애가 전혀 존재하지 않는 가시선(*LOS, line-of-sight*) 가입자에게 최고의 범위와 처리량을 기지국에 가깝거나 *NLOS (non-line-of-sight)* 가입자들에게는 괜찮은 범위와 처리량을 제공한다.

많은 사용자들이 WiMAX와 WiFi를 비교한다. WiMAX는 WiFi와 비슷하게 기지국 기반구조를 가지고 있으나 WiFi보다 더 많은 것을 제공한다. 반면, WiFi는 100야드의 범위 안에서 서비스 가능하나 WiMAX는 6마일까지 가능하다. WiMAX는 WiFi에 비해 더 큰 보안성, 신뢰성, QoS, 처리량을 제공한다.

구조

이 절에서는 WiMAX의 구조에 대해 간단히 논의한다.

기지국(Base station)

WiMAX 기지국의 기본 구성 단위는 무선과 안테나이다. 각 WiMAX 무선은 전송기와 수신기를 가지고 있으며 2~11 GHz 사이의 주파수 신호를 전송한다. WiMAX는 SDR (Software Defined Radios) 시스템을 사용한다.

WiMAX에서는 주어진 응용의 성능을 최적화하기 위해 세 가지의 다른 유형의 안테나(omni-directional, sector, and panel)가 사용된다. WiMAX는 빔을 조정하는(beamsteering) **AAS (adaptive antenna system)**을 사용한다. AAS 안테나는 전송 시 수신기의 방향으로 전송 에너지의 초점을 맞출 수 있으며, 수신 시에는 전송 장비의 방향에 초점을 맞출 수 있다.

WiMAX에서 사용되는 다른 간섭 방지 척도는 OFDMA와 MIMO 안테나 시스템의 응용이다. OFDMA는 다중 접근 방법으로 동시에 여러 사용자에게 송신 및 수신을 허용하며, AAS와 MIMO와 함께 작동하여 처리량, 링크 범위 증가 및 간섭 감소를 상당히 개선한다.

가입자 지국

고객 댁내 장치(CPE, customer premises equipment) 역시 가입자 단위로 불리며, 실내용과 실외용으로 이용할 수 있다. 실내 장치의 크기는 케이블이나 DSL 모뎀 정도이며 직접 설치하여야 하나 무선 손실 때문에 가입자는 기지국에 가까워야 한다. 실외용 장치의 크기는 주택용 위성 접시 정도이며 전문적으로 설치되어야 한다.

휴대용 장치

이동 WiMAX의 잠재력과 함께 핸드셋, PC 주변 장치, 휴대용 컴퓨터의 임베디드 장치, 소비자 전자 장치와 같은 휴대용 장치에 대한 관심이 높아지고 있다.

데이터링크 계층

WiFi에서 MAC은 경쟁 접근을 사용한다. 이는 AP로부터 거리가 있는 가입자 지국이 가까운 지국에 의해 가로막힐 수도 있다. WiMAX에서 MAC은 스케줄링 알고리즘으로 사용된다. 가입자 지국은 네트워크로의 초기 출입을 위해 한번의 경쟁은 필요하다.

물리 계층

802.16e-2005는 이동성 지원을 위한 2~11 GHz 범위, 확장 **OFDMA (scalable OFDMA, SOFDMA)**, MIMO 안테나, 용량을 명시하였다.

응용

WiMAX는 현존하는 전화 회사의 구리선과 무선 통신망, 케이블 TV의 동축 케이블 기반구조를 포함하는 여러 통신 기반구조에게 비용 효율이 높은 선택을 제공하는 것을 목적으로 한다.

6.2 다른 무선 네트워크

이번 절에서는 다른 무선 네트워크에 대해 알아본다. 우리는 먼저 유비쿼터스의 무선전화 통신에 대해 논의한다. 무선 네트워크에 대해 논의하기 전에 5장에서 미뤄두었던 접속 방법인 채널화에 대해 논의한다. 채널화는 무선전화와 다른 무선 네트워크에서 사용된다.

6.2.1 채널화(Channelization)

채널화(때때로 **채널 분할**이라고도 불림)는 링크의 가용 대역폭을 지국들 사이에서 시간적으로, 주파수상으로 또는 코딩을 통해 다중 접근하는 것이다. 본 절에서는 FDMA, TDMA 및 CDMA의 세 가지 채널화 프로토콜을 논의한다.

주파수 분할 다중 접근

주파수 분할 다중 접근(FDMA, frequency-devision multiple access)에서는 가용 대역폭을 주파수 띠로 나눈다. 각 지국은 대역폭 띠를 배정받아 데이터를 전송한다. 다시 말하면, 각 띠는 지국에 할당되어 항상 해당 지국만 사용할 수 있다. 각 지국은 또한 띠 통과 필터를 사용하여 전송 주파수를 제한한다. 지국 사이의 방해를 방지하기 위하여 각 띠 대역은 작은 **보호대역**으로 서로 떨어져 있게 된다. 그림 6.26은 FDMA이다.

FDMA는 통신 전체 기간 동안 미리 정한 주파수 대역을 규정한다. 이는 스트림 데이터가 쉽게 FDMA를 사용할 수 있다는 것을 말한다. 이 기능이 휴대전화에서 어떻게 사용되는지 보게 된다.

FDMA와 FDM이 개념적으로 유사하게 보이지만 그 둘 사이에는 차이가 있다는 것을 강조할 필요가 있다. 7장에서 설명할 FDM은 낮은 대역폭의 채널들로부터의 부하를 모아서 높은 대역폭의 채널을 사용하여 전송하는 물리 계층 기술이다.

그림 6.26 ▏주파수 분할 다중 접근(FDMA)

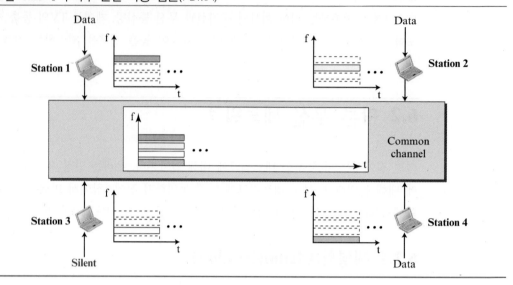

시분할 다중 접근

시분할 다중 접근(TDMA, time-division multiple access)에서는 지국들이 시간상에서 채널을 공유한다. 각 지국은 자신이 데이터를 전송할 수 있는 시간 틈새를 할당받는다. 각 지국은 할당 받은 시간 틈새에 자신의 데이터를 전송한다. 그림 6.27은 TDMA의 아이디어를 보여준다.

그림 6.27 ▏시분할 다중 접근(TDMA)

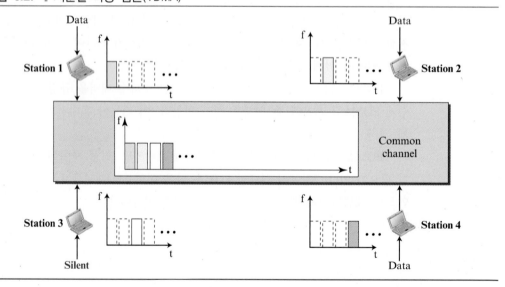

　　TDMA의 주요 문제는 서로 다른 지국 사이에 동기화를 이루는 것이다. 각 지국은 언제 틈새가 시작되며 언제가 자신의 틈새인지를 알아야 한다. 이는 지국들이 넓은 지역에 퍼져 있을 때는 전파 지연으로 인해 어려워지게 된다. 지연을 보상하기 위해 **보호 시간**을 삽입할 수 있다.

동기화는 보통 각 틈새가 시작할 때 동기화 비트(흔히 프리앰블 비트라고 불리는)를 사용하여 달성한다.

TDMA와 TDM이 개념적으로 유사하게 보일지라도 둘은 서로 다르다는 것을 강조할 필요가 있다. 7장에서 설명한 TDM은 느린 채널로부터의 데이터를 모아 빠른 채널을 사용하여 전송하는 물리 계층 기술이다. 이 과정은 각 채널로부터의 데이터를 끼워 넣는 다중화기를 사용한다.

반면에 TDMA는 데이터링크 계층의 접근 방법이다. 각 지국의 데이터링크 계층은 물리 계층으로 하여금 할당 받은 시간 틈새를 사용토록 한다. 물리 계층에는 다중화기를 사용하지 않는다.

코드 분할 다중 접근

코드 분할 다중 접근(CDMA, code-division multiple access)은 수십 년 전에 알려졌다. 최근 전자공학 기술의 발전으로 인해 그 구현이 가능하게 되었다. CDMA는 오직 하나의 채널이 전체 대역을 다 차지한다는 점에서 FDMA와 다르다. 또한 모든 지국에 동시에 전송한다는 점에서 TDMA와 다르며 시간 상 공유하지 않는다.

비유

우선 비유를 들기로 하자. CDMA는 간단히 말해 서로 다른 코드를 사용해 통신한다는 것을 말한다. 예를 들면 많은 사람들로 가득 찬 방에서 다른 사람들은 영어를 하지 않고 두 사람만 영어로 말한다면 서로 이야기할 수 있는 것이다. 다른 두 사람만이 사용한다면 그 두 사람은 중국어로 통신할 수 있는 식이다. 다시 말해 이 경우에는 방이 되는 공유 채널을 사용하여 다른 말(코드)을 사용하는 몇몇 짝이 쉽게 통신할 수 있는 것이다.

아이디어

동일한 채널에 연결된 네 개의 지국을 가정하자. 1번 지국으로부터의 데이터는 d_1, 2번 지국으로부터의 것은 d_2, 이런 식으로 하자. 1번 지국에 할당된 코드는 c_1, 2번 지국에는 c_2. 이런 식으로 하자. 할당된 코드는 두 가지 성질이 있다고 가정한다.

1. 각 코드를 다른 코드로 곱하면 0이 된다.
2. 각 코드를 자신의 코드에 곱하면 4(지국의 개수)가 된다.

이 두 가지 성질을 염두에 두고 어떻게 위의 네 지국들이 그림 6.28에 있는 것처럼 공유 채널을 사용하여 서로 통신할 수 있는지 보자.

1번 지국은 자기 데이터를 자기 코드로 곱하여(특별한 곱셈인데 뒤에서 논의한다) $d_1 \cdot c_1$을 얻는다. 2번 지국도 마찬가지로 하여 $d_2 \cdot c_2$를 얻으며 나머지도 마찬가지이다. 채널을 통과하는 데이터는 그림의 상자에 보인 것처럼 이 모든 것들의 합이다. 다른 세 개의 지국 중 하나로부터 데이터를 받고자 하는 지국은 채널의 데이터를 송신자의 코드로 곱한다. 예를 들면 1번 지국과 2번 지국이 서로 통신하고 있다고 하자. 2번 지국이 1번 지국이 뭐라고 말하는지 들으려 한다. 지국은 채널의 데이터를 1번 지국의 코드인 c_1으로 곱한다.

$(c_1 \cdot c_1)$의 결과는 4이지만 $(c_2 \cdot c_1)$, $(c_3 \cdot c_1)$이나 $(c_4 \cdot c_1)$는 모두 0이므로 2번 지국이 1번 지국으로부터의 데이터를 구하기 위해서는 결과값을 4로 나누면 된다.

그림 6.28 | 코드 사용 통신의 간단한 이해

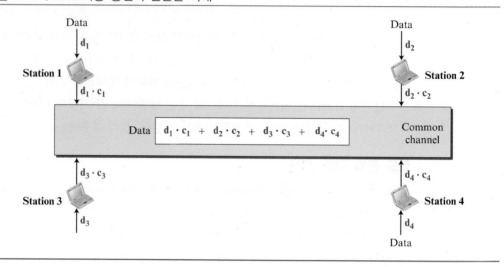

$$data = [(d_1 \cdot c_1 + d_2 \cdot c_2 + d_3 \cdot c_3 + d_4 \cdot c_4) \cdot c_1] / 4$$
$$= [d_1 \cdot c_1 \cdot c_1 + d_2 \cdot c_2 \cdot c_1 + d_3 \cdot c_3 \cdot c_1 + d_4 \cdot c_4 \cdot c_1] / 4 = (4 \times d_1) / 4 = d_1$$

칩스

CDMA는 코드 이론에 근거하고 있다. 각 지국은 코드를 할당받으며 이 코드는 칩(chip)이라고 불리는 그림 6.29에 있는 것과 같은 일련의 숫자이다.

그림 6.29 | 칩 순열

C_1	C_2	C_3	C_4
[+1 +1 +1 +1]	[+1 −1 +1 −1]	[+1 +1 −1 −1]	[+1 −1 −1 +1]

그림의 코드는 앞의 예에 사용한 것이다. 본 장의 뒤에서 어떻게 이 수열들을 구하는지 알아본다. 일단은 임의로 이 수열들을 선택한 것이 아니라 주의 깊게 선택된 것이라는 것을 알 필요가 있다. 이는 **직각 순열(orthogonal sequences)**이라고 불리며 다음과 같은 성질이 있다.

1. 각 수열은 N개의 요소로 되어있으며 N은 지국의 수이다.
2. 수열을 어떤 수로 곱하면 수열의 각 요소는 그 수로 곱해진다. 이를 스칼라로 곱한다고 말한다. 예를 들면,

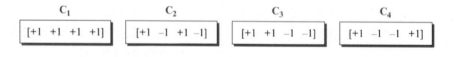

$$2 \cdot [+1\ +1\ -1\ -1] = [+2\ +2\ -2\ -2].$$

3. 서로 같은 두 수열을 곱하면 요소별로 곱하여 그 합이 결과가 되는데, 그 합은 N이 되며 N은 각 수열의 요소의 개수이다. 이를 동일한 수열의 내적이라고 부른다. 예를 들면

$$[+1\ +1\ -1\ -1] \cdot [+1\ +1\ -1\ -1] = 1 + 1 + 1 + 1 = 4.$$

4. 요소별로 서로 다른 두 수열을 곱하여 그 합이 결과가 되며 그 값은 0이 된다. 이를 서로 다른 두 수열의 내적이라고 한다. 예를 들면,

$$[+1 \ +1 \ -1 \ -1] \bullet [+1 \ +1 \ +1 \ +1] = 1 + 1 - 1 - 1 = 0.$$

5. 두 수열을 더 하는 것은 해당 요소를 더하는 것이다. 그 결과는 다른 수열이 된다. 예를 들면,

$$[+1 \ +1 \ -1 \ -1] + [+1 \ +1 \ +1 \ +1] = [+2 \ +2 \ 0 \ 0].$$

데이터 표현

다음의 규칙을 따른다. 지국이 0비트를 보낼 필요가 있으면 -1로 코딩하며 1비트를 보내려면 $+1$로 표시한다. 지국이 휴지 상태이면 아무 신호도 보내지 않고, 이는 0으로 해석된다. 그림 6.30에 이러한 것들이 있다.

그림 **6.30** ┃ CDMA에서의 데이터 표현

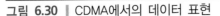

부호화와 복호화

간단한 예로서 어떻게 네 개의 지국이 1비트 구간 동안 링크를 공유하는지 알아보자. 동일한 절차가 다른 구간에도 마찬가지로 반복될 수 있다. 1번과 2번 지국이 0비트를 전송하고 4번 지국은 1비트를 전송한다고 가정한다. 3번 지국은 휴지 상태이다. 송신측에서의 데이터는 각각 $-1, -1, 0, +1$로 바뀐다. 각 지국은 이 데이터를 각 지국에 따라 유일한 자신의 칩(직각 수열)으로 곱한다. 그 결과값은 새로운 수열이 되며 이 수열을 채널로 보낸다. 편의상 모든 지국이 이 결과 수열을 동시에 채널에 올린다고 하자. 채널에서의 수열은 앞에서 정의한 이 네 수열의 전체 합이다. 그림 6.31은 이러한 상황을 보여준다.

그림 **6.31** ┃ CDMA에서의 채널 공유

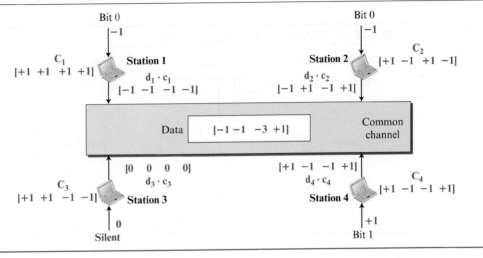

이제 휴지 상태에 있는 3번 지국이 2번 지국의 소리를 들으려 한다고 하자. 3번 지국은 채 널에 있는 전체 데이터를 2번 지국의 코드인 [+1 −1 +1 − 1]로 곱하여 다음을 얻는다.

$$[-1\ -1\ -3\ +1] \cdot [+1\ -1\ +1\ -1] = -4$$
$$-4/4 = -1 \rightarrow \textbf{bit 0.}$$

신호 준위

이 과정은 각 지국에 의해 만들어진 디지털 신호와 목적지에서 복구된 데이터를 보게 되면 더 쉽게 이해할 수 있다(그림 6.32 참조). 그림은 각 지국의 신호(편의상 NRZ-L을 사용, 7장 참조) 와 공유 채널에서의 신호이다.

그림 6.32 ▌ CDMA의 네 개의 지국에서 생성된 디지털 신호

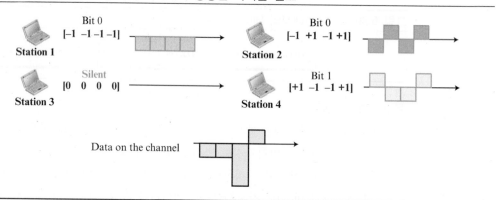

그림 6.33에는 3번 지국이 어떻게 2번 지국의 코드를 사용하여 2번 지국이 보낸 데이터를 감지해 내는지를 보여준다. 채널의 전체 데이터를 2번 지국의 칩 코드로 내적을 위하여 새로운 신호를 만들어낸다. 지국은 이후 적분을 취하여 신호 아래의 면적을 더하여 −4를 얻게 되고 이를 4로 나누어 비트 0인 것을 알아낸다.

그림 6.33 ▌ CDMA에서의 복합 신호의 복호화

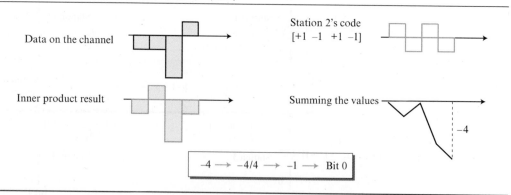

수열 생성

칩 수열을 생성하기 위해서는 그림 6.34에 보인 것 같은 동일한 개수의 열과 행을 갖는 2차원 표인 **월쉬 표(Walsh table)**를 사용한다.

그림 6.34 | 월쉬 표의 생성에 대한 일반 법칙과 예

$$W_1 = \begin{bmatrix} +1 \end{bmatrix} \quad W_{2N} = \begin{bmatrix} W_N & W_N \\ W_N & \overline{W_N} \end{bmatrix}$$

a. Two basic rules

$$W_2 = \begin{bmatrix} +1 & +1 \\ +1 & -1 \end{bmatrix} \quad W_4 = \begin{bmatrix} +1 & +1 & +1 & +1 \\ +1 & -1 & +1 & -1 \\ +1 & +1 & -1 & -1 \\ +1 & -1 & -1 & +1 \end{bmatrix}$$

b. Generation of W_1, W_2, and W_4

월쉬 표에서는 각 열은 칩 수열이 된다. 단일 칩 수열을 위한 W_1은 한 개의 열과 한 개의 행을 갖는다. 이처럼 단순한 경우에는 −1 또는 +1을 칩 수열로 사용한다(우리는 +1을 선택하자). 월쉬에 따르면 N개의 수열인 W_N을 알고 있으면 그림 6.34와 같이 하여 2N개의 수열인 W_{2N}을 구할 수 있다. W_N 위에 바를 얹은 W_N은 W_N의 보수로서 +1은 −1로 대신하고 −1은 +1로 대신한 것이다. 그림 6.34는 어떻게 W_1으로부터 W_2와 W_4를 얻는지도 보여준다. W_1을 선택한 후에 W_1을 네 개를 사용하되 마지막 요소로는 W_1의 보수를 사용하여 W_2를 만들 수 있다. W_2를 만든 후에는 마찬가지로 하여 W_4를 만들 수 있다. 물론 W_8은 마찬가지로 하여 W_4로부터 만들 수 있다. WN이 생성된 후에는 각 지국은 각 행을 각자의 칩 수열로 할당받는다.

강조해야 할 사항은 수열의 개수 N은 2의 지수승이 되어야 한다는 것이다. 즉, $N = 2^m$.

예제 6.1   다음 네트워크에 대한 칩을 구하라.

    a. 2개 지국

    b. 4개 지국

해답

그림 6.34의 W2와 W4의 행을 사용할 수 있다.

a. 2 지국 네트워크의 경우에는 [+1 +1]과 [+1 −1].

b. 4 지국 네트워크의 경우에는 [+1 +1 +1 +1]과 [+1 −1 +1 −1], [+1 +1 −1 −1] 및 [+1 −1 −1 +1].

예제 6.2   네트워크에 90개의 지국이 있을 때의 최소한 몇 개의 수열이 있어야 하는가?

해답

수열의 개수는 2^m이어야 한다. 여기서 $m = 7$로 잡으면 $N = 2^7$ 즉 128이다. 이들 중 90개의 수열을 사용한다.

예제 6.3 수신 기지국이 채널의 전체 데이터를 수신 지국의 칩으로 곱한 다음에 지국의 수로 나누면 특정 지국이 전송한 데이터를 수신할 수 있는 것을 증명하라.

해답

여기서는 앞 예제의 4개 지국에 대해 1번 지국을 예로 들어 증명한다. 채널의 데이터 $D = (d_1 \cdot c_1 + d_2 \cdot c_2 + d_3 \cdot c_3 + d_4 \cdot c_4)$이다. 1번 지국이 전송한 데이터를 받고자 하는 수신자는 이 데이터에 c_1을 곱한다.

$$
\begin{aligned}
[D \cdot c_1] / 4 &= [(d_1 \cdot c_1 + d_2 \cdot c_2 + d_3 \cdot c_3 + d_4 \cdot c_4) \cdot c_1] / 4 \\
&= [d_1 \cdot c_1 \cdot c_1 + d_2 \cdot c_2 \cdot c_1 + d_3 \cdot c_3 \cdot c_1 + d_4 \cdot c_4 \cdot c_1] / 4 \\
&= [d_1 \times 4 + d_2 \times 0 + d_3 \times 0 + d_4 \times 0] / 4 = [d_1 \times 4] / 4 = d_1
\end{aligned}
$$

이 결과값을 N으로 나누면 d_1을 얻는다.

6.2.2 셀 방식 전화

셀 방식 전화는 이동국(MS, *mobile station*)으로 부르는 두 이동 단위 사이, 또는 하나의 이동 단위와 **육상 단위**로 부르는 고정 단위 사이에 통신을 제공하도록 만들어졌다. 서비스 제공자는 반드시 호출자의 위치를 파악하고 추적해야 하며, 호출에 대한 채널 할당을 하고, 호출자가 영역 밖으로 이동할 때 한 기지국에서 다른 기지국으로 채널을 이전해야 한다.

이 추적을 가능하도록 하기 위해 각 셀 방식 서비스 영역을 셀이라는 작은 지역으로 나눈다. 각 셀은 하나의 안테나를 포함하는 **기지국**(BS, *base station*)에 의해 제어된다. 그리고 각 기지국은 다시 교환국인 **이동교환센터(MSC, mobile switching center)**에 의해 제어된다. MSC는 모든 기지국과 전화 중앙교환국 간의 통신을 조정한다. MSC는 컴퓨터화된 센터로서 전화 호출을 연결하고, 호출 정보를 기록하며, 과금을 하는 일을 한다(그림 6.35 참조).

그림 6.35 ┃ 셀 방식 시스템

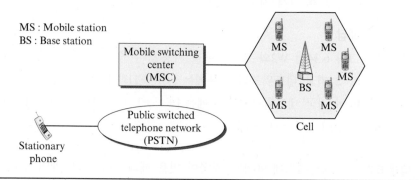

셀 크기는 고정되지 않으며 지역의 인구에 따라서 증가하거나 감소될 수 있다. 보통 셀의 반경은 1에서 12마일이다. 인구밀도가 높은 지역은 낮은 인구밀도의 지역보다 많은 트래픽 요구를 만족하기 위해 지리적으로 보다 더 작은 셀을 필요로 한다. 한 번 결정되는 셀 크기는 이웃한 셀의 신호로부터의 간섭을 막기 위해 최적화된다. 각 셀의 전송 파워는 자체 신호가 다른 셀의 신호를 간섭하는 것을 방지하기 위해 낮게 유지된다.

주파수 재사용 원칙

일반적으로 이웃하는 셀들은 셀 경계에 있는 사용자들에게 간섭을 만들어낼 수 있기 때문에 같은 주파수를 통신에 사용할 수 없다. 그러나 사용 가능한 주파수 집합은 한정되어 있으므로 주파수는 재사용되어야 한다. 주파수 재사용 패턴은 각 셀이 유일한 주파수 집합을 사용하는 N 셀 구성이다. N은 **재사용 인자(reuse factor)**이다. 이 패턴이 반복될 때 주파수는 재사용될 수 있다. 여러 가지 다른 패턴이 있는데, 그림 6.36에 두 가지를 보이고 있다.

그림 6.36 ┃ 주파수 재사용 패턴

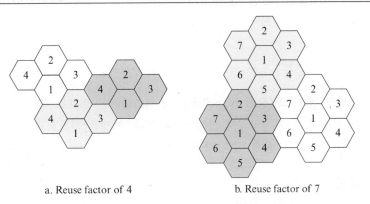

a. Reuse factor of 4   b. Reuse factor of 7

셀 안의 숫자는 패턴을 정의한다. 한 패턴에서 같은 번호를 가진 셀들은 같은 주파수 집합을 사용할 수 있다. 이런 셀들을 **재사용 셀**이라고 한다. 그림에서와 같이 재사용 인자가 4인 패턴에서 단지 한 셀이 같은 주파수 집합을 사용하는 셀들을 분리한다. 재사용 인자가 7인 패턴에서는 두 개의 셀이 재사용 셀들을 분리한다.

전송

이동국에서 전화 호출을 하려면, 호출자는 7개 또는 10개의 숫자인 전화번호를 입력하고 전송 단추를 누른다. 그러면 이동국은 대역을 조사하여 강한 신호를 가진 설정 채널을 찾고, 이 채널을 이용하여 가장 가까운 기지국에 데이터(전화번호)를 보낸다. 그 기지국은 데이터를 MSC로 중계하고 MSC는 데이터를 전화 중앙국으로 송신한다. 만약 피호출자가 전화를 받을 수 있으면 연결이 만들어지고 그 결과가 MSC에 역으로 중계된다. 이 시점에서 MSC가 사용하지 않는 음성 채널을 할당하면 연결이 설정된다. 이동국이 자동적으로 새로운 채널로 주파수 조정을 하면 통신이 시작될 수 있다.

수신

이동국이 호출될 때는 전화 중앙국이 MSC로 번호를 전송한다. MSC는 페이징이라 부르는 과정에서 각 셀에 질문 신호를 전송하여 이동국의 위치를 찾는다. 일단 이동국이 발견되면 MSC는 벨소리 신호를 전송하고, 이동국이 응답할 때 이 호출에 대한 음성 채널을 할당하여 음성 통신이 시작하도록 만든다.

핸드오프

통화 중에 이동국이 한 셀에서 다른 셀로 이동할 수가 있다. 이 경우 신호가 약해질 수 있다. 이 문제를 해결하기 위해서 MSC는 몇 초마다 신호 레벨을 감시하고, 만약 신호 세기가 약해지면 MSC는 이 통신을 보다 더 좋게 할 수 있는 새로운 셀을 찾는다. 그리고 MSC는 이 호출을 담당하는 채널로 변경한다(신호를 이전 채널로부터 새로운 채널로 넘겨준다).

하드 핸드오프(*Hard Handoff*)

초기 시스템은 하드 **핸드오프(handoff)**를 사용하였다. 경성 핸드오프에서는 이동국이 단 하나의 기지국과 통신을 한다. MS가 한 셀에서 다른 셀로 이동할 때, 새로운 기지국과 통신이 설정되기 전에 이전 기지국과의 통신이 먼저 끊어져야 한다. 이런 경우에는 울퉁불퉁한 이동이 일어난다.

소프트 핸드오프(*Soft Handoff*)

새 시스템들은 소프트 핸드오프를 사용한다. 이 경우 이동국이 동시에 두 기지국과 통신을 할 수 있다. 이것은 핸드오프 중에 한 지국이 이전 기지국과 통신을 단절하기 전에 새 기지국과 계속 통신할 수 있다는 것을 의미한다.

로밍

셀 방식 전화에는 **로밍(roaming)**이라는 특징이 있다. 원칙적으로 로밍은 사용자가 통신에 접근이 가능하거나 유효 도달 범위 내에 있을 때는 통신을 할 수 있다는 것을 의미한다. 서비스 제공자마다 보통 제한된 유효 도달 범위를 가진다. 이웃 서비스 제공자들 사이에는 로밍 계약을 통해 확장된 유효 도달 범위를 제공할 수 있다. 이 경우는 국가간의 우편 시스템과 유사하다. 두 국가 사이의 편지 전달 요금은 두 국가의 합의에 의하여 나누어진다.

1세대

셀 방식 전화는 현재 2세대를 사용하고 있으며 3세대가 떠오르고 있다. 1세대는 아날로그 신호를 이용하여 음성통신을 하도록 만들어졌다. 북미에서 사용되는 1세대 셀 방식 전화 시스템인 AMPS에 대하여 설명하겠다.

AMPS

AMPS (advanced mobile phone system)는 북미에서 선도하는 아날로그 셀 방식 시스템의 하나이다. 이 방식은 한 링크를 채널로 분할하기 위하여 FDMA(5장 참조)를 사용한다.

AMPS는 FDMA를 사용하는 아날로그 셀 방식 전화 시스템이다.

대역 AMPS는 ISM 800-MHz 대역에서 동작한다. 이 시스템은 전방향(기지국에서 이동국으로)과 역방향(이동국에서 기지국으로) 통신을 위해 두 개의 아날로그 채널을 사용한다. 824~849 MHz의 대역은 역방향 통신을 담당하고 869~894 MHz 사이의 대역은 전방향 통신을 담당한다 (그림 6.37 참조).

그림 6.37 ▍ AMPS의 셀 방식 대역

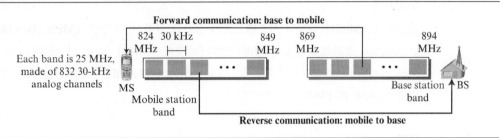

각 대역은 832개의 채널로 분할된다. 그러나 두 제공자가 한 영역을 공유할 수 있으며 이 경우 각 제공자의 매 셀마다 416개의 채널이 있게 된다. 416개의 채널 중에 21개의 채널이 제어용으로 사용되며 나머지는 395개의 채널이 된다. AMPS는 주파수 재사용 인자 7을 사용하므로 실제로는 이 395개 채널 중에 단지 1/7만이 한 셀에서 사용 가능하다.

전송 AMPS는 FM과 FSK 변조를 사용한다. 그림 6.38에서는 역방향 전송을 보이고 있다. 음성 채널은 FM으로 변조되었으며 제어 채널들은 30 KHz 아날로그 신호를 생성하기 위해 FSK를 사용한다. AMPS는 각 25 MHz 대역을 30 KHz 채널들로 분할하기 위해 FDMA를 사용한다.

그림 6.38 ▍ AMPS 역방향 통신 대역

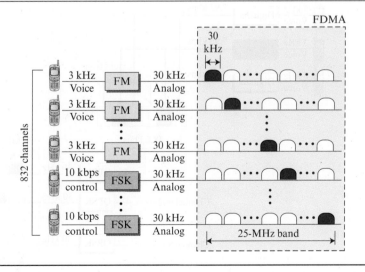

2세대

품질이 보다 좋은(잡음이 더 작은 성향이 있는) 이동 음성 통신을 제공하기 위하여 셀 방식 전화망의 2세대가 개발되었다. 첫 세대가 아날로그 음성 통신을 위해 만들어졌다면 2세대는 주로 디지털화된 음성을 위해 만들어졌다. 2세대에서는 세 가지 주요 시스템, D-AMPS, GSM, CDMA이 개발되었다.

D-AMPS

아날로그 AMPS가 디지털 시스템으로의 진화된 산물이 **디지털 AMPS (D-AMPS)**이다. D-AMPS는 AMPS와 호환성을 갖도록 설계되었다. 이것이 의미하는 바는 한 셀에서 전화 하나는 AMPS를, 다른 전화는 D-AMPS를 사용할 수 있다는 것이다. D-AMPS는 처음에 IS-54(잠정표준 54)로 정의되고 나중에 IS-136으로 개정되었다.

대역   DAMPS는 AMPS와 동일한 대역과 채널을 사용한다.

전송   각 음성 채널은 매우 복잡한 PCM과 압축 기술로 디지털화된다. 한 음성 채널은 7.95 Kbps로 디지털화되며 세 개의 7.95 Kbps 디지털 음성 채널이 TDMA를 이용하여 묶인다. 그 결과는 48.6 Kbps 디지털 데이터이며, 많은 부분이 오버헤드이다. 그림 6.39에서 볼 수 있듯이 시스템은 한 프레임에 1,944비트씩 매초 25프레임을 송신한다. 각 프레임은 40 ms (1/25초) 동안 유지되며 세 디지털 채널에 의해 공유되는 여섯 개의 슬롯(slot)으로 나누어진다. 즉, 각 채널에 두 슬롯이 할당된다.

　　각 슬롯은 324비트를 포함하지만 159비트만이 디지털화된 음성에서 온 것이고 64비트는 제어용이며 101비트는 오류 정정에 사용된다. 다시 말하면, 할당된 두 채널에 각각 159비트씩

그림 6.39 ┃ D-AMPS

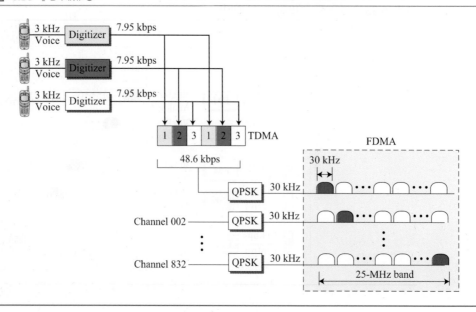

의 데이터를 넣는다. 시스템은 64제어 비트와 101오류 정정 비트를 추가한다.

결과로서 나오는 48.6 Kbps디지털 데이터는 QPSK를 사용하는 반송파를 변조하며, 그 결과는 30 KHz의 아날로그 신호이다. 마지막으로 30 KHz 아날로그 신호는 25 MHz 대역에서 주파수 다중화된다. D-AMPS는 주파수 재사용 인자 7을 가진다.

D-AMPS, 즉 IS-136은 TDMA와 FDMA를 사용하는 디지털 셀 방식 전화 시스템이다.

GSM

이동통신용 국제시스템(GSM, Global System for Mobile Communication)은 유럽 전체를 대상으로 공통의 2세대 기술을 제공하기 위해 개발된 유럽 표준안이다. 개발 목적은 호환성이 없는 다수의 1세대 기술을 대체하는 것이다.

대역 양방향 통신을 위해 GSM은 두 대역을 사용한다. 그림 6.40에서 보인 바와 같이 각 대역은 900 MHz 방향으로 이동되는 것으로 폭이 25 MHz이다. 각 대역은 보호 대역으로 분리된 124개의 200 KHz짜리 채널로 분할된다.

그림 6.40 | GSM 대역

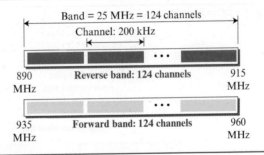

전송 그림 6.41은 GSM 시스템을 보이고 있다. 각 음성 채널은 디지털화되며 13-Kbps 디지털 신호로 압축된다. 각 슬롯은 156.25비트를 운반한다. 여덟 개의 슬롯이 같이 다중화되어 하나의 TDM 프레임을 만들며, 26개의 프레임이 하나의 다중프레임으로 묶인다. 각 채널의 비트율은 다음과 같이 계산할 수 있다.

$$\text{Channel data rate} = (1/120 \text{ ms}) \times 26 \times 8 \times 156.25 = 270.8 \text{ kbps}$$

각 270.8 Kbps 디지털 채널은 GMSK(유럽형 시스템에서 주로 사용되는 FSK의 한 방식)를 이용하여 반송파를 변조하여 200 KHz의 아날로그 신호로 된다. 마지막으로 124개의 200 KHz짜리 아날로그 채널은 FDMA를 이용하여 다중화된다. 그림 6.42는 다중프레임에서의 사용자 데이터와 오버헤드를 보이고 있다.

그림 6.41 ▌ GSM

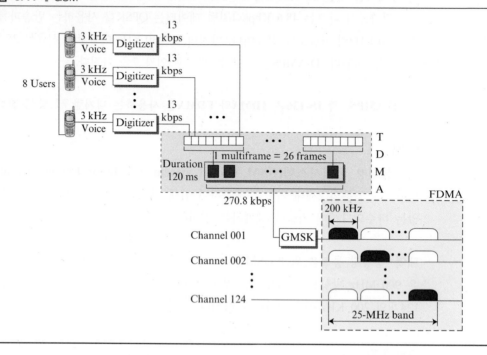

그림 6.42 ▌ 다중프레임 구성요소

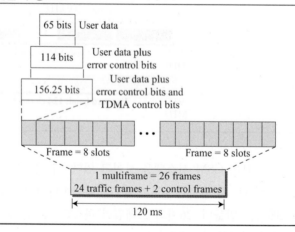

독자들은 아마도 TDMA에서 많은 양의 오버헤드가 있는 것을 알 수 있을 것이다. 한 슬롯당 사용자 데이터는 단지 65비트이다. 시스템이 오류 정정을 위해 별도의 비트를 추가해서 한 슬롯당 114비트가 된다. 여기에 제어 비트가 추가되어 156.25비트까지 도달하게 된다. 여덟 개의 슬롯이 한 프레임으로 캡슐화된다. 24개의 트래픽 프레임과 추가적으로 2개의 제어 프레임이 합쳐져 하나의 다중프레임을 만든다. 다중프레임 하나는 120 ms의 시간 길이를 가진다. GSM 구조에서는 오버헤드를 추가하지 않는 수퍼 프레임과 하이퍼 프레임을 정의하고 있으나 이 책에서는 설명하지 않는다.

재사용 인자 복잡한 오류 정정 방식 때문에 GSM은 재사용 인자 3의 낮은 값을 사용한다.

> **GSM은 TDMA와 FDMA를 사용하는 디지털 셀 방식 전화 시스템이다.**

IS-95

북미에서 주도적인 2세대 표준 중에 하나가 **잠정 표준 95 (IS-95, Interim Standard 95)**이다. 이 표준은 CDMA와 DSSS를 기반으로 한다.

대역과 채널 IS-95는 양방향 통신을 위해 두 대역을 사용한다. 두 대역은 전통적인 ISM 800 MHz 또는 ISM 1,900 MHz이다. 각 대역은 보호 대역으로 분리된 1.228 MHz짜리 20개 채널로 분할된다. 각 서비스 제공자에게 10개의 채널이 할당된다. IS-95는 AMPS와 병행하여 사용될 수 있다. 각 IS-95 채널은 41개의 AMPS 채널과 동등하다(41 × 30 KHz = 1.23 MHz).

동기화 모든 기저 채널은 CDMA를 사용하기 위해 동기화되어야 한다. 동기화를 제공하려면 기지국들은 다음 절에서 설명하는 위성 시스템의 하나인 GPS 서비스를 사용한다.

전방향 전송 IS-95는 두 가지 다른 전송 기술을 가진다. 한 가지는 전방향(기지국에서 이동국으로)에서 사용되며 다른 하나는 역방향(이동국에서 기지국으로)에서 사용된다. 전방향에서는 기지국과 모든 이동국 사이의 통신이 동기화되어 기지국은 모든 이동국에게 동기화된 데이터를 송신한다. 그림 6.43에서 전방향 통신에 대한 단순화된 그림을 보이고 있다.

그림 6.43 ┃ IS-95 전방향 전송

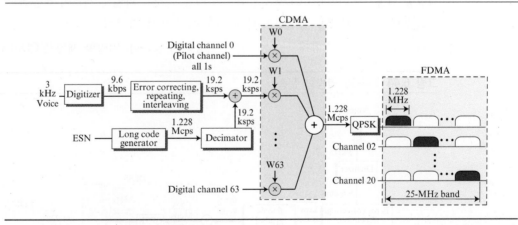

각 음성 채널은 디지털화되어 기본 데이터율 9.6 Kbps의 데이터를 만들어낸다. 오류 정정과 반복 비트를 추가하고, 중간에 끼워 넣기를 하면 19.2 Ksps (kilosignals per second)의 신호가 된다. 이 출력은 19.2 Ksps 신호를 이용하여 스크램블된다. 스크램블 신호는 이동국의 전자 일련번호(ESN, electronic serial number)를 사용하며, 각 칩이 42비트인 2^{42} 의사랜덤 칩을 만드는

긴 코드 생성기로부터 생성된다. 칩들은 패턴이 자체적으로 반복하기 때문에 의사랜덤으로 생성되며 랜덤하게 생성되지 않는다는 것에 주목해야 한다. 긴 코드 생성기의 출력은 64비트 중에서 한 비트를 선택하는 데시미터로 입력되며, 데시미터의 출력이 스크램블에 사용된다. 스크램블은 각 지국의 ESN이 유일무이한 것이기 때문에 보안성을 만들어내게 된다.

스크램블러의 출력은 CDMA 다중화기로 입력된다. 각 트래픽 채널에 하나의 월시(Walsh) 64×64행으로 구성된 칩이 선택되어 1.228 Mcps (megachips per second)의 신호가 된다.

$$19.2 \text{ ksps} \times 64 \text{ cps} = 1.228 \text{ Mcps}$$

CDMA로 다중화된 신호는 1.228 MHz의 신호를 만들어 내기 위해 QPSK 변조기에 입력되며, 결과로 나타나는 대역은 FDMA를 이용하여 적절하게 이동된다. 아날로그 채널 하나가 64개의 디지털 채널을 만들며, 이중 55개의 채널은 트래픽 채널(디지털화된 음성 전송)이다. 나머지 아홉 개의 채널은 제어와 동기화용으로 사용된다.

a. 채널 0은 파일럿 채널이다. 이 채널은 모든 이동국에게 계속적인 1의 행렬을 보낸다. 이 행렬은 비트 동기화를 제공하며, 복조를 위한 위상참조로서 역할을 하고, 이동국이 핸드오프 결정을 할 때 이웃한 기지국들과의 신호 강도 비교를 허용한다.

b. 채널 32는 이동국에게 시스템에 관한 정보를 제공한다.

c. 채널 1에서 7은 하나 이상의 이동국으로 메시지를 송신하기 위한 페이징 용도로 사용된다.

d. 채널 8에서 31과 33에서 63은 트래픽 채널로서 기지국에서 상대편 이동국으로 디지털화된 음성을 전달한다.

역방향 전송 전방향에서 CDMA의 사용이 가능한 것은 파일럿 채널이 전송을 동기화하기 위해 계속적으로 1의 행렬을 송신하기 때문이다. 이런 일을 담당해야 하는 부분이 필요하지만 만들기가 어려우므로 역방향에서는 동기화가 사용되지 않는다. 역방향 채널은 CDMA 대신에 7장에

그림 6.44 ▐ IS-95 역방향 전송

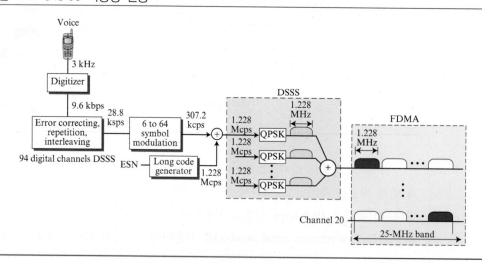

서 설명할 DSSS (direct sequence spread spectrum)을 사용한다. 그림 6.44는 역방향 전송에 대한 단순화된 그림을 보이고 있다.

음성 채널은 디지털화되어 9.6 Kbps의 데이터를 생산한다. 그러나 오류 정정과 반복 비트를 추가하고 끼워 넣기를 한 후에는 28.8 Ksps의 신호가 된다. 이 출력은 6/64 심벌 변조기를 통과한다. 이 심벌들은 6-심벌 조각으로 나뉘고 각 조각은 이진숫자(0에서 63까지)로 해석된다. 이진숫자는 칩들의 행 선택을 위한 64 × 64 월시 행렬의 인덱스로 사용된다. 각 비트가 한 행에 있는 칩에 의해 곱해지지 않는 이 과정이 CDMA가 아니라는 것을 주목하자. 각 6-심벌 조각은 64-칩 코드로 대체된다. 이것은 일종의 직교성을 제공하기 위한 것이며, 서로 다른 이동국들로부터 오는 칩의 행렬을 구분한다. 이 결과로 307.2 kcps 또는 (28.8/6) × 64의 신호를 만들어낸다.

각 칩을 4로 확산하는 것이 다음 단계이다. 다시 이동국의 ESN이 307.2의 4배인 1.228 Mcps의 비율로 42비트의 긴 코드를 만든다. 확산 후에 각 신호는 QPSK 변조가 된다. 이 변조는 전방향에서 사용되었던 것과는 약간의 차이가 있으나 여기서는 상세히 설명하지 않는다. 여기에는 다중접근 방식이 없으며 모든 역방향 채널은 공기 중으로 자체의 아날로그 신호를 송신한다. 그러나 확산 때문에 정확한 칩이 기지국에서 수신된다.

역방향에서 $2^{42} - 1$ 디지털 채널(긴 코드 생성기 때문에)을 만들어내지만, 보통 94채널이 사용된다. 62개는 트래픽 채널이며 32채널이 기지국 접근을 획득하는 데 사용된다.

> **IS-95는 CDMA/DSSS와 FDMA를 사용하는 디지털 셀 방식 전화 시스템이다.**

두 개의 데이터율 집합   IS-95에는 각 집합에 4개의 다른 데이터율을 가진 두 개의 데이터율 집합을 정의하고 있다. 첫 번째 집합에는 9,600, 4,800, 2,400과 1,200 bps를 정의하였다. 예를 들어 만약 1,200 bps가 선택된 데이터율이라면 9,600 bps의 데이터율을 제공하기 위해 각 비트는 여덟 번 반복된다. 두 번째 집합은 14,400, 7,200, 3,600과 1,800 bps을 정의한다. 이것은 오류 정정에 사용되는 비트 수를 감소하여 가능하다. 한 집합 내에서의 비트율들은 채널의 움직임과 관계가 있다. 만약 채널이 침묵하고 있을 때는 단지 1,200비트만이 전송 가능하며, 이것은 각 비트를 여덟 번 반복하여 확산을 향상시킨다.

주파수 재사용 인자   IS-95 시스템에서는 이웃 셀에서 오는 간섭이 CDMA나 DSSS 전송에 영향을 미칠 수 없기 때문에 주파수 재사용 인자가 정상적으로 1이다.

소프트 핸드오프   각 기지국은 파일럿 채널을 이용하여 신호를 계속 브로드캐스트 한다. 이것은 한 이동국이 자체의 셀과 이웃 셀들에서 파일럿 신호를 감지할 수 있다는 것을 의미한다. 이렇게 되면 이동국은 하드 핸드오프와 대비되는 소프트 핸드오프를 할 수 있게 된다.

3세대

셀 방식 전화의 3세대는 다양한 서비스를 제공하는 기술들의 조합으로 여겨진다. 이상적으로 완성된 3세대는 디지털 데이터와 음성 통신 모두 제공할 수 있다. 작은 휴대용 장비를 이용하여

한 사람이 현존하는 고정 전화망의 서비스 질과 비슷한 음성 품질로 세계의 어떤 다른 사람과도 이야기할 수 있다. 또한 영화를 다운로드하여 감상할 수 있으며, 음악도 다운로드해 감상하고, 인터넷 서핑과 게임을 할 수 있고, 영상회의를 하며 그 외 다른 여러 가지를 할 수 있다. 3세대 시스템의 흥미 있는 특징 하나는 휴대용 장비가 언제나 연결되어 있어서 인터넷에 연결하기 위해 번호를 사용할 필요가 없다는 것이다.

3세대 개념은 ITU가 **2000년을 위한 인터넷 이동통신(IMT-2000, Internet Mobile Communication for year 2000)**이라는 청사진을 만들어 내면서 1992년에 시작되었다. 이 청사진은 다음에 요약한 바와 같이 3세대 기술의 몇 가지 평가지표를 정의하였다.

a. 현재 사용하는 공중전화망의 품질과 비교할 만한 음성 품질

b. 이동하는 차량에서 144 Kbps, 보행자에게는 384 Kbps, 그리고 고정 위치 사용자(집 또는 사무실)에게는 2 Mbps의 데이터율로 사용

c. 패킷 교환과 회선 교환 데이터 서비스 지원

d. 2 GHz 대역

e. 2 MHz 대역폭

f. 인터넷 인터페이스

> **3세대 셀 방식 전화의 주요 목표는 보편적인 개인 통신을 제공하는 것이다.**

IMT-2000 무선 인터페이스

그림 6.45는 IMT-2000에 적용된 무선 인터페이스(무선 표준)을 보이고 있다. 다섯 가지 모두 2세대 기술로부터 개발되었다. 처음 둘은 CDMA 기술에서 세 번째는 CDMA와 TDMA의 조합으로부터 그리고 마지막은 FDMA와 TDMA 양쪽 모두에서 진화했다.

그림 6.45 ┃ IMT-2000 무선 인터페이스

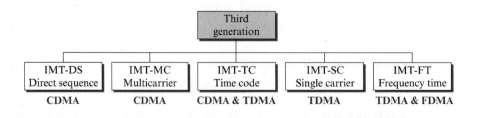

IMT-DS 이 방식은 CDMA의 한 변형으로 W-CDMA (wideband CDMA)라고 한다. W-CDMA는 5 MHz 주파수대를 사용한다. 유럽에서 개발되었으며 IS-95에서 사용된 CDMA와 호환성이 있다.

IMT-MC　이 방식은 북미에서 개발되었으며 CDMA 2000으로 알려져 있다. 이것은 IS-95 채널에서 사용된 CDMA 기술의 진화된 형태로서 새로운 광대역(15 MHz) 대역 확산을 IS-95의 협대역(1.25 MHz) CDMA와 조합한 것이다. IS-95와 역호환성이 있으며, 15 MHz까지 다중의 1.25 MHz의 채널들(1, 3, 6, 9, 12배)로 통신하는 것을 허용한다. 보다 넓은 채널을 사용하여 3세대에 정의된 2 Mbps 데이터율에 이를 수 있도록 만든다.

IMT-TC　이 표준은 W-CDMA와 TDMA의 조합을 사용한다. 이 표준은 W-CDMA에 TDMA 다중화를 추가하여 IMT-2000의 목표를 달성하고자 한다.

IMT-SC　이 표준은 TDMA만을 사용한다.

IMT-FT　이 표준은 FDMA와 TDMA의 조합을 사용한다.

4세대

휴대용 전화의 4세대는 무선 통신에서의 완벽한 진화가 기대되고 있다. 다음과 같이 4세대 Working Group에 의해 목표가 정의되었다.

a. 스펙트럼 효율 시스템(a spectrally efficient system)

b. 높은 네트워크 용량

c. 움직이는 차 안에서 접속을 위한 100 Mbit/s과 정지된 사용자를 위한 1 Gbit/s의 데이터율

d. 세계의 어느 두 지점 간 최소 100 Mbit/s의 데이터율

e. 이기종 네트워크에서 매끄러운 핸드오프(handoff)

f. 다중 네트워크에서 매끄러운 접속과 글로벌 로밍

g. 차세대 멀티미디어 지원을 위한 높은 QoS (QoS는 8장에서 논의할 것임)

h. 현존하는 무선 표준과 상호 운용성

i. 모든 IP, 패킷 교환 네트워크

　　4세대는 3세대와 다르게 오직 패킷 기반이며 IPv6를 지원한다. 이는 더 나은 멀티캐스트, 보안성 및 경로 최적화 능력을 제공한다.

접근 방식

4세대를 위해 효율성, 용량, 확장성을 높이는 것과 새로운 접근 기술이 고려되고 있다. 예를 들면, **직교 FDMA (OFDMA)와 interleaved FDMA (IFDMA)**가 각각 차세대 **전 세계적인 이동 통신 시스템(UMTS, Universal Mobile Telecommunications System)**의 다운링크와 업링크를 위하여 고려되고 있다. 비슷하게 **Multi-carrier CDMA (MC-CDMA)**가 IEEE 802.20 표준으로 제안되고 있다.

변조

더 효율적인 상현 진폭 변조(64-QAM) LTE (Long Term Evolution) 표준에서 사용하기 위해 제안되었다.

무선 시스템

4세대는 **소프트웨어 지정 라디오(Software Defined Radio, SDR)** 시스템을 사용한다. 하드웨어를 사용하는 일반적인 무선과 달리 SDR의 구성 요소는 소프트웨어 단위이며 유연성을 가지고 있다. SDR는 주파수 간섭을 완화시키기 위해 주파수를 이동하여 프로그램을 변경할 수 있다.

안테나

지능 안테나 종류인 **다중 입력 다중 출력(Multiple-input multiple-output, MIMO)과 다중 사용자 MIMO (multi-user MOMO, MU-MIMO)** 안테나 시스템은 4세대를 위하여 제안되었다. 특별한 멀티플렉싱과 함께 이 안테나를 사용하는 4세대는 독립된 스트림이 다중 집단(fold) 안에서 데이터율을 높이기 위해 모든 안테나로부터 동시에 전송되는 것을 허용한다. MIMO 역시 간섭 발생 시 개방된 주파수로 이동하기 위한 전송기와 수신기의 조직화를 허용한다.

응용

이전의 15~30 Mbit/s 데이터율에서 4세대는 사용자에게 HDTV 스트리밍을 제공할 수 있었다. 100 Mbit/s의 데이터율에서는 오프라인 접속에서 DVD-5의 내용을 5분 안에 다운로드 가능하다.

6.2.3 위성망

위성망은 지구상의 한 지점에서 다른 지점으로 통신을 제공하는 노드들의 조합이다. 망에서의 노드는 위성, 지구국, 또는 단말 사용자나 전화기가 될 수 있다. 달과 같은 실제 위성이 네트워크에서 중계 노드로 사용될 수 있지만, 신호 이동 중에 감소되는 에너지를 재생하는 전자장비 설치가 가능한 인공위성의 사용이 우선적으로 고려된다. 자연적인 위성을 사용하는 다른 제한점은 통신에서 긴 지연을 초래하는 지구로부터의 거리이다.

위성망은 지구를 큰 셀로 나누는 관점에서 셀 방식 네트워크와 유사하다. 위성은 아무리 멀리 떨어져 있더라도 지구상의 어떤 지점으로부터 다른 어떤 지점까지 전송 능력을 제공한다. 이 장점은 지상 기반구조에 막대한 투자 없이도 세계의 저개발 지역에 고품질 통신을 가능하게 한다.

궤도

인공위성은 지구를 따라 움직이는 경로인 **궤도**를 가져야 한다. 궤도에는 그림 6.46에서 보인 바와 같이 적도궤도, 경사궤도와 극궤도가 있다.

위성이 지구를 완전히 한 바퀴 도는 데 필요한 시간인 위성 주기는 지구 중심에서 위성까지의 거리의 함수로 주기를 정의하는 케플러의 법칙에 의해 결정된다.

그림 6.46 ▌ 위성궤도

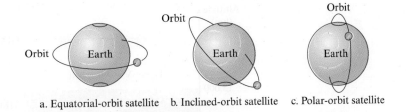

a. Equatorial-orbit satellite   b. Inclined-orbit satellite   c. Polar-orbit satellite

---

 예제 6.4   케플러의 법칙에 따르면 달의 주기는 얼마인가?

$$\textbf{Period} = \textbf{\textit{C}} \times \textbf{distance}^{1.5}$$

이 식에서 C는 약 1/100에 해당하는 상수이다. 주기는 초 단위이며 거리는 킬로미터 단위이다.

해답
달은 지구 위 약 384,000 km에 위치하고 지구의 반경은 6,378 km이다. 공식에 적용하면,

$$\textbf{Period} = \textbf{(1/100)} \times \textbf{(384,000 + 6378)}^{1.5} = \textbf{2,439,090 s} = \textbf{1 month}$$

 예제 6.5   케플러의 법칙에 따르면 지구 위 약 35,786 km 궤도에 있는 위성의 주기는 얼마인가?

해답
공식을 적용하여 다음을 계산할 수 있다.

$$\textbf{Period} = \textbf{(1/100)} \times \textbf{(35,786 + 6378)}^{1.5} = \textbf{86,579 s} = \textbf{24 h}$$

이것은 35,786 km에 위치한 위성의 주기가 24시간이며 지구의 자전주기와 같다는 것을 의미한다. 이와 같은 위성을 지구에 대해 **고정적**이라고 하며 이 궤도를 **정지궤도**라고 한다.

영향예상지역
위성은 양방향 안테나(가시선)로 마이크로파를 처리한다. 그러므로 위성에서 나오는 신호는 **영향예상지역(footprint)**이라고 부르는 특별한 지역을 정상적으로 목표로 한다. 영향예상지역의 중심에서 신호 전력이 최대치가 되며 중심에서 멀어짐에 따라 전력이 감소한다. 영향예상지역의 경계는 전력 사정에 정의된 임계치에 이르는 지역이다.

세 종류의 위성
궤도의 위치에 따라 위성은 **GEO, LEO**와 **MEO**의 세 종류로 분류된다.

그림 6.47은 지구 표면에 대해 위성의 고도를 보이고 있다. GEO 위성을 위해서는 35,786 km 고도의 궤도가 하나만 있다. MEO 위성은 5,000에서 15,000 km 사이의 고도에 위치한다. LEO 위성은 보통 2,000 km 이하에 있다.

그림 6.47 ┃ 위성궤도의 고도

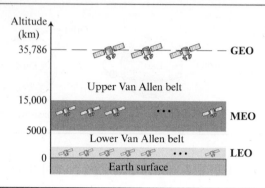

서로 다른 궤도를 갖는 이유 하나는 밴 앨런 방사대가 두 군데 있기 때문이다. 밴 앨런 방사대는 충전된 입자를 포함하는 층이다. 이 두 방사대 중 하나에 위치하는 위성은 에너지로 충전된 입자에 의해 완전히 파괴된다. MEO 궤도는 이 두 방사대 사이에 위치한다.

위성통신을 위한 주파수 대역

위성 마이크로파 통신용으로 예약된 주파수는 GHz 영역이다. 각 위성은 서로 다른 두 주파수 대역에 송신과 수신을 한다. 지구에서 위성으로 전송하는 것을 **상향 링크**라고 하며 위성에서 지구로 전송하는 것을 하향 링크라고 한다. 표 6.5에 각 영역에 대한 대역 명칭과 주파수를 나타낸다.

표 6.5 ┃ 위성 주파수 대역

Band	Downlink, GHz	Uplink, GHz	Bandwidth, MHz
L	1.5	1.6	15
S	1.9	2.2	70
C	4.0	6.0	500
Ku	11.0	14.0	500
Ka	20.0	30.0	3500

GEO 위성

가시선 전파는 송신 안테나와 수신 안테나가 서로 상대방의 위치에 고정되어 있어야 한다(한 안테나의 가시권에 반드시 다른 안테나가 있어야 한다). 이런 이유 때문에 지구의 자전 속도보다 빠르거나 느린 위성은 단지 짧은 시간 동안만 쓸모가 있다. 계속적인 통신을 보장하기 위해서는 위성이 어떤 지점에 고정되어 있는 것처럼 여겨지도록 위성은 반드시 지구와 같은 속도로 움직여야 한다. 이런 위성을 **정지궤도** 위성이라고 한다.

궤도 속도는 행성으로부터의 거리에 근거하므로 단 한 궤도만이 정지궤도가 된다. 이 궤도는 적도면에 있으며 지구 표면으로부터 대략 22,000마일 상공에 위치한다.

그러나 정지궤도 위성 하나로는 전체 지구를 감당할 수 없다. 궤도상에 있는 위성 하나는 다수의 지국과 가시선 접속을 하지만 지구의 많은 부분은 지구 곡률 때문에 여전히 가시권 밖에 놓인다. 전 세계적인 전송을 위해서는 정지지구궤도상에서 서로 같은 거리만큼 떨어져 있는 최소 3개의 위성이 필요하다. 그림 6.48은 적도 주변의 정지궤도상에서 서로에 대해 각각 120° 각도를 가진 3개의 위성을 보여준다. 북극에서 관찰했을 경우이다.

그림 6.48 | 정지궤도상의 위성

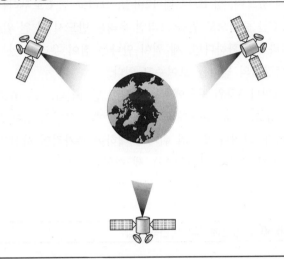

MEO 위성

중지구궤도(MEO, Medium-Earth orbit) 위성은 두 밴 앨런 방사대 사이에 위치한다. 이 궤도의 위성은 지구를 도는 데 대략 6~8시간이 걸린다.

GPS

MEO 위성 시스템의 예제 하나는 대략 지구 상공 18,000 km(11,000 마일) 고도에서 움직이는 **GPS (Global Positioning System)**이다. GPS는 미국 국방성에서 설치한 시스템이지만 지금은 공공 시스템이다. 이 시스템은 24개의 위성으로 구성되어 있으며 차량과 선박에 시간과 위치를 제공하여 육상과 해상 항해 시스템으로 사용된다. GPS는 통신용으로 사용되지 않는다. GPS는 그림 6.49에서와 같이 여섯 궤도에 있는 24개의 위성을 이용한다. 궤도와 각 궤도에 있는 위성

그림 6.49 | GPS 궤도

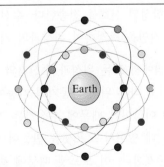

의 위치는 어느 시간이나 지구상의 어느 점에서도 네 개의 위성이 보일 수 있도록 설계되었다. GPS 수신기는 위성의 현재 위치를 알려주는 연감을 가지고 있다.

삼변측량법　GPS는 **삼변측량법(trilateration)**에 근거한다. 평면상에서 만약 세 점에서 우리가 있는 곳까지의 거리를 알면 우리의 위치를 정확히 알 수 있다. 가령 우리는 점 A로부터 10마일 떨어져 있으며, 점 B로부터 12마일, 그리고 점 C로부터는 15마일 떨어져 있다고 가정하자. 점 A, B, C를 중심으로 원을 그리면 우리는 반드시 세 원 위의 어딘가에 위치하게 된다. 만약 측정된 거리가 정확하다면, 세 원이 만나는 점이 우리가 있는 위치이다. 그림 6.50a는 평면상에서 삼변측량법의 원리를 보여주고 있다.

그러나 3차원 공간에서는 상황이 달라진다. 그림 6.50b와 같이 세 개의 구는 두 점에서 만난다. 경도, 위도, 고도를 갖는 공간상에서 우리의 정확한 위치를 알기 위해서는 네 개의 구가 필요하다. 그러나 우리의 위치에 대하여 추가적인 사실을 가지고 있다면(예를 들어 바다나 공간에 있지 않다는 것을 안다), 세 개의 구로도 충분하다. 그 이유는 구가 만나는 두 지점 중의 하나는 절대로 일어날 수가 없기 때문에 의심할 여지없이 다른 것이 선택된다.

그림 6.50 ▌ 평면에서의 삼변측량법

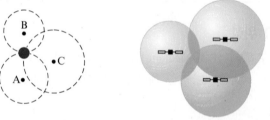

a. Two-dimensional trilateration　　b. Three-dimensional trilateration

거리 측정　만약 각 위성에서 우리가 있는 곳까지의 거리와 각 위성의 위치를 알고 있으면 삼변측량법으로 우리의 위치를 찾을 수 있다. 미리 정의된 위성의 경로를 이용하여 GPS 수신기는 각 위성의 위치를 계산할 수 있다. 그 다음 적어도 세 개의 GPS 위성(구의 중심)에서 GPS 수신기까지의 거리를 알아야 한다. 거리 측정은 편도 거리 측정 방법을 사용한다. 잠시 모든 GPS 위성과 지구 상의 수신기가 동기화되었다고 가정하자. 24개의 위성은 동기화되어 각각의 고유한 패턴을 갖는 합성된 신호를 전송한다. 수신기의 컴퓨터는 위성에서 온 신호와 수신기의 복사된 신호 간의 지연을 측정하여 위성과의 거리를 계산한다.

동기화　이전 설명에서 모든 위성과 수신기의 클럭이 모두 동기화되어 있다고 가정하였다. 위성은 매우 정확하고 다른 위성과 동기화 기능이 있는 원자 클럭을 사용한다. 원자 클럭의 가격은 보통 $50,000 이상이기 때문에 수신기는 가격이 저렴한 일반 수정 클럭을 사용하고 있다. 거리를 계산하는 데 있어서 오프셋을 만들어 내는 위성 클럭과 수신기 클럭 사이에 알려지지 않은 오프셋이 존재한다. 이 오프셋 때문에 측정된 거리 값을 의사거리라고 한다.

GPS는 클럭 오프셋 문제를 풀기 위해 멋진 방법을 사용한다. 이 문제를 해결하기 위해 모든 위성에서 사용되는 같은 오프셋 값을 인식한다. 위치 계산은 네 개의 미지수를 찾아서 행해진다. 이 네 개의 미지수는 수신기의 좌표 x_r, y_r, z_r과 공통 클럭 오프셋 dt이다. 네 개의 미지수를 구하기 위해서는 최소 네 개의 수식이 필요하다. 이는 네 개의 위성에서의 의사거리 측정을 해야 함을 의미한다. 측정된 의사거리를 PR_1, PR_2, PR_3, PR_4라 하고 각 위성의 위치를 x_i, y_i, z_i (i는 1부터 4까지)라 하면 다음 수식을 통해 네 개의 미지수 값을 구할 수 있다.

$$PR_1 = [(x_1 - x_r)^2 + (y_1 - y_r)^2 + (z_1 - z_r)^2]^{1/2} + c \times dt$$
$$PR_2 = [(x_2 - x_r)^2 + (y_2 - y_r)^2 + (z_2 - z_r)^2]^{1/2} + c \times dt$$
$$PR_3 = [(x_3 - x_r)^2 + (y_3 - y_r)^2 + (z_3 - z_r)^2]^{1/2} + c \times dt$$
$$PR_4 = [(x_4 - x_r)^2 + (y_4 - y_r)^2 + (z_4 - z_r)^2]^{1/2} + c \times dt$$

위 수식에 사용된 좌표는 지구중심고정좌표계(Earth-Centered Earth-Fixed [ECEF] reference frame)를 사용한다. 좌표의 공간 중심은 지구의 중심이고 좌표 공간은 지구와 함께 회전한다. 이는 ECEF 좌표의 고정된 점은 지구의 표면상에서 변하지 않음을 의미한다.

응용 GPS는 군에서 사용한다. 예를 들면 수천 개의 휴대용 GPS가 걸프전에서 보병, 차량, 헬리콥터에 사용되었다. GPS의 다른 용도는 네비게이션 시스템이다. 운전자는 차의 현재 위치를 찾을 수 있으며, 차량의 메모리에 있는 데이터베이스에 의해 목적지로 방향을 잡을 수 있다. 다시 말해서 GPS는 차의 위치를 제공하며 데이터베이스는 이 정보를 이용하여 목적지로 가는 경로를 알아낼 수 있다. 앞에서 언급한 바와 같이 IS-95 셀 방식 전화 시스템은 GPS를 이용하여 기지국 간의 동기화를 달성한다.

LEO 위성

저지구궤도(LEO, Low-Earth orbit) 위성은 극궤도를 가진다. 고도는 500에서 2,000킬로미터이며 회전 주기는 90분에서 120분이다. 위성의 속도는 시간당 20,000에서 25,000킬로미터이다. LEO 시스템은 보통 셀 방식 전화 시스템과 유사한 셀 방식의 접근을 가진다. 정상적인 영향예상지역의 직경은 8,000킬로미터이다. LEO 위성은 지구에 가깝기 때문에 왕복 시간 전파 지연은 정상적으로는 20 ms 이하이며, 오디오 통신에서 사용 가능하다.

LEO 시스템은 위성군으로 하나의 네트워크로서 동작하며, 각 위성이 하나의 스위치로 동작한다. 서로 인접하는 위성은 위성간 링크(ISLs, intersatellite links)로서 연결된다. 이동 시스템은 사용자 이동 링크(UML, user mobile link)를 통해 위성과 통신을 한다. 위성은 또한 지구국(게이트웨이)과 게이트웨이 링크(GWL)를 통해 통신을 한다. 그림 6.51은 전형적인 LEO 위성망을 보여주고 있다.

LEO 위성은 세 종류로 분류될 수 있다. 작은 LEO (little LEOs), 큰 LEO (big LEOs) 그리고 광대역 LEO (broadband LEO)이다. 작은 LEO는 1 GHz 이하에서 동작한다. 작은 LEO들은 대부분 낮은 데이터율 메시지 전달에 사용된다. 큰 LEO는 1에서 3 GHz 사이에서 동작한다. **글로벌스타(Globalstar)**는 큰 LEO 위성 시스템의 예 중 하나이다. 이것은 8개의 위성을 관리하는 궤도가 6개인 극궤도로 총 48개 위성을 이용한다. **이리듐(Iridium)** 시스템은 11개 위성을 가지는 궤도가 6개의 극궤도로 나뉘어 총 66개의 위성을 가진다. 750 km의 고도에 궤도가 있다. 각 궤도의 위성은 거의 32도의 위도로 다른 위성과 분리되어 있다. 광대역 LEO는 광섬유 네트워크와 유사하게 통신을 제공한다. 첫 광대역 LEO 시스템은 **텔레데식(Teledesic)**이었다. 텔레데식은 위성 시스템으로 광섬유와 유사통신(광대역 채널, 낮은 오류율, 적은 지연)을 제공한다. 이것의 주 목적은 전 세계의 사용자에게 광대역 인터넷 접속을 제공하는 것이다. 때때로 이것은 "하늘의 인터넷"이라고도 불리었다. 1990년 Carig McCaw와 Bill Gates에 의해 프로젝트가 시작되었고 다른 투자자들의 참여로 콘소시엄이 형성되었다. 가까운 미래에 프로젝트는 완전한 기능을 할 예정이다.

그림 6.51 | LEO 위성 시스템

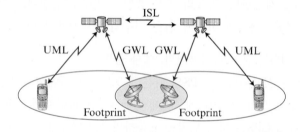

6.3 Mobile IP

모바일 EH는 개인화된 컴퓨터(예를 들어 노트북)가 급속히 보편화됨에 따라 기존의 IP 프로토콜을 확장한, 즉 어디서나 인터넷을 활용할 수 있도록 하는 Mobile IP 기술을 본 장에서 생각하고 다룰 것이다.

6.3.1 주소지정

IP 프로토콜을 사용하여 이동 통신 서비스를 제공함에 있어서 해결되어야 하는 가장 중요한 문제는 주소지정이다.

정지 호스트

본래 IP 주소지정은 호스트가 하나의 특정한 네트워크에 연결되어 정지하여 있다는 가정에 기반하고 있다. 라우터는 IP 주소를 사용하여 IP 데이터그램을 라우트한다. 이미 5장에서 배웠듯이 IP 주소는 프리픽스(prefix)와 서픽스(suffix)의 두 부분을 가지고 있다. 프리픽스는 호스트를 네트워크에 연관시킨다. 예를 들어 IP 주소 10.3.4.24/8은 10.0.0.0/8 네트워크에 연결된 호스트를 정의한다. 이것이 암시하는 것은 인터넷 내의 호스트는 한 장소에서 다른 장소로 이동하면서 같은 IP 주소를 가지고 갈 수 없다는 것이다. 주소는 호스트가 특정 네트워크에 연결되어 있을 때에만 유효하게 된다. 만약 네트워크가 변한다면 주소는 더 이상 유효하지 않게 된다. 라우터는 이러한 관계를 사용하여 패킷을 라우트한다. 즉 라우터는 프리픽스를 사용하여 호스트가 연결된 네트워크에 패킷을 전달한다. 이 방법은 **정지 호스트(stationary hosts)**에는 전혀 문제없이 사용된다.

> 주소의 일부는 호스트가 연결된 네트워크를 정의하므로
> IP 주소는 정지 호스트에 사용될 수 있도록 설계되었다.

이동 호스트

호스트가 한 네트워크에서 다른 네트워크로 이동하면 IP 주소 구조도 변경되어야 한다. 이에 대해 몇 가지 해결책이 제안되었다.

주소의 변경

한 가지 간단한 해결책은 **이동 호스트(mobile host)**가 새로운 네트워크로 갈 때 자신의 주소도 변경하도록 하는 것이다. 호스트는 DHCP를 사용하여 새로운 네트워크에서의 새 주소를 획득하여 사용할 수 있다(4장 참조). 그러나 이 방법에는 몇 가지 문제가 있다. 첫째, 구성 파일이 변경되어야 한다. 둘째, 호스트가 한 네트워크에서 다른 네트워크로 이동할 때마다 재부팅되어야 한다. 셋째, 인터넷의 다른 호스트들이 이 변경을 알 수 있도록 DNS 테이블이 변경되어야 한다(2장 참조). 넷째, 만약 호스트가 데이터 전송 중 다른 네트워크로 이동하게 되면 이 데이터 전송은 중단되게 된다. 이것은 연결이 지속되는 동안에는 클라이언트와 서버의 포트 번호와 IP 주소가 변경되어서는 안 되기 때문이다.

두 개의 주소

더 현실적인 방법은 두 개의 주소를 사용하는 것이다. 호스트가 **홈 주소(home address)**라 불리는 원주소와 **의탁 주소(care-of address)**라 불리는 임시 주소를 갖는 것이다. 홈 주소는 영구적으로 사용되며 호스트의 영구적 홈이 되는 네트워크인 **홈 네트워크(home network)**에 호스트를 연결시킨다. 의탁 주소는 임시 주소로서 호스트가 한 네트워크에서 다른 네트워크로 이동하게 되면 의탁 주소는 변경되며 이는 호스트가 이동하여 도착한 네트워크인 **외지 네트워크(foreign network)**에서의 주소이다. 그림 6.52는 이 개념을 보여주고 있다.

> 모바일 IP에서 이동 호스트는 홈 주소와 의탁 주소라는 두 개의 주소를 가진다.
> 홈 주소는 영구적이지만 의탁 주소는 이동 호스트가 한 네트워크에서 다른 네트워크로
> 이동하게 되면 변경된다.

이동 호스트가 외지 네트워크로 이동하게 되면 뒤에서 설명될 에이전트 발견 및 등록 과정에서 의탁 주소를 받게 된다.

그림 6.52 | 홈 주소와 의탁 주소

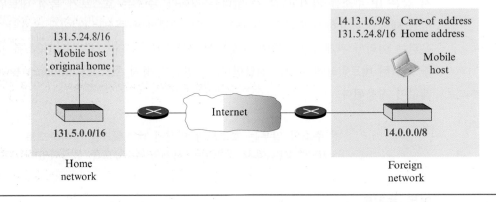

6.3.2 에이전트

모바일의 주소가 변경되는 것을 외부 인터넷에 알게 하기 위하여 **홈 에이전트(home agent)**와 **외지 에이전트(foreign agent)**가 필요하다. 그림 6.53은 홈 네트워크에서의 홈 에이전트의 위치와 외지 네트워크에서의 외지 에이전트의 위치를 보여주고 있다.

그림 6.53 | 홈 에이전트와 외지 에이전트

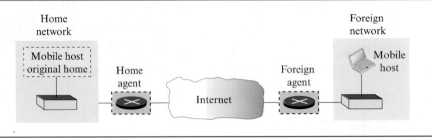

홈 에이전트와 외지 에이전트를 라우터로 설명하였지만 에이전트로서의 이들의 기능은 응용 계층에서 수행된다. 다른 말로 설명하면 에이전트들은 라우터인 동시에 호스트이다.

홈 에이전트

홈 에이전트(home agent)는 일반적으로 이동 호스트의 홈 네트워크에 연결된 라우터이다. 원격 호스트가 이동 호스트에게 패킷을 보낼 때 홈 에이전트는 이동 호스트를 대신해서 동작한다. 홈 에이전트는 패킷을 수신하여 이 패킷을 외지 에이전트에 보낸다.

외지 에이전트

외지 에이전트는 일반적으로 외지 네트워크에 연결된 라우터이다. 외지 에이전트는 홈 에이전트로부터 받은 패킷을 이동 호스트에게 전달한다.

이동 호스트는 외지 에이전트의 역할을 수행할 수도 있다. 다시 말하면 이동 호스트와 외지 에이전트가 같을 수 있다. 그러나 이를 위해서는 이동 호스트 자신이 의탁 주소를 수신할 수 있어야 하고 이는 DHCP를 사용함으로써 가능할 수 있다. 그리고 이동 호스트는 홈 에이전트와 통신할 수 있도록 하는 소프트웨어를 가지고 있어야 하고 홈 주소와 의탁 주소의 두 주소를 가지고 있어야 한다. 이러한 이중 주소지정은 응용프로그램에 투명하여야 한다. 즉, 응용프로그램이 이러한 사항을 알지 못하도록 하여야 한다.

이동 호스트가 외지 에이전트로서 작동할 때 의탁 주소는 **동위치 의탁 주소(collocated care-of address)**라고 불리운다.

> **이동 호스트와 외지 에이전트가 같을 때 의탁 주소는 동위치 의탁 주소라고 불리운다.**

동위치 의탁 주소를 사용하는 것의 장점은 외지 에이전트의 가용성을 염려할 필요 없이 이동 호스트가 어떠한 네트워크로도 이동할 수 있다는 것이다. 그러나 이동 호스트가 자신의 외지 에이전트 역할을 수행하기 위해 추가 소프트웨어가 필요하다는 단점이 있다.

6.3.3 세 단계

원격 호스트와 통신을 하기 위하여 이동 호스트는 그림 6.54에 보이는 바와 같이 에이전트 발견, 등록, 데이터 전송의 세 과정을 거치게 된다.

그림 6.54 ▎원격지 호스트와 이동 호스트의 통신

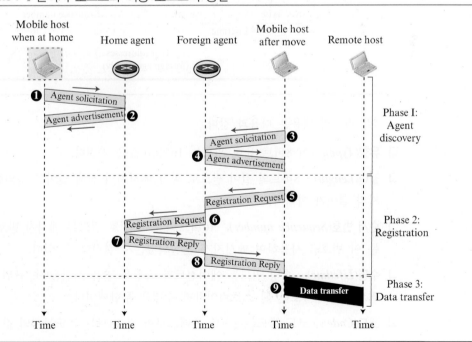

첫 과정인 에이전트 발견에는 이동 호스트, 외지 에이전트와 홈 에이전트가 참여한다. 두 번째 과정인 등록에도 역시 이동 호스트와 두 에이전트가 참여한다. 마지막으로 세 번째 과정에는 원격지 호스트가 참여하게 된다. 다음에 각 과정에 대해 자세히 설명한다.

에이전트 발견

이동 통신에서의 첫 과정인 에이전트 발견(agent discovery)은 두 개의 부과정으로 구성된다. 이동 호스트는 자신의 홈 네트워크를 떠나기 전에 홈 에이전트의 주소를 알아야 한다. 그리고 외지 네트워크에 들어간 후에는 외지 에이전트를 발견해야만 한다. 이 발견 과정은 외지 에이전트의 주소뿐 아니라 의탁 주소를 아는 것을 포함한다. 발견은 광고(advertisement)와 간청(solicitation)의 두 가지 메시지를 포함한다.

에이전트 광고

라우터가 ICMP 라우터 광고 메시지를 사용하여 자신의 존재를 광고할 때 만약 자신이 에이전트로서 작동하고 있다면 패킷에 에이전트 광고 메시지를 추가할 수 있다. 그림 6.55는 에이전트 광고가 라우터 광고 패킷에 어떻게 추가될 수 있는지 보여주고 있다.

> **모바일 IP는 에이전트 광고를 위하여 새로운 패킷 유형을 사용하지 않는다.
> ICMP의 라우터 광고 패킷을 사용하여 에이전트 광고 메시지를 추가한다.**

그림 6.55 | 에이전트 광고

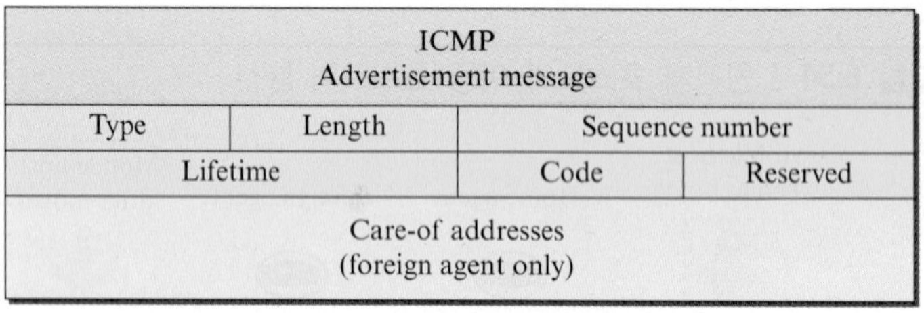

각 필드의 내용은 다음과 같다.

□ **유형(Type).** 이 8비트 유형 필드는 16이란 값을 가진다.

□ **길이(Length).** 8비트의 길이 필드로 확장 메시지의 전체 길이를 정의한다(ICMP 광고 메시지의 길이가 아니다).

□ **순서 번호(Sequence number).** 16비트의 순서 번호 필드는 메시지 번호를 저장한다. 수신자는 이 번호를 사용하여 메시지가 분실되었는지 결정할 수 있다.

□ **수명(Lifetime).** 수명 필드는 에이전트가 요청을 받을 시간을 초 단위로 나타낸다. 만약 이 필드의 값이 1로만 된 스트링이라면 수명은 무한대이다.

□ **코드(Code).** 코드 필드는 8비트 플래그로써 각 비트는 1 또는 0의 값을 가진다. 이 비트들의 의미는 표 6.6과 같다.

표 6.6 ┃ 코드 비트

Bit	Meaning
0	Registration required. No collocated care-of address.
1	Agent is busy and does not accept registration at this moment.
2	Agent acts as a home agent.
3	Agent acts as a foreign agent.
4	Agent uses minimal encapsulation.
5	Agent uses generic routing encapsulation (GRE).
6	Agent supports header compression.
7	Unused (0).

❑ **의탁 주소**(*Care-of addresses*). 이 필드는 의탁 주소로서 사용이 가능한 주소들의 리스트를 포함한다. 이동 호스트는 이 주소들 중의 하나를 선택할 수 있다. 이 의탁 주소의 선택은 등록 요청 과정에서 알려진다. 이 필드는 외지 에이전트만이 사용한다.

에이전트 간청

이동 호스트가 새 네트워크로 이동을 했지만 에이전트 광고를 받지 못했다면 에이전트 간청 (agent solicitation)을 시작할 수 있다. ICMP 간청 메시지를 사용하여 에이전트에게 도움이 필요하다는 것을 알릴 수 있다.

> 모바일 IP는 에이전트 간청을 위하여 새로운 패킷 유형을 사용하지 않고 ICMP의 라우터 간청 패킷을 사용한다.

등록

이동 통신의 두 번째 과정은 **등록**(*registration*)이다. 외지 네트워크로 이동하여 외지 에이전트를 발견한 후 이동 호스트는 등록을 하여야 한다. 등록에는 네 가지 측면이 있다.

1. 이동 호스트는 외지 호스트에 자신을 등록하여야 한다.
2. 이동 호스트는 홈 에이전트에 자신을 등록하여야 한다. 보통 이 과정은 이동 호스트를 대신하여 외지 에이전트가 수행한다.
3. 만료가 된 후에는 이동 호스트를 다시 등록해야 한다.
4. 홈 네트워크로 돌아온 후 이동 호스트는 자신의 등록을 취소하여야 한다.

요청과 응답

외지 에이전트와 홈 에이전트에 등록을 하기 위하여 이동 호스트는 그림 6.54에 보인 **등록 요청**과 **등록 응답**을 사용한다.

등록 요청 이동 호스트가 외지 에이전트에게 등록 요청을 보냄으로써 의탁 주소를 등록할 뿐 아니라 자신의 홈 주소와 홈 에이전트 주소를 알린다. 이 요청 메시지를 받아 요청을 등록한 후 외지 에이전트는 이 메시지를 홈 에이전트에게 중계한다. 중계를 위하여 사용되는 IP 패킷은 외지 에이전트의 IP 주소를 발신지 주소로 가지고 있으므로 홈 에이전트는 외지 에이전트의 주소를 알게 된다. 그림 6.56은 등록 요청 메시지의 형식을 보여준다.

그림 6.56 ▮ 등록 요청 형식

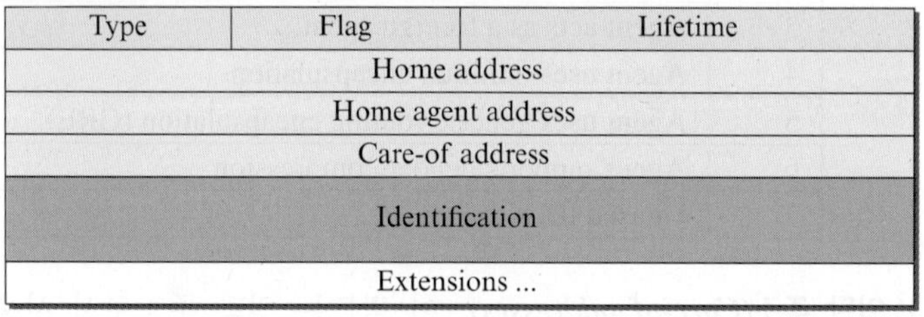

Type	Flag	Lifetime
Home address			
Home agent address			
Care-of address			
Identification			
Extensions ...			

각 필드의 내용은 다음과 같다.

❑ **유형(*Type*).** 8비트의 유형 필드는 메시지의 유형을 정의한다. 요청 메시지의 경우 이 필드의 값은 1이다.

❑ **플래그(*Flag*).** 8비트 플래그 필드는 포워딩(forwarding) 정보를 정의한다. 각 비트의 값은 0 또는 1이 될 수 있으며 의미는 표 6.7과 같다.

표 6.7 ▮ 등록 요청 플래그 필드 비트

Bit	Meaning
0	Mobile host requests that home agent retain its prior care-of address.
1	Mobile host requests that home agent tunnel any broadcast message.
2	Mobile host is using collocated care-of address.
3	Mobile host requests that home agent use minimal encapsulation.
4	Mobile host requests generic routing encapsulation (GRE).
5	Mobile host requests header compression.
6–7	Reserved bits.

❑ **수명(*Lifetime*).** 이 필드는 등록이 유효한 기간을 초 단위로 나타낸다. 만약 이 필드의 값이 0으로만 된 스트링이라면 요청 메시지는 등록 취소(deregistration)를 요청하는 것이다. 만약 1로만 된 스트링이라면 수명은 무한대이다.

❑ **홈 주소(*Home address*).** 이 필드는 이동 호스트의 영구적인(첫 번째) 주소를 포함한다.

❑ **홈 에이전트 주소(*Home agent address*).** 이 필드는 홈 에이전트의 주소를 포함한다.

❑ **의탁 주소(*Care-of address*).** 이 필드는 이동 호스트의 임시(두 번째) 주소를 포함한다.

❑ **식별(*Identification*).** 이 필드는 64비트 번호로서 이동 호스트가 요청 메시지에 삽입하고 응답 메시지에 그대로 복사된다. 이 필드는 요청을 응답과 대응시키기 위하여 사용된다.

❑ **확장(*Extension*).** 이 가변 길이의 필드는 인증을 위하여 사용된다. 이 필드를 사용하여 홈 에이전트는 이동 에이전트를 인증할 수 있다. 인증은 10장에서 설명한다.

등록 응답 등록 응답 메시지는 홈 에이전트가 외지 에이전트에게 보내고 다시 이동 호스트에 중계된다. 응답 메시지는 등록 요청을 확인하거나 거부한다. 그림 6.57은 등록 응답의 형식을 보여준다.

그림 6.57 | 등록 응답 형식

Type	Code	Lifetime
Home address		
Home agent address		
Identification		
Extensions ...		

필드들은 다음의 한 가지 예외만을 제외하고 등록 요청과 같다. 유형 필드의 값은 3이다. 코드 필드가 플래그 필드를 대치하여 등록 요청이 받아들여졌는지 또는 거절되었는지의 결과를 보여준다. 의탁 주소 필드는 필요하지 않다.

캡슐화
등록 메시지는 UDP 사용자 데이터그램에 캡슐화(encapsulation)된다. 에이전트는 잘 알려진(Well-Known) 포트 번호 434를 사용하고 이동 호스트는 임시 포트 번호를 사용한다.

> **등록 요청과 응답은 잘 알려진 포트 번호 434를 사용하여 UDP에 의해 전달된다.**

데이터 전달
에이전트 발견과 등록 과정 이후에 이동 호스트는 원격지 호스트와 통신을 할 수 있다. 그림 6.58은 그 과정을 보여준다.

원격지 호스트로부터 홈 에이전트까지
원격지 호스트가 이동 호스트에 패킷을 보내고자 하면 자신의 주소를 발신지 주소로 그리고 이동 호스트의 홈 주소를 목적지 주소로 하여 패킷을 보낸다. 즉 원격지 호스트는 마치 이동 호스트가 홈 네트워크에 있는 것과 같이 패킷을 전송한다. 그러나 이 패킷은 이동 호스트처럼 동작하는 홈 에이전트가 가로챈다. 이것은 5장에서 설명할 프록시 ARP 기술을 사용하여 수행된다. 그림 6.58의 경로 1은 이 과정을 보여준다.

홈 에이전트에서 외지 에이전트까지
패킷을 받은 후 홈 에이전트는 4장에서 설명될 터널링 개념을 사용하여 이 패킷을 외지 에이전트에 전송한다. 홈 에이전트는 자신의 주소를 발신지 주소로 외지 에이전트 주소를 목적지 주소로 사용하는 IP 패킷 내에 이 패킷을 캡슐화한다. 그림 6.58의 경로 2는 이 과정을 설명한다.

외지 에이전트에서 이동 호스트까지

외지 에이전트가 패킷을 받으면 원래의 패킷을 추출한다. 그러나 목적지 주소가 이동 호스트의 홈 주소이므로 외지 호스트는 등록 테이블을 참조하여 이동 호스트의 의탁 주소를 찾는다(그렇지 않으면 패킷은 홈 네트워크에 되돌려 보내진다). 패킷은 의탁 주소로 전송된다. 그림 6.58의 경로 3은 이 과정을 설명한다.

이동 호스트에서 원격지 호스트까지

이동 호스트가 패킷을 원격지 호스트에 보내고자 할 때(예를 들어 수신한 패킷에 대한 응답) 정상적인 방법과 같이 전송을 한다. 이동 호스트는 자신의 홈 주소를 발신지 주소로 그리고 원격지 주소를 목적지 주소로 하여 패킷을 준비한다. 패킷은 외지 네트워크에서부터 전송되지만 이동 호스트의 홈 주소를 가지고 있다. 그림 6.58의 경로 4는 이 과정을 보여주고 있다.

그림 6.58 ┃ 데이터 전달

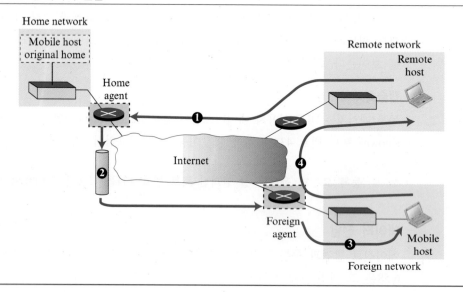

투명성(Transparency)

데이터 전달 과정에서 원격지 호스트는 이동 호스트가 이동하였다는 것을 모르고 있다. 원격지 호스트는 이동 호스트의 홈 주소를 목적지 주소로 하여 패킷을 전송한다. 그리고 이동 호스트의 홈 주소를 발신지 주소로 하는 패킷을 수신한다. 호스트의 이동은 완전히 투명하게 된다. 인터넷의 다른 부분은 이동 호스트의 이동에 대해 전혀 모른다.

> **인터넷의 다른 부분은 이동 호스트의 이동에 대해 알지 못해도 된다.**

6.3.4 모바일 IP의 비효율성

모바일 IP에서의 포함하는 통신은 비효율적일 수 있다. 비효율성은 심각할 수도 있고 보통일 수도 있다. 심각한 경우는 **더블 크로싱**(*double crossing*) 또는 2X라고 불린다. 보통인 경우는 삼각형 라우팅(*triangle routing*)이라 불린다.

데이터 전달

더블 크로싱(double crossing)은 원격지 호스트가 자신과 같은 네트워크로 이동한 이동 호스트와 통신할 때 발생한다(그림 6.59 참조).

그림 6.59 | 더블 크로싱

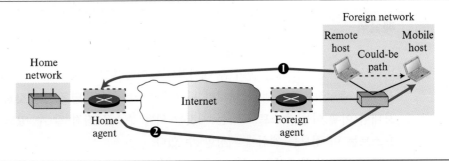

　　이동 호스트가 원격지 호스트에 패킷을 보낼 때에는 비효율성의 문제가 없고 통신은 완전히 지역적(local)으로 수행된다. 그러나 원격지 호스트가 이동 호스트에 패킷을 보내면 패킷은 인터넷을 두 번 지나가게 된다.

　　컴퓨터가 같은 지역 내의 다른 컴퓨터와 통신하는 것이 더 자주 발생하므로 더블 크로싱의 비효율성은 심각하게 된다.

삼각형 라우팅

덜 심각한 경우인 **삼각형 라우팅(triangle routing)**은 이동 호스트가 원격지 호스트와 같은 네트워크에 연결되어 있지 않은 경우 발생한다. 이동 호스트가 원격지 호스트에 패킷을 보낼 때는 비효율성이 전혀 없다. 그러나 원격지 호스트가 이동 호스트에 패킷을 보낼 때는 패킷이 원격지 호스트에서 홈 에이전트로 가고 다음 이동 호스트로 간다. 패킷은 그림 6.60과 같이 삼각형의 한 변 대신에 두 변을 지나가게 된다.

그림 6.60 ▎삼각형 라우팅

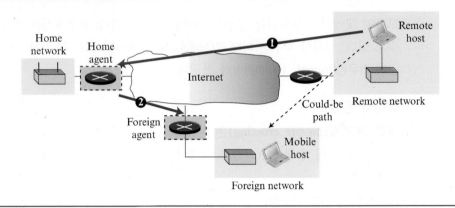

해결책

이 비효율성에 대한 한 가지 해결책은 원격지 호스트가 의탁 주소를 이동 호스트의 홈 주소에 바인드하는 것이다. 예를 들어 홈 에이전트가 이동 호스트로 가는 첫 패킷을 받았을 때 이 패킷을 외지 에이전트로 보낼 뿐 아니라 원격지 호스트로 **바인딩 갱신 패킷**(*update binding packet*)을 보내어 이후 이동 호스트로 가는 패킷은 의탁 주소로 직접 갈 수 있도록 할 수 있다. 원격지 호스트는 이 정보를 캐쉬에 저장할 수 있다.

이 방법의 문제점은, 이동 호스트가 이동하면 캐쉬 정보가 무효화된다는 것이다. 이 경우 홈 에이전트는 원격지 호스트에 **경고 패킷**(*warning packet*)을 보내어 이동 호스트가 이동하였다는 것을 알릴 필요가 있다.

6.4 추천 자료

이 장에서 설명된 주제에 대해서 좀 더 자세한 내용은 다음의 단행본과 RFC를 참고하기 바란다. 대괄호에 들어가 있는 항목은 책의 뒷부분의 참고문헌에 있다.

단행본

몇 권의 책이 본 장에서 다루어진 내용을 상세히 다룬다. [Sch 03], [Gas 02], [For 03], [Sta 04], [Sta 02], [Kei 02], [Jam 03], [AZ 03], [Tan 03], [Cou 01], [Com 06], [G & W 04], and [PD 03]을 권한다.

RFC

다음의 RFC는 모바일 IP의 내용을 다루고 있다: RFC 1701, RFC 2003, RFC 2004, RFC 3024, RFC 3344, RFC 3775.

6.5 중요 용어

access point (AP)

ad hoc network

adaptive antenna system (AAS)

Advanced Mobile Phone System
  (AMPS)

asynchronous connectionless link (ACL)

basic service set (BSS)

beacon frame

Bluetooth

care-of address

cellular telephony

channelization

code division multiple access (CDMA)

collocated care-of address

complementary code keying (CCK)

customer premises equipment (CPE)

digital AMPS (D-AMPS)

direct sequence spread spectrum (DSSS)

distributed coordination function (DCF)

distributed interframe space (DIFS)

double crossing

extended service set (ESS)

footprint

foreign agent

foreign network

frequency-division multiple access
  (FDMA)

frequency-hopping spread spectrum
  (FHSS)

geostationary Earth orbit (GEO)

Global Positioning System (GPS)

Global System for Mobile
  Communication (GSM)

Globalstar

handoff

high-rate direct-sequence spread
  spectrum (HR-DSSS)

home address

home agent

home network

interframe space (IFS)

Interim Standard 95 (IS-95)

Interleaved FDMA (IFDMA)

Internet Mobile Communication 2000
  (IMT-2000)

Iridium

Logical Link Control and Adaptation
  Protocol (L2CAP)

low-Earth-orbit (LEO)

medium-Earth-orbit (MEO)

mobile host

mobile switching center (MSC)

multi-carrier CDMA (MC-CDMA)

multiple-input multiple-output (MIMO)
  antenna

multiuser MIMO (MU-MIMO) antenna

network allocation vector (NAV)

no transition mobility

orthogonal FDMA (OFDMA)

orthogonal frequency-division
  multiplexing (OFDM)

personal communications system (PCS)

piconet

point coordination function (PCF)

pulse position modulation (PPM)

reuse factor

roaming

scalable OFDMA (SOFDMA)

scatternet

short interframe space (SIFS)

Software Defined Radio (SDR)

stationary host

synchronous connection-oriented (SCO)
  link

TDD-TDMA
  (time-division duplex TDMA)

Teledesic

time division multiple access (TDMA)

triangle routing

trilateration

Universal Mobile Telecommunication

System (UMTS)

Walsh table

Worldwide Interoperability for

Microwave Access (WiMAX)

6.6 요약

무선 LAN의 IEEE 802.11 표준안은 기본 서비스 세트(BSS)와 확장 서비스 세트(ESS)의 두 가지 서비스를 정의하고 있다. 분산 조정 함수(DCF) MAC 부계층에서 사용하는 매체 접근 방식은 CSMA/CA이다. 포인트 조정 함수(PCF) MAC 부계층에서 사용하는 매체 접근 방식은 폴링이다. 블루투스는 작은 지역에서 장비(가젯이라 부르는)들을 연결시키는 무선 LAN 기술이다. 블루투스 네트워크는 피코넷(piconet)이라고 불리운다. WiMAX는 DSL과 케이블을 대체할 미래의 무선 접속 네트워크이다.

셀룰러 전화는 두 장비 간의 통신을 제공한다. 하나 또는 두 장비 모두 이동 전화이다. 셀룰러 서비스 지역은 셀로 나누어진다. AMPS는 1세대 셀룰러 전화 시스템이다. 디지털 AMPS (D-AMPS)는 2세대 셀룰러 전화 시스템으로 AMPS의 디지털 버전이다. GSM은 유럽에서 사용되는 2세대 셀룰러 전화 시스템이다. 잠정표준 95 (IS-95)는 CDMA와 DSSS에 근거하는 2세대 셀룰러 전화 시스템이다. 3세대 셀룰러 전화 시스템은 만능 개인 통신을 제공하게 된다. The fourth generation is the new generation of cellular phones that are becoming popular.

위성망은 위성을 이용하여 지구상의 임의의 위치에서도 통신을 제공한다. 고정지구궤도(GEO)는 적도면에 있으며 지구와 같은 위상으로 회전한다. GPS 위성은 차량과 선박에 시간과 위치 정보를 제공하는 중궤도(MEO) 위성이다. 이리듐 위성은 저궤도(LEO) 위성으로 손으로 휴대 가능한 단말기 간에 직접 전세계적인 음성과 데이터통신을 제공한다. 텔레데식 위성은 저궤도 위성으로 전세계적인 광대역 인터넷 접속을 제공하게 될 것이다.

이동 통신을 위하여 설계된 모바일 IP는 IP의 개선된 버전이다. 이동 호스트는 홈 네트워크에서의 홈 주소와 외지 네트워크에서의 의탁 주소를 가진다. 이동 호스트가 외지 네트워크에 있으면 홈 에이전트는 이동 호스트로 가는 메시지를 외지 에이전트로 중계한다. 외지 에이전트는 중계된 메시지를 이동 호스트에 보낸다.

6.7 연습문제

6.7.1 기본 연습문제

1. 유선과 무선 LAN에 대해 어떤 문항이 정확한가?
   a. 유선과 무선 LAN 모두 TCP/IP 프로토콜 모음 하위 2개 계층에서 운영된다.
   b. 유선 LAN은 TCP/IP 프로토콜 모음 하위 2개 계층에서 무선 LAN은 하위 3개 계층에서 수행된다.
   c. 유선 LAN은 TCP/IP 프로토콜 모음 하위 3개 계층에서 무선 LAN은 하위 2개 계층에서 수행된다.
   d. 유선과 무선 LAN 모두 TCP/IP 프로토콜 모음 하위 3개 계층에서 운영된다.

2. IEEE는 물리 계층과 데이터링크 계층을 포함하는 _____라고 불리는 무선 LAN을 위한 명세를 정의하였다.

a. IEEE 802.3   b. IEEE 802.5

c. IEEE 802.11   d. IEEE 802.2

3. CSMA/CD 알고리즘은 무선 LAN에서 작동하지 않는다. 그 이유는?

     a. 무선 호스트가 s 이중 방식에서 동작하기에 충분한 전력을 가지고 있지 않다.

     b. 숨겨진 지국 문제를 가진다.

     c. 신호 감쇠가 한 지국에서 다른 지국으로

     d. 모두 맞음

4. IEEE 802.11에서 _____는 고정 또는 이동 무선 지국과 AP로 알려진 추가적인 중앙 기지국으로 이루어져 있다.

     a. ESS   b. BSS

     c. CSS   d. 정답 없음

5. IEEE 802.11에서 AP가 없는 BSS를 _____이라고 한다.

     a. 애드 혹 구조

     b. 기반구조 네트워크

     c. 애드 혹 구조 또는 기반구조 네트워크

     d. 정답 없음

6. IEEE 802.11에서 AP가 있는 BSS는 _____라고도 한다.

     a. 애드 혹 구조

     b. 기반구조 네트워크

     c. 애드 혹 구조 또는 기반구조 네트워크

     d. 정답 없음

7. IEEE 802.11에서 다른 두 BSS의 두 지국간 통신은 대개 두 _____을 통하여 발생한다.

     a. BSS   b. ESS

     c. AP   d. 정답 없음

8. IEEE 802.11에서 _____ 이동성이 있는 지국은 고정(움직이지 않음)되어 있거나 BSS 안에서만 이동 가능하다.

     a. 무-전이(no-transition)   b. BSS-전이

     c. ESS-전이   d. 정답 없음

9. IEEE 802.11에서 _____ 이동성이 있는 지국은 하나의 BSS에서 다른 BSS로의 이동이 가능하나 하나의 ESS 안에서만 가능하다.

     a. 무-전이(no-transition)   b. BSS-전이

     c. ESS-전이   d. 정답 없음

10. IEEE 802.11에서 _____ 이동성이 있는 지국은 하나의 ESS에서 다른 ESS로의 이동이 가능하다.

     a. 무-전이(no-transition)   b. BSS-전이

     c. ESS-전이   d. 정답 없음

11. IEEE 802.11에서 분산 조정 함수(DCF)는 접근 방법으로 _____을 사용한다.

     a. CSMA/CA   b. CSMA/CD

     c. ALOHA   d. 정답 없음

12. IEEE 802.11에서 BSS의 하나의 지국에서 출발하여 같은 BSS의 다른 지국으로 갈 때의 주소 플래그는 _____ 이다.

     a. 00   b. 01

     c. 10   d. 11

13. IEEE 802.11에서 프레임이 하나의 AP로부터 출발하여 하나의 지국으로 갈 때의 주소 플래그는 _____ 이다.

     a. 00   b. 01

     c. 10   d. 11

14. IEEE 802.11에서 프레임이 하나의 지국에서 하나의 AP로 갈 때의 주소 플래그는 _____이다.

     a. 00   b. 01

     c. 10   d. 11

15. IEEE 802.11에서 무선 분산 시스템 안에서 하나의 AP에서 다른 AP로 갈 때의 주소 플래그는 _____ 이다.

     a. 00   b. 01

     c. 10   d. 11

16. IEEE 802.11에서 PCF 부계층에서 사용하는 접근 방법은 _____이다.

     a. 충돌   b. 제어

     c. 폴링   d. 정답 없음

17. IEEE 802.11에서 _____은 충돌 회피를 위한 시간 주기이다.

     a. NAV   b. BSS

     c. ESS   d. 정답 없음

18. IEEE 802.11에서 주소지정 메커니즘은 최대 _____ 개의 주소를 포함한다.

a. 4 **b.** 5

c. 6 **d.** 정답 없음

19. 원래의 IEEE 802.11은 _____을 사용한다.

a. FHSS **b.** DSSS

c. OFDM **d.** FHSS 또는 DSSS

20. IEEE 802.11a는 _____을 사용한다.

a. FHSS **b.** DSSS

c. OFDM **d.** FHSS 또는 DSSS

21. IEEE 802.11b는 _____을 사용한다.

a. FHSS **b.** DSSS

c. OFDM **d.** FHSS 또는 DSSS

22. IEEE 802.11g는 _____을 사용한다.

a. FHSS **b.** DSSS

c. OFDM **d.** FHSS 또는 DSSS

23. 02.11 FHSS는 _____ 변조를 사용한다.

a. ASK **b.** FSK

c. PSK **d.** 정답 없음

24. IEEE 802.11 또는 IEEE 802.11b의 DSSS는 _____ 변조를 사용한다.

a. ASK **b.** FSK

c. PSK **d.** 정답 없음

25. IEEE 802.11a, IEEE 802.11g 또는 IEEE 802.11n의 OFDM은 _____ 변조를 사용한다.

a. ASK **b.** FSK

c. PSK **d.** 정답 없음

26. 블루투스는 작은 영역에서 가젯(gadget)이라고 불리는 장치를 연결하는 _____ 기술이다.

a. 유선 LAN **b.** 무선 LAN

c. VLAN **d.** 정답 없음

27. 블루투스에서 다중 _____으로 이루어진 네트워크를 _____라고 한다.

a. 비산네트워크(scatternet), 피코넷(piconets)

b. 피코넷(piconets), 비산네트워크(scatternet)

c. 피코넷(piconets), 블루넷(bluenet)

d. 블루넷(bluenet), 비산네트워크(scatternet)

28. 블루투스 네트워크는 _____ 개의 주국 장치와 최대 _____ 개의 종국 장치로 구성된다.

a. 1, 5 **b.** 5, 3

c. 2, 6 **d.** 1, 7

29. 블루투스에서 현재 데이터율은 _____ Mbps이다.

a. 2 **b.** 5

c. 11 **d.** 정답 없음

30. 블루투스에서 사용하는 접근 방법은 _____이다.

a. FDMA **b.** TDD-TDMA

c. CDMA **d.** 정답 없음

31. 블루투스에서 회피 지연보다 데이터 통합이 중요할 때 _____ 링크가 사용된다.

a. SCO **b.** ACL

c. ACO **d.** SCL

32. 블루투스는 다른 장치나 다른 네트워크로부터 물리 계층에서 간섭을 피하기 위하여 _____을(를) 사용한다.

a. DSSS **b.** FHSS

c. FDMA **d.** 정답 없음

33. 채널화(또는 채널 파티션)는 다른 지국 사이에서 링크의 가용 대역폭을 _____으로 나누는 다중 접근 방법이다.

a. 시간 **b.** 주파수

c. 코드 **d.** 정답 없음

34. _____에서 가용 대역폭은 주파수 대역으로 나뉜다. 각 지국에 데이터를 보내기 위해 대역이 할당된다. 다시 말하면, 각 대역은 특정 지국을 위해 예약되어 있으며, 모든 시간 동안 지국의 소유가 된다.

a. FDMA **b.** TDMA

c. CDMA **d.** 정답 없음

35. _____에서 지국은 시간으로 채널의 대역을 나눈다. 각 지국은 데이터를 보내기는 동안 시간 슬롯(slot)이 할당된다. 각 지국은 할당된 시간 슬롯 안에 데이터를 전송한다.

a. FDMA **b.** TDMA

c. CDMA **d.** 정답 없음

36. _____에서 각 지국에 코드가 할당되어 있다. 이는 다른 지국과 주파수나 시간으로 채널의 용량을 나누지 않고 채널의 전체 대역폭을 데이터 전송을 위해 사용하는 특별한 코딩 스킴(scheme)이다.

37. _____은(는) 1세대 휴대전화 시스템이다.

a. AMPS   b. D-AMPS

c. GSM   d. 정답 없음

38. _____은(는) 2세대 휴대전화 시스템이다.

a. AMPS   b. D-AMPS

c. GSM   d. 정답 없음

39. _____은(는) AMPS의 디지털 버전이다.

a. GSM   b. D-AMPS

c. IS-95   d. 정답 없음

40. _____은(는) 유럽에서 사용하는 2세대 휴대전화 시스템이다.

a. GSM   b. D-AMPS

c. IS-95   d. 정답 없음

41. _____은(는) CDMA와 DSSS를 기반으로 하는 2세대 휴대전화 시스템이다.

a. GSM   b. D-AMPS

c. IS-95   d. 정답 없음

42. _____은(는) 전 세계적인 개인 통신(Universal Personal Communication)을 제공하는 휴대전화 시스템이다.

a. 1세대   b. 2세대

c. 3세대   d. 정답 없음

43. _____ 핸드오프에서 이동 지국은 하나의 기지국과만 통신한다.

a. Hard   b. Soft

c. Medium   d. 정답 없음

44. _____ 핸드오프에서 이동 지국은 동시에 두 개의 기지국과 통신할 수 있다.

a. Hard   b. Soft

c. Medium   d. 정답 없음

45. AMPS에서 각 대역은 _____ 개의 채널로 나누어진다.

a. 800   b. 900

c. 1000   d. 정답 없음

46. AMPS는 _____의 주파수 재사용 인자(factor)를 가진다.

a. 1   b. 3

c. 5   d. 7

47. AMPS는 각 채널을 25-MHz의 대역으로 분할하는

_____을 사용한다.

a. FDMA   b. TDMA

c. CDMA   d. 정답 없음

48. GSM은 _____의 재사용 인자를 허가한다.

a. 1   b. 3

c. 5   d. 7

49. IS-95 시스템에서는 ISM의 _____ 대역을 사용한다.

a. 800-MHz   b. 900-MHz

c. 1900-MHz   d. 800-MHz 또는 1,900-MHz

50. IS-95 시스템에서는 동기화를 위해 _____을(를) 사용한다.

a. GPS   b. 텔레데식

c. 이리듐   d. 정답 없음

51. IS-95 시스템에서 주파수 재사용 요인은 일반적으로 _____이다.

a. 1   b. 3

c. 5   d. 7

52. 3세대 휴대전화에서 _____은(는) W-CDMA를 사용한다.

a. IMT-DS   b. IMT-MC

c. IMT-TC   d. IMT-SC

53. 3세대 휴대전화에서 _____은(는) W-CDMA와 TDMA의 조합을 사용한다.

a. IMT-DS   b. IMT-MC

c. IMT-TC   d. IMT-SC

54. 3세대 휴대전화에서 _____은(는) TDMA만을 사용한다.

a. IMT-DS   b. IMT-MC

c. IMT-TC   d. IMT-SC

55. 4세대 휴대전화를 위해 _____(와)과 같은 효율성, 용량, 확장성을 높이는 것과 새로운 접근 기술이 고려되고 있다.

a. OFDMA   b. IFDMA

c. MC-CDMA   d. 모두 맞음

56. 4세대 휴대전화는 _____을 사용한다.

a. 하드웨어 정의 무선(Hardware-defined radio)

b. 소프트웨어 정의 무선(Software-defined radio)

c. 하드웨어와 소프트웨어 정의 무선(Hardware-and software-defined radio)

d. 정답 없음

57. 4세대 휴대전화는 _____ 안테나를 사용한다.
a. MIMO
b. MU-MIMO
c. MIMO와 MU-MIMO
d. 정답 없음

58. WiMAX는 _____ 무선 시스템을 위한 IEEE 표준이다.
a. 고정(fixed)
b. 이동(mobile)
c. 고정과 이동 모두
d. 정답 없음

59. WiMAX의 목표는
a. WiFi를 대체하는 것이다.
b. WiFi와 경쟁하는 것이다.
c. 케이블과 DSL을 대신하여 "last mile" 광대역 무선 접근을 제공하는 것이다.
d. 정답 없음

60. 위성이 지구의 주위를 도는 주기는 _____의 법칙에 의해 결정된다.
a. 케플러
b. 뉴턴
c. 옴
d. 정답 없음

61. 위성으로부터의 신호는 일반적으로 _____라고 불리는 특정한 지역을 대상으로 한다.
a. 경로
b. 효과
c. 풋프린트
d. 정답 없음

62. 하나의 GEO 위성을 위해서 _____ 개의 궤도(들)이 있다.
a. 1
b. 2
c. 3
d. 정답 없음

63. _____은(는) 삼변 측정법에 기초한다.
a. GPS
b. 텔레데식
c. 이리듐
d. 정답 없음

64. Low-Earth-orbit (LEO) 위성들은 _____ 궤도를 가진다.
a. 적도
b. 극
c. 경사진
d. 정답 없음

65. GEO는 _____ 궤도를 가지며, 지구와 같이 회전한다.
a. 적도
b. 극
c. 경사진
d. 정답 없음

66. GPS 위성은 _____ 위성이다.
a. GEO
b. MEO
c. LEO
d. 정답 없음

67. _____ 위성은 차량 및 선박을 위해 시간과 장소 정보를 제공한다.
a. GPS
b. 이리듐
c. 텔레데식
d. 정답 없음

68. 네트워크 주소지정 문제를 해결하기 위해서, 이동 호스트는 _____.
a. 새로운 네트워크로 이동할 때 주소를 변경하기 위하여 DHCP를 이용한다.
b. 홈 주소와 대체 주소의 두 개 주소를 사용한다.
c. 외부 네트워크에서 주소를 대여한다.
d. 정답 없음

69. 에이전트 간청을 위해 이동 IP는 _____ 을(를) 사용한다.
a. 새로운 패킷 형식
b. IP의 간청 패킷
c. TCP의 간청 패킷
d. ICMP의 라우터 간청 패킷

70. 등록 요청 또는 응답은 잘 알려진 포트 434를 사용하는 _____로 전송된다.
a. UDP
b. TCP
c. UDP 또는 TCP
d. 정답 없음

6.7.2 응용 연습문제

1. 최근 통신 환경에서의 유선 LAN과 무선 LAN의 매체에 대해 비교하여라.

2. 왜 유선 LAN에서보다 무선 LAN에서의 MAC 프로토콜이 더 중요한지 설명하라.

3. 잡음과 간섭을 무시하였을 때, 왜 무선 LAN이 유선 LAN에 비하여 감쇠가 더 많은지 설명하라.

4. 왜 무선 LAN의 SNR이 유선 LAN의 SNR보다 일반적으로 낮은가?

5. 다중경로 전파란 무엇인가? 무선 네트워크에 다중경로 전파가 주는 영향은 무엇인가?

6. 무선 LAN에서 CSMA/CD가 사용되지 못하는 이유는 무엇인가?

7. 충돌을 피하기 위하여 CSMA/CA에서 사용하는 전략을 나열하여라.

8. 무선 LAN에서 지국 A의 IFS는 5 ms, 지국 B의 IFS는 7 ms이다. 어느 지국이 높은 우선순위를 가지겠는가? 설명하라.

9. CSMA/CD에는 확인응답 메커니즘이 없으나 CSMA/CA에서는 필요하다. 그 이유를 설명하라.

10. CSMA/CA에서 NAV의 목적은 무엇인가?

11. 무선 LAN에서는 단편화가 왜 권장되고 있는지 설명하라.

12. 유선 LAN에서는 하나의 프레임 형식만 있지만, 왜 무선 LAN에서는 4개의 프레임 형식이 있는지 설명하라.

13. 802.3(유선 이더넷)과 802.11(무선 이더넷)에서 사용하는 MAC 주소는 다른 주소 공간에 속해있는가?

14. 하나의 AP가 유선 네트워크로 접속하기 위해 무선 네트워크에 접속을 하였다. 이 경우에 AP는 2개의 MAC 주소를 가지는가?

15. 무선 네트워크의 한 AP가 유선 네트워크에서 링크 계층 스위치의 역할을 하고 있다. 하지만 링크 계층 스위치는 MAC 주소를 가지지 않으며, AP는 일반적으로 MAC 주소가 필요하다. 그 이유를 설명하라.

16. 블루투스가 일반적으로 WLAN이 아닌 WPAN으로 불리는 이유는 무엇인가?

17. 블루투스 구조에서 피코넷(piconet)과 스캐터넷(sctternet)을 비교 설명하시오.

18. 하나의 피코넷이 8개 이상의 지국을 가질 수 있는지 설명하시오.

19. 블루투스 네트워크에서 통신을 위하여 실제로 사용되는 대역폭은?

20. 블루투스에서 무선 계층(radio layer)의 역할은 무엇인가?

21. 빈 칸을 채우시오. 블루투스에서 83.5 MHz 대역폭을 채널로 나누면, 각 채널의 _____ 대역폭은 _____ MHz이다.

22. 블루투스에서 사용되는 확산 스펙트럼 기술은 무엇인가?

23. 블루투스의 무선 계층에서의 변조 기술은 무엇인가? 다시 말해, 어떻게 디지털 데이터(비트)를 아날로그 신호(무선파)로 변환하는가?

24. 블루투스의 베이스밴드 계층에서 사용하는 MAC 프로토콜은 무엇인가?

25. L2CAP의 용도는 무엇인가?

26. 어떤 채널화 방법이 지국들 링크의 사용가능한 대역폭을 시간으로 나누는가?
   a. FDMA   b. TDMA   c. CDMA

27. 어떤 채널화 방법이 지국들 링크의 사용가능한 대역폭을 주파수로 나누는가?
   a. FDM   b. TDMA   c. CDMA

28. 어떤 채널화 방법이 지국에게 다른 코드를 할당하는가?
   a. FDMA   b. TDMA   c. CDMA

29. 두 핸드폰 가입자가 통신을 위해 FDMA를 이용한다고 가정하자. 각 지국이 다른 주파수 대역을 할당받는다면, 두 지국은 서로 어떻게 통신하는가?

30. TDMA에서 각 지국이 서로 다른 시간 틈새를 할당받는다면, 두 지국은 서로 어떻게 통신하는가?

31. CDMA에서 각 지국이 서로 다른 코드를 할당받는다면, 두 지국은 서로 어떻게 통신하는가?

32. CDMA를 사용하는 시스템에 8개의 지국이 존재한다고 가정하자. 코드의 다음과 같은 내적 값은 무엇인가?
   a. $c_1 \cdot c_1$ b. $c_1 \cdot c_4$ c. $c_4 \cdot c_1$

33. 각각 다음과 같은 지국의 수를 가지는 시스템을 위한 CDMA에서 순서의 개수는?
   a. 8 stations   b. 12 stations   c. 28 stations

34. 코드의 크기가 4일 때 얼마나 많이 생성될 수 있는가? 얼마나 많은 코드가 직교적인가?

35. 다음의 셀룰러 전화 시스템은 각각 어느 세대에 속하는가?
   a. AMPS   b. D-AMPS   c. IS-95

36. 모바일 IP에서 모바일 호스트가 외부 에이전트와 같이 동작한다면 등록이 필요한가? 설명하라.

37. 어떻게 ICMP 라우터 간청 메시지를 에이전트 간청을 위하여 사용할 수 있을지 논하라.

38. 왜 등록 요청과 응답이 IP 데이터그램에서 직접적으로 캡슐화 되지 않는지 설명하라. 왜 UDP 사용자 데이터그램이 필요한가?

6.7.3 심화문제

1. 802.11에서 각 상황에 대해 주소 1필드의 값을 구하라. 단, 왼쪽 비트는 To DS를 오른쪽 비트는 From DS를 정의한다.

   a. 00   **b.** 01
   c. 10   **d.** 11

2. 802.11에서 각 상황에 대해 주소 2필드의 값을 구하라. 단, 왼쪽 비트는 To DS를 오른쪽 비트는 From DS를 정의한다.

   a. 00   **b.** 01
   c. 10   **d.** 11

3. 802.11에서 각 상황에 대해 주소 3필드의 값을 구하라. 단, 왼쪽 비트는 To DS를 오른쪽 비트는 From DS를 정의한다.

   a. 00   **b.** 01
   c. 10   **d.** 11

4. 802.11에서 각 상황에 대해 주소 4필드의 값을 구하라. 단, 왼쪽 비트는 To DS를 오른쪽 비트는 From DS를 정의한다.

   a. 00   **b.** 01
   c. 10   **d.** 11

5. AP (ad hoc network)가 없는 BSS에 A, B, C, D, E의 5개 지국이 있다. 지국 A는 B로 메시지를 보내려고 한다. DCF 프로토콜을 이용한 네트워크에서의 다음의 질문에 대해 답하라.

   a. 프레임 교환에서 To DS와 From DS 비트의 값은 무엇인가?

   b. 어느 지국이 RTS 프레임을 보내는가? 그리고 그 프레임에서 주소 필드의 값은 무엇인가?

   c. 어느 지국이 CTS 프레임을 보내는가? 그리고 그 프레임에서 주소 필드의 값은 무엇인가?

   d. 어느 지국이 데이터 프레임을 보내는가? 그리고 그 프레임에서 주소 필드의 값은 무엇인가?

   e. 어느 지국이 ACK 프레임을 보내는가? 그리고 그 프레임에서 주소 필드의 값은 무엇인가?

6. 그림 6.61을 보면, 2개의 무선 네트워크 BSS1과 BSS2는 유선 분산시스템(DS)인 이더넷 LAN를 통하여 연결되어 있다. BSS1에 위치한 지국 A가 BSS2에 위치한 지국 C로 데이터 프레임을 전송하고자 한다고 가정하자. 지국 A에서 AP1으로, AP1에서 AP2로, AP2에서 지국 C로의 전송에 대한 802.11과 802.3 프레임의 주소 값을 보여라. 단, AP1과 AP2는 유선 환경이다.

7. 문제 6.61을 반복하라. 그러나 분산 시스템을 무선 환경으로 가정하라. AP1과 AP2는 무선 채널로 연결되어 있다. 지국 A에서 AP1으로, AP1에서 AP2로, AP2에서 지국 C로의 전송에 대한 프레임의 주소 값을 보여라.

그림 6.61 ∥ 문제 6

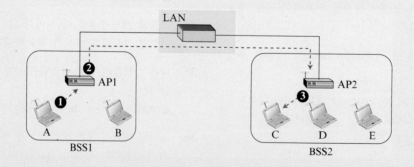

8. 프레임이 802.3 프로토콜을 사용하는 유선 네트워크에서 802.11 프로토콜을 사용하는 무선 네트워크로 이동한다고 가정하라. 802.11 프레임의 필드 값들이 어떻게 802.3 프레임의 값을 이용하여 채워지는지를 보여라. 변화는 두 네트워크의 경계에서 발생한다고 가정하라.

9. 프레임이 802.11 프로토콜을 사용하는 무선 네트워크에서 802.3 프로토콜을 사용하는 유선 네트워크로 이동한다고 가정하라. 802.3 프레임의 필드 값들이 어떻게 802.11 프레임의 값을 이용하여 채워지는지를 보여라. 변화는 두 네트워크의 경계에서 발생한다고 가정하라.

10. 두 802.11 무선 네트워크가 그림 6.62에 보이는 라우터를 통하여 인터넷에 연결되어 있다고 가정하라. 라우터는 IP 목적지 주소 24.12.7.1의 IP 데이터 그램을 수신하였으며, 이에 해당하는 무선 호스트에게 전달하여야 한다. 그러한 경우 그 과정을 설명하고 그림 6.62에서 주소 1, 주소 2, 주소 3, 주소 4의 값을 구하라.

11. 그림 6.62에서 IP 주소 24.12.10.3을 가진 호스트가 IP 주소 128.41.23.12를 가지는 호스트(그림에 없음)에게 IP 데이터그램을 보내려 한다고 가정하자. 그러한 경우 그 과정을 설명하고, 그림 6.62에서 주소 1, 주소 2, 주소 3, 주소 4의 값을 구하라.

12. 802.11 네트워크에서 BSS로의 BSS ID(BSSID)가 48비트 주소로 할당되어 있다. 어떤 BSSID이 이용되는지와 애드 혹 네트워크와 기반구조 네트워크에서 어떻게 할당되는지 보여라.

13. 802.11 네트워크의 DCF MAC 부계층을 이용하여 흐름 제어와 오류 제어가 이루어지는지 보여라.

14. 802.11 통신에서 페이로드(프레임 바디)의 크기가 1,200 바이트이다. 지국은 프레임을 보내기 위하여 각 400바이트의 단편으로 나누기로 결정하였다. 다음의 질문에 답변하라:
    a. 단편화가 되지 않았다면 데이터 프레임의 크기는 얼마인가?
    b. 단편화 진행 후 각 프레임의 크기는 얼마인가?
    c. 추가 제어 프레임을 무시할 때 단편화 진행 후 보내지는 총 바이트는 얼마인가?
    d. 추가 제어 프레임을 무시할 때 단편화로 보내지는 추가 바이트는 얼마인가?

15. IP 프로토콜과 802.11 프로젝트는 패킷 단편화를 수행한다. IP는 네트워크 계층에서 데이터그램의 단편화를 수행하며, 802.11는 데이터링크 계층에서 프레임의 단편화를 수행한다. 두 단편화 방법을 각 프로토콜의 다른 필드와 부필드를 이용하여 비교, 대조하라.

16. 802.11 네트워크에서 지국 A가 지국 B로 보내기 위한 단편 4개를 가지고 있다고 가정하자. 첫 번째 단편의 순서 번호가 3273이라면, 다른 단편의 단편 플래그, 단편 번호, 순서 번호는 무엇인가?

17. 802.11 네트워크에서 지국 A가 지국 B로 하나의 단편화되지 않은 데이터 프레임을 보낸다. NAV 주기를 위해 설정되어야 하는 RTS, CTS, 데이터, ACK 프레임에서 D 필드의 값은 무엇인가? RTS, CTS, ACK의 전송 시간은 4 μs, SIFS 기간은 1 μs로 설정되었다고 가정하며, 전파 시간은 무시한다. 각 프레임은 처리를

그림 6.62 ∥ 문제 11

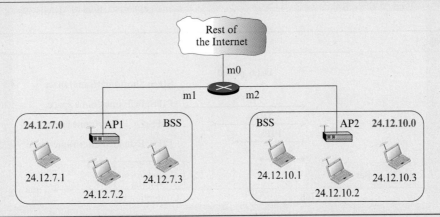

완료하기 위해 매체를 예약할 시간인 NAV의 기간을 설정하는 것이 필요하다.

18. 802.11 네트워크에서 지국 A가 지국 B로 2개의 데이터 단편을 보내려고 한다. NAV 주기를 위해 설정되어야 하는 RTS, CTS, 데이터, ACK 프레임에서 D 필드의 값은 무엇인가? RTS, CTS, ACK의 전송 시간은 4 μs, SIFS 기간은 1 μs로 설정되었다고 가정하며, 전파 시간은 무시한다. 각 프레임은 처리를 완료하기 위해 매체를 예약할 시간인 NAV의 기간을 설정하는 것이 필요하다.

19. 802.11 네트워크에 지국 A, B, C가 매체에 접근하기 위해 경쟁하고 있다. 각 지국을 위해 경쟁 창은 31개의 틈새를 가지고 있다. 지국 A는 임의로 첫 번째 틈새를 선택하였으며, 지국 B는 5번째, 지국 C는 21번째 틈새를 선택하였다. 각 지국의 다음 절차를 보여라.

20. A, B, C의 세 지국이 802.11 네트워크에 있다. 지국 C는 지국 A에 숨겨져 있으나 B에 의해 보일 수 있다. A가 B에게 데이터를 보내야 한다고 가정하자. 지국 C는 지국 A에게는 숨어져 있어 RTS 프레임이 지국 C로 전달되지 못한다. 이 상황에서 지국 C가 지국 A에 의해 채널이 잠겨 있는지 어떻게 알 수 있고, 어떻게 전송을 하지 않게 되는지 설명하라.

21. 802.11 네트워크는 프레임의 전송을 지연하기 위해 서로 다른 상황에 따라 서로 다른 4개의 IFS (Interframe spaces)를 사용한다. 이는 유휴 상태일 때 채널이 높은 우선순위의 트래픽을 기다리기 위해 낮은 우선순위의 트래픽을 허용한다. 일반적으로 4가지의 다른 IFS는 그림 6.63과 같이 다른 구현이 사용된다. 이와 같은 IFS의 목적을 설명하라.

22. RTS NAV라고 하는 세션에 영향을 주는 RTS 프레임이 시간의 값으로 정의되었더라도 802.11 프로젝트에서 NAV를 위해 주기의 나머지를 다시 정의한 이유는 무엇인가?

23. 그림 6.24는 블루투스(802.15)의 베이스밴드 계층의 프레임 형식을 보여준다. 이 형식에 기반하여 다음 질문에 답하라.

    a. 블루투스 네트워크에서 주소 도메인의 범위는 무엇인가?
    b. 그림의 정보에 기반한 피코넷에서 얼마나 많은 지국이 동시에 활성화될 수 있는가?

24. 다음의 칩 그룹이 직교 시스템에 소속되는지 확인하라.

    $$[+1, +1] \quad \text{and} \quad [+1, -1]$$

25. 다음의 칩 그룹이 직교 시스템에 소속되는지 확인하라.

    $$[+1, +1, +1, +1] \ , \ [+1, -1, -1, +1] \ ,$$
    $$[-1, +1, +1, -1] \ , \ [+1, -1, -1, +1]$$

26. 앨리스와 밥이 Walsh 테이블 W2(그림 6.34 참조)을 이용하는 CDMA로 실험을 하고 있다. 앨리스는 코드로 [+1, +1]을 사용하며, 밥은 코드로 [+1, -1]을 사용한다. 앨리스와 밥이 동시에 16진수를 서로에게 보낸다고 가정하자. 앨리스는 (6)16을, 밥은 (B)16을 보낸다. 어떻게 서로가 보낸 것을 확인하는지 보여라.

27. 주파수 재사용 인자가 3인 셀 패턴을 그려라.

28. 대역폭 MHz당 호출자수로 본 AMPS의 효율성은 얼마인가? 다시 말하면, 1-MHz의 대역폭이 할당되었을 때의 호출자 수는 얼마인가?

29. 대역폭 MHz당 호출자수로 본 D-AMPS의 효율성은 얼마인가? 다시 말하면, 1-MHz의 대역폭이 할당되었

그림 6.63 | 문제 21

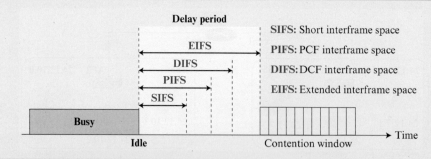

을 때의 호출자 수는 얼마인가?

30. 대역폭 MHz당 호출자수로 본 GSM의 효율성은 얼마인가? 다시 말하면, 1-MHz의 대역폭이 할당되었을 때의 호출자 수는 얼마인가?

31. 대역폭 MHz당 호출자수로 본 IS-95의 효율성은 얼마인가? 다시 말하면, 1-MHz의 대역폭이 할당되었을 때의 호출자 수는 얼마인가?

32. 케플러의 공식을 이용하여 주어진 주기의 정확도와 GPS 위성의 고도를 구하라.

33. 케플러의 공식을 이용하여 주어진 주기의 정확도와 글로벌스타 위성의 고도를 구하라.

34. 이동 호스트가 외부 호스트의 역할을 수행하는 경우에 대해 그림 6.58을 다시 그려라.

35. 순서 번호 1456과 3시간의 수명 시간을 사용하는 홈 에이전트 광고 메시지를 생성하라. 코드 필드의 비트의 값을 임의로 선택하라. 길이 필드를 위한 값을 계산하고 추가하라.

36. 순서 번호 1672과 4시간의 수명 시간을 사용하는 홈 에이전트 광고 메시지를 생성하라. 코드 필드의 비트의 값을 임의로 선택하라. 최소 3개의 의탁 주소를 선택하여 사용하라. 길이 필드를 위한 값을 계산하고 추가하라.

37. 우리는 아래와 같은 정보를 가지고 있다. 원격 호스트로부터 홈 에이전트로 전달된 IP 데이터그램의 내용을 보여라.

Mobile host home address: 130.45.6.7/16
Mobile host care-of address: 14.56.8.9/8
Remote host address: 200.4.7.14/24
Home agent address: 130.45.10.20/16
Foreign agent address: 14.67.34.6/8

6.8 시뮬레이션 실험

6.8.1 애플릿(Applets)

우리는 이 장에서 논의한 주요 개념을 보여주기 위한 자바 애플릿을 생성하였다. 학생들에게 도서의 웹 사이트에서 이 애플릿을 수행시켜 프로토콜에 대한 실험을 해보는 것을 강력히 권한다.

6.8.2 실험 과제(Lab Assignment)

도서의 웹 사이트에서 무선 LAN을 위한 시뮬레이터를 찾아 사용하라.

1. 이 실험에서 무선 호스트와 AP가 교환하는 무선 프레임을 캡쳐하고 공부한다. 이 실험의 자세한 설명을 위해 도서의 웹 사이트를 참고하라.

6.9 프로그래밍 과제

프로그래밍 언어를 하나 선택하여 소스 코드를 작성하고 컴파일 후 테스트하라.

1. 그림 6.7의 CSMA/CA 흐름 다이어그램을 시뮬레이션할 수 있는 프로그램을 작성하라.

CHAPTER 7

물리 계층과 전송 매체

T   TCP/IP 프로토콜은 물리 계층에서 생성되는 신호를 전송하는 물리 계층과 전송 매체에
     대한 지식 없이는 완벽히 이해하기 힘들 것이다. 본 장은 물리 계층에 대한 기본 지식이
있다면 넘어가도 무방할 것이다.

물리 계층은 복잡한 과제를 수행한다. 주요 임무 중 하나는 데이터링크 계층을 서비스하는
것이다. 데이터링크 계층의 데이터는 전송 매체를 통과해서 보내질 수 있도록 프레임 단위로
조직된 0과 1로 되어 있다. 이 0과 1들의 흐름은 우선 신호로 변환되어야 한다. 물리 계층에 의
해 제공되는 서비스 중 하나는 이 비트들의 흐름을 나타내는 신호를 만들어내는 것이다. 본 장
의 앞 4절에서 이를 다룬다. 이후 마지막 절에서는 물리 계층에 의해 제어되는 전송 매체와 관
련된 문제들을 논의한다. 7장은 다음과 같이 5절로 구성된다.

❑ 1절에서는 데이터와 신호의 관계에 대해 논의한다. 그 후 디지털 또는 아날로그 데이터를
   아날로그 또는 디지털 신호로 전환하는지 개략적으로 살펴본다. 또한 물리 채널의 성능과
   수용량 등의 이슈에 대해 논의한다.

❑ 2절에서는 디지털 전송에 대해 다룬다. 디지털 또는 아날로그 데이터를 어떻게 디지털 신호
   로 전환하는지 논의한다. 그리고 아날로그 데이터를 디지털 신호로 전환하는 법에 대해서
   살펴본다.

❑ 3절에서는 아날로그 전송을 다룬다. 어떻게 디지털 데이터를 아날로그 신호로 전환하는지
   논의한다. 또한 아날로그 데이터를 아날로그 신호로 전환하는 법을 살펴본다.

❑ 4절에서는 가용대역폭을 어떻게 효율적으로 사용하는지를 보여준다. 독립적이지만 서로 관
   련이 있는 다중화와 확산에 대해 논의한다.

❑ 5절에서는 데이터와 신호 및 그들의 효율적인 사용을 논의한 이후에 본 장에서는 유도 및
   비유도 매체를 통한 매체의 특성에 대해 논의한다. 전송 매체는 물리 계층 아래에서 운행하
   지만 물리 계층에 의해서 제어된다.

7.1 데이터와 신호

물리 계층의 큰 관심사 중 하나는 전송 매체를 통해 정보를 전자기 신호의 형태로 전달하는 것이다. 그림 7.1은 이전 장에서 살펴본 것과 같은 시나리오이지만 물리 계층에서 일어나는 통신 방법에 대해 보여준다.

그림 7.1 | 물리 계층에서의 통신구조

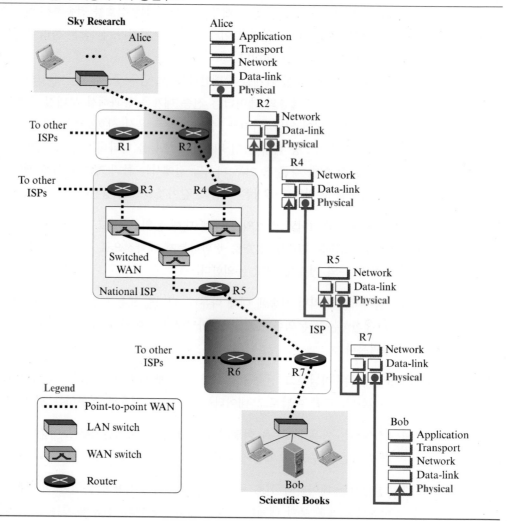

다른 컴퓨터로부터 통계수치를 모으거나, 디자인 워크지국으로부터 움직이는 그림을 전송하거나, 멀리 있는 통제 센터의 벨을 울리는 것 모두 네트워크 연결을 통한 데이터 전송작업이다. 일반적으로 사람에게 유용한 정보나 응용은 네트워크상으로 전송될 수 있는 형태가 아니다. 예를 들면, 사진은 우선 전송 매체가 받아들일 수 있는 형태로 전환되어야 한다. 전송 매체는 물리적인 경로를 따라 에너지를 전도하는 방식으로 작동한다. 따라서 1과 0의 데이터 흐름은 전자기 신호 형태의 에너지로 변환되어야 한다.

7.1.1 아날로그와 디지털

데이터는 아날로그 또는 디지털이 될 수 있다. **아날로그 데이터(analog data)**란 연속적인 정보를 말한다. 사람의 목소리와 같은 음성은 아날로그 데이터로 연속적인 값을 가지고 있다. 누군가가 말을 했을 때 공기 중에 아날로그 파가 형성된다. 이것은 마이크에 의해 포착되어 아날로그 신호로 변환되거나 샘플링을 통해 디지털 신호로 변환될 수 있다.

디지털 데이터(digital data)는 이산값을 갖는다. 디지털 데이터의 한 예는 0과 1의 형태로 컴퓨터의 기억장치에 저장되는 데이터이다. 데이터는 보통 한 위치에서 외부나 내부의 다른 컴퓨터로 전송될 때 디지털 신호로 변환된다.

아날로그와 디지털 신호정보와 마찬가지로 신호도 아날로그나 디지털이 될 수 있다. **아날로그 신호(analog signal)**는 전체 시간 동안 부드럽게 변화하는 연속적인 파형이다. 어떤 파형이 A값에서 B값으로 이동한다면, 그 파형은 무한의 값으로 이루어진 경로를 따라 이동한다. 반면, **디지털 신호(digital signal)**는 이산적이며 1, 0과 같이 제한된 수의 정의된 값만을 가질 수 있다. 신호를 가장 간단하게 보여주는 방법은 수직축을 사용하여 나타내는 것이다. 수직축은 신호의 값이나 세기를, 수평축은 시간의 경과를 표시한다. 그림 7.2는 아날로그와 디지털 신호를 나타내고 있다. 곡선은 무한히 많은 점들을 지나고 있는 아날로그 신호를 나타낸다. 하지만, 디지털 신호의 수직선은 값과 값 사이에서 신호의 갑작스런 이동을 보여준다.

그림 7.2 ▮ 아날로그 신호와 디지털 신호의 비교

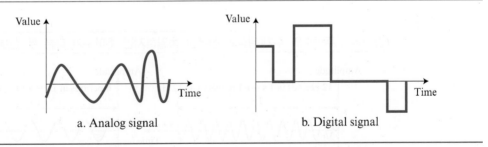

a. Analog signal   b. Digital signal

아날로그 신호

먼저 아날로그 신호에 대해 살펴보자. 아날로그 신호는 두 가지 형태 중 하나가 될 수 있다. **주기적(periodic)** 혹은 **비주기적(nonperiodic** 또는 **aperiodic)**. 주기적 아날로그 신호는 주기(period)라고 불리는 측정 가능 시간 내에 특정 패턴을 갖추며 그 이후 동일한 주기에 동일한 패턴이 반복된다. 하나의 완성된 패턴을 사이클(cycle)이라 부른다. 비주기적 신호는 시간이 지나는 동안 반복되는 패턴이나 사이클 없이 변화한다. 데이터 통신에서 우리는 보통 주기적 아날로그 신호를 사용한다.

주기적 아날로그 신호는 단순 신호와 복합 신호로 나뉜다. **정현파(sine wave)**와 같은 단순 주기적 아날로그 신호는 더 이상 단순한 신호로 나눠질 수 없다. 복합 주기적 아날로그 신호는 다수의 정현파의 혼합으로 이루어져 있다. 정현파는 주기적 아날로그 신호의 가장 근본적인 형태이다. 이를 단순한 진동 곡선으로 나타낼 때 한 사이클을 진행하는 동안 변화는 부드럽고 일정하며 연속적이고 흘러가는 듯한 흐름을 지닌다. 그림 7.3은 정현파를 나타내고 있다. 각 사이클은 시간축 위의 1개의 호와 그에 이어지는 시간축 아래의 호로 구성된다.

그림 7.3 ┃ 정현파

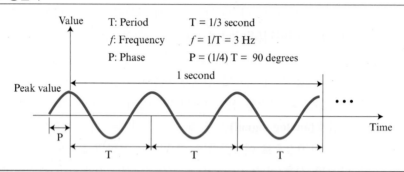

정현파는 최대진폭, 주파수, 위상이라는 세 가지 특성으로 나타난다. 신호의 **최대진폭(peak amplitude)**은 전송하는 신호의 에너지에 비례하는 가장 큰 세기의 절대값을 나타낸다. 전기 신호의 경우, 최대진폭은 흔히 전압으로 측정된다(그림 7.4 참조). 주기와 **주파수(Frequency)** 주기는 신호가 한 사이클을 완성하는 데 필요한 시간의 양을 나타낸다. 주파수란 1초 동안 생성되는 신호주기의 수를 말한다. 주기와 주파수는 같은 특성을 두 가지 다른 방법으로 나타낸 것이라는 것에 주목하라. 주기는 주파수의 역이고 주파수는 주기의 역이다($f = 1/T$).

그림 7.4 ┃ 주파수와 주기(위상과 진폭은 동일하지만 주파수가 다른 두 신호)

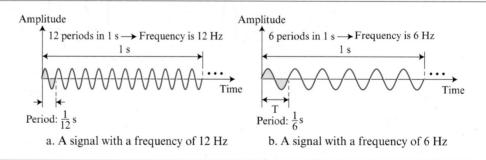

위상(phase)이라는 용어는 시각 0시에 대한 파형의 상대적인 위치를 기술한다. 만약 시간 축을 따라 앞뒤로 이동될 수 있는 파형이 있다면, 위상은 그 이동된 양을 이르며 첫 사이클의 상태를 표시한다.

위상은 각도나 라디안(360°는 2π rad)으로 측정된다. 360°의 위상이동은 파형이 시간축을 따라 완전히 한 주기만큼 이동한 것에 해당된다. 180°의 위상이동은 반 주기, 90°의 위상이동은 1/4주기의 이동에 해당된다.

파장(wavelength)은 전송 매체를 통과하는 신호의 또 다른 특징이다. 파장은 단순 정현파의 주기 또는 주파수를 전송 매체를 통한 전파 속도와 연관시킨다(그림 7.4 참조).

신호의 주파수는 전송 매체와 무관하지만 파장은 주파수와 전송 매체에 좌우된다. 파장은 모든 종류의 신호의 특성이다. 데이터통신에 있어서는 흔히 광섬유를 통해 빛이 전파되는 것을 파장을 사용하여 기술한다. 파장은 단순 신호가 한 주기 동안 진행할 수 있는 거리이다.

파장은 전파 속도와 신호의 주기가 주어지면 계산할 수 있다. 그러나 주파수와 주기는 서로 관련되어 있으므로 파장을 λ(람다)로 하고 전파 속도를 c(빛의 속도)라고 하고 주파수를 f라고 하면 다음의 식을 얻는다.

$$\lambda = c / f = c \times T$$

시간영역과 주파수영역

정현파는 진폭, 주파수, 위상에 의해 포괄적으로 정의된다. 지금까지는 소위 **시간영역 도면 (time-domain plot)**을 사용하여 정현파를 나타냈다. 시간영역 도면은 시간을 고려한 신호진폭의 변화를 보여준다(이는 진폭 대 시간도표이다). 위상은 시간영역도표에서 명백하게 측정되지 않는다. 진폭과 주파수 간의 관계를 보여주기 위해서, **주파수영역 도면(frequency-domain plot)**이라 불리는 것을 사용할 수 있다. 한 주기 안에서의 진폭의 변화는 보여주지 못한다. 그림 7.5는 시간영역(시간에 대한 순간적인 진폭)과 주파수영역(주파수에 대한 최대진폭)을 비교하고 있다.

그림 7.5 | 정현파의 시간영역과 주파수영역 도면

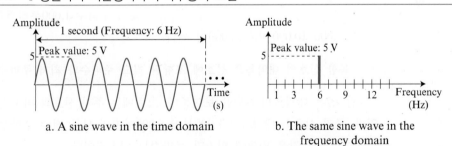

a. A sine wave in the time domain

b. The same sine wave in the frequency domain

시간영역에서의 완전한 정현파는 주파수영역에서는 뾰족점(spike) 하나로 나타난다. 이 뾰족점의 위치가 주파수를 알려주며 그 높이가 최대진폭이다.

예제 7.1

주파수영역은 우리가 두 개 이상의 정현파를 다룰 때 더욱 간편하고 쓸모가 있다. 예를 들면 그림 7.6은 세 개의 정현파를 보여주는데, 각각 다른 진폭과 주파수를 가지고 있다. 각각은 주파수영역에서 세 개의 다른 뾰족점으로 표시된다.

그림 7.6 ┃ 세 정현파의 시간영역과 주파수영역 도면

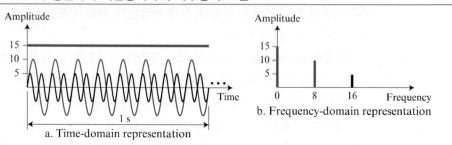

a. Time-domain representation

b. Frequency-domain representation

복합 신호

지금까지는 단순 정현파를 집중적으로 살펴보았다. 단순 정현파가 한 곳에서 다른 곳으로 에너지를 전송할 때와 같은 일상에서 많이 응용되고 있다. 그러나 전화를 통하여 대화를 전달할 때 하나의 정현파만을 사용한다면 아무 의미 없이 아무 정보도 전송하지 못한다. 우리는 소음만 들을 수 있는 것이다. 데이터 통신을 하기 위해서 복합 신호를 보내야 한다. **복합 신호(composite signal)**는 여러 개의 단순 정현파로 이루어진다.

1900년대 초기에 프랑스 수학자 후리에가 복합 신호는 실제로는 서로 다른 주파수, 진폭 및 위상을 갖는 단순 정현파가 여럿 합해져 만들어진 것이라는 것을 보였다.

복합 신호는 주기적일 수도 있고 비주기적일 수도 있다. 주기적 복합 신호는 이산 주파수의 단순 정현파의 연쇄로 분해할 수 있다. 주파수들은 근본 주파수의 통합곱(integral multiple)이다($1f$, $2f$, $3f$ 등). 비주기적 복합 신호는 연속적인 주파수의 단순 정현파의 무한 수의 조합으로 분해할 수 있으며 주파수들은 실수 값을 갖는다.

대역폭

복합 신호에 포함된 주파수영역을 **대역폭(bandwidth)**이라고 한다. 대역폭은 영역이며 보통 두 수의 차이를 일컫는다. 예를 들면, 어느 복합 신호가 주파수 1,000부터 5,000까지를 포함한다면 대역폭은 5,000~10,000 또는 4,000이 된다.

> **복합 신호의 대역폭은 신호에 포함된 최고 주파수와 최저 주파수의 차이이다.**

그림 7.7은 대역폭의 개념을 보여준다. 그림에는 주기 신호와 비주기 신호의 두 복합 신호가 있다. 주기 신호의 대역폭은 1,000부터 5,000까지의 모든 정수 주파수를 담고 있다. 비주기 신호의 대역폭도 같은 영역에 있지만 주파수는 연속적이다.

그림 7.7 ┃ 주기 및 비주기 복합 신호의 대역폭

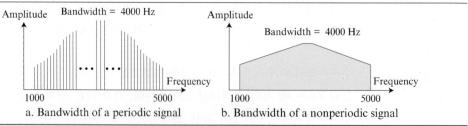

a. Bandwidth of a periodic signal

b. Bandwidth of a nonperiodic signal

디지털 신호

데이터는 아날로그 신호 외에 디지털 신호에 의해서도 표현될 수 있다. 예를 들어 1은 양전압으로, 0은 제로전압으로 부호화될 수 있다. 디지털 신호는 두 개보다 더 많은 준위를 가질 수 있다. 이 경우에는 각 준위로 1개보다 많은 비트를 보낼 수 있다. 그림 7.8은 두 개의 준위를 사용하는 경우와 네 개의 준위를 사용하는 경우를 보여준다.

그림의 a에서는 준위마다 1비트를, 그림의 b에서는 준위마다 2비트를 보낸다. 일반적으로 신호가 L개의 준위를 가지면 각 준위는 $\log_2 L$개의 비트를 보낸다.

그림 7.8 ┃ 두 개의 신호 준위를 갖는 것과 네 개의 신호 준위를 갖는 두 신호

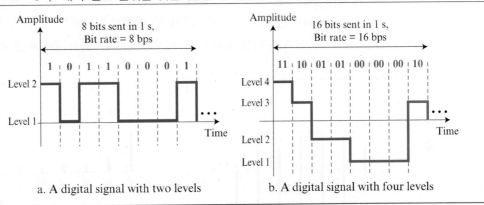

a. A digital signal with two levels   b. A digital signal with four levels

비트율

대부분의 디지털 신호는 비주기적이어서 주기나 주파수를 사용할 수 없다. 주파수 대신 **비트율**이라는 새로운 용어가 디지털 신호를 기술하는 데 사용된다. **비트율(bit rate)**은 시간당 비트 간격의 개수이다. 이때 비트율은 1초 동안 전송된 비트의 수를 의미하고, 일반적으로 bps (bits per second)로 표현된다.

예제 7.2 텍스트 자료를 매 분당 100페이지를 다운로드 받아야 한다고 하자. 채널당 필요 대역폭은? 각 페이지는 줄당 80개의 문자로 된 24개의 줄로 되어 있다. 각 문자당 8비트를 필요로 한다고 가정하면 비트율은 다음과 같다.

$$100 \times 24 \times 80 \times 8 = 1{,}536{,}000 \text{ bps} = 1.536 \text{ Mbps.}$$

비트 길이

전송 매체를 통해 신호가 전송되면서 하나의 사이클이 차지하는 거리인 파장에 대해 논의하였다. 디지털 신호에 대해서도 비슷한 것을 정의할 수 있으며 이는 **비트 길이(bit length)**이다. 비트 길이는 한 비트가 전송 매체를 통해 차지하는 길이이다.

$$\text{Bit length} = \text{propagation speed} \times \text{bit duration}$$

복합 아날로그 신호로서의 디지털 신호

지금까지의 논의로부터 디지털 신호는 급작스러운 변화로 인해 실제로는 무한대의 주파수를 갖는 복합 신호이다. 다시 말하면, 디지털 신호의 대역폭은 무한대이다. 디지털 신호를 고려해 보면 이와 같은 개념을 직관적으로 알 수 있다. 시간영역에서의 디지털 신호는 수직선과 수평선으로 구성되어 있다. 시간영역에서의 수직선은 무한대의 주파수를 의미하며(시간상의 급작스런 변화), 수평선은 주파수 0을 의미한다. 주파수 0에서 무한대의 주파수로(또는 그 역으로) 가는 것은 영역 내에 그 사이의 모든 주파수를 포함한다는 것을 의미한다.

후리에(Fourier) 해석으로 디지털 신호를 분해할 수 있다. 디지털 신호가 주기적이면, 물론 디지털 통신에서는 드문 일이지만, 분해된 신호는 무한대의 대역폭과 이산 주파수들로 구성된 주파수영역으로 나타난다. 그림 7.9는 주기 및 비주기 디지털 신호와 대역폭이다. 각 대역폭은 무한이지만 주기 신호는 이산 주파수를, 비주기 신호는 연속 주파수를 갖는 것에 유의하라.

그림 7.9 ▌주기 및 비주기 디지털 신호의 시간 및 주파수영역

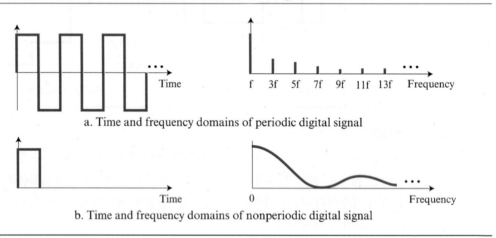

a. Time and frequency domains of periodic digital signal

b. Time and frequency domains of nonperiodic digital signal

디지털 신호의 전송

앞에서 디지털 신호는 주기적이든 비주기적이든 주파수 0부터 무한대까지에 이르는 복합 신호라는 것을 알았다. 앞으로는 데이터통신에서 자주 등장하는 비주기 신호만을 다루도록 하자. 근본적인 질문은 지점 *A*에서 지점 *B*로 어떻게 디지털 신호를 보낼 것인가이다. 우리는 기저대역 전송 또는 광대역 전송(변조를 사용하여)의 방식으로 디지털 신호를 전송할 수 있다.

기저대역 전송

기저대역 전송이란 디지털 신호를 아날로그 신호로 바꾸지 않고 있는 그대로 채널을 통해 전송하는 것을 말한다. 그림 7.10은 **기저대역 전송(baseband transmission)**의 그림이다.

그림 7.10 | 기저대역 전송

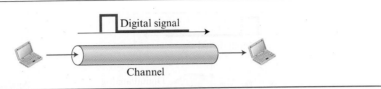

기저대역 전송을 하기 위해서는 주파수 0부터 시작하는 대역폭을 갖는 **저대역 통과 채널 (low-pass channel)**이 필요하다. 이는 오직 하나의 채널만을 위해 전용으로 사용되는 매체를 필요로 한다는 것을 의미한다. 예를 들면, 두 컴퓨터를 연결하는 케이블의 전체 대역폭이 하나의 채널이다. 다른 예로는 여러 개의 컴퓨터를 버스에 연결하는 것으로서, 동시에 두 개의 컴퓨터만이 통신토록 하는 것이다. 이 경우에 역시 저대역폭의 채널을 사용하여 기저대역 통신을 하는 것이다.

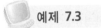 **예제 7.3** 매체대역폭의 전체를 전용으로 사용하는 채널의 다른 예로 LAN이 있다. 오늘날 사용되는 유선 LAN의 대부분은 두 기지국간 통신에 전용선을 사용한다. 여러 기지국이 연결된 버스형 연결에서도 한 번에는 두 기지국만이 서로에게 통신하며 다른 기지국들은 데이터를 보내지 않고 기다리는 것이다.

광대역 전송

광대역 전송 또는 변조는 디지털 신호를 전송하기 위해 아날로그 신호로 전환하는 것을 의미한다. 변조를 하면 **띠대역 통과 채널(bandpass channel)**을 사용하여 전송할 수 있는데 띠대역 통과 채널의 대역은 주파수 0부터 시작하지 않는다. 이런 종류의 채널이 저대역 통과 채널보다 더 쉽게 구할 수 있다. 그림 7.11은 띠대역 통과 채널이다.

그림 7.11 | 띠대역 통과 채널의 대역폭

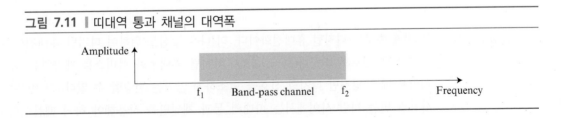

저대역 통과 채널은 낮은 주파수가 0부터 시작하는 띠대역 통과 채널이라고 볼 수 있다는 것에 유의하라. 그림 7.12는 디지털 신호의 변조를 보여준다. 그림에는 디지털 신호가 복합 아날로그 신호로 전환되었다. 예에서는 단일 주파수를 갖는 아날로그 신호(반송파라고 불린다)를 사용했는데 반송파의 진폭이 디지털 신호와 유사하게 되도록 바뀌었다. 그러나 그 결과 신호는 단일 주파수 신호가 아니라 복합 신호가 된다. 수신자 쪽에서는 수신된 아날로그 신호가 디지털 신호로 전환되어 그 결과 전송된 원래 신호를 복제해 낸다.

그림 7.12 ┃ 띠대역 통과 채널에서 전송하기 위한 디지털 신호의 변조

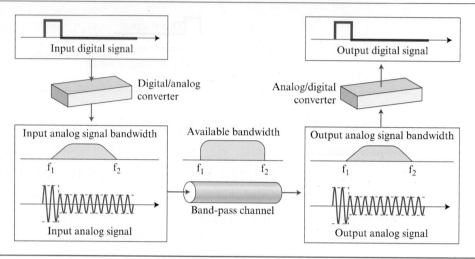

예제 7.4   변조를 사용하는 광대역 전송의 예로는 가입자의 가정과 중앙 전화국을 연결하는 전화선을
통해 컴퓨터의 데이터를 보내는 것이 있다. 이 회선은 제한적인 대역폭(주파수 0부터 4
kHz)을 사용하여 음성(아날로그 신호)을 전달하기 위해 설계된 것이다. 비록 이 채널을 저
대역 통과 채널로 사용할 수도 있지만 보통 띠대역 통과 채널로 취급된다. 그러한 이유 중
하나는 대역폭이 너무 협소해서 이 채널을 저대역 통과 채널로 취급하여 기저대역 전송을
하면 최대 전송률이 8 kbps 밖에 안되기 때문이다. 이에 대한 해법으로 채널을 띠대역 통과
채널로 보고 디지털 신호를 아날로그 신호로 전환하여 아날로그 신호를 전송하는 것이다.
수신자 쪽에는 디지털 신호를 아날로그 신호로 바꾸는 전환기와 그 역으로 전환하는 전환기
의 두 전환기를 장착할 수 있다. 이 경우의 전환기는 5장에서 논의한 바 있으며 **모뎀**(*modem,
modulator/demodulator*)이라고 부른다.

예제 7.5   두 번째 예로는 디지털 휴대전화이다. 더 나은 수신을 위하여 디지털 휴대전화는 음성 신호
를 디지털 신호로 바꾼다(16장 참조). 디지털 휴대전화 서비스를 제공하는 회사에 할당된
대역은 매우 넓지만 디지털 신호를 변조하지 않고는 전송할 수 없다. 그 이유는 전화 거는
사람과 받는 사람 사이에서는 띠대역 통과 채널만을 사용해야 하기 때문이다. 예를 들면
만일 가용대역폭이 W이고 1,000쌍이 동시에 통화할 수 있다면 각 통화에 사용할 수 있는
대역폭은 W/1,000이 되어 전체가 아니라 그 중 일부가 되는 것이다. 전송 전에 디지털화된
음성을 복합 아날로그 신호로 변조해야 한다. 디지털 휴대전화는 아날로그 음성 신호를 디
지털로 바꾸고 다시 띠대역 통과 채널에 보낼 아날로그 신호로 변조하는 것이다.

7.1.2 전송장애

신호는 완전하지 못한 전송 매체를 통해 전송된다. 즉, 신호가 매체를 통해 전송될 때 장애가 발생한다. 이것은 신호가 매체의 시작과 끝에서 같지 않음을 의미한다. 보내는 것을 그대로 받는 것이 아니다. 보통 감쇠(attenuation), 일그러짐(distortion), 잡음(noise)이라는 세 가지 종류의 장애가 발생한다.

감쇠

감쇠(attenuation)는 에너지 손실을 의미한다. 신호(단순하거나 복잡하거나)가 매체를 통해 이동할 때 매체의 저항을 이겨내기 위해서는 약간의 에너지가 손실된다. 그것은 전기적 신호를 운반하는 전선이 따뜻해지기 때문이다. 신호에서 일부 전기적 에너지는 열로 바뀐다. 이러한 손실을 줄이기 위해 신호를 증폭시키는 증폭기가 사용된다. 그림 7.13은 감쇠와 증폭의 효과를 보여준다.

그림 7.13 ┃ 감쇠와 증폭

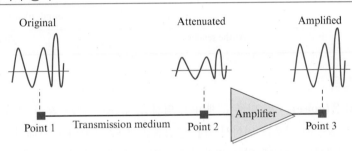

신호의 손실된 길이나 획득한 길이를 보이기 위해, 공학자는 데시벨이라는 개념을 사용한다. **데시벨(dB, decibel)**은 2개의 다른 점에서 두 신호 또는 하나의 신호의 상대적 길이를 측정한다. 데시벨은 신호가 감쇠되면 음수이고, 증폭되면 양수이다.

$$\text{dB} = 10 \log_{10} (P_2/P_1)$$

변수 P_1과 P_2는 각각 점 1과 점 2에서의 신호의 전력이다. 본 교재에서는 전력을 사용하여 데시벨을 표시한다.

예제 7.6

신호가 전송 매체를 통해 이동하고 있고 전력이 반으로 줄었다고 상상해 보자. 이것은 $P_2 = (1/2)P_1$을 의미한다. 이 경우 감쇠(전력손실)는 다음과 같이 계산할 수 있다.

$$10 \log_{10} P_2/P_1 = 10 \log_{10} (0.5\,P_1)/P_1 = 10 \log_{10} 0.5 = 10 \times (-0.3) = -3\,\text{dB}.$$

−3 dB 또는 3 dB 손실이 전력의 절반을 손실한 것과 같다는 것을 알 수 있다.

일그러짐(왜곡)

일그러짐(distortion)은 신호의 모양이나 형태가 변하는 것은 의미한다. 일그러짐은 반대되는 신호를 발생시키거나 다른 주파수의 신호를 만든다. 각 신호 요소는 매체를 통과하면서 자신만의 전파 속도(다음 절 참조)를 갖는다. 그러므로 마지막 목적지에 도착할 때는 자신만의 지연을 갖는다. 지연이 주기 기간 동안 정확히 동일하지 않다면 지연의 차이는 위상의 차이를 야기한다. 다시 말하면, 수신자에서의 신호 구성 요소는 송신자가 보낸 신호와는 다른 위상을 갖는다. 그림 7.14는 복합 신호에 대한 일그러짐의 영향을 보여준다.

그림 7.14 ┃ 일그러짐(왜곡)

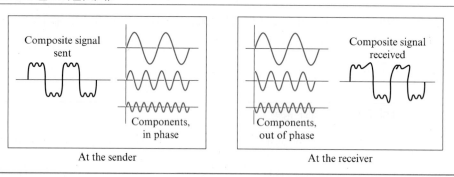

잡음

잡음(noise)은 또 다른 문제이다. 열잡음, 유도된 잡음, 혼선 그리고 충격잡음과 같은 여러 형태의 잡음은 신호를 변화시킨다. 열잡음은 전달자에 의해 보내진 원래의 것이 아닌 임의의 신호가 생성된 전선에 있는 전자의 임의의 움직임이다. 유도된 잡음은 모터나 기구와 같은 원천으로부터 발생한다. 이들 장치는 전송 안테나로서의 역할을 하고, 전송 매체는 수신 안테나의 역할을 한다. **혼선(Crosstalk)**은 하나의 전선이 다른 것에 미치는 효과이다. 하나의 전선은 안테나에 보내는 역할을 하고 다른 전선은 안테나로부터 받는 역할을 한다. 충격잡음은 전기선에서 발생하는 스파이크(매우 짧은 시간 동안 높은 에너지를 갖는 신호)나 빛 등을 말한다. 그림 7.15는 신호에서의 잡음의 효과를 보여준다. 5장에서 이러한 오류를 감지하고 관리하는 방법을 논의한 바 있다.

그림 7.15 ┃ 잡음

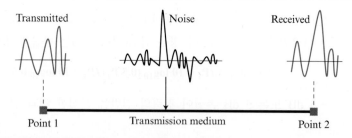

신호-대-잡음 비(SNR)

뒤에서도 보겠지만 이론적인 비트율의 한계를 알기 위해서는 잡음의 전력에 대한 신호 전력의 비를 알아야 한다. **신호-대-잡음 비(SNR, signal-to-noise ration)**는 다음과 같이 정의된다.

$$SNR = \text{(average signal power) / (average noise power).}$$

우리는 평균 신호 전력과 평균 잡음 전력을 고려해야 하는데 그 이유는 이들의 전력이 시간에 따라 바뀌기 때문이다. 그림 7.16은 SNR에 대한 개념이다.

SNR은 실제로 원하지 않는 것(잡음)에 대한 원하는 것(신호)의 비이다. 높은 SNR은 신호가 잡음에 의해 덜 망가진다는 것을 의미하고, 낮은 SNR은 잡음으로 신호가 더 망가진다는 것을 의미한다.

SNR은 두 전력의 비이므로 흔히 데시벨, SNR_{dB}로 다음과 같이 표시한다.

$$SNR_{dB} = 10 \log_{10} SNR$$

그림 7.16 ▍ SNR의 두 경우: 고 SNR과 저 SNR

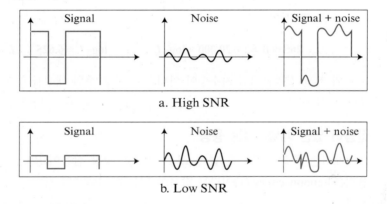

a. High SNR

b. Low SNR

7.1.3 데이터 전송률의 한계

매우 중요한 질문은 채널을 통해 매 초 몇 비트를 얼마나 빨리 데이터를 전송할 수 있는가 하는 것이다. 데이터 전송률은 다음의 세 요소에 의해 좌우된다.

1. 가역대역 폭

2. 사용 가능한 신호 준위

3. 채널의 품질(잡음의 정도)

데이터 전송률을 계산할 수 있는 두 가지 이론적 수식이 있는데, 하나는 잡음이 없는 채널에서 사용하는 나이퀴스트(Nyquist) 수식이고 다른 하나는 잡음이 있는 채널에서 사용하는 섀논(Shannon) 수식이다.

무잡음 채널: 나이퀴스트 전송률

잡음이 없는 채널의 경우에는 **나이퀴스트 전송률(Nyquist bit rate)**이 이론적인 최대 전송률을 정의한다.

$$\text{BitRate} = 2 \times B \times \log_2 L$$

이 수식에서 대역폭은 채널의 대역폭이고 L은 데이터를 나타내는 데 사용한 신호 준위의 개수이며 전송률은 매 초당 비트 수이다.

공식에 따라 대역폭이 주어지면 임의로 신호 준위의 개수를 늘려서 임의의 비트율을 달성할 수 있을 것으로 생각하기 쉽다. 이론적으로는 맞는 생각이지만 실질적으로는 한계가 있다. 신호 준위의 수를 늘이면 수신자 쪽에 부담을 주는 것이 된다. 신호 준위가 단지 2개이면 수신자는 신호를 0과 1로 쉽게 구별할 수 있다. 신호 준위가 64개라면 수신자는 64개의 서로 다른 신호를 구별하기 위해 매우 정교해야 한다. 다시 말하면, 신호 준위를 늘리면 시스템의 신뢰도가 떨어진다.

 예제 7.7   잡음 없는 20 kHz의 대역폭을 갖는 채널을 사용하여 265 kbps의 속도로 데이터를 전송해야 한다. 몇 개의 신호 준위가 필요한가? 나이퀴스트 공식을 다음과 같이 사용할 수 있다.

$$265{,}000 = 2 \times 20{,}000 \times \log_2 L \quad \rightarrow \quad \log_2 L = 6.625 \quad L = 2^{6.625} = 98.7 \text{ levels.}$$

위 계산 결과는 2의 지수승이 아니므로 신호 준위 개수를 늘이거나 줄여야 한다. 128개의 준위를 사용하면 비트율은 280 kbps이다. 64개의 준위를 사용하면 비트율은 240 kbps이다.

잡음이 있는 채널: 섀논 용량

실제에서는 무잡음 채널은 없다. 모든 채널은 항상 잡음이 있다. 1944년 끌로드 섀논이 **섀논 용량(Shannon capacity)**이라는 잡음이 있는 채널에서의 최대 전송률을 결정하는 수식을 발표하였다.

$$C = B \times \log_2 (1 + \text{SNR})$$

이 식에서 대역폭은 채널의 대역폭, SNR은 신호에 대한 잡음 비율, 용량은 bps 단위의 채널 용량(섀논 용량이라고 불린다)을 가리킨다. 신호-대-잡음 비는 잡음의 전력에 대한 신호의 전력의 통계적 비율이다. 섀논 수식에는 신호의 준위 개수가 없다는 것에 주목하라. 이는 몇 개의 준위를 사용하든 채널의 전송 한계 이상의 전송률을 달성할 수는 없다는 것을 말한다. 다시 말하면, 이 수식은 채널의 특성을 정의하는 것이지 전송 방법을 정의하는 것이 아니다.

 예제 7.8   신호-대-잡음 비의 비율값이 거의 0인, 거의 잡음에 가까운 채널을 생각해 보자. 다시 말해, 잡음이 너무 강해서 신호가 약해진다. 이 채널에 대한 **용량**을 계산하면 다음과 같다.

$$C = B \log_2 (1 + \text{SNR}) = B \log_2 (1 + 0) = B \log_2 1 = B \times 0 = 0$$

이것은 채널의 용량이 0이다. 대역폭은 고려되지 않았다. 다른 말로 하자면 이 채널로는 어떤 데이터도 보낼 수 없다.

예제 7.9   우리는 일반 전화선의 이론적 최고 비트율을 계산할 수 있다. 일반적으로 전화선은 데이터 통신을 하기 위해 3,000 Hz가 할당된 대역폭(300~3,300 Hz)을 가진다. 신호-대-잡음 비 비는 대개 3,162이다. 이 채널을 위한 용량을 계산하면 다음과 같다.

$$C = B \log_2 (1 + SNR) = 3000 \log_2 (1 + 3162) = 34,881 \text{ bps}$$

계산 결과는 즉 전화선의 최고 비트율이 34.881 kbps라는 의미이다. 만일 이보다 더 빠르게 데이터를 보내고 싶다면, 라인의 대역폭이나 신호-대-잡음 비 비를 높여야 할 것이다.

두 가지 한계를 사용하기

실제에 있어서는 어떤 신호 준위의 어떤 대역폭이 필요한지 알기 위해 두 가지 방법을 모두 사용한다. 예를 들어 보자.

예제 7.10   1 MHz의 대역폭을 갖는 채널이 있다. 이 채널의 SNR은 63이다. 적절한 전송률과 신호 준위는 무엇인가?

해답

우선, 상한을 구하기 위해 섀논 수식을 사용한다.

$$C = B \log_2 (1 + SNR) = 10^6 \log_2 (1 + 63) = 10^6 \log_2 64 = 6 \text{ Mbps}$$

비록 섀논 수식으로부터 6 Mbps의 전송률을 구했으나 이는 상한일 뿐이다. 더 나은 성능을 위해 조금 낮은 값, 예를 들어 4 Mbps를 택한다. 그 후에 신호의 준위를 구하기 위해 나이퀴스트 식을 사용한다.

$$4 \text{ Mbps} = 2 \times 1 \text{ MHz} \times \log_2 L \quad \rightarrow \quad \log_2 L = 2 \quad \rightarrow \quad L = 4$$

섀논 용량은 상한값을 알려주고 나이퀴스트 공식은 몇 개의 신호 준위가 필요한지를 알려 준다.

7.1.4 성능

지금까지는 네트워크를 통해 데이터를 전송하는 도구(신호)와 어떻게 신호가 행동하는지에 대해 논의하였다. 네트워크에서의 중요한 문제 하나는 네트워크의 성능 즉 네트워크가 얼마나 좋은가 하는 것이다. 우리는 서비스 품질, 네트워크 성능의 전반적인 측정에 대해 논의하고 자세한 내용은 8장에서 살펴본다.

대역폭

네트워크의 성능을 측정하는 특성 중에 대역폭이 있다. 그러나 이 용어는 두 가지 다른 값을 측정하는 다른 뜻으로 사용될 수 있는데 하나는 Hz를 단위로 하는 대역폭이고 다른 하나는 초당 비트 수이다.

헤르쯔 단위의 대역폭

이미 이 개념을 논의하였다. 헤르쯔(Hz) 단위의 대역폭은 복합 신호에 포함된 주파수영역 또는 채널이 통과시킬 수 있는 주파수영역을 말한다. 예를 들어 가입자 전화선의 대역폭이 4 kHz라고 하는 식이다.

비트율 단위의 대역폭

대역폭은 채널이나 링크 또는 심지어 네트워크가 통과시킬 수 있는 초당 비트 수를 일컬을 때가 있다. 예를 들어 고속 이더넷(또는 그 네트워크의 링크)이 최대 100 Mbps의 대역폭을 갖는다고 말할 수 있는 것이다. 이는 네트워크가 100 Mbps로 전송할 수 있다는 것을 말한다.

관계

헤르쯔 단위의 대역폭과 비트율 단위의 대역폭 사이에는 명백한 관련이 있다. 기본적으로 헤르쯔 단위의 대역폭이 늘어나면 비트율 단위의 대역폭도 늘어난다. 둘 사이의 관계는 기저대역 전송을 하느냐 변조 전송을 하느냐에 좌우된다.

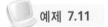 **예제 7.11**   가입자 회선의 대역폭은 음성이나 데이터에 대해 4 kHz이다. 이 회선을 사용하여 데이터를 전송하는 경우에는 디지털 신호를 아날로그 신호로 정교하게 바꾸어 최대 56,000 bps의 전송 속도를 가질 수 있다. 전화 회사가 회선의 품질을 개선하여 8 kHz까지 대역폭을 높인다면 최대 112 kbps의 전송 속도를 낼 수 있다.

처리율

처리율(throughput)은 어떤 지점을 데이터가 얼마나 빠르게 지나가는지를 측정하는 것이다. 비록 얼핏 보면 비트율 단위의 대역폭이나 처리량이 동일해 보이나 둘은 서로 다르다. 어느 링크가 B bps의 대역폭을 가질 수 있으나 이 링크를 사용하여 항상 B보다 작은 T bps의 처리량만 가능한 것이다. 다시 말하면 대역폭은 링크의 잠재 성능 측정치이며 처리량은 얼마나 빠르게 데이터를 전송할 수 있는지의 실제 전송 속도인 것이다. 예를 들면 대역폭 1 Mbps인 링크에 연결된 장치가 오직 200 kbps의 속도로 전송할 수 있는 것이다. 이는 이 링크를 통해서 200 kbps 이상의 속도로 전송할 수 없다는 것을 말한다.

어느 지점에서 다른 지점으로 매 분 1,000대의 차량을 통과시키도록 설계된 고속도로를 생각해 보라. 만일 도로에 정체가 생긴다면 이 숫자가 매 분 100대로 떨어질 수 있는 것이다. 매 분 1,000대가 대역폭이지만 처리량은 매 분 100대인 것이다.

지연

지연은 발신지로부터 첫 번째 비트가 목적지를 향해 떠난 후에 온전히 전체 메시지가 모두 목적지에 도착할 때까지 소요된 시간이다. 패킷에 대한 지연을 4장에서 다룬 바 있다. 지연은 전파 시간, 전송 시간, 큐 시간 및 처리 시간의 네 가지 요소로 구성된다고 볼 수 있다.

Latency = propagation delay + transmission delay + queuing delay + processing delay.

대역폭-지연 곱

대역폭과 지연은 링크의 두 가지 성능 지표이다. 그러나 이 장과 뒷장에서 보게 되듯이 데이터 통신에 있어서 매우 중요한 것은 이 두 요소의 곱인 대역폭-지연 곱이다. 이에 대해 두 가지 가상의 예를 사용하여 좀 더 설명해 보자(그림 7.17 참조).

❑ **첫 번째 경우.** 대역폭 1 bps(실제적이지 않지만 설명의 목적으로 사용한다)의 링크가 있다고 하자. 링크의 지연 시간이 5초(이 역시 실질적이지 않다)라고 가정하자. 대역폭-지연 곱이 이 경우에 무엇을 의미하는지 알아보자. 그림 7.17의 case 1을 보면 이 곱인 1 × 5는 링크를 채울 수 있는 최대의 비트 개수인 것을 볼 수 있다. 이 예제에서는 링크에는 5개보다 많은 비트가 존재할 수 없다.

❑ **두 번째 경우.** 이제 대역폭이 4 bps인 링크를 가정하자. 그림 7.17의 case 2에서는 최대 4 × 5 = 20개의 비트가 회선에 있을 수 있다는 것을 보여준다. 그 이유는 매 초 4개의 비트가 회선에 있게 되며 각 비트 시간은 0.25초이기 때문이다.

위 두 가지 경우에서 보듯이 대역폭과 지연의 곱은 링크를 채울 수 있는 비트의 개수이다. 이 값은 데이터를 모아서 보내고 다음 데이터 덩어리를 모아 보내기 전까지 기다려야 한다면 중요한 지표가 된다. 링크의 최대 용량을 이용하기 위해서는 대역폭과 지연의 곱의 2배의 크기로 데이터를 덩어리로 모아 보내야 하는데 이는 전이중(양방향) 채널을 가득 채워 보낼 때 최대 용량을 사용하는 것이기 때문이다. 송신자는 2 × 대역폭 × 지연만큼의 크기로 데이터를 덩어리로 만들어 보내야 한다. 송신자는 다음 덩어리를 보내기 전에 직전에 보낸 덩어리의 앞부분에 대해 수신자가 응답할 때까지 기다린다. 2 × 대역폭 × 지연은 링크를 언제고 가득 채울 수 있는 양인 것이다.

그림 7.17 ┃ 첫 번째, 두 번째 경우에서의 링크를 비트로 채우기

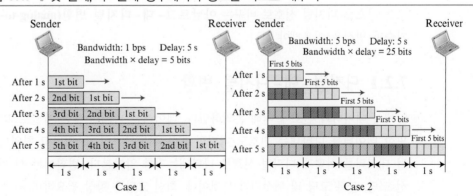

대역폭-지연 곱은 링크를 채울 수 있는 비트 개수를 의미한다.

예제 7.12 링크를 두 지점을 연결한 파이프로 볼 수 있다. 파이프의 단면은 대역폭이고 파이프의 길이는 지연을 나타낸다고 볼 수 있다. 그림 7.18에서 보듯이 파이프의 부피는 대역폭-지연 곱이다.

그림 7.18 | 대역폭-지연 곱의 개념

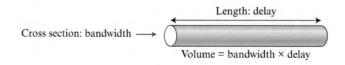

파형난조

지연과 연관된 또 다른 성능은 **파형난조(jitter)**이다. 난조는 서로 다른 데이터 패킷이 서로 다른 지연 시간을 갖게 되어 생기며 수신자 쪽의 음성이나 화상처럼 시간에 민감한 응용 시스템이 겪는 문제이다. 첫 번째 패킷이 지연이 20 ms이고 두 번째 것은 45 ms이고 세 번째 것은 40 ms라면 이 패킷들을 사용하는 실시간 응용은 난조를 겪는다. 8장에서 자세히 다룬다.

7.2 디지털 전송

컴퓨터 네트워크는 네트워크 안의 한 지점으로부터 다른 지점으로 정보를 전송하기 위해 설계된 것이다. 네트워크를 설계하는 데 있어서 정보를 디지털 신호로 바꿀 것인지 아날로그 신호로 바꿀 것인지 두 가지 중 하나를 선택할 수 있다. 본 장에서는 디지털 신호를 사용하는 것에 대해 논의하고 다음 장에서는 아날로그 신호를 사용하는 것에 대해 논의한다.

데이터가 디지털이라면, 디지털 데이터를 디지털 신호로 변환해주는 **디지털-대-디지털 변환(digital-to-digital conversion)** 기술과 방식을 이용해야 한다. 데이터가 아날로그라면 아날로그 신호를 디지털 신호로 바꾸는 **아날로그-대-디지털 변환(analog-to-digital conversion)** 기술과 방식을 이용해야 한다.

7.2.1 디지털-대-디지털 변환

앞에서 데이터와 신호에 대해 논의하였다. 데이터는 디지털 또는 아날로그일 수 있다고 하였다. 또한 데이터를 나타내는 신호도 디지털 또는 아날로그일 수 있다고 하였다. 이 절에서는 디지털 데이터를 어떻게 디지털 신호로 나타내는지를 알아본다. 변환에는 세 가지 기술이 있다. 회선 코딩, 블록 코딩 및 뒤섞기가 그것이다. 회선 코딩은 항상 필요하며, 블록 코딩이나 뒤섞기는 필요할 수도 아닐 수도 있다.

회선 코딩

회선 코딩(line coding)은 일련의 비트인 이진 데이터를 디지털 신호로 바꾸는 작업이다. 예를 들면, 컴퓨터 메모리에 담겨 있는 데이터, 문자, 숫자, 화상, 오디오 및 비디오는 모두 일련의 비트들이다. 회선 코딩은 일련의 비트들을 디지털 신호로 바꾼다. 전송측에서는 디지털 데이터가 디지털 신호로 부호화되고 수신측에서는 디지털 신호를 복호화하여 디지털 데이터를 재생한다. 그림 7.19는 회선 코딩의 개념을 보여준다.

그림 7.19 ┃ 회선 부호화와 복호화

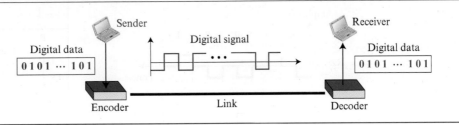

회선 코딩은 다양한 방법이 있지만 크게 극형(polar), 양극형(bipolar) 그리고 다준위(multi-level)의 세 가지 방법으로 나눌 수 있다.

각 기법을 살펴보기 전에 회선 코딩의 용어를 정의하도록 하자. N은 데이터 전송률(데이터율, 비트율)로 1초당 전송된 데이터 요소의 개수로 정의된다. 단위는 초 당 비트 수(bps)이다. r은 매 신호 요소당 전송되는 데이터 요소의 개수를 나타낸다. S는 신호 전송률(신호율)로 1초당 전송된 신호 요소의 개수이다. 단위는 보오(baud)이다. 데이터율과 신호율 사이의 관계 S_{ave}는 다음과 같이 나타낼 수 있다.

$$S_{ave} = c \times N \times (1/r)$$

위의 식에서 c는 요인으로써 평균값이 어떻게 계산되는지와 관계된다. 만약 비트가 0에서 1 또는 1에서 0으로 바뀔 때의 신호 수준이 변경되면, 데이터가 모두 1로 이루어져 있거나 0으로 이루어져 있다면 c의 값은 0이다. 대부분 보통의 경우에 c는 1/2이다.

극형

극형 부호화 방법(polar schemes)은 양과 음의 두 가지 전압 준위를 같이 사용한다. 예를 들면, 0을 위해서는 양전압을 사용하고 1을 위해서는 음전압을 사용한다. 그림 7.20은 극형 부호화 방법의 몇가지 방법과 대역폭(양자화된 주파수와 신호에 대한 전력)을 보여준다(f/N).

비영복귀(NRZ, non-return-to-zero) 부호화에서는 두 가지 준위의 신호를 사용한다. NRZ-L과 NRZ-I의 두 가지 방법이 있다. 그림에는 r값, 평균 보오율 및 대역폭도 같이 보여주고 있다. 첫 번째 경우인 NRZ-L (NRZ-Level)에서는 전압 준위가 비트의 값을 결정한다. 두 번째 경우인 NRZ-I (NRZ-Invert)의 경우에는 전압에 변화가 있거나 없는 것으로 비트의 값을 결정한다. 전압 변화가 없으면 0이고 전압이 바뀌면 1이다.

그림 7.20 ㅣ 극형

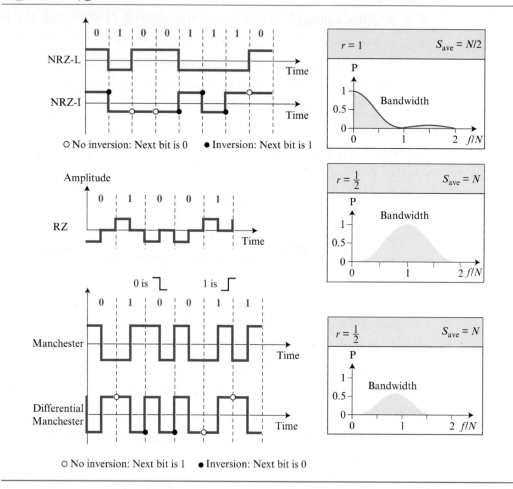

○ No inversion: Next bit is 0   ● Inversion: Next bit is 1

○ No inversion: Next bit is 1   ● Inversion: Next bit is 0

NRZ의 주요문제는 송신측과 수신측의 클럭이(시간) 동기화되어 잊지 않다는 것이다.

수신측은 한 비트가 끝나고 다음 비트가 시작되는 시점을 알지 못하는 것이다. 하나의 해결책으로 세 개의 준위값(양전압, 음전압, ϕ전압)을 사용하는 **RZ (return-to-zero)**이다.

RZ에서는 신호의 변화가 비트 사이에 있는 것이 아니라 한 비트 구간 내에서 일어난다. RZ 부호화의 주요 단점은 하나의 비트를 부호화하기 위해 두 번의 신호 변화를 필요로 하여 너무 많은 대역폭을 차지한다는 것이다. RZ의 아이디어(비트 중간에서 전이)와 NRZ-L의 아이디어를 결합한 것이 **맨체스터(Manchester)**이다. 맨체스터 부호화에서 비트 구간은 두 개 반으로 나누어진다. 전압은 첫 반의 비트 구간 동안에 유지되다가 두 번째 반 비트 구간에는 다른 수준으로 이동한다. 비트 중간에서의 전이는 동기화를 제공한다. 반면, **차분 맨체스터(Differential Manchester)**는 RZ와 NRZ-I의 아이디어를 결합한 것이다. 전이는 항상 비트의 중간에서 일어나나 비트의 값은 비트의 시작에 의해 결정된다. 만약 다음 비트가 0이라면 전이가 일어나고 다음 비트가 1이라면 전이는 일어나지 않는다.

양극형

때로는 다준위 2진수라고 불리는 **양극형** 부호화 방법(**bipolar** schemes)은 양, 음 및 영의 세 가지 전압 준위를 사용한다. 전압 준위 0은 2진수 중 어느 하나를 표현하는 데 사용된다. 양전압과 음전압은 교대로 사용되어 이진수 중 다른 수를 표현한다. 그림 7.21은 양극형 부호화의 두 가지 종류인 AMI와 가삼진수를 보여준다. 흔히 사용되는 양극형 부호화는 **양극 AMI**라고 한다. *Alternate mark inversion*에서 *mark*는 전신 분야에서 유래된 것으로, 1을 의미한다. 그래서 AMI는 교대로 나타나는 반전되는 1을 의미한다. 중립의 제로 전압은 2진수 0을 나타내고 2진수 1은 교대되는 양과 음전압에 의해 표현된다. AMI 부호화를 변형한 것이 **가삼진수(pseudoternary)**라고 불리며 1비트가 전압 준위 0으로 부호화되고 0은 양전압과 음전압을 교대로 표현한다.

그림 7.21 | 양극형 방식: AMI 및 가삼진

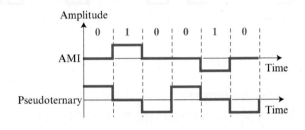
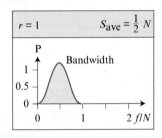

다준위 방식

데이터율을 증가시키려는 노력 또는 대역폭 요구량을 줄이려는 노력으로 인해 많은 다른 부호화 방식을 만들어 냈다. 목표는 n개의 신호 요소 패턴을 사용하여 m개의 데이터 요소의 패턴을 표현함으로써 단위 보오당 비트 수를 증가시키는 것이다. 우리는 이진수를 다루므로 0과 1의 두 데이터 요소만 있으므로 m개의 데이터 요소로는 2^m개의 데이터 패턴이 생긴다. 또한 서로 다른 신호 준위를 사용함으로써 서로 다른 종류의 신호 요소를 만들어 낸다. L개의 서로 다른 준위를 사용한다면 L^n개의 신호 요소를 만들 수 있다. 만일 $2^m = L^n$이라면, 각 데이터 패턴은 하나의 신호 패턴으로 부호화된다. 만일 $2^m < L^n$이라면, 데이터 패턴은 신호 패턴의 일부를 사용하게 된다. 어느 신호 패턴을 사용할 것인지는 기준선 표류를 방지하고 동기화를 제공하고, 데이터 전송 중 오류를 검색할 수 있도록 선정된다. $2^m > L^n$인 경우에는 데이터 패턴의 일부는 부호화될 수 없으므로 데이터 부호화가 가능하지 않다. 이와 같은 부호화를 $mBnL$이라고 부르는데, m은 이진수 패턴의 길이를 뜻하고, B는 이진수를 말하며, n은 신호 패턴의 길이를 뜻하고, L은 신호 준위의 수를 말한다. 흔히 L에 숫자 대신에 문자를 사용하는데 이진수의 경우에는 B (binary)를, 삼진수의 경우에는 T (ternary)를 사용하며 사진수의 경우에는 Q (quaternary)를 사용한다. 처음 두 문자는 데이터 패턴을 규정하고 뒤의 두 문자는 신호 패턴을 나타낸다. 2B1Q (2 binary, 1 quarternary)는 크기 2의 데이터 패턴을 사용하며 2개의 비트 패턴을 4개의 전압 준위 중 각각으로 부호화한다. 이와 같은 암호화에서는 $m = 2$, $n = 1$이며 $L = 4$이다. 그림 7.22는 2B1Q와 8B6T 신호의 예를 보여준다.

그림 7.22 ┃ 다준위: 2B1Q와 8B6T 방식

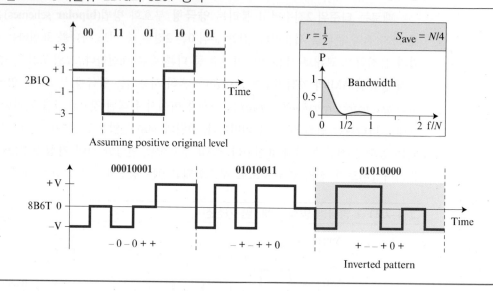

Assuming positive original level

2B1Q (two binary, one quaternary)의 평균 신호율은 S = N/4이다. 이는 2B1Q를 사용하여 NRZ-L의 경우보다 두 배 빠르게 데이터를 전송할 수 있다는 것을 의미한다. 그러나 2B1Q는 네 개의 서로 다른 전압 준위를 사용하므로 수신자가 이 4개의 신호를 구별해 낼 수 있어야 한다. 제한된 역폭이 치러야 할 대가이다. 이 방식에서는 $2^2 = 4^1$이므로 사용하지 않고 남아도는 신호 패턴은 없다. 매우 흥미로운 방식으로 **8이진, 6삼진(8B6T)**이 있다. 5장에서 살펴본 바와 같이 이 방식은 100BASE- 4T 케이블에서 사용한다. 8비트의 패턴을 6개의 신호 요소로 나타내는 것인데 신호는 3개의 준위를 갖는다. 이 종류의 방식에서는 $2^8 = 256$개의 데이터 패턴이 있으며 $3^6 = 729$개의 신호 패턴이 있다. 729 − 256 = 473개의 사용하지 않는 신호 패턴이 생기며 이 신호들은 동기화나 오류 검색에 사용된다. 일부는 직류 성분 균형을 위해 사용된다. 각 신호 패턴은 0 또는 +1의 직류 값을 갖는다. 이는 −1의 직류 값을 갖는 신호는 없다는 것을 말한다. 전체 스트림을 직류 성분이 없도록 하기 위해 송신자는 각 직류값을 기록하고 있다가 만일 직류값이 1인 연속된 두 개의 신호 그룹을 보게 되면 처음 신호 패턴은 그대로 보내고 다음 신호 패턴은 전체의 전위를 뒤집어서 보내어 −1의 직류값을 만들게 된다.

블록 코딩

동기화를 확보하기 위해서는 어떤 식이든 여분의 비트가 필요하다. 더욱이, 오류를 탐지하기 위해서도 다른 여분의 비트들을 포함시켜야 한다. 블록 코딩은 어느 정도까지 이 두 가지 목적을 달성할 수 있다. 일반적으로 **블록 코딩(block coding)**은 m비트를 n비트의 블록으로 바꾸는데 여기서 n은 m보다 크다. 블록 코딩은 mB/nB 부호화로 불린다. 블록 코딩의/표시를 사용하여 블록 코딩이/표시가 없는 다중회선 코딩이 아닌 것을 나타낸다. 블록 코딩은 보통 나누기, 대치, 조합의 세 단계가 있다. 나누기 단계에서는 일련의 비트들을 각각 m개 비트의 그룹으로

나눈다. 예를 들면, 4B/5B 부호화에서는 원래의 전체 비트 열을 4비트 그룹으로 나눈다. 블록 코딩의 요체는 대체 단계에 있다. 이 단계에서는 각 *m*개의 비트 그룹을 *n*개의 비트 그룹으로 바꾼다. 예를 들면, 4B/5B 부호화에서는 4비트 그룹을 5비트 그룹으로 바꿔 놓는다. 마지막으로 *n*비트 그룹들을 하나의 스트림으로 조합한다. 새 스트림은 원래보다 더 많은 비트를 갖게 된다. 그림 7.23은 이런 과정을 보여준다.

그림 7.23 ┃ 블록 부호화 개념

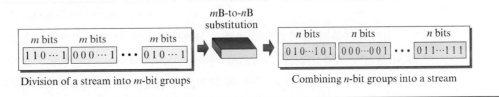

4B/5B 코딩

4이진/5이진(4B/5B) 코딩은 NRZ-I와 혼합하여 사용하기 위해 고안되었다. NRZ-I는 이상 (biphase)의 신호율의 절반인 좋은 신호율을 갖지만 동기화 문제가 있었던 것을 상기하라. 연속되는 긴 0들이 수신자의 클록으로 하여금 동기화를 잃어버리게 한다. 한 가지 방법은 NRZ-I 방식으로 변환하기 이전에 연속된 0이 생기지 않도록 비트 스트림을 바꾸는 것이다. 4B/5B 방식은 이 목표를 달성한다. 블록 부호화가 된 스트림은 뒤에서 공부하게 되듯이 연속해서 0이 세 개보다 더 많이 나타나지 않는다. 수신자 쪽에서는 NRZ-I 부호화된 디지털 신호가 먼저 복호화되고 이후에 추가된 비트를 제거하기 위해 복호화가 진행된다. 그림 7.24는 이러한 개념을 보여준다.

그림 7.24 ┃ NRZ-I 회선 부호화 방식과 함께 4B5B 블록 부호화를 사용하기

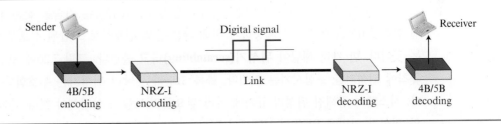

4B/5B에서는 데이터의 각 4비트를 5비트 코드로 바꾼다. 그 중에서 각 코드는 한 개보다 많은 0으로 시작하지 않고 두 개보다 많은 0으로 끝나지 않도록 되는 코드를 채택한다. 그러므로 이 5비트 코드를 보내게 되면 절대로 3개보다 많은 0이 연속되지 않는다.

8B/10B 코딩

8B/10B (Eight binary/ten binary) 코딩은 8비트 그룹이 10비트 그룹으로 바뀌는 것을 제외하고는 4B/5B 부호화와 유사하다. 4B/5B보다 오류 탐지에 있어서 우수하다. 8B/10B 부호화는 그림 7.25에서 보듯이 실제로는 5B/6B와 3B/4B를 합한 것이다.

그림 7.25 | 8B/10B 블록 부호화

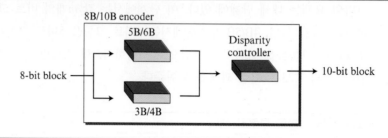

0비트 블록의 앞의 5개의 비트가 5B/6B 부호화 장치에 보내지고 뒤의 3비트가 3B/4B 부호화 장치에 보내진다. 두 그룹으로 나누는 이유는 대응을 간편하게 만들기 위해서이다. 연속된 긴 0 또는 1을 방지하기 위하여 이 방식은 불균형 제어를 사용하여 1비트들에 비해 지나치게 많은 0비트를 추적하거나 그 역의 상황을 추적한다. 현재 블록의 비트들이 직전 블록의 비트 불균형을 악화시키는 경우에는 현 블록의 각 비트들이 뒤집혀진다(0은 1로, 1은 0으로). 이 방식은 $2^{10} - 2^8 = 768$개의 여분 그룹이 생기며 이 그룹이 비트 불균형 확인과 오류 검색에 사용된다. 일반적으로 더 나은 오류 확인 능력과 나은 동기화 때문에 4B/5B에 비해 우수하다.

뒤섞기

이상 방식들은 LAN 내의 지국들 사이의 전용선 링크에는 적합하지만 장거리 통신에는 적합하지 않은데 이는 넓은 대역폭을 요구하기 때문이다. 블록 코딩과 NRZ-I를 혼합하여 사용하는 것 또한 직류 성분 문제 때문에 장거리 통신에 적합하지 않다. 반면에, 양극 AMI 부호화는 좁은 대역폭을 사용하며 직류 성분 문제가 없다. 그러나 길게 연속되는 0들로 인해 동기화 문제가 생긴다. 만일 AMI에서 연속되는 긴 0을 피할 방법을 찾으면 장거리 통신에 사용할 수 있을 것이다. 즉, 비트 수를 증가시키지 않으면서도 동기화를 제공하는 기술을 찾는 셈이다. 다시 말해, 긴 연속된 0들을 동기화를 제공하기 위해 다른 준위 신호들로 조합된 신호로 바꾸는 방식을 찾는 것이다. 한 가지 해법이 **뒤섞기(scrambling)**라고 불린다. 그림 7.26에 보인 것과 같이 AMI 규칙에 뒤섞기를 포함시키는 것이다. 블록 코딩과는 달리 뒤섞기는 부호화와 동시에 이루어진다. 시스템이 정해진 뒤섞기 규칙에 따라 필요한 비트들을 삽입해야 한다. 흔히 사용하는 두 개의 뒤섞기 기법에 B8ZS와 HDB3이 있다.

그림 7.26 | 뒤섞기를 사용한 AMI

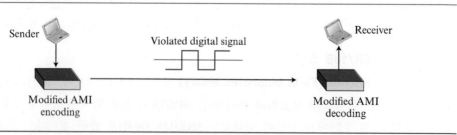

B8ZS 코딩

양극 8영 대치(B8ZS, Bipolar with 8 zero substitution)는 북미에서 흔히 사용된다. 이 기법에서는 8개의 연속된 0준위 전압이 **000VB0VB**의 신호로 대치된다. 여기에서 V는 위배(*violation*)를 말하는데, 이는 AMI의 부호화 규칙을 위배하는 0이 아닌 준위를 말한다. 또한 B는 양극(*bipolar*)을 말하는데, 이는 AMI 규칙을 따르는 0이 아닌 준위를 말한다. 그림 7.27에서 처럼 두 가지 경우가 있다.

　이 경우의 뒤섞기는 비트율을 바꾸지 않는 것에 유의하라. 또한, 이 기법은 음 준위와 양 준위의 균형을 이루는데, 이는 직류 성분의 균형이 유지된다는 것을 말한다. 이 기법의 대치에 의해 대치 이후에는 AMI 규칙에 따라야 하기 때문에 1의 극성이 바뀔 수 있다는 것에 유의하라.

그림 7.27 ▌ B8ZS 뒤섞기를 사용한 두 경우

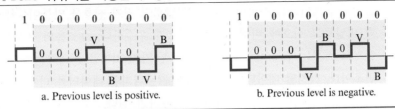

한 가지 더 논의할 가치가 있는 것은 여기서 V나 B문자는 상대적이라는 것이다. V는 바로 전의 0이 아닌 펄스의 극성과 같다는 것이 되고, B는 바로 전의 0이 아닌 펄스의 극성과 반대가 된다는 것을 의미한다.

HDB3 코딩

고밀도 양극 3영(HDB3, high-density bipolar 3-zero)은 흔히 북미 이외의 지역에서 사용된다. B8ZS보다 보수적인 이 기법에서는 4개의 연속된 0이 **000V**나 **B00V**로 대치된다. 두 가지 다른 대치를 사용하는 이유는 대치 이후에 짝수 개의 0이 아닌 준위의 개수를 유지하기 위한 것이다. 두 가지 대치 법칙은 다음과 같다.

　직전 대치 이후에 0이 아닌 준위의 개수가 홀수인 경우에는 **000V**로 대치하는데 이는 전체 0이 아닌 준위의 개수를 짝수로 만들어 준다. 직전 대치 이후에 0이 아닌 준위의 개수가 짝수인 경우에는 **B00V**로 대치하는데 이는 전체 0이 아닌 준위의 개수를 짝수로 만들어 준다. 그림 7.28은 예를 보여주고 있다.

그림 7.28 ▌ HDB3 뒤섞기의 다른 경우

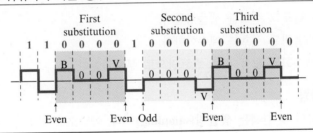

여기서 짚고 넘어가야 할 몇 가지 점이 있다. 우선, 첫 번째 대치 이전에 0이 아닌 준위의 개수는 짝수이고 따라서 첫 번째 대치는 B00V가 된다. 이 후에는 1비트의 극성이 바뀌는데 이는 AMI 방식에서는 각 대치 이후에는 원래 규칙을 따라야 하기 때문이다. 이 비트 다음에는 000V의 대치가 필요한데 이는 직전 대치 이후에 오직 1개의 0이 아닌 펄스를 갖게 되기 때문이다. 세 번째 대치는 B00V가 되며 이는 두 번째 대치 이후에는 0이 아닌 준위의 펄스가 없기 때문이다.

7.2.2 아날로그–대–디지털 변환

7.2.1절에서 논의한 기법은 디지털 데이터를 디지털 신호로 바꾸는 데 사용한다. 그러나 종종 우리의 데이터는 오디오와 같이 아날로그이다. 예를 들면, 음성이나 음악은 본래 아날로그여서 음성이나 비디오를 녹화하는 것은 아날로그 전기 신호를 만들어 내는 것이다. 3장에서 본 것처럼 아날로그 신호에 비해 디지털 신호가 우수하다. 요즈음의 추세는 아날로그 신호를 디지털 신호로 바꾸는 추세이다. 이 절에서는 두 가지 기법을 논의하는데, 이는 펄스 코드 변조와 델타 변조이다. 디지털 데이터를 만든 이후에는 디지털 데이터를 디지털 신호로 전환하기 위해서 이전 절에서 논의한 기법 중 하나를 사용하면 된다.

펄스 코드 변조

아날로그 신호를 디지털 데이터로 바꾸기(**digitization**) 위해 가장 널리 사용되는 기법이 **펄스 코드 변조(PCM, pulse code modulation)**이다. PCM 부호화기는 그림 7.29에 보인 것처럼 3개의 프로세스로 구성된다.

그림 7.29 ┃ PCM 부호기의 요소

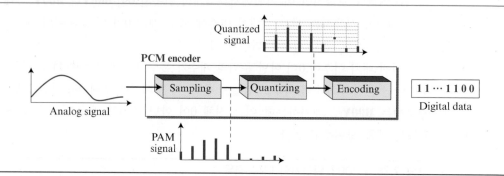

1. 아날로그 신호를 샘플링한다.
2. 샘플링된 신호를 계수화한다.
3. 계수화된 값을 비트 스트림으로 부호화한다.

샘플링

PCM의 첫 단계는 **샘플링(sampling)**이다. 아날로그 신호가 매 T_s초마다 샘플링된다. 여기서 T_s

는 샘플링 기간 또는 샘플링 주기이다. 샘플링 주기의 역은 **샘플링률(sampling rate)** 또는 **샘플링 주파수(sampling frequency)**라고 하며 f_s로 표시한다. 여기서 $f_s = 1/T_s$이다. 세 가지 샘플링 방법이 있는데 그림 7.30에 보인 것처럼 이상적, 자연적 및 꼭지치기의 세 가지가 그것이다.

그림 7.30 | PCM의 세 가지 다른 표본 샘플링 방법

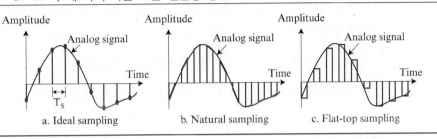
a. Ideal sampling   b. Natural sampling   c. Flat-top sampling

이상적 샘플링에서는 아날로그 신호로부터의 펄스를 샘플링한다. 이는 이상적인 샘플링이며 구현이 쉽지 않다. 자연적 샘플링에서는 고속 스위치가 샘플링이 일어나는 짧은 시간 동안만 잠시 켜지게 된다. 그 결과로 아날로그 신호의 모양을 유지하는 일련의 샘플링량이 생긴다. 가장 흔한 샘플링 방법은 **샘플링후 유지(sample and hold)**라고 불리는데, 이는 전기 회로를 사용하여 꼭지를 평탄하게 자른 샘플링량을 만들어 내게 된다.

샘플링 과정은 때로 **펄스 진폭 변조(PAM, pulse amplitude modulation)**라고도 불린다. 그러나 이 결과로 생긴 것은 여전히 정수값이 아닌 값을 갖는 아날로그 신호이다.

표본 샘플링률 한 가지 고려해야 할 중요한 사항은 샘플링률 또는 샘플링 주파수이다. 무슨 제한이 T_s에 가해지는가? 이 질문은 나이퀴스트에 의해 근사하게 해답이 주어졌다. **나이퀴스트 정리(Nyquist theorem)**에 따르면, 원래의 아날로그 신호를 재생하기 위한 한 가지 필요조건은 **샘플링률(sampling rate)**은 원래 신호가 갖는 최대 주파수의 최소한 두 배가 되어야 한다는 것이다.

여기서 우리는 이 정리에 대해 좀 더 설명할 필요가 있다. 우선, 우리는 신호가 대역 제한적이어야만 신호를 샘플링할 수 있다는 것이다. 다시 말하면, 무한 대역폭을 갖는 신호는 샘플링할 수 없다. 두 번째로는 샘플링률은 대역폭이 아니라 가장 높은 주파수 최소한 두 배가 되어야 한다는 것이다. 아날로그 신호가 저대역 통과 신호라면 대역폭과 최고 주파수는 같다. 아날로그 신호가 띠대역폭 통과 신호라면 대역폭값은 최대 주파수값보다 낮다. 그림 7.31은 이 두 가지 종류의 신호에 대한 샘플링률을 보여준다.

그림 7.31 | 저대역 통과 및 띠대역 통과 신호의 나이퀴스트 표본 샘플링률

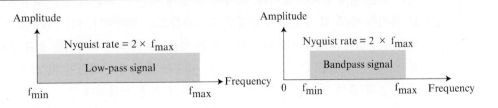

계수화

샘플링 결과로 얻는 것은 신호의 최대진폭과 최소진폭 사이의 값을 갖는 일련의 진폭값들이다. 그 진폭의 값들은 최소값과 최대값 사이의 정수가 아닌 어떤 값을 갖는 무한 집합의 수가 될 수 있다. 이 값들은 부호화 과정에서 사용될 수 없다. 다음은 계수화(quantization) 과정이다.

1. 원래의 아날로그 신호는 V_{min}과 V_{max} 사이의 진폭값을 순간적으로 갖는다고 가정한다.
2. 전체 영역을 각각 높이 Δ(델타)의 L개의 구간으로 나눈다.

$$\Delta = (\mathbf{V_{max} - V_{min}}) / \mathbf{L}$$

3. 각 구간의 중간점에 0부터 $L - 1$까지의 계수화된 값을 지정한다.
4. 샘플링된 신호의 진폭의 값을 계수화된 값의 근사치로 계산한다.

간단한 예로서, 샘플링된 신호의 진폭이 −20과 +20 V 사이에 있다고 하자. 또한 모두 8개의 구간으로 나누기로 하자. 이 예의 경우에는 Δ = 5 V이다. 그림 7.32에 예를 그림으로 나타냈다.

그림 7.32 ┃ 샘플링된 신호의 계수화와 부호화

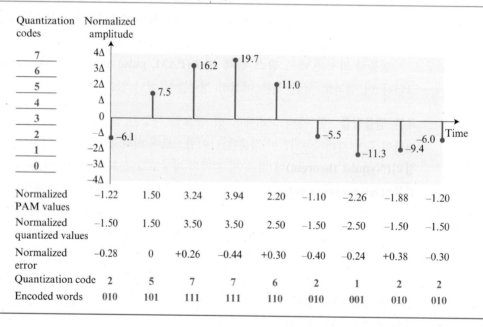

Normalized PAM values	−1.22	1.50	3.24	3.94	2.20	−1.10	−2.26	−1.88	−1.20
Normalized quantized values	−1.50	1.50	3.50	3.50	2.50	−1.50	−2.50	−1.50	−1.50
Normalized error	−0.28	0	+0.26	−0.44	+0.30	−0.40	−0.24	+0.38	−0.30
Quantization code	2	5	7	7	6	2	1	2	2
Encoded words	010	101	111	111	110	010	001	010	010

편의상 이상적 샘플링을 사용하여 모두 9개의 표본만을 보였다. 그림에서 각 표본의 위에 있는 값은 실제 진폭의 값이다. 표에서 첫 번째 줄은 각 표본의 정규치(실제 진폭/Δ)이다. 계수화 과정을 통해 각 구간의 중간값을 계수화값으로 채택한다. 이는 계수화된 값(두 번째 줄)의 정규치가 진폭의 정규치와 다르게 된다는 것을 의미한다. 이 차이를 **정규 오차**(세 번째 줄)라고 한다. 네 번째 줄은 그림의 왼편에 있는 계수화 준위에 근거하여 각 표본을 코드화한 것이다. 다섯 번째 줄에 있는 부호화된 결과가 변환의 최종 산물이다.

계수화 준위 아날로그 신호의 진폭 구간과 얼마나 정확하게 신호를 복구하려는가에 달려 있다. 신호의 진폭이 두 값만을 가진다면 두 준위만 필요하다. 만일 음성처럼 신호가 많은 진폭값을 갖는 경우에는 더 많은 수의 준위가 필요가 하다. 음성을 디지털화하는 경우에 L은 통상 256이다. 화상의 경우에는 수천 개가 보통이다. 낮은 개수의 L을 선정하면 신호의 진폭이 자주 요동치게 되며 계수화 오차가 더 커진다.

계수화 오차 여기서 한 가지 중요한 문제는 계수화 과정에서 생기는 오차이다(뒤에 고속 모뎀에서 이로 인해 무슨 문제가 생기는지 공부한다). 계수화는 근사치를 만드는 과정이다. 계수화 장치로 입력되는 것은 실제값이지만, 출력되는 값은 근사값이다. 출력되는 값은 구역의 중간값으로 선택된다. 입력되는 값도 그 구역의 중간값이라면 계수화 오차는 없지만 그렇지 않은 경우에는 오차가 생긴다. 앞의 예에서는 세 번째 표본의 정규화된 진폭은 3.24이지만 정규화된 계수화값은 3.50이다. 이는 +0.26만큼의 오차가 생긴 것을 말한다. 어떤 표본이건 오차는 $\Delta/2$ 이하이다. 다시 말하면 $-\Delta/2 \leq$ 오차 $\leq \Delta/2$이다.

계수화 오차는 신호의 신호–대–잡음 비 비를 바꾸는데, 이는 섀논 정리에 의해 전송 대역 상한을 줄이게 되는 것을 의미한다.

신호의 SNR_{dB}에 미치는 계수화 오차의 정도는 계수화 준위의 개수 또는 n_b로 표시되는 표본당 비트 수에 의해 아래 수식으로 표시할 수 있다.

$$SNR_{dB} = 6.02n_b + 1.76 \ dB$$

부호화

PCM의 마지막 단계는 부호화(encoding)이다. 각 표본이 계수화되고 표본 당 비트 수가 정해진 이후에는 각 표본이 n_b – 비트의 부호로 바뀌는 것이다. 그림 7.33의 마지막 줄에 최종 변환된 부호가 있다. 2의 값을 갖는 계수화된 코드는 010으로 표시되어 있으며 5는 101로 나머지도 마찬가지 식이다. 각 표본에 할당되는 비트의 수는 계수화 준위의 개수에 의해 정해진다는 것을 유의하라. 계수화 준위 개수가 L이면 비트 수는 $n_b = \log_2 L$이다. 앞의 예에서는 L은 8이며 n_b는 따라서 3이다. 비트율은 다음 식으로부터 구할 수 있다.

$$\text{Bit rate} = \text{sampling rate} \times \text{number of bits per sample} = f_s \times n_b$$

그림 7.33 ▌PCM 복호기의 요소

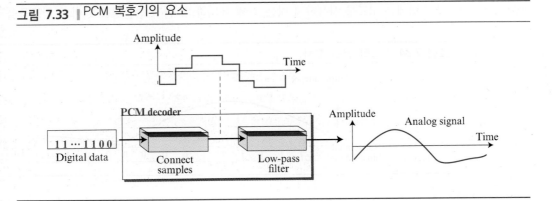

예제 7.13 사람의 목소리를 디지털화하고자 한다. 표본당 8비트라고 가정했을 때, 비트율은 얼마인가?

해답

인간의 목소리는 보통 0에서 4,000 Hz 사이의 주파수를 갖는다. 그러므로 비트율은 다음과 같이 계산될 수 있다.

표본 샘플링률 = 4,000 × 2 = 8,000 samples/second
표본 샘플링률 × 표본당 비트수 = 8,000 × 8 = 64,000 bits/s = 64 kbps

원래 신호의 복구

원래 신호를 복구하기 위해서는 PCM 복호기(decoder)가 필요하다. 복호기는 우선 전기 회로를 사용하여 수신된 코드를 다음 펄스까지 일정한 값으로 유지하는 펄스로 변환한다. 계단형의 신호가 만들어지면 저대역 통과 필터를 통과시켜 계단형 신호를 부드러운 아날로그 신호로 바꾼다. 필터는 수신자의 원래 신호의 단절 주파수(cutoff frequency)와 동일한 단절 주파수를 갖는다. 신호가 나이퀴스트 주파수와 동일하거나 더 높은 주파수로 샘플링되었고 충분한 계수화 준위 개수를 사용했다면 원래 신호가 복구될 것이다. 원래 신호의 최대 및 최소값은 증폭기를 통해 달성할 수 있다. 그림 7.33이 전 과정을 간략히 보여준다.

PCM 대역폭

디지털 신호의 최소대역폭은 다음과 같이 증명할 수 있다.

$$B_{min} = n_b \times B_{analog}$$

이는 디지털 신호의 최소대역폭은 아날로그 신호의 대역폭보다 nb배 크다는 것을 의미한다. 이는 디지털화하는 데 치러야 하는 대가이다.

델타 변조

PCM은 매우 복잡한 기술이다. PCM의 복잡도를 낮추기 위해 다른 기술들이 개발되었다. 가장 간단한 것에는 **델타 변조(DM, Delta Modulation)**가 있다. PCM은 각 표본 샘플링시에 신호의 진폭값을 찾는 반면에 DM은 직전 표본값과의 차이값을 찾는다. 그림 7.34는 이 과정을 보여준다. 이 기법에는 코드를 사용하지 않는 것에 유의하라. 단지 샘플링할 때마다 비트들을 보낼 뿐이다.

그림 7.34 | 델타 변조 절차

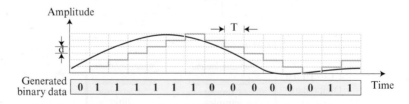

7.3 아날로그 전송

디지털 전송은 매우 바람직하지만 매우 큰 대역폭의 낮은 대역 통과 채널이 필요하다. 특성상 띠대역 통과 채널인 경우에는 아날로그 전송 방식이 유일한 방법인 것도 논의하였다. 디지털 데이터를 낮은 대역 통과 아날로그 신호로 전환하는 것을 통상 **디지털-대-아날로그 전환**이라고 한다. 낮은 대역 통과 아날로그 신호를 띠대역 통과 아날로그 신호로 전환하는 것을 통상 **아날로그-대-아날로그 전환**이라고 한다. 이 장에서는 이 두 가지 전환에 대해 논의한다.

7.3.1 디지털-대-아날로그 전환

디지털-대-아날로그 전환(Digital-to-analog conversion)은 디지털 데이터의 정보에 기반을 두어 아날로그 신호의 특성을 바꾸는 과정이다. 그림 7.35는 디지털 정보, 디지털 대 아날로그 부호화 하드웨어, 그리고 결과인 아날로그 신호 사이의 관계를 보여준다.

그림 7.35 | 디지털-대-아날로그 전환

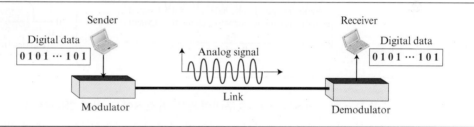

이전 장에서 논의한 것처럼 정현파는 진폭(amplitude), 주파수(frequency), 위상(phase)의 세 가지 특성으로 정의된다. 이 세 가지 특성들 중 하나를 바꾸면 그 파형의 두 번째 버전이 만들어진다. 여기서 처음 파형이 2진수 1을 나타낸다고 하면, 변형된 파형은 2진수 0을 나타낸다고 말할 수 있으며, 그 역도 마찬가지이다. 따라서 단순히 전기 신호의 한 가지 측면만을 바꾸어줌으로써 디지털 데이터를 표현할 수 있다. 이러한 방식으로 앞서 나열된 세 가지 특성들은 모두 바꿀 수 있으므로 디지털 데이터를 아날로그 신호로 부호화하는 데에는 최소한 세 가지 메커니즘—**진폭편이 변조(ASK, amplitude shift keying), 주파수편이 변조(FSK, frequency shift keying) 및 위상편이 변조(PSK, phase shift keying)** —이 있게 된다. 마지막으로 **구상진폭 변조(QAM, quadrature amplitude modulation)**라 불리는 진폭과 위상을 조합하여 바꾸는 좀 더 개선된 메커니즘이 있다. QAM은 이 중에서 가장 효과적이며 현대의 모든 모뎀에서 사용되는 메커니즘이다.

진폭편이 변조

진폭편이 변조(ASK, amplitude shift keying)에서는 신호 요소를 만들어 내기 위해 반송파의 진폭을 변경한다. 주파수와 위상은 진폭이 변화하는 동안에도 일정하게 유지된다.

이진 ASK (BASK)

비록 몇 가지의 신호 요소의 준위를 사용할 수 있지만, 보통 두 개의 준위를 사용하여 ASK를 구현한다. 이 기법을 이진 **진폭편이 변조** 또는 **온-오프 편이**(*OOK, on-off keying*)라고 한다. 한 신호의 최고 진폭은 0이고 다른 신호의 최고 진폭은 반송파의 진폭이다. 그림 7.36에 이진 ASK 의 개념이 있다. 또한 그림 7.36에 ASK의 대역폭도 있다. 반송파 주파수는 단지 하나이지만, 변조의 과정은 각각 다른 주파수를 가진 간단한 신호들 여러 개가 조합되어 복합 신호를 만든다. 이 신호는 이전 장에서 논의한 것처럼 연속된 주파수들의 집합을 가지고 있다. 예상하듯이 대역폭은 신호율(보오율)에 비례한다. 그러나 흔히 변조와 필터 과정에 관련되는 d라고 불리는 다른 요소도 관련된다. d의 값은 0과 1 사이이다. 이는 곧 다음과 같이 대역폭을 나타낼 수 있다는 것을 의미하는데, S는 신호율이고 B는 대역폭이다.

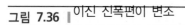

그림 7.36 | 이진 진폭편이 변조

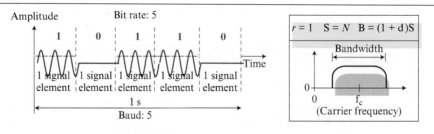

식 $B = (1 + d)S$는 최소 요구대역폭은 최소 S이고 최대 $2S$라는 것을 보여준다. 여기서 가장 중요한 점은 대역의 위치이다. 대역의 중간점은 반송파 주파수 f_c가 위치한 지점이다. 이는 만일 띠대역 통과 채널을 사용한다면 변조 신호가 그 대역에 위치하도록 f_c를 선정해야 하는 것을 의미한다. 이는 사실 디지털 대 아날로그 변환의 최대 이점이기도 하다. 변조 신호의 대역을 우리가 원하는 곳으로 옮길 수 있는 것이다.

다준위 ASK

지금까지는 두 개의 진폭만을 사용하는 경우에 대해 논의했다. 두 개 이상의 준위를 사용하는 ASK도 있다. 4, 8, 16 또는 그 이상의 준위를 사용하여 동시에 2, 3, 4개 또는 그 이상의 비트를 사용하여 데이터를 변조할 수 있다. 이 경우에는 각각 $r = 2$, $r = 3$, $r = 4$가 된다. 이런 것들은 순수 ASK로 구현되지 않고 뒤에서 배울 QAM으로 구현된다.

주파수편이 변조

주파수편이 변조(FSK, frequency shift keying)에서는 데이터를 타내기 위해 신호의 주파수가 바뀐다. 각 비트의 지속시간 동안 신호의 주파수는 일정하되 다음 데이터 요소가 다른 값을 가지면 주파수가 바뀐다. 최고진폭과 위상은 일정하게 유지된다.

이진 FSK (BFSK)

이진 FSK를 보는 한 가지 방법은 두 개의 반송파를 생각하는 것이다. 그림 7.37에 두 개의 반송파 주파수 f_1과 f_2를 골랐다. 데이터 요소가 0이면 첫 번째 주파수를, 데이터 요소가 1이면 두 번째 것을 사용한다. 그러나 이는 설명을 하기 위한 것이고 실현 가능하지 않은 예이다. 흔히 반송파 주파수들은 매우 높으며 그 차이는 매우 적다.

그림 7.37 | 이진 주파수편이 변조

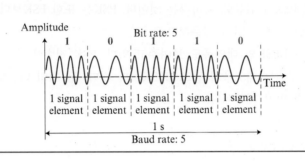
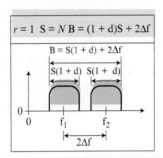

그림 7.37에서 보는 것처럼 한 대역폭의 중간점은 f_1이고 다른 대역폭의 중간점은 f_2이다. f_1과 f_2는 두 대역의 중간 지점에서 Δ_f만큼 떨어져 있다. 두 주파수의 차이는 $2\Delta_f$이다.

그림 7.37은 또한 FSK의 대역폭도 있다. 다시금 반송파는 단순한 정현파이지만 변조로 인해 연속된 주파수의 비주기적인 복합 신호를 만들어 낸다. FSK를 각각 자신의 주파수를 갖는 두 개의 ASK 신호로 볼 수 있다. 두 주파수의 차이가 $2\Delta_f$라면 요구대역폭은 $\boldsymbol{B = (1 + d) \times S + 2\Delta f}$와 같다.

$2\Delta_f$의 최소값은 무엇이 되어야 하겠는가? 그림 7.37에서는 우리는 $(1 + d)S$보다 큰 값을 골랐다. 적절한 변조와 복조를 거친다면 최소값은 최소 S여야 한다는 것을 보일 수 있다.

다준위 FSK

다준위 변조는 FSK 기법에서는 드문 일이 아니다. 두 개보다 더 많은 주파수를 사용할 수 있다. 예를 들면, f_1, f_2, f_3, f_4의 네 개의 주파수를 사용하여 동시에 2개의 비트를 전송할 수 있다. 3개 비트를 동시에 전송하기 위해서는 8개의 주파수를 사용해야 한다. 그러나 주파수는 각각 $2\Delta_f$만큼씩 떨어져 있어야 하는 것을 명심하라. 적절한 변조와 복조를 위해서는 $2\Delta_f$의 최소치는 S가 되어야 한다. 또한 $d = 0$인 경우에 대역폭은 다음과 같이 구할 수 있다.

$$B = (1 + d) \times S + (L - 1)2\Delta_f \;\rightarrow\; B = L \times S.$$

위상편이 변조

위상편이 변조(PSK, phase shift keying)에서는 두 개 이상의 서로 다른 신호 요소를 나타내기 위해 신호의 위상이 바뀐다. 위상은 변화하지만 최대진폭과 주파수는 일정하게 유지된다. 오늘날 PSK는 ASK나 FSK보다 더 자주 사용된다. 그러나 ASK와 FSK를 혼합한 QAM이 가장 널리 사용되는 것을 곧 공부하게 될 것이다.

이진 PSK (BPSK)

가장 간단한 PSK는 하나는 위상 0°, 다른 하나는 위상 180°의 오직 두 개의 신호 요소만을 사용하는 이진 PSK이다. 그림 7.38에 PSK의 개념도가 있다. 이진 PSK는 이진 ASK만큼 간단하지만 한 가지 큰 이점이 있는데 잡음에 더 강하다는 것이다. ASK는 신호의 진폭을 보고 비트를 구분하지만 PSK에서는 위상이다. 잡음에 의해 진폭은 쉽게 바뀌지만 위상은 바뀌기 어렵다. 다시 말하면, ASK보다 PSK가 잡음에 강하다는 것이다. PSK는 또한 FSK보다 우수한데 이는 두 개의 주파수를 사용할 필요가 없기 때문이다.

또한 그림 7.38은 BPSK의 대역폭도 보여주고 있다. PSK 전송에 요구되는 최소대역폭은 이진 ASK 전송에 요구되는 대역폭과 같고 BFSK보다 적다. 두 개의 반송파 신호를 구분하기 위해 대역을 낭비하지 않기 때문이다.

그림 7.38 ┃ 이진 위상편이 변조

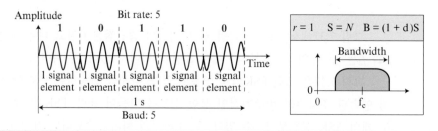

구상 PSK

BPSK가 간단하기 때문에 설계자들은 각 신호 요소마다 동시에 2비트를 사용하게 할 수 있는 방법을 고안하게 되어 보오율과 궁극적으로 요구대역폭을 감소시켰다. 이 방식을 *구상 PSK*라고 부르는데 이는 하나는 동위상의 것이고 다른 것은 상이 위상인 두 개의 개별적인 BPSK 변조기를 사용하기 때문이다. 입력 비트는 먼저 직렬 대 병렬 전환을 거쳐 앞선 비트는 첫 번째 변조기로 보내고 그 다음 비트는 두 번째 변조기로 보낸다. 입력 비트의 신호 길이가 T라면, 해당 BPSK로 보내지는 각 비트의 신호 길이는 $2T$가 된다. 이는 각 BPSK로 보내지는 비트 신호는 원래 신호 주파수의 절반이 된다는 것을 의미한다.

성운 그림

성운 그림(constellation diagram)은 특히 두 개의 동위상과 상이 위상의 반송파 신호를 사용하는 경우에 신호 요소의 진폭과 위상을 결정하는 데 도움이 된다. 이 그림은 다준위 ASK, PSK 및 QAM(다음 절 참조)을 다루는 데 편리하다.

그림에는 두 개의 축이 있다. 수평선 X축은 동위상 반송파와 관련되어 있으며 수직선 Y축은 구상 반송파와 관련되어 있다. 그림의 각 점에 대해 네 가지 정보를 추론할 수 있다. 점을

X축에 투영하면 동위상 요소의 최대진폭을 구할 수 있으며, Y축에 투영하면 구상 요소의 최대 진폭을 구한다. 점을 원점과 연결한 선의 길이(벡터)는 신호 요소의 최대진폭이 되며, X축과 이 루는 각은 신호 요소의 위상이다. 우리가 필요한 모든 정보를 성운 그림에서 쉽사리 찾을 수 있다. 그림 7.39는 성운 그림의 예이다.

그림 7.39 ▎성운도의 개념

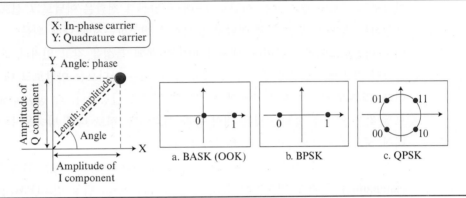

구상진폭 변조

PSK는 위상의 작은 변화를 구분하는 장비의 능력에 의해 제한된다. 이 요인은 잠재적으로 비트 율을 제한한다. 지금까지는 부호화하기 위해 정현파의 세 특성 중 하나씩만 변경시켰다. 만약 두 가지를 변경시키면 어떻게 될까? 대역폭의 제한 때문에 FSK와의 조합은 실질적으로 쓸모가 없다. 하지만 ASK와 PSK를 조합한다면 어떨까? 이렇게 해서 **구상진폭 변조(QAM, quad-rature amplitude modulation)**가 이루어진다.

QAM의 가능한 변형은 셀 수 없이 많다. 그림 7.40은 몇 가지 예를 보여준다. 그림 7.40a는 각 반송파를 변조하기 위해 단극형 NRZ 신호를 사용하는 4-QAM 방식을 보여준다. 이는 ASK (OOK)에 사용한 것과 동일한 기법이다. 그림 7.40b는 양극형 NRZ를 사용하는 다른 4-QAM인 데 이는 QPSK와 동일하다. 그림 7.40c는 두 개의 반송파를 변조하기 위해 두 개의 양의 준위를 사용하는 4-QAM을 보여준다. 끝으로 그림 7.40d는 4개의 양의 준위와 4개의 음의 준위를 사용 하여 모두 8개의 준위를 사용하는 16-QAM의 예를 보여준다.

그림 7.40 ▎몇몇 QAM의 성운도

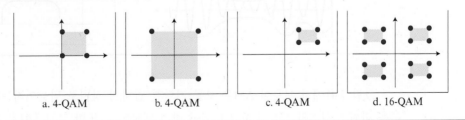

QAM의 대역폭

QAM 전송에 요구되는 최소대역폭은 ASK와 PSK 전송에 요구되는 것과 같다. ASK에 비해 우수한 PSK의 장점을 QAM도 그대로 가지고 있다.

7.3.2 아날로그–대–아날로그 전환

아날로그 신호의 변조 또는 아날로그–대–아날로그 전환은 아날로그 신호로 아날로그 정보를 표현하는 것이다. 누군가 왜 아날로그 신호를 변조하는지에 대해 의문을 가질 것이다. 그것은 이미 아날로그이기 때문이다. 매체가 띠대역 통과 특성을 갖고 있거나 또는 띠대역만이 사용 가능한 경우에는 변조가 필요하다. 흔히 볼 수 있는 라디오는 아날로그 대 아날로그 통신의 예이다. 정부가 각 라디오 방송국에 특정 띠대역폭을 할당한다. 각 방송국에서 만들어진 신호는 모두 같은 영역에 속하는 낮은 대역 통과 신호이다. 서로 다른 방송을 듣기 위해서는 이 낮은 대역 신호들을 다른 대역으로 옮겨야 한다.

      아날로그– 대– 아날로그 변조(analog-to-analog modulation)는 **진폭 변조(AM, amplitude modulation), 주파수 변조(FM, frequency modulation), 위상 변조(PM, phase modulation)**의 세 가지 방법으로 이루어질 수 있다.

진폭 변조

AM (amplitude modulation) 전송에서는 변조 신호의 진폭변화에 따라 반송파의 진폭이 같이 바뀌는 식으로 변조된다. 반송파의 주파수와 위상은 동일하게 유지되며, 정보의 변화에 따라 진폭만이 변한다. 그림 7.41은 이러한 개념을 보여준다. 이때 변조 신호는 반송파의 외곽선(envelope)이 된다.

그림 7.41 | 진폭 변조

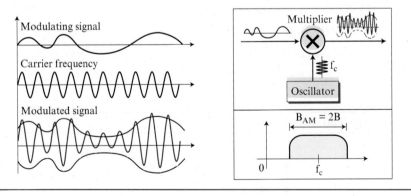

      그림 7.41에서 보듯이 AM은 보통 간단한 곱하기 장치로 만들어지는데 이는 반송파의 진폭을 피변조 신호의 진폭에 따라 바꿔야 하기 때문이다. 또한 그림 7.41은 AM의 대역폭을 보여

주고 있다. AM 신호의 대역폭은 변조되는 신호의 대역폭의 두 배와 같고, 반송 주파수를 중심으로 하여 걸쳐 있다. 그러나 반송파(carrier) 주파수(frequency)의 상부와 하부의 신호는 정확히 서로 동일한 정보를 전달한다. 이와 같은 이유에서 어떤 경우에는 신호의 절반을 버려 대역을 절반만 사용하면서 AM을 구현한다.

주파수 변조

FM (frequency modulation) 전송에서는 반송파 신호의 주파수가 변조 신호의 전압 준위 변화를 따라가도록 변조된다. 반송파 신호의 최고진폭과 위상은 일정하게 유지되지만, 정보 신호가 변화하는 것에 비례하여 반송파의 주파수가 변화된다. 그림 7.42는 변조 신호와 반송파 신호 및 그 결과로 생성되는 FM 신호 사이의 관계를 보여주고 있다.

그림 7.42 ┃ 주파수 변조

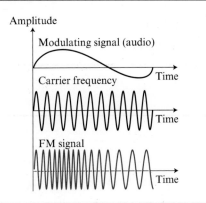
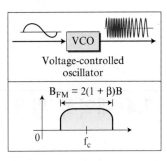

그림 7.42에서 보듯이 FM은 보통 FSK의 경우처럼 전압 제어 진동기를 사용하여 구현한다. 진동기의 주파수는 피변조 신호의 진폭인 전압에 따라 바뀐다. 또한 그림 7.42는 FM 신호의 대약폭도 보여주고 있다. 정확하게 실제 대역폭을 계산하는 것은 어렵지만 실제 대역폭은 아날로그 신호의 서너 배가 되거나 $2(1 + \beta)B$가 되는데 여기서 β는 변조 기술에 따라 다르지만 흔히 4가 되는 값을 갖는다.

위상 변조

PM 전송에서는 반송파 신호의 위상이 변조 신호의 전압 준위(진폭)의 변화에 따라 변조된다. 반송파의 최고진폭과 주파수는 일정하게 유지되지만, 정보 신호의 진폭이 변화함에 따라 반송파의 위상이 비례하여 변한다. 위상 변조에 대한 분석과 최종결과(변조된 신호)는 주파수 변조의 경우와 비슷하다(부록 C 참조). FM에서는 반송파 주파수의 순간적인 변화는 피변조 신호의 진폭에 비례하지만, PM에서는 반송파 주파수의 순간적인 변화는 피변조 신호의 진폭의 변화율에 비례한다. 그림 7.43은 피변조 신호, 반송파 및 결과 PM 신호의 관계를 보여준다.

그림 7.43에서 보듯이 PM은 보통 변화율과 함께 전압에 의해 제어되는 진동기를 사용하여

구현한다. 진동기의 주파수는 피변조 신호의 진폭이 되는 전압의 변화율에 따라 바뀐다. 또한 그림 7.43은 PMN의 대역폭을 보여주고 있다. 실제 대역은 정확히 계산하기 어렵지만 아날로그 신호의 서너 배가 된다는 것을 실험적으로 알 수 있다. 비록 공식은 FM이나 PM이 동일한 대역폭을 갖는 것처럼 되어 있으나 PM의 경우에 β는 약 1부터 3 정도로서 더 낮은 값을 갖는다.

그림 7.43 ▎펄스 변조

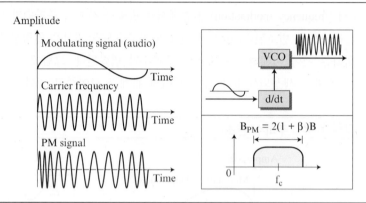

7.4 대역폭 활용

실생활에서 링크는 제한된 대역폭을 가지게 마련이다. 대역폭을 현명하게 사용하는 법은 지금까지 그래왔던 것처럼 앞으로도 전기 통신의 주요 도전이 될 것이다. 그러나 현명(*wise*)이라는 의미는 응용마다 다를 것이다. 경우에 따라서는 몇 개의 저대역 채널을 엮어서 하나의 더 큰 대역의 채널을 만들 것이다. 때로는 한 채널의 대역폭을 확장하여 프라이버시나 방해전파가 없는 채널을 달성하려 할 것이다. 이 장에서는 **다중화**(*multiplexing*)와 **확장**(*spreading*)이라는 두 가지 대역폭을 활용하는 영역에 대해 공부할 것이다. 다중화에서는 우리의 목표는 효율이어서 서너 개의 채널을 모아 하나의 채널을 만드는 것이다. 확장의 목표는 프라이버시와 방해전파 방지이다. 채널의 대역폭에 여분의 정보를 삽입하여 이러한 목적들을 달성한다.

7.4.1 다중화

두 장치를 연결하는 매체의 전송용량이 두 장치가 필요로 하는 전송량보다 클 경우에는 언제든지 그 링크를 공유할 수 있다. 이처럼 **다중화**(**multiplexing**)는 단일 링크를 통하여 여러 개의 신호를 동시에 전송할 수 있도록 해주는 기술이다. 데이터통신과 전기통신이 증가함에 따라 통신량도 증가한다. 이와 같은 통신량 증가에 대처하기 위해 우리는 새로운 채널이 필요할 때마다 개별적인 링크를 계속적으로 추가하거나 아니면 더 높은 용량의 링크를 개설하여 여러 신호를 같이 실어 나르도록 할 수 있다. 오늘날의 통신 기술에는 동축 케이블이나 광섬유, 지상 마이크로파, 인공위성 마이크로파 등과 같은 고대역 매체가 사용되고 있다. 링크의 전송용량이 링크에 연결된 장치들이 필요로 하는 전송량보다 크다면 여분의 용량은 낭비되는 것이다. 효율적인 시스템은 모든 자원의 활용도를 극대화하는데, 대역폭이야말로 데이터통신에서 가장 중요한 자원이다.

다중화된 시스템에서는 n개의 장치가 단일 링크의 용량을 공유한다. 그림 7.44는 다중화 시스템의 기본형식을 보여준다. 왼편에 있는 4개의 장치는 자신들이 전송할 데이터 흐름을 다중화기(MUX, *multiplexer*)로 보내고, 다중화기는 그 흐름들을 1개의 흐름으로 조합하게 된다(다대 일). 송신단은 이 흐름을 다중복구기(DEMUX, *demultiplexer*)로 보내고, 다중복구기는 이 흐름을 각 요소별로 분리하여 각각을 해당 선로로 보낸다(일 대 다). 그림 7.44에서 링크(*link*)는 물리적인 경로를 채널(*channel*)은 주어진 1쌍의 장치들 사이의 전송을 위한 하나의 경로를 말한다. 따라서 하나의 경로에는 여러 개(n)의 채널이 있을 수 있다.

그림 7.44 | 링크를 채널로 나누기

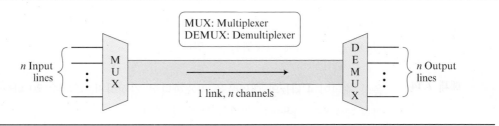

신호는 주파수분할 다중화(FDM)와 시분할 다중화(TDM), 파장분할 다중화(WDM)의 세 가지 기본적인 기법을 사용하여 다중화된다. 앞의 두 가지는 아날로그 신호를 위한 것이고 세 번째 것은 디지털 신호를 위한 것이다.

어떤 책에서는 FDMA와 FDM(또는 TDMA와 TDM)의 조건을 교환하여 사용한다. 우리는 FDMA와 TDMA를 데이터링크 계층에 접근 프로토콜로 취급하고 FDM와 TDM는 물리 계층에서 사용한다. 우리는 6장에서 FDMA와 TDMA를 다루었다. 또한 어떤 책에서는 **반송파 분할 다중 접근**(*CDMA, code division multiple access*)을 네 번째 다중화 영역으로 보지만 우리는 6장에서 CDMA를 데이터링크 계층의 접근 방법 중 하나로 취급한다(CDMA는 물리 계층에서 대응되는 것이 없다).

FDM

주파수분할 다중화(FDM, frequency-division multiplexing)는 전송되어야 하는 신호들의 대역폭을 합한 것보다 링크의 대역폭이 클 때 적용할 수 있는 아날로그 기술이다. FDM에서는 각 송신장치로부터 생성된 신호를 각기 다른 반송 주파수로 변조한다. 이 변조 신호들은 링크를 통해 이동할 수 있는 하나의 복합 신호로 합쳐지게 된다. 반송 주파수들은 변조 신호들을 수용할 수 있도록 서로 충분히 떨어져 있다. 이 각각의 대역범위가 여러 신호들이 이동하는 채널들이다. 채널들은 신호가 겹치지 않게 하기 위해 사용하지 않는 **대역폭**(보호대역, **guard bands**)

만큼 서로 떨어져야 한다. 또한 반송 주파수는 원래 데이터의 주파수와 간섭을 일으키지 않아야한다. 이 두 조건 중 어느 것 하나라도 만족시키지 못하면 원래의 신호를 복구할 수 없게 된다.

그림 7.45는 FDM의 개념을 보이고 있다. 그림에서 전송경로는 세 부분으로 나뉘어져 있고, 각각은 하나씩 전송할 수 있는 채널을 나타낸다.

그림 7.45 | 주파수 분할 다중화

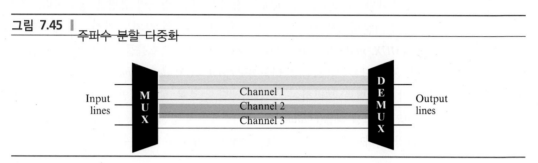

FDM은 아날로그 다중화 기술로 본다. 그러나 FDM을 디지털 신호를 보내는 발신지를 묶는 데 사용할 수 없다는 것은 아니다. 디지털 신호를 아날로그 신호로 전환하여(5장의 기술을 사용) FDM을 사용하여 다중화할 수 있다.

 예제 7.14

음성 채널이 4 kHz의 대역폭을 차지한다고 가정하자. 주파수 20 kHz에서부터 32 kHz에 걸친 대역폭을 사용하는 링크를 통해 세 개의 음성 채널을 합해서 보낸다고 하자. 보호대역 없이 주파수영역에서의 형상을 보여라.

해답

그림 7.46에서와 같이 세 개의 음성 채널을 이동(변조)시킨다. 첫 번째 채널에는 20~24 kHz의 대역을 사용하고, 두 번째 음성 채널에는 24~28 kHz의 대역을, 그리고 세 번째에는 28~32 kHz의 대역을 사용한다. 그 후에 그림 7.46처럼 합한다. 수신측에서는 각 채널은 필터를 통하여 각자의 신호를 온전히 받는다. 첫 번째 채널은 20~24 kHz의 주파수만 통과시키고 나머지는 모두 버리는 필터를 사용한다. 두 번째 채널은 24~28 kHz의 주파수만 통과시키는 필터를, 세 번째 채널은 28~32 kHz의 주파수만을 통과시키는 필터를 각각 사용한다. 각 채널은 각 신호의 주파수가 0부터 시작하도록 이동한다.

그림 7.46 | 예제 7.14

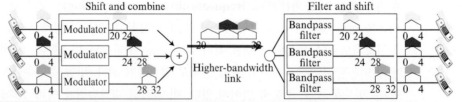

파장분할 다중화

파장분할 다중화(WDM, wavelength division multiplexing)는 광섬유의 고속 전송률을 이용하기 위해 설계되었다. 광섬유의 전송률은 금속 전송 매체에 비해 높다. 광섬유를 단일 회선에만 사용하는 것은 대역폭을 낭비하는 것이다. 다중화를 통하여 하나의 링크에 여러 회선을 연결할 수 있다.

파장분할 다중화는 다중화와 다중화 풀기가 광섬유 채널을 통해 전송된 빛 신호와 관련된다는 점을 제외하고는 FDM과 개념적으로 같다. 아이디어는 다른 주파수의 다른 신호를 결합하되, 주파수가 매우 높다는 데 있다.

그림 7.47은 WDM 다중화와 다중화 풀기의 개념을 보여주고 있다. 다른 송신측에서 온 매우 좁은 대역을 가진 빛들이 넓은 대역의 빛을 만들기 위해 결합되고, 수신측에서는 신호가 다중복구기에 의해 분리된다.

WDM을 이용하는 것에는 여러 개의 광섬유가 다중화되고 풀리는 네트워크인 SONET이 있다. 5장에서 SONET에 대해 다루었다.

그림 7.47 │ 파장분할 다중화

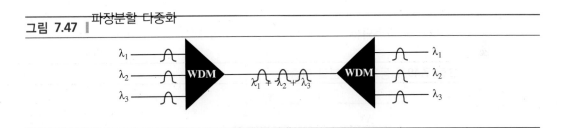

동기 시분할 다중화

시분할 다중화(TDM, time-division multiplexing)는 링크의 높은 대역폭을 여러 연결이 공유할 수 있도록 하는 디지털 과정이다. FDM에서 대역의 일부를 공유하는 대신에 시간을 공유하는 것이다. 그림 7.48은 TDM의 개념을 보여준다. FDM에서와 마찬가지로 같은 링크가 사용되지만, 링크는 주파수가 아닌 시간별로 구획지어져 있다는 점에 유의하자. 그림을 보면 1, 2, 3 및 4번 신호에 해당하는 부분이 순차적으로 링크를 차지하고 있다.

그림 7.48 │ TDM

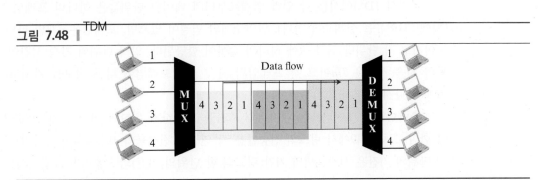

그림 7.48에서는 오직 다중화에만 관심을 두고 있고 교환에는 관심을 두지 않는 것에 유의하라. 이는 원천 1로부터 오는 메시지는 목적지가 1, 2, 3, 4 중 무엇이 되었든 항상 그 중 하나

로만 전달된다는 것을 의미한다. 전달되는 곳은 교환기와는 달리 항상 일정하게 정해져 있다.

또한 TDM은 이론적으로 디지털 다중화 기술이 하는 것을 기억해야 한다. 서로 다른 발신 지로부터의 디지털 데이터가 하나의 시간 공유 링크로 합쳐지는 것이다. 그러나 그렇다고 해서 발신지가 아날로그 데이터를 보낼 수 없다는 것은 아니어서 아날로그 신호를 샘플링하여 디지 털 데이터로 전환하여 TDM을 사용하여 다중화할 수 있다.

TDM은 동기식 방식과 통계적 방식의 두 가지 방식으로 나눌 수 있다. 먼저 **동기식 TDM (synchronous TDM)**을 논의하고 그 이후에 **통계적 TDM (statistical TDM)**이 어떻게 다른지 보여준다. 동기식 TDM에서는 비록 각 입력 연결은 데이터가 없어도 해당 출력 창구를 갖게 된다.

동기식 TDM

동기식 TDM에서는 각 연결의 데이터 흐름은 각 단위별로 나뉘어 있고, 링크는 각 연결로부터 한 단위 씩 합해서 하나의 프레임을 만든다. 한 단위의 크기는 1비트가 될 수도 있고 여러 비트 가 될 수도 있다. n개의 입력이 있는 연결에서는 한 프레임은 최소 n개의 시간틈새로 만들어져 있고, 각 틈새는 각 연결로부터 한 단위씩 실어 보낸다. 입력 타임 슬롯이 T초이면, 출력 타임 슬롯은 T/n초이다. 여기서 n은 연결 개수다. 다시 말하면, 출력 연결의 단위는 짧은 기간을 가져 더 빠르게 전송되는 것이다. 그림 7.49는 n이 3인 경우의 예를 보여준다.

그림 7.49 ▌동기식 시분할 다중화

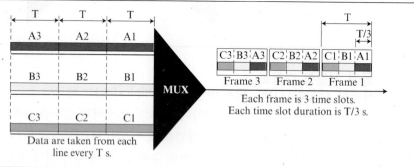

동기식 TDM에서는 각 입력 연결로부터의 데이터 단위들은 하나의 프레임으로 모아진다 (뒤에 그 이유를 살피도록 한다). 만약 n개의 연결이 있으면, 프레임은 n개의 타임 슬롯으로 나 누어지고 각 단위랑 입력 줄에 하나의 슬롯이 할당된다. 입력 단위의 지속 시간이 T이면, 각 슬 롯의 지속 시간은 T/n이고 각 프레임의 지속 시간(프레임이 다른 정보를 가지고 있지 않다면, 뒤에서 다시 설명하겠다)은 T이다.

출력링크의 데이터율은 데이터의 흐름을 보장하기 위하여 연결의 데이터율의 n배가 되어 야 한다. 그림 7.49에서 링크의 전송률은 각 연결의 전송률의 3배이다. 마찬가지로 각 연결 상의 한 단위의 기간은 시간틈새의 기간(링크의 한 단위의 기간)의 3배이다. 그림에서는 다중기를 거 치기 전의 데이터는 다중기를 거친 이후의 데이터의 크기의 3배가 되도록 나타내었다. 이는 각 단위의 기간이 다중기를 거치기 전이 거친 후에 비해 3배가 된다는 것을 나타내기 위한 것이다.

시간틈새들은 프레임으로 무리를 짓는다. 한 프레임은 시간틈새들의 완전한 한 번의 순환으로 구성되는데, 각 장치에 할당된 1개 또는 그 이상의 시간틈새들을 포함한다. n개의 입력 회선을 가진 시스템에서 각 프레임은 특정 입력 회선으로부터의 데이터만을 실어 나르도록 각각 할당된 최소 n개의 시간틈새를 가지고 있다.

 예제 7.15 그림 7.50은 각 입력으로 진입하는 데이터와 출력에서의 데이터를 보여준다. 데이터 단위는 비트이다. (a) 입력 비트 기간, (b) 출력 비트 기간, (c) 출력 비트율, (d) 출력 프레임률을 구하라.

그림 7.50 ┃ 예제 7.15

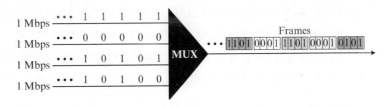

해답

다음과 같이 답할 수 있다.

1. 입력 비트 기간은 비트율의 역이므로 1/1 Mbps = 1 μs.

2. 출력 비트 기간은 입력 비트 기간의 1/4이므로 1/4 μs.

3. 출력 비트율은 출력 비트 기간의 역이므로 4 Mbps. 이는 출력 비트율이 입력 비트율의 4배라는 점에서부터도 알아낼 수 있다.

4. 프레임률은 항상 입력 비트율과 같다. 그러므로 프레임률은 매 초 1,000,000프레임이다. 각 프레임에 4비트를 보내므로 앞의 질문의 답을 프레임률에 프레임당 비트수를 곱하여 확인할 수 있다.

 예제 7.16 전화회사들은 **디지털 신호(DS) 서비스(digital signal(DS) service)**라 불리는 디지털 신호의 계층구조를 통하여 TDM을 구현한다. 그림 7.51에 각 단계에서 지원되는 데이터 속도가 나타나 있다.

그림 7.51 ┃ 디지털 신호 서비스

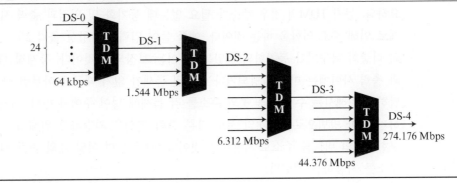

□ **DS-0**   서비스는 DDS와 유사하며, 64 Kbps의 단일 디지털 채널이다.

□ **DS-1**   1.544 Mbps 서비스로서, 여기서의 1.544 Mbps는 24배의 64 kbps에 8 Kbps의 오버헤드를 더한 것이다. DS-1은 1.544 Mbps의 전송을 위한 단일 서비스로 사용되거나 24개의 DS-0 채널을 다중화하는 데 사용될 수 있고, 또는 1.544 Mbps 용량 내에서 사용자가 원하는 임의의 방식으로 조합된 전송을 실어 나를 수도 있다.

□ **DS-2**   6.312 Mbps 서비스로서, 여기서의 6.312 Mbps는 96배의 64 kbps에 168 kbps의 오버헤드를 더한 것이다. 6.312 Mbps의 전송을 위한 단일 서비스로 사용되거나 4개의 DS-1 채널 또는 96개의 DS-0 채널 또는 그 이상의 서비스를 조합한 것을 다중화하는 데 사용될 수 있다.

□ **DS-3**   44.376 Mbps 서비스로서, 여기서의 44.376 Mbps는 672배의 64 kbps에 1.368 Mbps의 오버헤드를 더한 것이다. 44.376 Mbps의 전송을 위한 단일 서비스로 사용되거나, 7개의 DS-2 채널, 28개의 DS-1 채널, 672개의 DS-0 채널 또는 그 이상의 서비스를 조합한 것을 다중화하는 데 사용될 수 있다. 서비스의 상업적 구현을 위해 T-3 회선을 참조한다.

□ **DS-4**   274.176 Mbps 서비스로서, 여기서 274.176 Mbps는 4,032배의 64 kbps에 16.128 Mbps의 오버헤드를 더한 것이다. 6개의 DS-3 채널, 42개의 DS-2 채널, 168개의 DS-1 채널, 4,032개의 DS-0 채널 또는 그 이상의 서비스를 조합한 것을 다중화하는 데 사용될 수 있다.

통계적 TDM

앞 절에서 본 것처럼 동기식 TDM에서는 각 입력 회선은 출력 프레임에 예약된 틈새를 가지고 있다. 이로 인해 입력 회선에 데이터가 없는 경우에는 효율이 떨어지게 된다. 통계적 TDM에서는 대역폭 효율을 높이기 위해 틈새는 동적으로 할당된다. 입력 회선이 전송할 만한 충분한 데이터가 있는 경우에만 출력 프레임의 틈새를 할당받는다. 통계적 다중화에서는 각 프레임의 틈새의 수는 입력 회선의 수보다 적다. 다중화기는 각 입력 회선을 돌아가기 방식으로 확인하여 회선에 데이터가 있는 경우에는 틈새를 할당하고 그렇지 않은 경우에는 해당 회선을 건너 뛰어 다음 회선을 확인한다. 그림 7.52는 동기 및 통계적 TDM의 예를 보여준다. 동기 TDM에서는 어떤 틈새는 전송할 데이터가 없어서 비게 된다. 그러나 통계적 TDM에서는 입력 회선에 전송할 데이터가 있는 한 빈 틈새는 없다.

그림 7.52는 또한 이 두 가지 TDM 방식의 주요 차이도 보여준다. 동기 TDM의 출력 틈새는 데이터로만 채워져 있다. 통계적 TDM에서 각 틈새는 데이터뿐만 아니라 목적지 주소도 필요하다. 동기 TDM의 경우 주소가 필요 없는데 동기화 및 입력과 출력 사이에 미리 지정된 관계로 인해 주소 역할을 하는 것이다. 예를 들어 입력 1은 항상 출력 2로 가는 식이다. 다중화기와 다중화 복구기가 동기화되어 있는 한 이는 보장되는 것이다. 통계적 TDM의 경우에는 입력과 출력 사이에는 미리 할당되거나 예약된 틈새가 없기 때문에 아무런 관련이 없는 것이다. 전달하기 위해서는 수신 받을 곳의 주소를 각 틈새에 넣어 주어야 한다. 가장 간단히 주소를 지정하기 위한 방법으로는 N개의 서로 다른 출력 회선을 지정하기 위해 $n = \log_2 N$의 관계로부터 구한 n개의 비트를 주소로 사용하는 것이다. 예를 들면 여덟 개의 출력 회선에 대해서는 3비트 주소를 사용하는 것이다.

그림 7.52 ▎ TDM 틈새 비교

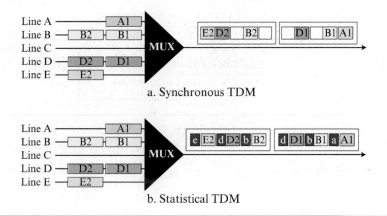

a. Synchronous TDM

b. Statistical TDM

7.4.2 확산 대역 방식

다중화는 대역폭을 효율적으로 사용하기 위해 몇 개의 발신지로부터의 신호를 합하게 되므로 링크의 가용대역폭은 발신지들이 나누어 쓰게 된다. **확산 대역 방식(SS, spread spectrum)**에서도 서로 다른 발신지로부터의 신호를 합하여 더 큰 대역으로 만들지만 그 목적은 다분히 다르다. 확산 대역은 무선 응용(LAN과 WAN)을 위해 설계되었다. 이와 같은 응용에서는 대역폭의 효율보다 더 문제가 되는 것이 있다. 무선 응용에서는 모든 기지국이 공기(또는 진공)를 통신의 매체로 사용한다. 기지국들은 이 매체를 염탐당하지 않으면서 그리고 악의를 가진 침입자(군사 작전이 한 예임)로 인해 전파 교란이 되지 않도록 하면서 이 매체를 공동으로 사용할 수 있어야 한다.

이와 같은 목적을 달성하게 위해 대역 확산 방식은 여분의 정보를 추가한다. 즉, 각 기지국이 필요로 하는 원래의 스펙트럼을 확산하는 것이다. 각 기지국에 필요한 대역폭을 B라고 하면 대역 확산 방식은 이를 $B_{ss} \gg B$인 B_{ss}로 확장한다. 확산된 대역폭은 더 안전한 통신을 위하여 보호 덮개 속으로 원래의 메시지를 감싸 넣을 수 있도록 해준다. 비유를 들자면 섬세하고 비싼 선물을 보내는 것에 견줄 수 있다. 우리는 전송 도중에 손상을 입지 않도록 선물을 특별히 상자에 포장하며 안전하게 패키지를 보낼 수 있도록 보다 나은 배달을 사용하는 것이다.

그림 7.53은 대역 확산 방식이다. 대역 확산 방식은 다음의 두 가지 원리를 통해 그 목적을 달성한다.

1. 각 기지국에 할당된 대역폭은 필요 대역폭보다 더 크다. 이로 인해 추가 정보를 보낼 수 있다.
2. 원래 대역폭 B를 B_{ss}로 확장하는 것은 원래 신호와 독립적으로 진행되어야 한다. 다시 말하면 확산 과정은 발신지로부터 신호가 생성된 이후에 진행된다.

그림 7.53 ▌ 확산 대역 방식(스프레드 스펙트럼)

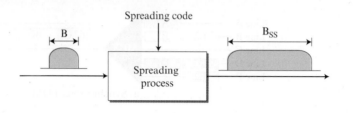

발신지에서 신호가 생성된 이후에 확산 과정은 확산 코드를 사용하여 대역폭을 확산한다. 그림은 원래의 대역폭 B와 확산된 대역폭 B_{SS}를 보여준다. 확산 코드는 임의로 보이는 일련의 숫자들이지만 실제로는 어떤 패턴이 있다.

대역폭을 확산하는 데는 두 가지 기법이 있는데, 이는 주파수 뛰기 확산(FHSS, frequency hopping spread spectrum)과 직접 순열 대역 확산(DSSS, direct sequence spread spectrum)이다.

주파수 뛰기 대역 확산

주파수 뛰기 대역 확산(FHSS, frequency hopping spread spectrum) 기법은 발신지 신호로 변조된 M개의 서로 다른 반송파를 사용한다. 어느 순간에는 신호는 어느 한 반송파를 변조하다가 다른 순간에는 다른 반송파를 변조한다. 한 번에 하나의 반송파를 사용하여 변조가 행해지지만 궁극적으로 M개의 주파수가 사용된다. 확산 이후에 발신지가 차지하는 대역폭 $B_{FHSS} \gg B$이다.

그림 7.54는 일반적인 FHSS의 도면이다. **가임의 잡음(PN, pseudorandom noise)**이라고 불리는 가임의 코드 생성기가 **매 뛰기 주기 T_h(hopping period T_h)** 동안 k비트의 패턴을 만들어 낸다. 이 해당 뛰기 주기에 사용될 주파수를 주파수 테이블이 이 패턴을 사용하여 알아내어 주파수 합성기로 보낸다. 주파수 합성기는 해당 주파수의 반송파를 생성하며 발신지 신호는 이 반송파를 변조한다.

그림 7.54 ▌ 주파수 뛰기 대역 확산(FHSS)

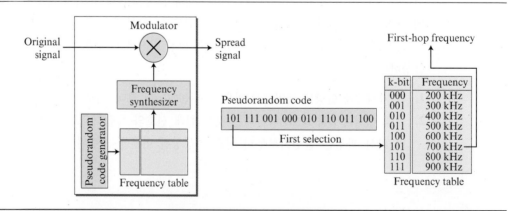

여덟 개의 뛰기 주파수를 사용키로 했다고 하자. 이는 실제 응용에 비해서는 극도로 적은 숫자이지만 설명하기 위해 예로 든다. 이 경우에는 M은 8이고 k는 3이다. 가임의 코드 생성기는 8개의 서로 다른 3비트 패턴을 만든다. 이들은 8개의 서로 다른 주파수들로 주파수 테이블에 만들어진다(그림 7.54 참조).

이 기지국의 패턴은 101, 111, 001, 000, 010, 011, 100이다. 패턴이 의사난수적임을 유의하라. 8번의 뛰기 이후 패턴이 반복된다. 이는 1번 뛰기 주기에서는 패턴은 101이라는 것을 의미한다. 선택된 주파수는 700 kHz이며 발신지 신호는 이 반송파를 변조한다. 두 번째 k비트 패턴은 111이며, 이는 900 kHz 반송파를 선택한다. 여덟 번째 패턴은 100이며 주파수는 600 kHz이다. 여덟 번 뛰고 나면 패턴은 다시 101부터 반복된다. 그림 7.55는 신호가 어떻게 반송파와 반송파 사이를 넘나드는지를 보여준다. 여기서는 원래 신호를 위해 필요한 대역폭이 00 kHz라고 가정한다.

그림 7.55 | FHSS 싸이클

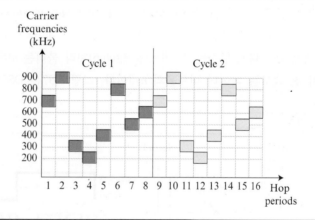

이 방식은 앞에서 언급한 목적을 달성하는 것을 보일 수 있다. 많은 k비트 패턴이 있고 뛰기 주기가 짧다면 송, 수신자 사이에서 비밀을 유지할 수 있다. 침입자가 신호를 가로채려 한다 해도 아주 짧은 기간 동안의 신호만 가로챌 수 있는데 이는 침입자는 다음 번 주파수가 무엇이 될지 그 패턴을 알 수 없기 때문이다. 이 방식은 또한 방해 전파에도 강하다. 침입자는 어느 한 뛰기 주파수의 신호를 방해하기 위해 전파 교란을 할 수 있지만 모든 주기에 대해서는 할 수 없다.

대역폭 공유

뛰기 주파수의 수가 M이면 동일한 B_{ss} 대역폭을 사용하여 M개의 채널을 다중화할 수 있다. 이는 각 뛰기 주기 동안에는 각 기지국은 어느 주파수 하나만을 사용하며 나머지 $M-1$개의 기지국은 다른 $M-1$개의 주파수를 사용하기 때문이다. 다시 말하면, 복수 FSK와 같은 적절한 변조 방법을 사용한다면 M개의 서로 다른 기지국들이 동일한 B_{ss} 대역폭을 공유한다는 것이다. FHSS는 그림 7.56에 있는 것처럼 FDM과 유사하다.

그림 7.56 ▮ 대역폭 공유

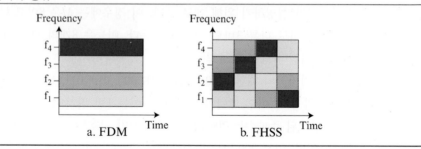

a. FDM   b. FHSS

그림 7.56은 FDM을 사용하는 4개의 채널과 FHSS를 사용하는 4개의 채널을 보여준다. FDM에서는 각 기지국은 대역폭의 1/M만을 사용하되 고정된 대역을 할당받고, FHSS에서는 각 기지국은 1/M의 대역폭을 사용하되 매번 뛸 때마다 다른 영역을 사용한다.

직접 순열 확산 방식

직접 순열 확산 방식(DSSS, direct sequence spread spectrum) 기법은 원래 신호의 대역폭을 확산하지만 그 과정은 다르다. DSSS에서는 각 데이터 비트를 확산 코드를 사용하여 n비트로 대체한다. 다시 말하면 각 비트에 칩(chip)이라 불리는 n비트의 코드를 지정하는 것인데, 여기서 칩 속도는 데이터 비트율의 n배이다. 그림 7.57은 DSSS의 개념을 보여준다.

그림 7.57 ▮ DSSS

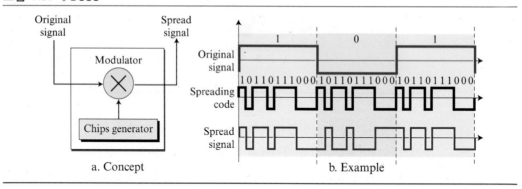

a. Concept   b. Example

한 예로서 무선 LAN에 사용되는 유명한 **바커 순열(Barker sequence)** 중 n이 11인 경우를 생각하자. 원래의 신호와 칩 생성기의 칩은 극형 NRZ 부호화를 사용한다고 가정하자. 그림 7.57은 칩을 보여주며 확산 신호를 얻기 위해 원래 신호에 칩을 곱한 결과를 보여준다.

그림 7.57에서는 확산 코드는 10110111000(이 예의 경우에)의 패턴으로 되어 있는 11개의 칩이다. 원래 신호율이 N이라면 확산 신호의 전송률은 11N이다. 이는 확산 신호의 요구대역폭은 원래 신호의 대역폭의 11배가 된다는 것을 말한다. 확산 신호는 침입자가 코드를 모르면 통신 비밀을 유지할 수 있다. 또한 각 기지국이 서로 다른 코드를 사용하면 서로 방해하지 않으면서 통신할 수 있다.

7.5 전송 매체

이 장에서는 전송 매체에 대해 다룬다. 전송 매체는 실제로 물리 계층 아래에 위치하여 물리 계층에 의해 직접 제어된다. 전송 매체는 제 0계층에 속한다고 할 수 있다. 그림 7.58은 물리 계층에 대한 전송 매체의 위치를 보여준다.

그림 7.58 | 전송 매체와 물리 계층

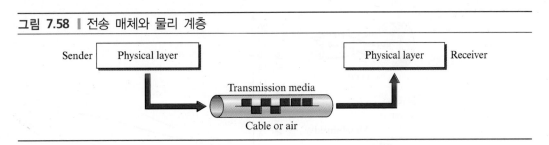

전송 매체(transmission medium)는 발신지로부터 목적지로 정보를 나를 수 있는 어떤 것이라고 폭넓게 볼 수 있다. 예를 들면, 저녁을 먹으며 대화를 나누는 두 사람 사이에서의 전송 매체는 공기이다. 공기는 봉화나 깃발 같은 것을 통해 메시지를 전하는 매체가 되기도 한다. 문자로 쓰여진 메시지의 전송 매체로는 편지 배달원, 트럭 또는 비행기가 될 수 있다.

데이터통신에서의 정보와 전송 매체의 정의는 보다 구체적이다. 전송 매체는 보통 자유 공간, 금속 케이블, 또는 광섬유이다. 정보는 흔히 다른 형식으로부터 데이터를 변환한 결과로 얻어진 신호이다.

전자기 신호는 진공이나 공기를 통해서 또는 다른 전송 매체를 통해서 이동할 수 있다. 서로가 진동하는 전기장과 자기장의 조합인 전자기 에너지에는 전력, 음성, 무선파, 적외선 (infrared light), 가시광선, 자외선, X선, 감마선, 우주선 등이 포함된다. 이것들 각각은 **전자기 스펙트럼(electromagnetic spectrum)**의 일정 부위를 차지한다. 그러나 현재로서는 스펙트럼의 모든 부분이 원격통신에 사용될 수 있는 것이 아니며, 사용 가능한 부분을 이용할 수 있는 전송 매체도 몇 가지 종류로 제한되어 있다.

원격통신의 목적을 위해 전송 매체는 유도 매체와 비 유도 매체의 두 가지의 큰 부류로 나눌 수 있다. 유도 매체는 꼬임쌍선, 동축케이블 및 광섬유를 포함한다. 비 유도 매체는 보통 공기이다.

7.5.1 유도 매체

한 장치에서 다른 장치로의 통로를 제공하는 **유도 매체(guided media)**에는 **꼬임쌍선(twisted-pair cable)**, **동축 케이블(coaxial cable)**, **광섬유 케이블(fiber-optic cable)**이 포함된다. 이와 같은 매체를 따라 이동하는 신호는 매체의 물리적 제한에 따라 전송방향이 설정되고 적재된다. 꼬임쌍선과 동축 케이블은 전류의 형태로 신호를 받고 전달하는 금속성(구리) 도선을 사용하고, 광섬유는 빛의 형태로 신호를 받고 전달하는 유리나 플라스틱 케이블을 사용한다.

꼬임쌍선 케이블

꼬임쌍선 케이블(twisted-pair cable)은 그림 7.59에 보인 것처럼 각각 자신의 플라스틱 절연체를 입히고 서로 꼬인 한 쌍의 전도체(보통 구리)로 되어 있다.

그림 7.59 ▎꼬임쌍선 케이블

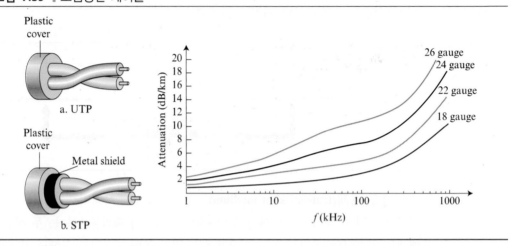

전선을 통해 보낸 신호 이외에도 간섭(잡음)과 혼선(crosstalk)이 주 전선에 영향을 주어 원치 않는 신호를 만들어 낼 수 있다. 그러나 다른 끝에 있는 수신자는 이 원치 않는 신호들의 차이만을 가지고 작동할 뿐이다. 이는 두 전선이 잡음이나 혼선에 의해 같은 정도로 영향을 받는다면 수신자는 상관이 없다(차이가 0이다)는 것을 의미한다.

만일 두 전선이 평행하다면 이 원치 않는 신호들에 의한 영향은 각 전선에 대해 동일하지 않은데 이는 각 전선이 잡음이나 혼선에 대해 가깝거나 멀어서 영향 받는 정도가 다르기 때문이다. 이것이 수신자에게는 차이로 나타난다. 전선을 꼼으로써 균형이 유지된다. 예를 들면, 첫 번째 꼬임에서는 한 전선이 잡음 원천에 더 가깝고 다른 전선은 멀다면 다음 꼬임에서는 그 반대가 된다. 꼬아 만들기 때문에 각 전선이 외부 영향(잡음과 혼선)에 대해 동일한 영향을 받는다. 이는 두 전선의 차이를 계산하는 수신자는 원치 않는 신호를 받지 않는다는 것을 의미한다. 위 논의로부터 단위 길이당 꼬인 횟수가 전선의 품질을 결정한다는 것을 알 수 있는데 많이 꼬일수록 좋은 품질이 된다. 통신에서 가장 널리 쓰이는 꼬임쌍선은 **비차폐 꼬임쌍선(UTP, Unshielded twisted pair)**이다. IBM은 **차폐 꼬임쌍선(STP, shielded twisted pair)**라고 하는 꼬임쌍선을 만들었다. STP는 절연된 전도체 쌍을 감싸는 금속 그물 덮개를 가지고 있다. 금속 덮개가 잡음이나 혼선이 파고들지 못하도록 보호하여 전선의 품질을 높이지만 더 부피가 많이 나가고 비싸지게 된다.

성능

꼬임쌍선의 성능을 측정하는 한 가지 방법은 주파수와 거리에 대해 감쇄현상을 비교하는 것이다. 꼬임쌍선은 넓은 영역의 주파수를 통과시킬 수 있다. 그러나 그림 7.59는 주파수가 증가함에 따라 마일당 데시벨(dB/km)로 측정한 감쇄는 주파수가 100 kHz가 넘어서면서 급격히 증가한다. **게이지(gauge)**는 전선의 두께이다.

응용

꼬임쌍선은 전화에서 음성이나 데이터를 전송할 목적으로 사용된다. 가입자를 중앙 전화국에 연결하는 지역 루프는 거의 비차폐 꼬임쌍선이다. 전화회사에 의해 고속 데이터 전송률을 위한 연결을 제공하는 DSL 회선도 고대역 비차폐 꼬임쌍선을 사용한다. 10 Base-T나 100 Base-T와 같은 LAN도 꼬임쌍선을 상용한다. 5장에서 이와 같은 네트워크에 대해 논의한다.

동축 케이블

동축 케이블(coaxial cable 또는 *coax*)은 꼬임쌍선 케이블보다 더 높은 주파수영역의 신호를 운반한다. 그 이유 중 하나는 두 매체가 상당히 다르게 구성되어 있기 때문이다. 동축 케이블은 두 가닥의 전선 대신 절연외피로 덮여진 매끈한 원통형이나 노끈처럼 꼬아 만든 전선(주로 구리)으로 된 중심도선을 갖고, 이 중심도선은 다시 금속박이나 꼬인 끈 또는 이 두 가지의 조합(주로 구리)으로 된 외피도선으로 덮여 있다. 외부를 금속으로 감싸는 것은 잡음에 대한 차폐장치이자 회로를 완성하는 2차 도선으로서의 역할을 한다. 이 외피도선은 다시 절연외피로 둘러싸여 있고, 전체 케이블은 플라스틱 피복에 의해 보호된다(그림 7.60 참조).

그림 7.60 ▌ 동축 케이블

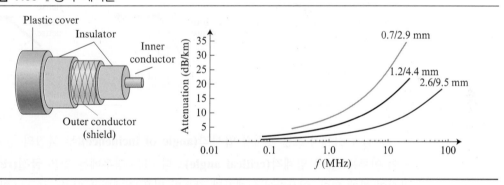

성능

꼬임쌍선에서 논의했듯이 동축 케이블의 성능을 측정할 수 있다. 그림 7.60에서 꼬임쌍선보다 감쇄가 심한 것을 볼 수 있다. 이는 동축 케이블이 훨씬 높은 대역폭을 가지고 있지만 신호가 급격히 약해져서 자주 재생기를 사용해야 하는 것을 말한다.

응용

단일 동축 케이블로 10,000개의 음성 신호를 보내던 아날로그 전화 네트워크에서 동축 케이블을 사용하기 시작했다. 후에 단일 케이블로 600 Mbps의 디지털 데이터를 전송하던 디지털 전화 네트워크에 사용되었다. 그러나 전화 네트워크의 동축 케이블은 오늘날 광섬유로 대개 교체되었다.

케이블 TV 네트워크(9장 참조)도 동축 케이블을 사용한다. 통상적인 케이블 TV 네트워크에서는 전체 네트워크가 동축 케이블이다. 그러나 나중에는 케이블 TV 사업자들은 대부분의 네트워크를 광섬유로 대체했으며, 혼합 네트워크는 오직 가입자가 소재지인 네트워크 경계에서만 동축 케이블을 사용한다. 케이블 TV는 RG-59 동축 케이블을 사용한다.

동축 케이블을 사용하는 다른 흔한 응용은 전통적인 이더넷 LAN(5장 참조)이다. 높은 대역폭과 이에 따른 높은 데이터 전송률로 인해 동축 케이블은 초기 이더넷의 디지털 전송에 채택되었다. 두꺼운 이더넷은 특별한 연결구를 사용한다.

광섬유 케이블

유리나 플라스틱으로 만들어지는 광섬유(optical fiber)는 빛의 형태로 신호를 전송한다. 광섬유를 이해하기 위해서는 우선 빛의 몇 가지 특성을 알아볼 필요가 있다.

빛은 하나의 균일물질 내에서는 하나의 직선을 이루며 이동한다. 만약 하나의 물질 속을 이동하던 광선이 갑자기 다른(밀도가 더 높거나 낮은) 물질로 들어가면 속도는 급격히 변하게 되고 방향의 전환을 야기하게 된다. 그림 7.61은 밀도가 높은 매질에서 낮은 매질로 빛이 전파될 때 어떻게 방향이 바뀌는지 보여준다.

그림 7.61 ▎광선의 굴절

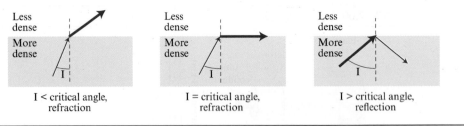

그림 7.61에서 보는 것처럼 **입사각(angle of incidence)**(두 물질의 경계면에 수직인 선과 빛이 이루는 각)이 **임계각(critical angle)**보다 작은 경우에는 빛은 **굴절(refracts)**되어 표면에 가까이 가게 된다. 입사각이 임계각과 같으면 빛은 경계면을 따라 꺾인다. 입사각이 임계각보다 크면 빛은 **반사(reflects)**하여 밀도가 높은 매질로 진행한다. 임계각은 물질의 성질이며 물질마다 다른 것에 유의하라.

광섬유는 채널을 통해 빛을 유도하기 위해 반사를 사용한다. 유리나 플라스틱 **중심부(core)**는 더 낮은 밀도의 유리나 플라스틱 피복으로 둘러싸여 있다. 두 가지 물질의 밀도의 차이는 중심부를 통해 이동하는 광선이 **피복(cladding)**에 굴절되어 들어가지 않고 반사될 정도가 되어야만 한다. 그림 7.62를 참조하라.

그림 7.62 ▌ 광섬유

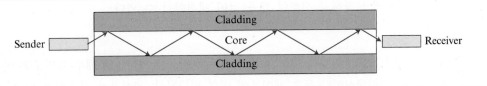

전파 방식

현재 기술은 광학 채널을 따라 빛을 전파하기 위한 두 가지 모드(다중모드와 단일모드)를 지원하는데 각각은 서로 다른 물리적 특성을 갖는 섬유가 요구된다.

다중모드는 여러 광선이 빛의 근원으로부터 서로 다른 경로로 중심부를 통해 이동하여 이름이 붙여졌다. 중심부 구조에 따라 케이블 내부에서 광선이 어떻게 이동하는지 그림 7.63을 통해 알 수 있다.

그림 7.63 ▌ 전파 방식

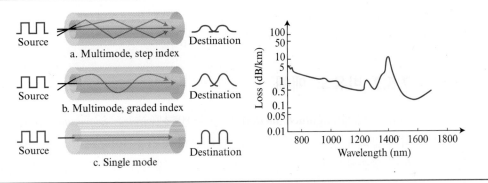

다중모드 단계지수 광섬유(multimode step-index fiber)에서 중심부의 밀도는 가운데에서 모서리까지 일정하게 유지된다. 광선은 중심부와 피복(cladding)의 경계면에 도달할 때까지 일정한 밀도를 통해 직선으로 움직인다. 경계면에서는 더 낮은 밀도로의 급격한 변화가 발생하여 광선이 움직이는 각도가 변경된다. 단계지수(*step-index*)라는 용어는 이러한 돌발적인 변화에서 유래한다.

다중모드 등급지수 광섬유(multimode graded-index fiber)라고 불리는 광섬유의 두 번째 유형은 케이블을 통한 신호의 이러한 왜곡을 감소시킨다. 여기서 지수(*index*)라는 용어는 굴절지수를 말한다. 위에서 본 것처럼 굴절지수는 밀도와 관련이 있다. 따라서 등급지수 광섬유는 다양한 밀도를 갖는다. 즉, 밀도는 중심부의 가운데에서 가장 높고 바깥으로 갈수록 차츰 낮아진다.

단일모드는 단계지수 광섬유를 사용하고 광선을 수평에 가까운 작은 영역의 각도로 제한하도록 광원을 고도로 집중시킨다. **단일모드 광섬유(single mode fiber)** 자체는 다중모드 광섬유보다 훨씬 작은 직경을 갖고 상당히 더 낮은 밀도(굴절지수)를 갖도록 만들어진다. 밀도의 감소는 결과적으로 광선의 전파를 거의 수평으로 만드는 90°에 가까운 임계각을 만든다. 이 경우 서로 다른 광선들은 거의 동일하게 전파되며 지연은 무시해도 좋다. 모든 광선은 "함께" 목적지에 도착해서 신호의 왜곡 없이 재결합될 수 있다.

성능

그림 7.63의 파장에 대한 감쇄 그래프는 광섬유 케이블의 매우 흥미로운 현상을 보여준다. 감쇄는 꼬임쌍선이나 동축 케이블에 비해 평탄하다. 광섬유를 사용하게 되면 적은 수(실제로 10배 이상 적은 수)의 반복기만 필요할 정도의 성능을 보인다.

응용

광섬유는 흔히 중추 네트워크에 사용되는데 광섬유의 넓은 대역폭이 비용에 있어 효과적이기 때문이다. 오늘날, 파장분할 다중화(WDM)를 사용하면 1,600 Gbps의 속도로 데이터를 전송할 수 있다. 5장에서 다룰 SONET 네트워크가 그와 같은 중추 네트워크를 제공한다.

어떤 케이블 TV 회사는 광섬유와 동축 케이블을 섞어서 사용하며, 따라서 혼합 네트워크를 만든다. 광섬유가 중추 네트워크를 이루고 동축 케이블이 각 가정에 연결된다. 이는 비용면에서 효과적인데 가정의 사용자 측에서는 좁은 대역폭만을 필요로 하기 때문이다.

100 Base-FX 네트워크(고속 이더넷)나 1000 Base-X와 같은 LAN도 광섬유를 사용한다. 10 Gigabit-이더넷의 동작 역시 광섬유를 사용한다.

7.5.2 비유도 매체

비유도 매체(unguided media) 또는 **무선통신**(*wireless communication*)은 물리적 도선을 사용하지 않고서 전자기 신호를 전송한다. 흔히 무선통신이라고 부른다. 신호는 보통 자유 공간을 통해 방송되며 따라서 신호를 받을 수 있는 장치를 가진 누구든 수신할 수 있다.

그림 7.64는 무선통신을 위해 사용되는 3 kHz에서부터 900 THz에 걸친 스펙트럼을 보여준다.

그림 7.64 ┃ 무선통신의 전자기 스펙트럼

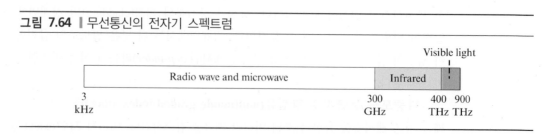

비유도 신호는 발신지에서부터 목적지까지 몇 가지 방식으로 전파될 수 있는데 지표, 공중 및 가시선 전파가 그것이다.

지표면 전파(ground propagation)에서 무선파는 지구를 감싸는 대기의 가장 낮은 부분을 통해 이동한다. 가장 낮은 주파수들을 사용하며, 신호는 전송 안테나로부터 모든 방향으로 지표의 굴곡을 따라 퍼진다. 전파거리는 신호의 전력량에 달려 있다. 더 큰 전력을 가질수록 더 먼 거리까지 전파된다. 지표 전파는 바닷물 속에서도 일어날 수 있다. **공중 전파(sky pro-pagation)**에서는 높은 주파수의 무선파가 전리층을 향하여 발산되었다가 반사되어 지상으로 되돌아온다. 이러한 종류의 전송은 낮은 출력으로도 원거리 전파를 가능하게 한다. **가시선 전파(line-of-sight propagation)**에서는 초단파의 신호가 안테나에서 안테나로 직선상으로 직접 전송된다. 안테나는 반드시 마주보고 있어야 하며 지구곡률에 영향 받지 않을 정도로 충분히 높거나 서로 가까워야만 한다. 무선 전송이 완벽하게 한 점으로 모아지지 않기 때문에 가시선 전파는 까다롭다.

라디오파와 마이크로파로 정의되는 전자기파 스펙트럼의 부위는 대역이라고 불리는 여덟 개의 영역으로 나뉘어 있으며 각각의 대역은 정부 공식 기관에 의해 관리되고 있다. 이 대역들은 **초저주파**로부터 **극고주차**까지로 분류되어 있다. 표 7.1은 이 대역들의 리스트로서 영역과 전파 방식 및 응용을 보여준다.

무선 전파는 라디오파, 마이크로파 및 적외선파로 나눌 수 있다.

표 7.1 ▌ 대역

Band	Range	Propagation	Application
VLF (very low frequency)	3–30 kHz	Ground	Long-range radio
LF (low frequency)	30–300 kHz	Ground	Radio beacons
MF (middle frequency)	300 kHz–3 MHz	Sky	AM radio
HF (high frequency)	3–30 MHz	Sky	Citizens band (CB), ship/aircraft communication
VHF (very high frequency)	30–300 MHz	Sky and line-of-sight	VHF TV, FM radio
UHF (ultrahigh frequency)	300 MHz–3 GHz	Line-of-sight	UHF TV, cellular phones, paging, satellite
SHF (superhigh frequency)	3–30 GHz	Line-of-sight	Satellite communication
EHF (extremely high frequency)	30–300 GHz	Line-of-sight	Radar, satellite

라디오파

라디오파와 마이크로파 사이에는 분명한 경계가 없지만, 3 kHz와 1 GHz 주파수영역 사이의 전자기파를 대개 **라디오파(radio waves)**라고 부르며, 1에서 300 GHz 주파수영역대의 파장을 **마이크로파(microwaves)**라고 부른다. 그러나 주파수 대신에 파의 행태로 더 분명하게 구분해 낼 수 있다. 대부분의 경우에 있어서 라디오파는 전방향성이다. 안테나가 전파를 방사할 때 모든 방향으로 전파된다. 이는 송신 안테나와 수신 안테나가 일직선에 놓일 필요가 없다는 것을 뜻한다. 송신 안테나는 전파를 보내고 그것을 수신할 수 있는 그 어떤 수신 안테나는 전파를 수신할 수 있다. 전방향성은 단점도 있다. 하나의 안테나에 의해 송신되는 라디오파는 같은 주파수를 사용하는 다른 안테나의 방해를 받을 수 있다.

공중 전파 방식으로 전파되는 라디오파는 원거리를 갈 수 있다. 이로 인해 라디오파가 AM 방송 같은 원거리 방송에 채택되는 것이다.

저주파나 중주파의 라디오파는 벽을 통과한다. 이 특성은 장점도 되고 단점도 된다. 예를 들면 건물 안에서도 AM 방송을 들을 수 있으니 장점이 된다. 또한 건물 안이나 바깥으로 통신 영역을 구분할 수 없으므로 단점이 되기도 한다. 라디오파의 대역은 마이크로파에 비해 상대적으로 좁아서 1 GHz 아래의 영역이다. 하부대역으로 이 대역을 나누게 되면 하부대역 역시 좁아서 저속의 데이터통신만이 허락된다.

전체의 대역은 정부 기관(예를 들면 미국의 경우 FCC)에 의해 규제된다. 이 대역의 영역을 사용하기 위해서는 정부의 허가가 필요하다.

마이크로파

주파수 1에서 300 Ghz의 전자기파를 마이크로파라고 부른다. 마이크로파는 단방향으로 이동한다. 안테나가 마이크로파를 전송할 때는 매우 집중된 방향으로 초점을 맞추어 보낼 수 있다. 이는 송신 안테나가 수신 안테나와 일렬로 되어야 한다는 것을 의미한다. 이 단방향성은 분명한 이점이 있다. 다음은 마이크로파 전파의 특성들이다.

❑ 마이크로파 전파는 가시선 전파이다. 안테나가 서로 마주보고 있어야 하므로 멀리 떨어진 두 안테나를 정렬시키기 위해서는 매우 높은 안테나 탑이 필요하다. 지구 곡률이나 기타 다른 방해 요인으로 인해 낮은 안테나 탑으로는 통신하기 어렵다. 장거리 통신에는 흔히 반복기가 필요하다.

❑ 매우 높은 주파수의 마이크로파는 벽을 통과하지 못한다. 이 성질은 수신기가 건물 안에 있으면 수신할 수 없다는 단점이 있다.

❑ 마이크로파의 대역폭은 상대적으로 넓어서 299 GHz나 된다. 그러므로 더 넓은 하부대역폭을 할당할 수 있으며 따라서 더 높은 데이터율이 가능하다.

❑ 대역의 어떤 영역을 사용하기 위해서는 정부 기관의 허가가 필요하다.

응용

마이크로파는 단방향성으로 인해 송신자와 수신자 사이의 단방향(unicast, one-to-one)통신에 매우 유리하다. 휴대전화에 사용되며, 위성통신이나 무선 LAN에 사용된다.

적외선

적외선(Infrared)은 주파수 300 GHz에서 400 TGHz(파장은 1~770 nm)의 전자기파로서 단거리 통신에 사용된다. 높은 주파수를 갖기 때문에 적외선은 벽을 통과할 수 없다. 이 장점으로 인해 서로 다른 시스템에 의해 방해를 받지 않는다. 즉, 한 방(room)의 단거리 통신 시스템이 다른 방에 영향을 주지 않는다. 우리가 적외선 리모콘을 사용한다고 해서 옆방의 리모콘에 영향을 주지 않는 것이다. 그러나 이 특성 때문에 적외선 통신은 장거리 통신에는 적합하지 않다.

추가적으로 적외선은 건물 밖에서는 사용할 수 없는데 이는 태양 빛이 적외선 통신을 방해하는 적외선을 포함하고 있기 때문이다.

7.6 추천 자료

본 장에서 논의한 주제들을 자세히 보기 위해서 다음 도서와 사이트를 추천한다. 꺽쇠 안에 있는 내용은 교재의 끝에 있는 참고 문헌을 가리킨다.

단행본

다음 책들에서 본 장에 대하여 논의되어 있다. [Pea 92], [Cou 01], [Ber 96], [Hsu 03], [Spi 74], [Sta 04], [Tan 03], [G&W 04], [SSS 05], [BEL 01], [Max 99]

7.7 중요 용어

alternate mark inversion (AMI)

amplitude modulation (AM)

amplitude shift keying (ASK)

analog data angle of incidence

analog signal

analog-to-analog conversion

analog-to-digital conversion

angle of incidence

attenuation

band-pass channel

bandwidth

Barker sequence

baseband transmission

bipolar encoding

bipolar with 8-zero substitution (B8ZS)

bit rate

coaxial cable

composite signal

constellation diagram

critical angle

crosstalk

decibel (dB)

delta modulation

differential Manchester

digital data

digital data service (DDS)

digital signal

digital signal (DS) service

digital-to-analog conversion

digital-to-digital conversion

digitization

direct sequence spread spectrum (DSSS)

distortion

eight-binary, six-ternary (8B6T)

electromagnetic spectrum

fiber-optic cable

four binary/five binary (4B/5B)

frequency

frequency modulation (FM)

frequency shift keying (FSK)

frequency-division multiplexing (FDM)

frequency-domain plot

frequency-hopping spread spectrum

ground propagation

guard band

guided media

high-density bipolar 3-zero (HDB3)

jitter

line coding

line-of-sight propagation

low-pass channel

Manchester

multimode graded-index fiber

multimode step-index fiber

multiplexing

noise

nonperiodic signal

nonreturn to zero (NRZ)

Nyquist bit rate

Nyquist theorem

peak amplitude

period

periodic signal

phase

phase modulation (PM)

phase shift keying (PSK)

pseudorandom noise (PN)

pseudoternary

pulse amplitude modulation (PAM)

pulse code modulation (PCM)

quadrature amplitude modulation (QAM)

radio wave

return-to-zero (RZ)

sample and hold

sampling

sampling rate

scrambling

Shannon capacity

shielded twisted-pair (STP)

signal-to-noise ratio (SNR)

sine wave

single-mode fiber

sky propagation

spread spectrum (SS)

statistical TDM

synchronous TDM

T line

throughput

time-division multiplexing (TDM)

time-domain plot

transmission medium

twisted-pair cable

two-binary, one quaternary (2B1Q)

unguided media

unshielded twisted-pair (UTP)

wavelength-division multiplexing (WDM)

7.8 요약

데이터가 네트워크를 통해 전송되기 위해서는 전자기 신호로 변환되어야 한다. 데이터와 신호는 아날로그(연속적인 값)나 디지털(이산적인 값)이 될 수 있다. 신호는 아날로그나 디지털이다. 아날로그 신호는 영역 속에 무한개의 값을 가질 수 있으며 디지털 신호는 제한된 수의 값을 갖는다.

디지털-대-디지털 변환은 회선 코딩, 블록 코딩, 뒤섞기의 세 가지 기법이 있다. 회선 코딩은 디지털 데이터를 디지털 신호로 변환하는 과정이다. 블록 코딩은 중복을 통하여 동기화와 오류 정정을 보장한다. 아날로그-대-디지털 전환의 흔한 기법은 PCM이다.

디지털-대-아날로그 변환은 디지털 데이터의 정보에 기반을 두어 아날로그 신호의 특성 중 하나를 변화시키는 것이다. 디지털 대 아날로그 변조는 다음 방법들이 있다. 진폭편이 변조(ASK)는 반송파의 진폭이 변한다. 주파수편이 변조(FSK)는 반송파의 주파수가 바뀐다. 위상편이 변조(PSK)는 반송파의 위상이 바뀐다. 구상편이변조(QAM)는 ASK와 PSK의 조합이다.

아날로그-대-아날로그 변환은 아날로그 신호를 사용하여 아날로그 신호를 나타내는 것이다. 매체가 띠대역 통과 물질이거나 띠대역 통과대역만을 사용해야 하는 경우에 전환이 필요하다. 아날로그-대

–아날로그 변조는 다음 세 가지 방법을 사용해서 구현될 수 있다. 진폭 변조(AM), 주파수 변조(FM), 위상 변조(PM).

전송 매체는 물리 계층 아래에 놓인다. 유도 매체는 한 장치에서 다른 장치로의 물리적 도체를 제공한다. 꼬임쌍선 케이블(금속성), 동축 케이블(금속성), 광케이블(유리나 플라스틱)은 대표적인 유도 매체이다. 비유도 매체(보통 공기) 물리적 도선을 사용하지 않고서 전자기 신호를 전송한다.

7.9 연습문제

7.9.1 기본 연습문제

1. 주파수 도메인 도면에서 수평축은 _____을 측정한다.
   a. 신호 진폭   **b.** 주파수
   c. 위상   **d.** 시간

2. 시간 도메인 도면에서 수평축은 _____을 측정한다.
   a. 신호 진폭   **b.** 주파수
   c. 위상   **d.** 시간

3. _____ 데이터는 지속되고 지속적인 값을 가진다.
   a. 아날로그   **b.** 디지털
   c. 아날로그 또는 디지털 **d.** 정답 없음

4. _____ 데이터는 불연속 상태이고 불연속인 값을 가진다.
   a. 아날로그   **b.** 디지털
   c. 아날로그 또는 디지털 **d.** 정답 없음

5. _____ 신호는 시간 간격에서 무한한 값을 가진다.
   a. 아날로그   **b.** 디지털
   c. 아날로그 또는 디지털 **d.** 정답 없음

6. _____ 신호는 시간 간격에서 제한된 값을 가진다.
   a. 아날로그   **b.** 디지털
   c. 아날로그 또는 디지털 **d.** 정답 없음

7. 주파수와 시간은 _____이다.
   a. 반비례   **b.** 비례
   c. 동일   **d.** 정답 없음

8. _____은(는) 시간에 대하여 변화율이다.
   a. 진폭   **b.** 시간
   c. 주파수   **d.** 위상

9. _____은(는) 시간을 0으로 상대적인 파형의 위치를 설명한다.

a. 진폭   **b.** 시간
   c. 주파수   **d.** 위상

10. 단일 정현파는 _____ 도메인에서 단일 스파이크(spike)로 표시될 수 있다.
   a. 진폭   **b.** 시간
   c. 주파수   **d.** 위상

11. 주파수가 증가함으로서, 주기는 _____ 된다.
   a. 감소   **b.** 증가
   c. 동일하게 유지   **d.** 정답 없음

12. _____은(는) 신호가 전송 매체의 저항으로 인해 힘을 잃는 전송 장애의 한 유형이다.
   a. 감쇠   **b.** 왜곡
   c. 소음   **d.** 데시벨

13. _____은(는) 신호가 각 주파수의 서로 다른 전파 속도로 인해 힘을 잃는 전송 장애의 한 유형이다.
   a. 감쇠   **b.** 왜곡
   c. 소음   **d.** 데시벨

14. _____은(는) 신호를 변질시키는 혼선과 같은 외부가 원인인 전송 장애의 한 유형이다.
   a. 감쇠   **b.** 왜곡
   c. 소음   **d.** 데시벨

15. 전파 속도와 전파 시간을 곱하면, _____을(를) 알 수 있다.
   a. 처리량
   b. 신호의 주파수
   c. 왜곡 요소
   d. 신호 또는 비트가 전송된 거리

16. 디지털 신호의 기저대역 전송은 _____ 채널을 가

지고 있는 경우에만 가능하다.

a. 저주파 통과   b. 대역주파수

c. 낮은 전송률   d. 높은 전송률

17. 사용할 수 있는 채널이 _____ 채널이라면, 직접적으로 채널에 디지털 신호를 전송할 수 없다.

a. 저주파 통과   b. 대역주파수

c. 낮은 전송률   d. 높은 전송률

18. _____ 채널에서 나이퀘스트 비트 전송률 공식은 이론적으로 최대 비트 전송률을 정의한다.

a. 잡음이 있는   b. 잡음이 없는

c. 대역주파수   d. 저주파 통과

19. _____ 채널에서 최대 비트 전송률을 찾으려면, 섀넌 용량을 사용할 필요가 있다.

a. 잡음이 있는   b. 잡음이 없는

c. 대역주파수   d. 저주파 통과

20. _____은(는) 신호를 손상시킬 수 있다.

a. 감쇠   b. 왜곡

c. 소음   d. 모두 맞음

21. _____ 제품은 채널을 채울 수 있는 비트의 수를 정의한다.

a. 대역폭–주기   b. 주파수–진폭

c. 대역폭–지연   d. 지연–진폭

22. 극형과 양극형 부호화는 _____ 코딩의 유형이다.

a. 라인   b. 블록

c. 스크램블링   d. 정답 없음

23. _____ 변환은 3가지 기술을 포함한다: 라인 코딩, 블록 코딩, 스크램블링

a. 아날로그–디지털   b. 디지털–아날로그

c. 아날로그–아날로그   d. 디지털–디지털

24. _____ 방식에서 전압 레벨은 제로 레벨로 유지될지라도 +값과 −값 사이를 왔다 갔다 한다.

a. 극형   b. 양극형

c. 무극형   d. 정답 없음

25. _____에서 전압 레벨은 비트의 값을 결정한다.

a. NRZ-I   b. NRZ-L

c. NRZ-I 또는 NRZ-L   d. 정답 없음

26. _____에서 전압 레벨에서 변화나 변화의 부족은 비트의 값을 결정한다.

a. NRZ-I   b. NRZ-L

c. NRZ-I 또는 NRZ-L   d. 정답 없음

27. RZ와 NRZ-L의 개념은 _____방식으로 결합된다.

a. 맨체스터

b. 차등 맨체스터

c. 맨체스터 또는 차등 맨체스터

d. 정답 없음

28. RZ와 NRZ-I의 개념은 _____방식으로 결합된다.

a. 맨체스터

b. 차등 맨체스터

c. 맨체스터 또는 차등 맨체스터

d. 정답 없음

29. 맨체스터와 차등 맨체스터 부호화에서 비트의 중간에서 변환은 _____에 사용된다.

a. 비트 전송   b. 보오 전송

c. 동기화   d. 정답 없음

30. _____에 부호화에서 세 가지 레벨을 사용한다: +, 0, −.

a. 극형   b. 양극형

c. 무극형   d. 정답 없음

31. _____방식은 크기 2의 데이터 패턴을 사용하여 4레벨 신호에 속하는 하나의 신호 요소로 2비트 패턴을 부호화한다.

a. 4B5B   b. 2B1Q

c. B8ZS   d. 정답 없음

32. _____ 부호화는 각 비트의 중간을 전환한다.

a. RZ   b. 맨체스터

c. 차등 맨체스터   d. 모두 맞음

33. _____ 부호화는 각 0비트의 시작 부분에서 전환한다.

a. RZ   b. 맨체스터

c. 차등 맨체스터   d. 모두 맞음

34. 다음 부호화 방법 중 동기화를 제공하지 않는 것은?

a. NRZ-L   b. RZ

c. NRZ-I   d. 맨체스터

35. 다음 부호화 방법 중 1초마다 +값과 −값을 번갈아 사용하는 것은?

a. NRZ-L   b. RZ

c. 맨체스터   d. AMI

36. 블록 코딩은 수신기에서 _____와(과) _____에 도움이 될 수 있다.
    a. 동기화 및 오류 검출   b. 동기화 및 감쇄
    c. 오류 검출 및 감쇄   d. 오류 검출 및 왜곡

37. _____은(는) 디지털 신호를 디지털 신호로 변환하는 과정이다.
    a. 코딩 블럭   b. 라인 코딩
    c. 스크램블링   d. 모두 맞음

38. _____은(는) 동기화 및 고유 오류 검출을 보장하기 위해 중복을 제공한다.
    a. 코딩 블록
    b. 라인 코딩
    c. 라인 코딩 또는 블록 코딩
    d. 모두 맞음

39. _____은(는) 보통 mB/nB 코딩이라고 한다. 이것은 각 m-비트 그룹을 n-비트 그룹으로 대체한다.
    a. 코딩 블럭   b. 라인 코딩
    c. 스크램블링   d. 모두 맞음

40. _____는 비트 수의 증가 없이 동기화를 제공한다.
    a. 스크램블링   b. 라인 코딩
    c. 블록 코딩   d. 정답 없음

41. 일반적인 두 가지 혼합 기술은 _____이다.
    a. NRZ와 RZ
    b. AMI와 NRZ
    c. B8ZS와 HDB3
    d. Manchester와 differential Manchester

42. PCM은 _____ 변환의 한 방법이다.
    a. 디지털-대-디지털   b. 디지털 대 아날로그
    c. 아날로그-대-아날로그 d. 아날로그-대-디지털

43. 디지털 데이터를 아날로그 신호를 변경하는 일반적인 기술은 _____이다.
    a. PAL   b. PCM
    c. 샘플링   d. 정답 없음

44. PCM의 첫 번째 단계는 _____이다.
    a. 양자화   b. 변조
    c. 샘플링   d. 정답 없음

45. _____는 모든 샘플에서 신호 증폭을 찾는다;

_____는 이전 샘플에서의 변화를 찾는다.
    a. DM; PCM   b. PCM; DM
    c. DM; CM   d. 정답 없음

46. _____ rate 은 1초에 전송된 데이터 수를 의미 한다; _____ rate 은 1초에 전송된 신호 수를 의미한다.
    a. 데이터; 신호   b. 신호; 데이터
    c. 보드; 비트   d. 정답 없음

47. ASK, PSK, FSK, QAM은 _____변환이다.
    a. 디지털-대-디지털   b. 디지털 대 아날로그
    c. 아날로그-대-아날로그 d. 아날로그-대-디지털

48. AM, FM, PM은 _____변환이다.
    a. 디지털-대-디지털   b. 디지털-대-아날로그
    c. 아날로그-대-아날로그 d. 아날로그-대-디지털

49. QAM에서 반송 주파수의 두 가지 _____은 다양하다.
    a. 주파수와 진폭   b. 위상과 주파수
    c. 진폭과 위상   d. 정답 없음

50. _____에서 신호 요소를 생성하기 위한 캐리어 신호의 증폭은 다양하지만 주파수와 위상은 동일하다.
    a. ASK   b. PSK
    c. FSK   d. QAM

51. _____에서 데이터를 표현하는 반송파 신호의 주파수는 다양하지만 최대 진폭과 위상은 동일하다.
    a. ASK   b. PSK
    c. FSK   d. QAM

52. _____에서 둘 이상의 서로 다른 신호 요소의 표현을 위한 반송파의 위상은 다양하다. 그러나 최대 진폭과 주파수는 동일하다.
    a. ASK   b. PSK
    c. FSK   d. QAM

53. 상현 진폭 변조는 _____의 조합이다.
    a. ASK와 FSK   b. ASK와 PSK
    c. PSK와 FSK   d. 정답 없음

54. _____는 두 개의 반송파를 이용하는데 하나는 동상이며 다른 하나는 상현이다.
    a. ASK   b. PSK
    c. FSK   d. QAM

55. BASK에서는 얼마나 많은 반송파 주파수를 사용하는가?
    a. 1   b. 2

c. 3   **d.** 정답 없음

56. BFSK에서는 얼마나 많은 반송파 주파수를 사용하는가?
   a. 1   **b.** 2
   c. 3   **d.** 정답 없음

57. BPSK에서는 얼마나 많은 반송파 주파수를 사용하는가?
   a. 1   **b.** 2
   c. 3   **d.** 정답 없음

58. 다음 중 아날로그–아날로그 변환이 아닌 것은?
   a. AM   **b.** PM
   c. FM   **d.** QAM

59. _____ 전송에서 반송파 신호는 변조된다. 진폭은 다양하다.
   a. AM   **b.** PM
   c. FM   **d.** 정답 없음

60. 다음의 다중화 기술 중 아날로그 신호를 위해 사용되는 것은?
   a. FDM   **b.** TDM
   c. WDM   **d.** PDM

61. 다음의 다중화 기술 중 디지털 신호를 위해 사용되는 것은?
   a. FDM   **b.** TDM
   c. WDM   **d.** PDM

62. 다음의 다중화 기술 중 각각의 신호를 서로 다른 반송파로 이동시키는 것은?
   a. FDM   **b.** TDM
   c. WDM   **d.** PDM

63. 다음의 다중화 기술 중 광속으로 구성된 신호를 포함하는 것은?
   a. FDM   **b.** TDM
   c. WDM   **d.** PDM

64. _____는 단일 데이터 링크를 다중 신호의 동시 전송을 가능하게 하는 기술이다.
   a. 복조   **b.** 다중화
   c. 압축   **d.** 정답 없음

65. _____는 광섬유 케이블의 높은 대역폭에 사용하기 위해 고안되었다.
   a. FDM   **b.** TDM
   c. WDM   **d.** 정답 없음

66. _____는 광신호를 결합하기 위한 아날로그 다중화 기술이다.
   a. FDM   **b.** TDM
   c. WDM   **d.** 정답 없음

67. _____는 다수의 연결 링크의 높은 대역폭을 공유할 수 있는 디지털 프로세스이다.
   a. FDM   **b.** TDM
   c. WDM   **d.** 정답 없음

68. _____는 동기식 방법 또는 통계적 방법의 두 가지 기법으로 나눌 수 있다.
   a. FDM   **b.** TDM
   c. WDM   **d.** 정답 없음

69. _____ TDM 기법은 각각의 입력 연결은 데이터를 전송하지 않는 경우에도 출력을 할당한다.
   a. 동기식   **b.** 통계적
   c. 주기성   **d.** 정답 없음

70. _____ TDM 기법에서 슬롯은 대역폭 효율을 향상시키기 위해 동적으로 할당된다.
   a. 동기식   **b.** 통계적
   c. 주기성   **d.** 정답 없음

71. _____ 기술은 소스 신호에 의해 변조된 M개의 다른 캐리어 주파수를 사용한다. 신호를 하나의 반송 주파수로 변조하여 전송 후 다른 반송 주파수로 변조하여 전송한다.
   a. FDM   **b.** DSSS
   c. FHSS   **d.** TDM

72. _____ 기술은 확산 코드를 사용하여 N 비트와 각 데이터 비트를 대체하여 신호의 대역폭을 확장한다.
   a. FDM   **b.** DSSS
   c. FHSS   **d.** TDM

73. 전송 매체는 일반적으로 _____으로 분류된다.
   a. 고정 매체와 비고정 매체
   b. 유도 매체와 비유도 매체
   c. 결정 매체와 비결정 매체
   d. 금속 매체와 비금속 매체

74. 전송 매체는 _____ 계층 아래 계층이다.
   a. 물리   **b.** 네트워크
   c. 전송   **d.** 응용

75. _____ 케이블은 내부 구리 코어 및 외부 절연체로 구성되어 있다.
   a. 꼬임 쌍선(연선)   **b.** 동축
   c. 광섬유   **d.** 차폐 꼬임 쌍선(차폐 연선)

76. 광학 섬유에서 신호는 _____ 파동이다.

   a. 빛   **b.** 무선
   c. 적외선   **d.** 저주파수

77. 다음 중 유도 매체가 아닌 것은?
   a. 꼬임 쌍선(연선) 케이블   **b.** 동축 케이블
   c. 광섬유 케이블   **d.** 대기

7.9.2 응용 연습문제

1. 주파수가 주어졌을 때, 어떻게 정현파의 주기를 알 수 있는가?

2. 다음 중 언제든지 신호의 값을 측정할 수 있는 것은 무엇인가?
   a. 진폭   **b.** 주파수   **c.** 위상

3. 주파수영역 그림을 보고 신호가 주기적인지 비주기적인지 알 수 있는가? 설명하라.

4. 음성 신호의 주파수영역 그림은 이산적인가 연속적인가?

5. 다음 중에 전송 장애의 원인이 될 수 있는 것은 무엇인가?
   a. 감쇠   **b.** 변조   **c.** 소음

6. 다음 중 낮은 통과 채널의 특성은 무엇인가?
   a. 0에서부터 시작하는 대역폭을 가진 채널
   b. 0이 아닌 데서부터 시작하는 대역폭을 가진 채널

7. 마이크로부터 음성 신호를 녹음기로 보낸다. 기저대역 전송인가 광대역 전송인가?

8. LAN의 한 지점으로부터 다른 지점으로 디지털 신호를 보낸다. 기저대역 전송인가 광대역 전송인가?

9. 다음 중 광대역의 정의는 무엇인가?
   a. 낮은 통과 채널을 사용하여 변조 없이 디지털 신호나 아날로그 신호를 전송
   b. 대역-패스 채널을 사용하여 디지털 신호나 아날로그 신호를 변조

10. 어떻게 주기적 복합 신호(periodic composite signal)가 각각의 개별 신호로 분리될 수 있는가?

11. 다음 정의 중에 잡음이 없는 채널의 이론적인 최대 전송률을 정의하는 것은 무엇인가?
   a. 나이퀴스트 이론   **b.** 섀논 수식

12. 다음 기술 중에 디지털-대-디지털 변환의 예는 무엇인가?
   a. 회선 코딩   **b.** 블록 코딩   **c.** 진폭 변조

13. 블록 코딩을 정의하고 목적을 기술하라.

14. PCM을 설명하라.

15. 아날로그 전송을 정의하라.

16. 다음 디지털 대 아날로그 변환 메커니즘은 어떤 아날로그 신호 특성이 디지털 신호를 나타내기 위해 변환된 것인가?
   a. ASK   **b.** PSK

17. 어떤 디지털 대 아날로그 변환이 더 소음을 받기 쉬운가?
   a. ASK   **b.** PSK

18. 어떤 신호의 구성이 성운 다이어그램의 수평축에 표시되는가?

19. 다음 아날로그-대-아날로그 변환에서 어떤 아날로그 신호의 특성이 낮은 통과 아날로그 신호를 나타내기 위해 변환된 것인가?
   a. FM   **b.** PM

20. 다중화의 목적을 기술하라.

21. 링크와 다중화의 채널을 구분하라.

22. 세 가지 기법 중 어느 것이 아날로그 신호를 연합하는 데 사용되는가?

23. 동기 TDM과 통계적 TDM을 구분하라.

24. FHSS를 정의하고 대역폭 확산을 어떻게 달성하는지 설명하라.

25. TCP/IP 프로토콜 슈트에서 전송 매체의 계층은 어디인가?

26. 전송 매체의 2개의 주된 카테고리의 이름은?

27. 유도 매체의 3개의 주 클래스는 무엇인가?

28. 광섬유 피복의 목적은 무엇인가?

29. 어떻게 송신지에서 수신지로 공중 전달을 통해서 전송되는지 설명하라.

30. 전방향 안테나가 전송하는 방법을 설명하라.

7.9.3 심화문제

1. 아래에 주어진 주파수 목록에 대응되는 주기를 쓰라.
   a. 24 Hz   **b.** 8 MHz   **c.** 140 kHz

2. 다음에 대한 위상 편이는 무엇인가?
   a. 시간 0에서 최대진폭을 갖는 정현파
   b. 1/4사이클 후에 최대진폭을 갖는 정현파
   c. 3/4사이클 후에 0진폭을 갖고 증가하는 정현파
   d. 1/4사이클 후에 최소진폭을 갖는 정현파

3. 주파수가 0 Hz, 20 Hz, 50 Hz, 200 Hz인 네 개의 정현파로 분해될 수 있는 신호의 대역폭은 얼마인가? 모든 진폭은 같다고 가정하고, 주파수 스펙트럼을 나타내어라.

4. 대역폭 2,000 Hz에 걸치는 주기를 갖는 복합 신호가 2개의 정현파로 되어 있다. 첫 번째 정현파의 주파수는 100 Hz이고 최대진폭은 20 V이며, 두 번째 정현파는 최대진폭이 5 V이다. 주파수 스펙트럼을 나타내어라.

5. 주파수 100 Hz인 정현파와 주파수 200 Hz인 정현파 중 어느 것이 더 넓은 대역폭을 갖는 신호인가?

6. 아래의 신호들 각각의 비트율은 얼마인가?
   a. 한 비트가 0.001초 지속되는 신호
   b. 한 비트가 2 ms 지속되는 신호
   c. 10비트가 20 μs 지속되는 신호

7. 장치가 데이터를 1000 bps의 비율로 외부로 보내고 있다.
   a. 10비트를 외부로 보내는 데 얼마나 걸리는가?
   b. 한 글자(8비트)를 외부로 보내는 데 얼마나 걸리는가?

   c. 100,000글자로 구성된 파일을 외부로 보내는 데 얼마나 걸리는가?

8. 그림 7.65의 신호에 대한 비트율은 얼마인가?

9. 그림 7.66의 신호에 대한 주파수는 얼마인가?

그림 7.66 ┃ 문제 9

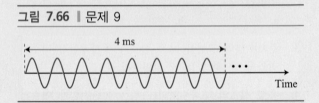

10. 그림 7.67의 복합 신호의 대역폭은 얼마인가?

그림 7.67 ┃ 문제 10

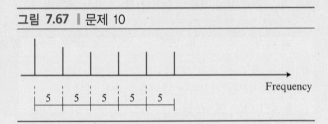

11. 주기적 복합 신호가 10 kHz에서 30 kHz 사이의 주파수를 포함한다. 진폭은 10 V이다. 주파수 스펙트럼을 나타내어라.

12. 비주기적 복합 신호가 10 kHz에서 30 kHz 사이의 주파수를 포함한다. 가장 낮은 신호와 가장 높은 신호에서 진폭은 0이고 20 kHz의 신호에 대해서는 30 V이다. 진폭이 가장 클 때부터 가장 작을 때까지 점진적으로 변화할 때, 주파수 스펙트럼을 나타내어라.

13. 신호가 점 A에서 점 B로 이동한다. 점 A에서 전력이

그림 7.65 ┃ 문제 8

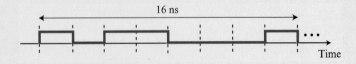

100 W이고 점 B에서 전력이 90 W이다. 감쇠 dB은 얼마인가?

14. 신호의 감쇠가 −10 dB이다. 원래 전력이 5 W였다면 마지막 신호의 전력은 얼마인가?

15. 신호가 3개의 직렬증폭기를 통해 통과하고 있는데 각각의 증폭기에서 4 dB를 얻었다. 전체적으로 얻는 dB는 얼마이며, 신호는 얼마나 증폭되겠는가?

16. 장치와 전송 매체 연결 사이의 대역폭이 5 Kbps라면 이 장치에서 외부로 100,000비트를 전송하는 데 걸리는 시간은 얼마인가?

17. 신호가 공기 중에서 1 mm의 파장을 갖는다. 1,000주기 동안 파의 앞부분이 얼마나 멀리 이동할 수 있을까?

18. 회선의 신호-대-잡음 비율이 1,000이고, 대역폭이 4 kHz이다. 이 회선이 지원할 수 있는 최대 데이터 전송률은 얼마인가?

19. 전화선(대역폭이 4 kHz이다)의 성능을 측정시 신호가 10 V일 때 잡음은 10 mV였다. 이 전화선이 지원할 수 있는 최대 데이터 전송률은 얼마인가?

20. 어느 파일이 2백만 바이트이다. 56 Kbps 채널을 사용하면 이 파일을 다운로드하는 데 얼마나 걸리는가?

21. 어느 컴퓨터 화면이 1,200 × 1,000개의 픽셀로 되어 있다. 각 픽셀이 1,024개의 색깔을 사용한다면 화면 전체의 정보를 보내는 데 얼마나 많은 비트가 필요한가?

22. 200밀리와트의 신호가 10개의 장치를 통과한다. 각 장치의 평균 잡음은 2밀리와트이다. SNR은? SNR_{dB}는?

23. 어느 신호의 최고 전압값이 잡음의 최고 전압값의 20배라면 SNR은? SNR_{dB}는?

24. 채널을 더 높은 대역폭을 갖도록 증설하려고 한다. 다음 질문에 답하라.
    a. 대역폭을 두 배로 증가하면 비트율은 어떻게 개선되는가?
    b. SNR을 두 배로 늘이면 비트율은 어떻게 개선되는가?

25. 패킷이 1백만 바이트(byte = 8 bits)로 되어 있고 채널 대역폭이 200 Kbps라면 패킷 전송 시간은 얼마인가?

26. 채널 대역폭이 다음과 같을 때 전파 속도가 2×10^8 m/s라면 비트의 길이는?

a. 1 Mbps   **b.** 10 Mbps

27. 링크의 대역폭이 다음과 같을 때 지연이 2 ms라면 몇 개의 비트가 링크를 채울 수 있는가?
    a. 1 Mbps   **b.** 10 Mbps

28. 각각 큐 시간이 2 μs이고 처리 시간이 1 μs인 10개의 라우터를 거치는 링크에 5백만 비트로 구성된 프레임을 전송하는 데 소요되는 전체 지연 시간은? 링크의 길이는 2,000 km이고 빛이 링크 속에서 전파되는 속도는 2×10^8 m/s이다. 링크는 5 Mbps의 대역폭을 가지고 있다. 전체 지연 중 어느 요인이 좌우하는가? 어느 것을 무시할 수 있는가?

29. 디지털 전송에 있어서 송신자의 시계가 수신자의 시계보다 0.2% 빠르다. 데이터율이 1 Mbps라면 송신자는 매 초 몇 비트를 더 보내는 셈인가?

30. 마지막 신호 준위가 양이었다고 가장하고 다음 데이터 스트림을 사용하여 NRZ-L 기법의 그래프를 그려라. 그래프로부터 신호 준위의 평균 변화 개수를 사용하여 이 기법의 대역폭을 추정하라.
    a. 00000000   **b.** 11111111
    c. 01010101   **d.** 00110011

31. 마지막 신호 준위가 양이었다고 가장하고 다음 데이터 스트림을 사용하여 맨체스터 기법의 그래프를 그려라. 그래프로부터 신호 준위의 평균 변화 개수를 사용하여 이 기법의 대역폭을 추정하라.
    a. 00000000   **b.** 11111111
    c. 01010101   **d.** 00110011

32. 5B/6B 부호화에서 사용하지 않는 코드의 개수는?

33. B8ZS 뒤섞기 기법을 사용하여 1110000000000의 비트 스트림을 뒤섞기한 결과는? 직전의 영이 아닌 신호의 준위는 양이었다고 가정하라.

34. 다음 각 신호의 나이퀴스트 샘플링률은?
    a. 200 kHz의 대역폭을 갖는 저대역 통과 신호
    b. 최저 주파수가 100 kHz이고 200 kHz의 대역폭을 갖는 띠대역 통과 신호

35. 1,024개의 계수화 준위를 가지고 200 kHz의 대역폭을 갖는 저대역 통과 신호를 샘플링하였다.
    a. 디지털화된 신호의 비트율을 계산하라.
    b. SNR_{dB}를 계산하라.

c. PCM 대역폭을 계산하라.

36. 디지털 신호를 위해 4개의 준위를 사용한다면 200 kHz의 대역폭을 갖는 채널의 최대 데이터율은 얼마인가?

37. 어떤 아날로그 신호의 대역폭이 4 kHz이다. 이 신호를 샘플링하여 30 Kbps의 속도로 채널에 전송한다면 SNR_{dB}는 얼마인가?

38. 1 MHz의 기저대역 채널이 있다. 다음의 회선 코딩 방식을 사용하는 경우에 채널의 데이터율은?
   a. NRZ-L   b. 맨체스터

39. 다음에 주어진 비트율과 전환형식에 대한 보오율을 계산하라.
   a. 2,000 bps, FSK   b. 4,000 bps, ASK
   c. 36,000 bps, 64-QAM

40. 다음에 주어진 보오율과 전환형식에 대한 비트율을 계산하라.
   a. 1,000 baud, FSK   b. 1,000 baud, ASK
   c. 1,000 baud, 16-QAM

41. 다음 기법에서의 보오당 비트의 개수는 얼마인가?
   a. 8개의 다른 주파수를 갖는 FSK
   b. 128개의 점으로 된 성운을 갖는 QAM

42. 다음의 성운 다이어그램을 그려라.
   a. 최대 진폭 1과 3을 갖는 ASK
   b. 두 개의 최대 진폭 1과 3 그리고 4개의 서로 다른 위상을 갖는 8-QAM

43. 신호 성운이 다음 중 보기의 숫자만큼을 점으로 가진다면 각 경우의 보오당 비트 수는?
   a. 2   b. 4
   c. 16   d. 1,024

44. 4,000 bps의 속도로 데이터를 보내야 한다면 다음 경우의 요구대역폭은 얼마인가? d는 1이라고 하자.
   a. ASK   b. $2\Delta f = 4$ kHz인 FSK
   c. 16-QAM

45. 어느 회사가 1 MHz의 저대역 통과대역을 갖는 매체를 가지고 있다. 이 회사는 각각 최소 10 Mbps의 전송 속도를 갖는 독립적인 채널 10개를 만들어야 한다. QAM 기술을 사용하기로 한다면 각 채널의 보오당 최소 비트 수는 얼마인가? 각 채널의 성운 그림에

서의 점의 개수는? D값은 0이라고 하자.

46. 5 kHz의 음성을 변조하기 위해 다음 기법을 사용하는 경우에 대해 대역폭을 찾으라.
   a. AM   b. FM ($\beta = 5$)   c. PM ($\beta = 1$)

47. 나이퀴스트 정리의 예로서 단순 정현파를 $f_s = 4f$ (나이퀴스 주파수의 2배), $f_s = 2f$ (나이퀴스트 주파수), $f_s = f$ (나이퀴스트 주파수의 절반)의 세 가지 샘플링률로 샘플링하고 각 샘플링 결과와 그에 따른 재생된 신호를 보여라.

48. 음성 채널이 4 kHz의 대역폭을 차지한다고 가정하라. 10개의 음성 채널을 500 Hz의 보호대역을 사용하는 FDM으로 다중화해야 한다. 요구대역폭을 계산하라.

49. 100개의 디지털화된 음성 채널을 각 20 kHz 대역의 띠 통과대역 채널을 사용하여 전송한다. 보호대역을 사용하지 않는다면 비트/Hz의 비는 얼마인가?

50. 동기 TDM를 사용하여 각 100 kbps의 20개의 디지털 원천을 합하려고 한다. 각 출력 틈새는 각 디지털 원천으로부터의 1비트를 나르며 프레임을 동기화하기 위해 프레임마다 1비트를 추가한다. 다음 질문에 답하라.
   a. 출력 프레임의 크기는 몇 비트인가?
   b. 출력 프레임률은 얼마인가?
   c. 출력 프레임의 기간은 얼마인가?
   d. 출력 데이터율은?
   e. 시스템 효율은 얼마인가? (전체 비트에 대한 유효 비트 수)

51. 매 초 각각 500개의 8비트 문자를 생성하는 14개의 발신지가 있다. 매 순간 어느 발신지만이 유효 데이터를 가지고 있으므로 이들 발신지를 문자 끼워 넣기를 사용하여 통계적 TDM으로 다중화한다. 각 프레임은 한번에 6개의 틈새를 가지지만 각 틈새에 4비트 주소를 넣어야 한다. 다음 질문에 답하라.
   a. 출력 프레임의 크기는 몇 비트인가?
   b. 출력 프레임률은 얼마인가?
   c. 출력 프레임의 기간은 얼마인가?
   d. 출력 데이터율은?

52. 다음 문자를 전송하는 네 개의 발신지를 연합하는 동기 TDM 다중화기의 내용을 보여라. 문자들은 입력된 순서대로 전송된다는 것에 유의하라. 세 번째 발

신지는 데이터가 없다.

a. 1번 발신지 메시지: HELLO

b. 2번 발신지 메시지: HI

c. 3번 발신지 메시지:

d. 4번 발신지 메시지: BYE

53. 그림 7.68은 동기 TDM 다중화기이다. 각 출력 틈새는 10비트이다(각 입력으로부터 3비트씩 채우고 1비트는 프레임 동기 비트) 출력 스트림은 무엇인가? 비트들은 화살표로 표시된 순서로 다중화기에 도달한다.

그림 7.68 ┃ 문제 53

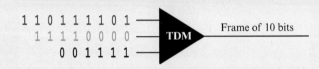

1 1 0 1 1 1 1 0 1 —→

1 1 1 1 0 0 0 0 —→ TDM → Frame of 10 bits

0 0 1 1 1 1 —→

54. 어느 FHSS 시스템이 4비트 PN 순열을 사용한다. PN의 비트율이 매초 64비트라면 다음 질문에 답하라.

a. 가능한 뛰기 개수는 얼마인가?

b. PN의 한 싸이클을 완성하는 데 소요되는 시간은?

55. 데이터율 10 Mbps의 디지털 매체가 있다. 만일 바커 순열을 사용하는 DSSS를 사용한다면 이 채널을 사용하여 몇 개의 64 kbps 음성 채널을 전송할 수 있는가?

56. 무잡은 신호 전력이 10 mW가 있다고 가정하자. 신호는 증폭기의 5단계를 통해 전달한다. 각 단계는 전력을 두 배로 증폭시키지만, 또한 신호에 10 μw의 소음을 추가한다. 마지막 단계를 통과한 후, 신호의 SNR_{dB}는 얼마인가?

57. 각 샘플당 8비트를 사용하여 인간의 음성을 양자화할 때, SNR_{dB}는 무엇인가?

58. 한 5 kHz 기저대역 채널이 있다. 이 채널을 사용하여 40 Kbps의 전송률로 데이터를 전송해야 한다.

a. 이 전송률을 달성하기 위해 몇 비트 레벨이 되어야 하는가?

b. 이 전송률을 달성하기 위해 채널의 품질(SNR)은 얼마나 향상되어야 하는가?

59. 차폐 꼬임쌍선은 10 kHz에서 1 Km당 1 dB의 손실이 있다. 차폐 꼬임쌍선을 사용하여 10 km의 링크를 원한다. 만약 수신지에서 10 mW 전력을 가진 신호를 수신하려면, 송신지에서 어느 정도에 신호의 전력이 송신되어야 하는가?

CHAPTER 8

멀티미디어와 QoS

멀티미디어는 텍스트, 이미지, 오디오 및 비디오와 같이 서로 다른 매체들이 통합되어 디지털 방식으로 생성, 저장 및 전송되고 상호작용하며 접근할 수 있는 것들을 말한다. 최근의 멀티미디어는 책의 한 장으로 완벽하게 논의할 수 없을 정도로 범위가 넓어졌다. 이 장에서는 멀티미디어의 개요 및 멀티미디어와 직접적 혹은 간접적으로 관련된, 예를 들어 신호 압축 또는 서비스 품질(QoS)에 대해 논의할 것이다.

☐ 첫 번째 절에서는 압축(compression) 배후에 있는 일반적인 아이디어(idea)에 대해 논의할 것이다. 비록 압축이 멀티미디어라는 주제와 직접적인 관계는 없지만, 데이터 압축 없이는 멀티미디어 전송은 불가능하다.

☐ 두 번째 절에서는 멀티미디어의 요소들에 대해 논의할 것이다: 텍스트, 이미지, 비디오 및 오디오. 첫 번째 절에서 논의한 기술들을 이용하여 이러한 요소들을 어떻게 표현, 압축 및 인코딩하는지 보여 줄 것이다.

☐ 세 번째 절에서는 인터넷에서의 멀티미디어를 세 가지 항목으로 나눌 것이다: 저장되어 있는 오디오/비디오 스트리밍(streaming stored audio/video), 실시간 오디오/비디오 스트리밍(streaming live audio/video), 실시간 상호작용 오디오/비디오(real-time interactive audio/video). 간략하게 각각의 기능과 특성을 설명하고 몇 가지의 예를 들 것이다.

☐ 네 번째 절에서는 실시간 상호작용(real-time interactive) 항목에 집중할 것이다. 이 항목에서 시그널링(signalling)을 위한 프로토콜 두 가지를 소개할 것이다: SIP 및 H.232. 이 프로토콜들은 voice over IP (Internet telephony)에서 사용되며 향후 어플리케이션의 시그널링 프로토콜로 사용이 가능하다. 또한 멀티미디어 어플리케이션에 사용되는 전송 계층(transport layer) 프로토콜에 대해서 논의할 것이다. 기존의 사용되는 전송 계층 프로토콜인 UDP와 TCP는 멀티미디어에 적합하지 않다는 걸 보여줄 것이다. RTP라는 새로운 전송 계층 프로토콜 및 그것을 제어하는 구성 요소인 RTCP를 소개할 것이다. 그리고 3장에서 언급한 바와 같이 새로운 전송 계층 프로토콜인 SCTP에 대해서도 논의할 것이다.

☐ 다섯 번째 절에서는 서비스 품질(QoS)에 대해서 논의할 것이다. QoS는 텍스트만을 이용하는 통신보다 멀티미디어 통신에 더 필요로 하고 있다. 이번 절에서는 매우 흥미롭고 논쟁의 여지가 있는 주제이지만, 간단한 소개만 하겠다.

8.1 압축

이번 절에서는 대량의 데이터가 교환되는 멀티미디어 통신에서 중요한 역할을 갖는 압축 (compression)에 대해서 논의할 것이다. 압축은 다음과 같은 항목들로 나눌 수 있다: 무손실 (lossless) 및 손실(lossy) 압축. 각 항목에서 사용되는 일반적인 방법에 대해서 간단하게 논의할 것이다. 독자가 만약 압축 기술에 대해서 익숙하다면 이번 절은 건너뛰어도 된다. 이번 절은 압축 기술에 익숙하지 않은 독자들을 위해 필요한 배경지식을 제공하기 위해서 추가했다.

8.1.1 무손실 압축

무손실 압축에서는 압축과 압축 해제의 알고리즘이 서로 정확히 반대이기 때문에 데이터의 무결성이 보존된다. 이 과정에서는 데이터의 어떠한 부분도 손실되지 않는다. 무손실 압축 방식은 보통 데이터를 잃어서는 안 될 때 사용된다. 예를 들면, 텍스트 파일이나 응용프로그램을 압축할 시 데이터가 손실되어서는 안 된다. 무손실 압축은 데이터의 크기를 줄이기 위해 간혹 비가역 압축(lossy compression) 과정의 마지막 단계로 적용될 때가 있다.

이번 절에서는 네 가지의 무손실 압축 방식에 대해 알아볼 것이다: 실행-길이 부호화 (run-length coding), 사전(dictionary coding), 허프만(Huffman coding) 및 산술(arithmetic coding).

실행-길이 부호화

실행-길이 부호화(Run-length coding) 또는 실행-길이 인코딩(run-length encoding)이라고 불리는 이 기법은 중복을 제거하는 가장 간단한 방식이다. 이것은 어떠한 기호(symbol)의 조합으로 만들어진 데이터를 압축할 때 사용할 수 있다. 이 방식은 반복되는 순서로 두 개의 개체(entities)를 갖는 기호를 **실행**(*run*)한다. 카운트(count)와 기호 자신이다. 예를 들면, 다음과 같이 17문자 (characters)를 갖는 문자열(string)을 10문자를 갖는 문자열로 압축할 수 있다는 걸 볼 수 있다.

AAABBBBBCDDDDDDDEEE   →   **3A4B1C6D3E**

이러한 방식의 수정된 버전은 데이터가 0과 1로 이루어진 이진 패턴(binary pattern)과 같은 두 가지의 기호로만 이루어져 있다면 사용이 가능하다. 이번 경우는 다른 기호 사이에서 발생하는 하나의 발생된 기호 중에서 카운트(count)만 이용하였다. 그림 8.1은 0이 1보다 많은 이진 패턴을 보여주고 있다. 여기서는 1 사이에 발생되는 0들을 볼 수 있다.

그림 8.1 ▎이진 패턴을 압축하기 위한 실행-길이 코딩

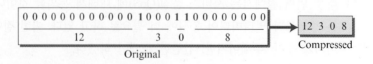

압축된 데이터는 한 자리수(digit)에 고정된 숫자의 비트를 사용하면 이진수로(binary) 인코딩할 수 있다. 예를 들면, 한 자리수(digit)에 4비트를 사용하면, 압축된 데이터는 11000011 000010000로 표현이 가능하며, 이번 예에서는 26/16 혹은 약 1.62의 압축률(compression rate)을 보이고 있다.

사전 부호화(Dictionary Coding)

텍스트 안에 있는 문자열의 사전(배열) 생성에 따라 여러 가지 압축 방식들이 있다. 여기서의 핵심은 문자들을 각각 따로 인코딩(encode)하는 대신 공통된 순서의 문자들을 인코딩하는 것이다. 메시지가 스캔(scanned)이 되면서 사전이 생성 되고 만약 문자의 순서가 메시지 안에서 발견된 사전의 엔트리(entry) 순서(sequence) 대신에 엔트리의 코드(인덱스)가 전송된다. 지금 알아본 방식은 Lempel과 Ziv에 의해서 발명 되었고 Welch에 의해 개선되었다. 그래서 **Lempel-Ziv-Welch (LWZ)**라고도 불린다. 이 인코딩 기법에 흥미로운 점은 사전(dictionary) 생성이 동적이라는 것이다. 인코딩 및 디코딩 과정 중에 송/수신자 측에서 생성이 된다.

인코딩

인코딩 과정은 다음과 같다.

1. 메시지(alphabet) 안에 존재할 가능성 있는 문자를 위해 사전(dictionary)은 하나의 시작점(entry)을 가지고 초기화한다. 그와 동시에 메시지의 첫 번째 문자로 버퍼(buffer) 혹은 **문자열**(*string*)을 초기화시킨다. 현재로서는 문자열이 가장 큰 엔코딩될 순서(encodable sequence)를 담고 있다. 초기화 단계에서는 오직 메시지의 첫 번째 문자만 인코딩이 가능하다.

2. 프로세스(process)가 메시지를 스캔하고 메시지의 다음 문자를 가지고 온다.

    a. 해당 문자의 연계된(concatenation) 문자와 검색된 문자가 사전에 있으면, 그 문자열은 가장 큰 encodable sequence가 아니다. 프로세스는 문자를 가장 마지막 연계(concatenation) 문자로 등록해서 문자열을 갱신하여 다음 반복(iteration)이 수행 될 때까지 대기한다.

    b. 문자열의 연계와 검색된 문자가 사전에 없으면, 마지막 연쇄에 문자가 등록된 문자열이 아닌 그 문자열이 가장 큰 encodable sequence가 된다. 여기서 세 가지의 일을 수행한다. 첫째, 프로세스는 마지막 연계에 문자가 등록된 문자열을 사전에 새로운 엔트리로 등록한다. 둘째, 프로세스는 문자열을 인코딩한다. 셋째, 프로세스는 다음 반복을 위해 검색된 문자와 함께 문자열을 다시 초기화한다.

3. 메시지 안에 문자들이 남아 있으면 프로세스는 2번 과정을 계속 반복한다.

표 8.1에서는 인코딩 과정을 의사코드(pseudocode)로 표현했다. 여기서 다음 문자를 *char*로 문자열을 *S*로 표기했다.

표 8.1 ▌ LZW 인코딩

```
LZWEncoding (message)
{
        Initialize (Dictionary)
        Char = Input (first character)
        S = char                                // S is the encodable sequence
        while (more characters in message)
        {
                char = Input (next character);
                if ((S + char) is in Dictionary)        // S is not the encodable sequence
                {
                        S = S + char;
                }
                else                                    // S is the encodable sequence
                {
                        addToDictionary (S + char);
                        Output (index of S in Dictionary);
                        S = char;
                }
        }
        Output (index of S in Dictionary);
}
```

예제 8.1 다음과 같이 테스트 메시지 안에 두 문자 A, B를 가지고 LZW 인코딩을 사용하는 예를 보여주겠다(그림 8.1).

그림에서는 문자 "BAABABBBAABBBBAA"가 1002163670으로 인코딩되는 과정을 보여주고 있다. 버퍼 PreS가 갱신되기 전에 이전 반복의 문자열을 가지고 있다는 점을 참고하자.

디코딩

디코딩(decoding) 과정은 다음과 같다.

1. 인코딩 과정에서와 같이 디코딩 과정에서도 사전이 초기화한다. 첫 번째 코드워드(codeword)는 사전을 이용하여 검색이 되고, 메시지의 첫 번째 문자가 출력된다.

2. 그런 다음 프로세스는 문자열을 생성하여 이전에 검색된 코드워드(codeword)에 세팅해 놓는다. 그다음 새로운 코드워드를 검색한다.

   a. 코드워드가 사전에 존재하면, 프로세스는 사전에 새로운 엔트리(entry)를 등록한다. 등록된 엔트리는 새로운 코드워드와 관계 있는 엔트리의 첫 번째 문자랑 연결된 문자열이다. 또한 새로운 코드워드와 연관된 엔트리를 출력한다.

   b. 코드워드가 사전에 존재하지 않으면(간혹 발생되는 일이다) 프로세스는 문자열을 문자열의 첫 번째 문자와 연결하며 사전에 저장한다. 또한 연쇄의 결과를 출력한다.

3. 코드 안에 코드워드가 남아 있다면 프로세스는 2번 과정을 반복한다.

그림 8.2 ‖ 예제 8.1

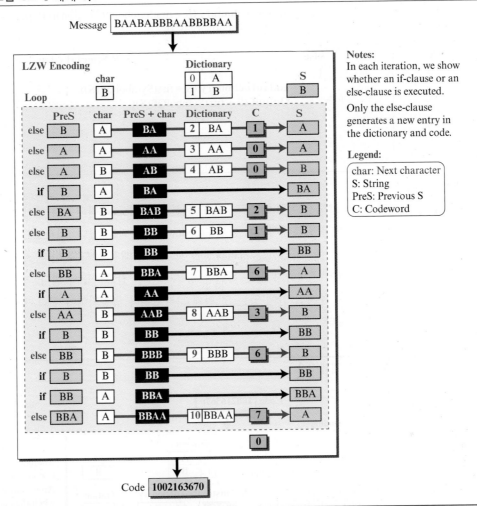

표 8.2는 LZW 디코딩의 간단한 알고리즘을 보여주고 있다. 코드워드로는 C 문자열로는 S를 사용했다.

표 8.2 ‖ LZW 디코딩

```
LZWDecoding (code)
{
        Initialize (Dictionary);
        C = Input (first codeword);
        Output (Dictionary [C]);
        while (more codewords in code)
        {
                S = Dictionary[C];
                C = Input (next codeword);
                if (C is in Dictionary)                    // Normal case
                {
```

표 8.2 ▌ LZW 디코딩 (계속)

```
                    addToDictionary (S + firstSymbolOf Dictionary[C]);
                    Output (Dictionary [C]);
              }
              else                              // Special case
              {
                    addToDictionary (S + firstSymbolOf (S));
                    Output (S + firstSymbolOf (S);


              }
        }
}
```

예제 8.2

예제 8.1의 코드가 어떻게 디코딩되고 원본 메시지로 복원되는지 알아보도록 한다. PreC라는 박스는 이전 반복에서의 코드워드(codeword)를 담고 있다. 의사코드(pseudocode)로 나타낼 필요는 없지만 여기서는 처리과정을 보이기 위해서 쓰도록 한다. 이번 예제에서는 코드워드가 사전에 존재하지 않는 특별한 경우라는 걸 참고하도록 한다. 사전의 새로운 엔트리는 문자열 및 문자열 안에 있는 첫 번째 문자로부터 생성되어야 한다. 출력값은 새로운 엔트리와 비슷하다.

그림 8.3 ▌ 예제 8.2

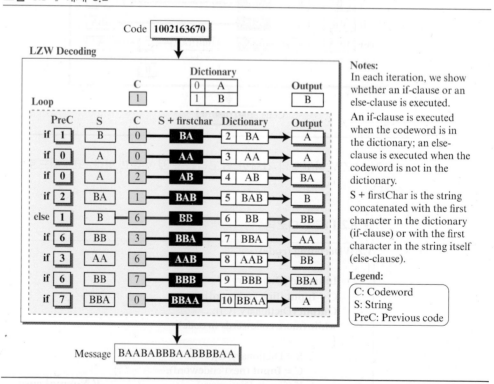

Message BAABABBBAABBBBAA

허프만 코딩

이진 패턴으로 인코딩할 때 각 기호마다 고정된 숫자의 비트를 사용한다. 데이터를 압축할 시 기호의 빈도수(frequency)와 메시지 안에서 발생 가능성을 고려할 수 있다. **허프만 코딩 (Huffman Coding)**은 짧은 코드를 자주 발생되는 기호에 할당하고 긴 코드는 덜 발생되는 기호에 할당한다. 예를 들면, (20, 10, 10, 30, 30)의 빈도 발생률을 갖는 (A, B, C, D, E) 다섯 개의 문자를 담고 있는 텍스트 파일이 있다고 생각해 보자.

허프만 트리

허프만 코딩을 사용하기 위해서는 우선 허프만 트리(Huffman Tree)를 생성할 필요가 있다. 허프만 트리에서는 잎사귀(leaves)가 기호가 되는 트리(tree)를 말한다. 즉 빈도수가 가장 높은 기호를 트리의 루트(root)에 배치하도록 하고[최소 노드(node)를 루트로] 가장 낮은 빈도수를 갖는 기호를 루트로부터 가장 먼 곳에 배치한다. 그림 8.4에서 허프만 트리의 과정을 살펴 볼 수 있다.

그림 8.4 ┃ 허프만 트리

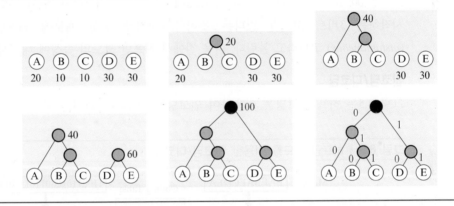

1. 전체 문자들의 집합체를 하나의 열(row)로 배치한다. 이제부터 각 문자들은 트리의 가장 낮은 단계에 있는 노드이다.
2. 가장 작은 빈도 값을 갖는 노드들을 선택하여 새로운 노드로 결합시켜 간단한 two-level 트리를 만든다. 새로운 노드의 빈도 값은 이전 두 개의 노드들의 합쳐진 빈도 값이랑 동일하다. 잎사귀(leaves)로부터 한 단계 올라간 노드는 다른 노드들과 결합할 수 있다.
3. 모든 노드들이 하나의 트리로 합쳐질 때까지 2번 과정을 계속 반복한다.
4. 트리가 만들어졌으면, 각각의 가지(branch)마다 비트 값(bit values)을 할당한다. 허프만 트리는 이진 트리(binary tree)이므로 각 노드는 최대 2개의 자식 노드들을 가질 수 있다.

부호화 테이블(Coding Table)

트리가 만들어졌다면 각 문자들이 어떻게 인코딩/디코딩 되는지 확인할 수 있는 테이블을 생성할 수 있다. 각 문자의 코드는 루트(root)에서 시작하여 그 문자로 뻗어 나가는 가지(branches)에 존재한다. 코드 자신이 경로에 있는 가지의 비트 값(bit value)이며 순차적으로 진행된다. 표 8.3은 문자 코드를 보여주는 간단한 예시이다.

표 8.3 ▌ 부호화 테이블

Symbol	Code	Symbol	Code	Symbol	Code
A	00	C	011	E	11
B	010	D	10		

코드의 내용은 다음과 같다. 첫째, 주파수가 높은 문자(A, D, E)들이 주파수가 낮은 문자(B, C)들보다 짧은 코드를 받는다. 각 문자에게 동일한 비트의 길이를 할당하는 코드와 이를 비교한다. 둘째, 이와 같은 코딩 기법에서는 어느 코드도 다른 코드의 접두사(prefix)가 아니다. 2비트 코드인 00, 10 그리고 11은 다른 두 코드(010, 011)들의 접두사가 아니다. 즉, 00, 10 그리고 11로 시작하는 3비트 코드가 없다는 뜻이다. 이러한 속성 때문에 허프만 코드를 즉각적인 (*instantaneous*) 코드라고 불린다. 다음 절에서 허프만 코드의 속성에 대해서 설명하도록 하겠다.

인코딩/디코딩

그림 8.5는 허프만 코딩을 이용하여 인코딩/디코딩하는 과정을 보여준다.

그림 8.5 ▌ 허프만 코드를 이용한 인코딩/디코딩

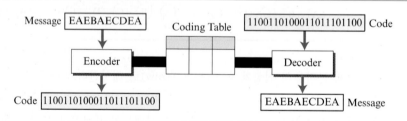

여기서 작은 메시지로도 압축이 가능하다는 것을 볼 수 있다. 만약 5-문자 알파벳을 위한 고정된 길이의 코드를 전달하고 싶으면, 각 문자마다 $\log_2 5 = 2.32$ 혹은 3비트 또는 전체 메시지를 위해 30비트가 필요하다. 허프만 코딩을 이용하면 22비트만 필요로 한다. 압축률(compression ration)는 30/22 즉 1.36이다.

허프만 코딩에는 어느 한 코드가 다른 코드의 프리픽스(prefix)가 될 수 없다. 즉 다음 코드를 위해서 원래의 코드에서 문자를 분리하는 구분기호(delimiters)를 입력할 필요가 없다. 또한 허프만 코딩의 속성 중에 즉각적인 디코딩이 가능하다. 디코더가 00으로 이루어진 비트가 있다면, 바로 문자 A로 디코딩할 수 있다. 그 이상의 비트를 볼 필요가 없다.

허프만 코딩의 단점은 인코더와 디코더가 같은 인코딩 테이블을 사용해야 한다는 점이다. 다시 말하면, 허프만 트리는 LZW 부호화의 사전(dictionary)처럼 동적으로 생성될 수 없다. 그러나 만약 인코더랑 디코더가 처음부터 끝까지 같은 세트의 기호들을 사용한다면, 트리는 한번만 만들어지고 공유할 수 있다. 그렇지 않으면, 인코더가 테이블을 만들어야 하며 수신자에게 전달해야 한다.

산술 부호화

이전의 압축 방식에서는 각 기호 또는 기호의 sequence가 따로따로 인코딩되었다. 1981년에 Rissanen과 Langdon으로부터 소개된 **산술 부호화(arithmetic coding)**은 메시지 전체를 작은 구간 내부로 [0,1) 매핑한다. 그다음 그 작은 구간은 이진 패턴(binary pattern)으로 인코딩이 된다. 산술 부호화는 무한의 작은 구간들을 반개구간(half-open interval) [0,1) 안에 담을 수 있다는 사실을 바탕으로 되어있다. 각각의 작은 구간들은 유한한 세트의 기호들을 이용하여 생성 가능한 메시지를 표현할 수 있다. 그림 8.6에서 확인해 보도록 하자.

그림 8.6 | 산술 부호화

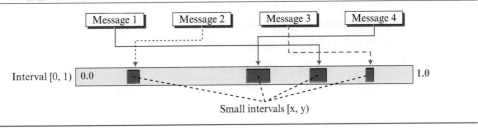

인코딩

산술 부호화로 메시지를 인코딩하려면, 첫째로 각 기호마다 발생 확률(probability of occurrence)을 할당해야 한다. 만약 알파벳 내부에 M 기호가 존재하면(뒤에 언급하겠지만 디코딩을 위한 종료 기호를 포함한), 발생 확률은 P_1, P_2, ..., P_M이며 $P_1 + P_2 + ... + P_M = 1.0$이다. 표 8.4에서 인코딩 알고리즘을 확인할 수 있다.

표 8.4 | 산술 부호화

```
ArithmeticEncoding (message)
{
        currentInterval = [0,1);
        while (more symbols in the message)
        {
                s = Input (next symbol);
                divide currentInterval into subintervals
                subInt = subinterval related to s
                currentInterval = subInt
        }
        Output (bits related to the currentInterval)
}
```

각 루프(loop)가 반복될 시, 현재의 구간을 M 부분구간으로 나눈다. 각 부분구간의 길이는 해당 기호의 확률과 비례한다. 이것은 메시지를 구간 [0,1)에 균일하게 분산하기 위함이다. 또한 매 반복마다 기호의 순서를 새로운 구간에다 보존한다.

출력을 위해 선택되는 비트 수는 구현(implementation)에 따라 다르다. 어떤 구현은 구간의 시작점에서 분수 부분에 해당되는 비트를 사용할 때가 있다.

예제 8.3   간편성을 위해서 현재 가지고 있는 기호가 S = {A, B, *}라 가정 했을 때 여기서 '*'는 종료 기호, 각 기호에 발생 확률을 다음과 같이 할당할 수 있다.

$$P_A = 0.4 \qquad P_B = 0.5 \qquad P_* = 0.1.$$

그림 8.7은 구간과 "BBAB*"라는 짧은 메시지와 관련된 코드를 어떻게 찾는지 확인할 수 있다.

현재의 구간을 [0,1)로 초기화한다. 각 루프가 반복될 시, 현재의 구간을 각 기호의 발생 확률을 고려해서 세 부분구간으로 나눈다. 그다음 첫 번째 기호를 읽어서 해당되는 부분구간을 선택한다. 현재의 구간을 선택된 구간으로 설정한다. 모든 기호가 입력될 때까지 이 과정을 계속 반복한다. 모든 기호가 다 읽혔으면, 현재의 구간은 [0.685, 0.690)이 될 때까지 감소한다. 낮은 바운드(bound)인 0.685부터 이진수로 인코딩하면 정확히 $(0.1011)_2$가 되지만 분수에 해당되는 부분인 $(1011)_2$만 코드로 담는다. 실수 0과 1 사이를 이진수로 변경할 경우 무한대의 비트 수를 가질 수 있다는 점을 참고하자. 원본 메시지를 복원하기 위해서는 충분한 비트 수를 남겨야 한다. 허용량의 비트 수를 넘기면 효율적인 인코딩이 이루어지지 않으며, 허용량보다 적을 시 잘못된 디코딩 결과를 초래할 수 있다. 예를 들어, 만약 세 개의 비트 (101)을 사용한다면, 실값으로 0.625이며 이전 구간 [0.685,0.690) 범위에서 벗어난다.

그림 8.7 ┃ 예제 8.3

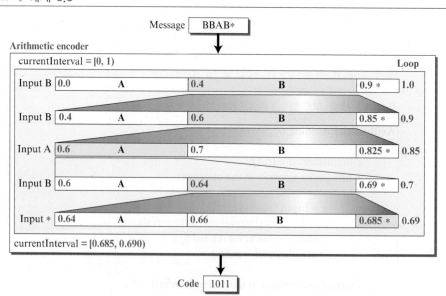

디코딩

디코딩은 인코딩과 비슷하지만, 종료 기호가 출력값일 경우 루프에서 벗어난다. 원본 메시지에 종료 기호가 있어야 하는 이유는 이때문이다. 표 8.5에서는 디코딩 알고리즘을 확인할 수 있다.

표 8.5 ▎산술 디코딩

```
ArithmeticDecoding (code)
{
        c = Input (code)
        num = find real number related to code
        currentInterval = [0,1);
        while (true)
        {
                divide the currentInterval into subintervals;
                subInt = subinterval related to num;
                Output (symbol related to subInt);
                if (symbol is the terminating symbol)    return;
                currentInterval = subInt;
        }
}
```

예제 8.4

그림 8.8에서는 예제 8.3의 메시지를 디코딩하기 위한 과정을 살펴볼 수 있다. 여기서 핸드 (hand)는 해당되는 구간의 숫자의 위치를 나타낸다.

그림 8.8 ▎예제 8.4

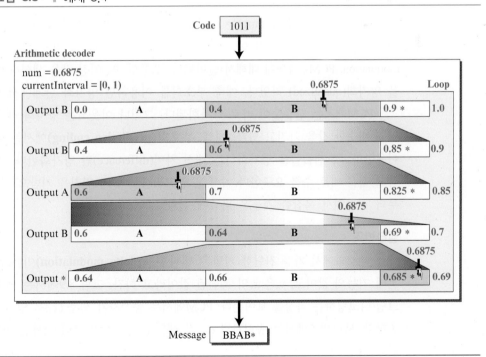

정적 대 동적 산술 부호화

이 책은 두 가지의 산술 부호화에 대해서 다루고 있다. 정적 부호화[static coding 또는 순수 부호화(pure coding)] 동적 부호화[dynamic coding 또는 구간 부호화(interval coding)]. 지금까지 살펴본 방식은 전자에 해당되는 정적 부호화이다. 정적 부호화에는 두 가지의 문제들이 있다. 하나는 현재의 구간이 작으면, 메시지를 인코딩하기 위해 고정밀의 산술이 필요하다. 또 하나는 모든 기호가 입력될 때까지 메시지는 인코딩이 될 수 없다. 디코딩을 위해 종료 기호가 필요한 이유는 이때문이다. 동적 산술 부호화에서는 이 두 가지의 문제들을 각 기호를 읽을 때 마다 즉각 이진 비트로 출력하는 과정을 이용하여 극복했다.

8.1.2 손실 압축

무손실 압축은 압축할 수 있는 양의 한계가 있다. 그러나 어떤 상황에서는 정확성을 희생시켜 압축률을 증가시킬 수 있다. 비록 텍스트를 압축할 때 정보가 손실되는걸 감안할 수 없지만, 이미지, 비디오 및 오디오를 압축할 시 감안할 수 있다. 예를 들면, 비가역압축(lossy compression)으로 인한 이미지의 왜곡된 부분은 사람의 시각으로 감지 못할 경우가 있다. 이번 절에서는 비가역압축에 대한 몇 가지 아이디어에 대해서 알아보도록 할 것이다. 그다음 절에서는 이러한 아이디어들이 이미지, 비디오 및 오디오 압축을 이행하는 데 있어서 어떻게 적용되는지 알아볼 것이다.

예측 부호화

예측 부호화(predictive coding)는 아날로그 신호를 디지털 신호로 변경할 때 사용된다. 7장에서 샘플링(sampling)을 이용해 아날로그 신호를 디지털 신호로 바꾸는 펄스부호변조(pulse code modulation, PCM) 기술에 대해서 알아봤다. 샘플링 후, 이진 값을 생성하기 위해서는 각 샘플들을 양자화(quantized) 하였다. 예측 부호화를 이용하면 양자화 단계에서 압축을 할 수 있다.

　　PCM에서는 샘플들이 따로 양자화된다. 그러나 이웃되는 양자화 샘플들은 깊은 연관성이 있고 비슷한 값을 가지고 있다. **예측 부호화(predictive coding)**에서는 이러한 유사한 부분을 이용한다. 각 샘플들을 양자화하는 대신 차이(difference)만 양자화한다. 차이는 실제 샘플보다 작고 적은 비트 수를 요구한다. 수많은 알고리즘들이 이 원칙을 기반으로 하고 있다. 간단한 것부터 시작해서 복잡한 것들은 나중에 한다.

델타변조

예측 부호화에서 가장 간단한 기법은 **델타변조(delta modulation)**이다. x_n을 샘플링 구간 n의 본래 기능의 값이고, y_n은 x_n의 복원된 값이라고 하자. 그림 8.9에서는 델타변조를 이용하여 인코딩/디코딩하는 과정을 보여준다. PCM에서는 송신자가 샘플 (x_n)을 양자화하고 수신자에게 전송한다. 델타변조에서는 송신자가 e_n, 각 샘플 (x_n)의 차이 그리고 복원 이전의 값 (y_{n-1})을 양자화 한다.

그림 8.9 ┃ 델타변조의 인코딩/디코딩

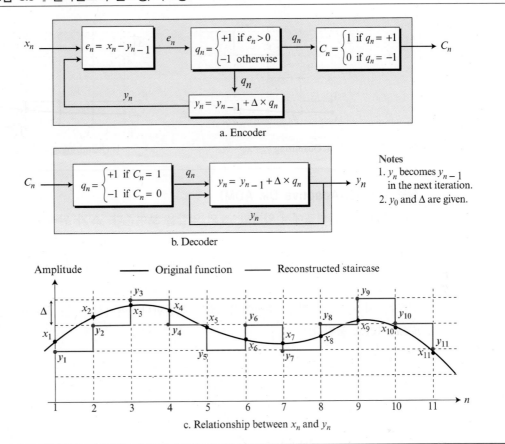

a. Encoder

b. Decoder

Notes
1. y_n becomes y_{n-1} in the next iteration.
2. y_0 and Δ are given.

c. Relationship between x_n and y_n

그 후 송신자는 C_n을 전송한다. 수신자는 C_n으로부터 전달받은 샘플을 y_n으로 복원한다. 여기서 각 샘플마다 PCM은 많은 비트를 전송해야 한다는 것에 유의하라. 예를 들면, 최대 양자화 값이 7이면 각 샘플마다 3비트씩 전송해야 한다(제 7장 참조). DM은 이러한 비트 전송률을 감소시킨다. 왜냐하면, 각 샘플마다 단일비트(0 또는 1)만 전송하기 때문이다.

DM이 $x_n - x_{n-1}$ 대신 왜 $x_n - y_{n-1}$의 차이를 양자화하는지 의문점이 생길 것이다. 그 이유는 x값이 slow-changing function일 때 두 번째 선택이 y값을 x값보다 더 빠르게 차이 나게할 수 있기 때문이다. $x_n - y_{n-1}$을 양자화 한다는 것은 x값의 slow-growing 또는 slow-falling을 self-correction한다는 것이다. 그림 8.10은 slow-growing function에서 $x_n - y_{n-1}$과 $x_n - y_{n-1}$ 양자화의 계단식 복원을 비교하는 그림이다(slow-falling function에서도 비슷한 개념이다).

그림 8.10 | x_n-x_{n-1}과 x_n-y_{n-1}의 양자화 복원

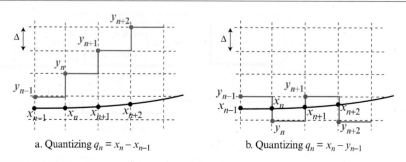

a. Quantizing $q_n = x_n - x_{n-1}$ b. Quantizing $q_n = x_n - y_{n-1}$

적응 델타변조(Adaptive DM ADM)

그림 8.11은 델타변조에서 양자화 $\triangle$의 역할을 보여준다. $\triangle$가 원래 함수의 기울기랑 비교 했을 때 차이가 상대적으로 작은 영역에서는 복원된 계단 신호는 원래 함수를 따라잡을 수 없다. 이러한 오류가 나는 결과를 기울기의 과부화 왜곡(*slope overload distortion*)이라고 불린다. 그 반면에 $\triangle$가 원래 함수의 기울기랑 비교했을 때 차이가 상대적으로 큰 영역에서는 복원된 계단 신호는 지속적으로 함수 주위에서 크게 진동한다. 여기서 나는 오류는 입상 잡음(*granular noise*)이라고 불린다.

그림 8.11 | 기울기 과부화와 입상 잡음

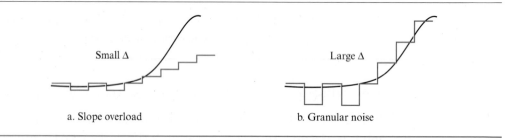

a. Slope overload   b. Granular noise

대부분의 함수들이 기울기가 크고 작은 영역이 존재하므로, $\triangle$를 위해 큰 값 또는 작은 값을 선택하더라도 하나의 오류는 감소하고 그 반대의 경우 오류는 증가하게 된다. 이러한 문제를 해결하기 위해서 **적응 DM (Adaptive DM)**을 사용한다. ADM에서는 $\triangle$값이 현재 단계에서 다음으로 넘어갈 때 변한다. 수식은 다음과 같다.

$$\Delta_n = M_n\Delta_{n-1}$$

여기서 M_n은 단계폭 곱셈(*step-size multiplier*)라고 불리며 이전 비트로부터 온 q_n값을 계산한다. M_n을 평가하기 위한 알고리즘은 다양하게 있다. q_n이 일정한 퍼센트로 고정되어 있으면 M_n을 증가, 그렇지 않으면 감소가 되는 간단한 알고리즘이 있다.

차분 펄스 부호 변조

DPCM (Differential PCM)은 일반화된 델타변조이다. 델타변조에서 이전의 복원된 샘플 y_{n-1}은 예측자(*predictor*)라고 하는데 그 이유는 현재의 값을 예측하기 위해 사용되기 때문이다. DPCM에서 예측하기 위해 하나 이상의 이전에 복원된 샘플을 사용한다. 이번 경우의 차이는 다음과 같다.

$$e_n = x_n - \sum_{i=1}^{N} a_i \, y_{i-1}$$

여기서 합계가 예측자이고, a_i는 **예측계수**(또는 무게) 그리고 N은 예측자의 순서이다. DM은 예측자의 순서는 1 그리고 $a_i = 1$이다. 차이는 DM에서처럼 양자화하고 수신자에게 전송한다. 수신자는 다음과 같이 현재의 값을 복원한다.

$$y_n = \sum_{i=1}^{N} a_i \, y_{i-1} + \Delta \, q_n$$

예측계수(predictor coefficients)는 실제값과 예측값 사이의 누적된 오류를 최소화하면서 발견된다. 최적화로는 제곱법 오류(*method of square error*)를 사용하지만 이 책에서는 다루지 않기로 했다.

적응 차분 펄스 부호 변조

샘플의 또 다른 영역에 다른 계수를 사용하거나 양자화($\triangle$)를 단계별로 조정 또는 두 가지 방식을 다 이용하여 보다 나은 압축을 할 수 있다. 이러한 원칙을 사용하는 것을 **적응 차분 펄스 부호 변조(Adaptive DPCM)**라 한다.

선형 예측 부호화

선형 예측 부호화(LPC, linear predictive coding)에서는 차이의 양자화 신호를 전송하는 대신 소스가 신호를 분석하고 특성을 결정한다. 특성에는 주파수의 민감한 범위 안에 있는 주기, 주파수의 세기 그리고 각 신호의 지속시간 등을 포함하고 있다. 그 후 소스는 이러한 정보를 양자화하고 수신자에게 전송한다. 수신자는 이러한 정보를 신호 합성기(synthesizer)로 공급하여 원본 신호와 비슷한 신호를 시뮬레이션한다. LPC는 높은 수준의 압축을 할 수 있다. 그러나 이러한 방법은 주로 군사용으로 음성 압축에 사용된다. 이번 경우에는 음성 합성은 지능적이지만, 자연스러움이 결여되고 말하는 사람의 신원을 확인할 수 없다.

변환 부호화

변환 부호화(transform coding)에서는 출력 신호를 위해 입력 신호에는 수학적 변환을 적용했다. 원본 신호가 복구되기 위해서는 변환은 역으로 되어야 한다. 변환은 신호 표현을 하나의 도메인(domain)에서 다른 도메인으로 변환한다[예를 들면, 시간 영역(time domain)을 주파수 영역(frequency domain)으로 변환]. 이렇게 하면 인코딩하는 데 비트 수를 줄일 수 있다.

멀티미디어에서 사용되는 변환 기술은 초당 무손실이라는 사실을 염두해 두자. 그러나 압축 목적을 달성하기 위해서는 양자화를 추가해야 한다. 이렇게 될 경우 전체 프로세스는 비가역압축이 된다.

이산 코사인 변환

멀티미디어에서 가장 흔하게 쓰이는 변화 기술 중 하나는 **이산 코시안 변환(DCT, discrete cosine trnasform)**이다. 비록 멀티미디어 압축에서는 2차원 DCT를 사용하지만, 우선 빠르고 쉬운 이해를 위해 1차원 DCT에 대해서 논의할 것이다.

1차원 DCT (One-Dimensional DCT) 1차원 DCT에서 변환은 열벡터(column matrix) p(소스 데이터)와 정방행렬 T(DCT 계수)의 행렬 곱이다. 결과값은 열백터 M(변환된 데이터)이다. DCT 계수를 표현하는 정방행렬은 직교행렬(역행렬과 전치행렬이 같음)이기 때문에 역변환은 DCT 계수의 변환 데이터 행렬과 전치행렬의 곱으로 구할 수 있다. 그림 8.12는 행렬에서 변환 과정을 보이고 있으며, 여기서 행렬 T의 크기는 N 그리고 T^T는 T의 전치행렬이다.

그림 8.12 │ 1차원 DCT

$$\begin{bmatrix} M \end{bmatrix} = \begin{bmatrix} T \end{bmatrix} \times \begin{bmatrix} p \end{bmatrix} \qquad \begin{bmatrix} p \end{bmatrix} = \begin{bmatrix} T^T \end{bmatrix} \times \begin{bmatrix} M \end{bmatrix}$$

a. Transformation   b. Inverse Transformation

$$T(m, n) = C(m) \cos\left[\frac{\pi n(2m + 1)}{2N}\right]$$
$$\text{for } m = 0 \text{ to } N{-}1$$
$$\text{for } n = 0 \text{ to } N{-}1$$

$$C(m) = \begin{cases} \sqrt{\dfrac{1}{N}} & m = 0 \\ \sqrt{\dfrac{2}{N}} & m > 0 \end{cases}$$

비록 변환의 행렬 표현이 보다 쉽게 이해를 시켜주지만, 그림 8.13과 같이 이 책에서는 두 가지 공식을 사용한다.

그림 8.13 │ 1차원 DCT의 변환 및 역변환 공식

$$M(m) = \sum_{n=0}^{N-1} C(m) \cos[\pi n(2m + 1)/(2N)] \times p(n) \qquad \text{for } m = 0, \dots, N-1$$

$$p(n) = \sum_{m=0}^{N-1} C(n) \cos[\pi m(2n + 1)/(2N)] \times M(m) \qquad \text{for } n = 0, \dots, N-1$$

$$C(i) = \begin{cases} \sqrt{\dfrac{1}{N}} & i = 0 \\ \sqrt{\dfrac{2}{N}} & i > 0 \end{cases}$$

예제 8.5

그림 8.14는 N = 4를 위한 변환 행렬을 보여주고 있다. 그림과 같이 첫 번째 열은 동일한 값을 가지고 있으며, 다른 열에서는 양과 음의 값이 번갈아 있다. 각 열이 소스 데이터 행렬과 곱하면, 양과 음의 값들이 0에 가까워질 것이라 예상할 수 있다. 여기서 기대하는 변환은 다음과 같다. 소스 데이터의 값 중에 중요한 것도 있지만 대부분의 값들은 불필요하다.

그림 8.14 | 예제 8.5

$$
\begin{bmatrix} 203 \\ -2.22 \\ 0.00 \\ -0.16 \end{bmatrix} = \begin{bmatrix} 0.50 & 0.50 & 0.50 & 0.50 \\ 0.65 & 0.27 & -0.27 & -0.65 \\ 0.50 & -0.50 & -0.50 & 0.50 \\ 0.27 & -0.65 & 0.65 & -0.27 \end{bmatrix} \times \begin{bmatrix} 100 \\ 101 \\ 102 \\ 103 \end{bmatrix} \qquad \begin{bmatrix} 100 \\ 101 \\ 102 \\ 103 \end{bmatrix} = \begin{bmatrix} 0.50 & 0.65 & 0.50 & 0.27 \\ 0.50 & 0.27 & -0.50 & -0.65 \\ 0.50 & -0.27 & -0.50 & 0.65 \\ 0.50 & -0.65 & 0.50 & -0.27 \end{bmatrix} \times \begin{bmatrix} 203 \\ -2.22 \\ 0.00 \\ -0.16 \end{bmatrix}
$$

$\qquad$ **M** $\qquad\qquad$ **T** $\qquad\qquad$ p $\qquad\qquad$ p $\qquad\qquad$ **T^T** $\qquad\qquad$ **M**

$\qquad\qquad$ a. Transformation $\qquad\qquad\qquad\qquad\qquad\qquad\qquad$ b. Inverse Transformation

예제에서 보이는 바와 같이 일정한 순서의 번호 (100, 101, 102, 103)을 (203, −2.22, 0.00, −0.16)으로 변환되는 과정을 확인할 수 있다. DCT 변환의 속성에 대한 설명을 위해 몇 가지 점을 언급하고 싶다. 첫째 변환은 역행할 수 있다. 둘째 변환 행렬은 직교 행렬(T^{-1} = T^T)이다. 즉 역변환을 계산하기 위해 역행렬을 사용 안 해도 된다는 뜻이다. 빠른 계산을 위해 전치행렬을 사용할 수 있다. 셋째 행렬 M의 첫 번째 열은 행렬 p의 평균 무게이다. 넷째 행렬의 다른 열의 값들은 무시해도 되는 작은 값(양/음)들이다. 여기서 이 세 값들의 중요한 점은 행렬 p의 네 개의 값들을 바꿔도 이 세 값들은 똑같지만 서로의 상관관계는 변하지 않는다. 소스 데이터 p = (7, 8, 9, 10)를 변환하면 M = (17, −2.22, 0.00, −0.16)이 나온다는 것을 확인할 수 있다. 첫 번째 값은 평균이 변했기 때문에 바뀌지만 나머지 값들은 데이터 아이템과의 관계가 변하지 않았기 때문에 그대로이다. 변환에서 기대했던 결과이다. 불필요한 데이터를 제거한다. 행렬 p의 마지막 세 값들은 다 불필요한 값들이다, 첫 번째 값과 매우 가까운 관계이다.

2차원 DCT(Two-Dimensional DCT) 이미지, 오디오 및 비디오 압축을 위해 2차원 DCT가 필요하다. 소스 데이터랑 변환 데이터가 2차원 정방행렬이라는 점을 제외하고는 원칙은 1차원과 같다. 1차원 DCT에선 언급한 속성대로 변환을 하고 싶으면, 행렬 T를 두 번 사용해야 한다(T 와 T^T). 역변환 또한 행렬 T를 두 번 사용하지만 역순이다. 그림 8.15는 행렬 형식으로 보여주는 2차원 DCT이다. 그림 8.16은 공식으로 확인할 수 있다.

그림 8.16 | 2차원 DCT

$$
\begin{bmatrix} & M & \end{bmatrix} = \begin{bmatrix} & T & \end{bmatrix} \times \begin{bmatrix} & p & \end{bmatrix} \times \begin{bmatrix} & T^T & \end{bmatrix}
$$

a. Transformation

$$
T(m, n) = C(m, n) \cos\left[\frac{m\pi(2n + 1)}{2N}\right]
$$
for $m = 0$ to $N-1$
for $n = 0$ to $N-1$

$$
\begin{bmatrix} & p & \end{bmatrix} = \begin{bmatrix} & T^T & \end{bmatrix} \times \begin{bmatrix} & M & \end{bmatrix} \times \begin{bmatrix} & T & \end{bmatrix}
$$

b. Inverse Transformation

$$
C(m, n) = \begin{cases} \sqrt{\dfrac{1}{N}} & m = 0 \\ \sqrt{\dfrac{2}{N}} & m > 0 \end{cases}
$$

그림 8.16 ▎2차원 DCT의 변환 및 역변환 공식

$$M(m, n) = \frac{2}{N}C(m)C(n)\sum_{k=0}^{N-1}\sum_{l=0}^{N-1} p(k, l)\cos\left[\frac{m\pi(2k+1)}{2N}\right]\cos\left[\frac{n\pi(2l+1)}{2N}\right] \quad \begin{array}{l} \text{for } m = 0, \dots, N-1 \\ \text{for } n = 0, \dots, N-1 \end{array}$$

$$p(k, l) = \frac{2}{N}C(l)C(k)\sum_{m=0}^{N-1}\sum_{n=0}^{N-1} M(m, n)\cos\left[\frac{k\pi(2m+1)}{2N}\right]\cos\left[\frac{l\pi(2n+1)}{2N}\right] \quad \begin{array}{l} \text{for } k = 0, \dots, N-1 \\ \text{for } l = 0, \dots, N-1 \end{array}$$

$$C(u) = \begin{cases} \sqrt{\dfrac{1}{2}} & u = 0 \\ 1 & u > 0 \end{cases}$$

8.2 멀티미디어 데이터

오늘날 멀티미디어 데이터(multimedia data)는 텍스트, 이미지, 비디오 및 오디오로 이루어져 있다. 그러나 미래형 미디어의 등장으로 점차 정의가 바뀌고 있다.

8.2.1 텍스트

인터넷에서는 사용 및 다운로드가 가능한 텍스트들이 많이 있다. 하나는 선형인 일반 텍스트 또는 비선형인 하이퍼텍스트의 텍스트 데이터가 있다. 인터넷에 있는 텍스트는 유니코드와 문자형을 기본 언어로 사용한다. 수많은 텍스트 데이터를 저장하기 위해서는 앞에서 다룬 무손실 압축 방식을 이용하여 텍스트를 압축할 수 있다. 압축 해제 시 정보를 잃어서는 안되기 때문에 무손실 압축을 사용한다는 점에 유의하자.

8.2.2 이미지

멀티미디어 용어로 이미지(또는 정지 이미지라고도 불리는)는 주로 사진, 팩스 또는 영상의 한 프레임을 말한다.

디지털 이미지

이미지를 사용하기 위해서는 우선 디지털화해야 한다. 여기서 디지털화는 이미지를 2차원 배열로 이루어진 점들, 즉 픽셀(pixel)을 뜻한다. 그리고 각 픽셀들을 비트 수로 표현이 가능하며 이를 비트심도(*bit depth*)라 한다. 팩스와 같은 흑백 이미지의 비트심도 = 1이다. 각 픽셀은 0비트(검정색) 또는 1비트(하얀색)으로 표현한다. 회색 이미지는 보통 주색인 적색, 녹색, 청색(RGB)의 256색으로 표현하며 비트심도는 8이다. 색깔 이미지에서는 보통 세 개의 채널로 나누며 RGB로 표현한다. 여기서 비트심도는 24(각 색깔별 8비트)이다. 별도의 채널로 표현하는 경우가 있는데 이는 α채널이라고 하며, 주로 배경을 표현하기 위해 사용된다. 흑백 이미지에서는

2개의 채널을 사용하게 되고 색깔 이미지에서는 결론적으로 4개의 채널을 사용하게 된다.

흑백에서 회색 그리고 회색에서 색깔로 이미지를 표현하게 되면 전송해야 할 정보의 크기도 증가한다는 것은 당연한 일이다. 시간 절약을 위해 압축이 필요하다는 것을 암시한다.

 예제 8.6 다음은 1,280 × 720 픽셀 이미지를 100 kbps로 전송 시 요구되는 시간을 보여주고 있다.

a. 비트심도 1의 흑백 이미지

> 전송 시간 = (1,280 × 720 × 1)/10,000 = 9초

b. 비트심도 8의 회색 이미지

> 전송 시간 = (1,280 × 720 × 8)/10,000 = 74초

c. 비트심도 24의 색깔 이미지

> 전송 시간 = (1,280 × 720 × 24)/10,000 = 215초

이미지 압축: JPEG

이미지 압축을 위해 무손실 및 비가역압축 알고리즘 둘 다 존재하지만 여기서는 비가역압축인 *JPEG*에 대해서 논의하겠다. **Joint Photo graphic Experts Group (JPEG)** 표준은 수많은 구현에 사용되는 비가역압축을 제공하고 있다. JPEG 표준은 색깔 및 회색 이미지 둘 다 사용이 가능하다. 그러나 편의성을 위해 여기서는 그레이스케일(grayscale) 이미지에 대해서만 논의하겠다. 색깔 이미지에서는 각 채널마다 적용할 수 있다. JPEG에서 흑백 사진은 8 × 8 픽셀의 블록으로 나누어진다. 압축 및 복원은 각각 세 단계를 통해서 이루어지며 그림 8.17에서처럼 볼 수 있다.

그림 8.17 ┃ JPEG의 각 채널의 압축

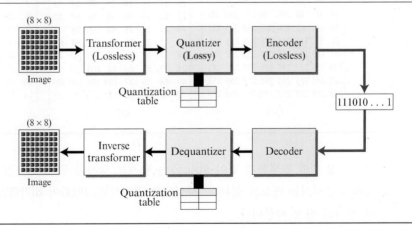

위 그림에서 알 수 있듯이 각 사진에 사용된 수학 연산용 수는 단위 수의 제곱이기 때문에 계산 수를 줄이기 위한 것이다.

변환

JPEG에서는 DCT를 압축 시 첫 번째 단계에서 복원 시 마지막 단계에서 사용이 된다. 변환 및 역변환은 8 × 8 블록으로 적용된다. 이전 절에서 DCT에 대해 논의하였다.

양자화

DCT 변환의 출력값은 정수의 행렬이다. 정수의 정확한 인코딩은 많은 비트 수가 요구된다. JPEG은 행렬 안의 정수를 반올림할 뿐더러 값을 0으로 변환하기 위해 양자화(quantization) 단계를 이용한다. 인코딩 과정에서 0을 제거하면 높은 압축률을 유도할 수 있다. 앞에서 논의 한 바와 같이 DCT 변환 결과값은 소스 행렬의 다른 주파수의 무게를 정의한다. 고주파수는 픽셀 값의 갑작스러운 변화를 뜻하며 이는 제거해도 된다. 왜냐하면 사람의 시각으로는 그러한 변화를 인지를 못하기 때문이다. 양자화 단계에서는 $C(m, n)$의 요소를 갖는 새로운 행렬을 생성하며 정의는 다음과 같다.

$$\mathbf{C\ (}\boldsymbol{m}, \boldsymbol{n}\mathbf{) = round\ [M(}\boldsymbol{m}, \boldsymbol{n}\mathbf{)\ /\ Q(}\boldsymbol{m}, \boldsymbol{n}\mathbf{)]}$$

여기서 $M(m, n)$은 변환된 행렬의 엔트리이며 $Q(m, n)$은 양자화 행렬의 엔트리이다. 반올림 함수가 먼저 실제값에 0.5를 더하고 값을 정수형 값으로 길이를 줄인다. 즉 3.7은 정수형의 4로 3.2인 경우 정수형의 3으로 반올림된다는 뜻이다.

JPEG은 Q1에서부터 Q100까지의 행렬을 정의했다. 여기서 Q1은 가장 낮은 화질을 보여주지만 가장 높은 단계의 압축률을 가지고 있고, Q100은 가장 좋은 화질을 보여주지만 가장 낮은 단계의 압축률을 가지고 있다. 구현 시 어떤 행렬을 선택할지 결정한다. 그림 8.18은 이러한 행렬들을 보여주고 있다.

그림 8.18 | 세 가지의 다른 양자화 행렬

$$\underset{\text{Q10}}{\begin{bmatrix} 80 & 60 & 50 & 80 & 120 & 200 & 255 & 255 \\ 55 & 60 & 70 & 95 & 130 & 255 & 255 & 255 \\ 70 & 65 & 80 & 120 & 200 & 255 & 255 & 255 \\ 70 & 85 & 110 & 145 & 255 & 255 & 255 & 255 \\ 90 & 110 & 185 & 255 & 255 & 255 & 255 & 255 \\ 120 & 175 & 255 & 255 & 255 & 255 & 255 & 255 \\ 245 & 255 & 255 & 255 & 255 & 255 & 255 & 255 \\ 255 & 255 & 255 & 255 & 255 & 255 & 255 & 255 \end{bmatrix}} \quad \underset{\text{Q50}}{\begin{bmatrix} 16 & 11 & 10 & 16 & 24 & 40 & 51 & 61 \\ 12 & 12 & 14 & 19 & 26 & 58 & 60 & 55 \\ 14 & 13 & 16 & 24 & 40 & 57 & 69 & 56 \\ 14 & 17 & 22 & 29 & 51 & 87 & 80 & 62 \\ 18 & 22 & 37 & 56 & 68 & 109 & 103 & 77 \\ 24 & 35 & 55 & 64 & 81 & 104 & 113 & 92 \\ 49 & 64 & 78 & 87 & 103 & 121 & 120 & 101 \\ 72 & 92 & 95 & 98 & 112 & 110 & 103 & 99 \end{bmatrix}} \quad \underset{\text{Q90}}{\begin{bmatrix} 3 & 2 & 2 & 3 & 5 & 8 & 10 & 12 \\ 2 & 2 & 3 & 4 & 5 & 12 & 12 & 11 \\ 3 & 3 & 3 & 5 & 8 & 11 & 14 & 11 \\ 3 & 3 & 4 & 6 & 10 & 17 & 16 & 12 \\ 4 & 4 & 7 & 11 & 14 & 22 & 21 & 15 \\ 5 & 7 & 11 & 13 & 16 & 12 & 23 & 18 \\ 10 & 13 & 16 & 17 & 21 & 24 & 24 & 21 \\ 14 & 18 & 19 & 20 & 22 & 20 & 20 & 20 \end{bmatrix}}$$

과정 중에 완벽화게 역이 되지 않는 단계는 양자화 단계라는 점에 유의하자. 복원이 불가능한 부분에서는 정보를 잃는다. 사실대로 말하자면, JPEG이 **비가역압축**이라 불리는 이유는 바로 양자화 단계 때문이다.

인코딩

양자화 이후 값들은 테이블로부터 읽혀지고 중복된 0들은 제거된다. 그러나 0들을 모두 밀집시키기 위해서 테이블은 행과 행, 열과 열보다는 지그재그 방식으로 비스듬하게 읽는다. 그 이유는 만약 사진이 좋게 변환되지 않았다면, T 테이블의 우측 하단 부분이 모두 0이 되기 때문이다. 그림 8.19는 그 과정을 보여준다.

그림 8.19 ┃ 테이블 읽기

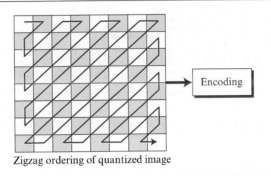

Zigzag ordering of quantized image

여기서 인코딩은 실행−길이 부호화 또는 산술부호화를 이용한 무손실 압축이다.

예제 8.7   JPEG 압축에 대해 더 알아가기 위해서 다음가 같이 비트심도가 20인 회색의 이미지의 블록을 이용하였다. 변환, 양자화, 지그재그 방식으로 재정렬을 자바 프로그램으로 만들었고 다음과 같은 인코딩 과정을 보여준다(그림 8.20).

그림 8.20 ┃ 예제 8.7 단일 그레이스케일

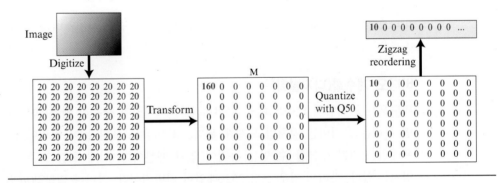

예제 8.8   두 번째 예로는 점진적으로 변하는 블록이 있다. 값과 이웃된 픽셀 사이의 갑작스러운 변화는 없다. 그러나 그림 8.21과 같이 0값은 많이 나온다.

이미지 압축: GIF

JPEG 표준은 각 픽셀이 24비트(각 주색깔 8비트)로 표현하는 이미지를 사용한다. 즉 각 픽셀이 2^{24}(16,777,216) 중의 한 색깔이 될 수 있다는 뜻이다. **자홍색**(*magenta*) 픽셀을 예를 들면 홍색과

그림 8.21 | 예제 8.8 흑백 변화도

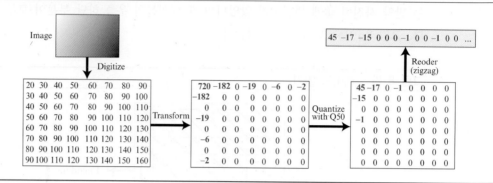

청색의 요소(녹색은 전혀 사용 안함)들만 사용하며 정수형으로는 $(FF00FF)_{16}$로 표현된다.

대부분의 간단한 그래픽 이미지는 많은 범위의 색깔을 포함하지 않는다. Graphic Interchange Format(GIF)은 보다 작은 팔레트(palette)를 사용하며 보통 $2^8 = 256$색이다. 즉 다른 말로 GIF는 팔레트 색으로 트루 색(*true* color)을 매핑한다. 예를 들어, 화면의 226번째 픽셀이 자홍색의 픽셀이라면 정수값인 $(E2)_{16}$으로 표현될 수 있다. 이것은 JPEG의 3가지의 요소에 의해 GIF의 이미지 파일 크기가 감소함을 의미한다.

팔레트에 이미지를 생성하면, 각 픽셀은 256개의 부호 중 하나로 표현될 수 있다(예를 들어, 팔레트의 2자리 값을 갖는 픽셀은 16진법으로 표기된다). 이미지의 높은 압축을 위해서는 사전 코딩이나 산술 코딩과 같은 손실 없는 압축 기법 중 하나를 사용할 수 있다

8.2.3 비디오

비디오는 여러 프레임으로 구성된다(한 프레임 = 한 장의 사진). 따라서 비디오 파일은 높은 전송률을 요구한다.

비디오 계수화(디지털화)

비디오는 프레임의 연속으로 구성된다. 만약 프레임이 충분히 빠른 속도로 스크린에 나타내면 우리는 움직이는 것처럼 느끼게 된다. 그 이유는 우리 눈이 번쩍이며 빠르게 지나가는 각 프레임을 각각 구분할 수 있는 능력이 없기 때문이다. 이때 초당 표준 프레임의 수가 정해져 있지는 않다. 북미의 경우 초당 25프레임이 일반적이다. 그러나 깜빡임(*flickering*)이라고 알려진 현상을 피하기 위해서는 프레임이 재생(refresh)되어야 한다. 따라서 TV 업계에서는 각 프레임을 두 번 내보내게 되고 초당 전송하는 프레임 수가 50이 된다. 또는 송신자 측에 메모리가 있다면 25프레임이 메모리에서 각각 다시 내보내지게 된다.

예제 8.9   몇 개의 비디오 표준화 기술의 전송률을 살펴보자.
 a. 컬러 TV는 한 프레임에 720 × 480픽셀, 1초에 30프레임 그리고 한 컬러에 24비트를

제공한다. 압축없는 전송률은 아래와 같다.

$$720 \times 480 \times 30 \times 24 = 248,832,000 \text{ bps} = 249 \text{ Mbps}$$

b. HD(high definition) 컬러 TV는 한 프레임에 1,920 × 1,080픽셀, 1초에 30프레임 그리고 한 컬러에 24비트를 제공한다. 압축없는 전송률은 아래와 같다.

$$1920 \times 1080 \times 30 \times 24 = 1,492,992,000 \text{ bps} = 1.5 \text{ Gbps}$$

동영상 압축: MPEG

MPEG (Moving Picture Experts Group)은 동영상을 압축하는 데 사용된다. 원칙적으로, 움직이는 그림 8.22는 빠르게 연속하는 프레임들의 집합이고, 각 프레임은 이미지이다. 다시 말해서 프레임은 픽셀 공간의 조합이고, 동영상은 프레임의 일시적인 조합이다. 그러므로 동영상 압축은 각 프레임을 공간적으로 압축하는 것과 프레임들의 집합을 일시적으로 압축하는 것을 의미한다.

공간 압축

각 프레임의 **공간 압축(spatial compression)**은 JPEG(혹은 JPEG 수정)로 이루어지고, 각 프레임은 독립적으로 압축되어질 수 있다.

일시적인 압축

일시적인 압축(temporal compression)에서는 중복 프레임은 제거되어진다. 텔레비전을 시청할 때는 초당 50프레임을 수신한다. 그러나 대부분의 연속적인 프레임은 거의 같다.

예를 들어, 누군가 이야기 할 때, 입술 주위 프레임의 세그먼트를 제외하고 대부분의 프레임은 이전의 것과 같다.

일시적으로 데이터를 압축하기 위해 MPEG 방법은 먼저 I-프레임, P-프레임, 그리고 B-프레임의 세 가지의 프레임 집합으로 나눈다. 그림 8.22는 하나의 프레임들의 집합(7개의 프레임)이 어떻게 다른 프레임들의 집합을 생성하기 위해 압축되는지를 보여준다.

그림 8.22 ▌ MPEG 프레임

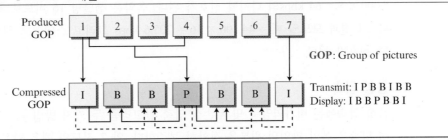

▢ **I-프레임.** **I-프레임(intracoded frame)**은 어떤 다른 프레임(이전에 보낸 프레임뿐만 아니라 이후에 보낸 프레임까지)과 관계되지 않는 독립적인 프레임으로 규칙적인 간격(예를 들어, 매 9번째 프레임이 I-프레임)으로 되어있다. **I-프레임**은 앞과 뒤의 프레임에서 보여줄

수 없는 갑작스러운 변화를 다루기 위해 주기적으로 나타나야만 한다. 또한 화상으로 방송할 때 뷰어는 언제라도 각자의 수신기에서 파장을 맞춘다. 만약 단지 송신 시작 시에 하나의 I-프레임만 있다면, 늦게 파장을 맞추려는 뷰어는 완전한 사진을 수신하지 못할 것이다. I-프레임들은 다른 프레임과 독립적이고, 다른 프레임으로부터 구성될 수 없다.

❏ **P-프레임.** **P-프레임(predicted frame)**은 이전의 I-프레임 혹은 P-프레임과 연관된다. 다시 말해서 각 P-프레임은 이전의 프레임으로부터 단지 변화 값만을 포함하지만, 변화 값만으로는 큰 단편을 처리할 수 없다. 예를 들어, 빠르게 움직이는 물체를 위해서 새로운 변화 값은 P-프레임에 기록되지 않는다. 왜냐하면, P-프레임들은 오직 이전의 I-프레임이나 P-프레임으로부터 구성될 수 있다. P-프레임은 다른 프레임 형태보다 매우 작은 정보를 전달하고, 압축 후 더 작은 비트를 전달한다.

❏ **B-프레임.** **B-프레임(bidirectional frame)**은 앞, 뒤의 I-프레임 혹은 P-프레임과 연관된다. 다시 말해서 각 B-프레임은 지나간 것과 지나갈 것에 연관된다. B-프레임은 결코 다른 B-프레임과 연관되지 않음에 유의하라.

8.2.4 오디오

오디오(소리) 신호는 전송 매체(공기)를 이용하는 아날로그 신호이다. 따라서 오디오 신호는 진공상태에서 전송할 수 없다. 또한 대기에서 소리의 속도는 약 330 m/s(740 mph)이며, 정상적인 사람의 가청 주파수는 약 20 Hz에서 20 kHz, 최대 가청 주파수는 3,300 Hz이다.

음성 디지털화하기(Digitizing Audio)

음성을 압축하기 위해서는, 음성의 아날로그 신호를 아날로그–디지털(analog-to-digital) 변환기를 이용하여 디지털화 해야 한다. 아날로그–디지털 변환은 두 가지 과정으로 이루어져 있다: 샘플링 및 양자화. 디지털화 과정 중 펄스 부호변조(pulse code modulation: PCM)은 7장에서 자세히 다루었다. 이 과정은 아날로그 신호를 샘플링하고 샘플을 양자화하며 양자화 된 값을 비트의 스트림으로 코딩 한다. 음성 신호는 샘플당 8 비트로 초당 8,000번 샘플링한다. 그 결과 $8,000 \times 8 = 64$ kbps의 디지털 신호가 된다. 음악은 샘플당 16 비트로 초당 44,100번 샘플링한다. 그 결과 모노일 때는 $44,100 \times 16 = 705.6$ kbps 그리고 스테레오 일 때 1.411 Mbps로 디지털 신호가 된다.

음성 압축

음성 압축에는 비가역압축 및 무손실 압축 알고리즘 두 가지 방법을 모두 사용한다. 무손실 음성 압축은 음악 파일의 원본을 정확히 보존한다. 약 2 정도의 매우 낮은 압축율을 가지고 있으며 기록과 수정을 목적으로 많이 사용 된다. 비가역 알고리즘은 보다 높은 압축율(5에서 20)을 제공하며 오디어 장치에서 많이 사용된다. 비가역압축은 품질을 조금 떨어트리지만, 저장 공간을 및 대역폭 요구를 상당히 줄인다. 예를 들어 CD에 한 시간 정도의 고충실도(high fidelity)

음악을 2시간 정도의 음악은 무손실 압축을 이용하고, 8시간 정도의 음악은 비가역압축 기술을 이용하여 음악을 압축 할 수 있다.

말하기와 음악에 사용되는 압축 기술은 서로 다른 요구사항을 가지고 있다. 말하기에 사용되는 압축 기술은 지연율이 낮아야 한다. 왜냐하면 현전한 지연은 전화의 통화 품질을 떨어뜨리기 때문이다. 음악에 사용되는 압축 기술은 낮은 비트로 고품질의 음성을 생성해야 한다. 음성 압축에는 두 가지 방식의 기술을 사용한다. **전조 부호화(predictive coding)** 및 **지각 부호화(perceptual coding)**가 있다.

전조 부호화

전조 부호화(predictive coding)에서는 모든 샘플링된 값을 부호화하는 대신에 샘플들 사이의 차이 값을 부호화한다. 이러한 압축 유형은 일반적으로 말(speech)을 위해 사용된다. 전조 부호화의 여러 방법들은 앞에서 이미 언급하였다. DM, ADM, DPCM, ADPCM, LPC.

지각 부호화

최상의 경우에도 전조 부호화 방식은 CD 품질의 음성을 멀티미디어 용도로 충분히 압축하지 못한다. CD 품질의 음성을 생성하기 위해서 일반적으로 가장 많이 사용되는 압축 기술은 지각 부호화이며, **음향심리학(psychoacoustic)**을 기반으로 하고 있다. 지각 부호화에서 사용되는 알고리즘은 처음에 데이터를 시간 영역(time domain)에서 주파수 영역(frequency domain)으로 변환 한다. 데이터에서 수행되는 작업은 주파수 영역에서 작동 한다. 이러한 이유로 이 기술은 주파수 영역 방식(*frequency-domain method*)이라고도 불린다.

음성 심리학은 인간의 주관적인 소리에 대한 인식에 관한 연구이다. 지각 부호화는 사람의 청각 시스템의 결함을 기반으로 한다. 사람의 청각력의 최소치수는 0 dB이다. 소리가 2.5 및 5 kHz의 주파수를 갖는다면 가능한 이야기다. 최소치수가 이 두 값의 범위 안에 있으면 낮은 주파수이고 두 값의 범위 밖이면 주파수가 상승하며 그림 8.23a에서 확인할 수 있다. 다음 곡선 이하에 있는 주파수는 사람이 들을 수 없다; 즉, 이러한 부분을 코딩할 필요가 없다.

그림 8.23 | 가청도의 임계치

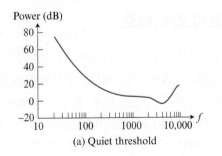
(a) Quiet threshold

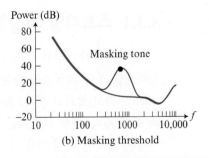
(b) Masking threshold

예를 들어, 20 dB 이하의 전력에 100 Hz 이하의 주파수를 갖는 소리를 누락시키면, 품질의 손실 없이 비트 수를 절약 할 수 있다. **주파수 매스킹(frequency masking)** 및 **시간 매스킹**

(temporal masking)의 개념을 이용하면 더 많은 수의 비트를 절약 할 수 있다. 주파수 매스킹은 큰 소리 및 작은 소리의 주파수가 서로 비슷하고 큰 소리가 작은 소리를 부분적 또는 완전히 마스킹 할 경우 발생한다. 예를 들면, 한 공간에서 헤비메탈 밴드가 연주를 하면 자기 자신의 댄스 파트너의 목소리가 안 들린다. 그림 8.23b에서는 700 Hz의 큰 마스킹 음색이 250에서 1500 Hz 사이의 주파수의 청각 곡선의 한계점을 상승시키는 걸 볼 수 있다. 시간 매스킹에서 큰 소리는 소리가 멈추더라도 한 동안 사람의 청각 기능을 마비시킬 수가 있다.

지각 부호화의 기본적인 접근 방식은 입력 음성 PCM을 코더에게 두 단위로 동시에 나누어서 공급한다. 첫 번째 단위는 디지털 바이패스 필터인 분석 필터 뱅크(analysis filter bank)라고 불리는 배열을 의미한다. 이산푸리에변환(*discrete Fourier Transform-DFT*)과 같은 수리적 툴을 이용하면, 필터들은 입력 시간 영역을 동일한 주파수 차분으로 나눈다. 이와 비슷하거나 같은 수리적 툴인 고속푸리에변환(*fast Fourier Transform-FFT*)을 이용하면, 두 번째 단위는 입력 시간 영역을 주파수 영역으로 변환하고 각 차분의 매스킹 주파수를 확정한다. 여분의 비트들은 완전히 매스킹 된 차분에게 할당 된다. 작은 수의 비트들은 부분적으로 매스킹 된 차분으로 그리고 많은 수의 비트들은 매스킹이 안된 차분으로 할당 된다. 결과적으로 부호화되면 보다 많은 압축률을 달성할 수 있다.

MP3

지각 부화를 이용하는 표준화 중에 하나는 **MP3** (MPEG audio layer 3)이다.

8.3 인터넷에서의 멀티미디어

음성 및 영상 서비스는 크게 세가지 항목으로 나눌 수 있다. **저장된 스트리밍 음성/영상**(*streaming stored audio/video*), **생방송 스트리밍 음성/영상**(*streaming live audio/video*) 그리고 **상호작용 음성/영상**(*interactive audio/video*). 스트리밍이란, 파일의 다운로드가 시작 되자마자 사용자는 시청할 수 있다.

8.3.1 스트리밍 저장형 오디오/비디오

첫 번째 항목인 저장된 스트리밍 음성/영상은 압축된 파일들이 서버에 저장이 되어있다. 사용자는 인터넷을 통해 파일들을 다운로드한다. 그래서 간혹 **실시간 주문형 음성/영상**(*on-demand audio/video*)이라고 불리고 한다. 음성 파일로 저장된 것은 노래, 교향곡, 녹음된 책 그리고 유명한 강의 등이 있다. 영상 파일로는 영화, TV쇼 그리고 뮤직비디오 등이 있다. 여기서 스트리밍 음성/영상은 압축된 음성/영상 파일들의 온디멘드 요구사항이라할 수 있다.

이러한 형식의 파일들을 웹 서버에서 다운 받는 것은 일반적으로 파일을 다운 받는 방식과 다를 수 있다. 이러한 개념을 이해하기 위해서 다음 세 가지 접근 방법에 대해서 논의할 것이며 각 접근 방식마다 서로 다른 복잡도를 가지고 있다.

첫 번째 접근 방법: 웹 서버 이용

압축된 AV 파일은 텍스트 파일과 같이 다운로드할 수 있다. 클라이언트(브라우저)는 HTTP 서비스를 사용할 수 있고, 파일을 다운로드 하기 위해 GET 메시지를 보낼 수 있다. 웹 서버는 클라이언트(브라우저)에 압축된 파일을 보낼 수 있다. 그런 다음 클라이언트(브라우저)는 파일을 재생하기 위해 일반적으로 매체 재생기(*media player*)라는 어플리케이션을 사용할 수 있다. 그림 8.24는 이러한 접근 방법을 보여준다.

그림 8.24 ❘ 웹 서버(Web Server) 이용

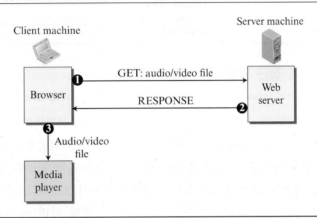

이러한 접근은 스트리밍(*streaming*)을 사용하지 않고 매우 단순하지만 약점이 있다. AV 파일은 대부분 압축을 한 후에도 파일이 크다. 오디오 파일은 수십 메가비트가 되고, 동영상 파일은 수백 메가비트에 이른다. 이런 접근 방법에서는 파일이 실행되기까지는 다운로드가 완료되어져야 한다. 최근의 데이터 전송률을 이용하면 사용자가 파일을 실행하기까지 수 초 혹은 수십 초가 걸린다.

두 번째 접근 방법: 웹 서버 메타파일 사용

다른 접근 방법으로써 AV 파일을 다운로드하기 위해 매체 재생기는 웹 서버와 직접적으로 연결한다. 웹 서버는 두 가지 파일들 즉, 실제(actual) AV 파일과 AV 파일에 대한 정보를 갖는 **메타파일(metafile)**을 저장한다. 그림 8.25는 이러한 접근 방법의 단계를 보여준다.

1. HTTP 클라이언트는 GET 메시지를 사용하여 웹 서버에 접근한다.
2. 메타파일에 대한 정보가 응답으로 되돌아온다.
3. 메타파일은 매체 재생기로 보내진다.
4. 미디어 플레이어는 AV 파일에 접근하기 위하여 메타파일에 있는 URL을 사용한다.
5. 웹 서버는 응답한다.

그림 8.25 | 웹 서버 메타파일 사용

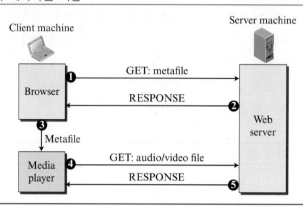

세 번째 접근 방법: 미디어 서버 사용

두 번째 접근 방법의 문제는 클라이언트(브라우저)와 매체 재생기는 모두 HTTP 서비스를 사용한다는 것이다. HTTP는 TCP 위에서 동작되도록 설계되었다. 이것은 메타파일을 검색하기에 적절하지만, AV(Audio & Video) 파일을 검색하기엔 적절하지 못하다. 그 이유는 TCP가 손상되거나 잃어버린 세그먼트를 재전송하는 것은 스트리밍 원리와 반대되기 때문이다. TCP와 TCP의 오류 제어를 없앨 필요가 있다. 즉 UDP 사용이 요구된다. 그러나 웹 서버로 접근하는 HTTP와 웹 서버 자체도 TCP를 위해 설계되었다. 즉 **매체 서버(media sever)**와 같은 다른 서버를 요구한다. 그림 8.26은 개념을 보여준다.

그림 8.26 | 매체 서버 사용

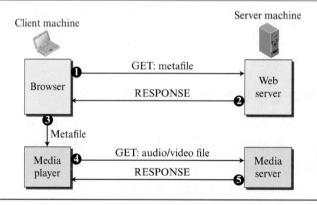

1. HTTP 클라이언트는 GET 메시지를 사용하여 웹 서버에 접근한다.
2. 메타파일 정보가 응답으로 되돌아온다.
3. 메타파일은 매체 재생기로 보내진다.
4. 매체 재생기는 파일을 다운로드하기 위해 메타파일에 있는 URL을 사용하여 미디어 서버에 접근한다. 다운로드는 UDP를 사용하는 어떤 프로토콜에 의해 될 수 있다.
5. 매체 서버는 응답한다.

네 번째 접근 방법: 매체 서버와 RTSP 사용

RTSP (Real-Time Streaming Protocol)는 스트리밍 처리를 위해 더 많은 기능을 추가하도록 설계되었고, RTSP를 사용하여 AV의 실행을 제어할 수 있다. RTSP는 FTP의 두 번째 연결과 유사한 대역외(out-of-band) 제어 프로토콜이며, 그림 8.27은 매체 서버와 RTSP를 보여준다.

그림 8.27 ▎ 매체 서버와 RTSP사용

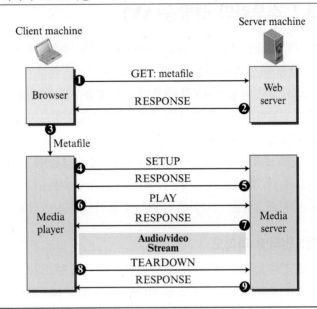

1. HTTP 클라이언트는 GET 메시지를 사용하여 웹 서버에 접근한다.
2. 메타파일에 대한 정보가 응답으로 되돌아온다.
3. 메타파일은 매체 재생기로 보내진다.
4. 매체 재생기는 매체 서버와 연결을 생성하기 위해 SETUP 메시지를 보낸다.
5. 매체 서버가 응답한다.
6. 매체 재생기는 플레이(다운로딩)를 시작하기 위해 PLAY 메시지를 보낸다.
7. AV 파일은 UDP 위에서 실행되는 또 다른 프로토콜을 사용하여 다운로드된다.
8. 연결은 TEARDOWN 메시지를 사용하여 종료된다.
9. 매체 서버가 응답한다.

매체 재생기는 다른 유형의 메시지를 보낼 수 있다. 예를 들어, PAUSE 메시지는 다운로드를 일시적으로 멈추고, 다시 PLAY 메시지로 다운로딩을 계속한다.

사례: 주문형 비디오

주문형 비디오(*Video On Demand, VOD*)는 시청자가 시청 가능한 VOD를 선택하여 시청하며 양 방향통신(일시정지, 되감기, 빨리감기 등)을 제공한다. 또한 실시간으로 비디오를 시청할 수 있으며, 시청자의 컴퓨터 또는 미디어 플레이어, DVR (digital video recorder)와 같은 장치를 사용하여 시청이 가능하고 원하는 시간에 시청할 수 있다. 케이블 TV, 위성 TV 그리고 IPTV 제공업체는 pay-per-view와 무료 VOD 콘텐츠 스트리밍을 제공한다. Blockbuster와 같은 비디오 렌탈 업체와 아마존 비디오와 같은 많은 업체들 또한 VOD를 제공한다. 인터넷 TV 또한 점차적으로 VOD 방식을 이용하고 있다.

8.3.2 스트리밍 생방송(AV)

스트리밍 생방송 AV 스트리밍은 라디오나 TV 방송국에 의한 방송과 유사하다. 방송국들은 공중파 방송 대신 인터넷을 통하여 방송한다.

스트리밍 저장형 AV와 스트리밍 생방송 AV 사이에는 유사점이 있다. 양쪽 모두 지연에 대해서 민감하다. 즉 둘 중 어느 쪽도 재전송을 인정하지 않는다. 그러나 차이점은 있으며, 스트리밍 저장형 AV는 유니캐스트이고 주문형이지만, 스트리밍 생방송 AV는 멀티캐스트이고 실시간이다. 스트리밍 생방송은 UDP와 RTP(후에 언급함)를 사용하는 것이 적합하고 IP 멀티캐스트 서비스에 더 적합하지만, 여전히 스트리밍 생방송은 TCP를 사용하고 있고 멀티캐스팅 대신에 다중 유니캐스팅을 사용하고 있다. 이 분야에서는 아직도 많은 개선이 필요하다.

사례: 인터넷 라디오

인터넷 라디오(또는 웹 라디오)는 인터넷을 통해 뉴스, 스포츠, 이야기 그리고 음악을 제공하는 오디오 브로트캐스팅 서비스 중 하나인 웹캐스트(webcast) 서비스이며 세계 어디서나 청취가 가능한 스트리밍 매체이다. 인터넷 라디오는 인터넷을 통해 제공하지만 기존의 브로드캐스트 미디어와 비슷한 비대화형 서비스로 일시정지, 다시보기와 같은 온디멘드 서비스를 제공하지 않는다. 오늘날, 큰 규모의 인터넷 라디오 제공자들은 기존의 라디오 방송과 인터넷 라디오를 동시에 제공한다. 인터넷 라디오에서 오디오는 일반적으로 MP3 또는 비슷한 소프트웨어를 통해 압축되어지고 그 비트들은 TCP 또는 UDP 패킷으로 전송되어진다. 게다가 지터(Jitter) 방지를 위해 사용자 측면에서는 비트의 재구성과 재생을 위해 몇 초간의 버퍼와 지연(delay)을 갖는다.

사례: 인터넷 텔레비전(ITV)

인터넷 *TV*(또는 *ITV*)는 시청자가 방송 프로그램 라이브러리에서 시청하고 싶은 방송 프로그램을 선택하여 시청할 수 있다. 인터넷 TV의 최초 모델은 스트리밍 인터넷 TV 또는 인터넷을 통해 제공하는 선택형 비디오 서비스이다.

사례: IPTV

인터넷 프로토콜 *TV (IPTV)*는 실시간 전달 및 대화형 TV를 위한 차세대 기술이다. 위성, 케이블 또는 지상파를 이용한 TV 신호를 전송을 대신하여, IPTV 신호는 인터넷을 통해 전송된다. IPTV는 ITV와 다르다. 인터넷 TV는 생성 및 관리는 서비스 제공자에 의해 제공되지만 인터넷 환경에 따른 서비스 품질은 제어할 수 없다. 반면에 복잡하고 유료의 네트워크를 통해 제공되는 IPTV는 높은 서비스 품질까지 제공한다. 네트워크를 통해 제공되는 IPTV는 서비스 이용자에게 대규모의 HD 콘텐츠 및 멀티캐스트 비디오 트래픽을 효과적인 전달을 보장하기 위해 제작하였다.

IP기반 플랫폼은 빠른 인터넷 접속 및 VoIP를 제공하는 다른 IP기반 서비스와 통합하여 제공하는 중요한 장점을 가지고 있다. 케이블 방송이나 위성TV와 다른 방송 서비스 중 하나인 IPTV는 일반 케이블 방송이나 위성 네트워크에서 제공하는 모든 콘텐츠가 사용자에게 제공할 수 있다. 서비스 이용자는 셋톱(set-top) 박스를 이용하여 콘텐츠를 선택할 수 있으며, IPTV에서는 콘텐츠가 그대로 남아 있으며, 오직 이용자가 선택한 콘텐츠만 전송되어진다. IPTV의 장점은 적은 대역폭을 사용하기 때문에 많은 콘텐츠와 여러 기능을 제공할 수 있다는 것이다. 또한 단점으로는 각각의 이용자가 시청하던 프로그램을 정확하게 찾기 위하여 서비스 이용자의 개인정보 제공 동의가 필요하다.

8.3.3 실시간 대화형 오디오/비디오

실시간 대화형 AV에서 사람들은 실시간으로 다른 사람과 통신을 한다. 인터넷 폰이나 **IP 상의 음성(voice)**은 이러한 어플리케이션의 예가 된다. 화상회의는 사람들이 시각적으로 그리고 구두로 통신하는 것을 허락하는 또 다른 예이다.

특징

이 어플리케이션 분야에 사용되는 프로토콜을 언급하기에 앞서 실시간 AV 통신의 특징에 대해서 설명한다.

시간적인 관계

패킷 교환망에서 실시간 데이터는 하나의 세션 동안 패킷들 간의 시간적인 관계 유지를 필요로 한다. 예를 들어, 실시간 화상 서버가 생방송 화상 이미지를 만들어 온라인으로 전송한다고 하자. 화상은 디지털화되고 패킷으로 만들어진다. 이때 만들어진 패킷이 3개라고 하고 각 패킷은 10초 분량의 화상 정보를 갖는다고 하면, 처음 패킷은 00:00:00에 시작하고 두 번째 패킷은 00:00:10, 그리고 세 번째 패킷은 00:00:20에 시작된다. 또한 각 패킷이 목적지에 도달(동일한 지연)하기 위해 1초(단순화를 위한 과정)가 걸린다고 가정하자. 수신자는 첫 번째 패킷을 00:00:01, 두 번째 패킷을 00:00:11, 세 번째 패킷을 00:00:21에 재생할 수 있다. 서버가 보낸 것과 클라이언트가 컴퓨터 화면으로 보는 것 사이의 차이점은 1초지만, 동작은 실시간으로 발생한다. 패킷들 사이의 시간 관계는 유지되어지고 있고 1초의 지연은 중요하지 않다. 그림 8.28은 그 개념을 보여준다.

그러나 패킷들이 서로 다른 지연 시간을 가지고 도착한다면 무슨 일이 발생하겠는가? 예를 들어, 처음 패킷이 00:00:01(1초 지연), 두 번째 패킷이 00:00:15(5초 지연), 그리고 세 번째 패킷이 00:00:27(7초 지연)에 도착한다고 하자. 만약 수신자가 첫 번째 패킷을 00:00:01에 실행한다면, 그것은 00:00:11에 이를 마치게 된다. 그러나 다음 패킷은 아직 도착되지 않은 상태이

그림 8.28 ┃ 시간 관계

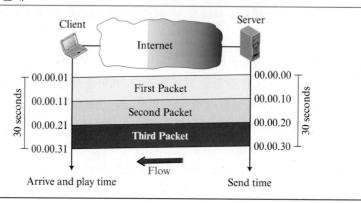

고 4초 뒤에 도착한다. 즉, 원격지에서 화면을 보는데 있어 처음 패킷과 두 번째 패킷 사이에 시간적 틈이 존재하게 되고 이는 두 번째와 세 번째 사이에도 존재하게 된다. 이런 현상을 **지터 (jitter)**라고 한다. 그림 8.29는 그 상황을 보여준다.

그림 8.29 ┃ 지터(jjiter)

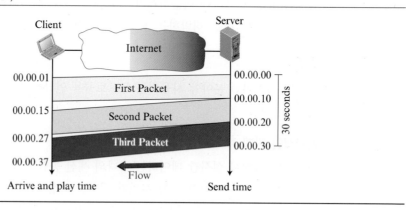

타임스탬프

지터를 해결하는 하나의 방법이 **타임스탬프(timestamp)**의 사용이다. 만약 각 패킷이 첫 번째 (혹은 이전 패킷) 패킷에 대비해서 언제 재생되어야 하는지를 나타내는 타임스탬프를 가진다면 수신자는 재생을 시작하는 시간에 이 시간을 더하게 된다. 다시 말해서 수신자는 언제 각각의 패킷이 재생되어야 하는지를 알게 되는 것이다. 만약 이전의 예와 같이 첫 번째 패킷이 0의 타임스탬프를 가지고 두 번째 패킷이 10, 세 번째 패킷이 20이라는 값을 가질 때 수신자가 첫 번째 패킷을 00:00:08, 두 번째 패킷을 00:00:18, 그리고 세 번째 패킷을 00:00:28에 재생한다면 패킷들 간의 지연 시간이 없어지게 된다. 그림 8.30은 그 상황을 보여준다.

> 지터를 방지하기 위해서 패킷에 타임스탬프 정보를 더하면
> 도착 시간과 재생 시간을 구분하여 처리할 수 있다.

그림 8.30 | 타임스탬프

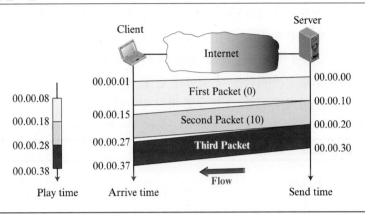

재생 버퍼

도착 시간과 재생 시간을 분리하기 위해서는 재생될 때까지 수신한 데이터를 저장할 버퍼를 필요로 한다. 이 버퍼를 **재생 버퍼(playback buffer)**라고 부른다. 세션이 시작되면(즉, 첫 번째 패킷의 첫 번째 비트가 도착) 수신자는 임계치(threshold)가 될 때까지 데이터의 재생을 지연하게 된다. 이전 예제에서 첫 번째 패킷의 첫 비트는 00:00:01에 도착하게 되는데 임계치를 7로 설정하여 재생 시간을 00:00:08이 되도록 한 것이다. 임계치는 데이터의 시간 단위로 측정되며 데이터의 시간 단위가 임계치와 같아질 때까지는 재생을 시작하지 않는다.

　　데이터가 버퍼에 저장되는 것은 가변율로 저장되나 버퍼에서 꺼내 재생하는 것은 고정된 시간 단위로 일어나게 된다. 즉 버퍼 내에 저장된 데이터의 양은 줄거나 늘 수 있지만 만약 지연 시간이 임계치만큼의 데이터 양을 재생하는 시간보다 작다면 지터는 없게 된다. 그림 8.31은 이전 예제 상황에서 여러 시각에 나타난 버퍼 상황을 보여준다.

그림 8.31 | 재생 버퍼

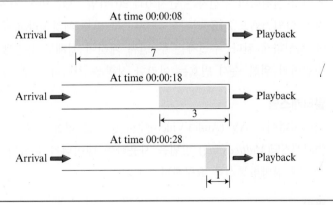

　　재생버퍼가 실제로 지터를 제거하는 과정을 이해하기 위해서 재생버퍼가 각 패킷에 보다 더한 지연 시간을 가져다 주는 하나의 툴이라고 생각을 해야 한다. 각 패킷에 있는 지연 시간이

각 패킷의 총 지연 시간과 같게 만들면(네트워크와 버퍼의 지연시간) 패킷은 지연이 없었던 것처럼 부드럽게 재생된다. 여기서 버퍼 안에 있는 첫 번째 패킷에서 버퍼 지연을 선택하여 두 계단파 곡선이 서로 겹치지 않게 한다.

그림에서 보이는 것과 같이 첫 번째 패킷에서의 재생이 올바르게 선택이 되었다면, 모든 패킷의 총 지연시간은 다 같아야 한다. 긴 전송 지연시간을 갖는 패킷은 버퍼에서 짧은 대기 시간을 가져야 하며 그 반대도 마찬가지이다.

그림 8.32 ▌패킷들의 시간선

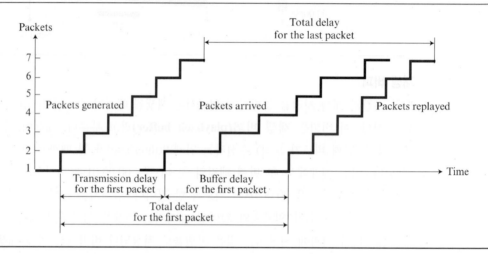

정렬

실시간 트래픽에 대한 시간 관계 정보와 타임스탬프 이외에 하나의 특징이 필요한데 이는 각 패킷에 대한 순서 번호(*sequence number*)이다. 타임스탬프만으로는 수신자에서 패킷이 유실된 경우 이를 알 수 없다. 예를 들어, 각 패킷의 타임스탬프가 0, 10과 20이라고 할 때 두 번째 패킷이 유실된다면 수신자는 단지 0과 20 타임스탬프만을 가지는 두 패킷만 수신하게 된다. 수신자는 타임스탬프 20을 가지는 패킷이 두 번째 패킷이라고 추측하고 첫 번째 패킷 이후 20초 뒤에 재생하게 된다. 수신자는 두 번째 패킷이 실제로 유실됐다는 것을 알 방법이 없다. 패킷을 정렬하기 위한 순서 번호는 이러한 상황을 처리하는 데 필요하다.

멀티캐스팅

멀티미디어는 AV (Audio/Video)에서 중요한 역할을 수행한다. 트래픽이 많아질 수 있으므로 **멀티캐스팅**(*Multicasting*) 방법을 사용하여 데이터가 분산되어야 한다. 회의는 수신자와 송신자 사이에 양방향통신을 요구한다.

변환

때때로 실시간 트래픽은 다른 형식으로 **변환**(*translation*)되어야 한다. 중계기는 대역폭이 큰 화상 신호를 대역폭이 적은 낮은 품질의 신호로 바꿀 수 있는 컴퓨터이다. 이는 예를 들어 송신자가 고품질의 화상 신호를 5 Mbps로 만들어 전송하는데 수신자가 1 Mbps 미만의 대역폭을 가지는 경우에 사용한다. 이 경우 신호를 수신하기 위해서는 일단 복호화했다가 적은 대역폭을 요구하는 낮은 품질로 다시 부호화하는 과정이 필요하며 이를 위해 중계기가 요구된다.

혼합

AV (Audio/Video) 화상회의와 같이 동시에 데이터를 전송할 수 있는 송신자가 하나 이상인 경우 트래픽은 다중 스트림으로 구성된다. 이때 트래픽을 하나의 스트림으로 줄이려면 서로 다른 송신자의 데이터를 하나의 스트림으로 혼합(Mining)시켜야 한다. 이때 필요한 **혼합기(Mixer)**는 서로 다른 송신자의 신호들을 수학적으로 더해 하나의 신호를 생성하는 일을 한다.

순방향 오류 정정

오류 탐지 방법과 재전송은 5장에서 이미 언급하였다. 하지만 재전송의 변질과 패킷 유실은 실시간 멀티미디어 전송에 악영향을 초래한다. 왜냐하면, 이용자는 유실되었거나 변질된 패킷을 재전송할 때까지 기다려야 하기 때문이다. 따라서 오류 정정 또는 패킷 교환은 즉각적으로 이뤄져야 한다. 이러한 상황에 사용되는 몇 가지의 기법들을 **순방향 오류정정(FEC, forward error correction)** 기법이라 한다. 이 절에서는 이러한 일반적인 기술들 중 몇 가지를 살펴보겠다.

해밍 거리를 이용한 오류 정정

해밍 거리(Hamming Distance)를 이용한 오류 정정은 5장에서 이미 언급하였다. 만약 s개의 오류를 찾았다면, 최소 해밍 거리는 $d_{min} = s + 1$이 된다. 오류 탐지를 위해서 더 많은 거리가 필요하다. 만약 t개의 오류를 탐지했다면, $d_{min} = 2t + 1$이 된다. 다시 말해서 만약 한 패킷의 올바른 10개의 비트의 수정을 원한다면, 21비트의 최소 해밍 거리가 요구된다. 이 말은 많은 중복 데이터를 전송해야 한다는 것이다. 많이 알려진 BCH 코드를 예로 들어 살펴보자. 만약 데이터가 99비트일 경우, 23비트의 오류를 해결하기 위해 255비트(156비트 여분)를 전송해야 한다. 중복 처리에 많은 시간을 소비할 수 없기 때문에 연습문제를 통해 요구하는 비트를 계산하는 방법을 알아보도록 하겠다.

XOR를 이용한 오류 정정

또 다른 방법으로 아래와 같은 XOR를 적절히 사용한 방법이다.

$$R = P_1 \oplus P_2 \oplus \dots \oplus P_i \oplus \dots \oplus P_N \quad \rightarrow \quad P_i = P_1 \oplus P_2 \oplus \dots \oplus R \oplus \dots \oplus P_N$$

다시 말해 만약 N개의 데이터(P_1에서 P_N)에서 XOR 연산을 적용한다면, 모든 데이터의 XOR 연산을 통해 재생성이 가능하며 이전 연산의 결과값(R)을 통해 한 데이터(P_i)를 복구할 수 있다. 이것은 패킷을 N개의 청크로 나누고 모든 청크의 XOR를 생성하며 $N + 1$ 청크를 전송한다는 것을 의미한다. 만약 어떤 청크가 유실 또는 변조가 되었다면, 수신자 측은 유실된 청크를 복구할 수 있다. 예를 들어, $N = 4$일 때 25%의 여분의 데이터를 전송해야 하고 4개의 청크 중에 한 개가 유실되어도 수정이 가능하다.

청크 끼워넣기

멀티미디어 FEC 기법들은 수신자 측면에서 몇 개의 청크가 유실되는 것을 허용한다. 하지만 각 패킷마다 한 개의 청크가 유실되면 수정 가능하지만 패킷의 모든 청크가 유실이 되면 복구를 할 수 없다. 그림 8.33처럼 각 패킷을 5개의 청크로 나눌 수 있다(일반적으로 청크의 수는 더 많다). 데이터를 청크 단위로 수평적으로 나눈다. 하지만 패킷의 수직적으로 조합하기 때문에 각 패킷들은 원본 패킷의 한 개의 청크만 전송한다. 이러한 기법은 일반적으로 멀티미디어 통신에서 사용된다.

그림 8.33 ┃ 끼워넣기

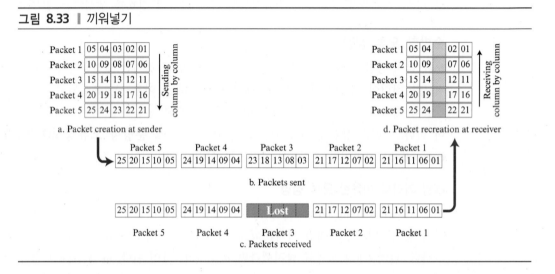

해밍 거리와 끼워넣기 결합

해밍 거리와 끼워넣기는 결합이 가능하다. n비트의 원본 패킷에 수정해야할 t비트의 오류가 존재할 때 n비트는 m개의 행과 일정 비트단위로 열을 구성하며 열의 방향으로 전송한다. 이러한 방법은 자동적으로 $m \times t$개 이상의 오류를 수정할 수 있다.

복합 해상도 패킷(Compounding High- and Low-Resolution Packets)

또 다른 방법은 각 패킷에 대한 저해상도의 여분 패킷을 복제한다. 그리고 다음 패킷에 여분 패킷을 포함시킨다. 예를 들어, 5개의 고해상도 패킷에 대한 4개의 저해상도 패킷을 만들어 그림 8.34와 같이 고해상도 패킷과 저해상도 패킷을 함께 전송한다. 만약 패킷을 유실하면, 다음 패킷의 저해상도 복제 패킷을 사용한다(첫 번째 패킷의 저해상도 섹션은 비어있다). 이 기법은 만약 마지막 패킷이 유실된다면 복구가 불가능하다. 하지만, 마지막 패킷이 유실되지 않은 경우라면 저해상도의 패킷을 사용할 수 있다. 오디오와 비디오는 같은 품질의 복구는 불가능하지만, 대부분의 사람들은 품질저하를 인식하지 못한다.

그림 8.34 ∣ 복합 해상도 패킷

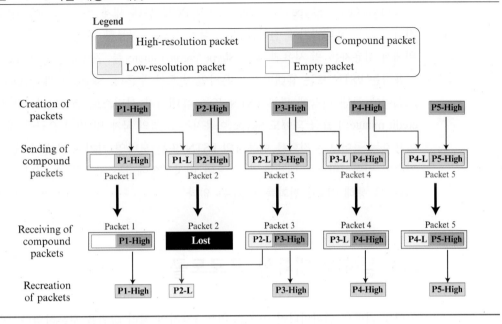

실시간 어플리케이션의 사례

Skype (*Sky peer-to-peer*의 약어)는 파일 공유 프로그램인 'Kazaa'를 최초로 개발한 Jaan Tallinn, Priit Kasesalu, Ahti Heinla가 최초로 개발한 peer-to-peer VoIP 응용프로그램이다. 이 프로그램은 인터넷을 통해 프로그램에 등록된 사람과 PC 간의 음성 통화를 제공하므로 오디오 입출력 장치가 있는 디바이스를 소유한 사용자라면 누구나 사용할 수 있다. Skype는 *instant messaging (IM)*, *short message service (SMS)* 그룹 대화, 파일전송, 화상회의 그리고 SkyIn과 SkyOut과 같은 기능을 제공한다. SkyIn과 SkyOut 서비스는 등록된 사람과 유선 및 무선 통화를 저렴한 가격으로 제공한다. Skype는 2009년 3분기에 전 세계 국제전화의 8%의 비중을 차지하면서 국제 인터넷 통신회사로 부상하였다.

Skype는 PC-to-PC 통화는 무료이지만, PSTN 또는 휴대기기에서 서비스를 이용할 때에는 유료로 제공한다. Skype에서 PSTN 또는 휴대기기가 포함된 2가지의 모드(SkypeIn, SkypeOut)를 제공한다.

SkyIn 서비스는 세계 여러 국가에서 제공되고 있으며 서비스 지원 국가의 수는 증가하고 있다. 이 서비스는 장소에 상관없이 제공받을 수 있으며, Skype에 등록된 사용자는 인터넷이 연결된 디바이스를 통해 전화를 수신할 수 있다. SkypeIn을 이용하기 위해서는 사용자는 온라인 번호 사용 신청을 하여 매달 요금을 납부해야 한다. 사용자의 PSTN 또는 휴대기기를 이용한 발신자는 통화를 요청하면 지역 코드에 따른 일정한 요금을 부담해야 하지만 수신자는 인터넷 번호를 사용하는 비용을 제외한 통화 요금은 무료이다. 송신자의 장거리 통화 요금을 줄이기 위해 또 다른 온라인 번호를 신청할 수 있다. 예를 들면, Skype 이용자는 미국에 하나의 온라인 번호를 신청하고 또 다른 번호를 프랑스에 신청한다. 또한 SkypeIn 서비스는 무료 음성 메일을 제공한다.

　　SkypeOut은 Skype 이용자가 그들의 PC를 통해 세계 특정 지역에 지역 있는 다른 PSTN 전화기 또는 휴대기기에 전화를 걸고 현지 요금을 지불할 수 있다. SkypeOut으로 전화를 걸기 위해서 사용자는 월 사용권 또는 Skype credit minutes를 구매하면 된다. PC를 사용하는 Skype 이용자는 PSTN 또는 휴대기기의 온라인 번호를 누른다. Skype는 SkypeOut 전화 요청을 게이트웨이에 보낸 다음에 바로 PSTN 또는 휴대기기 서비스로 전송한다. 월 사용권 또는 Skype credit minute의 요금 외에도 Skype 이용자는 소액의 국제 및 지역 요금을 지불한다. 또한 Skype 이용자는 들어오는 전화를 이용자의 PSTN 또는 모바일 기기로 보낼 수 있다. 하지만 Skype는 기존의 전화서비스를 대체할 수 없으며 비상상황에서는 사용할 수 없다. 예를 들어, 미국에서 Skype를 통해 911에 전화를 걸 수는 없다.

8.4 실시간 대화형 프로토콜

인터넷 기반의 멀티미디어 이용을 위한 3가지의 처리 방법을 토론하였다. 이제 마지막인 가장 흥미롭고 복잡한 실시간 대화형 멀티미디어에 대해 알아보자. 이 어플리케이션은 인터넷 분야의 많은 관심을 불러일으켰으며 여러 어플리케이션 계층 프로토콜들은 이 어플리케이션을 조작하기 위해 설계되었다. 이런 종류의 어플리케이션에 대한 필요성과 이유를 토론하기 전에 그림 8.35를 살펴보자.

그림 8.35 ┃ 실시간 멀티미디어 시스템 개략도

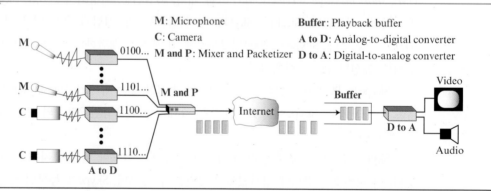

비록 이전의 실시간 멀티미디어 시스템은 오직 한 개의 마이크와 오디오 플레이어로 구성되었지만, 오늘날의 대화형 실시간 어플리케이션은 일반적으로 다수의 마이크와 카메라로 만들어졌다. 오디오와 비디오 정보(아날로그 신호)는 디지털 데이터로 변환되었다. 서로 다른 곳에서 가져온 신호는 혼합(mix)하여 패킷 형태의 디지털 데이터로 만들었다. 그리고 그 패킷들은 패킷 교환방식의 인터넷으로 전송되었다. 그 패킷들은 목적지에서 다른 지연(Jitter)과 함께 수

신되고 몇몇의 패킷은 변조되거나 유실된다. 재생버퍼는 각 패킷의 타임스탬프를 통해 패킷을
복구한다. 재생한 패킷들은 오디오와 비디오 신호를 재구성하기 위해 DA (Digital-to-Analog)
변화기로 전송된다. 오디오 신호는 스피커로 전송되고 비디오 신호는 영상장치로 전송된다.

각 마이크 또는 카메라의 근원지는 *contributor*라고 불리고 32비트의 식별자는 *contributing
source* (CSRC) *identifier*라고 불린다. 또한 혼합기(mixer)는 싱크로나이저(Synchronizer)라 불리고
다른 식별자로 *synchronizing source* (SSRC) *identifier*라고 불린다. 이 후에 패킷에서 이러한 식별자
를 사용하게 될 것이다.

8.4.1 새로운 프로토콜의 필요성

2장부터 7장까지 일반 인터넷 어플리케이션의 프로토콜 스택에 대해 배웠다. 이번 절에서 음성
및 화상회의와 같은 대화형 실시간 멀티미디어 어플리케이션을 조작하기 위한 새로운 프로토
콜이 왜 필요한지에 대해 알아보자.

TCP/IP 프로토콜 구조의 3계층(물리, 데이터링크, 네트워크 계층)은 데이터 전달을 위해
설계되었기 때문에 바꿀 필요가 없다. 물리 계층은 프레임 안의 정상 비트를 데이터링크 계층
에 전달한다. 데이터링크 계층은 네트워크 계층의 정상 패킷에 대한 노드-대-노드 전달을 책
임진다. 또한 네트워크 계층은 정상 데이터그램의 호스트-대-호스트 전달을 책임진다. 다음
섹션에서 설명하듯이 멀티미디어 어플리케이션은 보다 나은 서비스 품질을 위해 네트워크 계
층이 필요하다.

오직 어플리케이션과 전송 계층에 대해서만 우려하는 것처럼 보여질 수 있기 때문에 어플
리케이션 계층 프로토콜은 코드화 및 압축의 품질, 요구 대역폭, 수학적 연산의 복잡성 간의 균
형을 고려한 멀티미디어 데이터의 코드화 및 압축에 대한 설계가 필요하다. 간단하게 설명하면,
멀티미디어를 조절할 수 있는 어플리케이션 계층 프로토콜은 각 어플리케이션 프로토콜에 의
해 개별적으로 조작되기보다는 전송 계층에 의해 조작되어야 한다고 알려져 있다.

어플리케이션 계층

대화형 실시간 멀티미디어를 위한 어플리케이션 프로토콜의 개발이 필요하다. 왜냐하면 2장에서
설명했던 전자메일과 파일 전송과 같은 어플리케이션을 통해 봤을 때 음성회의와 화상회의의 성
질이 다르기 때문이다. 몇몇의 등록(소유)된 어플리케이션은 개인 분야에서 개발되었고 많은 어
플리케이션은 매일같이 마켓에 쏟아져 나온다. MPEG 오디오와 MPEG 비디오와 같은 몇몇의
어플리케이션은 오디오와 비디오 전송을 정의한 표준화를 사용하지만 특정 표준을 모든 어플리
케이션이 사용하지 않고 모든 사용자가 특정 어플리케이션 프로토콜을 사용하지 않기 때문에
연동 가능한 어플리케이션 프로토콜이 필요하다.

전송 계층

8.3.3절에서 배웠던 단일 표준의 부재와 멀티미디어 어플리케이션의 일반적인 특징은 모든 멀
티미디어 어플리케이션을 위해 전송 계층 프로토콜 사용에 대해 의문이 든다. 전송 계층의 일

반적인 프로토콜인 UDP와 TCP는 인터넷의 멀티미디어를 이용하기 위해서 개발되었다. 실시간 멀티미디어 어플리케이션의 일반적인 전송 프로토콜로 TCP 또는 UDP를 사용할 수 없을까? 이 질문에 답하기 위해서 대화형 실시간 멀티미디어 어플리케이션의 요구사항에 대해 생각해 볼 필요가 있다. 그리고 UDP 또는 TCP가 이러한 요구사항을 만족하는지 확인해야 한다.

상호작용 실시간 멀티미디어를 위한 전송 계층 요구사항

대화형 실시간 멀티미디어에 대한 요구사항을 간단히 정의하여 보자.

❑ **송신자와 수신자 간의 협의.** 첫 번째 요구사항은 오디오 또는 비디오의 단일 표준의 부재와 연관이 있다. 서로 다른 부호화와 압축 방법을 사용하는 음성회의 또는 화상회의에 대한 여러 표준이 존재한다. 만약 송신자가 어떤 부호화 방법을 사용하고 수신자는 다른 방법을 사용한다면, 그 통신은 연결될 수 없다. 어플리케이션 프로그램은 부호화와 압축된 데이터를 전송하기 전에 오디오/비디오의 단일 표준 협의가 필요하다.

❑ **패킷 스트림 생성.** 3장에서 UDP와 TCP를 설명했듯이, UDP로 메시지를 전달하기 위해 어플리케이션은 메시지를 미리 정해진 패킷 크기로 전송한다. 반면에 TCP는 어플리케이션의 요청 없이도 바이트 스트림의 형태로 전송한다. 다시 말해, UDP는 메시지의 크기가 전해진 어플리케이션에 적합하지만 TCP는 연속적인 바이트 스트림 전송이 가능한 어플리케이션에 적합하다. 실시간 멀티미디어를 위해서 두 가지 기능이 모두 필요하다. 실시간 멀티미디어는 프레임(또는 청크)의 크기 또는 경계를 분명하지만 서로 연관 관계가 있는 데이터의 *stream of frame* 또는 *stream chunk*을 지원한다. 이러한 경우는 UDP와 TCP는 프레임 스트림을 송수신하기에는 적합하지 않다. UDP는 프레임 간의 연관성을 제공하지 못하고 TCP는 바이트 간의 연관성을 제공하지만 바이트는 멀티미디어 프레임(또는 청크)보다 크기가 작다.

❑ **소스 동기화.** 어플리케이션이 한 개 이상의 소스(오디오와 비디오)을 사용한다면, 소스 간의 동기화가 필요하다. 예를 들어, Skype와 같은 오디오와 비디오를 이용한 원격회의에서 오디오와 비디오는 서로 다른 코드화와 압축기법을 이용할 것이다. 어떻게든 서로 다른 어플리케이션이 동기화를 한다면, 분명히 말하는 사람의 영상이 먼저 보이거나 음성이 먼저 들릴 것이다. 또한 오디오 또는 비디오(다수의 마이크 또는 카메라 사용)를 이용한 한 개 이상의 소스에서도 발생 가능하다. 소스 동기화는 일반적으로 **혼합기**(*Mixer*)를 사용한다.

❑ **오류 제어.** 실시간 멀티미디어 어플리케이션의 오류(패킷 훼손과 유실) 처리는 특별한 관리가 필요하다는 것에 대해서는 이미 설명하였다. 또한 훼손되었거나 유실된 패킷의 재전송은 많은 시간을 필요로 하기 때문에 훼손 또는 유실된 패킷의 재전송 없이 복구하기 위해서는 데이터의 여분의 공간을 확보해야 한다는 것을 이미 설명하였다. 따라서 TCP 프로토콜은 실시간 멀티미디어 어플리케이션에는 적합하지 않다.

❑ **혼잡 제어.** 다른 어플리케이션처럼, 멀티미디어의 혼잡 제어를 제공해야 한다. 만약 재전송 문제 때문에 멀티미디어에 TCP 프로토콜을 사용하지 않는다면, 반드시 멀티미디어 시스템에 혼잡 제어를 포함시켜야 한다.

❑ **지터 제거.** 8.3.3절에서 논의한 바와 같이 실시간 멀티미디어 응용에서의 문제점 중에 하나는 수신자 측에서 생성된 지터이다. 왜냐하면 인터넷에서 제공하는 패킷 교환 서비스는 스트림에 있는 패킷에 불규칙한 지연 시간을 생성하기 때문이다. 이전에는 음성회의는 회선교환망처럼 지터가 없는 전화망으로 제공되었다. 만약 모든 응용이 인터넷을 통해 제공된다면, 반드시 지터의 처리방법이 필요하다 8.3.3절에서 언급했듯이 지터를 완화하기 위해서 재생버퍼(playback buffer)와 타임스탬프를 이용한다. 재생은 수신자 측의 어플리케이션 계층에서 작동하지만 전송 계층이 어플리케이션 계층에 타임스탬프와 시퀀스를 제공할 수 있어야 한다.

❑ **송신자 식별.** 다른 어플리케이션과 마찬가지로 멀티미디어 어플리케이션 또한 송신자를 식별하는 것은 민감한 문제이다. 일반적으로 인터넷을 사용할 때 IP 주소로 인터넷 사용자를 식별한다. 하지만 HTTP 프로토콜이나 전자우편과 같은 정보와 IP 주소를 매핑하여 사용자를 식별할 필요가 있다.

실시간 멀티미디어 처리를 위한 UDP, TCP 요구사항

실시간 멀티미디어의 요구사항에 대한 설명을 한 후에 TCP 또는 UDP가 이런 요구사항을 만족하는지 살펴보자. 표 8.6은 UDP와 TCP가 만족하는 요구사항을 비교하였다.

표 8.6을 살펴보면 매우 흥미로운 사실을 알 수 있다. UDP와 TCP 모두 모든 요구사항을 만족하지 못한다. 하지만 어플리케이션 계층이 전송 계층의 일을 할 수 없기 때문에 클라이언트−서버 소켓을 사용하기 위해 전송 계층 프로토콜이 필요하다는 것을 기억해야 한다. 따라서 우리는 다음과 같은 3개의 상황을 선택할 수 있다.

1. UDP와 TCP의 특징(특히, 멀티스트리밍과 스트림 패키징)을 합한 새로운 전송 계층 프로토콜(SCTP와 같은 프로토콜)을 사용한다. SCTP가 갖는 특징과 UDP, TCP의 특징을 결합하기 때문에 가장 좋은 선택이 될 것이다. 하지만, 많은 멀티미디어 어플리케이션을 통해 소개되었고, 미래에서는 실제로 전송 계층에서 사용될 것으로 보인다.

2. TCP가 충족시키지 못한 요구사항은 다른 전송 기법을 TCP와 결합하여 사용한다. 하지만 이 선택은 TCP가 실시간 어플리케이션에서 적용할 수 없는 재전송 기법을 사용하기 때문에 어느 정도 어려움이 있을 것이다. TCP의 다른 문제는 멀티캐스팅을 할 수 없다는 것이다. TCP는 오직 Two-Party 연결을 제공하지만 실시간 대화형 연결을 위해서는 Multi-Party 연결이 필요하다.

3. UDP가 충족시키지 못한 요구사항은 다른 전송 기법을 UDP와 결합하여 사용한다. 다시 말해, 클라이언트−서버 소켓을 사용하기 위해 UDP를 사용하지만, UDP의 상위 계층에서 실행하는 다른 프로토콜을 사용해야 한다. 이 선택은 현재 멀티미디어 어플리케이션에서 사용되고 있으며, 전송 기법은 실시간 전송 프로토콜(RTP)이다. 실시간 전송 프로토콜(RTP)은 다음 장에서 설명하겠다.

표 8.6 ┃ 실시간 멀티미디어 처리를 위한 UDP, TCP 요구사항

Requirements	UDP	TCP
1. Sender-receiver negotiation for selecting the encoding type	No	No
2. Creation of packet stream	No	No
3. Source synchronization for mixing different sources	No	No
4. Error Control	No	Yes
5. Congestion Control	No	Yes
6. Jitter removal	No	No
7. Sender identification	No	No

8.4.2 RTP

실시간 전송 프로토콜(RTP, Real-time Transport Protocol)은 인터넷 상에 실시간 트래픽을 관리하기 위해서 설계된 규약이다. RTP는 전달 메커니즘(멀티캐스팅, 포트번호, 기타 등등)이 없다. 반드시 UDP와 함께 이용되어야 한다. RDP는 UDP와 멀티미디어 응용 사이에 존재한다. 문서와 표준화 기술에서는 RTP를 전송 프로토콜(전송 계층 프로토콜이 아닌)로 취급하며 응용 계층에 위치해있다고 주장한다(그림 8.36 참조). 멀티미디어 계층으로부터 오는 데이터는 RTP에서 캡슐화되며 이후 전송 계층으로 전달한다. 즉, 소켓 인터페이스는 RTP와 UDP 사이에 위치하고 있으며, RTP에 기능들은 각 멀티미디어 응용을 위한 클라이언트−서버 프로그램에 추가해야 한다는 것을 의미한다. 그러나 몇몇의 프로그래밍 언어들은 프로그래밍을 보다 쉽게 하기 위한 기능들을 제공한다. 예를 들어, C 언어는 RTP 라이브러리를 제공하고 자바 언어는 RTP 클래스를 제공한다. 만약 RTP 라이브러리 혹은 클래스를 이용하면 RTP는 어플리케이션으로부터 분류되고 전송 계층의 일부가 되었다는 것을 생각할 수 있다.

그림 8.36 ┃ RTP

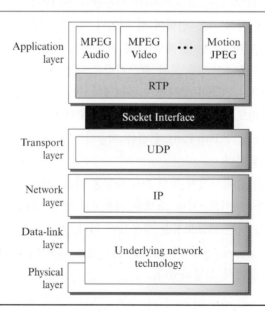

RTP 패킷 형식

RTP가 어떻게 멀티미디어 응용을 도와주는지 논의하기 전에, RTP의 패킷 형식에 대해서 먼저 알아보자. 그 후 이전 절에서 알아본 요구사항과 기능들을 연관 지을 수 있다.

그림 8.37은 RTP 패킷 헤더의 형식을 보여준다. 형식은 매우 간단하며 모든 실시간 응용을 다룰 수 있을 정도로 일반적이다. 추가적인 정보를 요구하는 응용의 경우에는 페이로드 시작 전에 필요한 것들을 추가한다.

그림 8.37 | RTP 패킷 헤더 형식

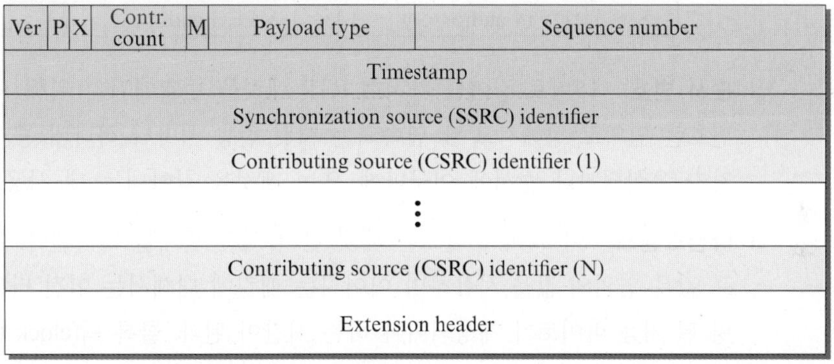

Ver	P	X	Contr. count	M	Payload type	Sequence number
Timestamp						
Synchronization source (SSRC) identifier						
Contributing source (CSRC) identifier (1)						
⋮						
Contributing source (CSRC) identifier (N)						
Extension header						

각 필드의 설명은 아래와 같다.

❑ **Ver.** 이 2비트 필드는 버전 번호를 정의한다. 현재 버전은 2이다.

❑ **P.** 이 한 비트 값이 설정되어 있으면 패킷 마지막에 패딩(padding)이 있음을 나타낸다. 이 경우 패딩의 마지막 바이트 값은 패딩의 길이를 나타낸다. 패킷이 암호화되면 패딩은 기본 이다. P 필드의 값이 0이면 패딩은 없다. 이러한 1비트 필드는 RTP 데이터가 필요한 길이를 제거한다. 왜냐하면 패딩이 없으면 데이터의 길이는 UDP 데이터에서 RTP 헤더를 뺀 길이와 동일하다. 그렇지 않으면, RTP 데이터 길이를 알기 위해서 패딩의 길이를 빼야한다.

❑ **X.** 이 1비트 값이 설정되어 있으면 일반 헤더와 데이터 사이에 추가적인 확장 헤더가 있음을 나타낸다. 이 필드의 값이 0이면 추가적인 확장 헤더는 존재하지 않는다.

❑ **기여자(Contributor) 카운트.** 이 4비트 필드는 기여자 소스(CSRC)의 개수를 나타낸다. 4비트 필드는 0과 15 사이이의 수만 허용하기 때문에 최대 기여자 수는 15이다. 음성 및 영상 회의에서는 활성화된 각 소스(수신대가만 하는게 아니라 데이터를 보내는 소스)들을 기여자라 부른다.

❑ **M.** 이 1비트 영역은 어플리케이션에서 표시자 역할을 하는데 예를 들어 데이터의 끝을 표시하거나할 때 사용한다. 멀티미디어 응용은 블록의스트림 또는 프레임 끝이 표시된 프레임이라고 이전에 말했다. 만약 이게 RTP 패킷의 한 세트이면 RTP 패킷은 이 표시자를 가지고 있다는 뜻이다.

❏ **페이로드 유형.** 이 필드는 7비트로서 페이로드의 유형을 나타낸다. 몇 가지 페이로드 유형이 현재까지 정의되어 왔으며 이 중 공통적인 응용을 나타내면 표 8.7과 같다. 유형에 대한 논의는 이 책의 범주를 넘어선다.

표 8.7 ▌ 페이로드 유형

Type	Application	Type	Application	Type	Application
0	PCMμ Audio	7	LPC audio	15	G728 audio
1	1016	8	PCMA audio	26	Motion JPEG
2	G721 audio	9	G722 audio	31	H.261
3	GSM audio	10–11	L16 audio	32	MPEG1 video
5–6	DV14 audio	14	MPEG audio	33	MPEG2 video

❏ **순서 번호.** 16비트 길이를 가지며 RTP 패킷을 번호매기기 위해 사용된다. 첫 번째 패킷의 번호는 임의로 정해지고 매 연속되는 패킷 전송 시마다 하나씩 증가한다. 순서 번호는 수신자가 유실되거나 순서에 어긋나게 오는 패킷을 찾아내는 데 사용된다.

❏ **타임스탬프.** 이 32비트 필드는 패킷 간의 시간 관계를 나타낸다. 첫 번째 패킷의 타임스탬프 값은 임의의 값을 사용하며 이어지는 패킷에 대해서는 이전 타임스탬프 값 더하기 샘플링 된 처음 바이트가 재생되어야 하는 시간이 된다. 클록 틱(clock tick) 값은 응용에 의존한다. 예를 들어 오디오 응용의 경우 주로 160바이트 뭉치를 만들어 내며 이 경우 클록 틱 값은 160이다. 즉, 이러한 응용의 타임스탬프 값은 각 RTP 패킷마다 160씩 증가한다.

❏ **동기 발신지(*Synchronization source*) 식별자.** 만약 하나의 발신지만 있으면 이 32비트 값은 발신지를 나타낸다. 그러나 만약 여러 개의 발신지가 있다면 믹서가 동기 발신지(synchronization source)가 되고 다른 발신지들은 기여자(contributor)가 된다. 발신 식별자(source identifier)의 값은 발신지가 선택한 임의의 값이 된다. 같은 순서 번호를 가지고 시작하는 두 발신지 간에 충돌이 발생할 수 있는데 규약에서는 이런 충돌에 대한 정책을 가지고 있다.

❏ **기여자(*contributor*) 식별자.** 이 32비트 필드 각각은 발신지를 나타내며 최대 15개까지 정의된다. 세션 상에 하나 이상의 발신지가 있다면 믹서가 동기 발신지(synchronization source)가 되고 다른 발신지들은 기여자(contributor)가 된다.

UDP 포트

비록 RTP가 그 자체로 전송 계층 규약이지만 RTP 패킷은 직접 IP 패킷에 캡슐화되어 전송될 수는 없다. 대신에 RTP는 응용프로그램처럼 다루어져서 UDP 데이터그램에 캡슐화되어야 한다. 그러나 다른 응용프로그램과는 달리 RTP에는 잘 알려진 포트(well-known port)가 할당되지는 않는다. 포트는 단지 짝수이기만 하면 되며 요구에 의해 선택되어질 수 있다. 그다음 홀수 번호는 RTP와 함께 짝으로 사용되는 실시간 전송 제어 규약(RTCP, Real-time Transport Control Protocol)에서 사용된다.

> **RTP는 임시의 짝수 UDP 포트를 사용한다.**

8.4.3 RTCP

RTP는 송신자로부터 목적지까지 데이터를 전달하는 하나의 메시지 유형만 허용한다. 많은 경우 세션 동안 이것과는 다른 메시지들이 필요하게 된다. 이런 메시지들은 플로우와 데이터의 품질을 제어하며 수신자로 하여금 송신자 혹은 송신자들에게 피드백을 보내도록 한다. 실시간 전송 제어 규약인 **RTCP (Real-time Transport Control Protocol)**는 이런 목적을 위해 설계된 규약이다. RTCP는 RTP 패킷에서 수행되는 페이로드가 아닌 RTP의 자매 프로토콜이다. UDP 프로토콜은 RTP 페이로드와 RTCP 페이로드를 서로 다른 upper-layer를 통하여 전달한다.

RTCP 패킷은 송신자와 수신자 사이에서 양방향 멀티미디어 스트림의 피드백을 제어한다. 특히 RTCP는 다음과 같은 함수를 제공한다.

1. RTCP는 송신자의 멀티미디어 스트림에 대한 네트워크 혼잡과 관련된 성능을 알린다. 멀티미디어 응용프로그램은 UDP(혹은 TCP)를 사용하기 때문에 전송 계층에서 네트워크 혼잡 제어를 할 수 있는 방법이 없다. 이것은 네트워크 혼잡을 제어할 필요가 있는 경우, 어플리케이션 계층에서 수행되어야 함을 의미한다. RTCP는 이것을 가능하게 하기 위해 어플리케이션 계층에 대한 단서를 제공한다. 만약 혼잡을 감시하고 RTCP에게 통지한다면, 응용프로그램의 품질의 균형 유지에 대해 혼잡을 줄이고, 패킷의 수를 줄이기 위해 보다 적극적인 압축 방식을 사용할 수 있다. 혼잡이 관찰되지 않는다면, 응용프로그램은 더 나은 품질의 서비스를 위해 성능 향상을 위한 압축 방법을 사용할 수 있다.

2. RTCP 패킷의 정보는 동일한 소스와 관련된 다른 스트림을 동기화하는 데 사용할 수 있다. 소스는 오디오와 비디오 데이터를 수집하기 위해 두 개의 서로 다른 원천 정보를 사용할 수 있다. 또한 오디오 데이터가 서로 다른 마이크로폰에서 수집될 수 있고, 비디오 데이터 또한 서로 다른 카메라에서 수집될 수 있다. 일반적으로 두 가지 정보는 동기화를 달성하는데 필요하다.

   a. 송신자는 각각의 ID를 필요로 한다. 각 원천 데이터가 다른 SSRC가 있을 수 있지만, RTCP는 고유한 ID를 제공한다(*CNAME*). CNAME는 수신자가 서로 다른 두 개의 데이터를 하나의 원천 데이터로 결합할 수 있도록 사용할 수 있다. 예를 들어, 원격이 세션과 관련된 n개의 송신자가 있지만, m개의 스트림에 기여할 수 있다($m > n$). 이 시스템에서 오직 n개의 CNAME이 있지만, m개의 SSRC가 있다. CNAME은 **사용자가** 일반적으로 사용자의 로그인 이름이며 호스트는 호스트의 도메인 이름이다.

   > **user@host**

   b. 정식 이름은 그것 자체로 동기화를 제공할 수 없다. 원천 데이터의 동기화를 위해서 각 RTP 패킷의 타임스탬프 필드에서 제공하는 상대 타이밍 이외에 스트림의 절대 타이밍을

알아야 한다. 각 패킷의 타임스탬프 정보는 스트림의 처음으로 패킷의 비트의 상대 시간 관계를 제공한다. 그것은 또 하나의 스트림을 연관지을 수 없다. 절대 시간 동안 동기화를 활성화하기 위해 RTCP 패킷에 의해 전송되어야 한다.

3. RTCP 패킷은 수신자측에 유용한 송신자 정보를 나른다, 예를 들면, 송신자의 이름(표준 이름에 한해서) 또는 영상의 자막들이 있다.

RTCP 패킷

주요 기능 및 RTCP의 목적을 논의 후 패킷을 논의하자. 그림 8.38은 다섯 가지 일반적인 패킷 유형을 보여준다. 각 박스 옆에 있는 숫자는 각 패킷의 숫자 값을 정의한다. RTCP 패킷은 RTP 패킷보다 작기 때문에 하나 이상의 RTCP 패킷은 UDP에 대해 하나의 페이로드로 포장할 수 있음을 언급해야 한다.

그림 8.38 | RTCP 패킷 유형

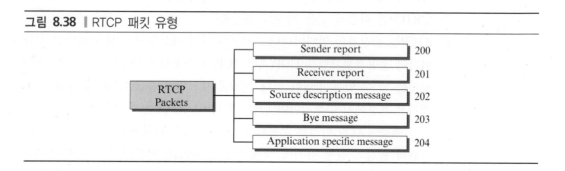

각 영역의 형식 및 정확한 정의는 본 책의 범위 및 분량 밖이다. 여기서는 간단하게 각 패킷의 역할에 대해 알아보고 이전에 알아본 기능들과 연관지어 볼 것이다.

송신자 보고 패킷

송신자 보고 패킷은 활성화된 서버에게 주기적으로 간격 사이에 전달되는 RTP 패킷의 전송 및 수신의 통계를 보낸다. 전달된 보고 패킷은 다음과 같은 정보들을 담고 있다:

□ RTP 스트림의 SSRC
□ 1970년 1월 1일 자정 이후로부터 지나간 초 단위의 벽걸이 시계 및 인접 타임스탬프의 혼합인 절대 타임스탬프
□ 세션 시작부터 보내진 바이트와 패킷의 개수

수신자 보고 패킷

수신자 보고 패킷은 RTP 패킷을 전달하지 않은 수동적인 참가자들에 의해 배포 된다. 수신자 보고 패킷은 수신자와 송신자에게 서비스 품질에 대해서 알려준다. 이러한 피드백 정보는 송신자 측의 혼잡 제어에 사용할 수 있다. 수신자 보고는 다음과 같은 정보들을 담고 있다.

□ 수신 보고가 갱신한 RTP 스트림의 SSRC
□ 패킷 손실의 분수

❏ 마지막 순서 번호
❏ 간격의 지터

발신지 기술 메시지

패킷은 다음과 같은 정보를 담고 있다:

❏ SSRC
❏ 발신자의 CNAME
❏ 실명, 이메일 주소, 전화번호와 같은 추가적인 정보
❏ 발신지 기술 메시지는 비디오의 자막과 같은 추가적인 데이터를 포함할 수 있다.

Bye 메시지

송신자는 스트림을 종료하기 위해 bye 메시지(bye message)를 전송한다. 이는 송신자가 자신이 컨퍼런스를 떠난다는 사실을 알리는 것이다. 비록 다른 송신자들이 송신자가 없음을 알 수 있게 될지라도 이 메시지는 직접적인 알림이 된다. 이는 또한 믹서에게 매우 유용하다.

응용 지정 메시지

응용 지정 메시지(application specific message)는 새로운 응용을 사용하기 원하는 응용(이 표준에는 정해지지 않음)에 대한 패킷이다. 이는 새로운 메시지 유형을 정의할 수 있도록 해준다.

UDP 포트

RTCP는 RTP와 마찬가지로 잘 알려진 UDP 포트를 사용하지 않는다. 이는 임시 포트를 사용한다. 선택되어진 UDP 포트는 반드시 선택된 RTP 포트번호 다음 것이어야 하며 따라서 홀수 번을 가져야만 한다.

> **RTCP는 RTP를 위해 선택된 포트번호 다음에 오는 홀수 번 UDP 포트를 사용해야 한다.**

대역폭 이용

RTCP 패킷들은 능동적 송신자에게서만 보내지는 게 아니라 능동적인 송신자들보다 훨씬 많은 수동적 송신자들에게서부터 보내진다. 이것은 만약 RTCP 트래픽이 제어되지 않으면 손을 벗어날 수 있다는 것을 의미한다. 이 상황을 제어하기 위해서 RTCP는 세션(RTP와 RTCP 둘 다)에서 사용되는 트래픽을 작은 수준(보통 5%)으로 유지하기 위해 제어 장치를 이용한다. 이 작은 부분의 큰 부분인 (x)는 수동적 송신자들에 의해서 만들어진다고 표시된 RTCP 패킷이고, 작은 부분인 ($1-x$)는 능동적인 송신자들에 의해서 만들어진다고 표시된 RTCP 패킷이다. RTCP 프로토콜은 능동적 송신자들에 대한 수동적 송신자들의 x의 값을 정의하기 위한 장치를 사용한다.

예제 8.10   세션에 대한 대역폭이 1 Mbps로 할당되었다고 가정해 보자. RTCP 트래픽은 대역폭의 5%인 50 Kbps를 가진다. 만약 여기에 오직 2명의 능동적 송신자와 8명의 수동적 송신자만

있다면 각각의 송신자 혹은 수신자들은 오직 5 Kbps만 가진다. 만약 RTCP의 평균적 크기가 5 Kbits라면 각각의 송신자 혹은 수신자들은 1초에 오직 하나의 RTCP 패킷을 보낼 수 있다.

요구사항 이행

우리의 약속대로 RTP와 RTCP의 조합이 어떻게 실시간 멀티미디어 응용프로그램의 요구사항에 응답하는지 볼 것이다. 디지털 음악이나 영상, 비트의 연속은 몇 개의 청크로 되어 있다(이것들은 가끔 *block*이나 *frame*이라고도 불린다). 각각의 청크들은 이전의 청크 혹은 다음의 청크와 구분하기 위한 미리 정의된 경계를 가지고 있다. 한 청크는 특별한 인코딩(payload type), 시퀀스 넘버, 타임스탬프, 동기화 소스 식별자와 그리고 하나 혹은 그 이상의 기여 소스 식별자를 정의하는 RTP 패킷 속에 캡슐화되어 있다.

1. 첫 번째 요구사항, 송신자-수신자 협상은 RTP/RTCP 프로토콜만으로는 만족될 수 없다. 이것은 다른 방법으로 완료되어야 한다. 우리는 차후에 RTP/RTCP에 접속해서 이를 가능하게 하는 다른 프로토콜(SIP)을 볼 것이다.
2. 두 번째 요구사항, 청크의 스트림 생성(*creation of a stream of chunk*)은 각각의 청크를 RTP 패킷에 캡슐화 하는 것과 시퀀스 번호를 부여하는 것으로 제공한다. RTP 패킷의 M 영역은 청크와 청크 사이에 특정한 값의 경계선이 있는지 정의를 한다.
3. 세 번째 요구사항, 소스의 동기화는 32비트 식별자로 각 소스를 식별하고 RTP 패킷과 RTCP 패킷의 절대 타임스탬프에 상대 타임스탬프를 사용하여 만족시킨다.
4. 네 번째 요구사항, 오류 제어는 연속 번호를 RTP 패킷에 사용하는 것과 이전 장에서 언급된 FEC 메소드를 이용하여 응용프로그램이 분실된 패킷을 재생산하는 것으로 만족시킨다.
5. 다섯 번째 요구사항, 혼잡 제어는 송신자의 손실 패킷의 번호를 공지하는 RTCP를 사용하는 수신자로부터 피드백 받음으로서 만족된다. 그러면 송신자는 패킷의 송신의 횟수를 줄이는 적극적인 압축을 사용할 수 있게 됨으로서 혼잡을 완화할 수 있다.
6. 여섯 번째 요구사항, 지터 제거는 타임스탬프와 데이터의 버퍼 재생에 사용되는 각 RTP 패킷에서 제공하는 순서에 의해 이루어진다.
7. 일곱 번째 요구사항, 소스 *ID*는 송신자가 보낸 소스 설명 패킷(RTCP)에 포함된 CNAME을 통하여 제공된다.

8.4.4 세션 초기화 프로토콜

우리는 오디오-비디오 회의를 위한 인터넷을 사용하는 방법에 대해 논의했다. RTP와 RTCP는 이러한 서비스를 제공하는 데 사용할 수 있지만, 한 구성 요소가 빠져 있다. 바로 참가자를 호출하는 데 필요한 신호 시스템이다.

이 문제를 해결하기 위하여 전통적인 전화 시스템(둘 이상의 사람 사이)의 전통적인 오디오 컨퍼런스(공공 전환 전화 시스템 혹은 PSTN)을 사용한다. 전화를 하기 위해 두 개의 전화번호는 해당 송신자와 수신자에게 필요하다. 그러면 수신자의 전화번호를 다이얼하고 응답할 때까지 기다린다. 전화 통신은 두 단계가 포함된다. 신호 위상 및 오디오 통신 위상.

전화 네트워크에서 신호 위상은 *Signaling System 7* (SS7)이라는 프로토콜에 의해 제공된다. SS7 프로토콜은 음성 통신 시스템에서 완전히 분리된다. 예를 들어 전통적인 전화 시스템은 회선 교환 네트워크를 통해 음성을 싣고 아날로그 신호를 사용되지만, SS7은 각 숫자의 전기 펄스가 펄스 일련의 변경 사항을 걸어서 사용한다. SS7 오늘 전화 서비스 제공뿐만 아니라, 착신 전환 및 오류 보고와 같은 다른 서비스를 제공한다.

우리가 이전 부분에서 논의했던 RTP/RTCP의 조합은 PSTN에 의한 음성 통신과 동등하다. 이것을 전체적으로 인터넷 상에서 시뮬레이트하기 위해서는 신호 시스템이 필요하다. 그러나 우리의 욕망은 여기가 끝이 아니다. 우리는 이 음성 혹은 영상회의 시스템을 컴퓨터에서만 사용하는 게 아니라 전화기, 휴대전화, PDA, 혹은 이외의 것들에서도 사용하려고 한다. 그리고 우리는 우리 동료인 그녀가 그녀의 책상 앞에 있는지 알아봐야한다. 우리들은 장치들의 조합과 소통해야 할 필요가 있다.

SIP (Session Initiation Protocol)는 IETF에 의해 만들어졌다. 이는 멀티미디어 세션을 설정하고, 관리하며, 종료하기 위해 사용되는 응용 계층 규약이다. 이는 두 개체 간, 여러 개체 간 혹은 멀티캐스트 세션을 생성하기 위해 사용되어질 수 있다. SIP는 하부 전송 계층과 무관하게 만들어졌다. 따라서 UDP, TCP 및 SCTP 상에서 동작할 수 있다.

□ 인터넷에 연결되어 있는 사용자들 간의 요청을 수립한다.

□ 사용자들이 IP 주소가 바뀔 수 있기 때문에(모바일 IP나 DHCP를 생각해 보라) 인터넷 상에서 사용자들의 IP 주소를 찾는다.

□ 사용자들이 conference call에 참여할 수 있거나 원한다면 이를 찾아낸다.

□ 사용될 미디어와 부호화 형태 측면에서 사용자의 역량을 알아낸다(지난번 섹션에서 언급했듯이 멀티미디어 의사소통의 첫 번째 요건이다).

□ 포트번호와 같은 파라미터들을 정의해 세션 설정을 수립한다(RTP와 RTCP가 포트번호를 사용한다는 것을 기억하라).

□ 콜 홀딩, 콜 포워딩, 새 참가자 수락, 세션 파라미터 변경 등과 같은 세션 관리 함수들을 제공한다.

통화 상태

상호적인 실시간 멀티미디어 어플리케이션들과 다른 어플리케이션들의 한 가지 차이는 통신하는 당사자이다. 음성 또는 화상회의에서 사용자들 사이에 하는 것이지 장치들 사이에 하는 것이 아니다. 예를 들어서 HTTP나 FTP에서는 통신하기 전에 클라이언트들은 서버의 IP 주소를 찾을 필요가 있다(DNS 이용). 통신 이전에 사람을 찾을 필요는 없다. SMTP에서는 메시지가 받아 보아지기 전에 어떠한 통제없이 송신자의 이메일은 수신자의 메일박스로 메시지를 보낸다. 음성 또는 화상회의에서는 발신자가 수신자를 찾을 필요가 있다. 수신자는 책상에 앉아 있거나, 거리를 걷고 있거나 완전히 수신이 불가능하거나 할 수 있다. 통신을 더 어렵게 만드는 건 특정 시간에 참여한 장치의 능력이 다른 시간에 사용되는 장치의 능력과 차이가 있다는 점이다. SIP 프로토콜은 수신 자의 위치를 찾는 동시에 참가자가 사용하는 장치의 능력을 협상할 필요가 있다.

주소

일반적인 전화 통신에서 전화번호는 송신자와 수신자를 구분한다. SIP는 매우 유연하여(flexible) SIP에서는 전자우편 주소, IP 주소, 전화번호 및 다른 종류의 주소들이 송신자와 수신자를 구분 하기 위해 사용되어질 수 있다. 그러나 주소는 SIP 형태(SIP *scheme*이라고도 함)일 필요가 있다. 그림 8.39는 일반적인 형식을 보여준다.

그림 8.39 ▮ SIP 형식

SIP 주소는 2장에서 공부한 URL과 비슷하다는 것을 알 수 있다. 사실대로 말하자면, SIP 주소는 잠재적 수신자의 웹 페이지에 포함된 URL이다. 예를 들어, 밥은 위 주소 중 아무거나 자신의 SIP 주소로 추가할 수 있으며, 만약 누가 그것을 누른다면, SIP 프로토콜이 호출되어 밥 에게 연락을 한다. 다른 주소들도 가능하다. 예를 들어, 이름과 성 순으로 주소를 사용할 수도 있지만 *sip:user@address* 형식대로 사용해야한다.

메시지

SIP는 HTTP와 같은 텍스트 기반의 규약이다. SIP는 HTTP처럼 메시지를 사용한다. SIP에서 메 시지들은 요청과 응답 두 가지 넓은 범주로 나누어진다. 두 가지 메시지 범주들의 서식이 아래 에 있다(HTTP 메시지들과 유사성은 그림 2.12 참고).

Start line		**Status line**	
Header	**// one or more lines**	**Header**	**// one or more lines**
Blank line		**Blank line**	
Body	**// one or more lines**	**Body**	**// one or more lines**

요청 메시지

IETF는 원래 6개의 요청 메시지들로 정의된다. 하지만 몇 가지 새로운 요청 메시지들이 SIP의 기능성 확장을 위해 제안되었다. 원래의 6개 메시지들은 다음과 같다.

❑ *INVITE.* INVITE 요청 메시지는 초기 세션을 초기화하기 위해 발신자에 의해 사용된다. 이 메시지를 사용해 발신자는 하나 혹은 다수의 수신자들을 회의에 참가자로 초대한다.

❑ *ACK.* ACK 메시지는 세션 초기화가 완료되었는지 확인하기 위해 발신자가 보낸다.

❑ *OPTIONS.* OPTIONS 메시지는 장치의 능력에 대해 질의한다.

❑ *CANCEL.* CANCEL 메시지는 이미 시작된 초기화 과정을 취소한다. 해당 콜을 종료하지는 않는다. 새로운 초기화가 CANCEL 메시지 이후에 시작될 수 있다.

❑ *REGISTER.* REGISTER 메시지는 수신자가 불가능할 때에 연결을 만든다.

❑ *BYE.* BYE 메시지는 세션을 종료할 때 사용된다. CANCEL 메시지와 달리 발신자나 수신자로 부터 개시된 BYE 메시지는 세션 전체를 종료시킨다.

응답 메시지

IETF는 또한 6가지 응답 메시지들로 정의된다. 이는 요청 메시지들에 의해 전송되지만, 참고로 이들 사이에는 어떠한 관계도 없다. 응답 메시지들은 어떠한 요청 메시지에도 전송될 수 있다. 다른(text-oriented) 응용프로그램 프로토콜처럼 응답 메시지는 세 자리 십진수들(three-digits numbers)로 정의된다. 응답 메시지들은 다음과 같다.

❑ *Informational Responses.* 이 응답들은 **SIP 1xx** 형태이다(예로 100 trying, 180 ringing, 181 call forwarded, 182 queued, 183 session progress가 있다).

❑ *Successful Responses.* 이 응답들은 **SIP 2xx** 형태이다(예로 200 OK를 가진다).

❑ *Redirection Responses.* 이 응답들은 **SIP 3xx** 형태이다(일반적으로 301 moved permanently, 302 moved temporarily, 380 alternative service가 있다).

❑ *Client Failure Responses.* 이 응답들은 **SIP 4xx** 형태이다(예로 400 bad request, 401 unauthorized, 403 forbidden, 404 not found, 405 method not allowed, 406 not acceptable, 415 unsupported media type, 420 bad extension, 486 busy here가 있다).

❑ *Server Failure Responses.* 이 응답들은 **SIP 5xx** 형태이다(예로 500 server internal error, 501 not implemented, 503 service unavailable, 504 timeout, 505 SIP version not supported가 있다).

❑ *Global Failure Responses.* 이 응답들은 **SIP 6xx** 형태이다(예로 600 busy everywhere, 603 decline, 604 doesn't exist, 606 not acceptable가 있다).

간단한 세션

첫 번째 시나리오에서는 앨리스가 밥에게 연락을 취해야 하는데 앨리스는 IP 주소를 그리고 밥은 SIP 주소를 통신으로 사용하고 있다. 통신은 다음과 같이 세 무듈로 분류할 수 있다. 설정하기, 통신하기 그리고 종료하기. 그림 8.40은 SIP를 이용한 간단한 세션을 보여주고 있다.

세션의 설정

SIP의 세션을 설정하기 위해서는 3단계 핸드쉐이크를 필요로 한다. 앨리스가 통신을 시작하기 위해 UDP, TCP 또는 SCTP를 사용하여 INVITE 요청 메시지를 전달한다. 만약 밥이 세션을 시작할 의향이 있다면 그는 답문 메시지 (200 OK)를 전달한다. 응답 코드 수신을 확인하기 위해

그림 8.40 | 간단한 SIP

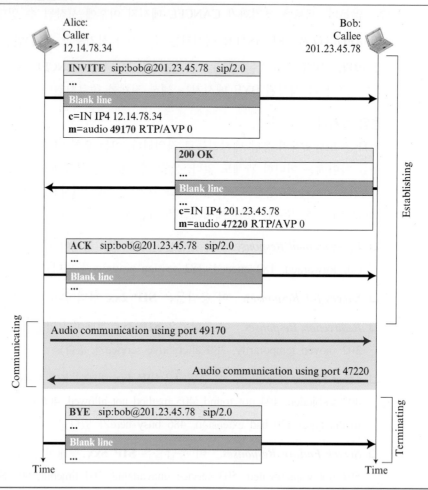

서 앨리스는 음성 통신을 시작하기 위해 ACK 요청 메시지를 전달한다. 설정 부분은 두 가지의 요청 메시지(INVITE, ACK)를 사용하고 하나의 응답 메시지(200 K)를 사용한다. 메시지에 대한 자세한 내용은 후의 논의 하겠지만 우선은 INVITE 메시지의 첫 줄은 SIP의 버전 및 수신자의 IP 주소를 정의한다. 헤더에는 아직 줄을 추가하지 않았지만 나중에 추가할 것이다. 헤더의 본체는 또 다른 프로토콜인 세션 기술 프로토콜(SDP, Session Description Protocol)를 사용하며, 문법(형식) 및 의미(각 줄의 의미)를 정의한다. 본 규약에 대해서는 나중에 간단하게 설명하도록 하겠다. 이전에 본체의 첫 줄에서는 발신자의 메시지를 정의한다고 했다; 두 번째 줄은 미디어(음성) 및 앨리스에서 밥으로 가는 RTP의 포트번호를 정의한다. 응답 메시지는 밥에서부터 앨리스로 가는 미디어(음성) 및 포트번호를 정의한다. 앨리스가 ACK 요청 메시지로 설정의 세션을 확인하면(응답을 요구하지 않는다), 설정은 그것으로 끝이며 통신을 시작할 수 있다.

통신

세션의 설정이 끝나면 앨리스와 밥은 설정 세션에서 정의된 임시 포트에서 통신을 할 수 있다. 짝수의 숫자를 갖는 포트는 RTP를 위해 사용된다. RTCP 다음에 오는 홀수의 숫자를 갖는 포트를 사용할 수 있다(그림 8.40에서는 RTP가 사용하는 짝수의 숫자를 같은 포트만 보여주고 있다).

세션의 종료

세션은 어느 한 쪽에서 보낸 BYE 메시지로 종료시킬 수 있다. 그림에서는 앨리스가 세션을 종료하는 걸로 보여주고 있다.

수신자 추적

만약 밥이 자신의 터미널에 앉아 있지 않으면 무슨 일이 발생하는가? 그는 자리에 없거나 아니면 다른 터미널에 있을 수도 있다. 만약 DHCP를 사용하고 있으면 고정된 IP 주소도 없을 것이다. SIP(DNS와 비슷한)는 밥이 앉아있는 터미널의 IP 주소를 찾을 수 있는 메커니즘이 있다. 이러한 추적을 하기 위해서 SIP는 등록의 개념을 이용한다. SIP는 몇몇의 서버를 레지스트리로 정의한다. 어느 순간에도 사용자가 최소한 하나의 **등록 서버(registrar server)**에 등록이 되어 있다면, 이 서버는 수신자의 IP 주소를 안다.

만약 앨리스가 밥이랑 통신할 필요가 있으면, 그녀는 INVITE 메시지 안에 있는 IP 주소 대신 그녀의 이메일 주소를 사용할 수 있다. 메시지는 프록시 서버로 전달된다. 프록시 서버는 lookup 메시지(SIP의 일부가 아님)를 밥이 등록된 레지스트리 서버로 전달된다. 프록시 서버가 레지스트리 서버로부터 응답 메시지를 수신하면 프록시 서버는 앨리스의 INVITE 메시지를 받아서 새로 발견된 밥의 IP 주소를 입력한다. 그리고 난 후 이 메시지는 밥으로 전달된다. 그림 8.41에서 다음과 같은 절차를 보여준다.

그림 8.41 ┃ 수신자 추적

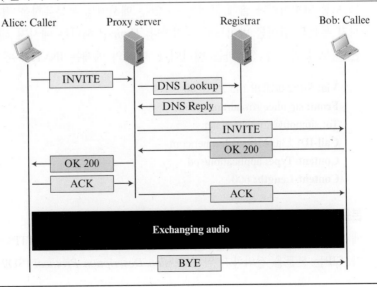

SIP 메시지 형식 및 SDP 프로토콜

우리가 이전에 언급했던 것처럼 SIP 요청과 응답 메시지는 네 가지 세션으로 나누어져 있다. 시작 혹은 상태 라인, 헤더, 블랭크라인 그리고 바디로 이루어져 있다.

블랭크라인이 더 이상의 정보를 필요로 하지 않으므로 다른 세션에 대하여 다른 세션들에 대하여 짧게 언급하겠다.

시작 라인

시작 라인은 받는 사람의 주소와 SIP 버전의 뒤에 따라오는 request name과 함께 시작하는 하나의 라인이다. 예를 들면, INVITE 메시지는 시작 라인이 다음의 시작 라인 형식을 가져오도록 요청한다.

INVITE sip:forouzan@roadrunner.com

상태 라인

상태 라인은 three-digit 응답 코드와 함께 시작하는 하나의 라인이다. 예를 들면, 200 응답 메시지는 다음의 상태 라인 형식을 가진다.

200 OK

헤더

헤더는 요청 혹은 응답 메시지에서 여러 개의 라인을 쓸 수 있다. 각각의 라인은 콜론과 스페이스 그리고 벨류의 뒤에 오는 line name과 같이 시작된다. 몇 가지 특이한 헤더 라인은 Via, From To, Call-ID, Contents-Type, Contents-Length 그리고 Expired이다. *Via* 헤더는 송신자를 포함하는 메시지 페스들을 통하여 SIP 장치를 정의한다. *From* 헤더는 송신자를 식별하고, *To* 헤더는 수신자를 식별한다. *Call-ID* 헤더는 세션을 정의하는 임의의 번호이다. *Contents-Type* 헤더는 보통 SDP이거나 짧게 표현될 수 있는 메시지의 본문유형을 정의한다. *Content-Length*은 메시지 본문의 길이를 바이트로 정의한다. *Expired* 헤더는 메시지 헤더에서 사용되며, 본문에 있는 정보의 만료를 정의하는 헤더이다. 다음의 예제는 INVITE 메시지의 헤더이다.

Via: SIP/2.0/UDP 145.23.76.80
From: sip:alice@roadrunner.com
To: sip:bob@arrowhead.net
Call-ID: 23a345@roadrunner.com
Content-Type: application/spd
Content-Length: 600

본문

메시지의 본문(body)은 우리가 볼 수 있는 응용프로그램과 HTTP와 SIP 사이의 가장 큰 차이이다. SIP는 본문을 정의하기 위해 *Session Description Protocol* (SDP)라고 불리는 다른 프로토콜을 사용한다. 본문에 있는 각각의 라인은 equal sign과 value 뒤에 따라오는 SDP코드로 만들어져 있다. 코드는 코드의 목적을 정의하는 하나의 글자이다. 우리는 본문을 몇 개의 세션으로 나눌 수 있다.

본문의 첫 번째 부분은 보통 일반 정보이다. 이 부분에서 사용되는 코드는 *v* (for version of SDP)와 *o* (for origin of the message)이다.

본문의 두 번째 부분은 보통 세션에서 어떤 부분을 맡을지를 결정하기 위한 정보를 수신자에게 준다. 이 부분에서 사용되는 코드는 *s*(subject), *i*(information about subject), *u*(for session URL), *e*(the e-mail address of the person responsible for the session)이다.

본문의 세 번째 부분은 세션을 가능하게 기술적인 세부사항을 전달한다. 이 부분에서 사용되는 코드는 *c*(the unicast or multicast IP address that the user needs to join to be able to take part in the session), *t*(the start time and end time of the session, encoded as integer), *m*(the information about media such as audio, video, the port number, the protocol used)이다.

다음의 예제들은 INVITE요청 메시지의 본문이다.

```
v=0
o=forouzan 64.23.45.8
s=computer classes
i=what to offer next semester
u=http://www.uni.edu
e=forouzan@roadrunner.com
c=IN IP4 64.23.45.8
t=2923721854 2923725454
```

통합

아래에 나오는 내용에 따라 네 가지 메시지 요청들의 부분들을 합쳐 보자. 첫 번째 라인은 시작 라인이다. 다음에 나오는 여섯 줄이 헤더를 형성한다. 그다음 라인(블랭크 라인)이 헤더를 본문 부분과 나눈다. 그리고 마지막 여덟 줄이 메시지의 본문 부분이다. 우리는 여기서 SIP 프로토콜과 SIP가 본문을 정의하기 위해 사용되는 보조적 프로토콜 SPD에 대한 정의를 매듭짓는다.

```
INVITE sip:forouzan@roadrunner.com
Via: SIP/2.0/UDP 145.23.76.80
From: sip:alice@roadrunner.com
To: sip:bob@arrowhead.net
Call-ID: 23a345@roadrunner.com
Content-Type: application/spd
Content-Length: 600
// Blank line
v=0
o=forouzan 64.23.45.8
s=computer classes
```

i=what to offer next semester
u=http://www.uni.edu
e=forouzan@roadrunner.com
c=IN IP4 64.23.45.8
t=2923721854 2923725454

8.4.5 H.323

H.323은 공중전화망 상에 있는 전화를 사용하여 인터넷에 연결되어 있는 컴퓨터(H.323에서는 터미널이라고 함)와 통신할 수 있도록 ITU에 의해 만들어진 표준이다. 그림 8.42는 H.323의 일반적인 구조를 보여준다.

　　게이트웨이(gateway)는 인터넷과 전화망을 연결한다. 일반적으로 게이트웨이는 하나의 프로토콜 스택에서 다른 스택으로 메시지를 바꾸는 5계층의 장비이다. 여기서의 게이트웨이도 정확하게 같은 일을 수행한다. 즉 전화망의 메시지를 인터넷 메시지로 바꾼다. 근거리 망의 **게이트키퍼(gatekeeper)** 서버는 SIP 프로토콜에서 논의한 대로 레지스트리 서버의 역할을 수행한다.

그림 8.42 ▮ H.323 구조

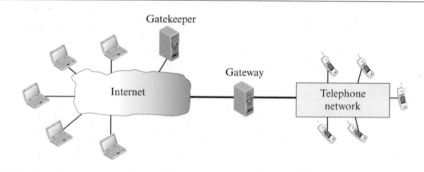

프로토콜

H.323은 음성(비디오) 통신을 설정하고 유지하기 위해 여러 프로토콜을 사용한다. 그림 8.43은 이러한 프로토콜들을 보여준다. H.323은 압축을 위해 G.711 혹은 G.723.1을 사용한다. 또한 양측이 압축 방법을 협상하기 위해 H.245라는 프로토콜을 사용한다. 프로토콜 Q.931은 연결을 설정하고 종료하는 데 사용된다. RAS (Registration/Administration/Status) 혹은 H.225라고 불리는 또 다른 프로토콜은 게이트키퍼에 등록하는 데 사용된다.

　　여기서 H.323은 완전한 세트의 프로토콜이지만 SIP와는 비교할 수 없다는 걸 알아야 한다. SIP는 일반적으로 RTP와 RTCP가 혼합하여 상호작용 실시간 멀티미디어 응용을 위한 완전한 세트의 프로토콜을 생성하기 위한 신호 프로토콜이지만 다른 프로토콜과도 같이 사용할 수 있다. H.323은 이와 달리 RTP와 RTCP 사용에 대한 권한을 갖는 완전한 세트의 프로토콜이다.

그림 8.43 ▮ H.323 프로토콜

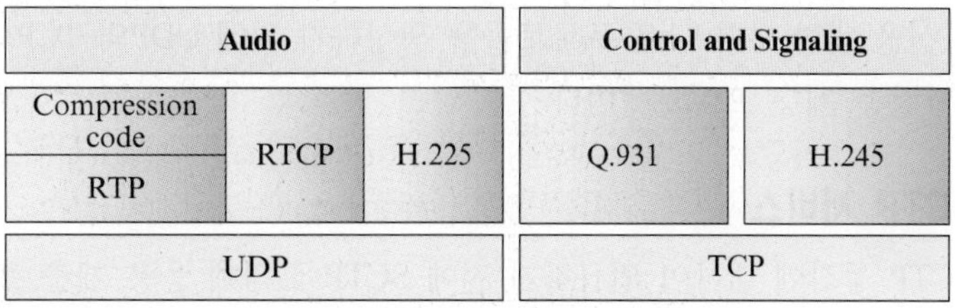

Audio			Control and Signaling	
Compression code / RTP	RTCP	H.225	Q.931	H.245
UDP			TCP	

동작

간단한 예를 가지고 H.323을 이용해 통신하는 전화의 동작 절차를 살펴보도록 하자. 그림 8.44는 전화와 통신하기 위해 터미널에 의해 사용되어지는 절차를 보여준다.

1. 터미널은 게이트키퍼에 방송 메시지를 전송한다. 게이트키퍼는 IP 주소를 응답한다.
2. 터미널과 게이트키퍼는 대역폭을 협상하기 위해 H.225를 사용하여 서로 통신한다.
3. 터미널, 게이트키퍼, 게이트웨이 및 전화는 연결을 설정하기 위해 Q.931을 사용하여 통신한다.
4. 터미널, 게이트키퍼, 게이트웨이 및 전화는 압축 방법을 협상하기 위해 H.245를 사용하여 통신한다.
5. 터미널, 게이트웨이 및 전화는 RTCP의 관리 하에 RTP를 사용하여 오디오를 교환한다.
6. 터미널, 게이트키퍼 및 전화는 연결을 종료하기 위해 Q.931을 사용하여 통신한다.

그림 8.44 ▮ H.323 예

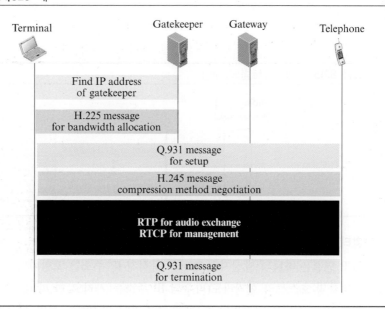

8.4.6 SCTP

스트림 제어 전송 프로토콜(SCTP, Stream Control Transmission Protocol)은 멀티미디어 통신을 위한 보다 나은 프로토콜을 생성하기 위해 UDP와 TCP의 특징을 조합하여 설계한 새로운 전송 계층 프로토콜이다.

SCTP 서비스

SCTP 동작에 대하여 언급하기 전에 SCTP에 의해 응용 계층 프로세스에게 제공되는 서비스들에 대하여 설명한다.

프로세스 간 통신

SCTP는 UDP 또는 TCP와 같이 프로세스간 통신을 제공한다.

멀티 스트림

TCP가 스트림 지향 프로토콜이라는 것을 이전 절에서 배웠다. TCP 클라이언트와 TCP 서버 사이의 각 연결은 하나의 단일 스트림을 포함한다. 이러한 접근법에 대한 문제는 스트림의 어느 지점에서의 손실은 나머지 데이터의 전달을 막아버린다. 이것은 텍스트를 전송하고 있을 때는 허용되나 오디오와 비디오와 같은 실시간 데이터를 송신할 때는 그렇지 않다. SCTP는 SCTP 용어로 **결합(association)**이라고 하는 **멀티스트림 서비스(multistream service)**를 각 연결에 허용한다. 이러한 아이디어는 고속도로 상에서 다수의 차선을 가진 것과 유사하다. 각 차선은 다른 형태의 교통을 위해서 사용될 수 있다. 예를 들어 어떤 차선은 정상적인 교통을 위하여 사용되며 다른 차선은 자동차 함께 타기 차선으로 사용될 수 있다. 정상 차량을 위한 교통이 막히더라도 자동차 함께 타기 차량은 그들의 목적지에 여전히 도달할 수 있다. 그림 8.45는 멀티스트림 전달의 기본 개념을 보여주고 있다.

그림 8.45 | 멀티스트림의 개념

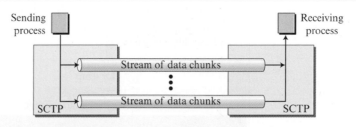

멀티호밍

TCP 연결은 하나의 발신지와 하나의 목적지 IP 주소를 포함한다. 이것은 송신기 또는 수신기가 멀티호밍 호스트라 할지라도(다수의 IP 주소를 가지고 한 개 이상의 물리적 주소에 연결된) 이러한 IP 주소들은 목적지당 한 개의 주소만이 연결하는 동안 이용될 수 있다는 것을 의미한다. 반면 SCTP 결합은 **멀티호밍 서비스(multihoming service)**를 지원한다. 송신 호스트와 수신

호스트는 결합을 위해 각 종단에 다수의 IP 주소를 정의할 수 있다. 이러한 고장 감내 접근법은 하나의 경로가 실패할 때 다른 경로로 중단 없이 데이터 전달을 위해 사용될 수 있다. 이러한 고장 감내 특징은 인터넷 전화와 같은 실시간 페이로드를 송수신할 때 매우 큰 도움이 된다. 그림 8.46은 멀티호밍의 기본 개념을 보여주고 있다.

그림에서 클라이언트는 두 개의 IP 주소를 가지고 두 개의 로컬 네트워크에 연결이 된다. 서버 또한 두 개의 IP 주소를 가지고 두 개의 네트워크에 연결된다. 클라이언트와 서버는 네 개의 서로 다른 IP 쌍을 가지고 결합을 만들 수 있다. 그러나 현재의 SCTP 구현에서는 IP 주소 한 개의 쌍만이 정상적인 통신을 위하여 선택이 된다는 것을 유념하라. 다른 경로는 주경로가 실패하면 사용된다. 즉 현재의 SCTP는 다른 경로 사이에서 데이터 분배를 허락하지 않는다.

그림 8.46 ┃ 멀티호밍 개념

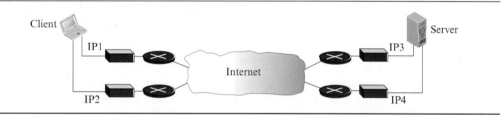

전이중 통신

SCTP는 TCP처럼 동시에 양방향으로 데이터가 진행할 수 있는 전이중 서비스를 제공한다. 각 SCTP는 송신과 수신 버퍼를 갖고 패킷들은 양쪽 모두의 방향으로 송신된다.

연결 지향 서비스

SCTP는 TCP처럼 연결 지향 프로토콜이다. 그러나 SCTP에서는 연결을 **결합**이라고 한다.

신뢰성 있는 서비스

SCTP는 TCP처럼 신뢰성 있는 전송 프로토콜이다. 데이터가 안전하게 도착했는지를 확인하기 위하여 확인응답 절차를 사용한다. 이 특징은 오류 제어에서 설명할 것이다.

SCTP 특징

SCTP의 일반적인 특징을 먼저 살펴보고 TCP의 특징과 비교해 보자.

전송 순서 번호

SCTP의 데이터의 단위는 데이터 청크이며, 분열(이후 다루기로 함) 때문에 프로세스로부터 오는 메시지와 1대1 관계가 있을 수도 있고 없을 수도 있다. SCTP에서 데이터 전송은 데이터 청크에 번호를 부여하면서 제어를 한다. SCTP는 전송 순서 번호(TNS, *transmission sequence number*)를 이용하여 데이터 청크에게 번호를 준다. 다시 말해, SCTP에서 TSN은 TCP의 순서 번호와 유사한 역할을 갖는다. TSN은 32비트이고 0과 $2^{32}-1$ 사이에서 랜덤하게 초기화된다. 각 데이터 청크는 해당되는 TSN을 헤더에 담아야 한다.

흐름 식별자

SCTP에서는 각 결합에 수많은 스트림이 있을 것이다. SCTP의 각 스트림은 **흐름 식별자**(*SI, Stream Identifier*)를 사용하여 식별해야 한다. 각 데이터 청크는 목적지까지 도달했을 시 올바르게 스트림에 담기 위해 SI를 헤더에 포함해야 한다. SI는 16비트 숫자로 이루어져있으며 0에서부터 시작한다.

흐름 순서 번호

데이터 청크가 목적지 SCTP에 도착할 때 올바른 순서로 적절한 스트림에 전달이 된다. 이것은 SI 외에 SCTP는 각 스트림의 데이터링크를 **스트림 순서 번호**(*SSN*)로 정의한다는 것을 의미한다.

패킷(Packets)

TCP에서 세그먼트는 데이터와 제어 정보를 운반한다. 데이터는 바이트 집합으로 운반되며 제어 정보는 헤더에 6개의 제어 플래그로 정의된다. SCTP의 설계는 완전히 다르다: 데이터는 데이터 청크, 제어정보는 제어 청크로 운반된다. 여러 개의 제어 청크와 데이터 청크는 하나의 패킷에 함께 묶일 수 있다. SCTP의 패킷은 TCP의 세그먼트처럼 동일한 역할을 수행한다. 그림 8.47은 TCP의 세그먼트와 SCTP의 패킷을 비교한다. 우리는 다음 절에서 SCTP 패킷의 형식을 설명하겠다.

그림 8.47 | TCP 단편과 SCTCP 패킷 간의 비교

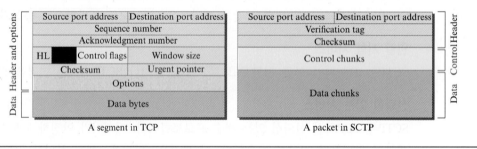

SCTP는 데이터 청크, 스트림 그리고 패킷으로 구성되어 있다. 한 결합에서 많은 패킷을 보낼 수 있다. 한 패킷에는 다수의 청크가 포함될 수 있고 청크들은 다른 스트림에 속할 수 있다. 이러한 용어의 정의를 명확하게 하기 위해 프로세스 A가 3개의 스트림으로 프로세스 B에게 11개의 메시지를 전송한다고 가정해보자. 첫 번째 4개의 메시지는 첫 번째 스트림에 포함되며 두 번째 3개의 메시지는 두 번째 스트림에 포함된다. 그리고 마지막 4개의 메시지는 세 번째 스트림에 포함된다. 만약 메시지가 길면 여러 데이터 청크에 의해 운반되지만 우리는 각 메시지는 하나의 데이터 청크에 맞을 것이라고 생각한다. 그러므로 우리는 3개의 스트림 안에 11개의 데이터 청크를 가지고 있다.

어플리케이션 프로세스는 11개의 각 메시지를 적절한 스트림에 배정하는 SCTP에게 전달한다. 비록 프로세스가 하나의 메시지를 첫 번째 스트림에, 남은 메시지는 두 번째 스트림으로 전송하지만 우리는 첫 번째로 모든 메시지가 첫 번째 스트림에 속하고, 그 다음으로 모든 메시지가 두 번째 스트림에 속한다. 마지막으로 모든 메시지는 마지막 스트림에 속한다.

우리는 또한 네트워크는 한 패킷에 3개의 데이터 청크가 전송된다고 가정하면, 이것은 우리가 그림 8.48과 같이 네 패킷을 전송해야 하는 것을 의미한다.

그림 8.48 ┃ 패킷, 데이터 청크 그리고 스트림

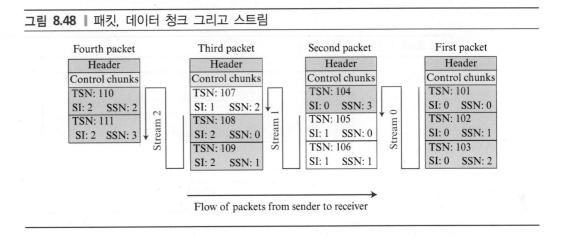

스트림 0의 데이터 청크는 첫 번째와 두 번째 패킷의 일부분으로 운반된다. 스트림 1의 데이터 청크는 두 번째와 세 번째 패킷으로 운반되며 스트림 2의 데이터 청크는 세 번째와 네 번째 패킷으로 운반된다.

각 데이터 청크는 TSN, SI 그리고 SSN 세 개의 식별자를 필요로 한다. TSN은 누적 번호이고 나중에 살펴보겠지만 흐름 제어와 오류 제어를 위해 사용된다. SI는 청크가 속해 있는 스트림을 정의한다. SSN은 특정한 스트림에 있는 청크 순서를 정의한다. 예제에서 각 스트림에서 SSN은 0부터 시작한다.

확인응답 번호

TCP 확인응답 번호는 바이트 지향이고 순서 번호로 참조한다. SCTP 확인응답 번호는 청크 지향적이다. TSN을 참조한다. TCP와 SCTP 확인응답에 관한 두 번째 차이점은 제어 정보이다. 이 정보는 TCP에서는 세그먼트 헤더의 일부분이라는 것을 상기하자. 제어 정보만을 운반하는 세그먼트에 대하여 확인응답을 위하여 TCP는 순서 번호와 확인응답 번호를 사용한다(예를 들어 SYN 세그먼트는 ACK 세그먼트에 의해 확인응답이 되도록 필요하다). 그러나 SCTP에서는 제어 정보는 제어 청크에 의해 운반되고 TSN을 필요로 하지 않는다. 이러한 청크 제어는 또 다른 적절한 형태의 제어 청크에 의해 확인응답된다(어떤 것은 확인응답 필요 없다). 예를 들어 INIT 제어 청크는 INIT-ACK 청크로 확인응답이 된다. 순서 번호나 확인응답 번호가 필요가 없다.

패킷 형식

SCTP 패킷은 규칙에 따른 일반적인 헤더와 청크라 불리는 블록 집합으로 구성되어 있다. 청크에는 2가지의 종류인 제어 청크와 데이터 청크로 되어있다. 제어 청크는 결합(association)을 제어하고 유지한다. 데이터 청크는 사용자의 데이터를 운반한다. 패킷에서 제어 청크는 데이터 청크 전에 온다. 그림 8.49는 SCTP 패킷의 일반적인 형식을 보여준다.

그림 8.49 ‖ SCTP 패킷 형식

General header
(12 bytes)
Chunk 1
(variable length)
Chunk N
(variable length)

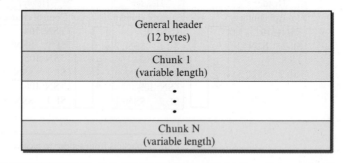

일반 헤더

일반 헤더(패킷 헤더)는 패킷이 속하는 각 결합의 끝 지점을 정의하며, 특정한 결합에 속하는 패킷을 보장하고 헤더 자체를 포함하는 패킷 내용에 대한 무결성을 보존한다. 일반 헤더의 형식은 그림 8.50과 같다.

그림 8.50 ‖ 일반 헤더

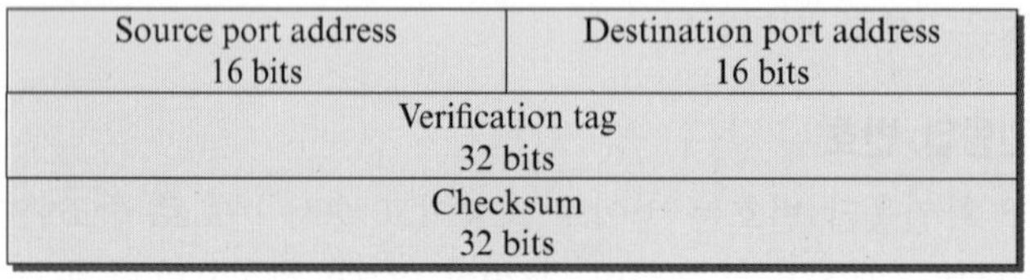

Source port address
16 bits
Destination port address
16 bits
Verification tag
32 bits
Checksum
32 bits

일반 헤더에는 네 개의 필드가 있다. 발신지와 목적지 포트번호는 UDP나 TCP와 동일하다. 검증 태그는 32비트의 필드이며, 패킷을 결합에 일치시키는 번호이다. 이것은 이전의 결합으로부터 온 패킷이 이 결합에 패킷을 잘못 받아들여지는 것을 방지한다. 이것은 결합을 위한 식별자로 사용된다. 다음 필드는 검사합이다. 검사합은 CRC-32 검사합의 사용을 허용하기 위하여 16비트(UDP, TCP 그리고 IP에서)에서 32비트까지 증가된다.

청크

제어 정보나 사용자 데이터는 청크에 의해 전달된다. 청크는 일반 레이아웃을 가지며, 그것은 그림 8.51과 같다. 첫 번째 세 개의 필드는 모든 청크에서 공통으로 가지고 있다. 정보 필드는 청크의 유형을 가진다. 유형 필드는 청크의 256가지 유형 중 하나로 정의할 수 있다. 지금까지 단 몇몇의 유형만이 정의되었다. 나머지 유형은 미래에 사용되기 위하여 예약 되어있다. 깃발 필드는 특정 청크가 필요한 특별한 깃발을 정의한다. 각 비트는 청크의 유형에 따라 다른 의미를 가지고 있다. 길이 필드는 청크의 유형, 깃발, 길이 필드를 포함하는 총 크기를 바이트로 정의한다. 정보 부분의 크기가 청크의 유형에 의존하기 때문에 청크의 경계를 정의하는 것이 필요하다. 청크가 아무런 정보를 담고 있지 않다면, 길이 필드의 값은 4바이트이다. 패딩의 길이에는 길이 필드의 계산이 포함되지 않는다는 것을 유의하라. 이것은 수신자가 청크의 어떤 바이트가 유용한가를 찾아내는데 도움을 준다. 만약 그 값이 4의 배수가 아니라면 수신자는 패딩이 있음을 알 수 있다.

그림 8.51 ▌ 청크의 일반 레이아웃

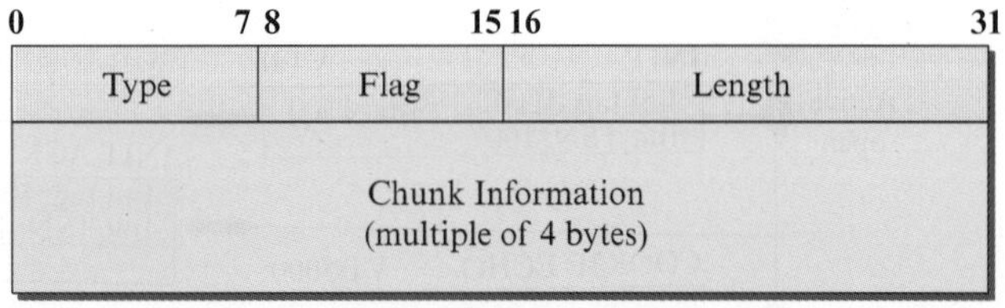

Type of Chunks 표 8.8에서 청크 목록과 설명을 볼 수 있다.

표 8.8 ▌ 청크

Type	Chunk	Description
0	DATA	User data
1	INIT	Sets up an association
2	INIT ACK	Acknowledges INIT chunk
3	SACK	Selective acknowledgment
4	HEARTBEAT	Probes the peer for liveliness
5	HEARTBEAT ACK	Acknowledges HEARTBEAT chunk
6	ABORT	Aborts an association
7	SHUTDOWN	Terminates an association
8	SHUTDOWN ACK	Acknowledges SHUTDOWN chunk
9	ERROR	Reports errors without shutting down
10	COOKIE ECHO	Third packet in association establishment
11	COOKIE ACK	Acknowledges COOKIE ECHO chunk
14	SHUTDOWN COMPLETE	Third packet in association termination
192	FORWARD TSN	For adjusting cumulating TSN

SCTP 결합

SCTP는 TCP처럼 연결 지향 프로토콜이다. 그러나 SCTP에서는 멀티호밍을 강조하기 위하여 결합이라고 한다.

SCTP 내에서 연결을 결합이라 부른다.

결합 설정

SCTP에서 결합 설정은 네 방향 핸드쉐이크를 요구한다. 이 절차에서 일반적으로는 클라이언트인 프로세스는 전송 계층 프로토콜로써 SCTP를 사용하여 일반적으로 서버인 또 다른 프로세스와 함께 결합을 설정하기를 원한다. TCP와 유사하게 SCTP 서버는 어떠한 결합도 받아들일 준비가 필요하다(수동 개방). 그러나 결합 설정은 클라이언트에 의해 시작된다(능동 개방). SCTP 결합 설정은 그림 8.52와 같다.

그림 8.52 | 네 방향 핸드쉐이크

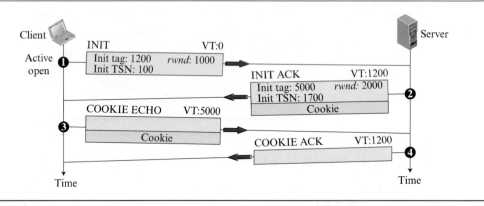

정상적인 상황에서의 단계는 다음과 같다.

1. 클라이언트가 INIT 청크가 들어있는 첫 번째 패킷을 보낸다. 일반 헤더에 정의된 이 패킷의 검증 태그는 클라이언트에서 서버로 방향으로 아무런 검증 태그가 정의되어 있지 않기 때문에 0이다. INIT 태그는 서버에서 클라이언트 방향의 패킷을 위해 사용되는 초기화 태그를 포함한다. 청크는 이 방향을 위하여 초기 TSN을 정의하고 rwnd를 위해 값을 홍보한다. rwnd의 값은 일반적으로 SACK 청크 안에서 홍보된다. SCTP가 세 번째와 네 번째 패킷에서 데이터 청크의 포함을 허용하기 때문에 여기서 끝이다. 서버는 사용 가능한 클라이언트 버퍼의 크기를 깨닫고 있어야 한다. 아무런 다른 청크는 첫 번째 패킷을 보낼 수 없음을 유의하라.

2. 서버가 INIT ACK 청크가 들어있는 두 번째 패킷을 보낸다. 검증 태그는 INIT 청크 안의 초기화 태그 필드의 값이다. 이 청크는 서버에서 클라이언트로의 흐름을 위한 다른 방향에서의 사용을 위해 태그를 초기화하는데 이를 초기 TSN이라 정의하며, 서버의 rwnd를 설정한다. INIT ACK는 이 순간의 서버의 상태를 정의하는 쿠키를 보낸다. 이후에 간단하게 쿠키의 사용에 대해 논의한다.

3. 클라이언트는 COOKIE ECHO 청크가 들어있는 세 번째 패킷을 보낸다. 이것은 변화가 없

는 에코로 가장 심플한 청크이며, 쿠키는 서버로부터 보내진다. SCTP는 이 패킷에서 데이터 청크의 포함을 허용한다.

4. 서버는 COOKIE ECHO 청크의 수신에 응답하는 COOKIE ACK 청크가 포함된 네 번째 패킷을 보낸다. SCTP는 이 패킷에 데이터 청크의 포함을 허용한다.

데이터 전송

결합의 목적은 두 개의 종단 간에 데이터를 전송하는 것이다. 결합이 설정된 후에 양방향으로 데이터통신이 이루어진다. 클라이언트와 서버는 모두 데이터를 송신할 수 있다. TCP처럼 SCTP는 피기백킹을 지원한다.

그러나 TCP와 SCTP 데이터 전송 사이에는 중요한 차이점이 있다. TCP는 메시지 사이를 인지하는 어떠한 경계선도 없이 바이트 스트림으로 메시지를 수신한다. 프로세스는 동배 간 사용을 위하여 경계선을 삽입할 수 있으나 TCP는 이 표시를 텍스트 부분으로 표시한 것을 다룬다. 즉 TCP는 메시지를 받아들이고 버퍼에 메시지를 추가한다. 세그먼트는 두 개의 다른 메시지 일부분을 운반할 수 있다. TCP에 의해 부과된 유일한 순서 시스템은 바이트 번호이다.

반면 SCTP에서는 경계선을 인식하고 유지한다. 프로세스로부터 오는 메시지들은 하나의 단위로 취급되고 단편화가 (나중에 설명) 되지 않았다면 데이터 청크로 삽입된다. 이러한 의미에서 SCTP는 UDP처럼 데이터 청크들은 서로 연관이 되어 있다는 큰 장점을 가진다.

프로세스로부터 수신한 메시지는 데이터 청크 헤더를 메시지에 붙임으로써 하나의 데이터 청크 또는 단편화가 된다면 여러 개의 데이터 청크가 된다. 메시지 또는 메시지 단편에 의해 형성된 데이터 청크는 TSN 하나를 갖는다. 데이터 청크만이 TSN을 사용하고 데이터 청크만이 SACK 청크에 의해 확인응답이 된다는 것을 기억해야 한다.

멀티호밍 데이터 전송   SCTP를 UDP와 TCP로부터 구별해주는 특징인 SCTP의 멀티호밍 기능에 대하여 다루었다. 멀티호밍은 통신을 위하여 양종단 간 여러 개의 IP 주소를 정의하는 것을 허용한다. 그러나 이러한 주소들의 하나만이 우선 주소로 정의될 수 있고 나머지는 대체 주소들이다. 우선 주소는 결합을 설정하는 동안 정의된다. 흥미로운 점은 한쪽 종단의 우선 주소는 다른 종단에 의해 결정된다는 점이다. 즉 발신지는 목적지를 위한 우선 주소를 정의한다.

기본적인 데이터 전송에는 목적지의 우선 주소를 사용한다. 만약 우선 주소를 사용할 수 없는 경우 대체 주소 중 하나가 사용된다. 그러나 프로세스는 언제나 우선 주소를 거절할 수 있으며, 메시지가 대체 주소 중 하나로 보내지도록 요청할 수 있다. 또한 현 결합의 우선 주소를 변경할 수 있다.

SACK를 어디로 보내는지에 대한 논리적인 질문이 발생한다. SCTP는 해당 SCTP 패킷에서 유래한 주소로 SACK가 보내지도록 명령한다.

멀티스트림 전달   SCTP의 한 가지 흥미 있는 특징은 데이터 전송과 데이터 전달의 구분이다. SCTP는 발신지와 목적지 사이의 데이터 청크의 이동인 데이터 전송을 다루기 위하여 TSN 번호를 사용한다. 데이터 청크의 전달은 SI와 SSN으로 제어된다. SCTP는 여러 개의 스트림을 지원할 수 있으며 이것은 송신기 프로세스는 서로 다른 스트림들을 정의할 수 있고 하나의 메시지는 이러한 스트림의 하나에 속할 수 있다는 것을 의미한다. 각 스트림에는 스트림을 유일하게 정의하는 스트림 식별자(SI)가 할당된다.

그러나 SCTP는 각 스트림에 대하여 규칙[*ordered*(기본)]과 불규칙(*unordered*)의 두 가지 데이터 전달 방식을 지원한다. 규칙 데이터 전송에선, 스트림 안의 데이터 청크들은 스트림 안의 순서를 정의하기 위해 스트림 순서 번호(SSNs)를 사용한다. 청크들이 목적지에 도착하면, SCTP는 청크에 정의된 SSN에 따라 메시지 전달을 담당한다. 하지만 청크가 순서에 맞지 않게 도착할 수 있기 때문에 전송이 지연될 수 있다. 불규칙 전송 서비스에선 스트림 안의 데이터 청크들은 SSN 필드 값 대신 U flag set을 사용한다. 불규칙 데이터 청크가 목적지에 도착하면 다른 메시지를 기다리지 않고 응용프로그램으로 전송된다. 대부분 응용프로그램에선 규칙 전송 서비스를 사용하지만 때때로 어떤 응용프로그램들에서 긴급한 데이터나 순서에 상관없는 전송(긴급 데이터와 TCP의 긴급 포인터 시설을 리콜)을 해야 하는 경우, 불규칙 전송을 정의할 수 있다.

단편화 데이터 전송에서 또 다른 문제는 단편화이다. SCTP가 IP와 이 용어를 같이 사용하지만(4장 참조), IP에서의 단편화와 SCTP에서의 단편화는 다른 위치에 속한다. 전자는 네트워크 계층 후자는 전송 계층에 속한다.

SCTP는 메시지의 크기가(IP 데이터그램에서 캡슐화될 때) 경로에 대한 MTU를 초과하지 않는다면, 메시지로부터 데이터 청크를 생성할 때 프로세스에서 프로세스까지 메시지의 경계선을 보존한다. 메시지를 운반하는 IP 데이터그램의 크기는 바이트로 메시지의 크기에 데이터 청크 헤더, 필요한 SACK 청크, SCTP 일반 헤더 그리고 IP 헤더 등 네 개의 오버헤드를 더함으로써 결정될 수 있다. 전체 크기가 MTU를 초과한다면 메시지는 단편화가 필요하다.

SCTP에서 이루어지는 단편화는 다음과 같이 이루어진다.

1. 메시지가 크기 요구 사항을 충족하기 위해 작은 조각으로 나눈다.
2. 데이터 청크 헤더는 다른 TSN 운반 각 조각에 추가한다. TSN은 순서대로 추가되어야 한다.
3. 모든 헤더 청크는 동일한 스트림 식별자(SI)와 같은 스트림 시퀀스 번호 (SSN), 동일한 페이로드 프로토콜 식별자와 같은 U 플래그 값을 가진다.
4. B와 E의 조합은 다음과 같이 지정한다.
   a. 첫 번째 조각: 10.
   b. 중간 조각: 00.
   c. 마지막 조각: 01.

단편화 조각들은 목적지에서 재조립된다. 만약 데이터 청크가 1/1 동등의 B/E 비트로 도착하면 단편화되지 않은 것이다. 수신기는 동일한 SI와 SSN를 이용하여 데이터 청크를 재조립하는 방법을 알고 있다. 조각의 수는 첫 번째의 TSN 번호와 마지막 조각에 의해 결정된다.

연계 종료

SCTP에서는 TCP처럼 데이터를 교환하고 있는데 (클라이언트 또는 서버) 참여한 두 개의 어느 쪽도 연결을 종료할 수 있다. 그러나 TCP와는 다르게 SCTP는 절반-종료 상황을 허용하지 않는다. 만약 한쪽 종단이 결합을 종료하면 다른 종단은 새로운 데이터 송신을 멈추어야만 한다. 데이터가 종료 요청 수신 큐에 남아 있다면 데이터는 송신되고 결합은 차단된다. 연관 종료는 그림 8.53에서처럼 세 개의 패킷을 사용한다. 그림에서는 종료가 클라이언트에서 시작이 되었지만 서버에 의해서도 시작할 수 있음을 유념하라.

그림 8.53 ┃ 연계 종료

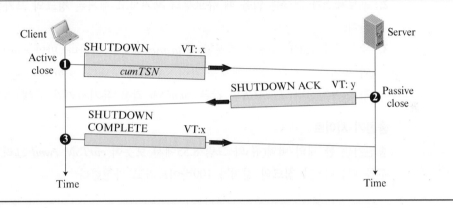

흐름 제어

SCTP에서의 흐름 제어는 TCP와 유사하다. TCP에서는 하나의 데이터 단위, 즉 바이트를 다루어야 했다. SCTP에서는 두 개의 데이터 단위인 바이트와 청크를 다루어야 한다. *rwnd*와 *cwnd*의 값은 바이트로 표현하고 TSN과 확인응답 값은 청크로 표현한다. 개념을 설명하기 위하여 실질적이지는 않지만 몇 가지 가정을 한다. 네트워크에 결코 혼잡이 없고 오류가 없다고 가정한다. 즉 *cwnd*는 무한정이고 패킷은 손실되거나 손상되거나 또는 순서가 어긋나게 도착하지 않는다는 것을 가정한다. 또한 데이터 전송은 단방향이라고 가정한다. 다음에 이 비현실적인 가정을 수정한다. 현재의 SCTP 구현은 흐름 제어를 위하여 바이트 지향 윈도우를 여전히 사용한다. 그러나 이해하기 더 쉬운 개념을 만들기 위하여 청크 용어로 버퍼를 보여준다.

수신기 사이트

수신기는 한 개의 버퍼(큐)와 세 개의 변수를 가진다. 큐는 프로세스에 의해 미처 읽혀지지 않은 수신된 데이터 청크를 유지한다. 첫 번째 변수는 수신된 마지막 TSN, 즉 *cumTSN*을 유지한다. 두 번째 변수는 이용 가능한 버퍼 크기 *winsize*를 유지하고 세 번째 변수는 마지막 누적된 확인응답 *lastACK*를 유지한다. 그림 8.54는 수신기 사이트에서 큐와 변수들을 보여주고 있다.

그림 8.54 ┃ 흐름 제어(수신측)

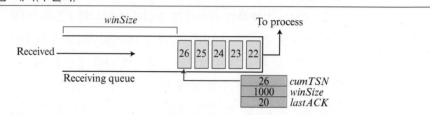

1. 사이트가 데이터 청크를 수신할 때 버퍼(큐)의 끝에 저장하고 *winSize*로부터 청크 크기를 뺀다. 청크의 TSN 번호는 *cumTSN* 변수에 저장된다.

2. 프로세스가 청크를 읽을 때 큐로부터 제거하고 제거된 청크의 크기를 *winSize*(재사용)에 더한다.

3. 수신기가 SACK 송신을 결정할 때 *lastAck*값을 검사한다. 만약 *cumTSN*보다 작다면 *cumTSN* 과 동일한 누적된 TSN 번호를 가진 SACK를 보낸다. 또한 공개된 윈도우 크기로써 *winSize* 값을 포함한다. *lastACK*의 값은 *cumTSN* 값을 유지시키기 위해 업데이트 된다.

송신기 사이트

송신기는 한 개의 버퍼(큐)와 그림 8.55에서 보듯이 *curTSN, rwnd* 그리고 *inTransit* 세 개의 변수를 갖는다. 각 청크의 길이가 100바이트라고 가정한다.

그림 8.55 ┃ 흐름 제어(송신측)

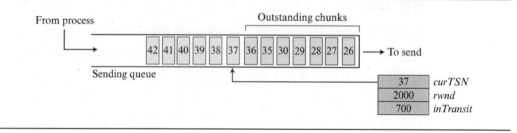

버퍼는 송신이 되거나 또는 송신될 준비를 하고 있는 프로세스에 의해 생성된 청크를 유지한다. 첫 번째 변수인 *curTSN*은 송신이 되는 다음 청크를 나타낸다. 이 값보다 작은 TSN을 가진 큐에 있는 모든 청크들은 송신되었지만 그러나 확인응답은 받지 않은 것으로 미해결이다. 두 번째 변수인 *rwnd*는 수신기(바이트로)에 의하여 공개된 마지막 값을 보유한다. 세 번째 변수인 *inTransit*는 바이트가 전송되었고, 미처 확인응답이 되지 않은 이동 상태에 있는 바이트 수를 유지한다. 다음은 송신기가 사용하는 절차이다.

1. *curTSN*에 의해 지적된 청크는 데이터의 크기가 *rwnd* − *inTransit* 양보다 작거나 또는 동일하다면 전송될 수 있다. 청크를 전송한 후에 *curTSN*의 값은 1만큼 증가하고 송신 되어질 다음번 청크를 가르킨다. *inTransit*의 값은 전송된 청크에 있는 데이터 크기만큼 증가한다.

2. SACK가 수신될 때 SACK에 누적된 TSN보다 작거나 또는 같은 TSN을 가진 청크는 큐에서

제거되고 폐기된다. 송신기는 더 이상 그것들에 대해서 신경 쓸 필요가 없다. *inTransit* 값은 폐기된 청크의 전체 크기만큼 감소된다. *rwnd*의 값은 SACK에 있는 공지된 윈도우 값으로 갱신된다.

오류 제어

SCTP는 TCP처럼 신뢰성 있는 전송 계층 프로토콜이다. 송신기에 수신기 버퍼의 상태를 보고하기 위하여 SACK 청크를 사용한다. 각 구현 방법에서는 수신기와 송신기 사이트를 위하여 서로 다른 형태의 개체와 타이머를 사용한다. 독자들에게 개념을 전달하기 위하여 간단한 디자인을 사용한다.

수신기 사이트

이 디자인에서 수신기는 순서가 어긋난 청크들을 포함하여 큐에 도착한 모든 청크들을 저장한다. 그러나 손실된 청크를 위한 공간을 남겨둔다. 중복 메시지를 버리나 송신기에 보고하기 위하여 추적을 한다. 그림 8.56은 수신기 사이트에 대한 전형적인 디자인과 특정한 지점에서 수신 큐의 상태를 보여주고 있다.

송신된 마지막 확인응답은 데이터 청크 20을 위한 것이다. 이용 가능한 윈도우 크기는 1,000바이트이다. 21에서 23까지의 청크들이 순서대로 수신이 된다. 첫 번째 순서 없는 블록은 26에서 28까지의 청크들을 가지고 있다. 두 번째 순서 없는 블록은 31에서 34까지의 청크들을 포함한다. 한 변수는 *cumTSN* 값을 유지한다. 변수 배열은 순서가 없는 각 블록의 시작과 끝을 계속 추적한다. 변수 배열은 수신된 중복 청크를 유지한다. 이 청크들은 버려질 것이기 때문에 큐에 중복 청크를 저장할 필요가 없다. 그림 8.56은 또한 송신기에 수신기의 상태를 보고하기

그림 8.56 ▎ 오류 제어(수신측)

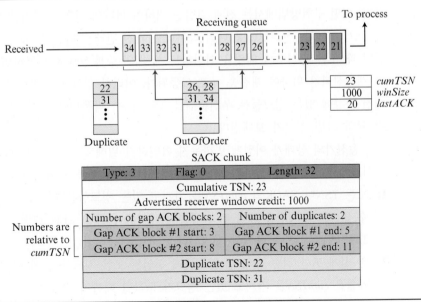

위하여 송신될 SACK를 보여준다. 순서 없는 청크를 위한 TSN 번호는 누적된 TSN에 대해 상대적인(오프셋) 값이다.

송신기 사이트

송신기 사이트에서 송신 큐와 재전송 큐의 두 가지 버퍼(큐)를 요구한다. 이 전 절에서 설명한 것처럼 *rwnd, inTransit* 그리고 *curTSN* 등 세 개의 변수를 사용한다. 그림 8.57은 전형적인 디자인을 보여주고 있다.

그림 8.57 ┃ 오류 제어(송신측)

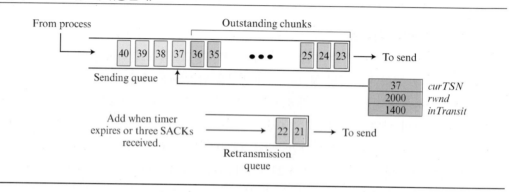

송신 큐는 23에서 40까지의 청크를 유지한다. 23에서 36까지의 청크는 이미 송신되었고 그러나 아직 확인응답이 되지 않았다. 미해결 청크들이다. *curTSN*은 송신이 되어야 하는 다음 청크를 가르킨다(37). 각 청크는 100바이트라고 가정하면 이것은 1,400 데이터 바이트(23부터 36까지의 청크)가 이동 상태에 있는 것을 의미한다. 이때에는 송신기가 재전송 큐를 가진다.

패킷이 송신될 때 재전송 타이머가 그 패킷(패킷에 있는 모든 데이터 청크)을 위하여 시작한다. 어떤 구현방법에서는 전체 결합을 위하여 하나의 단일 타이머를 사용한다. 그러나 간단하게 하기 위하여 각 패킷에 하나의 타이머를 가진 관례를 따른다. 패킷에 대한 재전송 타이머가 끝날 때 또는 손실로써 패킷을 선언하는 세 개의 중복 SACK 도착하면 패킷 안에 있는 청크들은 재송신되기 위하여 재전송 큐로 이동된다. 이러한 청크들은 미해결보다는 손실로 간주된다. 재전송 큐에 있는 청크들은 우선순위를 갖는다. 즉 다음번에 송신기는 청크를 보낼 때는 재전송 큐의 21번 청크가 보내진다.

송신기의 상태가 어떻게 변하는지 확인하기 위해 그림 8.56의 SACK 메시지가 그림 8.57 송신기에 도착했다 가정하면 그림 8.58에서는 새 상태를 보여준다.

1. 모든 TSN나 SACK의 *cumTSN*을 가지고 있는 청크들은 더 이상 재전송을 위한 마크가 될 수 없으므로 재전송 큐나 전송 큐에서 제거된다. 청크 21과 22번은 재전송 큐에서 제거되며 23번 청크는 전송 큐에서 제거된다.

2. 현 설계 또한 전송 큐의 갭 블록들에 선언된 모든 청크들을 제거한다. 그러나 일부 다른 설계들은 *cumTSN*을 가지고 있는 청크가 도착할 때까지 청크들을 저장한다. 드물게 수신자가

그림 8.58 | SACK 청크 수신 후의 새로운 상태(송신측)

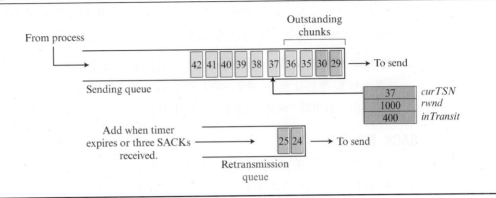

벗어난 청크들에 의해 문제가 발생할 수 있다. 이런 경우 무시한다. 따라서 26번부터 28번까지의 청크와 31번부터 34번까지의 청크가 전송 큐에서 제거된다.

3. 중복 청크들 목록은 더 이상 영향을 끼치지 않는다.

4. SACK 청크의 광고로 인해 *rwnd*의 값이 1,000으로 바뀐다.

5. 청크 24, 25 전송 패킷에 대한 전송 타이머가 만료되었다고 가정하자. 이때 재전송 대기열의 새로운 재전송 타이머 설정은 TCP에 대한 논의 지수 백오프 규칙에 따라 설정된다.

6. 4개의 청크만이 전송하기 때문에 *inTransit*의 값은 400이 된다. 재전송 큐에 있는 청크들은 곧 사라지기 때문에 카운트를 세지 않는다.

데이터 청크 송신

하나의 종단은 *curTSN*보다 크거나 같은 TSN을 가진 전송 큐에 데이터 청크가 있거나 또는 재전송 큐에 데이터 청크가 있을 때마다 패킷을 송신한다. 재전송 큐는 우선순위를 갖는다. 그러나 패킷에 포함되어 있는 데이터 청크 또는 청크의 총 크기는 *rwnd - inTransit*를 초과해서는 안 되며 프레임의 총 크기는 이전 장에서 설명했던 것처럼 MTU 크기를 초과해서는 안 된다. 이전 시나리오에서 가정하였듯이, MTU 제한에 의하여 재전송 큐에 있는 24, 25번 청크와 송신 큐에서 보내질 준비를 하는 37번의 3개 청크들이 패킷으로 보내질 수 있다. 전송 큐에 있는 미처 처리되지 않은 청크들은 통과되고 있더라도 전송되지 못한다. 또한 재전송 큐에 있는 어떠한 청크도 다시 전송하기까지 시간이 걸린다. 새로운 타이머는 24, 25, 37번 청크들에게 영향을 끼친다. 몇몇 다른 구현에서는 재전송 큐와 전송 큐의 청크들의 혼합을 허락하지 않는다. 이러한 경우 오직 24번과 25번 청크들만 패킷으로 보내진다.

재전송 손실되거나 또는 폐기된 청크를 제어하기 위하여 SCTP는 TCP처럼 재전송 타이머를 사용하는 것과 동일한 손실된 청크를 가진 세 개의 SACK를 수신하는 두 가지 전략을 채택한다.

□ **재전송.** SCTP는 세그먼트의 ACK을 위한 대기시간을 처리하는 재전송 타이머를 사용한다. SCTP에서 RTO와 RTT를 계산하기 위한 과정은 TCP와 동일하다. RTO를 계산하기 위하여

measuredRTT (RTTM), smoothedRTT (RTTS) 및 RTT deviation (RTTD)를 사용하여 계산한 다. 또한 ACK의 모호함을 피하기 위해 칸의 알고리즘을 사용한다. 호스트가 하나의 IP 주소 (multihoming) 이상을 사용하는 경우, RTO 값을 각 경로에 대하여 계산하고 보관해야 한다.

☐ **4번 누락 보고(*Four Missing Reports*).** 수신부에서 특정 데이터 청크의 누락을 나타내는 4 번의 SACK 정보를 받는 경우, 해당 청크를 누락시킬지 재전송 큐에 이동시킬지 고려해야 한다. 이는 TCP의 "빠른 재전송"과 유사하다.

SACK 청크 생성

오류 제어에 있어서 또 다른 문제는 SACK 청크의 생성이다. SCTP SACK 청크 생성을 위한 규칙은 TCP 확인응답 플래그를 가지고 확인응답을 위하여 사용된 규칙과 유사하다.

1. 한 종단에서 다른 쪽 종단에 데이터 청크를 보낼 때에는 반드시 unacknowledged 데이터 청 크의 영수증을 알리는 SACK 청크를 포함해야 한다.

2. 한 종단에서 데이터가 포함된 패킷을 받지만 보낼 데이터가 없을 때 지정된 시간(일반적으 로 500 ms) 안에 확인응답 청크가 필요하다.

3. 한 종단은 다른 모든 수신 패킷에 대해 적어도 하나의 SACK 청크를 보내야 한다. 이 규칙 은 두 번째 규칙을 무시한다.

4. 만약 순서가 벗어난 데이터 청크 패킷이 도착하면, 수신기는 즉시 송신기에 SACK 청크를 보낸다.

5. 만약 한 종단에서 새로운 데이터 청크로 패킷을 받지 않고 중복 데이터 청크를 받으면, 즉 시 SACK 청크로 알린다.

혼잡 제어

SCTP는 TCP처럼 네트워크의 혼잡에 종속되는 패킷을 가진 전송 계층 프로토콜이다. SCTP 설 계자들은 TCP의 혼잡 제어와 동일한 전략을 사용한다.

8.5 서비스 품질

인터넷은 기본적으로 예측 가능한 서비스들의 성능을 보장하기 위해 설계됐다. 서비스는 파일 전송이나 이메일 같은 지연에 민감하지 않는 트래픽을 위해 충분하다. 지연 조건 하에서 작동하 도록 늘릴 수 있기 때문에 탄성적이라고 한다. 또한 응용프로그램은 **가용 비트율(*available bit rate*)**에 의해 스피드를 증가 또는 감소할 수 있다. 일부 멀티미디어 응용프로그램에 의해 실시간 트래픽이 생성된다. 실시간 트래픽은 지연에 민감하기 때문에 보장 및 예측 성능이 필요하다.

서비스 품질(QoS, quality of service)은 정의되는 것보다는 논의가 계속되어 온 인터네 트워킹(internetworking)의 문제이다. 여기서는 서비스 품질을 한 흐름이 달성하고자 하는 그 어 떤 것이라고 비공식적인 정의를 한다.

8.5.1 흐름 특성

만약 인터넷 응용프로그램에서 양질의 서비스를 제공받고 싶다면, 우선 각 응용프로그램에서 필요한 것을 정의해야 한다. 전통적으로 **신뢰성**(*reliability*), **지연**(*delay*), **지터**(*jitter*)와 **대역폭**(*bandwidth*) 등 네 종류의 특성이 한 흐름에 주어져 왔다. 각 응용프로그램 유형의 요구사항을 위한 특성을 정의하자.

정의
아래 4개의 특성에 대한 비공식적인 정의를 다음과 같다.

□ **신뢰성.** 신뢰성(*reliability*)은 한 흐름이 필요로 하는 특성이다. 신뢰성 부족은 재전송을 일으키는 패킷이나 확인응답이 유실되는 것을 의미한다. 그러나 응용프로그램들의 신뢰성에 대한 민감성은 동일하지 않다. 예를 들면, 전자우편, 파일 전송과 인터넷 접속은 전화나 음성회의(audio conferencing) 보다 신뢰성 있는 전송을 갖는 것이 더 중요하다.

□ **지연.** 발신지에서 목적지까지의 **지연**(*delay*)은 또 다른 흐름 특성이다. 여기에서도 응용에 따라 견딜 수 있는 지연의 정도가 다르다. 전화, 음성회의, 영상회의(video conferencing)와 원격 로그인(remote log-in)은 최소 지연을 필요로 하는 반면에 파일 전송이나 전자우편은 지연이 덜 중요하다.

□ **지터.** 지터(*jitter*)는 같은 흐름에 속하는 패킷들에 대한 지연의 변이(variation)이다. 예를 들어, 네 패킷이 시간 0, 1, 2, 3에 출발하여 20, 21, 22, 23에 도착하면 모두 20시간 단위의 동일한 지연을 가진다. 반면에 네 패킷이 21, 23, 24, 28에 도착하면 그들은 다른 지연을 가진다. 오디오와 비디오 같은 응용에서 첫 번째의 경우는 완전하게 허용되나 두 번째의 경우는 허용되지 않는다. 이러한 응용들에서 지연이 모두 같은 경우에는 지연의 길이는 문제가 되지 않는다. 이러한 응용들의 유형들 지터에서 용납하지 않는다.

□ **대역폭.** 서로 다른 응용은 필요로 하는 대역폭(bandwidth)이 다르다. 영상회의에서는 컬러 화면(color screen)을 새롭게 하기 위해서 매초 수백만 비트를 송신해야 하지만 전자우편에서는 비트 수가 백만에도 못 미칠 수 있다.

응용의 민감도
다양한 어플리케이션의 몇 가지 흐름 특성에 민감하게 반응하는 방법을 본다. 표 8.9는 응용프로그램과 흐름 특성의 민감도에 관한 표이다.

신뢰성에 큰 영향을 받는 응용을 위해서 오류 검사와 패킷에 손상이 있을 때에는 폐기를 해야 할 필요가 있다. 지연에 큰 영향을 받는 응용에 대해서는 전송 우선순위를 부여하여 확인할 필요가 있다. 지터에 큰 영향을 받는 응용에 대해서는 같은 응용들에서 나온 패킷들이 같은 지연을 가지는 네트워크를 통과하는지 확인할 필요가 있다. 마지막으로, 높은 대역폭을 요구하는 응용을 위해서는 패킷의 손실이 일어나지 않도록 충분한 대역폭을 할당하는 것이 필요하다.

표 8.9 | 흐름 특성에 따른 응용의 민감도

Application	Reliability	Delay	Jitter	Bandwidth
FTP	High	Low	Low	Medium
HTTP	High	Medium	Low	Medium
Audio-on-demand	Low	Low	High	Medium
Video-on-demand	Low	Low	High	High
Voice over IP	Low	High	High	Low
Video over IP	Low	High	High	High

8.5.2 흐름 등급

흐름의 특성에 기반하여 흐름을 각 특성의 수준을 갖는 그룹으로 분류할 수 있다. 인터넷 커뮤니티는 아직 공식적으로 분류가 정의되지 않았다. 그러나 예를 들어 FTP와 같은 프로토콜은 높은 수준의 신뢰성과 중간 수준의 대역폭을 필요로 하나 지연이나 지터의 수준은 이 프로토콜에서 중요하지 않다.

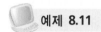
예제 8.11

비록 인터넷에서 일반적인 흐름 등급이 정해져 있진 않지만, ATM과 같은 프로토콜에서 5등급으로 서비스를 정의하고 있다.

a. 고정 비트율(CBR, constant-bit-rate). 이 등급은 에뮬레이팅 회로 전환(emulating circuit switching)에 사용된다. CBR 응용들은 꽤 셀-지연(cell-delay)에 민감하다. CBR의 예로는 전화 트래픽, 화상회의, 그리고 텔레비전이 있다.

b. 가변 비트율–비실시간(VBR-NRT, Variable Bit Rate-Non Real Time). 이 등급에서 사용자는 사용자 정보의 가용성에 의존하는 시간에 따라 변하는 비율의 트래픽을 보낼 수 있다. 멀티미디어 이메일이 한 예이다.

c. 가변 비트율–실시간(VBR-RT, Variable Bit Rate-Real Time). 이 등급은 VBR-NRT와 비슷하나 대화형 압축 비디오와 같은 응용을 위해 설계되었으며, 셀-지연(cell-delay) 변동에 민감하다.

d. 가용 비트율(ABR, Available Bit Rate). ATM 서비스의 이 등급은 속도 기반 흐름 제어(rate-based flow control)와 파일 전송과 이메일과 같은 데이터 트래픽을 목적으로 한다.

e. 비규정 비트율(UBR, Unspecified Bit Rate). 이 등급은 다른 등급을 모두 포함하며 오늘날 TCP/IP에서 널리 사용된다.

8.5.3 QoS 향상을 위한 흐름 제어

인터넷에서 흐름의 공식적인 등급은 정의되어 있으나, IP 데이터그램은 데이터그램의 집합을 어떤 응용이 전송했는지에 대해 비공식적으로 서비스의 유형이 정의된 ToS 필드를 가지고 있다. 응용이 요구하는 서비스의 단일 수준의 특정 유형을 지정하는 경우, 이러한 서비스 수준을 위해 규정을 정의할 수 있다. 이것들은 몇 가지 메커니즘을 이용하여 가능하다.

스케줄링

서비스의 요구 수준 기반의 인터넷에서 패킷의 처리는 대부분 라우터에서 일어난다. 라우터에서 패킷에 지연이 생기고, 지터에 영향을 받으며, 손실되기도 하고, 요구되는 대역폭이 할당되기도 한다. 좋은 스케줄링 기술은 공정하고 적당한 방법으로 서로 다른 흐름을 처리한다. 여러 스케줄링 기술은 서비스 품질을 향상시키기 위해 설계되었다. FIFO 큐잉, 우선순위 큐잉, 그리고 가중공정 큐잉의 세 가지의 스케줄링에 대해 설명한다.

FIFO 큐잉

FIFO 큐잉(first-in, first-out queuing)에서는 패킷들이 노드(교환기나 라우터)가 처리할 준비가 될 때까지 버퍼(큐)에서 기다린다. 만약 평균도착률이 평균처리율보다 높으면 큐는 꽉 차게될 것이며 새로운 패킷들은 폐기될 것이다. FIFO 큐는 버스 정류장에서 버스를 기다리는 사람들에게 매우 친숙한 것이다. 그림 8.59는 FIFO 큐의 개념적인 단면을 보여주고 있다. 그림은 도착이 대기열에서 패킷의 출발 간의 타이밍 관계를 보여준다. 다른 응용프로그램(다른 크기)에서 패킷은 대기열에 도착 처리하면 출발한다. 더 큰 패킷은 확실히 긴 처리 시간을 처리해야 할 수도 있다. 그림, 패킷 1과 2는 가공에 세 시간이 필요하지만, 작은 패킷 3, 두 시간 동안 처리해야 한다. 이것은 패킷이 일부 지연 도착하지만 다른 지연 출발 수 있다는 것을 의미한다. 패킷이 동일한 응용프로그램에 속해있다면, 이것은 지터를 생산한다. 패킷이 다른 응용프로그램에 속해 있다면, 각 응용프로그램에 대한 지터를 생산한다.

　　　FIFO 큐잉은 인터넷의 기본 일정이다. 큐잉의 종류에 보장되어 있는 유일한 방법은 패킷들이 도착 순서에 따라 출발한다는 것이다. FIFO 큐잉은 패킷 클래스를 구분합니까? 대답은 분명하지 않다. 큐잉의 유형은 인터넷에서 우리가 서로 다른 소스에서 패킷 사이에서의 차별 서

그림 8.59 ▏ FIFO 큐

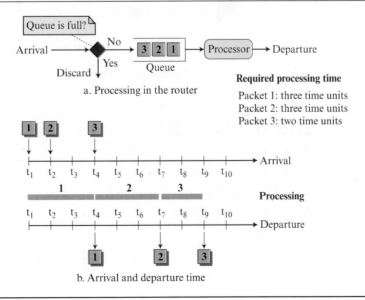

a. Processing in the router

Required processing time

Packet 1: three time units
Packet 2: three time units
Packet 3: two time units

b. Arrival and departure time

비스를 본다. FIFO 큐잉을 통해 모든 패킷은 패킷의 동일 네트워크를 전환 처리된다. 패킷 FTP, 또는 음성을 통해 IP 또는 전자메일 메시지에 속한 경우에 상관없이, 그들은 손실, 지연 및 지터에 동등하게 적용되지 않는다. 각 응용프로그램에 할당된 대역폭은 일정 기간의 라우터에 도착 얼마나 많은 패킷에 따라 달라진다. 우리가 패킷의 다른 클래스에 여러 서비스를 제공하기 위해 필요한 경우, 다른 스케줄링 메커니즘이 필요하다.

우선순위 큐잉

FIFO 큐잉의 큐잉 지연은 종종 네트워크에서 서비스의 품질을 떨어뜨린다. 실시간 패킷을 운반 프레임이 작은 파일을 가지고 프레임 뒤에 긴 시간을 기다려야 할 수도 있다. 이를 여러 큐와 우선순위 큐잉을 사용하여 문제를 해결한다.

우선순위 큐잉(priority queuing)에서는 패킷들에게 먼저 우선순위 등급이 주어진다. 각 우선순위 등급은 우선순위만의 큐를 가지고 있다. 우선순위가 가장 높은 큐에 있는 패킷이 가장 먼저 처리된다. 우선순위가 가장 낮은 큐에 있는 패킷은 가장 마지막에 처리된다. 시스템은 큐가 빌 때까지 일을 멈추지 않는다는 것에 주목하라. 패킷의 우선순위는 IPv4 헤더의 ToS 필드, IPv6의 우선순위 필드, 목적지 주소에 할당된 우선순위 번호 또는 응용에 할당된 우선순위 번호(목적지 포트번호) 등 패킷 헤더의 특정 필드로부터 결정된다.

그림 8.60 | 우선순위 큐

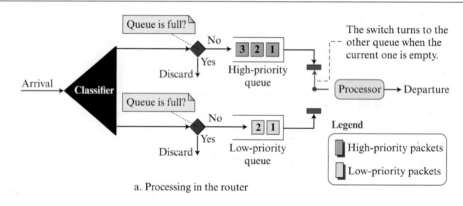

a. Processing in the router

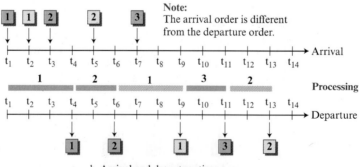

b. Arrival and departure time

그림 8.60은 간단하게 두 가지 우선순위를 갖는 우선순위 큐잉을 보여주고 있다. 우선순위 큐는 멀티미디어와 같은 보다 높은 우선순위의 트래픽이 보다 낮은 지연으로 목적지까지 도달할 수 있기 때문에 FIFO 큐보다 더 좋은 QoS를 제공할 수 있다. 그러나 잠재적인 결점이 있다. 높은 우선순위 큐에 계속적인 흐름이 있게 되면 낮은 우선순위 큐 안의 패킷들은 처리될 기회를 가지지 못하게 된다. 이러한 조건을 기아(starvation)라고 부른다. 심한 기아는 낮은 우선순위를 가지는 패킷의 손실을 발생시킬 수 있다. 그림에서 높은 우선순위의 패킷들은 낮은 순위의 패킷들보다 먼저 보내진다.

가중 공정 큐잉

보다 나은 스케줄링 방법은 **가중 공정 큐잉(weighted fair queuing)**이다. 이 기술에서는 패킷들에게 여전히 서로 다른 등급이 주어지고 서로 다른 큐에 들어간다. 그러나 큐들은 큐의 우선순위에 따라서 가중치가 주어진다. 높은 우선순위가 높은 가중치를 의미한다. 시스템은 각 큐에 있는 패킷들을 라운드 로빈(round-robin) 방식으로 차례대로 처리하는데 해당 가중치에 따라서 각 큐에서 선택되는 패킷 수가 결정된다. 예를 들면, 만약 가중치가 3, 2, 1이면 첫 번째 큐에서 세 패킷이, 두 번째 큐에서 두 패킷이 그리고 세 번째 큐에서 한 패킷이 처리된다. 그림 8.61은 세 개의 등급에 대한 기술을 보여주고 있다. 가중 공정 큐잉에서 각 등급은 각 시간 주기 동안 작은 시간을 받는다. 다시 말하면, 시간의 일부분은 각 패킷의 등급을 처리하기 위해 사용되나 그 일부분의 크기는 우선순위에 의존한다. 예를 들어, 그림에서 라우터의 처리량을 R이라고 할 때, 가장 높은 우선순위의 등급의 처리량이 R/2, 중간 우선순위의 등급의 처리량은 R/3, 가장 낮은 우선순위의 등급의 처리량은 R/6이라고 하자. 그러나 일어나지 않을 것이지만 세 등급이 모두 같은 패킷 크기를 가진다면 이 상황은 사실이다. 서로 다른 크기의 패킷들은 서로 다른 등급 사이에서 시간의 적절한 크기로 나눌 때 많은 불균형을 야기한다.

그림 8.61 ┃ 가중 공정 큐

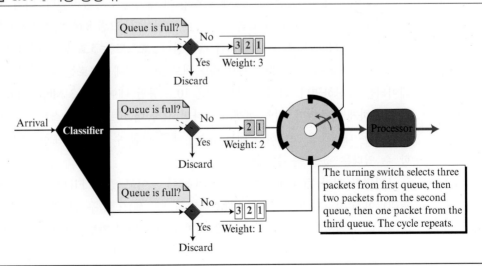

트래픽 쉐이핑 및 폴리싱

트래픽양이나 트래픽율을 제어하기 위한 것을 **트래픽 성형** 또는 **트래픽 치안**이라고 부른다. 첫 번째 조건은 트래픽이 네트워크를 출발할 때 사용된다. 두 번째 조건은 데이터가 네트워크로 들어갈 때 사용된다. 리키 버켓과 토큰 버켓의 트래픽을 쉐이핑하고 폴리싱하기 위한 두 가지 기술이다.

리키 버켓

만약 물통 밑바닥에 작은 구멍이 있다면 물통에 물이 있는 한 계속 같은 비율로 물이 새나올 것이다. 물이 새는 비율은 물통이 비어 있지 않으면 물통에 입력되는 물의 비율과는 상관이 없다. 입력 비율은 변할 수 있으나 출력 비율은 일정하다. 이와 유사하게 네트워크에서도 **리키 버켓(leaky bucket)**으로 부르는 기술은 버스트 트래픽을 평탄하게 만들 수 있다. 버스트한 입력 부분은 물통에 저장되고 평균비율(average rate)로 출력된다. 그림 8.62가 리키 버켓과 리키 버켓의 영향을 보여주고 있다.

그림 8.62 ┃ 리키 버켓(Leaky Bucket)

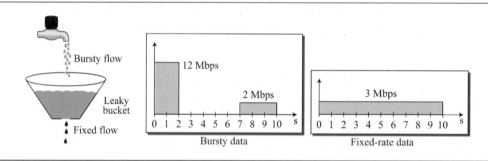

그림에서 네트워크는 호스트에 3 Mbps의 대역폭을 허용하였다. 리키 버켓의 용도는 이 허용치를 따르게 만들기 위해 입력 트래픽을 조정한다. 그림 8.62에서 호스트는 버스트 데이터를 2초 동안 12 Mbps율로 총 24 Mb를 송신한다. 호스트는 5초 동안 데이터가 없다가 다음 3초 동안 2 Mbps율로 총 6 Mb의 데이터를 내보낸다. 전체적으로는 호스트는 10초 동안 30 Mb의 데이터를 송신하였다. 리키 버켓은 같은 10초 동안 데이터를 3 Mbps 비율로 내보내어 트래픽을 원활하게 만들었다. 리키 버켓이 없다면 시작 버스트가 이 호스트를 위해 별도로 정의된 것보다 많은 대역폭을 소비하여 네트워크에 해를 끼칠 수도 있다. 또한 리키 버켓이 혼잡을 방지할 수 있다는 것을 볼 수 있다.

　간단한 리키 버켓의 구현을 그림 8.63에 보이고 있다. FIFO 큐에 패킷을 저장한다. 만약 트래픽이 고정크기의 패킷(예: ATM 네트워크의 셀)으로 구성되면 프로세스는 클럭의 틱(tick) 하나마다 큐에서 고정된 수의 패킷을 제거한다. 트래픽 가변길이의 패킷으로 구성되었다면, 고정 출력 비율은 바이트 수나 비트 수에 근거해야만 한다.

그림 8.63 ▌리키 버킷 구현

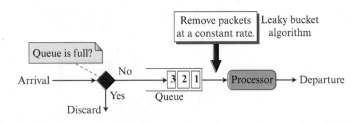

다음은 가변길이 패킷에 대한 알고리즘이다.

1. 클럭의 틱에서 카운터를 n으로 초기화한다.
2. 만약 n이 패킷 크기보다 크면 패킷을 송신하고 카운터를 패킷 크기만큼 감소한다. 이 단계를 n이 패킷 크기보다 작은 한 반복한다.
3. 카운터를 리셋(reset)하고 1단계로 간다.

> **리키 버킷 알고리즘은 데이터율을 평균으로 만들어 버스트 트래픽을 고정 데이터율 트래픽으로 조정한다. 만약 버킷(bucket)이 가득 차면 패킷을 폐기할 수도 있다.**

토큰 버킷

리키 버킷은 매우 제한적이다. 쉬고 있는 호스트를 고려하지 않는다. 예를 들면, 만약 한 호스트가 얼마 동안 데이터 송신을 하지 않으면 버킷은 비게 된다. 그런 다음 이 호스트가 버스트 데이터를 가지면 리키 버킷은 단지 평균 데이터율만 허용한다. 호스트가 쉬고 있던 시간은 고려되지 않는다. 반면에 **토큰 버킷(token bucket)** 알고리즘은 쉬고 있는 호스트가 토큰의 형태로 미래를 위해 신용(credit)을 축적하도록 만든다.

버킷의 용량은 c개의 토큰이고 초당 r개의 토큰이 버킷으로 들어간다고 가정하자. 이 시스템은 모든 셀의 데이터 전송에 대해 하나의 토큰을 제거한다. 길이 t의 간격 동안 네트워크로 들어갈 수 있는 셀의 최대 개수는 다음과 같다.

> **패킷의 최대 개수 = $rt + c$**

토큰 버킷을 위한 최대 평균 비율은 다음과 같다.

> **최대 평균 비율 = $(rt + c)/t$ packets per second**

이것은 토큰 버킷이 네트워크로의 평균 패킷율을 제한한다. 그림 8.64는 그 아이디어를 보여주고 있다.

그림 8.64 ┃ 토큰 버킷

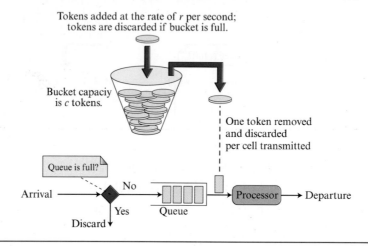

 예제 8.12

버킷 용량이 토큰 10,000개이고 초당 1,000개의 토큰이 추가된다고 가정하자. 만약 시스템이 10초 이상 유휴상태라면, 버킷은 10,000개의 토큰을 수집하여 가득 찬 상태가 된다. 앞으로 더 이상 추가되는 토큰은 폐기될 것이다. 최대 평균 비율은 다음과 같다.

최대 평균 비율 = (1,000t + 10,000)/t

토큰 버킷은 카운터 하나로 쉽게 구현이 가능하다. 토큰은 영으로 초기화된다. 매번 토큰 하나가 추가될 때마다 카운터가 하나씩 증가된다. 매번 데이터 단위(unit) 하나가 송신될 때마다 카운터는 하나씩 감소된다. 카운터가 0이 되면 호스트는 데이터를 보낼 수 없다.

토큰 버킷은 규정된 최고 데이터율(regulated maximum rate)에 버스트 트래픽을 허용한다.

토큰 버킷과 리키 버킷의 결합

쉬고 있는 호스트에 신용을 제공하는 것과 동시에 트래픽을 조정하도록 두 기술을 결합할 수 있다. 리키 버킷을 토큰 버킷이 적용된 다음 적용한다. 리키 버킷의 데이터율은 버킷에서 폐기되는 토큰 비율보다 높을 필요가 있다.

자원 예약

데이터 흐름은 버퍼, 대역폭, CPU 시간 등과 같은 자원을 필요로 한다. 서비스 품질은 만약 자원들이 미리 예약된다면 향상된다. 이 절에서는 통합 서비스(Integrated Services)라고 부르는 QoS 모델에 대해 설명한다. 통합 서비스 모델은 서비스 품질을 향상시키기 위해 자원 예약(resource reservation)을 많이 사용한다.

수락 제어

수락 제어(admission control)는 라우터 또는 교환기가 **흐름 사양**(*flow specification*)으로 부르는 사전에 정의된 파라미터에 근거하여 한 흐름의 수락 또는 거부를 결정하는 방식을 의미한다. 라우터가 처리를 위해 한 흐름을 수락하기 전에 라우터는 흐름 사양을 조사하여 자체의 용량 (대역폭, 버퍼 크기, CPU 시간 등)과 다른 흐름들에게 이전에 허용한 용량이 새로운 흐름의 처리에 가능한가를 알아본다. ATM 네트워크에서 수락 제어는 **연결 수락 제어**(*CAC, Connection Admission Control*)라고 알려져 있으며, 이는 혼잡을 제어하기 위한 전략의 주요 부분이다.

8.5.4 통합 서비스

서로 다른 응용에 서로 다른 QoS를 제공하기 위하여, IETF(1장에서 논의함)는 **통합 서비스 (IntServ, integrated services)** 모델을 개발하였다. 이 모델은 데이터 흐름을 위해 대역폭과 같은 자원을 명시적으로 예약하는 **흐름 기반**의 구조를 가진다. 다시 말하면, 이 모델은 응용의 유형(데이터 전송, VoIP, VoD)에 관계없이 특별한 경우에서 응용의 특정 요구사항이 고려되었다. 이 모델에서는 어떤 일을 응용에서 하는 것이 중요한 것이 아니라 어떤 자원이 필요한지가 중요하다.

이 모델은 다음 세 가지 계획을 기반으로 한다.
1. 패킷은 우선 원하는 서비스에 따라 분류된다.
2. 흐름 특성에 맞추어 패킷을 전달할 수 있도록 스케줄링을 이용한다.
3. 라우터와 같은 장치는 사용되기 전에 흐름을 처리하기 위해 사용할 수 있는 자원 능력을 가지고 있는지 확인하기 위해 수락 제어를 사용한다. 예를 들어, 응용이 매우 높은 데이터율을 요구하나, 경로 상의 라우터가 그 데이터율을 제공하지 못한다면 그 수락은 거부된다.

이 모델을 논의하기 전에 모델이 흐름이 시작하기 전에 흐름 기반임을 알아야 한다. 이는 네트워크 계층에서 연결 지향 서비스를 해야 한다는 의미하며, 연결 설립 단계는 요구사항의 모든 라우터를 통보하고(입학 관리)들의 승인을 얻어야 한다. 그러나 IP는 현재 비연결 프로토콜이기 때문에 이 모델을 사용하기 전에 IP 위에 실행하기 위해 다른 프로토콜이 그것을 연결 지향 프로토콜을 사용해야 한다. 이 프로토콜은 곧 **자원 예약 프로토콜(RSVP, Resource Reservation Protocol)**이라고 하며 후에 논의하도록 한다.

> **통합 서비스(Integrated Services)는 IP를 위해 만들어진 흐름기반 QoS모델이다. 이 모델의 패킷은 흐름 특성에 따라 라우터에 의해 표시된다.**

흐름 사양

IntServ는 흐름 기반이라고 이야기 했었다. 구체적인 흐름을 정의하기 위해, 발신지는 흐름 사양(flow specification)을 정의할 필요가 있으며, 그것은 두 부분으로 구성된다.

1. **Rspec (resource specification).** Rspec은 흐름에서 필요한 버퍼, 대역폭 등과 같은 자원으로 정의된다.

2. **Tspec (traffic specification).** Tspec은 흐름의 트래픽 특성으로 정의된다.

수락

라우터는 흐름 사양을 응용으로부터 받은 다음에 서비스를 수락(admission) 또는 거부할 것인가를 결정한다. 이 결정은 라우터의 이전 허용 용량과 자원의 현재 가용도(availability)에 근거한다.

서비스 등급

통합 서비스에 보장 서비스(guaranteed service)와 제어된 부하 제어 서비스(controlled-load service)의 두 서비스 등급(service classes)이 정의되었다.

보장 서비스 등급

이 종류의 서비스는 보장된 최소 종단-대-종단(end-to-end) 지연을 요구하는 실시간 트래픽을 위해 정의된 것이다. 종단-대-종단 지연은 라우터들에서의 지연의 합, 매체의 전파지연과 설정 구조에서의 지연의 합이다. 라우터들에서의 지연의 합인 첫 번째 항목만이 라우터에 의해 보장될 수 있다. 이 종류의 서비스는 패킷이 어떤 전달 시간 내에 도착할 것인가와 만약 흐름 트래픽이 *Tspec*의 경계 내에 머무르면 폐기되지 않는다는 것을 보장한다. 보장 서비스(guaranteed service)는 양적인 서비스(*quantitative service*)로서 종단-대-종단 지연의 양과 데이터율은 반드시 응용에서 정의되어야 한다.

부하 제어 서비스 등급

이 종류의 서비스는 약간의 지연을 수용할 수 있으나 네트워크가 과부하가 되어 패킷 손실의 위험이 있는 것에 민감한 응용을 위해 만들어졌다. 이런 종류의 응용에 관한 좋은 사례는 파일 전송, 전자우편과 인터넷 접속이다. 부하 제어 서비스(controlled-load service)는 응용이 저손실 또는 무손실 패킷 전송의 가능성을 요청하는 질적인 서비스 종류이다.

RSVP (Resource Reservation Protocol)

통합 서비스 모델은 연결 지향 네트워크 계층이 필요하다. IP는 비연결형 프로토콜로 새로운 프로토콜이 IP 위에서 연결 지향형으로 동작하기 위하여 설계되었다. 연결 지향형 프로토콜은 4장에서 논의하였던 연결 수립과 연결 종료 과정을 가지는 것이 필요하다. RVSP를 설르명하기 전에 이 프로토콜이 통합 서비스 모델과는 별개로 떨어져 있는 독립적인 프로토콜이라는 것을 언급할 필요가 있다. 이 프로토콜은 미래에 다른 모델에도 사용될 수 있다.

멀티캐스트 트리

RSVP는 멀티캐스팅을 위해 만들어진 신호방식 시스템이라는 점에서 지금까지 보아왔던 일부 다른 신호방식 시스템과 다르다. 그러나 RSVP는 유니캐스팅(unicasting)에도 사용될 수 있는데 그 이유는 유니캐스팅은 멀티캐스트 그룹에 단 하나의 소속원을 가진 멀티캐스팅의 특별한 경우이기 때문이다. 이렇게 설계한 이유는 자주 멀티캐스팅을 사용하는 멀티미디어를 포함하는 모든 종류의 트래픽을 위해 RSVP가 자원 예약을 제공할 수 있도록 하기 때문이다.

수신기 기반 예약

RSVP에서는 송신기가 아닌 수신기가 예약을 한다. 이 전략은 다른 멀티캐스팅 프로토콜들과 맞아떨어진다. 예를 들면, 멀티캐스팅 라우팅 프로토콜에서 송신기가 아닌 수신기가 멀티캐스트 그룹에 가입 또는 탈퇴 결정을 한다.

RSVP 메시지

RSVP는 여러 종류의 메시지를 가진다. 그러나 이 책에서의 목적을 위해 *Path*와 *Resv*의 두 가지만 설명한다.

- ❏ *Path* 메시지. RSVP에서는 한 흐름에서 수신기들이 예약을 한다는 것을 기억하라. 그러나 수신기들은 예약이 되기 전에 패킷들이 이동해 온 경로를 알 수가 없다. 예약을 위해서 이 경로를 필요로 한다. 이 문제를 해결하기 위하여 RSVP는 *Path* 메시지를 사용한다. Path 메시지는 송신기로부터 출발하여 멀티캐스트 경로의 모든 수신기에게 도달한다. 가는 도중에 Path메시지는 수신기를 위해 필요한 정보를 저장한다. Path 메시지 하나가 하나의 멀티캐스트 환경에서 송신되며 경로가 갈라지면 새로운 메시지가 만들어진다. 그림 8.65는 Path 메시지를 보여주고 있다.

그림 8.65 ▌ Path 메시지

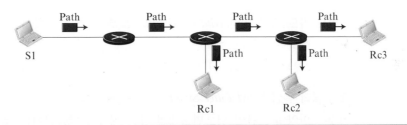

- ❏ *Resv* 메시지. 수신기는 Path 메시지를 받은 다음 *Resv* 메시지 하나를 보낸다. Resv 메시지는 송신기 방향으로(상류 방향) 이동하며 RSVP를 지원하는 라우터에게서 자원을 예약한다. 만약 경로상의 라우터가 RSVP를 지원하지 않으면 전에 설명한 최선노력(best-effort) 전달 방법 기반으로 패킷을 전달한다. 그림 8.66은 Resv 메시지를 보여주고 있다.

그림 8.66 ▌ Recv 메시지

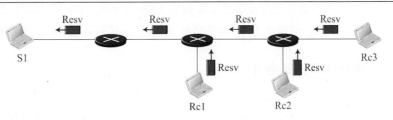

예약 합병 RSVP에서는 자원이 흐름의 각 수신기를 위해 예약되지 않고 예약이 모두 합쳐진다. 그림 8.67에서 Rc2는 1 Mbps 대역폭을 요청하는 반면 Rc3는 2 Mbps 대역폭을 요청한다. 대역폭 예약을 해야 하는 라우터 R3는 두 요청을 합병(reservation merging)한다. 예약은 둘 중 큰 것인 2 Mbps로 만들어 지는데 그 이유는 2 Mbps 입력 예약이 두 요청 모두 다룰 수 있기 때문이다. 같은 상황이 R2에도 있다. 왜 한 흐름에 속해 있는 Rc2와 Rc3가 서로 다른 대역폭을 요청하는가 물어볼 수 있다. 대답은 멀티미디어 환경에서 서로 다른 수신기는 서로 다른 등급의 품질을 처리할 수 있다는 것이다. 예를 들면, Rc2는 단지 1 Mbps(낮은 품질)로 비디오를 수신할 수 있으며 Rc3는 2 Mbps(높은 품질)로 비디오를 수신할 수 있다.

그림 8.67 ┃ 예약 합병

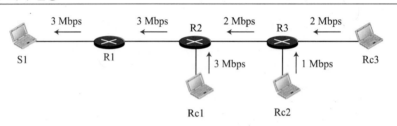

예약 유형 하나 이상의 흐름이 있을 때 라우터는 모든 흐름을 수용하는 예약을 할 필요가 있다. RSVP는 아래와 같이 세 종류의 예약 유형(reservation styles)을 정의하고 있다.

❑ **와일드 카드 필터 유형(*Wild Card Filter Style*).** 이 유형에서 라우터는 모든 송신기에 대해 하나의 예약을 만든다. 예약은 가장 큰 요청을 기반으로 한다. 이 종류의 유형은 서로 다른 송신기로부터 오는 흐름이 동시에 발생하지 않을 때 사용된다.

❑ **고정 필터 유형(*Fixed Filter Style*).** 이 유형에서 라우터는 각 흐름에 별개의 예약을 만든다. 이것은 만약 *n* 흐름이 있으면 *n*개의 다른 예약이 만들어지는 것을 의미한다. 이 종류의 유형은 서로 다른 송신기로부터 오는 흐름이 동시에 발생할 확률이 높을 때 사용된다.

❑ **공유 명시적 유형(*Shared Explicit Style*).** 이 유형에서 라우터는 한 흐름 집합이 공유할 수 있는 하나의 예약을 만든다.

소프트 상태 한 흐름을 위해 모든 노드에 저장된 예약 정보(상태)는 주기적으로 새롭게 바꿔야 한다. 이것을 흐름에 대한 정보가 지워질 때까지 계속 유지하는 ATM이나 프레임 중계와 같은 다른 가상회선 프로토콜에서의 하드 상태(*hard state*)와 비교하여 소프트 상태(*soft state*)라고 한다. 새롭게 바꾸기 위한 자동선택 간격(default interval)은 현재 30초이다.

통합 서비스의 문제

인터넷에서 완전한 통합 서비스(integrated services) 구현을 막는 최소 두 가지 문제가 있는데 이것은 확장성(scalability)과 서비스 종류 제한(service-type limitation)이다.

확장성

통합 서비스 모델은 각 라우터가 매 흐름에 대한 정보를 유지하도록 요구하고 있다. 인터넷은 매일 확장되므로 이것은 심각한 문제가 된다. 정보를 유지하는 것은 핵심 라우터들에게 특히 까다로운 일이다. 왜냐하면 핵심 라우터들은 정보를 처리하기 위한 것이 아니라 주로 높은 비율에서 패킷들을 교환하기 위하여 설계되었기 때문이다.

서비스 종류 제한

통합 서비스는 보장과 부하 제어의 단 두 종류의 서비스를 제공한다. 이 모델을 반대하는 사람들은 이 두 가지 서비스 종류보다 많은 종류를 응용이 필요로 한다고 주장하고 있다.

8.5.5 차별 서비스

차별 서비스(DiffServ, Differentiated Services) 모델에서 패킷들은 우선순위에 따라 등급에 위치한 응용에 의해 표시된다. 다양한 큐잉 전략을 사용하는 라우터나 스위치는 패킷의 경로를 지정한다. 이 모델은 통합 서비스의 단점을 보완하기 위해 IETF (Internet Engineering Task Force)에 의해 도입되었다. 두 가지 기본적인 변화가 다음과 같이 만들어졌다.

1. 주요 처리(main processing)가 네트워크의 핵심 부분에서 가장자리로 이동되었다. 이것으로 확장성 문제를 해결한다. 라우터는 흐름에 대한 정보를 저장할 필요가 없다. 응용 또는 호스트가 패킷을 전송할 때마다 필요로 하는 서비스 종류를 정의한다.

2. 흐름단위 서비스(per-flow service)는 클라스(혹은 등급) 단위 서비스(per-class service)로 변화되었다. 라우터는 흐름이 아니고 패킷에 정의된 서비스 등급에 근거하여 패킷을 이동시킨다. 이것이 서비스 종류 제한 문제를 해결한다. 다른 종류의 서비스를 응용의 필요에 따라 정의할 수 있다.

> 차별서비스는 **IP**를 위해 만들어진 등급기반 **QoS** 모델이다.
> 이 모델에서 패킷들은 우선순위에 따라 응용에 의해 표시된다.

DS 필드

Diffserv에서는 각 패킷에 DS 필드를 포함하고 있다. 이 필드의 값은 네트워크의 경계에서 호스트나 경계 라우터(boundary router)로 지정된 첫 라우터에 의해 정해진다. IETF는 IPv4의 현재 사용하는 ToS(서비스 종류) 필드 또는 IPv6의 등급 필드를 그림 8.68에 보여주는 DS 필드로 대체하는 것을 제안하였다.

그림 8.68 | DS 필드

DSCP	CU

DS필드는 DSCP와 CU의 두 서브필드(subfield)를 포함한다. DSCP(Differentiated Service Code Point)는 6비트짜리 서브필드로서 **홉단위 동작(PHB, per-hop behavior)**을 정의한다. 2비트 CU(Currently Unused) 서브필드는 현재 사용되지 않는다.

Diffserv 사용 능력이 있는 노드(라우터)는 현재 처리되고 있는 패킷을 위한 패킷처리 방법을 정의하는 테이블의 인덱스로 DSCP 여섯 비트를 사용한다.

홉단위 동작

Diffserv 모델은 패킷을 수신하는 각 노드를 위한 홉단위 동작을 정의한다. 현재까지 DE PHB, EF PHB와 AF PHB 등 세 가지 PHB가 정의되었다.

❏ *DE PHB.* DE PHB (default PHB)는 ToS와 호환성이 있어서 최선노력 전달(best-effort delivery)과 같다.

❏ *EF PHB.* EF PHB (expedited forwarding PHB)는 다음 서비스를 제공한다.
   a. 저손실(low loss)
   b. 저대기시간(low latency)
   c. 보장된 대역폭(Ensured bandwidth)

   이것은 발신지와 목적지 사이에 가상연결을 가진 것과 같다.

❏ *AF PHB.* AF PHB (assured forwarding PHB)는 등급 트래픽(class traffic)이 노드의 트래픽 프로파일을 초과하지 않는 한 높은 보장률로 패킷을 전달한다. 네트워크 사용자는 일부 패킷이 폐기될 수 있다는 것을 알 필요가 있다.

트래픽 조정기

Diffserv를 구현하기 위해서 DS 노드는 그림 8.69와 같이 계량기(meter), 표시기(marker), 조정기(shaper)와 폐기기(dropper)와 같은 트래픽 조정기(traffic conditioner)를 사용한다.

그림 8.69 ‖ 트래픽 조정기

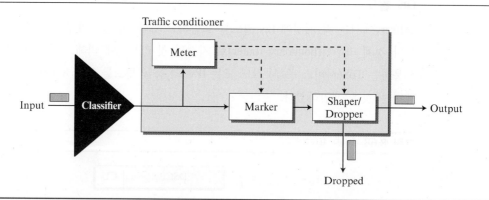

❑ **계량기.** 계량기는 입력되는 흐름이 협상된 트래픽 프로파일과 맞는가를 조사한다. 계량기는 이 결과를 다른 구성요소들에게 송신한다. 계량기는 프로파일을 조사하기 위하여 토큰 버켓과 같은 여러 도구를 사용할 수 있다.

❑ **표시기.** 표시기는 최선노력 전달(DSCP: 000000)을 사용하는 패킷을 다시 표시할 수 있으며 또한 계량기에서 받은 정보에 근거하여 다운마크(down-mark)를 할 수 있다. 흐름의 등급을 낮추는 다운마크는 만약 흐름이 프로파일과 일치하지 않게 되면 발생한다. 표시기는 등급을 높이는 패킷의 업마크(up-mark)는 하지 않는다.

❑ **조정기.** 조정기는 트래픽이 협상된 프로파일과 맞지 않을 경우 재조정하기 위해 계량기에서 받은 정보를 사용한다.

❑ **폐기기.** 버퍼가 없는 조정기로 사용되는 폐기기는 만약 흐름이 협상된 프로파일을 심하게 위반하면 패킷들을 폐기한다.

8.6 추천 자료

이 장에서 논의한 주제들을 자세히 보기 위해서 다음 도서와 사이트를 추천한다. 꺽쇠 안에 있는 내용은 교재의 끝에 있는 참고문헌을 가리킨다.

단행본

이 장에서 다룬 서론 내용은 [Com 06]와 [Tan 03], [G & W 04]에 있다.

RFC

RFC 2198, RFC 2250, RFC 2326, RFC 2475, RFC 3246, RFC 3550 및 RFC 3551을 포함하는 몇 RFC들이 이 장에서 다룬 내용에 대한 새로운 갱신 내용을 설명한다.

8.7 중요 용어

adaptive DM (ADM)
adaptive DPCM (ADPCM)
arithmetic coding
association
bidirectional frame (B-frame)
delta modulation (DM)
differential PCM (DPCM)
Differentiated Services (DS or DiffServ)

discrete cosine transform (DCT)
first-in, first-out (FIFO) queuing
forward error correction (FEC)
frequency masking
gatekeeper
gateway
H.323
Huffman coding

Integrated Services (IntServ)

intracoded frame (I-frame)

jitter

Joint Photographic Experts Group
    (JPEG)

leaky bucket algorithm

Lempel-Ziv-Welch (LZW)

linear predictive coding (LPC)

lossless compression

lossy compression

media server

metafile

mixer

Motion Picture Experts Group (MPEG)

MPEG audio layer 3 (MP3)

multihoming service

mutistream service

perceptual coding

per-hop behavior (PHB)

playback buffer

predicted frame (P-frame)

predictive coding (PC)

priority queuing

psychoacoustics

quality of service (QoS)

Real-Time Streaming Protocol (RTSP)

Real-time Transport Control Protocol
    (RTCP)

Real-time Transport Protocol (RTP)

registrar server

Resource Reservation Protocol (RSVP)

run-length coding

Session Initiation Protocol (SIP)

spatial compression

Stream Control Transmission Protocol
    (SCTP)

temporal compression

temporal masking

timestamp

token bucket

voice over IP

weighted fair queuing

8.8 요약

두가지 넓은 범위, 무손실과 손실압축으로 압축의 형태를 나눌 수 있다. 무손실 압축에서의 압축 및 압축해제 알고리즘은 서로 정확히 교환되기 때문에 데이터 무결성이 보존된다. 데이터의 어떠한 부분도 그 과정에서 손실되지 않는다. 손실압축은 데이터의 정확성을 보존하지 못하지만 우리는 압축된 데이터의 크기 절감 효과를 얻을 수 있다.

AV (Audio/Video) 파일은 인터넷(스트리밍 생방송 AV)으로 클라이언트에 방송하거나 나중에 사용(스트리밍 저장형 AV)하기 위해 저장될 수 있다. 인터넷은 대화형 실시간 AV로 사용될 수 있다. AV는 인터넷을 통해 전송되기 전에 디지털화되어야 한다. 스트리밍 AV 파일 다운을 위해 웹 서버 혹은 메타파일 혹은 매체 서버, 또는 RTSP를 사용한다.

패킷 교환 네트워크에서 실시간 데이터는 세션의 패킷들 간에 시간 관계의 보장을 요구한다. 수신자 측에서 연속적인 패킷 간의 틈새는 지터를 생기게 한다. 지터는 타임스탬프의 사용과 재생 시간의 적절한 선택을 통해서 제어될 수 있다.

IP 상의 음성(Voice over IP)은 실시간 대화형 AV 어플리케이션이다. 세션 초기 프로토콜(SIP)은 멀티미디어 세션의 설정, 관리, 종료하는 응용 계층 프로토콜이다. H.323은 인터넷에 연결된 컴퓨터와 통신하기 위해 공중망에 연결된 전화를 수용하는 ITU 표준이다.

실시간 멀티미디어 트래픽은 UDP와 실시간 전송 프로토콜(RTP)이 모두 필요하다. RTP는 타임스탬핑, 순서화와 혼합을 다룬다. 실시간 전송 제어 프로토콜(RTCP)는 흐름 제어, 데이터 제어의 특성, 피드백을 제공한다. 새로운 전송 계층 프로토콜 SCTP는 voice over IP와 같은 멀티미디어 어플리케이션을 처리하기 위해 설계되었다.

스케줄링, 트래픽 조정, 자원 예약과 수락 제어는 서비스 품질(QoS)를 향상시키기 위한 기술이다. FIFO 큐잉, 우선순위 큐잉과 가중공정 큐잉은 스케줄링 기술이다. 리키 버켓과 토큰 버켓은 트래픽 조정 기술이다. 통합 서비스는 IP를 위해 만들어진 흐름기반 QoS 모델이다. 자원 예약 프로토콜(RSVP)은 IP가 흐름을 만들고 자원 예약을 하는 데 도움을 주는 신호방식 프로토콜이다. 차별서비스는 IP를 위해 만들어진 클래스 기반 QoS 모델이다.

8.9 연습문제

8.9.1 기본 연습문제

1. 압축 및 압축 해제 알고리즘은 서로 정확하게 반대이기 때문에 _____ 압축에서 데이터의 무결성이 보존____.
   a. 무손실; 된다.
   b. 무손실; 되지 않는다.
   c. 손실; 된다.
   d. 손실; 되지 않는다.

2. 다음 중 무손실 압축 방식인 것은?
   a. 실행–길이 코딩(run-length coding)
   b. 사전 코딩(dictionary coding)
   c. 산술 코딩(arithmetic coding)
   d. 예측 코딩(predictive coding)

3. Lempel Ziv Welch (LZW)는 _____의 예이다.
   a. run-length coding(실행 길이 코딩)
   b. dictionary coding(사전 코딩)
   c. arithmetic coding(산술 코딩)
   d. predictive coding(예측 코딩)

4. _____은(는) 더 자주 발생하는 짧은 코드를 기호에 지정해 주고 긴 코드는 발생하는 빈도가 적은 것에 지정해 준다.
   a. 실행 길이 코딩(run-length coding)
   b. 사전 코딩(dictionary coding)
   c. 산술 코딩(arithmetic coding)
   d. 예측 코딩(predictive coding)

5. 산술에서 전체 메시지는 인터벌 _____의 실제 번호에 매핑된다.
   a. (0, 1)
   b. [0, 1]
   c. [0, 1)
   d. (0, 1]

6. 다음 압축 방법 중 어느 것을 예측 코딩으로 간주하는가?
   a. DM
   b. DPCM
   c. LPC
   d. 모두 맞음

7. _____에서는 각 샘플들을 따로 양자화하는 대신 차이를 양자화한다.
   a. 예측 코딩(predictive coding)
   b. 지각 코딩(perceptual coding)
   c. 코딩 전송(transfer coding)
   d. 펄스 부호 변조(pulse code modulation)

8. 적응적 DM (ADM)은 DM에서 _____의 문제를 해결하는 데 사용된다.
   a. 천천히 성장하는 기존 기능(a slowly growing original function)
   b. 빠른 성장하는 기존 기능(a fast growing original function)
   c. 과부하 왜곡 또는 세밀한 잡음
   d. 모두 맞음

9. _____은(는) 높은 압축 수준을 달성하고 일반적으로 군사적 압축 통신을 위해 사용된다. 가능하긴 하지만 통합 연설은 스피커를 식별하는 품질과 무가공(naturalness)이 부족하다.
   a. LCP
   b. DPCM
   c. ADM
   d. ADPCM

10. _____ 코딩은 사람들이 소리를 인식하는 방법을 연구하는 음향심리학의 과학을 기반으로 한다.

a. 예측 코딩(predictive coding)

b. 지각 코딩(perceptual coding)

c. 코딩 전송(transfer coding)

d. 정답 없음

11. 멀티미디어에 사용되는 코딩 중 손실되는 단계는 어디인가?

a. 변환 단계   b. 양자화 단계

c. 역방향 변환 단계   d. 모두 맞음

12. DCT 계수를 나타내는 사각형 메트릭스가 있기 때문에 _____ 메트릭스, 역 및 교환은 동일하다.

a. 선형   b. 광장

c. 직교   d. 대칭

13. _____은(는) 이미지를 압축하는 데 사용된다.

a. MPEG   b. JPEG

c. MPEG or JPEG   d. 정답 없음

14. JPEG 압축 과정의 첫 단계는 _____다(이다).

a. DCT 변환   b. 양자화

c. 무손실 압축 인코딩   d. 정답 없음

15. JPEG 압축 과정의 두 번째 단계는 _____다(이다).

a. DCT 변환   b. 양자화

c. 무손실 압축 인코딩   d. 정답 없음

16. JPEG의 압축 과정의 세 번째 단계는 _____다(이다).

a. DCT 변환   b. 양자화

c. 무손실 압축 인코딩   d. 정답 없음

17. _____은(는) 동영상을 압축하는 데 사용된다.

a. MPEG   b. JPEG

c. MPEG 또는 JPEG   d. 정답 없음

18. MPEG 방식에서 각 프레임의 _____ 압축은 JPEG와 함께 이루어진다. 중복 프레임은 _____을(를) 압축하는 동안 제거된다.

a. 시간적, 공간적   b. 공간적, 시간적

c. 손실, 무손실   d. 정답 없음

19. _____ 오디오/비디오는 압축 오디오/비디오 파일에 대한 주문형 요청을 말한다.

a. 라이브 스트리밍   b. 저장된 스트리밍

c. 대화형   d. 정답 없음

20. _____ 오디오/비디오는 인터넷을 통한 라디오와 TV 프로그램의 방송을 말한다.

a. 라이브 스트리밍   b. 저장된 스트리밍

c. 대화형   d. 정답 없음

21. _____ 오디오/비디오는 인터랙티브 오디오/비디오 어플리케이션을 위해 인터넷을 사용하는 것이다.

a. 라이브 스트리밍   b. 저장된 스트리밍

c. 대화형   d. 정답 없음

22. _____ 버퍼는 실시간으로 트래픽이 필요하다.

a. 재생 대기   b. 순서 변경

c. 소팅(정렬)   d. 정답 없음

23. 패킷의 시간 관계와 질서를 수립하기 위해서 실시간 트래픽은 각 패킷에 _____이(가) 필요하다.

a. 타임스탬프   b. 순서 번호

c. 타임스탬프와 순서 번호   d. 정답 없음

24. _____은(는) 수신 네트워크의 대역폭을 일치하는 낮은 품질에 대한 페이로드의 인코딩을 변경함을 의미한다.

a. 변환   b. 혼합

c. 인코딩   d. 정답 없음

25. _____은(는) 하나의 스트림에 트래픽을 여러 스트림으로 결합함을 의미한다.

a. 타임스탬프

b. 대화형 번호

c. 타임스탬프와 대화형 번호

d. 정답 없음

26. 잃어버린 및 손상된 패킷 메이크업을 위해 실시간 트래픽은 정상적으로 _____한다.

a. 손실 및 손상된 패킷을 재전송

b. 순방향 오류 정정(FEC) 메소드를 사용

c. 전체 트래픽을 재전송

d. 정답 없음

27. 실시간 비디오 성능은 10분 정도이다. 시스템의 지터가 있다면, 뷰어의 성능을 감시하는 데 _____을(를) 보낸다.

a. 10분 이하   b. 10분 이상

c. 정확히 10분   d. 정답 없음

28. _____은(는) 패킷이 첫 번째 또는 이전 패킷에 상대적으로 생성했던 시간을 보여준다.

a. 타임스탬프   **b.** 재생 버퍼
c. 대화형 번호   **d.** 정답 없음

29. _____은(는) 실시간 패킷 번호를 전송하는 데 사용
된다.
a. 타임스탬프   **b.** 재생 버퍼
c. 대화형 번호   **d.** 정답 없음

30. _____은(는) 단일 복합 신호를 생성하기 위해 다른 소스에서 신호를 추가한다.
a. 타임스탬프   **b.** 순서 번호
c. 혼합기   **d.** 정답 없음

31. _____은(는) 낮은 품질의 좁은 대역폭 신호에 고대역폭 비디오 신호의 형식을 변경한다.
a. 타임스탬프   **b.** 순서 번호
c. 번역자   **d.** 정답 없음

32. _____은(는) 구축, 관리 및 멀티미디어 세션을 종료하는 응용프로그램 계층 프로토콜이다.
a. SIP   **b.** H.323
c. RTP   **d.** 정답 없음

33. _____은(는) 공중전화 네트워크에 전화가 인터넷에 연결된 컴퓨터에 이야기하도록 ITU에 의해 설계된 표준이다.
a. SIP   **b.** H.323
c. RTP   **d.** 정답 없음

34. 패킷의 재전송을 허용할 수 없기 때문에 _____은(는) 대화형 멀티미디어 트래픽에 적합하지 않다.
a. TCP   **b.** UDP
c. RTP   **d.** 정답 없음

35. _____은(는) 인터넷에서 실시간 트래픽을 처리하기 위한 프로토콜이다.
a. TCP   **b.** UDP
c. RTP   **d.** 정답 없음

36. _____은(는) RTP와 연관하여 데이터의 흐름과 품질을 제어하기 위한 프로토콜이다.
a. SIP   **b.** RTCP
c. H.232   **d.** 정답 없음

37. RTP 패킷은 _____으로 캡슐화되어있다.
a. UDP 사용자 데이터그램 **b.** TCP 세그먼트
c. IP 데이터그램   **d.** 정답 없음

38. 스트림 제어 전송 프로토콜(SCTP)은 새로운 _____ 프로토콜이다.
a. 신뢰형, 문자 지향   **b.** 신뢰형, 메시지 지향
c. 비 신뢰형, 메시지 지향 **d.** 정답 없음

39. SCTP는 각 연계에서 _____ 서비스를 허용한다.
a. 단일 스트림   **b.** 멀티 스트림
c. 이중 스트림   **d.** 정답 없음

40. SCTP 연계는 각 종단까지 _____을(를) 허용한다.
a. 하나의 IP 주소   **b.** 다수의 IP 주소
c. 두 개의 IP 주소   **d.** 정답 없음

41. SCTP에서 데이터 청크는 _____을(를) 사용하여 번호를 붙인다.
a. TSN   **b.** SI
c. SSN   **d.** 정답 없음

42. 다른 스트림과 구별하기 위해 SCTP는 _____을(를) 사용한다.
a. TSN   **b.** SI
c. SSN   **d.** 정답 없음

43. 동일한 스트림에 속한 다른 데이터 청크를 구분하기 위해 SCTP는 _____ 을(를) 사용한다.
a. TSNs   **b.** SIs
c. SSNs   **d.** 정답 없음

44. TCP는 _____을(를) 갖고 있다; SCTP는 _____을(를) 갖고 있다.
a. 패킷들, 세그먼트들   **b.** 패킷, 프레임들
c. 세그먼트들, 프레임들 **d.** 정답 없음

45. SCTP의 제어 정보는 _____에서 수행된다.
a. 헤더 제어 필드   **b.** 제어 청크
c. 데이터 청크   **d.** 정답 없음

46. SCTP에서는 응답 번호는 _____을(를) 수신한 것을 알리기 위하여 사용된다.
a. 데이터 청크와 컨트롤 청크 모두
b. 전용 컨트롤 덩어리
c. 오직 데이터 청크만
d. 정답 없음

47. SCTP 패킷에서 제어 청크는 데이터 청크와(가) _____에 도착한다.

a. 온 후   b. 오기 전
c. 동시   d. 정답 없음

48. SCTP에서 연결을 _____이라고 한다.
    a. 협상(negotiation)   b. 연관(association)
    c. 전송   d. 정답 없음

49. 다음 보기 중 데이터 흐름에 의한 특성이 아닌 것은?
    a. 신뢰성   b. 지연
    c. 대역폭   d. 모두 맞음

50. 다음 보기 중 QoS 향상을 위해 사용되는 방법은?
    a. 예약   b. 자원 예약
    c. 트래픽 형성 또는 감시 d. 모두 맞음

51. 다음 보기 중 스케줄링 기법에 사용되는 방법은?
    a. FIFO 큐잉   b. 우선순위 큐잉
    c. 가중치 큐잉   d. 모두 맞음

52. _____ 알고리즘은 형성된 집중 트래픽이 평균 데
    이터 비율로 고정되어 흘러들어가는 것을 감시하지
    만, 유휴 기간 동안 사용자에게 신뢰를 주지 않는 감
    시 기법이다.
    a. 리키 버켓   b. 토큰 버켓
    c. 우선순위 큐잉   d. 가중치 큐잉

53. _____ 알고리즘은 집중된 트래픽을 최대 비율까지
    허용하는 감시 기술이며 유휴 기간 동안 사용자에게
    신뢰를 주는 기법이다.
    a. 리키 버켓   b. 토큰 버켓
    c. 우선순위 큐잉   d. 가중치 큐잉

54. 어떤 QoS 모델이 비중이 크게 자원을 예약하는가?
    a. IntServ   b. DiffServ
    c. Scheduling   d. Policing

55. 통합된 서비스는 IP를 위해 설계된 _____

QoS 모델이다.
    a. 흐름 기반   b. 클래스 기반
    c. 신뢰성 기반   d. 효율성 기반

56. 차별화된 서비스는 IP를 위해 설계된 _____
    QoS 모델이다.
    a. 흐름 기반   b. 클래스 기반
    c. 신뢰성 기반   d. 효율성 기반

57. IntServ 모델에서 보장된 서비스는 _____ 어플
    리케이션이 요구된다.
    a. 주문형 오디오/비디오 b. 저장된 오디오/비디오
    c. 실시간   d. 모두 맞음

58. IntServ 모델에서 로드 제어 서비스는 _____
    (한) 어플리케이션을 위해 설계되었다.
    a. 어떤 지연을 수락, 패킷 손실에 민감
    b. 어떤 패킷 손실을 수락, 지연에 민감
    c. 지연과 패킷 손실에 민감
    d. 지연과 패킷 손실에 민감하지 않은

59. IntServ 모델은 _____
    a. 확장성이 있고 서비스 유형 제한이 있다.
    b. 확장성이 있고 서비스 유형 제한이 없다.
    c. 확장성이 없고 서비스 유형 제한이 있다.
    d. 확장성이 없고 서비스 유형 제한이 없다.

60. _____를 구현하기 위해 DS 노드는 _____를
    이용하여 meters, markers, shapers, droppers 를 사용
    한다.
    a. Diffserv, traffic conditioners
    b. Diffserv; gadgets
    c. IntServ, traffic conditioners
    d. IntServ; gadgets

8.9.2 응용 연습문제

1. predictive 코딩에서 60개의 문자가 메시지에 있다면,
   압축 알고리즘 루프는 얼마나 반복되는가? 설명하라.

2. dictionary 코딩에서 그 과정에서 만들어진 모든 사전
   에 항목을 인코딩하거나 디코딩에 사용해야하나?

3. 20개의 알파벳 기호에서 Huffman tree의 leaves는 몇
   개인가?

4. 다음의 코드는 동시에 일어나는가? 설명하라.

   | 00 | 01 | 10 | 11 | 001 | 011 | 111 |

5. 같은 확률로 발생할 수 있는 네 개의 문자로 이루어진
   메시지가 있다고 가정하자(A, B ,C, D). Huffman table
   에 의해 어떻게 디코딩될 수 있는가를 추정하라. 디코

딩된 것들은 전송 숫자를 감소케 하는가?

6. 산수 코딩에 의해 두 개의 다른 메시지는 같은 간격에 encode 될수 있는가? 설명하라.

7. predictive 코딩에 의해 DM과 ADM을 서로 구분하라.

8. predictive 코딩에 의해 DPCM과 ADPCM을 서로 구분하라.

9. 최대의 quantized 값에서 PCM과 DM sample 각각의 전송된 숫자를 비교하라.
       a. 12   **b.** 30   **c.** 50

10. 예측 코딩에 관련된 다음 문제에 답하라.
        a. DM 코딩에서 슬롭 과부화 왜곡과 입상 잡음 왜곡은 무엇인가?
        b. ADM 코딩에서 위의 문제들을 어떻게 해결하는지 설명하라.

11. DM과 DPCM의 다른 점은 무엇인가?

12. PLC 방법으로 압축된 음성신호의 문제는 무엇인가?

13. 변환 코딩에서 송신자가 M metrix를 수신자에게 보낼 때 수신자는 계산에서 T matrix를 전송할 필요가 있는가? 설명하라.

14. JPEG에서 각 픽셀이 24비트보다 적게 필요로 하는 이미지가 하나 또는 두 개의 주된 색상을 사용하는가? 설명하라.

15. JPEG에서 Q(m, n)의 양자화 행렬 값이 왜 같지 않은가에 대해 설명하라. 바꿔 말하면, M(m, n)의 각 요소는 다른 값 대신 하나의 고정 값으로 나누어지지 않는 이유는 무엇인가?

16. Q10을 사용하는 것은 더 좋은 압축효율을 나타내나, Q90을 사용하는 것보다 더 나쁜 이미지 품질인 이유는 무엇인가에 대해 설명하라(그림 8.18 참조).

17. JPEG에서 양자화 단계에서 분열된 결과를 회전해야 하는 이유를 설명하라.

18. 같은 값으로 양자화와 곱셈을 했을 때와 역양자화를 했을 때 JPEG에서 양자화/역양자화 단계의 조합이 행렬 Q에서 일치하는 값으로 각 행렬 M의 요소로 나누었음에도 손실 과정인지 설명하라.

19. 멀티미디어 통신에서 송신자가 이미지를 오로지 JPEG으로 encode 한다고 가정하나, 수신자는 오로지 GIF 형식으로 decode된 이미지만 decode할 수 있다고 하면, 두 가지 개체는 멀티미디어 통신에서 교환될 수 있는가?

20. 음성/비디오로 저장된 스트림에서 그림 8.24와 그림 8.25의 접근방식의 다른 점은 무엇인가?

21. 음성/비디오로 저장된 스트림에서 그림 8.25와 그림 8.26의 접근방식의 다른 점은 무엇인가?

22. 음성/비디오 스트리밍의 네 번째 접근에서 RTSP의 역할은 무엇인가?

23. 라이브 음성/비디오와 실시간 대화형 음성/오디오의 주된 차이점은 무엇인가?

24. 요청에 의한 음성/비디오를 사용할 때 다음의 세 가지 방식(음성/비디오로 저장된 스트리밍, 음성/오디오 스트리밍, 또는 실시간 대화형 음성/오디오) 중 어떤 것으로 변환되는가?

25. 그림 8.26에서 웹 서버와 미디어 서버는 다른 머신에서 동작 할 수 있는가?

26. 실시간 대화형 음성/오디오에서 스케줄된 playback time 후 수신자 사이트에 패킷이 도달하면 어떤 상황이 발생하는가?

27. 2비트의 데이터 문자를 전송한다고 가정해 보자. 다음의 코드문자가 단일 오류 검출에 적당히 사용되어질 수 있는가?
        00000   01011   10101   11110

28. 그림 8.33에서 하나 이상의 패킷이 손실되면 인터리빙 동작을 수행하는가?

29. 그림 8.34에서 하나 이상의 패킷이 손실되는 경우 scheme이 작동하는가?

30. 모든 실시간 멀티미디어 스트림의 묶음을 하나의 패킷으로 보낼 수 있을 만큼 패킷 크기를 가지고 있는 프로토콜을 고안한다고 가정하자. 그러한 묶음들에 순서 번호 혹은 타임스태프가 필요로 하는지 설명하라.

31. RTP는 UDP와 같이 또 다른 전송 계층 프로토콜의 상단에서 실행되지 않고 전송 계층 프로토콜로 사용할 수 없는 이유를 설명하라.

32. TCP와 RTP 둘 다 순서 번호를 사용한다. 순서 번호는 양쪽에서 같은 역할을 수행하는가? 설명하라.

33. RTP가 제외된 UDP는 실시간 대화형 멀티미디어 어플리케이션을 위한 서비스를 제공하기에 적합한가?

34. 만일 RTP 패킷을 capture하면, 일반적으로 RTP 헤더는 12바이트로 관찰된다. 이것을 설명할 수 있는가?

35. RTP에 의해 멀티미디어 데이터의 인코딩 및 디코딩이 수행되는가? 설명하라

36. 이미지가 10 RTP 패킷을 사용하여 목적지로부터 보내진다고 가정하자. 첫 5패킷은 JPEG 형식으로 정의되고 마지막 5패킷은 GIF 형식으로 정의될 수 있는가?

37. UDP는 커넥션을 생성할 수 없다. 다른 rtp packet에 담겨 있는 데이터 덩어리들은 어떻게 다른가?

38. 어플리케이션 프로그램을 RTP 세션 동안 오디오와 비디오 스트림에 나누어 사용한다고 가정하자. 얼마나 많은 SSRC와 CSRC가 각 RTP 패킷에서 사용되는가?

39. RTP + UDP는 TCP와 같다고 말할 수 있는가?

40. RTP는 왜 TCP가 아닌 RTCP와 같은 다른 프로토콜 서비스를 요구하는가?

41. SIP는 RTP의 서비스를 사용해야합니까? 설명하라.

42. SIP는 어플리케이션 계층에서 caller와 callee 사이, 신호 메카니즘을 제공하는 데 사용되었다고 언급하였다. communication 과정에서 어느 party는 서버이고 어느 클라이언트인가?

43. 이번 장에서 오직 음성을 위해서는 SIP 사용만을 설명한다. 화상(video)을 위해 SIP 사용을 막는 결점은 무엇인가?

44. 두 개의 party는 RTP 서비스를 이용하여 IP telepony를 구축해야 한다고 가정하자. RTP에 의해 사용될 두 임시 포트번호를 어떻게 정의할 수 있는가?

45. 유니 캐스트 세션이나 멀티 캐스트 세션에서 세션에 대한 RTCP 패킷에서 받은 피드백은 보낸 사람에 의해 쉽게 처리할 수 있는가?

46. RTP/RTCP의 결합과 SIP의 wireless한 환경에서 동작은 가능한가? 설명하라.

47. SIP는 최신의 핸드폰에 의해 다음의 서비스가 제공되어지는가에 대해 조사하고 찾아내어라.
   a. caller-ID   **b.** call-waiting   **c.** multiply calling

48. 인터넷 전화에서 그가 사무실이나 집에 있을 때 앨리스의 전화가 밥에게 직접 걸 수 있는 방법에 대해 어떻게 설명할 수 있는가?

49. H.323은 실제 SIP와 같다고 생각하는가? 다르다면 무엇이 다른가? 그 둘을 비교하라.

50. H.323은 화상에서도 사용될 수 있는가?

51. bank blanch에서 두 명의 teller가 있다. 하나는 독점적 비즈니스 고객이며 다른 하나는 레귤러 고객이다. 이것을 priorty queing으로 예를 들 수 있는가? 설명하라.

52. bank blanch에서 짧은 줄을 만들기 위해, 관리자는 세 줄을 만들었다. 만일 각 행에 한 고객 서비스를 제공하는 출납원이 있다면, 큐 방식의 종류가 하는 일은?

53. bank blanch에서 비즈니스 고객과 레귤러 고객으로 각각 이루어진 두 개의 줄이 있고, 한 명의 출납원이 있다. 출납원은 비즈니스 고객이 없음을 가정하고 레귤러 고객을 접대한다고 한다. 큐 방식의 종류가 하는 일은?

54. bank blanch에서 비즈니스 고객과 레귤러 고객으로 각각 이루어진 두 개의 줄이 있고, 한명의 출납원이 있다. 출납원은 비즈니스 라인의 두 명의 고객과 레귤러 라인의 한 명의 고객을 접대한다. 큐 방식의 종류가 하는 일은?

8.9.3 심화문제

1. 다음과 같은 메시지가 주어졌을 때 실행-길이 코딩이 사용된 압축된 데이터를 찾아라.

AAACCCCCCBCCCCDDDDDAAAABBB

2. 다음과 같은 메시지가 주어졌을 때 4비트 binary 숫

자로 표현 개수와 실행–길이 코딩의 두 번째 버전을 사용하여 압축된 데이터를 찾아라.

1000000100000100000000000010000001

3. dictionary 코딩에서 이 메시지는 다음 중 하나라면 쉽게 코드를 찾을 수 있는가?

　a. "A"　　　　　　　　b. "AA"

　c. "AAA"　　　　　　　d. "AAAA"

　e. "AAAAA"　　　　　　f. "AAAAAA"

4. LZW 코딩에서 메시지 **"AACCCBCCDDAB"**가 주어져 있다.

　a. 메시지를 encode하라(그림 8.2 참조).

　b. 만일 8비트로 표현되는 문자이고 4비트로 표현되는 자릿수(16진법)일 때 압축된 비율을 찾아라.

5. LZW 코딩에서 코드 "0026163301"이 주어져 있다. 알파벳은 "A", "B", "C", "D" 네 가지로 만들어져 있다고 가정하며 이 메시지를 decode하라(그림 8.3 참조).

6. **"AACCCBCCDDAB"**의 메시지가 주어져 있고, 각 문자의 확률은 P(A) = 0.50, P(B) = 0.25, P(C) = 0.125, P(D) = 0.125.

　a. Huffman 코딩을 이용해 데이터를 encode하라.

　b. 각각의 원래 문자가 8비트로 표현되는 경우 압축 비율을 찾아라.

7. Huffman 코딩에서 다음과 같은 테이블이 주어져 있다.

A → 0　　　　B → 10　　　　C → 110　　　　D → 111

코드 "00110110011110111111010"를 받은 경우 원래 메시지를 표시하라.

8. **"ACCBCAAB*"**의 메시지가 주어져 있고, 각 문자의 확률은 P(A) = 0.4, P(B) = 0.3, P(C) = 0.2, P(*) = 0.1.

　a. 10 bianry 진수의 arithmatic 코딩을 사용한 압축된 데이터를 찾아라.

　b. 각각의 원래 문자가 8비트로 표현되는 경우 압축 비율을 찾아라.

9. acrimatic 코딩에서 100110011의 코드를 받았다고 가정하자. 만일 P(A) = 0.4, P(B) = 0.3, P(C) = 0.2, P(*) = 0.1인 확률을 가진 4가지 문자로 이뤄진 알파벳을 알고 있다면, 원래의 메시지를 찾아라.

10. predictive 코딩에서 다음의 예 X_n을 가정하자.

n	1	2	3	4	5	6	7	8	9	10	11
x_n	13	24	46	60	45	32	30	40	30	27	20

　a. delta modulation (DM)을 사용하는 경우, 디코딩된 메시지를 표시하라. $y_0 = 10$, $\triangle = 8$

　b. q_n의 계산된 결과값으로 주어진 $\triangle$를 무엇이라 할 수 있겠는가?

11. predictive 코딩에서 다음과 같은 코드를 따른다. delta modulation을 사용하는 경우 각각의 샘플에 대해 복원 가치(y_n)를 계산할 수 있는 방법을 보여라. $y_0 = 8$, $\triangle = 6$이다.

n	1	2	3	4	5	6	7	8	9	10	11
C_n	1	0	0	1	0	1	1	1	0	1	1

12. predictive 코딩에서 다음의 예 (x_n)를 따른다. adaptive DM을 사용하는 경우 보낸 디코딩된 메시지를 표시하라.

$y_0 = 10$, $\triangle_1 = 4$, $M_1 = 1$. 또한 $q_n = q_{n-1}$(q_n은 변화 없음)이면 $M_n = 1.5 \times M_{n-1}$이고 그렇지 않으면 $M_n = 0.5 \times M_{n-1}$이다.

n	1	2	3	4	5	6	7	8	9	10	11
x_n	13	15	15	17	20	20	18	16	16	17	18

13. 다음의 코드를 가정하자. ADM을 사용하는 경우 각각의 샘플에 대한 복원 y_n을 계산하는 방법을 보여라. $y_0 = 20$, $\triangle_1 = 4$, $M_1 = 1$. 또한 $q_n = q_{n-1}$(q_n은 변화 없음)이면 $M_n = 1.5 \times M_{n-1}$이고 그렇지 않으면 $M_n = 0.5 \times M_{n-1}$이다.

n	1	2	3	4	5	6	7	8	9	10	11
C_n	1	1	1	0	0	1	1	0	0	1	1

14. 1차원 DCT에서 메트릭스 변환은 간단한 곱셈으로 변경된다. 즉, $M = T \times p$이고 T, p, M은 숫자(스컬러값)를 대신하는 메트릭스이다. 이 경우 T의 값은 무엇인가?

15. DCT에서 변환 값 $T(m, n)$은 코딩의 값이 항상 -1과 1 사이에 존재하는가?

16. transform 코딩에서 M matrix를 받는 수신기가 원래의 P 메트릭스를 만들 수 있다는 것을 보여라.

17. $N = 1$, $N = 2$, $N = 8$일 때 DCT에 대한 T matrix 값을 계산하라.

18. 1차원 DCT 코딩을 사용하여 3개의 p matrices를 따르는 M matrix를 계산하라(행 matrix로 가정해야 하지만 열 matrix로 가정을 필요로 한다). 결과를 해석하라.

$p_1 = [1\ 2\ 3\ 4\ 5\ 6\ 7\ 8]$ $p_2 = [1\ 3\ 5\ 7\ 9\ 11\ 13\ 15]$ $p_3 = [1\ 6\ 11\ 16\ 21\ 26\ 31\ 36]$

19. 이미지가 JPEG에 의해 테이블 밖에서 사용되는 크기 8의 팔레트를 사용한다고 가정하며(GIF도 같은 방법을 사용하나 팔레트의 크기는 256이다), 농도의 표시 수준을 다음과 같은 색상 조합을 통해 나타낸다.

Red: 0 and 7   Blue: 0 and 5   Green: 0 and 4

이것들에 대한 팔레트를 표시하고 다음 질문에 대한 답변하라.

a. 얼마나 많은 비트가 각 픽셀로 전송되었는가?

b. 다음 픽셀에 대해 보낸 비트는 무엇인가? red, blue, black, white, magenta(red, blue, but no green)

20. 스트리밍하기 위해 저장된 오디오/비디오에 처음 접근으로, 우리는 4메가바이트 압축방식의 노래들을 필요가 있다고 가정하자(전형적인 상황). 만일 56 Kbps의 모뎀을 사용한 이용한 통신일 때 노래가 시작하기까지 얼마나 시간이 걸리겠는가(다운로드시간)?

21. FEC의 인터리빙 접근에서 음악의 샘플된 조각으로부터 10개의 샘플들이 각 패킷에 포함된다고 가정하자. 처음에 약속한 대로 20개의 샘플을 순서대로 10개씩 2개의 그룹으로 나눠서 보내는 대신 송신자는 첫 번째 packet에 20개의 샘플 중 홀수 번호의 샘플을 넣어 보낼 것이고 두 번째 packet에 20개의 샘플 중 짝수 번호의 샘플을 넣어 보낼 것이다. 수신자는 샘플을 재요청하고 그것들을 재생한다. 3개의 패킷이 현재 전송에서 손실되었다고 가정하자. 수신자 사이트에서 무엇을 잃어버렸겠는가?

22. Hamming 거리가 기본이 되는 FEC를 사용하여 2개의 비트의 데이터워드를 전송한다고 가정하자. 다음 datawords/codewords의 목록이 전송의 한 비트 오류까지 자동으로 수정하는 방법을 보여라.

$00 \rightarrow 00000$ $01 \rightarrow 01011$ $10 \rightarrow 10101$ $11 \rightarrow 11110$

23. 자동적으로 1비트 오류를 수정할 수 있는 codeword를 작성한다고 가정하자.
    dataword의 비트 수가 k일 때 여분의 비트(r)의 수는 무엇이어야 하는가? codeword가 $n = k + r$ 비트를 필

요로 하고, $C(n, k)$임을 기억하라. 관계를 찾은 후에 k가 1, 2, 5, 50, 1,000일 때 r의 비트 개수를 찾아라.

24. 이전의 문제에서 단일비트 오류 검출하는 dataword의 삽입의 개수를 찾았다. 만일 하나의 비트를 더 검출하려 한다면, 여분의 비트는 증가한다. dataword 크기 k에서 자동적으로 하나 혹은 두 개의 비트(반드시 우연은 아닌)를 수정하는 여분의 비트의 개수는 몇 개여야 하는가? 관계를 찾은 후에 k가 1, 2, 5, 50, 1,000일 때 r의 비트 개수를 찾아라.

25. 이전의 두 문제의 아이디어를 이용하여, codeword 크기(n)의 어떤 오류의 개수(m)를 수정하는 일반 방정식을 세울 수 있다. 그러한 방정식을 개발하라. n object와 x object를 한 번에 조합하여 사용하라.

26. 그림 8.34에서 100개의 패킷을 갖고 있다 가정하자. 높고 낮은 해상도로 구성된 2개의 패킷이 있다. 각 고-해상도 패킷은 평균 700비트를 나른다. 각 낮은-해상도 패킷은 평균 400비트를 나른다. 이 구조에서 FEC를 위하여 얼마나 많은 여분의 비트를 보낼 수 있는가? 오버헤드 퍼센트는 얼마인가?

27. 그림 8.31에서 각 주어진 시간 동안 재생할 수 있는 데이터의 양은 얼마 입니까?

    a. 00:00:17   b. 00:00:20

    c. 00:00:25   d. 00:00:30

28. 그림 8.70은 생성되고 도착한 열 개의 오디오 패킷을 나타내고 있다. 다음 물음에 답하라.

    a. 만약 t_8에서 시작할 때 어떤 패킷들이 플레이 될 수 없는가?

    b. 만약 t_9에서 시작할 때 어떤 패킷들이 플레이 될 수 없는가?

29. 8진수 $(86032132)_{16}$를 포함하는 RTP 패킷이 주어졌을 때 다음 물음에 답하라.

    a. RTP Protocol 버전은 무엇인가?

    b. 보안을 위한 패딩이 있는가?

    c. 확장 헤더가 있는가?

    d. 얼마나 많은 참여자가 패킷을 정의하고 있는가?

    e. RTP 패킷을 나르기 위한 유효 탑재량의 유형은 무엇인가?

    f. 전체 헤더의 크기의 바이트는?

30. 실시간 멀티미디어 통신환경에서 한 명의 보내는 사

그림 8.70 ∣ 문제 28

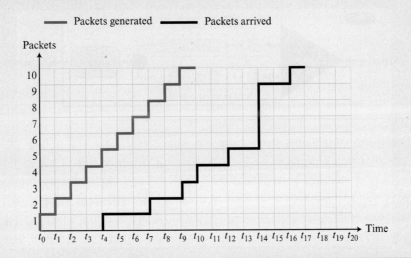

람과 열 명의 받는 사람이 있다고 가정하자. 보내는 사람이 1 Mbps로 멀티미디어 데이터를 보낸다면, 얼마나 많은 RTCP 패킷이 전송자로부터 수신자에게 초당 전송될 수 있는가? 시스템이 RTCP 대역폭에 80%를 수신자에게 그리고 20%를 전송자에게 할당한다고 가정한다. 평균 RTCP 패킷은 1,000비트이다.

31. TCP 프로토콜이 실시간 멀티미디어 스트리밍에 적합하지 않은 이유를 설명하라.

32. 그림 8.71은 입력 포트에서의 FIFO 큐잉을 사용하는 라우터를 보여주고 있다.

7개의 패킷이 도착한 시간은 다음과 같습니다. t_i는 패킷이 도착하거나 참조시간으로부터 i ms 이후를 의미한다. 요구되는 서비스 타임들의 값은 ms로 나타난다. 전달 시간은 무시해도 좋다고 가정한다.

Packets	1	2	3	4	5	6	7
Arrival time	t_0	t_1	t_2	t_4	t_5	t_6	t_7
Required service time	1	1	3	2	2	3	1

　　a. 시간 라인을 이용하고, 도착 시간을 보이고, 프로

세스 지속기간 각 패킷의 출발 시간을 보여라. 또한 매 millisecond마다 시작 큐에 있는 콘텐츠들을 보여라.

　　b. 각 패킷당 라우터에서 사용한 시간과 이전에 출발한 패킷들의 지연에 대하여 찾아보라.

　　c. 모든 패킷들이 같은 어플리케이션에 속할 때 라우터가 패킷을 위한 지터를 생성하는지 확인하여 보라.

33. 그림 8.72는 우선순위 큐잉을 사용하는 라우터의 입력 포트를 보여주고 있다.

10개 패킷의 도착과 요구된 서비스 시간(전송 시간은 무시)은 다음과 같다. t_i는 패킷이 도착하거나 참조시간으로부터 i ms 이후를 의미한다. 요구되는 서비스 타임들의 값은 ms로 나타난다. 패킷들 중 1, 2, 3, 4, 7 그리고 9는 높은 우선순위를 갖고 있다(색상이 표시됨). 그 외에 다른 패킷들은 낮은 우선순위를 갖고 있다.

Packets	1	2	3	4	5	6	7	8	9	10
Arrival time	t_0	t_1	t_2	t_3	t_4	t_5	t_6	t_7	t_8	t_9
Required service time	2	2	2	2	1	1	2	1	2	1

그림 8.71 ∣ 문제 32

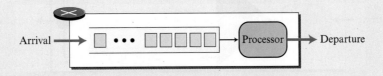

그림 8.72 ▮ 문제 33

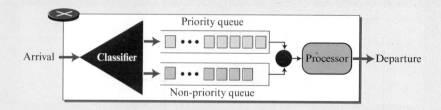

a. 시간 라인을 이용하고, 도착 시간을 보이고, 프로세스 지속기간, 각 패킷의 출발 시간을 보여라. 또한 매 millisecond마다 우선순위 큐(Q1)과 비우선순위 큐 (Q2)의 콘텐츠를 보여라.

b. 각 패킷은 우선순위 클래스에 속해있다. 라우터와 이전의 출발한 패킷과 그 이전에 출발한 패킷 간의 지연시간을 찾아라. 라우터가 만약 이 클래스를 위해 지터를 생성하는지 확인하라.

c. 각 패킷들은 비우선순위 클래스에 속해있다. 라우터와 이전의 출발한 패킷과 그 이전에 출발한 패킷 간의 지연시간을 찾아라. 라우터가 이 클래스를 위해 지터를 생성하는지 아닌지 확인하라.

34. 출력 흐름을 조절하기 위하여 라우터는 출력 포트에 3개의 큐를 포함하는 가중치 큐잉 구조를 갖고 있다. 패킷들은 정의되어 있으며 전송이 시작되기 전에 이러한 큐에 보관되어 있다. 가중치가 할당된 큐는 w = 3, w = 2, w = 1 (3/6, 2/6, 1/6)이다. 각 큐의 t_0 시간일 때의 콘텐츠들은 그림 8.73과 같다. 패킷들이 모두 같은 크기이며 전송 시간은 각각 1 μs으로 가정하라.

a. 시간 라인을 이용하고, 각 패킷의 출발 시간을 보여라.

b. 5, 10, 15, 20 μs 이후의 큐의 콘텐츠를 보여라.

c. 각각의 패킷이 이전의 패킷에 대하여 클래스가 w = 3일 때 출발 지연을 찾아보라. 큐잉이 지터를 이

클래스에서 만들었는가?

d. 각각의 패킷이 이전의 패킷에 대하여 클래스가 w = 2일 때 출발 지연을 찾아보라. 큐잉이 지터를 이 클래스에서 만들었는가?

e. 각각의 패킷이 이전의 패킷에 대하여 클래스가 w = 1일 때 출발 지연을 찾아보라. 큐잉이 지터를 이 클래스에서 만들었는가?

35. 그림 8.61에서 각 클래스 4, 2, 1이 가중치가 있다고 가정하자. 패킷들이 가장 높은 큐 A, 중간 큐 B, 가장 낮은 큐 C로 레이블이 되어 있다. 패킷 전송 시 각각의 상황에 맞추어 보여라.

a. 각 큐는 큰 숫자의 패킷을 갖고 있다.

b. 큐의 패킷들이 위에서 아래로 10, 4, 0이다.

c. 큐의 패킷들이 위에서 아래로 0, 5, 10이다.

36. 리키 버켓은 액체의 흐름을 제어하는 데 액체가 5 gal/min의 속도로 나갈 때 버켓 안에 얼만큼의 갤런이 남아 있는지, 100 gal/min의 속도로 12초간 들어올 때 48초간 아무 입력이 없을 때 남아 있는지 보여라.

37. 고정된 크기에 패킷이 초당 3개의 패킷이 라우터에 도착한다고 가정하자. 어떻게 라우터가 리키 버켓 알고리즘을 이용하여 초당 두 개의 패킷을 보내는지 나타내어라. 이러한 접근의 문제는 무엇인가?

38. 라우터가 400비트 크기의 패킷을 100 ms마다 받는다

그림 8.73 ▮ 문제 34

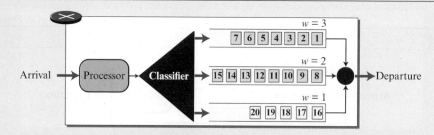

고 가정할 때 데이터 전송률을 4 Kbps 라 한다. 어떻게 리키 버켓 알고리즘을 이용하여 데이터 전송률을 1 Kbps보다 적게 만들 수 있는지 나타내어라.

39. 스위치가 토큰 버켓 알고리즘을 사용할 때 토큰들은 $r = 5$ tokens/second 의 비율로 버켓에 추가된다. 토큰 버켓의 용량은 $c = 10$이다. 스위치는 오로지 8개의 패킷을 버퍼에 보관이 가능하다. 패킷이 스위치에 R packet/second로 도착한다. 패킷들은 모두 같은 크기와 같은 양의 처리 시간이 필요하다. 만약 시간이 0일 때 버켓이 비어 있다 할 때 버켓의 콘텐츠들과 아래의 결과에 따라 각각의 큐의 케이스를 해석하라.

a. $R = 5$ **b.** $R = 3$ **c.** $R = 7$

40. 비율 할당을 지금이 아닌 나중에 사용하기를 원하는 수신자에게 토큰 버켓 알고리즘이 신용을 어떻게 주는지 이해하려면, 그림 8.74에서처럼 수신자가 변수 비율을 사용한다는 가정 하에 이전 문제에서 $r = 3$ 및 $c = 10$으로 다시 풀어 보라. 전송자는 오직 초당 3개의 패킷을 보내며, 다음 2초간은 패킷을 보내지 않고, 7개의 패킷을 다음 3초간 보낸다. 전송자는 초당 5개의 패킷을 보내는 게 허용이 되지만, 그러나 처음 4초간은 전체적으로 쓰이지 않으며, 다음 3초간은 더 보낼 수 있다. 토큰 버켓과 매 초당 이 사실을 증명하기 위한 버퍼를 나타내어 보아라.

41. 교환기에서 출력 인터페이스가 초당(틱) 8,000바이트를 송신하는 리키 버켓 알고리즘을 사용하도록 설계되었다. 만약 다음 프레임이 차례로 수신된다면 매초 송신되는 프레임을 보여라.
- 프레임 1, 2, 3, 4: 각각 4,000바이트
- 프레임 5, 6, 7: 각각 3,200바이트
- 프레임 8, 9: 각각 400바이트
- 프레임 10, 11, 12: 각각 2,000바이트

42. ISP는 3개의 리키 버켓을 인터넷 전송을 위해서 3명의 고객 데이터 수신을 조절한다고 가정하자. 고객은 고정된-크기의 패킷을 보낸다(cells). ISP는 매 초당 10개의 셀을 각각의 고객들에게 전송하고 최대 집중하여 매초에 20개의 셀을 보낸다. 각 리키 버켓은 FIFO 큐로(크기 20) 이루어져 있으며 매 1/10초마다 큐로부터 셀을 추출한다(그림 8.75 참조).

a. 고객의 비율과 첫 번째 고객 큐의 콘텐츠, 처음 7초간은 초당 5 셀과 다음 9초간은 초당 15 셀씩 보낸다.

b. 두 번째 고객과 같은 방법으로 하며, 초당 15 셀씩 4초간 초당 5 셀씩 14초간 보낸다.

c. 세 번째 고객과 같은 방법으로 하며, 처음 2초간은 보내지 않고, 다음 2초간은 20 셀씩 그리고 같은 패턴으로 4번 반복

그림 8.74 | 문제 40

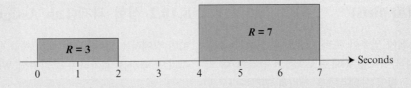

그림 8.75 | 문제 42

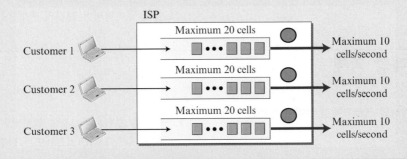

그림 8.76 | 문제 43

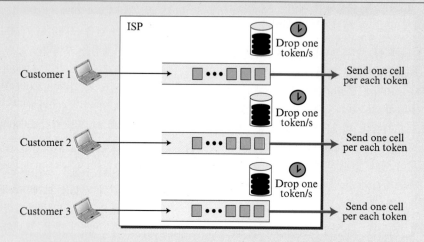

43. 앞선 문제에서 토큰 버킷(대역폭 $c = 20$, 비율 $r = 10$) 대신 신뢰를 위한 리키 버킷 대신 고객이 셀들을 보내지 않지만 필요에 따라 집중해서 나중에 보낸다. 각 토큰 버킷은 각 고객을 위한 큰 큐로 구현되어 있는데 버킷은 버킷에 토큰을 놓기 위하여 토큰과 타이머를 조절한다(그림 8.76 참조).

   a. 고객의 비율과 고객의 큐, 첫 번째 고객을 위한 버킷의 콘텐츠들 처음 7초간은 초당 5 셀과 다음 9초간은 초당 15 셀씩 보낸다.

   b. 두 번째 고객과 같은 방법으로 하며, 초당 15 셀씩 4초간 초당 5 셀씩 14초간 보낸다.

   c. 세 번째 고객과 같은 방법으로 하며, 처음 2초간은 보내지 않고, 다음 2초간은 20 셀씩 그리고 같은 패턴으로 4번 반복한다.

8.10 시뮬레이션 실험

8.10.1 애플릿(Applets)

이번 장의 주요 주제에 맞추어 자바 애플릿을 만들었다. 학생들이 교재의 웹 사이트를 통해 프로토콜의 동작에 대해 확인함으로 보다 활성화 해주기를 강력히 권장한다.

8.10.2 실험 과제(Lab Assignments)

이번 장에서는 멀티미디어 패킷 예를 들어 이미지, 오디오, 비디오 패킷을 캡쳐하여 보기위해 Wireshark 사용한다.

1. 이번 실험에서는 전송자가 인코딩한 멀티미디어 패킷의 콘텐츠들을 검사할 것이다.

2. 이번 실험에서는 커뮤니케이션을 위한 전송 계층의 프로토콜의 멀티디미어 패킷의 콘텐츠들을 검사할 것이다.

8.11 프로그래밍 과제

코드를 작성하고, 하나의 프로그래밍 언어를 선택하여 테스트하여 보아라.

1. RTP를 포함하는 2장의 일반적인 UDP 클라이언트-서버 프로그램(C 코드) 또는 11장의 코드(Java)를 수

정하라. 프로그램은 JPEG 이미지를 송수신하기 위하여 RTP 라이브러리(C 코드) 또는 RTP Java 클래스가 필요하다.

2. 리키 버켓을 시뮬레이션하는 프로그램.

3. 토큰 버켓을 시뮬레이션하는 프로그램.

4. 코딩과 디코딩 실행–깊이 압축 메소드를 지원하는 첫 번째 버전의 프로그램.

5. 코딩과 디코딩 실행–깊이 압축 메소드를 지원하는 두 번째 버전의 프로그램.

6. 표 8.1 (LZW encoding)을 시뮬레이션하는 프로그램.

7. 표 8.2 (LZW decoding)을 시뮬레이션하는 프로그램.

8. 표 8.4 (arithmetic decoding)을 시뮬레이션하는 프로그램.

9. 표 8.5 (arithmetic decoding)을 시뮬레이션하는 프로그램.

10. $N \times N$ 크기의 2차원 메트릭을 읽고, 지그재그 주문으로 값들을 작성하고 챕터안에서 설명하라.

11. DCT 변환을 위한 1차원의 메트릭을 찾는 프로그램. 행렬 곱셈을 구현하라.

12. DCT 변환을 위한 2차원의 메트릭을 찾는 프로그램. 행렬 곱셈을 구현하라.

네트워크 관리

네 트워크 관리(network management 또는 망 관리)는 TCP/IP 프로토콜 그룹의 응용 계층에서 구현되지만, 보다 자세하게 설명하기 위하여 지금까지 이 주제에 대한 설명을 미루어왔다. 네트워크 관리는 인터넷에서 갖는 역할에 대한 중요성이 점점 더 커지고 있다. 단일 장치의 고장은 인터넷의 한 지점에서 다른 지점으로 보내는 통신이 중단될 수 있다. 이 장에서 먼저 네트워크 관리의 영역(area)에 대해서 살펴본다. 그런 다음 이 영역들 하나하나가 어떻게 TCP/IP 그룹의 응용 계층에서 구현되었는지를 설명한다. 이 장을 세 개의 절로 나누었다.

❑ 첫 번째 절에서, 네트워크 관리의 개념을 소개하고 네트워크 관리의 5가지 일반 영역인 구성, 장애, 성능, 보안, 계정에 대해서 설명한다. 구성 관리(*Configuration management*)는 각 개체의 상태와 다른 개체들과의 관계와 연관이 있다. 장애 관리(*Fault management*)는 시스템의 중단과 관련 있는 주제를 다루는 네트워크 관리 영역이다. 성능 관리(*Performance management*)는 가능한 한 효과적인 실행을 보장하기 위하여 네트워크를 감시하고 제어한다. 보안 관리(*Security management*)는 미리 규정된 정책을 기반으로 네트워크에 대한 접근을 통제하는 것을 담당한다. 계정 관리(*Accounting management*)는 책임을 통한 사용자의 네트워크 자원에 대한 접근을 제어한다.

❑ 두 번째 절에서, TCP/IP 프로토콜 그룹을 이용하여 인터넷에서 장치를 관리하기 위한 체제로서 단순 네트워크 관리 프로토콜(SNMP, Simple Network Management Protocol)을 살펴보고, 호스트로서 관리자인 SNMP 클라이언트와 라우터나 호스트로서 대행자(agent)인 서버 프로그램이 어떻게 실행되는지 살펴본다. 인터넷에서 세 가지 관리 프로토콜을 규정한다. 또 SNMP에서 데이터 유형과 객체(object)를 어떻게 식별하는가를 기술하는 언어로서 SMI (Structure of Management Information)를 살펴본다. 그런 다음 SMI에서 규정된 규칙에 따라 SMNP에서 관리되는 객체를 나타내는 MIB (Management Information Base)를 소개한다.

❑ 세 번째 절에서, 데이터와 객체를 규정하는 방법과 규칙을 제공하는 표준에 대해 간단하게 살펴본다. 이 절은 매우 간단하고 주체(subject)만 소개한다. 주요 부분은 두 번째 절에 있는 SMI에서 사용된다.

9.1 개요

네트워크 관리란 기관에서 규정하는 요구사항을 충족하는 네트워크 구성 요소를 감시하고, 시험하고, 구성하고, 문제점을 해결하는 것이라고 말할 수 있다. 이들 요구사항은 사용자에게 사전에 규정한 서비스 품질을 제공하는 유연하고 효율적인 네트워크 관리를 포함한다. 이 임무를 달성하기 위해서 네트워크 관리 시스템은 하드웨어, 소프트웨어, 사람을 이용한다.

국제표준화 기구인 ISO (International Organization for Standardization)에서는 그림 9.1에 나타난 것처럼 네트워크 관리를 5개의 영역인 구성 관리, 장애 관리, 성능 관리, 보안 관리, 계정 관리로 규정하고 있다.

그림 9.1 | 네트워크 관리 영역

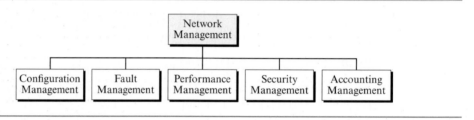

ISO 분류는 네트워크 관리에서 비용(cost) 관리가 특수한 영역이라고 하지만 일부 표준화 기구에서는 관리 영역에 포함하고 있다. 예를 들면, 비용 관리는 일부 관리 시스템에서는 일반 관리 영역이지만 다른 관리 시스템에서는 네트워크 관리 영역이 아니다.

9.1.1 구성 관리

규모가 큰 네트워크는 항상 각기 서로 물리적 또는 논리적으로 연결된 수백 개의 개체들로 이루어진다. 이들 개체들은 네트워크를 구축할 때 초기 구성을 갖지만 시간에 따라 변경될 수 있다. 데스크탑 컴퓨터를 다른 것으로 교체하거나, 응용 소프트웨어를 새로운 버전으로 갱신할 수 있다. 그리고 사용자가 한 그룹에서 다른 그룹으로 이동할 수 있다. **구성 관리**(*configuration management*) 시스템은 언제든지 각 개체의 상태와 이들 개체간의 관계를 알아야 한다. 구성 관리는 두 개의 하위 시스템으로 나눌 수 있는데, 이는 **재구성**과 **문서화**이다.

재구성

재구성(reconfiguration)은 규모가 큰 네트워크에서 매일 일어날 수 있다. 재구성에는 세 가지 유형이 있는데, 이는 하드웨어 재구성, 소프트웨어 재구성, 사용자 재구성이다.

하드웨어 재구성

하드웨어 재구성(hardware reconfiguration)은 하드웨어에 대한 모든 변화를 다룬다. 예를 들면, 데스크탑 컴퓨터가 교체될 수 있다. 라우터가 네트워크의 다른 부분으로 이동할 수 있다. 네트워크에서 서브네트워크가 추가되거나 제거될 수 있다. 이 모든 것은 네트워크 관리에 따른 시간과 처리 요구를 필요로 한다. 규모가 큰 네트워크에서는 빠르고 효율적인 하드웨어 재구성을 위해 특별하게 훈련된 사람이 있어야 한다. 불행하게도 하드웨어 재구성은 자동화할 수 없고, 상황에 따라 수작업으로 처리해야 한다.

소프트웨어 재구성

소프트웨어 재구성(software reconfiguration)은 소프트웨어에 대한 모든 변화를 다룬다. 예를 들면, 서버나 클라이언트에 새로운 소프트웨어가 설치될 수 있다. 운영체제가 갱신될 수 있다. 다행스럽게도, 대부분의 소프트웨어 재구성은 자동화할 수 있다. 예를 들면, 일부 또는 모든 클라이언트에 있는 응용에 대한 갱신은 서버로부터 전자적으로 다운로드할 수 있다.

사용자-계정 재구성

사용자-계정 재구성(user-account reconfiguration)은 시스템에서 사용자를 간단하게 추가하거나 삭제하는 것이 아니다. 이는 개인과 그룹의 멤버로서 사용자의 권한도 고려해야 한다. 예를 들면, 사용자는 어떤 파일에 대하여 읽기와 쓰기 권한을 가질 수 있지만 다른 파일에 대해서는 읽기 권한만 가질 수 있다. 사용자-계정 재구성은 일부를 확장, 자동화할 수 있다. 예를 들면, 대학에서 각 학기의 시작에 시스템에 새로운 학생을 추가할 수 있다. 학생들은 자신들이 선택한 전공에 따라 자동적으로 그룹화된다. 각 그룹의 멤버는 특정 권한을 갖는다. 컴퓨터과학을 전공하는 학생은 서로 다른 언어 기능을 제공하는 서버에 접속할 필요가 있다. 반면에 건축공학을 전공하는 학생은 CAD (Computer Aided Design) 소프트웨어를 제공하는 서버에 접속할 필요가 있다.

문서화

원래의 네트워크 관리와 각각의 계속되는 변화는 자세하게 기록되어야 한다. 이는 하드웨어, 소프트웨어, 사용자 계정에 대해 문서화(documentation)되어야 한다는 것을 의미한다.

하드웨어 문서화

하드웨어 문서화는 보통 두 개의 문서 집합을 갖는데, 이는 지도(map)와 규격(specification)이다.

지도 지도는 하드웨어의 각 부품과 이의 네트워크에 대한 연결을 추적한다. 이는 서브네트워크들간의 논리적인 관계를 보여주는 하나의 일반 지도일 수 있다. 이는 또 각 서브네트워크의 물리적인 위치를 보여주는 또 하나의 일반 지도일 수 있다. 그래서 각 서브네트워크에 대해 각 장비의 모든 부품을 보여주는 하나 또는 그 이상의 지도가 있게 된다. 지도는 쉽게 읽고, 현재와 나중에 개인적으로 이해가 되도록 표준을 사용한다.

규격 지도는 그 자체만으로 충분치 않다. 하드웨어의 각 부품도 문서화할 필요가 있다. 네트워크에 연결된 하드웨어의 각 부품에 대해 규격이 있어야 한다. 이 규격은 하드웨어 유형, 일련번호, 제품 공급업자(주소와 전화번호), 구입 시기, 보증 정보와 같은 정보가 포함되어야 한다.

소프트웨어 문서화

모든 소프트웨어도 문서화되어야 한다. 소프트웨어 문서화는 소프트웨어 유형, 버전, 설치된 시간, 라이센스 동의와 같은 정보를 포함한다.

사용자-계정 문서화

대부분의 운영체제는 사용자 계정 문서화를 제공하는 유틸리티를 가지고 있다. 이 정보가 들어있는 파일은 갱신되어야 하고, 안전하게 관리해야 한다. 일부 운영체제는 두 개의 문서에 접속 권한을 기록한다. 하나는 모든 파일과 각 사용자에 대한 접근 유형을 보여준다. 다른 하나는 특정 파일에 접근한 사용자 목록을 보여준다.

9.1.2 장애 관리

오늘날의 복잡한 네트워크들은 수백 또는 수천 개의 구성요소로 이루어져 있다. 네트워크의 적절한 운영은 각 구성요소가 서로 연관성을 갖고 개별적으로 적절하게 동작하는 것에 달려 있다. 장애 관리(*Fault management*)는 이 주제를 다루는 네트워크 관리 영역이다. 효과적인 장애 관리 시스템은 두 개의 서브시스템이 있는데, 이는 reactive 장애 관리와 proactive 장애 관리이다.

Reactive 장애 관리

Reactive 장애 관리 시스템은 장애를 탐지하고, 분리하고, 교정하고, 기록하는 일을 담당한다. 장애에 대한 단기간 해결책을 처리한다.

장애 탐지하기

Reactive 장애 관리 시스템에 의해 취해지는 첫 번째 단계가 장애의 정확한 위치를 찾는 것이다. 장애가 일어나면 시스템이 적절하게 동작하는 것을 멈추거나 시스템에 과도한 오류가 생긴다. 장애의 좋은 예는 손상된 통신 매체이다.

장애 분리하기

Reactive 장애 관리 시스템에 의해 취해지는 두 번째 단계는 장애를 분리하는 것이다. 장애가 분리되면 항상 일부 사용자에게만 영향을 준다. 분리 후에 영향을 받는 사용자에게 즉시 통지하고, 교정에 필요한 적절한 시간을 알려준다.

장애 교정하기

다음 단계는 장애를 교정하는 것이다. 이것은 장애 요소들을 교체하거나 수리하는 것이 포함될 수 있다.

장애 기록하기

장애가 교정된 후에, 문서로 기록해야 한다. 기록은 장애의 정확한 위치, 가능한 원인, 작업 활동 또는 장애를 교정하기 위해 취해진 활동, 비용, 각 단계에서 걸린 시간 등을 보여주어야 한다. 문서화는 여러 가지 이유로 매우 중요하다.

❑ 문제는 다시 일어날 수 있다. 문서화는 유사한 문제를 해결하는 현재 또는 미래의 관리자나 기술자에게 도움을 준다.

❑ 같은 종류의 장애가 자주 일어나는 것은 시스템에서 주요 문제점의 징후이다. 장애가 한 가지 구성요소에서 자주 일어나면, 구성요소를 유사한 것으로 교체하거나 전체 시스템이 해당 유형의 구성요소를 사용하지 않도록 변경한다.

❑ 통계는 네트워크 관리의 또 다른 부분인 성능 관리에 도움을 준다.

Proactive 장애 관리

Proactive 장애 관리는 장애가 일어나는 것을 예방하는 것이다. 이것은 항상 가능한 것이 아니지만, 실패의 일부 유형을 예측할 수 있고, 예방할 수 있다. 예를 들면, 생산자가 구성요소나 구성요소 일부의 수명을 지정하면, 그 시간이 되기 전에 교체하는 것이 좋은 전략이다. 또 다른 예로서, 장애가 네트워크의 특정 지점에서 자주 일어나면 다시 일어날 수 있는 장애를 예방하기 위해 네트워크를 조심스럽게 재구성하는 것이 좋다.

9.1.3 성능 관리

장애 관리와 밀접한 관계가 있는 **성능 관리**(*Performance management*)는 가능한 효과적으로 실행되는 것을 보장하기 위하여 네트워크를 감시하고 통제한다. 성능 관리는 용량(capacity), 트래픽(traffic), 처리량(throughput), 또는 응답 시간(response time)과 같은 측정 가능한 양을 이용하여 성능을 측정한다. 이 장에서 설명하는 SNMP와 같은 프로토콜은 성능 관리를 이용할 수 있다.

용량

성능 관리 시스템에서 감시해야 하는 한 가지 요소는 네트워크의 **용량**이다. 모든 네트워크는 제한된 용량을 가지고 있고, 성능 관리 시스템은 이 용량을 초과하지 않도록 보장해야 한다. 예를 들면, 평균 데이터 전송률이 2 Mbps인 100개의 지국으로 구성하는 것으로 LAN을 설계했다면, 네트워크에 200개의 지국을 연결했을 때, 적절하게 동작할 수 없을 것이다. 또한 데이터 전송률이 감소하고 장애가 발생할 것이다.

트래픽

트래픽은 두 가지 방법으로 측정할 수 있는데, 하나는 내부적(internally)이고 하나는 외부적(externally)이다. 내부 트래픽은 네트워크에서 전송되는 패킷(또는 바이트)의 수로 측정한다. 외부 트래픽은 네트워크 밖에서 패킷(또는 바이트)의 교환으로 측정된다. 최고점 시간에 시스템을 지나치게 사용하면 과도한 트래픽으로 인해 장애가 발생할 수 있다.

처리율

네트워크의 일부나 라우터와 같은 개별적인 장치의 **처리율**(*throughput*)을 측정할 수 있다. 성능 관리는 수용할 수 없는 수준으로 감소하지 않도록 보장하기 위해 처리율을 감시한다.

응답 시간

응답 시간(*response time*)은 보통 사용자가 서비스를 요구한 시간부터 서비스를 받은 시간까지를 측정한다. 용량과 트래픽과 같은 요소들은 응답 시간에 영향을 줄 수 있다. 성능 관리는 평균 응답 시간과 최고점 응답 시간을 감시한다. 응답 시간의 증가는 네트워크가 용량을 초과해서 동작하고 있다는 것을 나타내는 것으로, 매우 중대한 상태이다.

9.1.4 보안 관리

보안 관리(*security management*)는 미리 정해진 정책을 기반으로 네트워크에 대한 접근을 통제하는 것을 담당한다. 10장에서 암호와 인증과 같은 보안 도구를 설명할 것이다. 암호는 사용자에 대한 프라이버시를 제공하고 인증은 사용자에 대한 식별을 담당한다.

9.1.5 계정 관리

계정 관리(*accounting management*)는 임무를 통하여 네트워크 자원에 대한 사용자의 접근을 통제하는 것이다. 계정 관리에 따라 개인 사용자, 과, 부, 프로젝트는 네트워크로부터 받게 되는 서비스에 대한 비용을 요구한다. 비용 청구는 반드시 현금 전송을 의미하는 것이 아니고 예산 목적으로 과, 부에 차변에 기입하는 것을 의미한다. 오늘날, 기관들은 다음과 같은 이유로 계정 관리 시스템을 사용한다.

❑ 사용자가 제한된 네트워크 자원을 독점하는 것을 예방한다.
❑ 사용자가 시스템을 비효율적으로 사용하는 것을 예방한다.
❑ 네트워크 관리는 네트워크 사용에 대한 요구를 기반으로 장단기 계획을 수립할 수 있다.

9.2 SNMP

지난 수십 년 동안 여러 가지 네트워크 관리 표준이 개발되었다. 가장 중요한 것 중 하나가 인터넷에서 사용하는 **단순 망 관리 프로토콜(SNMP, Simple Network Management Protocol)** 이다. 이 절에서는 이 표준에 대해 설명한다. SNMP는 인터넷에서 TCP/IP 프로토콜을 사용하는 장치들을 관리하기 위한 기본 구조이다. SNMP는 인터넷을 감시하고 유지보수하기 위한 기본적인 동작들의 조합을 제공한다. SNMP는 관리자와 에이전트의 개념을 사용한다. 즉, 항상 호스트인 관리자는 라우터나 서버인 에이전트들의 집단을 제어하고 감시한다(그림 9.2 참조).

그림 9.2 | SNMP 개념

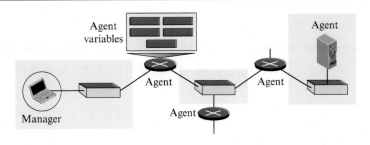

SNMP는 응용–레벨 프로토콜로서 소수의 관리자 지국이 에이전트의 집합을 제어한다. 프로토콜은 서로 다른 제조회사에 의해 만들어져 물리적으로 서로 다른 네트워크에 설치된 장치들을 감시할 수 있도록 응용 레벨에서 설계되었다. 다시 말하면 SNMP는 관리 대상 장치의 물리적 특성과 기반 네트워크 기술은 관리 작업에 대해 개방적이다. 이는 서로 다른 제조회사에서 만든 라우터들로 연결된 서로 다른 LAN과 WAN으로 이루어진 이질적인 인터넷에서도 사용될 수 있다.

9.2.1 관리자와 에이전트

관리자(*manager*)라는 관리 지국은 SNMP 클라이언트 프로그램을 수행하는 호스트이다. 에이전트(agent 또는 대행자)라는 관리대상 지국은 SNMP 서버 프로그램을 수행하는 라우터(또는 호스트)이다. 관리는 관리자와 에이전트간의 간단한 상호작용을 통하여 이루어진다.

에이전트는 데이터베이스에 성능 정보를 저장한다. 관리자는 데이터베이스에서 값들을 읽어간다. 예를 들어, 라우터는 해당 변수에 수신된 패킷 수와 전달된 패킷 수를 저장할 수 있다. 관리자는 이 변수들의 값을 가져와서 비교하여 라우터가 폭주상태인지 아닌지를 알 수 있다.

관리자는 또한 라우터로 하여금 특정한 동작을 행하도록 할 수 있다. 예를 들어, 라우터는 주기적으로 재가동 계수기의 값을 검사하여 스스로 재가동해야 할 때를 알 수 있다. 만일 계수기의 값이 0이면 라우터는 스스로 재가동한다. 관리자는 이 기능을 사용하여 언제든지 에이전트를 원격으로 재가동시킬 수 있다. 관리자는 간단하게 계수기의 값을 0으로 만드는 패킷을 전송한다.

에이전트는 관리 과정에도 도움을 줄 수 있다. 에이전트에서 수행되는 서버 프로그램은 구성을 검사하여, 만일 비정상적인 무엇인가를 찾아내면 관리자에게 경고 메시지(*trap*이라 불리는)를 송신할 수 있다.

다시 말하면 SNMP를 이용한 관리는 세 가지 기본적인 생각에 기초를 둔다.

1. 관리자는 에이전트의 동작을 반영하는 정보를 요구하여 에이전트를 검사한다.
2. 관리자는 에이전트 데이터베이스에 있는 값을 재설정하여 에이전트가 작업을 수행하도록 한다.
3. 에이전트는 비정상적인 상황을 관리자에게 경고하여 관리 처리 과정에 도움을 준다.

9.2.2 관리 구성요소

SNMP는 관리 작업을 수행하기 위해 서로 다른 두 가지 프로토콜, 즉 **SMI (Structure of Management Information)**와 **MIB (Management Information Base)**를 사용한다. 다시 말하면 인터넷에서 관리는 그림 9.3에 나타난 것처럼 SMI와 MIB 그리고 SNMP의 협동 작업을 통하여 이루어진다.

이 프로토콜들 사이의 상호작용을 살펴보자.

그림 9.3 | 인터넷에서 네트워크 관리 구성요소

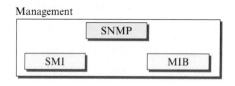

SNMP의 역할

SNMP는 네트워크 관리에 있어 매우 특수한 역할을 수행한다. SNMP는 관리자와 에이전트 사이에 주고받는 패킷의 형식을 규정한다. 또한 결과를 해석하고 통계 자료를 생성한다(종종 다른 관리 소프트웨어의 도움을 받는다). 교환되는 패킷들은 객체(변수) 이름과 그들의 상태(값)를 내장한다. SNMP는 이러한 값들을 읽고 변경할 책임이 있다.

> **SNMP는 관리자와 에이전트 사이에 교환되는 패킷의 형식을 규정한다.**
> **SNMP는 SNMP 패킷에서 객체(변수)의 상태(값)를 읽고 변경한다.**

SMI의 역할

SNMP를 사용하기 위해서는 객체의 이름을 짓는 규칙이 필요하다. 이는 특히 SNMP의 객체들이 계층적인 구조를 형성하기 때문에(특정 객체는 부모 객체와 몇 개의 자식 객체를 가질 수 있다) 중요하다. 이름의 일부는 부모로부터 상속받을 수 있다. 또한 객체의 유형을 정의하기 위한 규칙도 필요하다. 객체의 무슨 유형이 SNMP에 의해서 처리되는가? SNMP가 단순 유형 또는 구조적 유형을 처리할 수 있는가? 얼마나 많은 단순 유형이 사용 가능한가? 이러한 유형들의 크기는 얼마인가? 이러한 유형들의 범위는 어떤가? 또한 이러한 각 유형을 어떻게 부호화할 것인가?

> **SMI는 객체의 이름을 붙이고 객체 유형을 규정하며,**
> **객체와 값들을 부호화하는 방법을 나타내기 위한 일반적인 규칙들을 정의한다.**

이를 위한 공통 규칙이 필요한데, 그 이유는 이 값들을 보내고, 받고 또는 저장하는 컴퓨터의 구조를 모르기 때문이다. 송신자는 정수를 8바이트 데이터로 저장하는 고성능 컴퓨터일 수 있고, 수신자는 정수를 4바이트 데이터로 저장하는 소형 컴퓨터일 수도 있다.

SMI는 이러한 규칙들을 규정하는 프로토콜이다. 하지만 SMI가 단지 규칙들만 규정할 뿐 하나의 개체에서 얼마나 많은 객체가 관리되고, 어느 객체가 어떤 유형을 사용하는지 등은 규정하지 않는다는 것을 알아야 한다. SMI는 객체의 이름을 붙이고 그들의 유형을 나열하기 위한 일반적인 규칙들의 모음이다. 유형을 이용한 객체의 연관은 SMI가 관여하지 않는다.

MIB의 역할

또 다른 프로토콜이 필요하다는 것을 알 수 있다. 이 프로토콜은 관리될 각 개체를 위해 객체의 수를 결정하고, 이들을 SMI에 의해 정의된 규칙에 따라 이름을 붙이며, 이름이 지어진 각 객체에 유형을 연결한다. 이 프로토콜이 MIB이다. MIB은 데이터베이스와 유사하게 각 개체를 위해 정의된 객체들을 생성한다(주로 데이터베이스에서 메타 데이터, 값이 없는 이름과 유형들).

> **MIB은 관리될 객체에서 이름이 지어진 객체와 그들의 유형,
> 그리고 서로에 대한 관계 등의 모음을 생성한다.**

유사성

각 프로토콜을 자세히 알아보기 전에 유사성(analogy)을 살펴보자. 이 세 개의 네트워크 관리 요소들은 어떤 문제를 풀기 위해 컴퓨터 언어로 프로그램을 작성할 때 필요한 것들과 유사하다. 그림 9.4는 유사성을 보여준다.

그림 9.4 ┃ 컴퓨터 프로그래밍과 네트워크 관리의 비교

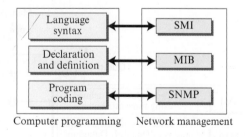

문법: SMI

프로그램을 작성하기 전에 언어의 문법(C 또는 자바와 같은)이 먼저 정의되어야 한다. 언어는 또한 변수의 구조(단순, 구조체, 포인터 등)를 정의하고 변수들에게 이름을 붙이는 방법을 정의한다. 예를 들어 변수 이름은 1에서 n개까지 길이의 문자가 되어야 하고 영문자나 숫자로 시작하여야 한다. 언어는 또한 사용될 데이터의 유형(정수, 실수, 문자 등)을 정의한다. 프로그래밍에서 규칙들은 언어의 문법에 의해 정의된다. 네트워크 관리에서는 규칙들이 SMI에 의해 정의된다.

객체 선언과 정의: MIB

대부분의 컴퓨터 언어는 각 특정 프로그램에서 객체들이 선언되고, 정의되는 것을 요구한다. 선언과 정의는 각 객체에 미리 정의된 유형을 생성하며 이들을 위한 기억 장소를 할당한다. 예를 들어 어떤 프로그램이 두 개의 변수(*counter*라는 정수와 *grades*라는 type char의 배열)를 갖고 있다면, 이들은 프로그램의 시작 부분에 선언되어야 한다.

```
int counter;
char grades [40];
```

MIB은 네트워크 관리에서 이러한 작업을 수행한다. MIB은 각 객체의 이름을 짓고 객체의 유형을 정의한다. 유형이 SMI에 의해 정의되었기 때문에 SNMP는 범위와 크기를 알게된다.

프로그램 작성: SNMP

프로그래밍에서 선언 후에, 프로그램은 변수에 값을 저장하고 필요한 경우 이를 변경하기 위한 문장을 작성할 필요가 있다. SNMP는 네트워크 관리에서 이러한 작업을 수행한다. SNMP는 SMI에서 정의된 규칙에 따라 MIB에 의해 이미 선언된 객체의 값을 저장하고 변경하며 해석한다.

9.2.3 개요

각 구성 요소를 자세히 알아보기 전에 각 요소가 간단한 시나리오에서 어떻게 사용되는지를 살펴보자. 이는 이 장의 끝에서 다루게 되는 내용에 대한 개요이다. 관리 지국(SNMP 클라이언트)은 에이전트 지국(SNMP 서버)이 수신한 UDP 사용자 데이터그램의 수를 알기 위해 에이전트에게 메시지를 보내려고 한다. 그림 9.5는 관련된 단계들의 개요를 보여준다.

그림 9.5 | 관리 개요

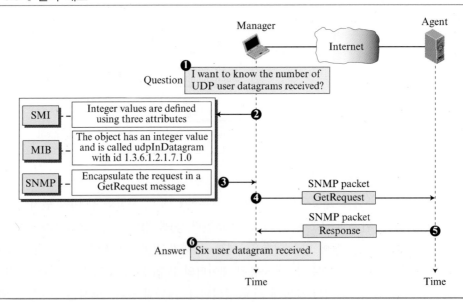

MIB는 수신된 UDP 사용자 데이터그램의 수를 가지고 있는 객체를 찾아야 한다. SMI는 또 다른 내장 프로토콜의 도움을 받아 객체의 이름을 부호화해야 하는 책임이 있다. SNMP는 GetRequest 메시지라는 메시지를 생성하고, 부호화된 메시지를 캡슐화할 책임이 있다. 물론 실제는 이 간단한 예보다 복잡하기 때문에 먼저 각 프로토콜을 보다 상세히 살펴볼 필요가 있다.

9.2.4 SMI

SMIv2 (Structure of Management Information, 버전 2)는 네트워크 관리를 위한 구성 요소이다. SMI는 SNMP에 대한 지침이다. 이는 객체를 다루는 3가지 속성인 이름(name), 데이터 유형 (data type), 부호화 방법(encoding method)을 강조한다. 그 기능은 다음과 같다.

❑ 객체에 이름을 붙인다.
❑ 객체에 저장될 수 있는 데이터의 유형을 정의한다.
❑ 네트워크상에 전송하기 위해 데이터를 어떻게 부호화할지를 보여준다.

이름

SMI는 각 관리 대상 객체(라우터나 라우터에 있는 변수, 값 등과 같은)가 유일한 이름을 갖도록 요구한다. 객체의 이름을 범용으로 짓기 위해, SMI는 트리 구조에 기초한 계층적 식별자인 **객체 식별자(object identifier)**를 사용한다(그림 9.6 참조).

트리 구조는 이름이 없는 루트에서 시작한다. 각 객체는 점으로 구분된 정수 열을 사용하여 정의될 수 있다. 트리 구조는 또한 점으로 구분된 문자 이름들의 열을 사용하여 객체를 정의할 수도 있다.

정수–점 표현이 SNMP에서 사용된다. 이름–점 표현은 사람이 사용한다. 예를 들어 다음 예는 같은 객체를 두 가지 다른 표현으로 나타낸 것이다.

iso.org.dod.internet.mgmt.mib-2	⟷	**1.3.6.1.2.1**

SNMP에서 사용되는 객체는 mib-2 객체 밑에 위치하므로, 식별자는 항상 1.3.6.1.2.1로 시작한다.

유형

객체의 두 번째 속성은 저장되는 데이터 유형이다. 데이터 유형을 정의하기 위해, SMI는 기본적인 **ASN.1 (Abstract Syntax Notation One)** 규약을 사용하고, 몇 개의 새로운 정의를 추가한다. 바꾸어 말하면, SMI는 ASN.1의 부분집합이면서 포함집합이다.

SMI는 데이터 유형은 simple과 structured라는 두 가지 넓은 범주가 있다. 먼저 simple 유형을 정의하고 나서, simple(단순) 유형들로부터 structured(구조적) 유형이 어떻게 구성되는지를 알아보자.

그림 9.6 ┃ SMI에서 객체 식별자

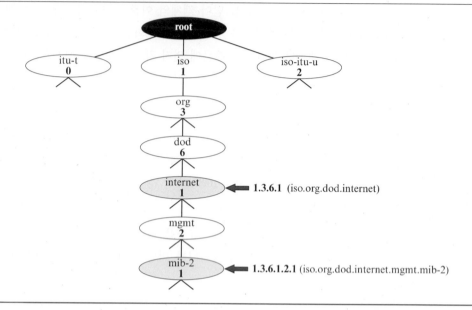

단순 유형

단순 데이터 유형(simple data type)은 원소적 데이터 유형이다. 이들 중 어떤 것은 ASN.1로 부터 직접 얻을 수 있고, 어떤 것은 SMI에 의해 추가되었다. 가장 중요한 것들을 표 9.1에 나타 내었다. 처음 다섯 개는 ASN.1에 의해 다음 일곱 개는 SMI에 의해 정의된다.

구조적 유형

단순과 구조적 데이터 유형을 결합하여, 새로운 구조적 데이터 유형을 만들 수 있다. SMI는 *sequence*와 *sequence of*라는 두 가지 **구조적 데이터 유형(structured data type)**을 정의한다.

❑ **Sequence.** *Sequence* 데이터 유형은 반드시 같은 데이터 종류일 필요는 없는, 단순 데이터 유형들의 결합이다. 이는 C와 같은 프로그래밍 언어에서 사용되는 **구조체나 레코드** 개념과 비슷하다.

❑ **Sequence of.** *Sequence of* 데이터 유형은 모두 같은 유형인 단순 데이터 유형들의 결합이거 나, 모두 같은 유형인 sequence 데이터 유형들의 결합이다. 이는 C와 같은 프로그래밍 언어 에서 사용되는 배열의 개념과 비슷하다.

표 9.1 ▌ 데이터 유형

Type	Size	Description
INTEGER	4 bytes	An integer with a value between -2^{31} and $2^{31}-1$
Integer32	4 bytes	Same as INTEGER
Unsigned32	4 bytes	Unsigned with a value between 0 and $2^{32}-1$
OCTET STRING	Variable	Byte-string up to 65,535 bytes long
OBJECT IDENTIFIER	Variable	An object identifier
IPAddress	4 bytes	An IP address made of four integers
Counter32	4 bytes	An integer whose value can be incremented from zero to 2^{32}; when it reaches its maximum value it wraps back to zero
Counter64	8 bytes	64-bit counter
Gauge32	4 bytes	Same as Counter32, but when it reaches its maximum value, it does not wrap; it remains there until it is reset
TimeTicks	4 bytes	A counting value that records time in 1/100ths of a second
BITS		A string of bits
Opaque	Variable	Uninterpreted string

그림 9.7은 데이터 유형들의 개념적 구성을 보여준다.

그림 9.7 ▌ 개념적 데이터 유형

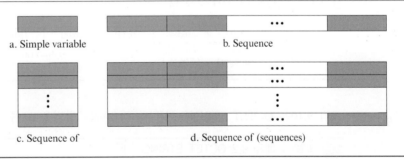

a. Simple variable   b. Sequence

c. Sequence of   d. Sequence of (sequences)

부호화 방식

SMI는 **BER (Basic Encoding Rules)**이라는 또 다른 표준을 사용하여, 네트워크를 통해 전송되는 데이터를 부호화한다. BER은 그림 9.8에 나타난 것처럼, 데이터의 각 조각을 3개의 형식인 태그(tag), 길이(length), 값(TLV)으로 부호화하도록 규정한다.

태그는 데이터 유형을 정의하는 1바이트 필드이다. 표 9.2는 이 장에서 사용되는 데이터 유형과 이들의 태그를 2진수와 16진수로 보여준다. 길이 필드는 1바이트 또는 그 이상이다. 만일 이 필드가 1바이트이면, 최상위 비트는 0이 되어야 한다. 나머지 7비트로 데이터의 길이를 규정한다. 만일 이 필드가 1바이트 이상이면, 첫 번째 바이트의 최상위 비트는 1이 되어야 한다. 첫 번째 바이트의 나머지 7비트가 길이를 규정하는 데 필요한 바이트의 수를 결정한다. 값 필드는 BER에 정의된 규칙에 따라 데이터의 값을 부호화한다.

그림 9.8 ❙ 부호화 형식

one byte one or more bytes
Variable size
Tag
Length
Value
0
Size of value
1
n
The next n bytes defines size of value

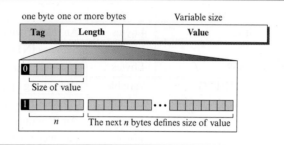

표 9.2 ❙ 데이터 유형 코드

Data Type	*Tag (Hex)*	*Data Type*	*Tag (Hex)*
INTEGER	**02**	IPAddress	**40**
OCTET STRING	**04**	Counter	**41**
OBJECT IDENTIFIER	**06**	Gauge	**42**
NULL	**05**	TimeTicks	**43**
SEQUENCE, SEQUENCE OF	**30**	Opaque	**44**

예제 9.1

그림 9.9는 INTEGER 14가 어떻게 정의되는지 보여준다. 길이 필드의 크기는 표 9.1에서 볼 수 있다.

그림 9.9 ❙ 예제 9.1 INTEGER 14

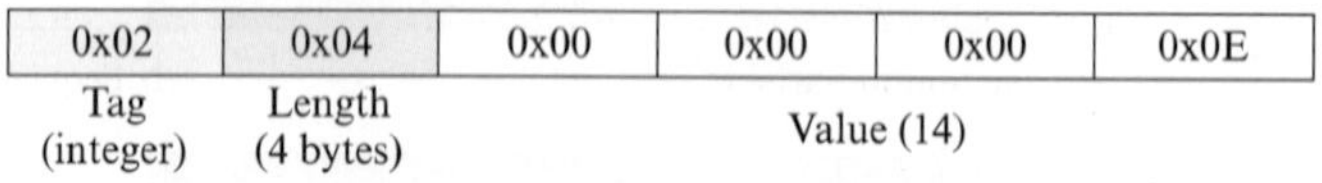

0x02
0x04
0x00
0x00
0x00
0x0E
Tag (integer)
Length (4 bytes)
Value (14)

예제 9.2

그림 9.10은 OCTET STRING "HI"를 정의하는 방법을 보여준다.

그림 9.10 ❙ 예제 9.2 OCTET STRING "HI"

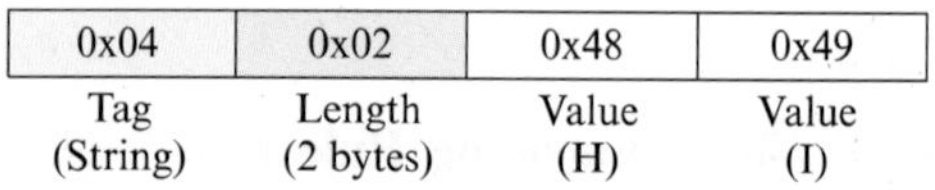

0x04
0x02
0x48
0x49
Tag (String)
Length (2 bytes)
Value (H)
Value (I)

예제 9.3

그림 9.11은 객체 식별자 1.3.6.1 (iso.org.dod.internet)을 정의하는 방법을 보여준다.

그림 9.11 ❙ 예제 9.3 객체 식별자 1.3.6.1

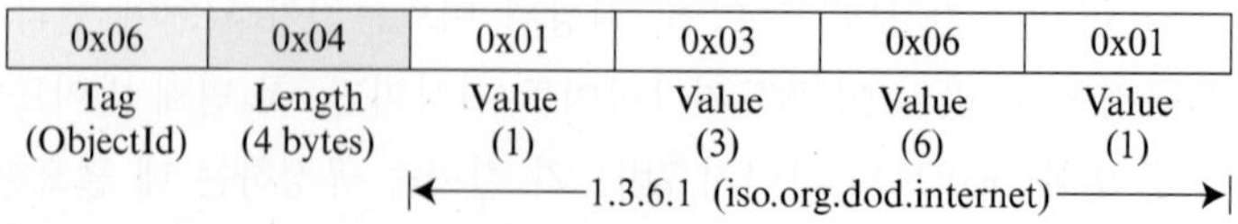

0x06
0x04
0x01
0x03
0x06
0x01
Tag (ObjectId)
Length (4 bytes)
Value (1)
Value (3)
Value (6)
Value (1)
1.3.6.1 (iso.org.dod.internet)

예제 9.4

그림 9.12는 IP 주소 131.21.14.8을 정의하는 방법을 보여준다.

그림 9.12 ┃ 예제 9.4: IP 주소 131.21.14.8

0x40	0x04	0x83	0x15	0x0E	0x08
Tag (IPAddress)	Length (4 bytes)	Value (131)	Value (21)	Value (14)	Value (8)

├─────────── 131.21.14.8 ───────────┤

9.2.5 MIB

MIB2 (Management Information Base, version 2)는 네트워크 관리에서 사용되는 두 번째 구성요소이다. 각 에이전트는 관리자가 관리할 수 있는 모든 객체를 모아 놓은 자신의 MIB2를 갖는다(그림 9.13 참조).

MIB2내의 객체들은 여러 개의 그룹으로 분류된다: system, interface, address translation, ip, icmp, tcp, udp, egp, transmission, snmp(그룹 9가 빠져 있음을 주목하시오). 이 그룹들은 객체 식별자 트리에서 mib-2 객체 아래에 있다. 각 그룹은 규정된 변수 그리고/또는 테이블을 갖는다.

그림 9.13 ┃ mib-2 그룹 일부

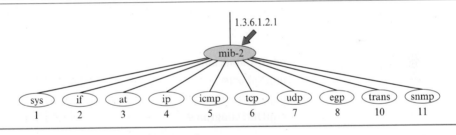

다음은 객체 중 몇 개를 간단히 설명한 것이다.

□ **sys** 이 객체(*system*)는 노드(시스템)에 관한 일반적인 정보인 이름, 위치, 수명 등을 규정한다.

□ **if** 이 객체(*interface*)는 노드의 모든 인터페이스에 관한 정보인 인터페이스 번호, 물리 주소, IP 주소 등을 규정한다.

□ **at** 이 객체(*address translation*)는 ARP 테이블에 관한 정보를 규정한다.

□ **ip** 이 객체는 IP에 관한 정보인 라우팅 테이블과 IP 주소 등을 규정한다.

□ **icmp** 객체는 ICMP에 관한 정보인 송수신된 패킷 수와 생성된 전체 오류 등을 규정한다.

□ **tcp** 이 객체는 TCP에 관한 일반적인 정보인 연결 테이블, 타임-아웃 값, 포트 수, 송수신된 패킷 수 등을 규정한다.

□ **udp** 이 객체는 UDP에 관한 일반적인 정보인 포트 수, 송수신된 패킷 수 등을 규정한다.

□ **egp** EGP 운영과 관련된 객체

□ **trans** 전송의 특정 방법과 관련된 객체(나중에 사용)

□ **snmp** 이 객체는 SNMP 자체에 관련된 일반적인 정보를 규정한다.

MIB 값 액세스하기

서로 다른 변수를 액세스하는 방법을 보여주기 위해 udp 그룹을 예로 사용하자. udp 그룹에는 4개의 단순 변수와 하나의 레코드 sequence(테이블)가 존재한다. 그림 9.14에는 이들 변수와 테이블을 보여준다. 각 개체를 액세스하는 방법을 알아보자.

그림 9.14 | udp 그룹

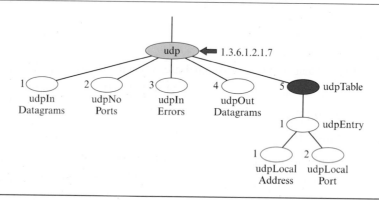

단순 변수

단순 변수를 액세스하기 위해, 그룹 id (1.3.6.1.2.1.7) 뒤에 변수의 id를 붙여 사용한다. 다음은 각 변수를 액세스하는 방법을 보여준다.

udpInDatagrams	→	**1.3.6.1.2.1.7.1**
udpNoPorts	→	**1.3.6.1.2.1.7.2**
udpInErrors	→	**1.3.6.1.2.1.7.3**
udpOutDatagrams	→	**1.3.6.1.2.1.7.4**

그러나 이 객체 식별자들은 실제값(내용)이 아닌 변수를 정의하고 있다. 각 변수의 실제값이나 내용을 보려면, 인스턴스 서픽스(instance surfix)를 붙여야 한다. 단순 변수에 대한 인스턴스 서픽스는 단지 0이다. 바꾸어 말하면, 위 변수들의 실제값을 보기 위해서는 다음과 같이 사용해야 한다.

udpInDatagrams.0	→	**1.3.6.1.2.1.7.1.0**
udpNoPorts.0	→	**1.3.6.1.2.1.7.2.0**
udpInErrors.0	→	**1.3.6.1.2.1.7.3.0**
udpOutDatagrams.0	→	**1.3.6.1.2.1.7.4.0**

테이블

테이블을 구분하기 위해, 먼저 테이블 id를 사용한다. udp 그룹은 그림 9.15에 보이는 것처럼 단지 하나의 테이블을(식별자 5) 갖는다. 그래서 이 테이블을 액세스하기 위해 다음과 같이 사용해야 한다.

udpTable	→	**1.3.6.1.2.1.7.5**

그림 9.15 ┃ udp 변수와 테이블

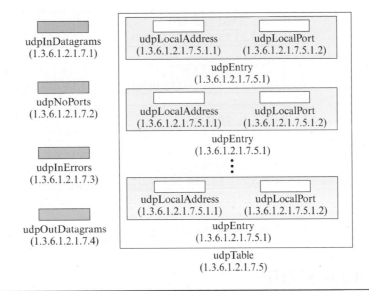

그렇지만 이 테이블은 트리 구조에서 마지막 레벨이 아니다. 따라서 테이블을 액세스할 수 없다. 다음과 같이, 테이블의 엔트리(sequence)를 정의한다(id는 1로).

$$\textbf{udpEntry} \quad \rightarrow \quad \textbf{1.3.6.1.2.1.7.5.1}$$

이 엔트리도 마찬가지로 마지막이 아니므로 액세스할 수 없다. 엔트리에 있는 각 개체(필드)를 정의할 필요가 있다.

$$\textbf{udpLocalAddress} \quad \rightarrow \quad \textbf{1.3.6.1.2.1.7.5.1.1}$$
$$\textbf{udpLocalPort} \quad \rightarrow \quad \textbf{1.3.6.1.2.1.7.5.1.2}$$

이 두 개의 변수는 트리의 마지막 레벨에 있다. 이들의 인스턴스는 액세스할 수 있지만, 어느 인스턴스인지를 정의할 필요가 있다. 임의의 순간에 테이블은 각 로컬 주소/로컬 포트 쌍에 대해 여러 개의 값을 가질 수 있다. 테이블의 특정 인스턴스(row)를 읽기 위해 위 id에 색인을 추가한다. MIB에서 배열의 색인(index)은 정수가 아니다(대부분의 프로그래밍 언어와 같이). 색인들은 엔트리에 있는 하나 이상의 필드의 값에 기초한다. 예에서, udpTable은 로컬 주소와 로컬 포트 번호에 기초하여 색인된다. 예를 들어 그림 9.16은 각 필드에 대해 네 개의 행과 값을 갖는 테이블을 보여준다. 각 행의 색인은 두 값의 조합이다.

첫 번째 행에 대한 로컬 주소의 인스턴스를 액세스하기 위해, 인스턴스 색인을 이용하여 지정된 식별자를 사용한다.

그림 9.16 ┃ udpTable에 대한 색인

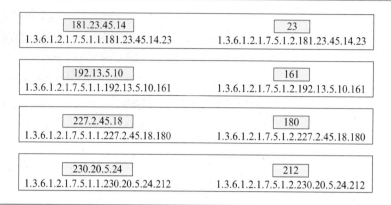

181.23.45.14	23
1.3.6.1.2.1.7.5.1.1.181.23.45.14.23	1.3.6.1.2.1.7.5.1.2.181.23.45.14.23
192.13.5.10	161
1.3.6.1.2.1.7.5.1.1.192.13.5.10.161	1.3.6.1.2.1.7.5.1.2.192.13.5.10.161
227.2.45.18	180
1.3.6.1.2.1.7.5.1.1.227.2.45.18.180	1.3.6.1.2.1.7.5.1.2.227.2.45.18.180
230.20.5.24	212
1.3.6.1.2.1.7.5.1.1.230.20.5.24.212	1.3.6.1.2.1.7.5.1.2.230.20.5.24.212

udpLocalAddress.181.23.45.14.23   →   **1.3.6.1.2.7.5.1.1.181.23.45.14.23**

9.2.6 SNMP

SNMP는 인터넷 네트워크 관리에 SMI와 MIB를 모두 사용한다. SNMP는 다음을 가능케 하는 응용프로그램이다.

❑ 관리자가 에이전트에서 정의된 객체의 값을 읽는다.
❑ 관리자가 에이전트에서 정의된 객체에 값을 저장한다.
❑ 에이전트가 비정상적 상황에 대한 경고 메시지를 관리자에게 보낸다.

PDU

SNMPv3은 다음 8가지 유형의 프로토콜 데이터 단위(PDU)를 정의한다: *GetRequest, Get-Next-Request, GetBulkRequest, SetRequest, Response, Trap, InformRequest, Report*(그림 9.17 참조).

GetRequest

GetRequest PDU는 변수나 변수들의 값을 읽기 위하여 관리자(클라이언트)가 에이전트(서버)에게 보낸다.

GetNextRequest

GetNextRequest PDU는 변수의 값을 읽기 위하여 관리자가 에이전트에게 보낸다. 읽혀진 값은 PDU에 정의된 ObjectId 바로 다음 객체의 값이다. 이는 대부분 테이블에 있는 항목들의 값을 읽기 위해 사용된다. 만일 관리자가 항목들의 색인을 모른다면, 관리자는 값을 읽을 수가 없다. 하지만 관리자는 GetNextRequest를 사용하고 테이블의 ObjectId를 정의할 수 있다. 테이블의 첫 번째 항목은 테이블의 ObjectId 바로 뒤의 ObjectId를 갖기 때문에, 첫 번째 항목의 값을 반환한다. 관리자는 이 ObjectId를 사용하여 다음 항목의 값을 얻을 수 있다. 그리고 이런 식으로 계속할 수 있다.

그림 9.17 ┃ SNMP PDU

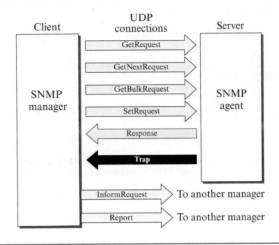

GetBulkRequest

GetBulkRequest PDU는 많은 양의 데이터를 읽기 위하여 관리자가 에이전트에게 보낸다. 이는 여러 개의 GetRequest와 GetNextRequest PDU를 대신하여 사용할 수 있다.

SetRequest

SetRequest PDU는 변수에 값을 설정(저장)하기 위하여 관리자가 에이전트에게 보낸다.

Response

Response PDU는 GetRequest나 GetNextRequest에 대한 응답으로 에이전트가 관리자에게 보낸다. 이는 관리자에 의해 요청된 변수의 값을 포함한다.

Trap

Trap (SNMPv1 Trap과 구별하기 위해 SNMPv2 Trap이라고도 부른다) PDU는 에이전트가 이벤트를 관리자에게 보고하기 위해 전송한다. 예를 들어 에이전트가 재가동되면, 관리자에게 이를 알리고 재가동 시간을 보고한다.

InformRequest

InformRequest PDU는 원격 관리자의 제어하에 있는 에이전트로부터 어떤 변수의 값을 얻기 위해 한 관리자가 다른 원격 관리자에게 전송한다. 원격 관리자는 Response PDU로 응답한다.

Report

Report PDU는 관리자들 사이에 오류 유형들을 보고하기 위해 설계되었다. 이는 아직 사용되지 않는다.

형식

8개의 SNMP PDU에 대한 형식은 그림 9.18에 나타나 있다. 그림에서 볼 수 있는 것처럼 GetBulkRequest PDU는 다른 것들과 두 가지 부분에서 상이하다.

그림 9.18 ▮ SNMP PDU 형식

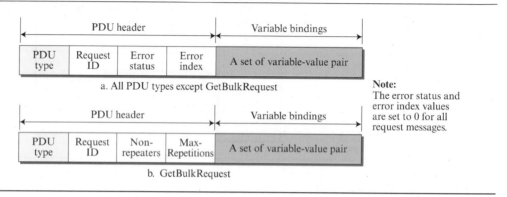

a. All PDU types except GetBulkRequest

b. GetBulkRequest

Note:
The error status and error index values are set to 0 for all request messages.

필드들을 아래에 설명한다.

☐ **PDU type.** 이 필드는 PDU의 유형을 나타낸다(표 9.3 참조).

표 9.3 ▮ PDU 유형

Type	Tag (Hex)	Type	Tag (Hex)
GetRequest	**A0**	GetBulkRequest	**A5**
GetNextRequest	**A1**	InformRequest	**A6**
Response	**A2**	Trap (SNMPv2)	**A7**
SetRequest	**A3**	Report	**A8**

☐ **Request ID.** 이 필드는 관리자가 요청 PDU에서 사용하는 순서 번호로서, 응답에서 에이전트에 의해 반복된다. 이는 요청에 대한 응답을 일치시키는 데 사용한다.

☐ **Error status.** 이것은 응답 PDU에서만 사용되는 정수로서 에이전트에 의해 보고되는 오류의 종류를 나타낸다. 값은 요청 PDU에서 0이다. 표 9.4에 발생할 수 있는 오류의 종류가 나열되어 있다.

☐ **Non-repeaters.** 이 필드는 GetBulkRequest에서만 사용된다. 필드는 변수–값 목록의 맨 시작에 있는 반복되지 않는 수(정규 객체)를 나타낸다.

☐ **Error index.** 오류 색인은 관리자에게 오류를 일으킨 변수가 어느 것인지를 알려주는 옵셋이다.

☐ **Max-repetition.** 이 필드 또한 GetBulkRequest에서만 사용된다. 필드는 테이블에서 반복되는 모든 객체를 읽기 위하여 반복의 최대 숫자를 나타낸다.

☐ **Variable-value pair list.** 이것은 관리자가 읽거나 설정하기 원하는 값을 갖는 변수들의 조합이다. 이 값들은 request PDU에서는 null이다.

표 9.4 ▎ 오류 유형

Status	Name	Meaning
0	noError	No error
1	tooBig	Response too big to fit in one message
2	noSuchName	Variable does not exist
3	badValue	The value to be stored is invalid
4	readOnly	The value cannot be modified
5	genErr	Other errors

메시지

SNMP는 단지 PDU만 보내지 않고, 메시지에 각 PDU를 내장해서 보낸다. 메시지는 그림 9.19에 보여진 것처럼 메시지 헤더 뒤에 대응되는 PDU로 구성된다. 버전과 보안 설비에 의존하는 메시지 헤더의 형식은 그림에 나타내지 않았다. 자세한 내용은 해당 책을 읽기 바란다.

그림 9.19 ▎ SNMP 메시지

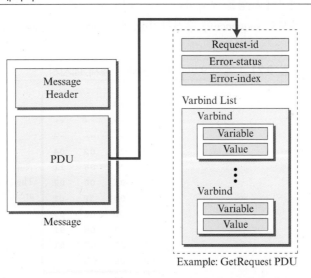

예제 9.5 이 예에서는 관리자 지국(SNMP 클라이언트)이 라우터가 수신한 UDP 데이터그램의 수를 읽기 위해 GetRequest PDU 메시지를 사용한다(그림 9.20 참조).

단지 하나의 Varbind sequence만이 존재한다. 이 정보와 연관된 대응하는 MIB 변수는 객체 식별자 1.3.6.1.2.1.7.1.0인 udpInDatagrams이다. 관리자는 값을 읽기(저장하는 것이 아님) 원하므로, 값은 널(null) 개체로 정의한다. 전송된 바이트는 16진수 표현으로 나타낸다.

Varbind 목록은 하나의 Varbind를 갖는다. 변수는 유형 06이고 길이 09이다. 값은 유형 05이고 길이 00이다. 전체 Varbind는 길이 0D (13)의 sequence이다. Varbind 목록은 또한 길이 0F (15)의 sequence이다. GetRequest PDU는 길이 ID (29)이다.

그림 9.20 ▌ 예제 9.5

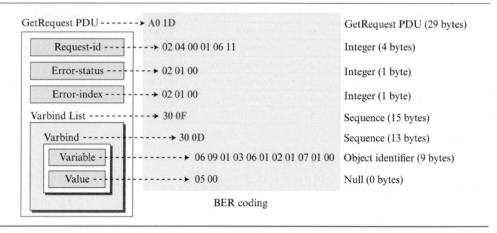

sequence 내에 단순 데이터 유형을 포함하거나 더 큰 sequence 내에 sequence와 단순 데이터 유형을 포함하는 것을 보여 주기 위해 바이트 수를 사용하는 것에 주목하라. PDU 자체도 sequence와 유사하지만, 이의 태그가 16진수 A0인 점도 유의하라.

그림 9.21 ▌ 예제 9.5에서 전송되는 실제 메시지

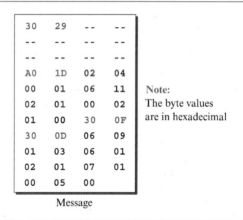

그림 9.21에 에이전트(서버)로 보내는 실제 패킷을 보였다. 메시지 헤더는 10바이트인 것으로 가정했다. 실제 메시지 헤더는 다를 수 있다. 4바이트 행을 이용하여 메시지를 보였다. 대쉬를 사용하여 표시된 바이트는 메시지 헤더와 관련된 것들이다.

UDP 포트

SNMP는 잘 알려진(well-known) 포트 161과 162를 통해 UDP 서비스를 사용한다. 잘 알려진 포트 161은 서버(에이전트)가 사용하며, 잘 알려진 포트 162는 클라이언트(관리자)가 사용한다.

에이전트(서버)는 포트 161로 수동적 열기를 시도한 후, 관리자(클라이언트)로부터 연결을 기다린다. 관리자(클라이언트)는 임시 포트를 사용하여 능동적 열기를 시도한다. 요청 메시지는

클라이언트에서 서버로 전송되는데, 이때 발신지 포트는 임시 포트를 사용하며, 목적지 포트는 잘 알려진 포트 161을 사용한다. 응답 메시지는 서버에서 클라이언트로 전송되는데, 이 때 발신지 포트는 잘 알려진 포트 161을 사용하며, 목적지 포트는 임시 포트를 사용한다.

관리자(클라이언트)는 포트 162로 수동적 열기를 시도한 후, 에이전트(서버)로부터 연결을 기다린다. 에이전트(서버)는 전송할 Trap 메시지가 있을 때마다 임시 포트를 사용하여 능동적 열기를 시도한다. 이 연결은 서버에서 클라이언트로 가는 단방향이다(그림 9.22 참조).

그림 9.22 ┃ SNMP에 대한 포트 번호

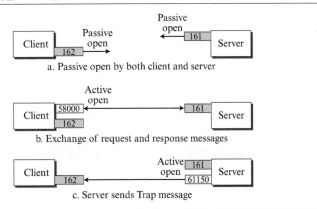

a. Passive open by both client and server

b. Exchange of request and response messages

c. Server sends Trap message

SNMP에서 클라이언트-서버 메커니즘은 다른 프로토콜과는 다르다. 여기서는 클라이언트와 서버 모두 잘 알려진 포트를 사용한다. 덧붙여, 클라이언트와 서버 둘 다 무한히 수행되어야 한다. 그 이유는 요청 메시지는 관리자(클라이언트)에 의해 만들어지나, Trap 메시지는 에이전트(서버)에 의해 만들어지기 때문이다.

보안

SNMPv3은 이전 버전에 보안과 원격 관리라는 2개의 특성을 추가하였다. SNMPv3은 관리자가 에이전트에 접속할 때 하나 또는 그 이상의 보안 레벨을 선택하도록 관리자에게 허용한다. 보안의 여러 가지 기능인 메시지 인증, 기밀성, 무결성을 관리자가 설정해서 구성할 수 있다.

SNMPv3은 관리자가 장치가 위치한 곳에 있지 않아도 보안 기능의 원격 설정을 허용한다.

9.3 ASN.1

데이터 통신에서, 목적지로 연속적인 비트 스트림을 보낼 때 데이터의 형식을 지정할 필요가 있다. 만약 단일 메시지로 이름(name)과 번호(number)를 보낼 때라면, 처음 12비트는 이름을 나타내고 다음 8비트는 번호를 나타낸다는 것을 목적지에게 알려줄 필요가 있다. 이것은 배열이나 레코드와 같은 복잡한 데이터 유형을 보낼 때 훨씬 더 어려울 것이다. 예를 들면, 배열의 경우에 메시지로 2,000비트를 보낸다면 각각 10비트로 된 200개 숫자의 배열이거나 각각 200비트로 된 10개의 숫자를 갖는 배열인지를 수신자에게 알려줄 필요가 있다.

해결책은 네트워크를 통하여 전송되는 비트의 순서로부터 데이터 유형의 정의를 분리하는 것이다. 이것은 기호(symbol), 주제어(keyword), 원자(atomic) 데이터 유형을 이용하는 추상 언어를 통하여 행할 수 있다. 단순 유형을 가지고 새로운 데이터 유형을 만들어 보자. 이 언어를 ASN.1 (Abstract Syntax Notation One)이라고 한다. ASN.1은 컴퓨터 과학의 여러 분야에서 사용되는 매우 복잡한 언어이지만 이 절에서는 SNMP 프로토콜에 필요한 만큼만 언어를 소개한다.

9.3.1 언어 기초

개체와 연관된 값을 규정할 수 있는 방법을 보여주기 전에 언어 자체에 대해 이야기 해보자. 언어는 몇 가지 기호와 주제어를 사용하고, 몇 가지 원시(primitive) 데이터 유형을 규정한다. 앞에서 설명했듯이, SMI에서는 언어 자체에서 개체의 서브셋을 사용한다.

기호

언어는 표 9.5에 주어진 기호의 집합을 사용한다. 이 기호는 단일 문자 또는 문자의 쌍으로 되어 있다.

표 9.5 ▌ ASN.1에서 사용되는 기호

Symbol	Meaning	Symbol	Meaning
::=	Defined as or assignment	..	Range
|	Or, alternative, or option	{}	Start and end of a list
–	Negative sign	[]	Start and end of tag
––	The following is a comment	()	Start and end of a subtype

주제어

언어는 사용할 수 있는 제한된 주제어의 집합을 갖는다. 이 단어들은 언어에서 규정된 목적으로만 사용할 수 있다. 그리고 모든 단어는 대문자이어야 한다(표 9.6 참조).

표 9.6 ▌ ASN.1에서 주제어

Keyword	Description
BEGIN	Start of a module
CHOICE	List of alternatives
DEFINITIONS	Definition of a data type or an object
END	End of a module
EXPORTS	Data type that can be exported to other modules
IDENTIFIER	A sequence of non-negative numbers that identifies an object
IMPORTS	Data type defined in an external module and imported
INTEGER	Any positive, zero, or negative integer
NULL	A null value

표 9.6 ┃ ASN.1에서 주제어 (계속)

Keyword	Description
OBJECT	Used with IDENTIFIER to uniquely define an object
OCTET	Eight-bit binary data
OF	Used with SEQUENCE or SET
SEQUENCE	An ordered list
SEQUENCE OF	An ordered array of data of the same type
SET	An unordered list
SET OF	An array of unordered lists
STRING	A string of data

9.3.2 데이터 유형

언어에서 사용되는 기호와 주제어를 설명하고 나서, 데이터 유형을 규정할 차례이다. 개념은 우리가 C, C++, 또는 Java와 같은 컴퓨터 언어에서 본 것과 비슷하다. ASN.1에서는 integer, float, boolean, char 등과 같은 몇 가지 간단한 데이터 유형을 갖는다. 새로 간단한 데이터 유형(서로 다른 이름을 갖는)을 만들거나 배열이나 구조체와 같은 구조화된 데이터 유형을 규정하기 위하여 이들 데이터 유형을 조합할 수 있다. 먼저 ASN.1에서 간단한 데이터 유형을 정의하고, 이러한 데이터 유형에서 새로운 데이터 유형을 만드는 방법을 살펴보자.

간단한 데이터 유형

ASN.1은 단순(atomic) 데이터 형식의 집합을 정의한다. 각 데이터 유형은 범용(universal) 태그가 주어지고 표 9.7에 보여진 것처럼 일련의 값을 갖는다. 그것은 값의 미리 정의된 범위를 갖는 약간의 기본 데이터 형식이 있을 때 컴퓨터 언어에서 사용된 것과 똑같은 방법이다. 예를들면 C 언어에서, 값의 범위를 택할 수 있는 데이터 유형 *int*가 있다. 표에 있는 태그는 표 9.2에 규정된 실제 태그의 가장 오른쪽 다섯 비트가 된다.

표 9.7 ┃ 간단한 ASN.1 내장 유형

Tag	Type	Set of values
Universal 1	BOOLEAN	TRUE or FALSE
Universal 2	INTEGER	Integers (positive, 0, or negative)
Universal 3	BIT STRING	A string of binary digits (bits) or a null set
Universal 4	OCTET STRING	A string of octets or a null set
Universal 5	NULL	Null, single valued
Universal 6	OBJECT IDENTIFIER	A set of values that defines an object
Universal 7	ObjectDescriptor	Human readable text describing an object

새로운 데이터 유형

ASN.1은 **BNF (Backus-Naur Form)** 구문을 사용하여 아래에 나타난 것처럼 내장된 데이터 유형이나 사전에 정의된 데이터 유형을 새로운 데이터 유형으로 정의한다.

<new type> ::= <type>

새로운 유형은 대문자로 시작한다.

예제 9.6   다음은 표 9.7에 있는 내장형 유형을 이용한 몇 가지 새로운 유형의 예이다.

> **Married ::= BOOLEAN**
> **MaritalStatus ::= ENUMERATED** {single, married, widowed, divorced}
> **DayOfWeek ::= ENUMERATED** {sun, mon, tue, wed, thu, fri, sat}
> **Age ::= INTEGER**

새로운 하위 유형

ASN.1는 범위가 사전에 정의된 데이터 유형이나 내장형 유형의 서브 범위인 서브 유형을 생성하는 것도 허용한다.

예제 9.7   다음은 새로운 세 가지 하위 유형을 만드는 방법이다. 첫 번째 범위는 정수의 하위 유형이다. 두 번째 범위는 REAL의 하위 유형이다. 세 번째 범위는 DayOfWeek의 하위 유형이 DayOfWeek은 예제 9.6에 정의되어 있다. 범위를 설정하는 기호(..)와 선택을 정의할 수 있는 (|)를 통해 범위를 알 수 있다.

> **NumberOfStudents ::= INTEGER** (15..40)   —— An integer with the range 15 to 40
> **Grade ::= REAL** (1.0..5.0)   —— A real number with the range 1.0 to 5.0
> **Weekend ::= DayOfWeek** (sun | sat)   —— A day that can be sun or sat

간단한 변수

프로그래밍 언어에서 특정 유형의 변수를 만들고 거기에 값을 저장할 수 있다. ASN.1에서도 용어 *Value Name*은 변수대신 사용한다. 그렇지만, 프로그래머에게 더 익숙한 *variable*을 사용한다. 특정 유형의 변수를 만들 수 있고, 해당 유형에 대해 정의된 범위에 속하는 값을 지정할 수 있다.

<variable> <type> ::= <value>

변수 이름은 유형과 구분하기 위해 소문자로 시작해야 한다.

예제 9.8   다음은 몇 가지 변수를 정의하고, 해당 유형의 범위에 적합한 값을 지정하는 몇 가지 예이다. 첫 번째와 세 번째 변수는 내장형 유형이고, 두 번째 변수는 예 9.6에 정의된 변수이고, 마지막은 예 9.7에 정의된 하위 유형이다.

> numberOfComputers **INTEGER** ::= 2
> married **Married** ::= FALSE
> herAge **INTEGER** ::= 35
> classSize **NumberOfStudents** ::= 22

구조체 유형

ASN.1은 C 언어나 C++에 있는 *struct*(record)과 유사한 구조체 데이터 유형을 정의하기 위해 주제어 SEQUENCE를 사용한다. SEQUENCE 유형은 변수 유형의 순서화된 목록이다. 다음은 3개의 변수인 username, password accountNumber로 된 새로운 유형 StudentAccount를 보여준다.

```
StudentAccount ::= SEQUENCE
{
       userName VisibleString,
       password VisibleString,
       accountNumber INTEGER
}
```

구조체 변수

새로운 유형을 정의한 후에 아래에 보여진 것처럼 이의 변수를 생성할 수 있고, 변수에 값을 지정할 수 있다.

```
johnNewton StudentAccount
{
       userName "JohnN",
       password "120007",
       accountNumber 25579
}
```

그림 9.23은 유형 정의와 값 할당으로 생성된 레코드를 보여준다.

그림 9.23 | 유형 정의와 변수 선언으로 표현된 레코드

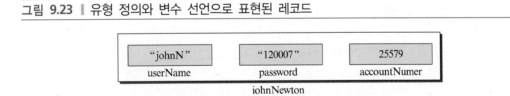

모든 구성요소가 같은 복합 유형인 C나 C++에 있는 배열과 비슷한 새로운 유형을 정의하기 위해 주제어 SEQUENCE OF를 사용한다. 예를 들어, 각 ROW가 여러 개의 변수로 만들어진 순서인 SEQUENCE OF ROW로 라우터에서 있는 포워딩 테이블을 정의할 수 있다.

9.3.3 부호화

데이터를 정의하고 값이 변수와 연관된 후에 ASN.1은 메시지를 보낼 때 부호화(encoding) 규칙 중 하나를 사용하여 부호화해야 한다. 이미 앞 절에서 기본 부호화 규칙(Basic Encoding Rule) 을 설명하였다.

9.4 추천 자료

이 장에서 설명된 주제에 대해서 보다 자세한 내용은 다음의 책과 RFC를 참고하기 바란다. 대괄호에 들어가 있는 항목은 책의 뒷부분에 있는 참고문헌을 참조하면 된다.

단행본

여러 책이 SNMP를 전체적으로 다루고 있는데, 이는 [Com 06]과 [Ste 94], [Tan 03], [MS 01]이다.

RFC

RFC 3410과 RFC 3412, RFC 3415, RFC 3418을 포함한 여러 RFC에서 서로 다른 SNMP의 수정 사항을 찾아 볼 수 있다. MIB에 대한 더 많은 정보는 RFC 2578과 RFC 2579, RFC 2580에서 찾아 볼 수 있다.

9.5 중요 용어

Abstract Syntax Notation One (ASN.1)

Backus--Naur Form (BNF)

Basic Encoding Rules (BER)

Management Information Base (MIB)

object identifier

simple data type

Simple Network Management Protocol (SNMP)

Structure of Management Information (SMI)

structured data type

Trap

9.6 요약

네트워크 관리를 구성하는 다섯 개의 영역은 구성 관리, 장애 관리, 성능 관리, 계정 관리, 보안 관리이다. 구성 관리는 네트워크 개체의 물리적 또는 논리적 변화와 관계가 있다. 장애 관리는 각 네트워크 구성 요소의 적절한 운영과 관계가 있다. 성능 관리는 네트워크가 가능한 효율적으로 실행하는 것을 보장하기 위한 네트워크의 모니터링 및 제어 영역과 관련이 있으며, 보안 관리는 네트워크의 액세스 제어와 관련이 있으며, 계정 관리는 요금을 통해 네트워크 자원에 대한 사용자 액세스 제어를 관리하고 있다.

SNMP (Simple Network Management Protocol)는 인터넷에서 TCP/IP 프로토콜을 사용하는 장치들을 관리하기 위한 기반 구조이다. 일반적으로 호스트인 관리자는 일반적으로 라우터인 에이전트의 집합을 제어하고 감시한다. SNMP는 SMI (Structure of Management Information)와 MIB (Management Information Base)이라는 서비스를 사용한다. SMI는 객체에 이름을 붙이고, 객체 내에 저장될 수 있는 데이터의 유형을 정의하며, 데이터를 부호화한다. MIB은 SNMP에 의해 관리될 수 있는 객체의 그룹들의 모임이다. MIB은 변수를 관리하기 위해 사전적 순서를 사용한다.

추상 구문 표기법(ASN.1)은 데이터의 구문과 의미를 정의하는 언어이다. ASN.1은 몇 가지 기호, 주제어, 간단하고 구조화된 데이터 유형을 사용한다. ASN.1의 일부는 네트워크 관리에 사용되는 객체의 형식 및 값을 정의하는 SMI에 의해 사용된다.

9.7 연습문제

9.7.1 기본 연습문제

1. _____ 네트워크 구성 요소와 같은 네트워크 관리는 기관에 의해 정의된 요구사항을 충족한다고 규정할 수 있다.
   a. 모니터링　　　　**b.** 구성
   c. 시험과 문제점 해결　　**d.** 모두 정답

2. _____관리 시스템은 언제나 각 개체의 상태와 다른 개체 간의 관계를 알고 있어야 한다.
   a. 구성　　　　　　**b.** 장애
   c. 계정　　　　　　**d.** 성능

3. _____ 관리 시스템은 가능한 최대한 효율적으로 실행하는 것을 보장하기 위하여 네트워크를 감시 및 제어한다.
   a. 구성　　　　　　**b.** 장애
   c. 계정　　　　　　**d.** 성능

4. _____관리 시스템은 미리 정의된 정책에 따라 네트워크 액세스 제어를 담당한다.
   a. 구성　　　　　　**b.** 장애
   c. 보안　　　　　　**d.** 성능

5. _____관리에 따라 개별 사용자, 부서와 프로젝트도 실행 시 네트워크로부터 받은 서비스에 대한 비용을 청구한다.
   a. 구성　　　　　　**b.** 계정
   c. 보안　　　　　　**d.** 성능

6. SNMP는 몇 개의 관리자 지국이 에이전트의 집합을 제어하는 _____ 프로토콜이다.
   a. 응용 계층　　　　**b.** 전송 계층
   c. 네트워크 계층　　**d.** 정답 없음

7. _____라는 지국은 SNMP 클라이언트 프로그램을 실행하는 호스트이다.
   a. 관리자　　　　　**b.** 에이전트
   c. 관리자 또는 에이전트　**d.** 정답 없음

8. _____ 라는 장치는 SNMP 서버 프로그램을 수행하는 라우터(또는 호스트)이다.
   a. 관리자　　　　　**b.** 에이전트
   c. 관리자 또는 에이전트　**d.** 정답 없음

9. SNMP는 관리자와 에이전트 사이에 교환되는 패킷의 _____을 정의한다.
   a. 형식　　　　　　**b.** 부호화
   c. 숫자　　　　　　**d.** 정답 없음

10. 관리자는 SNMP _____ 프로세스를 실행하는 호스트이다.
    a. 클라이언트　　　**b.** 서버
    c. 클라이언트와 서버　**d.** 정답 없음

11. 에이전트는 SNMP _____ 프로세스를 실행하는 호스트이다.
    a. 클라이언트　　　**b.** 서버
    c. 클라이언트와 서버　**d.** 정답 없음

12. SNMP는 두 가지 프로토콜인 _____와 _____를 사용한다.
    a. MIB; SMTP　　　**b.** SMI; MIB
    c. FTP; SMI　　　　**d.** 정답 없음

13. _____는 객체의 이름을 붙이고 객체 유형을 정의하며, 객체와 값들을 부호화하는 방법을 나타내기 위한 일반적인 규칙들을 정의한다.
    a. MIB　　　　　　**b.** BER
    c. SMI　　　　　　**d.** 정답 없음

14. _____는 관리될 객체에서 이름이 지어진 객체와 그들의 유형, 그리고 서로에 대한 관계 등의 집합을 생성한다.
    a. MIB　　　　　　**b.** BER
    c. SMI　　　　　　**d.** 정답 없음

15. 우리는 프로그램을 작성하는 임무에 따라 네트워크 관리 임무를 비교할 수 있다. 양쪽은 모두 규칙이 필요하다. 네트워크 관리에서 이것은 _____에 의해 처리된다.
    a. MIB　　　　　　**b.** BER
    c. SMI　　　　　　**d.** 정답 없음

16. 우리는 프로그램을 작성하는 임무에 따라 네트워크 관리 임무를 비교할 수 있다. 양쪽 임무는 변수 정의와 선언이 필요하다. 네트워크 관리에서 이것은

_____에 의해 처리된다.

a. MIB   b. BER

c. SMI   d. 정답 없음

17. 우리는 프로그램을 작성하는 임무에 따라 네트워크 관리 임무를 비교할 수 있다. 양쪽 임무는 문장에 의해 수행되는 동작을 갖는다. 네트워크 관리에서 이것은 _____에 의해 처리된다.

a. MIB   b. BER

c. SMI   d. 정답 없음

18. SMI는 개체를 처리하기 위해 세 가지 속성(____, ____, ____)을 강조하고 있다.

a. 이름; 데이터 유형; 크기

b. 이름; 크기; 부호화 방법

c. 이름; 데이터 유형; 부호화 방법

d. 정답 없음

19. 객체 이름을 범용으로 짓기 위해, SMI는 _____ 구조에 기초한 계층적 식별자인 개체 식별자(object identifier)를 사용한다.

a. 선형(linear)   b. 트리(tree)

c. 그래프(graph)   d. 정답 없음

20. SNMP에 의해 관리되는 모든 객체는 객체 식별자가 주어진다. 객체 식별자는 항상 _____로 시작된다.

a. 1.3.6.1.2.1   b. 1.3.6.1.2.2

c. 1.3.6.1.2.3   d. 정답 없음

21. 데이터 유형을 정의하기 위해 SMI는 _____로 기본적인 정의를 사용하고, 몇 가지 새로운 정의를 추가한다.

a. AMS.1   b. ASN.1

c. ASN.2   d. 정답 없음

22. SMI의 데이터 유형은 _____과 _____라는 두 가지 넓은 범주가 있다.

a. 단순(simple); 복잡(complex)

b. 단순; 구조적(structured)

c. 구조적; 비구조적(unstructured)]

d. 정답 없음

23. _____ 데이터 유형은 원소적 데이터 유형이다.

a. 구조적   b. 단순

c. 배열(array)   d. 정답 없음

24. SMI는 두 가지 구조적 데이터 유형(____와 _____)을 정의한다.

a. sequence; atomic

b. sequence; a sequence of

c. sequence; array

d. 정답 없음

25. SMI는 네트워크를 통하여 전송되는 데이터를 부호화하기 위하여 _____이라는 또 다른 표준을 사용한다.

a. MIB   b. ANS.1

c. BER   d. 정답 없음

26. BER은 데이터의 각 조각을 세 개의 필드인(____, ____, ____)으로 부호화하도록 규정한다.

a. 유형, 값, 이름   b. 태그, 길이, 값

c. 값, 길이, 이름   d. 정답 없음

27. BER에서 태그는 데이터 유형을 정의하는 _____ 필드이며 길이는 __ 필드이다.

a. 1바이트; 1바이트

b. 2바이트; 1바이트

c. 1바이트; 2바이트

d. 1바이트; 1 또는 그 이상의 바이트

28. GetRequest PDU는 변수의 값이나 변수들의 집합을 검색하기 위하여 _____에서 _____로 전송된다.

a. 서버; 클라이언트   b. 클라이언트; 서버

c. 네트워크; 호스트   d. 정답 없음

29. Response PDU는 _____에서 _____로 보낸다.

a. 클라이언트; 서버   b. 서버; 클라이언트

c. 네트워크; 호스트   d. 정답 없음

30. Trap PDU는 이벤트를 보고하기 위하여 _____가 _____로 보낸다.

a. 클라이언트; 서버   b. 서버; 클라이언트

c. 네트워크; 호스트   d. 정답 없음

31. SNMP는 두 개의 잘 알려진 포트인 __와 __를 통하여 UDP 서비스를 사용한다.

a. 161; 162   b. 160; 161

c. 160; 162   d. 정답 없음

32. _____는 SNMP 클라이언트 프로그램이 실행되고 _____는 SNMP 서버 프로그램이 실행된다.

a. 관리자; 관리자   b. 에이전트; 에이전트

c. 관리자; 에이전트   d. 에이전트; 관리자

33. 다음 중 정당한 MIB 객체 식별자는?
    a. 1.3.6.1.2.1.1   b. 1.3.6.1.2.2.1
    c. 2.3.6.1.2.1.2   d. 정답 없음

34. 1 바이트 길이 필드에 대하여, 데이터 길이의 최대 값은 얼마인가?
    a. 127   b. 128
    c. 255   d. 정답 없음

35. SNMP 에이전트는 _____ 메시지를 보낼 수 있다.

    a. GetRequest   b. SetRequest
    c. Trap   d. 정답 없음

36. SNMP 에이전트는 _____ 메시지를 보낼 수 있다.
    a. Response   b. GetRequest
    c. Trap   d. 정답 없음

37. SNMP 에이전트는 _____ 메시지를 보낼 수 있다.
    a. Response   b. GetRequest
    c. SetRequest   d. 정답 없음

9.7.2 응용 연습문제

1. 다음 중 ISO에 의해 정의된 네트워크 관리의 다섯 가지 분야가 아닌 것은 어느 것인가?
   a. 장애   b. 성능   c. 개인(personnel)

2. 다음 중 구성 관리에 해당하는 부분이 아닌 것은?
   a. 재구성   b. 암호화   c. 문서화

3. 네트워크 관리자가 기관이 인터넷과 연결된 라우터를 보다 강력한 것으로 교체하기로 결정했다. 네트워크 관리의 어느 영역이 여기에 해당하는가?

4. 네트워크 관리자가 회계 소프트웨어의 버전을 최신 버전으로 교체하기로 결정하였다. 네트워크 관리의 어느 영역이 여기에 해당하는가?

5. reactive 장애 관리와 proactive 장애 관리를 구분, 설명하라.

6. 네트워크 관리가 기한이 만료된 구성요소를 교체하지 않을 경우, 네트워크 관리의 어느 영역을 무시하는 것인가?

7. 조직에서 내부와 외부 데이터 트래픽을 구분, 설명하라.

8. 만약 서비스 중인 소프트웨어를 어느 대학생이 서비스에 대한 액세스를 독점하여 다른 학생들이 오래 기다리도록 만들었다면, 네트워크 관리의 어느 영역이 실패한 것인가?

9. 다음 중 SNMP에서 관리자 지국이 될 수 없는 장치는?
   a. 라우터   b. 호스트   c. 스위치(switch)

10. SNMP 관리자는 클라이언트 SNMP 프로그램을 실행하는가? 서버 SNMP 프로그램을 실행하는가?

11. 텍스트 이름 "iso.org.dod"이 SMI에서 숫자로 어떻게 부호화되는지 보여라.

12. SMI에서 텍스트 이름으로 "iso.org.internet"이 사용될 수 있는지 설명하라.

13. SMI에서 사용되는 객체의 유형(simple, sequence, sequence of)을 찾아라.
    a. 부호없는 정수   b. IP 주소
    c. 객체 이름   d. 정수의 목록
    e. 객체 이름, IP 주소, 정수를 지정하는 레코드
    f. 각 레코드가 카운터 뒤에 객체 이름이 있는 레코드의 목록

14. 다음 BER 부호화에서 값 필드의 길이는 무엇인가?

    04   09   48   65   6C   4C   …

15. SMI와 MIB를 구분, 설명하라.

16. MIB에서 *if* 객체가 규정하는 것은 무엇인가? 왜 이 객체는 managed 되는 것이 필요한가?

17. MIB에 객체 식별자가 세 가지 단순(simple) 변수를 갖는다고 가정해보자. 만약 객체 식별자가 x라면 각 변수의 식별자는 무엇인가?

18. SMNP가 테이블의 전체 행(row)을 참조할 수 있는가? SNMP가 테이블의 모든 행에 있는 값을 검색하거나 변경할 수 있는가?

19. SNMP 관리가 MIB 트리의 마지막 노드를 참조할 수 있는지 설명하라.

20. 관리 가능한 객체가 단 세 개의 단순 변수를 가지고 있다고 가정한다면 이 객체에 대한 MIB 트리에서 얼마나 많은 leaf를 찾을 수 있는가?

21. 관리 가능한 객체가 세 열(column)로 된 테이블을 가지고 있다고 가정한다면, 이 테이블에 대한 MIB 트리에서 얼마나 많은 leaf가 있는가?

22. GetRequest PDU와 SetRequest PDU를 구분, 설명하라.

23. SNMP에서 다음 PDU 중 어느 것이 클라이언트 SNMP에서 서버 SNMP로 전송되는가?
a. GetRequest　　　**b.** Response　　　**c.** Trap

24. SNMP 메시지가 다음 PDU 중 하나를 전송할 때 사용되는 클라이언트 포트와 서버 포트 번호는 무엇인가?
a. GetRequest　　　　　　**b.** Response
c. Trap　　　　　　　　　**d.** Report

9.7.3 심화문제

1. 객체 x가 두 개의 단순(simple) 변수인 정수와 IP 주소를 갖는다고 가정하자. 각 변수에 대한 식별자(identifier)는 무엇인가?

2. 객체 x가 두 개의 열(column)을 갖는 하나의 테이블만 갖는다. 각 열의 식별자는 무엇인가?

3. 객체 x가 두 개의 simple 변수와 두 개의 열을 갖는 하나의 테이블을 갖는다고 가정하자. 각 변수와 테이블의 각 열에 대한 식별자는 무엇인가? Simple 변수는 테이블 전에 오는 것으로 가정한다.

4. 객체 x가 하나의 simple 변수와 각각 두 개의 열과 3개의 열로 된 두 개의 테이블을 갖는다고 가정하자. 각 테이블의 변수와 각 열에 대한 식별자는 무엇인가? simple 변수는 테이블 전에 오는 것으로 가정한다.

5. 객체 x는 두 개의 simple 변수를 갖는다. SNMP가 각 변수의 인스턴스(instance)를 어떻게 참조할 수 있는가?

6. 객체 x는 두 개의 열을 갖는 테이블을 갖는다. 이 시점에서 테이블은 아래에 나타난 것과 같은 내용을 갖는 세 개의 행을 갖는다. 만약 테이블 색인이 첫 번째 열에 있는 값을 기반으로 한다면 SNMP가 각 instance를 어떻게 액세스할 수 있는지 보여라.

	a	aa
Object x	b	bb
	c	cc

Table

7. 관리될 수 있는 객체(group)의 하나가 (1.3.6.1.2.1)이 MIB-2의 식별자이고 (4)가 *ip* group을 나타내는 객체 식별자 (1.3.6.2.1.**4**)를 갖는 *ip* group이다. 에이전트에서 이 객체는 20개의 simple 변수와 3개의 테이블을 갖는

다. 테이블 중 하나는 식별자 (1.3.6.2.1.**4.21**)를 갖는 라우팅(포워딩) 테이블이다. 이 테이블은 11개의 열을 갖는데, 첫 번째는 목적지 IP 주소를 의미하는 *ipRouteDes*라 부른다. 색인은 첫 번째 열을 기반으로 하는 것으로 가정한다. 테이블은 목적지 IP 주소 (201.14.67.0), (123.16.0.0), (11.0.0.0), (0,0,0,0)을 갖는 시점에 4개의 행을 갖는 것으로 가정한다. SNMP가 IP를 보내려고 하는 인터페이스 번호를 나타내는 *ipRouteIfIndex*라는 두 번째 열의 4개의 instance를 모두 엑세스할 수 있는 방법을 보여라.

8. BER을 이용하여 INTEGER 1456에 대한 부호화를 보여라.

9. BER을 이용하여 OCTET STRING "Hello world"에 대한 부호화를 보여라.

10. BER을 이용하여 IP 주소 112.56.23.78에 대한 부호화를 보여라.

11. BER을 이용하여 객체 식별자 1.3.6.1.2.1.7.1 (udp 그룹에 있는 udpInDatagram 변수)에 대한 부호화를 보여라.

12. BER을 이용하여, 아래에 나타난 것처럼 INTEGER 값 (2371), OCTET STRING 값 ("Computer"), IPAddress 값(185.32.1.5)로 만들어진 structured 데이터 유형을 어떻게 부호화하는지 보여라.

```
SEQUENCE
{
    INTEGER 2371
    OCTET STRING "Computer"
    IP Address 185.32.1.5
}
```

13. INTEGER 값(131)로 만들어진 데이터 구조와 ipa-DDRESS 값 (24.70.6.14)와 octetstring ("udp")로 만들어진 또 다른 구조가 있다고 가정하자. BER을 이용하여 데이터 구조를 부호화하라.

14. 코드 **02020000C738**이 주어질 때 BER을 이용하여 해독하라.

15. 코드 **300C0204000099806040A05030E**가 주어질 때 BER을 이용하여 해독하라.

16. 코드 **300D04024E6F300706030103060500**이 주어질 때 BER을 이용하여 해독하라.

17. 관리자는 에이전트가 보낸 사용자 데이터그램의 수 (식별자 1.3.6.1.2.1.7.4를 갖는 udpOutDatagrams 카운터)를 알기를 원한다고 가정하자. GetRequest 메시지에서 보낸 Varbind 코드와 에이전트가 카운터의 값이 이 시점에 15인 Response 메시지를 보내려고 하는 코드를 보여라.

18. ASN.1으로 structured 데이터 유형을 규정하는 구문을 이용하여 SNMP 메시지(그림 9.19 참조)를 규정하라.

19. ASN.1으로 structured 데이터 유형을 규정하는 구문을 이용하여 GetRequest PDU(그림 9.18 참조)를 규정하라.

20. ASN.1으로 structured 데이터 유형을 규정하는 구문을 이용하여 Response PDU(그림 9.18 참조)를 규정하라.

21. ASN.1으로 structured 데이터 유형을 규정하는 구문을 이용하여 VarbindList(그림 9.19 참조)를 규정하라.

CHAPTER 10

네트워크 보안

네 트워크 보안 주제는 범위가 매우 넓고, 정수론과 같은 수학의 특정 영역을 포함하고 있
다. 이 장에서, 계속되는 공부의 기초 지식을 얻기 위하여 이 주제에 대해 간단한 소개
를 하고자 한다. 이 장은 5개의 절로 나누어져 있다.

□ 첫 번째 절에서, 네트워크 보안을 소개한다. 보안 목표, 공격 유형, 네트워크 보안에서 제공
되는 서비스를 소개한다.

□ 두 번째 절에서, 보안의 첫 번째 목표인 기밀성에 대해 소개한다. 대칭-키 암호와 비대칭-
키 암호, 그리고 이의 응용들을 소개한다. 대칭-키 암호는 긴 메시지에 사용되고, 비대칭-
키 암호는 짧은 메시지에 사용될 수 있다는 것을 보여준다. 오늘날에는 두 가지 모두 필요
하다.

□ 세 번째 절에서, 보안에 속하는 메시지 무결성, 메시지 인증, 디지털 서명, 개체 인증과 키
관리 등을 소개한다. 오늘날 이들은 기밀성을 보완하는 보안 시스템의 한 부분이다. 가끔은
기밀성은 이들을 하나 또는 그 이상 포함하지 않으면 안 된다는 것을 보게 될 것이다.

□ 네 번째 절에서는 처음 배웠던 세 영역을 인터넷에 적용해 본다. 보안은 응용 계층, 전송 계층,
네트워크 계층에 적용할 수 있다. 먼저 응용 계층 보안에 대해 설명하는데, 안전한 전자우편
(e-mail) 보안에 사용되는 두 개의 보안 프로토콜인 PGP (Pretty Good Privacy)와 S/MIME에
대해서 살펴본다. 그런 다음 전송 계층 보안으로서 응용 계층 프로토콜을 안전하게 할 수
있는 SSL과 TLS를 살펴본다. 마지막으로 네트워크 계층의 서비스에 직접 사용하거나 전송
계층을 사용하는 응용을 위한 보안을 제공하는 데 사용되는 네트워크 계층 보안을 살펴본다.

□ 다섯 번째 절에서, 방화벽을 살펴본다. 시스템에 도착하는 해로운 메시지를 막는 방법을 보
여준다. 먼저, 네트워크와 전송 계층에서 동작하는 패킷-필터 방화벽을 살펴본다. 그런 다
음 응용 계층에서 동작하는 프록시 방화벽을 살펴본다.

10.1 개요

우리는 정보화 시대에 살고 있다. 우리의 삶의 모든 부분에 대한 정보를 보호해야 한다. 오늘날 정보는 다른 자산과 동일한 가치를 갖는 자산이며, 자산으로서의 정보는 마땅히 공격으로부터 보호해야 한다. 정보를 안전하게 보호하기 위해서는, 불법적인 접근으로부터 안전해야 하고 (*confidentiality*, 기밀성), 불법적인 변경으로부터 보호되어야 하며(*integrity*, 무결성), 정당한 권한을 가진 사용자가 이용할 수 있어야 한다(*availability*, 가용성).

지난 30년 동안 컴퓨터 네트워크는 정보의 사용에 있어 큰 변혁을 가져왔다. 이제 정보는 여러 사람에게 분배된다. 합법적인 사람들은 컴퓨터 네트워크를 사용하여 멀리 떨어진 곳으로부터 정보를 가져오거나 보낼 수 있다. 위에 언급한 세 가지 요건인 기밀성, 무결성, 가용성은 새로운 차원을 맞이했어도 변하지 않고 있다. 정보가 컴퓨터에 저장될 때 기밀성이 보장될 뿐만 아니라, 한 컴퓨터에서 다른 컴퓨터로 정보를 전송할 때도 정보의 기밀성이 유지되는 방법도 있어야 한다.

이 절에서는 우선 정보 보안의 세 가지 주요 목표에 대해 논한 뒤, 공격이 어떻게 이 목표들을 위협할 수 있는지 살펴본다. 그런 다음, 보안 목표들과 관련된 보안 서비스에 대해 설명한다. 마지막으로 보안 목표를 구현하고 공격을 막기 위한 두 가지 기술을 살펴본다.

10.1.1 보안 목표

먼저 세 가지 보안 목표 즉 기밀성, 무결성, 가용성에 대하여 살펴본다.

기밀성

기밀성(*confidentiality*)은 정보 보안에서 가장 널리 알려진 분야이다. 기밀 정보는 보호되어야 한다. 조직은 정보의 기밀성을 위협하는 악의적인 행위에 대응해야 한다. 기밀성은 정보의 저장에만 적용되는 것이 아니라 정보의 전송에도 적용된다. 정보를 외부 컴퓨터에 저장하기 위하여 전송할 때나 외부 컴퓨터로부터 정보를 받을 때, 그 정보의 전송과정에서 비밀성을 유지해야 한다.

무결성

정보는 항상 변경된다. 은행에서 고객이 돈을 입금하거나 출금할 때, 그 계좌의 금액은 변경되어야 한다. **무결성**(*integrity*)은 변경이 인가된 자에 의해서 인가된 메커니즘을 통해서만 이뤄져야 한다는 것을 의미한다. 무결성 침해는 항상 악의적인 행동의 결과로 나타나는 것은 아니다. 전력차단과 같은 시스템 중단이 정보에 예상치 못한 변형을 일으킬 수 있다.

가용성

정보 보안의 세 번째 요소는 **가용성**(*availability*)이다. 조직이 생산하고 저장하는 정보는 인가된

자가 사용할 수 있어야 한다. 정보가 유용하지 않으면 쓸모가 없다. 정보는 지속적으로 변경되어야 하는데, 이는 인가된 자가 접근할 수 있어야 한다는 것을 의미한다. 정보의 비가용성은 조직에 있어 기밀성이나 무결성의 결함만큼이나 해롭다. 고객이 송금을 하려고 하는데 자신의 계좌에 접근할 수 없다면 은행에서 어떤 일이 발생할지 상상해 보라.

10.1.2 공격

보안의 세 가지 목표인 기밀성, 무결성, 가용성은 보안 **공격**(*attack*)에 의해서 위협받을 수 있다. 문헌마다 공격을 다르게 분류하지만, 여기서는 보안 목표와 관련하여 공격을 세 그룹으로 나눈다. 그림 10.1은 분류를 나타낸다.

그림 10.1 ┃ 보안 목표와 관련된 공격의 분류

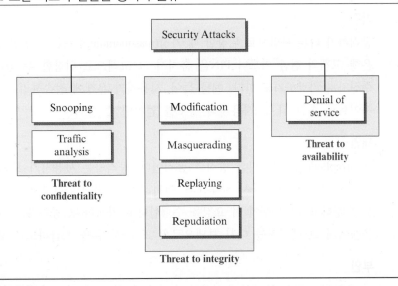

기밀성을 위협하는 공격

일반적으로 정보의 기밀성을 위협하는 두 가지 형태의 공격법은 **스누핑**(*snooping*)과 **트래픽 분석**(*traffic analysis*)이다.

스누핑

스누핑은 데이터에 대한 불법적인 접근 또는 가로채기를 의미한다. 예를 들어, 인터넷으로 전송되는 파일에 기밀 정보가 들어 있을 수 있다. 불법적인 개체가 자신의 이익을 위하여 파일 전송을 가로채어 그 내용을 자신이 이용할 수 있다. 스누핑을 막기 위하여 이 책에서 논의되는 암호화 기법들을 사용하면 도청자가 데이터를 이해할 수 없도록 할 수 있다.

트래픽 분석

데이터를 암호화하여 도청자가 그 데이터를 알아보지 못하게 했을지라도 도청자는 온라인 트

래픽 분석(traffic analysis)을 통하여 다른 유형의 정보를 얻을 수 있다. 예를 들어, 도청자는 수신자 또는 송신자의 (이메일 주소와 같은)전자 주소를 알아낼 수 있고, 전송 내용을 추측하는데 도움이 되는 질문과 응답을 수집할 수 있다.

무결성을 위협하는 공격

데이터의 무결성은 수정, 가장, 재연, 부인 등과 같은 공격에 노출될 수 있다.

수정

공격자는 정보를 가로채거나 획득한 후, 자신에게 유리하도록 그 정보를 조작한다. 고객이 송금하기 위해 은행에 메시지를 전송할 때, 공격자는 그 메시지를 가로채어 자신에게 이익이 되도록 전송 내용을 수정(modification)한다. 때때로 공격자가 시스템에 해를 입히거나 이익을 얻기위하여 메시지를 지우거나 전송을 지연시킬 수 있다는 것에 주의해야 한다.

가장

공격자가 다른 사람으로 위장할 때 가장(masquerading) 또는 스푸핑 공격이 행해진다. 공격자는 은행 고객의 현금 카드나 PIN을 훔쳐서 그 고객으로 위장할 수 있다. 한편, 공격자는 때때로 수신자로 가장하기도 한다. 예를 들어, 사용자가 은행에 접속하려고 할 때 다른 사이트를 은행사이트로 속인 뒤 그 사용자의 정보를 얻어낼 수 있다.

재연

재연(replaying)은 또 다른 방식의 공격이다. 공격자는 사용자가 보낸 메시지 사본을 획득하여 나중에 그 메시지를 다시 사용한다. 어떤 사람이 자신의 은행에서 공격자에게 돈을 지불할 것을 요청하고, 그 은행이 이 요청을 수행한다고 가정하자. 공격자는 그 요청 메시지를 가로채어 은행에게 그 메시지를 다시 보냄으로써 또 다시 돈을 지급하도록 요청한다.

부인

이 유형의 공격은 통신의 수신자와 송신자 중 한 쪽에 의해 수행된다는 점에서 다른 공격과 다르다. 메시지 송신자는 나중에 자신이 메시지를 보냈다는 것을 부인할 수 있고, 메시지 수신자는 나중에 메시지를 받았다는 것을 부인(repudiation)할 수 있다. 송신자 부인의 예로, 은행 고객이 자신의 은행에 제 3자에게 돈을 송금하라고 지시해 놓고 나중에 그러한 요청 사실을 부인하는 경우가 있다. 수신자의 부인은 어떤 사람이 상점에서 물건을 사고 그에 대해 전자 지불을 했지만, 상점에서 나중에 지불받은 것을 부인하고 지급을 요청하는 것을 예로 볼 수 있다.

가용성을 위협하는 공격

가용성을 위협하는 공격으로 **서비스 거부(denial of service)**만을 살펴본다.

서비스 거부

서비스 거부(DoS)는 매우 일반적인 공격이다. 이 공격은 시스템의 서비스를 느리게 하거나 완전히 차단할 수 있다. 공격자는 이를 수행하기 위하여 다양한 전략을 사용할 수 있다. 공격자는 서버의 과부하로 서버가 다운될 정도로 많은 거짓 요청을 보낼 수 있고, 고객이 서버가 대답하지 않는다고 믿게 하면서 서버가 고객에게 대답하는 것을 가로채거나 지울 수 있다. 또한, 고객의 요청을 가로채어 고객이 시스템에 많은 요청을 보내도록 함으로써 시스템에 부하가 걸리도록 한다.

10.1.3 서비스와 기술

ITU-T는 보안 목표를 달성하고 공격을 막기 위한 몇 가지 보안 서비스를 규정하였다. 이들 각 서비스는 보안 목표를 유지하면서 하나 또는 그 이상의 공격을 막기 위해 설계되었다. 보안 목표의 실제 구현에는 몇 가지 기술이 필요하다. 오늘날 두 개의 기술이 널리 알려져 있다. 하나(암호)는 매우 일반적이고, 다른 하나(스테가노그래피)는 제한적이다.

암호

몇 가지 보안 메커니즘은 암호를 이용하여 구현될 수 있다. 그리스어에서 기원한 **암호(cryptography)**라는 용어는 "비밀 기록(secret writing)"을 의미한다. 그러나 우리는 이 용어를 '공격에 안전하고 면역성을 지닌 메시지 전달을 위한 과학과 기술'을 뜻하는 것으로 사용한다. 과거에 암호가 단지 비밀 키를 이용하여 **암호화(encryption)**와 **복호화(decryption)**를 하는 것으로 간주되었지만, 오늘날 암호는 세 개의 독특한 메커니즘, 즉 대칭-키 암호화, 비대칭-키 암호화, 해시 등을 포함하는 것으로 정의된다. 이 장의 뒷부분에서 이 기술들을 살펴볼 것이다.

스테가노그래피

이 장과 다음 장이 보안 서비스를 구현하기 위한 기술로써 암호를 기본으로 하고 있지만, 과거 비밀 통신에 사용되었던 또 다른 기술인 **스테가노그래피(steganography)**가 현대에 다시 부활되었다. 그리스어에 기원을 둔 스테가노그래피(*steganography*)라는 용어는 "비밀 기록"을 의미하는 **암호**와는 대조적으로 "감춰진 기록(covered writing)"을 의미한다. **암호**는 암호화에 의해서 메시지의 내용을 감추는 것을 의미하지만 스테가노그래피는 메시지를 다른 것으로 덮어서 감추는 것을 의미한다.

10.2 기밀성

이제 보안의 첫 번째 목표인 기밀성을 살펴보자. 기밀성은 암호를 이용하여 달성할 수 있다. 암호는 크게 두 가지 부류인 대칭-키(symmetric-key, 또는 비밀 키)와 비대칭-키(asymmetric-key)로 나눌 수 있다.

10.2.1 대칭–키 암호

대칭–키 암호(symmetric-key cipher)는 암호화와 복호화에 같은 키를 사용하기 때문에 대칭이라 하는데, 키는 양방향통신에 사용할 수 있다. 그림 10.2는 대칭–키 암호에 대한 일반적인 개념을 나타낸다.

그림 10.2 ┃ 대칭–키 암호의 일반적인 개념

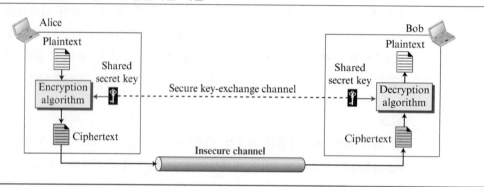

> **대칭–키 암호는 비밀 키 암호라고 부르기도 한다.**

그림 10.2에서 개체 앨리스(Alice)는 안전하지 않은 채널을 통해, 공격자 이브(Eve)가 단순히 채널을 도청해서는 메시지를 이해할 수 없다는 가정하에, 밥(Bob)에게 메시지를 보낼 수 있다.

앨리스가 밥에게 보내는 본래의 메시지를 **평문(plaintext)**이라 하고, 채널을 통해 보내는 메시지를 **암호문(ciphertext)**이라 한다. 평문으로부터 암호문을 생성하기 위해, 앨리스는 **암호 알고리즘(encryption algorithm)**과 밥과 공유된 비밀 키(*shared secret key*)를 사용한다.

암호문으로부터 평문을 생성하기 위해, 밥은 **복호 알고리즘(decryption algorithm)**과 동일한 비밀 키를 사용한다. 암호, 복호 알고리즘을 **암호(cipher)**라 부르기로 한다. 키(*key*)는 알고리즘처럼 암호가 동작하는 데 필요한 값(숫자)들의 집합이다.

대칭–키 암호화(symmetric-key encipherment)에서는 암·복호화 과정 모두 동일한 한 개의 키(한 개의 키 자체가 집합인 경우도 있다)를 사용한다. 게다가, 암호 알고리즘과 복호 알고리즘은 서로 역함수 관계이다. 만약 P가 평문, C가 암호문, K가 키이면, 암호 알고리즘 $E_k(x)$는 평문으로부터 암호문을 생성한다. 마찬가지로, 복호 알고리즘 $D_k(x)$는 암호문으로부터 평문을 생성한다. 여기서 $E_k(x)$와 $D_k(x)$는 다음과 같이 역함수 관계라고 가정한다. 따라서

$$\text{Encryption:} \, C = E_k(P) \qquad\qquad \text{Decryption:} \, P = D_k(C)$$

이고, 여기서 $D_k(E_k(x)) = E_k(D_k(x)) = x$이다. 여기서 암·복호 알고리즘은 공개하고 공유된 키는 비밀 값으로 유지하는 것이 더 낫다는 것을 강조한다. 이는 앨리스와 밥이 비밀 키를 공유하기

위해 안전한 다른 채널을 필요로 함을 의미한다. 예를 들어, 앨리스와 밥이 직접 만나서 자신의 키를 교환한다면, 여기서 안전한 채널은 직접 만나는 것이 된다. 제3자(a third party)를 이용해서 키를 공유할 수도 있다. 그들은 다른 종류의 암호(비대칭-키 암호)를 사용하여 임시 비밀 키를 생성한다. 이 방법은 다음에 자세하게 소개된다.

암호화는 메시지가 들어 있는 상자에 자물쇠를 채우는 것으로 생각할 수 있다. 복호화는 상자의 자물쇠를 여는 것으로 생각할 수 있다. 대칭-키 암호화에서는 그림 10.3과 같이 동일한 키가 자물쇠를 채우고 연다. 다음 절에서 비대칭-키 암호화(*asymmetric-key encipherment*)는 서로 다른 두 개의 키, 자물쇠를 채우는 키와 자물쇠를 여는 키가 사용됨을 보인다.

그림 10.3 ▌동일한 키로 자물쇠를 채우고 여는 방법과 같은 대칭-키 암호화

대칭-키 암호는 전통적인 암호와 현대 암호로 나눌 수 있다. 전통적인 암호는 간단하고, 오늘날의 표준을 기반으로 한 안전하지 않은 문자-중심 암호이다. 반대로, 현대 암호는 복잡하고 훨씬 더 안전한 비트-중심 암호이다. 보다 더 복잡한 현대 암호를 설명하기 위해서 전통적인 암호를 간단하게 살펴본다.

전통적인 대칭-키 암호

전통적인 암호는 아주 오래된 것이다. 그렇지만 현대 암호의 구성 요소로서 생각할 수 있기 때문에 간단하게 살펴본다. 보다 정확하게 하기 위하여 대칭-키 암호는 두 가지 범주인 대치 암호(substitution ciphers)와 치환 암호(transposition ciphers)로 나눌 수 있다.

대치 암호

대치 암호는 하나의 기호를 다른 기호로 대체한다. 만약 평문에서 기호가 알파벳이라면, 하나의 문자가 다른 문자로 대체된다. 예를 들어, A가 D로 대체되고 T는 Z로 대체된다. 만약 기호가 숫자(0~9)라면, 3은 7로 대체되고 2는 6으로 대체된다.

> **대치 암호는 하나의 기호를 다른 기호로 대체한다.**

대치 암호는 단일문자 암호와 다중문자 암호로 분류된다.

단일문자 암호 단일문자 암호(**monoalphabetic ciphers**)에서는 평문에 있는 하나의 문자(혹은 기호)가, 위치와 상관없이, 암호문에서 항상 같은 문자(혹은 기호)로 대체된다. 예를 들어, 어떤 알고리즘의 평문에서 A가 항상 D로 대체된다면, 모든 A는 D로 대체된다. 즉, 평문의 어떤

글자와 암호문에 대응되는 글자는 일-대-일 대응 관계를 가진다.

가장 간단한 단일문자 암호는 **덧셈 암호(additive ciphers)** 혹은 **이동 암호(shift cipher)** 이다. 평문은 소문자(a~z)로 구성되고, 암호문은 대문자(A~Z)로 구성된다고 가정하자. 평문과 암호문에 수학 연산을 적용하기 위해 그림 10.4와 같이 각각의 문자에 수치를 대응시킨다.

그림 10.4 ┃ 모듈로 26에서 평문과 암호문의 표현

Plaintext →	a	b	c	d	e	f	g	h	i	j	k	l	m	n	o	p	q	r	s	t	u	v	w	x	y	z
Ciphertext →	A	B	C	D	E	F	G	H	I	J	K	L	M	N	O	P	Q	R	S	T	U	V	W	X	Y	Z
Value →	00	01	02	03	04	05	06	07	08	09	10	11	12	13	14	15	16	17	18	19	20	21	22	23	24	25

그림 10.4에서 각 문자(소문자 또는 대문자)는 모듈로 26에서 정수로 지정된다. 앨리스와 밥의 비밀 키도 모듈로 26에서 정수이다. 암호 알고리즘에서 키는 평문 문자와 더해지고, 복호 알고리즘은 암호문 문자에 키를 뺀다. 모든 연산은 모듈로 26에서 이루어진다.

덧셈 암호에서 평문, 암호문, 키는 모듈로 26에서 정수이다.

역사적으로 덧셈 암호를 이동 암호라고도 했는데, 이는 암호 알고리즘을 "이동 키 문자 아래로" 해석할 수 있고, 복호 알고리즘은 "이동 키 문자 위로"로 해석할 수 있다. 줄리어스 시저는 장교들과 통신할 때 키가 3인 덧셈 암호를 사용하였다. 이러한 이유로 덧셈 암호를 가끔은 **시저 암호(Caesar cipher)**라고 한다.

 예제 10.1   키가 15인 덧셈 암호를 이용하여 메시지 "hello"를 암호화하라.

해답

암호 알고리즘을 평문에 다음과 같이 적용한다.

Plaintext: h → 07	Encryption: (07 + 15) mod 26	Ciphertext: 22 → W
Plaintext: e → 04	Encryption: (04 + 15) mod 26	Ciphertext: 19 → T
Plaintext: l → 11	Encryption: (11 + 15) mod 26	Ciphertext: 00 → A
Plaintext: l → 11	Encryption: (11 + 15) mod 26	Ciphertext: 00 → A
Plaintext: o → 14	Encryption: (14 + 15) mod 26	Ciphertext: 03 → D

답은 "WTAAD"이다. 이 암호는 두 개의 알파벳 *l*을 동일한 알파벳 *A*로 암호화하였기 때문에 단일문자 암호라는 것을 알 수 있다.

 예제 10.2   키가 15인 덧셈 암호를 이용하여 메시지 "WTAAD"를 복호화하라.

해답

복호 알고리즘을 암호문에 다음과 같이 적용한다.

Ciphertext: W → 22	Decryption: (22 − 15) mod 26	Plaintext: 07 → h
Ciphertext: T → 19	Decryption: (19 − 15) mod 26	Plaintext: 04 → e
Ciphertext: A → 00	Decryption: (00 − 15) mod 26	Plaintext: 11 → l
Ciphertext: A → 00	Decryption: (00 − 15) mod 26	Plaintext: 11 → l
Ciphertext: D → 03	Decryption: (03 − 15) mod 26	Plaintext: 14 → o

답은 "hello"이다. 모든 연산은 모듈로 26으로 수행되는데, 이는 음수도 26을 더하면 된다는 것을 의미한다(예를 들어, −15는 11로 대응된다).

덧셈 암호는 작은 키 공간을 갖기 때문에 전사 공격(brute-force attack)에 취약하다. 덧셈 암호의 키 영역은 매우 작아서 오직 26개의 키 밖에 없다. 그렇지만 키 중 하나인 영(zero)은 사용하지 않는다(암호문은 평문과 같다). 이는 25개의 가능한 키만 남는다. 이브는 암호문에 대해 쉽게 전수 공격을 적용할 수 있다. 덧셈 암호는 키 영역이 작아서 공격에 매우 취약하다. 더 좋은 해결 방법으로 평문 문자와 대응되는 암호문 문자 사이의 대응(mapping)을 구성하는 방법이 있다. 앨리스와 밥은 각 문자에 대한 대응 관계를 나타낸 표를 공유한다. 그림 10.5는 이러한 대응의 예를 나타낸 것이다.

그림 10.5 ▎단일문자 대치 암호에 사용되는 키의 예

Plaintext →	a b c d e f g h i j k l m n o p q r s t u v w x y z
Ciphertext →	N O A T R B E C F U X D Q G Y L K H V I J M P Z S W

예제 10.3 다음과 같은 메시지를 암호화하는 데 그림 10.5의 키를 사용하면 암호문은 다음과 같다.

Plaintext:	this message is easy to encrypt but hard to find the key
Ciphertext:	ICFVQRVVNERFVRNVSIYRGAHSLIOJICNHTIYBFGTICRXRS

다중문자 암호 **다중문자 대치(polyalphabetic substitution)**에서 각 문자는 다른 대치를 가진다. 평문 문자와 암호문 문자와의 관계는 일-대-다(one-to-many) 대응이다. 예를 들어, "a"는 문장의 시작점에서 "D"로 암호화되고, 중간에서 "N"으로 암호화될 수 있다. 다중문자 암호는 사용하는 언어의 문자 빈도를 감추는 장점이 있다. 따라서 이브는 암호문을 해독하기 위하여 단일 문자 빈도 분석을 사용할 수 없다.

다중문자 암호(polyalphabetic cipher)를 구성하기 위하여 메시지에서 평문 문자와 그 문자의 위치에 따라 암호문 문자를 생성할 필요가 있다. 이는 키가 암호화를 할 때 평문 문자의 위치에 따라 정해지는 서브 키들로 구성된 키 스트림이 되어야 한다는 것을 의미한다. 즉 키 k가

$(k_1, k_2, k_3, \ldots)$가 되어야 한다. 여기서 k_i는 암호문의 i번째 문자를 생성하기 위하여 평문의 i번째 문자를 암호화시키는 데 이용되는 서브 키이다.

키의 위치 의존성을 알아보기 위하여 간단한 다중문자 암호인 **자동키 암호(autokey cipher)**를 살펴보자. 이 암호에서 키는 서브 키들로 구성된 키 스트림인데, 각각의 서브 키는 평문에서 대응되는 문자를 암호화하는 데 이용된다. 첫 번째 서브 키는 앨리스와 밥이 비밀리에 합의한 사전에 정의된 값이다. 두 번째 서브 키는 첫 번째 평문 문자의 값(0부터 25사이)이다. 세 번째 서브 키는 두 번째 평문의 값이다. 나머지 서브 키도 동일하게 정의된다.

$$P = P_1 P_2 P_3 \ldots \qquad C = C_1 C_2 C_3 \ldots \qquad k = (k_1, P_1, P_2, \ldots)$$
$$\text{Encryption: } C_i = (P_i + k_i) \bmod 26 \qquad \text{Decryption: } P_i = (C_i - k_i) \bmod 26$$

암호의 명칭인 **자동키**는 키가 암호화 과정 중 평문으로부터 자동으로 생성됨을 의미한다.

예제 10.4

앨리스와 밥이 초기 키 값 $k_1 = 12$를 이용하여 autokey 암호를 사용하는 것을 동의했다고 가정하자. 지금 앨리스는 밥에게 메시지 "Attack is today"를 보내려고 한다. 암호화는 한 문자씩 행해진다. 평문에 있는 각 문자는 먼저 정수 값으로 대체된다. 첫 번째 subkey가 첫 번째 암호문 문자를 생성하기 위해 더해진다. 키의 나머지는 평문 문자를 읽는 것으로 생성된다. 암호는 다중 문자인데, 왜냐하면 평문에서 "a"의 세 번 발생은 서로 다르게 암호화되기 때문이다. "t"의 세 번의 발생은 서로 다르게 암호화된다.

Plaintext:	a	t	t	a	c	k	i	s	t	o	d	a	y
P's Values:	00	19	19	00	02	10	08	18	19	14	03	00	24
Key stream:	12	00	19	19	00	02	10	08	18	19	14	03	00
C's Values:	12	19	12	19	02	12	18	00	11	7	17	03	24
Ciphertext:	M	T	M	T	C	M	S	A	L	H	R	D	Y

전치 암호

전치 암호(transposition cipher)는 한 기호를 다른 기호로 대체시키지 않고, 대신에 그 기호의 위치를 바꾼다. 평문의 첫 번째에 위치한 기호는 암호문의 열 번째 위치에 나타난다. 평문의 여덟 번째 위치의 기호는 암호문의 첫 번째 위치에 나타난다. 즉, 전치 암호는 기호를 재정렬시킨다.

전치 암호는 기호를 재정렬시킨다.

앨리스가 "Enemy attacks tonight"이라는 메시지를 밥에게 전달한다고 생각해 보자. 암호화와 복호화는 그림 10.6에 나타나 있다. 5의 배수로 문자를 만들기 위하여 메시지의 끝에 추가 문자가 더해지는 것에 주목하라.

첫 번째 표는 행 단위로 평문을 쓴 앨리스에 의해 만들어진 것이다. 열들은 키를 이용하여 순열된 것이다. 암호문은 열 단위로 두 번째 표를 읽음으로서 만들어진다. 밥도 역순으로 같은 세 단계를 행한다. 밥은 열 단위로 첫 번째 표에다 암호문을 쓰고, 열들이 순열되고, 그런 다음

행 단위로 두 번째 표를 읽는다. 암호화와 복호화에 같은 키를 사용하지만 알고리즘은 키를 역순으로 사용한다.

그림 10.6 | 전치 암호

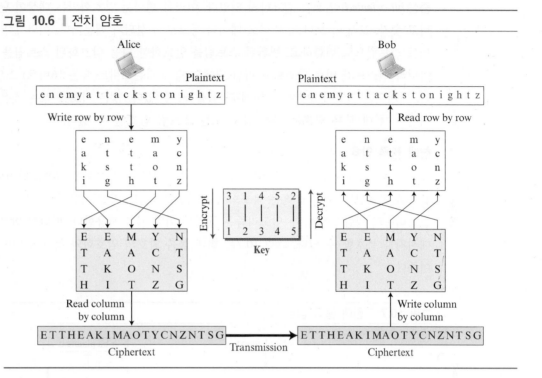

스트림과 블록 암호

일반적으로 대칭-키 암호를 두 개의 큰 부류, 스트림 암호와 블록 암호로 나눌 수 있다.

스트림 암호 스트림 암호(stream cipher)에서 암호화와 복호화는 한 번에(문자나 비트와 같은) 한 개의 기호에 적용된다. 평문 스트림, 암호문 스트림, 키 스트림 등이 있다. 평문 스트림을 P라고 하고, 암호문 스트림을 C, 키 스트림을 K라고 한다.

$$P = P_1P_2P_3, \ldots \qquad C = C_1C_2C_3, \ldots \qquad K = (k_1, k_2, k_3, \ldots)$$
$$C_1 = E_{k1}(P_1) \qquad C_2 = E_{k2}(P_2) \qquad C_3 = E_{k3}(P_3) \ldots$$

블록 암호 블록 암호(block cipher)에서 크기가 m ($m > 1$)인 평문 기호의 그룹은 함께 암호화 되어 같은 크기의 암호문 그룹을 생성한다. 정의에 따라, 블록 암호에서는 키가 여러 값으로 구성되더라도 단일 키는 전체 블록을 암호화하는 데 사용된다. 블록 암호에서 암호문 블록은 전체 평문 블록에 의해 결정된다.

조합 실제로 평문 블록은 개별적으로 암호화되지만 전체 메시지를 블록 단위로 암호화하기 위해 키 스트림을 사용한다. 다시 말하면 개별 블록으로 보면 블록 암호이지만, 각 블록을 단일 단위로 생각하고 전체 메시지로 보면 스트림 암호이다. 각 블록은 암호화 과정 중, 혹은 이전에 생성된 다른 키를 이용한다.

현대 대칭-키 암호

전통적인 대칭-키 암호는 **문자-중심**(*character-oriented*) 암호이다. 컴퓨터의 발전과 함께 **비트 중심**(*bit-oriented*) 암호가 필요하게 되었다. 이러한 변화는 암호화되는 대상이 단지 텍스트가 아니고 숫자, 그래픽, 오디오, 비디오 데이터 등으로 구성되기 때문이다. 이와 같은 데이터 유형을 비트 스트림으로 변환하고, 변환된 스트림을 암호화한 다음 암호화된 스트림을 전송한다. 뿐만 아니라 텍스트가 비트 단위로 처리될 때에는 각 문자는 8비트(혹은 16비트) 스트림으로 변환된다. 처리되는 기호가 8배(혹은 16배)가 됨을 알 수 있다. 많은 기호를 섞는 것은 안전성을 증가시킨다. 현대 블록 암호는 블록 암호 또는 스트림 암호일 수 있다.

현대 블록 암호

대칭-키 현대 블록 암호(*modern block cipher*)는 n비트 평문 블록을 암호화하거나 n비트 암호문 블록을 복호한다. 암호화 혹은 복호화 알고리즘은 k비트 키를 사용한다. 복호 알고리즘은 암호 알고리즘의 역함수이며, 두 알고리즘은 동일한 비밀 키를 사용한다. 따라서 밥은 앨리스가 보낸 메시지를 복호할 수 있다. 그림 10.7은 현대 블록 암호의 암호화와 복호의 일반적인 개념을 보여준다.

그림 10.7 ∥ 현대 블록 암호

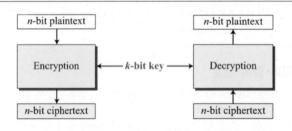

만약 메시지의 길이가 n비트보다 작다면 n비트 블록을 만들기 위하여 덧붙이기(padding)가 추가되어야만 한다. 만약 메시지의 길이가 n비트보다 길다면, 메시지는 n비트 블록 단위로 분할되어야 하며, 마지막 메시지 블록에는 적절한 덧붙이기가 추가되어야만 한다. 일반적인 블록 길이 n은 64, 128, 256, 512비트이다.

현대 블록 암호의 구성 요소   현대 블록 암호는 전체 블록으로 볼 때 대치 암호이다. 하지만, 현대 블록 암호는 단일 요소로 설계되지 않는다. 공격 저항에 강한 암호를 제공하기 위해서 현대 블록 암호는 전치 요소(P-박스로 불림)와 대치 요소(S-박스로 불림), 배타적-OR 요소, 이동 요소, 교환 요소 그리고 조합 요소들을 조합하여 만들어진다. 그림 10.8은 현대 블록 암호의 구성 요소를 보여준다.

　　P-박스(치환 박스)는 문자 단위로 암호화를 수행하였던 고전 전치 암호를 병렬적으로 수행한다. 현대 블록 암호에서는 세 가지 종류의 P-박스를 찾아볼 수 있는데 이는 단순(straight)

그림 10.8 ▮ 현대 블록 암호의 구성 요소

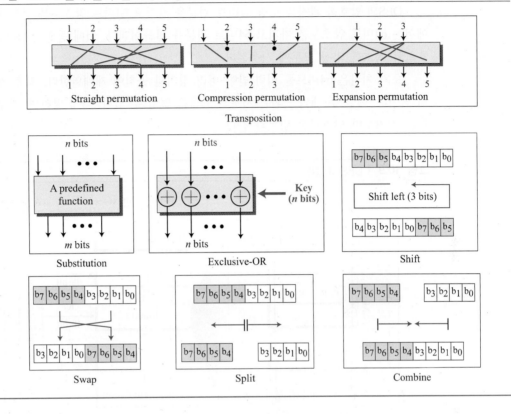

P-박스, 확장(expansion) P-박스, 축소(compression) P-박스이다. **S-박스(대치 박스)**는 대치 암호의 축소모형으로 생각할 수 있다. 하지만 전통적인 대치 암호와는 달리 S-박스는 입력과 출력의 개수가 달라도 된다. 대부분의 블록 암호의 중요한 구성 요소는 배타적 논리합(*exclusive-or*) 연산인데 이는 두 개의 입력이 같으면 0이고 두 개의 입력이 다르면 1이다. 현대 블록 암호에서 n비트 키를 가진 데이터 조각을 결합하기 위해서 n배타적 OR 연산을 사용한다. 배타적 OR 연산은 보통 키가 적용되는 유일한 요소이다.

현대 블록 암호에 주로 사용되는 또 다른 구성 요소는 순환이동 연산(*circular shift operation*)이다. 이동은 왼쪽이나 오른쪽으로 수행될 수 있다. 왼쪽 순환이동(circular left-shift) 연산은 워드의 각 비트를 왼쪽으로 k비트만큼 이동시킨다. 왼쪽 최상위 k비트는 왼쪽으로 밀려 오른쪽 최상위 k비트가 된다. 스왑 연산(*swap operation*)은 $k = n/2$인 순환이동 연산의 특수한 경우이다.

현대 블록 암호에서 발견되는 또 다른 두 개의 연산은 분할과 결합이다. 분할 연산(*split operation*)은 일반적으로 두 개의 동일한 길이의 워드를 생성하기 위하여 n비트 워드의 중앙을 분할한다. 결합 연산(*combine operation*)은 두 개의 동일한 길이의 워드를 n비트 워드로 연결한다.

DES

현대 블록 암호의 예로서 **DES (Data Encryption Standard)**를 살펴보자. 그림 10.9는 암호화

측에서 DES 암호 요소를 보여준다.

DES의 암호화 과정을 보면 64비트 평문을 가지고 64비트 암호문을 생성한다. 복호화 과정에서는 64비트 암호문을 가지고 64비트 평문을 만들어낸다. 이때 동일한 56비트 암호 키가 암호화와 복호화 과정 모두에 사용된다.

초기 치환은 64비트를 입력 받아 미리 정의된 규칙에 재배열한다. 최종 치환은 초기 치환의 역이다. 이들 두 개의 치환은 서로의 효과를 없앨 수 있다. 다시 말하면, 라운드들이 이 구조들을 제거하면 암호문은 평문과 같다.

그림 10.9 ┃ DES의 일반 구조

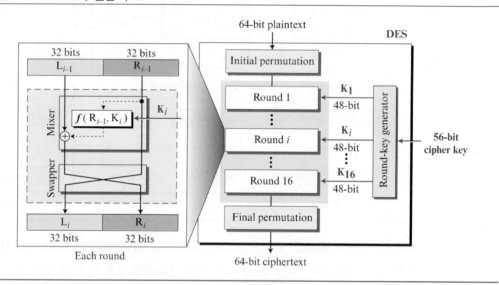

라운드 DES는 16번의 라운드(round)를 사용한다. DES의 각 라운드는 그림 10.9에 나타난 것처럼 역으로 변환이 가능한 것이다. 라운드는 이전 라운드(또는 초기치환 박스)의 출력 값 L_{i-1}과 R_{i-1}을 입력으로 받아, 다음 라운드(또는 최종 치환 박스)에 입력으로 적용될 L_i과 R_i를 생성한다. 각 라운드는 2개의 암호 요소(mixer와 swapper)가 있다. 이런 요소들은 역연산이 가능하다. Swapper는 명백하게 역연산이 가능하다. 왜냐하면 swapper는 단순히 텍스트의 오른쪽 절반을 가지고 텍스트의 왼쪽 절반과 교환하기 때문이다. Mixer는 단순히 XOR 연산이기 때문에 역연산이 가능하다. 그 외 모든 비가역 요소들은 함수 $f(R_{i-1}, K_i)$ 안에 모여 있다.

DES 함수 DES의 핵심은 DES 함수이다. DES 함수는 32비트 출력 값을 산출하기 위하여 가장 오른쪽의 32비트(R_{i-1})에 48비트 키를 적용한다. DES 함수는 그림 10.10과 같이 4개의 영역으로 되어있는데 이는 확장 P-박스, XOR 구성 요소(키가 더해진), S-박스 그룹, 단순 P-박스이다.

그림 10.10 | DES 함수

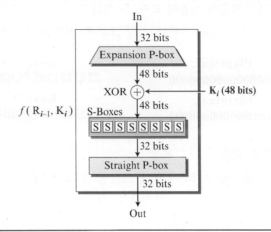

R_{i-1}은 32비트 입력 값이고, K_i는 48비트 라운드 키이기 때문에 우선 32비트 R_{i-1}을 48비트 값으로 확장할 필요가 있다. 이 확장 치환은 미리 결정된 규칙을 따른다.

확장 치환을 적용한 이후에 DES는 확장 치환의 출력 값에 라운드 키를 XOR 연산한다. S-박스는 실제로 섞어주는 역할을 수행한다. DES는 각각 6비트 입력 값과 4비트 출력 값을 갖는 8개의 S-박스를 사용한다. DES 함수에서 마지막 연산은 32비트 입력과 32비트 출력을 갖는 단순 치환이다.

키 생성 라운드 키 생성기(round-key generator)는 56비트 암호 키로부터 16개의 48비트 라운드 키를 만들어 낸다. 그러나 그림 10.11과 같이 암호화 키는 보통 64비트로 주어지며, 이 중 8비트는 패리티 비트로 실제 키 생성 과정 전에 제거된다.

그림 10.11 | 키 생성

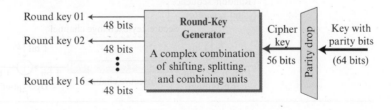

예제 10.5 16진수 형태의 랜덤한 평문 블록과 키 그리고 아래에 보여진 것처럼(모두 16진수) 암호문 블록을 지정하기 위한 컴퓨터 프로그램을 선택한다.

Plaintext:	Key:	CipherText:
123456ABCD132536	AABB09182736CCDD	C0B7A8D05F3A829C

예제 10.6 DES의 효과를 확인하기 위하여 단일 비트가 입력에서 변경될 때, 단지 한 비트만 서로 다른 두 개의 평문을 사용해 보자. 두 개의 암호문은 키를 변경하지 않더라도 완전히 서로 다르다. 두 개의 평문 블록이 가장 오른쪽 비트만 다를지라도 암호문은 29비트가 다르다.

Plaintext:	Key:	Ciphertext:
0000000000000000	22234512987ABB23	4789FD476E82A5F1
Plaintext:	Key:	Ciphertext:
0000000000000001	22234512987ABB23	0A4ED5C15A63FEA3

현대 스트림 암호

현대 블록 암호에 추가하여 현대 스트림 암호를 사용할 수 있다. 현대 스트림 암호와 현대 블록 암호에는 유사한 차이점이 존재한다. 현대 스트림 암호(modern stream cipher)에서 암호화와 복호는 동시에 r비트를 생성한다. 평문 비트 스트림, 암호문 비트 스트림, 키 비트 스트림을 각각 $P = p_n \cdots p_2p_1$, $C = c_n \cdots c_2c_1$, $K = k_n \cdots k_2k_1$이라고 하자. 단 p_i, c_i, k_i는 r비트 워드이다. 암호화는 $c_i = E(k_i, p_i)$이고 복호화는 $p_i = D(k_i, c_i)$이다. 스트림 암호는 블록 암호보다 빠를 뿐만 아니라 하드웨어 구현 또한 블록 암호보다 용이하다. 2진 스트림 단위의 암호화가 필요하고 고정된 속도로 암호화된 데이터를 전송하고자 할 때 스트림 암호는 더 없이 좋은 선택이 된다. 또한 스트림 암호는 전송 도중 비트의 변조에 강하다.

동기식 스트림 암호 중에서 가장 단조롭고 안전한 암호는 Gilbert Vernam에 의하여 설계되고 특허화된 **One-time pad**이다. One-time pad 암호는 암호화를 수행할 때마다 랜덤하게 선택된 키 스트림을 사용한다. 암호 알고리즘과 복호 알고리즘은 각각 배타적 논리합 연산을 사용한다. 이 암호에서 배타적 논리합 연산이 동시에 한 비트에 적용되는 것에 주목하라. 또한 앨리스는 밥에게 키 스트림을 전달할 수 있는 안전한 채널이 존재해야 한다(그림 10.12 참조).

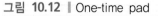 그림 10.12 | One-time pad

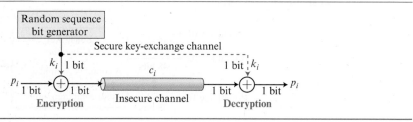

One-time pad는 이상적인 암호이며 완벽하다. 공격자가 키나 평문을 추측할 수 있는 어떠한 방법도 존재하지 않으며 암호문의 통계적 특성 또한 존재하지 않는다. 또한 평문과 암호문 사이에는 아무런 관계도 없다. 다시 말하면, 비록 평문이 어떠한 패턴을 가지고 있더라도 암호문은 랜덤한 난수열과 구분되지 않는다. 이브는 모든 가능한 랜덤 키 스트림에 대하여 전수 조사 해보지 않는 한 One-time pad를 깰 수 없다. 만약 평문의 길이가 n이라면 이브는 2^n만큼의 연산을 수행하여야 한다. 하지만 한 가지 문제점이 존재한다. 송신자와 수신자가 통신을 하고자

할 때마다 어떻게 One-time pad의 키를 공유할 수 있겠는가? 그들은 랜덤한 키를 어떻게든 공유하여야만 한다. 따라서 One-time pad는 완벽하고 이상적인 암호이지만 실제적으로 사용되는 것은 매우 어렵다. 그렇지만 융통성이 있고, 조금은 덜 안전하고, 버전이 다른 것이 있다. One-time-pad의 대안 중 하나는 귀환 이동 레지스터(*FSR, feedback shift register*)이지만, 보안에 대한 주제에 전념하기 위해 이 흥미있는 암호에 대한 논의는 미루기로 한다.

10.2.2 비대칭-키 암호

앞 절에서 대칭-키 암호에 대해서 살펴보았다. 이 절에서 **비대칭-키 암호시스템(asymmetric-key ciphers)**에 대해 살펴보고자 한다. 대칭-키 암호시스템과 비대칭-키 암호시스템은 공존하게 될 것이며 보안 서비스 분야에서 계속 사용하게 될 것이다. 사실은 이 두 시스템은 서로 보완적이다. 한 시스템의 장점이 다른 한 시스템의 단점을 보완하고 있다.

두 시스템의 개념적인 차이는 어떻게 비밀을 유지하는가에 따라 달라진다. 대칭-키 암호시스템에서는 비밀을 두 사람이 서로 공유해야 한다. 비대칭-키 암호시스템에서는 비밀을 공유하지 않고 각자 비밀로 보존한다.

n명으로 구성된 집단에서 대칭-키 암호시스템을 활용하기 위해서는 $n(n-1)/2$개의 공유되는 비밀이 필요하다. 하지만 비대칭-키 암호시스템에서는 오직 n개의 개별적인 비밀만 필요하게 된다. 예를 들어 백만 명으로 구성된 집단에서 대칭-키 암호시스템을 사용해야 한다면 5억 개의 비밀이 필요하게 된다. 반면에 비대칭-키 암호시스템을 활용할 경우에는 백만 개의 비밀만 있으면 된다.

> **대칭-키 암호시스템은 비밀을 공유하는 것에 기반을 두고 있다.**
> **비대칭-키 암호시스템은 개별적 비밀에 기반을 두고 있다.**

암호화 이외의 보안 분야에 비대칭-키 암호시스템이 필요한 곳이 몇 가지 있다. 여기에 해당되는 것이 인증과 디지털 서명이다. 어떤 응용이 개별적인 정보에 기반을 두고 있다면 그곳에서는 비대칭-키 암호시스템을 사용할 필요가 있다.

대칭-키 암호시스템이 기호(문자나 비트)를 대체하거나 치환하는 데 기반을 두고 있는 반면에 비대칭-키 암호시스템은 수를 이용한 수학적 함수를 응용하는 데 기반을 두고 있다. 대칭-키 암호시스템에서는 평문과 암호문은 기호의 조합으로 간주된다. 암호화와 복호화는 이런 기호들을 서로 치환하거나 다른 기호들로 대체시킨다. 비대칭-키 암호시스템에서는 평문과 암호문이 모두 숫자로 이루어져 있다. 암호화와 복호화를 한다는 것은 숫자를 다른 숫자로 만드는 수학적 함수를 적용하는 것이다.

> **대칭-키 암호시스템은 기호를 대체시키거나 치환하는 것이다.**
> **비대칭-키 암호시스템은 숫자를 다른 숫자로 변경하는 것이다.**

비대칭-키 암호시스템에서는 두 개의 서로 다른 키를 사용한다. 한 개는 개인 키이고 다른 한 개는 공개 키이다. 만약 암호화와 복호화를 하는 행위를 자물쇠를 열쇠로 잠그고 여는 것으로 본다면, 자물쇠가 공개 키를 이용해서 잠갔다고 한다면 이 자물쇠를 열 수 있는 것은 이 공개 키와 쌍을 이루고 있는 개인 키 뿐이라는 것이다. 만약 앨리스가 자물쇠를 밥의 공개 키로 잠갔다고 한다면, 이 자물쇠를 열 수 있는 것은 밥의 개인 키 뿐이라는 것을 그림 10.13에 나타내었다.

그림 10.13 ▌ 비대칭-키 암호시스템에서의 잠금과 잠금해제

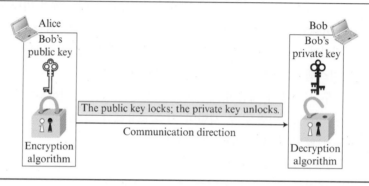

그림에서 보면 대칭-키 암호시스템과는 다르게 비대칭-키 암호시스템에서는 서로 다른 키가 사용된다는 것을 알 수 있다. 이 키 중 하나는 **개인 키(private key)**이고 다른 하나는 **공개 키(public key)**이다. 비록 어떤 책에서는 개인 키라는 용어 대신에 비밀 키(*secret key*)라는 용어를 사용하기도 하는데 이 책에서는 비밀 키는 대칭-키 암호시스템에서만 사용하고 비대칭-키 암호시스템에서는 개인 키와 공개 키라는 용어를 일관적으로 사용할 것이다. 또한 세 개의 키를 나타내는 기호도 다르게 사용할 것이다. 그 이유는 대칭-키 암호시스템에서 사용하는 비밀 키의 성격과 비대칭-키 암호시스템에서 사용하는 개인 키의 사용 용도가 기본적으로 다르기 때문이다.

> **비대칭-키 암호는 보통 공개 키 암호라고 한다.**

일반 아이디어

그림 10.14는 암호화에 사용되는 비대칭-키 암호시스템의 일반적인 아이디어를 나타내고 있다.

그림 10.14에는 여러 가지 중요한 개념이 담겨 있다. 첫 번째, 암호시스템의 비대칭성을 강조하고 있다. 보안성을 제공하는 책임이 대부분 수신자 측(여기서는 밥)에게 있다. 밥은 개인 키와 공개 키로 된 두 개의 키를 만들어야 한다. 이 중에서 공개 키를 보안 서비스를 이용하는 집단에게 배분하는 책임도 밥이 가지고 있다. 공개 키 배분은 공개 키 배분 채널을 통해서 이루어진다. 비록 이 배분 시스템이 기밀성을 제공할 필요까지는 없지만, 무결성과 인증은 제공해야만 한다. 이 시스템은 이브가 자신의 공개 키를 마치 밥의 공개 키인 것처럼 해서 해당 집단이

그림 10.14 | 비대칭-키 암호시스템의 일반적인 아이디어

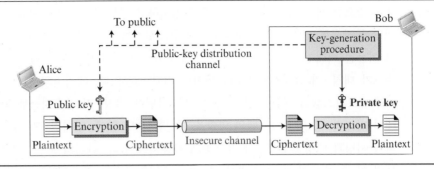

사용하는 시스템에 올려 놓을 수 있도록 허락되는 시스템이어서는 안 된다.

　두 번째, 비대칭-키 암호시스템에서는 밥과 앨리스가 쌍방향통신에 동일한 키쌍을 사용할 수 없다는 것을 말한다. 암호시스템을 사용하는 각 사용자는 자신만의 개인 키와 공개 키쌍을 생성해야만 한다. 그림 10.14를 보면 어떻게 앨리스가 밥의 공개 키를 이용해서 암호화된 메시지를 밥에게 보내는지를 알 수 있을 것이다. 만약 밥이 이 메시지에 대한 응답을 앨리스에게 보내야 한다면, 앨리스는 자신만의 개인 키와 공개 키쌍을 가지고 있어야만 한다.

　세 번째, 비대칭-키 암호시스템에서 밥은 오직 한 개의 개인 키를 가지고 있으면 해당 집단의 어떤 사람이 보낸 메시지라도 받아서 복호화할 수 있다. 하지만 앨리스는 해당 집단에 구성원이 n명 있을 경우 그들에게 메시지를 보내기 위해서 각각의 구성원에 대해 한 개씩 총 n개의 공개 키를 가지고 있어야 한다. 다시 말해서 앨리스는 공개 키 고리(ring)가 필요하다.

평문/암호문

대칭-키 암호시스템과는 다르게 비대칭-키 암호시스템에서는 평문이나 암호문이 정수로 다루어진다. 메시지는 암호화되기 이전에 일단 정수(혹은 몇 개의 정수들)로 부호화된다. 또한 암호문은 복호화된 뒤에 이 정수(혹은 몇 개의 정수들)는 다시 메시지로 역부호화된다. 비대칭-키 암호시스템은 보통 대칭-키 암호시스템에서 사용하는 비밀 키 같은 비교적 크기가 작은 자료를 암호화하고 복호화하는 데 사용한다. 다시 말해서 비대칭-키 암호시스템은 일반적으로 메시지를 암호화하는 데 사용하는 것보다는 보조적인 목적으로 사용한다. 하지만 이 보조적인 목적은 현대 암호에 있어서 매우 중요한 역할을 한다.

> **비대칭-키 암호는 보통 크기가 작은 정보를 암호화하거나 복호화하는 데 사용된다.**

암호화/복호화

비대칭-키 암호시스템에서 암호화와 복호화는 평문과 암호문에 해당되는 정수에 적용되는 수학적 함수이다. 암호문은 다음과 같은 함수형태로 표시된다. $C = f\,(K_{public},\ P)$. 또한 평문은 다음과 같은 함수형태로 표현된다. $P = g\,(K_{private},\ C)$. 암호화 함수 f는 오직 암호화에만 사용되고, 복호화 함수 g는 오직 복호화에만 사용된다.

양쪽에 필요한 것

매우 중요한 사실 중 하나를 자주 잘못 이해하고 있는 것이 있다. 비대칭-키(공개 키) 암호시스템의 등장으로 인해 대칭-키(비밀 키) 암호시스템의 역할이 없어지는 것이 아니라는 것이다. 그 이유는 비대칭-키 암호시스템이 암호화와 복호화에 수학적인 함수를 사용하기 때문에 처리 속도가 대칭-키 암호시스템보다 무척 느리기 때문이다. 메시지의 길이가 매우 큰 경우에 대칭-키 암호시스템의 역할이 매우 중요하다. 반면에 대칭-키 암호시스템의 처리 속도가 빠르다고 해서 비대칭-키 암호시스템의 역할을 대신할 수도 없다. 비대칭-키 암호시스템은 인증이나 디지털 서명과 대칭-키 교환에 유용하게 사용되고 있다. 현대의 보안에 대한 여러 방면을 고려해 보면 이 두 가지 대칭 및 비대칭-키 암호시스템이 모두 필요하다고 말할 수 있다. 이 둘은 서로 보완적이다.

RSA 암호시스템

가장 많이 사용되는 공개 키 알고리즘은 **RSA 암호시스템(RSA, cryptosystem)**인데 RSA라는 이름은 이것을 고안해낸 사람들(Rivest, Shamir, Adleman)의 이름을 따서 만든 것이다. RSA에서는 두 개의 지수 e와 d를 사용한다. 여기서 e는 공개하는 값이고 d는 비밀로 유지하는 값이다. P를 평문이라고 하고 C를 암호문이라고 하자. 앨리스는 $C = P^e \bmod n$을 이용하여 평문 P로부터 암호문 C를 생성한다. 밥은 암호문 C로부터 $P = C^d \bmod n$을 구하여 앨리스가 보낸 평문을 얻는다. 모듈로 n은 매우 큰 수이고 키 생성 프로세스를 통해서 만들어진다.

절차

그림 10.15는 RSA에서 사용되는 절차에 속하는 일반적인 아이디어를 보여준다.

그림 10.15 ┃ RSA에서의 암호화, 복호화, 키 생성

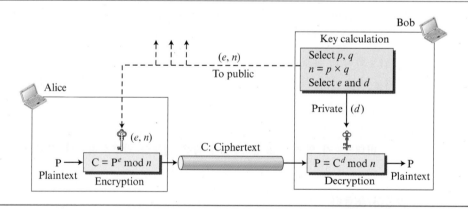

밥은 두 개의 큰 소수 p와 q를 선택하고, $n = p \times q$와 $\phi = (p - 1) \times (q - 1)$를 계산한다. 밥은 $(e \times d) \bmod \phi = 1$이 되는 e와 d를 선택한다. 밥은 e와 n을 공개 키로서 공개한다. 밥은 d를 비밀 키로서 간직한다. 앨리스를 포함한 누구든지 $C = P^e$를 이용하여 메시지를 암호화할

수 있고 밥에게 암호문을 보낸다. 오직 밥만이 $P = C^d$를 이용하여 메시지를 복호화할 수 있다. 이브와 같은 침입자는 p와 q가 매우 큰 소수라면 메시지를 복호화할 수 없다(그녀는 d를 모름).

 예제 10.7   예를 보여주기 위하여 밥은 p와 q를 7과 11로 선택해서 $n = 7 \times 11 = 77$을 계산한다. 그러면 $\phi(n) = (7 - 1) \times (11 - 1) = 60$이다. 만약 $e = 13$으로 선택한다면 $d = 37$이 된다. $e \times d$ mod 60 = 1 임을 명심하기 바란다. 이제 앨리스가 평문 5를 밥에게 보내려고 한다고 하자. 앨리스는 공개된 값 13을 이용해서 5를 암호화한다. 이 시스템은 p와 q가 너무 작아서 안전하지 않다.

Plaintext: 5	Ciphertext: 26
$C = 5^{13} = 26 \bmod 77$	$P = 26^{37} = 5 \bmod 77$
Ciphertext: 26	Plaintext: 5

예제 10.8   여기에 컴퓨터를 이용하여 계산한 실제적인 예가 있다. 우리는 512비트 p와 q를 선택하고, n과 $\phi(n)$을 계산하자. 그 다음 e를 선택하고 $\phi(n)$와 서로 소가 되는지를 점검해보자. 그리고 나서 d를 계산한다. 마지막으로 암호화와 복호화가 되는 결과를 보여주기로 한다. 정수 p는 159자리 10진수이다.

$p =$	96130345313583504574191581280615427909309845594996215822583150879647940455056470638491257160180347503120986666064924201918087806674210960633542199926661209

정수 q는 160자리 10진수이다.

$q =$	12060191957231446918276794204450896001555925054637033936061798321731482148483764659215389453209175225273226830107120695604602513887145524969000359660045617

모듈로 값 $n = p \times q$이고 이것은 309자리 10진수이다.

$n =$	11593504173967614968892509864615887523771457375454144775485526137614788540832635081727687881596832516846884930062548576411125016241455233918292716250765677272746009708271412773043496050055634727456662806009992403710299142447229221577279853172703383938133469268413732762200096667667183183108837342082344437095 3

$\phi(n) = (p - 1) \times (q - 1)$은 309자리 10진수이다.

| $\phi(n) =$ | 11593504173967614968892509864615887523771457375454144775485526137614788540832635081727687881596832516846884930062548576411125016241455233918292716250765675105423360849291675203448262798811755478765701392344440571698958172819609822636107546721186461217135910735864061400888517026537727726446734106624385766412 8 |

밥은 $e = 35535$ (65537이 이상적임)를 선택한다. 그런 다음 d를 찾는다.

| $e =$ | 35535 |
| $d =$ | 58008302860037763936093661289677917594669062089650962180422866111380593852822358731706286910030021710859044338402170729869087600611530620252495988444804756824096624708148581713046324064407770483313401085094738529564507193677406119732655742423721761767462077637164207600337085333288532144708859551366702948 31 |

앨리스는 "THIS IS A TEST"라는 메시지를 보내고자 한다. 이것을 00-26 인코딩 시스템을 이용해서 숫자로 변경을 할 수 있다(여기서 26은 스페이스를 나타낸다).

| **P** = | 1907081826081826002619041819 |

앨리스가 계산한 암호문 $C = P^e$는 다음과 같다.

| **C** = | 47530912364622682720636555061054518094237179607049171652323924305445296061319932856661784341835911415119741125200568297979457173603610127821884789274156609048002350719071527718591497518846588863210114835410336165789846796838676373376577746562507928052114814184404814184430812773059004692874248559166462108656 |

밥은 암호문으로부터 $P = C^d$를 이용하여 평문을 복호화할 수 있다.

| **P** = | 1907081826081826002619041819 |

이것으로부터 코드를 복구한 평문은 "THIS IS A TEST"이다.

응용

비록 RSA로 실제적인 메시지를 암호화하고 복호화할 수 있지만 메시지가 매우 길 경우에 속도가 매우 느리다. 그래서 RSA는 짧은 메시지에서 효과를 발휘한다. 특히 RSA를 디지털 서명과 대칭-키를 사용하지 않고 짧은 메시지를 암호화할 필요가 있는 기타 암호시스템에 사용된다. RSA는 또한 뒤에서 배우게 될 인증에서도 사용된다.

10.3 보안의 또 다른 중요한 것들

지금까지 우리가 배운 암호시스템은 기밀성(confidentiality)을 제공한다. 하지만 현대 암호 통신에서는 무결성(integrity), 메시지와 개체 인증, 부인봉쇄, 키 관리 등 보안의 또 다른 중요한 것들을 살펴볼 필요가 있다. 이 절에서는 이 주제에 대해 살펴본다.

10.3.1 메시지 무결성

때로는 기밀성보다는 메시지가 변경되지 않았다는 무결성이 더 중요한 경우가 있다. 예를 들면, 앨리스가 임종에 임박해서 자신의 재산을 상속하기 위해 유언장을 쓴다고 해보자. 이 유언장은 암호화할 필요는 없다. 앨리스가 사망한 뒤에 누구나 이 유언장을 확인할 수 있다. 하지만 이 유언장의 무결성은 보존되어야 한다. 앨리스는 이 유언장의 내용이 수정되는 것을 원하지 않는다.

메시지와 메시지 다이제스트

문서의 무결성을 보존하는 한 가지 방법은 **핑거프린트**(*fingerprint*)를 이용하는 것이다. 만약 앨리스가 자신의 문서 내용이 변경되지 않기를 바란다면 문서의 끝부분에 문서의 핑거프린트를 첨부하는 것이다. 이브는 이 문서의 내용을 변경하거나 위조문서를 만들 수 없다. 왜냐하면 이브가 앨리스의 핑거프린트를 위조할 수 없기 때문이다. 문서가 변경되지 않았다는 것을 확신하기 위해서 문서에 있는 앨리스의 핑거프린트는 파일 상의 핑거프린트와 비교되어야만 한다. 만약 이 두 개가 동일하지 않다면 이 문서는 앨리스가 보낸 것과 다른 문서이다. 문서와 핑거프린트에 해당되는 전자적인 의미에 해당되는 용어는 각각 **메시지**와 **다이제스트**이다. 메시지의 무결성을 보존하기 위해서 메시지를 **암호학적 해시함수(cryptographic hash function)**라고 부르는 알고리즘을 적용해야 한다. 이 함수는 문서의 핑거프린트와 같은 역할을 하는 메시지의 압축된 이미지인 **다이제스트(digest)**를 생성해낸다. 메시지나 문서의 무결성을 확인하기 위하여 밥은 다시 암호학적 해시함수를 실행하고 이전 것과 새로운 것을 비교한다. 만약 같다면, 밥은 원래의 메시지가 변경되지 않았다고 생각하고 안심할 수 있다. 그림 10.16은 이 개념을 보여주고 있다.

그림 10.16 ┃ 메시지와 다이제스트

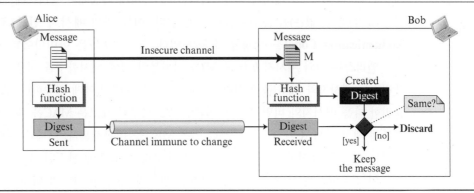

이 두 개의 쌍인 문서/핑거프린트와 메시지/메시지 다이제스트는 아주 유사한 개념이지만 차이점이 있다. 문서와 핑거프린트는 물리적으로 묶여 있다. 하지만 메시지와 메시지 다이제스트는 물리적으로 볼 때 묶여 있지 않으며 따로 보낼 수도 있다. 더 중요한 것은 메시지 다이제스트는 변경되어서는 안 된다는 것이다.

메시지 다이제스트는 변경되어서는 안 된다.

해시함수

암호학적 해시함수는 임의의 길이의 메시지를 취해서 고정 길이의 메시지 다이제스트를 생성한다. 모든 암호학적 해시함수가 가변 길이 메시지의 고정 길이 다이제스트를 출력을 내보내야만 한다. 이런 함수를 만드는 가장 좋은 방법은 반복을 사용하는 것이다. 다양한 길이를 갖는 입력이 가능한 해시함수 대신에 고정 길이의 입력을 필요로 하는 함수를 만들고 필요한 만큼 반복해서 사용하기로 한다. 고정 길이 입력 함수를 압축 함수(compression function)라고 부른다. 이 함수는 n비트 2진 열을 압축해서 m비트 2진 열로 만드는데 일반적으로 n이 m보다 큰 경우를 말한다. 이 구조를 반복 암호학적 해시함수(iterated cryptographic hash function)라고 부른다.

여러 가지 해시 알고리즘을 Ron Rivest가 설계하였다. 그가 만든 해시함수로는 MD2, MD4와 MD5가 있다. 여기서 MD가 의미하는 것은 **메시지 다이제스트(Message Digest)**이다. 최종 버전인 MD5는 MD4를 강화한 것으로서 메시지를 512비트로 된 블록들로 나누고 128비트 다이제스트를 출력한다. 현재 128비트 메시지 다이제스트는 충돌 공격에 내성을 갖기에는 길이가 너무 짧다는 것이 알려졌다.

안전한 해시 알고리즘(SHA, Secure Hash Algorithm)는 National Institute of Standards and Technology (NIST)에서 개발한 표준이다. SHA는 그동안 많은 버전이 만들어졌다.

10.3.2 메시지 인증

메시지 다이제스트를 이용하면 메시지 무결성이 보장된다. 즉, 메시지가 변경되지 않았다는 것을 확신할 수 있는 것이다. 메시지의 무결성과 데이터 발신처 인증을 보장하기 위하여 — 다른 어떤 사람도 아닌 앨리스가 메시지의 발신자라는 것 — 처리 과정에서 앨리스에 의해 소유되는 비밀(이브는 소유할 수 없는)을 포함시킬 필요가 있다. 이를 위해 **메시지 인증 코드(MAC, Message Authentication Code)**를 생성할 필요가 있다. 그림 10.17은 아이디어를 보여준다.

앨리스는 키와 메시지 h (K + M)을 이어붙인 것에 해시함수를 적용하여 MAC을 생성한다. 앨리스는 메시지와 MAC을 안전하지 않은 채널을 통해 밥에게 전송한다. 밥은 메시지와 MAC을 분리한 다음 메시지와 비밀 키를 이어붙인 것으로부터 새로운 MAC을 생성한다. 그 다음 자신이 새롭게 생성한 MAC와 앨리스로부터 받은 MAC을 비교해본다. 이때 두 개가 일치하면 해당 메시지는 인증된 것이고 그렇지 않다면 그 메시지는 도중에 변경된 것이라고 간주할 수 있다.

이 경우에서는 두 개의 채널을 사용할 필요가 없다. 메시지와 MAC은 하나의 안전하지 않은 채널로 보내도 무방하다. 이브는 메시지를 볼 수 있기는 하지만 앨리스와 밥이 공유하는 비밀 키를 가지고 있지 않기 때문에 새 메시지로 대체하는 위조를 할 수 없다. 이브는 앨리스가 만든 것과 동일한 MAC을 생성할 수 없다.

그림 10.17 ┃ 메시지 인증 코드

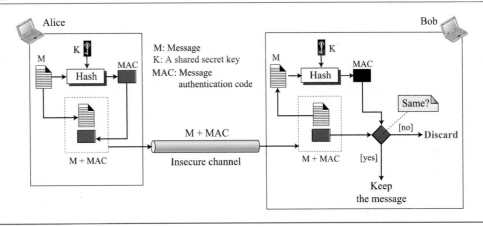

> **MAC는 해시함수와 비밀 키의 결합을 이용하여 메시지 무결성과 메시지 인증을 제공한다.**

HMAC

NIST는 보통 **HMAC** (hashed MAC)라고 부르는 축소 MAC에 대한 표준을 발간하였다. HMAC의 구현은 단순화된 축소 MAC보다 훨씬 복잡하다.

10.3.3 디지털 서명

메시지 무결성과 메시지 인증을 제공하는 또 다른 방법이 디지털 서명이다. MAC은 다이제스트를 보호하기 위해 비밀 키를 사용하지만 디지털 서명은 개인-공개 키쌍을 사용한다.

> **디지털 서명은 개인-공개 키쌍을 사용한다.**

서명의 개념은 누구나 알고 있다. 문서에 서명을 한다는 것은 그 문서를 서명자가 작성했고 승인했음을 보여주는 것이다. 서명이 있으면 해당 문서가 올바른 개체로부터 왔음을 증명하는 것이다. 고객이 당좌수표에 서명을 하면 은행은 그 당좌수표가 다른 사람이 아니고 바로 그 고객이 발행했다는 것을 인정하게 된다. 다시 말하면 문서에 서명을 한 것이 검증되면 그것은 인증을 의미한다. 즉, 그 문서가 확실하다는 것이다. 화가가 자신의 작품에 서명을 하는 것을 생각해보자. 작품의 서명이 일단 확인이 된다면 그 작품이 진품이라는 것을 나타내는 것이다.

앨리스가 밥에게 메시지를 보낼 때 밥은 송신자에 대한 확실성을 점검할 필요가 있다. 즉 밥은 그 메시지가 정말로 앨리스로부터 온 것인지 아니면 이브로부터 온 것인지를 확인하고 싶어지는 것이다. 밥은 앨리스에게 메시지에 전자적으로 서명을 해달라고 요청할 수 있다. 다시 말해서 전자 서명은 메시지의 송신자가 앨리스라는 확실성을 증명해줄 수 있다. 이런 유형의 서명을 **디지털 서명(digital signature)**이라고 한다.

비교

전통적인 서명과 디지털 서명의 차이점을 먼저 살펴보기로 하자.

포함

전통적인 서명은 문서에 포함된다. 즉, 문서의 일부이다. 우리가 당좌수표를 발행할 때 서명은 바로 수표 위에 하게 된다. 즉 문서와 서명은 분리되어 있지 않다. 그러나 전자적인 서명을 할 때에는 서명을 문서와 분리된 상태로 보낸다.

점검 방법

이 두 가지 서명의 두 번째 차이는 서명을 검증하는 방법이다. 전통적인 서명의 경우에 수신자가 문서를 받게 되면 수신자는 문서상의 서명을 파일상의 서명과 비교한다. 만약 이 두 개가 같으면 그 문서는 확인이 되는 것이다. 수신자는 비교를 하기 위해서 해당 서명파일을 가지고 있어야 한다. 디지털 서명의 경우 수신자는 메시지와 서명을 받게 된다. 서명은 어느 곳에도 저장하지 않는다. 수신자는 점검 기술을 메시지와 서명에 적절히 적용하여 문서를 점검하고 확실한지 아닌지를 알아낸다.

관계

전통적인 서명의 경우 일반적으로 서명과 문서 사이에는 일-대-다 관계가 성립된다. 한 사람은 많은 문서에 동일한 서명을 한다. 디지털 서명의 경우에는 서명과 메시지 관계가 일-대-일이다. 한 메시지에 해당되는 서명은 단 하나 뿐이다. 한 메시지의 서명은 다른 메시지에서는 사용할 수 없다. 만약 밥이 앨리스로부터 연속해서 두 개의 메시지를 수신했다면 밥은 첫 번째 메시지의 서명을 이용해서 두 번째 메시지를 점검할 수 없다. 각 메시지별로 새로운 서명이 필요하다.

복제

두 가지 유형의 서명이 가진 또 다른 차이점은 **복제**(duplicity)라는 성질이다. 전통적인 서명의 경우 서명된 문서의 복사본은 파일상의 원래 문서와 구별이 된다. 디지털 서명의 경우에 문서에 타임스탬프 같은 시간과 관련된 요소가 포함되어 있지만 않으면 구별이 불가능하다. 예를 들면, 앨리스가 밥에게 명령 문서를 보냈다고 해보자. 그 명령은 밥이 이브에게 특정 금액만큼을 지불하라는 것이라고 가정해보자. 만약 이브가 이 문서와 서명을 가로챈 다음 이 문서를 보관하고 있다가 나중에 다시 한 번 밥에게 보내게 된다면 밥은 그것이 앨리스로부터 온 새로운 명령 문서라고 생각하고 이브에게 지불을 또 하게 될 것이다.

처리 과정

그림 10.18은 디지털 서명 과정이다. 송신자는 서명 알고리즘(*signing algorithm*)을 이용해서 메시지에 서명을 한다. 메시지와 서명은 수신자에게 전송된다. 수신자는 메시지와 서명을 받고 이들에 검증 알고리즘(*verifying algorithm*)을 적용한다. 만약 그 결과가 참이면 메시지는 올바른 것으로 받아들여지지만 그렇지 않으면 그 문서는 거절된다.

그림 10.18 ┃ 디지털 서명 처리 과정

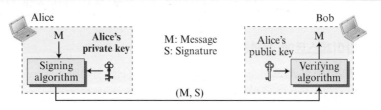

전통적인 서명은 문서의 서명자가 가지고 있는 개인 "키"와 비슷하다. 서명자는 이 키를 이용하여 문서에 서명을 한다. 다른 어떤 사람도 이 서명을 할 수 없다. 이 서명에 대한 복사본이 공개 키처럼 파일에 저장된다. 모든 사람은 이것을 이용해서 문서를 검증할 수 있다. 즉, 이것을 원래 서명과 비교한다.

디지털 서명에서 서명자는 자신의 개인 키를 이용하여 문서에 서명을 하게 되는데 이때 서명 알고리즘을 사용한다. 검증하는 사람은 역으로 서명자의 공개 키를 이용하여 문서를 검증한다. 이때 검증 알고리즘을 이용한다.

문서가 서명될 때, 밥도 해당되지만 어느 누구도 이것을 검증할 수 있다. 왜냐하면 아무나 앨리스의 공개 키를 얻을 수 있기 때문이다. 앨리스는 문서에 자신의 공개 키로 서명을 해서는 안 된다. 왜냐하면 앨리스의 공개 키는 아무나 구할 수 있기 때문에 아무나 앨리스의 서명을 만들어낼 수 있기 때문이다.

그러면 대칭-키 암호시스템의 비밀 키를 서명과 서명 검증에 이용할 수 있을까? 이 질문에 대해서는 여러 가지 이유에서 부정적인 답을 할 수 밖에 없다. 첫 번째, 비밀 키는 오직 송신자와 수신자인 앨리스와 밥만 알고 있다. 그래서 만약 앨리스가 다른 문서에 서명을 하여 그 문서를 테드(Ted)에게 보내고 싶다면 다른 비밀 키를 사용해야 한다. 두 번째, 곧 알게 되겠지만, 한 세션에 사용할 비밀 키를 생성하는 데에는 이미 디지털 서명을 사용하는 인증개념이 포함되어 있다. 이것은 잘못된 순환구조이다. 세 번째, 밥은 자신과 앨리스가 공유하는 비밀 키를 사용해서 문서에 서명을 하여 그것을 테드에게 보내 마치 앨리스가 보낸 것처럼 위장할 수 있다.

> **디지털 서명에서는 공개 키 시스템이 필요하다.**
> **서명자는 자신의 개인 키로 서명을 하고, 검증자는 서명자의 공개 키로 서명을 검증한다.**

여기서 디지털 서명에 사용되는 개인 키와 공개 키 그리고 기밀성을 위한 암호화에 활동되는 개인 키와 공개 키의 개념을 구별할 필요가 있다. 암호화의 경우에 수신자의 개인 키와 공개 키를 사용한다. 송신자는 수신자의 공개 키를 이용해서 암호화를 하고 수신자는 자신의 개인 키를 이용해서 복호화를 한다. 디지털 서명에서는 송신자의 개인 키와 공개 키가 활용된다. 송신자는 자신의 개인 키를 이용하여 문서에 서명을 하고 수신자는 송신자의 공개 키로 검증을 한다.

> **암호화 시스템에서는 수신자의 개인 키와 공개 키가 활용된다.**
> **디지털 서명에서는 송신자의 개인 키와 공개 키가 사용된다.**

다이제스트에 서명하기

비대칭-키 암호시스템은 길이가 긴 메시지를 처리하는 데 효율성이 떨어진다는 것을 배웠다. 디지털 서명 시스템에서 메시지는 일반적으로 매우 길지만 그래도 비대칭-키 시스템을 사용해야만 한다. 해결책으로 실제 메시지보다 훨씬 짧은 메시지의 다이제스트에 서명을 하는 방법을 이용한다. 송신자는 메시지 다이제스트에 서명을 하고 수신자는 메시지 다이제스트를 검증하면 된다. 이렇게 하면 효과는 동일해진다. 그림 10.19에 디지털 서명 시스템에서 다이제스트에 서명을 하는 것을 나타내었다.

그림 10.19 | 다이제스트에 서명하기

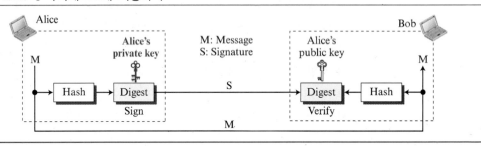

앨리스 쪽에서 메시지를 이용하여 다이제스트를 만든다. 앨리스의 개인 키를 이용하여 이 다이제스트에 서명을 한다. 앨리스는 메시지와 서명을 밥에게 보낸다.

밥의 사이트에서는 동일한 공개된 해시함수를 이용해서 수신된 메시지의 메시지 다이제스트를 생성한다. 계산은 서명과 다이제스트에 대해 수행된다. 검증 절차도 또한 계산 결과에 기준을 적용하여 서명에 대한 확인을 한다. 만약 확실하다고 검증이 되면 그 메시지는 수용되고 그렇지 못하면 거절된다.

서비스

우리는 이 장의 시작에서 **메시지 기밀성, 메시지 인증, 메시지 무결성** 및 **부인봉쇄** 등을 포함한 여러 가지 보안 서비스를 설명하였다. 디지털 서명을 통해 기밀성은 보장할 수 없지만 나머지 세 가지에 대해서 직접 제공할 수 있다. 기밀성도 보장하려면 암호화/복호화가 필요하다.

메시지 인증

안전한 전통적인 서명(이것은 복제가 어렵다)처럼 안전한 디지털 서명구조는 메시지 인증(데이터 발신처 인증)을 제공할 수 있다. 밥은 받은 메시지가 앨리스로부터 왔다는 것을 확신할 수 있게 된다. 그 이유는 앨리스의 공개 키를 이용해서 검증했기 때문이다. 앨리스의 공개 키는 이브의 개인 키로 서명된 서명을 검증할 수 없다.

메시지 무결성

메시지 무결성은 전체 메시지에 서명을 할 경우에도 보장이 된다. 왜냐하면 메시지가 변경되면 서명이 달라지기 때문이다. 현재 사용되는 디지털 서명 시스템은 해시함수를 사용하여 서명과 검증 알고리즘을 만든다. 이 알고리즘은 메시지의 무결성을 보장한다.

부인봉쇄

앨리스가 메시지에 서명을 하고 서명한 사실을 부인한다고 했을 때, 밥이 나중에 앨리스가 그 서명을 한 당사자라는 것을 증명할 수 있을까? 예를 들면, 앨리스가 은행(밥)에게 메시지를 보내서 자신의 계좌에서 테드의 계좌로 10,000달러를 이체해 달라고 요청하고, 나중에 자신이 그 메시지를 보내지 않았다고 부인할 수 있을까? 이런 경우에 지금까지 나타난 내용에 대해 밥은 문제점이 있다고 생각할 수 있다. 밥은 파일상의 서명을 보관하고 있어야 하며 나중에 앨리스의 공개 키를 이용하여 원래의 메시지를 생성해서 해당 파일의 메시지와 새로 생성한 메시지가 동일함을 증명해야 한다. 하지만 앨리스가 자신의 개인 키와 공개 키를 이 기간 사이에 바꿔버릴 수 있기 때문에 이것은 불가능하다. 또한 앨리스는 서명을 포함하고 있는 파일이 정당한 것이 아니라고 주장할 수도 있다.

    이런 문제를 해결하는 한 가지 방법은 신뢰받는 제3자를 이용하는 것이다. 사용자들 집단은 신뢰받는 제3자를 하나 만든다. 이어지는 장에서 이런 신뢰받는 제3자를 이용하면 보안 서비스와 키 교환 같은 많은 문제를 해결할 수 있다는 것을 보게 될 것이다. 그림 10.20에 신뢰받는 제3자가 앨리스가 메시지를 보낸 것을 어떻게 부인하지 못하게 하는지를 보여주고 있다.

그림 10.20 ▎부인봉쇄를 위해 신뢰할 수 있는 센터 이용

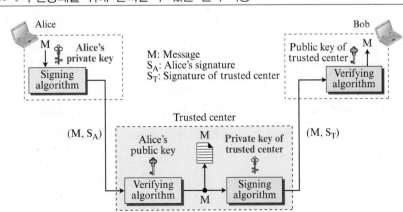

앨리스는 자신의 메시지로부터 서명(S 를 ~성하고 메시지, 자신의 ID, 밥의 ID, 그리고 서명을 센터로 보낸다. 센터에서는 앨리스의, 공개 키가 확실하다는 것을 확인하고 그 메시지가 앨리스로부터 왔다는 것을 앨리스의 공개 키로 검증한다. 센터는 메시지의 복사본과 앨리스의 ID, 수신자의 ID 및 타임스탬프를 첨부하여 저장한다. 센터는 자신의 개인 키를 이용해서 메시지로부터 또 다른 서명(S_T)을 생성한다. 센터는 이제 그 메시지, 새로운 서명, 앨리스의 ID, 밥의 ID를 밥에게 보낸다. 밥은 신뢰받는 센터의 공개 키를 이용해서 메시지를 검증한다.

만약 나중에 앨리스가 그 메시지를 보낸 사실을 부인한다면, 센터는 저장하고 있는 메시지를 제시할 수 있다. 만약 밥의 메시지가 센터가 보관하고 있는 메시지의 복사본과 같다면 앨리스는 법정에서 패하게 될 것이다. 이런 모든 것이 기밀성을 갖도록 하기 위해서 이 시스템에 적정 수준의 암호화/복호화를 추가할 수 있을 것이다. 이에 대해서는 다음 절에서 다루기로 한다.

기밀성

디지털 서명을 한다고 해서 기밀성이 보장되는 통신을 할 수는 없다. 만약 기밀성이 필요하다면 메시지와 서명에 비밀 키를 이용하거나 공개 키를 이용해서 암호화를 해야만 한다.

RSA 디지털 서명 구조

여러 가지 디지털 서명 구조(*digital signature schemes*)가 지난 수십 년간 발달해 왔다. 이들 중 몇 가지는 실제로 사용되고 있다. 이 절에서는 이들 가운데 하나인 RSA에 대해 살펴볼 것이다. 앞 절에서 RSA 암호시스템을 이용한 기밀성 제공에 대한 내용을 살펴보았다. RSA 아이디어를 이용하면 메시지에 서명을 하고 검증을 할 수 있다. 이 경우에 이것을 *RSA 디지털 서명 구조* (*RSA digital signature scheme*)라고 한다. 디지털 서명 구조에서는 개인 키와 공개 키의 역할이 바뀐다. 우선 다른 점은 암호화의 경우에서처럼 수신자의 키를 사용하는 것이 아니고 송신자의 개인 키와 공개 키를 사용한다는 것이다. 두 번째로 송신자는 자신의 개인 키를 이용해서 메시지에 서명을 한다는 것이다. 그래서 수신자는 송신자의 공개 키로 그 서명을 검증한다. 이것을 전통적인 서명 방법과 비교하게 되면 개인 키가 송신자의 서명 역할을 한다는 것과 송신자의 공개 키가 공개된 서명 역할을 한다는 것을 알 수 있을 것이다. 분명히 앨리스는 밥의 공개 키를 이용해서 메시지에 서명을 할 수 없다. 서명하는 측과 검증하는 측에서는 동일한 함수를 사용하지만 매개변수는 다른 것을 쓴다. 검증자는 메시지와 함수의 출력이 모듈러 연산에서 합동인지 아닌지를 비교한다. 만약 결과가 참이면 그 메시지는 받아들여진다. 그림 10.21은 공개 키 암호가 긴 메시지에 비효율적이기 때문에 서명하고 검증하는 것을 메시지 그 자체가 아닌 메시지의 다이제스트에 행하는 것을 보여준다. 다이제스트는 메시지 자체보다 훨씬 더 적다.

앨리스는 먼저 메시지로부터 다이제스트를 생성($D = h(M)$)하기 위하여 합의된 해시함수를 사용한다. 그런 다음 다이제스트에 서명($S = D^d \bmod n$)한다. 메시지와 서명을 밥에게 보낸다. 검증자 밥은 메시지와 서명을 수신한다. 먼저, 밥은 서명에 앨리스의 공개 키를 적용하여 메시지 $D' = S^e \bmod n$을 구한다. 밥은 이제 두 값을 비교한다. 만약 이 두 값이 모듈러 연산에서 합동으로 같으면 밥은 이 메시지를 받아들인다.

그림 10.21 ∥ 메시지 다이제스트에서 RSA 서명

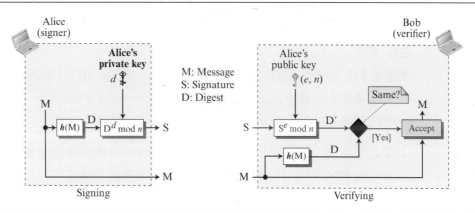

디지털 서명 표준

디지털 서명 표준(DSS, Digital Signature Standard)은 1994년에 NIST에 의해 채택되었다. DSS는 복잡하지만 훨씬 더 안전한 서명 구조이다.

10.3.4 개체 인증

개체 인증(entity authentication)이란 한 개체가 다른 한 개체의 신원을 증명할 수 있도록 설계된 기술을 말한다. 개체란 사람, 프로세스, 클라이언트, 서버가 될 수 있다. 신원을 증명하고자 하는 개체를 **주장자**(*claimant*)라고 부른다. 요구자의 신원을 증명하기 위해 노력하는 개체를 **검증자** (*verifier*)라고 부른다.

개체 대 메시지 인증

메시지 인증(데이터 발신처 인증, *data-origin authentication*)과 개체 인증(*entity authentication*) 사이에는 두 가지 차이점이 있다.

1. 메시지 인증(또는 데이터 발신처 인증)은 실시간으로 일어나지는 않지만 개체 인증은 실시간으로 실시된다. 전자의 경우에 앨리스가 밥에게 메시지를 보내는 경우를 생각해보자. 메시지를 수신한 밥이 그 메시지를 인증하는 시간에 앨리스가 아직 통신상태를 유지하고 있을 수도 있지만 그렇지 않을 수도 있다. 반면에 앨리스가 개체 인증을 요구할 때에는 앨리스가 밥에 의해 인증되기 전에는 실제적인 통신이 이루어지지 않는 것이다. 앨리스가 접속상태를 유지하면서 과정에 참여하려는 의도가 있을 경우에 앨리스가 인증을 통과한 뒤에 비로소 밥과 앨리스 사이의 메시지가 통신될 수 있는 것이다. 데이터 발신처 인증은 앨리스로부터 밥에게 전자메일이 전달되었을 경우에 필요한 절차이다. 개체 인증이란 앨리스가 현금자동지급기로부터 현금을 인출할 때 필요한 절차이다.

2. 두 번째로 메시지 인증은 단순히 한 메시지만 인증을 하지만 이 과정은 모든 메시지에 대해

반복적으로 수행해야만 한다. 개체 인증은 일단 한 번 주장자에 대한 인증이 끝나면 한 세션 동안 전체 과정이 인증되는 것이다.

검증 범주

개체 인증에 있어서 주장자는 검증자에게 자신의 신원을 확인시켜야만 한다. 이 과정은 다음 세 가지 종류의 증거인 알고 있는 것(*something known*), 소유하고 있는 것(*something possessed*), 태생적으로 가지고 있는 것(*something inherent*)에 의해 이루어진다.

❑ **알고 있는 것.** 주장자만 알고 있는 비밀로서 검증자에 의해 점검될 수 있다. 예를 들면 패스워드, PIN, 비밀 키, 개인 키 등이 여기에 속하는 것이다.

❑ **소유하고 있는 것.** 주장자의 신원을 증명할 수 있는 어떤 대상을 말한다. 예를 들면, 패스포트, 운전면허증, 신분증, 신용카드, 스마트카드 등이 여기에 속한다.

❑ **태생적으로 가지고 있는 것.** 이것은 주장자의 타고난 특성을 말한다. 예를 들면, 전통적인 사인, 손금, 목소리, 안면 특성, 홍체 패턴, 필체 등이 여기에 속한다.

이 절에서 일반적으로 원격(온라인) 개체 인증에 사용되는 증거의 첫 번째 유형인 알고 있는 것에 대해서만 살펴본다. 다른 두 범주는 주장자가 개인적인 것을 표현할 때 사용된다.

패스워드

가장 간단하고 오랫동안 사용한 개체 인증 방법은 **패스워드**(*password*)인데 패스워드란 주장자가 알고 있는 것에 해당되는 것이다. 패스워드는 사용자가 시스템의 자원을 활용하기 위해 시스템에 접속하고자 할 때 사용된다(로그인). 모든 사용자는 공개되는 정보인 사용자 아이디를 가지고 있으며 비밀로 간직하는 패스워드를 가지고 있게 된다. 그러나 패스워드는 여러 가지 공격에 취약하다. 패스워드는 훔치거나 가로채거나 추측할 수 있다.

시도-응답

패스워드 인증에서 주장자는 자신이 알고 있는 비밀을 증명함으로서 자신의 신원을 인증한다. 그러나 주장자가 이 비밀을 공개하기 때문에 공격자가 이를 가로챌 위험성이 있는 것이다. **시도-응답 인증**(challenge-response authentication)에서는 주장자가 자신의 비밀을 노출하지 않으면서도 자신이 알고 있는 것을 증명해 보일 수 있다. 다시 말해서, 주장자는 자신의 비밀을 검증자에게 보내지 않지만 검증자는 그것을 획득할 수 있거나 그것을 알아낼 수 있는 것이다.

> **시도-응답 인증에서 주장자는 자신이 비밀을 검증자에게 보내지 않고서도 자신이 비밀을 알고 있다는 사실을 검증자에게 증명할 수 있다.**

시도(*challenge*)는 난수나 타임스탬프 같은 시간에 따라 달라지는 값으로서 검증자가 보내는 값이다. 주장자는 이 시도에 함수를 적용하여 결과 값을 얻어내고 **응답**(*response*)이라고 부르는 그 값을 검증자에게 보낸다. 이 응답은 주장자가 비밀을 알고 있다는 것을 증명해준다.

대칭-키 암호의 이용

시도-응답 인증을 하기 위한 여러 가지 방법에서 대칭-키 암호화를 사용한다. 여기에서 비밀 값은 주장자와 검증자 쌍방이 공유하고 있는 비밀 키이고 함수는 시도에 적용되는 암호화 알고리즘이다. 이 방법에 대해 여러 가지 접근 방법이 있지만, 아이디어에 대한 가장 간단한 방법을 보고자 한다. 그림 10.22는 이 첫 번째 접근 방법을 보여준다.

그림 10.22 ┃ 단방향, 대칭-키 인증

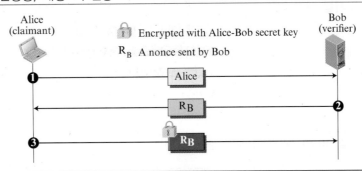

첫 번째 메시지는 시도-응답 절차에 해당되지 않는다. 이것은 오직 주장자가 검증자에게 시도를 보내달라고 알리는 과정일 뿐이다. 두 번째 메시지가 시도이다. R_B는 검증자(밥)가 주장자를 시도하기 위해서 임의로 선택한 비표(nonce, *number once*의 약어)이다. 주장자는 이 비표를 검증자와 자신이 공유하고 있는 비밀 키를 이용하여 암호화하고 그 결과를 검증자에게 보낸다. 검증자는 수신된 암호화된 비표를 복호화한다. 만약 복호화된 난수와 자신이 보관하고 있던 난수가 일치하면 앨리스에게 접속을 허락한다.

이 과정에서 주장자와 검증자가 사용한 대칭-키는 비밀로 지키고 있어야 한다는 점에 유의하기 바란다. 검증자는 또한 비표를 주장자에게 보낸 뒤에 주장자로부터 응답이 올 때까지 저장하고 있어야 한다.

비대칭-키 암호 이용

그림 10.23은 이 접근 방법을 보여준다.

그림 10.23 ┃ 단방향, 비대칭-키 인증

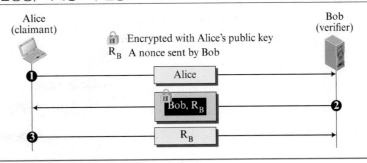

대칭-키 암호를 사용하는 대신에 비대칭-키 암호를 개체 인증에 사용할 수 있다. 여기서 비밀은 주장자의 개인 키가 되어야만 한다. 주장자는 자신이 모든 사람에게 공개되어 있는 자신의 공개 키와 쌍을 이루고 있는 개인 키의 소유자임을 보여야만 한다. 이것이 의미하는 것은 검증자는 시도를 주장자의 공개 키로 암호화를 해야만 하고 주장자는 자신의 개인 키로 메시지를 복호화해야만 한다는 뜻이다. 시도에 대한 응답은 복호화된 시도이다. 만약 세 번째 메시지에서 수신된 RB가 두 번째 메시지에서 보낸 것과 같다면 앨리스는 인증된 것이다.

디지털 서명 이용

디지털 서명을 이용해서도 개체 인증을 할 수 있다. 개체 인증을 위해 디지털 서명을 사용할 때에는 주장자가 자신의 개인 키를 가지고 서명을 해야만 한다. 그림 10.24에서 보여준 첫 번째 방법에서 밥이 평문 시도를 사용하고 앨리스는 응답에 서명을 한다. 만약 세 번째 메시지에서 수신한 RB가 두 번째 보낸 메시지와 같다면 앨리스는 인증된 것이다.

그림 10.24 | 디지털 서명, 단방향 인증

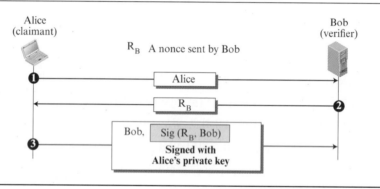

10.3.5 키 관리

앞 절에서 대칭-키와 비대칭-키 암호시스템에 대해서 살펴보았다. 하지만 대칭-키 암호에서 비밀 키, 비대칭-키 암호에서 공개 키가 어떻게 배분되고 유지되는지에 대해서는 공부하지 않았다. 이 절에서는 이러한 문제에 대해 다루게 될 것이다.

대칭-키 분배

대칭-키 암호시스템은 크기가 큰 메시지를 암호화할 때 비대칭 암호시스템보다 훨씬 효율적이다. 하지만 대칭-키 암호시스템을 사용하려면 사전에 통신 당사자끼리 비밀 키를 공유해야만 한다.

만약 앨리스가 기밀성이 필요한 메시지를 N명의 사람과 교환하려고 한다면, 앨리스는 N개의 서로 다른 키가 필요하다. 만약 N명의 사람들이 서로 통신을 하려고 한다면 어떻게 되겠는가? 이 집단에 속한 모든 두 사람 앨리스와 밥이 두 개의 키를 이용해서 양방향통신을 한다면 총 $N(N - 1)$개의 키가 필요하게 되고 두 사람이 오직 한 개의 키만 이용해서 양방향통신을 한다면 $N(N - 1)/2$개의 키가 필요하게 된다. 백만 명으로 구성된 집단이 서로 통신을 한다면, 각각의 개인 한 사람이 거의 백만 개의 서로 다른 키를 가지고 있어야 한다. 결국 이 집단에서 필요한 총 키의 수는 거의 1조 개가 된다. 이 경우에 N개의 개체가 필요로 하는 수가 N^2이므로 이런 유형의 문제를 "N^2 문제"라고 부른다.

필요한 키의 수만 문제가 되는 것이 아니고 키를 어떻게 배분할 것인가도 큰 문제이다. 앨리스와 밥이 통신을 하고자 한다면 비밀 키를 서로 공유해야만 한다. 앨리스가 백만 명의 사람들과 통신을 하고자 한다면 어떻게 그 많은 사람들하고 백만 개의 키를 교환할 수 있을까? 인터넷을 이용하는 것은 분명히 안전하지 않다. 따라서 비밀 키를 배분하고 관리하는 효율적인 방법이 반드시 있어야만 한다.

키-배분 센터: KDC

실제적으로 문제를 해결하기 위해서 **키-배분센터(KDC, Key-Distribution Center)**라고 하는 신뢰받는 제3자를 이용하는 방법이다. 키의 수를 줄이기 위해 개인은 KDC와 공유하는 키를 만든다. KDC와 각각의 개인은 한 개씩의 비밀 키를 공유한다. 이제 어떻게 앨리스가 기밀성을 유지하면서 메시지를 밥에게 전달할 수 있는가이다. 그 절차는 다음과 같다.

1. 앨리스는 자신이 밥과 통신하기 위해 세션(임시) 비밀 키가 필요하다고 KDC에게 요청을 한다.
2. KDC는 앨리스의 요청을 밥에게 알린다.
3. 밥이 동의하면 두 사람 사이의 세션 키를 생성한다.

KDC가 생성한 앨리스와 밥 사이의 비밀 키는 앨리스와 밥을 KDC에 인증시키기 위해 사용하고 이브가 두 사람 중의 어느 한 사람인척 위장하는 것을 막아준다.

다중 KDC KDC를 이용하는 사람의 수가 증가하면 시스템은 관리가 힘들어지고 병목현상이 발생하게 된다. 이런 문제를 해결하기 위해 KDC를 여러 개 설치할 필요가 있다. 집단을 여러 개의 도메인으로 나눈다. 각 도메인에 한 개 혹은 다수 개의 KDC를 둔다(다운되는 경우를 대비해서). 앨리스가 기밀 메시지를 다른 도메인에 속한 밥에게 전달하고자 한다면 앨리스는 자신의 도메인에 속한 KDC와 접속을 하고 이 KDC는 밥이 속한 도메인의 KDC와 접속을 한다. 이 두 KDC는 앨리스와 밥 사이의 비밀 키를 생성할 수 있다. 여기에는 지역 KDC, 전국 KDC, 국제 KDC 등이 있을 수 있다. 앨리스가 다른 나라에 살고 있는 밥과 통신을 하고자 한다면 앨리스는 자신의 요청을 지역 KDC에 송신한다. 지역 KDC는 이 요청을 전국 KDC에 중계하여 전달하고, 전국 KDC는 이 요청을 국제 KDC에 중계한다. 그 다음에 이 요청은 역으로 밥이 속한 지역 KDC에 전달된다. 그림 10.25는 계층 다중(multiple) KDC의 구성을 나타내고 있다.

그림 10.25 | 다중 KDC

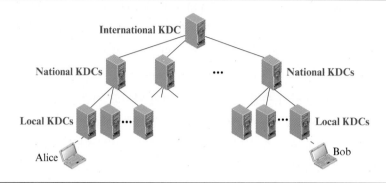

세션 키 KDC는 각 구성원을 위해 비밀 키를 생성한다. 이 비밀 키는 구성원과 KDC 사이에서만 사용될 수 있고 구성원끼리의 통신에는 사용할 수 없다. 앨리스가 밥과 기밀성을 유지하면서 통신을 하고자 한다면 밥과 자신 사이에 비밀 키가 한 개 필요하다. KDC는 이들 두 사람과 센터 사이의 비밀 키들을 이용해서 앨리스와 밥 사이에 필요한 이 **세션 키**(*session key*)를 생성할 수 있다. 앨리스와 밥이 센터와 개별적으로 가지고 있는 키를 사용해서 각각 자신을 센터에 인증하고 그 키들을 이용하여 세션 키가 설정되기 이전에 양쪽이 서로 인증한다. 통신이 종료된 뒤에 사용했던 세션 키는 폐기한다.

> **두 통신자 사이의 세션 대칭-키는 오직 한 번만 사용한다.**

개체 인증을 위해 앞 절에서 설명한 아이디어를 이용하여 세션 키를 생성하는 여러 가지 다양한 방법이 제시되었다. 그림 10.26은 가장 간단한 접근 방법을 보여준다. 이 접근 방법은 매우 복잡하지만, 문헌에 있는 보다 더 복잡한 접근 방법을 이해하는 데 도움이 된다.

1. 앨리스는 밥과 자신 사이의 통신에 사용할 대칭 세션 키를 구하기 위해 KDC에 평문 메시지를 보낸다. 메시지 내용에 포함 된 것은 자신의 등록된 ID(그림에 *Alice*라고 표시된 것)와 밥의 ID(그림에 Bob이라고 표시된 것)이다. 이 메시지는 암호화하지 않은 채로 전송한다. KDC는 이에 개의치 않는다.

2. KDC는 메시지를 수신하고 **티켓(ticket)**이라는 것을 생성한다. 티켓을 밥의 키인 KB로 암호화한다. 티켓 속에는 앨리스의 ID와 밥의 ID 및 세션 키 KAB가 들어 있다. 세션 키가 포함된 티켓을 앨리스에게 보낸다. 앨리스는 메시지를 받은 다음 복호화해서 세션 키를 얻는다. 앨리스는 밥의 티켓을 복호화할 수는 없다. 이 티켓은 밥을 위한 것이지 앨리스를 위한 것이 아니다. 이 메시지에는 이중으로 암호화되어 있다는 점에 유의하기 바란다. 티켓이 암호화되어 있으며 전체 메시지는 다시 암호화되었다. 두 번째 메시지에서 오직 앨리스만이 (KDC와 공유하고 있는)자신의 비밀 키로 전체 메시지를 복호화할 수 있기 때문에 실제로 앨리스는 KDC에 자신을 인증한 것이다.

3. 앨리스는 티켓을 밥에게 보낸다. 밥은 티켓을 열어서 앨리스가 세션 키 KAB를 이용해서 자신에게 메시지를 보내려고 한다는 것을 알게 된다. 오직 밥만이 이 티켓을 열 수 있기 때문에 궁극적으로 이 메시지를 통해 밥은 KDC에 자신을 인증하는 것이다. 밥이 KDC에 인증되었기 때문에 KDC를 신뢰하고 있는 앨리스 입장에서 보면 앨리스도 밥을 인증한 것이나 마찬가지이다. 동일한 방법으로 밥도 앨리스를 인증하게 된다. 왜냐하면 밥이 KDC를 신뢰하고 KDC가 밥에게 앨리스의 ID가 포함된 티켓을 보내주었기 때문이다.

그림 10.26 ┃ KDC를 이용한 세션 키 생성

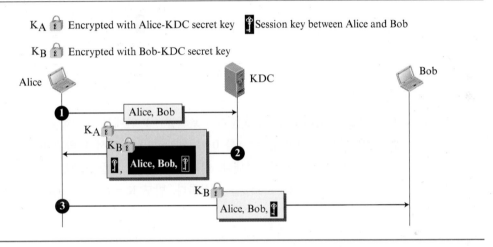

대칭-키 합의

앨리스와 밥은 KDC 없이도 자신들이 사용할 세션 키를 생성할 수 있다. 이처럼 세션 키를 생성하는 방법을 대칭-키 합의라고 한다. 여러 가지 방법으로 세션 키를 공유할 수 있지만 훨씬 복잡하게 사용되는 기본 아이디어를 보여주는 Diffie-Hellman 방법에 대해서만 설명하기로 한다.

Diffie-Hellman 키 합의

Diffie-Hellman 프로토콜(Diffie-Hellman protocol) 방법에서는 양쪽 통신주체가 KDC 없이 대칭 세션 키를 생성한다. 대칭-키를 만들기 전에 양쪽은 두 개의 수 p와 g를 선택해야 한다. 이 두 수는 정수론에서 설명한 성질을 가지고 있지만 이 책의 범위를 벗어난 것이다. 이 두 숫자는 비밀로 간직할 필요가 없다. 이 두 값을 인터넷을 통해서 전송한다. 다시 말해서 공개되어도 무방하다. 그림 10.27에 절차를 설명하였다.

그림 10.27 | Diffie-Hellman 방법

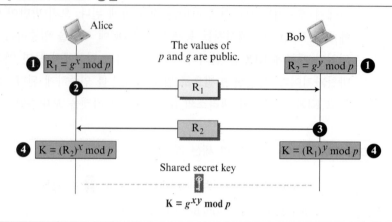

절차는 다음과 같다.

1. 앨리스는 임의의 큰 수 x를 $0 \leq x \leq p - 1$ 안에서 선택하고 $R_1 = g^x \bmod p$를 계산한다.

2. 밥은 다른 임의의 큰 수 y를 $0 \leq y \leq p - 1$ 안에서 택하고 $R_2 = g^y \bmod p$를 계산한다.

3. 밥은 R_2를 앨리스에게 보낸다. 여기서도 밥은 y값을 보내는 것이 아니고 오직 R_2만 보낸다.

4. 앨리스는 $K = (R_2)^x \bmod p$를 계산한다. 밥도 $K = (R_1)^y \bmod p$를 계산한다.

K는 세션에 사용될 대칭-키이다.

$$K = (g^x \bmod p)^y \bmod p = (g^y \bmod p)^x \bmod p = g^{xy} \bmod p$$

밥이 계산한 것을 살펴보면, $K = (R_1)^y \bmod p = (g^x \bmod p)^y \bmod p = g^{xy} \bmod p$이다. 앨리스가 계산한 것은 $K = (R_2)^x \bmod p = (g^y \bmod p)^x \bmod p = g^{xy} \bmod p$이다. 밥은 x값을 모르고, 앨리스는 y값을 모르면서 두 사람이 동일한 값 K를 얻게 되었다.

Diffie-Hellman 방법에서 대칭(공유) 키는 $K = g^{xy} \bmod p$이다.

 예제 10.9   이 절차를 정확히 이해하기 위해 쉬운 예를 하나 들어보자. 여기서는 작은 수를 이용하기로 한다. 하지만 실제에서는 매우 큰 수를 사용해야만 한다. $g = 7$이고 $p = 23$이라고 하자. 절차는 다음과 같다.

1. 앨리스는 $x = 3$을 선택하고 $R_1 = 7^3 \bmod 23 = 21$을 계산한다. 밥은 $y = 6$을 선택하고 $R_2 = 7^6 \bmod 23 = 4$를 계산한다.

2. 앨리스는 21을 밥에게 보낸다.

3. 밥은 4를 앨리스에게 보낸다.

4. 앨리스는 대칭-키 $K = 4^3 \bmod 23 = 18$을 계산한다. 밥은 대칭-키 $K = 21^6 \bmod 23$

= 18을 계산한다.

이렇게 각각 구한 K는 앨리스나 밥이나 동일한 수이다. $g^{xy} \bmod p = 7^{18} \bmod 35 = 18$ 이다.

공개 키 분배

비대칭-키 암호시스템에서 사람들은 대칭 공유 키에 대해서 몰라도 상관없다. 만약 앨리스가 밥에게 메시지를 보내고 싶다면, 앨리스는 밥의 공개 키만 알면 된다. 그런데 밥의 공개 키는 누구나 구할 수 있도록 되어 있다. 만약 밥이 앨리스에게 메시지를 보내려고 한다면 밥은 앨리스의 공개 키만 있으면 된다. 앨리스의 공개 키도 공개되어 있어서 누구나 쉽게 구할 수 있다. 공개 키 암호시스템에서 모든 사람들은 개인 키는 감추고 공개 키는 공개한다.

> 공개 키 암호시스템에서 모든 사람들은 모든 사람들의 공개 키를 구할 수 있다.
> 공개 키는 누구에게나 공개된다.

공개 키는 비밀 키처럼 사용하려면 분배되어야 한다. 공개 키를 분배할 수 있는 방법에 대해 간단히 알아보기로 하자.

공개 선언

순진한 방법은 공개 키를 공개적으로 선언하는 것이다. 밥은 자신의 공개 키를 자신의 웹 사이트에 올리거나 지역이나 전국 신문에 발표하는 것이다. 앨리스가 밥에게 보낼 기밀성 문서가 있다면 앨리스는 밥의 공개 키를 밥의 웹 사이트나 신문으로부터 얻거나 밥에게 공개 키를 달라고 해서 얻을 수 있다. 하지만 이 방법은 안전하지 않다. 위조에 매우 취약하다. 예를 들면, 이브가 자신의 공개 키를 밥의 공개 키라고 공개적인 발표를 할지도 모른다. 이렇게 되면 밥이 대처하기 전에 피해가 이미 발생했을 수도 있다. 이브는 밥의 공개 키를 앨리스의 공개 키로 바꾸어 놓을 수도 있다. 이렇게 되면 다른 사람이 밥에게 보내는 메시지는 원래 밥에게 가야 하지만 이브는 그 메시지를 앨리스에게 보낼 수 있다. 이브는 밥의 공개 키를 자신의 공개 키로 바꾸어 놓고 이에 대응 되는 개인 키로 자신이 만든 문서에 서명을 한 다음 그것이 밥이 서명한 것처럼 꾸밀 수도 있다. 앨리스가 직접 밥에게 공개 키를 요청하는 방법도 취약하다. 이브가 밥의 응답을 가로채서 밥의 공개 키를 자신의 위조된 공개 키로 갈아치울 수도 있기 때문이다.

인증 기관

공개 키를 분배하는 공통적인 접근 방법은 **공개 키 인증서(public-key certificate)**를 만드는 것이다. 밥이 원하는 것은 두 가지인데 하나는 자신의 공개 키를 다른 사람들이 알기를 바라는 것이고, 다른 하나는 자신의 공개 키가 위조되어서 다른 사람들에게 전달되지 않도록 하고 싶은 것이다. 밥은 정부나 지방정부 기관인 **인증 기관(CA, Certification Authority)**에 갈 수 있다. 이런 인증 기관에서는 공개 키와 개체 사이를 연관시켜주고 인증서를 발급해준다. 그림 10.28은 개념을 보여준다.

그림 10.28 | 인증 기관

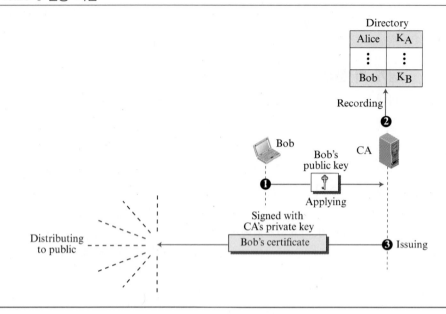

CA는 모든 사람이 알고 있는 공개 키를 가지고 있으며 이것은 절대로 위조되지 못하도록 되어 있다. CA는 밥의 신분(사진이 있는 신분증이나 다른 증명 수단으로)을 확인한다. 이때 밥의 공개 키를 물어본 다음에 인증서에 그것을 쓴다. 이 인증서가 위조되는 것을 방지하기 위해서 CA는 이 인증서를 자신의 개인 키로 서명한다. 이제 밥은 이렇게 서명된 인증서를 업로드한다. 밥의 공개 키가 필요한 사람은 누구든지 이 서명된 밥의 인증서를 다운로드할 수 있으며 CA의 공개 키를 이용하여 서명을 풀어서 밥의 공개 키를 얻을 수 있게 된다.

X.509

비록 CA를 이용해서 공개 키 위조를 막기는 했지만 한 가지 부작용이 생겼다. 각각의 인증서가 서로 다른 형식을 가지고 있을 수 있기 때문이다. 만약 앨리스가 다른 사람에 속한 다른 인증서와 다이제스트를 자동으로 다운로드 받는 프로그램을 사용하려고 한다면 이 프로그램이 원하는 대로 작동하지 않을 수도 있다. 한 인증서는 이런 형식으로 이루어졌고, 다른 인증서는 다른 형식으로 이루어졌다면 이런 일이 발생할 수 있다. 한 인증서 속에서는 공개 키가 첫 번째 줄에 있지만, 다른 형식의 인증서 속에서는 공개 키가 세 번째 줄에 있을 수도 있기 때문이다. 따라서 전체가 공동으로 사용하기 위해서는 전체에 통용되는 공통 형식을 갖추어야 한다. 이러한 부작용을 없애기 위해서 ITU는 **X.509**를 설계하였다. 이 권고안은 약간의 변경을 한 뒤에 인터넷에서 수용하였다. X.509는 인증서를 구조적으로 나타내는 방법이다. 이것은 잘 알려진(well-known) 프로토콜인 ASN.1 (Abstract Syntax Notation 1, 9장에서 설명)을 사용하였고 이는 컴퓨터 프로그래머에게 친숙한 필드를 정의하고 있다.

10.4 인터넷 보안

이 절에서 암호의 원리가 어떻게 인터넷에 적용되는지를 살펴본다. 응용 계층, 전송 계층, 네트워크 계층 보안에서 보안에 대해 설명한다. 데이터링크 계층 보안은 보통 특허 문제를 가지고 있고 LAN과 WAN의 설계자에 의해 구현된다.

10.4.1 응용 계층 보안

이 절은 전자우편(e-mail)에서 보안을 제공하는 두 가지 프로토콜인 PGP (Pretty Good Privacy)와 S/MIME (Secure/Multipurpose Internet Mail Extension)을 설명한다.

전자우편 보안

전자우편 전송은 일회용 작업이다. 이 작업의 주요 내용은 다음 두 절에서 살펴볼 내용과는 다르다. IPSec이나 SSL에서는 두 당사자들이 그들 사이에서 세션을 생성하고 양방향으로 데이터를 교환한다고 가정한다. 반면 전자우편에서는 세션을 생성하지 않는다. 앨리스와 밥은 세션을 생성할 수 없다. 앨리스가 밥에게 메시지를 전송하지만, 나중에 밥은 메시지를 읽은 다음에 답장을 보낼 수도 있고 보내지 않을 수도 있다. 앨리스가 밥에게 보내는 것은 밥이 앨리스에게 보내는 것과는 완전히 독립적이기 때문에 단방향 메시지의 보안에 대해 설명한다.

암호 알고리즘

만약 전자우편이 일회용 작업이라면, 송신자와 수신자가 전자우편 보안을 위해 사용하게 될 암호 알고리즘을 어떻게 동의할 수 있을까? 만약 암/복호화와 해싱을 위한 암호 알고리즘을 협상하기 위한 세션과 핸드쉐이킹이 없다면, 수신자가 각각의 목적을 위해 송신자가 선택한 알고리즘을 어떻게 알 수 있을까?

문제점을 해결하기 위하여 현재의 프로토콜에다 밥/앨리스의 시스템에서 사용자가 사용하는 각각의 연산에 대한 알고리즘의 집합을 지정하도록 하는 것이다. 앨리스는 전자우편에서 사용한 알고리즘의 이름(또는 식별자)을 포함시킨다. 예를 들어 앨리스는 암/복호화를 위해 DES를 선택할 수 있으며, 해싱을 위해 MD5를 선택할 수 있다. 즉 앨리스가 밥에게 메시지를 전송하고자 할 때, 앨리스는 메시지에 DES와 MD5에 대해 해당하는 식별자를 포함시킨다. 메시지를 수신한 밥은 먼저 식별자들을 추출한다. 그러면 복호화에 사용된 알고리즘과 해싱에 사용된 알고리즘을 알 수 있게 된다.

> **전자우편 보안에서 메시지의 송신자는 메시지에 사용된 알고리즘의**
> **이름 또는 식별자를 포함시켜야 한다.**

암호학적 비밀

암호 알고리즘에 대해 동일한 문제는 암호학적 비밀(키)의 적용 방법이다. 만약 협상이 없다면,

두 당사자들 사이에서 어떻게 비밀을 설정할 수 있을까? 오늘날 대부분의 전자우편 보안 프로토콜은 대칭-키 알고리즘을 이용하여 행해지는 암/복호화와 메시지와 함께 보내는 일회용 비밀 키(secret key)를 필요로 한다. 앨리스는 비밀 키를 생성하여 메시지에 비밀 키를 포함하여 밥에게 전송한다. 이브의 가로채기로부터 비밀 키를 보호하기 위하여 비밀 키는 밥의 공개 키로 암호화된다. 바꿔 말하면, 비밀 키 자체가 암호화되는 것이다.

> 전자우편 보안에서 암/복호화는 대칭-키 알고리즘을 이용하여 수행되지만, 메시지를 복호화하기 위한 비밀 키는 수신자의 공개 키로 암호화되고 메시지에 포함되어 전송된다.

인증서

전자우편 보안 프로토콜을 설명하기 전에 특히 살펴보아야 할 또 다른 이슈가 있다. 전자우편 보안에서 일련의 공개 키 알고리즘을 반드시 사용해야 한다는 사실에는 틀림이 없다. 예를 들어 비밀 키 또는 메시지 서명에 암호화가 필요하다. 비밀 키를 암호화하기 위해 앨리스는 밥의 공개 키가 필요하며, 서명된 메시지를 검증하기 위해 밥은 앨리스의 공개 키가 필요하다. 따라서 서로 인증되고 기밀성을 갖는 메시지를 보내기 위해서는 두 개의 공개 키가 필요하다. 그러면 앨리스는 어떻게 밥의 공개 키를 신뢰할 수 있으며, 밥 또한 어떻게 앨리스의 공개 키를 신뢰할 수 있을까? 각각의 전자우편 보안 프로토콜은 키를 증명하는 서로 다른 방법을 가지고 있다.

PGP

이 절에서 살펴볼 첫 번째 프로토콜은 **PGP (Pretty Good Privacy)**이다. PGP는 전자우편에서 프라이버시(privacy), 무결성(integrity), 그리고 인증(authentication)을 제공할 수 있도록 필 짐머만(Phil Zimmermann)에 의해 고안되었다. PGP는 안전한 전자우편 메시지를 생성하는 데 사용할 수 있다.

시나리오

우선 단순한 시나리오에서 시작해서 복잡한 시나리오로 가면서 PGP의 일반적인 아이디어를 살펴보자. 여기서는 처리하기 이전의 파일이나 메시지를 나타내기 위해 "데이터(Data)"라는 용어를 사용한다.

평문 가장 간단한 시나리오는 그림 10.29에 나타난 것처럼 평문으로 전자우편 메시지를 보내는 것이다. 이 시나리오에 메시지 무결성이나 기밀성은 없다.

그림 10.29 ┃ 평문 메시지

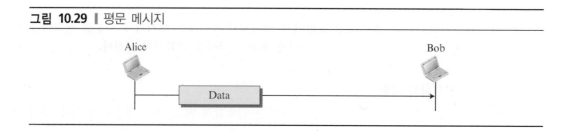

메시지 무결성 아마도 다음 개선책은 앨리스의 메시지에 대한 서명일 것이다. 앨리스는 메시지 다이제스트를 생성하고, 자신의 개인 키로 서명한다. 그림 10.30은 이러한 상황을 보여주고 있다.

그림 10.30 ┃ 인증된 메시지

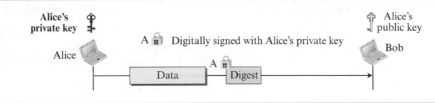

밥이 메시지를 수신하는 경우, 밥은 앨리스의 공개 키를 사용하여 메시지를 검증한다. 이 시나리오에서는 두 개의 키가 필요하다. 하나는 앨리스에게 필요한 자신의 개인 키이고 또 다른 하나는 밥에게 필요한 앨리스의 공개 키이다.

압축 보다 나은 개선책은 메시지를 압축하고, 보다 작은 크기의 패킷을 생성하도록 다이제스트를 적용하는 것이다. 이 개선책은 보안에 대한 이점은 없지만 트래픽에 대한 부담이 없다. 그림 10.31은 새로운 시나리오를 보여주고 있다.

그림 10.31 ┃ 압축된 메시지

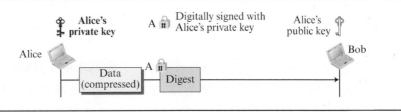

일회용 세션 키를 이용한 기밀성 그림 10.32는 이러한 상황을 보여주고 있다. 앞에서 살펴본 바와 같이, 전자우편 시스템에서 기밀성은 일회용 세션 키를 이용하여 고전적인 암호를 이용하여 얻을 수 있다. 앨리스는 세션 키를 생성할 수 있으며, 메시지와 다이제스트의 암호화에 세션 키를 사용할 수 있고, 또한 키 자체를 메시지를 이용하여 전송할 수 있다. 그러나 앨리스는 세션 키를 보호하기 위해 밥의 공개 키로 세션 키를 암호화한다.

밥이 패킷을 수신할 때, 밥은 먼저 키를 제거하기 위해 자신의 개인 키를 사용하여 세션 키를 복호화한다. 그런 다음 밥은 메시지의 나머지를 복호화하기 위해 세션 키를 사용한다. 메시지의 나머지에 대한 압축해제를 수행한 다음, 밥은 메시지의 다이제스트를 생성하고 앨리스로부터 수신한 다이제스트와 같은지를 검사한다. 만약 같다면, 메시지는 인증된다.

그림 10.32 | 기밀성을 갖는 메시지

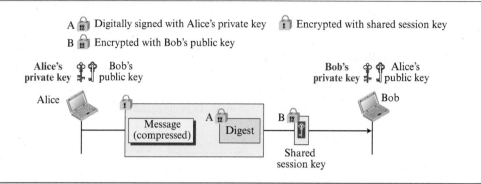

부호 변환 PGP에 의해 제공되는 또 다른 서비스는 부호 변환(code conversion)이다. 대부분의 전자우편 시스템은 오직 ASCII 문자로 구성된 메시지만을 허용한다. ASCII 집합이 아닌 다른 문자들을 변환하기 위해서 PGP는 Radix-64 변환을 사용한다(2장 참조).

단편화

PGP는 기본 전자우편 프로토콜에서 허용하는 일정한 크기의 전송 단위로 생성하기 위해 Radix-64로 변환한 후에 메시지의 단편화를 허용한다.

키 링

이전의 모든 시나리오에서 앨리스는 오직 밥에게만 메시지를 전송한다고 가정하였다. 그러나 항상 그런 것만은 아니다. 앨리스가 다수의 사람들에게 메시지를 전송하고자 하는 경우도 있을 것이다. 이때 앨리스가 **키 링**(*key rings*)이 필요하다. 이러한 경우, 앨리스는 자신과 메시지 전송 또는 수신을 원하는 각 사람에게 해당하는 공개 키의 링이 필요하다. 추가적으로 PGP 설계자는 개인 키/공개 키의 링을 지정하였다. 그 이유는 앨리스가 때때로 자신의 키쌍을 변경하고자 원하는 경우가 있을 것이다. 또 다른 이유는 앨리스가 다른 그룹의 사람(친구들, 직장 동료 등)들과 메시지를 주고받길 원하는 경우일 것이다. 앨리스는 각각의 그룹에 대해 서로 다른 키쌍을 사용하고자 원할 것이다. 그러므로 각 사용자는 자신의 개인 키/공개 키의 링과 다른 사람의 공개 키 링이라는 두 개의 링 집합이 필요하다. 그림 10.33은 4명이 속한 커뮤니티를 보여주고 있는데 각각 개인 키/공개 키쌍을 가지고 있으며 동시에 커뮤니티에서 다른 사람들에게 속한 공개 키의 링을 가지고 있다.

그림 10.33 | PGP에서 키 링

예를 들어, 앨리스는 자신에게 속한 몇 개의 개인 키/공개 키쌍들을 가지고 있으며, 또한 다른 사람들에게 속한 공개 키를 가지고 있다. 여기에서는 모든 사람이 하나 이상의 공개 키를 가질 수 있다는 사실을 유념해야 하며, 다음과 같은 두 가지 상황이 발생할 것이다.

1. 앨리스가 커뮤니티의 다른 사람들에게 메시지를 전송하고자 한다.
   a. 앨리스는 다이제스트에 서명하기 위해 자신의 개인 키를 사용한다.
   b. 앨리스는 새로이 생성된 세션 키를 암호화하기 위해 수신자의 공개 키를 사용한다.
   c. 앨리스는 메시지를 암호화하고 생성된 세션 키로 다이제스트에 서명한다.
2. 앨리스가 커뮤니티의 다른 사람들로부터 메시지를 수신한다.
   a. 앨리스는 세션 키를 복호화하기 위해 자신의 개인 키를 사용한다.
   b. 앨리스는 메시지와 다이제스트를 복호화하기 위해 세션 키를 사용한다.
   c. 앨리스는 다이제스트를 검증하기 위해 자신의 공개 키를 사용한다.

PGP 알고리즘

PGP는 비대칭-키와 대칭-키 알고리즘, 암호학적 해시함수, 압축 방법 등을 규정한다. 보다 상세한 내용을 알기 위해서는 PGP를 중점적으로 설명한 책을 참고하기 바란다. 앨리스가 밥에게 전자우편을 보낼 때 각 목적에 사용되는 알고리즘을 지정한다.

PGP 인증서와 신뢰 모델

지금까지 살펴보았던 다른 프로토콜과 마찬가지로 PGP는 공개 키를 인증하기 위해 인증서를 사용한다. 그러나 처리 과정은 전혀 다르다.

PGP 인증서 PGP에서는 CA들이 필요 없다. 링에 속해 있는 사용자라면, 링에 있는 누구라도 인증서에 서명할 수 있다. 밥은 테드, 존, 앤 등에 대하여 인증서에 서명할 수 있다. PGP에서는 신뢰에 대한 계층 구조가 존재하지 않으며, 트리 또한 존재하지 않는다. 계층 구조가 없다는 것은 테드는 밥으로부터 하나의 인증서를 가질 수 있고 리즈로부터 또 다른 인증서를 가질 수 있다는 사실 때문이다. 만약 앨리스가 테드에 대한 인증서의 라인을 따르고자 한다면, 두 가지 경로가 존재한다. 하나는 밥으로부터 시작하는 것이며, 다른 하나는 리즈로부터 시작하는 것이다. 흥미로운 점은 앨리스는 밥을 완전하게 신뢰하지만, 리즈를 단지 부분적으로 신뢰한다는 것이다. 여기에서는 완전하게 또는 부분적으로 신뢰하는 인증 기관으로부터 인증서까지 신뢰의 라인에 다중 경로가 존재할 수 있다. PGP에서 인증서의 발행자는 보통 **소개자**(*introducer*)라고 불린다.

> **PGP에서는 완전하게 또는 부분적으로 신뢰하는 인증 기관에서 임의의 주체까지 다중 경로가 존재할 수 있다.**

□ **신뢰와 적법성.** PGP의 완전한 동작은 소개자의 신뢰(trust), 인증서 신뢰, 그리고 공개 키의 적법성(legitimacy)을 기반으로 한다.

□ **소개자 신뢰 레벨.** 중앙 인증 기관이 없음으로 인해서 사용자들의 PGP 링에 있는 모든 사용자가 모두에 대하여 완전한 신뢰를 가지고 있다면, 링이 매우 커지지 않는다는 점은 명확하다. 실생활에서는 알고 있는 모두를 완전하게 신뢰할 수는 없다. 이러한 문제를 해결하기 위해 PGP는 서로 다른 신뢰 레벨을 허용한다. 레벨(level)의 수는 대부분 구현에 의존적이지만 단순하게 하기 위해 임의의 소개자에 대하여 **신뢰하지 않음**(*none*), **부분적**(*partial*) 또는 **완전한**(*full*)이라는 세 가지 레벨을 부여하자. 소개자 신뢰 레벨은 링에서 다른 사람들에 대하여 소개자에 의해 발급된 신뢰 레벨을 나타낸다. 예를 들면, 앨리스는 밥을 완전하게 신뢰하고, 앤을 부분적으로 신뢰하며 존을 완전하게 신뢰하지 않을 수 있다. PGP에는 소개자의 신뢰성에 대한 결정을 어떻게 생성하는지를 정의하는 메커니즘이 존재하지 않으며, 이러한 결정을 생성하는 것은 사용자에게 달려 있다.

□ **인증서 신뢰 레벨.** 앨리스가 소개자로부터 인증서를 수신할 경우, 앨리스는 주체(인증된 개체)의 이름 아래에 인증서를 저장한다. 앨리스는 해당 인증서에게 신뢰의 레벨을 부여한다. 인증서 신뢰 레벨은 일반적으로 인증서를 발급한 소개자 신뢰 레벨과 동일하다. 앨리스가 밥을 완전하게 신뢰하고, 앤과 자넷을 부분적으로 신뢰하며, 존을 신뢰하지 않는다고 가정하자. 다음은 이러한 상황에서 발생할 수 있는 시나리오를 설명하고 있다.

1. 밥은 두 개의 인증서를 발급하는데 하나는 공개 키 K1을 가지는 린다(Linda)를 위한 것이고 다른 하나는 공개 키 K2를 가지는 레슬리(Lesley)를 위한 것이다. 앨리스는 린다의 이름 아래에 린다를 위한 인증서와 공개 키를 저장하고, 해당 인증서에 **완전한**(*full*)이라는 신뢰 레벨을 부여한다. 앨리스는 또한 레슬리의 이름 아래에 레슬리를 위한 공개 키와 인증서를 저장하고, 해당 인증서에 완전한 신뢰 레벨을 부여한다.

2. 앤은 공개 키 K3을 가지는 존(John)을 위해 인증서를 발행한다. 앨리스는 존의 이름 아래에 인증서와 공개 키를 저장하지만, 해당 인증서에 **부분적** 신뢰 레벨을 부여한다.

3. 자넷(Janette)은 두 개의 인증서를 발급하는데 하나는 공개 키 K3을 가지는 존을 위한 것이고 다른 하나는 공개 키 K4를 가지는 리(Lee)를 위한 것이다. 앨리스는 존의 이름 아래에 존의 인증서를 저장하고 리의 이름 아래에 리의 인증서를 저장하는데 각각 **부분적** 신뢰 레벨을 가지고 있다. 여기에서 존은 이제 두 개의 인증서를 가지고 있는데 하나는 앤으로부터, 다른 하나는 자넷으로부터이며 각각 **부분적** 신뢰 레벨을 가지고 있다.

4. 존은 리즈(Liz)를 위한 인증서를 발행한다. 앨리스는 **신뢰하지 않음**의 신뢰 표시를 갖는 해당 인증서를 폐기하거나 보존할 수 있다.

□ **키 적법성.** 소개자와 인증서 신뢰의 사용 목적은 공개 키의 적법성을 정의하기 위한 것이다. 앨리스는 밥, 존, 리즈, 앤 등의 공개 키에 대해 어떻게 적법한지를 알고자 한다. PGP는 키 적법성을 정의하기 위한 아주 명확한 절차를 정의한다. 사용자를 위한 키 적법성의 레벨은 중요도를 갖는 사용자의 신뢰 레벨이다. 예를 들어, 인증서 신뢰 레벨에 다음과 같은 중요도를 부여한다고 가정하자.

1. 신뢰하지 않는(nontrusted) 인증서는 0의 중요도를 가진다.

2. 부분적으로 신뢰하는(partial trust) 인증서는 1/2의 중요도를 가진다.

3. 완전하게 신뢰하는(full trust) 인증서는 1의 중요도를 가진다.

개체(entity)를 완전하게 신뢰하려면, 앨리스는 개체에 대하여 하나의 완전하게 신뢰하는 인증서 또는 두 개의 부분적으로 신뢰하는 인증서가 필요하다. 예를 들면, 앨리스는 앤과 자넷 모두 각각 1/2의 인증서 신뢰 레벨을 갖는 존을 위하여 발행된 인증서를 가지고 있기 때문에 이전 시나리오에서 존의 공개 키를 사용할 수 있다. 여기에서 개체에 속한 공개 키의 적법성은 해당하는 사람의 신뢰 레벨을 가지고 수행할 수 있는 그 무엇도 가지고 있지 않다는 점을 유의해야 한다. 밥이 존에게 메시지를 전송하기 위해 존의 공개 키를 사용할지라도, 앨리스는 존에 대하여 신뢰하지 않음(none)의 신뢰 레벨을 가지고 있기 때문에 앨리스는 존에 의해 발행된 어떠한 인증서도 수용할 수 없다.

PGP에서 신뢰 모델 Zimmermann이 제안한 바와 같이, 행위의 중심으로서 사용자가 갖는 링에서 임의의 사용자에 대한 신뢰 모델을 생성할 수 있다. 모델은 그림 10.34에서 보는 바와 같이 하나처럼 보이게 할 수 있다. 그림은 어떤 순간의 앨리스에 대한 신뢰 모델을 보여주고 있다.

그림 10.34 ▎ 신뢰 모델

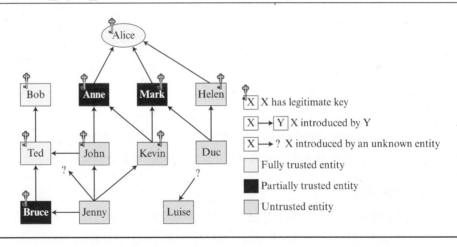

그림을 자세히 살펴보도록 하자. 그림 10.34는 완전한 신뢰를 갖는 앨리스의 링에서 세 개의 개체를 보여주고 있다(앨리스 자신, 밥, 그리고 테드). 또한 부분적 신뢰를 갖는 세 개의 개체도 보여주고 있으며(앤, 마크, 브루스), 신뢰하지 않음을 갖는 여섯 개의 개체들도 보여주고 있다. 9개의 개체는 적법성 키를 가지고 있다. 앨리스는 이들 개체 중 임의의 하나로 메시지를 암호화할 수 있으며, 이들 개체 중 하나로부터 수신한 서명을 검증할 수 있다(앨리스의 키는 본 모델에서 사용할 수 없다). 여기에는 또한 앨리스와 임의의 적법성 키를 가지고 있지 않은 세 개의 개체가 있다.

밥, 앤 그리고 마크는 전자우편으로 본인들의 키를 전송하고 전화로 본인들의 핑거프린트를 검증함으로써 키 적법성을 생성한다. 반면에 헬렌은 앨리스에 의해 신뢰되지 않았기 때문에

CA로부터 인증서를 전송하고 전화상의 검증은 불가능하다. 비록 테드가 완전하게 신뢰될지라도, 자신은 밥에 의해 서명된 인증서를 앨리스에게 전달한다. 존은 앨리스에게 두 개의 인증서를 전송하는데 하나는 테드에 의해 서명된 것이고 다른 하나는 앤에 의해 서명된 것이다. 케빈은 앨리스에게 두 개의 인증서를 전송하는데 하나는 앤에 의해 서명된 것이고 다른 하나는 마크에 의해 서명된 것이다. 각각의 이들 인증서는 절반 신뢰(half-trusted)의 적법성 값(point)을 케빈에게 부여한다. 그러므로 케빈의 키는 적법하다. 덕은 앨리스에게 두 개의 인증서를 전송하는데 하나는 마크에 의해 서명된 것이고 다른 하나는 핼렌에 의해 서명된 것이다. 마크는 절반의 신뢰이고 핼렌은 신뢰하지 않기 때문에 덕은 키 적법성을 가지고 있지 않다. 제니는 네 개의 인증서를 전송하는데 절반의 신뢰를 갖는 개체에 의해 서명된 하나와 신뢰하지 않는 개체에 의해 서명된 두 개, 그리고 알려지지 않은 개체에 의해 서명된 하나이다. 제니는 자신의 키 적법성을 생성하기 위한 충분한 값을 가지고 있지 않다. 루이스는 알려지지 않은 개체에 의해 서명된 하나의 인증서를 전송한다. 여기에서 향후에 루이스에게 도착한 인증서의 경우, 앨리스는 루이스의 이름을 테이블에서 보존하고 있음을 유념해야 한다.

❑ **신뢰할 수 있는 웹.** PGP는 마지막에 사람들의 그룹 사이에 **신뢰할 수 있는 웹(web of trust)**을 생성한다. 만약 각각의 개체가 다른 개체에게 더 많은 개체를 소개한다면, 각각의 개체에 대한 공개 키 링은 더욱 더 커질 것이며 링에 있는 개체들은 각각 다른 사람에게 안전한 전자우편을 전송할 수 있다.

❑ **키 폐지.** 개체들은 링으로부터 자신의 공개 키를 폐지할 경우가 발생한다. 이와 같은 경우는 키가 손상되거나(예를 들어, 도난) 키가 너무 오래되어 안전하지 않다고 키의 소유자가 느끼는 경우에 발생한다. 키를 폐지하기 위해 소유자는 자신에 의해 서명된 폐지 인증서(revocation certificate)를 전송할 수 있다. 폐지 인증서는 반드시 예전 키로 서명되어야 하며, 공개 키를 사용하는 링에 있는 모든 사람들에게 배포해야 한다.

PGP 패킷

PGP에서 메시지는 하나 또는 그 이상의 패킷으로 구성된다. PGP가 발전하는 동안, 형식과 패킷 유형의 수가 변경되어 왔다. 여기서 이들 패킷 형식에 대해서는 논의하지 않기로 한다.

PGP 응용

PGP는 개인 전자우편에 광범위하게 사용되어 왔다. 이것은 아마도 당분간 계속될 것이다.

S/MIME

전자우편을 위해 설계된 또 다른 보안 서비스는 **Secure/Multipurpose Internet Mail Extension (S/MIME)**이다. 이 프로토콜은 2장에서 설명한 MIME (Multipurpose Internet Mail Extension) 프로토콜에 보안성을 강화한 프로토콜이다.

암호 메시지 구문(CMS)

MIME 콘텐츠 유형에 추가할 수 있는 기밀성이나 무결성과 같은 보안 서비스들에 대한 방법을 정의하기 위해 S/MIME은 **암호 메시지 구문(CMS, Cryptography Message Syntax)**을 정의한다. 각각의 경우에서 구문은 콘텐츠 유형에 대해 정확한 부호화 방식을 정의한다. 다음은 이들 메시지로부터 생성된 메시지의 유형과 서로 다른 부유형을 설명하고 있다. 보다 자세한 사항은 RFC 3369와 3370을 참조하라.

데이터 콘텐츠 유형　이것은 임의의 문자열(arbitrary string)이다. 생성된 객체(object)는 *Data*라고 불린다.

서명된 데이터 콘텐츠 유형　이 유형은 단지 데이터의 무결성만을 제공한다. 이 유형은 임의의 유형과 0, 또는 추가적인 서명 값을 포함한다. 부호화 결과는 *signedData*라고 불리는 객체이다. 그림 10.35는 이 유형의 객체를 생성하는 절차를 보여주고 있다. 다음은 이러한 절차의 단계들이다.

1. 각각의 서명을 위해 메시지 다이제스트가 서명자에 의해 선택된 특정 해시 알고리즘을 사용하여 콘텐츠로부터 생성된다.
2. 각각의 메시지 다이제스트는 서명자의 개인 키로 서명된다.
3. 콘텐츠, 서명 값, 인증서, 알고리즘은 이후에 *signedData* 객체를 생성하기 위해 선택된다.

이 경우에, 콘텐츠는 반드시 개인 메시지가 아님을 주목하라. 이는 무결성이 유지해야 할 필요가 있는 문서일 수 있다. 송신자는 서명을 수집할 수 있고, 그런 다음 메시지와 함께 보낸다(또는 저장한다).

그림 10.35 ∣ 서명된 데이터 콘텐츠 유형

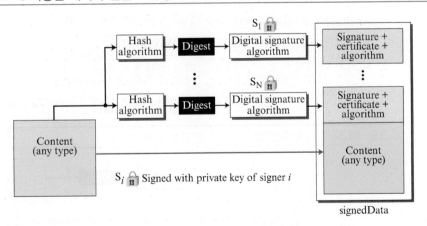

봉합된 데이터 콘텐츠 유형**　이 유형은 메시지의 비밀성을 제공하기 위하여 사용된다. 이 유형은 임의의 유형과 0, 또는 추가적인 암호화된 키와 인증서를 포함한다. 이 유형의 부호화 결과는 *envelopedData*라고 불리는 객체이다. 그림 10.36은 이 유형의 객체를 생성하는 절차를 보여주고 있다.

1. 의사난수(pseudorandom) 세션 키는 대칭-키 알고리즘이 사용되어 생성된다.

2. 각 수신자를 위해 세션 키의 사본이 각 수신자의 공개 키로 암호화된다.

3. 콘텐츠는 정의된 알고리즘과 생성된 세션 키를 사용하여 암호화된다.

4. 암호화된 콘텐츠, 암호화된 세션 키, 사용된 알고리즘, 그리고 인증서는 Radix-64를 사용하여 부호화된다.

   이 경우에 하나 또는 그 이상의 수신자를 가질 수 있다는 것을 주목하라.

그림 10.36 │ 봉합된 데이터 콘텐츠 유형

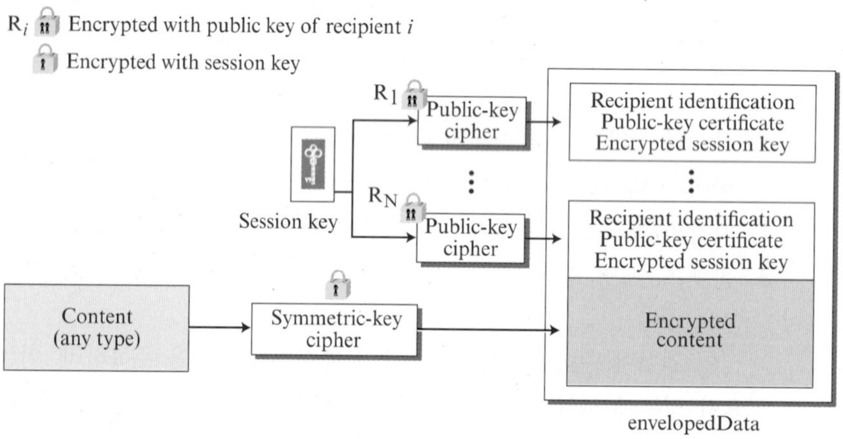

R$_i$ 🔒 Encrypted with public key of recipient i

🔒 Encrypted with session key

R$_1$ 🔒 Public-key cipher → Recipient identification / Public-key certificate / Encrypted session key

⋮

R$_N$ 🔒 Public-key cipher → Recipient identification / Public-key certificate / Encrypted session key

Session key

Content (any type) → 🔒 Symmetric-key cipher → Encrypted content

envelopedData

다이제스트된 데이터 콘텐츠 유형   이 유형은 메시지의 무결성을 제공하기 위해 사용된다. 결과는 보통 봉합된 데이터 콘텐츠 유형에 대한 콘텐츠로써 사용된다. 이 유형의 부호화 결과는 *digestedData*라고 불리는 객체이다. 그림 10.37은 유형의 객체를 생성하는 절차를 보여주고 있다.

1. 메시지 다이제스트는 콘텐츠로부터 계산된다.

2. 메시지 다이제스트, 알고리즘 그리고 콘텐츠가 *digestedData* 객체를 생성하기 위해 함께 추가된다.

그림 10.37 │ 다이제스트된 데이터 콘텐츠 유형

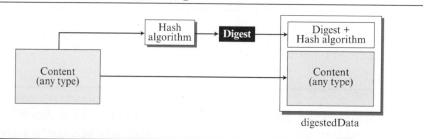

Content (any type) → Hash algorithm → **Digest** → Digest + Hash algorithm / Content (any type)

digestedData

암호화된 데이터 콘텐츠 유형   이 유형은 임의의 콘텐츠 유형의 암호화된 버전을 생성하기 위해 사용된다. 비록 이 유형이 봉합된 데이터 콘텐츠 유형과 유사하게 보이겠지만, 암호화된 데이터 유형은 수신자가 없다. 암호화된 데이터 콘텐츠 유형은 이 유형을 전송하는 대신 암호화 된 데이터를 저장하는 데 사용할 수 있다. 절차는 매우 간단하며, 사용자는 보통 패스워드로부 터 유도되는 임의의 키와 콘텐츠를 암호화하기 위한 임의의 알고리즘을 사용한다. 암호화된 콘 텐츠는 키 또는 알고리즘을 포함하지 않고 저장된다. 생성된 객체는 *encryptedData*라고 불린다.

인증된 데이터 콘텐츠 유형 이 유형은 데이터의 인증을 제공하기 위해 사용된다. 이 유형의 객체는 authenticatedData라고 불린다. 그림 10.38은 절차를 보여주고 있다.

1. 의사난수 생성기를 사용하여 각각의 수신자에 대하여 MAC 키가 생성된다.

2. MAC 키는 수신자의 공개 키로 암호화된다.

3. 콘텐츠에 대하여 MAC이 생성된다.

4. 콘텐츠, MAC, 알고리즘 그리고 다른 정보가 authenticatedData 객체 형식으로 함께 선택된다.

그림 10.38 | 인증된 데이터 콘텐츠 유형

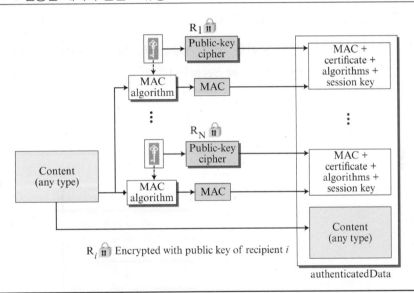

키 관리

S/MIME에서 키 관리는 X.509와 PGP로 사용되는 키 관리의 조합이다. S/MIME은 X.509로 정 의되는 인증 기관들에 의해 서명된 공개 키 인증서를 사용한다. 그러나 사용자는 PGP에 의해 정의된 바와 같이 서명을 검증하기 위해 신뢰할 수 있는 웹을 유지할 책임이 있다.

암호 알고리즘

S/MIME은 여러 가지 암호 알고리즘을 규정하였다. 이 책에서는 이들 알고리즘에 대한 상세한 내용은 다루지 않기로 한다.

예제 10.10   다음은 3중 DES (triple DES)를 사용하여 암호화된 작은 메시지에서 봉합된 데이터의 예를
보여주고 있다.

> **Content-Type: application/pkcs7-mime; mime-type=enveloped-data**
> **Content-Transfer-Encoding: Radix-64**
> **Content-Description: attachment**
> **name="report.txt";**
> cb32ut67f4bhijHU21oi87eryb0287hmnklsgFDoY8bc659GhIGfH6543mhjkdsaH23YjBnmN
> ybmlkzjhgfdyhGe23Kjk34XiuD678Es16se09jy76jHuytTMDcbnmlkjgfFdiuyu678543m0n3hG
> 34un12P2454Hoi87e2ryb0H2MjN6KuyrlsgFDoY897fk923jljk1301XiuD6gh78EsUyT23y

S/MIME 응용

S/MIME은 상업용 전자우편에 대하여 보안을 제공하기 위해 산업체들이 선택할 것이라고 예측
되고 있다.

10.4.2 전송 계층 보안

두 가지 프로토콜인 **안전한 소켓 계층(SSL, Secure Sockets Layer)** 프로토콜과 **전송 계층
보안(TLS, Transport Layer Security)**은 전송 계층에서 제공하는 보안에서 가장 많이 사용되
고 있다. TLS는 실제는 SSL의 IETF 버전이다. 이 절에서 안전한 소켓 계층을 살펴본다. TLS는
매우 비슷하다. 그림 10.39는 인터넷 모델에서 SSL과 TLS의 위치를 나타낸다.

그림 10.39 | 인터넷 모델에서 SSL과 TLS의 위치

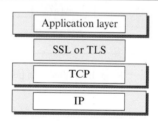

이들 프로토콜의 목적 중 하나는 서버와 클라이언트 인증, 데이터 기밀성과 무결성을 제공
하는 것이다. 하이퍼텍스트 전송 프로토콜(HTTP, Hypertext Transfer Protocol)과 같은 응용 계
층 클라이언트/서버 프로그램은 SSL 패킷에 자신들의 데이터를 캡슐화할 수 있는 TCP 서비스
를 사용한다(2장 참조). 만약 서버와 클라이언트가 SSL(또는 TLS) 프로그램을 실행할 수 있다
면, 클라이언트는 HTTP 메시지가 SSL(또는 TLS) 패킷에 캡슐화할 수 있도록 허용하기 위해
URL *http://*... 대신에 *https://*...를 사용할 수 있다. 예를 들면, 온라인 구매자가 신용카드 번
호를 인터넷을 통하여 안전하게 전송할 수 있게 된다.

SSL 구조

SSL은 응용 계층으로부터 생성된 데이터에 대한 보안과 압축 서비스를 제공하도록 설계되어 있다. 일반적으로 SSL은 어떤 응용 계층 프로토콜로부터 데이터를 수신할 수 있지만, 항상 프로토콜은 HTTP이다. 응용 계층으로부터 수신된 데이터는 압축(선택사항), 서명 및 암호화된다. 그런 다음 TCP와 같은 신뢰성 있는 전송 계층으로 넘겨진다. 넷스케이프사에 의해 1994년에 개발된 SSL 버전 2와 버전 3은 1995년에 배포되었다. 이 절에서는 SSL 버전 3에 대해 설명하기로 한다.

서비스

SSL은 응용 계층으로부터 수신된 데이터에 대해 여러 가지 서비스를 제공한다.

❑ **단편(*Fragmentation*).** 첫째 SSL은 2^{14}바이트 또는 그 이하의 블록으로 데이터를 나눈다.

❑ **압축(*Compression*).** 데이터의 각 단편은 클라이언트와 서버 사이에서 협의된 비손실 압축 방식 중 하나를 사용하여 압축된다.

❑ **메시지 무결성(*Message integrity*).** 데이터의 무결성을 유지하기 위해 SSL은 MAC에서 생성된 키있는 해시함수(keyed-hash function)를 사용한다.

❑ **기밀성(*Confidentiality*).** 기밀성을 제공하기 위해 MAC과 원본 데이터는 대칭 암호화를 사용하여 암호화한다.

❑ **프레임 만들기(*Framing*).** 헤더는 암호화된 페이로드에 더해진다. 그런 다음 페이로드는 신뢰성 있는 전송 계층 프로토콜로 넘겨진다.

키 교환 알고리즘

메시지 인증과 기밀성 교환에 대하여 각 클라이언트와 서버는 몇 개의 암호학적 비밀(cryptographic secret)을 필요로 한다. 그러나 이러한 비밀을 생성하기 위하여 사전 마스터 비밀(premaster secret)은 양 당사자 간에 반드시 확립되어야 한다. SSL은 사전 마스터 비밀을 확립하기 위한 키 교환 방법을 규정한다.

암호화/복호화 알고리즘

클라이언트와 서버는 또 일련의 암호화/복호화 알고리즘에 대한 동의가 필요하다.

해시 알고리즘

SSL은 메시지 무결성(메시지 인증)을 제공하기 위해 해시 알고리즘을 사용한다. 여러 가지 해시 알고리즘도 이 목적을 위해 규정되었다.

암호 그룹

키 교환의 조합, 해시와 암호화 알고리즘은 각 SSL 세션을 위한 **암호 그룹(cipher suite)**으로 정의한다.

압축 알고리즘

압축은 SSL에서 선택사항이다. 특정 압축 알고리즘이 규정되어 있지 않다. 그러나 시스템은 원하는 어떠한 압축 알고리즘이라도 사용할 수 있다.

암호학적 매개변수 생성

메시지의 무결성과 기밀성을 얻기 위해 SSL은 6개의 암호학적 비밀인 4개의 키와 2개의 초기벡터(IV)를 필요로 한다. 클라이언트는 메시지 인증 키와 암호화 키 그리고 블록 암호화를 위한 초기벡터를 필요로 한다. 서버도 동일하다. SSL은 한쪽 방향을 위한 키와 다른 방향을 위한 키가 서로 달라야 한다. 그러면 한쪽 방향에서 공격이 있어도 다른 방향은 영향을 받지 않는다. 매개변수는 다음의 절차를 사용하여 생성된다.

1. 클라이언트와 서버는 2개의 난수를 교환한다. 하나는 클라이언트에 의해 생성되고, 다른 하나는 서버에 의해 생성된다.
2. 클라이언트와 서버는 이전에 논의된 키 교환 알고리즘 중 하나를 사용하여 하나의 사전-마스터 비밀(*pre-master secret*)을 교환한다.
3. 48바이트 마스터 비밀(*master secret*)은 적용 중인 SHA-1과 MD5 해시함수에 의해 사전-마스터 비밀(pre-master secret)로부터 생성된다(그림 10.40 참조).

그림 10.40 ┃ 사전-마스터 비밀로부터 마스터 비밀의 계산

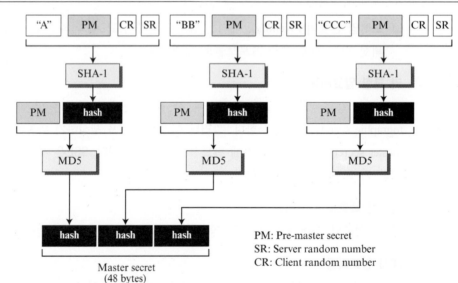

4. 마스터 비밀은 그림 10.41에 나타난 바와 같이 서로 다른 상수를 이용한 사전교섭(prepending)과 적용 중인 동일 해시함수의 합으로 가변길이 키 재료(*key material*)를 생성하는 데 사용된다. 모듈은 적정한 키 길이가 생성될 때까지 반복된다.

그림 10.41 ┃ 마스터 비밀로부터 키 재료의 계산

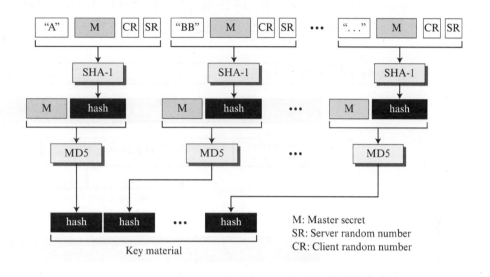

키 재료 블록의 길이는 이 암호문에서 요구된 키의 크기와 선택된 암호문에 의존한다는 점에 주의하라.

5. 6개의 서로 다른 키는 그림 10.42에 나타낸 것과 같이 키 재료로부터 추출된다.

그림 10.42 ┃ 키 재료로부터 암호학적 비밀의 추출

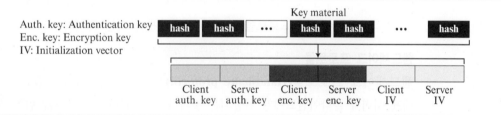

세션과 연결

SSL은 세션(session)과 연결(connection)을 구별한다. 세션은 클라이언트와 서버 간의 조합이다. 세션이 확립된 후 양측은 세션 식별자, 각각의 인증서(필요시), 압축 방법(요구시), 암호 그룹 그리고 메시지 인증 암호화를 위한 생성 키가 사용된 마스터 비밀과 같은 공통 정보를 갖는다.

데이터 교환을 위한 두 개체에 대해 세션의 확립은 필요하나 충분치는 않다. 양측 간의 연결을 생성하는 것이 필요하다. 2개의 개체는 마스터 비밀과 인증과 프라이버시에 관련된 메시지를 교환하는 데 필요한 키와 매개변수를 사용하여 2개의 난수를 생성하고 교환한다.

세션은 여러 개의 연결로 구성할 수 있다. 양측 간의 연결은 동일 세션 내에서 재확립되고 끝낼 수 있다. 연결이 끝나게 될 때, 양측은 세션을 끝낼 수 있다. 그러나 강제적은 아니다. 세션은 일시 중지할 수 있거나 다시 시작할 수 있다.

4개의 프로토콜

우리는 SSL이 어떻게 필요한 임무를 달성하는지를 보여주지 않고, SSL의 개념을 설명하였다. SSL은 그림 10.43에 나타낸 것과 같이 두 계층에서 4개의 프로토콜을 규정하였다.

그림 10.43 | 4개의 SSL 프로토콜

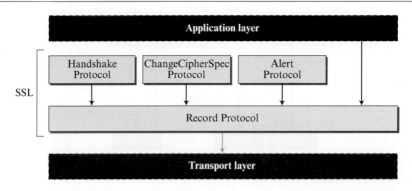

레코드 프로토콜(Record protocol)은 운반자이며, 응용 계층으로부터 오는 데이터뿐만 아니라 다른 3개의 프로토콜로부터 오는 메시지를 전송한다. 레코드 프로토콜로부터 메시지는 보통 TCP인 전송 계층의 페이로드이다. 핸드셰이크 프로토콜은 레코드 프로토콜에 대한 보안 매개변수를 제공한다. 암호 집합을 설정하고 키와 보안 매개변수를 제공한다. 또한 필요하다면 클라이언트가 서버에게, 서버가 클라이언트에게 인증된다. ChangeCipherSpec 프로토콜은 암호학적 비밀을 신속하게 보내는 데 사용된다. 경고(Alert) 프로토콜은 비정상 조건을 알리는 데 사용된다. 이 절에서는 이들 프로토콜에 대해 간략하게 살펴볼 것이다.

핸드셰이크 프로토콜

핸드셰이크 프로토콜(Handshake protocol)은 암호 그룹 협의와 필요시 클라이언트가 서버에게 서버가 클라이언트에게 인증되는 것과 암호학적 비밀의 확립을 위한 정보 교환에 메시지를 사용한다. 핸드셰이킹은 그림 10.44에 나타난 것과 같이 4단계로 되어 있다.

그림 10.44 | 핸드셰이크 프로토콜

단계 1: 보안 기능 확립 단계　단계 1에서 클라이언트와 서버는 양측의 필요한 것들을 선택하고 보안 기능을 알린다. 이 단계에서는 세션 ID가 설정되고 암호 그룹이 선택된다. 양측은 특정 압축 방법에 동의한다. 끝으로 2개의 난수가 앞에서 살펴본 바와 같이 마스터 비밀을 생성하는데 사용되도록 서버와 클라이언트에 의해 선택된다. 단계 1 후에 클라이언트와 서버는 SSL 버전, 암호학적 알고리즘, 압축 방법, 키 생성을 위한 두 개의 난수를 알게 된다.

단계 2: 서버 키 교환과 인증 단계　단계 2에서는 필요하다면 서버 자신을 인증한다. 송신자는 자신의 인증서와 공개 키를 보내게 되며, 클라이언트에게 인증서를 요구할 수 있다. 단계 2 후에 서버는 클라이언트에 대해 인증되고, 클라이언트는 필요하다면 서버의 공개 키를 알게 된다.

단계 3: 클라이언트 키 교환과 인증 단계　단계 3은 클라이언트 인증을 위해 설계되었다. 단계 3 후에 클라이언트는 서버에 대해 인증되고 클라이언트와 서버 양측은 사전-마스터 비밀을 알게 된다.

단계 4: 종결과 종료 단계　단계 4에서 클라이언트와 서버는 암호 규격을 변경하고 핸드세이크 프로토콜을 종료하기 위한 메시지를 보낸다.

ChangeCipherSpec 프로토콜

지금까지 암호 그룹 협의와 암호학적 비밀의 생성이 핸드세이크 프로토콜을 통하여 이루어진 다는 것을 살펴보았다. 여기서 질문은 언제 양 당사자가 이 매개변수 비밀들을 사용할 수 있는 가 하는 것이다. SSL은 당사자들이 *ChangeCipherSpec* 프로토콜에 규정되어 있고 핸드세이크 프로토콜 과정에 교환되는 특수 메시지인 ChangeCipherSpec 메시지를 보내거나 받을 때까지 매개변수와 비밀을 사용할 수 없을 때 명령을 내린다. 그 이유는 단지 송신 또는 수신하는 메시지가 문제가 아니기 때문이다. 송신자와 수신자는 하나가 아닌 2가지 상태를 필요로 한다. 대기 상태에서는 매개변수와 비밀을 기록해 둔다. 활성 상태에서는 서명/검증 또는 암호/복호 메시지에 대한 Record 프로토콜에 사용되는 매개변수와 비밀을 유지한다. 추가로, 각 상태는 *read*(읽기)와 *write*(쓰기)의 2가지 값을 유지한다.

경고 프로토콜

SSL은 오류와 비정상 상태를 알리기 위해 **경고 프로토콜**(*Alert protocol*)을 사용한다. 경고 메시지는 문제점과 레벨(경고 또는 사실)을 설명하는 한 가지 메시지 유형만을 갖는다.

레코드 프로토콜

레코드 프로토콜(*Record protocol*)은 상위 계층(핸드세이크 프로토콜, ChangeCipherSpec 프로토콜, 경고 프로토콜 또는 응용 계층)으로부터 오는 메시지를 전달한다. 메시지는 단편화되거나 선택적으로 압축된다. MAC은 협의된 해시 알고리즘을 사용하여 압축된 메시지를 추가한다. 압축된 단편과 MAC은 협의된 암호화 알고리즘을 사용하여 암호화된다. 최종적으로 SSL 헤더가 암호화된 메시지에 추가된다. 그림 10.45는 송신자에서 처리 과정을 보여준다. 수신자에서의 처리 과정은 반대이다.

그림 10.45 ▮ 레코드 프로토콜에 의해 행해지는 처리 과정

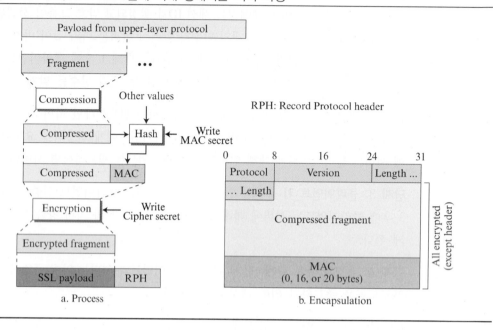

a. Process

b. Encapsulation

10.4.3 네트워크 계층 보안

이 장은 먼저 네트워크 계층의 보안을 설명한다. 다음 두 절에서 전송 계층과 응용 계층 보안을 설명하지만, 다음 세 가지 이유로 네트워크 계층 보안이 필요하다. 첫째, 모든 클라이언트/서버 프로그램들이 응용 계층에서 보호되지는 않는다. 둘째, 응용 계층에서 모든 클라이언트/서버 프로그램이 전송 계층 보안에 의해 보호되는 TCP 서비스를 사용하지는 않는다. 어떤 프로그램은 UDP 서비스를 사용한다. 셋째, 라우팅 프로토콜과 같은 대부분의 응용이 IP 서비스를 직접 사용한다. 그들은 IP 계층의 보안 서비스를 필요로 한다.

IP Security (IPSec)은 네트워크 레벨에서 패킷에 대한 보안을 제공하기 위해 IETF (Internet Engineering Task Force)에 의해 설계된 프로토콜의 모음이다. IPSec은 IP 계층을 위한 인증되고 기밀성을 갖는 패킷을 생성하도록 도와준다.

두 가지 모드

IPSec은 전송 모드 또는 터널 모드라는 두 가지 모드로 운용된다.

전송 모드

전송 모드(transport mode)에서 IPSec은 전송 계층에서 네트워크 계층으로 전달되는 모든 것을 보호한다. 다시 말하면, 전송 모드는 네트워크 계층의 페이로드(payload)를 보호하고, 그림 10.46에 나타난 바와 같이 이 페이로드는 네트워크 계층에서 캡슐화된다.

그림 10.46 | IPSec 전송 모드

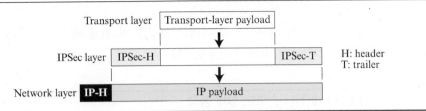

전송 모드는 IP 헤더를 보호하지 않는다는 점을 주목하라. 다시 말해, 전송 모드는 전체 IP 패킷을 보호하지 않는다. 전송 계층에서 온 패킷(IP 계층 페이로드)만을 보호한다. 이 모드에서 IPSec 헤더(및 트레일러)는 전송 계층에서 오는 정보에 추가된다. IP 헤더는 나중에 추가된다.

전송 모드에서 IPSec은 IP 헤더를 보호하지 않는다. 전송 계층으로부터 온 정보만을 보호한다.

전송 모드는 보통 호스트-대-호스트(host-to-host, 종단-대-종단) 데이터 보호를 필요로 할 때 사용된다. 송신 호스트는 전송 계층에서 전달된 페이로드를 인증 그리고/또는 암호화하기 위해 IPSec을 사용한다. 수신 호스트는 인증을 확인 그리고/또는 IP 패킷을 복호화하기 위해 IPSec을 사용하며 그것을 전송 계층에 전달한다. 그림 10.47은 이러한 개념을 보여준다.

그림 10.47 | 전송 모드 동작 과정

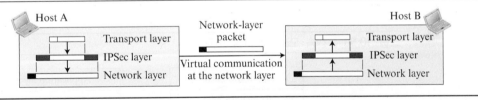

터널 모드

터널 모드(tunnel mode)에서 IPSec은 전체 IP 패킷을 보호한다. 이는 헤더를 포함한 IP 패킷을 취해서 전체 패킷에 대한 IPSec 보안 방법을 적용한다. 그런 다음 그림 10.48에 나타난 바와 같이 새로운 IP 헤더를 추가한다.

그림 10.48 | IPSec 터널 모드

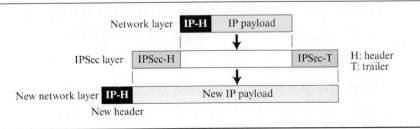

간단히 살펴보겠지만, 새로운 IP 헤더는 원래의 IP 헤더와는 다른 정보를 갖는다. 터널 모드는 그림 10.49에서 보듯이 보통 두 개의 라우터 간에, 호스트와 라우터 간에, 또는 라우터와 호스트 간에 사용된다. 전체 본래의 패킷은 이 전체 패킷이 마치 가상의 터널을 지나가듯이 송신자와 수신자 사이의 침입으로부터 보호된다.

그림 10.49 ┃ 터널 모드 실제 동작

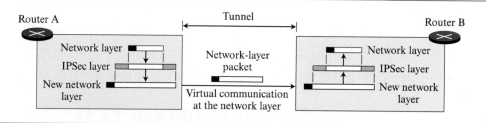

터널 모드에서 IPSec은 원래의 IP 헤더를 보호한다.

비교

전송 모드에서 IPSec 계층은 전송 계층과 네트워크 계층 사이에 있게 된다. 터널 모드에서 흐름은 네트워크 계층에서 IPSec 계층으로, 그런 다음 다시 네트워크 계층으로 돌아온다. 그림 10.50은 두 개의 모드를 비교한다.

그림 10.50 ┃ 전송 모드 대 터널 모드

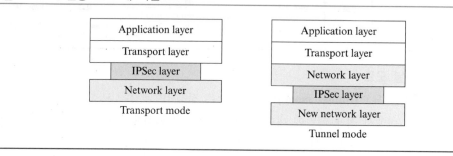

두 가지 보안 프로토콜

IPSec은 IP 레벨에서 패킷에 대한 인증 그리고/또는 암호화를 제공하기 위해 두 가지 보안 프로토콜인 인증 헤더 프로토콜과 ESP 프로토콜을 규정한다.

인증 헤더

인증 헤더 프로토콜(Authentication Header Protocol)은 발신지 호스트를 인증하고 IP 패킷으로 전달되는 페이로드의 무결성을 보장하기 위해 설계되었다. 이 프로토콜은 메시지 다이제스트를 만들기 위해 해시함수와 대칭-키를 사용한다. 다이제스트는 인증 헤더에 삽입된다

(MAC 참조). AH는 그리고 나서 모드(전송 또는 터널)에 따라 적절한 위치에 자리하게 된다. 그림 10.51은 전송 모드에서의 필드 및 인증 헤더의 위치를 보여준다.

그림 10.51 ▌인증 헤더 프로토콜

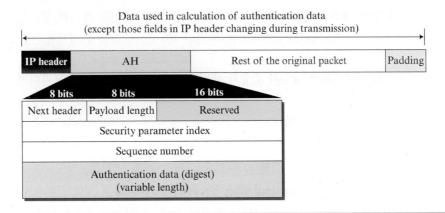

IP 데이터그램이 인증 헤더를 전달할 때, IP 헤더의 프로토콜 필드의 본래 값은 값 51로 대체된다. 인증 헤더 내부의 한 필드(다음 헤더 필드)는 프로토콜 필드(IP 데이터그램에 의해 전달되는 페이로드의 유형)의 본래 값을 유지하고 있다. 인증 헤더의 추가는 다음과 같은 순서를 따른다.

1. 0으로 설정된 인증 데이터 필드를 가진 페이로드에 인증 헤더가 추가된다.
2. 특별한 해싱 알고리즘에 대해 전체 길이를 일정하게 만들기 위해 채우기(padding)가 추가될 수 있다.
3. 해싱은 전체 패킷을 기반으로 한다. 그러나 전송 도중에 변경되지 않는 IP 헤더의 필드는 메시지 다이제스트(인증 데이터)의 계산에 포함된다.
4. 인증 데이터는 인증 헤더에 삽입된다.
5. IP 헤더는 프로토콜 필드의 값을 51로 바꾼 뒤에 추가된다.

각 필드에 대한 간단한 설명은 다음과 같다.

❑ **다음 헤더(Next header).** 8비트 다음 헤더 필드는 IP 데이터그램에 의해 전달되는 페이로드의 유형을 정의한다(TCP, UDP, ICMP, 또는 OSPF와 같은).

❑ **페이로드 길이(Payload length).** 이 8비트 필드의 이름은 오해할 수 있다. 이것은 페이로드의 길이를 정의하지 않는다. 이것은 인증 헤더의 길이를 4바이트 배수로 정의하지만 최초의 8바이트는 포함하지 않는다.

❑ **보안 매개변수 색인(Security parameter index).** 32비트 보안 매개변수 색인(SPI) 필드는 가상 회선 식별자의 역할을 하며 보안 연관(나중에 설명함)이라는 연결 동안에 보내진 모든 패킷에 대해 동일하다.

❏ **순서 번호(Sequence number).** 32비트 순서 번호는 데이터그램의 순서를 위한 순서 정보를 제공한다. 순서 번호는 재전송(playback)을 방지한다. 패킷이 재전송될지라도 순서 번호는 반복되지 않는다는 사실을 주목하라. 순서 번호는 2^{32}에 도달한 이후에는 더이상 발생하지 않으며 새로운 연결이 설정되어야 한다.

❏ **인증 데이터(Authentication data).** 마지막으로 인증 데이터 필드는 전송 도중에 변경된 필드(즉, time-to-live)를 제외한 완전한 IP 데이터그램에 해시함수를 적용한 결과이다.

AH 프로토콜은 발신지 인증과 데이터 무결성을 제공하지만 프라이버시는 제공하지 않는다.

보안 페이로드 캡슐화

AH 프로토콜은 프라이버시를 제공하지 않으며 발신지 인증과 데이터 무결성만 제공한다. IPSec은 나중에 발신지 인증, 무결성 그리고 프라이버시를 제공하는 프로토콜인 **보안 페이로드 캡슐화(ESP, Encapsulating Security Payload)**를 정의하였다. ESP는 헤더와 트레일러를 추가한다. ESP의 인증 데이터는 패킷의 끝에 추가되며, 이것은 ESP의 계산을 수월하게 한다는 사실을 주목하라. 그림 10.52는 ESP 헤더와 트레일러의 위치를 보여준다.

그림 10.52 | ESP

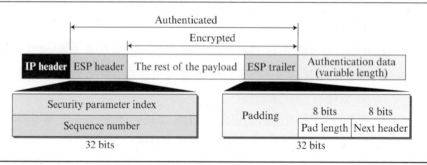

IP 데이터그램이 ESP 헤더와 트레일러를 전달할 때, IP 헤더의 프로토콜 필드의 값은 50이다. ESP 트레일러 내부의 한 필드(다음 헤더 필드)는 프로토콜 필드(TCP 또는 UDP와 같은 IP 데이터그램에 의해 전달되는 페이로드의 유형)의 본래 값을 유지한다. ESP는 다음의 단계를 따른다.

1. ESP 트레일러가 페이로드에 추가된다.
2. 페이로드와 트레일러가 암호화된다.
3. ESP 헤더가 추가된다.
4. ESP 헤더, 페이로드 및 ESP 트레일러는 인증 데이터를 만들기 위해 사용된다.
5. 인증 데이터는 ESP 트레일러의 끝에 추가된다.
6. IP 헤더는 프로토콜 값을 50으로 변경시킨 후에 추가된다.

헤더 및 트레일러를 위한 필드들은 다음과 같다.

❑ **보안 매개변수 색인(Security parameter index).** 32비트 보안 매개변수 색인 필드는 AH 프로토콜에서 정의된 것과 유사하다.

❑ **순서 번호(Sequence number).** 32비트 순서 번호 필드는 AH 프로토콜에서 정의된 것과 유사하다.

❑ **패딩(Padding).** 0으로만 되는 이 가변 길이(variable-length) 필드(0에서 255바이트까지)는 패딩으로 사용된다.

❑ **패드 길이(Pad length).** 8비트 패드 길이 필드는 패딩 바이트의 수를 정의한다. 그 값은 0에서 255 사이이며 최대값인 경우는 거의 없다.

❑ **다음 헤더(Next header).** 8비트 다음 헤더 필드는 AH 프로토콜에서 정의된 것과 유사하다. 이것은 캡슐화 이전에 IP 헤더의 프로토콜 필드와 동일한 목적으로 제공된다.

❑ **인증 데이터(Authentication data).** 마지막으로 인증 데이터 필드는 인증 구조를 데이터그램의 한 부분으로 적용한 결과이다. AH와 ESP에서 인증 데이터 간의 차이점을 주목하라. AH에서 IP 헤더의 일부는 인증 데이터의 계산에 포함되지만, ESP에서는 그렇지 않다.

IPv4와 IPv6

IPSec은 IPv4와 IPv6을 지원한다. 그렇지만 IPv6에서 AH와 ESP는 확장 헤더의 한 부분이다.

AH 대 ESP

ESP 프로토콜은 AH 프로토콜이 이미 사용된 후에 설계되었다. ESP는 추가적인 기능(프라이버시)과 함께 AH가 하는 모든 기능을 제공한다. 문제는 왜 우리가 AH를 필요로 하는가이다. 답은 그럴 필요가 없다는 것이다. 하지만, AH의 실행은 이미 일부 상업용 제품에 포함되어 있고, 이들 제품이 없어질 때까지는 AH가 인터넷의 한 부분으로 남아 있을 거라는 걸 의미한다.

IPSec에 의해 제공되는 서비스

이 두 개의 프로토콜인 AH와 ESP는 네트워크 계층에서 패킷을 위한 여러 가지 보안 서비스를 제공할 수 있다. 표 10.1은 각 프로토콜에서 이용 가능한 서비스의 목록을 보여주고 있다.

표 10.1 | IPSec 서비스

Services	AH	ESP
Access control	Yes	Yes
Message authentication (message integrity)	Yes	Yes
Entity authentication (data source authentication)	Yes	Yes
Confidentiality	No	Yes
Replay attack protection	Yes	Yes

접근 제어

IPSec은 보안 연관 데이터베이스(SAD, Security Association Database)를 사용하여 간접적으로 접근 제어를 제공한다. 패킷이 목적지에 도착했을 때, 이 패킷을 위해 이미 설정된 보안 연관이 없다면 그 패킷은 폐기된다.

메시지 무결성

메시지 무결성은 AH와 ESP에서 제공된다. 데이터의 다이제스트가 생성되어 송신자에 의해 보내지고 수신자에 의해 확인된다.

개체 인증

송신자에 의해 보내진 보안 연관과 데이터의 키있는-해시 다이제스트는 AH와 ESP에서 데이터의 송신자를 인증한다.

기밀성

ESP에서 메시지의 암호화는 기밀성을 제공한다. 하지만 AH는 기밀성을 제공하지 않는다. 기밀성이 필요하다면 AH 대신 ESP를 사용해야만 한다.

재전송 공격 보호

양 프로토콜에서 재전송 공격은 순서 번호 및 미닫이 수신 창(sliding receiver window)을 사용하여 방지된다. 보안 연관이 확립될 때, 각 IPSec 헤더는 고유한 순서 번호를 포함한다. 이 숫자는 0부터 시작해서 값이 $2^{32} - 1$(순서 번호 필드의 크기는 32비트)에 이를 때까지 증가한다. 순서 번호가 최대 값에 도달하면 0으로 재설정되고 동시에 구 보안 연관은(다음 절 참조) 삭제되며 새로운 보안 연관이 설정된다. 중복 패킷을 처리하는 것을 방지하기 위해 IPSec은 고정 길이 창의 사용을 수신자에게 위임한다. 창의 크기는 기본 값을 64로 하여 수신자에 의해 결정된다.

보안 연관

보안 연관은 IPSec의 매우 중요한 한 부분이다. IPSec은 **보안 연관(SA, Security Association)**이라는 두 호스트 사이의 논리적 관계를 요구한다. 본 절은 먼저 이 개념을 설명하고 그런 다음 이 IPSec에서 어떻게 사용되는지를 논의한다.

보안 연관의 개념

보안 연관은 두 당사자 사이의 약속이다. 즉, 이것은 그들 사이에 보안상 안전한 채널을 만든다. 앨리스가 밥과 단방향으로 통신하고 있다고 가정해 보자. 만일 앨리스와 밥이 보안의 기밀성 측면에 대해서 관심이 있다면, 이들은 이들 사이에 공유 비밀 키를 가질 수 있다. 이 경우에 앨리스와 밥 사이에는 두 개의 보안 연관이 있다고 말할 수 있다. 하나는 외부적(outbound) SA이며 하나는 내부적(inbound) SA이다. 이들 각각은 서로 간에 키 값을 변수로 저장하고 암호화/복호화 알고리즘의 이름을 저장한다. 앨리스는 밥에게 보내는 메시지를 암호화하기 위해 이 알고리즘과 키를 사용한다. 밥은 앨리스로부터 받은 메시지를 복호화할 필요가 있을 때 이 알고리즘과 키를 사용한다. 그림 10.53은 단순한 SA를 보여준다.

그림 10.53 ┃ 간단한 SA

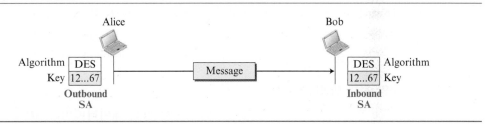

보안 연관은 두 당사자가 메시지 무결성과 인증을 필요로 한다면 보다 더 관여할 수 있다. 각 연관은 메시지 무결성, 키, 기타 매개변수들을 위한 알고리즘과 같은 데이터를 필요로 한다. 이것은 당사자들이 IPSec AH 또는 IPSec ESP와 같이 서로 다른 프로토콜을 위한 특정 알고리즘과 특정 매개변수들(parameters)을 사용할 필요가 있다면 훨씬 더 복잡해질 수 있다.

보안 연관 데이터베이스

보안 연관은 매우 복잡할 수 있다. 이는 앨리스가 많은 사람들에게 메시지를 보내려고 하고 밥이 많은 사람들로부터 메시지를 받을 필요가 있는 경우에 특히 그렇다. 그 밖에 각 사이트가 양방향 통신을 허용하기 위해 내부적과 외부적 SA를 모두 가져야 할 필요가 있는 경우가 있다. 다시 말해 SA들의 집합을 데이터베이스로 모아야 한다. 이 데이터베이스를 **보안 연관 데이터베이스(SAD, Security Association Database)**라고 부른다. 이 데이터베이스는 단일 SA를 정의하는 열을 가진 2차원 표로 생각될 수 있다. 통상 두 개의 SAD가 있다. 하나는 내부적이고 하나는 외부적이다. 그림 10.54는 하나의 개체를 위한 외부적과 내부적 SAD의 개념을 보여준다.

그림 10.54 ┃ SAD

Index	SN	OF	ARW	AH/ESP	LT	Mode	MTU
< SPI, DA, P >							
• • •							
< SPI, DA, P >							

Security Association Database

SN: Sequence number
OF: Overflow flag
ARW: Anti-replay window
LT: Lifetime
MTU: Path MTU

SPI: Security parameter index
DA: Destination address
AH/ESP: Information
P: Protocol
Mode: IPSec mode flag

호스트가 IPSec 헤더를 전달해야 하는 패킷을 보내고자 할 때, 이 호스트는 그 패킷에 보안을 적용하기 위한 정보를 찾기 위해 외부적 SAD에서 해당 입력 값을 찾아야 한다. 이와 유사하게 호스트가 IPSec 헤더를 전달하는 패킷을 수신할 때 그 호스트는 패킷에 대한 보안을 확인하기 위한 정보를 찾기 위해 내부적 SAD에서 해당 입력 값을 찾아야 한다. 이 탐색은 그 패킷을 처리하기 위해 정확한 정보가 사용된다고 수신 호스트가 확신할 필요가 있다는 의미에서 정확해야 한다. 내부적 SAD에 있는 각 입력 값은 세 가지 색인(triple index)인 보안 매개변수 색인(목적지에 있는 SA에서 규정한 32비트 숫자), 목적지 주소 및 프로토콜(AH 또는 ESP)을 사용하여 선택된다.

보안 정책

IPSec의 또 다른 중요한 면은 **보안 정책(SP, Security Policy)**인데 이것은 패킷이 송신되거나 도착될 때 여기에 적용되는 보안 유형을 정의한다. 앞 절에서 살펴보았듯이, SAD를 사용하기 전에 호스트는 패킷에 대해 미리 정의된 정책을 결정해야 한다.

보안 정책 데이터베이스

IPSec 프로토콜을 사용하는 각 호스트는 **보안 정책 데이터베이스(SPD, Security Policy Database)**를 가질 필요가 있다. 또한 내부적 SPD와 외부적 SPD가 필요하다. SPD의 각 입력 값은 6개의 색인을 사용하여 접근할 수 있는데 이는 그림 10.55에 나타난 것처럼 발신지 주소, 목적지 주소, 이름, 프로토콜, 발신지 포트 및 목적지 포트이다. 이름은 대개 DNS 개체를 정의한다. 프로토콜은 AH나 ESP 중 하나이다.

그림 10.55 ┃ SPD

Index	Policy	
< SA, DA, Name, P, SPort, DPort >		SA: Source address SPort: Source port
• • •		DA: Destination DPort: Destination
< SA, DA, Name, P, SPort, DPort >		address port
		P: Protocol

외부적 SPD 패킷을 보내고자 할 때는 외부적(outbound) SPD를 참조한다. 그림 10.56은 송신자에 의한 패킷의 처리를 보여준다. 외부적 SPD에 대한 입력은 6개의 색인이다. 출력은 다음 세 가지 경우들 중 하나인데 이는 폐기(Drop, 패킷을 보낼 수 없음), 무시(Bypass, 보안 헤더 적용을 무시), 적용(Apply, SAD에 따라서 보안 적용, SAD가 없으면 새로 하나 생성)이다.

그림 10.56 ┃ 외부적 처리 절차

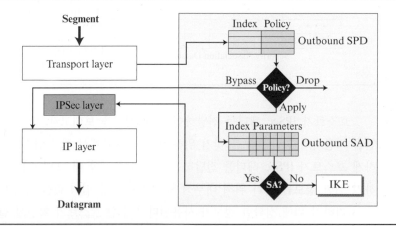

내부적 SPD 패킷이 도착하면, 내부적(inbound) SPD가 조회된다. 내부적 SPD의 각 입력 값은 또한 동일한 6개의 색인을 사용하여 접근된다. 그림 10.57은 수신자에 의한 패킷의 처리를 보여준다.

내부적 SPD에 대한 입력은 6개의 색인이다. 출력은 다음 세 가지 경우 중 하나인데 이는 폐기(Discard, 패킷을 폐기), 무시(Bypass, 패킷을 무시하고 패킷을 전송 계층에 전달), 적용(Apply, SAD를 이용하여 정책 적용)이다.

그림 10.57 ▎내부적 처리 절차

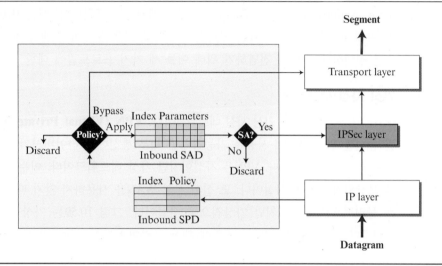

인터넷 키 교환

인터넷 키 교환(IKE, Internet Key Exchange)은 내부적 및 외부적 보안 연관을 생성하기 위해 설계된 프로토콜이다. 앞 절에서 설명한 바와 같이, 대등(peer)가 IP 패킷을 송신할 필요가 있을 때, 트래픽의 유형에 해당하는 SA가 있는지를 알아보기 위해 보안 정책 데이터베이스(SPD)를 조회한다. 만약 SA가 없다면 IKE가 하나를 설정하기 위해 호출된다.

IKE는 IPSec을 위한 SA를 생성한다.

IKE는 세 가지 서로 다른 프로토콜에 기반을 둔 복잡한 프로토콜인데 이는 그림 10.58에 나타나 있는 Oakley, SKEME 및 ISAKMP이다.

그림 10.58 ▎IKE 구성 요소

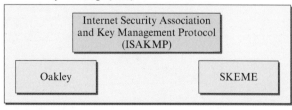

Oakley는 힐라리 오만(Hilarie Orman)에 의해 개발된 키 생성 프로토콜이다. SKEME는 Hugo Krawcyzk에 의해 설계된 또 다른 키 교환 프로토콜이다. 이것은 키 교환 프로토콜에서 개체 인증을 위해 공개 키 암호화를 사용한다.

인터넷 보안 연관 및 키 관리 프로토콜(ISAKMP, Internet Security Association and Key Management Protocol)은 IKE에서 정의된 교환을 실제로 실행하는 미국 국가 보안국 (NSA, National Security Agency)에 의해 설계된 프로토콜이다. 이는 IKE 교환이 SA를 생성하기 위해 표준화되고 형식화된 메시지가 되도록 허용하는 여러 개의 패킷, 프로토콜 및 매개변수를 정의한다. 보안에 전념하기 위해 이들 세 가지 프로토콜에 대한 설명은 하지 않기로 한다.

가상 사설 네트워크

IPSec 응용 중 하나가 가상 사설 네트워크이다. **VPN (Virtual Private Network)**은 내/외부 기관 통신을 위한 인터넷 사용은 가능하지만 내부 통신에 프라이버시가 요구되는 대규모 조직에 많이 사용하는 기술이다. VPN은 사설이지만 가상 네트워크이다. 이는 기관 내에서 프라이버시가 보장되기 때문에 사설이다. 또 실제 사설 WAN을 사용하지 않기 때문에 가상이다. 네트워크는 물리적으로 공공이지만 가상적으로 사설이다. 그림 10.59는 가상 사설 네트워크의 개념을 보여준다. 라우터 R1과 R2는 기관에 대한 프라이버시를 보장하기 위하여 VPN 기술을 사용한다. VPN 기술은 터널 모드에서 IPSec의 ESP 프로토콜을 사용한다. 헤더를 포함한 사설 데이터그램은 ESP 패킷으로 캡슐화된다. 송신측 경계에 있는 라우터는 새로운 데이터그램에 자신의 IP 주소와 수신측 라우터의 주소를 사용한다. 공개 네트워크(인터넷)는 R1에서 R2까지 패킷 전달을 책임진다. 밖에 있는 사람은 패킷의 내용이나 발신지와 목적지 주소를 해독할 수 없다. 해독은 패킷의 목적지 주소를 찾아서 이를 전달하는 R2에서 일어난다.

그림 10.59 ▌ 가상 사설 네트워크

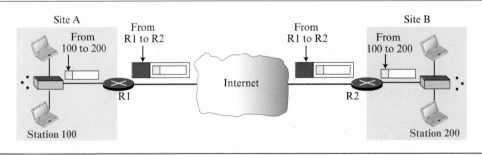

10.5 방화벽

앞에서 설명한 모든 보안 기능은 이브가 유해한 메시지를 시스템에 보내는 것을 막을 수 없다. 시스템 접근을 제어하기 위해서 **방화벽(firewall)**이 필요하다. 방화벽은 조직의 내부 네트워크와 인터넷의 사이에 설치되는 장치(일반적으로 라우터 또는 컴퓨터)이다. 방화벽은 어떤 패킷을 전달하고 다른 패킷들은 필터링(전달하지 않도록)하도록 설계되어 있다. 그림 10.60은 방화벽을 보여준다.

그림 10.60 | 방화벽

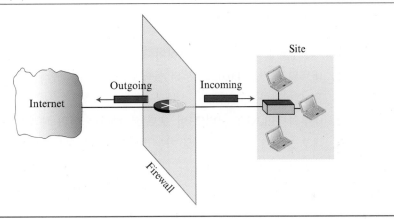

예를 들어, 방화벽은 특정 호스트 또는 HTTP와 같은 특정 서버에서 들어오는 모든 패킷을 필터링할 수 있다. 방화벽은 조직 내에서 특정 호스트 또는 특정 서비스에 대한 접속을 거부하기 위해 사용할 수 있다. 방화벽은 일반적으로 패킷 필터 방화벽(*packet-filter firewall*) 또는 프록시 방화벽(*proxy-based firewall*)으로 구분된다.

10.5.1 패킷 필터 방화벽

방화벽은 패킷 필터로 사용될 수 있다. 네트워크 계층과 전송 계층 헤더의 발신지와 수신지의 IP 주소, 포트 번호, 프로토콜 유형(TCP 또는 UDP) 등의 정보를 바탕으로 패킷을 전달 또는 차단할 수 있다. **패킷 필터 방화벽(packet-filter firewall)**은 필터링 테이블을 사용하여 어떠한 패킷을 차단하고 전달할 것인지를 결정하는 라우터이다. 그림 10.61은 방화벽의 필터링 테이블의 예를 보여준다.

그림 10.61 ┃ 패킷 필터 방화벽

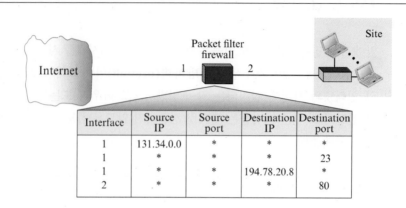

Interface	Source IP	Source port	Destination IP	Destination port
1	131.34.0.0	*	*	*
1	*	*	*	23
1	*	*	194.78.20.8	*
2	*	*	*	80

테이블에 의하여 다음 패킷이 필터링된다.

1. 네트워크 131.34.0.0으로부터 들어오는 패킷이 차단된다(보안 예방). *(asterisk)은 "모든" 것을 의미한다.

2. 내부의 TELNET 서버(23번 포트)로 향하는 입력 패킷은 차단된다.

3. 내부 호스트 194.78.20.8로 가는 입력 패킷은 모두 차단된다. 조직에서 이 호스트는 내부에서만 사용되기를 바란다.

4. 외부의 HTTP 서버(80번 포트)로 나가는 패킷들은 차단된다. 조직은 직원들이 인터넷을 사용하여 웹 검색하는 것을 원하지 않는다.

> **패킷 필터 방화벽은 네트워크 또는 전송 계층에서 필터링한다.**

10.5.2 프록시 방화벽

패킷 필터 방화벽은 네트워크 계층과 전송 계층 헤더의 정보(IP와 TCP/UDP)를 바탕으로 한다. 그러나 종종 메시지 자체의 정보(응용 계층에서)를 바탕으로 메시지 필터링이 필요하다. 예를 들어 조직에서 이 회사와 업무 관계를 가진 인터넷 사용자들만이 이 회사의 웹페이지에 접근할 수 있고 다른 사용자들은 접근할 수 없다는 규칙의 구현을 원하는 경우 패킷 필터 방화벽은 적절하지 않다. 이 경우 패킷 필터 방화벽은 TCP 80번 포트(HTTP)에 도착하는 패킷들을 차별화할 수 없기 때문이다. 응용 계층에서(URL을 사용하여) 검사되어야 한다.

한 가지 해결책은 고객(사용자 클라이언트) 컴퓨터와 회사 컴퓨터 사이에 프록시 컴퓨터[보통 **응용 게이트웨이(application gateway)**라 한다]를 설치하는 것이다. 사용자 클라이언트가 메시지를 전송하면, 프록시 컴퓨터는 요청을 받기 위해서 서버 프로세스를 동작한다. 서버는 응용 계층에서 패킷을 열고 이 요청이 합법적인 것인지 살펴본다. 만약 그렇다면 서버는 클라이언트 프로세스와 같이 동작하고 조직 내의 진짜 서버에게 메시지를 보낸다. 만약 그렇지 않다면,

메시지를 폐기하고 외부 사용자에게 오류 메시지를 전달한다. 이렇게 하여 외부 사용자의 요청은 응용 계층의 내용을 바탕으로 필터링된다. 그림 10.62는 프록시 방화벽 구현을 보여준다.

그림 10.62 ❙ 프록시 방화벽

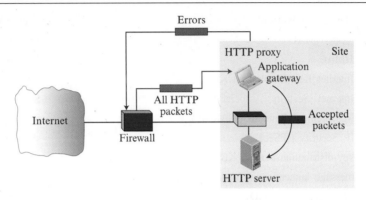

프록시 방화벽은 응용 계층에서 필터링한다.

10.6 추천 자료

단행본

암호학과 네트워크 보안을 다룬 여러 가지 책이 많이 있다: [For 08], [Sta 06], [Bis 05], [Mao 04], [Sti 06], [Res 01], [Tho 00], [Dor 03], [Gar 95].

10.7 중요 용어

additive cipher	ciphertext
application gateway	cryptographic hash function
asymmetric-key cipher	Cryptographic Message Syntax (CMS)
Authentication Header (AH) Protocol	cryptography
autokey cipher	Data Encryption Standard (DES)
block cipher	decryption
Caesar cipher	decryption algorithm
certification authority (CA)	denial of service (DoS)
challenge-response authentication	Diffie-Hellman protocol
cipher	digest
cipher suite	digital signature

Digital Signature Standard (DSS)

Encapsulating Security Payload (ESP)

encryption

encryption algorithm

firewall

Handshake Protocol

hashed MAC

HMAC

Internet Key Exchange (IKE)

Internet Security Association and Key Management Protocol (ISAKMP)

IP Security (IPSec)

key-distribution center (KDC)

message authentication code (MAC)

Message Digest (MD)

monoalphabetic cipher

Oakley

one-time pad

packet-filter firewall

P-box

plaintext

polyalphabetic cipher

Pretty Good Privacy (PGP)

private key

proxy firewall

public key

public-key certificate

RSA cryptosystem

S-box

Secure Hash Algorithm (SHA)

Secure Sockets Layer (SSL) protocol

Secure/Multipurpose Internet Mail Extension (S/MIME)

Security Association (SA)

Security Association Database (SAD)

Security Policy (SP)

Security Policy Database (SPD)

shift cipher

SKEME

steganography

stream cipher

substitution cipher

symmetric-key cipher

ticket

Transport Layer Security (TLS) protocol

transport mode

transposition cipher

tunnel mode

virtual private network (VPN)

web of trust

X.509

10.8 요약

보안의 세 가지 목표는 보안 공격에 의해서 생겨난 것이다. 두 가지 기술인 암호학과 스테가노그라피는 공격에 대해 정보를 보호하기 위하여 나누어졌다.

대칭-키 암호에서는 암호화와 복호화에 같은 키를 사용하고 키는 양방향통신에 사용될 수 있다. 전통적인 대칭-키 암호를 두 개의 넓은 범주로 나눈다.

비대칭-키 암호는 두 개의 키를 사용하는데 하나는 개인 키이고 하나는 공개 키이다. 비대칭-키 암호는 밥과 앨리스가 두 방향 통신에 대해 같은 키의 집합을 사용할 수 없다는 것을 의미한다.

보안의 또 다른 중요한 부분은 무결성, 메시지 인증, 개체 인증, 키 관리를 포함한다.

PGP(Pretty Good Privacy)로서, 전자우편에 프라이버시, 무결성, 그리고 인증을 제공하기 위해 Phil Zimmermann에 의해 고안되었다. 전자우편 보안을 위해 설계된 또 다른 보안 서비스는 S/MIME (Secure/Multipurpose Internet Mail Extension)이다.

전송 계층 보호 프로토콜은 TCP와 같은 신뢰성 있는 전송 계층 프로토콜의 서비스에 사용되는 응용에 대한 종단-대-종단 보안 서비스를 제공한다. 두 가지 프로토콜인 안전한 소켓 계층 보안(SSL, Secure Sockets Layer) 프로토콜과 전송 계층 보안(TLS, Transport Layer Security)은 전송 계층에서 제공하는 보안으로 오늘날 많이 사용되고 있다.

IP 보안(IPSec)은 네트워크 레벨에서 패킷에 대한 보안을 제공하기 위해 IETF (Internet Engineering Task Force)에 의해 설계된 프로토콜들의 모음이다. IPSec은 전송 모드 또는 터널 모드로 운용된다. IPSec은 두 가지 프로토콜을 규정했는데 이는 인증 헤더(AH) 프로토콜과 보안 페이로드 캡슐화(ESP) 프로토콜이다.

방화벽은 기관의 네트워크와 인터넷 간에 설치된 장치(항상 라우터 또는 컴퓨터)이다. 방화벽은 어떤 패킷은 포워딩하고 어떤 패킷은 폐기한다. 방화벽은 항상 패킷-필터 방화벽과 프록시-기반 방화벽으로 나눈다.

10.9 연습문제

10.9.1 기본 연습문제

1. 세 가지 보안 목표는 _____ 이다.
   a. 기밀성, 암호화, 부인봉쇄
   b. 기밀성, 암호화, 복호화
   c. 기밀성, 무결성, 가용성
   d. 정답 없음

2. 다음 공격 중 무결성을 위협하는 것은?
   a. 가장(masquerading) b. 트래픽 분석
   c. 서비스 거부   d. 정답 없음

3. 다음 공격 중 가용성을 위협하는 것은?
   a. 재연(replaying)   b. 수정
   c. 서비스 거부   d. 정답 없음

4. _____은(는) 암호화에 의해 메시지의 내용을 감추는 것을 의미한다.
   a. 스테가노그래피(steganography)
   b. 암호화(cryptography)
   c. 압축(compressing)
   d. 정답 없음

5. _____은(는) 다른 무언가를 이용하여 덮어씌워서 메시지의 내용을 감추는 것을 의미한다.
   a. 암호화   b. 스테가노그래피
   c. 압축   d. 정답 없음

6. _____ 암호화는 수신자와 송신자가 같은 키를 사용한다.
   a. 대칭-키   b. 비대칭-키
   c. 공개 키   d. 정답 없음

7. _____ 암호화는 동일한 키를 양쪽에서 사용한다.
   a. 대칭-키   b. 비대칭-키
   c. 공개 키   d. 정답 없음

8. _____ 암호화는 흔히 긴 메시지에 사용된다.
   a. 대칭-키   b. 비대칭-키
   c. 공개 키   d. 정답 없음

9. _____ 암호화는 흔히 짧은 메시지에 사용된다.
   a. 대칭-키   b. 비대칭-키
   c. 공개 키   d. 정답 없음

10. _____은(는) 송신자와 수신자가 기밀성을 기대하는 것을 의미한다.
    a. 부인봉쇄   b. 무결성
    c. 인증   d. 정답 없음

11. _____은(는) 그들이 보낸 데이터가 정확하게 수신자에게 도착해야 하는 것을 의미한다.
    a. 대칭-키   b. 비대칭-키
    c. 공개 키   d. 정답 없음

12. _____은(는) 메시지 인증, 무결성 및 부인방지를 제공할 수 있다.
    a. 암호화/복호화   b. 디지털 서명
    c. 압축   d. 정답 없음

13. 디지털 서명은 _____을(를) 제공하지 않는다.
    a. 부인봉쇄   b. 프라이버시
    c. 인증   d. 정답 없음

14. _____에서는 당사자의 신원은 시스템에 접속하는 전체 기간 동안 한 번 확인한다.
    a. 개체 인증   b. 메시지 무결성
    c. 메시지 인증   d. 정답 없음

15. _____ 암호화에서는 누구든지 모든 사람의 공개 키를 액세스할 수 있다.
    a. 대칭-키   b. 비대칭-키
    c. 비밀 키   d. 정답 없음

16. 메시지가 암호화되면, 그것은 _____(이)라고 한다.
    a. 평문   b. 암호문(ciphertext)
    c. 암호화문서(cryptotext) d. 정답 없음

17. 기밀성을 위해 사용되는 비대칭-키 방식에서 어떤 키가 공개적으로 알려져 있는가?
    a. 암호화 키만 공개
    b. 복호화 키만 공개
    c. 암·복호화 키 모두 공개
    d. 정답 없음

18. 기밀성을 위해 사용되는 비대칭-키 방식에는 수신자가 메시지를 해독하기 위해 자신의 _____(를) 사용한다.
    a. 개인 키   b. 공개 키
    c. 키 없이(no key)   d. 정답 없음

19. 기밀성을 위한 RSA 알고리즘은 _____ 암호화를 사용한다.
    a. 비대칭-키   b. 대칭-키
    c. 대치(substitution) d. 정답 없음

20. RSA에서 사용자 A가 사용자 B에게 암호화된 메시지를 보내는 것을 원한다면, 평문은 _____의 공개 키로 암호화된다.
    a. 사용자 A   b. 사용자 B
    c. 네트워크   d. 정답 없음

21. 디지털 서명 기술에서 전체 메시지를 비대칭-키를 사용하여 서명할 때, 메시지 송신자가 메시지 서명에 _____를 사용한다.
    a. 자신의 대칭-키   b. 자신의 개인 키
    c. 자신의 공개 키   d. 정답 없음

22. 디지털 서명 기술에서 전체 메시지 비대칭-키를 사용해서 서명할 때, 메시지의 수신자는 서명을 확인하는 _____을(를) 사용한다.
    a. 자신의 공개 키   b. 자신의 개인 키
    c. 보낸 사람의 공개 키 d. 정답 없음

23. _____는 대칭-키 분배의 문제를 해결할 수 있는 신뢰할 수 있는 제 3자이다.
    a. CA   b. KDC
    c. TLS   d. 방화벽

24. _____는 공개 키와 공개 키 소유자 간의 결합(binding)을 인증한다.
    a. CA   b. KDC
    c. TLS   d. 정답 없음

25. VPN 기술은 조직을 위한 프라이버시(privacy)를 보장하기 위하여 두 기술인 _____와 _____를 동시에 사용한다.
    a. SSL (Secure Socket Layer); 터널링
    b. IPSec; SSL
    c. IPSec; 터널링
    d. 정답 없음

26. IP Security (IPSec)는 _____ 레벨의 패킷에 대한 보안을 제공하기 위해 IETF (Internet Engineering Task Force)에 의해 설계된 프로토콜의 모음이다.
    a. 데이터링크   b. 네트워크
    c. 전송   d. 정답 없음

27. IPSec은 _____라는 신호방식(signaling) 프로토콜을 사용한 두 호스트간의 논리적 연결이 필요하다.
    a. AS   b. SA
    c. AS   d. 정답 없음

28. IPSec은 서로 다른 두 가지 모드인 _____ 모드와 _____ 모드로 작동한다.
    a. 전송(transport), 네트워크(network)
    b. 전송(transport), 터널(tunnel)
    c. 터널(tunnel), 표면(surface)
    d. 정답 없음

29. _____ 모드에서 IPSec 헤더는 IP 헤더와 패킷

의 나머지 부분 사이에 추가된다.
a. 전송   **b.** 터널
c. 전환(transition)   **d.** 정답 없음

30. _____ 모드에서 IPSec 헤더는 원래의 IP 헤더의 앞에 위치한다.
a. 전송   **b.** 터널
c. 전환   **d.** 정답 없음

31. IPSec은 두 프로토콜 _____와 _____을(를) 정의한다.
a. AH: SSP   **b.** ESP; SSP
c. AH: EH   **d.** 정답 없음

32. _____ 프로토콜은 전달된 페이로드의 무결성 보장과 발신지 호스트 인증을 위한 것이다.
a. AH   **b.** ESP
c. SPE   **d.** 정답 없음

33. _____ 프로토콜은 메시지 인증과 무결성을 제공하지만, 프라이버시(privacy)는 제공하지 않는다.
a. AH   **b.** ESP
c. SPE   **d.** 정답 없음

34. _____ 프로토콜은 메시지 인증, 무결성 및 프

라이버시를 제공한다.
a. AH   **b.** ESP
c. SPE   **d.** 정답 없음

35. _____는(은) 전송 계층에서의 보안을 제공하도록 설계되었다.
a. AH   **b.** ESP
c. TLS   **d.** 정답 없음

36. _____는(은) 이메일 전송에 있어 보안에 필요한 네 가지 측면 모두를 제공하기 위해 필 짐머만(Phil Zimmermann)에 의해 발명되었다.
a. AH   **b.** ESP
c. TLS   **d.** 정답 없음

37. 패킷 필터 방화벽은 _____ 또는 _____ 계층에서 필터링한다.
a. 네트워크, 응용   **b.** 전송, 응용
c. 네트워크, 전송   **d.** 정답 없음

38. 프록시 방화벽은 _____ 계층에서 필터링한다.
a. 전송   **b.** 네트워크
c. 응용   **d.** 정답 없음

10.9.2 응용 연습문제

1. 다음 공격 중 기밀성에 대한 위협은 어떤 것인가?
a. 스누핑(snooping)   **b.** 가장(masquerading)
c. 부인(repudiation)

2. 다음 공격 중 무결성에 대한 위협은 어떤 것인가?
a. 수정(modification)   **b.** 재연(replaying)
c. 서비스 거부(denial of service)

3. 다음 공격 중 가용성에 대한 위협은 어떤 것인가?
a. 부인(repudiation)
b. 서비스 거부(denial of service)
c. 수정(modification)

4. "비밀 기록(secret writing)"을 의미하는 단어는 어느 것인가? 감춰진 기록(covered writing)을 의미하는 단어는 어느 것인가?
a. 암호(cryptography)
b. 스테가노그래피(steganography)

5. 엘리스와 밥이 봉인된 편지를 보낼 때, 이것은 기밀

성을 위한 암호(cryptography) 사용 예인가? 아니면 스테가노그래피(steganography) 사용 예인가?

6. 엘리스와 밥이 둘만 이해할 수 있는 언어로 편지를 보낼 때, 이것은 기밀성을 위한 암호(cryptography)의 사용 예인가? 아니면 스테가노그래피(steganography) 사용 예인가?

7. 엘리스는 밥에게 비밀로 편지를 보내는 법을 찾았다. 매번, 그녀는 신문으로부터 기사와 같은 새로운 텍스트를 택한 다음, 글자 사이에 하나 또는 두개의 공백을 삽입한다. 하나의 빈칸은 2진법 0을 의미한다; 두 개의 빈칸은 2진법 1을 의미한다. 밥은 2진법 숫자를 추출하고 ASCII 코드를 사용하여 해석한다. 이것은 암호(cryptography)의 예인가? 아니면 스테가노그래피(steganography)의 예인가? 설명하라.

8. 엘리스와 밥은 기밀 메시지(confidential messages)를 교환한다. 이들은 양 방향으로 암·복호화 키와 같은

매우 큰 숫자를 공유한다. 이것은 대칭-키 암호화의 예인가 아니면 비대칭-키 암호화의 예인가? 설명하라.

9. 엘리스는 밥에게 보내기 위해 메시지를 암호화 했을 때와 밥으로부터 받은 메시지를 암호화했을 때, 같은 키를 사용하였다. 이것은 대칭-키 암호화의 예인가 아니면 비대칭-키 암호화 예인가? 설명하라.

10. 대치 암호(substitution ciphers)와 치환 암호(transposition ciphers)를 차이를 설명하라.

11. 암호에서 모든 평문 As는 암호문 Ds로 바뀌었고 모든 평문 Ds는 암호문 Hs로 바뀌었다. 이것은 단일문자(monoalphabetic) 암호인가? 아니면 다중 문자 대치(polyalphabetic substitution) 암호인가? 설명하라.

12. 단일문자(monoalphabetic)와 다중 문자(polyalphabetic) 중에 어떤 암호가 더 쉽게 해독될 수 있는가?

13. 엘리스와 밥은 모듈러 26 연산의 덧셈 암호를 사용한다고 가정한다. 침입자 이브는 가능한 모든 키를 시도하여 암호 해독을 원한다면, 평균적으로 얼마나 많은 키를 시도해야 하는가?

14. 본문의 예제 10.1과 10.2에서 하나의 정수 키를 갖는다면, 예제 10.3에서는 얼마나 많은 정수 키를 갖게 되는가?

15. 1,000자의 평문이 있다고 가정하자. 다음 암호에서 각 메시지 암·복호화에 얼마나 많은 키를 사용해야 하는가?
    a. 덧셈(additive)   b. 단일문자(monoalphabetic)
    c. 자동키(autokey)

16. 스트림 및 블록 암호의 정의에 따라, 다음 중 어느 것이 스트림 암호인가?
    a. 덧셈(additive)   b. 단일문자(monoalphabetic)
    c. 자동키(autokey)

17. 현대 블록 암호인 치환 블록(permutation block: P-box)은 다섯 개의 입력과 다섯 개의 출력을 가진다. 이것은 _____ 치환이다.
    a. 단순(straight)   b. 축소(compression)
    c. 확장(expansion)

18. 현대 블록 암호인 치환 블록은 키가 없는 전치암호(transposition cipher)의 예 이다. 이 문장은 무엇을 의미하는가? (본문 그림 10.8 참조)

19. 현대 블록 암호에서 우리는 자주 암호화 암호(encryption cipher)에 사용되는 구성 요소의 역인 복호화 암호(decryption cipher)의 구성 요소를 사용할 필요가 있다. 다음과 같은 구성 요소의 역(inverse)는 무엇인가?
    a. 교환(swap)   b. 오른쪽 이동(shift right)
    c. 결합(combine)

20. DES의 각 라운드에서 본문 그림 10.8에 정의된 모든 구성 요소를 갖는다. 어떤 구성 요소는 키를 사용하고, 어떤 구성 요소는 사용하지 않는가?

21. 본문 그림 10.10에서 확장(expansion) P-box가 필요한 이유는? 단순(straight) 또는 축소(compression) P-box를 사용하지 않는 이유는 무엇인가?

22. 본문 그림 10.9는 DES가 각 라운드에서 16개의 서로 다른 48비트 키를 만드는 모습을 보여준다. 16개의 다른 키가 필요한 이유는 무엇인가? 왜 각 라운드에서 같은 키를 사용해서는 안 되는가?

23. 원 타임 패드 암호(One-time pad cipher)(본문 그림 10.12)가 가장 간단하고, 안전한 암호라면, 모든 경우에 사용하지 않는 이유는 무엇인가?

24. 엘리스와 밥이 비대칭-키 암호를 사용하는 통신이 필요하다면, 그들은 얼마나 많은 키가 필요로 하는가? 누가 이 키를 만들어야 하는가?

25. 작은 메시지에만 비대칭-키 암호가 사용되는 이유는 무엇인가?

26. 비대칭 공개 키 암호에서 어떤 키를 암호화에 사용하고, 어떤 키를 복호화에 사용하는가?
    a. 공개 키(public key)   b. 개인 키(private key)

27. RSA에서 밥은 왜 공개 키 e로 1을 선택할 수 없는가?

28. 본문 그림 10.17에서 해시함수(MAC)에 추가되는 비밀 키의 역할은 무엇인가? 설명하라.

29. 메시지(message) 인증과 개체(entity) 인증의 차이를 설명하라.

30. 엘리스는 메시지의 송신자임을 증명하기 위해 밥에게 보낸 메시지에 서명한다. 엘리스는 다음 중 어떤 키를 사용해야 하는가?

    a. 엘리스의 공개 키   **b.** 엘리스의 개인 키

31. 엘리스는 50명의 그룹에 메시지를 보내야 한다. 엘리스가 메시지 인증을 사용해야한다면, 다음 구조 중 어떤 것을 추천하겠는가?
    a. MAC   **b.** 디지털 서명(digital signature)

32. 다음 서비스 중 디지털 서명이 제공되지 않는 것은?
    a. 메시지 인증(message authentication)
    b. 기밀성(confidentiality)
    c. 부인 봉쇄(non-repudiation)

33. 엘리스가 기밀성을 위한 비대칭-키를 사용한다면, 100개의 사본을 준비하기 위해 얼마나 많은 키를 사용해야 하는가? 설명하라.

34. 50명의 회원이 있는 클럽에서 회원들 간의 비밀 메시지 교환을 위해서 얼마나 많은 비밀 키가 필요로 하는가?

35. 키 분배 센터(KDC, Key Distribution Center)는 _____ 키 분배의 문제를 해결하기 위해 설계되었다.
    a. 비밀(secret)   **b.** 공개(public)
    c. 개인(private)

36. 인증 기관(CA, Certification Authority)은 _____ 키 분배의 문제를 해결하기 위해 설계되었다.
    a. 비밀(secret)   **b.** 공개(public)
    c. 개인(private)

10.9.3 심화문제

1. 다음과 같은 경우에 대한 공격 유형을 정의하라.
    a. 학생이 다음 시험의 복사본을 얻기 위해 교수 연구실을 침입한다.
    b. 학생이 중고 책을 사기 위해 10불짜리 수표를 준다. 나중에 학생은 수표가 100달러짜리 현금으로 바꾼 것을 알게되었다.
    c. 학생은 가짜 반환 전자메일 주소를 사용하여 학교에 하루 100통의 e-mail을 보낸다.

2. 평문 "book"을 암호화하기 위해 k = 10 덧셈 암호(additive cipher)를 사용한다. 그렇다면 원래의 평문을 얻기 위해 메시지 복호화하라.

3. 키 = 20과 덧셈 암호(additive cipher)를 사용하여 "this is an exercise" 메시지를 암호화한다. 단어 사이에 공백은 무시한다. 원래 평문을 얻기 위해 메시지를 복호화하라.

4. Atbash는 성서 작가들 중에 유명한 암호이다. Atbash에 따르면, "A"는 "Z"로 "B"는 "Y" 등으로 암호화되고, 비슷하게, "Z"는 "A"로, "Y"는 "B" 등으로 암호화 된다. 알파벳은 반으로 나누고, 처음 반의 문자가 두 번째 반에 있는 문자로 암호화 된다고 가정하자. 암호 및 키 유형을 찾아라. Atbash 암호를 사용하여 평문 "an exercise"를 암호화하라.

5. 치환 암호는 문자-대-문자로 변환할 필요가 없다.

Polybius 암호에서 평문의 각 문자는 두 개의 정수로 암호화 된다. 키는 문자의 5 × 5 메트릭스이다. 평문은 메트릭스에 있는 문자이며, 암호문은 행과 열 번호를 나타내는 두 개의 정수(각각 1과 5 사이의)이다. 다음의 키와 함께 Polybius 암호를 사용해서 메시지 "An exercise"를 암호화하라.

	1	2	3	4	5
1	z	q	p	f	e
2	y	r	o	g	d
3	x	s	n	h	c
4	w	t	m	i / j	b
5	v	u	l	k	a

6. 엘리스는 친구에게 메시지를 보내기 위해서는 자신의 컴퓨터에서 덧셈 암호(additive cipher)만 사용할 수 있다. 그녀는 서로 다른 키로 매번 메시지를 2번 암호화한다면, 메시지가 더욱 안전하다고 생각한다. 그녀가 옳은가? 자신의 생각을 대답해 보아라.

7. 침입자가 덧셈 암호(additive cipher)와 같은 간단한 암호에 적용할 수 있는 공격 중 하나를 암호문 공격이라 불린다. 이러한 공격의 유형에서 침입자는 암호를 가로채서, 결국은 키와 평문을 찾으려고 한다. 암호문(ciphertext) 공격에 사용되는 방법 중 하나는 전사접근 방법(brute-force approach)이라 하고, 이것은 침입자가 메시지의 의미를 찾을 때까지 여러 가지 키로 메시지 복호화를 시도한다. 침입자가 암호문

"UVACLYZLJBYL"을 가로챘다고 가정하자. 의미가 있는 일반 텍스트가 나타낼 때까지 1부터 모든 키를 사용하여 메시지 복호화를 시도하라.

8. 암호문(ciphertext) 공격(이전 문제 참조)에 사용되는 또 다른 방법은 통계 접근 방법(statistical approach)이라고 한다. 이것은 침입자가 긴 암호문을 가로채고 암호문의 문자에 대한 통계 분석을 시도한다. 덧셈 암호(additive cipher)와 같은 간단한 암호는 암호화가 1:1이기 때문에 문자의 통계를 변경할 수 없다. 침입자가 다음 암호문을 가로챘다고 가정하고, 영어에서 가장 일반적인 평문은 문자 "e"이다. 이러한 지식을 이용하여 암호 키를 찾고 암호문을 복호화하라.

```
XLILSYWIMWRSAJSVWEPIJSVJSYVQMPPMSRHSPPEVWMXMWASVXLQSVILY
VVCFIJSVIXLIWIPPIVVIGIMZIWQSVISJJIVW
```

9. 전치 암호(transposition cipher)에서 암호화와 복호화 키는 두 개의 1차원 테이블(배열)로 표현되며, 암호는 소프트웨어의 조각(프로그램)으로 표현된다.
   a. 본문의 그림 10.6에서 암호화 키를 위한 배열을 보여라. 힌트: 각 부분의 값은 입력-열 번호(input-column number)를 표시할 수 있다; 인덱스는 출력-열 번호(output-column number)를 표시할 수 있다.
   b. 본문 그림 10.6의 복호화 키를 위한 배열을 보여라.
   c. 암호화 키를 제공하면, 어떻게 복호화 키를 찾을 수 있는지를 설명하라.

10. 순환 자리 이동 연산(circular shift operation)은 현대 블록 암호의 구성 요소 중 하나이다.
    a. 글자$(10011011)_2$에서 3 bit 왼쪽으로 순환 이동 결과를 보여라.
    b. a의 결과 값에서 3 bit 오른쪽으로 순환 이동 결과를 보여라.

c. 오른쪽 이동과 왼쪽 이동 연산은 서로 반대인 것을 보여주기 위해 a에서의 원래 문자와 b의 결과 값 비교하라.

11. swap 작업은 현대 블록 암호의 구성 요소 중 하나이다.
    a. 문자$(10011011)_2$을 스왑(swap)하라.
    b. a로부터의 문자의 결과를 스왑하라.
    c. 스와핑(swapping)은 자체적으로 뒤집는(self-invertible) 작업이라는 것을 보여주기 위해 a와 b에서의 결과를 비교하라.

12. 블록 암호에서 가장 일반적인 작업은 XOR 연산이다. 다음 작업 결과를 찾아라. 결과를 해석하라.
    a. $(01001101) \oplus (01001101)$
    b. $(01001101) \oplus (00000000)$

13. 본문 그림 10.8의 치환 상자를 시뮬레이트하기 위한 프로그램을 작성한다고 가정하자.
    a. 테이블의 각 상자를 나타내는 방법을 보여라.
    b. 테이블 각 상자의 역(inversion)을 보여라.

14. 두 개의 출력(y_1과 y_2)과 세 개의 입력(x_1, x_2 그리고 x_3)과 함께 열쇠가 없는 S-box (substitution box)를 가지고 있다고 가정한다. 입력과 출력의 관계는 다음과 같이 정의된다($\oplus$는 XOR를 의미):

$$y_1 = x_1 \oplus x_2 \oplus x_3 \qquad y_2 = x_1$$

입력이 (110)이라면 출력은 어떻게 되는가? 입력이 (001)이라면 출력은 어떻게 되는가?

15. 블록 암호의 각 라운드는 모든 블록의 역(invertible)을 만들기 위한 역(invertible)이 된다. 현대 블록 암호는 이것을 달성하기 위해 2가지 방법을 사용한다. 첫 번째 접근에서 각 구성 요소는 역(invertible)이다. 두

그림 **10.63** ▎ 문제 15

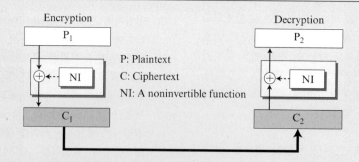

번째 접근에서 일부 구성 요소가 역이 아니라 Feistel 암호라는 것을 사용하여, 전체 라운드가 역이다. 이 접근은 본문에서 설명한 DES에서 사용된다. Feistel 암호의 트릭은 구성 요소 중 하나로서 XOR 연산을 사용하는 것이다. 포인트를 보려면, 그림 10.63에 나타난 것처럼 하나의 라운드는 역이 아닌 구성 요소 NI, 그리고 XOR 연산이 만든 것이라 가정한다. 전체 라운드가 역이라는 걸 증명한다, 즉 일반 텍스트가 암호문으로부터 복구될 수 있다는 걸 의미한다. 힌트: XOR 속성을 사용하라($x \oplus x = 0$ and $x \oplus 0 = x$).

16. 그림 10.9에서 각 라운드는 swapper를 갖는다. 이러한 swapper의 사용은 무엇인가?

17. 그림 10.9에서 두 개의 직선 치환 연산인 초기 치환(*initial permutation*)과 마지막 치환(*final permutation*)이 있다. 전문가들은 이러한 연산은 강한 암호를 위해 쓸모없으며, 도움이 되지 않는다고 믿는다. 이렇게 표현하는 이유를 찾을 수 있겠는가?

18. DES의 키는 56비트이다. 침입자, 이브는 전사공격(brute-force attack)으로 키를 찾기 위해 시도한다고 가정한다(하나씩 모든 키를 시도한다). 그녀가 초당 백만 개의 키를 시도할 수 있다면, 코드를 깨기 위해 얼마나 걸리겠는가?

19. 밥은 $p = 11$, $q = 13$ 그리고 $d = 7$을 선택하여, RSA 암호 방식을 사용한다고 가정한다. 다음 중 어떤 것이 공개 키 e의 값이 될 수 있는가?

20. RSA에서 $p = 107$, $q = 113$, $e = 13$ 그리고 $d = 3653$이 주어졌다. 암호화 스키마 00-26을 사용해서 메시지 "THIS IS TOUGH"를 암호화하라. 원래 메시지를 찾기 위해 암호문을 복호화하라.

21. 암호학적 해시함수는 제 2 역상 저항성(second preimage resistant)이 되는 것이 필요한데 이는 메시지 M과 메시지 다이제스트 d가 주어질 때, 자신의 다이제스트가 d가 되는 그 어떤 메시지 M'를 찾을 수 없다는 것을 의미한다. 다시 말하면, 두 개의 서로 다른 메시지가 같은 다이제스트를 가질 수 없다. 이 요구사항을 기반으로 인터넷에서 전통적인 검사합(checksum)은 해시함수로 사용할 수 없다는 것을 보여라.

22. 개인-공개 키가 왜 MAC을 생성하는 데 사용할 수 없는지 설명하라.

23. 그림 10.22의 비표(nonce)는 세 번째 메시지의 재현을 막기 위한 것이다. 이브는 세 번째 메시지를 재현할 수 없고, 밥의 응답을 수신하였을 때, RB의 값은 더 이상 유효하지 않기 때문에 이것은 엘리스로부터의 새로운 요청(request)이라고 가정한다. 이것은 다이어그램(diagram)에 타임스탬프(timestamp)를 추가할 경우에 첫 번째와 두 번째 메시지를 제거할 수 있는 것을 의미한다. 타임스탬프를 사용한 그림 10.22의 새로운 버전을 보여라.

24. 그림 10.23에서는 암호화가 두 번째 메시지(밥으로부터 엘리스에게)에 사용하고, 그림 10.24에서 서명은 세 번째 메시지(엘리스로부터 밥에게)에서 수행되는 이유를 설명하라.

25. 그림 10.22는 엘리스가 밥을 인증하는 단방향 인증을 보여준다. 양방향 인증(밥을 위한 엘리스 인증 및 엘리스를 위한 밥의 인증)을 제공하기 위해 이 그림을 변경하라.

26. 양방향 인증을 허용하기 위해 그림 10.23을 변경하라. 엘리스는 밥을 위한 인증이 필요하며, 밥은 엘리스를 위한 인증이 필요하다.

27. 양방향 인증을 허용하기 위해 그림 10.24를 변경하라. 엘리스는 밥을 위한 인증이 필요하며, 밥은 엘리스를 위한 인증이 필요하다.

28. 그림 10.26에 결함이 있다는 것을 주의해야 한다. 침입자 이브는 세 번째 메시지를 재현할 수 있으며, 그녀가 어떻게든 세션 키의 엑세스 권한을 얻을 수 있다면, 이브는 엘리스와 밥이 교환하는 메시지를 가장할 수 있다. 엘리스와 밥 모두 비표(nonce)를 사용한다면, 이 문제는 피할 수 있다. 비표는 수명을 가지고 있으며, 이의 주요 목적은 재현방지이다. 2개의 비표를 추가하기 위해 그림 10.26을 수정하라.

29. 매우 간단한 메시지 다이제스트가 있다고 가정한다. 비현실적인 메시지 다이제스트는 단지 0과 25 사이에 있는 하나의 숫자이다. 다이제스트는 0으로 초기화 설정한다. 암호화 해시함수는 다이제스트의 현재 값을 현재 글자의 값(0과 25 사이)에 추가한다. 덧셈은 모듈러 26에 있다. 메시지가 "HELLO"라면, 다이제스트의 값은 무엇인가? 이 다이제스트는 안전하지 못한 이유는 무엇인가?

30. 비밀 키 분배의 개념을 이해하기 위하여 작은 개인 클럽에 100명의 회원(회장을 제외한)이 있다고 가정한다. 다음 질문에 대답하라.

    a. 클럽의 모든 멤버들이 서로에게 비밀 메시지를 보내고자 한다면 얼마나 많은 비밀 키가 필요한가?

    b. 모든 사람이 클럽의 회장을 신뢰한다면 얼마나 많은 비밀 키가 필요한가? 한 회원이 다른 회원에게 메시지를 보낼 필요가 있는 경우, 그녀는 먼저 회장에게 보낸다. 그러면 회장은 메시지를 다른 회원에게 보낸다.

    c. 통신이 필요한 두 회원이 먼저 회장 자신에게 연결해야 한다면 얼마나 많은 비밀 키가 필요한가. 회장은 다음 두 회원간에 사용할 임시 키를 만든다. 임시 키는 암호화하여 두 회원에게 전송된다.

31. 전자우편에 대한 두 가지 보안 서비스를 정의하였다 (PGP와 S/MIME). 전자우편 어플리케이션이 SSL/TLS 서비스를 사용할 수 없고 PGP 또는 S/MIME을 사용해야 하는 이유를 설명하라.

32. 엘리스가 밥에게 전자우편을 보내야 한다고 가정한다. 어떻게 PGP를 사용하여 무결성을 얻을 수 있는지 설명하라.

33. 엘리스가 밥에게 전자우편을 보내야 한다고 가정한다. 어떻게 PGP를 사용하여 기밀성을 얻을 수 있는지 설명하라.

34. 엘리스가 밥에게 전자우편을 보내야 한다고 가정한다. 어떻게 S/MIME를 사용하여 전자우편의 무결성을 얻을 수 있는지 설명하라.

35. 엘리스가 밥에게 전자우편을 보내야 한다고 가정한다. 어떻게 S/MIME을 사용하여 전자우편의 인증을 얻을 수 있는지 설명하라.

36. 엘리스가 밥에게 전자우편을 보내야 한다고 가정한다. 어떻게 S/MIME를 사용하여 전자우편 기밀성을 얻을 수 있는지 설명하라.

37. SSL 인증에 대해 이야기 한다면, 이것은 메시지 인증을 의미하는가? 개체(*entity*) 인증을 의미하는가? 설명하라.

38. PGP(또는 S/MIME) 인증에 대해 이야기 한다면, 이것은 메시지 인증을 의미하는가? 개체(*entity*) 인증을 의미하는가? 설명하라.

39. PGP나 S/MIME에서 암호 알고리즘을 절충할 수 없다면 전자우편 수신자는 송신자가 사용한 알고리즘을 어떻게 결정할 수 있는가?

40. UDP를 이용하여 SSL을 사용할 수 있는가? 설명하라.

41. 왜 SSL을 이용한 보안 연관(security association)이 필요 없는가?

42. PGP와 S/MIME를 비교하여 차이를 설명하라. 각각의 장점과 단점은 무엇인가?

43. SSL 핸드쉐이킹(handshaking)은 TCP의 3방향 핸드쉐이킹 이전 또는 이후에 일어나는가? 그들은 결합할 수 있는가? 설명하라.

44. 호스트 A와 호스트 B가 전송 모드로 IPSec을 이용한다. 두 개의 호스트가 서로 가상의 연결 지향 서비스 (virtual connection-oriented service)를 만들 필요가 있다고 말할 수 있는가?

45. IPSec에서 인증에 대해 말하려면, 메시지 인증을 의미하는가? 개체 인증을 의미하는가? 설명하라.

46. 엘리스와 밥이 서로에게 지속적으로 메시지를 보낸다면, 그들은 보안 연관(security association)을 한 번 만들고 모든 패킷 교환을 위해 그것을 사용할 수 있는가? 설명하라.

10.10 시뮬레이션 실험

10.10.1 애플릿(Applets)

이 장에서 설명하는 주요 개념을 보여주기 위해 몇 가지 자바 애플릿을 만들었다. 학생들은 책 웹 사이트에서 이 애플릿을 실행해 보는 것과 실제로 프로토콜을 시험해 볼 것을 강력하게 추천한다.

10.10.2 실험 과제(Lab Assignments)

이 절에서는 두 가지 프로토콜인 SSH (Secure Shell)과 HTTPS (HyperText Transfer Protocol Secure)을 시뮬레이션 하기 위해 와이어샤크(Wireshark)를 사용한다. 이 실험 과제의 전체 설명은 책 웹 사이트에 있다.

1. 2장에서 FTP와 TELNET에 대해 배웠다. FTP를 사용한 전송 파일과 TELNET을 사용한 시스템 로그인은 보안이 되지 않는다. 2장에서 FTP와 TELNET을 시뮬레이션하기 위해 SSH (Secure Shell)를 사용하는 것을 배웠다. 이 실험 과제에서는 SSH을 사용 하는 것과, 보안 파일 전송과 로깅(logging)을 할 수 있는 인터넷 보안 프로토콜(SSL/TLS)이 어떻게 동작하는지 배우기 위해 와이어샤크(Wireshark)로 패킷을 캡쳐해 보았으면 한다.

2. 2장에서 인터넷에서 웹페이지를 엑세스하기 위해 사용하는 프로토콜인 HTTP에 대해 배웠다. HTTP 자체에서는 보안을 제공하지 않는다. 그러나 HTTP에 보안을 추가하기 위해 HTTP와 SSL/TLS을 조합 할 수 있다. 이 새로운 프로토콜은 HTTPS (HyperText Transfer Protocol Secure)라고 불린다. 이 실험 과제에서 HTTPS를 사용하는 것과 HTTPS를 사용할 때 SSL/TSL 패킷의 내용을 조사하기 위해 와이어샤크로 패킷을 캡쳐해 보아라.

3. 4장에서 IP 프로토콜에 대해 배웠다. 이 실험 과제에서 두 종단 간의 안전한 IP 연결을 생성하기 위해 IPsec을 사용하기를 권장한다.

10.11 프로그래밍 과제

학생이 선택한 프로그래밍 언어 중 하나로 다음 프로그램을 소스 코드를 작성하고, 컴파일 그리고 테스트하라.

1. 덧셈 암호를 구현하기 위한 일반적인 프로그램(암호화와 복호화). 프로그램에 대한 입력은 암호화 또는 복호화를 요구하는 플래그(flag), 대칭-키 그리고 평문 또는 암호문이다. 출력은 플래그에 따라 암호문 또는 평문이다.

2. 전치 암호(transposition cipher)를 구현하는 일반적인

프로그램(암호화와 복호화). 프로그램에 대한 입력은 암호화 또는 복호화를 요구하는 플래그, 대칭-키 그리고 평문 또는 암호문이다. 출력은 플래그(flag)에 따라 암호문 또는 평문이다.

3. RSA 암호 시스템을 구현하는 일반적인 프로그램. 프로그램에 대한 입력은 암호화 또는 복호화를 요구하는 플래그, p와 q의 값, e의 값 그리고 평문 또는 암호문이다. 출력은 플래그에 따라 암호문 또는 평문이다.

CHAPTER 11

자바 소켓 프로그래밍

2장에서 C 언어를 이용한 클라이언트-서버 프로그래밍에 대해 설명하였다. 이 장에서 같은 내용에 대해 C 언어에서 지정한 개체들을 어떻게 객체-프로그래밍 언어에서 재지정하는지 보여주기 위하여 자바 언어를 사용해서 해 보고자 한다. 프로그래밍의 여러 가지 면을 자바에서 이용할 수 있는 강력한 클래스를 이용하여 쉽게 보여줄 수 있기 때문에 자바 언어를 선택했다. 전통적인 소켓 인터페이스(socket interface) API를 이용하여 프로그래밍에서 주요 주제들을 다루지만 어려움 없이 네트워크 프로그래밍의 여러 영역으로 확장할 수 있다. 독자들은 자바 프로그래밍의 기본에 친숙한 것으로 간주한다. 이 장은 3개의 영역으로 나눈다.

☐ 첫 번째 절에서 IP 주소, 포트, 소켓 주소와 같은 개체들이 자바에서 대응되는 클래스로 어떻게 표현하는지를 살펴본다. 이들 개체들을 사용할 수 있는 방법을 보여주는 프로그램이 주어질 것이다. 또한 2장에서 살펴보았던 클라이언트-서버 패러다임 개념을 다룰 것이다.

☐ 두 번 째 절에서 먼저 UDP 프로그래밍에 사용되는 자바에서 클래스를 소개한다. 그런 다음 반복형 접근방법을 이용한 간단한 클라이언트-서버 프로그램을 작성할 수 있는 방법을 살펴본다. 다음에 동시성 접근방법을 이용한 서버 프로그램을 변경할 수 있는 방법을 살펴본다. 또 이 절에서 작성한 generic 프로그램이 일부 예에서 서비스를 제공하는 데 어떻게 사용되는지를 살펴본다.

☐ 세 번째 절에서 먼저 TCP 프로그래밍에 사용되는 자바 클래스에 대해 소개한다. 그런 다음, 반복형 접근방법을 이용하여 간단한 클라이언트-서버 프로그램을 작성할 수 있는 방법을 살펴본다. 마지막으로, 동시성 접근방법을 이용한 서버 프로그램을 변경할 수 있는 방법을 살펴본다. 또 이 절에서 작성한 GENERIC 프로그램을 일부 예에서 어떻게 서비스를 제공할 수 있는지 살펴본다.

11.1 개요

이 절에서 2장에서 설명한 C 네트워크 프로그래밍의 일반적인 개념을 자바 네트워크 프로그래밍에서 어떻게 사용할 수 있는지 살펴본다.

11.1.1 주소와 포트

어떤 언어든지 네트워크 프로그래밍은 절대적으로 IP 주소와 포트번호를 다룰 필요가 있다. 간단하게 자바에서 어떻게 주소와 포트를 표현하는지 살펴본다. 독자에게 C와 자바에서 두 개체의 표현을 비교해 볼 것을 권장한다.

IP 주소

4장에서 설명했던 것처럼 인터넷에서 사용하는 IP 주소는 두 가지 유형이 있는데, 이는 IPv4 주소(32비트)와 IPv6(128비트)이다. 자바에서는 *InetAddress* 클래스의 인스턴스(instance)인 개체로서 나타낸다. 원래 클래스는 상속할 수 없다는 것을 의미하는 *final* 클래스로 나타낸다. 나중에 자바는 클래스를 변경한다, 그리고 이 클래스로부터 상속된 두 개의 서브클래스인 *InetAddress*와 *Inet6Address*를 규정한다. 그렇지만, 대부분의 시간은 IPv4와 IPv6 주소를 생성하는 InetAddress 클래스만 사용한다. 표 11.1에 일부 메소드의 시그네처를 보여준다.

표 11.1 ▌ InetAddress 클래스의 요약

```
public class java.net.InetAddress extends java.lang.Object implements Serializable

// Static Methods
public static InetAddress [] getAllByName (String host)   throws UnknownHostException
public static InetAddress getByName (String host) throws UnknownHostException
public static InetAddress getLocalHost () throws UnknownHostException

// Instance Methods
public byte [] getAddress ()
public String toString ()
public String getHostAddress ()
public String getHostName ()
public String getCanonicalHostName ()
public boolean isAnyLocalAddress ()
public boolean isLinkLocalAddress ()
public boolean isLoopbackAddress ()
public boolean isMulticastAddress ()
public boolean isMCGlobal ()                        // MC means multicast
public boolean isMCLinkLocal ()
public boolean isMCNodeLocal ()
public boolean isMCOrgLocal ()                      // Org means organization
public boolean isMCSiteLocal ()
public boolean isReachable (int timeout)
public boolean isReachable (NetworkInterface interface, int ttl, int timeout)
```

InetAddress 클래스에는 공용 생성자가 없지만, InetAddress의 인스턴스를 반환하는 클래스의 정적 메소드 중 하나를 사용할 수 있다. 클래스는 주소 객체의 형식을 변경하거나 객체에 대한 일련의 정보를 얻을 수 있는 몇 가지 인스턴스 메소드도 가지고 있다.

 예제 11.1 이 예에서는 사이트와 로컬 호스트의 InetAddress를 얻기 위해 두 번째와 세 번째 정적 메소드를 어떻게 사용하는지를 보여준다(표 11.2 참조).

표 11.2 ▮ 예제 11.1

```
1   import java.net.*;
2   import java.io.*;
3   public class GetIPAddress
4   {
5       public static void main (String [] args) throws IOException, UnkownHostException
6       {
7           InetAddress mysite = InetAddress.getByName ("forouzan.biz");
8           InetAddress local = InetAddress.getLocalHost ();
9           InetAddress addr = InetAddress.getByName ("23.12.71.8");
10
11          System.out.println (mysite);
12          System.out.println (local);
13          System.out.println (addr);
14
15          System.out.println (mysite.getHostAddress ());
16          System.out.println (local.getHostName ());
17      }// End of main
18
19  }// End of class
```

Result:
forouzan.biz/204.200.156.162
Behrouz/64.183.101.114
/23.12.71.8
204.200.156.162
Behrouz

7번 라인에서 "forouzan.biz" 사이트의 IP 주소를 얻기 위해 두 번째 정적 메소드를 사용한다. 프로그램은 실제로 이 사이트의 IP 주소를 찾기 위한 DNS를 사용한다. 8번 라인에서 동작 중인 로컬 호스트의 IP 주소를 얻기 위한 세 번째 정적 메소드를 사용한다. 9번 라인에서 InetAddress 객체에 변경된 getByName 메소드에 문자열로서 IP 주소를 전달한다.

InetAddress 객체가 문자열이 아닌 것에 주의해야 하지만, 이것은 순차적으로 되어 있다. 11~13번 라인은 InetAddress 객체에 저장된 위의 주소들을 출력한다. 호스트 이름은 점이 있는 10진 표기법의 주소 다음에 슬러시(/)가 따라온다. 그러나 9번 라인에서 얻은 주소는 호스트 이름이 없으므로, 호스트 영역은 비어 있다.

15번 라인에서 문자열로서 InetAddress 객체의 주소 부분을 추출하는 *getHostAddress* 메소드를 사용할 수 있다. 16번째 라인에서 주어진 주소의 호스트 이름을 찾는 *getHostName* 메소드를 사용한다(다시 DNS를 사용하여).

포트번호

TCP/IP 프로토콜 모음에서 포트번호(port numbers)는 부호 없는 16비트 정수이다. 그렇지만, 자바는 부호 없는 숫자 데이터 형식은 정의되지 않기에 자바에서 포트번호는 왼쪽 16비트가 0으로 설정된 정수 데이터 형식(32비트 정수)으로 정의된다. 이것은 큰 포트번호가 음수로 해석되는 것을 방지할 수 있다.

 예제 11.2

표 11.3의 프로그램은 포트번호 저장에 *short* 유형의 변수를 사용하면, 음수 값을 얻을 수 있다는 것을 보여준다. *integer* 유형의 변수는 올바른 값을 제공한다.

표 **11.3** | 예제 11.2

```
1    import java.io.*;
2    public class Ports
3    {
4        public static void main (String [] args) throws IOException
5        {
6            short shortPort = (short) 0xFFF0;
7            System.out.println (shortPort);
8
9            int intPort = 0xFFF0;
10           System.out.println (intPort);
11       }// End of main
12
13   }// End of class
```

Result:
−16
65520

InetSocketAddress

소켓 주소는 IP 주소와 포트번호의 조합이다. 자바에서는 *SocketAddress*라는 추상 클래스가 있지만, 자바 네트워크 프로그래밍에서 사용되는 클래스는 SocketAddress 클래스에서 상속된 *InetSocketAddress* 클래스이다. 표 11.4는 이 클래스에서 사용되는 메소드의 요약을 보여준다.

표 **11.4** ▮ InetSocketAddress 클래스의 요약

```
public class java.net.InetSocketAddress extends java.lang.SocketAddress

//Constructor
InetSocketAddress (InetAddress addr, int port)
InetSocketAddress (int port)
InetSocketAddress (String hostName, int port)

// Instance Methods
 public InetAddress getAddress ()
 public String getHostName ()
 public int getPort ()
 public boolean isUnresolved ()
```

예제 11.3 표 11.5의 프로그램은 소켓 주소를 생성하는 방법을 보여준다. 포트번호는 InetAddress로부터 콜론(:)으로 구분되는 것을 주의하라.

표 **11.5** ▮ 예제 11.3

```
 1  import java.io.*;
 2  public class SocketAddresses
 3  {
 4      public static void main (String [] args) throws IOException
 5      {
 6          InetAddress local = InetAddress.getLocalHost ();
 7          int port = 65000;
 8          InetSocketAddress sockAddr = new InetSocketAddress (local, port);
 9          System.out.println (sockAddr);
10      }// End of main
11
12  }// End of class
```
Result:
Behrouz/64.183.101.114:65000

11.1.2 클라이언트-서버 패러다임

2장에서 클라이언트-서버 패러다임을 설명하였다. **클라이언트**는 서버에게 서비스를 요청하는 프로그램이다. 또 서버는 클라이언트에게 서비스를 제공하는 프로그램이다. 클라이언트-서버 패러다임에서 서버는 반복 서버 또는 동시 서버로서 설계할 수 있다. **순차 서버(iterative server, 또는 반복 서버)**는 클라이언트를 하나씩 처리한다. 서버가 하나의 클라이언트를 서비스하고 있으면, 다른 클라이언트는 대기해야 한다. 이것은 고객(클라이언트)에게 서비스하는 1명의 출납원만 있는 작은 은행지점과 비슷하다. 다른 고객들은 줄을 서서 자신의 차례가 오기를 기다려야 한다. **동시 서버(concurrent server)**는 컴퓨터 자원이 허용하는 한, 많은 클라이

언트에게 동시에 서비스할 수 있다. 비현실적이긴 하지만 모든 고객에게 동시에 서비스할 수 있는 출납원이 있는 규모가 큰 은행이다. 고객이 도착하면, 바로 서비스할 수 있는 출납원을 할당한다.

3장에서 살펴본 것처럼, 전송 계층 프로토콜은 비연결형 또는 연결-지향이 될 수 있다. 이 구분은 응용 계층에서 클라이언트와 서버 프로그램을 설계하는 방법에 영향을 준다. 비연결형 전송 계층 서비스를 사용하는 클라이언트-서버 쌍은 UDP 같은 비연결형 프로그램으로 설계되어야 한다. 클라이언트는 데이터를 하나의 단일 묶음으로 전송 계층에 요청을 전달하고, 전송 계층으로부터 단일 묶음 데이터로 응답을 수신한다. 같은 프로세스가 서버에 의해 계속되는 것이 필요하다.

TCP와 같은 연결-지향 전송 계층의 서비스를 이용하는 클라이언트-서버 쌍은 연결 지향 프로그램으로 설계해야 한다. 클라이언트는 바이트 스트림으로 전송 계층에게 요청을 전달하고, 전송 계층으로부터 바이트 스트림으로 응답을 받는다. 같은 프로세스가 서버에 의해 계속되는 것이 필요하다.

클라이언트와 서버 프로그램

2장에서 살펴본 것처럼, TCP/IP 모델에서 응용 계층 아래의 계층들이 인터넷으로 패킷을 보내고 인터넷으로부터 패킷을 받는 방법을 알았다. 응용 계층에서는 상황이 다르다. 우리는 클라이언트-서버 프로그램의 두 세트를 가진다. 첫 번째 세트는 프로그램이 작성되면, 우리가 사용하는 컴퓨터의 기계언어로 컴파일하는 표준 클라이언트-서버 프로그램으로 구성된다. 두 번째 세트는 특별한 목적을 위해 우리가 작성해야 하는 클라이언트와 서버 프로그램으로 구성된다. 이 장은 대부분 이들 프로그램의 유형에 관한 것이지만 학습을 위해 몇 가지 표준 프로그램을 시뮬레이션하고자 한다.

자바에서 소켓 인터페이스

2장(5절)에서 클라이언트 또는 서버 응용프로그램을 작성하는 몇 가지 방법을 살펴보았지만, 소켓 인터페이스(*Socket Interface*)에 집중적으로 살펴본다. 자바 네트워크 프로그래밍에 집중적으로 살펴보기 전에 그 부분을 다시 한 번 살펴볼 것을 권장한다.

11.2 UDP 프로그래밍

2장의 소켓 프로그래밍 절과 일관성을 갖도록, 먼저 비연결형 UDP 서비스를 이용한 네트워크 프로그래밍을 살펴보고자 한다. 우리는 첫째로 순차 접근방법(iterative approach)에 대해 살펴본 다음 동시 접근방법을 살펴볼 것이다.

11.2.1 순차 접근방법

비연결형 서비스와 통신을 제공하는 UDP는 사용자 데이터그램(user datagram)이라는 데이터 묶음(chunk)를 이용하여 수행된다. 순차 접근방법에서 서버는 한 번에 하나의 데이터그램을 서비스한다. 도착된 나머지 데이터그램은 기다려야 하는데, 이것은 같은 클라이언트 또는 다른 클라이언트 오더라도 아무런 상관이 없다.

UDP를 위한 소켓

그림 11.1은 클라이언트와 서버에서 소켓의 수행 과정을 보여준다. UDP의 자바 구현은 한 가지 유형의 소켓 객체만 사용하는데, 이것은 *DatagramSocket* 클래스의 인스턴스이다. 하나의 클라이언트가 서버에 연결되면, 다른 클라이언트가 연결할 수 없다는(기다려야 한다는) 순차 통신을 설명하고 있다는 것을 주목하라. 이 통신 유형에서는 클라이언트가 데이터그램 패킷을 보내고, *DatagramPacket* 클래스의 인스턴트, 그리고 하나의 데이터그램 패킷을 받는 것이다.

클래스

UDP는 소켓 객체의 한 가지 유형만 사용하지만, 데이터그램 객체도 필요하다. 간단한 클라이언트와 서버를 위한 코드를 작성하기 전에 두 개의 클래스(class)를 이용한 메소드의 요약을 살펴보자.

DatagramSocket 클래스

DatagramSocket 클래스는 클라이언트와 서버 소켓을 생성하는 데 사용된다. 이것은 또한 데이터그램을 보내고, 데이터그램을 받고, 소켓을 닫는 메소드를 제공한다.

그림 11.1 ▌ UDP 통신을 위한 소켓

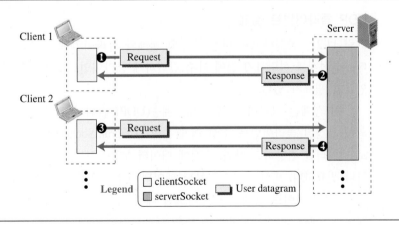

표 11.6은 이 클래스에 속한 일부 메소드의 시그니처(signature)를 보여준다.

표 11.6 ▌ DatagramSocket 클래스의 일부 메소드

```
public class java.net.DatagramSocket extends java.lang.Object

// Constructors
public DatagramSocket ()
public DatagramSocket (int localPort)
public DatagramSocket (int localPort, InetAddress localAddr)

// Instance Methods
public void send (DatagramPacket sendPacket)
public void receive (DatagramPacket recvPacket)
public void close ()
```

DatagramPacket 클래스

DatagramPacket 클래스는 데이터그램 패킷을 생성하는 데 사용된다. 표 11.7은 이 클래스의 메소드 중 일부의 시그니처를 보여준다.

표 11.7 ▌ DatagramPacket 클래스의 일부 메소드

```
public final class java.net.DatagramPacket extends java.lang.Object

// Constructors
public DatagramPacket (byte [] data, int length)
public DatagramPacket (byte [] data, int length, InetAddress remoteAddr, int remotePort)

// Instance Methods
public InetAddress getAddress ()
public int getPort ()
public byte [] getData ()
public int getLength ()
```

UDP 클라이언트 설계

그림 11.2는 작성하고자 하는 객체의 설계와 클라이언트 프로그램에서 이들의 관계를 보여준다. 이 설계를 설명하기 전에 아주 간단하게 클라이언트 프로그램에만 이것을 적용한다는 것을 언급할 필요가 있다.

이 설계는 클라이언트와 전송 계층(UDP) 간의 연결을 제공하는 클라이언트 프로그램에 의해 생성된 클라이언트 소켓 객체(유형 DatagramSocket)를 보여준다. 응용프로그램이 묶음으로 데이터를 전달하고 나면, 소켓에 데이터 묶음을 보내기 위한 DatagramPacket 유형의 객체가 하나 필요하다. 또한 소켓으로부터 데이터 묶음을 받는 같은 유형 패킷 객체가 하나 필요하다.

이제 바이트 형태로 데이터그램 패킷으로/으로부터 보내고 받는 것이 필요하다. 그래서 데이터그램에 전달하기 전에 이 바이트들을 저장할 수 있는 두 개의 배열인 sendBuff와 recvBuf도 나타나 있다. 간단하게 하기 위해, 프로그램은 문자열 요청을 생성하고 메소드와 문자열로 응답에 사용하는 메소드가 있는 것으로 가정한다. 이 설계에서 요청에 대해 바이트 배열로 변환하고 응답에 대해 바이트 배열로 변경하는 것이 필요하다.

그림 11.2 ┃ UDP 클라이언트 설계

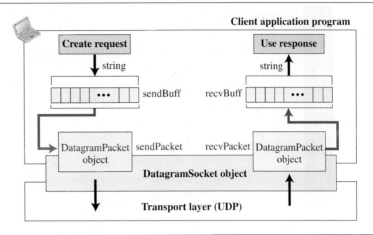

클라이언트 프로그램

표 11.8은 그림 11.2의 설계에 따른 간단한 클라이언트 프로그램을 보여준다. 생성자와 인스턴트 메소드를 갖는 UDPClient라는 클래스로 전체 프로그램을 설계하였다. 6번에서 11번 라인까지는 상수와 데이터 필드(reference)를 생성한다. 프로그램을 실행하기 전에 버퍼 크기에 대한 정의가 필요하다. 프로그램 뒤의 코드를 간단하게 설명한다.

표 11.8 ┃ 간단한 UDP 클라이언트 프로그램

```
1    import java.net.*;
2    import java.io.*;
3
4    public class UDPClient
5    {
6        final int buffSize = …;                    // Add buffer size
7        DatagramSocket sock;
8        String request;
9        String response;
10       InetAddress servAddr;
11       int servPort;
12
13       UDPClient (DatagramSocket s, String sName, int sPort)
14                              throws UnknownHostException
15       {
16           sock = s;
17           servAddr = InetAddress.getByName (sName);
18           servPort = sPort;
19       }
20
```

표 11.8 ▌ 간단한 UDP 클라이언트 프로그램 (계속)

```
21    void makeRequest ()
22    {
23        // Code to create the request string to be added here.
24    }
25
26    void sendRequest ()
27    {
28        try
29        {
30            byte [] sendBuff = new byte [buffSize];
31            sendBuff = request.getBytes ();
32            DatagramPacket sendPacket = new DatagramPacket (sendBuff,
33                                    sendBuff.length, servAddr, servPort);
34            sock.send(sendPacket);
35        }
36        catch (SocketException ex)
37        {
38            System.err.println ("SocketException in getRequest");
39        }
40    }
41
42    void getResponse ()
43    {
44        try
45        {
46            byte [] recvBuff = new byte [buffSize];
47            DatagramPacket recvPacket = new DatagramPacket (recvBuff, buffSize);
48            sock.receive (recvPacket);
49            recvBuff = recvPacket.getData ();
50            response = new String (recvBuff, 0, recvBuff.length);
51        }
52        catch (SocketException ex)
53        {
54            System.err.println ("SocketException in getRequest");
55        }
56    }
57
58    void useResponse ()
59    {
60        // Code to use the response string needs to be added here.
61    }
62
```

표 11.8 ▌ 간단한 UDP 클라이언트 프로그램 (계속)

```
63    void close ()
64    {
65        sock.close ();
66    }
67
68    public static void main (String [] args) throws IOException, SocketException
69    {
70        final int servPort = …;                    //Add server port number
71        final String servName = …;                 //Add server name
72        DatagramSocket sock  = new DatagramSocket ();
73        UDPClient client = new UDPClient (sock, servName, servPort);
74        client.makeRequest ();
75        client.sendRequest ();
76        client.getResponse ();
77        client.useResponse ();
78        client.close ();
79    } // End of main
80 } // End of UDPClient class
```

main 메소드

프로그램의 실행은 main 메소드로 시작한다(68에서 79 라인). 사용자는 서버 포트번호(정수) 및 서버 이름(문자열)을 제공해야 한다. 그런 다음 프로그램은 요청(request)을 생성하고, 요청을 보내고, 응답(response)을 수신하고, 응답을 이용하고 소켓을 닫는 것을 담당하는 DatagramSocket 클래스의 인스턴스(72번 라인)와 UDPClient 클래스(73번 라인)의 인스턴스를 생성한다. 74~78번 라인은 작업을 수행하기 위한 UDPClient 클래스에 있는 해당 메소드를 호출한다.

UDPClient 클래스에 있는 메소드

다음은 UDPClient 클래스의 메소드를 설명한다.

생성자(Constructor) 생성자(13~19 라인)는 매우 간단하다. 이것은 소켓, 서버 이름 및 서버 포트에 대한 참조를 얻을 수 있다. 이것은 서버의 IP 주소를 찾을 수 있는 서버 이름을 사용한다. 이것은 클라이언트 포트와 IP 주소에 대한 필요가 없다는 것을 주의하라. 이것은 운영체제에 의해서 제공된다.

makeRequest 메소드 이 메소드(21~24 라인)는 설계에는 없는 부분이다. 이것은 요청 문자열을 생성하는 프로그램의 사용자에 의해 채워지는 것이 필요하다. 우리는 예에서 일부 사례를 보여준다.

sendRequest 메소드 이 메소드(라인 26~40)는 여러 가지 작업을 담당한다.
1. 비어 있는 전송 버퍼를 생성한다(30번 라인).
2. makeRequest 메소드에서 생성된 요청 문자열을 이용하여 전송 버퍼를 채운다(31번 라인).

3. 데이터그램 패킷을 생성하고 선송 버퍼, 서버 주소, 서버 포트를 붙인다(라인 32~33).

4. DatagramSocket 클래스에서 정의한 send 메소드를 이용하여 패킷을 보낸다(라인 34).

getResponse 메소드 이 메소드는 여러 가지 작업을 담당한다(라인 42~56):

1. 빈 수신 버퍼를 만든다.

2. 수신 데이터그램을 생성하고 수신 버퍼에 붙인다(47 라인).

3. 서버의 응답을 받을 수 있는 DatagramSocket의 수신 메소드를 사용하여, 데이터그램을 가득 채운다(48 라인).

4. 수신 패킷에 있는 데이터를 추출하여 수신 버퍼에 저장한다(49 라인)

5. useResponse 메소드에 의해 사용되는 문자열 응답을 생성한다(라인 50).

useResponse 메소드 이 메소드(58~61 라인)는 설계에는 없다. 이것은 서버가 보낸 응답을 사용하는 프로그램의 사용자에 의해 채워져야 한다. 예에서 일부 샘플을 보여준다.

close 메소드 이 메소드(63~66 라인)는 소켓을 닫는다.

UDP 서버

그림 11.3은 객체의 설계와 작성하고자 하는 서버 프로그램에서 이들의 관계를 보여준다. 이 설계를 설명하기 전에 이것은 아주 간단하게 우리가 작성한 서버 프로그램에만 적용된다는 것을 다시 언급할 필요가 있다. 이것은 매우 복잡한 일반적인 설계에는 나타나지 않는다. 설계는 하나의 DatagramSocket 객체와 두 개의 DatagramPacket 객체를 갖는 것으로 보여준다.

그림 11.3 | UDP 서버의 설계

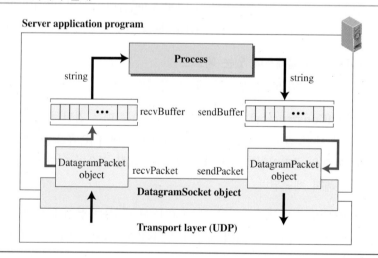

서버 프로그램

표 11.9는 그림 11.3의 설계를 따르는 간단한 서버 프로그램을 보여준다. 간단한 설명은 다음과 같다.

표 **11.9** 간단한 UDP 서버 프로그램

```
1   import java.net.*;
2   import java.io.*;
3
4   public class UDPServer
5   {
6       final int buffSize = …;              // Add buffer size.
7       DatagramSocket sock;
8       String request;
9       String response;
10      InetAddress clientAddr;
11      int clientPort;
12
13      UDPServer (DatagramSocket s)
14      {
15          sock = s;
16      }
17
18      void getRequest ()
19      {
20          try
21          {
22              byte [] recvBuff = new byte [buffSize];
23              DatagramPacket recvPacket = new DatagramPacket (recvBuff, buffSize);
24              sock.receive (recvPacket);
25              recvBuff = recvPacket.getData ();
26              request = new String (recvBuff, 0, recvBuff.length);
27              clientAddr = recvPacket.getAddress ();
28              clientPort = recvPacket.getPort ();
29          }
30          catch (SocketException ex)
31          {
32              System.err.println ("SocketException in getRequest");
33          }
34          catch (IOException ex)
35          {
36              System.err.println ("IOException in getRequest");
37          }
38      }
39
40      void process ()
41      {
42          // Add code for processing the request and creating the response.
```

표 11.9 | 간단한 UDP 서버 프로그램 (계속)

```
43            }
44
45        void sendResponse()
46        {
47            try
48            {
49                byte [] sendBuff = new byte [buffSize];
50                sendBuff = response.getBytes ();
51                DatagramPacket sendPacket = new DatagramPacket (sendBuff,
52                                      sendBuff.length, clientAddr, clientPort);
53                sock.send(sendPacket);
54            }
55            catch (SocketException ex)
56            {
57                System.err.println ("SocketException in sendResponse");
58            }
59            catch (IOException ex)
60            {
61                System.err.println ("IOException in sendResponse");
62            }
63        }
64
65        public static void main (String [] args) throws IOException, SocketException
66        {
67            final int port = …;                // Add server port number.
68            DatagramSocket sock  = new DatagramSocket (port);
69            while (true)
70            {
71                UDPServer server = new UDPServer (sock);
72                server.getRequest ();
73                server.process ();
74                server.sendResponse ();
75            }
76        } // End of main
77    } // End of UDPServer class
```

main 메소드

프로그램의 실행은 main 메소드로 시작한다(라인 65~76). 사용자는 서버 프로그램이 실행되는 서버 포트번호(정수)를 제공해야 한다(라인 67). 여기에 호스트 주소 또는 이름을 제공할 필요는 없다. 이것은 운영체제에 의해 제공된다. 이 프로그램은 정의된 포트번호를 사용하여 DatagramSocket 클래스(68 라인)의 인스턴스를 만든다. 그런 다음 이 프로그램은 무한 루프를 실행하는데(69 라인), 각 클라이언트는 UDPServer 클래스의 새 인스턴스를 생성하고 세 개의 인스턴스 메소드를 호출하여 루프 중 하나의 순차로 서비스된다.

UDPServer 클래스의 메소드

다음은 이 클래스에 있는 메소드를 설명한다.

생성자(Constructor) 생성자(라인 13~16까지)는 매우 간단하다. 이것은 클라이언트 소켓에 대한 참조를 얻어서 *sock* 변수에 저장한다.

getRequest 메소드 이 메소드는 여러 가지 임무를 담당한다(라인 18~38까지).

1. 수신 버퍼를 생성한다(라인 22).

2. 데이터그램 패킷을 생성하고 버퍼에 첨부한다(23 라인).

3. 데이터그램 내용을 받는다(24 라인).

4. 데이터그램의 데이터 부분을 추출해서 버퍼에 저장한다(25 라인).

5. 문자열 요청에 대해 수신 버퍼에 있는 바이트를 변환한다(라인 26).

6. 패킷을 보내는 클라이언트의 IP 주소를 추출한다(라인 27).

7. 요청을 보내는 클라이언트의 포트번호를 추출한다(라인 28).

process 메소드 이 메소드(40~43 라인)는 설계에는 없다. 이것은 요청 문자열을 처리하고 응답 문자열을 생성하는 프로그램의 사용자에 의해 채워진다.

sendResponse 메소드 이 메소드(45~63 라인)는 여러 가지 임무를 담당한다.

1. 비어 있는 전송 버퍼을 생성한다(라인 49).

2. 응답 문자열을 바이트로 변경하여 전송 버퍼에 저장한다(라인 50).

3. 새로운 데이터그램을 생성하고 버퍼에 데이터를 채운다(라인 51, 52).

4. 데이터그램 패킷을 보낸다(라인 53).

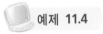 **예제 11.4** 가장 간단한 예는 표준 *echo* 클라이언트/서버를 시뮬레이트하는 것이다. 이 프로그램은 서버가 동작하는지 확인하는 데 사용된다. 짧은 메시지가 클라이언트에 의해 전송된다. 이 메시지는 정확하게 에코된다. 표준으로 잘 알려진(well-known) 포트 7을 사용하지만, 이것을 시뮬레이트하기 위해 서버를 위한 포트번호는 52007을 사용한다.

  1. 클라이언트 프로그램에서 서버 포트는 52007로 서버는 컴퓨터 이름 또는 컴퓨터 주소(x.y.z.t)로 이름을 설정한다. 또 makeRequest와 useResponse 메소드를 다음과 같이 변경한다.

```
void makeRequest ()
{
    request = "Hello";
}
```

```
void useResponse ()
{
    System.out.println (response);
}
```

2. 서버 프로그램에서 서버 포트는 52007로 설정한다. 또한 아래와 같이 서버 프로그램의 *process* 메소드를 변경한다.

```
void process ()
{
    response = request;
}
```

3. 서버 프로그램이 하나의 호스트에서 실행하게 하고, 그런 다음 다른 호스트에서 클라이언트 프로그램을 실행한다. 서버 프로그램이 백그라운드로 실행하면 같은 호스트에서 양쪽 다 사용할 수 있다.

 예제 11.5   이 예제에서 우리가 사용하는 서버를 간단한 날짜/시간 서버로 변경한다. 이것은 서버가 실행 중인 위치에서 현지 날짜와 시간을 반환한다.

1. 클라이언트 프로그램에서 서버 포트를 40013으로 설정하고 컴퓨터 이름 또는 컴퓨터 주소("x.y.z.t")를 서버 이름으로 설정한다. 또한 다음 코드를 이용하여 *makeRequest* 와 *useResponse* 메소드를 교체한다.

```
void makeRequest ()
{
    request = "Send me data and time please.";
}
```

```
void use Response ()
{
    System.out.println (response);
}
```

2. 서버 프로그램(표 11.9)에서 Calender와 Date 클래스를 사용할 수 있도록 프로그램의 시작 부분에 하나의 구문을 추가한다(import java.util.*;). 서버 포트는 40013으로 설정한다. 또한 시간(날짜를 포함해서)을 얻기 위해 Calender 클래스를 사용하고, 응답 변수에 저장하는 문자열에 날짜를 변경하는 프로세스 메소드를 서버 프로그램의 프로세스 메소드로 교체한다.

```
void process ()
{
    Date date = Calendar.getInstance ().getTime ();
    response = date.toString ();
}
```

3. 서버 프로그램이 하나의 호스트에서 실행하게 하고 다른 호스트에는 클라이언트 프로그램을 실행한다. 서버 프로그램을 백그라운드로 실행하면 같은 호스트에서 양쪽 모두 사용할 수 있다.

 예제 11.6 이 예제에서 클라이언트에서 서버로 메시지를 보내는 데 걸리는 시간(밀리초)을 측정하기 위해 간단한 클라이언트–서버 프로그램을 사용한다.

1. 클라이언트 프로그램에서 Date 클래스를 사용할 수 있도록 프로그램의 시작 부분에 하나의 문장(import java.util.*;)을 추가고, 서버 포트를 40013으로 설정하고, 컴퓨터 이름 또는 컴퓨터 주소("x.y.z.t")로 서버 이름으로 설정한다. 또한 다음과 같은 코드를 사용하여 *makeRequest*와 *useResponse* 메소드를 교체한다:

```
void makeRequest ()
{
    Date date = new Date ();
    long time = date.getTime ();
    request = String.valueOf (time);
}
```

```
void use Response ()
{
    Data date = new Date ();
    long now = date.getTime ();
    long elapsedTime = now − Long.parse(response));
    System.out.println ("Elapsed time = " + elapsedTime + " milliseconds.";
}
```

시간 값을 서버에게 보낼 필요는 없지만, 클라이언트 프로그램의 구조를 변경하지 않도록 한다.

2. 서버 프로그램에서 서버 포트를 40013으로 설정한다. 또한 서버 프로그램에 있는 프로세스 메소드를 다음과 같이 교체한다.

```
void process ()
{
    response = request;
}
```

3. 서버 프로그램이 하나의 호스트에서 실행하게 하고, 그런 다음 다른 호스트에서 클라이언트 프로그램을 실행한다. 서버 프로그램을 백그라운드로 실행하면 같은 호스트에서 양쪽 다 사용할 수 있다.

11.2.2 동시 접근방법

하나의 데이터그램을 처리해서 전송한 후에 서버는 다른 클라이언트를 서비스할 준비를 하기 때문에 UDP 서버 프로그램에 대한 순차 접근방법은 대부분의 응용프로그램에 적합하다. 그러나, 데이터그램의 처리시간이 오래 걸린다면, 클라이언트가 서버를 독점할 수 있다. 동시 서버 프로그램은 스레드(thread)를 사용하여 이 문제를 해결하기 위해 설계되었다.

서버 프로그램

표 11.10은 동시 서버 프로그램을 보여준다. 클래스에서 run( ) 메소드의 오버라이드를 허요하고, 이 메소드에서 main에 있는 모든 이전의 메소드를 포함하고(18~23 라인), 서버 클래스가 Runnable 인터페이스를 구현한 것을 빼면 순서 버전(표 11.9)과 거의 같다. main에서 스레드 클래스의 인스턴스를 생성하고 스레드 객체는 서버 클래스의 인스턴스를 감싸야 한다. 이 경우에 각 클라이언트는 별도의 스레드에서 제공된다. 이것을 순차 버전과 비교하면(표 11.9 참조), main 대신에 run 메소드에서 세 개의 메인 메소드(request, process, response)가 수행되는 것을 보여준다.

표 11.10 ▌ 간단한 동시 UDP 서버 프로그램

```
1    import java.net.*;
2    import java.io.*;
3
4    public class ConcurUDPServer implements Runnable
5    {
6        final int buffSize = …;                    // Add buffer size here
7        DatagramSocket servSock;
8        String request;
9        String response;
10       InetAddress clientAddr;
11       int clientPort;
12
13       ConcurUDPServer (DatagramSocket s)
14       {
15           servSock = s;
16       }
17
18       public void run ()
19       {
20           getRequest ();
21           process ();
22           sendResponse ();
23       }
24
25       void getRequest ()
26       {
27           try
```

표 11.10 ▌ 간단한 동시 UDP 서버 프로그램 (계속)

```
28        {
29            byte [] recvBuff = new byte [buffSize];
30            DatagramPacket recvPacket = new DatagramPacket (recvBuff, buffSize);
31            sock.receive (recvPacket);
32            recvBuff = recvPacket.getData ();
33            request = new String (recvBuff, 0, recvBuff.length);
34            clientAddr = recvPacket.getAddress ();
35            clientPort = recvPacket.getPort ();
36        }
37        catch (SocketException ex)
38        {
39            System.err.println ("SocketException in getRequest");
40        }
41        catch (IOException ex)
42        {
43            System.err.println ("IOException in getRequest");
44        }
45    }
46
47    void process ()
48    {
49        // Add code for this process.
50    }
51
52    void sendResponse ()
53    {
54        try
55        {
56            byte [] sendBuff = new byte [buffSize];
57            sendBuff = response.getBytes ();
58            DatagramPacket sendPacket = new DatagramPacket (sendBuff,
59                                        sendBuff.length, clientAddr, clientPort);
60            sock.send(sendPacket);
61        }
62        catch (SocketException ex)
63        {
64            System.err.println ("SocketException in sendResponse");
65        }
66        catch (IOException ex)
67        {
68            System.err.println ("IOException in sendResponse");
69        }
```

표 11.10 ▌ 간단한 동시 UDP 서버 프로그램 (계속)

```
70        }
71
72        public static void main (String [] args) throws IOException, SocketException
73        {
74            final int port = …;                    // Add port number.
75            DatagramSocket sock  = new DatagramSocket (port);
76            while (true)
77            {
78                ConcurUDPServer server = new ConcurUDPServer (sock);
79                Thread thread = new Thread (server);
80                thread.start ();
81            }
82        } // End of main
83
84    } // End of UDPServer class
```

예제 11.7   동시 접근방법을 이용하여 예제 11.5를 반복한다. 동시에 요청을 보내고 응답을 받는 여러 대의 컴퓨터가 필요하다.

예제 11.8   동시 접근방법을 이용하여 예제 11.6을 반복한다. 동시에 요청을 보내고 응답을 받는 여러 대의 컴퓨터가 필요하다.

11.3 TCP를 이용한 프로그래밍

이제 TCP 서비스를 이용한 네트워크 프로그래밍인 연결 지향 서비스(connection-oriented service)를 설명할 준비가 되었다. 먼저 순차 접근방법을 이용하여 클라이언트와 서버 프로그램을 작성하는 방법을 살펴본다. 그런 다음 서버 프로그램을 동시에 동작하도록 변경하는 방법을 보여준다.

11.3.1 순차 접근방법

TCP 프로그래밍에서 순차 접근방법은 드물긴 하지만, 이것은 동시 접근방법의 기초이다. 이 접근방법은 서버는 클라이언트를 하나씩 하나씩 처리한다. 서버가 클라이언트에게 서비스를 제공하기 시작하면 다른 클라이언트는 기다려야 한다.

두 가지 유형의 소켓

TCP의 자바 구현은 두 가지 유형의 소켓 객체인 *ServerSocket*과 *Socket*을 사용한다. 3장에서 배운 것처럼, TCP를 이용한 통신은 세 단계인 연결 설정(connection establishment), 데이터 전송

(data transfer)과 연결 종료(connection termination)로 이루어진다. 클라이언트는 Socket 객체만 사용한다. 서버는 통신 설정 동안에는 ServerSocket 객체를 다른 두 단계에서는 Socket 객체를 사용한다. 그림 11.4는 클라이언트와 서버에서 소켓의 수행과정을 보여준다. 클라이언트가 서버에게 연결되면, 다른 클라이언트는 연결할 수 없다는 의미를 순서 통신에서 설명한 것을 주목하라.

그림 **11.4** ┃ TCP 통신에서 ServerSocket과 Socket 객체

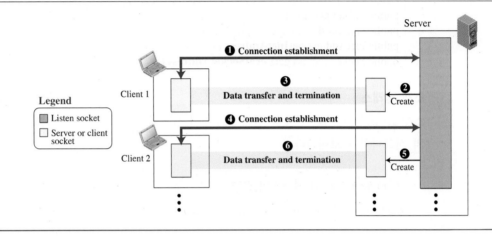

socket 객체의 두 가지 유형을 갖는 근본적인 이유는 데이터 전송 단계와 연결 설정 단계를 구분하는 것이다. 순서 통신을 위해 때로는 *passive socket*을 부르고 때로는 *listen socket*이라 부르는 ServerSocket은 연결 설정에 대해서만 책임을 갖는다고 말할 수 있다. 클라이언트와 연결된 후에 ServerSocket 객체는 클라이언트를 처리하는 Socket 객체를 생성하고 클라이언트가 연결을 종료할 때까지 기다린다.

클래스

간단한 클라이언트와 서버에 대한 코드를 작성하기 전에 두 개의 클래스에서 사용되는 메소드의 요약을 보여준다.

ServerSocket 클래스

ServerSocket 클래스는 TCP(핸드쉐이킹, handshaking)에서 통신을 설정하는 데 사용되는 listen 소켓을 생성하는 데 사용된다. 표 11.11은 이 클래스의 메소드 일부에 대한 시그니처를 나타낸다. 백로그는 연결을 기다리고, 대기할 수 있는 연결 요청의 숫자를 나타낸다.

표 11.11 ▌ ServerSocket 클래스의 요약

```
public class java.net.ServerSocket extends java.lang.Object

// Constructors
 ServerSocket ()
 ServerSocket (int localPort)
 ServerSocket (int localPort, int backlog)
 ServerSocket (int localPort, int backlog, InetAddress bindAddr)

// Instance Methods
 public Socket accept ()
 public void bind (int localPort, int backlog)
 public InetAddress getInetAddress ()
 public SocketAddress getLocalSocketAddress ()
```

소켓 클래스

소켓 클래스는 데이터 전송을 위해 TCP에서 사용된다. 표 11.12는 이 클래스의 메소드 중 일부의 시그니처를 보여준다.

표 11.12 ▌ Socket 클래스의 요약

```
public class java.net.Socket extends java.lang.Object

// Constructors
Socket ()
Socket (String remoteHost, int remotePort)
Socket (InetAddress remoteAddr, int remotePort)
Socket (String remoteHost, int remotePort, InetAddress localAddr, int localPort)
Socket (InetAddress remoteAddr, int remotePort, InetAddress localAddr, int localPort)

// Instance Methods
public void connect (SocketAddress destination)
public void connect (SocketAddress destination, int timeout)
public InetAddress getInetAddress ()
public int getPort ()
public InetAddress getLocalAddress ()
public int getLocalPort ()
public SocketAddress getRemoteSocketAddress ()
public SocketAddress getLocalSocketAddress ()
public InputStream getInputStream ()
public OutputStream getOutputStream ()
public void shutdownInput ()
public void shutdownOutput ()
public void close ()
```

TCP 클라이언트 설계

그림 11.5는 객체와 작성하고자 하는 클라이언트 프로그램에서 이들의 관계를 보여준다. 이 설계를 설명하기 전에 이것은 매우 간단한 클라이언트 프로그램에만 적용한다는 것을 언급할 필

요가 있다. 이것은 더 복잡할 수 있는 HTTP와 같은 표준 응용에는 나타나지 않는다.

그림 11.5 ▎ TCP 클라이언트의 설계

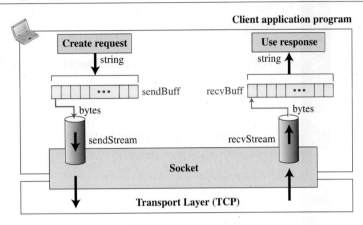

이 설계는 클라이언트와 전송 계층(TCP) 사이에 연결을 제공하기 위해 클라이언트 프로그램에 의해서 만들어진 소켓 객체(유형 Socket)를 보여준다. 소켓에 바이트를 보내는 하나의 바이트 스트림이 필요하다. 또한 소켓으로부터 바이트를 받는 하나의 바이트 스트림이 필요하다. 자바에서는 이 두 개의 스트림은 *getOutputStream*과 *getInputStream* 메소드를 사용하여 생성할 수 있다(표 11.12 참조). 프로그램에서 바이트를 sendStream으로 보내기 전에 저장하고 recv-Stream으로부터 받은 후에 바이트를 저장하기 위해 sendBuff와 recvBuff라는 두 개의 바이트 배열이 필요하다. 단순성을 위해 프로그램은 문자 스트링으로 요청(request)을 만드는 메소드와 문자 문자열로 응답(response)을 사용하는 메소드를 가지고 있다고 가정한다. 설계에서 문자열을 바이트 배열로 요청을 바꾸는 것이 필요하고 응답에 바이트 배열을 바꾸는 것이 필요하다. 그러나, 다른 설계에서는 또 다른 전략을 사용할 수 있다.

TCP 클라이언트 프로그램

표 11.13은 그림 11.5의 설계를 따르는 단순한 클라이언트 프로그램을 보여준다. TCP 클라이언트라는 생성자와 인스턴트 메소드를 갖는 클래스로서 전체 프로그램을 설계했다. 프로그램의 간단한 설명은 다음과 같다.

표 11.13 ▎ 간단한 TCP 클라이언트 프로그램

```
1   import java.net.*;
2   import java.io.*;
3
4   public class TCPClient
5   {
6       Socket sock;
```

표 11.13 ▍ 간단한 TCP 클라이언트 프로그램 (계속)

```
7    OutputStream sendStream;
8    InputStream recvStream;
9    String request;
10   String response;
11
12   TCPClient (String server, int port) throws IOException, UnknownHostException
13   {
14       sock = new Socket (server, port);
15       sendStream = sock.getOutputStream ();
16       recvStream = sock.getInputStream ();
17   }
18
19   void makeRequest ()
20   {
21       // Add code to make the request string here.
22   }
23
24   void sendRequest ()
25   {
26       try
27       {
28           byte [] sendBuff = new byte [request.length ()];
29           sendBuff = request.getBytes ();
30           sendStream.write (sendBuff, 0, sendBuff.length);
31       }
32       catch (IOException ex)
33       {
34           System.err.println ("IOException in sendRequest");
35       }
36   }
37
38   void getResponse ()
39   {
40       try
41       {
42           int dataSize;
43           while ((dataSize = recvStream.available ()) == 0);
44           byte [] recvBuff = new byte [dataSize];
45           recvStream.read (recvBuff, 0, dataSize);
46           response = new String (recvBuff, 0, dataSize);
47       }
48       catch (IOException ex)
```

표 11.13 ▮ 간단한 TCP 클라이언트 프로그램 (계속)

```
49              {
50                      System.err.println ("IOException in getResponse");
51              }
52      }
53
54      void useResponse ()
55      {
56          // Add code to use the response string here.
57      }
58
59      void close ()
60      {
61          try
62          {
63              sendStream.close ();
64              recvStream.close ();
65              sock.close ();
66          }
67          catch (IOException ex)
68          {
69              System.err.println ("IOException in close");
70          }
71      }
72
73      public static void main (String [] args) throws IOException
74      {
75          final int servPort = …;                      // Provide server port
76          final String servName = "…";                 // Provide server name
77          TCPClient client = new TCPClient (servName, servPort);
78          client.makeRequest ();
79          client.sendRequest ();
80          client.getResponse ();
81          client.useResponse ();
82          client.close ();
83      }// End of main
84 }// End of TCPClient class
```

main 메소드

프로그램의 시작은 main 메소드와 함께 시작한다(73~83번 라인). 사용자는 서버 포트번호(정수)와 서버 이름(문자열)을 제공해야 한다. 프로그램은 TCPClient 클래스(라인 77)의 인스턴스를 생성하고, TCPClient 클래스는 요청을 생성하고, 요청을 보내고, 응답을 받고, 응답을 이용하고, 소켓과 스트림을 종료하는 책임을 담당한다. 78~82 라인은 그 작업을 하기 위해서 TCPClient 클래스에서 적합한 메소드를 호출한다.

TCPClient 클래스에 있는 메소드

다음은 TCPClient 클래스의 메소드를 보여준다.

생성자 생성자(12~17 라인)는 매우 간단하다. 이것은 서버 이름과 포트에 대한 참조를 갖는다. 서버의 IP 주소를 찾기 위해 서버 이름을 사용한다. 또한 생성자는 데이터를 받고 보내기 위해 입력과 출력 스트림도 생성한다.

makeRequest 메소드 이 메소드(19~22 라인)는 설계에는 없다. 이것은 요청 문자열을 생성하기 위한 프로그램의 사용자에 의해 채우는 것이 필요하다. 예에서 일부 상황을 보여준다.

sendRequest 메소드 이 메소드(24~36 라인)는 여러 임무를 담당한다.
1. 비어 있는 송신 버퍼를 생성한다(28 라인).
2. makeRequest 메소드에서 만들어진 요청 문자열로 송신 버퍼를 최대로 채운다(라인 29).
3. 출력 스트림에 write 메소드를 사용하여 송신 버퍼의 내용을 쓴다(라인 30).

getResponse 메소드 이 메소드(38~53 라인)는 여러 가지 임무를 담당한다.
1. 비어 있는 루프에서 이용 가능한 바이트(43 라인) 크기를 계속해서 찾는다.
2. 적절한 크기를 갖는 버퍼를 생성한다(44 라인).
3. 입력 스트림으로부터 데이터를 읽고 그것을 수신 버퍼에 저장한다(45 라인).
4. 수신 버퍼에 있는 바이트를 useResponse 메소드에 의해 사용될 문자열 응답으로 바꾼다(라인 46).

useResponse 메소드 이 메소드는 설계에는 없다(54~57 라인). 이것은 서버에 의해 보내진 응답을 사용하기 위해 프로그램의 사용자에 의해 채워져야 한다. 예에서 몇 가지 경우를 보여준다.

close 메소드 이 메소드(59~71 라인)는 먼저 스트림을 닫고 난 후에 소켓을 닫는다.

TCP 서버

그림 11.6은 객체의 설계와 작성하고자 하는 서버 프로그램에서 이들의 관계를 보여준다. 이 설계를 설명하기 전에 이것은 작성하고자 하는 서버 프로그램에만 적용된다는 것을 언급할 필요가 있으며, 그것은 매우 간단하다. 이것은 매우 복잡할 수 있는 일반적인 설계에서는 나타나지 않는다.

이 설계는 클라이언트로부터의 연결 요청을 듣기 위해서 서버 프로그램에 의해 생성된 listen 소켓(유형 ServerSocket)을 갖는다는 것을 보여준다. listen 소켓은 ServerSocket 클래스에서 정의된 *accept* 메소드를 이용하여 각 클라이언트를 위한 소켓(유형 Socket)을 반복적으로 생성한다.

그림 11.6 ┃ 각 클라이언트 연결을 위한 TCP 서버의 설계

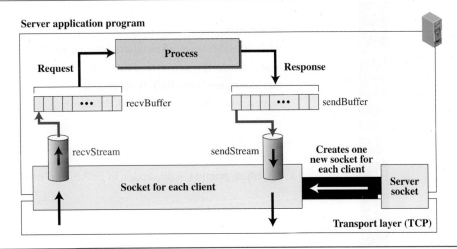

서버 프로그램

표 11.14는 그림 11.6의 설계에 따르는 간단한 서버 프로그램을 보여준다. 프로그램의 간단한 설명은 다음과 같다. 요청과 응답은 데이터의 작은 묶음으로 가정한다.

표 11.14 ┃ 간단한 TCP 서버 프로그램

```
1    import java.net.*;
2    import java.io.*;
3
4    public class TCPServer
5    {
6        Socket sock;
7        InputStream recvStream;
8        OutputStream sendStream;
9        String request;
10       String response;
11
12       TCPServer (Socket s) throws IOException, UnknownHostException
13       {
14           sock = s;
15           recvStream = sock.getInputStream ();
16           sendStream = sock.getOutputStream ();
17       }
18
19       void getRequest ()
20       {
21           try
```

표 **11.14** ▌ 간단한 TCP 서버 프로그램 (계속)

```
22          {
23              int dataSize;
24              while ((dataSize = recvStream.available ()) == 0);
25              byte [] recvBuff = new byte [dataSize];
26              recvStream.read (recvBuff, 0, dataSize);
27              request = new String (recvBuff, 0, dataSize);
28          }
29          catch (IOException ex)
30          {
31              System.err.println ("IOException in getRequest");
32          }
33      }
34
35      void process()
36      {
37          // Add code to process the request string and create response string.
38      }
39
40      void sendResponse ()
41      {
42          try
43          {
44              byte [] sendBuff = new byte [response.length ()];
45              sendBuff = response.getBytes ();
46              sendStream.write (sendBuff, 0, sendBuff.length);
47          }
48          catch (IOException ex)
49          {
50              System.err.println ("IOException in sendResponse");
51          }
52      }
53
54      void close ()
55      {
56          try
57          {
58              recvStream.close ();
59              sendStream.close ();
60              sock.close ();
61          }
62          catch (IOException ex)
63          {
```

표 11.14 │ 간단한 TCP 서버 프로그램 (계속)

```
64              System.err.println ("IOException in close");
65          }
66      }
67
68      public static void main (String [] args) throws IOException
69      {
70          final int port = ...;                    // Provide port number
71          ServerSocket listenSock = new ServerSocket (port);
72          while (true)
73          {
74              TCPServer server = new TCPServer (listenSock.accept ());
75              server.getRequest ();
76              server.process ();
77              server.sendResponse ();
78              server.close ();
79          }
80      } // End of main
81  }// End of TCPServer class
```

main 메소드

프로그램의 실행은 main 메소드와 함께 시작한다(68 라인). 사용자는 서버 프로그램을 실행하는 서버 포트번호(정수)를 제공해야 한다(70 라인). 이것은 호스트 주소 또는 이름을 제공할 필요는 없다. 이것은 운영체제에서 제공한다. 이 프로그램은 지정된 포트번호를 사용하여 ServerSocket 클래스(71 라인)의 인스턴스를 만든다. 그런 다음 프로그램은 무한루프를 실행하는데(72 라인), 각 클라이언트는 TCPServer 클래스의 새로운 인스턴트를 생성하고, 4개의 인스턴트 메소드를 호출함으로써 루프 하나의 반복에서 제공받는다.

TCPServer 클래스에 있는 메소드

다음은 이 클래스에 있는 메소드를 설명한다.

생성자 생성자(12~17 라인)는 매우 간단하다. 이것은 소켓에 대한 참조를 얻는다. 이것은 또한 수신과 송신 스트림을 생성한다.

getRequest 메소드 이 메소드(19~33)는 여러 가지 임무를 담당한다.

1. 계속해서 이용 가능한 바이트의 크기를 찾는다(24 라인).
2. 적절한 크기의 버퍼를 생성한다(라인 25).
3. 입력 스트림으로부터 데이터를 읽어 수신 버퍼에 저장한다(라인 26).
4. 수신 버퍼에 있는 바이트를 process 메소드에 의해 사용하게 되는 문자열 응답으로 변환한다(라인 27).

process 메소드   이 메소드는 설계에는 없다(라인 35~38). 요청 문자열을 처리하고 응답 스트림을 생성하는 프로그램의 사용자에 의해 채워진다. 예에서 일부 사례를 보여준다.

sendResponse 메소드   이 메소드(40~52 라인)는 여러 가지 임무를 담당한다.

1. 비어 있는 송신 버퍼를 생성한다(라인 44).
2. 응답 문자열을 바이트로 변환하고 이 바이트를 송신 버퍼에 채운다(라인 45).
3. 바이트들을 sendStream에 채운다(라인 46).

close 메소드   이 메소드(54~66 라인)는 각 클라이언트에 대해 생성된 스트림과 소켓을 닫는다.

11.3.2 동시 접근방법

TCP 서버 프로그램에 대한 순차 접근방법은 클라이언트가 서버를 독점하는 것을 허용할 수 있는데, 서버가 다른 클라이언트의 요구에 관심을 갖는 것을 허용하지 않는다. 동시 서버 프로그램은 이 문제를 해결하기 위해 설계되었다. 과거에 동시 서버가 UNIX 환경에서 C 언어로 작성되었을 때, 다중 클라이언트를 제공하기 위해 다중 프로세스를 사용한다. 자바에서는 이 작업을 다중 스레드를 이용하여 수행된다.

서버 프로그램

표 11.15는 동시 서버 프로그램을 보여준다. 이것은 클래스에 있는 run( ) 메소드를 오버라이드하는 것을 허용하고 이 메소드에 있는 main에 모든 이전 메소드를 포함하는 서버 클래스가 Runnable 인터페이스를 구현하는 것을 제외하는 것과 거의 동일하다(라인 19~26). main에서 스레드 클래스의 인스턴스를 생성하고 스레드 객체를 서버 클래스의 인스턴트에 감싸야 한다. 이 경우에는 각 클라이언트는 별도의 스레드에서 제공된다.

표 11.15 ▌ 간단한 동시 TCP 서버 프로그램

```
1    import java.net.*;
2    import java.io.*;
3
4    public class ConcurTCPServer implements Runnable
5    {
6         Socket sock;
7         InputStream recvStream;
8         OutputStream sendStream;
9         String request;
10        String response;
11
12        ConcurTCPServer (Socket s) throws IOException
13        {
14             sock = s;
```

표 **11.15** 간단한 동시 TCP 서버 프로그램 (계속)

```
15        recvStream = sock.getInputStream ();
16        sendStream = sock.getOutputStream ();
17    }
18
19    public void run()
20    {
21        getRequest ();
22        process ();
23        sendResponse ();
24        close ();
25    }
26
27    void getRequest ()
28    {
29        try
30        {
31            int dataSize;
32            while ((dataSize = recvStream.available ()) == 0);
33            byte [] recvBuff = new byte [dataSize];
34            recvStream.read (recvBuff, 0, dataSize);
35            request = new String (recvBuff, 0, dataSize);
36        }
37        catch (IOException ex)
38        {
39            System.err.println ("IOException in getRequest");
40        }
41    }
42
43    void process ()
44    {
45        //Add code to use the request string and provide the response string.
46    }
47
48    void sendResponse ()
49    {
50        try
51        {
52            byte [] sendBuff = new byte [response.length ()];
53            sendBuff = response.getBytes ();
54            sendStream.write (sendBuff, 0, sendBuff.length);
55        }
56        catch (IOException ex)
57        {
```

표 11.15 ▌ 간단한 동시 TCP 서버 프로그램 (계속)

```
58              System.err.println ("IOException in sendResponse");
59          }
60      }
61
62      void close ()
63      {
64          try
65          {
66              recvStream.close ();
67              sendStream.close ();
68              sock.close ();
69          }
70          catch (IOException ex)
71          {
72              System.err.println ("IOException in close");
73          }
74      }
75
76      public static void main (String [] args) throws IOException
77      {
78          final int port = …;                          // Provide server port
79          ServerSocket listenSock = new ServerSocket (port);
80          while (true)
81          {
82              ConcurTCPServer server = new ConcurTCPServer (listenSock.accept ());
83              Thread thread = new Thread (server);
84              thread.start ();
85          }
86      } // End of main
87  } // End of ConcurTCPServer class
```

11.4 추천 자료

단행본

여러 책들이 자바에서 네트워크 프로그래밍의 주요 내용을 보여준다: [Cal & Don 08], [Pit 06] 그리고 [Har 05].

11.5 중요 용어

concurrent server   iterative server

11.6 요약

네트워크 프로그래밍은 반드시 IP 주소 및 포트번호를 다루어야 한다. 자바에 IP 주소는 InetAddress 클래스의 인스턴트이다. 두 개의 서브클래스인 Inet4Address와 Inet6Address도 각각 IPv4와 IPv6 주소를 정의한다. 포트번호는 정수로 표현된다. 자바에 소켓 주소인 IP 주소와 포트번호 조합은 SocketAddress 클래스에 의해 표현하지만, 일반적으로 자바 프로그래밍에서는 SocketAddress 클래스의 서브클래스인 InetSocketAddress를 사용한다.

클라이언트-서버 패러다임에서 통신은 두 개의 응용프로그램인 클라이언트와 서버 사이에 일어난다. 클라이언트는 서버에게 서비스를 요청하는 유한한 프로그램이다. 클라이언트-서버 패러다임의 서버는 순차 서버 또는 동시 서버로 설계할 수 있다. 순차 서버는 클라이언트를 하나씩 처리한다. 동시 서버는 컴퓨터 자원이 허용하는 한 많은 클라이언트를 동시에 서비스가 가능하다. UDP와 같은 비연결형 전송 계층 서비스를 사용하는 클라이언트-서버 쌍은 비연결형 프로그램으로 설계해야 한다. TCP와 같은 연결지향 전송 계층 서비스를 사용하는 클라이언트-서버 쌍은 연결지향 프로그램으로 설계해야 한다.

클라이언트 또는 서버 응용프로그램을 작성하는 몇 가지 방법이 있지만, 소켓 인터페이스 접근 방식만 설명하였다. 전체적인 아이디어는 운영체제와 응용프로그램 계층 사이에 새로운 추상 계층인 소켓 인터페이스 계층을 만드는 것이다.

UDP를 이용한 응용프로그래밍의 자바 구현은 두 개의 클래스인 *DatagramSocket*과 *DatagramPacket*를 사용한다. 처음 것은 소켓 객체를 생성하고, 두 번째 것은 교환되는 데이터그램을 생성한다. TCP와 응용프로그램의 자바 구현은 두 가지 클래스인 *ServerSocket*와 *Socket*을 사용한다. 첫 번째는 연결 설정 동안만 사용되며 두 번째는 통신의 나머지 부분에 사용된다. 자바 네트워크 프로그래밍의 동시 접근방법은 서버가 별도의 스레드로 각 클라이언트를 서비스하도록 허용하는 여러 스레드를 사용한다.

11.7 연습문제

11.7.1 기본 연습문제

1. 어떤 언어든 네트워크 프로그램은 반드시 _____
   와(과) _____의 처리가 필요하다.
   a. 사용자 이름; 포트번호 **b.** IP 주소; 링크-계층 주소
   c. IP 주소; 포트번호   **d.** 정답 없음

2. 자바에서 IP 주소는 _____ 클래스의 인스턴트
   인 객체로 정의된다.
   a. InetAddress   **b.** SocketAddress
   c. IPAddress   **d.** 정답 없음

3. 자바에서 다음 문장 중 어느 것이 맞는가?
   a. IPv4 주소를 생성하기 위해서는 Inet4Address 클래
   스를 사용해야 한다.
   b. IPv6 주소를 생성하기 위해서는 Inet6Address 클래
   스를 사용해야 한다.
   c. IPv4와 IPv6 주소를 모두 생성할 수 있는 Inet-
   Address 클래스를 사용할 수 있다.
   d. 정답 없음

4 자바에서 포트번호는 _____ 정수로 정의할 수
   있다.
   a. 16비트 정수   **b.** 24비트 정수
   c. 48비트 정수   **d.** 정답 없음

5. 소켓 주소를 위해 자바 네트워크 프로그래밍에서 사
   용하는 클래스는 _____ 클래스이다.
   a. InetAddress   **b.** SocketAddress
   c. InetSocketAddress   **d.** 정답 없음

6. 클라이언트-서버 패러다임에서의 서버는 _____
   서버 또는 _____ 서버로 설계할 수 있다.
   a. 비동기(asynchronous); 동시(concurrent)
   b. 순차(iterative); 동시(concurrent)
   c. 동시적(simultaneous); 간헐적(intermittent)
   d. 정답 없음

7. 동시 서버(concurrent server)는 _____ 서비
   스할 수 있다.
   a. 한 번에 하나의 클라이언트를
   b. 동시에 두 클라이언트만을
   c. 동시에 여러 클라이언트를

   d. 정답 없음

8. 순차 서버(iterative server)는 _____ 처리할
   수 있다.
   a. 한 번에 하나의 클라이언트를
   b. 동시에 두 클라이언트를
   c. 동시에 여러 클라이언트를
   d. 정답 없음

9. UDP를 위한 자바 구현은 _____ 사용
   한다.
   a. 소켓 객체의 한 가지 유형만을
   b. 소켓 객체의 두 가지 유형을
   c. 소켓 객체의 여러 가지 유형을
   d. 정답 없음

10. DatagramSocket 클래스는 _____ 소켓을 생성하
    기 위해 사용된다.
    a. UDP 클라이언트의
    b. UDP 서버의
    c. UDP 클라이언트와 UDP 서버를 위한
    d. 정답 없음

11. _____ 클래스는 데이터그램 패킷을 생성
    하는 데 사용된다.
    a. DatagramPacket
    b. DagramSocket
    c. DagramSocket 또는 DatagramPacket
    d. 정답 없음

12. TCP를 위한 자바 구현은 소켓 객체의 _____
    유형을 사용한다.
    a. 단지 하나의   **b.** 단지 두 개의
    c. 여러 가지 유형을   **d.** 정답 없음

13. TCP를 위한 자바 구현에서 클라이언트는 _____
    사용한다; 서버는 _____를 사용한다.
    a. ClientSocket 객체; ServerSocket 객체
    b. Socket 객체; ServerSocket 객체
    c. Socket 객체; ServerSocket 객체와 Socket 객체
    d. 정답 없음

14. ServerSocket은 때때로 _____과 또는 _____
    을 호출한다.
    a. 수동 소켓(passive socket); 리슨 소켓(listen socket)
    b. 능동 소켓(active socket); 리슨 소켓(listen socket)
    c. 대기 소켓(waiting socket); 리슨 소켓(listen socket)
    d. 정답 없음

15. _____는 연결 설정을 담당한다.

    a. Socket   b. erverSocket
    c. ClientSocket   d. 정답 없음

16. 자바에서 2개의 메소드인 getOutputStream과
    getInputStream은 _____ 클래스에서 제공된다.
    a. ServerSocket   b. Socket
    c. Stream   d. 정답 없음

11.7.2 응용 연습문제

1. 자바에서 IP 주소는 어떻게 표현하는가?

2. 자바에서 IPv4와 IPv6 주소를 어떻게 구분하는가?

3. TCP/IP 프로토콜 그룹에서 포트번호는 부호없는 16
   비트 정수이다. 자바에서 32비트 정수를 이용하여 어
   떻게 포트번호를 나타낼 수 있는가?

4. 왜 자바에서는 IP 주소를 나타내기 위해 정수 대신에
   클래스의 인스턴스를 사용한다고 생각하는가?

5. 자바는 왜 InetAddress 클래스에 대한 생성자를 제공
   하지 않는다고 생각하는가?

6. 컴퓨터의 도메인 이름이 "aBusiness.com"이라고 알고
   있다. 컴퓨터와 연관된 InetAddress 객체를 생성하기
   위해 자바 문장을 작성하라.

7. 컴퓨터의 IP 주소가 "23.14.76.44"라고 알고 있다. 이
   주소와 연관된 InetAddress 객체를 생성하기 위한 자
   바 문장을 작성하라.

8. 도메인 이름이 "aCollege.edu"인 컴퓨터가 여러 개의
   IP 주소를 가졌다고 생각해 보자. 이 호스트와 연관
   된 InetAddress 객체의 배열을 생성하기 위한 자바 문
   장을 작성하라.

9. IP 주소가 "14.26.89.101"인 컴퓨터가 더 많은 IP 주
   소를 가졌다고 생각해 보자. 이 호스트와 연관된
   InetAddress의 배열 클래스를 생성하기 위한 자바 문
   장을 작성하라.

10. 사용자가 작업하고 있는 컴퓨터의 InetAddress를 참
    조하는 프로그램을 작성하고자 한다. 해당하는 객체
    를 생성하기 위한 자바 문장을 작성하라.

11. 사용자가 작업하고 있는 컴퓨터와 연관된 InetAddress

객체를 생성하려고 한다. 이를 위한 자바 문장을 작성
하라.

12. 자바에서 변수에 포트번호 62230을 저장하는데, 이
    번호를 부호없는 정수로 저장하는 것을 보장하는 자
    바 문장을 작성하라.

13. 소켓 주소는 IP 주소와 호스트에서 실행되는 응용프로
    그램을 나타내는 포트번호의 조합이다. 어떤 호스트에
    할당되지 않은 IP 주소를 갖는 InetSocketAddress 클래
    스의 인스턴스를 생성할 수 있는가?

14. 로컬 호스트와 HTTP 서버 프로세스를 바인딩하는
    소켓 주소를 생성하기 위한 자바 문장을 작성하라.

15. 로컬 호스트와 임시 포트번호 56000을 바인딩한 소켓
    주소를 생성하기 위한 자바 문장을 작성하라.

16. 도메인 이름 "some.com"인 호스트와 포트번호 51000
    인 클라이언트 프로세스가 바인딩된 소켓 주소를 생
    성하기 위한 자바 문장을 작성하라.

17. InetSocketAddress **addr**과 TELNET 서버 프로세스
    가 바인딩된 소켓 주소를 생성하는 자바 문장을 작성
    하라.

18. sockAd라는 이름을 가진 InetSocketAddress의 InetAdd-
    ress를 추출하기 위한 자바 문장을 작성하라.

19. sockAd라는 InetSocketAddress의 포트번호를 추출하
    는 자바 문장을 작성하라.

20. 자바에서 DatagramSocket 클래스와 Socket 클래스의
    차이점은 무엇인가?

21. 자바에서 ServerSocket 클래스와 Socket 클래스의 차
    이점은 무엇인가?

22. 네트워크 프로그래밍에서 소켓은 적어도 하나의 로컬 소켓 주소에 바인딩 되어야 한다고 말한다. DatagramSocket 클래스의 첫 번째 생성자(표 11.6 참조)는 매개변수가 없다. 클라이언트 측에서 사용될 때 로컬 소켓 주소에 어떻게 바인딩되는지 설명하라.

23. DatagramPacket 클래스는 두 개의 생성자를 갖는다 (표 11.7 참조). 어떤 생성자를 보내는 패킷(sending packet)으로 사용할 수 있는가?

24. DatagramPacket 클래스는 두 개의 생성자를 갖는다 (표 11.7 참조). 어떤 생성자가 받는 패킷(receiving packet)으로 사용할 수 있는가?

25. 그림 11.2에서 클라이언트가 문자열이 아닌 다른 메시지를 보내려고 하면 어떤 변경이 필요한가(예를 들면, 그림)?

26. 그림 11.3에서 요청(request)이 그림을 검색하는 URL이라고 가정하자. URL을 어떻게 recvBuff에 저장하는가?

27. UDP 클라이언트 프로그램(표 11.8 참조)이 서버로부터 응답이 올 때까지 어떻게 슬립(sleep)하는지 설명하라.

28. TCP 클라이언트에서 Socket 객체(그림 11.5 참조)가 어떻게 생성되고, 없어지는가?

29. 자바에는 입력 스트림(input stream) 클래스를 가지고 있다. 왜 TCP 클라이언트 프로그램이 입력 스트림을 생성하기 위해 이 클래스를 바로 사용할 수 없는지 설명할 수 있는가?

30. 그림 11.5에서 클라이언트와 통신하기 위해 클라이언트가 어떻게 입력과 출력 스트림을 생성하는가?

11.7.3 심화문제

1. "*x.y.z.t*" 형태로 IP 주소를 나타내는 문자열을 받아 부호없는 정수로 변환하는 자바 메소드를 작성하라.

2. "*x.y.z.t*" 형태로 IP 주소를 나타내는 문자열을 받아 32비트 정수로 변환하는 자바 메소드를 작성하라.

3. "*x.y.z.t/n*" 형태에서 CIDR 표기법을 표현하는 문자열이 주어지면 주소(정수로)의 프리픽스를 추출하는 자바 메소드를 작성하라.

4. CIDR 표기법("*x.y.z.t/n*")으로 표현된 문자열에서 점 십진 표기법(dotted decimal notation) 문자열로 IP 주소(접두사 없이)를 추출하는 자바 메소드를 작성하라.

5. CIDR 표기법("*x.y.z.t/n*")으로 나타내는 문자열을 만들 수 있는 IP 주소의 끝에 주어진 프리픽스(정수)를 추가하는 자바 메소드를 작성하라.

6. 숫자 마스크(numeric mask)를 나타내는 부호 없는 32비트 정수에 대해 프리픽스를 나타내는 정수로 변경하는 자바 메소드를 작성하라.

7. 접두사 (/n)를 나타내는 정수로 마스크를 표현하는 부호없는 32비트 정수로 변경하는 자바 메소드를 작성하라.

8. 블록의 주소 중 하나가 CIDR 표기법으로 표기된 문자열이 주어질 때 블록의 첫 번째 주소(네트워크 주소)를 찾는 자바 메소드를 작성하라.

9. 블록 주소 중 하나가 CIDR 표기법을 나타내는 문자열로 주어질 때 블록의 마지막 주소를 찾는 자바 메소드를 작성하라.

10. 블록 주소 중 하나의 주소(CIDR 표기법)가 제공할 때 블록의 크기를 찾는 자바 메소드를 작성하라.

11. 시작과 끝 주소가 주어진 경우 주소 범위를 찾기 위한 자바 메소드를 작성하라.

12. 동시 접근(concurrent approach)을 사용하여 예제 11.4를 반복하라.

13. TCP 서비스를 이용하여 예제 11.4를 반복하라.

14. 동시 접근(concurrent approach)을 사용하여 문제 11.13을 반복하라.

11.8 프로그래밍 과제

1. 다음 작업을 수행하는 표 11.8에 있는 클라이언트 프로그램과 표 11.9에 있는 서버 프로그램을 수정, 컴파일하고, 시험하라. 클라이언트 프로그램은 파일로부터 요청 문자열을 읽어서 다른 파일에 응답 문자열로 저장한다. 파일 이름은 클라이언트 프로그램의 main 메소드에 인수로 전달해야 한다. 서버 프로그램은 모든 소문자를 대문자로 변경하고 결과를 반환한 요청 문자열을 받는 것이 필요하다.

2. 표 11.13의 클라이언트 프로그램과 표 11.14의 서버 프로그램을 서버 호스트에 저장된 짧은 파일의 경로 이름을 제공하는 클라이언트에 허락하기 위해 수정, 컴파일하고 시험하라. 서버는 문자의 열과 같이 짧은 파일의 내용을 보내는 것이 필요하다. 클라이언트는 클라이언트 호스트에 파일을 저장한다. 이것은 간단한 파일 전송 프로토콜을 시뮬레이션하는 것을 의미한다.

3. 표 11.13의 클라이언트 프로그램과 표 11.14의 서버 프로그램을 로컬 DNS 클라이언트와 서버를 시뮬레이트하기 위해 수정, 컴파일하고 시험하라. 서버는 2개의 열(column), 도메인 이름 그리고 IP 주소로 만들어진 짧은 테이블을 가진다. 클라이언트는 두 가지 유형의 요청(request)을 보낼 수 있다: 정상과 반대(normal and reverse). 정상 요청은 "*N:domain name*" 형식의 문자열이고 반대 요청은 "*R:IP address*" 형식이다. 서버는 IP 주소, 도메인 이름 또는 "Not found" 메시지 중 하나로 응답한다.

4. 비지속적인 연결(nonpersistent connection)만을 사용한 HTTP의 단순화된 버전(2장 참조)을 시뮬레이션 하기 위해 동시(concurrent) TCP 클라이언트-서버 프로그램을 작성하라. 클라이언트는 HTTP 메시지를 보낸다; 서버는 요청한 파일을 응답한다. GET과 PUT 메소드의 2가지 유형과 몇 가지 간단한 헤더만을 사용한다. 학생은 웹 브라우저 프로그램을 시험할 수 있어야 하고, 시험 결과를 주목하라.

5. 동시(concurrent) TCP 클라이언트-서버 프로그램을 POP의 단순화된 버전(2장 참조)으로 시뮬레이션 하기 위해 작성하라. 클라이언트는 메일박스로 전자우편을 받을 수 있도록 요청을 보낸다. 서버는 전자우편을 이용하여 응답한다.

유니코드

컴퓨터는 숫자를 사용한다. 컴퓨터는 각 문자 하나에 숫자를 할당하여 저장한다. 원래의 코딩 시스템은 미국 정보 교환 표준 코드(ASCII, American Standard Code for Information Interchange)라고 불리었으며, 각각 7비트 숫자로 저장되는 128(0에서 127)가지(표현할 수 있는 문자의 수) 기호를 가지고 있었다. ASCII는 영어의 소문자와 대문자, 숫자, 구두 문자 그리고 일부 제어 문자를 충분하게 처리할 수 있었다. 또한 ASCII를 8비트로 구성하여 ASCII 문자를 확장하려는 시도가 있었다. 새로운 코드는 확장된 ASCII (Extended ASCII)라고 불리었으나, 국제 표준화는 되지 않았다.

ASCII와 확장된 ASCII가 가지고 있는 본질적인 문제점을 해결하기 위해 유니코드 협회(Unicode Consortium, 다국어 소프트웨어 제작자 그룹)가 포괄적인 문자 집합을 제공하기 위해 **유니코드(Unicode)**라는 만국 공통의 부호화 시스템을 만들었다.

유니코드는 원래 2바이트 문자 집합이었다. 그러나 유니코드 버전 3은 4바이트 코드이며, ASCII 및 확장된 ASCII와 완전하게 호환이 된다. ASCII 집합은 이제 기본 라틴어(*Basic Latin*)라고 불리며, 상위 25비트가 0으로 구성된(나머지 7비트로 표현) 유니코드이다. 그리고 확장된 ASCII는 이제 라틴어-1(Latin-1)이라 불리며, 상위 24비트가 0으로 구성된(나머지 8비트로 표현) 유니코드이다. 그림 A.1은 서로 다른 시스템에서 어떻게 호환되는지를 보여주고 있다.

그림 A.1 ▌ 유니코드 바이트

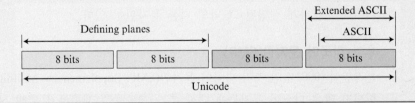

유니코드에서 각 문자나 기호는 32비트 숫자로 정의된다. 코드는 2^{32}(4,294,967,296)개까지 문자나 기호를 정의할 수 있다. 표기법은 아래의 형식으로 16진수(hexadecimal) 숫자를 사용한다.

U-XXXXXXXX

각 X는 16진수 숫자이며, 따라서 유니코드의 표현 범위는 U-00000000에서 U-FFFFFFFF 이다.

A.1 문자판

유니코드는 문자판(plane)으로 사용 가능한 공간 코드를 나눈다. 최상위 16비트가 문자판을 나타내며, 이는 65,536개의 문자판을 가지고 있다는 것을 의미한다. 각 문자판은 65,536개까지 문자나 기호를 정의할 수 있다. 그림 A.2는 유니코드 공간과 문자판의 구조를 보여주고 있다.

그림 A.2 ┃ 유니코드 문자판

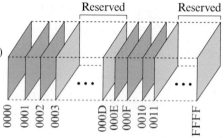

0000 : Basic Multilingual Plane (BMP)
0001 : Supplementary Multilingual Plane (SMP)
0002 : Supplementary Ideographic Plane (SIP)
000E : Supplementary Special Plane (SSP)
000F : Private Use Plane (PUP)
0010 : Private Use Plane (PUP)

A.1.1 기본 다국어 문자판(BMP)

문자판이 $(0000)_{16}$인 기본 다국어 문자판(BMP, Basic Multilingual Plane)은 이전 16비트 유니코드와 호환성을 갖도록 설계되었다. 이 문자판에서 최상위 16비트는 모두 0이다. 코드는 보통 U+XXXX로 표현하는데, 이는 XXXX가 단지 최하위 16비트에 한정된다는 사실을 명심해야 한다. 이 문자판은 주로 다른 특수문자 또는 제어를 위해 사용되도록 일부 코드의 예외를 갖는 서로 다른 언어에서 문자 집합을 정의한다.

A.1.2 그 밖의 문자판

여기에 간략하게 설명된 그 밖의 다른 문자판이 있다.

추가 다국어 문자판(SMP)

문자판이 $(0001)_{16}$인 추가 다국어 문자판(SMP, Supplementary Multilingual Plane)은 BMP에 포함되지 않은 다국어 문자들에 대한 추가 코드들을 제공하기 위해 설계되었다.

추가 상형문자 문자판(SIP)

문자판이 $(0002)_{16}$인 추가 상형문자 문자판(SIP, Supplementary Ideographic Plane)은 상형문자(한자) 기호들 그리고 주로 어음(또는 발음)과 대조를 이루는 개념(또는 의미)을 표시하기 위한 기호들에 대한 코드를 제공하기 위해 설계되었다.

추가 특수 목적 문자판(SSP)

문자판이 (000E)₁₆인 추가 특수문자판(SSP, Supplementary Special Plane)은 특수문자들을 위해 설계되었다.

사용자 영역 문자판(PUP)

문자판이 (000F)와 (0010)₁₆인 사용자 영역 문자판(PUP, Private Use Plane)은 사용자가 개인적인 용도로 사용할 수 있는 문자판이다.

A.2 ASCII

미국 정보 교환 표준 코드(ASCII, American Standard Code for Information Interchange)는 대부분 미국 영어의 128개 기호들에 대한 코드를 제공하기 위해 설계된 7비트 코드이다. 오늘날, ASCII 또는 기본 라틴어는 유니코드의 일부분이다. 이것은 유니코드에서 첫 번째 128개의 코드(00000000에서 0000007F까지)를 차지하고 있다. 표 A.1은 16진수(hexadecimal)와 그래픽 코드(기호)가 들어 있다. 16진수 코드는 단지 유니코드에서 최하위 2비트만을 나타낸다. 이는 실제 코드를 알기 위해 코드에서 16진수 000000을 고의로 표현하지 않았다.

표 A1. ┃ ASCII 코드

Symbol	Hex	Symbol	Hex	Symbol	Hex	Symbol	Hex
NULL	00	SP	20	@	40	`	60
SOH	01	!	21	A	41	a	61
STX	02	"	22	B	42	b	62
ETX	03	#	23	C	43	c	63
EOT	04	$	24	D	44	d	64
ENQ	05	%	25	E	45	e	65
ACK	06	&	26	F	46	f	66
BEL	07	'	27	G	47	g	67
BS	08	(	28	H	48	h	68
HT	09	)	29	I	49	i	69
LF	0A	*	2A	J	4A	j	6A
VT	0B	+	2B	K	4B	k	6B
FF	0C	,	2C	L	4C	l	6C
CR	0D	–	2D	M	4D	m	6D
SO	0E	.	2E	N	4E	n	6E
SI	0F	/	2F	O	4F	o	6F
DLE	10	0	30	P	50	p	70
DC1	11	1	31	Q	51	q	71
DC2	12	2	32	R	52	r	72
DC3	13	3	33	S	53	s	73

표 A1. ▌ ASCII 코드 (계속)

Symbol	Hex	Symbol	Hex	Symbol	Hex	Symbol	Hex
DC4	14	4	34	T	54	t	74
NAK	15	5	35	U	55	u	75
SYN	16	6	36	V	56	v	76
ETB	17	7	37	W	57	w	77
CAN	18	8	38	X	58	x	78
EM	19	9	39	Y	59	y	79
SUB	1A	:	3A	Z	5A	z	7A
ESC	1B	;	3B	[	5B	{	7B
FS	1C	<	3C	\	5C	|	7C
GS	1D	=	3D	]	5D	}	7D
RS	1E	>	3E	^	5E	~	7E
US	1F	?	3F	_	5F	DEL	7F

A.2.1 ASCII의 몇 가지 속성

ASCII는 다음에 열거한 몇 가지 흥미 있는 속성을 가지고 있다.

1. 공백(space) 문자 $(20)_{16}$는 출력 가능한 문자이며, 공백(blank space)을 출력한다.

2. 영어의 대문자는 $(41)_{16}$에서 시작하며, 소문자는 $(61)_{16}$에서 시작한다. 이 둘을 비교해 보면, 대문자가 소문자보다 숫자 값이 작다. 이것은 ASCII 값을 기준으로 하여 목록을 저장한다는 것을 의미하며, 대문자를 소문자보다 먼저 표시한다.

3. 대문자와 소문자는 7비트 코드에서 오직 한 비트만 다르다. 예를 들어, 대문자 A의 값은 $(1000001)_2$이며, 소문자 a의 값은 $(1100001)_2$이다. 차이는 6번째 비트가 대문자는 0인 반면, 소문자는 1이다. 만약 한쪽에 대한 코드를 알고 있다면, $(20)_{16}$를 빼거나 또는 더하거나, 아니면 6번째 비트를 변경(0에서 1로 또는 1에서 0으로)함으로써 동일한 대소문자에 대하여 다른 한쪽의 코드 값을 쉽게 알 수 있다.

4. 대문자에 이어서 소문자가 곧바로 위치하지 않는다. 이것은 대문자와 소문자 사이에 일부 구두 문자가 위치하기 때문이다.

5. 숫자(0에서 9)는 $(30)_{16}$에서 시작한다. 이것은 코드 값을 실제 정수로 바꾸고자 하는 경우 단지 $(30)_{16} = 48$을 빼면 된다는 것을 의미한다.

6. 처음 32개 문자는 $(00)_{16}$부터 $(1F)_{16}$이고 마지막 문자는 $(7F)_{16}$인데, 출력할 수 없는 문자이다. 문자 $(00)_{16}$은 문자 스트링의 끝을 나타내는 구분자로 사용된다. 문자 $(7F)_{16}$는 앞 문자를 삭제하기 위해 일부 프로그래밍 언어에서 사용하는 삭제 문자이다. 출력할 수 없는 나머지 문자들은 제어 문자(control character)인데, 데이터 통신에 사용된다. 표 A.2는 이들 문자의 설명이 나와 있다.

표 A2. | ASCII 코드

Symbol	Interpretation	Symbol	Interpretation
SOH	Start of heading	DC1	Device control 1
STX	Start of text	DC2	Device control 2
ETX	End of text	DC3	Device control 3
EOT	End of transmission	DC4	Device control 4
ENQ	Enquiry	NAK	Negative acknowledgment
ACK	Acknowledgment	SYN	Synchronous idle
BEL	Ring bell	ETB	End of transmission block
BS	Backspace	CAN	Cancel
HT	Horizontal tab	EM	End of medium
LF	Line feed	SUB	Substitute
VT	Vertical tab	ESC	Escape
FF	Form feed	FS	File separator
CR	Carriage return	GS	Group separator
SO	Shift out	RS	Record separator
SI	Shift in	US	Unit separator
DLE	Data link escape		

숫자 시스템

숫자 시스템(positional numbering system)은 일련의 기호를 사용한다. 그렇지만, 각 기호가 나타내는 값은 기호의 **액면 값(face value)**과 **위치 값(place value)**에 따라 다르다. 여기서 위치 값은 숫자에 포함된 기호의 위치와 관련이 있다. 다른 말로 표현하면 다음과 같다.

$$기호\ 값 = 액면\ 값 \times 위치\ 값$$

$$숫자\ 값 = 기호\ 값들의\ 합$$

이 부록에서는 소수점 이하의 수가 없는 정수만 설명한다. 가수 부분이 있는 실수에 대한 논의도 유사하다.

B.1 여러 가지 숫자 시스템

먼저 어떻게 정수가 기수 10, 기수 2, 기수 16, 기수 256 등 4개의 서로 다른 시스템으로 표현할 수 있는지 살펴보자.

B.1.1 기수 10: 10진수

첫 번째 위치 시스템은 **10진 시스템(decimal system)**이다. 10진(*decimal*)이라는 용어는 10이라는 의미를 가진 *decem*(10을 의미)으로부터 유래된 것이다. 10진 시스템은 기호로서 같은 액면 값을 갖는 10개의 기호(0, 1, 2, 3, 4, 5, 6, 7, 8, 9)를 이용한다. 10진 시스템에서 위치 값은 10의 누승이다. 그림 B.1은 정수 4,782의 위치 값과 기호 값을 보여준다.

그림 B.1 ┃ 10진수의 예

10^3	10^2	10^1	10^0	Place values
4	7	8	2	Symbols
4,000 +	700 +	80 +	2	Symbol values
	4,782			Number value

10진 시스템은 위치 값이 10의 누승인 10개의 기호를 사용한다.

B.1.2 기수 2: 2진수

두 번째 위치 시스템은 **2진 시스템(binary system)**이다. 2진(*binary*)이라는 용어는 2를 의미하는 라틴어인 *bi*(2를 의미)로부터 유래한 것이다. 2진 시스템은 기호로서 같은 액면 값을 갖는 2개의 기호(0과 1)를 사용한다. 2진 시스템에서 위치 값은 2의 누승이다. 그림 B.2는 2진수 $(1101)_2$에서 위치 값과 기호 값을 보여준다. 수가 2진수라는 것을 나타내기 위해 첨자 2를 사용한 것을 주목하라.

그림 B.2 ‖ 2진수 예

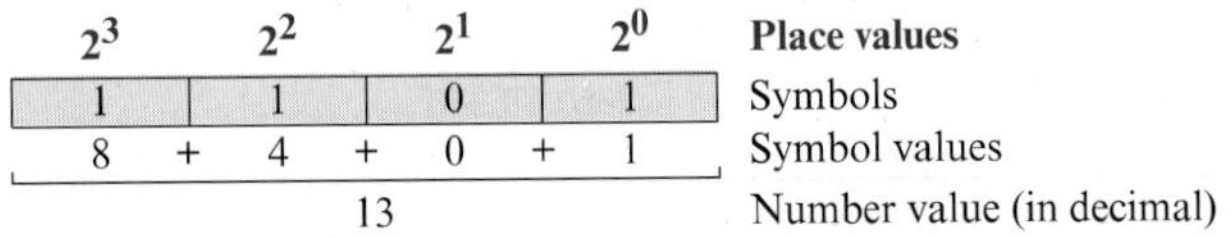

2^3 2^2 2^1 2^0
Place values
1 1 0 1
Symbols
8 + 4 + 0 + 1
Symbol values
13
Number value (in decimal)

2진수는 위치 값이 2의 누승인 2개의 기호를 사용한다.

B.1.3 기수 16: 16진수

설명하고자 하는 세 번째 위치 시스템은 **16진수 시스템(hexadecimal system)**이다. 16진(*hexadecimal*)이라는 용어는 그리스어 hex(6을 의미)와 라틴어 *decem*(*10*을 의미)에서 유래한 것이다. 16진수 시스템은 16개의 기호, 즉 0, 1, 2, 3, 4, 5, 6, 7, 8, 9, A, B, C, D, E, F를 사용한다. 16진수 시스템에서 처음 10개의 기호는 10진수와 동일하게 사용되지만, 10, 11, 12, 13, 14, 15 대신에 A, B, C, D, E, F를 사용한다. 16진수 시스템에서 위치 값은 16의 누승이다. 그림 B.3은 16진수 $(A20E)_{16}$에서 위치 값과 기호 값을 보여준다. 첨자 16은 숫자가 16진수임을 나타낸다는 것을 주목하라.

그림 B.3 ‖ 16진수 숫자 예

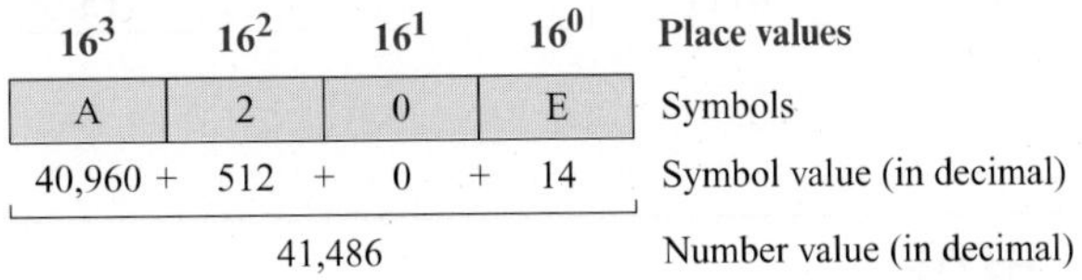

16^3 16^2 16^1 16^0
Place values
A 2 0 E
Symbols
40,960 + 512 + 0 + 14
Symbol value (in decimal)
41,486
Number value (in decimal)

16진수 시스템은 위치 값이 16의 누승인 16가지 기호를 사용한다.

B.1.4 기수 256: 점-10진 표현

설명하고자 하는 네 번째 위치 시스템은 **점-10진 표현(dotted-decimal notation)**이라 부르는 기수 256이다. 이 시스템은 IPv4 주소를 표현하는 데 사용된다. 이 시스템에서 위치 값은 256의 누승이다. 그렇지만 256개의 기호를 사용하는 것은 거의 불가능하기 때문에 이 시스템에서 기호는 기호로서 같은 액면 값을 갖는 0부터 255 사이의 10진수이다. 이들 숫자를 서로 구분하기 위하여 4장에서 설명한 것처럼 점(.)을 사용한다. 그림 B.4는 주소 (14.18.111.252)의 위치 값과 기호 값을 보여준다. IPv4 주소는 4개의 기호 이상을 결코 사용하지 않는다는 것을 주목하라.

그림 B.4 ┃ 점-10진 표현 예

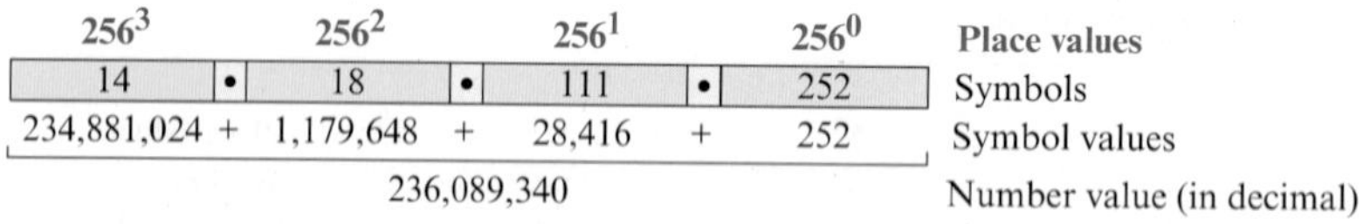

점-10진 표현은 기호로서 **10진수(0~255)**를 사용하는데, 각 기호 사이에 점(.)을 삽입한다.

B.1.5 비교

표 B.1은 10진수 0부터 15까지를 표현하는 3가지 서로 다른 시스템을 보여준다. 예를 들면, 10진수 13은 2진수 $(1101)_2$와 같고, 16진수 D와 같다.

표 B1. ┃ 세 가지 시스템의 비교

Decimal	Binary	Hexadecimal	Decimal	Binary	Hexadecimal
0	0000	0	8	1000	8
1	0001	1	9	1001	9
2	0010	2	10	1010	A
3	0011	3	11	1011	B
4	0100	4	12	1100	C
5	0101	5	13	1101	D
6	0110	6	14	1110	E
7	0111	7	15	1111	F

B.2 변환

우리는 한 시스템에서 수를 다른 시스템의 같은 수로 변환하는 방법을 알 필요가 있다.

B.2.1 어떤 기수 값을 10진수로 변환

그림 B.2부터 B.4까지는 어떤 기수의 수를 10진수로 수작업으로 변환할 수 있는 실제적인 방법을 보여준다. 그렇지만 이것은 그림 B.5에 있는 알고리즘을 사용하는 것이 더 쉽다. 알고리즘은 다음 위치 값은 이전의 값을 기수(2, 16 또는 256)로 곱한 것이라는 사실을 사용한다. 알고리즘은 주어진 기수의 기호 스트링을 10진수로 변환하는 데 사용할 수 있다는 것이다. 알고리즘에서 유일한 구분은 각 기수를 스트링에서 다음 기호를 추출해서 그 액면 값을 찾는 방법이 다르다는 것이다. 기수 2인 경우 이것은 간단하다. 액면 값은 기호를 수치 값으로 변경하면 찾을 수 있다. 기수 16인 경우 기호 A의 액면 값이 10이고 기호 B의 액면 값이 11, 등등인 경우를 생각해 볼 필요가 있다. 기수 256인 경우 점으로 구분된 각 스트링을 추출하고, 스트링을 수치 값으로 변경하는 것이 필요하다.

그림 B.5 | 어떤 기수 값을 10진 값으로 변환하는 알고리즘

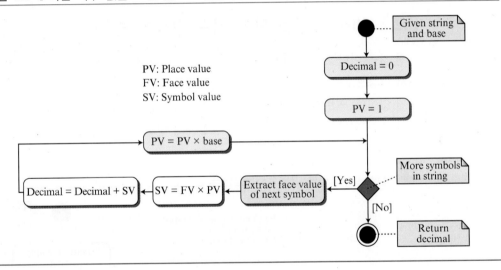

작은 수에 대해서 위의 알고리즘을 수작업으로 행한 간단한 예를 보여줄 수 있다.

예제 B.1   2진수 $(1110011)_2$를 10진 값으로 보여라.

해답
알고리즘을 아래에 보여준 것과 같이 따른다.

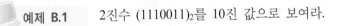

128	64	32	16	8	4	2	1	Place values
1	1	1	0	0	1	1	1	Face values
128	64	32	0	0	4	2	1	Symbol values
231	103	39	7	7	7	3	1	Decimal = 0

10진 값은 초기에 0으로 설정된다. 순환이 종료될 때 10진 값은 231이다.

 예제 B.2   IPv4 주소 12.14.67.24를 10진 값으로 보여라.

해답

알고리즘을 다음에 보여준 것과 같이 따른다.

16,777,216		65,536		256		1	Place values
12	•	14	•	67	•	24	Face values
201,326,592		917,504		17,152		24	Symbol values
202,261,272		934,680		17,176		24	Decimal = 0

10진 값은 초기에 0으로 설정된다. 루프가 종료되면 10진 값은 2020,261,272가 된다.

B.2.2 10진수 값을 다른 기수 값으로 변환

10진 값을 어떤 기수 값으로 변환하는 것은 몫과 나머지를 구하기 위해 10진 값을 기수로 계속해서 나눔으로써 얻을 수 있다. 나머지는 다음 기호의 액면 값이고, 몫은 다음 반복에 사용되는 10진 값이다. 역변환의 경우에서처럼, 해당 기수에서 기호의 액면 값을 실제 기호로 바꾸고, 변환된 수를 나타내는 스트링에 이를 삽입하는 별도의 알고리즘이 필요하다.

그림 B.6 | 10진 값을 어떤 기수로 변환

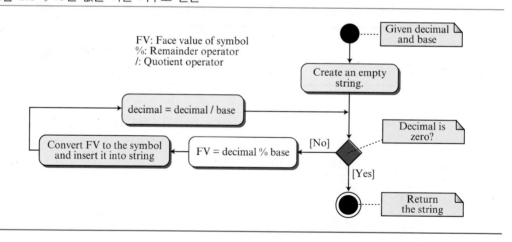

간단한 예에서 알고리즘을 수작업으로 행하는 것으로 보여줄 수 있다.

 예제 B.3   10진수 25를 2진 값으로 변환하라.

해답

몫이 0이 될 때까지 10진 값으로 2(2진 시스템의 기수)로 계속해서 나눈다. 각 나눗셈에서 16진 수 스트링에 삽입되는 다음 기호로써 나머지 값을 해석한다. 아래 화살표는 나머지를 나타내고, 왼쪽 화살표는 몫을 나타낸다. 10진 값이 0이 될 때 멈춘다. 결과는 2진 스트링 $(11001)_2$이다.

0	←	1	←	3	←	6	←	12	←	25	Decimal
		↓		↓		↓		↓		↓	
		1		1		0		0		1	Binary

 예제 B.4 10진수 21,432를 16진 값으로 변환하라.

해답

몫이 0이 될 때까지 10진 값을 16(16진 시스템의 기수)으로 계속해서 나눈다. 각 나눗셈에서 나머지 값은 16진 스트링에 삽입되는 다음 기호로 해석한다. 결과는 16진 스트링 $(53B8)_{16}$이다.

0	←	5	←	83	←	1339	←	21432	Decimal
		↓		↓		↓		↓	
		5		3		B		8	Hexadecimal

 예제 B.5 10진수 73,234,122를 기수 256(IPv4 주소)으로 변환하라.

해답

몫이 0이 될 때까지 10진 값을 256(기수)으로 계속해서 나눈다. 각 나눗셈에서 나머지 값은 IPv4 주소에 삽입되는 다음 기호로 해석한다. 또 요구하는 점-10진 표기법을 위해 점을 삽입한다. 결과는 IPv4 주소 4.93.118.202이다.

0	←	4	←	1,117	←	286,070	←	73,234,122	Decimal
		↓		↓		↓		↓	
		4	•	93	•	118	•	202	IPv4 address

B.2.3 그 밖의 변환

10진수가 아닌 시스템에서 또 다른 10진수가 아닌 시스템으로 변환은 훨씬 쉽다. 2진수를 16진 으로 변환은 4비트를 하나의 그룹으로 바꿈으로써 쉽게 할 수 있다. 또 16진 값을 4비트 그룹으로 변환할 수 있다. 처리 과정을 보기 위하여 간단한 예제를 살펴보자.

 예제 B.6 2진수 $(1001111101)_2$를 16진 값으로 변환하라.

해답

오른쪽부터 4비트씩 그룹으로 만든다. 각 그룹을 대응하는 16진 값으로 바꾼다. 마지막 구룹에 추가로 2개의 0을 더하는 것이 필요하다.

0010	0111	1101	Binary
↓	↓	↓	
2	7	D	Hexadecimal

결과는 $(27D)_{16}$이다.

예제 B.7   16진 값 $(3A2B)_{16}$를 2진 값으로 변환하라.

해답

각 16진 값을 4비트 2진 값으로 바꾼다.

3	A	2	B	Hexadecimal
↓	↓	↓	↓	
0011	1010	0010	1011	Binary

결과는 $(0011\ 1010\ 0010\ 1011)_2$이다.

예제 B.8   IPv4 주소 112.23.78.201을 2진 형식으로 변환하라.

해답

각 기호를 8비트 2진 값으로 바꾼다.

112	•	23	•	78	•	201	IPv4 address
↓		↓		↓		↓	
01110000		00010111		01001110		11001001	Binary

결과는 $(01110000\ 00010111\ 01001110\ 11001001)_2$이다.

HTML, CSS, XML, XSL

이　부록은 두 개의 마크업 언어와 스타일 사본(counterpart)에 대한 매우 간단한 소개이다. 이 부록은 이 책을 읽는 독자들에게 이 언어들에 대한 수준 높은 개요를 제공하려고 한다. 보다 자세한 텍스트가 요구되지만 이들 언어의 문서를 작성하는 방법을 가르치고자 하는 의도는 없다.

C.1 HTML

하이퍼텍스트 마크업 언어(HTML, Hypertext Markup Language)는 웹페이지 문서를 생성하는 마크업 언어이다. 이 책에서 HTML을 언급할 때, 다른 것을 지정한 것을 제외하고 HTML이나 XHTML을 의미한다. 이 둘의 차이점은 나중에 명확해질 것이다. *markup language* 란 용어는 책 출판 산업으로부터 유래되었다. 책이 조판되고 인쇄되기 전에 원고 편집자는 원고를 읽고 원고에 많은 표기(mark)를 하게 된다. 이러한 표기들은 식자공으로 하여금 원문의 판형을 어떻게 짜야 하는지를 알려준다. 예를 들면, 원고 편집자가 한 줄의 일부분을 볼드체(굵은 글씨)로 인쇄하기를 원한다면 물결 모양의 선을 해당 부분 밑에 그려 넣는다. 같은 방식으로 웹페이지에 대한 텍스트와 그 밖의 정보는 브라우저에 의해 해석되고 디스플레이되도록 HTML에 의해 마크된다. 읽기 쉽게 하기 위하여 컬러로 문서의 마크업 부분을 설정한다.

C.1.1 HTML 문서

브라우저에 문서를 디스플레이하기 위하여 HTML 문서를 만들어야 한다. 문서는 형식화되지 않은 텍스트(표준 ASCII로)일 수 있다. 윈도우 노트패드나 메킨토시 텍스트 편집기와 같은 대부분의 간단한 텍스트 편집기는 형식화되지 않은 텍스트를 생성할 수 있다, 그러나 만약 워드 프로세싱 소프트웨어를 사용한다면 평문으로 결과를 저장할 수 있다. 예를 들면 **fileName.html** 처럼 확장자 *html*로 파일을 저장한다. 그러면 어떤 브라우저에서든 파일을 열수 있다.

C.1.2 태그

태그는 HTML의 기본 요소이다. 태그는 텍스트와 그 밖의 웹페이지 내용을 웹 브라우저가 어떻게 해석하고 디스플레이하는지를 말해주는 감춰진 명령어이다. 대부분의 태그는 쌍[(시작 태그(*beginning tag*)와 끝 태그(*ending tag*)]으로 나타낸다.

<tagName> … </tagName >

태그 이름(tag name)은 소문자로 나타내고 모난 괄호안에 포함된다. ending tag는 추가로 슬래시를 갖는다. 내용은 시작과 끝 태그 사이에 온다. 예를 들면, 쌍 ****와 ****는 볼드 태그이다.

**** This text will be displayed in bold. ****

어떤 태그는 쌍으로 오지 않는다. 예를 들면, 라인 공백을 원하는 곳에 **
** 태그 하나만 놓는다. 이러한 태그를 *empty tag*라 부르고 태그 이름 오른쪽에 슬래시를 갖는다.

대부분의 태그는 시작 태그 안에 선택적인 속성과 대응되는 값의 집합을 갖는다.

<tagName **attribute** = value   **attribute** = value … >   content </tagName>

Doctype

doctype 선언은 HTML 문서의 첫 번째 라인에 나타나는 버전 정보이다. 이것은 HTML 문서의 태그와 속성을 제공하는 알려진 **DTD (Document Type Definition)**라 한다. 어떤 웹페이지에서 오른쪽 버튼을 클릭하고 '*View Source*'를 선택한다. 그러면 다음과 같이 소스 코드의 첫 번째 라인으로서 doctype 선언을 보게 될 것이다.

<!DOCTYPE HTML PUBLIC "-//W3C//DTD HTML 4.01 Transitional//EN"

"http://www.w3.org/TR/html4/loose.dtd">

다음은 코드의 서로 다른 섹션의 설명이다.

!DOCTYPE	Doctype declaration (uppercase)
PUBLIC	DTD is a public resource
W3C	Guardian of DTD
HTML 4.01:	Markup language and version
EN	English
http://www.w3.org/TR/html4/loose.dtd	URL for the location of the DTD

구조 태그

Head와 Title

\<head\> 태그는 항상 *doctype* 선언 뒤에 온다. 여기에는 중요한 문서 정보가 나타난다. 문서 정보의 가장 중요한 조각 중 하나는 **\<title\>**와 **\<title/\>** 태그 사이에 오는 문서 제목이다. 문서 정보의 가장 중요한 조각 중 하나가 문서 타이틀이다. 문서 타이틀은 \<title\>과 \</title\> 테그 사이에 온다. 이 타이틀은 정보 값만을 가지며, 브라우저에는 나타나지 않는다. 하지만 이것은 브라우저 타이틀 바에는 나타난다. **\</head\>** 태그는 문서의 header 섹션을 끝낸다.

다음은 예를 보여준다.

```
<head>
        <title> Title of document goes here. </title>
        Other document information
        ...
</head>
```

Body

HTML 문서의 실제 body는 **\<body\>**와 **\</body\>** 태그 사이에 포함되어 있다. HTML 문서는 일반적으로 다음과 같이 head, title, 그리고 body 태그로 구성된다.

```
<head>
        <title> Title of document goes here. </title>
        Other document information
        ...
</head>

<body>
        The content of the document goes here.
        ...
</body>
```

Heading

$n = 1, 2, ..., 6$을 갖는 태그 **\<h*n*\>**과 **\</h*n*\>**은 html에서 가장 큰 h1과 가장 작은 h6로 6개 헤딩 레벨(heading levels)을 설명하는 데 사용된다. 브라우저는 종료 태그(ending tag) 후에 줄 바꿈(line break)을 제공한다.

Paragraph

태그 **\<p\>**는 새로운 단락(paragraph)을 시작하는 데 사용한다. 종료에 해당하는 **\</p\>**는 파라그래프 끝에 사용된다. 브라우저는 종료 태그 후에 줄 바꿈을 제공한다.

line break

\<br/\> 태그가 라인의 끝에 있을 때, 줄 바꿈이 행해진다.

Center Tags

<center>와 **</center>** 태그는 텍스트 라인 중간에 사용된다. 브라우저는 종료 태그 후에 줄 바꿈을 제공한다.

Blockquote

<blockquote>와 **</blockquote>** 태그는 사람이나 소스로부터 인용된 텍스트의 블록을 표시하기 위해 사용된다. 보통은 기본 지정으로 이 태그 안에 포함된 텍스트는 왼쪽과 오른쪽 들여쓰기로 표시된다. 브라우저는 종료 태그 후에 줄 바꿈을 제공한다.

Preserve

이것은 웹 브라우저가 어는 것이 중요한데 특수 태그를 지정하지 않으면 단지 첫 번째 공간만 유효한 것으로 간주하며, 캐리지 리턴과 탭과 같은 공백은 무시한다. 예를 들어, 다음과 같이 입력된 영양 실제 표는

```
Total fat          5 g
Sodium             15 g
Protein            0 g
```

웹 브라우저에서는 다음과 같이 나타난다.

Total fat 5g Sodium 15 g Protein 0 g

그렇지만 문서의 공백(예: 공백, 탭 및 줄 바꿈)을 유지하기 위해 **<pre>**와 **</pre>** 태그를 사용할 수 있다. 예를 들어, 테이블 이전과 이후에 preserve 태그가 위치되도록 입력함으로써 정확하게 나타나는 테이블을 만들 수 있다.

```
<pre>
    Total fat          5 g
    Sodium             15 g
    Protein            0 g
</pre>
```

List

리스트의 두 가지 유형인 정렬된 것(ordered)과 정렬되지 않은 것(unordered)으로 지정할 수 있다. **<ol>**과 **</ol>** 태그는 정렬 리스트(ordered list)를 위해 사용된다. **<ul>**과 **</ul>** 태그는 정렬되지 않은 리스트(unordered list)를 위해 사용된다. 리스트 중 한 가지 유형의 각 항목(item)은 **<li>**와 **</li>** 태그 안에 포함되어 있다. 브라우저는 **<li>** 태그 이후에 줄 바꿈을 제공한다. 정렬되지 않은 리스트에 항목은 일반적으로 글머리 기호(별이나 다이아몬드 같은)를 사용하는 데 반해, 정렬된 리스트의 항목은 번호가 붙어 있다.

HTML text	Appearance in a web browser
<ol> <li> CIS 20 </li> <li> CIS 30 </li> <li> CIS 40 </li> <ol>	1. CIS 20 2. CIS 30 3. CIS 40

Anchor

HTML의 특징은 하이퍼텍스트 링크이다. HTML 문서의 링크는 사용자에게 하나의 문서에서 다른 문서로 이동을 허용한다. 앵커 태그 또는 링크 태그(anchor tags or link tags)라고 불리는 **<a>**와 **</a>** 태그는 다른 웹페이지에 링크를 생성할 때 사용한다. **<a>** 태그와 함께 사용되는 특성 중 하나는 *href* (hyperlink reference)이다, 이의 값은 링크의 대상을 나타내는 URL이다. 예를 들어, 다음 HTML 라인은 맥그로힐 출판사의 Behrouz Forouzan 웹페이지의 링크를 생성한다.

<a href = "http://www.mhhe.com/forouzan"> Behrouz Forouzan </a>

Image

문서에 이미지도 포함해야 한다. 이미지 태그는 많은 속성을 갖는다. 다음은 3가지 속성이 나타나 있다.

<img src = "http://www..." alt = "family picture" align = middle />

이미지가 위치하는 곳에 *src* (source) 속성은 위치(URL)를 나타낸다. 어떤 이유로 인해 이미지가 화면에 표시되지 않는다면 *alt* (alternate 대체) 속성은 이미지를 대체 텍스트로 정의한다. *align* 속성은 어떻게 이미지가 텍스트 문서와 관련하여 정렬되어야 하는지를 정의한다. 이미지는 직접적으로 문서에 포함되지 않는다. 위의 속성을 사용하여 브라우저는 이러한 태그가 위치한 장소와 이미지를 찾는다.

텍스트 서식 맞추기

볼드와 이탤릭 대 강세와 강조

두 가지 가장 일반적인 텍스트 서식은 ****와 ****의 볼드 태그(*bold* tags) 그리고 **<i>**와 **</i>**의 이탤릭 태그(*italic* tags)이다. 그러나 이 태그들의 사용은 강세 태그(*strong* tag)인 **** 및 ****과 강조 태그(*emphasis* tag)인 ****과 ****이 거의 같기 때문에 크게 다르지 않다. 볼드와 이탤릭 태그는 각각 텍스트를 굵게 또는 기울임 표시뿐만 아니라 포함된 텍스트에 의미를 부여하기도 한다. 볼드와 이탤릭 태그와 달리, 강세와 강조 태그는 마크된 해당 단어를 음성 판독기가 어떻게 발음하는지를 나타낸다.

Small과 Big

폰트 크기를 키우거나 줄이기 위하여 **<big>**과 **</big>** 또는 **<small>**과 **</small>** 태그를 사용한다. 예를 들어, 다음 HTML 텍스트

> This is **\<small\>** smaller **\</small\>** but that one is **\<big\>** bigger **\</big\>**

는 "This is smaller but that one is **bigger**"으로 나타난다.

그 밖의 서식 맞추기

그 밖의 일반 텍스트 서식 맞추기 태그는 다음 표에 나열되어 있다.

Strike	**\<strike\>**	Strike a line through the text.
Subscript	**\<sub\>**	Move the text half a character up.
Superscript	**\<sup\>**	Move the text half a character down.
Underline	**\<u\>**	Underline the text.

small 태그와 함께 **\<sub\>**과 **\<sup\>** 태그를 사용할 수 있다.

> H **\<sub\> \<small\>** 2 **\<small/\> \<sub/\>** O   appears as H_2O

로 나타난다.

자문 태그

4개의 중요한 자문 태그(advisory tag)가 있는데 이는 약어(abbreviation) 태그(**\<abbr\>** 및 **\</abbr\>**), 아크로님(acronym-단어의 머리글자로 만든 약어) 태그(**\<acronym\>** 및 **\</acronym\>**), 정의 (definition) 태그(**\<def\>** 및 **\</def\>**) 그리고 인용(cite) 태그(**\<cite\>** 및 **\</cite\>**)이다.

4개 모두 title 속성과 비슷한 형식을 갖는다.

> **\<tagName title** = "string"**\> \</tagName\>**

예를 들어, 다음 약어 태그는 DTD가 문서 유형 정의(Document Type Definition)에 대한 약어임을 나타낸다.

> **\<abbr title** = "Document Type Definition"**\> DTD \</abbr\>**

브라우저에서 포함된 텍스트(예에서 DTD) 위에 커서를 위치시키면, 타이틀(Document Type Definition)이 나타난다.

Nesting

중복된 서식에 두 개 이상의 태그를 사용할 수 있다. 예를 들어, 볼드(bold) 태그 안에 이탤릭 (italic) 태그를 중복시킬 수 있다.

> **\<b\> \<i\>** This text is in italic bold **\</i\> \</b\>**

중복은 정확하게 사용해야 한다. 다음은 잘못된 형식이다.

> **\<b\> \<i\>** Wrong Format **\</b\> \</i\>**

중복 순서를 이용하여 텍스트 모양을 변경할 수 있다. 예를 들어, 두 개의 중복 표현식을 비교해 보자.

HTML Text	Appearance in a web browser
<b> <i> First </i> Second </b>	***First* Second**
<i> <b> First </b> Second </i>	***First Second***

C.1.3 XHTML

확장 하이퍼텍스트 생성 언어(XHTML, Extensible HyperText Markup Language)는 HTML 4.01과 거의 비슷하지만 XML의 제한된 구문을 따른다. 이를 준수하여 XHTML 구조 마크업 언어를 만든다. XHTML을 이용한 문서는 "잘 구성된(well-formed)" 문서가 될 것이고, 따라서 작성자가 의도한 방식으로 해석되어 브라우저에 의해 표시된다. XHTML의 가장 중요한 요구 사항 중 일부는 다음과 같다.

☐ 요소(elements)는 적절하게 중복되어야 한다.

☐ 요소(element)는 항상 닫혀 있어야만 한다. 단락(paragraph) 태그 **<p>**와 **</p>** 같은 일반적인 태그는 시작과 종료 태그가 있어야 한다. 줄 바꿈(line break)과 같은 빈 태그는 **
**이 아니라 **
**로 작성해야 한다. *br* 이후에 슬래쉬(/)는 요소의 닫기를 나타낸다.

☐ 요소(element)와 속성(attribute)은 소문자이어야 한다.

☐ 속성 값은 인용해야 한다.

☐ 문서는 세 개의 주요 부문을 갖는 데 이는 DOCTYPE 선언(declaration), 헤드 섹션(head section)과 본문 섹션(body section)이다.

C.2 CSS

논리적으로 간단한 웹 문서는 두 개의 계층으로 되어 있는데, 이는 내용(content)과 표현(presentation)이다. 두 계층을 함께 유지하는 것이 가능하지만, 분리하면 유연성 증가, 반복 감소와 효율성이 증가한다. **연속형 문서 양식(CSS, Cascading Style Sheets)**은 문서 표현으로부터 문서 내용(content)을 분리하여 생성한다. 세 가지 방법인 *in-line*, *internal*, *external*로 HTML 문서의 요소에 스타일을 적용할 수 있다.

C.2.1 In-line 스타일

HTML 문서의 개개의 요소에 스타일을 적용할 수 있다. 예를 들어, 다음과 같이 문서는 단락에 포함된 폰트 크기를 90%로 폰트 색은 파랑으로 만든다.

```
<p style = "font-size: 90%; color: blue" >
The size of the font is 90% and blue
</p>
```

C.2.2 Internal 스타일 시트

단일 HTML 문서에 적용하는 스타일 규칙을 정하기를 원한다면, HTML 문서 헤드 섹션의 **<style>**과 **</style>** 태그 사이에 스타일 시트를 넣을 수 있다. 스타일 시트 규칙의 일반 형식은 다음과 같다.

HTML content {**attribute**: value; **attribute**: value; ...}

각 속성은 콜론(':')으로 그 값이 분리되는 것을 주의하라. 속성은 세미콜론(';')으로 분리되며, 전체 속성 블록은 중괄호({})) 안에 위치한다. 예를 들어, 다음과 같은 internal 스타일 시트는 헤드 1과 문서의 본문에 규칙이 적용된다.

```
<head>
    <title> Internal Style sheet </title>
        <style type = "text / css" >
        h1{font-family: mono space; color: green}
        body {font-family: cursive; color: red}
        <style>
</head>
<body>
…
<body>
```

C.2.3 External 스타일 시트

External 스타일 시트를 생성하기 위해 텍스트 문서를 생성하고, 해당 문서 안에 HTML 내용의 각 부분에 대한 원하는 스타일 규착을 위치시키고, 확장자 *css*을 가진 **문서(fileName.css)**로 저장한다. 다음은 이러한 문서의 예이다.

```
body {font-size: 10 pt; font-family: Times New Roman; color:
    black; margin-left: 12 pt; margin-right: 12 pt; line-height; 14 pt}

p {margin-left: 24 pt; margin-right: 24 pt}
h1 {font-size: 24 pt; font-family: Book Antiqua; color: red}
h2 {font-size: 22 pt; font-family: Book Antiqua; color: red}
…
h6 {font-size: 12 pt; font-family: Book Antiqua; color: red}
…
a: link {color: red}
a: visited {color: blue}
…
```

다음은 해당 문서의 헤드 섹션에 **\<link/\>** 태그를 포함시킴으로서 HTML 문서에 대한 이 스타일 시트를 링크시킨다.

\<link rel = "style sheet" **type =** "text/css" **href =** "URL" **/\>**

rel (relationship) 속성은 참조문서(reference document)가 스타일 시트라는 것을 말한다. *type* 속성은 링크된 소스(text/css)의 MIME 유형을 식별하고 *href* 속성은 css 파일의 URL 주소가 주어진다.

C.3 XML

확장 마크업 언어(XML, Extensible Markup Language)는 사용자에게 데이터 표현 또는 데이터 구조를 정의하는 것을 허용하고 구조의 각 필드에 값을 할당하는 언어이다. 다시 말해서, XML은 마크업 요소를 정의(자신의 태그와 자신의 문서 구조)하고 커스터마이즈 마크업 언어를 생성할 수 있게 허용하는 언어이다. 단지 제한은 XML에 정의된 규칙을 따라야 한다. 예를 들어, 다음은 어떻게 세 개의 필드인 이름, *id*와 생일을 가진 학생 레코드를 정의할 수 있는지를 보여준다.

```
<?xml version = "1.0"?>
    <student>
        <name> George Brown </name>
        <id> 2345 </id>
        <birthday> 12- 08 - 82 <birthday>
    <student>
```

이것은 C, C⁺⁺ 또는 자바 같은 언어의 구조체 또는 클래스와 비슷하다

C.4 XSL

데이터는 문서를 표시하는 방법을 나타내기 위해 XML 문서는 다른 언어, 스타일 언어를 필요로 하는 값에 정의하고 초기화한다. CSS가 HTML과 XHTML의 스타일 언어인 것처럼 **확장 스타일 언어(XSL, Extensible Style Language)**는 XML의 스타일 언어이다.

APPENDIX **D**

그 밖의 정보

D.1 포트번호

표 D.1은 이 책에서 언급된 모든 포트번호를 나열한 것이다.

표 D1. ┃ 포트번호 프로토콜

Port Number	UDP or TCP	Protocol
7	TCP/UDP	ECHO
13	UDP/TCP	DAYTIME
19	UDP/TCP	CHARACTER GENERATOR
20	TCP	FTP-DATA
21	TCP	FTP-CONTROL
22	TCP	SSH
23	TCP	TELNET
25	TCP	SMTP
37	UDP/TCP	TIME
67	UDP	DHCP-SERVER
68	UDP	DHCP-CLIENT
69	UDP	TFTP
70	TCP	GOPHER
79	TCP	FINGER
80	TCP	HTTP
110	TCP	POP-3
111	UDP/TCP	RPC
143	TCP	IMAP
161	UDP	SNMP
162	UDP	SNMP-TRAP
179	TCP	BGP
443	TCP	HTTPS
520	UDP	RIP

D.2 RFC

표 D.2는 이 교재에 있는 자료와 직접적인 관련이 있는 RFC를 나열한 것이다. 보다 자세한 정보는 *http://www.rfc-editor.org*에서 찾을 수 있다.

표 D2. ┃ 각 프로토콜별 RFC

Protocol	RFC
ARP	826, 1029, 1166, and 1981
BGP	1654, 1771, 1773, 1997, 2439, 2918, and 3392
DHCP	3342 and 3396
DNS	1034, 1035, 1996, 2535, 3008, 3658, 3755, 3757, and 3845
Forwarding	1812, 1971, and 1980
FTP	959, 2577, and 2585
HTTP	2068 and 2109
ICMP	792, 950, 956, 957, 1016, 1122, 1256, 1305, and 1987
IPMPv6	2461, 2894, 3122, 3810, 4443, and 4620
IPv4 Addressing	917, 927, 930, 932, 940, 950, 1122, and 1519
IPv4	760, 781, 791, 815, 1025, 1063, 1071, 1141, 1190, 1191, 1624, and 2113
IPv6	1365, 1550, 1678, 1680, 1682, 1683, 1686, 1688, 1726, 1752, 1826, 1883, 1884, 1886, 1887, 1955, 2080, 2373, 2452, 2460, 2461, 2462, 2463, 2465, 2466, 2472, 2492, 2545, and 2590
IPv6 Addressing	2375, 2526, 3513, 3587, 3789, and 4291
MIB	2578, 2579, and 2580
MIME	2046, 2047, 2048, and 2049
Mobile IP	1701, 2003, 2004, 3024, 3344, and 3775
MPLS	3031, 3032, 3036, and 3212
Multicast Routing	1584, 1585, 2117, and 2362
Multimedia	2198, 2250, 2326, 2475, 3246, 3550, and 3551
OSPF	1583 and 2328
POP3	1939
RIP	1058 and 2453
SCTP	4820, 4895, 4960, 5043, 5061, and 5062
SMTP	2821 and 2822
SNMP	3410, 3412, 3415, and 3418
SSH	4250, 4251, 4252, 4253, 4254, and 4344
TCP	793, 813, 879, 889, 896, 1122, 1975, 1987, 1988, 1993, 2018, 2581, 3168, and 3782
TELNET	854, 855, 856, 1041, 1091, 1372, and 1572
TFTP	906, 1350, 2347, 2348, and 2349
UDP	768
WWW	1614, 1630, 1737, and 1738

D.3 연락 주소

표 D.3은 이 책에서 언급된 기관들의 연락 주소를 보여주고 있다.

표 D3. ▌ 연락 주소

ATM Forum Presidio of San Francisco P.O. Box 29920 572B Ruger Street San Francisco, CA 94129-0920 www.atmforum.com	**International Telecommunication Union** Place des Nations CH-1211 Geneva 20 Switzerland www.itu.int/home
Federal Communications Commission 445 12th Street S.W. Washington, DC 20554 www.fcc.gov	**Internet Corporation for Assigned Names and Numbers (ICANN)** 4676 Admiralty Way, Suite 330 Marina del Rey, CA 90292-6601 www.icann.org
Institute of Electrical and Electronics Engineers (IEEE) Operations Center 445 Hoes Lane Piscataway, NJ 08855 www.ieee.org	**Internet Engineering Task Force (IETF)** E-mail: ietf-infor@ietf.org www.ietf.org
International Organization for Standardization (ISO) 1, rue de Varembé Case postale 56 CH-1211 Geneva 20 Switzerland www.iso.org	**Internet Society (ISOC)** 1775 Wiehle Avenue, Suite 201 Reston, VA 20190-5108 www.isoc.org

8B/6T 코드

이 부록은 8B/6T 코드 쌍의 도표이다. 8비트 데이터는 16진수 형식으로 보여준다. 6T 코드는 +(양의 신호), -(음의 신호) 그리고 0(신호 없음) 표기로 보여준다.

표 E.1 ▮ 8B/6T 코드

Data	Code	Data	Code	Data	Code	Data	Code
00	-+00-+	20	-++-00	40	-00+0+	60	0++0-0
01	0-+-+0	21	+00+--	41	0-00++	61	+0+-00
02	0-+0-+	22	-+0-++	42	0-0+0+	62	+0+0-0
03	0-++0-	23	+-0-++	43	0-0++0	63	+0+00-
04	-+0+0-	24	+-0+00	44	-00++0	64	0++00-
05	+0--+0	25	-+0+00	45	00-0++	65	++0-00
06	+0-0-+	26	+00-00	46	00-+0+	66	++00-0
07	+0-+0-	27	-+++--	47	00-++0	67	++000-
08	-+00+-	28	0++-0-	48	00+000	68	0+-+-
09	0-++-0	29	+0+0--	49	++-000	69	+0++--
0A	0-+0+-	2A	+0+-0-	4A	+-+000	6A	+0+-+-
0B	0-+-0+	2B	+0+--0	4B	-++000	6B	+0+--+
0C	-+0-0+	2C	0++--0	4C	0+-000	6C	0++--+
0D	+0-+-0	2D	++00--	4D	+0-000	6D	++0+--
0E	+0-0+-	2E	++0-0-	4E	0-+000	6E	++0-+-
0F	+0--0+	2F	++0--0	4F	-0+000	6F	++0--+
10	0--+0+	30	+-00-+	50	+--+0+	70	000++-
11	-0-0++	31	0+--+0	51	-+-0++	71	000+-+
12	-0-+0+	32	0+-0-+	52	-+-+0+	72	000-++
13	-0-++0	33	0+-+0-	53	-+-++0	73	000+00
14	0--++0	34	+-0+0-	54	+--++0	74	000+0-
15	--00++	35	-0+-+0	55	--+0++	75	000+-0
16	--0+0+	36	-0+0-+	56	--++0+	76	000-0+
17	--0++0	37	-0++0-	57	--+++0	77	000-+0
18	-+0-+0	38	+-00+-	58	--0+++	78	+++--0
19	+-0-+0	39	0+-+-0	59	-0-+++	79	+++-0-
1A	-++-+0	3A	0+-0+-	5A	0--+++	7A	+++0--
1B	+00-+0	3B	0+--0+	5B	0--+++	7B	0++0--
1C	+00+-0	3C	+-0-0+	5C	+--0++	7C	-00-++
1D	-+++-0	3D	-0+-0	5D	-000++	7D	-00+00
1E	+-0+-0	3E	-0+0+-	5E	0+++--	7E	+---++
1F	-+0+-0	3F	-0+-0+	5F	0++-00	7F	+--+00

표 E.1 ▌ 8B/6T 코드 (계속)

Data	Code	Data	Code	Data	Code	Data	Code
80	-00+-+	A0	-++0-0	C0	-+0+-+	E0	-++0-+
81	0-0-++	A1	+-+-00	C1	0-+-++	E1	+-++-0
82	0-0+-+	A2	+-+0-0	C2	0-++-+	E2	+-+0-+
83	0-0++-	A3	+-+00-	C3	0-+++-	E3	+-++0-
84	-00++-	A4	-++00-	C4	-+0++-	E4	-+++0-
85	00--++	A5	++--00	C5	+0--++	E5	++--+0
86	00-+-+	A6	++-0-0	C6	+0-+-+	E6	++-0-+
87	00-++-	A7	++-00-	C7	+0-++-	E7	++-+0-
88	-000+0	A8	-++-+-	C8	-+00+0	E8	-++0+-
89	0-0+00	A9	+-++--	C9	0-++00	E9	+-++-0
8A	0-00+0	AA	+-+-+-	CA	0-+0+0	EA	+-+0+-
8B	0-000+	AB	+-+--+	CB	0-+00+	EB	+-+-0+
8C	-0000+	AC	-++--+	CC	-+000+	EC	-++-0+
8D	00-+00	AD	++-+--	CD	+0-+00	ED	++-+-0
8E	00-0+0	AE	++--+-	CE	+0-0+0	EE	++-0+-
8F	00-00+	AF	++---+	CF	+0-00+	EF	++--0+
90	+--+-+	B0	+000-0	D0	+-0+-+	F0	+000-+
91	-+--++	B1	0+0-00	D1	0+--++	F1	0+0-+0
92	-+-+-+	B2	0+00-0	D2	0+-+-+	F2	0+00-+
93	-+-++-	B3	0+000-	D3	0+-++-	F3	0+0+0-
94	+--++-	B4	+0000-	D4	+-0++-	F4	+00+0-
95	--+-++	B5	00+-00	D5	-0+-++	F5	00+-+0
96	--++-+	B6	00+0-0	D6	-0++-+	F6	00+0-+
97	--+++-	B7	00+00-	D7	-0+++-	F7	00++0-
98	+--0+0	B8	+00-+-	D8	+-00+0	F8	+000+-
99	-+-+00	B9	0+0+--	D9	0+-+00	F9	0+0+-0
9A	-+-0+0	BA	0+0-+-	DA	0+-0+0	FA	0+00+-
9B	-+-00+	BB	0+0--+	DB	0+-00+	FB	0+0-0+
9C	+--00+	BC	+00--+	DC	+-000+	FC	+00-0+
9D	--++00	BD	00++--	DD	-0++00	FD	00++-0
9E	--+0+0	BE	00+-+-	DE	-0+0+0	FE	00+0+-
9F	--+00+	BF	00+--+	DF	-0+00+	FF	00+-0+

1-persistent strategy(1-지속 전략) 회선이 유휴상태 (idle)인 경우 지국에서 프레임을 즉시 전송하는 CSMA 지속 전략.

10-Gigabit Ethernet(10기가비트 이더넷) 10 Gbps 데이터 전송 속도를 제공하는 새로운 이더넷 구현.

4-dimensional, 5-level pulse amplitude modulation 4D-AM5, 4차원, 5준위 진폭 변조) 1,000 Base-T에서 사용되는 부호화 체계.

56K modem(모뎀) 2개의 서로 다른 데이터 전송 속도를 제공하는 모뎀 기술로서 인터넷에서 하나는 업로딩(up-loading)용이고 다른 하나는 다운로딩(downloading)용임.

ASN.1(Abstract Syntax Notation 1, 추상 구문 표현 1) 프로토콜 데이터 단위(PDU)의 구조를 규정하는 추상 구문을 이용한 형식 언어.

access point(AP, 접근점) BSS에서 중앙 기본 지국.

acknowledge number(확인응답 번호) TCP에서 예상되는 다음 바이트의 순서 번호를 나타내는 확인응답 필드에 있는 값.

acknowledgment(ACK, 확인응답) 송신자가 보낸 데이터를 정확하게 수신했다는 것을 알리기 위해 수신자가 보내는 응답.

active document(능동 문서) WWW에서 로컬 사이트에서 실행되는 문서.

adaptive antenna system(AAS, 적응 안테나 시스템) 성능을 높이기 위하여 단말과 기지국에서 다중 안테나를 사용하는 시스템.

adaptive delta modulation(ADM, 적응 델타 변조) 델타의 값을 각 단계에서 조정하는 델타 변조 기술.

adaptive DPCM(ADPCM, 적응 DPCM) 델타의 값을 각 단계에서 조정하는 DPCM 방법.

add/drop multiplexer(다중화기) 서로 다른 소스로부터 오는 신호를 다중화하거나 신호를 복수의 목적지로 역다중화하는 SONET 장치.

additive cipher(가산 암호) 각 문자가 키를 이용한 값을 더함으로써 암호화되는 가장 간단한 단일 문자 암호.

additive increase(가산증가) 느린 출발과 함께 혼잡 회피 전략으로 윈도우 크기를 지수적으로 증가시키는 않고 한 세그먼트만큼 증가시키는 방식.

additive increase, multiplicative decrease(가산증가, 곱셈감소) TCP에서 혼잡 제어에 사용하는 가산증가와 곱셈증가의 조합.

address aggregation(주소 집단화) 여러 기관들의 주소 블록을 하나의 커다란 블록으로 집단화하는 메커니즘.

Address Resolution Protocol (ARP, 주소 변환 프로토콜) TCP/IP에서 인터넷 주소를 알 때 노드의 링크 계층 주소를 얻는 프로토콜.

address space(주소 공간) 프로토콜에서 사용되는 주소들의 총 개수.

ad hoc network(에드 혹 네트워크) 무선 링크에 의해 연결된 자체적으로 구성된 망.

Advanced Network and Services(ANS, 고급 망과 서비스) 고속 백본을 구축하기 위하여 IBM, Merit, MCI에 의해 만들어진 비영리 기관.

Advanced Network Services NET (ANSNET) ANS에 의해 만들어진 네트워크.

Advanced Encryption Standard (AES, 고급 암호 표준) DES를 대체하기 위하여 NIST에서 공표한 비대칭 블록 암호.

Advanced Mobile Phone System (AMPS, 고급 이동전화 시스템) FDMA를 사용하는 북미 아날로그 셀룰러 폰 시스템.

Advanced Research Project Agency (ARPA, 미 국방성 고등 연구 계획국)   ARPANET을 지원하는 정부 기관. 이 기관은 후에 글로벌 인터넷을 지원하였다.

Advanced Research Project Agency Network (ARPANET, ARPA 네트워크)   ARPA의 지원으로 개발된 패킷 교환 네트워크. 네트워크 간 상호연결 연구용으로 사용되었다.

ALOHA (Addictive Links Online Hawaii Area)   지국에서 임의의 시간에 하나의 프레임을 전달하는 프레임을 전송하는 원래의 랜덤 다중 접근(MA) 방법.

alternate mark inversion (AMI, 교대 표시 반전)   진폭의 양과 음의 전압이 교대로 1을 나타내는 디지털-대-디지털 양극형 부호화 방법.

American National Standards Institute (ANSI, 미국 국립 표준 협회)   미국의 표준을 제정하는 국립 표준 기관.

American Standard Code for Information Interchange (ASCII, 미국 정보 교환 표준 코드)   ANSI에서 개발한 문자 코드로서 데이터 통신에 광범위하게 사용된다.

amplitude(진폭)   전압이나 암페어로 측정하는 신호 세기의 강도.

amplitude modulation(AM, 진폭 변조)   반송 신호의 진폭이 변조하는 신호의 진폭에 따라 변화시키는 아날로그 대 아날로그 부호화 방법.

amplitude shift keying(ASK, 진폭 위상 변조)   반송 신호의 진폭으로 0과 1을 나타내는 디지털-대-아날로그 부호화 방법.

analog data(아날로그 데이터)   연속적으로 변화하는 데이터.

analog signal(아날로그 신호)   시간에 따라 연속적으로 변화하는 신호.

analog-to-analog conversion(아날로그-대-아날로그 변환)   아날로그 신호를 이용한 아날로그 정보의 표현.

analog-to-digital conversion(아날로그-대-디지털 변환)   디지털 신호를 이용한 아날로그 정보의 표현.

angle of incidence(입사각)   광통신에서 두 매체 간의 인터페이스에 접근하는 광선과 인터페이스에 대한 수직선에 의해 형성되는 각.

anycast address(에니캐스트 주소)   메시지를 그룹의 첫 번째 멤버에게 보내는 컴퓨터의 그룹을 나타내는 주소.

aperiodic signal(비주기 신호)   반복되는 패턴이 없는 신호.

applet(애플릿)   능동적인 웹 문서를 생성하는 컴퓨터 프로그램. 보통 자바(java)로 작성한다.

application adaption layer(AAL, 응용적응 계층)   사용자 데이터를 셀 구성에 적합한 48바이트 길이로 나누는 ATM 프로토콜에 포함되는 계층.

application gateway(응용 게이트웨이)   프록시 방화벽에서 고객 컴퓨터와 협력 컴퓨터 사이에 있는 컴퓨터.

application layer(응용 계층)   인터넷 모델의 제5 계층으로 네트워크 자원에 대한 접속을 제공한다.

application programming interface(API, 응용프로그램 인터페이스)   프로그래머가 클라이언트-서버 프로그램을 작성하기 위해서 지켜야 하는 일련의 선언문, 정의, 그리고 절차들.

area(지역)   하나의 자율 시스템 안에 있는 모든 네트워크와 호스트, 라우터의 집합.

arithmetic coding(산술 부호화)   전체 메시지가 작은 간격 [0, 1] 내에 대응되는 무손실 부호화.

association(연관)   SCTP에서 연결.

asymmetric-key cipher(비대칭-키 암호 시스템)   비대칭-키 암호 시스템을 이용한 암호 시스템.

asynchronous balanced mode (ABM, 비동기 균형 모드)   HDLC에서 각 지국이 주국 또는 종국이 될 수 있는 통신 모드.

asynchronous connectionless link (ACL, 비동기 비연결 링크)   손상된 페이로드를 재전송하는 블루투스 마스터(master)와 슬레이브(slave) 간의 링크.

asynchronous transfer mode(ATM, 비동기 전송방식)   고속 데이터 전송 속도, 같은 길이의 패킷(셀) 등의 특성을 갖는 광역망 프로토콜로서 문자, 음성, 비디오 데이터 전송에 적합하다.

ATM adaption layer(ATM 적응 계층)   사용자 데이터를

캡슐화하는 ATM 프로토콜의 한 계층.

ATM layer(ATM 계층) 라우팅, 트래픽 관리, 교환, 다중화 서비스를 제공하는 ATM 상의 계층.

attenuation(감쇠) 신호가 매체를 통해 전달되는 동안에 일어나는 신호 세기의 손실.

audio(오디오) 사운드나 음악의 녹음이나 전송.

Authentication(인증) 메시지 송신자의 확인.

Authentication Header(AH) Protocol(인증 헤더 프로토콜) 네트워크 계층의 IPSec에 의해 정의되어진 프로토콜로서 해싱 함수에 의한 전자 서명 생성을 통하여 메시지에 대한 무결성을 제공.

autokey cipher(자동키 암호) 스트림에 있는 각 서브키가 이전의 평문 문자와 같은 스트림 암호. 첫 번째 서브키는 두 당사자 간에 비밀이다.

automatic repeat request(ARR, 자동 반복 요청) 데이터 재전송을 통해 오류를 교정하는 오류 제어 방식.

autonegotiation(자동협상) 두 개의 장치 간에 모드나 데이터 전송률을 협상하게 하는 고속 이더넷 형태.

autonomous system(AS, 자율 시스템) 단일 관리 기관 내에 있는 네트워크와 라우터들의 집합.

Backus-Naur Form(BNF, 바쿠스 나우르 표기법) 기호의 순서가 타당한 용어 구성을 기술하는 메타(meta) 언어.

band-pass channel(대역-패스 채널) 주파수의 범위를 통과할 수 있는 채널.

bandwidth(대역폭) 복합 신호의 최고 주파수와 최저 주파수 간의 차이. 네트워크나 통신회선의 정보 전송 용량을 나타내는 척도이다.

bandwidth-delay product(대역폭-지연 곱) 송신자로부터 새로운 데이터를 기다리는 동안 전송할 수 있는 비트 수 측정.

banyan switch(벤얀 교환기) 2진 스트링으로 표현된 출력 포트를 기반으로 패킷 경로를 지정하는 각 단계에 마이크로 교환기가 있는 다단계 교환기.

barker sequence(바커 순서) 확산을 위해 사용되는 11비트 순서.

baseband transmission(베이스밴드 전송) 저대역-패스 채널을 이용하여 반송파를 변조하지 않고 아날로그나 디지털 신호 전송.

baseline wandering(기준선 탈선) 디지털 신호 디코딩에서 수신자는 수신된 신호 세기의 평균을 계산한다. 이 평균을 기준선이라 한다. 0과 1의 긴 스트링은 기준선을 벗어나는 원인이 될 수 있고 수신자가 정확하게 해독하는 것을 어렵게 만든다.

Basic Encoding Rules(BER, 기본 부호화 규칙) 네트워크를 통해 전송되는 데이터를 부호화하는 표준.

basic service set(BSS, 기본 서비스 그룹) IEEE 802.11 표준에 의해 정의된 무선랜의 빌딩 블록.

Batcher-banyan switch(베처-반얀 교환기) 도착되는 패킷을 목적지 포트에 따라 분류하는 벤얀 교환기.

baud(보오) 초당 전송되는 신호 요소의 수. 신호 요소는 하나 또는 그 이상의 비트로 구성된다.

Bayone-Neill-Concelman(BNC) connector(BNC 연결기) 일반 공통 케이블 연결기.

beacon frame(비콘 프레임) 프로젝트 802.11의 포인트 조정함수에서 반복 간격을 시작하는 프레임.

Bellman-Ford(벨멘-포드) 거리-벡터 라우팅 방법에서 라우팅 표를 계산하는 데 이용되는 알고리즘.

bidirectional frame(B-frame, 양방향 프레임) 앞에 오고 뒤에 오는 I-프레임이나 P-프레임과 관련된 MPEG 프레임.

bipolar encoding(양극형 부호화) 양과 음의 전압이 교대로 2진수 1을 표현하는 디지털-대-디지털 부호화 방법.

bipolar with 8-zero substitution(B8ZS, 양극형 8영 대입) 비트 동기화를 개선하기 위하여 연속적인 8개의 0을 미리 정해진 패턴으로 교체하는 스크램블링 기술.

bit(비트) binary digit의 약어. 정보의 최소 단위로서 0 또는 1을 나타낸다.

bit length(비트 길이) 미터법으로 전송되는 비트의 길이.

bit rate(비트 전송률) 초당 전송되는 비트의 수.

bit stuffing(비트 채우기) 비트-중심 프로토콜에서 비트 순서가 플래그처럼 보이는 것을 막기 위하여 프레임의 데이터 부분에 추가 비트를 더하는 처리과정.

bit-oriented protocol(비트-중심 프로토콜) 데이터 프레임을 비트의 순서로 해석하는 프로토콜.

block cipher(블록 암호) 평문 블록을 같은 암호키를 이용하여 암호화하는 암호의 유형.

block coding(블록 코딩) $m > n$인 경우 n비트 블록을 m비트 블록으로 부호화하는 코딩 방법.

bluetooth(블루투스) 실내처럼 규모가 작은 지역에서 노트북이나 전화와 같은 다른 기능을 갖는 장치를 연결하기 위해 설계되어진 무선 LAN 기술.

Bootstrap Protocol(BOOTP, 부트스트랩 프로토콜) 테이블(파일)에서 구성 정보를 제공하는 프로토콜.

Border Gateway Protocol(BGP, 경계 게이트웨이 프로토콜) 경로 벡터 라우팅에 기반한 내부-자율 시스템 라우팅 프로토콜.

bridge(브리지) 필터링과 포워딩 기능을 갖는 OSI 모델의 처음 두 계층(물리 계층, 데이터링크 계층)의 역할을 수행하는 네트워크 장치.

broadband transmission(광대역 전송) 보다 높은 주파수 신호 변조를 이용한 신호 전송. 용어는 서로 다른 자원을 조합한 광-대역 데이터라는 의미이다.

broadcast address(브로드캐스트 주소) 네트워크의 모든 노드로 메시지 전송이 허용되는 주소.

broadcast link(브로드캐스트 링크) 각 지국이 보낸 패킷을 받는 링크.

broadcasting(브로드캐스팅) 네트워크의 모든 노드에게 메시지를 전송하는 방법.

browser(브라우저) WWW 문서를 화면에 나타내는 응용 프로그램. 브라우저는 문서를 접근하기 위해 항상 다른 인터넷 서비스를 사용.

BSS-transition mobility(BSS-전이 이동성) 무선 LAN에서 하나의 BSS에서 한정된 하나의 ESS 내부가 아닌 다른 곳으로 이동할 수 있는 지국.

bucket brigade attack(버킷 브리게이드 공격) 중간자 공격(*man-in-the middle attack*) 참조 바람.

buffer(버퍼) 임시 저장을 위한 기억장치.

burst error(폭주 오류) 데이터 단위에서 2개 이상의 연속되는 비트가 변경된 오류.

bursty data(버스티 데이터) 순간적으로 데이터 전송 속도가 변화하는 데이터.

byte(바이트) 8개의 비트로 구성된 그룹.

byte stuffing(바이트 스터핑) 바이트-중심 프로토콜에서 바이트가 플래그로 보이지 않도록 프레임의 데이터 부분에 추가 바이트를 더하는 과정.

byte-oriented protocol(바이트-중심 프로토콜) 프레임의 데이터 영역을 바이트(문자)의 순서로 해석하는 프로토콜.

cable modem(케이블 모뎀) TV 케이블을 통하여 인터넷 접속을 제공하는 기술.

cable modem transmission system(CMTS, 케이블 모뎀 전송 시스템) 인터넷에서 데이터를 수신하고 조합기로 데이터를 전달하기 위해 분산 허브 내부에 설치된 장치.

cable TV network(케이블 TV 망) 집에서 비디오 프로그램의 다양한 채널을 볼 수 있도록 동축 케이블을 사용하는 시스템.

caching(캐싱) 수행된 데이터를 쉽게 접근하도록 정보를 작게 나누어 저장하는 것.

caesar cipher(시저 암호) 줄리어스 시저에 의해 사용된 고정된 키 값을 이용한 가산 암호.

care-of address(의탁주소) 외부 네트워크를 방문하는 동안 이동 호스트가 사용하는 임시 IP 주소.

carrier sense multiple access(CSMA, 반송파 감지 다중 접속) 각 지국이 데이터를 전송하기 전에 회선의 상태를 확인하는 매체 접근 방법.

carrier sense multiple access with collision avoidance (CSMA/ CA, 충돌 회피 반송파 감지 다중 접속) 충돌을 회피하기 위한 접근 방법.

carrier sense multiple access with collision detection (CSMA/CD, 충돌 검출 반송파 감지 다중 접속) 각 지국이 전송 매체를 사용할 수 있으면 전송하고, 충돌이 발생하면 재송하는 접근 방법.

carrier signal(반송파 신호) 디지털-대-아날로그 또는 아날로그-대-아날로그 변조에 사용되는 고주파수 신호. 반송 신호의 특징(진폭, 주파수, 위상) 중 하나가 변조하는 데이터에 따라 변경된다.

Cascading Style Sheets(CSS, 종속형 시트) 문서 표현을 규정하기 위하여 HTML에서 이용하기 위한 표준.

cell(셀) 작고, 고정 길이를 갖는 데이터 단위. 혹은 셀룰러 전화에서 셀 교환국이 서비스를 제공하는 지리적인 영역의 단위.

cell network(셀 네트워크) 데이터 단위로서 셀을 이용하는 네트워크.

cellular telephony(셀룰러 전화) 지역을 셀 단위로 나누어 서비스를 제공하는 무선통신기술. 셀은 송신기에 의해 제공된다.

Certification Authority(CA, 인증 기관) 개체와 공개키를 바인딩시키고 인증서를 발급하는 공인 기관 역할을 하는 기관.

Challenge Handshake Authentication Protocol(CHAP, 챌린지 핸드쉐이크 인증 프로토콜) PPP에서 인증에 이용되는 삼-방향 핸드쉐이킹 프로토콜.

Challenge-response authentication(챌린지-응답 인증) 요구자가 무언가를 보내지 않고서도 비밀을 알 수 있게 하는 인증 방법.

channel(채널) 통신 경로.

channelization(채널화) 공유되어진 시간 동안 링크의 이용 가능한 대역폭에 대한 다중 접근 방법.

character-oriented protocol(문자-중심 프로토콜) 바이트-중심 프로토콜을 참조.

checksum(검사합) 오류 검출에 사용되는 값. 비트 스트림을 1의 보수 연산을 이용하여 덧셈을 한 다음, 다시 그 결과의 보수를 취함으로써 구한다.

chip(칩) CDMA 상에서 지국에 할당된 코드 번호.

choke point(혼잡 포인트) 혼잡에 관한 정보를 통보하기 위해 라우터가 발신지로 보낸 패킷.

Chord(코드) 식별자 공간이 2^m이 되도록 원에서 시계방향으로 분배되는 2001년에 Stoica 등에 의해 발표된 P2P 프로토콜.

chunk(청크) SCTP에서 전송 단위.

cipher(암호) 암/복호화 알고리즘.

cipher suite(암호 그룹) 이용 가능한 암호 알고리즘 그룹.

ciphertext(암호문) 암호화된 메시지.

circuit switching network(회선 교환망) 회선-교환 기술을 이용한 망. 가장 좋은 예는 오래된 전화 음성 망이다.

cladding(피복) 광섬유의 코어를 둘러싸고 있는 유리나 플라스틱으로 피복의 광학 밀도는 코어의 광학 밀도보다 낮아야 한다.

Clark's solution(Clark 해결방법) 어리석은 윈도우 신드롬을 해결하기 위한 해결책. 확인응답은 데이터가 도착하자마자 보내지만 버퍼의 절반이 빌 때까지나 최대 길이 단편을 수용할 수 있을 만큼 공간이 충분할 때까지 윈도우 크기를 0으로 통보한다.

classful addressing(클래스 기반 주소지정) IP 주소 공간을 A, B, C, D, E의 다섯 개의 클래스로 나눈 IPv4의 주소지정 메커니즘. 각 클래스는 전체 주소 공간의 일부분을 차지.

classless addressing(클래스 없는 주소지정) 주소 공간을 더 좋게 사용하기 위하여 클래스 기반 주소지정을 무시한 새로운 IPv4 주소지정 메커니즘.

Classless InterDomain Routing(CIDR, 클래스 없는 인터 도메인 라우팅) 슈퍼넷팅을 할 때 라우팅 테이블 엔트리를 줄이는 기법.

client(클라이언트) 서버라는 프로그램으로부터 서비스를 받을 수 있는 프로그램.

client process(클라이언트 프로세스) 원격지에서 실행되는 프로그램으로부터 로컬 사이트에서 실행되는 응용프로그램의 서비스를 요구하는 프로그램.

client-server paradigm(클라이언트-서버 패러다임) 두 개의 컴퓨터가 인터넷에 연결되어 있고, 각각 하나는 서비스를 요청하는 프로그램이 다른 하나는 서비스를 제공하는 프로그램이 실행되는 패러다임.

closed-loop congestion control(폐쇄-루프 혼잡 제어) 혼잡이 발생한 후에 이를 완화하기 위한 방법.

coaxial cable(동축 케이블)   내부의 단일 도체와 이를 감싸고 있는 외부 도체로 구성된 전송매체.

code division multiple access(CDMA, 코드 분할 다중 접속) 하나의 채널로 모든 전송을 수행하는 다중 접속 방법.

codeword(코드워드)   부호화된 데이터워드.

ColdFusion(콜드퓨전)   전통적인 데이터베이스로부터 오는 데이터 항목의 합병을 허용하는 동적인 웹 기술.

collision(충돌)   한 번에 하나의 전송만 가능한 채널에 두 개의 전송장치가 같은 시간에 데이터를 보낼 때 일어나는 사건.

collocated care-of address(연결된 의탁 주소)   외부 에이전트로서 동작하는 이동 호스트를 위한 의탁 주소.

colon hexadecimal notation(콜론 16진수 표현법)   IPv6에서 매 4자리 숫자를 콜론으로 구분한 32개의 16진수로 구성되는 주소 표현법.

committed burst size(Bc, 위임 버스트 크기)   프레임 중계 네트워크가 특정 시간 주기 내에 프레임을 폐기하지 않고 전달해야 하는 최대 비트의 수.

committed information rate(CIR, 위임 정보율)   위임 버스트 크기를 시간으로 나눈 값

common carrier(공공 전기통신사업자)   전기통신설비를 설치하여 타인의 통신을 중계하는 통신사업자.

common gateway interface(CGI, 공통 게이트웨이 인터페이스)   HTTP 서버와 실행 프로그램 간의 통신을 위한 표준. CGI는 동적 문서를 생성하는 데 사용된다.

community antenna TV(CATV, 공통 안테나 TV)   수신이 되지 않거나 장애가 있는 지역에 브로드캐스트 비디오 신호를 제공하기 위한 케이블 네트워크 서비스.

compatible address(호환 주소)   32비트 IPv4 주소 뒤에 96비트의 0으로 구성되는 IPv6 주소.

complementary code keying(CCK, 보완적인 코드 입력)   4비트나 8비트를 하나의 부호로 부호화하는 HR-DSSS 부호화 방법.

composite signal(복합 신호)   한 개 이상의 정현파로 조합된 신호.

Computer Science Network(CSNET, 컴퓨터과학망)   미국 국립과학재단이 대학들을 위해 후원하여 만들어진 망.

concurrent server(동시 서버)   동시에 많은 요청을 처리할 수 있고, 많은 요청 사이의 시간을 공유할 수 있는 서버.

congestion(혼잡)   네트워크 노드에서 트래픽 처리 용량을 초과하는 현상.

congestion control(혼잡 제어)   처리율을 개선하기 위해 네트워크 트래픽을 조절하는 방법.

congestion avoidance algorithm(혼잡 회피 알고리즘)   전송 속도가 느려져서 생기는 혼잡을 피하기 위해 TCP에서 사용되는 알고리즘.

connecting device(연결 장치)   컴퓨터나 네트워크를 연결하는 장치.

connection establishment(연결 설정)   데이터를 전송하기 전에 논리적인 연결을 위해 필요한 기본적인 설정.

connection-oriented concurrent server(연결-중심 동시 서버)   동시에 많은 클라이언트에게 서비스를 제공할 수 있는 연결-중심 서버.

connection-oriented service(연결-중심 서비스)   연결 설정과 연결 종료를 포함하는 데이터 전송.

connection iterative server(대화형 연결 서버)   한 번에 하나의 요청을 처리하는 비연결형 서버.

connectionless service(비연결형 서비스)   연결 설정과 연결 종료가 필요 없는 데이터 전송 서비스.

constant bit rate(CBR, 고정 비트율)   실시간 오디오나 비디오 서비스를 요구하는 고객용으로 지정된 ATM 서비스 클래스의 데이터 전송 속도.

constellation diagram(성운 다이어그램)   디지털-대-아날로그 변조에서 서로 다른 비트 조합의 위상과 진폭에 대한 그림을 이용한 표현.

Consultative Committee for International Telegraphy and Telephony(CCITT, 국제전신전화자문위원회)   현재 ITU-T의 전신인 국제 표준화 그룹.

contention(충돌) 동일 채널을 같은 시간에 2개 이상의 장치들이 전송하려고 할 때 발생하는 현상.

contention window(충돌 윈도우) CSMA/CD에서 슬롯으로 나누어진 총 시간. 각 슬롯은 전송하는 지국에 의해 무작위로 선택된다.

controlled access(제어 접근) 정당한 사용자로의 전송을 정의하기 위해 협상하는 지국에 대한 다중 접근 방법.

convergence sublayer(CS, 수렴 부계층) ATM 프로토콜에서 사용자 데이터에 헤더와 트레일러를 추가하는 AAL 상위의 부계층.

cookie(쿠키) 서버에게 건드리지 않고 돌려주어야 하는 클라이언트에 대한 정보가 들어 있는 문자 스트링.

core(코어) 동축 케이블의 유리 내지는 플라스틱 중심부.

Core-Based Tree(CBT, 코어 기반의 트리) 멀티캐스팅에서 트리의 루트로 중앙 라우터를 사용하는 그룹-공유 (group-shared) 프로토콜.

country domain(국가 영역) DNS (domain name system)에서 국가를 나타내기 위해 2 문자를 사용하는 영역.

critical angle(임계각) 빛의 반사에서 반사각이 90°가 되는 입사각.

crossbar switch(크로스바 교환기) 수직과 수평 경로가 격자 모양으로 구성된 교환기. 수직과 수평 경로의 각 교점이 입력과 출력을 연결하는 교차점.

crosspoint(교차점) 크로스바 교환기에서 입력과 출력의 연결.

crosstalk(혼선) 다른 회선을 따라 전달되는 신호에 의해 생기는 회선 상의 잡음.

cryptographic hash function(암호학적 해시 함수) 입력보다 더 짧은 출력을 만들어 내는 함수. 보다 유용하게 하기 위하여 함수는 영상, 사전영상, 충돌 공격에 강해야 한다.

Cryptographic Message Syntax(CMS, 암호학적 메시지 구문) 각 콘텐츠 유형에 대하여 정확한 부호화 구조를 규정하기 위하여 S/MIME에서 사용하는 구문.

cryptography(암호기법) 전송하는 메시지를 공격으로부터 안전하도록 만들기 위한 방법.

customer premises equipment(고객 댁내 장비) WiMAX에서 고객 댁내 장비 또는 가입자 단위는 유선 통신의 모뎀처럼 같은 작업을 수행한다.

cyclic code(순환 코드) 각 코드워드의 순환적인 이동(회전)이 다른 코드워드를 생성하는 선형 코드.

cyclic redundancy check(CRC, 순환 중복 검사) 비트 패턴을 다항식으로 표현하는 오류 검출 방법.

data element(데이터 요소) 정보의 단위를 표현할 수 있는 가장 작은 개체. 비트

data encryption standard(DES, 데이터 암호화 표준) 페이스텔 암호 알고리즘의 라운드를 이용한 대칭-키 블록 암호이며 NIST에 의해 표준화됨.

data-link control(DLC, 데이터링크 제어) 데이터링크 계층의 역할: 흐름 제어와 오류 제어.

data link layer(데이터링크 계층) 인터넷 모델의 제2 계층으로 노드-대-노드 전달을 담당한다.

data rate(데이터 전송률) 1초에 보내지는 데이터 요소의 수.

data-transfer phase(데이터- 전송 단계) 데이터 전송이 일어나는 회선-교환 또는 가상-회선망에서 중간 단계.

data transparency(데이터 투명성) 데이터를 제어 비트로 해석되는 실수 없이 비트 패턴을 보낼 수 있는 능력.

datagram(데이터그램) 패킷 교환에서 전송되는 독립된 데이터 단위.

datagram network(데이터그램망) 패킷을 서로 독립적으로 다루는 패킷-교환망.

dataword(데이터워드) 블록 코딩에서 가장 작은 블록.

deadlock(데드록) 결코 일어날 수 없는 이벤트를 기다리고 있어서 임무를 진행할 수 없는 상황.

decapsulation(역캡슐화) 패킷의 페이로드를 추출하는 캡슐화의 역처리 과정.

decibel(dB, 데시빌) 두 신호점의 상대적인 세기를 나타내는 단위.

decryption(복호화) 암호화된 데이터를 원래의 메시지로 변화하는 과정.

decryption algorithm(복호 알고리즘) 암호문을 원래의 평문을 만들기 위한 알고리즘.

default routing(기본 라우팅) 라우팅 테이블에서 일치하지 않는 모든 패킷을 처리하기 위해 할당된 라우터의 라우팅 방법.

Defense Advanced Research Projects Agency(DARPA, 미국 국방성 고등 연구 계획국) ARPA의 이름으로 ARPANET과 인터넷에 지원하는 미국 정부 기관.

delta modulation(델타 변조) 디지털 신호의 값이 현재의 샘플 값과 이전의 샘플 값을 기반으로 하는 아날로그-대-디지털 변환 기술.

demodulation(복조) 변조된 전송 신호로부터 반송 신호를 분리하는 과정.

demodulator(복조기) 복조를 수행하는 장치.

demultiplexing(역다중화) 다중화된 신호나 데이터를 원래의 신호나 데이터를 얻는 다중화의 역.

denial of service(서비스 거부) 시스템을 속도를 낮추거나 인터럽트가 걸리게 할 수 있는 이용가능성 목표에 대한 공격.

dense wave-division multiplexing(DWDM, 밀도 파형-분할 다중화) 인접해 있는 채널 간격에 의해 매우 광대한 범위의 채널을 다중화할 수 있는 WDM 기술.

destination address(목적지 주소) 데이터 단위의 수신자 주소.

differential Manchester encoding(차분 맨체스터 부호화) 디지털 대 디지털 단극 부호화 방법으로서 비트 중간에 전이가 일어나며, 0인 경우는 비트 시작에서 전이가 일어나고, 1인 경우는 전이가 일어나지 않는다.

differential PCM(차분 PCM) DPCM은 정확하게 재구성된 샘플이 예측에 사용되는 델타 변조의 법칙화.

Differentiated Services(DS 또는 Diffserv, 차등화 서비스) IP를 위해 설계된 클래스-기반 QoS 모델.

Diffie-Hellman Protocol(디피-헬만 프로토콜) 두 당사자를 위해 일회용 세션 키를 제공하는 키 관리 프로토콜.

digest(다이제스트) 문서의 축약(condensed) 버전.

digital AMPS(D-AMPS) 2세대 셀룰러 폰 시스템으로 AMPS의 디지털 버전임.

digital data(디지털 데이터) 이산적인 값 혹은 상태로 표현된 데이터.

digital data service(DDS, 디지털 데이터 서비스) 64 Kbps 속도를 제공하는 아날로그 전용선의 디지털 버전.

digital signal(전자 신호) 제한된 숫자 값을 갖는 이산 신호

digital signal(DS) service(디지털 신호 서비스) 디지털 신호를 계층적으로 구성하는 통신회사 서비스.

digital signature(전자서명) 송신자가 메시지를 전자적으로 서명할 수 있고, 수신자는 메시지가 송신자에 의해서 실제로 서명되었다는 것을 확인할 수 있는 보안 메커니즘.

Digital Signature Standard(디지털 서명 표준, DSS) NIST에서 FIPS 186으로 채택된 디지털 서명 표준.

digital subscriber line(DSL, 디지털 가입자 회선) 데이터, 음성, 비디오, 멀티미디어 등의 고속 전달을 제공하기 위하여 기존 통신 네트워크를 이용한 기술.

digital subscriber line access multiplexer(DSLAM, 디지털 가입자 회선 접근 다중화기) ADSL 모뎀과 같은 기능을 제공하는 통신회사 측 장비.

digital-to-analog conversion(디지털-대-아날로그 변환) 디지털 정보를 아날로그 신호로 변환하는 것.

digital-to-digital conversion(디지털-대-디지털 부호화) 디지털 정보를 디지털 신호로 변환하는 것.

Dijkstra algorithm(다이크스트라 알고리즘) 링크상태 라우팅에서 다른 라우터로 가는 최단 경로를 찾는 알고리즘.

direct broadcast address(직접 브로드캐스트 주소) 블록 또는 서브블록에 있는 주소(접미어가 모두 1로 설정). 주소는 블록에 있는 모든 호스트에 메시지를 보내는 라우터에 의해 사용된다.

direct current(DC, 직류) 일정한 진폭을 가진 0-주파수 신호.

direct delivery(직접 전달) 패킷의 최종 목적지가 송신자와 같은 물리 네트워크에 연결된 호스트에게 전달.

direct sequence spread spectrum(DSSS, 직접 순서 확산 스펙트럼) Distortion(왜곡) 송신자에 의해 전송되는 각 비트가 칩(chip) 코드에서 호출된 비트의 순서로 대체되는 무선 전송 방법.

discard eligibility(DE, 폐기 적격성) 네트워크가 혼잡하면 패킷을 폐기할 수 있음을 나타내는 비트.

discrete cosine transform(DCT, 이산 코사인 변환) 데이터의 신호 표현을 시간 또는 공간 영역에서 주파수 영역으로 바꾸는 압축 기술.

discrete multitone technique(DMT, 이산 다중톤 기술) QAM과 FDM 요소를 조합하는 변조 방법.

Distance Vector Multicast Routing Protocol(DVMRP, 거리 벡터 멀티캐스트 라우팅 프로토콜) IGMP를 사용하는 연결에서 멀티캐스트 라우팅을 조정하기 위한 거리 벡터 라우팅 기반의 프로토콜.

distance vector routing(거리 벡터 라우팅) 각 라우터가 네트워크에 대한 거리와 도달할 수 있는 네트워크 목록을 이웃하는 라우터에게 보내는 라우팅 방법.

distortion(왜곡) 잡음, 감쇠, 또는 그 밖의 영향으로 인한 신호의 변화.

distributed coordination function(DCF, 분산 조정 함수) 무선 LAN에서 기본 접근 방법. 지국은 서로 채널을 얻기 위하여 경쟁한다.

distributed database(분산 데이터베이스) 여러 위치에 저장된 정보.

distributed hash table(DHT, 분산 해시 테이블) DHT는 미리 정해진 규칙에 따라 노드의 집합 사이에 데이터(데이터에 대한 참조)를 분배한다. DHT-기반 망에서 각 대등은 데이터 항목의 범위에 대한 책임을 갖는다.

distributed interframe space(DIFS, 분산된 프레임 간격) 무선 LAN에서 지국이 제어 프레임을 전송하기 전에 기다리는 시간의 주기.

distributed processing(분산 처리) 다중 사이트를 가지고 있는 네트워크를 위해 제공하는 서비스 전략.

DNS server(도메인 네임 시스템 서버) 네임 스페이스(name space)에 관한 정보를 가지고 있는 컴퓨터.

domain(도메인) 도메인 네임 스페이스의 서브트리.

domain name(도메인 네임) DNS에서 점으로 구분된 연속된 이름.

domain name space(도메인 네임 공간) 최상위 루트를 가지는 역트리(Inverted-tree) 구조로 정의되는 네임 공간을 조직화하는 구조.

Domain Name System(DNS, 도메인 네임 시스템) 도메인 네임을 IP 주소로 변환해 주는 TCP/IP 응용 서비스.

dotted-decimal notation(점-10진 표현) IP 주소를 쉽게 읽을 수 있도록 각 자리수를 점으로 구분한 표현방법.

double crossing(이중 교차) 모바일 IP에서 이중 교차는 원격 호스트가 원격 호스트로서 같은 네트워크(또는 사이트)로 이동된 이동 호스트와 통신할 때 일어난다.

downlink(하향링크) 인공위성에서 지구에 있는 지국으로 보내는 전송.

downloading(다운로딩) 원격 사이트로부터 데이터나 파일의 검색.

dual stack(이중 스택) 같은 지국에 있는 두 프로토콜(IPv4와 IPv6).

dynamic document(동적 문서) 서버에서 실행 중인 프로그램에 의해 생성되는 웹 문서.

Dynamic Domain Name System(DDNS, 동적 도메인 네임 시스템) DNS 마스터 파일을 동적으로 갱신하기 위한 방법.

Dynamic Host Configuration Protocol(DHCP, 동적 호스트 구성 프로토콜) 동적으로 환경 설정 정보를 할당하는 BOOTP에 대한 확장.

dynamic mapping(동적 매핑) 주소 변환에 사용된 프로토콜 기술.

dynamic routing(동적 라우팅) 라우팅 테이블 엔트리가 라우팅 프로토콜에 의해 갱신되는 라우팅.

eight-binary, six-ternary encoding(8B6T 부호화) 8비트 블록을 6개의 3진 펄스 신호로 부호화하는 3레벨 회선 코딩 구조.

eight-binary, ten-binary encoding(8B/10B 부호화) 8비

트를 10비트 코드로 부호화하는 블록 코딩 기술.

electromagnetic spectrum(전자기 스펙트럼)　전자기 에너지가 차지하는 주파수 범위.

Encapsulating Security Payload(ESP, 캡슐화 보안 페이로드)　무결성과 메시지 인증의 조합뿐만 아니라 프라이버시를 제공하는 IPSEC에 의해 정의된 프로토콜.

encapsulation(캡슐화)　프로토콜 데이터 단위를 다른 프로토콜 데이터 단위의 데이터 필드 부분에 위치시키는 기술.

encryption(암호화)　메시지를 복호화하지 않으면 읽을 수 없는 형태로 변환하는 것.

encryption algorithm(암호 알고리즘)　메시지를 복호화하지 않으면 읽을 수 없는 형태로 변환하는 알고리즘.

end office(종단국)　교환국으로서 지역 루프를 위한 종단이다.

end system(종단 시스템)　데이터의 수신자나 송신자.

entity authentication(개체 인증)　어떤 당사자가 다른 당사자의 신원을 증명하도록 설계된 기술.

ephemeral port number(임시 포트번호)　클라이언트에 의해 사용되어지는 포트번호.

error control(오류 제어)　데이터 전송 중에 변경된 비트를 교정하는 처리 과정.

escape character(탈출 문자)　다음 문자의 의미를 변경하기 위해 사용되는 문자.

Ethernet(이더넷)　제록스사에 의해 만들어진 근거리통신망으로 4세대를 통하여 발전하였다.

extended binary coded decimal interchange code (EBCDIC, 확장 2진화 10진 코드)　IBM에서 개발한 8비트 문자 코드.

Extended Service Set(ESS, 확장 서비스 셋)　IEEE 802.11 표준에서 정의된 것과 같이 AP를 가지는 두 개 이상의 BSS로 구성된 무선 LAN 서비스.

Extensible HyperText Markup Language(XHTML, 확장 하이퍼텍스트 마크업 언어)　XML 구문을 따르는 HTML.

Extensible Markup Language(XML, 확장 마크업 언어)　사용자에게 데이터 표현을 규정하는 것을 허용한 언어.

Extensible Style Language(XSL, 확장 스타일 언어)　XML의 스타일 언어.

exterior routing(외부 라우팅)　자율 시스템들 간의 라우팅.

extranet(엑스트라넷)　사용자 외부로부터 인가된 접근을 허용하는 TCP/IP 프로토콜 그룹을 사용하는 사설 네트워크.

Fast Ethernet(고속 이더넷)　100 Mbps 데이터 전송률을 제공하는 이더넷.

fast retransmission(빠른 재전송)　3개의 중복 확인응답이 세그먼트의 손실 또는 손상된 것으로 수신되었을 때 TCP 프로토콜에서 이루어지는 세그먼트의 재전송.

Federal Communications Commission(FCC, 미국 연방 통신위원회)　라디오, 텔레비전 등의 전기통신 시스템을 관장하는 정부 기관.

Feistel cipher(페이스텔 암호)　반대로와 역반대로 할 수 있는 구성요소로 이루어진 암호 종류.

fiber-optic cable(광케이블)　데이터 신호를 빛 파장 형태로 전달하는 높은 대역폭을 가진 전송매체. 광케이블은 유리나 플라스틱으로 된 피복과 그것이 둘러싸고 있는 코어(core)라는 유리나 플라스틱의 얇은 실린더로 구성된다.

File Transfer Protocol(FTP, 파일전송 프로토콜)　TCP/IP에서 두 사이트 간에 파일을 전송하는 응용 계층 프로토콜.

filtering(필터링)　포워딩 결정을 생성하는 브리지의 처리 과정.

finite state machine(FSM, 유한 상태 기계)　제한된 상태의 수를 통하여 진행하는 기계.

firewall(방화벽)　보안을 제공하기 위해 조직 내 네트워크와 인터넷의 나머지 사이에 설치된 장치(보통 라우터).

first-in, first-out(FIFO) queue(선입선출 큐)　먼저 입력된 아이템이 먼저 출력되는 큐.

flag(플래그) 프레임을 구분하기 위하여 프레임의 시작과 끝에 추가되는 비트 패턴이나 문자.

flat name space(수평 네임 스페이스) 계층구조가 없는 이름 공간.

flooding(플러딩) 경로 배정 방법의 하나로 노드에서 하나의 패킷이 들어오면 입력된 회선을 제외한 모든 회선으로 패킷의 복사본을 전송하는 방법.

flow control(흐름 제어) 프레임(패킷 또는 메시지) 흐름 속도를 제어하는 기술.

footprint(풋프린트) 특정 시간에서 인공위성에 의해 영향이 미치는 지구의 지역.

foreign agent(외부 에이전트) 모바일 IP에서 외부 에이전트는 와부 네트워크에 연결되는 라우터나 호스트이다. 외부 에이전트는 이동 호스트에 대한 홈 에이전트가 보낸 패킷을 받고 전달한다.

foreign network(외부 네트워크) 이동 호스트가 지신의 홈이 아닌 곳에 연결된 네트워크.

forward error correction(포워딩 오류 수정) 재전송 없이 수신측의 오류 교정.

forwarding(포워딩) 패킷을 자신의 목적지로 가는 경로에 위치시키는 것.

four-binary, five-binary encoding(4B/5B 부호화) 4비트 블록을 5비트 코드로 부호화하는 블록 코딩 기술.

Fourier analysis(푸리에 분석) 시간영역 값이 주어졌을 때 신호의 주파수 스펙트럼을 알아내는 기술.

fragmentation(단편화) 길이가 긴 데이터그램을 MTU(최대 데이터 전송길이)로 분할하는 IP의 기능.

frame(프레임) 데이터 블록을 나타내는 비트의 그룹.

frame bursting(프레임 버스팅) 다중 프레임을 보다 긴 프레임으로 조립하기 위해 서로 논리적으로 연결하는 CSMA/CD 기가비트 이더넷 기술.

framing(프레임짜기) 비트의 집합이나 바이트의 집합을 한 단위로 그룹짓는 것.

frequency(주파수) 주기신호의 초당 사이클의 수.

frequency masking(주파수 마스킹) 주파수 마스킹은 두 주파수가 가까울 때 부분적으로 거친 사운드나 전체적으로 부드러운 사운드로 만들 때 일어난다.

frequency modulation(FM, 주파수 변조) 반송파의 주파수가 변조파의 진폭 기능을 갖는 아날로그-대-아날로그 부호화 방법.

frequency shift keying(FSK, 주파수 편이 변조) 반송 신호의 주파수가 디지털 정보를 나타내는 디지털-대-아날로그 부호화 방법.

frequency-division multiple access(FDMA, 주파수 분할 다중 접근) 다중 소스가 데이터 통신 대역에서 지정된 대역폭을 사용하는 접근 방법 기술.

frequency division multiplexing(FDM, 주파수 분할 다중화) 아날로그 신호를 단일 신호로 조합하는 방법.

frequency-domain plot(주파수 영역 도면) 신호의 주파수 구성요소의 그래픽적인 표현.

frequency hopping spread spectrum(FHSS, 주파수 홉핑 대역 확산) 송신자가 짧은 시간 동안 반송 주파수를 전송한 다음 동일한 시간 동안 다른 반송 주파수에게 홉하고, 다시 동일한 시간 동안 홉하며, N번 홉한 후, 사이클이 반복되는 무선 전송 방법.

full-duplex mode(전이중 방식) 동시에 양방향으로 통신할 수 있는 통신 방식.

full-duplex switched Ethernet(전이중 교환 이더넷) 충돌 도메인을 자신의 것으로 분리하여 전송과 수신이 가능한 각 지국의 이더넷.

fully qualified domain name(FQDN, 명확한 도메인 이름) 호스트에서 루트 노드까지의 각 계층의 레이블로 구성되는 도메인 이름.

fundamental frequency(기본 주파수) 복합신호의 주요 정현파의 주파수.

gatekeeper(게이트 키퍼) H.323 표준에서 등록 서버(registrar sever)의 역할을 수행하는 LAN 상의 서버.

generic domain(일반 도메인) 도메인 네임 시스템에서 최상위 도메인.

geographical routing(지리적 라우팅)   전체의 주소 공간이 물리적인 지역 기반의 블록으로 나누어지는 라우팅 기술.

geosynchronous Earth orbit(GEO, 지구 정지궤도)   지구에서 22,287.83마일 떨어진 적도면 상공에 있는 고정 궤도.

Gigabit Ethernet(기가비트 이더넷)   초당 기가비트(1,000 Mbps)의 전송률을 제공하는 이더넷.

Global Positioning System(GPS, 위성 위치확인 시스템)   24개의 인공위성으로 구성된 MEO 공용 인공위성으로 육지나 바다에서 항해를 돕기 위해 사용된다. GPS는 통신을 위해 사용되지는 않는다.

Global System for Mobile Communication(GSM, 글로벌 이동통신 시스템)   유럽에서 사용되는 2세대 셀룰러 폰 시스템.

Globalstar(글로벌스타)   8개의 인공위성이 각각의 궤도 호스팅을 가지는 6개의 극궤도(polar orbits)를 도는 48개의 인공위성으로 구성된 LEO 인공위성.

Go-Back-N protocol(Go-Back-N 프로토콜)   오류가 있는 프레임과 그 뒤의 모든 프레임을 재전송하는 오류 제어 방법.

ground propagation(지표면 전파)   대기권(지구를 감싸고 있는)의 가장 낮은 부분을 통하여 무선파(radio wave)를 전파.

group-shared tree(그룹 공유 트리)   시스템의 각 그룹들이 같은 트리를 고유하는 멀티캐스트 라우팅 특성.

guard band(보호 대역)   두 개의 채널을 분리하는 대역폭.

guided media(유도매체)   물리적인 경계를 갖는 전송매체.

H.323   인터넷에 연결된 컴퓨터(H.323에서는 터미널이라고 한다)와 대화하기 위한 공중 전화망상의 통신을 허가하기 위해 ITU-T에 의해 설계된 표준.

half-close(half-close)   TCP에서 한 사이트가 데이터는 계속 받고 있지만 데이터를 보내는 것을 멈추는 연결의 종료 유형.

half-duplex mode(반이중 방식)   양방향 전송은 가능하지만 동시 전송은 불가능한 전송 방식.

Hamming code(해밍 코드)   미리 정해진 위치에 추가 비트를 삽입하여 오류 검출 및 교정이 가능한 코드.

Hamming distance(해밍 거리)   두 코드워드에서 대응되는 비트 간에 차이가 나는 수.

handshake protocol(핸드쉐이크 프로토콜)   연결을 설정하거나 종료하기 위한 프로토콜.

handoff(핸드오프)   하나의 셀로부터 다른 곳으로 이동하는 모바일 장치와 같이 새로운 채널로 변경.

harmonics(고조파)   각각 서로 다른 진폭, 주파수, 위상을 갖는 디지털 신호의 구성 요소.

hash function(해시 함수)   가변길이 메시지로부터 고정 크기의 다이제스트를 만드는 알고리즘.

hashed MAC(해시된 MAC)   SHA-1처럼 해시 함수를 기반으로 한 MAC.

hashing(해싱)   가변길이 메시지로부터 고정길이 다이제스트를 생성하는 암호학적 기술.

header(헤더)   데이터 패킷의 시작 부분에 추가되는 제어 정보.

hertz(헤르쯔)   주파수 측정 단위.

hexadecimal colon notation(16진 콜론 표기)   IPv6에서 4개의 숫자마다 콜론으로 구분된 32개의 16진수로 구성되는 주소 표현 방법.

hierarchical routing(계층적 라우팅)   전체의 주소 공간을 특정한 기준에 근거한 계층으로 분할하는 경로 설정 기술.

high-density bipolar 3-zero(HDB3, 고밀도 양극형 3-영)   4개의 연속적인 0레벨 전압을 미리 정해진 순서 중 하나로 교체하는 스크램블링 기술.

high-rate direct-sequence spread spectrum(HR-DSSS, 고속 전송률 직접-순서 확장 스펙트럼)   부호화 방법을 제외하고는 DSSS와 유사한 신호 생성 방법.

High-level Data Link Control(HDLC, 고급 데이터 링크 제어)   ISO에서 제정한 비트 중심 데이터 링크 프로토콜.

home address(홈 주소) 이동 호스트의 원래의 주소.

home agent(홈 에이전트) 보통 외부 에이전트에게 패킷을 보내고 받는 이동 호스트의 홈 네트워크에 연결된 라우터.

home network(홈 네트워크) 이동 호스트의 영구적인 홈인 네트워크.

hop count(홉 수) 경로를 지나는 노드의 수. 라우팅 알고리즘에서 거리의 척도가 된다.

hop-to-hop delivery(홉−투−홉 전달) 하나의 노드에서 다음 노드로 프레임을 전송.

horn antenna(혼 안테나) 지상 마이크로파 통신에 이용되는 주걱 모양의 안테나.

host(호스트) 네트워크 상의 노드나 지국.

host-specific routing(호스트 지정 라우팅) 호스트의 전체 IP 주소가 라우팅 테이블에 저장되는 라우팅 방법.

hostid IP 주소 중에서 호스트를 나타내는 부분.

hub(허브) 노드 간의 공통 연결을 제공하는 스타형 접속 형태의 중앙 장치.

Huffman Encoding(허프만 부호화) 문자의 발생 빈도를 기반으로 가변길이 코드를 사용하는 데이터 압축 기술.

hybrid-fiber-coaxial network(HFC, 혼합형−광−동축 망) 광섬유와 동축 케이블을 사용하는 2세대 케이블 망.

hypermedia(하이퍼미디어) 텍스트, 그림, 그래픽, 사운드 등을 포함하는 정보로서 포인터를 통해 다른 문서로 연결됨.

hypertext(하이퍼텍스트) 포인터를 통해 다른 문서에 연결하는 텍스트를 포함한 정보.

HyperText Markup Language(HTML, 하이퍼텍스트 마크업 언어) 웹 문서의 내용과 형식을 기술하는 컴퓨터 언어. 폰트, 배열, 그래픽, 하이퍼텍스트 링크 등을 규정하는 코드를 포함한 부가적인 텍스트를 허용한다.

HyperText Transfer Protocol(HTTP, 하이퍼텍스트 전송 프로토콜) 웹 문서를 검색하기 위한 응용 서비스.

inband signaling(신호대역 내 신호방식) 데이터와 제어 전송을 위해 같은 채널 이용.

indirect delivery(간접 전달) 패킷의 발신지와 목적지가 다른 네트워크에 있을 때의 전달.

infrared wave(적외선 파장) 300 GHz와 400 THz 사이의 주파수를 갖는 파장으로서 보통 짧은−범위의 통신에 사용되어진다.

initial sequence number(초기 순서 번호) TCP에서 연결에서 첫 번째 순서 번호로 사용하는 난수.

inner product(내적) 성분(element)의 곱에 대한 합으로 두 순서의 곱에 의해 얻어지는 값.

Institute of Electrical and Electronics Engineers(IEEE, 전기전자공학자협회) 전기, 전자, 통신 분야의 과학자 및 공학자들로 구성된 그룹.

Integrated Service(IntServ, 종합 서비스) IP를 위해 설계된 흐름−기반의 QoS 모델.

interactive audio/video(대화형 오디오/비디오) 사운드와 이미지를 갖는 실시간 통신.

interautonomous system routing protocol(자율 시스템 간 라우팅 프로토콜) 자율 시스템 사이에서 전송을 조정하는 프로토콜.

interdomain routing(도메인 간 라우팅) 자율 시스템 간 라우팅.

interface(인터페이스) 2개의 시스템 또는 2개의 장치 사이의 경계 부분으로 연결에 대한 기계적, 전자적, 기능적 특성을 말하기도 한다. 네트워크 프로그래밍에서 하위 계층의 서비스를 이용하기 위한 상위 계층에서 이용 가능한 프로시져의 집합.

interference(혼신) 원하는 신호와 함께 간섭하는 원하지 않는 에너지.

interframe space(IFS, 프레임 간 공간) 무선 LAN에서 채널에 대한 제어 접속을 위한 두 프레임 간 시간 간격.

Interim Standard 95(IS-95) 북아메리카에서 지배적인 2세대 셀룰러 통신 표준 중의 하나.

interior routing(내부 라우팅) 자율 시스템 내의 라우팅.

interleaved FDMA(끼워넣는 FDMA) UMTS (Universal

Mobile Telecommunication System, 전 세계의 이동통신 시스템)에서 사용되는 매우 효율적인 FDMA.

interleaving(끼워넣기) 각 장치에서 규칙적인 순서로 데이터의 특정 양을 취하는 기능.

International Standards Organization(ISO, 국제표준화 기구) 여러 가지 주제에 대한 표준을 규정하고 개발하는 국제 기구.

International Telecommunication Union-Telecommunication Standardization Sector(ITU-T, 국제통신연합-통신 표준 영역) 국제 정보통신 표준화 기구.

Internet(인터넷) TCP/IP 프로토콜을 사용하는 전 세계적인 인터넷.

internet(인터넷) 라우터나 게이트웨이와 같은 인터네트워킹 장치로 연결된 네트워크들의 집합.

Internet address(인터넷 주소) TCP/IP 프로토콜을 사용해서 인터넷의 호스트를 유일하게 정의하기 위해 사용되는 32비트 혹은 128비트의 네트워크 계층 주소.

Internet Architecture Board(IAB, 인터넷 구조 위원회) TCP/IP 프로토콜의 지속적인 발전을 감독하는 ISOC의 기술적 고문.

Internet Assigned Numbers Authority(IANA, 인터넷 할당 번호 관리 기관) 미국 정부에서 지원하는 기관으로서 1998년 10월까지 인터넷 도메인 이름과 주소의 관리를 담당하는 기관.

Internet Control Message Protocol(ICMP, 인터넷 제어 메시지 프로토콜) TCP/IP 프로토콜 그룹 중에서 오류와 제어 메시지를 처리하는 프로토콜. 오늘날에는 두 개의 버전이 있는데 이는 ICMPv4와 ICMPv6이다.

Internet Corporation for Assigned Names and Numbers(ICANN, 인터넷 도메인 네임과 주소 관리 기관) IANA의 운영을 맡은 국제 이사회에 의해 운영되는 비영리 사설 기관.

Internet draft(인터넷 초안) 표준화 상태는 아니지만 6개월 동안 유효한 작업 중인 인터넷 문서.

Internet Engineering Steering Group(IESG, 인터넷 기술 관리 그룹) IETF의 활동을 감독하는 그룹.

Internet Engineering Task Force(IETF, 인터넷 공학 전문팀) 인터넷과 TCP/IP 프로토콜에 대한 설계와 개발 작업을 수행하는 그룹.

Internet Group Message Protocol(IGMP, 인터넷 그룹 메시지 프로토콜) TCP/IP 프로토콜 그룹 중에서 멀티캐스트를 처리하는 프로토콜.

Internet Key Exchange(IKE, 인터넷 키 교환) IPSec에서 보안 연관을 위해 설계된 프로토콜.

Internet Mail Access Protocol(IMAP, 인터넷 메일 접근 프로토콜) 전자우편 서버로부터 전자우편 메시지를 가져오는 복잡하고 강력한 프로토콜.

Internet Mobile Communication for year 2000(ITM-2000, 인터넷 이동통신-2000) ITU에서 블루프린트(blueprint)로 제출한 3세대 셀룰러 통신을 위한 기준을 정의하였다.

Internet Model(인터넷 모델) 오늘날 데이터 통신과 네트워킹을 지배하는 5계층으로 구성된 프로토콜 스택.

Internet Network Information Center(INTERNIC, 인터넷망 관리 센터) TCP/IP에 관한 정보를 배포하고 모으는 기관.

Internet Protocol(IP, 인터넷 프로토콜) 패킷 교환망을 통하여 비연결 지향 전송을 제공하는 TCP/IP 프로토콜의 네트워크 계층 프로토콜. 현재 IPv4와 IPv6라는 두 개의 버전을 사용하고 있다.

internetwork packet control protocol(IPCP, 네트워크 간 접속 프로토콜 제어 프로토콜) PPP에서 IP 패킷에 대한 네트워크 계층 연결을 설정하고 종료하는 프로토콜의 집합.

Internet Protocol, next generation(IPng, 차세대 인터넷 프로토콜) 인터넷 프로토콜의 6번째 버전인 IPv6의 또 다른 이름.

Internet Protocol, version 6(IPv6, 인터넷 프로토콜 버전 6) 인터넷 프로토콜 버전 6.

Internet Research Task Force(IRTF, 인터넷 연구 전문팀) 인터넷에 관련된 장기 연구 주제들을 연구하는 워킹 그룹의 포럼.

Internet Security and Key Management Protocol (ISAKMP, 인터넷 보안과 키 관리 프로토콜) IKE에서 규정된 교환을 실제 구현한 NSA (National Security Agency)에 의해 설계된 프로토콜.

Internet Service Provider(ISP, 인터넷 서비스 사업자) 인터넷 서비스들을 제공하는 회사.

Internet Society(ISOC, 인터넷 협회) 인터넷 번영을 위해 설립되어진 비영리 기관.

Internet standard(인터넷 표준) 인터넷과 관련된 사람들에게 유용하고 그들에 의해 지지되어 지속적으로 시험된 명세서이며, 지속성이 있어야만 하는 공식화된 규약.

internetwork(internet) 네트워크들의 네트워크

internetworking(네트워크 간 연결) 라우터와 게이트웨이와 같은 네트워크 연결장치를 이용한 네트워크들의 연결.

intracoded frame(I-frame) 다른 프레임에 연관되어 있지 않고, 규칙적인 간격을 나타내는 독립적인 프레임.

intranet(인트라넷) TCP/IP 프로토콜을 사용하는 사설 네트워크.

inverse domain(역도메인) IP 주소가 주어지면 도메인 네임을 찾아주는 DNS의 서브도메인.

IP datagram(IP 데이터그램) 네트워크 간 상호 접속 프로토콜 데이터 단위.

IP Security(IPSec, IP 보안) 인터넷에서 전송되는 패킷에 보안을 제공하기 위해서 IETF에 의해서 고안된 프로토콜의 모음.

IrDA port(적외선 통신 포트) PC와 통신하기 위해 무선 키보드를 허용하는 포트.

Iridium(이리듐) 지구에서 다른 지역으로 통신을 제공하기 위한 66개의 인공위성 망.

iterative resolution(대화형 해결) 클라이언트가 응답을 얻기 전에 여러 개의 서버들에게 자신의 요청 메시지를 전송하는 방식으로 IP 주소를 해결.

iterative server(대화형 서버) 클라이언트-서버 모델에서 한 번에 하나의 클라이언트를 제공하는 서버.

ITU Standardization Sector(ITU-T, ITU 표준 영역) 이전에 CCITT로 알려진 표준화 기구.

jamming signal(전파방해 신호) CSMA/CD에서 충돌을 감지한 첫 번째 지국이 상황을 다른 모든 지국에게 알리기 위해 보내지는 신호.

Java(자바) 객체-지향 프로그래밍 언어

jitter(지터) 수신측에서 연속하는 패킷 사이의 간격에 의해서 발생하는 실시간 트래픽 현상.

Joint Photographic Experts Group(JPEG) 연속-톤(continuous-tone) 그림을 압축하는 표준안.

Kademlia(카뎀리아) 노드들 간의 거리를 두 식별자의 XOR로 측정하는 DHT-기반 P2P 네트워크.

Karn's Algorithm(칸의 알고리즘) 왕복시간 계산에 재전송된 세그먼트를 포함하지 않는 알고리즘.

keepalive timer(킵얼라이브 타이머) 두 TCP 간에 긴 휴지 연결을 막기 위한 타이머.

key(키) 암호 연산과 관련된 값.

key distribution center(KDC, 키 배포 기관) 비밀 키 암호화에서 각 사용자와 키를 공유하는 신뢰된 제3의 기관.

label(이름표) 경로를 지정하기 위하여 연결-지향 서비스에서 사용되는 식별자.

leaky bucket algorithm(리키 버킷 알고리즘) 집중적인 트래픽이 되도록 하는 알고리즘.

least-cost tree(최소 비용 트리) 최소-가격 라우팅에서 루트에 있는 발신지로부터 시작해서 전체 그래프로 퍼져나가는 트리.

Lempel-Ziv-Welch(렘펠-지브-웰치) Lempel과 Ziv가 발명하고 Welch가 개선한 텍스트에 있는 스트링에 대한 사전(배열)의 동적인 생성을 기반으로 한 압축 방법.

limited-broadcast address(제한된 브로드캐스트 주소) 네트워크(링크) 내에 있는 호스트에게만 보내는 메시지를 브로드캐스트하는 데 사용되는 주소.

line coding(회선 부호화) 2진 데이터를 신호로 변환하는 것.

line-of-sight propagation(가시내 전파)   안테나에서 안테나로 직접 직선으로 고주파 신호를 전송.

linear block code(선형 블록 코드)   또 다른 코드워드를 생성하기 위해 두 개의 코드워드를 더하는 블록 코드.

linear predictive coding(LPC, 선형 예보 부호화)   양자화된 차분신호를 보내는 대신에 발신지가 신호를 분석하고 신호의 특성을 결정하는 예보 부호화 방법.

link(링크)   데이터를 하나의 장치에서 다른 장치로 전송하는 물리적인 회선 경로

Link Control Protocol(LCP, 링크 제어 프로토콜)   링크를 설정하고, 유지, 구성, 종료하는 기능을 처리하는 PPP 프로토콜.

link-layer address(링크-계층 주소)   데이터링크 계층에서 사용되는 장치의 주소(MAC 주소).

link local address(링크 로컬 주소)   인터넷 프로토콜을 사용하지만 보안상 이유로 인터넷 연결되지 않은 LAN에서 사용하는 IPv6 주소.

link state advertisement(LSA 링크 상태 광고)   OSPF에서 정보를 잔달하는 방법.

link state database(링크 상태 데이터베이스)   링크 상태 라우팅에서 LSP로 만들어진 모든 라우터에 대한 공통 데이터베이스.

link state packet(LSP, 링크 상태 패킷)   링크 상태 라우팅에서 다른 모든 라우터에게 보내는 라우팅 정보가 들어있는 작은 패킷.

link state routing(링크 상태 라우팅)   각 라우터가 다른 모든 라우터와 함께 이웃 라우터의 변화 정보를 공유하는 라우팅 방법.

local area network(LAN, 근거리 네트워크)   단일 빌딩이나 서로 가까이 있는 빌딩 내부에서 장치들을 연결한 네트워크.

local login(로컬 로그인)   호스트에 직접 연결된 단말을 이용한 호스트 로그인.

local loop(로컬 루프)   가입자를 전화국에 연결하는 링크.

logical address(논리 주소)   네트워크 계층에서 지정하는 주소.

logical link control(LLC, 논리 링크 제어)   IEEE 프로젝트 802.2에서 정의된 데이터링크 계층의 상위 부계층

Logical Link Control and Adaptation Protocol(L2CAP, 논리 링크 제어와 적용 프로토콜)   ACL 링크에서 데이터 교환에 사용되는 블루투스 계층

logical tunnel(논리 터널)   멀티캐스트가 지원되지 않는 라우터가 멀티캐스트 라우팅을 할 수 있도록 하기 위한 유니캐스트 패킷 내의 멀티캐스트 패킷 캡슐화.

longest mask matching(가장 긴 마스크 매칭)   라우팅 테이블을 탐색할 때 먼저 가장 긴 프리픽스를 처리하는 CIDR에서 사용되는 기술.

loopback address(루프백 주소)   소프트웨어를 시험하기 위해 호스트에서 사용되는 주소.

lossless compression(손실없는 압축)   압축과 압축 풀기가 정확하게 서로 역이기 때문에 데이터의 무결성이 유지되는 압축 방법. 데이터가 처리과정에 손실되는 부분이 없다.

lossy compression(손실 압축)   보다 더 좋은 압축 비율을 얻기 위하여 데이터의 일부가 희생되는 압축 방법.

low Earth orbit(LEO, 낮은 지구 궤도)   500~2,000 km 사이의 고도를 가지는 남극 위성 궤도. 이 궤도를 가지는 위성은 60~120분의 회전주기를 갖는다.

low-pass channel(저대역-통과 채널) 0~f 사이의 주파수가 통과하는 채널.

magic cookie(매직 쿠키)   DHCP에서 옵션이 있음을 가리키는 99.130.83.99 값을 갖는 IP 주소 형식으로 된 수.

mail transfer agent(MTA, 전자우편 전송 에이전트)   인터넷을 통해 메일을 전달하는 SMTP 요소.

man-in-the-middle attack(중간자 공격)   침입자가 의도된 수신자나 송신자 사이에서 메시지를 가로채어 보내는 키 관리 문제.

Management Information Base(MIB, 관리 정보 베이스)   네트워크 관리를 위해 필요한 정보를 저장하는 SNMP에서 사용하는 데이터베이스.

Manchester encoding(맨체스터 부호화) 디지털-대-디지털 극성 부호화 방식으로 동기화의 목적으로 각 비트 간격의 중간에 전이가 발생한다.

mapped address(대응된 주소) IPv6로 전환된 컴퓨터가 여전히 IPv4를 사용하는 컴퓨터에게 패킷을 보낼 때 사용하는 IPv6 주소.

mask(마스크) IPv4에서 주소 블록(네트워크 주소)에 있는 주소와 AND를 했을 때 블록의 앞 부분 주소를 나타내도록 하는 32비트 2진수.

master secret(마스터 비밀) SSL에서 *pre-master secret*으로부터 생성된 48비트 비밀.

maximum transfer unit(MTU, 최대 전송 단위) 특정한 네트워크가 처리할 수 있는 가장 큰 데이터 단위.

media server(매체 서버) 음성/영상 파일을 다운로드하기 위해 미디어 플레이어가 접근하는 서버.

medium access control(MAC, 매체 접근 제어) sublayer (매체 접근 제어 부계층) IEEE 802 프로젝트에 의해 정의된 데이터링크 계층에서의 하위 계층. 다른 LAN 프로토콜에서 접근 방법과 접근 제어를 정의한다.

medium Earth orbit(MEO, 매체 지구 궤도) 두 Van Allen 벨트 사이의 위치된 위성의 궤도. 이 궤도에서 위성은 지구를 도는 데 6시간이 소요된다.

mesh topology(그물형 접속형태) 각 장치들이 모든 다른 장치들에 대해 제공된 점-대-점 링크를 가지는 네트워크 구성.

message access agent(MAA, 메시지 접근 대행자) 저장된 전자우편 메시지를 가져오는 클라이언트-서버 프로그램.

message authentication(메시지 인증) 메시지의 송신자가 보낸 모든 메시지에 대해 검증되어지는 보안 척도.

message authentication code(MAC, 메시지 인증 코드) 두 당사자 간에 비밀이 포함된 MDC.

Message Digest(MD, 메시지 다이제스트) Ron Rivest에 의해 설계된 여러 가지 해시 알고리즘으로 MD2, MD4, MD5로 알려짐.

message transfer agent(MTA, 메시지 전송 대행자) 메시지를 인터넷을 통해 전달하는 SMTP 구성요소.

metafile(메타파일) 스트리밍 오디오나 비디오에서 오디오/비디오 파일에 대한 정보를 가지고 있는 파일.

metric(메트릭) 네트워크를 통한 전달에 할당된 비용.

metropolitan area network(MAN, 도시 통신망) 도시 크기 정도의 지리적인 영역까지 넓힐 수 있는 네트워크.

microwave(마이크로파) 2 GHz~40 GHz의 범위를 가지는 전자기파.

Military Network(MILNET, 국방망) 원래의 ARPANET으로 군에서 사용하는 망.

minimum Hamming distance(최소 해밍 거리) 코드워드 집합에서 가능한 모든 쌍 사이에서 가장 작은 해밍 거리.

mixer(혼합기) 서로 다른 발원지로부터 실시간 신호를 하나의 신호로 결합한 장치.

mobile host(이동 호스트) 한 네트워크에서 다른 네트워크로 이동할 수 있는 호스트.

mobile switching center(MSC, 이동 교환국) 셀룰러 폰에서 모든 기본 지국과 전화국 사이의 통신을 조정하는 교환국.

mobile telephone switching office(MTSO, 이동전화 교환국) 모든 셀 지국과 전화국 사이의 통신을 제어하고 조정하는 지국.

modem(변/복조기) 변조기(modulator)와 복조기(demodulator)로 구성된 장치. 디지털 신호를 아날로그 신호(변조)로 변환하고 그 반대(복조)로도 변환한다.

modification detection code(MDC, 수정 탐지 코드) 해시 함수에 위해 생성된 다이제스트.

modular arithmetic(모듈 연산) 정수의 제한된 범위(0부터 $n-1$)를 사용하는 연산.

modulation(변조) 정보 베어링(bearing) 신호에 의한 하나 이상의 반송파 특성의 수정.

modulator(변조기) 신호를 다른 신호로 생성하기 위해 변조하는 장치.

modulus(법) 모듈러 연산(n)에서 상위 극한.

monoalphabetic cipher(단문자 암호) 평문에 있는 기호를 텍스트의 위치에 상관없이 암호문으로 항상 같은 기호로 변경하는 치환 암호.

monoalphabetic substitution(단문자 치환) 집합에서 각 문자의 발생을 문자 집합에서 다른 문자로 대체하는 암호화 방법.

motion picture experts group(MPEG, 이동 화상 전문가 그룹) 비디오 압축 방법.

MPEG audio layer 3(MP3) 오디오를 압축하기 위하여 정해진 코딩을 사용하는 표준.

multu-user MIMO(MU-MIMO, 다중 사용자 MIMO) 여러 사용자가 동시에 통신할 수 있는 MIMO의 보다 세련된 버전.

multi-carrier CDMA(MU-CDMA) 4G 무선망을 위해 제안된 접근 방법.

multicast address(멀티캐스트 주소) 멀티 캐스팅을 위해 사용되는 주소

multicast backbone(MBONE, 멀티캐스트 백본) 터널링을 사용하여 멀티캐스팅을 제공하는 인터넷 라우터들의 집합.

Multicast Open Shortest Path First(MOSPF, 멀티캐스트 개방 최단경로 우선) 발신지 기준 최소 비용 트리를 생성하는 멀티캐스트 링크 상태 라우팅을 사용하는 멀티캐스트 프로토콜

multicast router(멀티캐스트 라우터) 각 라우터 인터페이스에 연관된 로얄 멤버의 목록을 갖고 멀티캐스트 패킷을 분배하는 라우터.

multicast routing(멀티캐스트 라우팅) 멀티캐스트 패킷의 목적지로의 이동.

muticasting(멀티캐스팅) 단일 패킷의 복사본을 선택된 수신 그룹으로 전송할 수 있도록 하는 전송 방식.

multihoming service(다중홈 서비스) 호스트가 하나 이상의 네트워크에 연결할 수 있는 SCTP에서 제공되는 서비스.

multiline transmission, 3-level(MLT-3) encoding(다중회선 전송, 3단계 부호화) 1비트의 시작에서 3단계 신호와 변이를 특징으로 하는 회선 부호화 기술.

multimedia traffic(멀티미디어 트래픽) 데이터, 비디오, 음성으로 구성된 트래픽.

multimode graded-index fiber(다중모드 등급화된 지표 광섬유) 굴절률이 등급화된 지표를 갖는 코어를 이용한 광섬유.

multimode step-index fiber(다중모드 일정 지표 광섬유) 굴절률이 일정한 지표를 갖는 코어를 이용하는 광섬유. 굴절률 지표는 코어/클레딩(cladding) 한계에서 갑자기 변한다.

multiple access(MA, 다중 접근) 모든 지국이 자유롭게 회선에 접근할 수 있는 회선 접근 방법.

multiple unicasting(다중 유니캐스팅) 하나의 발신지에서 서로 다른 유니캐스트 목적지로 메시지의 다중 복사본을 보내는 것.

multiple-input and multiple-output antenna(MIMO, 다중입력, 다중 출력 안테나) 데이터 전송률을 높이기 위해 모든 안테나에서 다중 계층으로 동시에 전송되도록 독립적인 스트림을 허용하는 4G 무선 시스템에서 제안된 지능형 안테나의 한 종류.

multiplexer(MUX, 다중화기) 다중화에 사용되는 장치.

multiplexing(다중화) 단일 데이터링크로 전송하기 위해 여러 발신지로부터 신호를 결합하는 과정.

multiplicative decrease(배증 감소) 임계치를 직전 윈도우 크기의 절반으로 설정하고 혼잡 윈도우 크기를 다시 1로 시작하는 혼잡 회피 기법.

Multipurpose Internet Mail Extension(MIME, 다목적 인터넷 전자우편 확장) ASCII가 아닌 데이터를 SMTP를 통해 전송할 수 있도록 하는 SMTP의 추가 사항.

multistage switch(다단계 스위치) 교차점의 수를 줄이기 위해 설계된 스위치들의 배열.

multistream service(다중스트림 서비스) 데이터를 서로 다른 스트림을 이용하여 전달되도록 허용하는 SCTP에 의해 제공되는 서비스.

Nagle's algorithm(네이글 알고리즘) 송신측에서 어리석은 윈도우 증상을 방지하기 위해 시도되는 알고리즘으로 데이터 생성 속도와 네트워크 속도를 모두 고려한다.

name space(이름 공간) 인터넷에 있는 기계들에 배정된 모든 이름들.

name-address resolution(이름- 주소 변환) 이름과 주소 또는 주소와 이름을 매핑.

National Science Foundation Network(미국 국립과학재단망) 국립과학재단에서 후원한 망.

National Security Agency(국가보안국) 미국 국가보안국.

netid(넷아이디) IP 주소에서 네트워크를 식별하는 부분.

network(네트워크) 데이터 및 하드웨어, 소프트웨어를 공유하기 위해 만들어진 노드들의 연결로 구성된 시스템.

Network Access Point(네트워크 접속점) 백본 네트워크에 연결하는 복잡한 교환 지국.

network address(네트워크 주소) 인터넷의 나머지 부분에 대해 네트워크를 식별하는 주소로서 주소 영역 중 앞에 나타난다.

network address translation(NAT, 네트워크 주소 변환) 사설 네트워크가 내부 통신을 위해서는 사설 주소를 사용하고 외부와의 통신을 위해서는 범용 인터넷 주소를 사용할 수 있도록 하는 기술.

network allocation vector(NAV, 네트워크 할당 벡터) CSMA/ CA에서 지국이 휴지 시간(idle) 동안 회선을 검사하기 전에 지나가야 하는 총 시간

Network Control Protocol(NCP, 네트워크 제어 프로토콜) PPP에서 사용되는 네트워크 계층 프로토콜에서 오는 데이터를 캡슐화할 수 있도록 하는 일단의 제어 프로그램.

Network Information Center(네트워크 정보 센터) TCP/IP에 관한 정보를 수집하고 분배하는 책임을 가진 기관.

network interface card(NIC, 네트워크 인터페이스 카드) 장비를 네트워크에 연결할 수 있도록 하는 회로를 갖고 있는 전자 장치로서 내장형 또는 외장형이 있다.

network layer(네트워크 계층) 인터넷 모델의 세 번째 계층으로 최종 목적지까지의 패킷 전달을 책임진다.

Network Virtual Terminal(NVT, 네트워크 가상 터미널) 원격 로그인을 할 수 있도록 하는 TCP/IP 응용 프로토콜.

network-specific routing(네트워크- 지정 라우팅) 특정 네트워크 상의 모든 호스트가 라우팅 테이블에 의한 항목을 공유하는 라우팅.

network-to-network interface(NNI, 네트워크- 대- 네트워크 인터페이스) ATM에서 두 네트워크 사이의 인터페이스.

next-hop routing(다음- 홉 라우팅) 라우팅 테이블에 패킷이 경유해야 하는 전체 목록 대신 다음 홉의 주소만을 나열하는 라우팅 방식.

node(노드) 네트워크에서 주소를 지정할 수 있는 통신 장치(즉, 컴퓨터 또는 라우터).

node-to-node delivery(노드- 대- 노드 전달) 데이터 단위를 한 노드에서 다른 노드로 전달하는 것.

noise(잡음) 전송 매체에 의해 취득될 수 있는 임의의 전기 신호로서 데이터의 품질 저하나 왜곡을 초래한다.

noiseless channel(잡음없는 채널) 오류 없는 채널.

noisy channel(잡음있는 채널) 데이터 전송 중에 잡음이 생길 수 있는 채널.

nonperiodic(aperiodic) signal(비주기 신호) 주기가 없는 신호, 신호는 반복된 사이클이나 패턴이 없다.

nonce(비표) 새로운 인증 요청과 전에 사용했던 것을 구별하기 위해 한 번만 사용되는 큰 임의의 수.

nonpersistent connection(비영속적 연결) 각 요청/응답에 대해 하나씩의 TCP 연결이 만들어지는 연결.

nonpersistent method(비영속적 방법) 충돌이 감지된 후에 지국이 임의의 시간 주기를 기다리는 임의 다중 접근 방법.

nonrepudiation(부인방지) 수신된 메시지가 특정 송신자로부터 온 것임을 수신자가 보증할 수 있도록 하는 보안 기능.

nonreturn to zero(NRZ, 비영복귀) 신호 레벨이 항상 양이거나 음인 디지털−대−디지털 극성 부호화 방법.

nonreturn to zero, invert(NRZ-I) 신호 레벨이 1을 접할 때마다 역으로 바뀌는 NRZ 부호화 방법.

nonreturn to zero, level(NRZ-L) 신호 레벨이 비트 값과 직접적으로 관련되는 NRZ 부호화 방법.

normal response mode(NRM, 정규 응답 모드) HDLC에서 2차(secondary) 지국이 전송을 시작하기 전에 1차(primary) 지국으로부터 허가를 얻어야 하는 통신 방법.

Nyquist bite rate(나이퀴스트 비트 전송률) 나이퀴스트 이론을 기반으로 한 데이터 전송률.

Nyquist theorem(나이퀴스트 이론) 아날로그 신호를 적절하게 표현하기 위해 필요한 샘플 수는 가장 높은 신호 주파수의 두 배와 동일하다는 이론.

Oakly(오클레이) IKE 프로토콜의 3개의 구성요소 중 하나인 Hilarie Orman에 의해 개발된 키 생성 프로토콜.

object identifier(객체 식별자) MIB에서 SNMP와 일부 네트워크 관리 프로토콜에서 사용되는 객체에 대한 식별자.

omnidirectional antenna(전방향 안테나) 모든 방향에서 신호를 보내고 받는 안테나.

one-time pad(일회용 패드) Vernam에 의해 개발된 키가 평문과 같은 길이를 갖는 기호의 무작위 순서로 되는 암호.

one's complement(1의 보수) 한 숫자의 보수를 모든 비트의 보수를 취하도록 하는 2진수 표현.

open shortest path first(OSPF, 개방 최단경로 우선) 링크 상태 라우팅에 기반을 둔 내부 라우팅 프로토콜.

Open System Interconnection(OSI) model(개방 시스템 상호연결 모델) 데이터 통신을 위해 ISO가 규정한 7 계층 모델.

optical carrier(OC, 광 캐리어) SONET에서 규정되는 광섬유 캐리어의 체계.

optical fiber(광섬유) 빛으로 된 빔을 전달하기 위해 유리나 투명한 물질로 만든 얇은 실.

orbit(궤도) 지구 주위를 회전하는 위성의 경로.

Orthogonal Frequency Division Multiplexing(OFDM, 직각 주파수 분할 다중화) 주어진 시간에 한 발신지에 의해 사용되는 모든 하위밴드(subband)를 가지는 FDM과 유사한 다중화 방법.

orthogonal sequence(직교 순서) 요소들 간에 특수한 성질을 갖는 순서.

out-of-band signaling(대역외 신호방식) 데이터와 제어를 위해 별도의 채널을 사용.

P-box(P-박스) 비트의 순서를 바꾸는 현대 블록 암호의 구성요소.

P-persistent method(P-영속 방법) 회선이 휴지상태이면 지국이 확률 p로 보내는 CSMA 영속 전략.

packet(패킷) 주로 네트워크 계층에서 사용하는 데이터 단위의 동의어.

Packet Internet Groper(PING, 패킷 인터넷 그룹) ICMP 에코 요청과 응답을 이용하여 목적지 도달성을 결정하는 응용프로그램.

packet switching(패킷 교환) 패킷−교환 네트워크를 사용하는 데이터 전송.

packet-filter firewall(패킷−필터 방화벽) 네트워크 계층과 전송 계층 헤더 정보를 기반으로 패킷을 전달하거나 폐기하는 방화벽.

packet-switched network(패킷−교환망) 데이터가 패킷이라는 독립적인 단위로 전송되는 네트워크.

parallel transmission(병렬 전송) 비트들을 동시에 묶어서 전송하는 기법으로 각 비트는 분리된 링크를 사용한다.

parity check code(패리티 검사 코드) 패리티 비트를 사용하는 오류 검출 방법.

partially qualified domain name(PQDN, 부분적 검증 도메인 이름) 호스트와 루트 노드 사이에서 모든 레벨을 포함하지 않는 도메인 이름.

Password Authentication Protocol(PAP, 패스워드 인증 프로토콜) PPP에서 사용되는 간단한 두−단계 인증 프

로토콜.

Pastry(페이스트리) 식별자가 밑수 2^b인 n-자리 스트링으로 된 DHT-기반 P2P.

path vector routing(경로 벡터 라우팅) BGP가 사용하는 라우팅 방식으로 패킷이 반드시 통과해야 하는 AS들을 명시적으로 나열한다.

peak amplitude(최대 진폭) 사인 파형의 최대 신호 값.

peer-to-peer(P2) paradigm(대등－대－대등 패러다임) 두 개의 대등 컴퓨터가 서로 서비스를 교환하기 위하여 통신할 수 있는 패러다임.

peer-to-peer process(대등－대－대등 프로세스) 송수신 장치들에서 해당 계층에서 통신하는 프로세스.

per hop behavior(PHB, 홉당 동작) Differv 모델에서 패킷에 대해 패킷－핸들링 메커니즘을 정의하는 6비트 필드.

perceptual coding(지각 코딩) 정신음향과학을 기반으로 한 CD-품질 오디오를 생성하기 위해 사용되는 가장 일반적인 압축 기술. 지각 코딩에서 사용되는 알고리즘은 먼저 데이터를 시간 영역에서 주파수 영역으로 변환한다. 그런 다음 운영은 주파수 영역에 있는 데이터에 대해 수행된다.

period(주기) 완전한 한 사이클이 요구되는 시간의 총량.

periodic signal(주기적 신호) 표현 패턴을 나타내는 신호.

permanent virtual circuit(PVC, 영구 가상회선) 발신지와 목적지 사이에서 동일한 가상회선이 계속 사용되는 가상 회선 전송 방식.

persistent timer(영속 타이머) 데드록을 예방하기 위해 TCP에서 사용되는 타이머.

persistent connection(영속 연결) 서버가 응답을 보낸 후에 추가적인 요청을 위해 연결을 알려진 상태로 유지하는 연결.

Personal Communication System(PCS, 개인 통신 시스템) 몇 가지 통신 서비스를 제공하는 상업적 셀룰러 시스템에 대한 일반적 용어.

phase(위상) 신호의 시간에 대한 상대적인 위치.

phase modulation(PM, 위상 변조) 반송파 신호의 위상이 신호를 변조하는 진폭에 따라 변하는 아날로그－대－아날로그 변조 방법.

phase shift keying(PSK, 위상 편이 변조) 반송파 신호의 위상이 특정 비트 패턴에 따라 변하는 디지털－대－아날로그 변조.

PHY sublayer(PHY 부계층) 고속 이더넷에서 송수신기.

physical address(물리 주소) link-layer address를 보라.

physical layer(물리 계층) 인터넷 모델의 첫 번째 계층으로 매체의 기계적 그리고 전기적인 특성에 대한 책임을 진다.

piconet(피코넷) 블루투스 네트워크

piggybacking(피기백킹) 데이터 프레임에서 확인응답을 포함하는 기술

pipelining(파이프라이닝) Go-Back-N ARQ에서 새로운 프레임이 이전 프레임과 관련된 것이 수신되기 전에 몇 개의 프레임을 보내는 것.

pixel(픽셀) 이미지의 그림 원소.

plain old telephone system(POTS, 기존 전화 시스템) 음성 통신에 사용되는 전통적인 전화망

plaintext(평문) 암호화/복호화에서 원 메시지를 의미.

playback buffer(재생 대기 버퍼) 데이터가 재생될 때까지 저장하는 버퍼.

point coordination function(PCF, 지점 조정 함수) 무선 LAN에서 기반구조 네트워크에 구현된 선택적이고 복잡한 접근 방법.

point-of presence(POP, 임재점) 신호전달이 서로 상호작용하는 교환국.

point-to-point connection(점－대－점 연결) 두 장치 사이의 전용 전송 링크

Point-to-Point Protocol(PPP, 점－대－점 프로토콜) 직렬회선을 통해 데이터를 전송하기 위한 프로토콜.

poisoned reverse(포이슨 리버스) 수평 분할하는 한가지 방법. 이 방법에서 라우터에 의해 수신된 정보는 라우팅

테이블을 갱신하는 데 사용되고, 그런 다음 모든 인터페이스로 전달되어 나간다. 그렇지만, 하나의 인터페이스를 통해서 오는 엔트리는 같은 인터페이스를 통해서 나가는 만큼 무한대의 메트릭으로 설정된다.

polar encoding(극형 부호화) 진폭의 두 레벨(음 또는 양)을 사용하는 디지털-대-아날로그 부호화 방법.

policy routing(정책 라우팅) 라우팅 테이블이 메트릭이 아닌 네트워크 관리자에 의해 설정된 규칙을 기반으로 하는 경로 벡터 라우팅 기법.

poll(폴) 1차(primary)/2차(secondary) 접근 방법에서 1차 지국이 임의의 데이터를 전송하기 싶다면 1차 지국이 2차 지국에게 묻는 절차.

poll/final(P/F) bit (폴/최종 비트) HDLC의 제어필드의 한 비트; 1차 지국이 보낸다면, 폴 비트가 될 수 있고, 2차 지국이 보낸다면 최종 비트가 될 수 있다.

poll/select(폴/선택) 폴과 선택 절차를 사용하는 접근 방법 프로토콜. *poll* 참조. *select* 참조.

polling(폴링) 한 장치가 1차 지국으로 지정되고 나머지는 모두 2차 지국으로 지정되는 접근 방법. 접근은 1차 지구에 의해 제어된다.

polyalphabetic cipher(다중알파벳 암호) 각 문자의 출현이 다른 치환을 가질 수 있는 암호.

polyalphabetic substitution(다중알파벳 치환) 각 문자의 출현이 다른 치환을 가질 수 있는 암호화 방법.

polynomial(다항식) CRC 제수를 나타낼 수 있는 알파벳 대수학적 용어.

port address(포트 주소) TCP/IP 프로토콜에서 프로세스를 식별하는 정수.

port forwarding(포트 포워딩) SSH를 이용한 안전한 채널을 다른 응용에게 허용하기 위해 SSH에서 제공되는 서비스.

port number(포트번호) 호스트에서 실행되는 프로세스를 정의하는 정수 값.

Post Office Protocol, version 3(POP3, 포스트 오피스 프로토콜, 버전 3) 가장 많이 사용되고 간단한 SMTP 메일 액세스 프로토콜.

pre-master secret(사전-마스터 비밀) SSL에서 마스터 비밀을 계산하기 전에 클라이언트와 서버 간에 교환되는 비밀.

preamble(프리엠블) IEEE 802.3에 규정된 7바이트의 필드로 수신측에 경고를 주어 동기를 맞추도록 하기 위한 1과 0이 반복되는 형태.

predicted frame(P-frame, 예고 프레임) 예고 프레임은 선행하는 I-프레임과 B-프레임과 관련이 있다. 다시 말하면, 각 P-프레임은 선행되는 프레임에서 변경된 것만 들어 있다.

predictive encoding(전조적 부호화) 음성 압축에서 샘플의 사이의 차이만 부호화.

prefix(프리픽스) IP 주소에서 공통 부분에 대한 또 다른 이름(netid와 비슷함).

presentation layer(표현 계층) 변환, 암호화 인증 및 데이터 압축을 담당하는 인터넷 모델의 6번째 계층.

Pretty Good Privacy(PGP) 이메일에서 프라이버시, 무결성, 인증을 제공하기 위해 Phil Zimmermann에 의해 개발된 프로토콜.

primary station(주국) 1차/2차 접근 방법에서 2차 지국에 명령을 보내는 지국.

priority queueing(우선순위 큐잉) 두 개의 큐가 있는 큐잉 기법, 하나는 정규 패킷을 위한 큐이고 다른 하나는 우선순위를 갖는 패킷을 위한 것이다.

privacy(프라이버시) 원하는 수신측에서만 메시지가 의미를 갖게 하는 보안 측면.

private key(비밀 키) 비대칭-키 암호 시스템에서 복호에 사용되는 키. 디지털 서명에서 서명에 사용되는 키.

private network(사설 네트워크) 인터넷에서 분리된 네트워크.

process(프로세스) 실행 중인 응용프로그램.

process-to-process communication(프로세스-대-프로세스 통신) 두 개의 실행 중인 응용프로그램간의 통신.

process-to-process delivery(프로세스-대-프로세스 전

달) 송신 프로세스에서 목적지 프로세스까지의 패킷의 전달.

Project 802(프로젝트 802) LAN 호환성을 해결하기 위해 IEEE에 의해 시작된 프로젝트.

propagation delay(전파 지연) propagation time을 보라.

propagation speed(전파 속도) 신호 또는 비트 이동 속도 비율; 거리/초로 측정된다.

propagation time(전파 시간) 한 지점에서 다른 지점으로 이동하기 위해 요구되는 시간.

protocol(프로토콜) 통신을 위한 규칙.

Protocol Independent Multicast(PIM, 프로토콜 독립 멀티캐스트) 두 멤버인 PIM-DM과 PIM-SM을 가지는 멀티캐스팅 프로토콜 군; 두 프로토콜은 유니캐스트-프로토콜에 의존적이다.

Protocol Independent Multicast-Dense Mode(PIM-DM, 프로토콜 독립 멀티캐스트- 밀집 모드) 멀티캐스팅을 처리하기 위해 RPF와 제거(pruning)/접목(grafting) 전략을 사용하는 출처-기반 라우팅 프로토콜.

Protocol Independent Multicast-Sparse Mode(PIM-SM, 프로토콜 독립 멀티캐스트- 성긴 모드) CBT와 유사하고 트리의 출처로 랑데뷰 지점을 사용하는 그룹-공유 라우팅.

protocol layering(프로토콜 계층화) 서로 다른 임무를 처리하기 위한 규칙을 만들기 위해 프로토콜의 집합을 이용하는 개념.

protocol suite(프로토콜 슈트) 복잡한 통신 시스템을 위해 정의된 프로토콜 스택이나 군(family).

proxy ARP(프록시 ARP) 서브넷팅 효과를 갖게 하는 기술. 하나의 서버는 다중 호스트를 위해 ARP 요청에 응답한다.

proxy firewall(프록시 방화벽) 메시지 자체(응용 계층의)의 이용 가능한 정보를 기반으로 메시지를 필터링하는 방화벽.

proxy server(프록시 서버) 최근의 요청에 대한 응답을 복사해 가지고 있는 컴퓨터.

pruning(제거) 인터페이스를 통해 멀티캐스트 메시지 전송을 중지하는 것.

pseudoheader(의사헤더) UDP와 TCP 패킷에서 검사합 계산에만 사용되는 IP 헤더 정보.

pseudorandom noise(의사랜덤 잡음) FHSS에서 사용되는 의사랜덤 코드 생성기.

pseudoternary(의사3진) 비트 1은 영 전압으로 비트 0은 양과 음 전압이 교대로 부호화되는 AM 부호화의 한 종류.

psychoacoustic(정신음향) 정신음향은 사운드의 주관적인 인간 지각력에 대한 연구이다. 지각 코딩은 인간 청각 기관에서 결함을 이용한다.

public key(공개 키) 비대칭-키 암호 시스템에서 암호화에 사용되는 키. 디지털 서명에서는 확인에 사용되는 키이다.

public key infrastructure(PKI, 공개키 기반 구조) CA 서버의 계층적 구조.

public-key certificate(공개 키 인증서) 공개 키의 소유자를 나타내는 인증서.

public-key cryptography(공개- 키 암호화) 역으로 변환할 수 없는 암호 알고리즘을 기반으로 한 암호화 방법. 2개의 키를 사용하는 방법으로 공개키는 공개적으로 알리고, 개인(비밀) 키는 수신자만 알고 있음.

pulse amplitude modulation(PAM, 펄스 진폭 변조) 아날로그 신호를 샘플링하는 기법 ; 결과는 샘플링된 데이터를 기반으로 펄스의 연속이다.

pulse code modulation(PCM, 펄스 코드 변조) 디지털 신호를 만들기 위해 PAM 펄스를 수정하는 기술.

pulse position modulation(펄스 위치 변조) 적외선 신호를 변조하기 위해 사용되는 변조 기술.

pulse stuffing(펄스 채우기) TDM에서보다 낮은 율을 가진 입력 회선에 가상 비트를 추가하는 기술.

pure ALOHA(순수 ALOHA) 슬롯을 사용하지 않는 원래의 ALOHA.

quadrature amplitude modulation(QAM, 상현 진폭 변

조) 반송파 신호의 위상과 진폭이 변조하는 신호에 따라 변하는 디지털-대-아날로그 변조 방법.

quality of service(QoS, 서비스 품질) 네트워크의 성능을 보장하는 기술과 메커니즘의 집합.

quantization(양자화) 신호 진폭에 대한 특정 값의 범위 할당.

quantization error(양자화 오류) 양자화 과정 중 시스템에서 생기는 오류(아날로그-대-디지털 변환).

queue(큐) 대기 목록.

quoted-printable 데이터가 대부분 ASCII 문자로 구성될 때 사용되는 부호화 체계.

radio wave(전파) 3 KHz~300 GHz 범위의 전자기 에너지.

random access(임의 접근) 각 지국이 어떠한 다른 지국에 의해 제어되지 않고 매체에 접근할 수 있는 매체 접근 범주.

ranging(범위화) HFC 네트워크에서 CM과 CMTS 사이의 거리를 결정하는 처리(process).

rate adaptive asymmetrical digital subscriber line (RADSL, 전송률 적응형 비대칭 디지털 가입자 회선) 통신의 유형에 따라 서로 다른 데이터 전송률의 특징을 가지는 DSL 기반 기술.

raw socket(로 소켓) IP 서비스를 직접 사용하며 스트림 소켓이나 데이터그램 소켓을 사용하지 않는 프로토콜을 위해 설계된 구조체.

read-only memory(ROM) 변경되지 않는 내용을 갖는 영구 메모리.

Real-Time Streaming Protocol(RTSP, 실시간 스트리밍 프로토콜) 스트리밍 음성/영상 처리에 더 많은 기능성을 추가하기 위해 설계된 대역외(out-of-band) 제어 프로토콜.

Real-time Transport Control Protocol(RTCP, 실시간 전송 제어 프로토콜) 실시간 데이터의 흐름과 품질을 제어하고 수신자로 하여금 송신자 혹은 송신자들에게 피드백을 보내주도록 하는 메시지를 가지며 RTP에 병행해 사용되는 프로토콜.

Real-time Transport Protocol(RTP, 실시간 전송 프로토콜) 실시간 트래픽을 위한 프로토콜, UDP와 함께 사용됨.

recursive resolution(귀환적 해석) 클라이언트가 보낸 요청에 대해 최종적인 결과를 응답하는 방식의 IP 주소 해석.

redundancy(중복) 오류 제어를 위한 메시지에 비트 추가.

Reed-Solomon(리드-솔로몬) 복잡하지만 효율적인 순환 코드.

reflection(반사) 두 매체의 경계에서 빛이 다시 튀는 것과 관련된 현상.

refraction(굴절) 빛이 한 매체에서 다른 매체로 이동할 때 빛의 구부러짐과 관련된 현상.

regional ISP(지역 ISP) 하나 또는 그 이상의 백본이나 국제 ISP와 연결된 작은 ISP.

registered port(등록된 포트) IANA에 의해 할당되지 않고 제어되지 않는 1,024에서 49,151 범위의 포트번호.

registrar(등록기관) 새로운 도메인 이름을 등록하는 기관.

registrar server(등록기관 서버) SIP에서 사용자를 각 시점에 등록하는 서버.

relay agent(중계 에이전트) BOOTP를 위해 원격 서버에게 로컬 요청을 보내는 데 도움을 주는 라우터.

reliability(신뢰성) QoS 흐름 특성. 즉 전송의 의존성, 네트워크는 패킷이 깨지거나 손실되거나 중복되지 않을 때 신뢰할 수 있다.

remote bridge(원격 브리지) LAN과 점-대-점 네트워크를 연결하는 장치; 종종 백본 네트워크에 사용된다.

remote logging(rlogin, 원격 로깅) 로컬 컴퓨터에 연결된 단말로부터 원격 컴퓨터로 로그인하는 과정.

rendezvous point(RP, 랑데뷰 점) 멀티캐스트 패킷을 분배하기 위하여 PIM에서 사용되는 라우터.

rendezvous router(랑데뷰 라우터) 각 멀티캐스트 그룹의 코어가 되는 중심 라우터로 트리의 루트가 됨.

rendezvous-point tree(랑데뷰 포인트 트리) 각 그룹에 하

나의 트리가 있는 그룹 공유 트리 방법.

repeater(리피터) 신호를 재생성하여 전달할 수 있는 거리를 확장하는 장치.

replay attack(재전송 공격) 공격자가 메시지를 가로채 재전송하는 것.

Request for Comment(RFC) 인터넷 이슈에 대한 공식적인 인터넷 문서.

resolver(해석기) 주소를 이름으로 혹은 이름을 주소로 매핑하기 위해 호스트에 의해 사용되는 DNS 클라이언트.

Resource Reservation Protocol(RSVP, 자원 예약 프로토콜) QoS를 개선하기 위해 흐름을 생성하여 자원 예약을 만들어 IP를 돕기 위한 신호 프로토콜.

retransmission time-out(재전송 타임-아웃) 패킷의 재전송을 제어하는 타이머의 시간종료.

return to zero(RZ, 영복귀) 신호의 전압이 비트 간격의 두 번째 반에 대해 0인 디지털-대-디지털 인코딩 기법.

reuse factor(재사용 요인) 셀룰러 전화에서 다른 주파수의 집합을 갖는 셀의 수.

Reverse Address Resolution Protocol(RARP, 역 주소변환 프로토콜) 물리주소에 대한 인터넷 주소를 알려주는 TCP/IP 프로토콜.

reverse path broadcasting(RPB, 역경로 브로드캐스팅) 송신자로부터 각 목적지까지의 가장 짧은 경로를 가지는 방송 트리를 구성하는 기술.

reverse path forwarding(RPF, 역경로 전송) 라우터가 송신자로부터 라우터까지의 가장 짧은 경로를 통해 도착한 패킷만을 전송하는 기술.

reverse path multicasting(RPM, 역경로 멀티캐스팅) 동적으로 그룹이 변하는 것을 지원하는 멀티 캐스트 최단경로 트리를 구성하기 위해 RPB에서 제거 및 접목을 추가하는 기술.

ring topology(링형 접속형태) 장치들이 링으로 연결된 접속형태, 링에 있는 각 장치는 이전 장치로부터 데이터 단위를 받아서 재생한 다음, 다음 장치로 전달해 줌.

Rivest, Shamir, Adleman(RSA) *RSA cryptosystem* 참조.

RJ45 동축 케이블 커넥터.

roming(로밍) 셀룰러 전화에서 자신의 서비스 제공자의 지역의 외부와 통신하기 위한 사용자의 능력.

root server(루트 서버) DNS에서 영역이 전체 트리로 구성된 서버, 루트 서버는 주로 도메인에 대한 정보를 저장하는 것이 아니라 다른 서버에게 권한을 주고 그 서버를 참조하게 됨.

round-trip time(RTT, 왕복시간) 패킷이 출발지를 떠나서 목적지에 도착하고, 확인응답될 때까지 걸리는 시간.

route(라우트) 패킷이 이동된 경로.

router(라우터) TCP/IP의 처음 세 계층에서 동작하는 네트워크 연결 장치로서 2개 이상의 네트워크에 연결되면, 패킷을 한 라우터에서 다른 라우터로 전달.

routing(라우팅) 라우터에 의해 수행되는 처리과정, 데이터그램에 대한 다음 홉을 찾는다.

Routing Information Protocol(RIP, 라우팅 정보 프로토콜) 거리 벡터 라우팅 알고리즘을 기반으로 한 라우팅(경로지정) 프로토콜.

routing table(라우팅 표) 패킷을 경로를 지정하는 데 필요한 정보가 들어있는 표, 정보는 네트워크 주소, 비용, 다음 홉의 주소 등이 포함.

RSA encryption(RSA 암호화) Rivest, Shamir, Adleman에 의해 개발된 많이 사용되고 있는 공개-키 암호화 방법.

run-length coding(실행-길이 코딩) 중복을 제거한 압축 방법. 방법은 반복된 순서를 교체한다. 카운트와 기호 그 자체인 두 개체를 이용하여 같은 기호에 대해 실행한다.

S-box(S 박스) 디코더, P 박스, 그리고 인코더에 의해 만들어지는 암호화 장치.

sampling(샘플링) 정규(regular) 간격에서 신호의 진폭이 얻어지는 처리.

sampling rate(샘플링 율) 샘플링 처리에서 초당 얻어지는 샘플의 수.

satellite network(위성 네트워크) 지구의 한 지점에서 다른 지점까지 통신을 제공하는 노드의 조합(combination).

scatternet(비산네트워크) 피코넷의 조합.

scrambling(스크램블링) 디지털-대-디지털 변환에서 비트 동기화를 생성하기 위해 회선 코딩 체계의 일부분을 수정하는 것.

secondary station(2차 지국) 폴/선택 접근 방법에서 1차 지국으로부터 명령에 대해 대답으로 응답을 보내는 지국.

secret-key encryption(비밀-키 암호화) 암호화를 수행하는 키와 이를 복구하는 키가 같은 보안 방법으로 송신자와 수신자는 같은 키를 가짐.

Secure Hash Algorithm(SHA, 안전한 해시 알고리즘) NIST에 의해 개발되어 FIPS 180으로 발표한 해시 함수 표준의 한 종류. MD5를 기반으로 수정한 것임.

Secure Key Exchange Mechanism(SKEME, 안전한 키 관리 메커니즘) 개체 인증을 위해 공개 키 암호에서 사용되는 Hugo Krawcyzk가 설계한 키 교환용 프로토콜.

Secure Shell(SH, 안전한 쉘) 안전한 로깅을 제공하는 클라이언트-서버 프로그램.

Secure Socket Layer Protocol(SSL, 안전한 소켓 계층 프로토콜) 응용 계층으로부터 생성된 데이터에 대해 보안과 압축을 제공하기 위해 설계된 프로토콜.

Secure/Multipurpose Internet Mail Extensions (S/MIME, 안전한/다목적 인터넷 우편 확장) 전자우편에서 보안을 제공하기 위해 설계된 MIME 확장판.

Security Association(SA, 보안 연관) 두 호스트 사이의 논리적 연결을 생성하는 IPSec 신호 프로토콜.

Security Association Database(SAD, 보안 연관 데이터베이스) 각 행이 단일 보안 연관을 나타내는 2차원 테이블.

Security Parameter Index(SPI, 보안 매개변수 색인) 하나의 보안 연관을 다른 것들과 유일하게 구분하는 매개변수.

Security Policy(보안 정책) IPSec에서 패킷이 도착하거나 보낼 때 적용하는 미리 규정된 보안 요구사항.

Security Policy Database(SPD, 보안 정책 데이터베이스) 보안 정책(SP)의 데이터베이스

Segment(세그먼트) TCP 계층에서의 패킷. 또한, 장치에 의해 공유되는 전송 매체의 길이.

segmentation(단편화) 메시지를 다중 패킷으로 분할하는 것으로 보통 전송 계층에서 수행.

segmentation and reassembly(SAR, 단편화와 재조립) 헤더 그리고/또는 트레일러가 48바이트 원소를 생성하기 위해 추가될 수 있는 ATM 프로토콜의 더 낮은 AAL 하위 계층.

select(선택) 폴/선택 접근 방법에서 1차 지국이 데이터를 수신할 준비가 되었는지 2차 지국에게 묻는 절차.

selective-repeat protocol(selective-repeat 프로토콜) 오류가 있는 프레임만 재송신하는 오류-제어 방법,

self-synchronization(자가-동기화) 코딩 방법을 통해 1과 0의 긴 문자열의 동기화.

sequence number(순서 번호) 메시지에서 패킷이나 프레임의 위치를 나타내는 숫자.

serial transmission(직렬 전송) 단일 링크만을 사용하여 한 번에 데이터 한 비트를 전송.

server(서버) 클라이언트에 호출된 다른 프로그램에게 서비스를 제공할 수 있는 프로그램.

Session Initiation Protocol(SIP, 세션 초기화 프로토콜) IP 상의 음성에서 멀티미디어 세션을 수립하고, 관리하고 종료하기 위한 어플리케이션 프로토콜.

session layer(세션 계층) 두 종단 사용자 간에 논리적인 연결을 설정, 관리, 종료를 담당하는 OSI 모델의 다섯 번째 계층.

setup phase(설정 구문) 가상회선 교환에서 발신지와 목적지가 연결에 대해 테이블 엔트리를 만들어 교환을 돕기 위해 그들의 광역 주소를 사용하는 구문.

Shannon capacity(샤논 용량) 채널에서 이론적으로 가장 높은 데이터 전송률.

shielded twisted-pair(STP, 차폐 꼬임 쌍선) 전자기적 인터페이스에 대항해 보호하는 금속 박(foil)이나 매시 실드(mesh shield)에 둘러싸여 있는 꼬임쌍선.

shift cipher(이동 암호) 키가 알파벳의 끝 쪽으로 이동하

여 규정하는 가산 암호의 유형.

shift register(이동 레지스터)   한번 입력으로 비트를 받아서 새로운 비트를 저장하고 출력 포트에 디스플레이하는 각 메모리 위치에 있는 레지스터.

short interframe space(SIFS, 단순 프레임 간격 주기)   CSMA/CA에서 목적지에서 RTS를 수신한 후, 기다리는 시간주기.

shortest path tree(최단경로 트리)   다이크스트라 (Dijkstra) 알고리즘을 사용하여 형성된 라우팅 테이블

signal element(신호 요소)   데이터 요소를 표현하는 신호의 짧은 영역.

signal rate(신호 율)   1초 동안에 보낸 신호 요소의 수.

signal-to-noise ratio(SNR, 신호-대-잡음 비율)   데시벨로, 잡음에 의해 분리된 신호의 강도.

silly windows syndrome(어리석은 윈도우 신드롬)   수신 측에서 작은 윈도우 크기가 통보되고 송신 측에서 작은 크기의 세그먼트를 보내는 현상.

simple and efficient adaption layer(SEAL, 단순 효율 적응 계층)   인터넷을 위해 설계된 AAL 계층(AAL5).

simple bridge(단순 브리지)   두 세그먼트를 연결하는 네트워크 장치. 즉 수동적인 유지와 갱신이 요구된다.

Simple Mail Transfer Protocol(SMTP, 단순 우편 전달 프로토콜)   인터넷상에서 전자우편 서비스를 제공하는 TCP/IP 프로토콜.

Simple Network Management Protocol(SNMP, 단순 네트워크 관리 프로토콜)   인터넷에서 관리 프로세스를 제공하는 TCP/IP 프로토콜.

Simple protocol(단순 프로토콜)   흐름과 오류 제어 없이 접근 방법을 보여주기 위해 사용되는 단순 프로토콜.

simplex mode(단방향 모드)   한 방향으로만 통신이 가능한 전송 모드.

sine wave(정현파)   회전(rotating) 벡터의 진폭-대-시간 표현.

single-bit error(단일비트 오류)   하나의 단일비트가 변경되었을 때만 생기는 데이터 단위에서의 오류.

single-mode fiber(단일모드 섬유)   거의 수평적인 광선이 되는 작은 각도에서 광선을 제한하는 극도로 작은 지름을 가지는 광섬유.

site local address(사이트 로컬 주소)   인터넷에 연결되지 않았지만 여러 개의 네트워크를 갖는 사이트를 위한 IPv6 주소.

sky propagation(공중 전달)   전리층에서 지구로 다시 돌아오는 라디오파의 전달.

slash notation(슬래시 표기법)   마스크의 1의 수를 나타내기 위해 간단히 표시하는 방법.

sliding window(슬라이딩 윈도우)   확인응답을 받기 전에 여러 개의 데이터 단위 전송이 가능한 프로토콜.

sliding window protocol(슬라이딩 윈도우 프로토콜)   슬라이딩 윈도우 개념을 사용하는 오류제어 프로토콜.

slotted ALOHA   시간을 슬롯으로 나누고 각 지국이 슬롯이 시작할 때만 데이터를 보내게 하는 수정된 ALOHA 접근 방법.

slow convergence(느린 수렴)   인터넷 상의 일부 변경이 일어났을 때 인터넷의 나머지 부분에 느리게 이 사실이 전파되면서 나타나는 RIP의 단점.

slow start(느린 출발)   혼잡 윈도우 크기가 처음에는 지수 함수 형태로 증가하는 혼잡-제어 방식.

socket(소켓)   프로세스를 위한 종단점. 두 개의 소켓이 통신을 위해 필요하다.

socket address(소켓 주소)   IP 주소와 포트번호를 갖는 구조.

socket interface(소켓 인터페이스)   클라이언트-서버 패러다임에서 사용되는 시스템 호출의 집합.

Software Defined Radio(SDR, 소프트웨어 지정 라디오)   전통적인 하드웨어 구성요소가 소프트웨어로 구현된 무선통신 시스템.

source quench(발신지 억제)   흐름 제어를 위하여 ICMP에서 사용되는 방식으로 혼잡이 발생하면 발신지는 데이터그램을 천천히 전송하거나 또는 전송을 중지하도록 하는 ICMP 메시지.

source routing(발신지 라우팅) 패킷의 송신자에 의해서 패킷의 경로를 명확하게 지정.

source-based tree(발신지 기반 트리) 각 발신지와 그룹의 조합에 대해 단일 트리가 만들어지는 멀티캐스킹 프로토콜에 의해 멀티캐스팅하는 데 사용되는 트리.

source-to-destination delivery(발신지-대-목적지 배달) 송신자에서 수신자까지 메시지 전송.

space propagation(공간 전달) 전리층을 통과할 수 있는 전달의 유형.

space-division switching(공간 분할 교환) 경로가 서로의 공간으로부터 분리되는 교환.

spanning tree(스패닝 트리) 발신지를 루트로 하고 그룹 멤버를 리프(leaf)로 하는 트리로 모든 노드들을 연결하는 트리.

spatial compression(공간 압축) 중복을 제거함으로써 이미지를 압축하는 것.

spectrum(스펙트럼) 신호의 주파수 범위.

split horizon(수평 분할) 라우터가 갱신 정보를 전송할 때의 인터페이스를 선택으로 정함으로써 RIP의 불안정성을 개선하는 방법.

spread spectrum(SS, 확산 스펙트럼) 원래 대역폭의 몇 배의 대역폭을 요구하는 무선 전송 기술.

standard Ethernet(표준 이더넷) 10M bps를 제공하는 원래의 이더넷.

star topology(성형 접속형태) 모든 지국들이 중앙 장치 (허브)에 연결된 접속형태.

start bit(시작 비트) 비동기 전송에서 전송의 시작을 지시하는 비트.

state transition diagram(상태 천이 다이어그램) 유한 상태 기계의 상태들을 설명하는 그림.

static document(정적 문서) WWW에서 서버에서 생성되고 저장되는 고정된 내용의 문서.

static mapping(정적 매핑) 주소 전환을 위하여 논리 주소와 물리 주소 대응 관계 리스트를 사용하는 기술.

static routing(정적 라우팅) 라우팅 테이블이 변경되지 않는 라우팅의 유형.

stationary host(고정 호스트) 하나의 네트워크에 연결된 상태로 유지되는 호스트.

statistical TDM(통계적 TDM) 효율성을 개선하기 위하여 슬롯을 동적으로 할당하는 TDM 기술.

status line(상태 라인) HTTP 응답 메시지에서 HTTP 버전, 공백, 상태 코드, 공백, 상태 구문으로 구성되는 라인.

steganography(스테가노그라피) 메시지를 무언가로 덮어버림으로써 감추는 보안 기술.

stop bit(정지 비트) 비동기 전송에서 전송의 끝을 지시하는 하나 이상의 비트.

stop-and-wait protocol(stop-and-wait 프로토콜) 송신자가 하나의 프레임을 보내고, 수신자로부터 확인이 올 때까지 정지한다. 그런 다음, 다음 프레임을 보내는 프로토콜.

store-and-forward switch(저장/전송 교환기) 전체 패킷이 도착할 때까지 입력 버퍼에 프레임을 저장하는 교환기.

straight tip connector(직선 정점 커넥터) 강제(bayounet) 잠금(locking) 시스템을 사용하는 광섬유 케이블 커넥터의 유형.

STREAM(스트림) 네트워크 프로그래밍에서 규정하는 인터페이스 중 하나.

stream cipher(스트림 암호) 암호화와 복호화가 한 번에 하나의 기호(문자나 비트)로 되는 암호 유형

Stream Control Transmission Protocol(SCTP, 스트림 제어 전송 프로토콜) UDP와 TCP 특징을 조합한 전송 계층 프로토콜.

stream socket(스트림 소켓) TCP와 같은 연결 지향 프로토콜과 같이 사용되는 구조.

streaming live audio/video(실시간 음성/영상 스트리밍) 사용자가 보거나 들을 수 있는 인터넷 방송 데이터.

streaming stored audio/video(저장된 음성/영상 스트리밍) 사용자가 보거나 들을 수 있는 인터넷에서 파일로

다운로드된 데이터.

strong collision(강한 충돌) 두 개의 메시지가 같은 다이제스트 생성.

Structure of Management Information(관리 정보 구조) SNMP에서 네트워크 관리에 사용되는 구성요소.

structured data type(구조화된 데이터 유형) 간단하거나 구조화된 데이터 유형으로 만들어지는 복잡한 데이터 유형.

STS multiplexer/demultiplexer(STS 다중화기/역다중화기) 신호를 다중화하고 역다중화하는 SONET 장치.

stub link(스텁 링크) 하나의 라우터에만 연결된 네트워크.

subnet(서브넷) 서브네트워크.

subnet address(서브넷 주소) 서브넷의 네트워크 주소.

subnet mask(서브넷 마스크) 서브넷의 마스크.

subnetwork(서브네트워크) 네트워크의 일부분.

substitution cipher(치환 암호) 하나의 기호를 다른 기호로 교체하는 암호.

suffix(서픽스) IP 주소의 한 부분(hostid와 같은).

summary link to AS boundary router LSA(자율 시스템 경계 라우터에 대한 요약 링크 LSA) 영역 내의 라우터들이 자율 경계 라우터로의 경로를 알도록 하는 LSA 패킷.

summary link to network LSA(네트워크에 대한 요약 링크 LSA) 영역 밖의 네트워크에 도달하는 비용을 찾는 LSA 패킷.

supergroup(슈퍼그룹) 다중화된 그룹으로 구성된 신호.

supernet(슈퍼넷) 둘 이상의 작은 네트워크로 형성되는 네트워크.

supernet mask(슈퍼넷 마스크) 슈퍼넷의 마스크.

switch(교환기) 다중 통신 회선을 같이 연결하는 장치.

switched virtual circuit(SVC, 교환 가상회선) 가상회선이 생성되고 난 후 교환이 이루어지는 동안만 존재하는 가상회선 전송방법.

switching office(교환국) 전화 교환기가 위치한 장소.

symmetric-key cipher(대칭 키 암호) 대칭-키 암호 시스템을 이용한 암호.

symmetric-key cryptography(대칭키 암호화) 암호화와 복호화에 동일한 키가 사용되는 암호화.

SYN flooding attack(SYN 플러딩 공격) 한 사람 또는 여러 공격자가 많은 수의 SYN 세그먼트를 보내는 TCP 연결 설정 단계에서 생기는 심각한 보안 문제.

synchronous connection oriented(SCO) link (동기식 연결 지향 링크) 블루투스 네트워크에서 정규 간격의 특정 슬롯을 예약하는 마스터와 슬레이브 사이에 생성된 물리적 링크.

Synchronous Digital Hierarchy(SDH, 동기식 디지털 계층구조) ITU-T에서의 SONET.

Synchronous Optical Network(SONET, 동기식 광통신망) ANSI에서 개발된 표준으로 광섬유를 이용하여 고속 데이터 전송이 가능한 네트워크임. 문자, 음성, 영상을 전송하는 데 사용됨.

synchronous TDM(동기 TDM) 각 입력이 데이터를 보내지 않을 때도 출력에서 할당을 갖는 TDM 기술.

synchronous transmission(동기식 전송) 송신자와 수신자 사이의 일정한 타이밍 관계를 요구하는 전송 방법.

synchronous transport signal(STS, 동기 전송 신호) SONET 계층 구조의 신호.

syndrome(신드롬) 오류 확인 함수를 코드워드에 적용할 때 생기는 비트의 순서.

T-line(T-회선) 디지털 형태로 음성과 다른 신호를 전달하도록 설계된 디지털 회선의 계층구조.

TCP/IP protocol suite(TCP/IP 프로토콜 슈트) 인터넷에서 사용되는 계층적 프로토콜의 그룹.

teardown phase(분해 구문) 가상회선 교환에서 발신지와 목적지가 그들의 엔트리를 지우기 위해 교환기에게 알리는 구문.

telecommunications(원격통신) 전자 장치를 사용하는 원거리상의 정보 교환.

teleconferencing(원격회의) 원거리에 떨어져 있는 사용자간의 음성 및 화상 통신.

Teledesic(텔레데식) 광섬유 통신을 제공하는 위성 시스템(광대역 채널, 낮은 오류율, 그리고 낮은 지연).

temporal compression(임시 압축) 중복 프레임이 제거되는 MPEG 압축 방법.

temporal masking(임시 마스킹) 거친 사운드를 사운드가 멈춘 후에도 짧은 시간에 우리 귀의 감각을 없앨 수 있는 상황.

Terminal Network(TELNET, 터미널 네트워크) 원격 로그인을 허용하는 클라이언트-서버 프로그램.

three-way handshake(삼방향 핸드쉐이크) 요청, 요청에 대한 응답, 응답에 대한 확인으로 구성되고 연결의 설정이나 종료에 사용되는 사건의 순서.

throughput(처리율) 1초에 한 지점을 통해 통과할 수 있는 비트의 수.

ticket(티켓) 세션키를 포함한 암호화된 메시지.

time to live(TTL) 패킷의 수명.

time division duplexing TDMA(TDD-TDMA) 블루투스 네트워크에서 슬레이브와 수신자가 데이터를 보내고 받지만 동시에는 하지 못하는 반이중 통신의 한 종류.

time division multiple access(TDMA, 시분할 다중 접근) 대역폭이 시분할 채널뿐인 다중 접근 방법.

time-division multiplexing(TDM, 시분할 다중화) 고속 경로 상에서 시간을 공유하기 위해 저속 채널로부터 들어오는 신호를 조합하기 위한 기술.

time-division switching(시분할 교환) 시분할 다중화에서 교환을 이루기 위해 사용되는 회선 교환 기법.

time-domain plot(시간 도메인 도면) 신호의 진폭-대-시간의 시각적 표현.

timestamp(타임스탬프) 패킷이 생성된 절대 또는 상대 시간과 관련된 패킷에 있는 필드.

token(토큰) 토큰 패싱 접근 방법에서 사용하는 작은 패킷.

token bucket(토큰 버킷) 유휴 호스트가 차후에 토큰 형태로 신용을 모으는 것을 허용하는 알고리즘.

token passing(토큰 패싱) 네트워크 상에서 토큰이 순환되어지게 하는 접근방법으로 토큰을 갖는 지국만이 데이터를 전송할 수 있다.

topology(접속형태) 장치들의 물리적 배열을 포함하는 네트워크 구조.

traffic control(트래픽 제어) 광역통신망에서 트래픽을 형성하거나 제어하는 방법.

traffic shaping(트래픽 형성) QoS를 개선하기 위해 네트워크에 전송되는 트래픽의 총량이나 비율을 제어하기 위한 메커니즘.

trailer(트레일러) 데이터 단위에 뒤에 추가되는 제어 정보.

transceiver(송수신기) 송신하고 수신하는 장치.

transient link(일시적 링크) 몇 개의 라우터가 연결된 네트워크.

transition mobilitg(전이 이동성) IEEE 802.11에서 BSS-전이 이동성을 갖는 지국은 하나의 BSS에서 다른 BSS로 이동할 수 있지만, 이동은 ESS 내로 제한된다. 전이-이동성이 없는 지국은 정지되거나(이동 없음) BSS 내에서만 이동한다.

Transmission Control Protocol(TCP, 전송 제어 프로토콜) TCP/IP 프로토콜 그룹의 전송 프로토콜.

Transmission Control Protocol/Internetworking Protocol (TCP/IP, 전송 제어 프로토콜/인터넷 프로토콜) 인터넷을 통한 전송의 교환을 정의하는 5계층 프로토콜 모음.

transmission medium(전송 매체) 두 통신 장치를 연결하는 물리적 경로.

transmission path(TP, 전송 경로) ATM에서 두 교환기 사이의 물리적 연결.

transmission rate(전송률) 초당 전송된 비트 수.

transparency(투명성) 제어비트로 오인되지 않으면서도 어떠한 비트 패턴이라도 데이터로 보낼 수 있도록 하는 방법.

transport layer(전송 계층) OSI 모델의 네 번째 계층, 신

뢰할 수 있는 종단-대-종단 전달과 오류 복구를 담당.

Transport Layer Security(TLS, 전송 계층 보안) WWW에 보안성을 제공하기 위해 설계된 전송 계층 보안 프로토콜. SSL 프로토콜의 IETF 버전.

transport mode(전송 모드) TCP 세그먼트나 UDP 사용자 데이터그램이 먼저 암호화되고 IPv6에 캡슐화되는 암호화.

transpositional cipher(전치 암호) 문자의 위치를 바꾸는 문자 단위의 암호화 방법.

Trap(트랩) SNMP에서 사건을 보고하기 위하여 에이전트가 관리자에게 보내는 PDU.

triangle routing(삼각형 라우팅) 이동 IP에서 원격 호스트가 이동 호스트처럼 같은 네트워크(혹은 사이트)에 연결되지 않은 이동 호스트와 통신할 때 생기는 덜 심각한 비효율적인 경우.

triangulation(삼각측량) 삼각측량과 같지만 3개의 거리 대신에 3개의 각을 이용.

trilateration(삼각측량) 3개의 다른 지점으로부터 거리가 주어지고 한 위치를 찾는 2차원적 방법

trunk(트렁크) 지국 사이의 통신을 처리하는 전송 매체.

tunnel mode(터널 모드) 전체 IP 패킷을 보호하기 위한 IPSec 모드. 헤더를 포함한 IP 패킷을 취해서 전체 패킷에 IPSec 보안을 적용한다. 그런 다음 새로운 IP 헤더를 더한다.

tunneling(터널링) 멀티캐스팅에서 멀티캐스트 패킷이 유니캐스트 패킷에 캡슐화된 후 네트워크를 통하여 전송되는 과정. VPN에서 암호화된 IP 데이터그램을 다른 외부의 데이터그램으로 캡슐화하는 과정. IPv6에서 IPv6을 사용하는 두 컴퓨터가 IPv4를 사용하는 영역을 통과하여 통신하여야 할 때 사용하는 방법.

twisted-pair cable(꼬임 쌍선) 꼬인 두 개의 고립된 도체로 구성된 전송 매체.

two-binary, one quaternary encoding(2B1Q 부호화) 각 펄스가 2비트를 나타내는 회선 부호화 기술.

two-dimensional parity check(2차원적 패리티 검사) 2차원 배열에서 오류 검출 방법.

type of service(TOS, 서비스 유형) 데이터그램의 쓰임새 (handling)를 정의하는 기준이나 값.

unbalanced configuration(불균형 설정) 한 장치가 1차이고 다른 것이 2차인 HDLC 설정.

unguided medium(비유도 매체) 물리적 한계가 없는 전송 매체.

unicast address(유니캐스트 주소) 단 한 개의 목적지에 전송되는 주소.

unicasting(유니캐스팅) 패킷을 한 개의 목적지로만 보내는 것.

Unicode(유니코드) 컴퓨터 과학에서 사용되는 타당한 문자를 규정하는 데 사용되는 국제적인 문자 집합.

unidirectional antenna(단방향 안테나) 한 방향으로 신호를 송신하거나 수신하는 안테나.

Uniform Resource Locator(URL, 균일 자원 위치기) WWW 상에서 페이지를 식별하는 문자열 또는 주소.

unipolar encoding(단극 부호화) 0이 아닌 값(nonzero)이 1 또는 0으로 표현되고 나머지 비트는 0 값으로 표현되는 디지털-대-디지털 부호화 방법.

Universal Mobile Telecommunication System(UMTS, 전세계적인 이동통신 시스템) 직접 순서 광대역 (DS-WCDMA)이라 부르는 CDMA 버전을 이용하는 가장 많이 사용하는 3G 기술 중 하나.

unshielded twisted-pair(UTP, 비차폐 꼬임쌍선) 잡음과 혼선을 줄이기 위해 모아서 꼰 선을 가지는 케이블. *twisted- pair cable*과 *shielded twisted-pair* 참조.

unspecified bit rate(UBR, 비 지정 비트율) 최선의 노력 전달만을 정의하는 ATM 서비스 종류의 데이터 전송률.

uplink(업링크) 지구 지국에서 위성까지의 전송.

uploading(업로딩) 로컬 파일 또는 데이터를 원격 사이트에 전송하는 것.

user agent(UA, 사용자 에이전트) 메시지를 준비하고, 봉투를 생성하고, 그 봉투에 메시지를 넣는 SMTP 구성요소

user authentication(사용자 인증) 송신자의 신원이 통신을 시작하기 전에 검증되어야 하는 보안 척도.

user datagram(사용자 데이터그램) UDP 프로토콜에서 패킷의 이름.

User Datagram Protocol(UDP, 사용자 데이터그램 프로토콜) 비연결형 TCP/IP 전송 계층 프로토콜.

user-to-network interface(UNI, 사용자－대－네트워크 인터페이스) ATM에서 종단점과 ATM 교환 기간의 인터페이스.

variable bit rate(VBR, 가변 비트율) 변하는 비트율이 필요한 사용자를 위한 ATM 서비스.

video(비디오) 그림이나 영화의 기록이나 전송.

Vigenere cipher(Vigenere 암호) 평문에서 문자의 위치와 알파벳에서 문자의 위치를 이용한 다중알파벳 치환 방식.

virtual circuit(VC, 가상회선) 송수신 컴퓨터 간에 만들어지는 논리 회선.

virtual circuit switching(가상회선 교환) 교환 WAN에서 사용되는 교환 기법.

virtual link(가상 링크) 물리적 링크가 깨진 후, 두 라우터 사이에 생성되는 OSPF 연결. 이들 사이의 링크는 여러 개의 라우터를 경유하는 더 긴 경로를 사용할 수 있다.

virtual local area network(VLAN, 가상 LAN) 소프트웨어적 방법을 통해 물리적 LAN에서 가상 작업그룹을 분할하는 기술.

virtual path(VP, 가상경로) ATM에서 두 교환기 사이의 연결 또는 연결의 집합.

virtual private network(VPN, 가상 사설망) 물리적으로 공공 네트워크이지만 가상적으로는 사설 네트워크를 형성하는 기술.

virtual tributary(VT, 가상 지류) SONET 프레임에서 관련되거나 프레임을 채우기 위해 다른 부분적 페이로드와 결합될 수 있는 부분적 페이로드.

voice over IP (IP 상의 음성) 인터넷을 전화 네트워크로 사용하는 기술.

Walsh table(Walsh 테이블) CDMA에서 직각의 순서를 생성하기 위해 사용되는 2차원적 테이블.

wavelength(파장) 단순한 신호가 한 주기 동안 이동할 수 있는 거리.

wave-division multiplexing(WDM, 파형 분할 다중화) 변조된 빛의 신호와 한 신호의 조합.

web of trust(신뢰 웹) PGP에서 그룹에 속한 사람끼리 공유하는 키 링.

web page(웹페이지) 웹에서 사용 가능한 하이퍼텍스트 또는 하이퍼미디어 단위.

weighted fair queueing(비례 적정 큐잉) 패킷이 주어진 우선순위 번호를 기반으로 할당된 큐에서 QoS를 개선하기 위한 패킷 스케줄링 기법.

well-known port number(웰논 포트번호) 서버 상의 프로세스를 식별하는 포트번호.

wide area network(WAN, 광역 네트워크) 지역적으로 넓은 범위의 거리에 적용할 수 있는 기술을 사용한 네트워크.

window scale factor(윈도우 크기 조정 인자) 헤더에서 규정된 윈도우 크기가 증가하는 것을 허용하는 TCP 옵션.

working group(작업반) 특정 인터넷 주제에 집중하는 IETF 위원회.

World Wide Web(WWW, 월드 와이드 웹) 하나의 문서에서 연결된 링크를 사용하여 다른 문서로 이동함으로써 인터넷을 항해할 수 있도록 하는 멀티미디어 인터넷 서비스.

worldwide interoperability for Microwave Access(WiMAX, 와이맥스) 아주 먼거리까지 무선 데이터를 전달하기 위한 IEEE 802.16 표준 계열(유선 통신에서 케이블이나 DLS와 유사함).

X.509 구조적인 방법으로 인증서를 규정하는 인터넷에서 수용하고 IETF에 의해 발명한 권고안

zone(존) DNS에서 하나의 서버가 책임이나 권한을 가지고 있는 것.

References
참고문헌

[AL 98]   Albitz, P., and Liu, C. *DNS and BIND,* 3rd ed. Sebastopol, CA: O''Reilly, 1998.

[AZ 03]   Agrawal, D., and Zeng, Q. *Introduction to Wireless and Mobile Systems.* Pacific Grove, CA: Brooks/Cole Thomson Learning, 2003.

[Bar et al. 05]   Barrett, Daniel J., Silverman, Ricard E., and Byrnes, Robert G. *SSH: The Secure Shell: The Definitive Guide,* Sebastopol, CA: O''Reilly, 2005.

[BEL 01]   Bellamy, J. *Digital Telephony.* New York, NY: Wiley, 2001.

[Ber 96]   Bergman, J. *Digital Baseband Transmission and Recording.* Boston, MA: Kluwer, 1996.

[Bis 03]   Bishop, D. *Introduction to Cryptography with Java Applets.* Sebastopol, CA: O''Reilly, 2003.

[Bis 05]   Bishop, Matt. *Introduction to Computer Security.* Reading, MA: Addison-Wesley, 2005.

[Bla 00]   Black, U. *QOS in Wide Area Networks.* Upper Saddle River, NJ: Prentice Hall, 2000.

[Bla 00]   Black, U. *PPP and L2TP: Remote Access Communication.* Upper Saddle River, NJ: Prentice Hall, 2000.

[BYL 09]   Buford, J. F., Yu, H., and Lua, E. K. *P2P Networking and Applications.* San Francisco: Morgan Kaufmann, 2009.

[CD 08]   Calvert, Kenneth L., and Donaho, Michael J. *TCP/IP Sockets in Java.* San Francisco, CA: Morgan Kaufmann, 2008.

[CHW 99]   Crowcroft, J., Handley, M., Wakeman, I. *Internetworking Multimedia.* San Francisco, CA: Morgan Kaufmann, 1999.

[Com 06]   Comer, Douglas E. *Internetworking with TCP/IP,* vol. 1. Upper Saddle River, NJ: Prentice Hall, 2006.

[Cou 01]   Couch, L. *Digital and Analog Communication Systems.* Upper Saddle River, NJ: Prentice Hall, 2001.

[DC 01]   Donaho, Michael J., and Calvert, Kenneth L. *TCP/IP Sockets:C version.* San Francisco, CA: Morgan Kaufmann, 2001.

[DH 03]   Doraswamy, H., and Harkins, D. *IPSec.* Upper Saddle River, NJ: Prentice Hall, 2003.

[Dro 02]   Drozdek A. *Elements of Data Compression.* Pacific Grove, CA: Brooks/Cole (Thomson Learning), 2002.

[Far 04]   Farrel, A. *The Internet and Its Protocols.* San Francisco: Morgan Kaufmann, 2004.

[FH 98]   Ferguson, P., and Huston, G. *Quality of Service.* New York: John Wiley and Sons, Inc., 1998.

[For 03]   Forouzan, B. *Local Area Networks.* New York: McGraw-Hill, 2003.

[For 07]   Forouzan, B. *Introduction to Data Communication and Networking.* New York: McGraw-Hill, 2007.

[For 08]   Forouzan, B., *Cryptography and Network Security.* New York: McGraw-Hill, 2008.

[For 08]   Forouzan, B., *TCP/IP Protocol Suite.* New York: McGraw-Hill, 2010.

[Fra 01]   Frankkel, S. *Demystifying the IPSec Puzzle.* Norwood, MA: Artech House, 2001.

[GW 04]   Garcia, A., and Widjaja, I. *Communication Networks.* New York, NY: McGraw-Hill, 2004.

[Gar 01]   Garret, P. *Making, Breaking Codes.* Upper Saddle River, NJ: Prentice Hall, 2001.

[Gar 95]   Garfinkel, S. *PGP: Pretty Good Privacy.* Sebastopol. CA: O''Reilly, 1995.

[Gas 02]   Gast, M. *802.11 Wireless Networks.* Sebastopol, CA: O''Reilly, 2002.

[GGLLB 98]   Gibson, J. D., Gerger, T., Lookabaugh, T., LindBerg, D., and Baker, R. L. *Digital Compression for Multimedia.* San Francisco: Morgan Kaufmann, 1998.

[Hal 01]   Halsall, F. *Multimedia Communication.* Reading, MA: Addison-Wesley, 2001.

[Ham 80]   Hamming, R. *Coding and Information Theory.* Upper Saddle River, NJ: Prentice Hall, 1980.

[Har 05]   Harol, Elliot R. *Java Network Programming.* Sebastopol, CA: O''Reilly, 2005.

[HM 10]   Havaldar, P., and Medioni, G. *Multimedia Systems: Algorithms, Standards, and Industry Practices.* Boston: Course Technology (Cengage Learning), 2010.

[Hsu 03]   Hsu, H. *Analog and Digital Communications.* New York, NY: McGraw-Hill, 2003.

[Hui 00]   Huitema, C. *Routing in the Internet,* 2nd ed. Upper Saddle River, NJ: Prentice Hall, 2000.

[Izz 00]   Izzo, P. *Gigabit Networks.* New York, NY: Wiley, 2000.

[Jam 03]   Jamalipour, A. *Wireless Mobile Internet.* New York, NY: Wiley, 2003.

[Jen et al. 86]   Jennings, D. M., Landweber, L. M., Fuchs, I. H., Farber, D. H., and Adrion, W. R. "Computer Networking for Scientists and Engineers," *Science* 231, no. 4741 (1986): 943–-950.

[KCK 98]   Kadambi, J., Crayford, I., and Kalkunte, M. *Gigabit Ethernet.* Upper Saddle River, NJ: Prentice Hall, 1998.

[Kei 02]   Keiser, G. *Local Area Networks.* New York, NY: McGraw-Hill, 2002.

[Kes 02]   Keshav, S. *An Engineering Approach to Computer Networking.* Reading, MA: Addison-Wesley, 2002.

[Kle 04]   Kleinrock, L. *The Birth of the Internet.*

[KMK 04]   Kumar, A., Manjunath, D., and Kuri, J. *Communication Network: An Analytical Approach.* San Francisco: Morgan Kaufmann, 2004.

[Koz 05]   Kozierock, Charles M. *The TCP/IP Guide.* San Francisco: No Starch Press, 2005.

[Lei et al. 98]   Leiner, B., Cerf, V., Clark, D., Kahn, R., Kleinrock, L., Lynch, D., Postel, J., Roberts, L., and Wolff, S., *A Brief History of the Internet.* http://www.isoc.org/internet/history/brief.shtml.

[Los 04]   Loshin, Pete. *IPv6: Theory, Protocol, and Practice.* San Francisco: Morgan Kaufmann, 2004.

[Mao 04]   Mao, W. *Modern Cryptography.* Upper Saddle River, NJ: Prentice Hall, 2004.

[Max 99]   Maxwell, K. *Residential Broadband.* New York, NY: Wiley, 1999.

[Mir 07]   Mir, Nader F. *Computer and Communication Networks.* Upper Saddle River, NJ: Prentice Hall, 2007.

[Moy 98]   Moy, John. *OSPF.* Reading, MA: Addison-Wesley, 1998.

[MS 01]   Mauro, D., and Schmidt, K. *Essential SNMP.* Sebastopol, CA: O"Reilly, 2001.

[PD 03]   Peterson, Larry L., and Davie, Bruce S. *Computer Networks,* 3rd ed. San Francisco: Morgan Kaufmann, 2003.

[Pea 92]   Pearson, J. *Basic Communication Theory.* Upper Saddle River, NJ: Prentice Hall, 1992.

[Per 00]   Perlman, Radia. *Interconnections,* 2nd ed. Reading, MA: Addison-Wesley, 2000.

[Pit 06]   Pitt, E. *Fundamental Networking in Java.* Berlin: Springer-Verlag, 2006.

[PKA 08]   Poo, D., Kiong, D., Ashok, S. *Object-Oriented Programming and Java.* Berlin: Springer-Verlag, 2008.

[Res 01]   Rescorla, E. *SSL and TLS*. Reading, MA: Addison-Wesley, 2001.

[Ror 96]   Rorabaugh, C. *Error Coding Cookbook*. New York, NY: McGraw-Hill, 1996.

[RR 96]   Robbins, Kay A., and Robbins, Steven. *Practical UNIX Programming*, Upper Saddle River, NJ: Prentice Hall, 1996.

[Sau 98]   Sauders, S. *Gigabit Ethernet Handbook*. New York, NY: McGraw-Hill, 1998.

[Sch 03]   Schiller, J. *Mobile Communications*. Reading, MA: Addison-Wesley, 2003.

[Seg 98]   Segaller, S. Nerds 2.0.1: *A Brief History of the Internet*. New York: TV Books, 998.

[Sna 00]   Snader, J. C. *Effective TCP/IP Programming*. Reading, MA: Addison-Wesley, 2000.

[Spi 74]   Spiegel, M. *Fourier Analysis*. New York, NY: McGraw-Hill, 1974.

[Spu 00]   Spurgeon, C. *Ethernet*. Sebastopol, CA: O"Reilly, 2000.

[Sta 02]   Stallings, W. *Wireless Communications and Networks*. Upper Saddle River, NJ: Prentice Hall, 2002

[Sta 04]   Stallings, W. *Data and Computer Communications*, 7th ed. Upper Saddle River, NJ: Prentice Hall, 2004.

[Sta 06]   Stallings, W. *Cryptography and Network Security*, 5th ed. Upper Saddle River, NJ: Prentice Hall, 2006.

[Ste 94]   Stevens, W. Richard. *TCP/IP Illustrated*, vol. 1. Reading, MA: Addison-Wesley, 1994.

[Ste 95]   Stevens, W. Richard. *TCP/IP Illustrated*, vol. 2. Reading, MA: Addison-Wesley, 1995.

[Ste 99]   Stewart, John W. III. *BGP4: Inter-Domain Routing in the Internet*. Reading, MA: Addison-Wesley, 1999.

[SX 02]   Stewart, Randall R., and Xie, Qiaobing. *Stream Control Transmission Protocol (STCP)*. Reading, MA: Addison-Wesley, 2002.

[Ste et al. 04] Stevens, W. Richard, Fenner, Bill, and Rudoff, Andrew, M. *UNIX Network Programming: The Sockets Networking API*. Reading, MA: Addison-Wesley, 2004.

[Sti 06]   Stinson, D. *Cryptography: Theory and Practice*. New York: Chapman & Hall/CRC, 2006.

[SW 05]   Steinmetz, R., and Wehrle, K. *Peer-to-Peer Systems and Applications*. Berlin: Springer-Verlag, 2005.

[Tan 03]   Tanenbaum, Andrew S. *Computer Networks*, 4th ed. Upper Saddle River, NJ: Prentice Hall, 2003.

[Tho 00]   Thomas, S. *SSL and TLS Essentials*. New York: John Wiley & Sons, 2000.

[WV 00]   Warland, J., and Varaiya, P. *High Performance Communication Networks*. San Francisco, CA: Morgan, Kaufmans, 2000.

[WZ 01]   Wittmann, R., and Zitterbart, M. *Multicast Communication*. San Francisco: Morgan Kaufmann, 2001.

[Zar 02]   Zaragoza, R. *The Art of Error Correcting Coding*. Reading, MA: Addison-Wesley, 2002.

ㄹ

ㅅ

(Continued from front endsheets)

LAN	local area network	NRZ-I	nonreturn-to-zero, invert
LAP	line access procedure	NRZ-L	nonreturn-to-zero, level
LCP	Link Control Protocol	NSA	National Security Agency
LEO	low-Earth-orbit	NSF	National Science Foundation
LIS	logical IP subnet	NSFNET	National Science Foundation Network
LLC	logical link control	NVT	network virtual terminal
LMI	local management information	OADM	optical add-drop multiplexer
LMP	Link Management Protocol	OC	optical carrier
LPC	linear predictive coding	OFB	output feedback
LSA	link-state advertisement	OFDM	orthogonal-frequency-division-multiplexing
LSP	link-state packet	OSI	Open Systems Interconnection
MA	multiple access	OSPF	Open Shortest Path First
MAA	message access agent	P/F	poll/final
MAC	media access control	P2P	peer-to-peer
MAC	message authentication code	PAM	pulse amplitude modulation
MAN	metropolitan area network	PAP	Password Authentication Protocol
MBONE	multicast backbone	PC	predictive coding
MBS	maximum burst size	PCF	point coordination function
MC-CDMA	multi-carrier CDMA	PCM	pulse code modulation
MD	Message Digest	PCS	personal communication system
MDC	modification detection code	PDU	protocol data unit
MEO	medium-Earth-orbit	PGP	Pretty Good Privacy
MH	mobile host	PHB	per-hop behavior
MIB	Management Information Base	PIM	Protocol Independent Multicast
MID	message identifier	PIM-DM	Protocol Independent Multicast-Dense Mode
MII	medium independent interface		
MILNET	Military Network	PIM-SM	Protocol Independent Multicast-Sparse Mode
MIME	Multipurpose Internet Mail Extensions		
MIMO	multiple-input, multiple-output antenna	PING	Packet Internet Groper
MLT-3	multiline transmission, 3-level	PKI	public key infrastructure
modem	modulator-demodulator	PM	phase modulation
MOSPF	Multicast Open Shortest Path First	PN	pseudorandom noise
MP3	MPEG audio layer 3	PNNI	private network-to-network interface
MPEG	Motion Picture Experts Group	POP	point of presence
MPLS	multi-protocol label switching	POP3	Post Office Protocol, version 3
MSC	mobile switching center	POS	packet over SONET
MSS	maximum segment size	POTS	plain old telephone system
MTA	mail transfer agent	PPM	pulse position modulation
MTSO	mobile telephone switching office	PPP	Point-to-Point Protocol
MTU	maximum transfer unit	PQDN	partially qualified domain name
MUX	multiplexer	PSK	phase shift keying
NAK	negative acknowledgment	PSTN	Public Switched Telephone Network
NAP	network access point	PVC	permanent virtual circuit
NAT	Network Address Translation	QAM	quadrature amplitude modulation
NAV	network allocation vector	QoS	quality of service
NCP	Network Control Protocol	RACE	Research in Advance Communication for Europe
NIC	Network Information Center		
NIC	network interface card	RADSL	rate adaptive asymmetrical digital subscriber line
NIST	National Institute of Standards and Technology		
		RARP	Reverse Address Resolution Protocol
NNI	network-to-network interface	REJ	reject
NRM	normal response mode	RFC	Request for Comment
NRZ	nonreturn-to-zero	RIP	Routing Information Protocol

rlogin	remote logging
RNR	Receive Not Ready
ROM	read-only memory
RP	rendezvous point
RPB	reverse path broadcasting
RPF	reverse path forwarding
RPM	reverse path multicasting
RSA	Rivest, Shamir, Adleman
RSVP	Resource Reservation Protocol
RTCP	Real-time Transport Control Protocol
RTO	retransmission time-out
RTP	Real-time Transport Protocol
RTS	request to send
RTSP	Real-Time Streaming Protocol
RTT	round-trip time
RZ	return-to-zero
S/MIME	Secure/Multipurpose Internet Mail Extensions
SA	Security Association
SAD	Security Association Database
SAR	segmentation and reassembly
SCCP	signaling connection control part
SCO	synchronous connection-oriented
SCP	server control point
SCTP	Stream Control Transmission Protocol
SDH	Synchronous Digital Hierarchy
SDR	Software Defined Radio
SDSL	symmetric digital subscriber line
SDU	service data unit
SEAL	simple and efficient adaptation layer
SFD	start frame delimiter
SHA	Secure Hash Algorithm
SIFS	short IFS (interframe space)
SIP	Session Initiation Protocol
SKEME	Secure Key Exchange Mechanism
SMI	Structure of Management Information
SMTP	Simple Mail Transfer Protocol
SNMP	Simple Network Management Protocol
SNR	signal-to-noise ratio
SOFDMA	Scalable OFDMA
SONET	Synchronous Optical Network
SP	Security Policy
SP	Simple Protocol
SPD	Security Policy Database
SPE	synchronous payload envelope
SPI	security parameter index
SR	selective-repeat
SREJ	selective reject
SS	spread spectrum
SS7	Signaling System Seven
SSCS	service specific convergence sublayer
SSH	Secure Shell

SSL	Secure Sockets Layer
SSN	stream sequence number
SSRC	synchronization source
STM	synchronous transport module
STP	shielded twisted-pair
STS	synchronous transport signal
SVC	switched virtual circuit
TCAP	transaction capabilities application port
TCB	transmission control block
TCP	Transmission Control Protocol
TCP/IP	Transmission Control Protocol/ Internet Protocol
TDD	time-division duplex
TDM	time-division multiplexing
TDMA	time-division multiple access
TELNET	Terminal Network
TFTP	Trivial File Transfer Protocol
TLI	transport-layer interface
TLS	Transport Layer Security
TOS	type of service
TP	transmission path
TRPB	truncated reverse-path broadcasting
TSI	time-slot interchange
TSN	transmission sequence number
TTL	time to live
TUP	telephone user port
UA	user agent
UBR	unspecified bit rate
UDP	User Datagram Protocol
UMTS	Universal Mobile Telecommunication System
UNI	user-to-network interface
URL	uniform resource locator
UTP	unshielded twisted-pair
VBR	variable bit rate
VC	virtual circuit
VCC	virtual circuit connection
VCI	virtual circuit identifier
VDSL	very high bit rate digital subscriber line
VLAN	virtual local area network
VOIP	voice over IP
VP	virtual path
VPI	virtual path identifier
VPN	virtual private network
VT	virtual tributary
WAN	wide area network
WDM	wavelength-division multiplexing
WiMAX	Worldwide Interoperability for Microwave Access
WWW	World Wide Web
XHTML	Extensible HyperText Markup Language
XML	Extensible Markup Language
XSL	Extensible Style Language